SCHÄFFER
POESCHEL

Bernhard Pellens/Rolf Uwe Fülbier
Joachim Gassen/Thorsten Sellhorn

Internationale Rechnungslegung

IFRS 1 bis 8, IAS 1 bis 41, IFRIC-Interpretationen, Standardentwürfe

Mit Beispielen, Aufgaben und Fallstudie

7., überarbeitete und erweiterte Auflage

2008
Schäffer-Poeschel Verlag Stuttgart

Verfasser:

Prof. Dr. *Bernhard Pellens*, Lehrstuhl für Internationale Unternehmensrechnung,
Ruhr-Universität Bochum

StB Prof. Dr. *Rolf Uwe Fülbier*, Lehrstuhl für Externes Rechnungswesen,
WHU Koblenz – Otto Beisheim School of Management, Vallendar

Prof. Dr. *Joachim Gassen*, Lehrstuhl für Rechnungslegung und Wirtschaftsprüfung,
Humboldt-Universität zu Berlin

Dr. *Thorsten Sellhorn*, MBA, Habilitand am Lehrstuhl für Internationale Unternehmensrechnung,
Ruhr-Universität Bochum

7. Auflage unter Mitarbeit von Holger Amshoff, Ole Berger, Dr. Andreas Bonse, Eva Brandt,
Dr. Nils Crasselt, Dr. Karsten Detert, Jane Fehr, Verena Hill, Stefan Jannett, Dirk Jödicke,
Thomas Kemper, Ulrich Küting, Stefan Neuhaus, André Schmidt, Adam Strzyz, Markus Weinreis
und Manuel Weller.

Mitarbeiter der Vorauflagen:
6. Auflage: Holger Amshoff, Dr. Andreas Bonse, Dr. Nils Crasselt, Karsten Detert, Stefan Jannett,
Dirk Jödicke, Stefan Neuhaus, Uwe Nölte, Henrik Pferdehirt, Marc Richard, André Schmidt,
Dr. Thorsten Sellhorn, Markus Weinreis und Manuel Weller. *5. Auflage:* Andreas Bonse, Nils Crasselt,
Karsten Detert, Dirk Jödicke, Stefan Neuhaus, Uwe Nölte, Marc Richard, Thorsten Sellhorn
und Markus Weinreis. *4. Auflage*: Andreas Bonse, Rolf Uwe Fülbier, Joachim Gassen und Thorsten
Sellhorn. *2. und 3. Auflage*: Andreas Bonse, Rolf Uwe Fülbier, Joachim Gassen und Silke Sürken.
1. Auflage: Andreas Bonse, Rolf Uwe Fülbier und Silke Sürken.

Stand: 10.01.2008

Bibliografische Information Der Deutschen Bibliothek
Die Deutsche Bibliothek verzeichnet diese Publikation in der Deutschen Nationalbibliografie;
detaillierte bibliografische Daten sind im Internet über <http://dnb.ddb.de> abrufbar.

Gedruckt auf chlorfrei gebleichtem, säurefreiem und alterungsbeständigem Papier

ISBN: 978-3-7910-2756-2

Dieses Werk einschließlich aller seiner Teile ist urheberrechtlich geschützt. Jede Verwertung
außerhalb der engen Grenzen des Urheberrechtsgesetzes ist ohne Zustimmung des Verlages
unzulässig und strafbar. Das gilt insbesondere für Vervielfältigungen, Übersetzungen, Mikroverfilmungen und die Einspeicherung und Verarbeitung in elektronischen Systemen.

© 2008 Schäffer-Poeschel Verlag für Wirtschaft · Steuern · Recht GmbH
www.schaeffer-poeschel.de
info@schaeffer-poeschel.de
Einbandgestaltung: Willy Löffelhardt
Druck und Bindung: CPI – Ebner & Spiegel, Ulm
Printed in Germany
März/2008

Schäffer-Poeschel Verlag Stuttgart
Ein Tochterunternehmen der Verlagsgruppe Handelsblatt

Vorwort zur siebten Auflage

Internationalisierte Märkte verlangen internationalisierte Spielregeln: Globale Kapitalmärkte fördern eine weltweit vereinheitlichte Corporate Governance der kapitalmarktorientierten Unternehmen. Einheitliche Rechnungslegungsregeln sind hier ein wesentlicher Bestandteil. Bis vor wenigen Jahren haben allein die US-amerikanischen Generally Accepted Accounting Principles (US-GAAP) für sich den Anspruch erhoben, das weltweit beste informationsorientierte Rechnungslegungssystem zu sein. In den letzten Jahren hat sich das völlig neu organisierte International Accounting Standards Board (IASB) ebenfalls zum Ziel gesetzt, *„im öffentlichen Interesse einen einzigen Satz an hochwertigen, verständlichen und durchsetzbaren globalen Rechnungslegungsstandards zu entwickeln, die hochwertige, transparente und vergleichbare Informationen in Abschlüssen und sonstigen Rechnungslegungsinstrumenten erfordern, um die Teilnehmer der verschiedenen weltweiten Kapitalmärkte und andere Informationsadressaten beim Treffen wirtschaftlicher Entscheidungen zu unterstützen"* (IFRS Vorwort Abs. 6(a)). Resultat dieses Bestrebens sind die International Financial Reporting Standards (IFRS), die auch die früheren International Accounting Standards (IAS) umfassen.

Die IFRS sind für Unternehmen in Deutschland, Europa und vielen weiteren Teilen der Welt unmittelbar relevant. Mehrere Staaten haben diese „globalen Rechnungslegungsstandards" entweder neben bisherige nationale Vorschriften oder sogar an deren Stelle gesetzt. So verpflichtet die von der EU-Kommission 2002 verabschiedete IAS-Verordnung alle kapitalmarktorientierten europäischen Unternehmen, einen IFRS-Konzernabschluss zu erstellen und zu publizieren. Viele Mitgliedstaaten, so auch Deutschland, haben diese Regelung zumindest als Wahlrecht auf die Konzernabschlüsse nicht-kapitalmarktorientierter Unternehmen ausgedehnt. Selbst die SEC verzichtet inzwischen auf eine Überleitungsrechnung von IFRS auf US-GAAP im Konzernabschluss ausländischer Emittenten und erwägt derzeit sogar, die Anwendung der IFRS anstelle der US-GAAP auch kapitalmarktorientierten US-amerikanischen Unternehmen zu gestatten.

Sogar Einzelabschlüsse können oder müssen in manchen Ländern nach den IFRS erstellt werden. In Deutschland ist ein diesbezügliches Wahlrecht verankert worden, das aber bisher nur für Offenlegungszwecke gilt. Damit ist für Rechtsfolgen wie z.B. die Dividenden-, Steuer- und Überschuldungsbemessung weiterhin ein HGB-Einzelabschluss bzw. eine Steuerbilanz zu erstellen. Noch glaubt der deutsche Gesetzgeber, die an den Einzelabschluss geknüpften Rechtsfolgen nicht an IFRS-Abschlüsse koppeln zu können. Obwohl dies mit dem Ende 2007 vorgelegten Referentenentwurf eines Bilanzrechtsmodernisierungsgesetzes (Bil-

MoG) noch einmal bekräftigt wird, bleibt mit Spannung abzuwarten, wie lange diese letzte Bastion des HGB tatsächlich noch hält.

Mit der siebten Auflage haben wir die klare IFRS-Ausrichtung dieses Lehr- und Fachbuches beibehalten. Dabei spiegelt sich der kasuistische Charakter der IFRS auch in der Gliederung wider. Ausgehend von den einführenden Kapiteln, in denen das Wesen, die Aufgaben und der institutionelle Rahmen der Rechnungslegung erklärt werden, folgt eine modulare, nach Bilanzpositionen untergliederte Kapitelstruktur. In weitgehend unabhängig voneinander erlern- und bearbeitbaren Kapiteln werden die Bilanzansatz-, Bilanzbewertungs-, Ausweis- und Konsolidierungsfragen der IFRS-Regelwelt dargestellt und anhand zahlreicher Beispiele diskutiert.

Neben den klassischen Bilanzierungs- und Konsolidierungsfragen werden in diesem Buch aber auch die IFRS u.a. zu Segmentberichterstattung, Zwischenberichterstattung und Ergebnis je Aktie erläutert. Da die kapitalmarktorientierte Rechnungslegung eine Teilmenge der noch umfassenderen Unternehmenspublizität darstellt, erläutern wir darüber hinaus die grundlegenden Publizitätsanforderungen an deutsche Unternehmen. Die Zukunft der nationalen und internationalen Rechnungslegung ist derzeit so spannend, dass im abschließenden Kapitel auch die aus deutscher Sicht in diesem Zusammenhang noch offenen Fragen zumindest andiskutiert und wichtige Trends aufgezeigt werden.

Gegenüber der sechsten Auflage haben wir alle Kapitel überarbeitet und aktualisiert. Die bilanzielle Abbildung von Bilanzierungskorrekturen sowie Schätzungs- und Methodenänderungen (Kapitel 26), die Behandlung von zur Veräußerung gehaltenen langfristigen Vermögenswerten und aufgegebenen Geschäftsbereichen (Kapitel 27) sowie die Zwischenberichterstattung (Kapitel 30) werden nun erstmals in eigenständigen Kapiteln gewürdigt. Zudem haben wir aktuelle Entwicklungen durch den Entwurf des BilMoG, die jüngst neu veröffentlichten IAS 1, IAS 27, IFRS 3 und IFRS 8 sowie ED-IFRS 9, das laufende Framework-Projekt und den Entwurf eines IFRS für Small and Medium-sized Entities (SME) berücksichtigt und in den entsprechenden Kapiteln kritisch diskutiert.

Zu Beginn der Kapitel werden jeweils eigene Lernziele formuliert. Am jeweiligen Kapitelende finden sich thematisch vertiefende Literaturempfehlungen. Um nicht aus den Augen zu verlieren, dass die IFRS immer noch neben dem HGB und den US-GAAP existieren, findet sich in jedem Kapitel zudem eine kurze Darstellung der wesentlichen Unterschiede zum HGB und zu US-GAAP. Jedes Kapitel schließt mit hilfreichen Übungsaufgaben, um den Lesern die Überprüfung ihres Wissens zu erleichtern. Lösungen für diese Aufgaben werden im Rahmen des Internetauftritts des Schäffer-Poeschel Verlags bereitgestellt.

Da auch für die Rechnungslegung gilt, dass sich Verständnisprobleme am besten mit Hilfe konkreter Fallbeispiele lösen lassen, finden Sie neben den Übungsaufgaben zahlreiche Beispiele sowie kurze Fallstudien mit Buchungsbeispielen. Angereichert werden die Ausführungen auch durch eigens kenntlich gemachte Exkurse, die den Stoff für den interessierten Leser fallweise vertiefen, ohne dass ihre Kenntnis für das grundlegende Verständnis des jeweiligen Kapitels notwendig ist. Eine zusammenfassende Umstellungsfallstudie am Ende des Buches bietet zudem die Möglichkeit, das Gelernte praxisnah zu vertiefen. Eine Lösungsskizze zu dieser Fallstudie wird auf Anfrage gerne bereitgestellt.

Schon mit der fünften Auflage hatten wir uns entschlossen, der schnelllebigen und immer komplexeren IFRS-Welt mit einem wachsendem Autorenteam zu begegnen. Diese und künftige Neuauflagen scheinen uns nur durch gemeinsame Anstrengung zu bewältigen und so ist Thorsten Sellhorn, der schon an vielen Auflagen maßgeblich mitgewirkt hat, nun mit in die Verantwortung getreten, das Buchprojekt langfristig zu unterstützen. Nun können wir uns zu viert – getreu dem Motto „geteiltes Leid ist halbes Leid" (wenn wieder einige neue Standards vom IASB kurz vor Manuskriptabgabe verabschiedet werden) und „geteilte Freude ist doppelte Freude" (wenn die entsprechenden Textpassagen ergänzt sind) – der künftigen Komplexitätsbewältigung bei der Erstellung eines aktuellen IFRS-Lehr- und Fachbuches widmen.

Aber auch zu viert ist diese Aufgabe nur bedingt zu meistern. Die Neuauflage ist geprägt durch die intensive Mitwirkung von Holger Amshoff, Ole Berger, Dr. Andreas Bonse, Eva Brandt, Dr. Nils Crasselt, Dr. Karsten Detert, Jane Fehr, Verena Hill, Stefan Jannett, Dirk Jödicke, Thomas Kemper, Ulrich Küting, Stefan Neuhaus, André Schmidt, Adam Strzyz, Markus Weinreis und Manuel Weller. Frau Marita Rollnik-Mollenhauer hat uns von Verlagsseite bei der Neuauflage unseres Buches sehr unterstützt. Die formale Gestaltung einschließlich der aufwändigen Erstellung der Verzeichnisse haben sehr engagiert die Herren Holger Amshoff und Adam Strzyz übernommen; hierbei wurden sie von Frau Claudia Knapp und Frau Marianne Wagner vom Schäffer-Poeschel Verlag begleitet. In der letzten, „heißen" Phase der Bucherstellung wurden wir zudem von unseren Sekretärinnen Claudia Heymann, Beate Preuß und Heidlinde Völker unterstützt. Von Seiten unserer Mitarbeiter, vieler Leserinnen und Leser sowie unserer Studierenden haben wir wertvolle Unterstützung und Anregungen zur Neuauflage erhalten. Nennen möchten wir insbesondere unsere studentischen Hilfskräfte Esther Asiama, Tom Jungius, Eva Ladek, Pascal Rareck, Christina Richard, Torben Rüthers und Katja Wasmund sowie daneben Thomas Fischer, Gerold Heizmann, Bernhard Lewicki, Julia Niemeier, Carsten Theile und Dominik Zöpf. Ihnen allen ein ganz herzliches Dankeschön!

Bochum, 21. Januar 2008

Bernhard Pellens, Rolf Uwe Fülbier, Joachim Gassen und Thorsten Sellhorn

Inhaltsübersicht

Kapitel 1	Theorie der Rechnungslegung	1
Kapitel 2	Internationalisierung der deutschen Rechnungslegung	33
Kapitel 3	Institutionen der US-amerikanischen Rechnungslegung	55
Kapitel 4	Institutioneller Rahmen der IFRS	79
Kapitel 5	Rahmenkonzept	107
Kapitel 6	Berichterstattendes Unternehmen	139
Kapitel 7	Rechenwerke	161
Kapitel 8	Ertragsteuern	213
Kapitel 9	Umsatzrealisation	237
Kapitel 10	Wertminderung im Anlagevermögen	255
Kapitel 11	Immaterielles Anlagevermögen	279
Kapitel 12	Sachanlagevermögen	309
Kapitel 13	Immobilien als Finanzinvestition	335
Kapitel 14	Vorräte und Fertigungsaufträge	363
Kapitel 15	Rückstellungen und Erfolgsunsicherheiten	415
Kapitel 16	Pensionsverpflichtungen und Leistungen an Arbeitnehmer	445
Kapitel 17	Eigenkapital	473
Kapitel 18	Aktienoptionen und ähnliche Entgeltformen	501
Kapitel 19	Finanzinstrumente	533
Kapitel 20	Sicherungsbeziehungen	581
Kapitel 21	Leasing	615
Kapitel 22	Währungsumrechnung	655
Kapitel 23	Unternehmenszusammenschlüsse und Konsolidierung	679
Kapitel 24	Joint Ventures und assoziierte Unternehmen	751
Kapitel 25	IFRS-Erstanwendung	789

Kapitel 26	Bilanzierungskorrekturen sowie Schätzungs- und Methodenänderungen	811
Kapitel 27	Zur Veräußerung gehaltene langfristige Vermögenswerte und aufgegebene Geschäftsbereiche	829
Kapitel 28	Ergebnis je Aktie	855
Kapitel 29	Segmentberichterstattung	875
Kapitel 30	Zwischenberichterstattung	899
Kapitel 31	Unternehmenspublizität	917
Kapitel 32	Zukunft der internationalen Rechnungslegung	947
Fallstudie zur internationalen Rechnungslegung		983

Inhaltsverzeichnis

Vorwort zur siebten Auflage V

Inhaltsübersicht IX

Abkürzungsverzeichnis XVII

Abbildungsverzeichnis XXVII

Tabellenverzeichnis XXXI

Verzeichnis der kurzzitierten Literatur XXXIII

Kapitel 1 Theorie der Rechnungslegung 1

Was ist Rechnungslegung? 2 — Warum gibt es Rechnungslegung? 7 — Rechnungslegungspflicht und Rechnungslegungszwecke nach deutschem Handels- und Steuerrecht 10 — Ausgestaltung der Rechnungslegung durch Rechnungslegungsregeln 14 — Was sind „gute" Rechnungslegungsregeln? 16 — Ausgewählte Literatur 32 — Übungsaufgaben 32

Kapitel 2 Internationalisierung der deutschen Rechnungslegung 33

Gründe für unterschiedliche Rechnungslegungssysteme 34 — Internationalisierung der Unternehmenstätigkeit 40 — Internationalisierung der Rechnungslegung in Deutschland 45 — Ausgewählte Literatur 52 — Übungsaufgaben 53

Kapitel 3 Institutionen der US-amerikanischen Rechnungslegung 55

Überblick 57 — SEC 58 — FASB und Vorgängerorganisationen 64 — Verlautbarungen des FASB 66 — Weitere Regelungsinstitutionen 70 — System der Generally Accepted Accounting Principles (GAAP) 72 — Ausgewählte Literatur 77 — Übungsaufgabe 77

Kapitel 4 Institutioneller Rahmen der IFRS 79

Vom IASC zum IASB 80 — Organisation und Arbeitsweise des IASB 89 — Anerkennung und Durchsetzung der IFRS 96 — Ausgewählte Literatur 105 — Übungsaufgabe 105

Kapitel 5 Rahmenkonzept 107

Aufgaben und Verpflichtungsgrad 108 — Inhalt 110 — Zielsetzung von Abschlüssen 112 — Rechnungslegungsgrundsätze 113 — Abschlussposten 120 — Ansatzkriterien 124 — Bewertungsmaßstäbe 126 — Kapitalerhaltungskonzepte 127 — Zusammenfassung und kritische Würdigung 127 — Wesentliche Unterschiede zum HGB 133 — Wesentliche Unterschiede zu US-GAAP 134 — Ausgewählte Literatur 135 — Übungsaufgaben 136

Kapitel 6 Berichterstattendes Unternehmen 139

Einleitung 141 — Pflicht zur Aufstellung eines Konzernabschlusses 144 — Konsolidierungskreis 145 — Angabepflichten 153 — Wesentliche Unterschiede zum HGB 154 — Wesentliche Unterschiede zu US-GAAP 156 — Ausgewählte Literatur 159 — Übungsaufgaben 159

Kapitel 7 Rechenwerke 161

Bilanz 164 — Gesamterfolgsrechnung 168 — Eigenkapitalveränderungsrechnung 180 — Kapitalflussrechnung 182 — Wesentliche Unterschiede zum HGB 199 — Wesentliche Unterschiede zu US-GAAP 201 — Ausgewählte Literatur 208 — Übungsaufgaben 209

Kapitel 8 Ertragsteuern 213

Regelungsgrundlage, Anwendungsbereich und Zielsetzung 214 — Bilanzierung tatsächlicher Steuerschulden und Steuererstattungsansprüche 215 — Bilanzierung latenter Steuerschulden und Steuererstattungsansprüche 216 — Wesentliche Unterschiede zum HGB 233 — Wesentliche Unterschiede zu US-GAAP 234 — Ausgewählte Literatur 235 — Übungsaufgaben 235

Kapitel 9 Umsatzrealisation 237

Relevante Normen zur Umsatzrealisation 239 — Allgemeine Regeln 240 — Regeln in Abhängigkeit von der Umsatzart 244 — Wesentliche Unterschiede zum HGB 252 — Wesentliche Unterschiede zu US-GAAP 253 — Ausgewählte Literatur 254 — Übungsaufgaben 254

Kapitel 10 Wertminderung im Anlagevermögen 255

Einleitung 256 — Auslöser eines Werthaltigkeitstests 258 — Quantifizierung einer Wertminderung 260 — Bilanzielle Erfassung einer Wertminderung 265 — Zahlungsmittelgenerierende Einheit 266 — Wertaufholung 270 — Angabepflichten 271 — Wesentliche Unterschiede zum HGB 272 — Wesentliche Unterschiede zu US-GAAP 274 — Ausgewählte Literatur 276 — Übungsaufgaben 277

Kapitel 11 Immaterielles Anlagevermögen 279

Identifikation immaterieller Vermögenswerte 280 — Ansatz und Erstbewertung 283 — Folgebewertung 291 — Angabepflichten 300 — Wesentliche Unterschiede zum HGB 303 — Wesentliche Unterschiede zu US-GAAP 304 — Ausgewählte Literatur 306 — Übungsaufgaben 306

Kapitel 12 Sachanlagevermögen 309

Anwendungsbereich von IAS 16 310 — Ansatz 312 — Bewertung 313 — Abgänge 327 — Ausweis 327 — Angaben 328 — Wesentliche Unterschiede zum HGB 330 — Wesentliche Unterschiede zu US-GAAP 330 — Ausgewählte Literatur 331 — Übungsaufgaben 331

Kapitel 13 Immobilien als Finanzinvestition 335

Anwendungsbereich von IAS 40 336 — Klassifikation von Immobilien 338 — Ansatz 341 — Bewertung 342 — Umklassifizierungen 352 — Abgänge 358 — Ausweis 358 — Angaben 359 — Wesentliche Unterschiede zum HGB und zu US-GAAP 360 — Ausgewählte Literatur 361 — Übungsaufgabe 361

Kapitel 14 Vorräte und Fertigungsaufträge.. 363

Ansatz 365 — Bewertung 366 — Angaben 401 — Wesentliche Unterschiede zum HGB 402 — Wesentliche Unterschiede zu US-GAAP 407 — Ausgewählte Literatur 411 — Übungsaufgaben 411

Kapitel 15 Rückstellungen und Erfolgsunsicherheiten 415

Einleitung 416 — Ansatz 418 — Bewertung 422 — Einzelfragen 426 — Ausweis und Offenlegung 436 — Wesentliche Unterschiede zum HGB 438 — Wesentliche Unterschiede zu US-GAAP 439 — Ausgewählte Literatur 441 — Übungsaufgaben 441

Kapitel 16 Pensionsverpflichtungen und Leistungen an Arbeitnehmer.... 445

Einleitung 447 — Klassifikation von Pensionszusagen 448 — Bilanzierung leistungsorientierter Zusagen 450 — Zusammenfassendes Beispiel: Lufthansa AG 463 — Spezialfragen 464 — Anhangangaben 466 — Wesentliche Unterschiede zum HGB 466 — Wesentliche Unterschiede zu US-GAAP 469 — Ausgewählte Literatur 470 — Übungsaufgaben 470

Kapitel 17 Eigenkapital 473

Definition und Abgrenzung zu Schulden 475 — Sonderformen des Eigenkapitals 480 — Eigenkapitalpositionen 482 — Gliederungsvorschriften und Angaben 492 — Wesentliche Unterschiede zum HGB 494 — Wesentliche Unterschiede zu US-GAAP 498 — Ausgewählte Literatur 499 — Übungsaufgaben 500

Kapitel 18 Aktienoptionen und ähnliche Entgeltformen 501

Anwendungsbereich 502 — Echte Eigenkapitalinstrumente 504 — Virtuelle Eigenkapitalinstrumente 518 — Kombinationsmodelle 522 — Anhangangaben 524 — Wesentliche Unterschiede zum HGB 525 — Wesentliche Unterschiede zu US-GAAP 527 — Ausgewählte Literatur 529 — Übungsaufgaben 529

Kapitel 19 Finanzinstrumente 533

Relevante Standards und Identifikation von Finanzinstrumenten 534 — Anwendungsbereich von IAS 32 und 39 537 — Ansatz 539 — Erstbewertung 540 — Folgebewertung 542 — Wertminderung von finanziellen Vermögenswerten 556 — Ausbuchung 563 — Ausweisfragen und Angabepflichten 570 — Wesentliche Unterschiede zum HGB 572 — Wesentliche Unterschiede zu US-GAAP 574 — Ausgewählte Literatur 577 — Übungsaufgaben 577

Kapitel 20 Sicherungsbeziehungen 581

Grundlagen 583 — Bestimmung von Sicherungsbeziehungen 589 — Bewertung 595 — Angabepflichten 611 — Wesentliche Unterschiede zum HGB 611 — Wesentliche Unterschiede zu US-GAAP 612 — Ausgewählte Literatur 613 — Übungsaufgaben 613

Kapitel 21 Leasing 615

Definition und Klassifizierung von Leasingverhältnissen 618 — Ansatz 623 — Bewertung 624 — Sonderprobleme des Leasing 640 — Angaben 648 — Wesentliche Unterschiede zum HGB 650 — Wesentliche Unterschiede zu US-GAAP 651 — Ausgewählte Literatur 652 — Übungsaufgaben 652

Kapitel 22 Währungsumrechnung 655

Einleitung 656 — Bilanzielle Abbildung von Fremdwährungsgeschäften 658 — Umrechnung von in Fremdwährung aufgestellten Abschlüssen 664 — Anhangangaben 672 — Wesentliche Unterschiede zum HGB 673 — Wesentliche Unterschiede zu US-GAAP 674 — Ausgewählte Literatur 674 — Übungsaufgaben 675

Kapitel 23 Unternehmenszusammenschlüsse und Konsolidierung 679

Einleitung 681 — Relevante Normen und Begriffe 682 — Arten von Unternehmenszusammenschlüssen 683 — Bilanzielle Abbildung eines asset deal im Einzelabschluss 685 — Bilanzielle Abbildung eines share deal im Konzernabschluss 687 — Anhangangaben 738 — Zusammenfassendes Beispiel 738 — Wesentliche Unterschiede zum HGB 743 — Wesentliche Unterschiede zu US-GAAP 745 — Ausgewählte Literatur 748 — Übungsaufgaben 748

Kapitel 24 Joint Ventures und assoziierte Unternehmen 751

Stufenkonzept 752 — Bilanzierung von Joint Ventures 754 — Bilanzierung von assoziierten Unternehmen 768 — Wesentliche Unterschiede zum HGB 781 — Wesentliche Unterschiede zu US-GAAP 783 — Ausgewählte Literatur 784 — Übungsaufgaben 784

Kapitel 25 IFRS-Erstanwendung 789

Einführung 791 — Anwendungsbereich von IFRS 1 791 — Übergangszeitpunkt 792 — Vorgehensweise 792 — Angaben 807 — Ausgewählte Literatur 809 — Übungsaufgabe 809

Kapitel 26 Bilanzierungskorrekturen sowie Schätzungs- und Methodenänderungen 811

Einführung 813 — Änderungen von Schätzungen 813 — Fehlerkorrekturen 816 — Änderungen von Bilanzierungs- und Bewertungsmethoden 820 — Wesentliche Unterschiede zum HGB 823 — Wesentliche Unterschiede zu US-GAAP 825 — Ausgewählte Literatur 826 — Übungsaufgaben 826

Kapitel 27 Zur Veräußerung gehaltene langfristige Vermögenswerte und aufgegebene Geschäftsbereiche 829

Definitionen 830 — Regelungsumfang und Anwendungsbereich von IFRS 5 834 — Klassifikation 835 — Bewertung 841 — Ausweis und Angaben 847 — Wesentliche Unterschiede zum HGB und zu US-GAAP 851 — Ausgewählte Literatur 851 — Übungsaufgaben 852

Kapitel 28 Ergebnis je Aktie 855

Anwendungsbereich 857 — Grundlagen 857 — Unverwässertes Ergebnis je Aktie 859 — Verwässertes Ergebnis je Aktie 865 — Ausweis und Angabepflichten 870 — Wesentliche Unterschiede zum HGB 871 — Wesentliche Unterschiede zu US-GAAP 873 — Ausgewählte Literatur 873 — Übungsaufgaben 873

Kapitel 29 Segmentberichterstattung 875

Regelungsgrundlage, Anwendungsbereich und Zielsetzung 877 — Segmentabgrenzung 878 — Auswahl berichtspflichtiger Segmente 881 — Segmentbilanzierungs- und Segmentbewertungsmethoden 884 — Auszuweisende Segmentinformationen 885 — Wesentliche Unterschiede zu IAS 14 892 — Wesentliche Unterschiede zum HGB und zu US-GAAP 895 — Ausgewählte Literatur 896 — Übungsaufgaben 897

Kapitel 30 Zwischenberichterstattung 899

Aufgaben der Zwischenberichterstattung 901 — Zwischenberichterstattung nach IAS 34 901 — Zwischenberichterstattungspflicht in Deutschland 912 — Wesentliche Unterschiede zu US-GAAP 913 — Ausgewählte Literatur 914 — Übungsaufgaben 914

Kapitel 31 Unternehmenspublizität 917

Begriff und Bedeutung der Unternehmenspublizität 918 — System der Unternehmenspublizität 924 — Unternehmenspublizität in Deutschland 926 — Lageberichterstattung und Management Commentary des IASB 937 — Harmonisierung der Publizität 940 — Ausgewählte Literatur 944 — Übungsaufgaben 944

Kapitel 32 Zukunft der internationalen Rechnungslegung 947

Normative Aspekte 949 — Prozessorientierte Aspekte 958 — Auswirkungen auf deutsche Unternehmen 964 — Abschließende Gedanken 980

Fallstudie zur internationalen Rechnungslegung 983
Stichwortverzeichnis 1007

Abkürzungsverzeichnis

a.A.	anderer Ansicht
a.F.	alte Fassung
a.o.	außerordentlich
AAA	American Accounting Association
AAC	African Accounting Council
AAER	Accounting and Auditing Enforcement Releases
AAF	Accounting Advisory Forum
Abl.	Amtsblatt
ABO	Accumulated benefit obligation
AcSB	Accounting Standards Board des Canadian Institute of Chartered Accountants
AcSEC	Accounting Standards Executive Committee
ADR(s)	American Depositary Receipt(s)
ADS	American Depositary Shares
AfA	Absetzung für Abnutzung/Abschreibungen
AFIZ	Ausschuß für Internationale Zusammenarbeit
AG	Die Aktiengesellschaft (Zeitschrift)
AH	Accounting Horizons (Zeitschrift)
AHK	Anschaffungskosten-/Herstellungskosten
AIA	American Institute of Accountants
AIC	Asociación Interamericana de Contabilidad
AICPA	American Institute of Certified Public Accountants
AIMR	Association for Investment Management and Research
AIN	AICPA Accounting Interpretations
Ak	Arbeitskreis
AK	Anschaffungskosten
akk.	akkumuliert
AktG	Aktiengesetz
AMEX	American Stock Exchange
AO	Abgabenordnung
APB	Accounting Principles Board
APFRAG	Asia-Pacific Financial Reporting Advisory Group
ARB	Accounting Research Bulletin
ARC	Accounting Regulatory Committee
ARS	Accounting Research Study
ASB	Accounting Standards Board
ASC	Accounting Standards Committee
ASEAN	Association of Southeast Asian Nations

ASR	Accounting Series Release
AU	Auditing (Index Professional Standards)
AW	Anschaffungswert
b&b	bilanz & buchhaltung (Zeitschrift)
BaFin	Bundesanstalt für Finanzdienstleistungsaufsicht
BAWe	Bundesaufsichtsamt für den Wertpapierhandel
BB	Betriebs-Berater (Zeitschrift)
BBK	Betrieb und Rechnungswesen: Buchführung, Bilanz, Kostenrechnung (Zeitschrift)
BC	Basis of conclusion
Begr. RegE	Begründung zum Regierungsentwurf
BetrAVG	Gesetz zur Verbesserung der betrieblichen Altersversorgung (Betriebsrentengesetz)
BetrVG	Betriebsverfassungsgesetz
BFH	Bundesfinanzhof
BFuP	Betriebswirtschaftliche Forschung und Praxis (Zeitschrift)
BGH	Bundesgerichtshof
BilMoG	Bilanzrechtsmodernisierungsgesetz
BilReG	Bilanzrechtsreformgesetz
BIP	Bruttoinlandsprodukt
BiRiLiG	Bilanzrichtlinien-Gesetz
BMF	Bundesministerium der Finanzen
BMJ	Bundesministerium der Justiz
BO	Börsenordnung
BörsG	Börsengesetz
BörsZulV	Börsenzulassungsverordnung
BStBl.	Bundessteuerblatt
BT-Drucks.	Bundestags-Drucksache
BVerfG	Bundesverfassungsgericht
c.p.	ceteris paribus
CAD	Kanadische Dollar
CAP	Committee on Accounting Procedures
CAPA	Confederation of Asian and Pacific Accountants
CCAB	Consultative Committee of Accountancy Bodies
CEO	Chief Executive Officer
CESR	Committee of European Securities Regulators
CFR	Code of Federal Regulations
CICA	Canadian Institute of Chartered Accountants
CIIME	Committee on International Investment and Multinational Enterprises
COO	Chief Operating Officer
CPA	Certified Public Accountant(s)
CSE	Common Stock Equivalents
CTA	Contractual Trust Arrangement

DAX	Deutscher Aktienindex
DB	Der Betrieb (Zeitschrift)
DBO	Defined benefit obligation
DBW	Die Betriebswirtschaft (Zeitschrift)
DGAP	Deutsche Gesellschaft für Ad-hoc-Publizität
DP	Discussion Paper
DPR	Deutsche Prüfstelle für Rechnungslegung
DRÄS	Deutscher Rechnungslegungs Änderungsstandard
DRS	Deutscher Rechnungslegungs Standard
DRSC	Deutsches Rechnungslegungs Standards Committee e.V.
DSOP	Draft Statement of Principles
DSR	Deutscher Standardisierungsrat
DStR	Deutsches Steuerrecht (Zeitschrift)
DVFA/SG	Deutsche Vereinigung für Finanzanalyse und Asset Management e.V./Schmalenbach-Gesellschaft für Betriebswirtschaft e.V.
ED	Exposure Draft
EAA	European Accounting Association
EBIT	Earnings before interest and taxes
EBITDA	Earnings before interest, taxes, depreciation and amortization
ECU	European Currency Unit
EDGAR	Electronic Data Gathering, Analysis, and Retrieval
E-DRS	Entwurf eines Deutschen Rechnungslegungsstandards
EFRAG	European Financial Reporting Advisory Group
EG	Europäische Gemeinschaft
EGHGB	Einführungsgesetz zum Handelsgesetzbuch
EHUG	Gesetz über elektronische Handelsregister und Genossenschaftsregister sowie das Unternehmensregister
EITF	Emerging Issues Task Force
EK	Eigenkapital
EP	Europäisches Parlament
EPS	Earnings per share
ESRC	EU Securities Regulation Committee
ESC	EU Securities Committee
ESt	Einkommensteuer
EStG	Einkommensteuergesetz
EStR	Einkommensteuer-Richtlinien
EU	Europäische Union
EUR	Euro
EWGV	Vertrag zur Gründung der Europäischen Wirtschaftsgemeinschaft
F&E	Forschung und Entwicklung
FAF	Financial Accounting Foundation
FAnF	Financial Analysts Federation

FAS	Financial Accounting Standard
FASAC	Financial Accounting Standards Advisory Council
FASB	Financial Accounting Standards Board
FAV	Finanzanlagevermögen
FAZ	Frankfurter Allgemeine Zeitung
FB	Finanz Betrieb (Zeitschrift)
FEE	Fédération des Experts Comptables Européens
FEI	Financial Executives Institute
FER	Fachkommission für Empfehlungen zur Rechnungslegung in der Schweiz
FERF	Financial Executives Research Foundation
FF	Französische Francs
FI	Finanzinstrument(e)
FIFO	First-in-First-out
FIN	FASB Interpretation
FK	Fremdkapital
FRC	Financial Reporting Council
FRED	Financial Reporting Exposure Draft
FRR	Financial Reporting Release
FRRP	Financial Reporting Review Panel
FRS	Financial Reporting Standards
FTC	Federal Trade Commission
FWP	Frankfurter Wertpapierbörse
GAAP	Generally Accepted Accounting Principles
GAAS	Generally Accepted Auditing Standards
GASAC	Governmental Accounting Standards Advisory Council
GASB	Governmental Accounting Standards Board
GbR	Gesellschaft bürgerlichen Rechts
GE	Geldeinheiten
GEFIU	Gesellschaft für Finanzwirtschaft in der Unternehmensführung e.V.
GEISAR	Group of Experts on International Standards of Accounting and Reporting
GenG	Genossenschaftsgesetz
GewStG	Gewerbesteuergesetz
GG	Grundgesetz
GmbHG	Gesetz betreffend die Gesellschaften mit beschränkter Haftung
GmbHR	GmbH-Rundschau (Zeitschrift)
GoB	Grundsätze ordnungsmäßiger Buchführung
GoF	Geschäfts- oder Firmenwert
GSt	Gewerbesteuer
GuV	Gewinn- und Verlustrechnung
h.M.	herrschende Meinung
HB	Handelsbilanz

HFA	Hauptfachausschuß
HGB	Handelsgesetzbuch
HIFO	Highest-in-First-out
HK	Historischer Kurs
HW	Höchstwert
i.d.R.	in der Regel
i.e.S.	im engeren Sinn
i.S.d.	im Sinne des/der
i.V.m.	in Verbindung mit
i.w.S.	im weiteren Sinn
IAAER	International Association for Accounting Education and Research
IAFEI	International Association of Financial Executives Institutes
IAS	International Accounting Standard
IASB	International Accounting Standards Board
IASC	International Accounting Standards Committee
IASCF	International Accounting Standards Committee Foundation
IAV	Immaterielles Anlagevermögen
ICAC	Instituto de Contabilidad y Auditoria de Cuentas
ICC	Interstate Commerce Commission
ICIA	Council of Investment Associations
IdW/IDW	Institut der Wirtschaftsprüfer in Deutschland e.V.
IFAC	International Federation of Accountants
IFRIC	International Financial Reporting Interpretations Committee
IFRS	International Financial Reporting Standard
IGC	Implementation Guidance Committee
IMA	Institute of Management Accountants
Imm. VG	Immaterieller Vermögensgegenstand
insb.	insbesondere
IOA	Impairment-only approach
IOSCO	International Organization of Securities Commissions
IRC	Internal Revenue Code
IRS	Internal Revenue Service
ISA	International Standards on Auditing
ISAR	Intergovernmental Working Group of Experts on International Standards of Accounting and Reporting
IStR	Internationales Steuerrecht (Zeitschrift)
IT	Information Technology
IWB	Internationale Wirtschafts-Briefe (Zeitschrift)
Jg.	Jahrgang
JoA	Journal of Accountancy
JoAR	Journal of Accounting Research
JÜ	Jahresüberschuß
k.A.	keine Angabe

KAGG	Gesetz über die Kapitalanlagegesellschaften
KapAEG	Kapitalaufnahmeerleichterungsgesetz
KG	Kommanditgesellschaft
KGaA	Kommanditgesellschaft auf Aktien
KGV	Kurs-Gewinn-Verhältnis
KIFO	Konzern-in-First-out
KonBefrV	Konzernabschlußbefreiungsverordnung
KonTraG	Gesetz zur Kontrolle und Transparenz im Unternehmensbereich
KoR	Kapitalmarktorientierte Rechnungslegung (Zeitschrift)
krp	Kostenrechnungspraxis (Zeitschrift)
KSt	Körperschaftsteuer
KStG	Körperschaftsteuergesetz
kurzfr.	kurzfristig
KWG	Kreditwirtschaftsgesetz
L+G	Löhne und Gehälter
langfr.	langfristig
LESOP	Leveraged Employee Stock Ownership Plan
LIFO	Last-in-First-out
LOFO	Lowest-in-First-out
Ltd	Private Limited Company
M.B.C.A.	Model Business Corporation Act
M.S.C.C.S.	Model Statuatory Close Corporation Supplement
m.w.N.	mit weiteren Nachweisen
MA	Materialaufwand
MACRS	Modified Accelerated Cost Recovery System
MD&A	Management's Discussion and Analysis
MDAX	Mid Cap DAX
MIS	Management Information System
n.F.	neue Fassung
NAA	National Association of Accountants
NAFTA	North American Free Trade Agreement
NASD	National Association of Securities Dealers
NASDAQ-System	National Association of Securities Dealers Automated Quotation-System
NCA	National Council on Accounting
NJW	Neue Juristische Wochenschrift (Zeitschrift)
NLRB	National Labor Relations Board
No(s).	Number(s)
NPC	Net pension cost
NPPC	Net periodic pension cost
NTA	Net tangible assets
NW	Niederstwert
NYSE	New York Stock Exchange
o.V.	ohne Verfasser

OECD	Organization for Economic Cooperation and Development
OHG	Offene Handelsgesellschaft
OTC	Over the Counter
p.	page
par.	paragraph
PER	Price-Earnings-Ratio
PBO	Projected benefit obligation
PCAOB	Public Company Accounting Oversight Board
PIR	Praxis der internationalen Rechnungslegung
PIS	Public Information System
plc	Public Limited Company
PublG	Publizitätsgesetz
QIB	Qualified Institutional Buyer
R.M.B.C.A.	Revised Model Business Corporation Act
ROCE	Return on Capital Employed
RS HFA	Rundschreiben des Hauptfachausschusses
R.U.L.P.A.	Revised Uniform Limited Partnership Act
R.U.P.A.	Revised Uniform Partnership Act
rev.	revised
RIW	Recht der Internationalen Wirtschaft (Zeitschrift)
RK.	Rahmenkonzept
Rn.	Randnummer
RND	Restnutzungsdauer
RTA	Research and Technical Activities Staff
SA	Securities Act
SAB	Staff Accounting Bulletin
SAC	Standards Advisory Council
SAS	Statement of Auditing Standards
SAV	Sachanlagevermögen
SBI	Small Business Issuer
ScheckG	Scheckgesetz
SE	Shareholders' Equity
SEA	Securities Exchange Act
SEC	Securities and Exchange Commission
Sec(s).	Section(s)
SFAC	Statement of Financial Accounting Concepts
SFAS	Statement of Financial Accounting Standards
SIA	Securities Industry Association
SIC	Standing Interpretations Committee
SMAX	Small Cap Exchange
SME	Small and medium-sized entity
SOP	Statement of Position, Statement of Principles
SORIE	Statement of recognised income and expense
SORP	Statement of Recommended Practice

SPE	Special purpose entity
SSAP	Statement of Standard Accounting Practice
StuB	Steuern und Bilanzen (Zeitschrift)
StuW	Steuern und Wirtschaft (Zeitschrift)
TAR	The Accounting Review (Zeitschrift)
TEG	Technical Expert Group
TK	Tageskurs
TranspRL	Transparenzrichtlinie
TransPuG	Gesetz zur weiteren Reform des Aktien- und Bilanzrechts, zu Transparenz und Publizität
TUG	Transparenzrichtlinie-Umsetzungsgesetz
TW	Tageswert
Tz.	Textziffer
U.L.P.A.	Uniform Limited Partnership Act
U.P.A.	Uniform Partnership Act
UCC	Uniform Commercial Code
u.d.T.	unter dem Titel
UITF	Urgent Issues Task Force
UmwG	Umwandlungsgesetz
UNCTC	United Nations Centre on Transnational Corporations
Unt.	Unternehmen
USt	Umsatzsteuer
UV	Umlaufvermögen
VAG	Versicherungsaufsichtsgesetz
VBO	Vested benefit obligation
verb.	verbunden
Verbindl.	Verbindlichkeit
Verpfl.	Verpflichtung
VerwArch	Verwaltungs-Archiv (Zeitschrift)
VIE	Variable interest entity
Vol.	Volume
VO	Verordnung
VSt	Vermögensteuer
VzA	Vorzugsaktie
WiSt	Wirtschaftswissenschaftliches Studium (Zeitschrift)
WISU	Das Wirtschaftsstudium (Zeitschrift)
WM	Wertpapier-Mitteilungen (Zeitschrift)
WPg	Die Wirtschaftsprüfung (Zeitschrift)
WpHG	Wertpapierhandelsgesetz
WPK	Wirtschaftsprüferkammer
WSV	Wandelschuldverschreibung
WWU	Wirtschafts- und Währungsunion
ZBB	Zeitschrift für Bankrecht und Bankwirtschaft
ZfB	Zeitschrift für Betriebswirtschaft

ZfbF	Zeitschrift für betriebswirtschaftliche Forschung
ZGE	Zahlungsmittelgenerierende Einheit
ZGR	Zeitschrift für Unternehmens- und Gesellschaftsrecht
ZHR	Zeitschrift für das gesamte Handelsrecht und Wirtschaftsrecht

Abbildungsverzeichnis

Abb. 1.1:	Rechnungslegungspflicht nach deutschem Handels- und Steuerrecht (vor BilMoG)	11
Abb. 1.2:	Rechnungslegungszwecke für Einzel- und Konzernabschluss in Deutschland	13
Abb. 1.3:	Normierungsprozess und seine Akteure	24
Abb. 2.1:	Anwendungsbereich der IFRS in Deutschland nach EU-Verordnung und BilReG	50
Abb. 2.2:	Phasen der Internationalisierung der Rechnungslegung in Deutschland	51
Abb. 3.1:	Zusammenspiel von SEC und FASB	58
Abb. 3.2:	Zugangsmöglichkeiten zum US-amerikanischen Eigenkapitalmarkt	61
Abb. 3.3:	House of GAAP	74
Abb. 4.1:	Organisationsstruktur der IASCF	90
Abb. 4.2:	House of IFRS	96
Abb. 4.3:	Anerkennungsverfahren (Endorsement Mechanism)	98
Abb. 4.4:	Deutsche Enforcement-Struktur	103
Abb. 5.1:	System allgemeiner Rechnungslegungsgrundsätze des IASB	119
Abb. 5.2:	Abgrenzung von Aufwendungen und Erträgen nach IFRS	124
Abb. 5.3:	Inhalte des Rahmenkonzeptes des IASB	128
Abb. 5.4:	Qualitative Anforderungen an Jahresabschlussinformationen	130
Abb. 6.1:	Darstellung einer Konzernpyramide	140
Abb. 6.2:	Konzernbilanz	141
Abb. 6.3:	Konsolidierungskreis nach IFRS	147
Abb. 6.4:	Vereinfachte Darstellung einer SPE-Konstruktion	151
Abb. 6.5:	Ablaufschema für die Festlegung des Konsolidierungskreises nach IAS 27 und SIC 12	153
Abb. 7.1:	Zusammenhang der Pflichtbestandteile des IFRS-Abschlusses	163
Abb. 7.2:	Abgrenzung von Ergebnis und sonstigem Gesamterfolg nach IFRS	170
Abb. 7.3:	Periodenergebnisspaltungskonzept nach IFRS	173

Abb. 7.4:	Überleitung des Periodenergebnisses zum Gesamterfolg	174
Abb. 7.5:	Kapitalflussrechnungen als Grundlage für Prognosen	184
Abb. 7.6:	Zusammensetzung des Finanzmittelfonds	186
Abb. 7.7:	Darstellungsmöglichkeiten in der Kapitalflussrechnung nach IAS 7	191
Abb. 7.8:	Komponenten der Eigenkapitalveränderung nach US-GAAP	206
Abb. 8.1:	Regelungsbereich von IAS 12	215
Abb. 8.2:	Differenzen zwischen IFRS-Abschluss und steuerlicher Gewinnermittlung	219
Abb. 8.3:	Ursachen temporärer Differenzen	222
Abb. 8.4:	Ergebniswirksame Bildung latenter Steuern	230
Abb. 10.1:	Werthaltigkeitsprüfung nach IAS 36 und SFAS 144 im Vergleich	276
Abb. 11.1:	Erwerbsarten immaterieller Vermögenswerte	284
Abb. 12.1:	Bestandteile der Anschaffungs- bzw. Herstellungskosten	314
Abb. 12.2:	Vorgehensweise bei der bilanziellen Abbildung des Neubewertungsmodells	322
Abb. 12.3:	Behandlung der Neubewertungsrücklage	323
Abb. 13.1:	Klassifikation von Immobilien nach IFRS	340
Abb. 13.2:	Folgebewertung bei nicht verlässlicher Ermittlung des beizulegenden Zeitwerts	349
Abb. 14.1:	Bewertungsvereinfachungsverfahren nach IAS 2	381
Abb. 14.2:	Verfahren der Gewinnrealisierung nach IAS 11	388
Abb. 14.3:	Vorgehensweise des Cost-to-Cost-Verfahrens	391
Abb. 14.4:	Lower of Cost or Market Valuation Method bei der Vorratsbewertung nach den US-GAAP	408
Abb. 15.1:	Entscheidungsbaum für Rückstellungen und Eventualschulden	421
Abb. 16.1:	Barwert leistungsorientierter Verpflichtungen nach dem Anwartschaftsbarwertverfahren	451
Abb. 16.2:	Herleitung der bilanziellen Schuld aus leistungsorientierten Pensionszusagen	463
Abb. 16.3:	Ermittlung des Pensionsaufwandes	464
Abb. 17.1:	Quellen der periodischen Veränderungen des Eigenkapitals	478
Abb. 17.2:	Eigenkapitalpositionen nach IFRS	482
Abb. 17.3:	Aufgliederung der Gewinnrücklagen	487
Abb. 17.4:	Aufgliederung der ergebnisneutral gebildeten sonstigen Rücklagen (other comprehensive income)	489
Abb. 18.1:	Bewertung von Aktienoptionen	513

Abb. 18.2:	Aktienkursentwicklung im Binomialmodell	515
Abb. 19.1:	Ablaufschema zur Klassifizierung von Finanzinstrumenten	545
Abb. 19.2:	Ablaufschema zur Wertminderung von finanziellen Vermögenswerten	558
Abb. 19.3:	Ausbuchung von finanziellen Vermögenswerten	565
Abb. 20.1:	Ablaufschema Sicherungsbilanzierung	590
Abb. 21.1	Bilanzierungsvorschriften von IAS 17 in Abhängigkeit von der Klassifizierung des Leasingverhältnisses	622
Abb. 21.2:	Abschreibungszeitraum beim Finanzierungsleasing	629
Abb. 22.1:	Währungsumrechnung im Rahmen der Konzernabschlusserstellung	672
Abb. 23.1:	Ausgestaltungsformen von Unternehmenszusammenschlüssen	680
Abb. 23.2:	Arbeitsschritte zur Erstellung eines konsolidierten Abschlusses	688
Abb. 23.3:	Konzernverflechtungen und resultierende Konsolidierungsmaßnahmen	689
Abb. 23.4:	Komponenten eines positiven Unterschiedsbetrags	694
Abb. 23.5:	Bilanztheoretische Einordnung von Konsolidierungsmethoden	697
Abb. 23.6:	Goodwill-Niederstwerttest nach IAS 36.90	723
Abb. 23.7:	Goodwill-Niederstwerttest nach SFAS 142	746
Abb. 24.1:	Konsolidierungskreis nach IFRS	753
Abb. 24.2:	Formen von Joint Ventures	757
Abb. 25.1:	Übergangszeitpunkt zur IFRS-Rechnungslegung	792
Abb. 25.2:	Optionale und verpflichtende Ausnahmen vom Grundsatz der retrospektiven Anwendung	794
Abb. 27.1:	Verhältnis der Begriffe Unternehmensbestandteil und ZGE nach IFRS 5	832
Abb. 27.2:	Voraussetzungen für die Klassifikation als aufgegebener Geschäftsbereich	833
Abb. 27.3:	Regelungsbereich von IFRS 5	834
Abb. 27.4:	Kontrollverlust aufgrund einer Kapitalerhöhung	839
Abb. 27.5:	Kontrollverlust aufgrund einer Veräußerung	840
Abb. 31.1:	Zusammenhang von Rechtsform und Kapitalmarktorientierung	921
Abb. 31.2:	Wirkungsweise von Kapitalmarktinformationen	923
Abb. 31.3:	Systematisierung der Unternehmenspublizität	924
Abb. 32.1:	Fair Value-Abschluss auf Basis von ZGE	951
Abb. 32.2:	Abschluss auf Einzelbewertungsbasis	952

Tabellenverzeichnis

Tab. 1.1:	Vertragsbeziehungen eines Unternehmens	6
Tab. 2.1:	Gegenüberstellung von Common Law- und Code Law-System	36
Tab. 2.2:	Internationalität, Größe und volkswirtschaftliche Bedeutung zentraler Eigenkapitalmärkte zum 31.12.2006	44
Tab. 3.1:	Deutsche Unternehmen an der NYSE und der NASDAQ	64
Tab. 3.2:	Standardsetzungsprozess des FASB	67
Tab. 4.1:	Übersicht über die bislang verabschiedeten Standards der IFRS-Rechnungslegung	88
Tab. 4.2:	Formelles Standardsetzungsverfahren	93
Tab. 5.1:	Informationsbedürfnisse der verschiedenen Jahresabschlussadressaten	112
Tab. 5.2:	Zielsetzung, Adressatenkreis und qualitative Anforderungen gemäß Rahmenkonzepten und Diskussionspapier.	131
Tab. 5.3:	Statements of Financial Accounting Concepts (Conceptual Framework)	135
Tab. 7.1:	Mindestgliederungstiefe der Bilanz gemäß IAS 1.54	166
Tab. 7.2:	Mindestgliederungstiefe der Gesamterfolgsrechnung gemäß IAS 1.82-83	172
Tab. 7.3:	Mögliche Bilanzgliederung nach Projekt Phase B	178
Tab. 7.4:	Darstellungsbeispiel einer IAS 1.106 genügenden Eigenkapitalveränderungsrechnung	181
Tab. 7.5:	Grobaufbau der Kapitalflussrechnung in Staffelform	190
Tab. 7.6:	Direkte Darstellung des Cashflows aus betrieblicher Tätigkeit	192
Tab. 7.7:	Indirekte Darstellung des Cashflows aus betrieblicher Tätigkeit	192
Tab. 7.8:	Direkte Darstellung des Cashflows aus Investitionstätigkeit	193
Tab. 7.9:	Direkte Darstellung des Cashflows aus Finanzierungstätigkeit	194
Tab. 7.10:	Mindestgliederungstiefe der Bilanz gemäß Rule 5-02 der Regulation S-X	202
Tab. 7.11:	GuV-Mindestgliederung gemäß Rule 5-03 der Regulation S-X	204

Tab. 11.1:	Wichtige US-amerikanische Regeln zur Bilanzierung immaterieller Vermögenswerte	304
Tab. 14.1:	Herstellungskosten nach IFRS	370
Tab. 14.2:	Herstellungskosten nach IFRS, US-GAAP, HGB und EStR im Vergleich	407
Tab. 16.1:	Ausgestaltungsformen von Pensionszusagen	449
Tab. 18.1:	Anteilsbasierte Vergütungen	503
Tab. 19.1:	Zentrale Vorschriften zu Finanzinstrumenten nach US-GAAP	575
Tab. 19.2:	Bilanzierung und Bewertung von Wertpapieren nach SFAS 115	576
Tab. 20.1:	Werte gehandelter Derivate	582
Tab. 21.1:	Kriterien nach IAS 17.10 und 17.11 für das Finanzierungsleasing	621
Tab. 21.2:	Ansatz und Bewertungsregeln von IAS 17 im Überblick	638
Tab. 23.1:	Aufwands und Ertragskonsolidierung bei der Lieferung von Vorräten	737
Tab. 25.1:	Überleitung des Eigenkapitals der BMW Group auf IFRS zum 01.01.2001	790
Tab. 27.1:	Erst- und Folgebewertung	844
Tab. 29.1:	Ausschnitt aus der Segmentberichterstattung Deutsche Post World Net 2006	876
Tab. 31.1:	Mindestangaben für das Registrierungsformular für Aktien	929
Tab. 32.1:	Verweise auf Wahlrechte in den bestehenden IFRS	970
Tab. 32.2:	Wahlrechte zur Anwendung des Standardentwurfs oder der bestehenden IFRS	970
Tab. 32.3:	Änderungen in der Bilanzierung und Bewertung	971
Tab. 32.4:	Zusätzliche Wahlrechte im Standardentwurf	972

Verzeichnis der kurzzitierten Literatur[1]

Kommentare

Adler/Düring/Schmaltz, Rechnungslegung nach Internationalen Standards, bearbeitet von Gelhausen, H.-F. et al., [ADS International], Loseblattsammlung, Stuttgart 2002.

Adler/Düring/Schmaltz, Rechnungslegung und Prüfung der Unternehmen, Kommentar zum HGB, AktG, GmbHG, PublG nach den Vorschriften des Bilanzrichtlinien-Gesetzes [Rechnungslegung], bearbeitet von Forster, K. H. et al., 6. Aufl., Stuttgart 1995.

Baetge, J. et al. (Hrsg.), Rechnungslegung nach International Accounting Standards (IAS), Kommentar auf der Grundlage des deutschen Bilanzrechts [IAS-Kommentar], Loseblattsammlung, 2. Aufl., Stuttgart 2002.

Baetge, J./Kirsch, H.-J./Thiele, S. (Hrsg.), Bilanzrecht Kommentar, Handelsrecht mit Steuerrecht und den Regelungen des IASB [Bilanzrecht], Loseblattsammlung, Bonn u.a. 2002.

Ballwieser, W./Beine, F./Hayn, S./Peemöller, V./Schruff, L./Weber, C.-P. (Hrsg.), Wiley Kommentar zur internationalen Rechnungslegung nach IFRS 2007 [Wiley Kommentar], 3. Aufl., Weinheim 2007.

Bohl, W./Riese, J./Schlüter, J. (Hrsg.), Beck'sches IFRS-Handbuch, 2. Auflage, Bern 2006.

Ebke, W. (Hrsg.), Münchener Kommentar zum Handelsgesetzbuch [MünchKommHGB], Band 4: Drittes Buch, Handelsbücher, §§ 238 342a HGB, München 2001.

Ellrott, H./Förschle, G./Hoyos, M. (Hrsg.), Beck'scher Bilanz-Kommentar, Handels- und Steuerrecht, §§ 238-339 HGB [Beck Bil-Komm.], 6. Aufl., München 2006.

Krumnow, J. et al. (Hrsg.), Rechnungslegung der Kreditinstitute, Kommentar zum deutschen Bilanzrecht unter Berücksichtigung von IAS/IFRS [Rechnungslegung der Kreditinstitute], 2. Aufl., Stuttgart 2004.

Küting, K./Weber, C.-P. (Hrsg.), Handbuch der Konzernrechnungslegung, Kommentar zur Bilanzierung und Prüfung [Konzernrechnungslegung], Band II, 2. Aufl., Stuttgart 1998.

---

[1] Aufgrund der im Text verwendeten Langzitierweise entfällt ein Literaturverzeichnis. Die hier aufgeführten Lehr- und Fachbücher zur nationalen und internationalen Rechnungslegung sind bei der Erstellung des vorliegenden Buches – neben den originären Rechnungslegungsstandards – wiederholt berücksichtigt worden. Sie werden in den einzelnen Kapiteln in der hier angegebenen Kurzzitierweise zitiert und nicht mehr gesondert in den ausgewählten Literaturhinweisen zu den einzelnen Kapiteln genannt.

Küting, K./Weber, C.-P. (Hrsg.), Handbuch der Rechnungslegung, Kommentar zur Bilanzierung und Prüfung [Rechnungslegung], Loseblattsammlung, 5. Aufl., Stuttgart 2002.

Lüdenbach, N./Hoffmann, W.-D. (Hrsg.), Haufe IFRS-Kommentar [Haufe IFRS-Kommentar], 5. Aufl., Freiburg i. Br. 2007.

Lehr- und Fachbücher

Alfredson, K. et al., Applying International Financial Reporting Standards [Applying IFRS], enhanced edition, Sydney u.a. 2007.

Baetge, J./Kirsch, H.-J./Thiele, S., Bilanzen [Bilanzen], 9. Aufl., Düsseldorf 2007.

Baetge, J./Kirsch, H.-J./Thiele, S., Konzernbilanzen [Konzernbilanzen], 7. Aufl., Düsseldorf 2004.

Bieg, H./Kußmaul, H., Externes Rechnungswesen [Rechnungswesen], 4. Aufl., München u.a. 2006.

Busse von Colbe, W. et al., Konzernabschlüsse, Rechnungslegung nach betriebswirtschaftlichen Grundsätzen sowie nach Vorschriften des HGB und der IAS/IFRS [Konzernabschlüsse], 8. Aufl., Wiesbaden 2006.

Busse von Colbe, W./Pellens, B. (Hrsg.), Lexikon des Rechnungswesens [Rechnungswesen], 4. Aufl., München u.a. 1998.

Cairns, D./Creighton, B./Daniels, A., Applying International Accounting Standards [Applying IAS], 3. Aufl., London u.a. 2003.

Choi, F. D. S./ Meek, G. K., International Accounting [International Accounting], 5. Aufl., Upper Saddle River, New Jersey 2005.

Coenenberg, A., Jahresabschluss und Jahresabschlussanalyse [Jahresabschluss], 20. Aufl., Stuttgart 2005.

Epstein, B./Nach, R./Bragg, S., Wiley GAAP 2008, Interpretation and Application of Generally Accepted Accounting Principles [GAAP 2008], Hoboken 2007.

Epstein, B./Jermakowicz, E., Wiley IFRS 2007: Interpretation and Application of International Financial Reporting Standards [IFRS 2007], Hoboken 2007.

Förschle, G./Holland, B./Kroner, M., Internationale Rechnungslegung: IAS und HGB, Geplante Änderungen des IASB und Anhang-Checkliste [Rechnungslegung], 6. Aufl., Heidelberg 2003.

Hayn, S./Waldersee, G., IFRS/US-GAAP/HGB im Vergleich, Synoptische Darstellung für den Einzel- und Konzernabschluss [Vergleich], 6. Aufl., Stuttgart 2006.

Heuser, P. J./Theile, C., IFRS-Handbuch: Einzel- und Konzernabschluss [IFRS-Handbuch], 3. Aufl., Köln 2007.

Kieso, D. E./Weygandt, J. J./Warfield, T. D., Intermediate Accounting [Intermediate Accounting], 12. Aufl., New York u.a. 2007.

KPMG Deutsche Treuhand-Gesellschaft (Hrsg.), Rechnungslegung nach US-amerikanischen Grundsätzen, Grundlagen der US-GAAP und SEC-Vorschriften [US-GAAP], 4. Aufl., Berlin 2006.

Küting, K./Weber, C.-P., Der Konzernabschluss [Konzernabschluss], 10. Aufl., Stuttgart 2006.

Schildbach, T., Der Konzernabschluß nach HGB, IAS und US-GAAP [Konzernabschluß], 6. Aufl., München u.a. 2001.

Schneider, D., Betriebswirtschaftslehre, Bd. 2: Rechnungswesen [Rechnungswesen], 2. Aufl., München u.a. 1997.

Selchert, F. W./Erhardt, M., Internationale Rechnungslegung, Der Jahresabschluss nach HGB, IAS und US-GAAP [Internationale Rechnungslegung], 3. Aufl., München u.a. 2003.

Wagenhofer, A., Internationale Rechnungslegungsstandards: IAS/IFRS [IAS/IFRS], 5. Aufl., Frankfurt u.a. 2005.

Wagenhofer, A./Ewert, R., Externe Unternehmensrechnung [Externe Unternehmensrechnung], 2. Aufl., Berlin 2007.

Kapitel 1
Theorie der Rechnungslegung

1 Was ist Rechnungslegung? 2

2 Warum gibt es Rechnungslegung? 7

3 Rechnungslegungspflicht und Rechnungslegungszwecke
  nach deutschem Handels- und Steuerrecht 10

4 Ausgestaltung der Rechnungslegung durch Rechnungslegungsregeln 14

5 Was sind „gute" Rechnungslegungsregeln? 16
  - 5.1 Schwierigkeiten bei der normativen Ableitung
    von Rechnungslegungsregeln 16
  - 5.2 Heuristische Konzepte zur Ableitung von Rechnungslegungsregeln 17
    - 5.2.1 Verwendung von normativ „fundierten" Grundsätzen
      der Rechnungslegung 17
      - 5.2.1.1 Messorientierte Konzepte 17
      - 5.2.1.2 Entscheidungsorientierte Konzepte 19
    - 5.2.2 Gewährleistung eines adäquaten Normierungsprozesses 24
    - 5.2.3 Schaffung von Regelwettbewerb......................................29
  - 5.3 Fazit 31

Ausgewählte Literatur 32

Übungsaufgaben..32

Sie halten ein Buch in den Händen, das sich auf vielen hundert Seiten mit Fragestellungen der internationalen Rechnungslegung beschäftigt. Vor diesem Hintergrund sollen zunächst die Fragen behandelt werden, was Rechnungslegung überhaupt ist, warum und wofür es sie gibt und was Rechnungslegung aus theoretischer Sicht ausmacht. Die Theorie der Rechnungslegung kann als Hilfsmittel verstanden werden, um im wachsenden Dickicht konkurrierender Standards und Gesetze den Überblick zu behalten.

In diesem Abschnitt sollen Sie daher erfahren,
- was Rechnungslegung ist,
- warum und wofür es Rechnungslegung gibt und wie Rechnungslegung in das Vertragsgeflecht von Unternehmen eingebunden wird,
- welchen grundlegenden Zielen Rechnungslegung dient und warum viele Staaten eine gesetzliche Rechnungslegungspflicht besitzen,
- wie Rechnungslegungspflicht und Rechnungslegungsziele in Deutschland konkret ausgestaltet sind,
- warum Rechnungslegung der Ausgestaltung durch Rechnungslegungsregeln bedarf und
- welche Anhaltspunkte für die Identifikation „guter" Rechnungslegungsregeln existieren.

1 Was ist Rechnungslegung?

Rechnungswesen und Rechnungslegung

Unternehmer versuchen seit jeher, die Ergebnisse ihrer wirtschaftlichen Handlungen sich selbst und anderen durch zahlenmäßige Abbildung transparent zu machen. Dieser Aufgabe dient das Rechnungswesen. In Abgrenzung vom *internen* Rechnungswesen, das der Selbstinformation des Unternehmers bzw. der Manager dient und nach unternehmensindividuellen Regeln erstellt wird, ist das als Rechnungslegung bezeichnete *externe* Rechnungswesen zu Informationszwecken für außerhalb des Unternehmens stehende Personen gedacht und wird meist nach standardisierten Regeln aufgestellt.

Rechnungslegung umfasst Informationen völlig unterschiedlicher Art und Aufbereitung. Wenn vor etwa 5.000 Jahren die Sumerer ihre Vermögensverzeichnisse u.a. über Kupferminen und Getreide auf Tontafeln angelegt haben, ist das ebenso Rechnungslegung wie z.B. die „Bilanz über die Ausrüstung des Schiffes der Asiatischen Handlungscompagnie ‚König von Preussen'", die über eine Schiffsreise von 1751 bis 1753 in einer Art Ertragsbilanz Rechnung legte[1]. Die Rechnungslegung ist letztlich der Inbegriff zahlenmäßiger Abbildung von

---

1 Vgl. mit weiteren Quellen und Hinweisen *Schneider, D.*, Betriebswirtschaftslehre, Band 4: Geschichte und Methoden der Wirtschaftswissenschaft, München u.a. 2001, S. 69 f., 911 f.

Geschehenem, Vorhandenem oder Künftigem[2], die sich heute primär in so genannten Rechenwerken vollzieht.

Obwohl sich diese Rechenwerke in verschiedenen Ländern über die Jahrhunderte unterschiedlich entwickelt haben, dürfte die Rechnungslegung heute weltweit immer noch auf denselben Grundtypen beruhen: auf der Bilanz, der Gewinn- und Verlustrechnung (GuV) bzw. Erfolgsrechnung und der Kapitalflussrechnung. Letztere kennzeichnet eine Zahlungs- und damit Stromgrößenrechnung, die möglicherweise die Urform der Rechnungslegung beschreibt: die Auflistung von Ein- und Auszahlungen einer bestimmten Periode zur Ermittlung des Zahlungsüberschusses (Cashflow). Darunter fallen z.B. das Haushaltsbuch einer Familie ebenso wie die Erfassung unzähliger Zahlungsvorgänge in einem großen Unternehmen wie z.B. der Bayer AG oder der DaimlerChrysler AG. Die Bilanz hingegen beschreibt eine stichtagsbezogene Bestandsrechnung. Darunter sind z.B. die erwähnten Vermögensverzeichnisse der Sumerer zu subsumieren, aber auch die heutigen sehr viel komplexeren Unternehmensbilanzen, die das Vermögen (Aktivseite: Kapitalverwendung) dem Kapital (Passivseite: Kapitalherkunft) gegenüberstellen. Die GuV zeigt indes die Veränderungen dieser Bestände in Form von Stromgrößen auf, den so genannten Aufwendungen und Erträgen. Diese Basis-Rechenwerke werden mit ergänzenden Informationen meist zu einem Abschluss zusammengefasst, der sich auf eine Zeitperiode bezieht und deshalb z.B. als Quartals- oder Jahresabschluss bezeichnet wird[3].

Basis-Rechenwerke: Bilanz, GuV und Kapitalflussrechnung

Die Rechnungslegung ist mit Hinweis auf diese Basis-Rechenwerke konkretisiert worden. Dennoch bleibt offen, wie diese Rechenwerke aufzubauen und inhaltlich zu füllen sind. Bevor diese zentrale Frage in den Kapiteln dieses Buches auf der Basis vieler detaillierter Einzelregeln beantwortet wird, erscheint es sinnvoll, das Grundprinzip einer jeden Rechnungslegung zu verstehen. Dazu löst man sich von speziellen Regeln und versucht vorab zu erklären, warum es Rechnungslegung überhaupt gibt, welcher grundlegenden Zielsetzung sie dient, welche Personengruppen von ihr betroffen sind und warum sie bestimmten Regeln folgt, die sich zudem, z.B. je nach betrachtetem Gesetz oder Land, unterscheiden können.

Im Grundsatz basiert die Rechnungslegung darauf, dass ein Mensch oder eine Gruppe von Menschen, prototypisch der *Rechnungsleger*, mehr über ein unternehmerisches Gebilde, die *rechnungslegende Einheit,* weiß, als eine oder mehrere andere Personen, die *Rechnungslegungsadressaten*. Dieses Mehr an Wissen, im ökonomischen Sinn liegt hier *asymmetrische Information* vor, soll durch die Präsentation von komprimierten Informationen insbesondere in den Rechenwerken reduziert werden. Der grundlegende Zweck einer jeden Rechnungslegung, der *Metazweck*, kann also als gezielte Reduktion der Informationsasymmetrie zwischen dem Rechnungsleger und den Rechnungslegungsadressaten verstanden werden.

Akteure der Rechnungslegung und Metazweck

---

2 Vgl. *Schneider*, Rechnungswesen, S. 3, der so allerdings das Rechnungswesen allgemein definiert.
3 Vgl. ausführlich zu den Rechenwerken eines IFRS-Abschlusses Kapitel 7.

Rechnungsleger

Damit steht zunächst fest: Der Rechnungsleger weiß mehr über die rechnungslegende Einheit als die Rechnungslegungsadressaten. Rechnungslegung wird letztlich von Menschen gemacht, die eigene Interessen verfolgen und dabei Handlungs- und Wissensbeschränkungen unterliegen. Dabei handelt es sich um „Unternehmensinsider", im Regelfall um die Manager des Unternehmens, die durch entsprechend spezialisierte Mitarbeiter (Rechnungsleger im eigentlichen Sinne) technisch unterstützt werden. Sie besitzen – auch durch das interne Rechnungswesen – privates Wissen über das Rechnungslegungsobjekt, das sie den Rechnungslegungsadressaten preisgeben. Warum jedoch sollte der Rechnungsleger sein privates Wissen so freizügig teilen? Welchen Anreiz besitzt er? Um diese Fragen beantworten zu können, sollen zunächst die anderen Akteure der Rechnungslegung angesprochen werden: die Rechnungslegungsadressaten.

Rechnungslegungsadressaten

Die Rechnungslegung ist zumeist öffentlich und damit vom Grundsatz her für eine unbegrenzte Zahl von Adressaten bestimmt. Nun interessiert sich naturgemäß nicht die gesamte Weltöffentlichkeit für den Abschluss z.B. eines mittelständischen Unternehmens. Nur wer in einer mehr oder weniger direkten Vertragsbeziehung zu diesem Unternehmen steht, wird bereit sein, die notwendige Zeit aufzubringen, um sich mit der *Rechnungslegungspublizität*, also dem veröffentlichten Ergebnis der Rechnungslegung, zu befassen. Typische Vertragspartner von Unternehmen sind vor allem die im Folgenden vorgestellten Adressatengruppen.

- *Eigenkapitalgeber*: Sie überlassen dem Unternehmen zeitlich unbegrenzt eine bei Kapitalgesellschaften beschränkte und bei Personengesellschaften letztendlich unbeschränkte Menge ihres Vermögens. Somit sind sie die Eigentümer des Unternehmens und haben den so genannten Residualanspruch auf dessen Reinvermögen. Das Reinvermögen verbleibt, wenn die Ansprüche aller anderen Vertragspartner des Unternehmens befriedigt wurden. Folglich interessieren sich die Eigentümer für die (vergangene und zukünftige) Entwicklung eben jener Größe: Wie hoch ist das Reinvermögen? Welchen Teil davon benötigt das Unternehmen für aktuelle und künftige Investitionen und welchen Teil können die Eigentümer sich (bspw. zu Konsumzwecken) ausschütten lassen?

- *Fremdkapitalgeber*: Sie überlassen dem Unternehmen zeitlich begrenzt eine beschränkte Vermögensmenge. Somit besitzen sie einerseits Anspruch auf die Rückzahlung des eingesetzten Kapitals und andererseits auf eine angemessene, also risikoadjustierte Verzinsung. Von dem Unternehmen erwarten sie folglich die fristgerechte Zahlung des Kapitaldienstes. Nun besteht die Gefahr, dass Unternehmen in Zahlungsverzug geraten oder gar insolvent werden. Um die Wahrscheinlichkeit für diese Ereignisse abzuschätzen, fragen Fremdkapitalgeber u.a. Rechnungslegungsinformationen nach, die ihnen Anhaltspunkte über die künftige Liquiditätssituation des Unternehmens liefern. Diese künftige Liquiditätssituation bestimmt letztlich auch das unternehmerische Risiko aus Fremdkapitalgebersicht.

- *Arbeitnehmer*: Sie haben Arbeitsverträge mit dem Unternehmen geschlossen und interessieren sich folglich dafür, ob diese Arbeitsverträge von Seiten des Unternehmens künftig erfüllt werden. Andererseits haben sie bestimmte Erwartungen für ihre Karriere bei dem Unternehmen und dürften sich daher für dessen Wachstumsperspektiven interessieren.
- *Kunden* und *Lieferanten*: Diese Vertragspartner des Unternehmens haben ebenfalls ein eigenes Informationsinteresse. So sind Lieferanten meist auch Gläubiger und haben daher ähnliche Informationsbedürfnisse wie Fremdkapitalgeber. Andererseits besteht zwischen Lieferanten und Unternehmen häufig eine über den einzelnen Lieferauftrag hinausgehende, langfristige Beziehung. Beide Seiten haben spezifische Investitionen getätigt: Der Lieferant hat eventuell seine Produkte an spezielle Kundenwünsche angepasst oder sich gar als Zulieferer in unmittelbarer Werksnähe niedergelassen. Aufgrund solcher Verflechtungen sind Lieferanten regelmäßig auch an der künftigen wirtschaftlichen Entwicklung ihrer Kunden interessiert. Quasi spiegelbildlich verhält es sich auf der Kundenseite. Während der einmalige Käufer eines kurzlebigen Konsumguts nur relativ oberflächliches Interesse an dem verkaufenden Unternehmen besitzen dürfte, könnte dies bei Käufern von langlebigen Wirtschaftsgütern schon anders aussehen: So dürfte sich der Käufer einer Waschmaschine, von der er mindestens 20 Jahre problemlose Waschleistung verlangt, schon dafür interessieren, ob das herstellende Unternehmen überhaupt noch 20 Jahre am Markt aktiv sein wird, um Garantie- und Reparaturdienstleistungen erbringen zu können. Insbesondere gewerbliche Kunden mit häufig wiederkehrenden spezifischen Beziehungen zum liefernden Unternehmen fragen regelmäßig Informationen über dessen wirtschaftliche Lage nach.
- *Staat*: Der Staat und seine Gebietskörperschaften benötigen Informationen über die wirtschaftliche Leistungsfähigkeit des Unternehmens, wenn sie hieran Steuerzahlungen festsetzen möchten. Die Messung der wirtschaftlichen Leistungsfähigkeit für steuerliche Zwecke erfordert meist ein von der „normalen" Rechnungslegung mehr oder weniger stark abgekoppeltes separates Rechenwerk. Aber auch neben der Steuerbemessung besitzen die Staatsvertreter ein Informationsinteresse: So treten Unternehmen selber regelmäßig als Vertragspartner des öffentlichen Sektors auf, so dass Kunden- und Lieferantenbeziehungen entstehen. Außerdem interessieren sich Staatsvertreter für die wirtschaftliche Lage von Unternehmen, um neben der aktuellen Steuerbemessung z.B. auch künftige Einnahmequellen des Staates zu eruieren und Industriepolitik etwa im Rahmen von Wirtschaftsförderung zu betreiben.

Somit sind nahezu alle Akteure, die in direkter Vertragsbeziehung zum Unternehmen stehen, Rechnungslegungsadressaten. Die Interessen dieser Adressaten und die damit verbundenen Rechtsansprüche sind in Tabelle 1.1 zusammengefasst.

Adressaten-gruppe	Übertragene Verfügungsrechte	Erhaltener Anspruch	Mögliche Anspruchs-absicherungen
Eigenkapital-geber	Unbefristetes Nutzungsrecht für das Kapital	Residualanspruch auf Gewinn und Reinvermögen der Unternehmung	Leitungsbefugnisse, Informations- und Kontrollrechte
Fremdkapital-geber	Befristetes Nutzungsrecht für das Kapital	Tilgung und Zinszahlungen	Kontrollrechte, Kapitalverwendungs- und Kündigungsregeln
Arbeitnehmer	Arbeitskraft und Know-how	Lohn- und Gehaltszahlungen	Kündigungsfristen, Tarifverträge, Mitspracherechte
Kunden	Entgelt	Güter und Dienstleistungen	Garantieverträge, Produkthaftung und Nachlieferungsansprüche
Lieferanten	Güter und Dienstleistungen	Entgelt	Eigentumsvorbehalt, Forderungsabtretung
Gebietskörperschaften (Staat)	Bereitstellung von Infrastruktur, Subventionen	Steuern, Abgaben, Gebühren	Öffentliches Recht, Subventionsverträge

Tab. 1.1: Vertragsbeziehungen eines Unternehmens

Rechnungslegungszweck

Zusammengefasst lässt sich erkennen, dass die meisten Adressaten eher Informationen über die *künftige* Lage des Unternehmens als über dessen Vergangenheit benötigen. Vor allem die Eigenkapitalgeber als Eigentümer des Unternehmens haben aber auch ein starkes Interesse an Informationen über die unternehmerische Tätigkeit der abgelaufenen Periode. Nur so können sie feststellen, wie mit ihrem Kapital gewirtschaftet wurde, welchen liquidierbaren Wert ihr Investment zum Ende der Periode hatte und ob sie ihrem Management auch weiterhin das Vertrauen schenken sollten. Aber auch die anderen Vertragspartner interessieren sich unter Umständen für abgelaufene Geschäftsjahre, da sie, falls ihre Ansprüche bislang nicht erfüllt wurden, anhand dieser Informationen überprüfen können, ob sie gegebenenfalls rechtliche Ansprüche gegen das Unternehmen geltend machen können. Denkbar sind aber auch vertragliche Ansprüche, die regelmäßig an die Entwicklung (z.B. des Nettovermögens) einer abgelaufenen Periode geknüpft werden.

Somit hat Rechnungslegung ausgehend von ihrem Metazweck zwei etwas konkretere Informationsbedürfnisse zu befriedigen:
- Rechenschaft über wirtschaftliches Handeln in der Vergangenheit und
- Bereitstellung von Informationen, mittels derer die künftige wirtschaftliche Entwicklung des Unternehmens abgeschätzt werden kann.

Rechenschaft und Information

Die erste Aufgabe wird auch als Koordinationsfunktion bezeichnet, da Rechenschaft primär der Vertragskoordination dient. Die zweite Aufgabe lässt sich analog als Bewertungsfunktion charakterisieren, da zukunftsgerichtete Informationen primär der Bewertung von Ansprüchen dienen. Diese beiden Informationsbedürfnisse bzw. Funktionen sind nicht identisch. So gibt es zum Beispiel Informationen über die künftige wirtschaftliche Entwicklung des Unternehmens (wie etwa Informationen über makroökonomische Preisentwicklungen), die nichts über das wirtschaftliche Handeln der Vergangenheit aussagen. Hieraus folgt, dass z.B. solche Informationen, die für die Bewertung von Unternehmensanteilen hilfreich sind, unter Umständen für die vertragliche Koordination unbrauchbar oder sogar hinderlich sein können (da z.B. die Bonusverträge risikoaverser Manager von den oben erwähnten makroökonomischen Preisrisiken abhängig werden). Andersherum können manche rechenschaftsorientierte Angaben eine effiziente Unternehmenskoordination ermöglichen, obwohl sie für Bewertungszwecke letztlich irrelevant sind. Letztendlich muss Unternehmenskommunikation also immer in Abhängigkeit von ihrer jeweiligen Funktion ausgestaltet werden. Im folgenden Abschnitt werden wir anhand einiger Beispiele diskutieren, warum sich die Rechnungslegung als zentrales Kommunikationsinstrument durchgesetzt hat.

Koordinations- und Bewertungsfunktion

2 Warum gibt es Rechnungslegung?

Wenn sich Menschen nur einmal treffen, Waren oder Dienstleistungen tauschen und sich dann wieder trennen, kommen sie gegebenenfalls ohne spezielle Verträge aus: Schließlich gibt es das allgemeine Rechtssystem, das die Vertragspartner durch bestimmte Rahmenbedingungen schützt. Unternehmen sind allerdings meist auf Dauer angelegt, so dass es zu wiederholten und langfristigen Verträgen im Unternehmensverbund kommt. Die Eigentümer stellen einen Manager nicht nur für eine Woche, sondern für mehrere Jahre ein, die Arbeitnehmer unterzeichnen unbefristete Arbeitsverträge und Fremdkapitalgeber geben langfristige Kredite. Bei diesen langfristigen Vereinbarungen kommt es häufig dazu, dass sich die wirtschaftlichen Rahmenbedingungen eines Vertragspartners verändern. Daher werden in die Verträge spezielle Klauseln aufgenommen, die neben Zahlungs-, Waren- und Dienstleistungsströmen u.a. auch Informationsströme regeln. So gewähren die Eigentümer dem Manager relativ weitgehende Entscheidungsbefugnisse, fordern aber dafür, regelmäßig über den Gang der Geschäfte infor-

Rechnungslegung als vertragliches Koordinationsinstrument

miert zu werden und behalten sich auch das Abberufungsrecht vor. Um sicherzustellen, dass der Manager sich im Sinne der Eigentümer verhält, können sie ihm zudem einen bestimmten Teil der Nettovermögensmehrung vertraglich zusichern.

Die Eigentümer regeln ihre Beziehungen untereinander ebenfalls in Verträgen: Da sie nur mehrheitlich darüber entscheiden können, ob dem Unternehmen z.B. Liquidität zu entziehen ist, könnten einzelne Mehrheitseigentümer die Minderheitseigentümer u.U. übervorteilen. Dies antizipierend würden Minderheitsaktionäre ihre Zahlungsbereitschaft für Eigentumsanteile reduzieren. Wenn die Mehrheitsanteilseigner dies verhindern wollen, könnten sie den Minderheiten z.B. vertraglich zusichern, dass ihnen regelmäßig ein gewisser Teil der Nettovermögensänderung zur Ausschüttung vorgeschlagen wird. Um diesen Anteil zu bemessen, werden Informationen der Rechnungslegung benötigt.

Gläubiger könnten ihre Kreditvergabe daran binden, dass das Unternehmen bestimmte Investitionsvorhaben durchführt, dass es einen Liquiditätspuffer hält oder eine bestimmte Eigenkapitalquote, also das Verhältnis von Reinvermögen der Eigentümer und gesamtem eingesetztem Kapital, beachtet.

Es wird deutlich: Rechnungslegung spielt als Informationsinstrument eine wichtige Rolle in den Verträgen von Unternehmen. Dies gilt umso mehr,
- je komplexer und langlebiger die Unternehmen angelegt werden und
- je größer die Anzahl der Vertragspartner ist, das heißt, je geringer der Einfluss und das Wissen des einzelnen Vertragspartners sind.

Wenn wir akzeptieren, dass es aus ökonomischer Sicht rational ist, regelmäßig Rechnung zu legen, und dass dies eventuell als notwendige Bedingung für die Funktionsfähigkeit von komplexen, dezentral gesteuerten Unternehmen anzusehen ist, folgt eine weitere Frage: Muss eine solche Rechnungslegung den Unternehmen zwingend vorgeschrieben werden?

Rechnungslegungspflicht

Warum sollte den Unternehmen und ihren Vertragspartnern die Gestaltung der Rechnungslegung nicht selber überlassen werden? Schließlich lässt sich eine Pflicht zur Rechnungslegung auch privatrechtlich ein- und durchsetzen. Auch das Management hat einen Anreiz, die Adressaten regelmäßig über die Entwicklung des Unternehmens zu informieren. In einem marktwirtschaftlichen System ist die Vertragsfreiheit im Grundsatz immer vorziehungswürdig. Wer daher eine gesetzliche Rechnungslegungspflicht befürwortet, hat die Beweislast: Er muss belegen, warum freiwillige Rechnungslegung nicht ausreichend ist. Hierfür sind die Vor- und Nachteile einer gesetzlich kodifizierten Rechnungslegungspflicht gegenüberzustellen.

Vorteile einer Rechnungslegungspflicht

Eine gesetzliche Pflicht könnte z.B. dann sinnvoll sein, wenn Unternehmen bzw. ihre Manager aufgrund ihrer besseren Marktposition die Rechnungslegungsadressaten übervorteilen können. Dies ist vor allem dann der Fall, wenn die Adressaten nicht dadurch reagieren können, dass sie sich ein anderes Unternehmen als Vertragspartner suchen. Wie im Vorabschnitt beschrieben, ist dies regelmäßig bei den Unternehmenseigentümern der Fall. Eigenkapitalgeber können ihre Unternehmensanteile bestenfalls über den Sekundärmarkt veräußern, nicht jedoch vom Management die Auszahlung ihrer Anteile fordern. Was also tun, wenn sich das Management in Absprache mit dem Mehrheitsaktionär entschließt, keine freiwillige Publizität mehr zu betreiben, sondern lediglich den Mehrheitseigentümer privat über die Lage des Unternehmens zu informieren? Selbst wenn für die Eigenkapitaltitel dieses Unternehmens ein funktionierender Sekundärmarkt existierte, wäre nicht davon auszugehen, dass die Minderheitsaktionäre nach dieser Managemententscheidung noch zufriedenstellende Preise für ihre Anteile erzielen könnten. Wenn also die Eigentümer unsicher sind, ob die Informationen der Rechnungslegung dauerhaft öffentlich zur Verfügung stehen, dürften sie ihre Zahlungsbereitschaft für Eigenkapitaltitel reduzieren. Dies könnte im Extremfall den Markt für Eigenkapital zum Erliegen bringen und damit die arbeitsteilige Wirtschaft stark beeinträchtigen. Daher besteht grundsätzlich auch für Alteigentümer und Manager ein Anreiz, diese Unsicherheit durch eine glaubhafte Selbstverpflichtung zu reduzieren. Es muss aber nicht nur jetzt, sondern auch künftig eine hinreichende Publizität von Rechnungslegungsinformationen sichergestellt sein. Genau dies ist jedoch die Schwierigkeit einer Selbstverpflichtung der Unternehmen zur Publizität. Die Vertragspartner des Unternehmens müssen sich darauf verlassen können, dass zukünftig nicht von der heute vereinbarten Publizität abgewichen wird. Eine solche Selbstverpflichtung ist nur dann glaubwürdig, wenn sie entweder durch entsprechende Sanktionen abgesichert ist oder an die Stelle der Selbstverpflichtung eben die gesetzliche Pflicht tritt.

Durch die gesetzliche Regelung wird Rechnungslegung zu einem standardisierten Rechtsinstrument, auf das z.B. in privaten Verträgen verwiesen werden kann. Damit lassen sich (Transaktions-)Kosten sparen, weil individuelle Verträge in diesem Punkt „entschlackt" und entsprechende Verhandlungen vermieden werden. So können Fertigungsverträge abgeschlossen werden, die dem Lieferanten eine Entlohnung in Höhe der aus der Rechnungslegung stammenden Auftragskosten zuzüglich eines bestimmten Gewinnzuschlags garantieren. Kreditverträge können beinhalten, dass das kreditaufnehmende Unternehmen bestimmte Bilanzrelationen oder Ausschüttungsgrenzen einhält. Manche dieser auf Rechnungslegungsdaten zielenden Vertragslösungen treten so häufig auf, dass sie ihrerseits gesetzlich als Standard festgeschrieben werden, um die Kosten der individuellen Vertragsgestaltung zu senken. So lässt sich z.B. die Vorschrift des § 58 i.V.m. §§ 150, 158 AktG über die Gewinnverwendung erklären, welche die Höhe des maximal ausschüttbaren Bilanzgewinns auf Basis des Jahresüberschusses und der bilanziellen Rücklagen bestimmt.

Andererseits entfaltet die Verpflichtung zur Informationsweitergabe so genannte Verteilungswirkungen. Wenn z.B. ein Anteilseigner zur Erkundung des Geschäftsmodells eines Unternehmens entsprechende Zeit investiert hat und somit aufgrund seiner privaten Information besser als andere Marktteilnehmer in der Lage ist, die wirtschaftliche Lage des Unternehmens einzuschätzen, dann würde diese Vermögensposition durch eine Veröffentlichungspflicht zerstört. Im

Nachteile einer Rechnungslegungspflicht

Extremfall kann so das sinnvolle Bestreben der Rechnungslegungsadressaten, von sich aus Informationen über das Unternehmen zu beschaffen und dann über den Marktprozess und entsprechende Preisänderungen zur Vermögensmehrung zu nutzen, zum Erliegen kommen. Mehr Information für alle ist also nicht immer für alle gut.

Darüber hinaus ist die „Produktion" und Bereitstellung von Rechnungslegungsdaten nicht kostenlos. Vor allem die Vertreter kleinerer Unternehmen könnten diese Kosten vor dem Hintergrund des erwarteten Nutzens für ungerechtfertigt halten, was entweder zur Nichtbefolgung der Norm oder im Extremfall zur Einstellung der Unternehmertätigkeit führen könnte. Neben dem Kostenargument besitzt eine gesetzliche Verpflichtung zur Rechnungslegung häufig einen weiteren nachteiligen Effekt: Die Evolutionsfähigkeit des Marktes wird eingeschränkt. Da im Regelfall neben einer abstrakten Verpflichtung auch die weiter unten diskutierte Ausgestaltung der Rechnungslegung vorgeschrieben wird, besteht für Unternehmen und Adressaten weniger Anreiz, von sich aus ein sinnvolles Kommunikations- und Koordinationsinstrument zu entwerfen. Eine gesetzliche Verpflichtung zur Rechnungslegung schadet also dem Wettbewerb um die beste Rechnungslegung immer dann, wenn sie die Modalitäten und Regeln der Rechnungslegung festschreibt.

Rechnungslegungspflicht ist empirischer Fakt

Trotz der diskutierten Gegenargumente hat sich weltweit die Meinung durchgesetzt, dass eine Rechnungslegungspflicht zumindest für Unternehmen mit einem großen Adressatenkreis eher nutzt als schadet. Dementsprechend findet sich die Pflicht zur Rechnungslegung in praktisch allen großen Rechtssystemen. Um nun aufzuzeigen, wie eine Rechnungslegungspflicht konkret aussehen kann, soll die Theorieebene an dieser Stelle verlassen werden. Es wird exemplarisch die deutsche Rechtssituation betrachtet. In diesem Zusammenhang soll auch deutlich werden, welche konkreten Rechnungslegungszwecke der deutsche Gesetzgeber an die Rechnungslegung geknüpft hat.

3 Rechnungslegungspflicht und Rechnungslegungszwecke nach deutschem Handels- und Steuerrecht

Rechnungslegungspflicht nach HGB und AO

Entsprechend der Koordinationsfunktion der Rechnungslegung finden sich sie wesentlichen Vorschriften zur Rechnungslegung des deutschen Rechtssystems im Gesellschaftsrecht. Das deutsche Handelsgesetzbuch (HGB) ist das zentrale Gesetz zur Rechnungslegung. Es knüpft die Rechnungslegungspflicht an den handelsrechtlichen Kaufmannsbegriff (§§ 238 ff. HGB). Ein Kaufmann unterliegt nicht nur der Buchführungspflicht (§ 238 HGB), sondern auch der Pflicht zur Aufstellung eines Jahresabschlusses (§ 242 HGB). Diese handelsrechtliche Buchführungspflicht gilt – wie in Abbildung 1.1 verdeutlicht – im deutschen

Steuerrecht (§ 140 AO) gleichermaßen. Sie wird dort sogar auf alle gewerblichen Tätigkeiten einschließlich Land- und Forstwirtschaft erweitert, sofern ein bestimmter Gewinn oder Umsatz überschritten wird (§ 141 AO).

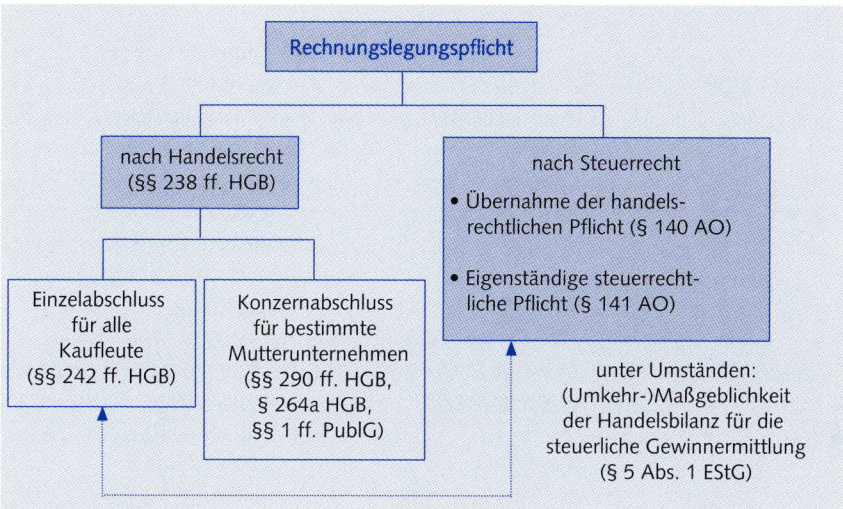

Abb. 1.1: Rechnungslegungspflicht nach deutschem Handels- und Steuerrecht (vor BilMoG)

Die in § 1 HGB festgelegte Kaufmannseigenschaft trifft den Einzelkaufmann (§ 1 Abs. 2 HGB), die Personenhandelsgesellschaft (§§ 1 Abs. 2, 2 HGB i.V.m. §§ 105, 161 HGB) und auch den Formkaufmann (§ 6 HGB), worunter im Wesentlichen die Kapitalgesellschaften, wie z.B. AGs oder GmbHs, zu subsumieren sind.

Alle unter den Kaufmannsbegriff fallenden natürlichen oder (quasi-)juristischen Personen werden als rechnungslegende Einheiten festgelegt[4]. Damit haben sich die Rechnungslegungsdaten auf diese Rechtspersonen zu beziehen und es werden hier alle Geschäftsvorfälle abgebildet, die zwischen dieser Person und der Umwelt stattgefunden haben. Die von ihnen erstellten Abschlüsse werden handelsrechtlich als Jahresabschlüsse, im Folgenden auch als Einzelabschlüsse bezeichnet.

Einzelabschluss

In den ergänzenden Vorschriften für Kapitalgesellschaften sowie bestimmte Personenhandelsgesellschaften, in denen das HGB haftungsbeschränkte Unternehmen – als Korrektiv für die Haftungsbeschränkung – mit zusätzlichen Rechnungslegungspflichten belegt, wird eine zweite rechnungslegende Einheit für die

Konzernabschluss

---

4 Vgl. z.B. § 240 Abs. 1 HGB: „Jeder Kaufmann hat ... *seine* Grundstücke, *seine* Forderungen und Schulden, den Betrag *seines* baren Geldes sowie *seine* sonstigen Vermögensgegenstände ... anzugeben"; § 242 Abs. 1 HGB: „Der Kaufmann hat ... einen das Verhältnis *seines* Vermögens und *seiner* Schulden darstellenden Abschluss ... aufzustellen."

so genannte Konzernrechnungslegungspflicht abgegrenzt. Hier werden mehrere rechtlich selbstständige Unternehmen unabhängig von ihrer Rechtsform zu einer wirtschaftlichen Einheit zusammengefasst und zu einer weiteren Rechnungslegung verpflichtet. Diese Einheit wird in einem Konzernabschluss abgebildet, der nach einer „Fiktion der rechtlichen Einheit"[5] aufzustellen ist. Die Vorschriften zur Konzernrechnungslegung gemäß §§ 290 ff. HGB betreffen primär Kapitalgesellschaften, gelten aber auch für bestimmte Personenhandelsgesellschaften (§ 264a Abs. 1 HGB) sowie große Unternehmen sonstiger Rechtsformen (§§ 1-3 und 11 ff. PublG). Größenabhängige und sonstige Erleichterungen bei der Aufstellungspflicht (§§ 292 ff. HGB) deuten an, dass der Gesetzgeber die Kosten der Konzernrechnungslegung nicht jedem Unternehmen aufbürden möchte.

Informationsfunktion

Einzel- wie Konzernabschluss haben nach Handelsrecht eine Informationsfunktion, die sich insbesondere in § 264 Abs. 2 bzw. § 297 Abs. 2 HGB konkretisiert. Dort heißt es, der Abschluss habe „ein den tatsächlichen Verhältnissen entsprechendes Bild der Vermögens-, Finanz- und Ertragslage" der rechnungslegenden Einheit zu vermitteln. Rechenschaftsgedanke und zukunftsorientierte Informationsvermittlung kommen darin zum Ausdruck. Dient der Konzernabschluss ausschließlich der Informationsfunktion, so hat der Einzelabschluss noch weitere Zwecke. Diese Zweckvielfalt geht mit Spannungen einher, da – wie später zu zeigen sein wird – die konkrete Ausgestaltung der Rechnungslegung schon bei einem einzigen Ziel schwierig genug erscheint.

Gewinnverteilung

An den handelsrechtlichen Einzelabschluss sind neben der Informationsfunktion bestimmte Rechtsfolgen geknüpft. Das heißt nichts anderes, als dass der Informationsfluss standardisiert zur Bemessung der Ansprüche einiger Vertragspartner eingesetzt wird. Dies trifft in erster Linie die gesetzliche Gewinnbeteiligung der Gesellschafter bzw. Eigentümer bei Personenhandelsgesellschaften (§§ 120, 121, 167 und 168 HGB) und bei Kapitalgesellschaften (§§ 57 Abs. 3, 58 AktG, § 278 Abs. 3 i.V.m. § 58 AktG, §§ 150, 158 AktG, §§ 278 Abs. 2, 286 AktG i.V.m. §§ 167, 168 HGB, § 29 Abs. 1 GmbHG). Soweit hier Mindestausschüttungsregeln festgelegt werden, dienen diese Vorschriften dem Gesellschafterschutz. Wenn sie die Ausschüttung indes auch auf eine bestimmte Kapitalhöhe beschränken, wird auch ein „Zuviel" an Ausschüttung verhindert. Die Beschränkung der Entzugsrechte der Anteilseigner soll primär dem Gläubigerschutz dienen. Ergänzend wirken auch handelsrechtliche Bilanzansatz- und Bilanzbewertungsregeln in diese Richtung, die einen „vorsichtigen" und damit „ausschüttbaren" Gewinn zu ermitteln versuchen.

Steuerliche Gewinnermittlung

Die steuerliche Gewinnermittlung ist ein weiterer, zentraler Zweck des Einzelabschlusses. Hier wird gewissermaßen der Anspruch des Fiskus als „Zwangsvertragspartner" des Unternehmens bemessen. So ermittelt sich der steuerpflichtige Gewinn entweder über eine zahlungsorientierte Einnahmenüberschussrechnung (§ 4 Abs. 3 EStG) oder über einen bilanziellen Betriebsvermögensvergleich (§ 4 Abs. 1, § 5 EStG). Während die Gewinnermittlung durch Betriebsvermögensvergleich im Allgemeinen (§ 4 Abs. 1 EStG) auf einer rein steuer-

---

5 *Busse von Colbe et al.*, Konzernabschlüsse, S. 38.

rechtlichen Rechnungslegung beruht, greifen bei Bilanzierungspflichtigen und freiwillig bilanzierenden Unternehmen das Maßgeblichkeits- (§ 5 Abs. 1 Satz 1 EStG) sowie das Umkehrmaßgeblichkeitsprinzip (§ 5 Abs. 1 Satz 2 EStG, Abschaffung durch BilMoG geplant), die die zusätzliche Beachtung handelsrechtlicher Vorschriften erzwingen. Dies gilt jedoch nur insoweit, wie sie konkreten Steuervorschriften nicht entgegenstehen (steuerlicher Bewertungsvorbehalt gemäß § 5 Abs. 6 EStG). Die steuerliche Gewinnermittlung vollzieht sich entweder direkt in einer originären Steuerbilanz oder über einen handelsrechtlichen Einzelabschluss, der durch Umbuchungen an die steuerrechtlichen Vorschriften angepasst wird (§ 60 Abs. 2 EStDV). Eine gesetzliche Verpflichtung zur Aufstellung einer originären Steuerbilanz besteht insofern nicht. Im Rahmen einer so genannten „Einheitsbilanz" wird z.B. versucht, handels- wie auch steuerrechtlichen Vorschriften gleichermaßen zu entsprechen.

Die Rechtsfolgen des handelsrechtlichen Einzelabschlusses umfassen aber auch haftungsrechtliche Konsequenzen bei Kapitalgesellschaften. Zielgröße ist hier das Eigenkapital als Nettovermögen, welches das Haftungskapital der Gesellschaft gegenüber den Gläubigern bestimmt und die Eigentümer von der Haftung freistellt, sofern sie ihre Einlagen in voller Höhe erbracht haben. Auch gesellschaftsrechtliche Verlustanzeigepflichten gemäß § 92 Abs. 1 AktG und § 49 Abs. 3 GmbHG zielen auf den Einzelabschluss und greifen bei verlustbedingten Eigenkapitalaufzehrungen ab einer bestimmten Höhe. Zudem wird der Einzelabschluss in Rechtsstreitigkeiten o.ä. zu Dokumentationszwecken herangezogen.

Sonstige Rechtsfolgen

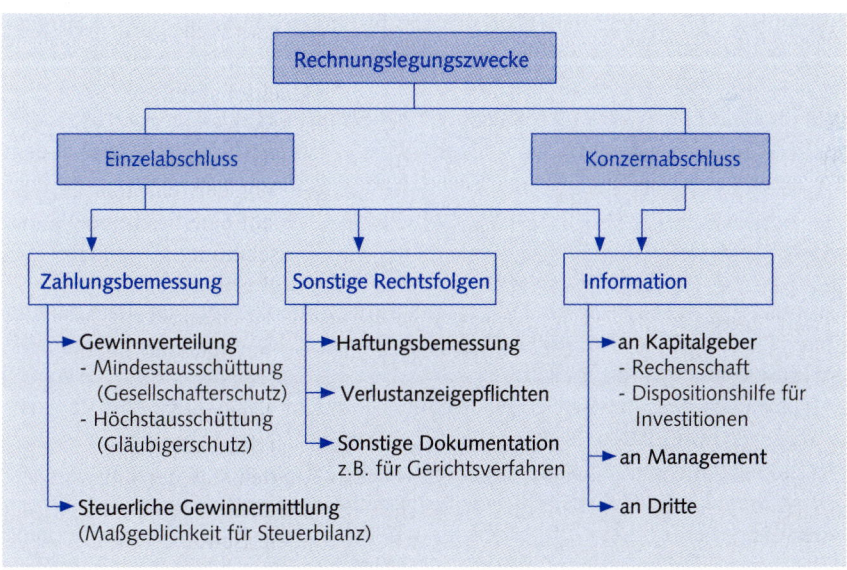

Abb. 1.2: Rechnungslegungszwecke für Einzel- und Konzernabschluss in Deutschland

Dualismus von Einzel- und Konzernabschluss

Das in Abbildung 1.2 noch einmal zusammengefasste System von Rechnungslegungszwecken ist damit durch den Dualismus von Einzel- und Konzernabschluss geprägt. Dabei fällt auf, dass (Rechts-)Ansprüche bisher ausschließlich an den Einzelabschluss anknüpfen. Ob die fehlende Rechtsfähigkeit der im Konzernabschluss zusammengefassten wirtschaftlichen Einheit als Erklärung hierfür ausreicht, sei dahingestellt. In jedem Fall beschränkt sich die reine Informationsfunktion nur auf eben diesen Konzernabschluss.

Bisher ist erläutert worden, was Rechnungslegung ist, warum es sie – auch als gesetzliche Pflicht – gibt und welchen Zwecken sie dient. Dabei ist allerdings noch nicht erörtert worden, warum es der inhaltlichen Ausgestaltung der Rechnungslegung durch Rechnungslegungsregeln bedarf. Warum denn nicht einfach vorschreiben, dass regelmäßig über das Unternehmen zu berichten ist, und den Rest, also die inhaltliche Ausgestaltung der Rechnungslegung, dem Markt überlassen? Mit dieser Frage beschäftigt sich das folgende Teilkapitel, das sich zunächst wieder von der konkreten in Deutschland gültigen Rechtssituation löst und eine allgemeinere Perspektive einnimmt.

4 Ausgestaltung der Rechnungslegung durch Rechnungslegungsregeln

Individuelle Informationsbereitstellung ist unmöglich

Ein Investor überlegt, in welches Unternehmen er sein Vermögen investieren soll. Ihm stellt sich nun die Frage, welche Informationen er für diese Entscheidung benötigt. Einige Investoren haben eventuell das Bedürfnis, mit dem Manager des Unternehmens in direkten Kontakt zu treten: Er soll ihnen erklären, warum ihr Geld in diesem Unternehmen gewinnbringender angelegt ist als in anderen. Ist das Investment bereits getätigt, ist zu erwarten, dass der Manager dem Investor in regelmäßigen Abständen oder bei Interesse auch fallweise darüber berichtet, wie es um dessen Vermögensanlage steht. Dieses Konzept einer Rechnungslegung erscheint naheliegend, solange der Manager nur einen oder wenige Kapitalgeber benötigt, wie es vielleicht bei offenen Handelsgesellschaften oder Kommanditgesellschaften der Fall ist. Wenn das Management oder die Alteigentümer allerdings eine Vielzahl von Kapitalgebern suchen, wird eine solche Vorgehensweise schnell ineffizient.

Aus Investorensicht gibt es ein weiteres Problem mit individueller, unstandardisierter Information. Will z.B. ein durchschnittlich informierter Investor in ein Biotechnologieunternehmen investieren, dürfte es ihn eher verwirren, wenn ihn der Manager ausführlich über den Stand der laufenden Forschungen z.B. zu Alzheimer, über genetic engineering und das Zulassungsverfahren für neue Arzneimittel in den USA informierte. Um über sein Investment zu entscheiden, muss der Investor letztlich in der Lage sein, die Entwicklung der beschriebenen Arzneimittel und die daraus resultierenden Cashflows zu schätzen. Das dafür notwendige Know-how dürfte kaum vorhanden sein. Aber selbst wenn es, z.B.

dank eines Fernstudiums neben der normalen Berufstätigkeit vorhanden wäre, dürfte spätestens die nächste Investitionsentscheidung ein unüberwindbares Problem darstellen. Man stelle sich nur vor, der Biotech-Experte müsste sich nun mit den Marktchancen bestimmter Spezialkristalle für die Fertigung von Flüssigkristallbildschirmen auseinandersetzen. Ein zweites Fernstudium der Mineralogie dürfte illusorisch sein.

Aus dem Beispiel wird deutlich: Für den einzelnen Vertragspartner ist es schwer, spezifische Informationen zielführend zu verarbeiten. Im Regelfall besitzen die Adressaten nicht das notwendige Know-how, um qualitative Unternehmensinformationen auf die Größen zurückzuführen, die sie letztlich interessieren. Als Reaktion auf diese Rahmenbedingung hat sich die Rechnungslegung zu dem entwickelt, was sie heute ist: Sie bildet das Geschehen des Unternehmens, also alle aktuellen und teilweise auch die erwarteten Ereignisse, in Form von Geldgrößen ab. Die Adressaten werden über diese Geldgrößen informiert. Der Vorteil dieser Vorgehensweise liegt darin, dass Geld als Normgröße der Ökonomie von allen Adressaten verstanden und interpretiert werden kann. Auch wenn ein Anleger nicht versteht, was eine Pumpe-Düse-Technik bei einem Dieselmotor ist, dass der Robert Bosch Konzern pro 100 € Eigenkapital im Jahr 2006 einen Gewinn von ca. 9,62 € erwirtschaftet hat, das sagt ihm etwas.

Standardisierte monetäre Abbildung ist zwingend notwendig

Die Rechnungslegung verdichtet ökonomische Transaktionen zu monetären Größen. Leider ist diese Verdichtung nicht objektiv eindeutig möglich. So bedeutet eine Lieferung einer Ware an einen Kunden und die in diesem Zuge durch eine Rechnung konkretisierte Forderung nicht zweifelsfrei, dass sich tatsächlich ein gewinnsteigernder Umsatzerlös ereignet hat. Was ist z.B., wenn der Kunde ein Rückgaberecht hat? Wie hoch ist die Wahrscheinlichkeit der Inanspruchnahme? So könnte der Anteilseigner davon ausgehen, der Umsatz sei hinreichend sicher und der entsprechende Gewinnanteil stehe ihm als Eigentümer nun zur Verfügung. Im Gegensatz dazu kann der Fremdkapitalgeber überzeugt sein, dass aufgrund des Rückgaberechts noch nicht hinreichend sicher von einem Umsatzerlös auszugehen sei und somit der Eigentümer keinesfalls einen Anspruch auf den aus der Verbuchung des Umsatzes resultierenden Gewinn habe. Fraglich ist also, wann der Umsatz als hinreichend realisiert anzusehen ist.

Monetäre Verdichtung von Transaktionen ist nicht eindeutig

Ähnliche Probleme ergeben sich in anderen Bereichen der monetären Abbildung. Fraglich ist z.B., wie die Herstellungskosten der gelieferten Ware zu ermitteln sind, um im Vergleich mit dem Umsatzerlös auf den Gewinn oder Verlust der Warenlieferung schließen zu können. Fraglich ist aber auch, ob und wie die Adressaten über die gesamten Produktionsfaktoren des Unternehmens, z.B. über Maschinen, Immobilien oder auch Arbeitnehmer und deren Know-how zu informieren sind. Was ist, wenn das Unternehmen in Rechtsstreitigkeiten verwickelt ist, weil Kunden wegen fehlerhafter Ware einen Schadensersatz fordern? Wie können Vergütungsbestandteile der Arbeitnehmer in Form zugesagter künftiger Betriebsrenten abgebildet werden? Oder wie verhält es sich mit Aktienoptionen, die dem Management zugesagt werden? Die Reihe der Fragen könnte beliebig fortgeführt werden. Die dabei angesprochenen Probleme sind letztlich

Rechnungslegung benötigt Regeln

so vielfältig wie die Unternehmen komplex sind. Die Rechnungslegung muss auf Regeln basieren, die diese komplexe Unternehmensrealität so klar und eindeutig wie möglich in Geldgrößen überführen.

Notwendig sind also *Rechnungslegungsregeln*. Diese Regeln bestimmen, wie die Rechnungslegung im Detail vorzunehmen ist und sichern damit, dass alle Beteiligten das Gleiche erwarten, wenn Sie z.B. den Jahresabschluss eines Unternehmens aufschlagen. Die Notwendigkeit von Rechnungslegungsregeln führt uns zur nächsten Frage: Wie lassen sich „richtige" oder „gute" Rechnungslegungsregeln identifizieren?

5 Was sind „gute" Rechnungslegungsregeln?

5.1 Schwierigkeiten bei der normativen Ableitung von Rechnungslegungsregeln

Wie im Vorabschnitt deutlich wurde, ist es durchaus vorstellbar und auch wahrscheinlich, dass unterschiedliche Adressaten unterschiedliche Rechnungslegungsregeln wünschen. Dass es aus diesem Dilemma keinen klaren Ausweg geben kann, wird schon anhand des aus der Wohlfahrtsökonomik bekannten Arrow-Paradoxons deutlich: Sobald mehr als zwei Parteien sich einigen müssen, reicht auch eine Kompensationsmöglichkeit nicht aus, um sicherzustellen, dass ein gesamtwirtschaftliches Optimum erreicht wird. Diese Argumentation kann am folgenden Beispiel nachvollzogen werden.

Beispiel 1.1

Ein Eigenkapitalgeber, ein Fremdkapitalgeber und ein Arbeitnehmer müssen sich auf eine Rechnungslegungsregel zur Bewertung von Wertpapieren einigen. Es gibt drei Alternativen: Wertpapiere könnten zu Anschaffungskosten bewertet werden, zum niedrigeren Wert von Anschaffungskosten und Marktwert oder generell zum Marktwert. Es sei unterstellt, dass der Fremdkapitalgeber aus Vorsichtsgründen das Niederstwertprinzip bevorzugt, seine zweite Alternative ist das Anschaffungskostenprinzip und seine letzte Präferenz ist das Marktwertprinzip. Der Eigenkapitalgeber befürwortet im Sinne einer fairen Präsentation der Vermögenslage das Marktwertprinzip, seine zweite Alternative ist das Niederstwertprinzip und seine dritte Präferenz das Anschaffungskostenprinzip. Der Arbeitnehmer, der übrigens im Rechnungswesen tätig ist und daher komplizierte Bewertungsverfahren scheut, wünscht sich das Anschaffungskostenprinzip. Ansonsten würde er das Marktwertprinzip dem Niederstwertprinzip vorziehen. Da der Nutzen aller Akteure nicht vergleichbar ist, kann nur eine einfache Reihung der Präferenzen vorgenommen werden.

> Wenn nun die Alternativen verglichen werden, so wird jede gleich beurteilt, da sie einmal an erster, einmal an zweiter und einmal an dritter Stelle steht. Selbst in diesem einfachen Fall mit nur drei Adressaten lässt sich somit keine eindeutig vorzuziehende Alternative identifizieren, jede Entscheidung wird immer mindestens einen Adressaten benachteiligen und einen bevorteilen.

Eine Rechnungslegungsregel kann somit nur dann als eindeutige Verbesserung angesehen werden, wenn *alle* Adressaten durch sie nicht schlechter gestellt werden. Dies setzt zudem voraus, dass die Befolgung der Regel dem Rechnungsleger keine Kosten verursacht, wobei z.B. auch Kosten durch Konkurrenzwirkungen vermehrter Publizität zu berücksichtigen sind. Diese Bedingungen sind in der Realität kaum gegeben; ein aus normativer Sicht zweifelsfrei richtiges System der Rechnungslegung kann es somit nicht geben. Was also tun? In der Praxis haben sich mehrere heuristische Verfahren herausgebildet, die helfen sollen, „gute" Regeln zu identifizieren oder zumindest eher „schlechte" Regeln auszusondern. Diese Verfahren beinhalten meistens Bestandteile aus folgenden drei Ebenen:

Eindeutige Lösung des Regelproblems unmöglich

- Ableitung (Deduktion) aus normativ „fundierten" Grundsätzen,
- Prozessorientierung, um sicherzustellen, dass im Zuge der Regelfestsetzung möglichst alle relevanten Interessen berücksichtigt werden und den
- Wettbewerb von unterschiedlichen Regeln oder Regelsystemen.

Im Folgenden wird auf die unterschiedlichen Ebenen eingegangen.

5.2 Heuristische Konzepte zur Ableitung von Rechnungslegungsregeln

5.2.1 Verwendung von normativ „fundierten" Grundsätzen der Rechnungslegung

5.2.1.1 Messorientierte Konzepte

Messorientierte Konzepte versuchen sicherzustellen, dass die Elemente der Rechnungslegung nach einheitlichen Regeln bewertet werden. Die grundlegende Frage ist: Wie sind die z.B. in einer Kapitalflussrechnung erfassten Ein- und Auszahlungen für Bilanzierungszwecke zu periodisieren? Von den später zu diskutierenden entscheidungsorientierten Ansätzen unterscheiden sie sich dadurch, dass sie nicht den Adressaten in den Mittelpunkt ihrer Überlegungen stellen, sondern die Rechenwerke Bilanz und GuV. Im Zuge der bilanztheoretischen Diskussion vor allem der ersten Hälfte des letzten Jahrhunderts sind zahlreiche Konzepte entwickelt worden, von denen hier die im deutschen Sprachraum prominentesten, die statische und die dynamische Bilanztheorie, kurz vorgestellt werden.

Messorientierte Konzepte suchen den „richtigen" Wertansatz

Statische Bilanztheorie

Die *statische Bilanztheorie* im Sinne von *Herman Veit Simon* sieht den Hauptzweck der Rechnungslegung in der periodischen Vermögensermittlung. Der Gewinn einer Periode ergibt sich dann folglich als Differenz der Reinvermögen an Periodenanfang und Periodenende. Gemäß dieser „Bilanzkonzentrierung" befasst sich die statische Bilanztheorie, die wohl auch 100 Jahre später noch als Fundament der deutschen bilanztheoretischen Sichtweise angesehen werden kann, vorrangig mit der Identifikation von passenden Ansatz- und Bewertungsverfahren.

Das Prinzip von Ansatz und Bewertung hängt zentral davon ab, was für die Zukunft vom bilanzierenden Unternehmen erwartet wird: Wenn von der *Zerschlagung* ausgegangen wird, sind Vermögenswerte und Schulden anders zu bewerten als wenn – wie von Simon favorisiert – mit der *Fortführung* des Unternehmens gerechnet wird. Ungeachtet der Unternehmensfortführung dient der Ertragswert der Vermögenswerte und Schulden als Grundlage des Bewertungskonzepts von Simon. Während indes der Ertragswert von einzelnen Vermögenswerten und Schulden im Falle einer Zerschlagung noch relativ leicht zu ermitteln ist, da er dem (ggf. abzuzinsenden) erwarteten Veräußerungserlös der einzelnen Gegenstände entspricht, scheitert im Fortführungsfall eine Einzelbewertung auf Ertragswertbasis an der grundsätzlichen Unmöglichkeit, den Ertragswert des Unternehmens auf dessen einzelne Teile zweifelsfrei herunterzubrechen. Vor dem Hintergrund dieser konzeptionellen Probleme erstaunt es wenig, dass Simon eher einzelne Bilanzierungsnormen basierend auf der praktischen Übung seiner Zeit postuliert, als ein geschlossenes normatives Gebäude zu präsentieren. So erkennt er z.B. im Wesentlichen körperliche Gegenstände als zu aktivierende Vermögenswerte an. Immaterielle Gegenstände unterteilt er in Rechte und rein wirtschaftliche Vorteile. Die Aktivierung von rein wirtschaftlichen Vorteilen hält er nur für möglich, wenn diese von Dritten entgeltlich erworben wurden. Diese Vorgehensweise entspricht dem Anspruch der Objektivierbarkeit, weniger aber dem Anspruch, den Ertragswert des Unternehmens auf die Aktiva herunterzubrechen.

Dynamische Bilanztheorie

Die *dynamische Bilanztheorie*, die eng mit dem Namen *Eugen Schmalenbach* verbunden ist, stellt die grundsätzliche Zielsetzung der statischen Bilanzlehre infrage. Nach Schmalenbach ist es nicht möglich, die Höhe des Vermögens durch eine Bilanz zu ermitteln, da der Ertragswert eines Unternehmens regelmäßig durch Einflussfaktoren wie Kundentreue, Arbeitsweise etc. geprägt sei, die als rein wirtschaftliche Werte gar keinen Eingang in die Bilanz statischer Prägung erhielten. Demzufolge ist nach dynamischer Sichtweise die Ermittlung des „richtigen" Periodenerfolges in den Vordergrund zu rücken: Aus der statischen „Gewinn- *und* Vermögensentwicklung" wird das dynamische Credo „Gewinn-*statt* Vermögensentwicklung". Das darauf basierende theoretische Konzept ist daher auf die Messung von erfolgsrelevanten Stromgrößen bezogen. Über die Gesamtlebenszeit eines Unternehmens ist der Erfolg gleich der Differenz aus (monetären) Einnahmen und Ausgaben. Da für die allermeisten Unternehmen eine auf die Totalperiode beschränkte Gewinnermittlung nicht realisierbar ist, muss eine Periodisierung von Einnahmen und Ausgaben vorgenommen werden. Die Gewinn- und Verlustrechnung sammelt daher alle Erträge und Aufwendungen, die der Periode zuzuordnen sind. Die Bilanz stellt nach Schmalenbach ein Abgrenzungskonto dar und dient somit als „Auffangbecken" für alle Transaktionen, die nicht gleichzeitig Einnahme und Ertrag bzw. Ausgabe und Aufwendung sind. Sie wird daher auch als „Kräftespeicher" bezeichnet. Vermögenswerte stellen hiernach also künftige Erfolge dar (*schwebende Vorleistungen*) und Schulden dementsprechend Lasten (*schwebende Nachleistungen*). Das Ziel einer solchen Bilanzierung liegt in der Ermittlung des Periodenerfolgs, der den Bilanzierenden darüber informiert, wie sein Unternehmen arbeitet und ob das Unternehmen durch fortlaufende Verluste in seinem Bestand gefährdet ist.

Vielleicht ist letztlich diese auf existenzgefährdende Risiken und damit etwas asymmetrische Zweckbestimmung mit verantwortlich dafür, dass – ähnlich wie bei der statischen Bilanzdefinition – die konkreten Ansatz- und Bewertungsregeln von Schmalenbach mehr oder weniger deutlich im Widerspruch zu seiner Bilanztheorie stehen. So betont Schmalenbach beispielsweise das Vorsichtsprinzip im Rahmen der Bewertung: Die strenge Auslegung des Realisationsprinzips auch im Zusammenhang mit langfristiger Fertigung ist für ihn ebenso selbstverständlich wie das Niederstwertprinzip und eher zu reichlich als zu knapp bemessene Abschreibungen. Diese imparitätische Behandlung von Chancen und Risiken entspricht eventuell dem Anspruch, möglichst früh vor drohenden Unternehmenskrisen zu warnen, verzerrt indes das Bild der Bilanz als „Kräftespeicher" des Unternehmens.

Messorientierte Ansätze basieren letztlich auf der Annahme, es gebe „absolut richtige" Rechnungslegungsregeln. Hiernach müsse der zweifelsfrei logische Wertansatz für Vermögenswerte und Schulden nur gefunden werden. Unter Berücksichtigung der Adressaten und ihrer Individualität kann es aber, wie es das Arrow-Paradoxon bereits gezeigt hat, keine intersubjektiv plausible messorientierte Bilanztheorie geben. Folgerichtig hat sich die normative Bilanztheorie in der zweiten Hälfte des letzten Jahrhunderts dann auch eher auf die Adressaten und ihre Entscheidungsprobleme fokussiert.

5.2.1.2 Entscheidungsorientierte Konzepte

In der entscheidungsorientierten Bilanztheorie wird akzeptiert, dass es keine Möglichkeit gibt, Vermögenswerte und Schulden logisch zweifelsfrei zu definieren und zu bewerten. Unterschiedliche Adressaten haben unterschiedliche Informationsinteressen. Somit ist noch nicht einmal der Ertragswert des Unternehmens als Wert des Bruttovermögens uneingeschränkt konsensfähig, wie das folgende Beispiel zeigt.

> Sie haben geerbt und wollen Ihr Erbe in Höhe von 250 T€ nun sinnvoll investieren. Sie stehen vor der Wahl, in die neue Pizzeria in ihrem Heimatort oder in ein neues Kasino in Berlin zu investieren. Beide Alternativen erfordern jeweils eine Investition in Höhe von 750 T€, die fehlenden 500 T€ wollen Sie über einen Bankkredit aufnehmen. Nach einem Jahr gibt es bei beiden Investitionen zwei mögliche Szenarien: Entweder das Unternehmen wird zu einem heute bekannten Preis verkauft oder das Unternehmen ist pleite und Sie haben

Beispiel 1.2

Ihr Anfangskapital verloren. Die Bank kann nicht auf Ihr Privatvermögen zugreifen, insofern begrenzt sich der Verlust auf 250 T€. Sie bieten daher Ihrer Hausbank an, einen Kredit über 500 T€ in einem Jahr mit 600 T€ aus den Mitteln des Verkaufs zurückzuzahlen.

Die Pizzeria kann mit einer Wahrscheinlichkeit von 90 % für 1 Mio. € verkauft werden und geht mit einer Wahrscheinlichkeit von 10 % pleite. Das Kasino hingegen kann mit 10 %iger Wahrscheinlichkeit für 9 Mio. € verkauft werden und geht mit 90 %iger Wahrscheinlichkeit pleite.

Sie befinden sich nun im Gespräch mit einem Kundenbetreuer Ihrer Hausbank. Er möchte gerne mehr über die beiden Investitionsalternativen wissen. Da die verschiedenen zukünftigen Szenarien nur Ihnen bekannt sind und Sie diese auch gerne als Geschäftsgeheimnis behalten wollen, werden Sie dem Kundenbetreuer ausschließlich Erwartungswerte mitteilen. (Übrigens: Sie und die Bank sind jeweils risikoneutral).

Als gewissenhafter Student bereiten Sie das Treffen vor und berechnen alle für die Entscheidung notwendigen Erwartungswerte. Wie hoch ist der erwartete Unternehmenswert nach einem Jahr unabhängig von der Finanzierung? Welcher Erwartungswert ist für Ihre Investitionsentscheidung relevant? Welcher Erwartungswert ist für die Bank von entscheidender Bedeutung?

Lösung

		Pizzeria		
		Erwartungswert (in Mio. €):		
Szenario:	Wahrscheinlichkeit	Finanzierungsunabhängig	EK-Geber	FK-Geber
günstiger Verlauf	90%	1,00	0,40	0,60
ungünstiger Verlauf	10%	0,00	0,00	0,00
Erwartungswert:		0,90	0,36	0,54
Erwarteter Kapitalüberschuss:		0,15	0,11	0,04
Erwartete Verzinsung des Kapitals:		20%	44%	8%
		Kasino		
		Erwartungswert (in Mio. €):		
Szenario:	Wahrscheinlichkeit	Finanzierungsunabhängig	EK-Geber	FK-Geber
günstiger Verlauf	10%	9,00	8,40	0,60
ungünstiger Verlauf	90%	0,00	0,00	0,00
Erwartungswert:		0,90	0,84	0,06
Erwarteter Kapitalüberschuss:		0,15	0,59	-0,44
Erwartete Verzinsung des Kapitals:		20%	236%	-88%

> Eine finanzierungsunabhängige (objektive) Bewertung der Projekte ist weder für den Eigenkapitalgeber noch für den Fremdkapitalgeber sinnvoll, da so die Kapitalrückflüsse für die jeweilige Gruppe nicht korrekt wiedergegeben werden. Beide Projekte erscheinen gleich gut. Aus der Sicht der Bank ist die Pizzeria jedoch die bessere Investition, da sie nur in 10 % der Fälle einen Totalausfall verbuchen muss, aber in 90 % der Fälle die Rückzahlung des Kredites einschließlich Zinsen erwarten kann. Der Eigenkapitalgeber hingegen würde eine Investition in das Kasino bevorzugen, da der Erwartungswert für ihn hierbei am höchsten ist.
>
> Die unterschiedliche Bewertung der Sachverhalte ist Ergebnis der unterschiedlichen Gewinnpartizipation. Während der Eigenkapitalgeber unbeschränkt an den Gewinnen partizipiert, ist der mögliche Gewinn der Bank nach oben auf die Zahlung von 600 T€ beschränkt. Für sie ist es daher unerheblich, dass der Gewinn, den das Kasino bei günstigem Verlauf abwerfen wird, bedeutend höher ausfällt als der Gewinn der Pizzeria.

Wie das Beispiel verdeutlicht, gibt es keinen objektiven Unternehmenswert, der den beiden Adressaten und ihren individuell unterschiedlichen Partizipationsverträgen gleichermaßen gerecht wird. Und dabei ist noch nicht einmal berücksichtigt, dass die Adressaten realiter auch noch unterschiedliche Risikoeinstellungen besitzen können.

Die Grundforderung der normativen entscheidungsorientierten Bilanztheorie lautet: Bilanzierungsregeln sind so zu gestalten, dass sie eine Rechnungslegung generieren, die für die Rechnungslegungsadressaten entscheidungsrelevant ist. Dies wird im Allgemeinen so spezifiziert, dass die Rechnungslegung einerseits *relevant*, andererseits aber auch hinreichend *verlässlich* sein muss. So gibt es Informationen, wie z.B. die Erfolgsaussichten eines aktuellen Forschungsprojekts, die für viele Adressaten sehr relevant sind, gleichzeitig aber wohl naturgemäß als wenig verlässlich angesehen werden müssen[6]. Für die Entscheidung, welche Vermögenswerte und Schulden anzusetzen und wie diese zu bewerten sind, soll letztendlich diese Abwägung entscheidend sein. Somit befasst sich der Großteil der entscheidungsorientierten Theorie ebenfalls mit Ansatz- und Bewertungsfragen, anders als die im Vorabschnitt vorgestellten messorientierten Ansätze jedoch primär aus Sicht der Adressaten.

Adressatenorientierung

Doch für wen soll nun die Rechnungslegung relevant und verlässlich sein? Die Adressaten der Rechnungslegung wurden oben als weitgehend offene Gruppe von Individuen umschrieben. Um vor dem Hintergrund der resultierenden divergierenden Interessen trotzdem einheitliche („relativ richtige") Entscheidungsempfehlungen zu formulieren, erscheint die Konzentration auf eine oder wenige Adressatengruppen unumgänglich. Hierfür haben sich insbesondere die Eigenkapitalgeber- und/oder die Fremdkapitalgebersichtweise herausgebildet.

Eigen- und Fremdkapitalgeber als zentrale Adressaten

---

6 Dieses Spannungsverhältnis von Relevanz und Verlässlichkeit prägt u.a. auch das Rahmenkonzept der IFRS, das in Kapitel 5 beschrieben wird.

Adressatengewichtung abhängig von institutionellen Rahmenbedingungen

In einer eher anglo-amerikanisch geprägten Sichtweise wird meist der Eigenkapitalgeber als der zentrale Adressat der Rechnungslegung angesehen. Dies erscheint insofern plausibel, als dieser das finanzielle Risiko des Unternehmens trägt und direkt oder indirekt über die Geschäftspolitik entscheidet. Dazu kommt, dass im anglo-amerikanischen Raum der Eigenkapitalgeber traditionell über organisierte Märkte als Aktionär sein Kapital zur Verfügung stellt und somit vergleichsweise wenig spezifisches Wissen über das Unternehmen besitzt.

Im Gegensatz dazu rückt die traditionelle deutsche Sichtweise eher den Fremdkapitalgeber in den Vordergrund. Auch hier erscheint dies vor dem Hintergrund der institutionellen Rahmenbedingungen verständlich: Traditionell nutzen nur wenige deutsche Unternehmen den organisierten Eigenkapitalmarkt, so dass der Eigentümer in geschäftsführender oder zumindest geschäftsführungsnaher Position in Deutschland eher die Regel ist. Diese Personengruppe verfügt über hinreichende interne Informationsquellen, so dass die externe Rechnungslegung eher an anderen Adressaten wie den Banken ausgerichtet werden kann.

Unterschiedliche Adressaten bedingen unterschiedliche Rechnungslegung

Wie wirkt sich nun die unterschiedliche Adressatenorientierung aus? Das zu Beginn skizzierte Beispiel macht deutlich, dass Fremdkapitalgeber wenig Nutzen aus Informationen über den Unternehmensertragswert ziehen, da die Risikoposition – Risiko des totalen Verlustes des eingesetzten Kapitals, jedoch eine auf den Zins beschränkte Gewinnbeteiligung – asymmetrisch verteilt ist. Im Regelfall sind für sie eher Informationen relevant, die ihnen helfen, das Kreditausfallrisiko einzuschätzen – also Werte, die die Verlustpotenziale in voller Höhe, jedoch Gewinnpotenziale nur in begrenzter Höhe einbeziehen. Diesem Bedürfnis kann möglicherweise durch eine verzerrte Bilanzierung mit vorsichtigen Wertansätzen, also tendenziell niedrig bewerteten Vermögenswerten und hoch bewerteten Schulden, entsprochen werden. In dem eben angeführten Beispiel könnte eine vorsichtige Bewertung z.B. so aussehen, dass die Pizzeria mit einem Wert von 750 T€ bewertet wird. Das entspräche den Anschaffungsauszahlungen für das Projekt. Der erwartete Kapitalgewinn würde darin nicht vorweggenommen, obwohl er sehr wahrscheinlich ist. Allerdings wird im Gegenzug auch der mögliche Kapitalausfall nicht antizipiert. Dies kann mit der geringen Eintrittswahrscheinlichkeit begründet werden. Konsequenterweise müsste die Investition in das Kasino nun nicht mehr mit den Anschaffungsauszahlungen, sondern mit Null angesetzt werden, weil die Ausfallwahrscheinlichkeit bei dieser Investitionsalternative sehr viel höher ist. Diese Art der Informationsvermittlung ist der Bank hilfreicher als eine finanzierungsunabhängige Bewertung des Projekts, ohne jedoch die Informationsversorgung der Eigenkapitalgeber völlig zu vernachlässigen.

Der Eigenkapitalgeber partizipiert entgegengesetzt asymmetrisch am Unternehmenserfolg: Seine Chance ist unbegrenzt, sein Verlustrisiko ist hingegen im Falle einer haftungsbeschränkten Gesellschaft auf seine Einlage und im sonstigen Fall auf sein Privatvermögen begrenzt. Sein Informationsinteresse gilt demzufolge mehr der Chance. Auf Basis dieser Überlegung wird bereits deutlich, dass normativ „fundierte" Rechnungslegungsregeln schon allein dann differieren werden, wenn die Entscheidungsprobleme unterschiedlicher Adressatengruppen in den Vordergrund gerückt werden. Insofern kann es in Abhängigkeit von der jeweiligen Gruppe allenfalls „relativ richtige" Rechnungslegungsregeln geben.

Hierbei ist zudem zu beachten, dass die gesamte Diskussion bislang primär aus Sicht der Bewertungsfunktion der Rechnungslegung geführt wurde. Die Koordinationsfunktion, die unter Umständen wiederum andere Anforderungen an die Ausgestaltung der Rechnungslegung stellen würde, wurde hierbei ausgeklammert. Zudem ist es durchaus strittig, ob bestimmte Informationsbedürfnisse überhaupt durch Rechnungslegung bedient werden können. So benötigen die Adressaten für ihre Anspruchsbewertungen primär zukunftsorientierte Informationen. Wenn Ertragswerte für Vermögenswerte und Schulden nur schwer objektivierbar, also nicht verlässlich erscheinen, kann eine dementsprechende Bewertung unangebracht sein. Zum einen ist eine entsprechende Bilanzmanipulation durch die Rechnungsleger nur schwer oder gar nicht nachweisbar. Wenn für alle Gegenstände in der Bilanz nur je ein Wert angegeben wird, fehlt es zum anderen an der Möglichkeit, das diesem Wert anhaftende Risiko (Schwankungsbreite) abzuschätzen. Als Reaktion auf dieses Dilemma wird vor allem in Deutschland teilweise die Auffassung vertreten, dass Rechnungslegung mit dem Ziel der Vermittlung entscheidungsrelevanter (Zukunfts-)Informationen systembedingt unmöglich sei und die Rechnungslegungsregeln daher lediglich auf den Zweck der Rechenschaftslegung über bereits Vergangenes und damit auf die Koordinationsfunktion auszurichten seien[7].

Strittig: Informationen über künftige Lage

Somit lassen sich entscheidungsorientierte normative Konzepte danach strukturieren, welche Adressatengruppe sie in den Mittelpunkt stellen und ob sie den Gedanken der Rechenschaft (Koordinationsfunktion) oder den der Informationsvermittlung (Bewertungsfunktion) stärker betonen. Während rechenschaftsgetriebene Konzepte auch vor dem Hintergrund der juristischen Verwertbarkeit ihrer Ergebnisse eher die Bedeutung von objektivierbaren Wertansätzen betonen, akzeptieren zukunftsinformationsorientierte Ansätze regelmäßig einen etwas geringeren Objektivierungsgrad, da nur so die Ermittlung eines relevanten Wertansatzes möglich erscheint. Indes besteht auch zwischen Koordinations- und Bewertungsfunktion durchaus eine Wechselwirkung: So wird ein Eigenkapitalgeber die Leistung des Managements im abgelaufenen Geschäftsjahr regelmäßig auch danach beurteilen, ob es die Zukunftsaussichten des Unternehmens positiv beeinflusst hat. Umgekehrt deutet ein positives Wirtschaften über viele Jahre hinweg z.B. auf effiziente Produktionsabläufe, erfolgreiche Produkte oder ein gutes Management hin.

Klassifizierung von entscheidungsorientierten Konzepten

Wie im Rahmen dieses Abschnitts deutlich wird, sind normative Konzepte im Rahmen der Rechnungslegung bestenfalls z.T. in der Lage, klare Gestaltungsempfehlungen für Rechnungslegungsregeln zu entwickeln. Aber auch die abstrakten Konzepte der entscheidungsorientierten Bilanztheorie haben ihre Schwächen. Sie basieren zwangsläufig auf Annahmen, welcher Adressat bei der

Normative Bilanztheorien als eine Entscheidungshilfe

---

7 Vgl. insb. *Schneider*, Rechnungswesen, S. 5-8, 201-202.

Generierung von Normen zentrale Bedeutung genießen sollte. Schon die Zusammenfassung unterschiedlicher Individuen zu vermeintlich homogenen Gruppen (z.B. die Eigenkapitalgeber) ist angreifbar. Selbiges gilt für die Ausrichtung auf einen einzigen repräsentativen, aber letztlich fiktiven Adressaten (z.B. der „average prudent investor"). Auch geben sie wenig Aufschluss darüber, wie zwischen relevanten und wenig verlässlichen Informationen einerseits und verlässlichen, aber weniger relevanten Informationen andererseits abzuwägen ist.

<small>Entscheidungsorientierte Konzepte machen den Erfolg von Rechnungslegungsregeln begrenzt messbar</small>

Einen Vorteil besitzen entscheidungsorientierte Ansätze jedoch: Ihre klare Adressatenorientierung ermöglicht teilweise die empirische Überprüfung ihrer Wirksamkeit. Wenn z.B. eine Rechnungslegungsnorm mit dem Ziel verabschiedet wurde, Kreditinstituten eine effektivere Kreditvergabe zu ermöglichen, so kann ex post und zumindest grundsätzlich ermittelt werden, ob diese Norm tatsächlich zu einer Änderung der Kreditvergabe und auf lange Sicht zu einer Reduktion von Not leidenden Krediten geführt hat. Diese empirische Überprüfung von Rechnungslegungsnormen kann gleichzeitig als ein Teil eines zieladäquaten Normierungsprozesses angesehen werden, dessen Bedeutung im Folgenden diskutiert wird.

5.2.2 Gewährleistung eines adäquaten Normierungsprozesses

Es scheint, dass allein auf Basis normativer Überlegungen kein vollständiges und konsistentes Rezept für „gute" Rechnungslegungsnormen entwickelt werden kann. Daher erscheint es sinnvoll, sich aus positiver und damit erklärender Sicht mit dem Entwicklungsprozess von Rechnungslegungsnormen zu befassen. Dieser Normierungsprozess kann grundsätzlich in mehrere Schritte aufgeteilt werden, wie Abbildung 1.3 zu entnehmen ist.

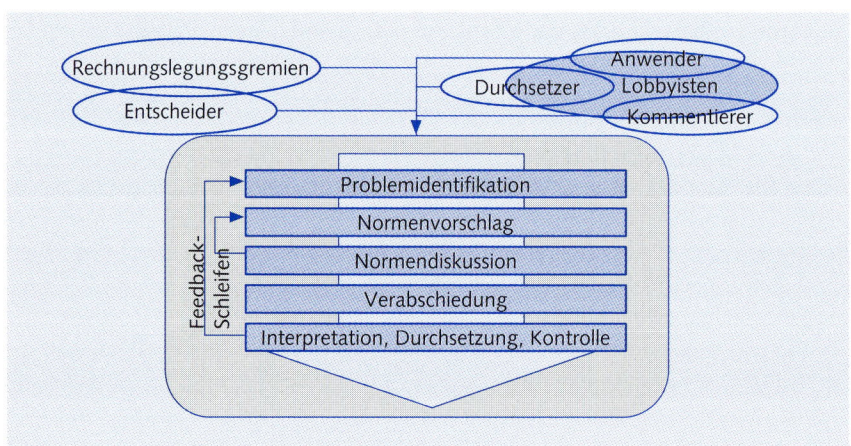

Abb. 1.3: Normierungsprozess und seine Akteure

Akteure des Normierungsprozesses

Ein Normierungsprozess beginnt mit der Problemidentifikation, auf deren Basis anschließend Normenvorschläge erarbeitet und diskutiert werden, bevor sie letztlich verabschiedet, interpretiert, kontrolliert und durchgesetzt werden. Welche Akteure „spielen" im Normierungsprozess mit und welche Anreizstrukturen haben sie? Hier sollen folgende nicht überschneidungsfreie Gruppen kurz charakterisiert werden: Die *Rechnungslegungsgremien* bzw. *Standardsetzungsorganisationen* (Standardsetter), die *Lobbyisten*, welche sich mit ihren Interessen in den Normenerstellungsprozess einbringen, die *Entscheider*, welche die Normen letztlich verabschieden, die *Anwender*, welche die Normen im Unternehmen anwenden, die *Durchsetzer*, welche die Einhaltung der Normen kontrollieren und schließlich die *Kommentierer*, welche bestehende Normen auslegen, interpretieren und kommentieren.

Rechnungslegungsgremien

Zunächst zu den Rechnungslegungsgremien und den dort tätigen Personen: Sie besitzen detailliertes Fachwissen über Fragen der Rechnungslegung. Was ist ihre Motivation, aktiv an der Gestaltung des Normengebäudes mitzuhelfen? Neben der direkten Entlohnung kann den Mitarbeitern dieser Standardsetzungsorganisationen unterstellt werden, die jeweiligen Regeln an einem normativen Leitbild ausrichten zu wollen. Dies ist schon daran zu erkennen, dass sich alle international und national bedeutenden Rechnungslegungsgremien an der Diskussion um die allgemeinen Zwecke und Konzepte der Rechnungslegung beteiligen. Das spezifische Fachwissen der dort tätigen Personen führt aber auch zu gewissen Beharrungstendenzen: Schließlich wäre ihr Know-how weitgehend wertlos, wenn sie das Normensetzungskonzept ihrer Institution grundlegend reformieren würden. Daher ist ein Paradigmenwechsel in der Rechnungslegung historisch praktisch immer mit einem Wechsel der Regulierungsinstitution (zumindest jedoch mit den prägenden Personen) verbunden gewesen[8].

Lobbyisten

Alle Akteure, die sich in den Normenerstellungsprozess einbringen, haben eines gemeinsam: Sie haben ein Interesse daran, die Entwicklung der Normen zu beeinflussen, sonst würden sie die Anstrengung der Einflussnahme nicht auf sich nehmen. So erstaunt es nicht, wenn z.B. ein Großteil der Stellungnahmen von Unternehmensvertretern, Vertretern der Wirtschaftsprüfer oder anderen Institutionen verfasst wird. Auch Vertreter von Wissenschaftsverbänden bringen ihre Ansichten in den Erstellungsprozess ein. Im Vergleich dazu treten die eigentlichen Adressaten der Rechnungslegung nur vergleichsweise selten in Aktion. Insofern scheint es gerechtfertigt, zumindest einen Großteil derjenigen, die sich im Normierungsprozess z.B. über Stellungnahmen zu Standardentwürfen engagieren, als Lobbyisten zu bezeichnen.

Entscheider

Wer letztendlich eine Rechnungslegungsnorm verabschiedet, hängt stark von der Rechnungslegungsregulierung ab. Ohne hier zu weit vorgreifen zu wollen, sei erwähnt, dass bei privat organisierten Rechnungslegungsgremien meist ein kleiner verantwortlicher Expertenkreis die Normen verabschiedet. In diesem Fall kann hinsichtlich dessen Motivation auf das oben Gesagte verwiesen werden.

---

8 Vgl. zu der wechselhaften Geschichte der nationalen und internationalen Rechnungslegungsinstitutionen Kapitel 2, 3 und 4 dieses Buches.

Wenn die Generierung der Normen allerdings gesetzlich geregelt ist, sind letztlich Volksvertreter für die Verabschiedung der Normen zuständig. Da diesen oft das notwendige Fachwissen zur Bewertung der Normen fehlt, wird die Entscheidung zumeist an Fraktionsexperten oder, bei der Regierungsfraktion, an Experten der Fachbehörden, wie z.B. an das Bundesministerium der Justiz, delegiert. Diese Experten verfügen über die notwendige Expertise zur kompetenten Beurteilung der zu verabschiedenden Rechnungslegungsnorm. Ihre Anreizsituation ist schwer zu beurteilen; sie können lobbyistischem Einfluss unterliegen, über populäre Entscheidungen Wählerstimmenmaximierung betreiben oder – als Behördenvertreter – ihr Aufgabengebiet erweitern, Budgetmaximierung betreiben und damit ihre Bedeutung erhöhen wollen. Möglich ist aber auch eine Delegation an oder zumindest Beratung durch private Rechnungslegungsgremien, so dass Letztere auch in einer gesetzlich regulierten Rechnungslegung ihre Aufgabe haben.

Anwender

Was wünschen sich die Anwender von Rechnungslegungsnormen? Eine Auswertung von Stellungnahmen im Normierungsprozess lässt vermuten, dass sie detaillierte und präzise Normen mit umfangreichen Erläuterungen bevorzugen. Dies gilt insbesondere dann, wenn an die Rechnungslegungsdaten u.a. auch persönliche Haftungsfragen geknüpft werden. Anderseits spricht einiges dafür, dass die Anwender solche Wahlrechte befürworten, die sie zur Ergebnisglättung einsetzen können. Darüber hinaus scheinen sie eine Abneigung gegen Normen zu haben, die erheblichen internen Durchführungsaufwand implizieren oder deren Anwendung das wirtschaftliche Bild des Unternehmens in der Öffentlichkeit verschlechtert.

Fraglich ist, wie sich die Anreizstruktur von Anwendern charakterisieren lässt. Die Normenanwendung ist für sie mit Arbeit verbunden. So erklärt es sich, dass sie klare, gut erläuterte und einfach zu befolgende Normen wünschen, weil diese regelmäßig die Anwendungskosten reduzieren. Außerdem sehen Anwender die Folgen der Rechnungslegung: Sie scheinen ein gewisses Kommunikationsinteresse zu besitzen, das darauf zielt, die wirtschaftliche Situation des Unternehmens unabhängig von dessen Lage stabil und positiv darzustellen. Diese Vorgehensweise dürfte, eine Informationsasymmetrie gegenüber den Rechnungslegungsadressaten sowie die langfristige Überlebensfähigkeit des Unternehmens vorausgesetzt, ihren Handlungsspielraum innerhalb des Unternehmens vergrößern.

Durchsetzer

Was ist mit den Akteuren, wie z.B. den Wirtschaftsprüfern, die hauptberuflich mit der Normendurchsetzung betraut sind? Deren Aufgabe macht es notwendig, dass die Normen tatsächlich durchsetzbar sind. Dies ist wohl eher gegeben, wenn die Normenanwendung intersubjektiv nachprüfbar ist, wenn z.B. ein Wertansatz über Anschaffungskosten oder Marktpreise dokumentiert werden kann. Außerdem ist hier von Bedeutung, ob sie für Fehlleistungen haftbar gemacht werden können und ob sie vom bilanzierenden Unternehmen selber bezahlt werden, wie dies regelmäßig im Rahmen der Wirtschaftsprüfung der Fall ist. Das drohende Abhängigkeitsverhältnis kann bewirken, dass die Wirtschaftsprüfer in die Gefahr geraten, die Präferenzen der Anwender zu übernehmen. Die Haftungsgefahr motiviert insbesondere international tätige Wirtschaftsprüfer regelmäßig dazu, eindeutige und detaillierte Normen zu fordern, deren Befolgung für den Wirtschaftsprüfer klar feststellbar ist.

Geringfügig anders stellt sich die Lage für Institutionen dar, die mit der Durchsetzung von Rechnungslegungsnormen aus Sicht des Kapitalmarktes betraut sind. Beispiele finden sich z.B. in der US-amerikanischen Börsenaufsichtsbehörde, der Securities and Exchange Commission (SEC), oder inzwischen auch in der deutschen Bundesanstalt für Finanzdienstleistungsaufsicht (BaFin). Diese werden von der Öffentlichkeit als „Hüter des effizienten Kapitalmarkts" angesehen und für das „Versagen" desselben, ähnlich wie die Wirtschaftsprüfer auch, verantwortlich gemacht. Anders als die Wirtschaftsprüfer werden sie jedoch nicht direkt vom betroffenen Unternehmen entlohnt, was ihre Unabhängigkeit zumindest ansatzweise gewährleisten dürfte. Somit ist zu vermuten, dass sich die Vertreter von Aufsichtsgremien ebenfalls für klare und intersubjektiv nachprüfbare Normen einsetzen, ohne dabei wie die Wirtschaftsprüfer in die Gefahr zu geraten, die privaten Interessen der Anwender zu übernehmen.

Als letzte Gruppe werden hier die Kommentatoren beschrieben. Diese Gruppe besteht insbesondere in Deutschland stark aus dem akademischen Umfeld. Sie hat – im Gegensatz zu den meisten anderen Interessengruppen – ein gewisses Interesse an abstrakten und damit auslegungsbedürftigen Normen. Hilfreich wäre dabei ein normatives Grundkonzept für die Auslegung von bestehenden Regelungslücken. Dieser Auslegungsmarkt ist für die Kommentatoren durchaus attraktiv, da sie durch Veröffentlichungen ihre wissenschaftliche Reputation steigern. Wirtschaftliche Anreize, z.B. durch Gutachtertätigkeiten, spielen ebenfalls eine Rolle. Andererseits sind unter den Kommentatoren gerade die (verbeamteten) Hochschullehrer noch am ehesten in der Situation einer gewissen wirtschaftlichen Unabhängigkeit, was der Neutralität und Qualität ihrer Auslegungen dienlich sein dürfte.

Kommentatoren

Wenn die grundlegende Struktur des Normierungsprozesses und dessen Akteure als Rahmenbedingungen akzeptiert werden, wie kann dann ein Normensetzungsprozess gestaltet werden, der zu „guten" Normen führt? Hierzu ist zunächst zu umreißen, was im Sinne der Prozessorientierung eine gute Norm ist. Von einer guten Norm kann aus Prozesssicht dann ausgegangen werden, wenn sie das Ergebnis eines fairen demokratischen Prozesses ist und wenn gleichzeitig gewährleistet ist, dass die Anwendung der Norm geprüft wird, der Grad der Zielerreichung messbar ist und kontrolliert wird und wenn daraufhin Feedback-Schleifen eine Verbesserung der Norm anstoßen. Für das Vorliegen dieser Bedingungen könnten folgende Prozessanforderungen hilfreich sein:

Eigenschaften eines „guten" Normierungsprozesses

- Alle Interessengruppen haben gleichermaßen die Möglichkeit, in den Erstellungsprozess einzugreifen. Insofern sind auch die lobbyistischen Möglichkeiten der Interessengruppen vergleichbar.
- Das eigentliche Rechnungslegungsgremium (gegebenenfalls inklusive des Entscheidungsgremiums) verhält sich neutral in dem Sinne, dass es allen an sie herangetragenen vermeintlichen Regelungslücken nachgeht, die Eingaben

- der Interessengruppen in Normenentwürfen bündelt und sich hierbei um normative Konsistenz und klare Formulierungen bemüht.
- Zu Beginn eines jeden Normierungsprozesses wird vom Normierungsgremium in Absprache mit den Interessengruppen ein messbares Ziel postuliert, an dem u.a. der Grad der Zielerreichung ex post festgestellt werden kann. Zur Deduktion dieses Ziels ist es sinnvoll, wenn dem gesamten Regelwerk ein normatives Leitbild z.B. in Form eines Rahmenkonzepts zugrunde liegt. Dies sollte ähnlich wie die einzelne Norm unter Abstimmung mit den einzelnen Adressatengruppen entwickelt worden sein.
- Es existiert eine Kontroll- und Durchsetzungsinstanz, die weitgehend unabhängig von Außeneinflüssen lediglich die Einhaltung bestehender Regeln überwacht und Verstöße meldet. Des Weiteren misst diese Instanz anhand des festgesetzten Ziels den Grad der Zielerreichung. Auf Basis der Erkenntnisse dieser Instanz wird gegebenenfalls eine Feedback-Schleife zur Normenverbesserung ausgelöst. Die Entlohnung dieser Instanz wird nicht direkt von den überprüften Unternehmen geleistet.

Praktische Relevanz

Inwiefern sind diese theoretischen Forderungen praktikabel? Zumindest einige Punkte erscheinen schon auf den ersten Blick problematisch. So lehrt die Lobbyismustheorie, dass sich kleine Gruppen mit homogenen Interessen relativ zu ihrer Größe gesehen besser lobbyistisch engagieren können als vergleichsweise große Gruppen mit heterogenen Interessen. Dies ist im Fall der Rechnungslegungsnormierung von besonderer Bedeutung, da hier vergleichsweise kleine Interessengruppen, wie die anwendenden Unternehmen und die Wirtschaftsprüfer, der großen, heterogenen und schlecht organisierten Gruppe der Rechnungslegungsadressaten gegenüberstehen. Zudem sind die Konsequenzen der Rechnungslegungsnormen für die verschiedenen Interessengruppen sehr unterschiedlich. Da die Unternehmen, gefolgt von den Wirtschaftsprüfern, weitaus mehr Konsequenzen aus einer Rechnungslegungsnorm tragen, ist davon auszugehen, dass sie für die Beeinflussung der Norm höhere Aufwendungen aufbringen als z.B. die Gruppe der Wissenschaftler. Interessengruppen dürften somit über sehr unterschiedliche lobbyistische Möglichkeiten verfügen.

Das Konzept vom neutralen Rechnungslegungsgremium ist ebenfalls idealtypisch. Dieses Gremium besteht schließlich aus renommierten Experten, die ihre auf eigener Erfahrung fußenden Rechnungslegungsvorstellungen nur schwer ignorieren werden. Außerdem geht die angestrebte theoretische Konsistenz der Normen schnell mit einer inhaltlichen Beeinflussung derselben einher. Die Ermittlung eines messbaren Konsensziels für jede Normeninitiative erscheint besonders problematisch, insbesondere, da nur für wenige Adressatengruppen bislang überhaupt akzeptierte Messmethoden, z.B. über Kapitalmarktreaktionen von Rechnungslegungsdaten, existieren. Auch ist die Institutionalisierung einer nur der Normenkontrolle verpflichteten Institution problematisch. Vereinfacht gesagt: Wird sie als Behörde organisiert, so bestehen Anreizprobleme, wird sie vom privaten Sektor getragen, so bestehen Interessenkonflikte.

Was kann die prozessorientierte Sichtweise also leisten? Sie verdeutlicht, dass in Ermangelung eines klaren Leitbildes für die Entwicklung von Rechnungslegungsnormen nur ein interessenpluralistischer Ansatz zu konsensfähigen Normen führen kann. Gleichzeitig aber warnt sie davor, dass Rechnungslegungsadressaten aufgrund ihrer begrenzten lobbyistischen Möglichkeiten Gefahr laufen, systematisch benachteiligt zu werden. Darüber hinaus betont sie die Notwendigkeit von Normendurchsetzung, -kontrolle und hieraus resultierenden Feedback-Schleifen. Die Normengenerierung muss ein sich iterativ verbessernder Prozess sein. Vor diesem Hintergrund erscheint es sinnvoll, normative Leitbilder im Rahmen der Normengenerierung zu verwenden, die mit klaren und wenn irgend möglich messbaren Zielen einhergehen. Letztlich muss aber auch akzeptiert werden, dass eine reine Prozessorientierung allein nicht hinreichend ist, um das Auswahlproblem der besten Rechnungslegungsnormen zu lösen. Es ist daher an den Lenkungsmechanismus zu erinnern, den die Ökonomie wohl zu Recht propagiert: den Markt.

5.2.3 Schaffung von Regelwettbewerb

Wie werden Standardisierungsprobleme über den Markt gelöst? Ein gutes Beispiel hierfür ist der Markt für Kleincomputer: In den 1980er Jahren tummelten sich eine Vielzahl von so genannten Homecomputern auf dem Markt: Jedes Modell hatte sein eigenes Betriebssystem, seine eigenen Peripheriegeräte, sogar eigene Datenträger und Monitore. Von den Anwendern wurde erwartet, dass sie sich für einen der vielen Homecomputer-Anbieter entscheiden. Ein späterer Wechsel war teuer und insbesondere mit hohen Investitionen in neues Knowhow verbunden. Mit dem Wachstum des Marktes etablierte sich dann allerdings ein so genannter Industriestandard: Der IBM PC, dessen Grundstruktur nunmehr seit über 20 Jahren die an sich schnelllebige Hardwarebranche beherrscht. Die Frage, ob sich mit dem Konzept des IBM PC tatsächlich der beste Ansatz durchgesetzt hat, ist nicht zu beantworten. Vieles deutet indes darauf hin, dass der Siegeszug der Heimcomputer ohne eine, hier über den Markt erfolgte, Standardisierung nicht möglich gewesen wäre.

Standardisierung über den Markt

Solche Standardisierungsprozesse lassen sich in Marktwirtschaften immer wieder erkennen und treten ohne regulatorische Hilfestellung auf. Auch im Bereich der Rechnungslegung zeichnete sich z.B. Mitte der 1990er Jahre eine Standardisierung ab, obwohl die gesetzliche Regulierung in Deutschland dem zunächst entgegen wirkte. Immer mehr deutsche Unternehmen erstellten zusätzlich zu ihren HGB-Konzernabschlüssen einen weiteren Konzernabschluss, der international akzeptierten Rechnungslegungsregeln entsprach[9]. Sie folgten also einem internationalen Standardisierungstrend. Ein weiteres Beispiel: In den USA ist nur ein kleiner Teil der Unternehmen verpflichtet, im Rahmen ihrer Rechnungslegung die detaillierten Regeln des US-amerikanischen Rechnungslegungsgre-

---

9 Vgl. zu dieser Entwicklung auch Kapitel 2.

Rechnungslegungsregeln durch den Markt?

miums, des Financial Accounting Standards Board (FASB), zu befolgen. Dennoch richten sich auch viele andere Unternehmen freiwillig nach diesen Regeln.

Wenn der Markt seine eigenen Standardisierungsregeln generiert, stellt sich die Frage, warum dann nicht auch der Markt entscheiden solle, wie „gute" Rechnungslegung auszusehen hat. Die Antwort auf diese Frage fokussiert auf zwei Eigenschaften des Marktes für Rechnungslegungsregeln: auf Marktmacht und auf Netzwerkeffekte.

Problem der Marktmacht

Unternehmen und ihre Manager sind die Nachfrager von Rechnungslegungsregeln. Wenn es diesbezüglich keinerlei Regulierung gäbe, könnten Unternehmen mehr oder weniger frei entscheiden, nach welchen Regeln sie ihre Rechnungslegung ausgestalten. Warum sollten Unternehmen also Regeln nachfragen, die im Interesse der Rechnungslegungsadressaten sind? Dies würden sie nur tun, wenn die Adressaten hinreichend viel Marktmacht besäßen. Ob dies tatsächlich der Fall ist, ob Adressaten also von den Unternehmen die Verwendung der für sie adäquaten Regeln erzwingen können, darf zumindest bezweifelt werden.

Problem der Netzwerkeffekte

Das Problem der Netzwerkeffekte liegt in der Natur der Standardisierung begründet: Ein Standard ist umso erfolgreicher, je mehr Anwender ihn nutzen. Nur ein Standard, der auch eine hohe Verbreitung besitzt, macht es für den Rechnungslegungsadressaten sinnvoll, sich mit den einzelnen Normen zu befassen. Warum sollte ein Bilanzleser seine Zeit damit vertun, sich Rechnungslegungsregeln anzueignen, die nur von einigen wenigen Unternehmen befolgt werden? Der Markt für Standards hat also eine starke Tendenz zum anbieterseitigen Monopol oder zumindest zum engen Oligopol. Während es durchaus enge Oligopole mit intensivem Wettbewerb gibt, sind Monopole, die mit hohen Markteintrittsbarrieren verbunden sind, als starke Behinderung des Wettbewerbs einzustufen.

Fazit: Kein genereller, aber partieller Wettbewerb möglich

Damit bleibt festzuhalten: Auch wenn nicht mit Sicherheit belegt werden kann, dass eine rein marktwirtschaftliche Lösung des Bereitstellungsproblems von Rechnungslegungsregeln unmöglich ist, spricht einiges dafür, dass eine gewisse staatliche Lenkung hierfür sinnvoll erscheint. Dies deckt sich mit der empirischen Beobachtung, dass in nahezu allen marktwirtschaftlich orientierten Volkswirtschaften eine Regulierung der Rechnungslegung zu beobachten ist. Dies heißt im Umkehrschluss aber keineswegs, dass der Markt bei der Suche nach „guten" Rechnungslegungsregeln nicht hilfreich sein kann.

Es gibt immer wieder Situationen, in denen ein gegebenenfalls zeitlich und inhaltlich begrenzter Wettbewerb zwischen Regelsystemen sinnvoll erscheint. Als Beispiel möge hier die Zeit von 1998 bis 2004 in Deutschland dienen. Auf Basis von § 292a HGB a.F. ist kapitalmarktorientierten Unternehmen zeitlich befristet die Möglichkeit eingeräumt worden, für ihren Konzernabschluss zwischen unterschiedlichen Rechnungslegungssystemen zu wählen. Es wurde also vom Gesetzgeber eine Art Wettbewerb auf Zeit ermöglicht. Vor allem große Unternehmen bevorzugten daraufhin eindeutig international akzeptierte Normen gegenüber dem deutschen HGB. Dieses Votum dürfte die Entscheidung der EU-Kommission, die IFRS ab 2005 für Europa in bestimmten Anwendungsfällen verbindlich werden zu lassen, erheblich beeinflusst haben.

Auch wenn die Marktlösung kein Allheilmittel für die Probleme der normativen Rechnungslegungstheorie sein kann, so ist der Markt als ein Instrument der Normenauswahl nicht zu unterschätzen. Insofern scheint es angeraten, im Zuge eines heuristischen Verfahrens zur Auswahl von adäquaten Rechnungslegungsregeln, den Markt, wo immer möglich, einzubinden. Eine Vorgehensweise hierfür könnte sein, bestimmte Bereiche nicht sofort mit neuen Normen zu regulieren, sondern zunächst die am Markt entstehenden Konzepte abzuwarten. Ebenso können manche Wahlrechte innerhalb bestehender Normen als begrenzter Wettbewerb um die jeweils bessere Regel gesehen werden.

Wahlrechte und Regelungslücken als begrenzter Wettbewerb

5.3 Fazit

Was ist also die Leitlinie, um gute Rechnungslegungsregeln zu generieren? Ausgehend von der Gewissheit, dass es hierfür keine Patentrezepte gibt, und getrieben von der Notwendigkeit, das offensichtliche Regulierungsproblem trotzdem zu lösen, lassen sich folgende Orientierungspunkte vorschlagen:

- Es ist ein eindeutiges normatives Ziel der Rechnungslegung festzulegen: Welche Adressatengruppe steht besonders im Fokus? Soll sich Rechnungslegung auf Rechenschaft beschränken oder soll sie auch Anhaltspunkte für die Abschätzung künftiger Ereignisse liefern? Die Erreichung eines solchen normativen Leitbildes sollte zudem empirisch messbar sein.
- Im Zuge der Regelsuche ist immer explizit zu hinterfragen, ob eine Normierung tatsächlich notwendig ist oder ob eine marktnähere Koordinationsform gewählt werden kann. Dies gilt nicht nur für die einzelne Regel, bei der eine vollständige Regulierung, eine teilweise Regulierung, z.B. über das Vorgeben von Wahlrechten zwischen Regelvarianten, oder eine Regelungslücke denkbar erscheint. Dies gilt auch für ganze Regelsysteme, wenn sich die regulatorische Verpflichtung zur Befolgung eines bestimmten Systems oder die Wahlmöglichkeit zwischen mehreren Systemen gegenüberstehen.
- Es ist ein Normierungsprozess zu institutionalisieren, der nach Möglichkeit allen Beteiligten eine Mitsprachemöglichkeit einräumt. Hierbei ist gegebenenfalls die schlechtere Marktposition der Rechnungslegungsadressaten zu berücksichtigen. Das Normierungsgremium sollte sich möglichst neutral verhalten. Nach der Verabschiedung der Norm sollte ein von den Unternehmen unabhängiges Gremium die Normeneinhaltung und den Grad der Zielerreichung überwachen. Gegebenenfalls ist eine Verbesserung der verabschiedeten Norm anzustreben.

Natürlich sind diese Orientierungspunkte nicht zwingend notwendige Kriterien für die Generierung „guter" Rechnungslegungsnormen. Es handelt sich vielmehr um heuristische Anhaltspunkte. Dennoch sollen die in diesem Abschnitt angeführten Überlegungen hilfreich sein, um das im Rahmen dieses Buches vorzustellende Regelsystem der IFRS hinsichtlich seiner theoretischen Konzeption zu beurteilen und die daraus resultierenden Einzelregeln besser zu verstehen.

Ausgewählte Literatur

Beaver, W.H., Financial Reporting – An Accounting Revolution, 3. Aufl., London et al. 1998.
Christensen, J./Demski, J., Accounting Theory: An information content perspective, New York, New York 2003.
Scott, W., Financial Accounting Theory, 4. Aufl., Upper Saddle River, New Jersey 2005.
Sunder, S., Theory of Accounting and Control, Cincinnati, Ohio 1997.
Wagenhofer, A./Ewert, R., Externe Unternehmensrechnung, 2. Aufl., Berlin et al. 2007.

Übungsaufgaben

Aufgabe 1:
Verschiedene Vertragspartner der Unternehmen gelten als Adressaten der Rechnungslegung.
a) Nennen Sie die einzelnen Adressatengruppen und begründen Sie das jeweilige Interesse dieser Gruppen an Rechnungslegungsdaten.
b) Erläutern Sie kurz den Metazweck der Rechnungslegung und konkretisieren Sie diese Zwecksetzung der Rechnungslegung aus Sicht der Eigenkapitalgeber.

Aufgabe 2:
Die Regulierung der Rechnungslegung durch gesetzliche Normsetzung ist umstritten.
a) Mit welcher Begründung ließe sich eine gesetzliche Rechnungslegungspflicht rechtfertigen?
b) Welche Rechnungslegungspflichten gibt es in Deutschland?
c) Welche Eigenschaften könnten einen „guten" Normierungsprozess auszeichnen?

Aufgabe 3:
Die Frage, wie Rechnungslegungsregeln inhaltlich auszugestalten sind, ist leider nicht einfach zu beantworten.
a) Erläutern Sie kurz, wie unterschiedliche bilanztheoretische Konzepte bei der Suche nach der „richtigen" Rechnungslegungsregel vorgehen.
b) Können Ihrer Meinung nach die Anforderungen eines Adressaten an entscheidungsnützliche Informationen auf alle Adressaten übertragen werden?
c) Beurteilen Sie die Existenz von Wahlrechten in Rechnungslegungssystemen vor dem Hintergrund normativer Schwierigkeiten der Regelfestlegung.

Kapitel 2
Internationalisierung der deutschen Rechnungslegung

1 Gründe für unterschiedliche Rechnungslegungssysteme 34
2 Internationalisierung der Unternehmenstätigkeit 40
3 Internationalisierung der Rechnungslegung in Deutschland 45
Ausgewählte Literatur 52
Übungsaufgaben 53

Aufgrund der vielfältigen Konsequenzen, die mit Rechnungslegungsdaten verbunden sind, werden Rechnungslegungspflichten und -inhalte in Deutschland grundsätzlich gesetzlich reguliert. In den letzten Jahren wird allerdings eine "babylonische Sprachverwirrung" in der Rechnungslegung konstatiert: Deutsche Unternehmen bilanzieren nicht mehr einheitlich nach den HGB-Regeln, sondern wenden stattdessen insbesondere auch die Regeln des International Accounting Standards Board (IASB) an. Dieses Abweichen vom traditionellen deutschen Rechtsrahmen wird vom Gesetzgeber seit 2005 nicht nur explizit gebilligt, sondern vielmehr kapitalmarktorientierten Unternehmen für den Konzernabschluss vorgeschrieben. Die deutsche handelsrechtliche Rechnungslegung könnte sich zum Nischenprodukt oder gar zum Auslaufmodell entwickeln. Wie ist dieser Prozess zu erklären?

In diesem Abschnitt sollen Sie erfahren,
- warum es international unterschiedliche Rechnungslegungssysteme gibt und wie sich diese klassifizieren lassen,
- wie die Internationalisierung der Unternehmenstätigkeit eine Internationalisierung der Rechnungslegung bewirkt und
- wie die Rechnungslegung in Deutschland von der Internationalisierung konkret betroffen ist.

1 Gründe für unterschiedliche Rechnungslegungssysteme

Warum gibt es international unterschiedliche Rechnungslegungssysteme, die prinzipiell doch alle demselben Metazweck folgen? Diese Frage ist nicht nur für international tätige Unternehmen relevant, sondern auch dann von Bedeutung, wenn nationale Unterschiede durch ein international harmonisiertes Rechnungslegungssystem überwunden werden sollen. Die Rechnungslegungsregeln und -praktiken eines Landes lassen sich letztlich nur nachvollziehen, wenn Entstehungsgeschichte, Rahmenbedingungen sowie Einflussfaktoren der Rechnungslegung bekannt sind. So ist die Rechnungslegung insbesondere vom sozioökonomischen Umfeld abhängig, wozu z.B. die Geschichte, die Kultur, das Rechts- und Steuersystem und die Kapitalmarktverhältnisse eines Landes gehören.

Kultur und Geschichte

Bereits in der Geschichte und Kultur liegt eine wesentliche Ursache für international unterschiedliche Rechnungslegungssysteme. Kultur und Religionen bewirken das Entstehen von so genannten informellen Institutionen, die sich nicht planmäßig, sondern evolutorisch entwickeln. Ein Beispiel für eine solche informelle Institution ist die Kaufmannsehre, das Selbstverständnis der Kaufleute, welches betrügerische Handlungen ausschließt. Wer gegen diese informellen Institutionen verstößt, hat mit Strafe durch spezielle Sanktionsmechanismen zu rechnen, im Falle der Kaufmannsehre z.B. mit sozialer Ächtung durch andere Kaufleute und daraus folgendem wirtschaftlichem Boykott.

Entscheidend für die Bedeutung informeller Institutionen und deren Sanktionsmechanismen ist es u.a., ob die jeweiligen Gesellschaften eher individualistisch oder kollektivistisch geprägt sind. Individualistische Gesellschaften stellen das Individualwohl und die Eigenverantwortung in den Vordergrund. Daher werden Verstöße gegen informelle Normen tendenziell schwächer sozial sanktioniert als in kollektivistischen Gesellschaften. Dies ermutigt einzelne Personen, bestehende Normen eher in Frage zu stellen und fördert somit die Veränderung von Institutionen. Diese eher zufälligen Veränderungen von Institutionen sind eine Vorbedingung für jede Evolution. Es ist daher zu vermuten, dass individualistische Gesellschaften auch im Bereich der Rechnungslegung innovativer sind als kollektivistische. Bei stark individualistischen Organisationsformen ist jedoch die Gefahr größer, dass sich die Vertragspartner hinterlistig und opportunistisch verhalten, da kollektivistischen Institutionen, wie z.B. der oben beschriebenen Kaufmannsehre, keine starke Bedeutung zuteil wird. Dies kann wiederum dazu führen, dass bestimmte Mindestregeln, wie etwa eine Rechnungslegungspflicht, einer gesetzlichen Kodifizierung bedürfen.

Individualismus versus Kollektivismus

In einer kollektivistisch geprägten Gesellschaft kann hingegen eine historisch bedingte informelle Institution (eben jene Kaufmannsehre) zumindest teilweise die Aufgabe der Rechnungslegung übernehmen. Insofern wird der Zweck der Rechnungslegung abhängig von der Kulturgeschichte auf ganz unterschiedliche Art und Weise erfüllt. Ein Jahresabschluss eines US-Unternehmens kann z.B. den gleichen Metazweck erfüllen wie ein langer Nachmittag im Teehaus, den der arabische Unternehmer mit seinem Hauptgläubiger verbringt. Wird das Rechnungslegungssystem des einen Landes in einen anderen Kulturkreis mit einem anderen Netzwerk von informellen Institutionen transferiert, so ist dessen Versagen häufig vorprogrammiert.

Der Rechtsrahmen von wettbewerbswirtschaftlichen Volkswirtschaften basiert im Regelfall auf einer grundsätzlichen Vertragsfreiheit. Die Erstellung von Verträgen sowie deren Umsetzung und Überwachung verursachen jedoch Transaktionskosten. Von daher ist die Entwicklung von Standardverträgen sinnvoll, in denen die ansonsten individuell auszuhandelnden Vertragsrechte und -pflichten geregelt sind. Hinsichtlich der Vorgabe von Standardverträgen können unterschiedliche Vorgehensweisen differenziert werden:

Rechtsrahmen

- Einerseits obliegen nahezu sämtliche Vertragsgestaltungen den potentiellen Vertragspartnern (Risikokoordination durch individuelle Verträge). Damit wird auch die Entwicklung von Standardverträgen grundsätzlich den Individuen selbst bzw. den von ihnen geschaffenen Institutionen überlassen. Vom Staat werden hier „lediglich" bestimmte Institutionen, wie z.B. Rechtswege, vorgegeben, mit denen die Vertragspartner ihre Vertragsrechte im Konfliktfall durchsetzen können.
- Andererseits kann die Standardisierung von Verträgen regelmäßig durch detaillierte, gesetzlich kodifizierte Regulierungen erfolgen, in denen Ver-

tragspflichten und -rechte der jeweiligen Vertragspartner vorgegeben sind (Risikokoordination durch gesetzliche Regeln). Darüber hinaus werden auch die Sanktionsmechanismen im Fall der Vertragsverletzung gesetzlich erfasst.

Wird diese Einteilung auf einzelne Länder übertragen, so dominieren z.B. in den USA eher die individuellen Einzelverträge. Eventuell gewünschte transaktionskostenmindernde Standardisierungen werden von privaten Institutionen angeboten. Demgegenüber werden in Deutschland vielfältige Vertragsbeziehungen, wie z.B. Arbeitsverträge, eher durch gesetzliche Regulierungen, z.B. im Arbeitsrecht, standardisiert. Diese grundsätzlich unterschiedlichen Vorgehensweisen konkretisieren sich in den jeweiligen nationalen Rechtssystemen, die wie in Tabelle 2.1 angegeben, grob unterschieden werden können.

Angelsächsisches Rechtssystem Common Law/Case Law	Kontinentaleuropäisches Rechtssystem Code Law
Weitgehende Vertragsfreiheit mit nur begrenzt einschränkenden Gesetzesvorschriften, die eine Vertragsdurchsetzung gewährleisten sollen und auf deren Basis Rechtsprechung für Einzelfälle (cases) ergeht.	Ausgehend von einer grundsätzlichen Vertragsfreiheit werden abstrakt-generelle, oft umfangreiche Gesetzesvorschriften zur Standardisierung erlassen, die möglichst alle Spezialfälle abdecken sollen.
Geringer Abstraktionsgrad: Regeln gelten nur für den Spezialfall, für den sie entwickelt wurden.	Hoher Abstraktionsgrad: Regeln gelten jeweils für alle gleichartigen Fälle.
Rechnungslegungsregeln werden regelmäßig von privaten Institutionen erstellt und beruhen (zu einem wesentlichen Teil) nicht auf detaillierten Gesetzesvorschriften.	Rechnungslegungsregeln beruhen (zu einem wesentlichen Teil) auf detaillierten Gesetzesvorschriften.
z.B.: Australien, Großbritannien, Indien, Irland, Kanada, Neuseeland, USA	z.B.: Deutschland, Frankreich, Italien, Japan, Portugal, Spanien

Tab. 2.1: Gegenüberstellung von Common Law- und Code Law-System

In den Ländern, in denen die Vertragsfreiheit und folglich der Abschluss individueller Verträge oberste Priorität besitzt, dominiert die individuelle Vertragsabsicherung. Dem Rechtssystem des Common Law folgend, schränkt der Rechtsrahmen kaum die individuelle Vertragsgestaltung ein. In den Ländern, in denen die Vertragsfreiheit durch vielfältige gesetzlich fixierte Regeln eingeschränkt wird, werden auch die Verträge der Unternehmensbeteiligten und damit die Risikokoordination weitgehend vom Gesetzgeber durch standardisierte Vertragsinhalte geregelt. Die gesetzlichen Regulierungen enthalten für die jeweiligen potentiellen Unternehmensbeteiligten standardisierte Vertragspflichten und

-rechte, die zudem von den Parteien häufig nicht abänderbar sind. Diese – dem Rechtssystem des Code Law folgenden – Länder weisen meist ein detailliert reguliertes Gesellschaftsrecht auf.

Diese Unterschiede beeinflussen auch die konkrete Ausgestaltung des Rechnungslegungssystems eines Landes. So ist die Rechnungslegung in den kontinentaleuropäischen Ländern ein Risikokoordinationsinstrument für sämtliche Unternehmensbeteiligte und damit fester Bestandteil der gesetzlich kodifizierten Unternehmensverfassung. Folglich sind die Interessen möglichst vieler Vertragspartner des Unternehmens mit der Rechnungslegung abzudecken. Das Rechnungslegungssystem dient hier einerseits als Informations- und Kontrollinstrument für sämtliche Unternehmensbeteiligte. Andererseits werden aus ihm auch unmittelbare Rechtsfolgen abgeleitet, wie z.B. die Gewinnausschüttungen, Steuerzahlungen, Managementtantiemen, und auch die Eröffnung eines Insolvenzverfahrens wird anhand von Jahresabschlussdaten beurteilt. Entsprechend sind detaillierte Regulierungen zur Rechnungslegung zu finden. Um die Vermögensinteressen aller Unternehmensbeteiligten und hier insbesondere der Fremdkapitalgeber angemessen zu berücksichtigen, sind die Rechnungslegungsregeln tendenziell vom Vorsichtsprinzip geprägt.

Rechnungslegung in Code Law Ländern

Im angelsächsischen Rechtssystem des Common Law finden sich demgegenüber nur wenig detaillierte Rechnungslegungsvorschriften in den Gesetzen. Die Rechnungslegung ist hier ein möglicher Bestandteil der Vertragsgestaltung und insofern speziell auf die Bedürfnisse einzelner Vertragspartner zugeschnitten. Somit bleibt es den Vertragspartnern eines Unternehmens überlassen, wie der Abbau der asymmetrischen Informationsverteilung zwischen Rechnungslegern und Rechnungslegungsadressaten konkret zu erfolgen hat. Nur für bestimmte Unternehmen, insbesondere wenn sie einen organisierten Kapitalmarkt in Anspruch nehmen, existieren detaillierte Rechnungslegungsvorschriften, um die Funktionsfähigkeit dieser Märkte zu schützen. Meist werden diese Regeln von privaten Rechnungslegungsgremien, wie z.B. dem US-amerikanischen Financial Accounting Standards Board (FASB), entwickelt. Gesetze, z.B. im Bereich des Kapitalmarktrechts, geben hierfür nur einen weiten Rahmen vor.

Rechnungslegung in Common Law Ländern

Es wird deutlich, dass die Rechnungslegung in Funktion und Inhalt von rechtlichen Rahmenbedingungen abhängt. Wenn die Rechnungslegung, wie im kontinentaleuropäischen Rechtssystem üblich, in ein enges Geflecht von Standardverträgen auch im Sinne von Gesetzen eingebunden ist, werden die Funktionen der Rechnungslegung auf die mit diesen Verträgen verfolgten Zwecke hin ausgerichtet. Wenn hingegen wenige Verträge existieren, wird die Rechnungslegung lediglich zur Verringerung der Informationsasymmetrie betrieben, da eine weitere Spezifizierung ohne entsprechende Standardverträge nicht möglich und sinnvoll ist.

Neben dem Rechtssystem ist der jeweilige Kapitalmarkt der zentrale Einflussfaktor für die Ausgestaltung von nationalen Rechnungslegungssystemen. Unternehmen können Eigen- und Fremdkapital direkt von potentiellen Kapitalanbietern oder über öffentlich organisierte Kapitalmärkte aufnehmen. Die Bedeutung der jeweiligen Finanzierungsquellen und die Beschaffungsformen sind internati-

Kapitalgeber und Kapitalmärkte

onal noch sehr unterschiedlich und werden u.a. von dem bereits beschriebenen Rechtssystem eines Landes beeinflusst. In Ländern, in denen traditionell öffentliche Kapitalmärkte und insofern anonyme Kapitalgeber eine wesentliche Rolle bei der Eigen- und Fremdkapitalbeschaffung der Unternehmen spielen (z.B. USA, Großbritannien, Niederlande), steht neben dem Individualschutz der einzelnen Anleger vor allem die Funktionsfähigkeit des Kapitalmarktes im Vordergrund. Die Funktionsfähigkeit der öffentlichen Kapitalmärkte ist einerseits eine notwendige Voraussetzung für die kostengünstige Finanzierung der Unternehmen. Andererseits ist der Kapitalmarkt auch für die Kapitalanbieter attraktiv zu gestalten. Hierfür sind z.B. betrügerische Maßnahmen weitgehend auszuschließen, der schnelle Marktzutritt und -austritt zu gewährleisten sowie sämtliche mit der Anlage verbundenen Transaktionskosten zu minimieren. Um diese Ziele zu erreichen, müssen den Kapitalmarktteilnehmern möglichst alle für ihre Kapitalanlage entscheidungsrelevanten Unternehmensinformationen zur Verfügung gestellt werden. Diese Informationsvermittlungsaufgabe wird so zu einer zentralen Funktion der Rechnungslegung.

In den Ländern, in denen traditionell institutionelle Fremdkapitalgeber und Unternehmen mit wenigen Gesellschaftern dominieren (z.B. Deutschland, Frankreich, Italien), ist die Bedeutung der öffentlichen Kapitalmärkte für die Unternehmensfinanzierung noch eher gering. Für den Vergleich USA und Deutschland zeigt z.B. *Heintges,* dass 55 % bis 60 % des gesamten Eigen- und Fremdkapitals ausgewählter US-amerikanischer Unternehmen über den öffentlichen Kapitalmarkt finanziert wird. In vergleichbaren deutschen Unternehmen beträgt der Anteil der kapitalmarktfinanzierten Passiva lediglich ca. 30 %[1]. Dieser Unterschied ist vor allem durch die Höhe der am Kapitalmarkt gehandelten Verbindlichkeiten zu erklären, die in den US-amerikanischen Unternehmen ca. 35 % der gesamten Passiva ausmachen und in deutschen Unternehmen lediglich ca. 5 % betragen. Auch wenn sich diese Situation in den letzten Jahren zunehmend verändert, sind deutsche Gesellschaften an organisierten Kapitalmärkten immer noch unterrepräsentiert.

Die Kapitalgeber haben in den Ländern mit kontinentaleuropäischer Rechnungslegung meist eine enge Bindung zum Unternehmen und sind in wesentliche unternehmerische Entscheidungen involviert. Daher werden Rechnungslegungsdaten weniger dringend benötigt, um die asymmetrische Informationsverteilung zu beseitigen. Demgegenüber tritt ein anderer Zweck stärker in den Vordergrund: Rechnungslegungsdaten liefern die Grundlage für die Anspruchsbemessung der Unternehmensbeteiligten. So dienen Rechnungslegungsdaten beispielsweise der Bemessung von Ausschüttungen (Dividenden) an die Aktionäre oder der Orientierung für ergebnisabhängige Zahlungen an das Management und den Staat.

Steuersystem

Die generelle Überlegung, an die Höhe von Rechnungslegungsdaten auch unmittelbare Rechtsfolgen für das Unternehmen zu knüpfen, führt zu einem

---

1 Vgl. *Heintges, S.*, Bilanzkultur und Bilanzpolitik in den USA und in Deutschland, 3. Aufl., Sternenfels 2005, S. 69.

weiteren Unterscheidungsmerkmal nationaler Rechnungslegungssysteme. So existiert z.B. in Deutschland, Frankreich, Belgien, Italien und Spanien eine starke Verknüpfung zwischen handels- bzw. gesellschafts- und steuerrechtlicher Gewinnermittlung durch ein Maßgeblichkeitsprinzip. Hier hat die inhaltliche Ausgestaltung der Rechnungslegung auch unmittelbare Konsequenzen für die Besteuerung der Unternehmen. Aus der Maßgeblichkeit resultiert jedoch auch, dass die Auslegung von handelsrechtlichen Rechnungslegungsnormen stark von steuerrechtlichen Institutionen, wie z.B. in Deutschland vom Bundesfinanzhof (BFH), geprägt wird.

Beispielhaft sei die französische Entwicklung im inflationären Klima der 1970er Jahre angeführt, wo eine Neubewertung von Gegenständen des Anlagevermögens in der Handelsbilanz gestattet war. Diese wurde jedoch nicht praktiziert, da sie zu zusätzlichen Steuerzahlungen geführt hätte. Daher wurden börsennotierte Gesellschaften gesetzlich zur Neubewertung verpflichtet, um eine größere Aussagefähigkeit der Handelsbilanzen zu erzielen. Gleichzeitig wurden steuerliche Folgen durch eine ergebnisneutrale Behandlung der Zuschreibungen ausgeschlossen.

Eine von den Kapitalmarktinteressen geprägte Rechnungslegung ist stärker an der Darstellung der künftigen wirtschaftlichen Entwicklung auszurichten. Sie lässt wenig Spielraum für die Berücksichtigung von Aspekten der Unternehmensbesteuerung, die aufgrund von vergangenen Tatbeständen zu erfolgen hat. Daher sind Interdependenzen zwischen steuerlicher und gesellschafts- bzw. kapitalmarktrechtlicher Rechnungslegung, z.B. in den USA, in Großbritannien oder in den Niederlanden, kaum gegeben. In den USA versuchen lediglich einige kleine und mittlere Unternehmen, zur Vermeidung der mit einer doppelten Rechnungslegung einhergehenden Kosten, die steuerlichen Bilanzierungsregulierungen auch in den gesellschaftsrechtlichen Abschluss zu übernehmen. Diese Erstellung einer Einheitsbilanz ist jedoch nicht mehr realisierbar, wenn diese Unternehmen den öffentlichen Kapitalmarkt in Anspruch nehmen wollen und damit kapitalmarktrechtlichen Bilanzierungsregeln unterworfen sind.

Auch wenn nicht sämtliche national divergierenden Einflussfaktoren diskutiert wurden, konnte gezeigt werden, dass sich international zwei große Ländergruppen mit unterschiedlichen Rechnungslegungskonzepten gegenüberstehen: die eher kollektivistisch geprägten Kontinentaleuropäer mit einem Code Law-System, geringerer Bedeutung von organisierten Kapitalmärkten und einer engeren Verknüpfung von informationsorientierter Rechnungslegung und Steuerbemessung, und die eher individualistisch geprägten angloamerikanischen Nationen, die ein Common Law-System vorweisen, deren organisierte Kapitalmärkte die Finanzierung der mittleren und großen Unternehmen überwiegend übernehmen und deren Steuerbemessung unabhängig von der informationsorientierten Bilanzierung erfolgt. Sicherlich gibt es differenziertere Klassifikationen als die hier beschriebene, die u.a. auch Entwicklungs-, Schwellenländer und nicht

Klassifizierung unterschiedlicher Rechnungslegungssysteme

marktwirtschaftlich organisierte Länder umfassen[2], aber die hier vorgestellte, einfache Klassifizierung erscheint hinreichend, um eine Vielzahl der praktischen Probleme der internationalen Rechnungslegung diskutieren zu können.

2 Internationalisierung der Unternehmenstätigkeit

In diesem Abschnitt wird diskutiert, inwiefern eine Internationalisierung der Unternehmenstätigkeit eine Internationalisierung der Rechnungslegung notwendig macht. Hierfür werden unterschiedliche Stufen der Internationalisierung von Unternehmen getrennt betrachtet und nach ihrer Intensität grob gereiht. Die erste Stufe beschäftigt sich mit der Konkurrenzsituation zu ausländischen Unternehmen auf dem heimischen Absatzmarkt.

Ausländische Konkurrenten

Die Ignoranz gegenüber ausländischen Rechnungslegungssystemen kann bereits dann zu Informationsnachteilen gegenüber Wettbewerbern führen, wenn ausländische Unternehmen als Konkurrenten auf angestammten Inlandsmärkten auftreten. Unabhängig davon, ob diese Wettbewerber durch Exporte oder über inländische Tochterunternehmen am Markt auftreten, wird es im Rahmen von Wettbewerbsanalysen notwendig, u.a. deren Rechnungslegungsdaten zu analysieren. Eine detaillierte Unternehmensanalyse setzt hier voraus, dass die verwendeten Bilanzierungspraktiken im Rahmen der Unternehmensanalyse berücksichtigt werden. Dies verdeutlicht das nachfolgende Beispiel.

Beispiel 2.1

Ein amerikanisches Ein-Produkt-Unternehmen analysiert ein konkurrierendes deutsches Ein-Produkt-Unternehmen. Das deutsche Unternehmen ermittelt HGB-konform (vor BilMoG) seine Herstellungskosten lediglich auf Einzelkostenbasis. Das US-Unternehmen geht, in Unkenntnis deutscher Rechnungslegungsregeln davon aus, dass der mit US-amerikanischen Rechnungslegungsvorschriften (US-Generally Accepted Accounting Principles, US-GAAP) konforme Vollkostenansatz angewendet wurde.

Demzufolge könnte bei „den Amerikanern" der Eindruck entstehen, dass „die Deutschen" einerseits effizienter und kostengünstiger produzieren, andererseits aber recht hohe produktionsfixe Aufwendungen haben. Schließlich weisen Letztere wesentlich geringere Herstellungskosten des Umsatzes (Umsatzkosten) aus und erreichen deshalb ein höheres Bruttoergebnis (Umsatzerlöse abzüglich Umsatzkosten). Gleichzeitig weisen sie jedoch höhere sonstige betriebliche Aufwendungen aus. Tatsächlich ist dieses Bild aber nur ein Ergebnis unterschiedlicher Rechnungslegungsregeln.

---

2 Vgl. für eine ausführliche Übersicht *d'Arcy, A.*, Gibt es eine anglo-amerikanische und eine kontinentaleuropäische Rechnungslegung? Klassen nationaler Rechnungslegungssysteme zwischen Politik und statistischer Überprüfbarkeit, Frankfurt am Main u.a. 1999.

Wenn die Beschaffungs- und/oder Absatzaktivitäten auf ausländische Märkte ausgedehnt und hierzu z.B. langfristige Liefer- bzw. Absatzverträge mit ausländischen Unternehmen geschlossen werden sollen, so sind zur Reduzierung der damit verbundenen Investitionsrisiken die jeweiligen Vertragspartner im Rahmen von Unternehmensanalysen auf ihre wirtschaftliche Lage zu untersuchen. Hierfür stehen vor allem Rechnungslegungsdaten der potentiellen Vertragspartner zur Verfügung. Wenn diese Rechnungslegungsdaten aus anderen nationalen Rechnungslegungssystemen stammen und dies nicht berücksichtigt wird, können, ähnlich wie im obigen Beispiel, gravierende Fehleinschätzungen resultieren. Auch hier ist es sinnvoll, sich mit den Rechnungslegungsgepflogenheiten des Auslandes zu befassen.

Internationalisierung der Absatzmärkte

Soll das Auslandsengagement auch Finanzinvestitionen umfassen, so sind für die Ermittlung der erwarteten Rendite-Risiko-Position dieser Portfolio-Investitionen entsprechende Prognosen über die finanziellen Rückflüsse erforderlich. Insbesondere wenn die Gewinnausschüttungen an den Investor auf Rechnungslegungsdaten basieren, sind neben den Ausschüttungsmodalitäten, Kapitaltransferbeschränkungen, Wechselkursentwicklungen und steuerlichen Besonderheiten auch die Rechnungslegungsnormen des Auslandes bei der Rendite-Risiko-Prognose explizit zu beachten.

Finanz- und Direktinvestitionen

Sind auch Direktinvestitionen in Form von Akquisitionen ausländischer Tochterunternehmen oder Beteiligungen an Gemeinschaftsunternehmen geplant, wird die Beachtung der jeweiligen Rechnungslegungsnormen ein bedeutender Erfolgsfaktor des Akquisitionsmanagements. Die im Rahmen einer Akquisitionsplanung zu ermittelnden Preisober- bzw. Preisuntergrenzen des Käufers bzw. Verkäufers erfordern eine Unternehmensbewertung. Diese basiert auch auf den vergangenen und künftig geplanten Daten des internen und externen Rechnungswesens des Akquisitionskandidaten. So basieren die Cashflow- bzw. Gewinnausschüttungspotentiale unter anderem auf den vergangenen Jahresabschlussdaten des zu akquirierenden Unternehmens. Folglich kann auch hier die Vernachlässigung des Rechnungslegungssystems zu Fehleinschätzungen führen.

Im Anschluss an die Akquisition eines ausländischen Tochter- bzw. Gemeinschaftsunternehmens wird die Auseinandersetzung der Konzernzentrale mit den Rechnungslegungsgepflogenheiten im Ausland bereits dadurch erforderlich, dass diese Unternehmen für die Einbeziehung in den Konzernabschluss an konzerneinheitliche Bilanzierungsregeln angepasste Handelsbilanzen II zur Verfügung stellen müssen. Hierfür sind Abbildungsregeln der wirtschaftlichen Aktivitäten im Jahresabschluss des ausländischen Tochter- bzw. Gemeinschaftsunternehmens auf ihre Vereinbarkeit mit den Abbildungsregeln der entsprechenden Rechnungslegungsvorschriften hin zu überprüfen und sofern notwendig anzupassen.

Führung ausländischer Beteiligungen

Neben diesem auf die Konzernrechnungslegung ausgerichteten Argument wird das nationale Rechnungswesensystem auch für die Konzernführung relevant. In Abhängigkeit vom Zentralisierungsgrad der bilateralen Unternehmensverbindung werden die operativen und strategischen Entscheidungen im ausländischen Tochter- bzw. Gemeinschaftsunternehmen mehr oder weniger von der Konzernzentrale getroffen. Darüber hinaus ist auch die Basisentscheidung der Akquisition bzw. Gründung des ausländischen Tochter- bzw. Gemeinschaftsunternehmens regelmäßig zu überprüfen. Um diese Aufgaben lösen zu können, müssen dem Konzernmanagement umfangreiche Informationen über die wirtschaftliche Entwicklung des ausländischen Tochterunternehmens vorliegen.

Insbesondere in zentral geführten Konzernen wird dem ausländischen Tochterunternehmen im Rahmen der Konzernintegration vom Mutterunternehmen meist ein konzerneinheitliches Berichtswesen für das Konzerncontrolling vorgegeben. Auf dieser Datenbasis werden die operativen und strategischen Entscheidungen im Tochterunternehmen von der Konzernzentrale getroffen. Im Rahmen dieser Integrationsmaßnahmen sollten jedoch die vorhandenen landesspezifischen Rechnungswesensysteme nicht übergangen werden. Im Gegenteil, für eine erfolgreiche Integration ist es notwendig, dem ausländischen Management speziell die von den landesüblichen Gepflogenheiten abweichenden konzerneinheitlichen Berichtsinstrumente und deren Ermittlungsmethoden zu erläutern. Nur dann kann davon ausgegangen werden, dass dieses Controllinginstrumentarium vom Management des Tochterunternehmens akzeptiert wird.

Ausländische Kapitalgeber

Die internationale Ausrichtung der Geschäftstätigkeit zieht meist auch einen erhöhten externen Finanzierungsbedarf nach sich. Um das erforderliche Finanzvolumen zu möglichst günstigen Konditionen beschaffen zu können, sind sämtliche potentiellen Finanzierungsquellen anzusprechen. Hierfür greifen auch deutsche Unternehmen verstärkt auf internationale Kapitalmärkte zurück. Die Inanspruchnahme attraktiver ausländischer Kapitalmärkte, z.B. durch Kreditaufnahme bzw. Emission von Anleihen und Aktien, setzt voraus, dass die ausländischen Kapitalgeber über die Rendite-Risiko-Position ihres finanziellen Engagements im Unternehmen informiert werden. Als unternehmensbezogene Informationen bieten sich hierfür vor allem die Rechnungslegungsdaten an.

Gewinnung ausländischer Fremdkapitalgeber

In vielen Ländern verlangen institutionelle Fremdkapitalanbieter von den kreditnehmenden Gesellschaften, dass sich diese im Rahmen der Kreditverträge z.B. zur Einhaltung bestimmter Jahresabschlussrelationen verpflichten. Damit muss ein ausländisches Tochterunternehmen, das in seinem Heimatland einen Kredit aufnehmen will, eine auf dem jeweiligen nationalen Rechnungslegungssystem aufbauende mittel- und langfristige Jahresabschlussplanung vornehmen. Um diese Plandaten mit der Konzernzentrale abstimmen zu können, müssen auch hier die Abbildungsregeln für die Rechnungslegung bekannt sein.

Rating

Ratings als unabhängige, standardisierte Einschätzungen der Wahrscheinlichkeit fristgerechter Zins- und Tilgungsleistung eines Emittenten besitzen vor allem international eine große Bedeutung. Die Bonitätseinschätzung der international tätigen Ratingagenturen, wie z.B. Moody's Investors Service, Standard & Poor's und Fitch, ist häufig eine notwendige Voraussetzung für den Zutritt zu verschiedenen Finanzmärkten. Sie wirken sich insofern unmittelbar auf die Fremdkapitalkosten der Unternehmen aus. Auch die Platzierung von kurzfristigen Schuldverschreibungen, sog. Commercial Papers, auf dem Eurokapitalmarkt ist ohne die wirtschaftliche Beurteilung des Emittenten durch ein

Rating kaum noch möglich. Obwohl die Ratingagenturen von den Unternehmen vielfältige und teilweise auch nicht öffentlich bekannte Informationen verlangen, stellen die Rechnungslegungsdaten eine wesentliche Grundlage für die Bonitätsbeurteilung dar. Ausgangspunkt sind hier zwar die Daten des jeweiligen nationalen Rechnungslegungssystems, wobei jedoch länderspezifische Besonderheiten im Rechnungswesen zu erläutern bzw. an internationale Standards anzupassen sind. Die damit verbundenen Probleme wurden z.B. Anfang 2003 an dem Downgrading von ThyssenKrupp durch Standard & Poor's deutlich. Dieses ist vor allem mit einer veränderten Berücksichtigung der in Deutschland traditionell intern finanzierten Pensionszusagen begründet worden, durch die sich veränderte Bilanzrelationen ergaben[3].

Zur Eigenkapitalfinanzierung greifen Unternehmen auf den Aktienmarkt als Finanzierungsquelle zurück. Um das Emissionsvolumen zu den gewünschten Ausgabekonditionen unterzubringen, sind möglichst viele Aktienmarktteilnehmer anzusprechen. Hierfür stehen dem Unternehmen folgende Möglichkeiten zur Verfügung:

Gewinnung ausländischer Eigenkapitalgeber

- Zum einen kann die Zulassung an einer inländischen Börse und gleichzeitige Werbung bei in- und ausländischen Aktienmarktteilnehmern angestrebt werden.
- Zum anderen kann (auch) die Zulassung an einer ausländischen Börse bei gleichzeitiger Ansprache in- und ausländischer Investoren erfolgen.

Neben dem eigentlichen Finanzierungseffekt hat ein Börsengang im Ausland zum Teil auch erhebliche Auswirkungen auf dem ausländischen Absatz-, Beschaffungs- und Arbeitsmarkt. So lassen sich ausländische Arbeitnehmer für Managementpositionen eher gewinnen, wenn ihnen an ihrer Heimatbörse handelbare Aktienoptionen angeboten werden. In vielen Ländern genießen ausländische Unternehmen einen gewissen Imagenachteil, der sich dann abschwächt, wenn sie als vor Ort börsennotierte Unternehmen eher als zu dem Land gehörige Unternehmen wahrgenommen werden.

Der eigentliche Vorteil einer Notierung an einer ausländischen Börse ist der Zugang zu einem anderen Kapitalmarkt. Warum sollte dies vorteilhaft sein, wenn der heimische Kapitalmarkt des Unternehmens Investitionen von Ausländern unbegrenzt zulässt? Schließlich könnten in diesem Fall ausländische Investoren Aktien des Unternehmens auch an dessen heimischem Kapitalmarkt kaufen und verkaufen. Das Problem liegt in der unterschiedlichen Attraktivität der nationalen Kapitalmärkte, die sich unter anderem an ihrer Größe, ihrer Internationalität und ihrer volkswirtschaftlichen Bedeutung ermessen lässt.

---

3   Vgl. *Gerke, W./Pellens, B.*, Pension provisions, pension funds and the rating of companies – a critical analysis, Forschungsbericht, Nürnberg/Bochum 2003.

	NYSE	NASDAQ	Deutsche Börse*	London SE	Tokio SE
Inländische Unternehmen	1.829	2.812	656	2.913	2.391
Ausländische Unternehmen	451	321	104	343	25
Anteil ausl. Unternehmen	19,8 %	10,2 %	13,7 %	10,5 %	1,0 %
Marktkapita-lisierung**	15.421,2	3.865,0	1.637,6	3.794,3	4.614,1
Marktkapitalisie-rung / GDP***	145,6 %		56,5 %	159,8 %	105,6 %

NYSE: New York Stock Exchange
NASDAQ: National Association of Securities Dealers Automated Quotation System
GDP: Gross Domestic Product (Bruttoinlandsprodukt)
* ohne Freiverkehr
** in Mrd. US-$
*** Daten für das Kalenderjahr 2006

Tab. 2.2: Internationalität, Größe und volkswirtschaftliche Bedeutung zentraler Eigenkapitalmärkte zum 31.12.2006. Quelle: *World Federation of Exchanges*, www.world-exchanges.org unter „statistics" und eigene Berechnungen.

Wie Tabelle 2.2 zu entnehmen ist, sind – mit Ausnahme des Kapitalmarktes in Tokio – alle hier vorgestellten Kapitalmärkte zu einem ähnlichen Grad internationalisiert. Es fällt jedoch deutlich auf, dass die anglo-amerikanischen Kapitalmärkte eine wesentlich größere volkswirtschaftliche Bedeutung besitzen und dass insbesondere die NYSE um ein Vielfaches größer ist als alle anderen Eigenkapitalmärkte. Somit erscheinen einzelne Kapitalmärkte für Unternehmen attraktiver als andere Kapitalmärkte. Dies gilt, obwohl gerade das Börsenlisting an der NYSE relativ hohe regulatorische Anforderungen an die Unternehmen stellt und die generelle Wettbewerbsfähigkeit des US-Kapitalmarkts jüngst zumindest beeinträchtigt ist[4].

Es lässt sich festhalten: Die NYSE scheint eine der attraktivsten Eigenkapitalbörsen der Welt zu sein, obwohl die an ihr gelisteten Unternehmen umfangreiche Rechnungslegungs- und Publizitätspflichten und sonstige Regulierungen zu beachten haben. Wie passt das zusammen? Zum einen liegt es sicher an der enormen Größe des US-amerikanischen Binnenmarkts. Auch wenn der Kapitaltransfer über Ländergrenzen hinweg immer einfacher möglich wird, so ist er

---

4 Vgl. *Committee on Capital Market Regulations*, The Competitive Position of the U.S. Public Equity Market, 2007 (www.capmktsreg.org).

doch immer noch mit Transaktionskosten verbunden. Demzufolge bleibt die Größe des nationalen Markts ein Wettbewerbsfaktor der Finanzmärkte. Ein weiterer Erklärungsansatz besteht indes in den Publizitätspflichten und in den sonstigen Auflagen der NYSE. Schließlich wurden sie mit dem erklärten Ziel geschaffen, den Anleger zu schützen. Wenn sie funktionieren (ohne, so die Vorwürfe nach dem Sarbanes-Oxley Act 2002, in einer übertriebenen Überregulierung zu enden), können sie tatsächlich als komparativer Konkurrenzvorteil der amerikanischen Börsen angesehen werden. Von einem solchen Zusammenhang zwischen Aktionärsschutzintensität, der Renditeforderung aktueller und potentieller Anteilseigner und damit letztlich der Größe des Kapitalmarkts gehen *Kübler/Schmidt* explizit aus, wenn sie für die USA im Vergleich zu Deutschland annehmen, „dass in den USA mehr Eigenkapital (über die Aktienmärkte in den Unternehmen) eingesetzt wird, weil es billiger für die Unternehmungen ist; und es ist billiger, weil die Anleger besser geschützt sind und daher weniger Risikokompensation verlangen"[5].

Zusammenfassend ist festzuhalten, dass durch die zunehmende Internationalisierung der Unternehmenstätigkeit die kritische Auseinandersetzung mit ausländischen Rechnungslegungssystemen und den dahinter stehenden sozioökonomischen Rahmenbedingungen für absatz-, beschaffungs- und insbesondere für finanzierungspolitische Fragestellungen in den letzten Jahren stark an Bedeutung gewonnen hat. Für die Unternehmen und ihre Vertragspartner zeigt sich in dieser Entwicklung auch der Vorteil harmonisierter Rechnungslegungsregeln. Zumindest in der Tendenz dürfte gelten, dass diese Harmonisierung Transaktionskosten reduziert, die sich auf Seiten der Unternehmen auch in konkreten betriebswirtschaftlichen Kosten niederschlagen. Diese Erkenntnis gilt im besonderen Maße auch für deutsche Unternehmen. Insofern wird im Folgenden untersucht, welche Auswirkungen sich daraus für die Rechnungslegung in Deutschland ergeben.

3 Internationalisierung der Rechnungslegung in Deutschland

Die deutsche Rechnungslegung ist traditionell im Handels- und Gesellschaftsrecht kodifiziert. Anders als z.B. im Steuerrecht gab es in diesem Rechtsbereich bisher nur wenige, dafür aber grundlegende Reformen: Zu nennen sind insbesondere die AktG-Reformen von 1937 und 1965. Ein erster Schritt zur Internationalisierung der deutschen Rechnungslegung ging von der 1957 gegründeten Europäischen Wirtschaftsgemeinschaft (EWG) aus. In den Römischen Verträgen verpflichteten sich die Mitgliedstaaten der EWG u.a. dazu, ihre Gesellschafts- und Kapitalmarktrechte zu harmonisieren. Entsprechend wurden Ende der

EU-Harmonisierung

---

5 *Kübler, F./Schmidt, R.*, Gesellschaftsrecht und Konzentration, Berlin 1988, S. 169.

1970er bzw. Anfang der 1980er Jahre die das europäische Rechnungslegungsrecht harmonisierenden Richtlinien (4., 7. und 8. EG-Richtlinie) verabschiedet. Die EWG-Mitgliedstaaten waren verpflichtet, diese EG-Richtlinien in nationales Recht zu transformieren, was in Deutschland 1985 mit dem Bilanzrichtlinien-Gesetz geschah. Viele erwarteten 1985, dass die deutsche Rechnungslegung nach dieser ersten europäischen Harmonisierungswelle erneut für einige Jahrzehnte unverändert bestehen würde. Das Bilanzrichtlinien-Gesetz hatte schließlich eine Reihe von Detailproblemen neu gelöst und dabei sogar Elemente anderer Rechnungslegungssysteme im Zuge der EU-Harmonisierung übernommen. Dennoch blieb das HGB gerade in Ansatz- und Bewertungsfragen noch traditionell geprägt: Von der Dominanz der Gewinnermittlung für Dividenden- und Steuerzahlungen und der dahinter stehenden Hoffnung, vor allem die Gläubiger und das „Unternehmen an sich" durch eine vorsichtige Bilanzierung abzusichern, wich der deutsche Gesetzgeber nicht ab.

Börsenlisting an der NYSE

Die Erwartung eines „Dornröschenschlafes" erfüllte sich jedoch nicht. Die Internationalisierung der Unternehmenstätigkeit führte in Deutschland nur einige Jahre später zu drastischen Veränderungen, die sich erst in der Rechnungslegungspraxis, später aber auch in der Rechnungslegungsregulierung manifestierten. So wurde die „Internationale Rechnungslegung" von deutschen Unternehmen zu Beginn der 1990er Jahre verstärkt nachgefragt. Markantes Beispiel hierfür und gleichzeitig Startpunkt einer neuen „Ära" war der Börsengang der Daimler Benz AG 1993 an die NYSE. Um die eigenen Aktien an der NYSE notieren zu lassen, war das Daimler-Management u.a. bereit, sich den US-amerikanischen Rechnungslegungsregeln des FASB zu unterwerfen. Der Daimler-Benz-Konzernabschluss musste für zwei Positionen (Eigenkapital und Jahresüberschuss) offen von HGB auf US-GAAP übergeleitet werden (reconciliation). Weitere deutsche Unternehmen folgten diesem Beispiel, z.B. allein 1996 die Deutsche Telekom AG, Fresenius Medical Care AG, Pfeiffer Vacuum Technology AG und SGL Carbon AG[6].

„Parallele" Rechnungslegung

Die Rechnungslegung dieser Unternehmen hatte den Charakter einer teilweisen Überleitung (reconciliation) bis hin zu einer vollständig „parallelen" Rechnungslegung. Weil die handelsrechtliche Rechnungslegung weiterhin verpflichtend war, mussten diese Unternehmen den US-amerikanischen Bilanzierungsregeln zusätzlich genügen. Dies beschränkte sich allerdings auf den für das Börsenlisting allein relevanten Konzernabschluss, der – quasi parallel – nach HGB und US-GAAP zu erstellen und zu veröffentlichen war. Der HGB-Einzelabschluss und die an ihn geknüpften Rechtsfolgen blieben demgegenüber unberührt.

„Duale" Rechnungslegung

Weitere Unternehmen, wie z.B. 1994 die Bayer AG, die Schering AG und die Heidelberger Zement AG, wählten einen anderen Weg, um sich den Anforderungen der internationalen Kapitalanleger zu stellen. Da für sie ein Gang an eine US-Börse zunächst nicht infrage kam, folgten sie nicht den US-GAAP, sondern

---

6 Vgl. zu weiteren Informationen über die Börsenzulassung deutscher Unternehmen in den USA Kapitel 3 und zu den damit einhergehenden Publizitätspflichten Kapitel 31.

den Regeln des International Accounting Standards Committee (IASC, Vorgänger des IASB). Angesichts bestehender handelsrechtlicher Rechnungslegungspflichten wählten diese Unternehmen aber regelmäßig nicht die „parallele", sondern eine „duale" Rechnungslegung. Diese basierte auf dem Versuch, in einem einzigen Konzernabschluss zwei Regelwerken, dem HGB und den damaligen International Accounting Standards (IAS), gleichzeitig zu folgen. Möglich war dies insbesondere durch vielfältige Bilanzierungswahlrechte in beiden Systemen, die übereinstimmend ausgeübt wurden.

Eine erste Anpassung der Regelsituation in Deutschland war 1997 zu beobachten. Die Deutsche Börse AG etablierte das Marktsegment des „Neuen Marktes" für junge High-Tech-Unternehmen, über deren risikoreiche unternehmerische Tätigkeit die Kapitalmarktteilnehmer bestmöglich informiert werden sollten. Wegen der Fokussierung der „internationalen" Rechnungslegungssysteme IAS und US-GAAP auf die Informationsfunktion herrschte – auch bei der Deutsche Börse AG – die Vorstellung vor, dass diese Systeme dem Anlegerschutz effizienter dienen als die vom Gläubigerschutz und Vorsichtsprinzip geprägte HGB-Rechnungslegung. So wurde den Emittenten am Neuen Markt u.a. vorgeschrieben, Konzernabschlüsse nach IAS oder US-GAAP vorzulegen.

Anforderungen der Börsen

Dem Vorbild des Neuen Marktes folgte 2001 der SMAX als Qualitätssegment für kleine und mittlere Werte, dessen Emittenten ebenfalls zur internationalen Rechnungslegung verpflichtet wurden. Nach der Umstrukturierung der Börsensegmentierung 2003 wurden diese Elemente der privatrechtlichen Regelwerke für den Neuen Markt und den SMAX mit dem Prime Standard in die öffentlich-rechtliche Börsenordnung übernommen. Hier werden über gesetzliche (Mindest-)Standards hinausgehende Anforderungen an diejenigen Emittenten gestellt, deren Wertpapiere im Prime Standard – einem „exquisiten" Teilsegment des amtlichen Marktes – zugelassen sind. Dazu zählen nicht nur die Quartalsberichterstattungspflicht (§ 63 Börsenordnung der Frankfurter Wertpapierbörse a.F.) oder sonstige Offenlegungsanforderungen (§§ 64-66 a.F.), sondern insbesondere auch die Verpflichtung, einen Konzernabschluss nach IFRS oder US-GAAP zu erstellen und zu veröffentlichen (§ 62 Abs. 1 a.F.).

Der deutsche Gesetzgeber reagierte erst 1998. Getrieben von starkem lobbyistischem Einfluss der von „paralleler" oder „dualer" Rechnungslegung betroffenen Unternehmen wurde das „Kapitalaufnahmeerleichterungsgesetz (KapAEG)" verabschiedet. Dieses Gesetz etablierte im HGB eine bis 2004 befristete Öffnungsklausel zunächst nur für börsennotierte, dann später für alle kapitalmarktorientierten Mutterunternehmen (befreiender Konzernabschluss nach § 292a HGB). Ihnen wurde unter bestimmten Voraussetzungen gestattet, den Konzernabschluss und -lagebericht entweder nach handelsrechtlichen Vorschriften (§§ 290 ff. HGB) oder nach „international anerkannten Rechnungslegungsvorschriften" aufzustellen. Im Wesentlichen wurden darunter die IAS und US-GAAP subsumiert. Mit § 292a HGB hat der Gesetzgeber das deutsche Rechnungslegungsrecht letztlich dereguliert, da den betroffenen deutschen Unternehmen zumindest im Konzernabschluss die Möglichkeit eingeräumt wurde, unter bestimmten Rechnungslegungssystemen zu wählen.

KapAEG 1998

KonTraG 1998 und TransPuG 2002

Die Internationalisierung der deutschen Rechnungslegung wurde 1998 durch ein weiteres Gesetz forciert. Mit dem Gesetz zur Kontrolle und Transparenz im Unternehmensbereich (KonTraG) wurde u.a. der Konzernabschluss kapitalmarktorientierter Mutterunternehmen in seinem Umfang an das Niveau der internationalen Rechnungslegung angenähert (§ 297 Abs. 1 HGB). Nach der erneuten Anpassung durch das Transparenz- und Publizitätsgesetz (TransPuG) 2002 weist der HGB-Konzernabschluss dieser Unternehmen zumindest dieselben Bestandteile wie ein IFRS- oder US-GAAP-Abschluss auf (Konzernbilanz und -GuV, Anhang einschließlich Segmentberichterstattung, Kapitalflussrechnung und Eigenkapitalspiegel).

DRSC, DSR und DRS

Angesichts der deutschen Rechnungslegungstradition von überaus großer Wirkung war indes ein weiterer Bestandteil des KonTraG: In Anlehnung an das IASB und das FASB[7] wurde in § 342 HGB die rechtliche Voraussetzung zur Anerkennung eines privaten deutschen Rechnungslegungsgremiums geschaffen. Nur einige Monate später wurde auf dieser Rechtsgrundlage das „Deutsche Rechnungslegungs Standards Committee e.V." (DRSC) in Berlin gegründet, innerhalb dessen der „Deutsche Standardisierungsrat" (DSR) die Facharbeit übernahm. Damit trat zum ersten Mal eine private Institution neben den Gesetzgeber, die gleichfalls Einfluss auf die deutsche Rechnungslegungsregulierung haben sollte.

Das DRSC hat seit 1998 die gesetzliche Aufgabe, Grundsätze über die Konzernrechnungslegung (Deutsche Rechnungslegungsstandards, DRS) zu entwickeln. Darüber hinaus soll es den deutschen Gesetzgeber bei neuen Regulierungen zur Rechnungslegung beraten und Deutschland in internationalen Rechnungslegungsgremien, wie dem IASB, vertreten. So fungiert das DRSC heute als Liaison Partner des IASB und diesem Gremium gegenüber damit als eine Art „deutsches Tochterunternehmen"[8]. Der Referentenentwurf des Bilanzrechtsmodernisierungsgesetzes (BilMoG) sieht überdies vor, den Aufgabenbereich des DRSC um die Erarbeitung von Interpretationen der internationalen Rechnungslegungsstandards zu erweitern.

Mit den Standards des DSR sollte die deutsche Konzernrechnungslegung möglichst bis 2004 an die internationale Rechnungslegung angenähert werden. Entsprechend motiviert startete der DSR mit der Lösung dieser Aufgabe und veröffentlichte innerhalb weniger Jahre über 20 DRS zu verschiedenen Bilanzansatz-, Bilanzbewertungs- und Konsolidierungsfragen. Allerdings ist die zwingende Befolgung der DRS, insbesondere wenn diese Ansatz- und Bewertungsfragen regulieren, ebenso wie der Rechtscharakter der DRS bis heute noch sehr umstritten.

Da andere EU-Mitgliedstaaten, wie z.B. Belgien oder Österreich, dem deutschen Vorbild zur Öffnung und Internationalisierung der nationalen Rechnungs-

---

7 Vgl. zu diesen Institutionen der US-amerikanischen und internationalen Rechnungslegung ausführlicher Kapitel 3 und 4.
8 Weitere Informationen zum DRSC und DSR sind auf der Homepage des DRSC (www.drsc.de) erhältlich. Die Eigenschaft eines Liaison Partners des IASB wird in Kapitel 4 näher beleuchtet.

legung folgten, ist die beabsichtigte eigenständige europäische Harmonisierung der Rechnungslegung über die 4. und 7. EG-Richtlinie letztlich gescheitert. Statt harmonisierter nationaler Rechnungslegungssysteme erlaubten einige EU-Staaten auch die Anwendung der IFRS und/oder der US-GAAP. Andererseits hat aber auch diese Öffnung harmonisierenden Charakter. Mit der Orientierung vieler Unternehmen an diesen beiden Rechnungslegungssystemen setzt sich nun eine Marktlösung fernab der EG-Bilanzrichtlinien durch.

Vor diesem Hintergrund erscheint es wenig verwunderlich, dass sich die EU-Kommission erneut für eine (zweite) Harmonisierung der EU-Rechnungslegung einsetzte. Eingeleitet von entsprechenden Strategiepapieren ist das Ergebnis dieser Bemühungen eine unmittelbar anwendbare EU-Verordnung „Nr. 1606/2002 betreffend die Anwendung internationaler Rechnungslegungsstandards". Hiernach sind kapitalmarktorientierte Mutterunternehmen seit 2005 verpflichtet, die Konzernrechnungslegung nach IFRS vorzunehmen (Art. 4)[9]. Als kapitalmarktorientiert gelten hierbei alle Unternehmen, deren Wertpapiere (Eigenkapital- und/oder Fremdkapitaltitel) am jeweiligen Bilanzstichtag in einem beliebigen EU-Mitgliedstaat zum Handel in einem geregelten Markt zugelassen sind. Eine Übergangsfrist bis 2007 wurde insbesondere den europäischen Unternehmen eingeräumt, die wegen eines US-Börsenlistings den US-GAAP folgen. Gleiches galt für Unternehmen, die ausschließlich aufgrund emittierter Fremdkapitaltitel unter den Anwendungsbereich der EU-Verordnung fallen (Art. 9).

EU-Verordnung zu IFRS

Diese EU-Verordnung, oft auch als „IAS-Verordnung" bezeichnet, räumt den Mitgliedstaaten außerdem das Recht ein, den Anwendungsbereich der IFRS auszudehnen. So ist es den Mitgliedstaaten freigestellt, die Anwendung der IFRS auch im Konzernabschluss nicht-kapitalmarktorientierter Unternehmen sowie im Einzelabschluss kapitalmarkt- sowie nicht-kapitalmarktorientierter Unternehmen per Wahlrecht zuzulassen oder gar vorzuschreiben (Art. 5).

Der deutsche Gesetzgeber hat hierauf Ende 2004 mit der Verabschiedung des Bilanzrechtsreformgesetzes (BilReG) reagiert. Das HGB wurde durch das BilReG u.a. um § 315a ergänzt, der zunächst die von der EU-Verordnung betroffenen Unternehmen von der Anwendung handelsrechtlicher Konzernrechnungslegungsnormen weitgehend befreit. In § 315a Abs. 3 HGB ist darüber hinaus ein Wahlrecht enthalten, das auch nicht-kapitalmarktorientierten Mutterunternehmen die befreiende Aufstellung eines IFRS-Konzernabschlusses erlaubt. Der deutsche Gesetzgeber gibt damit das Mitgliedstaatenwahlrecht der IAS-Verordnung an alle konzernrechnungslegungspflichtigen Unternehmen weiter. Obwohl § 290 HGB grundsätzlich davon ausgeht, dass ein Mutterunternehmen als Kapitalgesellschaft organisiert ist, trifft dieses Wahlrecht – wie in Abbildung 2.1 aufgezeigt – auch bestimmte Personengesellschaften und Einzelkaufleute, sofern diese gemäß § 264a HGB oder § 11 PublG ebenfalls als Mutterunternehmen konzernrechnungslegungspflichtig sind. Selbiges gilt für bestimmte Branchen,

BilReG

---

9 Den hierfür notwendigen Rechtscharakter erhalten die IFRS in einem formalisierten Anerkennungsverfahren (endorsement), das in Kapitel 4 genauer beschrieben wird.

für die §§ 290 ff. HGB gelten, z.B. für Kreditinstitute unabhängig von ihrer Größe und ihrer Rechtsform (§ 340i HGB).

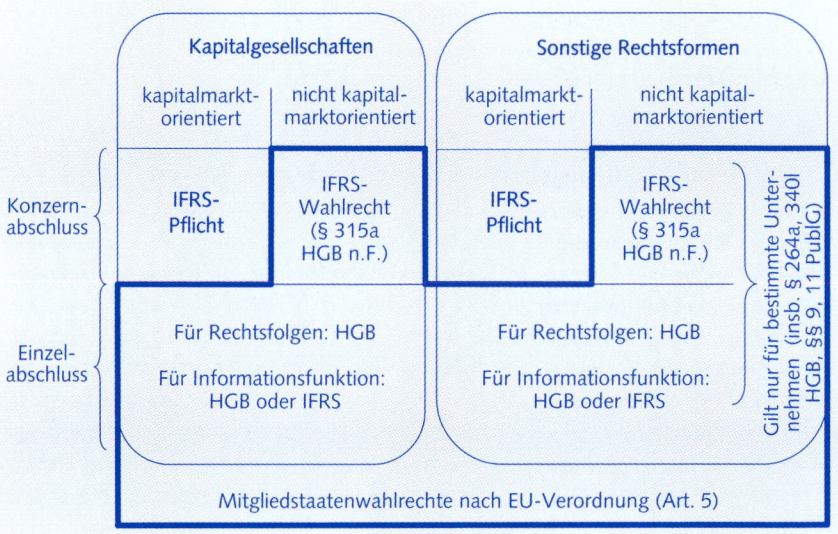

Abb. 2.1: Anwendungsbereich der IFRS in Deutschland nach EU-Verordnung und BilReG

Zudem wurde § 325 HGB um zwei weitere Absätze ergänzt. Nach § 325 Abs. 2a) HGB ist es den Unternehmen erlaubt, anstelle des handelsrechtlichen Einzelabschlusses einen Einzelabschluss nach IFRS zu veröffentlichen, sofern den in Absatz 2b) aufgeführten Voraussetzungen entsprochen wird. Die befreiende Wirkung beschränkt sich aber nur auf die Offenlegung, nicht auf dessen Erstellung. Dies bedeutet de facto, dass deutsche Unternehmen *zusätzlich* zum HGB-Einzelabschluss einen IFRS-Einzelabschluss für Offenlegungszwecke erstellen dürfen. Von dieser Möglichkeit sind sämtliche Unternehmen betroffen, die ihren Einzelabschluss offen legen müssen. Neben den Kapitalgesellschaften sind dies Nicht-Kapitalgesellschaften, die insbesondere unter § 264a, § 340l HGB oder § 9 PublG fallen (Abbildung 2.1).

Bereits in der Begründung des BilReG wurde eine weitere Anpassung des HGB an internationale Entwicklungen im Zuge einer Modernisierung des Bilanzrechts angekündigt. Schwerpunkt dieses Bilanzrechtsmodernisierungsgesetzes (BilMoG), das bis Ende 2007 nur in einer Entwurfsfassung des Bundesministeriums der Justiz vorliegt, soll neben einer Entlastung insbesondere kleiner und mittelständischer Unternehmen von handelsrechtlichen Buchführungs- und Bilanzierungspflichten vor allem die Aussagekraft des HGB verbessern. Ziel soll es sein, unter Beibehaltung oder gar Reduzierung bestehender Bilanzierungskosten eine gewisse Gleichwertigkeit mit internationalen Rechnungslegungsstandards zu erreichen. Dabei werden grundlegende Positionen des bisherigen HGB in Frage gestellt: Vorgesehen ist z.B. die Abschaffung des § 248 Abs. 2 HGB und damit die Aktivierung selbst geschaffener immaterieller Vermögensgegenstände des Anlagevermögens oder auch die Fair-Value-Bewertung zu Handelszwecken erworbener Finanzinstrumente. Offen ist dabei noch, wie an dieser Stelle der Steuergesetzgeber reagiert und welche künftigen HGB-Änderungen über die Maßgeblichkeit die steuerliche Gewinnermittlung treffen werden. Ein solchermaßen reformiertes HGB steht zudem in Konkurrenz zu Anstrengungen des IASB, die IFRS durch Vereinfachung bestehender IFRS-Rechnungslegungsregeln für kleine und mittelständische Unternehmen (small and medium-sized entities, SME) attraktiver zu machen, um so zur weiteren Harmonisierung der Rechnungslegung über die Gruppe der kapitalmarktorientierten Unternehmen hinaus beizutragen[10].

Abschließend bleibt festzuhalten, dass sich die Rechnungslegung in Deutschland in den letzten Jahren deutlich verändert hat. Ausgehend von den Internationalisierungstendenzen der Unternehmenstätigkeit sind Rechnungslegungssysteme wie US-GAAP und insbesondere IFRS zu einem festen Bestandteil der deutschen Rechnungslegungspraxis und des deutschen wie auch europäischen Rechnungslegungsrechts geworden. In Abbildung 2.2 wird dieser Internationalisierungsprozess noch einmal in vier Phasen zusammengefasst:

Internationalisierung der Rechnungslegung in einem „Vier-Phasen-Modell"

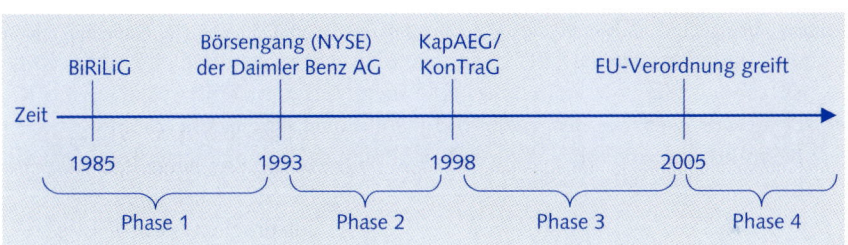

Abb. 2.2: Phasen der Internationalisierung der Rechnungslegung in Deutschland

- Die erste europäische Harmonisierungsphase in der Rechnungslegung ging von den Römischen Verträgen aus, wurde durch die 4., 7. und 8. EG-Richtlinie konkretisiert und 1985 mit dem Bilanzrichtlinien-Gesetz in das deutsche HGB umgesetzt.
- Der zweite Internationalisierungsschub prägte die Phase von 1993 bis 1998. Er betraf hauptsächlich die Rechnungslegungspraxis. Da die HGB-Rechnungslegungspflichten weiterhin bestanden, konnten die Unternehmen internationalen Vorschriften nur im Rahmen einer „dualen" oder „parallelen" Rechnungslegung folgen.
- Die dritte Phase von 1998 bis 2004 bezeichnet eine Periode der Deregulierung. Auf der Basis von § 292a HGB stand es den kapitalmarktorientierten Unternehmen zumindest im Konzernabschluss frei, zwischen HGB, IFRS

---

10 Vgl. zum BilMoG und SME-Projekt des IASB ausführlicher Kapitel 32.

bzw. IAS und US-GAAP zu wählen. In dieser zweiten Phase stellte ein Großteil deutscher DAX- und MDAX-Unternehmen die Konzernrechnungslegung auf IFRS oder US-GAAP um.
- Die vierte Phase seit 2005 ist durch die Entscheidung der EU für eine EU-weite (Konzern-)Rechnungslegung nach IFRS geprägt. In Verbindung mit den ergänzenden Gesetzen der Mitgliedstaaten wird für einen Großteil der deutschen und europäischen Unternehmen die IFRS-Rechnungslegung verpflichtend und für andere freiwillig anwendbar.

Welche Phasen sich künftig anschließen werden, bleibt abzuwarten (vgl. Kapitel 32). Wie oben bereits festgestellt, ist eine weitere Internationalisierung der Unternehmenstätigkeit zu beobachten, die mit einer zunehmenden Internationalisierung der Märkte einhergeht. Dies gilt gleichermaßen für Produkt- und Kapitalmärkte und führt zu einer internationalen Vereinheitlichung der jeweiligen Marktspielregeln. Da die Rechnungslegung einen elementaren Bestandteil der Kapitalmarktspielregeln bildet, ist ihre internationale Harmonisierung eine logische Konsequenz. Viele nationale Gesetzgeber und auch die EU haben diese Entwicklung durch entsprechende Regulierungen weitgehend nachvollzogen.

Im Folgenden soll der Fokus nunmehr auf das vom IASB formulierte Rechnungslegungssystem der IFRS verengt werden. Diese Rechnungslegungsregeln bilden – von Seiten des Marktes gefordert und von der EU regulatorisch forciert – zumindest in der EU den harmonisierten Standard für die (Konzern-)Rechnungslegung kapitalmarktorientierter Unternehmen. Um die IFRS besser zu verstehen, werden zuerst die Institutionen vorgestellt, die dieses System beeinflussen. Sinnvollerweise stehen in diesem Zusammenhang zunächst die US-Institutionen im Blickpunkt, die nicht nur die eigene US-amerikanische Rechnungslegung prägen, sondern auch die IFRS maßgeblich beeinflussen. Zudem üben diese Institutionen für das IASB – und letztlich auch das DRSC – eine gewisse institutionelle Vorbildfunktion aus.

Ausgewählte Literatur

Fülbier, R. U./Gassen, J., Das Bilanzrechtsmodernisierungsgesetz (BilMoG): Handelsrechtliche GoB vor der Neuinterpretation, in: DB, 60. Jg. (2007), S. 2605-2612.

Haller, A., Financial Accounting Developments in the European Union: Past Events and Future Prospects, in: European Accounting Review, Vol. 11 (2002), S. 153-190.

Schildbach, T., Die Zukunft des Jahresabschlusses nach HGB angesichts neuer Trends bei der Regulierung der Rechnungslegung und der IAS-Strategien der EU, in: StuB, 5. Jg. (2003), S. 1071-1078.

Wendlandt, K./Knorr, L., Das Bilanzrechtsreformgesetz: Zeitliche Anwendung der wesentlichen bilanzrechtlichen Änderungen des HGB und Folgen für die IFRS-Anwendung in Deutschland, in: KoR, 5. Jg. (2005), S. 53-57.

Übungsaufgaben

Aufgabe 1:
Der Vorstand der Blechdosen AG, ein in Bayreuth ansässiger regionaler Anbieter von Recyclingsystemen, will sich im Rahmen der nächsten Vorstandssitzung mit der weiteren Entwicklung der Finanzabteilung befassen. Ein Tagesordnungspunkt ist dabei der Ausbau der Kenntnisse zur internationalen Rechnungslegung durch die Einstellung zusätzlicher Mitarbeiter.
a) Der Finanzvorstand Herr Dr. Fuchs bittet Sie herauszuarbeiten, weswegen derartige Kenntnisse zur internationalen Rechnungslegung insbesondere vor dem Hintergrund einer zukünftig angestrebten internationalen Expansion unabdingbar sind. Herr Dr. Fuchs bittet Sie dabei insbesondere die Auswirkungen der EU-Verordnung „Nr. 1606/2002 betreffend die Anwendung internationaler Rechnungslegungsstandards" sowie dessen Umsetzung durch den deutschen Gesetzgeber näher zu beleuchten.
b) Im Rahmen ihrer Arbeit diskutieren Sie mit ihrem Büronachbarn, einem altgedienten HGB-Rechnungsleger, über internationale Rechungslegungssysteme. Dieser äußert dabei absolutes Unverständnis für die Vielfältigkeit von Rechnungslegungssystemen. Sie versuchen ihm die Gründe für die Entstehung unterschiedlicher Rechnungslegungssysteme zu verdeutlichen.

Aufgabe 2:
Zwei Jahre später ist nicht nur die internationale Expansion der Blechdosen AG weit vorangeschritten, sondern Sie haben auch mittlerweile Herrn Dr. Fuchs als Finanzvorstand beerbt.
a) Um das zukünftige Wachstum zu finanzieren, soll in einer weiteren Vorstandssitzung die Aufnahme zusätzlichen Eigenkapitals im Zuge eines Börsengangs beschlossen und dem Aufsichtsrat vorgeschlagen werden. Im Rahmen dieser Vorstandssitzung wirft einer ihrer Vorstandkollegen ein, dass er von einem befreundeten Investmentbanker von den Vorteilen eines Ganges an den US-amerikanischen Eigenkapitalmarkt über eine Notierung an der NYSE oder NASDAQ gehört hat. Er bittet Sie, ihm dieses genauer zu erläutern.
b) Auf einer kleinen Vernissage am folgenden Wochenende treffen Sie ihren langjährigen Freund, den Juristen Müller. Dieser vertraut Ihnen an, dass er sich um die Zukunft des deutschen HGB gerade für den deutschen Mittelstand ernsthaft sorgt. Sie zeigen ihm die jüngsten Entwicklungen der Internationalisierung der deutschen Rechnungslegung auf, um ihn somit vom Fortbestand des HGB zu überzeugen.

Kapitel 3
Institutionen der US-amerikanischen Rechnungslegung

1 Überblick 57

2 SEC 58

   Exkurs: Börsenzulassung deutscher Unternehmen in den USA 60

3 FASB und Vorgängerorganisationen 64

4 Verlautbarungen des FASB 66

5 Weitere Regelungsinstitutionen 70

6 System der Generally Accepted Accounting Principles (GAAP) 72

Ausgewählte Literatur 77

Übungsaufgabe 77

Die IFRS haben sich u.a. in der EU als harmonisierter Standard für die Konzernrechnungslegung kapitalmarktorientierter Unternehmen durchgesetzt. Bevor die IFRS aber zum weltweit akzeptierten Rechnungslegungssystem werden können, benötigen sie insbesondere noch die offizielle Anerkennung der US-amerikanischen Börsenaufsichtsbehörde, der Securities and Exchange Commission (SEC).

Nach langjährigen Diskussionen beschloss die SEC am 15.11.2007, dass ausländische Unternehmen, die an einer US-amerikanischen Börse gelistet sind, anstatt eines US-GAAP-Abschlusses auch einen IFRS-Abschluss bei der SEC einreichen können. Zumindest für ausländische Emittenten werden die IFRS somit als gleichwertig zu den US-GAAP anerkannt. Damit wurde der im September 2002 im Rahmen des sog. Norwalk-Agreement gestartete Konvergenzprozess der US-GAAP und IFRS zu einem vorläufigen erfolgreichen Abschluss geführt.

Eine vollständige Gleichwertigkeit der IFRS und US-GAAP wäre aber erst erreicht, wenn auch US-amerikanische Emittenten bei der SEC einen befreienden IFRS-Abschluss einreichen können. Die SEC hat im Juli 2007 einen Konzepterlass zur Kommentierung veröffentlicht, in dem diese Frage diskutiert wird. Die vollständige Anerkennung der IFRS für US-amerikanische Unternehmen wird in den USA allerdings noch kontrovers diskutiert und hängt von vielen politischen Unwägbarkeiten ab. Auch bei einer erfolgreichen vollständigen Anerkennung der IFRS in den USA werden die US-GAAP weiterhin als Prototyp einer informations- und kapitalmarktorientierten Rechnungslegung eine Vorbildfunktion für die IFRS besitzen. In einer historischen Perspektive vermag diese Vorbildfunktion die Grundausrichtung, aber auch die Details der IFRS-Rechnungslegung zu erklären. Sie trägt darüber hinaus auch zum institutionellen Verständnis kapitalmarktorientierter Rechnungslegung bei. Vor diesem Hintergrund sollen im Folgenden die institutionellen Rahmenbedingungen der US-amerikanischen Rechnungslegung erläutert werden.

In diesem Abschnitt sollen Sie erfahren,
- wie das US-amerikanische Rechnungslegungssystem aufgebaut ist und welche Institutionen die US-GAAP prägen,
- welche Verlautbarungen vom Financial Accounting Standards Board (FASB) veröffentlicht werden und welchen Verpflichtungsgrad diese besitzen und
- welche Hierarchieebenen innerhalb der Generally Accepted Accounting Principles (GAAP) bestehen.

1 Überblick

Die Rechnungslegungspflichten US-amerikanischer Unternehmen sind entscheidend davon abhängig, ob die Gesellschaft den öffentlichen Kapitalmarkt in Anspruch nehmen möchte oder nicht. Unternehmen, die ihre Eigen- und/oder Fremdkapitaltitel nicht über den öffentlichen Kapitalmarkt beschaffen und/oder handeln lassen, haben nur die von ihrem jeweiligen Gründungsstaat regulierten Rechnungslegungspflichten zu befolgen. Die 50 US-amerikanischen Bundesstaaten sind hinsichtlich der gesellschaftsrechtlichen Gesetzgebungskompetenz weitgehend souverän, sehen jedoch allesamt nur rudimentäre Rechnungslegungspflichten vor.

Kapitalmarktorientierung der US-GAAP

Unternehmen, die ihre Eigen- und/oder Fremdkapitaltitel jedoch über den öffentlichen Kapitalmarkt beschaffen und/oder handeln lassen, unterliegen dem überwiegend auf Bundesebene geregelten Kapitalmarktrecht[1]. Mit dem Securities Act (SA) aus dem Jahr 1933 und dem Securities Exchange Act (SEA) von 1934 werden diese Unternehmen auch zur Rechnungslegung nach US-GAAP verpflichtet. Insofern sind die US-GAAP nur für kapitalmarktorientierte Unternehmen verbindlich.

Die kapitalmarktrechtliche Wurzel der US-GAAP prägt die Zielsetzung und den gesamten Inhalt dieses Rechnungslegungssystems. In dem Bestreben, die Funktionsfähigkeit effizienter Kapitalmärkte zu schützen, sollen die Anleger mit entscheidungsrelevanten Informationen versorgt werden. Die Rechnungslegungsdaten auf der Basis von US-GAAP bilden dabei die zentrale Teilmenge standardisierter Finanzinformationen, die durch vielfältige weitere Informationen ergänzt werden. Rechnungslegungs- und alle sonstigen Informationen sollen die Anleger zeitnah über die tatsächliche Vermögens-, Finanz- und Ertragslage des Unternehmens unterrichten, so dass diese ihre Kapitalanlageentscheidungen auf einem hohen Informationsstand treffen können. Durch die kompromisslose Ausrichtung auf dieses eine Ziel haben sich die US-GAAP über die Jahrzehnte zu einem Rechnungslegungssystem mit „Vorbildcharakter" für andere kapitalmarktorientierte Rechnungslegungssysteme, wie insbesondere die IFRS, entwickelt.

Vorbildfunktion der US-GAAP

Aber wer „macht" die US-amerikanischen Rechnungslegungsregeln, die US-GAAP? Die wesentlichen Institutionen sind die US-amerikanische Börsenaufsichtsbehörde, die Securities and Exchange Commission (SEC), und der aktuelle US-amerikanische Standardsetter, das Financial Accounting Standards Board (FASB).

Wie arbeiten diese beiden Gremien zusammen? Die SEC hat bestehendes Bundesrecht umzusetzen. Dieses Bundesrecht fordert, dass alle Unternehmen, die den US-amerikanischen Kapitalmarkt in Anspruch nehmen, bestimmte, je nach Art des Börsenzugangs unterschiedliche, Publizitätspflichten zu erfüllen haben. Ein wesentlicher Teil dieser Publizitätspflichten besteht in der Veröffent-

Zusammenspiel von SEC und FASB

---

1 Zu den sonstigen Regulierungsebenen des US-Kapitalmarktrechts vgl. Kapitel 31 „Unternehmenspublizität", Exkurs: US-Publizitätssystem und SEC-Berichterstattung.

lichung von Jahres- bzw. Quartalsabschlüssen. Insofern besitzt die SEC auch die Regulierungskompetenz für die Rechnungslegung. Sie hat diese Kompetenz jedoch schon früh an fachkundige Dritte und seit 1973 an das FASB delegiert. Somit ist das FASB der aktuelle Standardsetter der US-GAAP. Diese Beziehung ist in Abbildung 3.1 wiedergegeben. Im Folgenden werden diese beiden Akteure der US-amerikanischen Rechnungslegung näher vorgestellt.

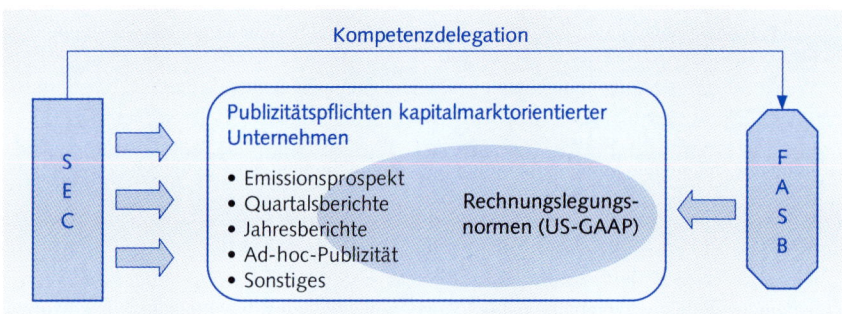

Abb. 3.1: Zusammenspiel von SEC und FASB

2 SEC

Gründung der SEC

Die SEC wurde 1934 durch ein kapitalmarktrechtliches Bundesgesetz, den Securities Exchange Act (SEA), als Aufsichtsbehörde für das einzelstaatenübergreifende Wertpapier- und Börsenwesen gegründet. Als unabhängige Bundesbehörde ist sie lediglich dem Kongress unterstellt, dem gegenüber sie jährlich Rechenschaft abzulegen hat. Zur Wahrnehmung ihrer Aufgaben beschäftigt die SEC in ihrem Washingtoner Hauptquartier und in den elf regionalen Geschäftsstellen mehr als 3.500 Mitarbeiter. Die SEC ist im internationalen Vergleich auch finanziell exzellent ausgestattet. Sie wird aus dem Bundeshaushalt der Vereinigten Staaten finanziert und wies für das Haushaltsjahr 2006 einen Etat von etwa 889 Mio. US-$ auf. Mit diesem Etat erwirtschaftete die SEC einen Gewinn von 994 Mio. US-$, der hauptsächlich aus der Einnahme von Gebühren resultierte[2].

Die SEC hat die bundesgesetzlichen Regelungen des US-amerikanischen Kapitalmarktrechts auszulegen und durchzusetzen. Damit ist sie vor allem mit dem kapitalmarktrechtlichen Anlegerschutz betraut und hat insofern betrügerische und unlautere Handlungen im Bereich der Wertpapieremission und des Wertpapierhandels zu verhindern sowie die Versorgung der Kapitalmarktteilnehmer mit realistischen, zeitnahen und wahren Informationen zu gewährleisten. Die Herstellung und Aufrechterhaltung des Informationsflusses von den Unternehmen

---

[2] Vgl. *SEC,* Annual Report 2006, www.sec.gov.

an die Öffentlichkeit ist vor dem Hintergrund der im US-amerikanischen Kapitalmarktrecht dominanten Publizitätserfordernisse das Hauptanliegen der SEC. Durch die Veröffentlichung aller entscheidungsnützlicher Informationen soll die Unsicherheit von Kapitalanlageentscheidungen reduziert und damit die Kapitalmarkteffizienz gesteigert werden.

Als US-amerikanische Bundesbehörde genießt die SEC national und international eine hohe Reputation. Sie verkörpert gewissermaßen die „Urform" eines Wertpapieraufsichtsamtes und ist in dieser Hinsicht im internationalen Vergleich auch zu einem Vorbild geworden. Die in anderen Ländern etablierten Institutionen der Wertpapieraufsicht verfügen jedoch gemeinhin nicht über die Machtfülle der SEC. Zur Verfolgung ihrer umfangreichen, gesetzlich kodifizierten Überwachungs- und Ausführungspflichten sind der SEC – auch für US-amerikanische Verhältnisse – erhebliche, gewaltenübergreifende Kompetenzen zugewiesen worden:

Kompetenzen der SEC

- *Exekutive Aufgaben:* Der SEC obliegt die Verwaltung der im Wertpapierbereich erlassenen Bundesgesetze. Sie ist diesbezüglich die allein zuständige Bundesbehörde, die u.a. über Registrierungsanträge von Wertpapieren und Börsenhändlern befindet sowie alle Arten von Unternehmensberichten entgegennimmt. Bei der Registrierung der Wertpapiere beurteilt die SEC allerdings nicht die Güte der betreffenden Wertpapiere. Sie prüft in einem eher kooperativen Stil unter stärker formellen Gesichtspunkten, ob und inwieweit die von den Unternehmen zur Verfügung gestellten Informationen vollständig und ordnungsgemäß sind. Es ist nicht ihre Aufgabe, Qualität oder Preise der Wertpapiere zu kontrollieren. Diese Beurteilung bleibt allein den Marktteilnehmern überlassen, denen allerdings die dafür notwendigen Informationen zugänglich sein müssen. Insofern wird die SEC z.B. spekulative, risikoreiche Papiere nicht vom Markt nehmen, solange sie die Investoren über den diesbezüglichen Charakter der Wertpapiere informiert weiß.
- *Legislative Aufgaben* (rule-making-power): Die SEC ist im Rahmen der Konkretisierung, Auslegung und Ergänzung allgemein gehaltener Gesetzesbestimmungen zum Erlass von Regelungen und Verordnungen ermächtigt, welche – im weitesten Sinne – die Ausgabe von und den Handel mit Wertpapieren betreffen. Infolge des besonderen Charakters der SEC als unabhängige Bundesbehörde und der unmittelbaren Aufgabendelegation durch den Kongress sind ihre Verlautbarungen verbindlich und haben z.T. sogar quasigesetzlichen Charakter. Im Rahmen ihrer legislativen Kompetenz hat die SEC auch die Rechnungslegungspflicht für kapitalmarktorientierte Unternehmen in materieller und formeller Hinsicht auszugestalten. Die SEC hat diese Regulierungskompetenz für die Rechnungslegung allerdings an das FASB delegiert. Durch den SEA sind kapitalmarktorientierte Unternehmen zwar verpflichtet, regelmäßig Jahres- und Quartalsabschlüsse aufzustellen, konkrete Regulierungen über die materiellen und formellen Inhalte der Rechnungslegung fehlen jedoch im SEA.

- *Judikative Aufgaben:* Der SEC stehen eine Vielzahl von Maßnahmen zur Verfügung, mit denen sie die Einhaltung der Registrierungs-, Berichts- oder sonstigen Pflichten erzwingen oder die Verletzung derselben sanktionieren kann. Sie besitzt umfangreiche zivil-, verwaltungs- und strafrechtliche Untersuchungs-, Klage- und Entscheidungsbefugnisse. Während zivil- und strafrechtliche Angelegenheiten von der SEC als Klägerin initiiert und an die Justiz weitergeleitet werden, ist sie zur selbständigen Verhängung von Verwaltungsstrafen unmittelbar autorisiert. Sie kann z.B. Wertpapiere vorübergehend vom Handel an der Börse bzw. over-the-counter-market ausschließen oder ihre Registrierung endgültig widerrufen. Gegenüber den Effektenhändlern und Anlageberatern kann sie Geldstrafen, Verweise und Beschränkungen bei der Berufsausübung sowie Berufsverbote verhängen. Gegenüber allen Personen, die in registrierten Unternehmen tätig sind, und auch gegen Selbstverwaltungsorganisationen, wie z.B. Börsen, kann sie Disziplinarverfahren anstrengen. Die SEC ist darüber hinaus im Rahmen der Berufsgerichtsbarkeit der US-amerikanischen Wirtschaftsprüfer (Certified Public Accountants (CPA)) mit Disziplinarkompetenz ausgestattet. Zudem kontrolliert sie die Wirtschaftsprüferaufsicht, die in Gestalt des Public Company Accounting Oversight Board (PCAOB) durch den Sarbanes-Oxley Act 2002 ins Leben gerufen wurde.

Seit ihrer Gründung im Jahre 1934 hatte die SEC den Berufsstand der Wirtschaftsprüfer mehrmals dazu aufgerufen, Rechnungslegungsnormen zu kodifizieren, um die aufgrund der fehlenden einzelstaatlichen Regelungen bestehende Bilanzierungsvielfalt einzuschränken. Als sich herausstellte, dass dieser Aufruf nicht befolgt wurde, erklärte sie im Jahr 1938, nur noch solche Jahresabschlüsse anzuerkennen, die nach Rechnungslegungsnormen erstellt wurden, denen sie Substantial Authoritative Support zubilligte (Accounting Series Release (ASR) No. 4, später ergänzt durch ASR No. 150 und Financial Reporting Release (FRR) No. 1). Gleichzeitig delegierte sie die Erstellung von Rechnungslegungsnormen an die Berufsvereinigung der US-amerikanischen Wirtschaftsprüfer, das American Institute of Accountants (AIA), aus dem später das American Institute of Certified Public Accountants (AICPA) hervorging.

Exkurs

Börsenzulassung deutscher Unternehmen in den USA
Aufgrund der Größe des US-amerikanischen Kapitalmarkts haben sich auch viele deutsche Unternehmen dazu entschlossen, ein Listing an der New York Stock Exchange (NYSE) oder dem National Association of Securities Dealers Automated Quotation System (NASDAQ) anzustreben (vgl. Tabelle 3.1).

Zugangsformen zum US-Eigenkapitalmarkt

Der US-amerikanische Markt kann über unterschiedliche Zugangsmöglichkeiten erschlossen werden, die mit unterschiedlichen Rechts- und insbesondere Publizitätsanforderungen einher gehen. Wenn diese auf die Aufnahme bzw. den Handel von Eigenkapitaltiteln reduziert werden, ergeben sich die in Abbildung 3.2 überblickartig aufgezeigten Varianten.

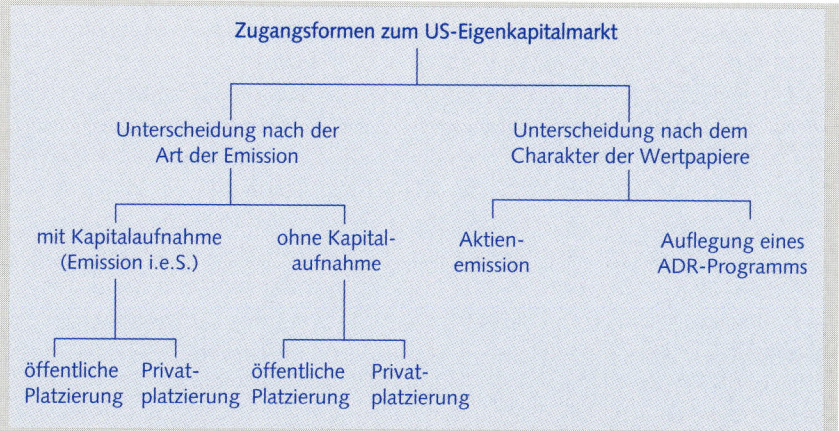

Abb. 3.2: Zugangsmöglichkeiten zum US-amerikanischen Eigenkapitalmarkt

Eine öffentliche Emission von Wertpapieren ist zwingend mit der SEC-Registrierung verbunden. Für ausländische und somit auch deutsche Emittenten sind in diesem Zusammenhang die F-Forms bedeutsam (insb. F-1 zur erstmaligen Registrierung, und 20-F für die Sekundärmarktregistrierung). Wesentlicher Bestandteil von F-1 bzw. 20-F ist der testierte und nach US-amerikanischem Recht erstellte Einzel- bzw. Konzernabschluss. Bislang mussten deutsche Unternehmen zu diesem Zweck nach US-GAAP bilanzieren. Statt der Veröffentlichung eines eigenständigen US-GAAP-Abschlusses konnten die Unternehmen alternativ Jahresüberschuss oder -fehlbetrag und das Eigenkapital in Form einer Überleitungsrechnung (reconciliation) in den Notes offen an die US-GAAP anpassen. Mit der im November 2007 erfolgten Entscheidung der SEC, für ausländische Emittenten die IFRS als gleichwertig zu den US-GAAP anzuerkennen, ist die Veröffentlichung eines US-GAAP-Abschlusses bzw. einer Überleitungsrechnung für Geschäftsjahre, die nach dem 15.11.2007 enden, nicht mehr zwingend erforderlich. Dies setzt allerdings voraus, dass die Unternehmen die vom IASB herausgegebenen IFRS verwenden und nicht z.B. die von der EU in europäisches Recht übernommene Version.

Der Zugang zum US-amerikanischen Eigenkapitalmarkt kann auch mittels sog. American Depository Receipts (ADRs) erfolgen. Hierbei handelt es sich um in US-$ ausgestellte, handelbare Hinterlegungsscheine, die an Stelle der Originalaktien an der US-Börse notiert werden. Hier sind unterschiedliche Programme denkbar (unsponsored programs, sponsored level I bis III), die mit unterschiedlichen Rechten und Pflichten einher gehen. Sehr weitreichend sind hierbei Level II- (ohne Kapitalerhöhung) und Level III ADRs (mit Kapitalerhöhung), die an einer US-Börse, wie z.B. der NYSE, oder dem geregelten OTC-Markt, der NASDAQ, untergebracht werden. Bei diesem Programm unterliegt die ausländische Gesellschaft den strengen Anforderungen des SEA in Bezug auf Rechnungslegung, Offenlegung und Haftung. Neben der

F-Formblätter für ausländische Emittenten

Konformität der Rechnungslegung muss insbesondere die regelmäßige und unregelmäßige Berichterstattung gewährleistet sein.

Gründe für ein US-Listing

Die im internationalen Vergleich konkurrenzlos hohe Marktkapitalisierung der NYSE[3] und die damit verbundene hohe Liquidität des Aktienmarktes ist ein wesentliches Motiv für die Nutzung US-amerikanischer Börsen. Dies wird am Beispiel der Deutsche Telekom AG deutlich, die mit einem Platzierungsvolumen von über 20 Mrd. DM bei ihrem Börsengang 1996 den damals noch wenig liquiden deutschen Aktienmarkt allein möglicherweise überstrapaziert hätte. Daneben existieren sonstige Finanzierungsaspekte, die insbesondere auf die Verringerung der Kapitalkosten durch Verbreiterung der Aktionärsbasis (reduzierte Volatilität) oder strengere Anlegerschutzbestimmungen (geringere Risikoprämie) zielen. US-Notierungen können darüber hinaus das Ansehen des Unternehmens gerade bei institutionellen Anlegern steigern. Auch für geplante Akquisitionen in den USA kann das dortige Börsenlisting von Vorteil sein, sofern bei dem Kauf beispielsweise ein Aktientausch vorgenommen werden soll, wie das Beispiel der Fresenius AG bei der Gründung der Fresenius Medical Care AG, aber auch der DaimlerChrysler-Zusammenschluss verdeutlichte. Die Belegschaften der US-amerikanischen Produktionsstätten können sich darüber hinaus in unkomplizierterer Art und Weise durch Aktienerwerb an dem eigenen Unternehmen beteiligen. Für manche US-amerikanische Versicherung oder manchen Pensionsfonds ist die US-Notierung sogar satzungsgemäße Voraussetzung, um sich in der jeweiligen ausländischen Aktie engagieren zu können[4].

Trotz dieser Erklärungsansätze einer Börsenzulassung in den USA soll abschließend nicht übersehen werden, dass sich deutsche Emittenten mit diesem Schritt insbesondere dem US-amerikanischen Kapitalmarktrecht sehr weitgehend unterwerfen. Abgesehen davon, dass die SEC-Registrierung aufwendig und teuer ist, geht sie auch mit verschiedenen Haftungs- und Rechtskonsequenzen einher. Auch der 2002 verabschiedete Sarbanes-Oxley Act wirkt in diese Richtung. So droht er u.a. den Vorstandsmitgliedern deutscher Unternehmen drastische strafrechtliche Konsequenzen an, wenn der von ihnen unterschriebene Jahresabschluss (wissentlich) falsch sein sollte. Daher wird eine zusätzliche Notierung am US-amerikanischen Kapitalmarkt von vielen Unternehmen zunehmend kritisch gesehen.

Rücknahme eines US-Listings

Während ein Delisting relativ problemlos vorgenommen werden kann, war die Rücknahme der SEC-Registrierung, und damit die vollständige Befreiung von der SEC-Berichtspflicht, lange Zeit an extrem strenge Voraussetzungen geknüpft. So musste ein Unternehmen nachweisen, dass seine Wertpapiere

---

3 Vgl. dazu die Daten aus Kapitel 2.
4 Vgl. zu Finanzierungs- und sonstigen Motivationsaspekten einer US-Börsennotierung u.a. *Bruns, H.-G.*, Aktienplatzierung an ausländischen Kapitalmärkten – Überlegungen, Erfahrungen, Folgerungen, in: DBW, 58. Jg. (1998), S. 382-400; *Kahle, H.*, Zur Frage der Notwendigkeit einer Börseneinführung in den USA, in: FB, 2. Jg. (2000), S. 493-499.

von weniger als 300 US-amerikanische Investoren gehalten werden. Die Erbringung dieses Nachweises war den Unternehmen regelmäßig nicht möglich. Im März 2007 erleichterte die SEC allerdings diese Anforderungen (SEC Rule 34-55540), indem eine Deregistrierung auch möglich war, wenn für einen Zeitraum von zwölf Monaten das durchschnittliche tägliche Handelsvolumen des in den USA gelisteten Wertpapiers nicht mehr als 5 % seines weltweiten Handelsvolumens betrug. Daraufhin entschieden sich u.a. Bayer, BASF und E.ON ihre Börsennotierung in den USA aufzugeben.

Tabelle 3.1 gibt einen Überblick über die deutschen Unternehmen, die den Zugang zum US-amerikanischen Eigenkapitalmarkt über ein ADR-Sponsored Level II- oder III-Programm oder über die Platzierung von Aktien gefunden haben und teilweise auch wieder aufgegeben haben.

Überblick über deutsche Unternehmen an der NYSE und NASDAQ

Unternehmen	Wertpapier/ Programm	Börse (Listingzeitpunkt); Delisting
Aixtron AG	ADR II	NASDAQ (11.03.2005)
Allianz AG	ADR II	NYSE (03.11.2000); Delisting am 21.05.2007
Altana AG	ADR II	NYSE (22.05.2002); Delisting am 21.05.2007
BASF AG	ADR II	NYSE (07.06.2000); Delisting am 06.09.2007
Bayer AG	ADR II	NYSE (24.01.2002): Delisting am 26.09.2007
Daimler AG	Namensaktie	NYSE (DaimlerChrysler AG: 26.10.1998; Daimler Benz AG: 05.10.1993)
Deutsche Bank AG	Namensaktie	NYSE (03.10.2001)
Deutsche Telekom AG	ADR III	NYSE (18.11.1996)
E.ON AG	ADR II	NYSE (08.10.1997); Delisting am 07.09.2007
Epcos AG	ADR II	NYSE (15.10.1999)
Fresenius Medical Care AG	ADR II	NYSE (17.09.1996)
GPC Biotech AG	ADR III	NASDAQ (30.06.2004)
Infineon Technology AG	ADR III	NYSE (13.03.2000)
Lion Bioscience AG (heute: Sygnis Pharma AG)	ADR III	NASDAQ (10.08.2000); Delisting am 22.12.2004
Pfeiffer Vacuum Technology AG	ADR III	NYSE (16.07.1996); Delisting am 04.10.2007
Qimonda AG	ADR III	NYSE (09.08.2006)

Unternehmen	Wertpapier/ Programm	Börse (Listingzeitpunkt); Delisting
SAP AG	ADR II	NYSE (03.08.1998)
Schering AG (Übernahme durch Bayer AG)	ADR II	NYSE (12.10.2000); Delisting am 24.11.2006
SGL Carbon AG	ADR III	NYSE (05.06.1996); Delisting am 25.06.2007
Siemens AG	ADR II	NYSE (12.03.2001)

Tab. 3.1: Deutsche Unternehmen an der NYSE und der NASDAQ (Stand: November 2007)

3 FASB und Vorgängerorganisationen

CAP

Um die ihm von der SEC zugewiesene Aufgabe zu erfüllen, gründete das AIA 1938 das Committee on Accounting Procedures (CAP). Im CAP waren ausschließlich US-amerikanische Wirtschaftsprüfer als ehrenamtliche Mitglieder tätig. Es gab bis zu seiner Auflösung im Jahre 1959 insgesamt 51 Accounting Research Bulletins (ARB) zu Einzelproblemen der Rechnungslegung heraus, die für die Unternehmen lediglich Empfehlungscharakter hatten. Gewicht wurde den ARB dadurch verliehen, dass die SEC sie für die Erstellung der bei ihr einzureichenden Jahresabschlüsse anerkannte. Sofern die ARB nicht durch andere offizielle Verlautbarungen abgelöst bzw. modifiziert wurden, sind sie auch heute noch gültig. Aufgrund starker Kritik an seiner Arbeit und fehlender allgemeiner Anerkennung der ARB durch das AICPA wurde das CAP 1959 durch das Accounting Principles Board (APB) ersetzt.

APB

Das APB umfasste 18 ehrenamtlich tätige Wirtschaftsprüfer und einige Professoren. Es gab von 1959 bis 1973 insgesamt 31 APB Opinions, die sich mit konkreten Rechnungslegungsproblemen beschäftigten, sowie 4 APB Statements mit eher theoretischen Ausführungen zur Rechnungslegung heraus. Diese ergänzten bzw. ersetzten die ARB und sind z.T. heute noch gültig (z.B. APB Opinion No. 30 „Reporting the Results of Operations"). Die APB Opinions waren verbindlich für alle Mitglieder des AICPA und ihre Einhaltung stellte eine Voraussetzung für die uneingeschränkte Testierung eines Jahresabschlusses dar.

Das APB wurde im Zeitablauf zunehmend zum Spielball politischer Interessen, z.B. bei der Diskussion um die bilanzielle Behandlung von Unternehmenszusammenschlüssen. Darüber hinaus bestand eine große Abhängigkeit vom Berufsverband der Wirtschaftsprüfer, da die Mitglieder des APB vom AICPA eingesetzt wurden und sie aufgrund ihrer ehrenamtlichen Tätigkeit weiterhin von ihren Arbeitgebern – i.d.R. den großen Wirtschaftsprüfungsgesellschaften – wirtschaftlich abhängig waren. Diese Probleme und die damit verbundene Gefahr, dass staatliche Stellen selbst die Rechnungslegungsregulierung übernahmen, führten zur Auflösung des APB und zur Gründung des Financial Accounting Standards Board (FASB).

Das FASB wurde 1972 als eine vom AICPA unabhängige Organisation gegründet und nahm 1973 seine Arbeit auf. Es umfasst sieben hauptberufliche Mitarbeiter, die jeweils für fünf Jahre (mit Wiederwahlmöglichkeit) bestellt werden. Um die Unabhängigkeit und Neutralität des FASB zu gewährleisten, sind die Mitglieder verpflichtet, während ihrer FASB-Zugehörigkeit alle sonstigen beruflichen Tätigkeiten aufzugeben. Die Aufgabe des FASB besteht in der Herausgabe von Rechnungslegungsstandards für private US-amerikanische Unternehmen. Hierbei hat das FASB die Interessen aller durch die Rechnungslegung betroffenen Personengruppen zu berücksichtigen. Das FASB hat deshalb im Rahmen des Standardsetzungsprozesses die Vor- und Nachteile einzelner Rechnungslegungsnormen für die unterschiedlichen Personengruppen mit ihren divergierenden Interessen abzuwägen. Die anstehenden Entscheidungen des FASB werden mit einfacher (4/7) Mehrheit getroffen.

FASB

Die Boardmitglieder des FASB werden von der Financial Accounting Foundation (FAF) bestimmt. Obwohl die FAF an der Herausgabe von Rechnungslegungsnormen nicht unmittelbar beteiligt ist und auf das Ergebnis des Normsetzungsprozesses auch keinen Einfluss nehmen darf, bestehen durch die Ernennung und spätere Überwachung der FASB-Mitglieder mittelbare Einflussmöglichkeiten. Die FAF ist als Stiftung aufgebaut und finanziert sich, neben ihrem Stiftungsvermögen, aus Spenden und Publikationserlösen. Seit 2003 werden auch die Unternehmen, die Wertpapiere emittieren und den organisierten Kapitalmarkt in Anspruch nehmen, zur Finanzierung des FASB herangezogen. Sie müssen eine Art Zwangsbeitrag zahlen. Diese Beiträge beliefen sich im Jahr 2006 auf insgesamt 23 Mio. US-$ und stellten damit den größten Teil der 2006 erzielten Gesamteinnahmen der FAF in Höhe von 42 Mio. US-$ dar. Der verbleibende Teil der Gesamteinnahmen setzt sich hauptsächlich aus Publikationserlösen zusammen, die wiederum zum überwiegenden Teil aus Veröffentlichungen des FASB resultieren[5].

FAF

Neben diesen Aufgaben obliegt der FAF unter anderem die Ernennung der Mitglieder sowie die Finanzierung des Financial Accounting Standards Advisory Council (FASAC). Es handelt sich hierbei um einen etwa 30 Personen umfassenden Ausschuss, der für jeweils ein Jahr ernannt wird und das FASB in Rechnungslegungsfragen berät. Inhaltlich ist das FASAC z.B. daran beteiligt, die Prioritäten der Rechnungslegungsfragen festzulegen, mit denen sich das FASB beschäftigt und die Board-Mitglieder bei ihren vorläufigen Meinungsäußerungen

FASAC

---

5 Vgl. *FAF*, Annual Report 2006, www.fasb.org, der auch weitere Informationen zur Tätigkeit und Organisation enthält. Zum Vergleich: Die IASCF, das Pendant beim IASB, hat 2006 ca. 13,1 Mio. GBP als Einnahmen verbucht, die zu einem erheblichen Teil von den „Big Four" Wirtschaftsprüfungsgesellschaften (je 1,5 Mio. US-$, einer Vielzahl sonstiger „Financial Supporters" und den Publikationserlösen getragen werden. Vgl. IASCF, Annual Report 2006, www.iasb.org.

zu bestehenden Rechnungslegungsfragen zu beraten. Die FASAC-Mitglieder, die u.a. als Rechnungslegungsexperten bei Unternehmen, als Wirtschaftsprüfer oder als Finanzanalysten tätig sind, treffen sich für ihre Beratungsaufgabe i.d.R. vierteljährlich.

Staff und Task Forces

Bei seiner Aufgabenerfüllung wird das FASB darüber hinaus von weiteren Ausschüssen bzw. Stäben unterstützt. So unterhält das FASB einen Research and Technical Activities Staff mit 60 bis 70 fest angestellten Mitarbeitern, die einerseits die im FASB behandelten Projekte vorbereiten und wissenschaftlich betreuen und andererseits verwaltungstechnische Aufgaben wahrnehmen. Außerdem werden bei Aufnahme neuer Projekte Task Forces gebildet, die jeweils ca. 15 Mitglieder aus der Rechnungslegungspraxis umfassen und dem FASB beratend bei der definitorischen Abgrenzung des Projektes sowie der Vorbereitung von schriftlichen Diskussionsgrundlagen zur Seite stehen. Neben dieser Unterstützung durch interne Gremien hat das FASB aufgrund der finanziellen Ausstattung auch die Möglichkeit, Forschungsprojekte wie etwa empirische Untersuchungen an externe Wissenschaftler und andere Fachleute zu vergeben.

EITF

Im organisatorischen Umfeld des FASB gewinnt die seit 1984 bestehende Emerging Issues Task Force (EITF) zunehmende Bedeutung. Diese 14 stimmberechtigte Mitglieder umfassende Arbeitsgruppe, die in etwa dreimonatigem Abstand zu öffentlichen Sitzungen zusammenkommt, setzt sich aus Wirtschaftsprüfern und Rechnungslegungsfachleuten großer Unternehmen zusammen. An den Beratungen nimmt regelmäßig der Chief Accountant der SEC als Beobachter teil. Aufgabe des EITF ist es, das FASB frühzeitig auf Rechnungslegungsprobleme der Praxis aufmerksam zu machen. Darüber hinaus obliegt diesem Ausschuss die Bearbeitung und Lösung von Rechnungslegungsproblemen mit geringerem Stellenwert, um zur Arbeitsentlastung des FASB beizutragen. Die Stellungnahmen der EITF stellen zwar keine offiziellen Verlautbarungen des FASB dar, sie werden aber unter dem Titel EITF Abstracts jährlich veröffentlicht und können von den Rechnungslegern zur Lösung von Problemfällen herangezogen werden.

4 Verlautbarungen des FASB

Standardsetzungsprozess

Die Formulierung von Rechnungslegungsnormen des FASB ist durch eine standardisierte Vorgehensweise gekennzeichnet. Dieses Prozedere wird als Standardsetzungsprozess (standard-setting process bzw. due process) bezeichnet und kann in chronologischer Abfolge gemäß Tabelle 3.2 dargestellt werden.

Schritt	Erläuterung
Fragestellung wird an das Board heran getragen	Das Board erhält aus verschiedenen Quellen Anregungen für mögliche Projekte bzw. Vorschläge zur Überarbeitung eines bestehenden Standards.
Informationssammlung durch den Staff	Der Staff sammelt Informationen zu der an das Board herangetragenen Fragestellung und diskutiert diese in öffentlichen Sitzungen mit dem Board.
Fragestellung wird auf die Agenda übernommen	Das Board entscheidet mit einfacher Mehrheit, ob die Fragestellung auf die Agenda übernommen wird.
Board diskutiert Lösungsvorschläge	Das Board diskutiert die vom Staff vorbereiteten Lösungsvorschläge zu der Fragestellung auf einer Reihe von öffentlichen Sitzungen.
Erstellung eines Invitation to Comment/ Preliminary Views	Bei einigen Projekten erstellt und veröffentlicht der Staff sog. Invitation to Comment bzw. Preliminary Views. Diese Dokumente stellen die Grundlage für eine Problemlösung dar.
Herausgabe eines Exposure Draft (Standardentwurf)	Nachdem das Board alle geäußerten Meinungen in Betracht gezogen hat, gibt es seine vorläufige Meinung bekannt. Diese Lösung und die Entscheidungsgründe werden durch den Exposure Draft bekannt gemacht.
Öffentliche Anhörung zum Entwurf	Auch zum Entwurf erfolgen schriftliche Äußerungen (comment letter) aus interessierten Kreisen. Ein zusätzlicher Meinungsaustausch wird durch öffentliche Anhörungen (roundtables) gewährleistet.
Analyse der Reaktionen auf den Exposure Draft	Der Staff analysiert die eingegangenen Kommentierungsschreiben sowie die Ergebnisse der öffentlichen Anhörungen. Das Board diskutiert in öffentlichen Sitzungen auf Grundlage dieser Äußerungen seine vorläufige Meinung.
Herausgabe der endgültigen Verlautbarung (Standard)	Der Accounting Standard wird mit einfacher Mehrheit der Board-Mitglieder verabschiedet und nach der dort angegebenen Übergangszeit verbindlich. Die Gründe für die Entscheidung werden meist in Form eines Anhangs vermittelt.

Tab. 3.2: Standardsetzungsprozess des FASB

Bei Betrachtung des Standardsetzungsprozesses wird deutlich, dass sämtliche interessierten Personen und Interessenverbände zu verschiedenen Zeitpunkten bis zur endgültigen Verabschiedung einer Rechnungslegungsverlautbarung hierauf Einfluss nehmen können, um so u.a. eine hohe Qualität der Standards sicherzustellen. So besteht die Möglichkeit zur Meinungsäußerung durch die Abgabe von schriftlichen Stellungnahmen bzw. durch die Beteiligung an den öffentlichen Anhörungen, die 60 Tage vorher anzukündigen sind. Außerdem ist der Standardsetzungsprozess dahingehend flexibel, dass Rückkopplungen möglich sind. Besteht z.B. nach Herausgabe eines Exposure Draft mit anschließender öffentlicher Anhörung weitergehender Klärungsbedarf, dann ist ein erneuter Einsatz einer Task Force möglich. Das FASB kommt damit seiner Aufgabe nach, Rechnungslegungsnormen unter Berücksichtigung der divergierenden Interessen aller hiervon betroffenen Personengruppen zu erstellen. Vor diesem

Verlautbarungen und ihr Verbindlichkeitsgrad

Hintergrund ist es kaum verwunderlich, dass es insbesondere bei bedeutenden Rechnungslegungsfragen mehrere Jahre dauert, bis eine neue Verlautbarung des FASB den Standardsetzungsprozess durchlaufen hat. Die konkrete Dauer des jeweiligen Prozesses ist jedoch in Abhängigkeit von der Komplexität und Umstrittenheit der behandelten Fragestellung sehr unterschiedlich.

Die unterschiedlichen Verlautbarungen des FASB können hinsichtlich des Verbindlichkeitsgrades wie folgt differenziert werden:

- Als zentrale Verlautbarungsart sind die *Statements of Financial Accounting Standards (SFAS)* zu nennen, in denen das FASB detaillierte Rechnungslegungsprobleme reguliert. Bislang (Stand Januar 2008) sind 160 SFAS zu verschiedenen Rechnungslegungsthemen herausgegeben worden. Die SFAS sind Ergebnis des oben beschriebenen Standardsetzungsprozesses.

- Neben den SFAS wurden bislang sieben *Statements of Financial Accounting Concepts (SFAC)* veröffentlicht. Im Zeitraum von 1978 bis 1985 wurden sukzessive sechs SFAC erlassen, die zusammen das Conceptual Framework bilden. Sie beinhalten übergeordnete Rechnungslegungsgrundsätze und sollen den theoretischen Rahmen für bestehende und künftige SFAS darstellen. Im Einzelnen werden hier Zielsetzung, Adressaten, Bestandteile und qualitative Merkmale der Rechnungslegung festgelegt, eine Begriffsabgrenzung wesentlicher Jahresabschlusspositionen vorgenommen sowie mögliche Ansatz- und Bewertungskriterien für den Jahresabschluss festgelegt. Vervollständigt wurden die Concepts Statements im Februar 2000 durch SFAC 7 zur Present-Value-Bewertung. Wie die SFAS sind auch die SFAC Ergebnisse des beschriebenen Standardsetzungsprozesses.

- Zu einzelnen SFAS bzw. zu noch gültigen Regeln der Vorgängerorganisationen werden vom FASB darüber hinaus *Interpretations* veröffentlicht, in denen auslegungsbedürftige Einzelprobleme behandelt bzw. Erläuterungen gegeben werden. Im Gegensatz zu den SFAS durchlaufen diese Verlautbarungen jedoch nicht den Standardsetzungsprozess.

- Neben den SFAS, SFAC und Interpretations gibt das FASB auch noch *Technical Bulletins* heraus. Diese Stellungnahmen werden vom Staff veröffentlicht und sind jeweils lediglich für eine kleinere Gruppe von Rechnungslegern relevant. Sie beziehen sich auf Rechnungslegungsprobleme einzelner Unternehmen oder spezieller Branchen, stellen aber keine neuen SFAS dar und dürfen den bestehenden fundamentalen Rechnungslegungsprinzipien nicht widersprechen. Auch diese Technical Bulletins durchlaufen nicht den Standardsetzungsprozess.

- Seit Februar 2003 veröffentlicht das FASB zusätzlich zu den Technical Bulletins so genannte *FASB Staff Positions (FSP)*. Diese Umsetzungsrichtlinien zu Detailproblemen von weit reichender Bedeutung sollen Unternehmen bei der Anwendung der US-GAAP unterstützen. Durch eine verkürzte Kommentierungsfrist von 30 Tagen sowie eine Bereitstellung auf der Homepage des FASB soll eine zeitnahe Veröffentlichung gewährleistet werden.

Die Verlautbarungen des FASB, insbesondere die SFAS und die Interpretations, sind von sämtlichen kapitalmarktorientierten Unternehmen bei ihrer Rechnungslegung zu beachten. Zusätzlich besitzen die von den Vorgängerorganisationen, CAP und APB, von 1938 bis 1973 herausgegebenen ARB und APB Opinions noch Gültigkeit, soweit sie vom FASB nicht aufgehoben bzw. ersetzt wurden. Der Verpflichtungscharakter dieser Verlautbarungen für die kapitalmarktorientierten Unternehmen ergibt sich über die SEC. Die SEC hat durch ASR No. 150 und FRR No. 1 die grundsätzlich in ihrer Kompetenz liegende Festlegung von Rechnungslegungsnormen an das FASB delegiert und klar zum Ausdruck gebracht, dass die SFAS und Interpretations den Substantial Authoritative Support genießen. Hierdurch besitzen diese Verlautbarungen des FASB einen hohen Verbindlichkeitsgrad und sind von allen Unternehmen, die einen Jahresabschluss bei der SEC einreichen müssen, grundsätzlich einzuhalten.

Diese von der SEC verliehene Kompetenz zur Erstellung von Rechnungslegungsnormen ist für die Arbeit des FASB von großer Bedeutung. Die Verpflichtung kapitalmarktorientierter Unternehmen, bei der Rechnungslegung die jeweiligen FASB-Verlautbarungen zu beachten, ist abhängig von der Anerkennung dieser Verlautbarungen durch die SEC. Im Jahr 1978 hat die SEC beispielsweise SFAS 19 „Financial Accounting and Reporting by Oil and Gas Producing Companies" die Zustimmung verweigert und das FASB damit gezwungen, dieses Statement in der kritisierten Form nicht in Kraft zu setzen[6]. Neben diesem informellen Vorprüfungsrecht wirkt die SEC auch selbst auf die Entstehung einzelner Statements hin. So wurde z.B. SFAS 115 „Accounting for Certain Investments in Debt and Equity Securities" auf Druck der SEC initiiert und verabschiedet[7]. Auch im Zuge der Diskussion um die bilanzielle Behandlung derivativer Finanzinstrumente war das Bestreben der SEC erkennbar, das FASB in ihrem Sinne zu beeinflussen[8]. Vor dem Hintergrund dieser Einflussmöglichkeiten ist das FASB faktisch gezwungen, die SEC grundsätzlich in die Vorbereitung der Verlautbarungen zu involvieren.

Das FASB steht folglich unter dem permanenten Druck, mit den verabschiedeten Vorschriften auch im Sinne der SEC zu handeln, da diese ansonsten eigene Bestimmungen erlassen könnte. Damit die FASB-Verlautbarungen den Erwartungen der SEC entsprechen, muss das FASB insbesondere die Informationsinteressen der Kapitalmarktteilnehmer berücksichtigen. Dies kann der ursprünglichen Aufgabe des FASB, die zum Teil divergierenden Interessen aller durch die Rechnungslegung berührten Personengruppen im Standardsetzungsprozess zu berücksichtigen, teilweise widersprechen.

Einflussnahme der SEC

---

6 Zu den Hintergründen vgl. *Gorton, D. E.*, The SEC Decision Not to Support SFAS 19: A Case Study on the Effect of Lobbying on Standard Setting, in: Accounting Horizons, Vol. 5 (1991), S. 29-41.
7 *Schoenfeld, H. W.*, Grundsätze der Rechnungslegung in den USA, in: ZfB, 51. Jg. (1981), S. 294.
8 Vgl. *o.V.*, Derivate-Regeln der SEC, in: AG, 41. Jg. (1996), R 12.

Die Verbindlichkeit der Rechnungslegungsnormen des FASB ergibt sich zusätzlich über den Berufsstand der Wirtschaftsprüfer. Gemäß der vom AICPA herausgegebenen Rule 203 des Code of Professional Ethics sind die Wirtschaftsprüfer verpflichtet, ein uneingeschränktes Jahresabschlusstestat nur bei Einhaltung der FASB-Verlautbarungen zu erteilen. Da der SEC-Berichtspflicht unterliegende Unternehmen einen uneingeschränkt testierten Jahresabschluss einzureichen haben, werden die Rechnungslegungsnormen des FASB für kapitalmarktorientierte Unternehmen auch auf diesem Weg verbindlich. Darüber hinaus werden die FASB Statements aufgrund der Berufsgrundsätze der Wirtschaftsprüfer aber auch für alle nicht kapitalmarktorientierten Unternehmen relevant, wenn diese sich auf freiwilliger Basis bzw. aufgrund vertraglicher Vereinbarungen, z.B. mit Kreditgebern, verpflichtet haben, einen durch Wirtschaftsprüfer testierten Jahresabschluss zu erstellen.

5 Weitere Regelungsinstitutionen

Neben den dargestellten Organisationen existiert in den USA eine größere Anzahl von Institutionen, die Einfluss auf die Rechnungslegung der Unternehmen ausüben. Die wichtigsten, zumeist genannten Institutionen sind:
- *American Institute of Certified Public Accountants (AICPA)*: Die Dachorganisation des Berufsverbands US-amerikanischer Wirtschaftsprüfer gehört zu den Organisationen, die über die FAF die Mitglieder des FASB wählen. Sie hat darüber hinaus eine Reihe von Ausschüssen gebildet, die sich mit Rechnungslegung und Wirtschaftsprüfung beschäftigen. Hierzu zählen z.B.:
  - *Accounting Standards Executive Committee (AcSEC)*: Das ähnlich dem früheren APB konzipierte AcSEC hat zwischen 1973 und 1978 Stellungnahmen (Statements of Position (SOP)) zu aktuellen Problemen der Rechnungslegung abgegeben. Zwischen AcSEC und FASB entstand hier ein Konfliktpotential, weil das FASB die einzige von der SEC zur Entwicklung von Rechnungslegungsstandards befugte Institution war. Der zwischen AcSEC und FASB geschlossene Kompromiss bestand darin, dass die bereits erlassenen SOP vom FASB als gültige Rechnungslegungsgrundsätze anerkannt und in der Folgezeit in die FASB-Verlautbarungen eingearbeitet wurden und weitere SOP mit dem FASB abgestimmt werden. Der Kern der Arbeit des AcSEC besteht nun im Entwurf von Issue Papers und Comment Letters mit dem Ziel der Weiterentwicklung von Rechnungslegungsnormen im Sinne der Öffentlichkeit und des Berufsstandes der Wirtschaftsprüfer.

- *Auditing Standards Board (ASB)*: Das ASB erstellt Prüfungsgrundsätze, die von Wirtschaftsprüfern einzuhalten sind. Es hat bisher zehn spezifische Prüfungsgrundsätze (Generally Accepted Auditing Standards (GAAS)) sowie zahlreiche Interpretationen dieser Standards, die Statements of Auditing Standards (SAS), herausgegeben. Diese betreffen teilweise bestimmte Industriezweige. Bei der Prüfung haben Wirtschaftsprüfer sowohl die GAAS als auch die in den SAS kodifizierten Vorschriften zu beachten. Die Aufstellung von Auditing Standards und CPA-Berufsgrundsätzen sowie die Abwicklung des zur Zulassung zum Beruf des Wirtschaftsprüfers vorausgesetzten Examens stellen heute die Kernaufgaben des AICPA dar.

- *Public Company Accounting Oversight Board (PCAOB)*: Bei dem PCAOB handelt es sich um die US-Aufsichtsbehörde für den Wirtschaftsprüferberuf. Die privatrechtliche Organisation wurde 2002 im Rahmen der Umsetzung des Sarbanes-Oxley Act gegründet und wird von der SEC kontrolliert. Aufgabe des PCAOB ist die Kontrolle der Arbeit der Wirtschaftsprüfer. Es soll die Unabhängigkeit von Prüfungsberichten sicherstellen und so die Informationsinteressen der Anleger schützen. Alle Wirtschaftsprüfer, die Abschlüsse börsennotierter US-Unternehmen erstellen, testieren oder eine wesentliche Rolle bei der Erstellung und Prüfung der Abschlüsse solcher Unternehmen spielen wollen, müssen sich beim PCAOB registrieren lassen. Darüber hinaus müssen registrierte Wirtschaftsprüfer mindestens jährlich gegenüber dem PCAOB berichten. Das PCAOB hat das Recht, innerhalb der registrierten Prüfungsgesellschaften Qualitätskontrollen durchzuführen.

- *American Accounting Association (AAA)*: Die AAA ist eine von Hochschullehrern des Rechnungswesens sowie wissenschaftlich interessierten Praktikern geprägte private Organisation, die sich insbesondere mit der Entwicklung eines übergeordneten Rechnungslegungssystems beschäftigt. Weil die Empfehlungen der AAA von der Unternehmenspraxis bisher nur wenig beachtet wurden, hat die AAA den Schwerpunkt ihrer Tätigkeit in den letzten Jahren teilweise verändert. So wird nun versucht, die Entwicklung von Rechnungslegungsnormen dadurch zu beeinflussen, dass jeweils eine eigens dafür gegründete Untergruppe, das Financial Accounting Standards Advisory Council (AAA FASAC), regulierungsrelevante Forschungsergebnisse und Übersichten direkt an das FASB adressiert.

6 System der Generally Accepted Accounting Principles (GAAP)

Definition der GAAP nicht eindeutig

In der US-amerikanischen Rechnungslegungsliteratur findet der Begriff der GAAP seit den 1930er Jahren rege Verwendung. Dennoch existiert bis heute keine eindeutige und einheitliche Begriffsdefinition. Die Begriffselemente „Generally Accepted" und der Terminus „Principle" verschließen sich bisher einer allgemein akzeptierten Interpretation. Bei den GAAP handelt es sich folglich um einen unbestimmten Rechtsbegriff, zu dem die US-amerikanische Literatur bemerkt: „There is perhaps no term in accounting's lexicon that is either less understood or used out of context more frequently"[9]. Konkretisierungsversuche sind in der Vergangenheit von verschiedener Seite vorgenommen worden, ohne allerdings allgemeine Anerkennung gefunden zu haben.

Der Vielzahl von Definitionsversuchen ist i.d.R. gemeinsam, dass sie die GAAP als ein Regelsystem verstehen, das auf praktizierte Rechnungslegungsverfahren abstellt. Als wesentlicher Begriffsbestandteil tritt „Generally Accepted" hinzu, was die allgemeine Akzeptanz und die weit verbreitete Anwendung als Grundvoraussetzungen der GAAP beschreibt. Den Erstellern von Jahres- bzw. Quartalsabschlüssen sowie den Wirtschaftsprüfern werden Handlungsanweisungen vorgegeben, die auf einem allerseits akzeptierten Konsens beruhen. Den Abschlussadressaten wird dahingegen ein Mindestgrad an Standardisierung und Vergleichbarkeit bei der Beurteilung publizierter Rechnungslegungsdaten garantiert. Rechnungslegungsverfahren müssen zudem den Substantial Authoritative Support der SEC besitzen, um als GAAP gelten zu können. Auch hierbei ist jedoch bisher nicht abschließend geklärt, wann genau ein praktiziertes Rechnungslegungsverfahren mit dem Substantial Authoritative Support ausgestattet ist. Insofern lässt sich zusammenfassend festhalten, dass der Rechnungslegung mit den GAAP eine Standardisierung vorgegeben werden soll, die sich, von praktischen Erfahrungen ausgehend, als brauchbar erwiesen hat, die von der SEC akzeptiert wird und die in der Praxis allgemeine Anerkennung und Verbreitung genießt.

Induktive Ableitung der GAAP

In dieser Sichtweise werden die GAAP induktiv aus der Praxis abgeleitet. Sie entstehen, wie im Common Law-System üblich (siehe Kapitel 2), durch die Generalisierung von Einzelfallentscheidungen. Der Möglichkeit, den spezifischen Erfordernissen der Praxis auf diesem Wege Rechnung tragen zu können, steht jedoch die Gefahr von Inkonsistenzen zwischen den einzelnen Principles gegenüber. Die Berücksichtigung branchen- und unternehmensspezifischer Besonderheiten kann dazu führen, dass vergleichbare Sachverhalte bei verschiedenen Unternehmen unterschiedlich behandelt werden. Dieser Nachteil hat zu der Forderung geführt, die GAAP stärker deduktiv aus den Zielen der Rechnungsle-

---

9 Vgl. *McEnroe, J. E.*, Attitudes Towards the Term 'Generally Accepted Accounting Principles', in: Accounting and Business Research, Vol. 21 (1991), S. 157.

gung abzuleiten, um ein einheitliches, in sich konsistentes Rechnungslegungssystem zu schaffen.

In Abhängigkeit von dem Grad ihrer Verbindlichkeit lassen sich die verschiedenen GAAP einzelnen Hierarchieebenen von unterschiedlicher Bindungswirkung zuordnen. In der US-amerikanischen Literatur gibt es verschiedene Versionen derartiger GAAP-Hierarchien, die sich in der Klassifizierung der Ebenen und in der jeweiligen GAAP-Zuordnung unterscheiden. Der wohl bekannteste Vorschlag stammt von *Rubin* aus dem Jahr 1984, der die einzelnen GAAP im Rahmen eines Hauses auf ein Fundament und weitere vier Etagen mit nach oben hin abnehmender Verbindlichkeit verteilt[10]. In Anlehnung an *Rubin* wird in Abbildung 3.3 eine modifizierte Version des House of GAAP dargestellt, die zwar an dem Prinzip der Bildung verschiedener Etagen festhält, die Inhalte dieser Etagen jedoch verändert und darüber hinaus eine weitere Unterteilung in GAAP im engeren Sinne sowie GAAP im weiteren Sinne vornimmt.

House of GAAP

Die GAAP im engeren Sinne beinhalten mit Ausnahme der SFAC diejenigen offiziellen Verlautbarungen des FASB bzw. der Vorgängerorganisationen, die den offiziellen standard-setting process durchlaufen haben. Lediglich die Interpretations unterliegen nicht diesem Prozedere. Die GAAP im engeren Sinne haben für sämtliche kapitalmarktorientierten Unternehmen konkreten Verpflichtungscharakter.

GAAP im engeren Sinne

Die GAAP im weiteren Sinne werden von den Unternehmen und Wirtschaftsprüfern herangezogen, wenn die Lösung eines Rechnungslegungsproblems mit Hilfe der GAAP im engeren Sinne nicht möglich ist. Ausgehend von der Verpflichtungsebene sind die darauf aufbauenden Etagen auf entsprechende Informationen hinsichtlich der Lösung des zu beurteilenden Rechnungslegungsproblems zu überprüfen. Zu den GAAP im weiteren Sinne gehören neben den GAAP im engeren Sinne die sonstigen rechnungslegungsbezogenen Verlautbarungen von FASB und AICPA, allgemein anerkannte Rechnungslegungspraktiken und auch die in der Rechnungslegungsliteratur zum Ausdruck kommende herrschende Meinung. Hierbei ist zunächst im Rahmen der Empfehlungsebene auf die AICPA- und FASB-Verlautbarungen zurückzugreifen, bevor nach allgemein anerkannten Rechnungslegungspraktiken gesucht wird. Wenn die GAAP auf Verpflichtungs-, Empfehlungs- und Praxisebene hinsichtlich des zu lösenden Rechnungslegungsproblems keine relevanten Informationen enthalten, sind in letzter Instanz alle übrigen, nicht auf den ersten drei Ebenen angesiedelten rechnungslegungsbezogenen Verlautbarungen sowie die Rechnungslegungsliteratur heranzuziehen. Eine der Literatur entnommene Problemlösungsidee sollte einem gemeinsamen Konsens einer Mehrzahl von Autoren entsprechen[11].

GAAP im weiteren Sinne

---

10 Vgl. *Rubin*, S., The House of GAAP, in: JoA, Vol. 157 (1984), S. 123. Eine Modifizierung des House of GAAP findet sich u.a. bei *Sauter, D.*, Remodeling the House of GAAP, in: JoA, Vol. 172 (1991), S. 30-37.
11 Vgl. *AICPA*, APB Accounting Principles, Original Pronouncements as of February 1, 1971, Vol. 2, New York, New York 1971, Statement No. 4, Par. 206.

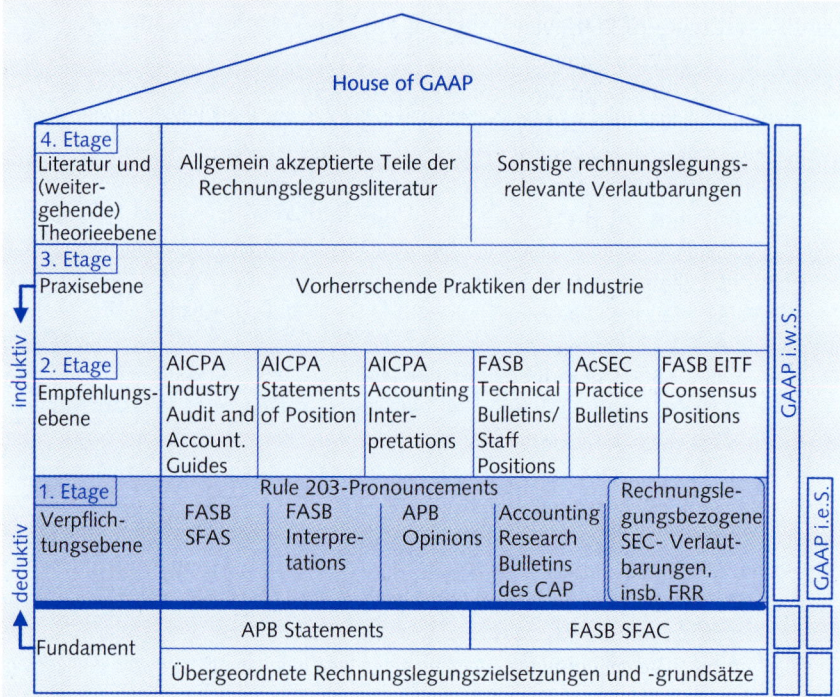

Abb. 3.3: House of GAAP

Fundament des House of GAAP

Als Fundament des House of GAAP fungieren die übergeordneten Rechnungslegungsgrundsätze, die z.T. in den APB Statements und insbesondere in den SFAC des FASB ihren Niederschlag gefunden haben. In der GAAP-Hierarchie ist ihre Stellung jedoch umstritten. In *Rubins* ursprünglicher Fassung wurde differenziert zwischen den Rechnungslegungsgrundsätzen an sich, die allein dem Fundament zugeordnet wurden, und den diesbezüglichen Statements des FASB und des APB, die lediglich in der vierten Etage zu finden waren. *Rubin* folgt insofern der herrschenden US-amerikanischen Meinung, indem er die APB Statements und SFAC in die oberste und damit unverbindlichste GAAP-Ebene verbannt. Da es sich bei diesen Verlautbarungen jedoch um konkrete Ausgestaltungen der übergeordneten Rechnungslegungsgrundsätze handelt, erscheint ihre Abspaltung vom Fundament wenig sinnvoll. Das in Abbildung 3.3 dargestellte House of GAAP beinhaltet insofern ein Fundament, das aus übergeordneten Grundsätzen und diesbezüglichen Concept-Verlautbarungen besteht. Die Tatsache, dass der Umfang und die Zugehörigkeit des gesamten Fundaments zu den GAAP allerdings strittig bleibt, soll durch die durchbrochenen Balken angedeutet werden. Die etwas dickere Linie unterhalb der Verpflichtungsebene weist auf den ebenfalls ungeklärten Verbindlichkeitscharakter des Fundaments in der GAAP-Hierarchie hin.

Mit dem im April 2005 veröffentlichten Standardentwurf „The Hierarchy of Generally Accepted Accounting Principles" hat das FASB erstmals eine Verlautbarung zur Rangfolge der Bilanzierungsnormen veröffentlicht, die die US-GAAP bilden[12]. Darin werden die Verlautbarungen vier verschiedenen Hierarchieebenen zugeordnet. Zu der ersten Verpflichtungsebene gehören sämtliche vom FASB veröffentlichten Standards und Interpretationen, AICPA Accounting Research Bulletins, APB Opinions, FASB Statement 133 Implementation Issues und FASB Staff Positions. Diese bilden die GAAP im engeren Sinne. Der zweiten Hierarchieebene gehören FASB Technical Bulletins sowie AICPA Industry Audit and Accounting Guides und AICPA Statements of Position an, wenn bei letzteren das FASB keinen Widerspruch gegen ihre Veröffentlichung geäußert hat. Die dritte Ebene besteht aus den Practice Bulletins des AcSEC und den Consensus Positions der EITF. Den geringsten Verbindlichkeitsgrad besitzen laut dem Entwurf die vom FASB veröffentlichten Implementation Guides (Q&A), AICPA Accounting Interpretations sowie allgemein und industriespezifisch anerkannte Rechnungslegungspraktiken. Existieren in den Hierarchieebenen keine zu einem Sachverhalt passenden Verlautbarungen, soll auf Rechnungslegungsvorschriften zu vergleichbaren Sachverhalten oder auf allgemein akzeptierte Rechnungslegungsliteratur zurückgegriffen werden. Dazu zählen laut dem Entwurf u.a. die SFAC, AICPA Issues Papers sowie die IFRS, wobei den SFAC vom FASB dabei eine besondere Bedeutung zugemessen werden.

Obwohl seit September 2006 auf der Homepage des FASB eine nahezu endgültige Version des Standards zum Download bereit steht, ist dem Projektplan des FASB nicht zu entnehmen, ob und wann dieser Standard endgültig verabschiedet und veröffentlicht wird.

Die bislang nicht erfolgte Veröffentlichung des Standards könnte mit einem weiteren Projekt des FASB zusammenhängen. Durch das sog. „FASB Accounting Codification"-Projekt sollen die unzähligen Verlautbarungen verschiedener Rechnungslegungsinstitutionen, aus denen die GAAP bestehen, in ein einheitliches Regelwerk integriert werden. Das als „Codification" bezeichnete Regelwerk soll nach seiner für Anfang 2009 geplanten Verabschiedung durch das FASB das einzig verbindlich anzuwendende Regelwerk der US-GAAP darstellen. Die Regelungen der GAAP bleiben durch das Projekt unverändert und werden lediglich neu strukturiert. Rechnungslegungsadressaten sollen auf das Regelwerk online zugreifen und es nach den für sie relevanten Verlautbarungen durchsuchen können. Während der voraussichtlich einjährigen Erstellung der Codification kann die interessierte Öffentlichkeit über ein web-basiertes System jederzeit Einsicht in den aktuellen Stand des Projekts nehmen und Stellungnahmen abgeben.

Standardentwurf zur Hierarchie der GAAP

Codification-Projekt

---

12 Eine ausführliche Darstellung des Standardentwurfs bietet *Vater, H.*, Anatomie der Rechnungslegung nach US-amerikanischen Grundsätzen, in: WPg, 59. Jg. (2006), S. 940-950.

Rechtliche Verbindlichkeit der GAAP

Die rechtliche Verbindlichkeit der GAAP ergibt sich über das hieran gebundene Prüfungstestat der Wirtschaftsprüfer, das von der SEC bei den ihr eingereichten Jahresabschlüssen verlangt wird. Gemäß den Anforderungen des AICPA dürfen Wirtschaftsprüfer einen uneingeschränkten (unqualified) Bestätigungsvermerk nur dann erteilen, wenn der Jahresabschluss den GAAP entspricht. Die explizit aufgeführte GAAP-Konformität des publizierten Jahresabschlusses ist wesentlicher Bestandteil des Testats[13]. Der mit einem uneingeschränkten Bestätigungsvermerk versehene Jahresabschluss ist wesentlicher Teil der umfassenden Berichtspflichten, die kapitalmarktorientierte Unternehmen gegenüber der SEC zu erfüllen haben. Insofern sind vor allem kapitalmarktorientierte Gesellschaften zur Einhaltung der GAAP verpflichtet. Wenn wesentliche Positionen des Jahresabschlusses betroffen sind, führt die Anwendung nicht GAAP-konformer Rechnungslegungsverfahren zur Einstufung des Jahresabschlusses als misleading und damit zu seiner Ablehnung. Die SEC kann dann auf die Einreichung eines GAAP-konformen Abschlusses bestehen.

SEC-Enforcement

Darüber hinaus prüft auch die SEC im Rahmen ihrer Enforcement-Funktion die bei ihr eingereichten Jahresabschlüsse der Unternehmen hinsichtlich der Übereinstimmung mit der Generalzielsetzung der Fair Presentation. Auch hier hat sie das Recht, von den Unternehmen entsprechende Anpassungen und Ergänzungen in der Rechnungslegung zu verlangen. Dem berichtspflichtigen Unternehmen drohen ansonsten die im SEA festgelegten Sanktionen, die von einem vorübergehenden oder endgültigen Börsenausschluss über mögliche Schadensersatzforderungen der Aktionäre bis zu Geld- und Freiheitsstrafen für das verantwortliche Management reichen[14].

Auch für nicht kapitalmarktorientierte Unternehmen, die freiwillig bzw. aufgrund von Kreditverträgen einen von Wirtschaftsprüfern geprüften und testierten Jahresabschluss aufstellen, ist die Einhaltung der GAAP verpflichtend.

IFRS gleichwertig zu den US-GAAP?

Zudem hat die SEC im Juli 2007 einen Konzepterlass zur Kommentierung veröffentlicht, in dem die Frage diskutiert wird, ob auch US-amerikanischen Emittenten erlaubt werden soll, ihre Abschlüsse nach den IFRS zu erstellen. Diese Frage ist in den USA allerdings politisch noch hoch umstritten und es ist nicht absehbar, ob mittel- oder langfristig die IFRS als gleichwertig zu den US-GAAP anerkannt werden.

Zusammenfassend wird deutlich, wie die US-GAAP als kapitalmarktorientiertes Rechnungslegungssystem institutionell aufgebaut sind. Dies ist für das Verständnis der internationalen Rechnungslegung wichtig, da die US-GAAP die Entwicklung der IFRS entscheidend geprägt haben und immer noch prägen. Viele institutionelle und konzeptionelle Charakteristika der IFRS können insofern mit Rückgriff auf das US-amerikanische benchmark erklärt werden.

---

13 Vgl. *Haller, A.*, Die Grundlagen der externen Rechnungslegung in den USA, 4. Aufl., Stuttgart 1994, S. 57.
14 Vgl. *SEA*, 15 U.S. Code, Secs. 78a-78jj, Sec. 12(j)(k), 18, 32.

Ausgewählte Literatur

Ballwieser, W. (Hrsg.), US-amerikanische Rechnungslegung, 4. Aufl., Stuttgart 2000.
Haller, A., Die Grundlagen der externen Rechnungslegung in den USA – Unter besonderer Berücksichtigung der rechtlichen, institutionellen und theoretischen Rahmenbedingungen, 4. Aufl., Stuttgart 1994.
Miller, P. B. W./Redding, R. J./Bahnson, P. R., The FASB. The People, the Process, and the Politics, 4. Aufl., Burr Ridge, Illinois u.a. 1998.
Vater, H., Anatomie der Rechnungslegung nach US-amerikanischen Grundsätzen, in: WPg, 59. Jg. (2006), S. 940-950.

Übungsaufgabe

Der Vorstand der Intershop AG, ein in Bochum ansässiger internationaler Gastronomiekonzern, diskutiert darüber, neben der Notierung an der Frankfurter Wertpapierbörse ein Zweitlisting an der NYSE anzustreben. Der Finanzvorstand des Unternehmens Herr Dr. M. Fiege hat in einem Gespräch mit einem Kollegen erfahren, dass ein Börsengang in den USA mit erheblichen Kosten verbunden sein kann und daher gut überlegt sein sollte. Er bittet Sie daher, sich mit den institutionellen Grundlagen der US-amerikanischen Rechnungslegung vertraut zumachen und ihm ein paar Fragen zu beantworten

a) Welche Motive sprechen für ein Zweitlisting in den USA? Welche Gründe sprechen eher gegen einen solchen Schritt?
b) Welche Aufgaben und Kompetenzen haben SEC und FASB? In welchem Zusammenhang stehen SEC und FASB zueinander?
c) Welchen Stellenwert besitzen die Verlautbarungen von SEC und FASB innerhalb der US-GAAP? Beschreiben Sie dazu die einzelnen Hierarchieebenen der US-GAAP und grenzen Sie dabei auch die US-GAAP im engeren Sinne von den US-GAAP im weiteren Sinne ab.

Kapitel 4
Institutioneller Rahmen der IFRS

1 Vom IASC zum IASB 80
   1.1 Zeitraum von 1973 bis 1988 81
   1.2 Zeitraum von 1989 bis 1993 82
   1.3 Zeitraum von 1994 bis 2000 83
   1.4 Entwicklung seit 2001 84

2 Organisation und Arbeitsweise des IASB..89
   2.1 Organisation..89
   2.2 Formelles Standardsetzungsverfahren (Due Process).........................92
   2.3 Stellenwert der Verlautbarungen 94

3 Anerkennung und Durchsetzung der IFRS..96
   3.1 Anerkennung der IFRS in der EU (Endorsement)..............................96
   3.2 Durchsetzung der IFRS (Enforcement) 100

Ausgewählte Literatur 105

Übungsaufgabe...105

Seit dem 01.01.2005 sind die International Financial Reporting Standards (IFRS) für kapitalmarktorientierte Mutterunternehmen in Europa verpflichtend anzuwenden. Damit wenden noch mehr deutsche Unternehmen als zuvor internationale Rechnungslegungsstandards an. Doch wer erstellt eigentlich diese Standards und wie werden sie für europäische Unternehmen verpflichtend? Gelten die IFRS auch außerhalb Europas? Diese Fragen werden in diesem Kapitel behandelt.

Ein weiterer wichtiger Punkt in der aktuellen Diskussion ist die Frage, wie die IFRS durchgesetzt werden bzw. werden sollen. Wer bei Rot über die Ampel fährt, erhält ein Bußgeld, da er gegen die vom Staat erlassene Straßenverkehrsordnung verstoßen hat. Aber was passiert eigentlich, wenn ein Unternehmen nicht oder nur mangelhaft die IFRS befolgt? Auch ein Bußgeld? Bislang sind die Sanktionen insbesondere für deutsche Unternehmen vergleichsweise gering. Da ohne wirksame Durchsetzungsmechanismen vermutlich aber viele Unternehmen jetzt und in Zukunft „über die rote Ampel fahren" werden, muss es geeignete Kontrollmöglichkeiten und Sanktionen geben, um die Unternehmen zu zwingen, sich an die Standards zu halten.

In diesem Kapitel sollen Sie lernen,
- wie sich das International Accounting Standards Board (IASB) entwickelt hat und wie es aufgebaut ist,
- wie ein International Financial Reporting Standard (IFRS) entsteht,
- wie die Europäische Union die Standards in geltendes Recht umsetzt und
- wie die Durchsetzung der IFRS verwirklicht werden soll.

1 Vom IASC zum IASB

Die Historie des International Accounting Standards Committee (IASC) und seiner Nachfolgeorganisation, des International Accounting Standards Board (IASB), lässt sich in vier Zeitabschnitte einteilen, in denen unterschiedliche Arbeitsschwerpunkte verfolgt wurden:

1973 bis 1988	Entwicklung von Standards mit zahlreichen Wahlrechten
1989 bis 1993	Ausarbeitung des Rahmenkonzepts und Reduzierung von Wahlrechten
1994 bis 2000	Erfüllung der Anforderungen der International Organization of Securities Commissions (IOSCO) (sog. „Core Standards")
seit 2001	Gründung des IASB, Reduzierung der verbliebenen Wahlrechte, Konvergenz der internationalen Rechnungslegungssysteme

1.1 Zeitraum von 1973 bis 1988

Das IASC, das Vorgängergremium des heutigen IASB, wurde am 29.06.1973 in London als privatrechtliche Organisation von den Berufsverbänden der Wirtschaftsprüfer aus zehn Ländern gegründet. Unter den Gründungsländern stellte die angelsächsisch geprägte Fraktion mit sieben Mitgliedern (Australien, Großbritannien, Irland, Kanada, Mexiko, Niederlande, USA) die Mehrheit. Die kontinentaleuropäische Seite war hingegen mit Deutschland, Frankreich und dem ebenfalls von der Rechtsphilosophie des Code Law geprägten Japan von Anfang an in der Minderheit. Obwohl die Konzeption des IASC die Einbindung aller Berufsgruppen, die auf dem Gebiet der Rechnungslegung tätig sind, vorsah, also auch der Rechnungslegungsersteller und -adressaten, dominierten die Wirtschaftsprüfer und ihre Verbände lange Zeit das Geschehen im IASC.

Gründung des IASC

Das IASC setzte sich zum Ziel, Rechnungslegungsstandards zu entwickeln und zu veröffentlichen, auf deren weltweite Akzeptanz und Einhaltung hinzuwirken und sich allgemein um die Verbesserung und Harmonisierung von Rechnungslegungsgrundsätzen, -methoden und -verfahren zu bemühen.

Ziele des IASC

Im Zeitraum von 1973 bis 1988 veröffentlichte das IASC insgesamt 28 International Accounting Standards (IAS) zu verschiedenen Rechnungslegungsfragen, wovon aber bereits zwei Standards während dieses Zeitraums ersetzt und ein weiterer in der Anwendung ausgesetzt wurde. Die Verlautbarungen enthalten der anglo-amerikanischen Tradition folgend kasuistische Regelungen von mehr oder weniger abgegrenzten konkreten Rechnungslegungsproblemen, ohne dabei eine Systematik aufweisen zu können. So beschäftigen sich einige IAS, wie z.B. IAS 16 „Sachanlagen", mit einzelnen Bilanzpositionen, andere wiederum mit positionsübergreifenden Bilanzierungsfragen (z.B. IAS 11 „Fertigungsaufträge") oder mit ganzen Rechenwerken (z.B. IAS 7 „Kapitalflussrechnung"). Inhaltlich sind die damaligen Verlautbarungen durch eine Vielzahl von Wahlrechten gekennzeichnet, die den Unternehmen im Rahmen der Rechnungslegung gewährt werden.

In der von 1976 bis 1994 gültigen Fassung von IAS 2 „Vorräte" konnte die Bewertung von Vorräten entweder ausschließlich zu Einzelkosten oder auch inklusive fixer und variabler Fertigungsgemeinkosten erfolgen. Als Bewertungsvereinfachungsverfahren waren bis zur 2003 erfolgten Überarbeitung des Standards im Rahmen des Improvements Project FIFO, LIFO, Durchschnittsbewertung und das Festwertverfahren möglich.

Gemäß IAS 11 „Fertigungsaufträge" (gültige Fassung von 1980 bis 1994) konnte bei periodenübergreifender Fertigung die Gewinnrealisation entweder am Ende der Fertigung (completed-contract method) oder alternativ nach Maßgabe des Leistungsfortschritts (percentage-of-completion method) erfolgen.

Beispiel 4.1

Wahlrechte als Ergebnis von Kompromissen

Diese vielfältigen Wahlrechte in den IFRS waren wohl das Ergebnis von Kompromissen. Im IASC trafen Organisationen aus verschiedenen Staaten mit unterschiedlichen Rechnungslegungssystemen aufeinander. Da sich das IASC als Aufgabe gesetzt hatte, international anerkannte Rechnungslegungsnormen zu erlassen, waren Kompromisse zwischen den unterschiedlichen nationalen Auffassungen zur Konsensfindung notwendig. Diese Kompromisse sahen in der ersten Arbeitsphase so aus, dass vom IASC nahezu sämtliche alternativen nationalen Bilanzierungsmethoden zugelassen wurden. Jahresabschlüsse entsprechend den EU-Richtlinien waren ebenso IAS-konform wie US-amerikanische Jahresabschlüsse. Aus diesem Grund waren die Harmonisierungsbestrebungen des IASC mit dem Stichwort „additive Harmonisierung" zu charakterisieren. Die Situation des IASC war von daher vergleichbar mit den Harmonisierungsbestrebungen innerhalb der EU.

1.2 Zeitraum von 1989 bis 1993

Im Zeitraum von 1989 bis 1993 wurden vom IASC mit IAS 29, 30 und 31 drei weitere Standards herausgegeben. Daneben erschien 1989 das „Rahmenkonzept für die Aufstellung und Darstellung von Abschlüssen" als konzeptionelle Grundlage der IASC-Rechnungslegung mit Ausführungen zur Zielsetzung derselben und zu übergeordneten Rechnungslegungsgrundsätzen.

Comparability Project

Dieser Zeitraum war aber im Wesentlichen gekennzeichnet durch das Comparability Project, welches im Jahre 1987 durch Einsatz eines Steering Committee gestartet wurde. Das Comparability Project verfolgte das Ziel, die vielfältigen Bilanzierungswahlrechte in den IAS sowie die bestehenden Inkonsistenzen zwischen einzelnen IAS und mit dem Rahmenkonzept zu reduzieren. Damit sollte eine bessere Vergleichbarkeit von IAS-konformen Jahresabschlüssen erreicht werden, um den Anforderungen internationaler Kapitalmärkte besser zu genügen.

Unterstützung durch die IOSCO

Unterstützt wurde das Comparability Project insbesondere von der International Organization of Securities Commissions (IOSCO), der 1974 gegründeten internationalen Dachorganisation der nationalen Börsenaufsichtsbehörden. Die IOSCO stellte dem IASC in Aussicht, die IAS ihren Mitgliedern als Börsenzulassungsstandards hinsichtlich der Rechnungslegung zu empfehlen. Für Unternehmen, die eine Notierung an einer ausländischen Börse anstrebten, sollte hinsichtlich der Rechnungslegung ein IAS-konformer Jahresabschluss ausreichen. Dazu war es aus Sicht der IOSCO erforderlich, die bestehenden Wahlrechte in den IAS weitgehend abzuschaffen.

Abschaffung von Wahlrechten

Im Juni 1990 verabschiedete das IASC das „Statement of Intent on Comparability of Financial Statements". Der Inhalt dieses Statement sah die Abschaffung von insgesamt 21 Wahlrechten in den bestehenden IAS vor. Dadurch ergab sich Änderungsbedarf in insgesamt zehn verschiedenen IAS. Vom IASC wurde aber auch die Notwendigkeit gesehen, in einigen wenigen Fällen verschiedene Bilanzierungsweisen zuzulassen. Da in diesem Fall die Vergleichbarkeit der Jahresabschlüsse nach IAS abermals eingeschränkt würde, wurde vom IASC folgende Vorgehensweise angestrebt: Eine der Bilanzierungsalternativen sollte als bevorzugte Methode (benchmark treatment) festgelegt werden, während die andere Methode als alternativ erlaubte Vorgehensweise (allowed alternative treatment) gelten sollte.

1.3 Zeitraum von 1994 bis 2000

Die Arbeit des IASC in diesem Zeitraum ist durch das Streben nach Anerkennung sämtlicher IAS durch die IOSCO gekennzeichnet. Nach Abschluss des Comparability Project hatte sich das IASC erhofft, dass die IOSCO sämtliche IAS anerkennen und ihren Mitgliedern als Börsenzulassungsstandards hinsichtlich der Rechnungslegung empfehlen würde. Die IOSCO hatte jedoch zunächst nur IAS 7 „Kapitalflussrechnung" anerkannt bzw. den Mitgliedsorganisationen zur Anerkennung empfohlen. Dieser Empfehlung folgte auch die amerikanische Börsenaufsichtsbehörde Securities and Exchange Commission (SEC). Eine Kapitalflussrechnung nach IAS 7 wurde von der SEC als gleichwertig mit einer Kapitalflussrechnung gemäß SFAS 95 angesehen.

Die Working Group on Multinational Offerings and Disclosure, Working Party No. 1 der IOSCO, beschloss allerdings im Anschluss, keine weiteren Einzelempfehlungen auszusprechen. Demnach sollten zukünftig entgegen der deutschen Auffassung sowie der Meinung anderer europäischer Vertreter keine einzelnen IAS durch die IOSCO anerkannt werden, sondern das IASC sollte ein sog. „Core Set of Standards", d.h. einen Mindestkanon an Rechnungslegungsvorschriften entwickeln, der den Anforderungen der IOSCO standhält, um eine vollständige Anerkennung der IAS zu erreichen. Dies geschah insbesondere auf Bestreben der SEC. Es ließe sich vermuten, dass dies zu einer weltweiten Verbreitung der US-amerikanischen Rechnungslegungsvorschriften beitragen sollte, da bei zeitlicher Verzögerung der Anerkennung weiterer IAS durch die IOSCO ausländische Unternehmen bei einer Notierung an der New York Stock Exchange (NYSE) weiterhin die US-GAAP anzuwenden hätten.

Core Standards

Im Zusammenhang mit der Erarbeitung der Core Standards sind 24 IAS von der IOSCO im Hinblick auf ihre Akzeptanz beurteilt worden, von denen zusätzlich zu IAS 7 letztlich vierzehn weitere IAS akzeptiert wurden[1]. Was die von der IOSCO in Aussicht gestellte allgemeine Anerkennung der IAS betrifft, so konnte sich die IOSCO im Mai 2000 dazu entschließen, diese Entscheidung zu treffen und die IAS den Mitgliedsorganisationen grundsätzlich als Börsenzulassungsstandards an den nationalen Börsen zu empfehlen. Diese Empfehlung erfolgte allerdings nicht uneingeschränkt. So können die nationalen Börsenaufsichtsbe-

Anerkennung der IAS durch die IOSCO

---

[1] Für eine Übersicht über die Core Standards vgl. Tabelle 4.1.

hörden die IAS in Teilbereichen einschränken (z.B. durch Streichung von Wahlrechten) sowie zusätzliche Berichtspflichten (z.B. durch Überleitungen auf die nationale Vorgehensweise oder zusätzliche Angaben im Anhang) verlangen. Auch sind nicht alle nationalen Börsenaufsichtsbehörden dieser Empfehlung gefolgt. Insbesondere die Anerkennung durch die SEC war über Jahre eher nicht zu erwarten, ehe sie dann 2007 zumindest für ausländische Emittenten doch erfolgte.

1.4 Entwicklung seit 2001

Neuorganisation des IASC

Mit der zunehmenden Verbreitung der IAS erhöhten sich die Anforderungen an das IASC. Daher unterzog es sich mit dem Abschluss der Arbeit an den Core Standards und der Verabschiedung von IAS 41 „Landwirtschaft" einer umfassenden Reorganisation, um eine verstärkte internationale Akzeptanz zu erlangen und seine eigene Professionalität sowie seine Unabhängigkeit und Fachkompetenz zu steigern. Insbesondere sollte der dominante Einfluss des Berufsstands der Wirtschaftsprüfer reduziert werden. Die Reorganisation orientierte sich stark an der Struktur des amerikanischen Standardsetters FASB.

IASCF

Im Rahmen dieser Umstrukturierung des IASC wurde am 06.02.2001 die International Accounting Standards Committee Foundation (IASCF) als Dach der neuen Organisation gegründet. Die Ziele dieser Stiftung privaten Rechts mit Sitz in Delaware (USA) orientieren sich dabei an den ursprünglichen Zielen des IASC, sind aber präziser und schärfer formuliert. So soll die IASCF

- im öffentlichen Interesse einen gültigen Satz an hochwertigen, verständlichen und durchsetzbaren globalen Standards der Rechnungslegung entwickeln, die hochwertige, transparente und vergleichbare Informationen in Abschlüssen und sonstigen Finanzberichten erfordern, um die Teilnehmer an den Kapitalmärkten der Welt und andere Nutzer beim Treffen von wirtschaftlichen Entscheidungen zu unterstützen,
- die Nutzung und strikte Anwendung dieser Standards fördern,
- bei der Umsetzung der oben genannten Ziele die besonderen Bedürfnisse kleiner und mittelgroßer Unternehmen und aufstrebender Volkswirtschaften, sofern zweckdienlich, berücksichtigen, und
- eine Konvergenz der nationalen Standards der Rechnungslegung mit den IFRS zu hochwertigen Lösungen herbeiführen[2].

Operative Umsetzung durch das IASB

Die operative Ausführung dieser Aufgaben wurde von der IASCF an das im April 2001 gegründete IASB delegiert. Während das IASB für die Entwicklung der Rechnungslegungsstandards zuständig ist, übernimmt die IASCF die Aufgabe der Finanzierung und Überwachung von dessen Arbeit.

---

2 Vgl. Satzung der IASCF, Par. 2.

Als weiterer Ausdruck der Neuausrichtung entschied das IASB, zukünftig zu erstellende internationale Rechnungslegungsstandards als IFRS (International Financial Reporting Standards) zu bezeichnen und numerisch neu zu beginnen. Die bislang verabschiedeten IAS behalten aber ihre volle Gültigkeit. Zudem wird in IAS 1.7 explizit klargestellt, dass die IAS unter den Oberbegriff der IFRS fallen.

IFRS

Das Erreichen einer Konvergenz der weltweit unterschiedlichen Rechnungslegungssysteme bildet einen Schwerpunkt in der Arbeit des IASB. Während die Vorgängerorganisation IASC eher den Kompromiss zwischen den unterschiedlichen nationalen Rechnungslegungskulturen suchte, was sich in den zahlreichen Wahlrechten der IAS niederschlug, verfolgt das IASB die Entwicklung einer wahlrechtsfreien und einheitlichen Rechnungslegung[3].

Konvergenz der Rechnungslegungssysteme

Dazu startete das IASB im Mai 2002 mit dem „Improvements Project" ein umfangreiches Überarbeitungsprogramm mit dem Ziel,

Improvements Project

- die weltweite Konvergenz der Rechnungslegungsnormen voranzutreiben,
- noch existierende Wahlrechte zu beseitigen und
- die allgemeine Qualität der Standards zu verbessern[4].

Da die Entwicklung neuer IFRS eine lange Vorlaufzeit benötigt, wurden im Rahmen dieses Projekts jene bereits existierenden Standards überarbeitet, bei denen eine Verbesserung kurzfristig international durchsetzbar erschien. Insbesondere die Zahl der noch bestehenden Wahlrechte sollte verringert werden, um eine Verbesserung der Vergleichbarkeit von Abschlüssen zu erreichen und um den Infomationsgehalt von Abschlüssen zu erhöhen. Mit der Veröffentlichung von 13 überarbeiteten Standards und der Streichung von IAS 15 wurde das Improvements Project am 18.12.2003 durch das IASB abgeschlossen. Da diese Standards nicht grundlegend überarbeitet, sondern lediglich in zahlreichen Details geändert wurden, werden sie weiterhin als International Accounting Standards (IAS) bezeichnet[5].

Aufhebung noch bestehender Wahlrechte

Bei den Bewertungsvereinfachungsverfahren erlaubte IAS 2 „Vorräte" (Fassung von 1993) neben der FIFO - und der gewogenen Durchschnittsmethode auch die LIFO - Methode als alternativ zulässiges Verbrauchsfolgeverfahren. Dieses Wahlrecht zur Anwendung der LIFO-Methode wurde bei der Überarbeitung von IAS 2 im Rahmen des Improvements Project abgeschafft, da diese Verbrauchsfolge in der Realität nur selten vorkomme und ihre Fiktion die Aussagefähigkeit des Abschlusses mindere.

Beispiel 4.2

---

3 Vgl. *Bruns, H.-G.*, International vergleichbare und qualitativ hochwertige deutsche Jahresabschlüsse durch Anwendung der IAS/IFRS, in: ZfbF, 54. Jg. (2002), S. 174.
4 Vgl. Presserklärung des IASB vom 15.05.2002.
5 Tabelle 4.1 gibt eine Übersicht über die im Rahmen des Improvements Project überarbeiteten Standards. Für eine detaillierte Übersicht über die durch das Improvements Project herbeigeführten Änderungen vgl. *Zülch, H.*, Das IASB Improvement Project, in: KoR, 4. Jg. (2004), S. 153-167.

Zusammenarbeit mit nationalen Standardsettern

Um eine weltweite Konvergenz der Rechnungslegungsnormen zu erreichen, arbeitet das IASB mit den nationalen Standardsettern eng zusammen, um eine international einheitliche Anwendung der IFRS zu erreichen. Dabei sollen auch bewährte Regelungen einzelner Länder in die überarbeiteten Standards einfließen[6].

Norwalk Agreement

So vereinbarten das IASB und das FASB im September 2002 im Rahmen des sog. „Norwalk Agreement"[7] eine enge Zusammenarbeit mit der Zielsetzung, noch bestehende Unterschiede zwischen IFRS und US-GAAP bis zum Jahr 2005 weitgehend abzuschaffen. Unterschiede, die über diesen Zeitpunkt hinaus bestehen, sollen durch eine Koordination der zukünftigen Arbeitsprogramme der beiden Standardsetter beseitigt werden[8]. Ziel ist dabei nicht die Eliminierung jeglicher Unterschiede zwischen den beiden Rechnungslegungssystemen, sondern die Anerkennung einer gleichrangigen Qualität der Bilanzierung. Die SEC hat im Übrigen im November 2007 bestätigt, dass IFRS-Abschlüsse ausländischer Unternehmen, die an einer US-Börse gelistet sind, ab 2009 anerkannt werden (vgl. Kapitel 3).

Neue Standards

Neben der Überarbeitung bereits bestehender Standards beschäftigt sich das IASB auch mit der Entwicklung von neuen Standards, die sich mit bislang in den IFRS ungeregelten Rechnungslegungsfragen befassen. Im Juni 2003 veröffentlichte das IASB mit IFRS 1 „Erstmalige Anwendung der International Financial Reporting Standards" den ersten International Financial Reporting Standard, dem bis Januar 2008 sieben weitere IFRS folgten.

stable platform

Im Rahmen der Zusammenarbeit mit dem US-amerikanischen FASB hat das IASB aktuell einige Schritte unternommen, die die Entwicklung einer vereinheitlichten Rechnungslegung begünstigen und zudem IFRS-Anwendern auf der ganzen Welt eine Implementierung erleichtern sollen. So sind seit 2006 alle neuen Standards und grundlegenden Überarbeitungen frühestens für Geschäftsjahre ab 2009 verpflichtend anzuwenden, wobei eine frühere Anwendung i.d.R. jedoch freiwillig erfolgen kann. Das dadurch entstandene, zunächst feststehende Regelsystem wird als stable platform bezeichnet. Darüber hinaus wählt das IASB in Zukunft generell einen Mindestzeitraum von einem Jahr zwischen Veröffentlichung eines Standards und erstmaliger verpflichtender Anwendung, um Übersetzung, Übernahme und Implementierung zu erleichtern.

Von den ursprünglich verabschiedeten 41 IAS sind noch 29 in Kraft. Zusammen mit den bislang veröffentlichten acht IFRS umfasst die IFRS-Rechnungslegung aktuell somit 37 Standards.

---

6 Vgl. *Bruns, H.-G.*, International vergleichbare und qualitativ hochwertige deutsche Jahresabschlüsse durch Anwendung der IAS/IFRS, in: ZfbF, 54. Jg. (2002), S. 174.
7 Abrufbar unter http://www.fasb.org/news/memorandum.pdf (Stand: 01.01.2008).
8 Vgl. Presseerklärung des IASB vom 29.10.2002.

IAS/IFRS	Aktueller Titel	Anzuwenden ab	
		Ursprüngl. Fassung	Aktuelle Fassung
IAS 1 [2]	Darstellung des Abschlusses	01.01.1975	01.01.2009
IAS 2 [1,2]	Vorräte	01.01.1976	01.01.2005
IAS 3	Konzernabschlüsse	aufgehoben durch IAS 27 und 28	
IAS 4	Abschreibungen	aufgehoben durch IAS 16, 22 und 38	
IAS 5	Angabepflichten im Abschluss	aufgehob. durch IAS 1	
IAS 6	Rechnungslegung bei Preisänderungen	aufgehob. durch IAS 15	
IAS 7 [1]	Kapitalflussrechnung	01.01.1979	01.01.1994
IAS 8 [1,2]	Bilanzierungs- und Bewertungsmethoden, Änderungen von Schätzungen und Fehler	01.01.1979	01.01.2005
IAS 9	Bilanzierung von Forschungs- und Entwicklungsaktivitäten	aufgehoben durch IAS 38	
IAS 10 [2]	Ereignisse nach dem Bilanzstichtag	01.01.1980	01.01.2005
IAS 11 [1]	Fertigungsaufträge	01.01.1980	01.01.1995
IAS 12	Ertragsteuern	01.01.1981	01.01.1998
IAS 13	Darstellung der kurzfristigen Vermögenswerte und Schulden	aufgehoben durch IAS 1	
IAS 14	Segmentberichterstattung	aufgehoben durch IFRS 8	
IAS 15 [1]	Informationen über die Auswirkungen von Preisänderungen	aufgehoben durch Improvements Project	
IAS 16 [1,2]	Sachanlagen	01.01.1983	01.01.2005
IAS 17 [2]	Leasingverhältnisse	01.01.1984	01.01.2005
IAS 18 [1]	Erträge	01.01.1984	01.01.1995
IAS 19	Leistungen an Arbeitnehmer	01.01.1985	01.01.2006
IAS 20 [1]	Bilanzierung und Darstellung von Zuwendungen der öffentlichen Hand	01.01.1984	
IAS 21 [1,2]	Auswirkungen von Änderungen der Wechselkurse	01.01.1985	01.01.2005
IAS 22 [1]	Unternehmenszusammenschlüsse	aufgehob. durch IFRS 3	
IAS 23 [1]	Fremdkapitalkosten	01.01.1986	01.01.2009
IAS 24 [1,2]	Angaben über Beziehungen zu nahe stehenden Unternehmen und Personen	01.01.1986	01.01.2005
IAS 25	Bilanzierung von Finanzinvestitionen	aufgehoben durch IAS 39 und 40	
IAS 26	Bilanzierung und Berichterstattung von Altersversorgungsplänen	01.01.1988	
IAS 27 [1,2]	Konzern- und separate Einzelabschlüsse nach IFRS	01.01.1990	01.01.2009

IAS/IFRS	Aktueller Titel	Anzuwenden ab	
		Ursprüngl. Fassung	Aktuelle Fassung
IAS 28 [1,2]	Anteile an assoziierten Unternehmen	01.01.1990	01.01.2009
IAS 29 [1]	Rechnungslegung in Hochinflationsländern	01.01.1990	
IAS 30	Angaben im Abschluss von Banken und ähnlichen Finanzinstitutionen	aufgehoben durch IFRS 7	
IAS 31 [1,2]	Anteile an Joint Ventures	01.01.1992	01.01.2009
IAS 32 [3]	Finanzinstrumente: Darstellung	01.01.1996	01.01.2009
IAS 33 [2]	Ergebnis je Aktie	01.01.1998	01.01.2005
IAS 34	Zwischenberichterstattung	01.01.1999	
IAS 35	Aufgabe von Geschäftsbereichen	aufgehoben durch IFRS 5	
IAS 36 [4]	Wertminderung von Vermögenswerten	01.07.1999	31.03.2004
IAS 37	Rückstellungen, Eventualschulden und Eventualforderungen	01.07.1999	
IAS 38 [4]	Immaterielle Vermögenswerte	01.07.1999	31.03.2004
IAS 39 [3]	Finanzinstrumente: Ansatz und Bewertung	01.01.2001	01.01.2006
IAS 40 [2]	Als Finanzinvestition gehaltene Immobilien	01.01.2001	01.01.2005
IAS 41	Landwirtschaft	01.01.2003	
IFRS 1	Erstmalige Anwendung der International Financial Reporting Standards	01.01.2004	01.01.2006
IFRS 2	Anteilsbasierte Vergütung	01.01.2005	01.01.2009
IFRS 3	Unternehmenszusammenschlüsse	31.03.2004	01.06.2009
IFRS 4	Versicherungsverträge	01.01.2005	01.01.2006
IFRS 5	Zur Veräußerung gehaltene langfristige Vermögenswerte und aufgegebene Geschäftsbereiche	01.01.2005	
IFRS 6	Exploration und Evaluierung von mineralischen Ressourcen	01.01.2006	
IFRS 7	Finanzinstrumente: Angaben	01.01.2007	
IFRS 8	Geschäftssegmente	01.01.2009	

[1] Core Standard
[2] Wurde im Rahmen des Improvements Project überarbeitet.
[3] Wurde im Rahmen des Projekts „Amendments to IASs 32 and 39" überarbeitet.
[4] Wurde im Rahmen von IFRS 3 überarbeitet.

Tab. 4.1: Übersicht über die bislang verabschiedeten Standards der IFRS-Rechnungslegung (Stand: Januar 2008)

2 Organisation und Arbeitsweise des IASB

2.1 Organisation

Das IASB sieht sich heute als globaler Standardsetter und hat sich damit die Aufgabe gestellt, weltweit akzeptierte Rechnungslegungsstandards zu entwickeln, zu veröffentlichen und auf deren weltweit einheitliche Anerkennung, Anwendung und Einhaltung hinzuwirken. Um diesen gestiegenen Anforderungen gerecht zu werden, unterzog sich das frühere IASC einer umfangreichen Reorganisation. Das daraus resultierende Organisationsmodell ähnelt dem des US-amerikanischen FASB. Von besonderer Bedeutung sind hier insbesondere das IASB, das die Standards entwickelt, sowie die IASCF, die für die Überwachung und Finanzierung des IASB verantwortlich ist und letztlich die gesamte Organisationsstruktur bereitstellt (vgl. Abbildung 4.1).

Innerhalb dieser Organisationsstruktur nehmen die Treuhänder und das Board die zentralen Positionen ein. Bei den Treuhändern handelt es sich um ausgewählte Personen, die zwar keinen unmittelbaren Einfluss auf die Facharbeit des IASB ausüben, dafür aber weitreichende Entscheidungskompetenzen in allen sonstigen das IASB betreffenden Fragen besitzen. So haben die insgesamt 22 Treuhänder die Aktivitäten des IASB nicht nur zu überwachen und die Finanzierung zu gewährleisten, sie haben insbesondere die alleinige Entscheidungskompetenz über Satzungsänderungen (mit Dreiviertelmehrheit) und bestimmen die Mitglieder aller wichtigen Gremien des IASCF. Wegen ihrer insofern beachtlichen Bedeutung müssen sich die Treuhänder verpflichten, ausschließlich im öffentlichen Interesse zu handeln. Um eine breite internationale Anerkennung der IFRS zu gewährleisten, existiert für die Treuhänder zudem ein Ernennungssystem, das hinsichtlich der geographischen und beruflichen Herkunft eine international ausgewogene Besetzung sicherstellen soll.

Treuhänder

Einerseits müssen je sechs der Treuhänder aus Nordamerika, Europa und Asien und vier weitere aus beliebigen Regionen stammen. Zwei der Treuhänder sollen senior partners aus bekannten international tätigen Wirtschaftsprüfungsgesellschaften sein. Um eine solche Ausgewogenheit zu erreichen, sollen die Treuhänder unter Beratung durch nationale und internationale Vereinigungen von Wirtschaftsprüfern, Wissenschaftlern sowie Jahresabschlusserstellern und –analysten ausgewählt werden. Nach der Ernennung der Treuhänder wählen diese selbstständig ihren Vorsitzenden. Die Treuhänder werden für eine Amtszeit von drei Jahren ernannt, mit Option auf eine einmalige Verlängerung. Unter Beachtung der Ernennungsvoraussetzungen entscheiden die Treuhänder über ihre Nachfolger durch Kooption, also in eigener Verantwortung.

Kapitel 4: Institutioneller Rahmen der IFRS

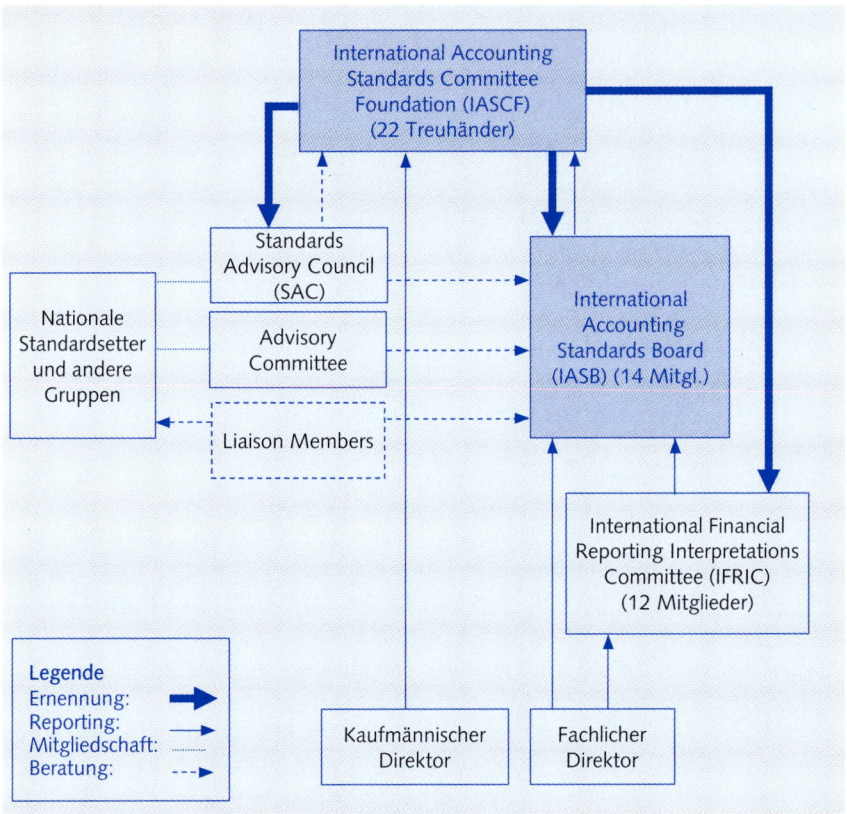

Abb. 4.1:   Organisationsstruktur der IASCF

IASB

Das wichtigste Organ für die Facharbeit ist das Board. Das IASB hat 14 Mitglieder, die die alleinige Verantwortung für die gesamte fachliche Agenda und alle damit zusammenhängenden Projektarbeiten tragen. Ihre Kernaufgabe ist die Entwicklung und Verabschiedung von International Financial Reporting Standards (IFRS) sowie die Verabschiedung von Interpretationen der IFRS. Sie sollen ebenso wie die Treuhänder als persönliche Mandatsträger im öffentlichen Interesse handeln.

Die Zusammensetzung des Board sollte ähnlich der der Treuhänder sein. Um der Ausgewogenheit von Erfahrungen und Sichtweisen willen sollte das Board aus Mitgliedern bestehen, deren beruflicher Hintergrund und geographische Herkunft unterschiedlich sind. Die Treuhänder ernennen eines der Boardmitglieder zum Vorsitzenden (Chairman) des Board, der neben seiner fachlichen Arbeit auch als Geschäftsführer der IASCF fungiert.

Liaison Members

Um enge Beziehungen zu wichtigen nationalen Rechnungslegungsgremien pflegen zu können und damit die internationale Anerkennung der IFRS zu fördern, fungieren sieben der Boardmitglieder, sog. „Liaison Members," als Verbindungspersonen zu einem oder mehreren nationalen Rechnungslegungsgremien. Sie sollen einerseits die Probleme und Sichtweisen aus den Nationalstaaten im IASB vorbringen und andererseits in ihren Ländern für eine einheitliche und schnelle Umsetzung der verabschiedeten Rechnungslegungsstandards in nationales Recht sorgen.

Alle Mitglieder des IASB, inklusive des Chairman, werden von den Treuhändern für eine Amtszeit von fünf Jahren ernannt. Eine einmalige Wiederernennung ist zulässig. Das IASB trifft seine Entscheidungen mit einfacher Mehrheit. Bei der Verabschiedung von Standards einschließlich ihrer Entwürfe sowie der Interpretations bedarf es jedoch einer Mehrheit von mindestens neun Stimmen, wobei jedes Boardmitglied unabhängig von seiner Funktion oder seinem Beschäftigungsverhältnis eine Stimme besitzt.

Ohne die Arbeitsgruppen, die so genannten Advisory Committees (früher Steering Commitees), kommt das IASB auch nach der Restrukturierung nicht aus. Hierbei handelt es sich um fallweise eingesetzte, projektbezogene Arbeitsgruppen mit üblicherweise etwa sechs bis zehn Mitgliedern. Im Rahmen des Standardsetzungsverfahrens arbeiten sie in Rücksprache mit dem IASB die jeweiligen Vorschläge für die einzelnen Entwicklungsstufen eines Standards aus. Dabei sind sie neben externen Fachleuten auch mit Vertretern des Board und anderer IASB-Organe besetzt, wobei der jeweilige Vorsitzende eines Advisory Committee dem IASB angehören sollte. In jedes Advisory Committee ist ein Projektmanager integriert, der die Arbeit des Committees nicht nur fachlich, sondern vor allem organisatorisch betreut. Es wird i.d.R. versucht, die Mitglieder der einzelnen Committees hinsichtlich der repräsentierten Länder und Fach- bzw. Berufsgruppen möglichst ausgewogen auszuwählen. Die Initiierung dieser Gruppen obliegt dem IASB, das auch die jeweiligen Ergebnisse diskutiert, ggf. modifiziert und in letzter Instanz verabschiedet.

Advisory Commitees

Bei manchen IFRS kann es im Rahmen der Anwendung zu unterschiedlichen Auslegungen kommen. Hier ist es Aufgabe des International Financial Reporting Interpretations Committee (IFRIC), der Nachfolgeorganisation des Standing Interpretations Committee (SIC), in Zusammenarbeit mit den nationalen Rechnungslegungsgremien Interpretationen zu erarbeiten, um eine einheitliche Anwendung zu gewährleisten. Interpretationswürdige Sachverhalte können dem IFRIC von beliebiger Seite vorgeschlagen werden. Sofern ihnen eine allgemeine Bedeutung zuerkannt wird, setzt das IFRIC sie auf seine Agenda. Das Committee setzt sich aus zwölf stimmberechtigten Vertretern zusammen, die von den Treuhändern ernannt werden, ergänzt um ein oder zwei Boardmitglieder mit Beobachterstatus.

IFRIC

Aufgabe des Standards Advisory Council (SAC) ist es, das IASB in allen Aspekten seiner fachlichen Arbeit zu beraten. Vor Entscheidungen des Board und Satzungsänderungen durch die Treuhänder soll das SAC konsultiert werden, um damit weiteren Interessengruppen die Einflussnahme auf das IASB zu ermöglichen. Das SAC besteht aus mindestens 30 Mitgliedern, vor allem Vertretern von internationalen Organisationen der Rechnungslegungserstellung, der Banken, Börsen, Börsenaufsichtsbehörden, Wirtschafts- und auch Hochschullehrerver-

Standards Advisory Council (SAC)

bände sowie wichtiger Standardsetter. Da im Board des IASB nur eine begrenzte Zahl von Personen und damit mittelbar auch Organisationen und Länder vertreten sein können, soll das Standards Advisory Council den übrigen eine Plattform bieten, sich für die fachliche und sonstige Arbeit des IASB zu engagieren. Dies gilt insbesondere für nationale Rechnungslegungsgremien, zu denen keine formalen Beziehungen durch Liaison Members bestehen. Die Council-Mitglieder werden von den Treuhändern ernannt.

Fachlicher und kaufmännischer Direktor

Der fachliche Mitarbeiterstab ist hauptsächlich für die Facharbeit des IASB verantwortlich. Ihm steht der fachliche Direktor vor, der entweder selbst als Projektmanager tätig wird oder dem Projektmanager gegenüber die Aufsichts- und Kontrollfunktion innehat. Neben dem fachlichen Mitarbeiterstab existiert auch ein Stab mit einem kaufmännischen Direktor, der sich vornehmlich um Verwaltungs- und Finanzierungs- sowie Kommunikationsfragen kümmert. Hier liegt im Übrigen auch die Verantwortung für die gesamten Publikationen des IASB. Der früher existierende Secretary General ist nach der Restrukturierung abgeschafft worden. Die Geschäftsführerposition wird nun vom hauptberuflich engagierten Board-Vorsitzenden ausgeübt.

Finanzierung

Durch die Restrukturierung und die damit einhergehende Professionalisierung hat sich das Budget gegenüber der Vergangenheit deutlich erhöht. Die gesamten Erlöse (2006 ca. 13,1 Mio. £) setzen sich dabei hauptsächlich aus freiwilligen Spenden sowie zu einem geringeren Teil aus Veröffentlichungen und der Verzinsung von Stiftungskapital zusammen. Die gesamten Kosten (2006 ca. 13,5 Mio. £) verteilen sich hauptsächlich auf die Entlohnung der durchschnittlich 76 Mitarbeiter.

2.2 Formelles Standardsetzungsverfahren (Due Process)

In Analogie zu den US-amerikanischen FASB Statements sind die IFRS offizielle Verlautbarungen des IASB und damit das Ergebnis eines formellen Standardsetzungsverfahrens (due process), das in Tabelle 4.2 in seinen einzelnen Stufen näher dargestellt wird.

Umfangreiche Möglichkeiten zur Stellungnahme

Um die selbstgestellte Aufgabe des IASB, weltweit akzeptierte Rechnungslegungsstandards zu entwickeln, zu erfüllen, bedarf es eines mehrstufigen, mit Stellungnahmemöglichkeiten versehenen formellen Verfahrens. Zur Sicherstellung von Qualität und globaler Akzeptanz sollen die IFRS nicht nur das Ergebnis intensiver Entwicklungsbemühungen innerhalb des IASB darstellen, sondern auch die Standpunkte externer Rechnungslegungsexperten wie multinationaler Unternehmen und nationaler Rechnungslegungsgremien berücksichtigen. Der Ablauf des formellen Verfahrens verdeutlicht daher das Bestreben des IASB, möglichst alle an der Rechnungslegung interessierten Gruppen in den Entstehungsprozess der IFRS einzubinden. Für diese Gruppen besteht daher die Möglichkeit der direkten Einflussnahme zum einen durch eine etwaige Mitarbeit im Standards Advisory Council sowie zum anderen über das Verfassen von so genannten Comment Letters zu den jeweiligen Diskussionspapieren bzw. Exposure Drafts (ED). Vor diesem Hintergrund ist auch der Zeithorizont von bis zu drei Jahren verständlich, in dem ein IFRS im Rahmen des Due Process entsteht. Dabei ist dieser Entstehungsprozess keinesfalls als starrer Ablaufplan zu verstehen. Rückkopplungen oder zusätzliche Erörterungen sind durchaus möglich. So kann das IASB z.B. ohne weiteres ein zusätzliches Diskussionspapier veröffentlichen, um weitere Stellungnahmen einzufordern.

Schritte	Erläuterungen
Projektvorschlag und Aufnahme ins Arbeitsprogramm	Das IASB sammelt Vorschläge zu bestehenden Rechnungslegungsproblemen. Die diesbezüglichen Anregungen können von allen interessierten Parteien, insbesondere auch vom Standards Advisory Council, kommen. Das IASB wählt aus den Themenvorschlägen Problembereiche aus, zu denen es Advisory Committees einsetzt.
Informationssammlung und weitere Vorarbeiten	Themenrelevante Informationen werden gesammelt; Beratung durch IASB, Advisory Committee und Standards Advisory Council. Das Thema wird abgegrenzt, ebenso die Aufgabenstellung; Festlegung der weiteren Vorgehensweise und Skizzierung möglicher Lösungsvarianten.
Discussion Document	Das IASB verabschiedet und veröffentlicht ein erstes Diskussionspapier (Discussion Document). Dieses enthält die Darstellung und Kommentierung sämtlicher Lösungsansätze, die in dem späteren IFRS Berücksichtigung finden könnten. Die interessierte Öffentlichkeit ist zur Kommentierung des Diskussionspapiers aufgerufen. Die Kommentierungsfrist soll etwa drei Monate betragen. In begründeten Ausnahmefällen kann die Frist auf zwei Monate verkürzt werden.
Auswertung und Beratung	Auswertung und Diskussion der eingegangenen Stellungnahmen; Beratung durch IASB, Advisory Committee und Standards Advisory Council; Festlegung der zu diesem Zeitpunkt favorisierten Regelungen.
Exposure Draft	Das IASB verabschiedet und veröffentlicht einen Standardentwurf (Exposure Draft, ED). Der ED stellt den nunmehr einzig vom IASB favorisierten Lösungsansatz dar. Die interessierte Öffentlichkeit ist zur Kommentierung des ED aufgerufen; die Kommentierungsfrist soll auch hier etwa drei Monate betragen.
Auswertung und Beratung	Auswertung und Diskussion der eingegangenen Stellungnahmen; Beratung durch IASB, Advisory Committee und Standards Advisory Council; Modifikation des ED.
International Financial Reporting Standard	Das IASB verabschiedet und veröffentlicht einen neuen International Financial Reporting Standard (IFRS). Zusätzlich wird eine sog. Basis for Conclusions veröffentlicht, in der die Gründe für die Entwicklung des Standards erklärt werden. Im Anhang werden zudem die Änderungen (consequential amendments) beschrieben, die durch den verabschiedeten Standard in anderen Verlautbarungen verursacht werden.

Tab. 4.2: Formelles Standardsetzungsverfahren

Im Anschluss an die Auswertung der Stellungnahmen und eine abschließende Beratung veröffentlicht das IASB den Standard. Im Anhang eines Standards werden dabei zusätzlich eine „Basis for Conclusions" sowie „Illustrative Examples" veröffentlicht. Hier werden der Entwicklungsprozess eines Standards erklärt, der Standard anhand von Beispielen erläutert und u.U. divergierende Meinungen dargestellt. Zu betonen ist hier, dass sowohl die Basis for Conclusions als auch die Illustrative Examples lediglich erklärende Bedeutung für einen Standard haben, aber keine integralen Bestandteile sind. Daher sind sie im Stellenwert den Standards und Interpretationen nachgelagert.

Die Interpretationen des IFRIC durchlaufen hingegen einen verkürzten Due Process. Nach Absprache mit dem Board wird eine Draft Interpretation veröffentlicht und zur Diskussion gestellt, ehe das Board die Interpretation endgültig beschließt.

Implementation Guidance

Bei speziellen Standards, wie z.B. bei IAS 39, haben sich in der Praxis viele Fragen zur richtigen Anwendung ergeben, da diese Standards hoch komplexe Sachverhalte regeln und durch starke Veränderungen wenig Erfahrung mit einem neuen Standard vorhanden ist. Daher hat das IASB für bestimmte Standards sog. Implementation Guidance Committees (IGC) gegründet. Diese Expertengruppen werden angewiesen, für komplexe Sachverhalte Handlungsanweisungen zu entwickeln, die den Anwendern helfen sollen. Eine Implementation Guidance ist dabei in Form eines „Frage-Antwort-Spiels" aufgebaut und umfasst die häufigsten von Anwendern gestellten Fragen. Allerdings werden die Antworten des Implementation Guidance Committees nicht vom IASB selbst verabschiedet, sondern nur von dem jeweiligen Committee. Daher ist ihr Stellenwert nicht gleichzusetzen mit einem Standard oder einer Interpretation.

Das IASB trägt die volle Verantwortung für die Entwicklung der IFRS. Es kann die jeweilige Vorgehensweise nach Effektivitäts- und Kostengesichtspunkten wählen und bestimmte Vorarbeiten nicht nur an Advisory Committees, sondern z.B. auch an sonstige, externe Expertengruppen oder nationale Rechnungslegungsgremien delegieren. Zudem sind öffentliche Anhörungen möglich oder auch die Durchführungen von Feldstudien, um die Zweckmäßigkeit eines Standards sicherzustellen.

2.3 Stellenwert der Verlautbarungen

Regelhierarchie

Im nächsten Schritt ist zu klären, welchen Stellenwert die einzelnen Verlautbarungen des IASB haben. Was ist z.B. zu tun, wenn eine Interpretation ein bestimmtes Verfahren vorgibt, während Wissenschaftler und Praktiker die korrespondierende Regelung seit Jahren anders auslegen? In diesem Fall ist es von entscheidender Bedeutung zu wissen, welche Bedeutungshierarchie die einzelnen Verlautbarungen haben und welcher Aussage im Fall von sog. Regelungslücken zu folgen ist. Das IASB erkannte dieses Problem und behandelte es im Rahmen des Improvements Project in IAS 8. Ausdrückliches Ziel war es, eine

Hierarchie zur Schließung von Regelungslücken vorzugeben. In diesem Zusammenhang wurde die bestehende Hierarchie gemäß IAS 1 überarbeitet.

Als Fundament der Regelungshierarchie ist die Regelung des IAS 1.15 zu sehen, nach der es oberste Aufgabe der Abschlüsse ist, die Vermögens-, Finanz- und Ertragslage sowie die Kapitalflüsse eines Unternehmens den tatsächlichen Verhältnissen entsprechend darzustellen. Unter bestimmten Umständen kann es nach Ansicht des IASB nicht auszuschließen sein, dass bestimmte Vorschriften der IFRS dieser obersten Aufgabe widersprechen. In diesen extrem seltenen Einzelfällen, in denen das Management des Unternehmens zu diesem Schluss gelangt, soll zu Gunsten der „fair presentation" von der speziellen Einzelregel abgewichen (IAS 1.19) und darüber im Anhang berichtet werden (IAS 1.20)[9]. fair presentation

Im überwiegenden Regelfall wird die in IAS 1.15 geforderte Darstellung aber durch das Befolgen der IFRS sichergestellt. So wird den Abschlusserstellern in IAS 8.7 explizit vorgeschrieben, bei konkreten Bilanzierungsproblemen die Standards und Interpretationen heranzuziehen. Beide werden damit hierarchisch auf der Erdgeschossebene eingeordnet (vgl. Abbildung 4.2). Erstmals wird in diesem Zusammenhang in IAS 8.7 auch die sog. Implementation Guidance genannt, die ebenfalls heranzuziehen ist. Allerdings werden sie als weniger bedeutsam eingestuft als Standards und Interpretationen (IAS 8.9). In etwa auf der Ebene der Implementation Guidance wird wohl auch die Bedeutung der Basis for Conclusions anzusiedeln sein, obwohl diese weder in IAS 8.7 noch in IAS 8.9 explizit genannt wird. Standards, Interpretationen, Implementation Guidance, Basis for Conclusions

Wenn ein Bilanzierungsproblem nicht explizit geregelt ist, liegt eine Regelungslücke vor. Hier sollte das Management bei der Urteilsbildung nach IAS 8.10 die Grundsätze der Relevanz und der Verlässlichkeit berücksichtigen. Diese etwas abstrakte Forderung wird in IAS 8.11 insofern präzisiert, als dass hier eine Art Hierarchie vorgegeben wird, der bei der Auslegung der Regelungslücke zu folgen ist. Demnach sind zuerst Fallanalogien und danach folgend Systemanalogien heranzuziehen. Im Fall von Systemanalogien werden einzelne Ansatz- und Bewertungskriterien des Rahmenkonzepts als Deduktionsgrundlage verwendet. Bei der Beurteilung der Entscheidungsnützlichkeit kann das Management auch bestehende Verlautbarungen anderer Standardsetter heranziehen, sofern diese ein ähnliches Rahmenkonzept zur Entwicklung ihrer Standards verwenden. Ebenfalls zu berücksichtigen sind Literaturmeinungen und anerkannte Branchenpraktiken, sofern diese nicht mit den Fallanalogien und Systemanalogien kollidieren. Der Stellenwert des Vorworts und des Rahmenkonzepts wird hierarchisch überhaupt nicht eingeordnet, jedoch soll jeder zukünftige IFRS bzw. überarbeitete IAS in Zusammenhang mit diesen Verlautbarungen gelesen werden. Insgesamt ergibt sich das in Abbildung 4.2 wiedergegebene Bild: Regelungslücken

---

[9] Vgl. genauer dazu Kapitel 5.

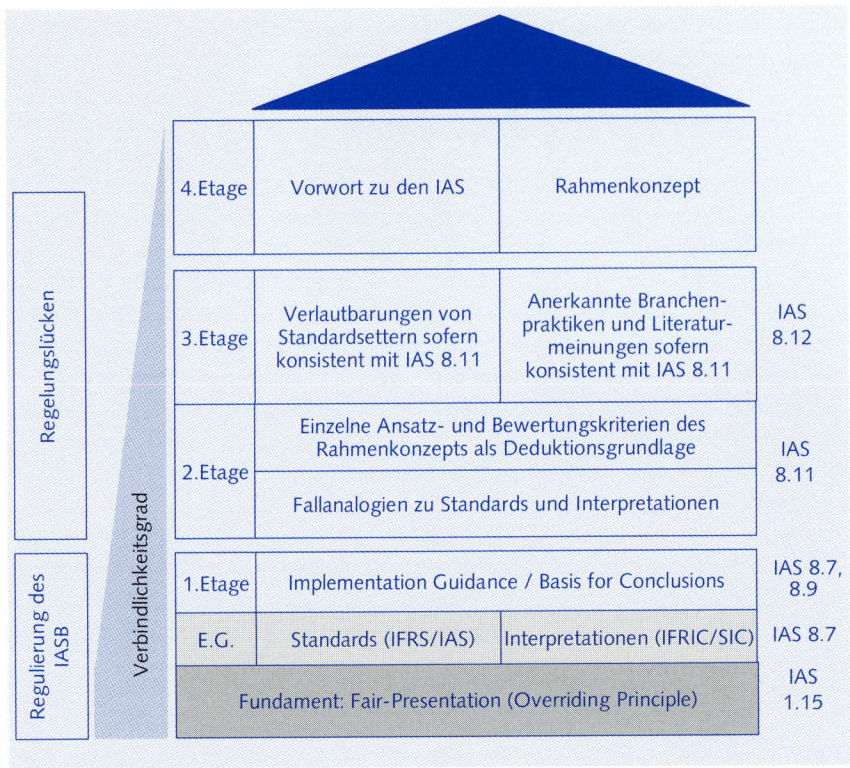

Abb. 4.2: House of IFRS

3 Anerkennung und Durchsetzung der IFRS

3.1 Anerkennung der IFRS in der EU (Endorsement)

Fehlende rechtliche Verbindlichkeit

Ein Kernproblem des IASC bzw. IASB war immer die fehlende rechtliche Verbindlichkeit der Standards. Einzelne Länder sahen (und einige tun dies nach wie vor) die IFRS lange Zeit nicht als gleichwertig mit ihren eigenen Bilanzierungsregeln an und verweigerten daher Abschlüssen nach IFRS die rechtliche Anerkennung.

IAS-Verordnung

Ein entscheidender Meilenstein in Richtung einer rechtlichen Verbindlichkeit der IFRS wurde im März 2000 beim EU-Sondergipfel in Lissabon gelegt. Hier kam es zu der gemeinsamen Zielsetzung der Regierungschefs der europäischen Union, dass bis 2005 ein vollständig integrierter Binnenmarkt für Finanzdienstleistungen entstehen sollte. Bereits im Juni 2000, nur zwei Monate später, reagierte die EU-Kommission auf die Zielsetzung der Regierungschefs. Sie schlug in ihrer Mitteilung „Rechnungslegungsstrategie der EU: Künftiges Vorgehen" an den Rat und das Europäische Parlament vor, künftig von allen an einem geregelten Markt notierten EU-Unternehmen zu verlangen, ihren Konzernabschluss nach IFRS aufzustellen[10]. Am 19.07.2002 wurde dieser Vorschlag umgesetzt und die sog. IAS-Verordnung erlassen, die es kapitalmarktorientierten Mutterunternehmen vorschreibt, ab dem 01.01.2005 einen Konzernabschluss nach internationalen Rechnungslegungsgrundsätzen aufzustellen[11].

Problematisch erscheint, dass das IASB keine staatliche Organisation ist und die EU damit faktisch den Prozess der Entwicklung der Standards an eine private Organisation ausgelagert hat. Um weiterhin die legislative Kompetenz zu bewahren, behalten sich die EU-Instanzen daher das Recht vor, die IFRS vor der Umsetzung in europäisches Recht zu kontrollieren und erst bei Übereinstimmung mit den EG-Richtlinien und den europäischen Interessen zu verabschieden. Hierzu sieht die EU-Kommission ein Anerkennungsverfahren (sog. Endorsement Mechanism) vor, das neu herausgegebene und überarbeitete IFRS zu durchlaufen haben, bevor sie auf EU-Ebene verbindlich werden (Abbildung 4.3).

Auf technischer Ebene wurde eine qualifizierte Expertengruppe, die European Financial Reporting Advisory Group (EFRAG), eingesetzt. Diese wurde am 31.03.2001 mit der Aufgabe gegründet, die europäischen Interessen gegenüber dem IASB zu vertreten und dabei die Arbeit der europäischen Rechnungslegungsgremien (für Deutschland: DRSC) zu koordinieren. Darüber hinaus soll sie die Europäische Kommission in Fragen der Anerkennung der IFRS beraten. Sie begleitet die Anwendung der IFRS im europäischen Rechtsumfeld fachlich und prüft damit nicht nur die endgültigen Verlautbarungen, sondern gestaltet deren gesamten Entwicklungsprozess mit. Mittelpunkt der EFRAG ist die für die Facharbeit zuständige Technical Expert Group (TEG). Diese wird von einem Supervisory Board beaufsichtigt und von einem Consultative Forum beraten. Die EU-Kommission sitzt der EFRAG als Beobachter bei, um später die Entscheidungsprozesse beschleunigen zu können. Im Rahmen des Due Process holt die EFRAG die Kommentare interessierter Kreise auf europäischer Ebene ein und macht der Kommission innerhalb von zwei Monaten nach Verabschiedung eines IFRS einen Vorschlag für dessen Annahme oder Ablehnung[12].

EFRAG

---

10 Zu dieser Initiative hatte bereits die Fédération des Experts Comptables Européens (FEE) aufgerufen. Am 08.10.1999 veröffentlichte sie das „Discussion Paper on a Financial Reporting Strategy within Europe", welches die Inhalte des geschilderten Kommissionsentwurfs weitgehend vorwegnahm. Außerdem regte die FEE die Schaffung eines neuen Gremiums an, des sog. European Financial Reporting Coordination and Advisory Council, das die europaweite Verbreitung und Akzeptanz der IFRS fördern sollte.
11 Vgl. dazu ausführlicher Kapitel 2.
12 Vgl. *Buchheim, R./Gröner, S./Kühne, M.*, Übernahme von IAS/IFRS in Europa: Ablauf und Wirkung des Komitologieverfahrens auf die Rechnungslegung, in: BB, 59. Jg. (2004), S. 1784.

Kapitel 4: Institutioneller Rahmen der IFRS

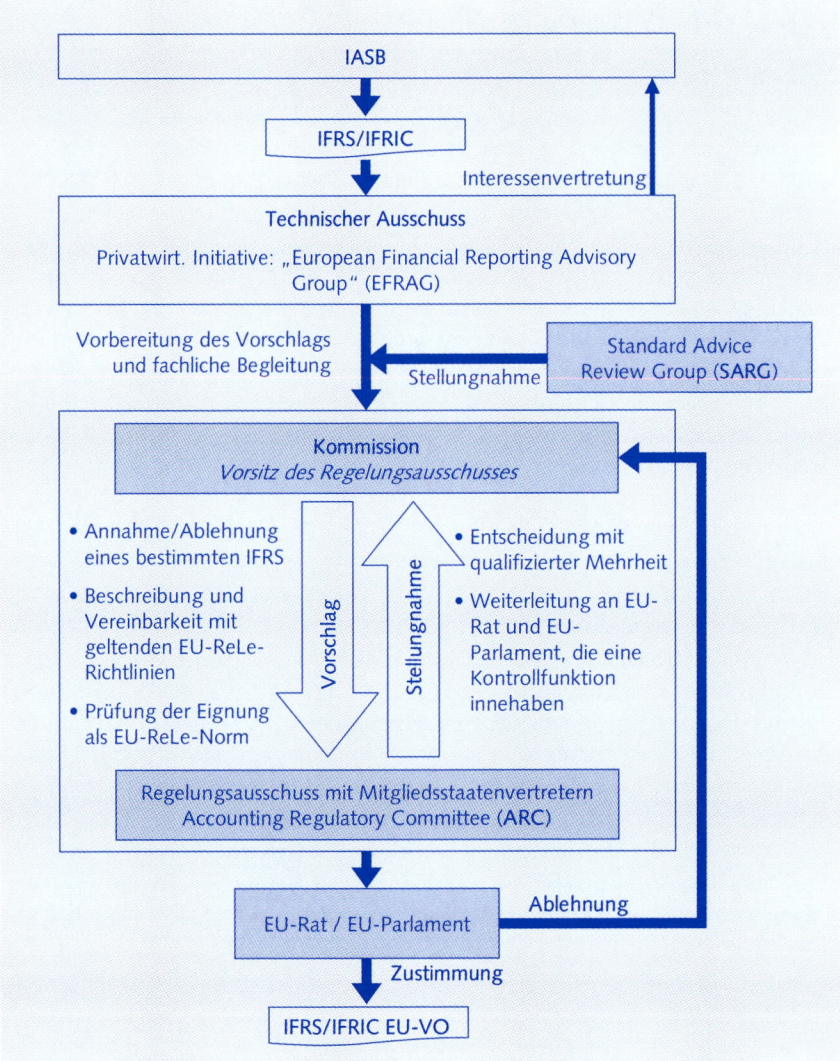

Abb. 4.3: Anerkennungsverfahren (Endorsement Mechanism)[13]

SARG Da es sich auch bei der EFRAG um eine privatwirtschaftlich organisierte Gruppe handelt, hat die Europäische Kommission am 14.07.2006 eine Prüfgruppe für Standardübernahmeempfehlungen eingerichtet, die sog. Standards Advice Review Group (SARG). Sie besteht aus höchstens sieben Mitgliedern, die unabhängig sein sollen sowie über ausgewiesene Fachkompetenz verfügen müssen.

---

[13] Vgl. *Oversberg, T.*, Übernahme der IFRS in Europa: Der Endorsement-Prozess – Status quo und Aussicht, in: DB, 60. Jg. (2007), S. 1599f.

Die Aufgabe der Gruppe ist es, die Empfehlungen der EFRAG hinsichtlich ihrer inhaltlichen Ausgewogenheit und Objektivität zu beurteilen. Hierdurch soll die hohe Qualität, Transparenz und Glaubwürdigkeit des Übernahmeverfahrens sichergestellt werden. Die Prüfgruppe arbeitet mit der EFRAG und der Kommission zusammen, um bereits im Vorfeld mögliche Bedenken gegenüber einer EFRAG-Empfehlung auszuräumen. Die endgültige Stellungnahme der SARG wird auf der Homepage der Europäischen Kommission der Öffentlichkeit zugänglich gemacht.

Auf politischer Ebene hat die EU einen Regelungsausschuss für Rechnungslegung (Accounting Regulatory Committee, ARC) eingerichtet, in dem die einzelnen Mitgliedstaaten vertreten sind. Die EU-Kommission sitzt diesem Ausschuss vor. Im Rahmen eines vereinfachten Gesetzgebungsverfahrens (Komitologie-Verfahren) ist dieser Regelungsausschuss zuständig für die europaweite Anerkennung der einzelnen IFRS. Die EU-Kommission hat dabei das Recht, dem Regelungsausschuss einzelne Standards zur Annahme vorzuschlagen. Der Regelungsausschuss stimmt dann über den Vorschlag ab. Beschlüsse kommen dabei mit einer qualifizierten Mehrheit zustande[14].

ARC

Stimmt das ARC mit dem Kommissionsvorschlag überein, gibt die Kommission den IFRS frei. Im Falle der Ablehnung eines Vorschlags durch das ARC muss die EU-Kommission das Europäische Parlament unterrichten und dem Rat der Europäischen Union einen Vorschlag vorlegen, über den dieser innerhalb von zwei Monaten befinden muss. Trifft der Rat innerhalb dieses Zeitraumes keine Entscheidung, geht diese auf das Parlament über. Falls sich der Rat gegen den Vorschlag aussprechen sollte, kann die EU-Kommission den Vorschlag ändern oder denselben Vorschlag noch einmal vorlegen[15]. Unabhängig davon haben Rat und Parlament jedoch in jedem Fall das Recht, die Übernahmeempfehlung der Kommission und damit ein Endorsement abzulehnen, wenn sie eine Überschreitung der Durchführungsbefugnisse der Kommission oder eine Verletzung der Ziele der IAS-Verordnung sehen.

EU-Rat / EU-Parlament

Im aktuellen Regelungsrahmen der IFRS bestehen noch mehrere große Problemfelder. Zum einen ist derzeit ein erhebliches „time-lag"-Problem erkennbar. Zwischen der Veröffentlichung eines Standards durch das IASB und der Billigung/Endorsement durch das EU-Parlament können bis zu sechs Monate liegen. Während dieses Zeitraumes muss der Text zuerst in alle Amtssprachen übersetzt und anschließend von Fachleuten überarbeitet und verabschiedet werden. Danach wird der Standard in einem komplizierten und kostenintensiven Verfahren der EU-Kommission und dem ARC vorgelegt. Falls der Text vom ARC gebilligt wird, geht er anschließend an den Europäischen Rat und das EU-Parlament mit

Würdigung

---

14 Vgl. Art. 6 Abs. 2 IAS-Verordnung i.V.m. Art. 5 Abs. 2 Ratsbeschluss 1999/468 und Art. 205 Abs. 2 EG-Vertrag, Art. 5 Abs. 1 Rules of Procedure, Accounting Regulatory Committee.
15 Vgl. *Oversberg, T.*, Übernahme der IFRS in Europa: Der Endorsement-Prozess – Status quo und Aussicht, in: DB, 60. Jg. (2007), S. 1599f.

der Empfehlung zur Billigung. Problematisch ist hierbei, dass Unternehmen nach einer Veröffentlichung durch das IASB quasi „freien Blick" auf einen neu entwickelten Standard haben, der allerdings vom EU-Parlament noch nicht „endorsed" ist. Wenden sie diesen Standard an, stellen sie einen Abschluss auf, der nach IAS 1.14 mit den IFRS übereinstimmt und es damit einem Wirtschaftsprüfer ermöglicht, den Abschluss als IFRS-konform zu testieren. Doch welcher Grundlage hat ein IFRS-Abschluss eines europäischen Unternehmens zu entsprechen? Den veröffentlichten IFRS des IASB oder den Regeln des EU-Parlaments? Die EU-Kommission hat dieses Problem erkannt und empfiehlt in einem solchen Fall, den noch nicht anerkannten Standard als Leitlinie bei der Auslegung des offiziell noch ungeregelten Bilanzierungsproblems zu verwenden. Im Fall, dass ein in der Vergangenheit durch die EU-Kommission anerkannter Standard existiert, der zu einem neuen, vom IASB veröffentlichten aber noch nicht von der EU-Kommission anerkannten Standard in Widerspruch steht, gilt allerdings der Grundsatz, dass bis zu einem positiven Abschluss des Komitologieverfahrens der bereits anerkannte Standard anzuwenden ist[16].

Durch die 2007 erfolgte Anerkennung der IFRS durch die SEC im Rahmen der sog. cross-border listings kann sich auch ein weiteres Problem ergeben: Da die SEC die IFRS als solche anerkennt und nicht die „endorsed IFRS", könnte für europäische Unternehmen, die in den USA gelistet sind, eine Art Überleitungsrechnung notwendig werden.

3.2 Durchsetzung der IFRS (Enforcement)

Bilanzskandale als Auslöser

Neben der Entwicklung einheitlicher, internationaler Standards ist auch die Überwachung der ordnungsgemäßen Anwendung der Standards problematisch. Besonders durch spektakuläre Bilanzskandale, wie im Fall von Enron in den USA oder Parmalat und Flowtex in Europa, ist das Vertrauen der Finanzmärkte in die Rechnungslegung stark erschüttert worden. Im Fall Parmalat wurden Bilanzen gefälscht, um die sehr hohe Verschuldung des Konzerns zu verschleiern. Nach Aufdeckung des Betrugs musste Parmalat Insolvenz anmelden und Investoren verloren große Teile ihres eingesetzten Kapitals. Um solche Manipulationen in Zukunft einzuschränken, wurde die Etablierung einer Aufsichtsinstanz gefordert, die die Einhaltung der Rechnungslegungsvorschriften seitens der Unternehmen kontrollieren sollte.

EU-Kommission fordert fünf Kriterien

Im Zuge der Entwicklung eines einheitlichen europäischen Kapitalmarktes formulierte die EU-Kommission bereits im Juni 2000 in einer Mitteilung an das europäische Parlament fünf Kriterien, die eine solche Infrastruktur erfüllen sollte.

---

16 Vgl. *Buchheim, R./Gröner, S./Kühne, M.*, Übernahme von IAS/IFRS in Europa: Ablauf und Wirkung des Komitologieverfahrens auf die Rechnungslegung, in: BB, 59. Jg. (2004), S. 1785f.

Im Einzelnen sind dies:
- die Entwicklung klarer Rechnungslegungsstandards,
- eine zeitnahe Auslegung und Anleitung zur Umsetzung der Standards,
- die gesetzliche Abschlussprüfung,
- die Kontrolle durch Aufsichtsinstanzen sowie
- wirksame Sanktionen bei Nichtbeachtung der Standards.

Der Jahres- und Konzernabschluss einer deutschen Kapitalgesellschaft ist von einem Abschlussprüfer zu prüfen und zu testieren. Stimmt der Abschluss mit den bestehenden gesetzlichen Regelungen nicht überein, kann der Wirtschaftsprüfer den Bestätigungsvermerk einschränken oder vollständig versagen. Ein versagter Bestätigungsvermerk hat allerdings kaum unmittelbare rechtliche Konsequenzen. Lediglich bei einer Kapitalerhöhung aus Gesellschaftsmitteln nach § 209 Abs. 2 AktG und bei einer Nachtragsprüfung durch die Hauptversammlung gemäß § 173 Abs. 3 AktG wird ein uneingeschränkter Bestätigungsvermerk verlangt. Um das Ziel einer einheitlichen Durchsetzung von Rechnungslegungsstandards in Europa zu erreichen, bedarf es auch einer europaweit einheitlichen Abschlussprüfung, die in Europa allerdings bisher noch nicht vorhanden ist. Bisher hat die EU-Kommission von den Nationalstaaten gefordert,

- einheitliche Kriterien für die Abschlussprüfung zu erstellen sowie
- die Abschlussprüfer einer externen Kontrolle zu unterziehen.

Abschlussprüfung

Eine Studie der europäischen Wirtschaftsprüfervereinigung FEE hat ergeben, dass die Bestätigungsvermerke innerhalb Europas deutliche Unterschiede aufweisen, da national unterschiedliche Anforderungen an den Prüfungsumfang gestellt werden[17]. Diese Divergenz hat die EU-Kommission zum Anlass genommen, die internationalen Prüfungsgrundsätze (International Standards on Auditing, ISA) als Standard bei Abschlussprüfungen zu empfehlen[18]. Die deutschen Prüfungsgrundsätze erfüllen die ISA bereits weitestgehend und gehen teilweise darüber hinaus. Es wird erwartet, dass die meisten ISA in deutsche Prüfungsgrundsätze transformiert werden und damit zumindest Deutschland die europäischen Vorgaben erfüllt.

Im November 2000 hatte die EU-Kommission zudem eine erste Empfehlung zur Qualitätssicherung bei Abschlussprüfungen ausgegeben. Der Peer Review, ein Mittel der externen Kontrolle, wird darin als ein geeignetes Qualitätssicherungssystem genannt. Ein Peer Review ist die Überprüfung von Wirtschaftsprüfern und Wirtschaftsprüfungsgesellschaften durch einen anderen Wirtschaftsprüfer (Peer) hinsichtlich der Qualität der Prüfungsleistungen. Hierbei werden die internen Qualitätssicherungssysteme der Wirtschaftsprüfungsgesellschaften kontrolliert, um festzustellen, ob diese zur Vermeidung bzw. Aufdeckung und Korrektur von Fehlern bei der Prüfung geeignet sind.

Peer Review

---

17 Vgl. http://www.fee.be/publications/default.asp?library_ref=4&content_ref=280 .
18 Vgl. dazu der Richtlinienvorschlag 2005/0065 der EU-Kommission.

Der Peer Review wurde in Deutschland zum 01.01.2001 eingeführt. Kritisch ist zu sehen, dass sich hierbei der Berufsstand selbst kontrolliert und somit starke Interessenkonflikte eine wirksame Kontrolle untergraben könnten. Diskutiert wird daher in der EU ein übergeordnetes, externes Überwachungssystem der Wirtschaftsprüfer einzuführen, wie es in den USA in Form des Public Company Accounting Oversight Board (PCAOB) bereits gegründet wurde[19]. Das PCAOB ist eine privatrechtliche Organisation zur Überwachung der Wirtschaftsprüfer. Sie kontrolliert die Prüfungsverfahren und -standards von Wirtschaftprüfungsgesellschaften und ist, im Gegensatz zum Peer Review, von einer staatlichen Stelle, der SEC, befugt, bei Verstößen die verantwortlichen Prüfungsgesellschaften und Personen zu sanktionieren.

Externe Aufsichtsinstanz

Neben der Vereinheitlichung der Abschlussprüfung sollte als wichtigstes Kriterium einer Enforcement-Struktur nach Bekunden der EU-Kommission eine externe Aufsichtsinstanz geschaffen werden. Diese soll die Umsetzung der Rechnungslegungsstandards durch die Unternehmen kontrollieren und eventuelle Verstöße sanktionieren. Die Bundesregierung reagierte auf diese Forderung der EU und kündigte in ihrem 10-Punkte-Programm „Maßnahmenkatalog der Bundesregierung zur Stärkung der Unternehmensintegrität und des Anlegerschutzes" vom 28.08.2002 eine unabhängige Stelle zur Überwachung der Rechtmäßigkeit von Unternehmensabschlüssen an. Am 08.12.2003 wurde diese Ankündigung konkretisiert und das deutsche Enforcement-Modell in einem ersten Referentenentwurf des Bundesjustizministeriums vorgestellt. Im Dezember 2004 wurde dieses Modell im Rahmen des Gesetzes zur Kontrolle von Unternehmensabschlüssen (Bilanzkontrollgesetz) im Bundesgesetzblatt veröffentlicht. Danach wurde in § 342b HGB die Ausgestaltung einer Deutschen Prüfstelle für Rechnungslegung (DPR) sowie deren Zusammenarbeit mit der Bundesanstalt für Finanzdienstleistungsaufsicht (BaFin) konkretisiert. Damit wird das deutsche Enforcement in einem Zwei-Stufen-Modell durchgeführt. Auf einer supranationalen dritten Stufe soll eine Harmonisierung der Systeme vorangetrieben werden (vgl. Abbildung 4.4).

Deutsches Modell

Auf der ersten Stufe ist zunächst die privatwirtschaftlich organisierte DPR ermächtigt, den letzten Jahresabschluss eines Unternehmens zu prüfen. Eine Prüfung kann dabei als Anlass- oder Stichprobenprüfung oder auf Verlangen der BaFin durchgeführt werden[20]. Damit findet zusätzlich zur jährlichen Abschlussprüfung durch Wirtschaftsprüfer eine weitere Kontrolle der Abschlüsse statt. Deren Umfang ist jedoch deutlich geringer. Die Prüfung der DPR beschränkt sich bei einer Anlassprüfung zunächst auf den gemeldeten Sachverhalt, und auch bei Stichprobenprüfungen liegen ausgewählte Sachverhalte, bei denen Fehler im

---

19 Vgl. *Böcking, H.-J.*, Audit und Enforcement: Entwicklungen und Probleme, in: ZfbF, 55. Jg. (2003), S. 683-703. Vgl. auch Kapitel 3.
20 Vgl. *Freisleben, N./Brinkmann, R.*, Aktuelle Entwicklungen in Rechnungslegung, Prüfung, Enforcement und Abschlussprüferaufsicht sowie im US-Steuerrecht, in: KoR, 7. Jg. (2007), S. 101-109.

Besonderen vermutet werden, im Fokus der Betrachtung[21]. Findet die DPR Fehler bzw. Gesetzesverstöße in den Jahres- oder Konzernabschlüssen kapitalmarktorientierter Unternehmen, kommt es auf dieser Ebene zu einem Dialog mit dem betroffenen Unternehmen, um den Verstoß zu bereinigen, ohne dass dieser öffentlich wird[22]. Kommt es nicht zu einer einvernehmlichen Lösung, prüft auf der zweiten Stufe eine staatliche Institution, die BaFin, den Vorfall noch einmal, setzt erforderliche Berichtigungen mit staatlichem Zwang durch und verhängt u.U. zusätzliche Sanktionen.

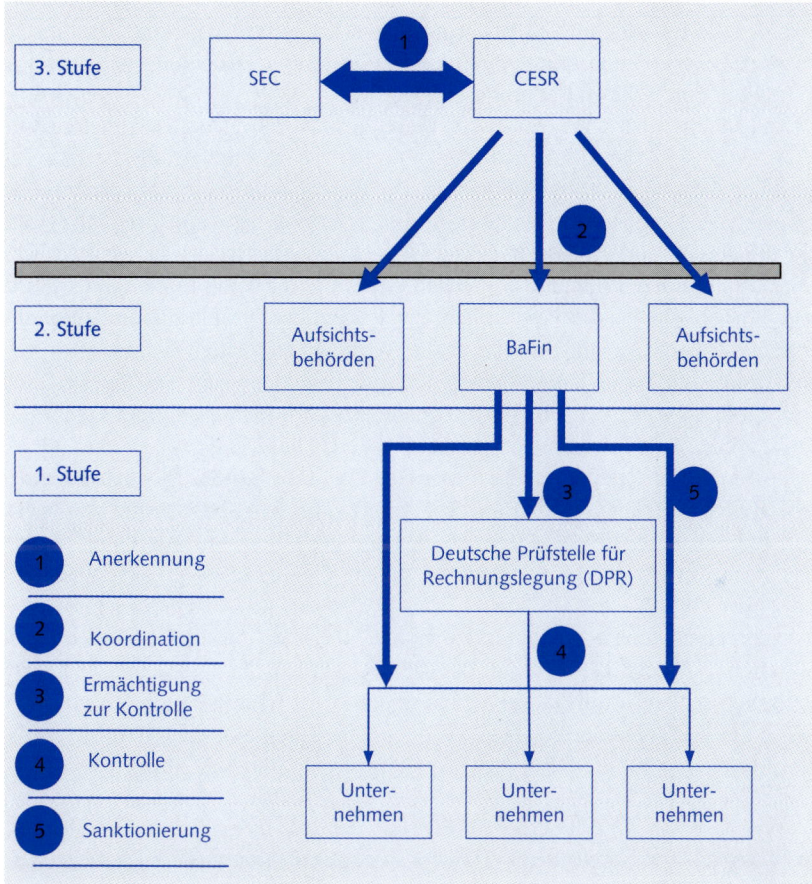

Abb. 4.4: Deutsche Enforcement-Struktur

---

21 Eine Übersicht der wechselnden Prüfungsschwerpunkte sowie statistische Angaben zu durchgeführten Prüfungen und festgestellten Fehlern kann den jährlichen Tätigkeitsberichten der DPR unter www.frep.info entnommen werden.
22 Vgl. zu der Ausgestaltung der Prüfstelle *Zülch, H.*, Das deutsche Enforcement-Modell des Bilanzkontrollgesetzes – Ausgestaltung und Implikationen für Rechnungslegung und Abschlussprüfung, in: StuB, 7. Jg. (2005), S. 1-9.

CESR — Um ein einheitliches europäisches Enforcement zu gewährleisten, ist auf der dritten Stufe eine übergeordnete Instanz für ein einheitliches Vorgehen der nationalen Aufsichtsbehörden und für die Koordination mit der amerikanischen SEC zuständig. Tatsächlich entwickelt sich das CESR (Committee of European Securities Regulators) als unabhängiges Gremium der europäischen Wertpapieraufsichtsbehörden zu einer solchen Instanz[23]. Das CESR wurde im Juni 2001 von der EU mit dem Ziel gegründet, die Abstimmung zwischen den nationalen Wertpapieraufsichtsbehörden zu verbessern, um damit die einheitliche Durchsetzung der EU-Verordnungen und Richtlinien zu gewährleisten. Leitgedanke war auch hier die Entwicklung eines europäischen Kapitalmarktes. Die Vereinbarungen im CESR könnten damit in Zukunft von großer Bedeutung sein, falls sie unmittelbar durch die BaFin umgesetzt werden.

Würdigung — Grundsätzlich ist der Vorstoß des Gesetzgebers, eine Durchsetzungsinstitution ins Leben zu rufen, zu begrüßen. Fraglich ist allerdings, ob alternativ zur deutschen Lösung eine unmittelbare europäische Lösung mit einer machtvollen europäischen Durchsetzungsinstitution möglich gewesen wäre. Fraglich ist darüber hinaus, ob und inwieweit die gewählte nationale Organisationsstruktur der Zielerfüllung einer Prüfstelle förderlich ist. Ohne hier eine umfassende Würdigung vornehmen zu können, sollen zwei mögliche Problemfelder zumindest genannt werden: Zunächst erscheint die Wahl einer privaten Institution mit Finanzierung durch die Unternehmen nicht unproblematisch. Da die Prüfstelle somit letztlich von ihren Prüflingen finanziert wird, kann von einer echten Unabhängigkeit wohl nicht ausgegangen werden. Diese kann wohl eher für die zweite Stufe, die BaFin, vermutet werden. Da diese Behörde jedoch ein ungemein breites Aufgabenfeld hat und schon jetzt vor dem Hintergrund personeller Restriktionen kaum in der Lage ist, den ihr gestellten Anforderungen zeitnah gerecht zu werden, bleibt abzuwarten, wie sie die zusätzlichen Aufgaben meistern wird.

Andererseits konnte bereits in den ersten Jahren seit der Implementierung der deutschen Enforcement-Struktur beobachtet werden, dass von ihr eine starke prophylaktische Wirkung ausgeht. Diese stärkt im Übrigen auch die Unabhängigkeit der Wirtschaftsprüfer, weil sie gegenüber ihren Mandanten selbstbewusster auftreten und auf die DPR verweisen können.

---

23 Vgl. *Knorr, L.*, Gewährleistung der Einhaltung internationaler Rechnungslegungsstandards, in: KoR, 4. Jg. (2004), S. 85-89.

Ausgewählte Literatur

Bruns, H.-G., International vergleichbare und qualitativ hochwertige deutsche Jahresabschlüsse durch Anwendung der IAS/IFRS, in: ZfbF, 4. Jg. (2002), S. 173-180.

Oversberg, T., Übernahme der IFRS in Europa: Der Endorsement-Prozess – Status quo und Aussicht, in: DB, 60. Jg. (2007), S. 1597-1602.

Van Hulle, K., Anforderungen an ein wirksames Enforcement aus Sicht der EU-Kommission, in: WPg-Sonderheft 2001, S. 30-34.

Wüstemann, J., Normdurchsetzung in der deutschen Rechnungslegung – Enforcement nach dem Vorbild der USA?, in: BB, 57. Jg. (2002), S. 718-725.

Zülch, H., Das deutsche Enforcement-Modell des Bilanzkontrollgesetzes – Ausgestaltung und Implikationen für Rechnungslegung und Abschlussprüfung, in: StuB, 7. Jg. (2005), S. 1-9.

Übungsaufgabe

Stellen Sie fest, ob die nachfolgenden Aussagen richtig sind, berichtigen Sie sie falls notwendig und beantworten Sie die dazugehörigen Fragen.

a) „Wir stehen gerade vor der Frage, ob unsere Kundenlisten aktivierbar sind. Ich bin der Meinung, dass Kundenlisten nach dem Rahmenkonzept klar definierte Vermögenswerte darstellen, die in der Bilanz zu aktivieren sind. Ebenso steht im Mörscher Kommentar, dass Kundenlisten aktiviert werden müssen und die Basis for Conclusions interpretiere ich auch in diese Richtung. Was meinen Sie?"

b) „Die EFRAG hat am 05.10.2005 mit folgendem Wortlaut an die europäische Kommission betreffend IFRS 7 geschrieben: 'EFRAG believes that it is in the European interest to adopt IFRS 7 Financial Instruments: Disclosures, and, accordingly, EFRAG recommends its adoption'.
Wenn die EFRAG den Standard unterstützt, ist die Annahme doch so gut wie sicher, oder?"

c) „Gestern wurde vom IASB der Standard IFRS 20 veröffentlicht. Dieser beinhaltet das Wahlrecht, planmäßige Abschreibungen auf das Anlagevermögen ergebnisneutral im sonstigen Gesamterfolg zu verrechnen, was sich positiv auf unsere Gewinne auswirken wird. Ist nicht laut Standard eine vorzeitige Anwendung erlaubt? Und falls ja, sollten wir dann den Standard wirklich bereits bei uns umsetzen?"

d) „Ich habe gehört, dass die DPR im Rahmen einer jährlichen Prüfung bei einem kapitalmarktorientierten Unternehmen vor drei Tagen entdeckt hat, dass eine große Position von Rückstellungen falsch gebucht wurde. Berücksichtigt man die Kapitalmarktreaktionen auf solche Vorfälle und die Sanktionen der DPR, sollte man seine Aktienbestände lieber jetzt schon verkaufen, bevor es alle tun."

Kapitel 5
Rahmenkonzept

1 Aufgaben und Verpflichtungsgrad 108

2 Inhalt 110

3 Zielsetzung von Abschlüssen 112

4 Rechnungslegungsgrundsätze 113
    4.1 Grundlegende Annahmen der Abschlusserstellung 113
    4.2 Qualitative Anforderungen an Jahresabschlüsse 114
    4.3 Nebenbedingungen 117
    4.4 Zusammenfassender Überblick 118

5 Abschlussposten 120
    5.1 Bestandteile der Bilanz:
         Vermögenswerte, Schulden und Eigenkapital 120
    5.2 Bestandteile der Gesamterfolgsrechnung:
         Erträge und Aufwendungen 122

6 Ansatzkriterien 124

7 Bewertungsmaßstäbe 126

8 Kapitalerhaltungskonzepte 127

9 Zusammenfassung und kritische Würdigung 127
    Exkurs: Konvergenzprojekt zur Erstellung eines gemeinsamen
         Rahmenkonzeptes 129

10 Wesentliche Unterschiede zum HGB 133

11 Wesentliche Unterschiede zu US-GAAP 134

Ausgewählte Literatur 135

Übungsaufgaben 136

Ungeachtet zahlreicher veröffentlichter Rechnungslegungsstandards und Interpretationen werden die IFRS nie alle Rechnungslegungsfragen abschließend beantworten können. Um Inkonsistenzen zu vermeiden, wird für alle jetzigen und vor allem auch späteren IFRS-Normen ein Referenzrahmen benötigt, der die grundsätzliche Ausrichtung der IFRS-Rechnungslegung definiert. Diese Aufgabe soll das Rahmenkonzept erfüllen.

Nach dem Studium dieses Kapitels sollen Sie in der Lage sein, folgende Fragen zu beantworten:
- Welche Zwecke und Aufgaben verfolgt das Rahmenkonzept und welchen Verpflichtungsgrad besitzt es?
- Welche Jahresabschlussadressaten werden im Rahmenkonzept identifiziert und wie unterscheiden sich deren Informationsbedürfnisse?
- Welche Zielsetzung verfolgt die IFRS-Rechnungslegung?
- Welche Rechnungslegungsgrundsätze sind bei der Aufstellung eines IFRS-Jahresabschlusses zu beachten?
- Was sind die Bestandteile eines vollständigen Jahresabschlusses nach IFRS?
- Wann sind Sachverhalte in der Bilanz bzw. der Gesamterfolgsrechnung anzusetzen und welche grundlegenden Maßstäbe werden im Rahmenkonzept vorgeschlagen, um diese zu bewerten?

1 Aufgaben und Verpflichtungsgrad

Im Juli 1989 wurde vom Board des IASC das „Rahmenkonzept für die Aufstellung und Darstellung von Abschlüssen" (Framework for the Preparation and Presentation of Financial Statements) veröffentlicht. Das IASB übernahm als Nachfolgeorganisation des IASC im April 2001 dieses Grundkonzept der Rechnungslegung nach IFRS in unveränderter Form. Seit einigen Jahren arbeitet das IASB zusammen mit dem FASB an einem neuen, verbesserten Rahmenkonzept, das beiden Organisationen in Zukunft als Referenzrahmen dienen soll. Dieses langfristige Konvergenz-Projekt dürfte aber nicht vor 2010 zu konkreten Ergebnissen führen[1].

Aufgaben

Gemäß Absatz 1 des Rahmenkonzepts (RK.1) hat das Rahmenkonzept die Aufgabe,
- dem IASB bei der Entwicklung künftiger Standards sowie bei der Überarbeitung bestehender Standards behilflich zu sein,
- das IASB bei seinem Ziel, die weltweite Harmonisierung von Rechnungslegungsnormen auf der Basis der IFRS voranzutreiben, zu unterstützen,
- den nationalen Standardsettern bei der Entwicklung von Rechnungslegungsnormen behilflich zu sein, die „dem Geist" der IFRS entsprechen,

---
1 Vgl. den Exkurs in diesem Kapitel zum bisherigen Stand der Diskussion.

- den Jahresabschlusserstellern zu helfen, die bestehenden IFRS anzuwenden und mit Bilanzierungsfragen umzugehen, die Gegenstand noch zu entwickelnder Standards sind,
- den Abschlussprüfern bei der Beurteilung zu helfen, ob Jahresabschlüsse IFRS-konform sind,
- die Rechnungslegungsadressaten bei der Interpretation von IFRS-konformen Jahresabschlüssen zu unterstützen sowie
- die Grundlagen der Standardentwicklung für interessierte Parteien verständlich zu machen.

Diese umfassende Zielsetzung verdeutlicht den Anspruch des Rahmenkonzeptes, sämtliche Personen und Institutionen, die sich mit Rechnungslegungsfragen beschäftigen, bei ihrer Arbeit zu unterstützen bzw. hierfür eine konzeptionelle Grundlage zu liefern. Aus diesem Grund werden die verschiedenen Gruppen (Jahresabschlussersteller, Abschlussprüfer, nationale Standardsetter, sonstige an der Rechnungslegung interessierte Personen bzw. Organisationen) direkt angesprochen.

Hinsichtlich des Verpflichtungsgrades des Rahmenkonzeptes stellt RK.2 eindeutig fest, dass das Rahmenkonzept selbst keinen IFRS darstellt und damit keine Grundsätze für bestimmte Fragen der Bewertung oder für Angaben festlegt. Insbesondere in einzelnen IFRS gewährte Bilanzierungswahlrechte werden durch das Rahmenkonzept nicht eingeschränkt. Die Inhalte des Rahmenkonzeptes sind nach RK.2 auch nicht als overriding principle zu den IFRS zu verstehen. In Fällen, in denen Konflikte zwischen den Inhalten des Rahmenkonzeptes und den IFRS bestehen, haben nach RK.3 die Regelungen aus den IFRS Vorrang vor denjenigen des Rahmenkonzeptes. Das IASB versucht, diese Konfliktpunkte weiter zu verringern, indem es sich bei der Ausarbeitung künftiger Standards und der Überarbeitung bereits bestehender Standards noch stärker an dem Rahmenkonzept orientiert.

Verpflichtungsgrad

Beispiel 5.1

RK.89 fordert den bilanziellen Ansatz von allen Vermögenswerten, deren Anschaffungs- bzw. Herstellungskosten verlässlich ermittelbar sind und aus denen wahrscheinlich ein künftiger Nutzenzufluss für das Unternehmen resultiert.

IAS 38 „Immaterielle Vermögenswerte" regelt die bilanzielle Behandlung von immateriellen Vermögenswerten. IAS 38.63 verbietet explizit den Ansatz von selbst geschaffenen Markennamen, da nach IAS 38.64 davon ausgegangen wird, dass deren Herstellungskosten nicht verlässlich von den Kosten für die Entwicklung des Unternehmens als Ganzem unterschieden werden können. Ein Unternehmen, das davon überzeugt ist, die Herstellungskosten für die Schaffung eines Markennamens verlässlich ermitteln zu können, wodurch der Markenname die abstrakten Bedingungen des Rahmenkonzeptes für den Ansatz eines Vermögenswertes erfüllt, darf diesen dennoch nicht ansetzen, da die speziellen Vorschriften von IAS 38.63 dem entgegenstehen.

IAS 1

In Bezug auf den Verpflichtungsgrad des Rahmenkonzeptes ist allerdings auf den Regelungszusammenhang zwischen Rahmenkonzept und IAS 1 hinzuweisen. Schon seit der Überarbeitung von IAS 1 „Darstellung des Abschlusses" im Jahre 1997 sind wesentliche Inhalte des Rahmenkonzeptes in diesen konkreten IFRS übernommen und dort ergänzt sowie konkretisiert worden, so dass über den Umweg von IAS 1 das Rahmenkonzept materiell weitgehend verpflichtend geworden ist. Dies gilt auch für die seit September 2007 existierende aktuelle Fassung von IAS 1[2]. In diesem Kapitel wird daher im Rahmen der inhaltlichen Darstellung des Rahmenkonzeptes parallel auf die relevanten Stellen des IAS 1 (rev. 2007) eingegangen.

2 Inhalt

Nach RK.5-6 umfasst das Rahmenkonzept inhaltlich im Wesentlichen vier Regelungsbereiche, die sowohl den Einzel- als auch den Konzernabschluss betreffen:
1. Zielsetzung von Jahresabschlüssen
2. Qualitative Charakteristika der Rechnungslegung
3. Definition, Ansatz und Bewertung von Jahresabschlusspositionen
4. Konzepte der Kapitalerhaltung

Anwendungs-bereich

Der Anwendungsbereich des Rahmenkonzeptes erstreckt sich auf alle Abschlüsse, die IFRS-konform aufzustellen sind. Unter einem Abschluss ist hierbei eine Unternehmensveröffentlichung zu verstehen, die mindestens einmal jährlich aufgestellt und publiziert wird und sich nach den gemeinsamen Informationsbedürfnissen eines weiten Adressatenkreises richtet. Somit gilt das Rahmenkonzept sowohl für Einzel- als auch Konzernabschlüsse, nicht jedoch für Rechnungslegungspublikationen, die für Spezialzwecke erstellt werden, wie z.B. Börsenprospekte, Steuerabschlüsse oder Umweltberichte.

Bestandteile des Jahres-abschlusses

Folgende Rechenwerke bzw. verbale Angaben sind nach RK.7 Bestandteile eines vollständigen Jahresabschlusses[3]:
- Bilanz (nach IAS 1.10: statement of financial position),
- Gesamterfolgsrechnung (obwohl das Rahmenkonzept noch die traditionelle GuV benennt, geben IAS 1.10 und IAS 1.81 hier zwei Möglichkeiten vor: Entweder ist dies eine separate GuV (income statement) in Kombination mit einer Gesamterfolgsrechnung (statement of comprehensive income), die auf dem Jahresüberschuss (profit or loss) aufsetzt und zusätzliche ergebnisneutrale Posten aufzeigt; alternativ reicht eine Gesamterfolgsrechnung aus, sofern sie sämtliche ergebniswirksamen und ergebnisneutralen Posten beinhaltet),

---

2 IAS 1 (rev. 2007) gilt erst ab dem 1. Januar 2009. Eine frühere freiwillige Anwendung ist allerdings möglich (vgl. IAS 1.139).
3 Vgl. hierzu ausführlicher Kapitel 7.

- Kapitalflussrechnung (nach IAS 1.10: statement of cash flows),
- Anhang (notes),
- weitere Rechnungen und erläuternde Angaben, sofern sie gemäß einzelner IFRS integraler Bestandteil des Jahresabschlusses sind.

Zu den weiteren Rechnungen gehört z.B. die Segmentberichterstattung, deren Aufstellung in IFRS 8 „Operative Segmente" geregelt wird. IAS 1.10 ergänzt die Bestandteile des Jahresabschlusses um eine Eigenkapitalveränderungsrechnung (statement of changes in equity), die Transaktionen mit Eigentümern gesondert von denjenigen Eigenkapitalveränderungen darzustellen hat, die nicht aus Transaktionen mit Eigentümern entstanden sind.

Vorstands- und Aufsichtsratsberichte zählen hingegen nicht zum Jahresabschluss. In IAS 1.13 findet sich zudem eine Art Empfehlung, neben dem Abschluss finanzielle und nichtfinanzielle Informationen zur Unternehmenslage zu veröffentlichen (financial review by management). In diesem Sinne ist der handelsrechtliche Lagebericht gemäß § 289 und § 315 HGB kein Bestandteil des Jahresabschlusses nach IFRS und unterliegt damit auch nicht dem Rahmenkonzept. Gleiches gilt für den in den USA geforderten, dem deutschen Lagebericht ähnlichen Management's Discussion and Analysis (MD&A). Gleichwohl reagierte das IASB auf die Diskussion um die Notwendigkeit zur Bereitstellung abschlussbegleitender Informationen, die die aktuelle und zukünftige Entwicklung des Unternehmens besser erläutern sollen. Im Rahmen eines Forschungsprojekts veröffentlichte es im Oktober 2005 ein Diskussionspapier, das sich mit der Ausarbeitung eines „Management Commentary" befasst[4]. Ob dieses Projekt überhaupt Chancen hat, auf die Agenda aktiver Standardsetzungsprojekte genommen zu werden, wird derzeit diskutiert.

Abschlussbegleitende Informationen

Das Rahmenkonzept betrachtet nicht den Investor als alleinigen Jahresabschlussadressaten, sondern es sollen sämtliche potentiellen Nutzer von Jahresabschlüssen berücksichtigt werden[5]. Die in RK.9 explizit genannten Adressaten eines Jahresabschlusses und ihre Informationsbedürfnisse werden in Tabelle 5.1 dargestellt.

Jahresabschlussadressaten

Diese z.T. divergierenden Informationsbedürfnisse der Jahresabschlussadressaten können nicht vollständig befriedigt werden. Deshalb erfolgt nach RK.10 eine primäre Orientierung der IFRS-Rechnungslegung an den Informationsbedürfnissen der Kapitalinvestoren. Das IASB begründet diese Vorgehensweise damit, dass die Informationen, die für Investoren von Interesse sind, auch die Informationsbedürfnisse der anderen Adressaten weitgehend befriedigen dürften. Insofern steht nach den IFRS der anonyme (Eigen-)Kapitalgeber als prototypischer Abschlussadressat im Mittelpunkt der Standardentwicklung und -auslegung.

---

4 Vgl. hierzu ausführlicher Kapitel 31.
5 Eine detaillierte Übersicht über die verschiedenen Rechnungslegungsadressaten wird in Kapitel 1 gegeben.

Abschluss-adressaten	Informationsbedürfnisse
Investoren	Benötigen detaillierte Informationen über die künftige Entwicklung des Unternehmens, so z.B. über die Höhe und den zeitlichen Anfall künftiger Cashflows, um die Rendite-Risiko-Struktur ihrer Investition einschätzen zu können.
Kreditgeber	Diese tragen das Kreditausfallrisiko und sind demnach insbesondere an Informationen über die Wahrscheinlichkeit von jetzigen und zukünftigen Liquiditätsproblemen des Unternehmens interessiert.
Arbeitnehmer	Interessieren sich hauptsächlich für die Stabilität und Ertragskraft des Unternehmens, um daraus Rückschlüsse für die Arbeitsplatzsicherheit und für künftige Lohn- und Gehaltsforderungen zu ziehen.
Lieferanten und andere Gläubiger	Diese sind aufgrund ihrer Forderungen gegenüber dem berichtenden Unternehmen an der wirtschaftlichen Lage des Unternehmens interessiert.
Kunden	Aufgrund der wirtschaftlichen Abhängigkeiten, die insbesondere bei langfristigen Geschäftsbeziehungen zwischen Kunden und Lieferanten entstehen, sind Kunden an Informationen über die wirtschaftliche Lage und die Fortführung des Unternehmens interessiert.
Regierungen und sonstige Institutionen	Unternehmen agieren im öffentlichen Raum. Demzufolge sind öffentliche Institutionen an Informationen über ihre wirtschaftliche Lage interessiert, um z.B. die Tätigkeiten der Unternehmen zu regulieren oder die Steuerpolitik festzulegen.
Öffentlichkeit	Auch Adressaten, die in keinen direkten vertraglichen Beziehungen zum Unternehmen stehen, können als potentielle Adressaten von Abschlüssen berücksichtigt werden.

Tab. 5.1: Informationsbedürfnisse der verschiedenen Jahresabschlussadressaten

3 Zielsetzung von Abschlüssen

Entscheidungs-relevante Informationen

Nach RK.12 und IAS 1.15 besteht die Zielsetzung der IFRS-Rechnungslegung in der Vermittlung entscheidungsrelevanter Informationen. Durch den Abschluss soll den Adressaten ein tatsächliches Bild der Vermögens-, Finanz- und Ertragslage sowie der Cashflows eines Unternehmens vermittelt werden. Dieses Ziel korrespondiert direkt mit den Rechenwerken des Abschlusses:

- Die Bilanz soll Informationen über die Vermögens- (Aktivseite) und Finanzlage (Passivseite) bieten.

- Die Gesamterfolgsrechnung spiegelt die Ertragskraft des Unternehmens wider.
- Die Kapitalflussrechnung stellt die Entwicklung der Cashflows dar.

Neben der Vermittlung entscheidungsrelevanter Informationen sollen die Adressaten durch einen IFRS-Abschluss in die Lage versetzt werden, die in der Berichtsperiode vom Management des Unternehmens geleistete Arbeit beurteilen zu können. Dieses in RK.14 kodifizierte zweite Ziel der Rechenschaft (stewardship) über die Verwendung der anvertrauten Mittel ist wohl gegenüber dem ersten Ziel der Vermittlung entscheidungsrelevanter Informationen als nachgeordnet anzusehen[6]. Fraglich ist hierbei ohnehin, wo genau die Trennlinie zwischen diesen beiden Zielen verläuft. Wahrscheinlich gewinnt das Rechenschaftsziel bei Sachverhalten an Bedeutung, bei denen die Entwicklung der Vermögens-, Finanz- und Ertragslage sowie der Cashflows nicht direkt vom Management induziert wurde. In diesen Fällen sind im Sinne des Rahmenkonzeptes weitere Angaben notwendig.

Rechenschaft

> Ein Tochterunternehmen, das in einem unsicheren Drittstaat angesiedelt ist, wird in Folge eines Militärputsches von den neuen Machthabern verstaatlicht. Die daraus resultierenden Abschreibungen sind im Anhang des Jahresabschlusses des Mutterunternehmens so zu erläutern, dass für den Adressaten ersichtlich wird, dass das Management des Mutterunternehmens keine direkte Verantwortung für diesen Sachverhalt trägt.

Beispiel 5.2

4 Rechnungslegungsgrundsätze

4.1 Grundlegende Annahmen der Abschlusserstellung

Das Rahmenkonzept trifft mit dem Konzept der Unternehmensfortführung (going concern principle) und dem Konzept der Periodenabgrenzung (accrual principle) zwei grundlegende Annahmen, die für eine Abschlusserstellung zwingend notwendig sind.

Gemäß IAS 1.25 ist ein Abschluss solange unter der Annahme der Unternehmensfortführung aufzustellen, bis die Unternehmensleitung beabsichtigt, das Unternehmen aufzulösen oder keine realistische Alternative zu einer Unternehmensauflösung mehr existiert. Bestehen Zweifel an der Unternehmensfortführung, sind diese im Abschluss anzugeben.

Annahme der Unternehmensfortführung

Aufgrund der Annahme der Unternehmensfortführung erscheint es ökonomisch sinnvoll, Vermögenswerte und Schulden zu ihren fortgeführten Anschaffungs- oder Herstellungswerten in der Bilanz zu führen, da von einer späteren

---

6 Vgl. hierzu auch den Exkurs am Ende des Kapitels.

Verwendung im Unternehmen auszugehen ist und erwartet wird, dass der damit erzielte Nutzen zumindest nicht unter diesem Wert liegt. Nur wenn von einer Unternehmensfortführung nicht mehr ausgegangen werden kann, ist ein Ansatz der Vermögenswerte mit ihren Liquidationswerten möglich. In diesem Fall hat das Management die Tatsache der baldigen Unternehmensauflösung im Abschluss anzugeben, ebenso wie die dann verwendeten Verfahren der Abschlusserstellung.

Annahme der Periodenabgrenzung

Das Konzept der Periodenabgrenzung ist die zweite grundlegende Annahme, die bei der Abschlusserstellung zu berücksichtigen ist. Die Geschäftstätigkeit eines Unternehmens orientiert sich nicht an Periodengrenzen, so dass eine Art Zuordnungsregel gefunden werden muss. Diese basiert nicht auf Zahlungszeitpunkten, die als eher zufällig und gestaltbar angesehen werden. Zudem erstrecken sich zahlreiche Geschäftsvorfälle und Projekte über mehrere Perioden; Vermögenswerte werden in der Regel über mehrere Perioden genutzt. RK.22 und IAS 1.27 schreiben daher für Bilanz und Gesamterfolgsrechnung eine Periodenabgrenzung vor, bei der einer Periode alle relevanten Sachverhalte unabhängig von Zahlungszeitpunkten nach sachlichen und zeitlichen Kriterien zugeordnet werden. Demnach sind Aufwendungen und Erträge in den Perioden zu erfassen, in denen sie im betrieblichen Prozess anfallen und nicht in den Perioden, in denen die korrespondierenden Zahlungen (z.B. an Lieferanten) geleistet werden. Analog sind Vermögenswerte dann zu erfassen, wenn sie in die Verfügungsgewalt des Unternehmens übergegangen sind und nicht erst, wenn die korrespondierende Verbindlichkeit durch eine Auszahlung getilgt wurde.

Ausgenommen von dem Konzept der Periodenabgrenzung ist die Kapitalflussrechnung. Hier orientiert sich die Darstellung naturgemäß an dem eigentlichen Anfall von Ein- und Auszahlungen.

4.2 Qualitative Anforderungen an Jahresabschlüsse

Neben den beiden grundlegenden Annahmen der Unternehmensfortführung und der Periodenabgrenzung werden im Rahmenkonzept qualitative Anforderungen an die Abschlusserstellung formuliert, die Voraussetzung dafür sind, dass der Jahresabschluss seiner Informationsvermittlungsfunktion gerecht werden kann. Zu diesen zählen nach RK.24 die Forderung nach Verständlichkeit (understandability), Relevanz (relevance), Verlässlichkeit (reliability) und Vergleichbarkeit (comparability) der Jahresabschlussdaten. Diese Primärgrundsätze werden teilweise noch durch Sekundärgrundsätze konkretisiert.

Verständlichkeit

RK.25 fordert, dass die im Abschluss enthaltenen Informationen für den typischen Adressaten verständlich sein müssen. Dem typischen Adressaten wird dabei unterstellt, dass er angemessene Rechnungslegungs- bzw. ökonomische Kenntnisse hat und bereit ist, die Informationen mit angemessener Sorgfalt zu studieren. Auf die Abbildung von komplexen und schwierigen Sachverhalten, die für die Entscheidungsfindung des Jahresabschlussadressaten wichtig sind, darf daher nicht unter Verweis auf mangelnde Verständlichkeit verzichtet werden. Dieser Grundsatz ist insbesondere für Anhangangaben relevant. Bei komplexen Sachverhalten, wie z.B. der derivatgestützten Risikoabsicherung, ist bei den Anhangangaben darauf zu achten, dass alle wesentlichen Informationen in einer für den typischen Abschlussadressaten, also einen hinreichend gebildeten Eigenkapitalgeber, möglichst verständlichen Form dargestellt werden.

Das Kriterium der Relevanz steht in engem Zusammenhang mit der primären Zielsetzung der IFRS-Rechnungslegung, der Vermittlung von entscheidungsrelevanten Informationen. Nach RK.26 gelten Informationen dann als relevant, wenn sie die wirtschaftlichen Entscheidungen der Adressaten beeinflussen. Hiervon ist auszugehen, wenn sie bei der Beurteilung vergangener, derzeitiger oder zukünftiger Ereignisse helfen oder Beurteilungen der Adressaten aus der Vergangenheit bestätigen bzw. korrigieren. Eine konsequente Anwendung dieser qualitativen Anforderung hätte zur Folge, dass auch nahezu alle unternehmensintern verfügbaren Informationen den Adressaten zugänglich gemacht werden müssten. Die daraus resultierende Menge an zu veröffentlichenden Informationen wäre jedoch aufgrund von Beschaffungs- und Analysekosten sowie Wettbewerbsaspekten weder für die Unternehmensleitung noch für die Abschlussadressaten optimal.

Relevanz

Aus diesem Grund wird in RK.29-30 und IAS 1.29-31 das Kriterium der Relevanz durch den Sekundärgrundsatz der Wesentlichkeit (materiality) der zu veröffentlichenden Informationen relativiert. Demnach hängt die Wesentlichkeit einer bestimmten Information sowohl von ihrer Art als auch von ihrer Auswirkung auf zentrale Größen wie Eigenkapital und Periodenergebnis ab.

Sekundärgrundsatz der Wesentlichkeit

> Die Information über die Gründung eines neuen strategischen Segments kann wegen ihrer Art als wesentlich angesehen werden, auch wenn diese von der Größe her kaum Auswirkungen auf die Rechenwerke hat.
>
> Die Information über die eventuelle Möglichkeit der Abwertung einer bestimmten Aktienposition im kurzfristigen Vermögen, deren Anteil an der Bilanzsumme unter 1 % liegt und deren möglicher Abschreibungsbetrag unter 1 % des Jahresüberschusses liegt, würde wohl als unwesentlich erachtet werden.

Beispiel 5.3

Eng verbunden mit dem Kriterium der Relevanz ist der Grundsatz der Verlässlichkeit oder Objektivität. RK.31 bezeichnet Jahresabschlussinformationen als verlässlich, wenn sie frei von materiellen Fehlern und von bewusster Verzerrung sowie Manipulation sind. Dies ist eine wesentliche Voraussetzung für die Zielerreichung der Rechnungslegung, denn sofern die Jahresabschlussadressaten nicht davon ausgehen können, dass die abgebildeten Daten verlässlich sind, besitzen diese für ihre zu treffenden ökonomischen Entscheidungen nur eine eingeschränkte Bedeutung.

Verlässlichkeit

Das Kriterium der Verlässlichkeit wird konkretisiert durch die fünf Sekundärgrundsätze der glaubwürdigen Darstellung (faithful representation), der wirt-

Sekundärgrundsätze zur Verlässlichkeit

schaftlichen Betrachtungsweise (substance over form), der Neutralität (neutrality), der Vorsicht (prudence) und der Vollständigkeit (completeness). Diese Kriterien müssen kumulativ erfüllt sein, damit eine Information als verlässlich gilt.

Sekundärgrundsatz der glaubwürdigen Darstellung

Auch wenn das Management nach bestem Wissen berichtet, können bestimmte Informationen, wie z.B. die künftigen Marktchancen eines sich noch in der Entwicklung befindlichen Produkts, nur unter hoher Unsicherheit geschätzt werden. Der Grundsatz der glaubwürdigen Darstellung verlangt, dass Geschäftsvorfälle und sonstige Sachverhalte in den dargestellten Informationen zutreffend wiedergegeben werden. Unsicherheit per se ist dabei kein Grund, auf eine Darstellung zu verzichten. Eine Schätzung unsicherer Werte schränkt die Glaubwürdigkeit der Darstellung nicht ein, sofern das mit einem Sachverhalt verbundene Fehlerrisiko z.B. in Form einer Wahrscheinlichkeitsverteilung angegeben wird. Eine Schätzung, die diesen Ansprüchen nicht genügt, dürfte mit dem Grundsatz der glaubwürdigen Darstellung indes kollidieren.

Sekundärgrundsatz der wirtschaftlichen Betrachtungsweise

Das Sekundärkriterium der wirtschaftlichen Betrachtungsweise (substance over form) besagt, dass für die Abbildung eines Sachverhalts in der Rechnungslegung nicht allein die rechtliche Betrachtungsweise ausschlaggebend ist, sondern vielmehr auf den wirtschaftlichen Zusammenhang abzustellen ist. Die juristische Sichtweise, dass Eigentum immer fest an natürliche oder juristische Personen gebunden ist, lässt sich nicht problemlos auf die wirtschaftliche Sichtweise übertragen. Zum einen sind Unternehmensverbünde, auch Konzerne, keine eigenständigen juristischen Personen und zum anderen kann ein Unternehmen wirtschaftlicher Eigentümer eines Vermögenswertes sein, während das rechtliche Eigentum bei einem Dritten liegt. In diesem Fall, der z.B. regelmäßig bei Leasinggeschäften auftritt, muss der Vermögenswert bei dem wirtschaftlichen Eigentümer bilanziert werden.

Sekundärgrundsatz der Neutralität

RK.36 fordert, dass die im Abschluss enthaltenen Informationen neutral, d.h. frei von verzerrenden Einflüssen sind. Dieses Kriterium der Neutralität wird z.B. verletzt, wenn das Management versucht, mit Hilfe einer zu optimistischen Schätzung das Entscheidungsverhalten der Abschlussadressaten zu beeinflussen.

Sekundärgrundsatz der Vorsicht

Im Rahmen der Sekundärgrundsätze zur Verlässlichkeit ist aus deutscher Sicht insbesondere der Vorsichtsgrundsatz näher zu betrachten. In RK.37 führt das IASB dazu aus, dass es aufgrund unsicherer Erwartungen nicht zur Überbewertung von Vermögenswerten, zur Unterbewertung von Verbindlichkeiten und Rückstellungen oder zu einem zu hohen Ausweis des Periodenergebnisses kommen soll. Der Grundsatz der Vorsicht darf aber nicht dazu führen, dass durch Unterbewertung der Aktiva oder Überbewertung der Passiva bewusst stille Reserven gebildet werden, da dies dem Grundsatz der Neutralität widerspräche. Das Vorsichtsprinzip ist damit in der IFRS-Rechnungslegung relativ schwach ausgeprägt. Es dient primär als Bewertungsregel bei Ermessensspielräumen[7]. Konkretisiert wird das Vorsichtsprinzip insbesondere durch die in IAS 36 „Wertminderung von Vermögenswerten" festgelegten Wertminderungsvor-

---

7   Vgl. *Wollmert, P./Achleitner, A.-K.*, Konzeptionelle Grundlagen der IAS-Rechnungslegung (Teil II), in: WPg, 50. Jg. (1997), S. 248.

schriften oder durch die Verpflichtung zur Rückstellungsbildung bei drohenden Verlusten aus schwebenden Geschäften gemäß IAS 37 „Rückstellungen, Eventualschulden und Eventualforderungen".

Der Grundsatz der Vollständigkeit ist der letzte der fünf Sekundärgrundsätze, die den Grundsatz der Verlässlichkeit konkretisieren. Um verlässlich zu sein, müssen alle Informationen vor dem Hintergrund der qualitativen Anforderungen und unter Beachtung von Wesentlichkeit und Kosten für die Erstellung auf eine Veröffentlichung hin überprüft werden. Das Weglassen von bestimmten wesentlichen Informationen führt dazu, dass die Informationen des Abschlusses insgesamt nicht mehr verlässlich sind.

<small>Sekundärgrundsatz der Vollständigkeit</small>

Um Unternehmensabschlüsse einerseits im Zeitablauf und andererseits unternehmensübergreifend vergleichen zu können, müssen Jahresabschlussinformationen gemäß RK.39 die qualitative Anforderung der Vergleichbarkeit erfüllen. Dies impliziert, dass den Adressaten die bei der Abschlusserstellung angewendeten Bilanzierungs- und Bewertungsmethoden angegeben werden bzw. auf Änderungen derselben hingewiesen wird, und dass die daraus resultierenden Konsequenzen aufgezeigt werden. Außerdem sind die ausgewiesenen Jahresabschlusswerte um Vorjahreszahlen zu ergänzen. Das IASB fordert nicht, dass alle Unternehmen die gleichen, einheitlichen Bilanzierungs- und Bewertungsmethoden anwenden. Es muss aber für den Jahresabschlussadressaten erkennbar sein, welche Methoden die Unternehmen anwenden. Konkretisiert wird der Grundsatz der Vergleichbarkeit auch durch IAS 8 „Bilanzierungs- und Bewertungsmethoden, Änderungen von Schätzungen und Fehler". Danach sind Abweichungen von den bisherigen Bilanzierungs- und Bewertungsmethoden lediglich zulässig, wenn dies aufgrund von Gesetzesänderungen, Änderungen der IFRS oder auf Anraten der nationalen Standardsetter erforderlich wird, wenn fundamentale Bilanzierungsfehler berichtigt oder Schätzungen im Rahmen der Bewertung angepasst werden müssen oder mit dem Methodenwechsel eine Verbesserung der Aussagefähigkeit des Jahresabschlusses erreicht wird. Insbesondere die letzte Abweichungsmöglichkeit eröffnet bilanzpolitische Spielräume. Sofern aber keine dieser genannten Ausnahmen zutrifft, greift nach IAS 1.45 das Prinzip der Stetigkeit (consistency), wonach Ansatz-, Bewertungs-, Ausweis- und Konsolidierungsmethoden im Zeitablauf beizubehalten und zudem gleichartige Sachverhalte gleich zu bilanzieren sind.

<small>Vergleichbarkeit</small>

4.3 Nebenbedingungen

RK.43-45 ergänzt die qualitativen Anforderungen der Relevanz und Verlässlichkeit um die Nebenbedingungen der Zeitnähe (timeliness), der Abwägung von Kosten und Nutzen (balance between benefit and cost) und der Abwägung der qualitativen Anforderungen an den Abschluss (balance between qualitative characteristics).

Zeitnähe

Eine zeitnahe Berichterstattung ist erforderlich, da mit einer zunehmenden Zeitspanne zwischen dem Bilanzstichtag und der Veröffentlichung des Jahresabschlusses die Relevanz der Jahresabschlussinformationen für die Adressaten abnimmt. Allerdings kann eine zeitnahe Berichterstattung auch zu einer Reduktion der Verlässlichkeit der Informationen führen, wenn zum Zeitpunkt der Veröffentlichung nicht alle Details eines Geschäftsvorfalls oder Ereignisses bekannt sind. Daher ist nach RK.43 abzuwägen, wie den Bedürfnissen der Jahresabschlussadressaten nach entscheidungsrelevanten Informationen am besten entsprochen werden kann.

Abwägung von Kosten und Nutzen

Die Bereitstellung einer Information erfolgt unter Abwägung von Nutzen und Kosten aus der Bereitstellung und Verbreitung (Wirtschaftlichkeit). Dabei sind nicht nur die direkten Kosten für die Erstellung und Auswertung der Information zu beachten, sondern auch die indirekten Kosten, wie z.B. ein Wettbewerbsdruck, der durch einen verbesserten Informationsstand der Konkurrenz ausgelöst werden könnte. Informationen werden folglich nur dann bereitgestellt, falls der Nutzen überwiegt. Problematisch erscheint dabei sowohl die Frage der Nutzenmessung als auch die Tatsache, dass der Nutzen größtenteils bei den Adressaten, die Kosten jedoch primär beim Abschlussersteller entstehen. Grundsätzlich betrifft die Anwendung des Wirtschaftlichkeitsprinzips nicht nur die berichterstattenden Unternehmen bei der Erstellung von Jahresabschlüssen, sondern auch das IASB bei der Entwicklung von Rechnungslegungsstandards.

Abwägung der qualitativen Anforderungen

Im Rahmenkonzept wird keine klare Gewichtung der unterschiedlichen qualitativen Anforderungen vorgegeben. Diese Aufgabe verbleibt letztendlich beim Bilanzierenden. Es ist aber auf eine möglichst große Ausgewogenheit zwischen den einzelnen Charakteristika zu achten. Daraus resultiert jedoch insbesondere für die beiden zentralen Anforderungen Relevanz und Verlässlichkeit ein Entscheidungsproblem, da diese in einem Spannungsverhältnis zueinander stehen.

Beispiel 5.4

Die Qualität des Managements ist für die Anlageentscheidung eines Aktienmarktteilnehmers eine hoch relevante Information, die sich jedoch nicht objektiv und verlässlich ermitteln lässt.

Die historischen Anschaffungskosten von langfristig gehaltenen Aktien besitzen zwar eine hohe Verlässlichkeit, haben aus Sicht des Investors aber nur eine geringe Relevanz für seine Anlageentscheidung.

4.4 Zusammenfassender Überblick

Einen zusammenfassenden Überblick der zuvor beschriebenen übergeordneten Rechnungslegungsgrundsätze liefert Abbildung 5.1.

Bei der ursprünglichen Ausgestaltung der Rechnungslegungsgrundsätze im Rahmenkonzept wurde auf die Festlegung einer Generalnorm im Sinne des true and fair view bzw. der fair presentation verzichtet. Das IASC war zunächst der Auffassung, dass der Jahresabschluss bei Beachtung der angeführten qualitativen

Kriterien der Rechnungslegung (mit ihren Konkretisierungen, Nebenbedingungen und Basisannahmen) in Verbindung mit den einzelnen IAS quasi automatisch den Grundsatz des true and fair view bzw. der fair presentation erfüllt.

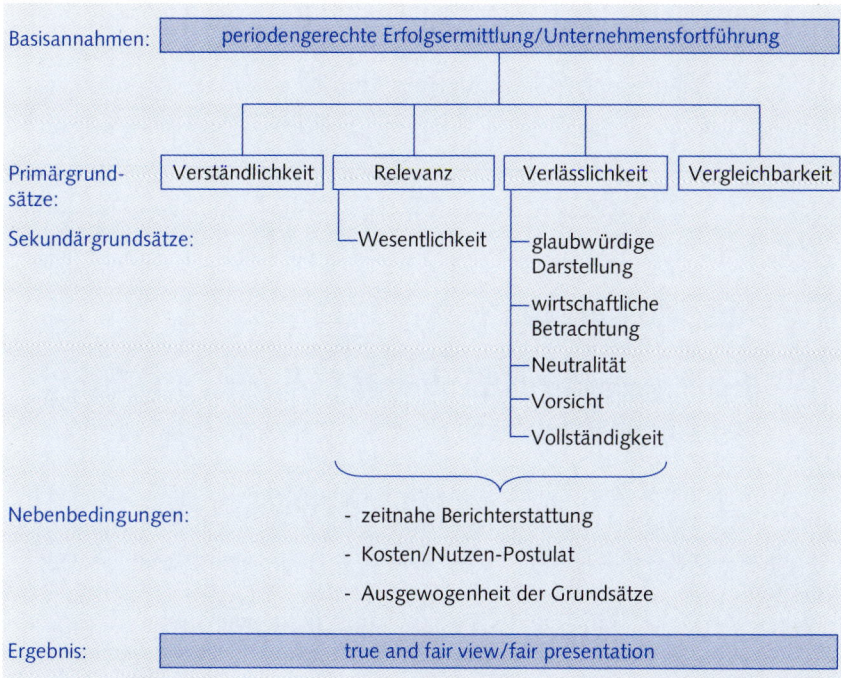

Abb. 5.1: System allgemeiner Rechnungslegungsgrundsätze des IASB. Quelle: In Anlehnung an *Hayn, S.*, Die International Accounting Standards, in: WPg, 47. Jg. (1994), S. 720.

Mit Überarbeitung von IAS 1 im Jahr 1997 wurde die Einführung der fair presentation als Generalnorm abermals kontrovers diskutiert. So wurde zwar die Gefahr gesehen, dass die Einführung einer Generalnorm den jeweiligen nationalen Standardsettern und Enforcement-Institutionen ermöglichen würde, weiterhin länderspezifische, von den IFRS abweichende Rechnungslegungsregeln unter dem Deckmantel der Generalnorm zu empfehlen. Letztlich setzten sich die Befürworter einer Generalnorm jedoch durch. In IAS 1.19 ist die Generalnorm der fair presentation fixiert, die gemäß IAS 1.20 bis IAS 1.24 ein Abweichen von einzelnen IFRS ermöglicht, wenn nur so eine fair presentation erreicht werden kann. Über IAS 1.19 wird die eher untergeordnete Rolle des Rahmenkonzeptes gemäß RK.2 zumindest relativiert. Selbst wenn darin de facto eine Art overriding principle über den Umweg von IAS 1 etabliert worden ist, dürfte die praktische Bedeutung dieser Klausel äußerst gering sein. IAS 1.19 betont selbst, dass es sich hier nur um extrem seltene Ausnahmefälle handeln dürfte, die zu-

Generalnorm der fair presentation

dem nur unter den sehr restriktiven Voraussetzungen von IAS 1.20-1.24 zur besagten Abweichung führen.

Beispiel 5.5 Einen der seltenen Praxisfälle, in denen von dieser Ausnahmeregelung Gebrauch gemacht wurde, stellt die Deutsche Post AG dar. Ein diesbezüglicher Hinweis findet sich im Anhang des IFRS-Konzernabschlusses 2006:
„Das Wandlungsrecht aus der Umtauschanleihe wurde auf der Grundlage der thesaurierten Gewinne der Postbank unter Berufung auf IAS 1.17 bewertet"[8].

5 Abschlussposten

5.1 Bestandteile der Bilanz: Vermögenswerte, Schulden und Eigenkapital

Im Rahmenkonzept werden die Elemente definiert, die in die jeweiligen Bestandteile des Jahresabschlusses eingehen. Als Elemente der Bilanz sind dort die Vermögenswerte (assets), die Schulden (liabilities) und das Eigenkapital (equity) aufgeführt.

Vermögenswert   Vermögenswerte werden in RK.49(a) wie folgt definiert:
„Ein Vermögenswert ist eine in der Verfügungsmacht des Unternehmens stehende Ressource, die ein Ergebnis von vergangenen Ereignissen darstellt, und von der erwartet wird, dass dem Unternehmen aus ihr künftiger wirtschaftlicher Nutzen zufließt".

Ein Vermögenswert muss in der Verfügungsmacht des bilanzierenden Unternehmens stehen, d.h. von ihm kontrolliert werden, um den künftigen Nutzenzufluss zu sichern. Entsprechend dem Sekundärgrundsatz der wirtschaftlichen Betrachtungsweise ist für die Zuordnung eines Vermögenswertes zu einem Unternehmen von einer wirtschaftlichen Betrachtung auszugehen, die nicht zwangsläufig mit den rechtlichen Gegebenheiten übereinstimmen muss. So richtet sich z.B. die Bilanzierung von Leasinggegenständen primär nach der wirtschaftlichen Betrachtung des Sachverhaltes, unabhängig von den rechtlichen Eigentumsverhältnissen. Ein Vermögenswert ist zudem das Ergebnis vergangener Geschäftsvorfälle. Die Erwartung über den Eintritt eines künftigen Ereignisses begründet hingegen noch keinen Vermögenswert. Von zentraler Bedeutung ist darüber hinaus, dass der Vermögenswert künftiges Nutzenpotenzial besitzt, das sich regelmäßig im direkten oder indirekten künftigen Zufluss liquider Mit-

---

8   Geschäftsbericht der Deutschen Post World Net 2006, S. 114. IAS 1.17 entspricht in IAS 1 (rev. 2007) IAS 1.19.

teln dokumentiert. Dieses Potenzial kann z.B. im Einsatz als Produktionsfaktor, im Tausch gegen andere Vermögenswerte, im Einsatz zur Tilgung von Verbindlichkeiten oder in der Herausgabe an die Anteilseigner gegeben sein.

Unter der Vermögenswert-Definition werden sowohl materielle als auch immaterielle Vermögenswerte subsumiert. Es ist zu beachten, dass es sich bei den Definitionsmerkmalen weder um notwendige noch um hinreichende Bedingungen für den Bilanzansatz handelt. Ein Vermögenswert eines Unternehmens wird z.B. nicht in der Bilanz erfasst, wenn ein spezieller IFRS dies untersagt, ein künftiger Nutzenzufluss nicht ausreichend wahrscheinlich ist, er nicht verlässlich bewertbar oder unwesentlich ist. Andererseits können spezielle IFRS zumindest grundsätzlich den Ansatz von Sachverhalten fordern, welche die Definitionskriterien des Rahmenkonzeptes nicht erfüllen.

IFRS 3.51(a) sieht die Aktivierung des Goodwills als Vermögenswert vor. Ebenso schreibt IAS 12.34 den Ansatz aktiver latenter Steuern auf Verlustvorträge vor. Die Vermögenseigenschaft gemäß RK.49(a) lässt sich in beiden Fällen zumindest kontrovers diskutieren. Wie bereits zuvor dargestellt, schließt IAS 38.63 selbst geschaffene Marken von der Aktivierung aus, obwohl die Vermögenswertdefinition auch hier als erfüllt angesehen werden könnte.	**Beispiel 5.6**

RK.49(b) definiert eine Schuld „spiegelbildlich" zur Definition eines Vermögenswertes als **Schuld**

„eine gegenwärtige Verpflichtung des Unternehmens aus vergangenen Ereignissen, von deren Erfüllung erwartet wird, dass aus dem Unternehmen Ressourcen abfließen, die wirtschaftlichen Nutzen verkörpern".

Zentrale Eigenschaft einer Schuld ist hiernach, dass sie aus einer gegenwärtigen Verpflichtung resultiert, die zu einem wahrscheinlichen zukünftigen Ressourcenabfluss führt, z.B. durch Abfluss liquider Mittel, Erbringung einer Leistung, Ersatz der Verpflichtung durch eine andere Verpflichtung oder Übergabe anderer Vermögenswerte. Liegt eine Verpflichtung noch nicht vor, ist die Definition nicht erfüllt.

Der Vorstand eines Unternehmens hat sich für die Aufnahme eines Kredits in Höhe von 10 Mio. € entschieden. Eine Schuld entsteht aber erst dann, wenn der Kredit tatsächlich aufgenommen wurde und ein rechtlicher Anspruch der Kreditgeber auf künftige Zins- und Tilgungszahlungen entstanden ist.	**Beispiel 5.7**

Unter die Schuld-Definition des Rahmenkonzeptes fallen sowohl Verbindlichkeiten als auch Rückstellungen. Damit zählen auch Verpflichtungen, die dem Grunde und/oder der Höhe nach ungewiss, aber wahrscheinlich sind, zu den Schulden. In der Schuld-Definition inbegriffen sind des Weiteren Kulanzrückstellungen, da auch bei der Definition der Schulden auf eine wirtschaftliche Betrachtungsweise abgestellt wird. Aufwandsrückstellungen gehören hingegen nicht zu den Schulden, da Verpflichtungen nach IFRS nur gegenüber Dritten (Außenverpflichtungen) bestehen können (RK.61-62). Somit ist eine Bildung von Aufwandsrückstellungen (Innenverpflichtung) auf der Grundlage einer periodengerechten Aufwandsermittlung ebenfalls nicht möglich, da gemäß IAS 1.28 eine Periodenabgrenzung nur für Passivposten, die unter die Schulden-Definition fallen, erlaubt ist.

Eigenkapital

Als drittes Bilanzelement wird Eigenkapital in RK.49(c) definiert als
„*der nach Abzug aller Schulden verbleibende Restbetrag der Vermögenswerte des Unternehmens*".

Demnach wird Eigenkapital als Residualgröße zwischen den Vermögenswerten und Schulden ermittelt[9]. Trotz seines Residualcharakters befürwortet das IASB eine weitere Unterteilung des Eigenkapitals in gezeichnetes Kapital, Kapital-, Gewinn-, Satzungs- und Steuerrücklagen, da dies den Jahresabschlussadressaten zusätzliche Informationen liefert (RK.65). So kennzeichnet diese Unterteilung rechtliche Restriktionen, denen Bestandteile des Eigenkapitals unterliegen können. Zudem müssen die Besonderheiten der Rechtsform des Unternehmens beachtet werden.

5.2 Bestandteile der Gesamterfolgsrechnung: Erträge und Aufwendungen

Neben den Bilanzelementen finden sich im Rahmenkonzept des IASB auch Definitionen zu Erträgen (income) und Aufwendungen (expenses) als zwei Bestandteilen der Gesamterfolgsrechnung.

Erträge

Gemäß RK.70(a) stellen Erträge eine
„*Zunahme des wirtschaftlichen Nutzens in der Berichtsperiode in Form von Zuflüssen oder Erhöhungen von Vermögenswerten oder einer Abnahme von Schulden dar, die zu einer Erhöhung des Eigenkapitals führen, welche nicht auf eine Einlage der Anteilseigner zurückzuführen ist*".

Das Rahmenkonzept differenziert dabei zwischen Erlösen (revenue) und anderen Erträgen (gains). Erlöse sind nach RK.74 Erträge, die im Rahmen der gewöhnlichen Tätigkeit des Unternehmens anfallen. Typische Erlösarten sind Umsatzerlöse, Dienstleistungsentgelte, Zinsen, Mieten, Dividenden und Lizenzerträge.

Andere Erträge sind sämtliche Erträge, die nicht als Erlöse klassifiziert werden. Im Regelfall sind sie nicht das Ergebnis der gewöhnlichen Geschäftstätigkeit, sondern eher ein Nebenprodukt, wie z.B. eine Marktwertsteigerung von kurzfristig gehaltenen Wertpapieren bei Industrieunternehmen. Sie unterscheiden sich jedoch ihrer Art nach nicht von Erlösen, da sie ebenfalls einen Zuwachs an wirtschaftlichem Nutzen darstellen. Folglich werden sie im Rahmenkonzept nicht als eigenständiger Posten betrachtet. Das IASB fordert aber einen geson-

---

9   Zur Abgrenzung von Eigen- und Fremdkapital vgl. Kapitel 17.

derten Ausweis der anderen Erträge in der Gesamterfolgsrechnung, um den Jahresabschlussadressaten einen detaillierteren Einblick in die Ertragslage des Unternehmens und eine bessere Möglichkeit zur Abschätzung zukünftiger Erfolgspotentiale zu gewähren. Ein saldierter Ausweis der anderen Erträge mit ihren korrespondierenden Aufwendungen ist gemäß RK.76 jedoch erlaubt.

Zusätzlich differenziert das IASB zwischen realisierten und unrealisierten Erträgen. Das Realisationsprinzip ist hierbei weit gefasst. Neben realisierten, in Zahlungs- oder Kreditvorgängen konkretisierten Erträgen werden auch realisierbare Erträge ergebniswirksam erfasst.

Aufwendungen stellen gemäß RK.70(b)   Aufwendungen
„eine Abnahme des wirtschaftlichen Nutzens in der Berichtsperiode in Form von Abflüssen oder Verminderungen von Vermögenswerten oder eine Erhöhung von Schulden dar, die zu einer Abnahme des Eigenkapitals führen, welche nicht auf Ausschüttungen an die Anteilseigner zurückzuführen ist".

Um das Rechnungslegungsziel der Informationsvermittlung zu unterstützen, differenziert das IASB im RK.78 auch bei den Aufwendungen zwischen Aufwendungen im Rahmen der gewöhnlichen Geschäftstätigkeit (expenses that arise in the course of the ordinary activities of the enterprise) und anderen Aufwendungen (losses). Erstere fallen im Rahmen der operativen Tätigkeit des Unternehmens an und umfassen gemäß RK.78 typischerweise Aufwandsposten wie Umsatzkosten, Löhne und Gehälter sowie Abschreibungen. Alle weiteren Posten, die die Definition von Aufwand erfüllen, gehören zu den anderen Aufwendungen, auch wenn sie im Rahmen der operativen Geschäftstätigkeit entstehen. Darunter fallen sowohl außerplanmäßige Aufwendungen, wie z.B. Verluste aus dem Verkauf von Anlagevermögen, als auch außerordentliche Aufwendungen, wie sie z.B. durch Naturkatastrophen hervorgerufen werden[10]. Analog zu den Erträgen erfolgt in RK.80 eine Unterscheidung zwischen realisierten und unrealisierten Aufwendungen sowie ggf. eine Saldierung von anderen Aufwendungen mit anderen Erträgen.

Die Definition von Erträgen und Aufwendungen ist im Rahmenkonzept sehr weit gehalten. Sie umfasst sämtliche Eigenkapitalveränderungen, die nicht direkt durch Eigentümertransaktionen entstanden sind. Erfüllt ein Sachverhalt diese Definition von Erträgen bzw. Aufwendungen, kann es trotzdem möglich sein, dass er nicht in dem Teil der Gesamterfolgsrechnung ausgewiesen wird, der gemäß IAS 1.81-1.96 der Ergebnisermittlung dient (also nicht in der „traditionellen GuV"). So verändern einige Aufwendungen und Erträge nach dieser Definition zwar das Eigenkapital, werden aber als ergebnisneutraler Aufwand und Ertrag nur unter dem sonstigen Gesamterfolg (other comprehensive income) in der Gesamterfolgsrechnung erfasst. Abbildung 5.2 stellt die Abgrenzung von Aufwendungen und Erträgen nach dem Rahmenkonzept noch einmal dar.

---

10 Vgl. *Wollmert, P./Achleitner, A.-K.*, Konzeptionelle Grundlagen der IAS-Rechnungslegung (Teil I), in: WPg, 50. Jg. (1997), S. 217.

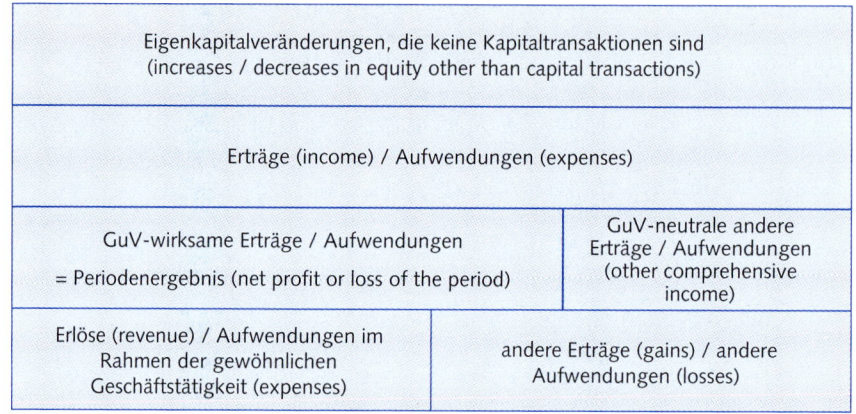

Abb. 5.2: Abgrenzung von Aufwendungen und Erträgen nach IFRS

Kritisch zu hinterfragen ist die vom IASB im Rahmenkonzept vorgenommene Unterscheidung zwischen Erlösen und anderen Erträgen bzw. Aufwendungen und anderen Aufwendungen. Obwohl es sinnvoll erscheint, den operativen von dem nicht operativen Bereich zu trennen, ist diese Unterscheidung nicht eindeutig und führt leicht zu Missverständnissen. Die geringe praktische Relevanz dieser Abgrenzung zeigt sich auch darin, dass sie in den konkretisierenden Standards nicht aufgegriffen wird. Eine detailliertere Beschreibung der in IAS 1 vorgenommenen Differenzierung von Aufwendungen und Erträgen erfolgt in Kapitel 7.

6 Ansatzkriterien

Den Ansatz von Vermögenswerten und Schulden in der Bilanz bzw. die Erfassung von Erträgen und Aufwendungen in der Gesamterfolgsrechnung regelt RK.82-98. Demnach sind folgende Kriterien kumulativ zu erfüllen:
- Der Sachverhalt muss die im vorangehenden Abschnitt angeführten Definitionen eines Abschlusspostens erfüllen,
- es muss wahrscheinlich sein, dass ein mit dem Sachverhalt verbundener Nutzen dem Unternehmen zufließt (Vermögenswert) bzw. von dem Unternehmen abfließt (Schuld) und
- die zuverlässige Bewertung des Sachverhaltes muss möglich sein.

Wahrscheinlichkeit des Nutzenzu- bzw. -abflusses

Bezüglich der Wahrscheinlichkeit des Nutzenzu- bzw. -abflusses werden vom IASB keine quantitativen Angaben gemacht. So kann grundsätzlich von der Erfordernis einer mehr als 50%igen Wahrscheinlichkeit ausgegangen werden[11].

---

11 Vgl. *Wagenhofer*, IAS/IFRS, S. 329.

Ist dagegen die zuverlässige Bewertung eines Sachverhalts nicht möglich, dann ist er außerhalb der Bilanz und Gesamterfolgsrechnung, beispielsweise im Anhang, anzugeben. Bei der Frage nach der Erfüllung der Ansatzkriterien sind darüber hinaus die qualitativen Anforderungen des Rahmenkonzeptes zu beachten. Hinzu kommt, dass in den meisten IFRS ebenfalls konkrete Vorschriften für den Bilanzansatz der dort behandelten Vermögenswerte und Schulden gegeben sind.

> Ein Pharmaunternehmen hat im Jahr 2008 200 T€ in die Forschung neuer Wirkstoffe zur Bekämpfung von Demenzerkrankungen investiert. Zeitgleich arbeitet ein Team an der Entwicklung eines Medikamentes, das die Nebenwirkungen einer Strahlentherapie reduzieren soll.
>
> **Lösung**
> Die Frage, ob die Forschungsaktivitäten einen künftigen ökonomischen Nutzen erwirtschaften, ist mit hoher Unsicherheit verbunden. Der Nachweis eines wahrscheinlichen künftigen Nutzenzuflusses aus dem Demenzwirkstoff wird kaum zu erbringen sein, so dass eine Aktivierung unterbleibt. Bei den Entwicklungsanstrengungen hinsichtlich der Strahlentherapie ist das Unternehmen zeitlich näher an der Markteinführung eines Produktes und deshalb eventuell eher in der Lage, denkbare Nutzenpotenziale zu bestimmen. Diese Differenzierung findet sich auch in IAS 38 „Immaterielle Vermögenswerte" wieder. Während Forschungsausgaben hiernach sofort als Aufwand zu verrechnen sind, müssen Entwicklungsausgaben bei kumulativer Erfüllung bestimmter Bedingungen aktiviert werden.

Beispiel 5.8

Die Zuordnung der Erträge und Aufwendungen zu den einzelnen Rechnungslegungsperioden erfolgt nach dem Grundsatz periodengerechter Erfolgsermittlung. RK.95-98 fordern, dass Aufwendungen grundsätzlich der Periode zuzurechnen sind, in der auch die korrespondierenden Erträge realisiert werden. So sind z.B. die Herstellungskosten für zum Verkauf bestimmte Güter und Dienstleistungen in der Periode ergebniswirksam zu erfassen, in der diese tatsächlich verkauft oder Dritten zur Nutzung überlassen werden. Die Periodenabgrenzung der Aufwendungen entsprechend der Ertragsrealisation ist bei direkter Zurechenbarkeit wenig problematisch. Ist hingegen ein direkter sachlicher Zusammenhang nicht gegeben, hat die Periodisierung nach rationalen und systematischen Kriterien zu erfolgen. Dies geschieht beispielsweise bei der Verteilung der Anschaffungsauszahlungen des abnutzbaren Sachanlagevermögens über die Nutzungsperioden. Bezüglich des Zeitpunktes der Ertragsrealisation gibt das Rahmenkonzept keine konkreten Auskünfte. So ist z.B. die Realisation von betrieblichen Erlösen in IAS 18 „Erträge" oder die Behandlung langfristiger Fertigungsaufträge in IAS 11 „Fertigungsaufträge" geregelt.

Grundsatz periodengerechter Erfolgsermittlung

7 Bewertungsmaßstäbe

Erfüllt ein Sachverhalt die Definition eines Abschlusspostens und ist eine aus ihm resultierende Nutzenbeeinflussung wahrscheinlich, so kann er nur dann angesetzt werden, wenn seine verlässliche Bewertung möglich ist.

Bewertungsmaßstäbe

Im Rahmen der Bewertung der Jahresabschlusselemente werden vom IASB in RK.100 vier verschiedene Bewertungsmaßstäbe angeführt, die im IFRS-Abschluss zur Anwendung kommen können: die historischen Anschaffungs- oder Herstellungskosten (historical cost), die Wiederbeschaffungskosten (current cost), der Veräußerungswert/Erfüllungsbetrag (realisable/settlement value) sowie der Barwert (present value).

Historische Kosten

Historische Anschaffungs- oder Herstellungskosten umfassen alle im Austausch für den zu bewertenden Sachverhalt erbrachten Gegenleistungen. Bei Vermögenswerten sind das entweder die zum Erwerb aufgewendeten Zahlungsmittel bzw. Zahlungsmitteläquivalente oder der beizulegende Zeitwert (fair value) der Gegenleistung zum Erwerbszeitpunkt. In Bezug auf Schulden umfassen die historischen Kosten den Wert, den der Bilanzierende im Austausch für die Schuld erhalten hat bzw. den Betrag, der voraussichtlich zum Ausgleich der Schuld aufzuwenden ist.

Wiederbeschaffungskosten

Die Wiederbeschaffungskosten entsprechen dem Betrag, der zum Stichtag für die Wiederbeschaffung eines identischen oder vergleichbaren Vermögenswertes aufgewendet werden muss. Bei Schulden bestimmen sich die Wiederbeschaffungskosten durch den Betrag, der zum Stichtag für die Begleichung der Schuld aufzuwenden ist.

Veräußerungswert/Erfüllungsbetrag

Der Veräußerungswert bestimmt sich durch den zum Stichtag hypothetisch erzielbaren Verkaufserlös eines Vermögenswertes. Schulden werden zum Erfüllungsbetrag bewertet, d.h. mit dem nicht diskontierten Betrag, der voraussichtlich aufgewendet werden muss, um die Schuld im Rahmen des gewöhnlichen Geschäftsverlaufs zu tilgen.

Barwert

Der Barwert von Vermögenswerten umfasst die diskontierten Zahlungsströme, die der Vermögenswert im Rahmen der normalen Geschäftstätigkeit voraussichtlich erzielen wird. Schulden werden zum Barwert der Zahlungsmittelabflüsse bewertet, die zur Tilgung der Schuld im Rahmen des gewöhnlichen Geschäftsverlaufs notwendig sind. Der Barwert eignet sich insbesondere für die Bewertung von Sachverhalten, für die kein hinreichend aktiver Markt existiert.

Keine Zuordnung

Das Rahmenkonzept enthält keine Zuordnung von bestimmten Bewertungsmaßstäben zu einzelnen Vermögens- oder Schuldpositionen. Diese erfolgt in den einzelnen Standards ggf. unter Bezugnahme auf die im Rahmenkonzept diskutierten Bewertungsmaßstäbe. Zudem werden in den einzelnen Standards noch zusätzliche Wertmaßstäbe eingeführt (z.B. der beizulegende Zeitwert (fair value) gemäß IAS 16, IAS 38, IAS 39, IAS 40 oder das Konzept des erzielbaren Betrages mit seinen Ausprägungen „beizulegender Zeitwert abzüglich der Verkaufskosten" und „Nutzungswert" in IAS 36) bzw. bestehende Wertansätze umdefiniert, so dass die im Rahmenkonzept angeführten Bewertungskonzeptionen für das System der IFRS nicht abschließend sind. Damit wird deutlich, dass die im Rahmenkonzept definierten Bewertungskonzeptionen lediglich einen eher abstrakten Charakter und folglich nur begrenzte praktische Relevanz besitzen.

8 Kapitalerhaltungskonzepte

Um Anhaltspunkte zu geben, welches Bewertungskonzept anzuwenden ist, werden zum Abschluss des Rahmenkonzeptes zwei prototypische Kapitalerhaltungskonzepte diskutiert, das Konzept der finanzwirtschaftlichen Kapitalerhaltung (financial capital maintenance concept) und das leistungswirtschaftliche Kapitalerhaltungskonzept (physical capital maintenance concept).

Das finanzwirtschaftliche Kapitalerhaltungskonzept orientiert sich im Rahmen der Gewinnermittlung an einem Konzept der realisierten Überliquidität. Es werden somit nur Gewinne als realisiert angesehen, die tatsächlich zu einer Erhöhung der finanziellen Leistungsfähigkeit des Unternehmens geführt haben. Dabei beinhaltet das finanzwirtschaftliche Kapitalkonzept gemäß RK.104(a) sowohl das Konzept der nominalen als auch der realen Kapitalerhaltung.

Konzept der finanzwirtschaftlichen Kapitalerhaltung

Bei dem Konzept der leistungswirtschaftlichen Kapitalerhaltung hingegen wird ein Gewinn dann als realisiert angesehen, wenn die ökonomische Leistungsfähigkeit gestiegen ist. Es steht die Erhaltung der physischen Produktionskapazität im Vordergrund. Gewinn wird nach diesem Konzept als Erhöhung des physischen Produktionskapitals definiert.

Konzept der leistungswirtschaftlichen Kapitalerhaltung

Die Wahl des Kapitalerhaltungskonzepts hat Auswirkungen auf die Bilanzbewertung. Während die Anwendung des leistungswirtschaftlichen Kapitalerhaltungskonzepts gemäß RK.106 eine Bewertung zu Wiederbeschaffungskosten verlangt, können im Rahmen des finanzwirtschaftlichen Kapitalerhaltungskonzepts verschiedene Bewertungsmaßstäbe zur Anwendung kommen.

Das IASB verzichtet im Rahmenkonzept darauf, ein bestimmtes Kapitalerhaltungskonzept zu favorisieren und betont, dass beide Konzepte grundsätzlich als rahmenkonzeptkonform angesehen werden können. Ähnlich wie die im Rahmenkonzept definierten Bewertungsmaßstäbe haben die Kapitalerhaltungskonzepte damit einen sehr abstrakten Charakter und sind für die praktische Anwendung der IFRS-Rechnungslegung faktisch bedeutungslos.

9 Zusammenfassung und kritische Würdigung

Einen zusammenfassenden Überblick der Inhalte des Rahmenkonzeptes des IASB gewährt Abbildung 5.3. Ausgehend von der Zielsetzung der Rechnungslegung, der Vermittlung entscheidungsrelevanter Informationen, werden die grundlegenden Rechnungslegungsprinzipien und Definitionen für die wichtigsten Elemente des Jahresabschlusses entwickelt. Darauf aufbauend werden die Ansatz- und Bewertungskriterien sowie verschiedene Konzepte der Kapitalerhaltung dargestellt.

Das Rahmenkonzept ist für die Auslegung bestehender Standards oder für die Bilanzierung von bislang in den IFRS ungeregelten Sachverhalten von Bedeutung. Im Zuge von IAS 1.19 wird es sogar herangezogen, um einzelne Standards

Kritik am Rahmenkonzept

in ihrer Informationswirkung zu überprüfen, auch wenn Konsequenzen hieraus nicht wirklich zu erwarten sind.

Trotz dieser übergeordneten Funktion, ist das Rahmenkonzept seit seiner Veröffentlichung insbesondere aufgrund der Inkonsistenzen zwischen seinem Inhalt und dem Wortlaut einzelner Standards kritisiert worden. Diese Inkonsistenzen wurden zwar durch eine Überarbeitung verschiedener Standards verringert, bisher aber nicht vollständig eliminiert. Ein weiterer Kritikpunkt wird in der Auflistung verschiedener Bewertungsmaßstäbe gesehen, ohne dass diese einzelnen Vermögens- oder Schuldpositionen zugeordnet werden. Der beizulegende Zeitwert (fair value) als zunehmend bedeutsamer Wertmaßstab wird hingegen kaum erwähnt. Auch das Fehlen einer eindeutigen Entscheidung für ein Kapitalerhaltungskonzept wird kritisch gesehen.

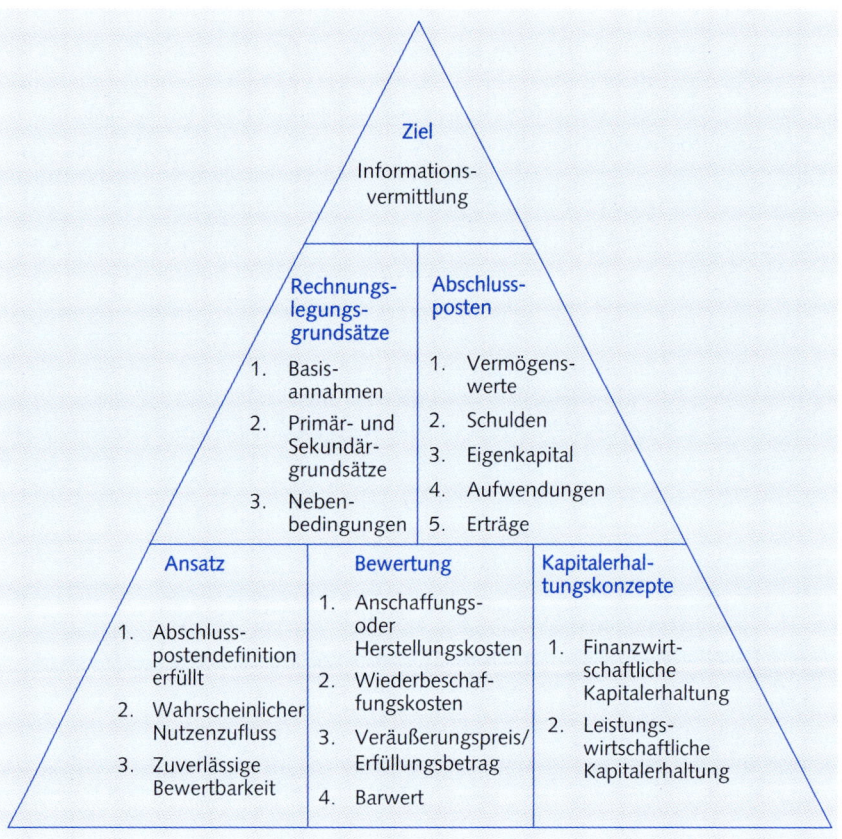

Abb. 5.3:   Inhalte des Rahmenkonzeptes des IASB

Konvergenzprojekt zur Erstellung eines gemeinsamen Rahmenkonzeptes
Das IASB hat sich der Kritik am Rahmenkonzept angenommen und plant im Rahmen eines gemeinsamen Projekts mit dem FASB dessen vollständige Überarbeitung. Ausgehend von den existierenden Rahmenkonzepten des IASB und des FASB soll ein einheitliches, in sich konsistentes Rahmenkonzept entwickelt werden, das künftig beiden Standardsettern als Basis ihrer Rechnungslegungsnormen dienen soll. Das im Oktober 2004 gestartete Projekt ist Teil der Konvergenzbestrebungen von IASB und FASB und in acht verschiedene Phasen unterteilt.

Phase A des Projekts behandelt die Zielsetzung der Berichterstattung und die qualitativen Anforderungen an Abschlussinformationen. Gemäß des im Juli 2006 veröffentlichten Diskussionspapiers „Preliminary Views on an Improved Conceptual Framework for Financial Reporting - The Objective of Financial Reporting and Qualitative Characteristics of Decision-Useful Financial Reporting Information" (im Folgenden als DP bezeichnet) soll sich die künftige Zielsetzung der Berichterstattung ausschließlich auf die Vermittlung von entscheidungsrelevanten Informationen fokussieren. Die Rechenschaftsfunktion wird nicht mehr explizit als Ziel formuliert. Nach Meinung von IASB und FASB sei sie in der Zielsetzung der Informationsvermittlung ohnehin enthalten.

Hinsichtlich des Adressatenkreises folgt das DP insofern dem Rahmenkonzept des FASB, als aktuelle und potenzielle Eigen- und Fremdkapitalgeber als primäre Adressatengruppe identifiziert werden. Damit erweitert sich der primäre Adressatenkreis des IASB-Rahmenkonzeptes, das lediglich auf Eigenkapitalgeber fokussiert.

Im Rahmen der qualitativen Anforderungen an die Jahresabschlüsse unterscheidet das DP weiterhin Primär- und Sekundärgrundsätze, jedoch mit einer im Vergleich zum Rahmenkonzept geänderten Beziehung der Anforderungen untereinander. So führt nun der Primärgrundsatz der „Relevanz", welcher über die Auswahl der abzubildenden Sachverhalte entscheidet, die Reihenfolge der qualitativen Anforderungen an. Als Kriterium für die Entscheidungsrelevanz fordert das DP im Gegensatz zum bestehenden Rahmenkonzept lediglich die Möglichkeit der Entscheidungsbeeinflussung, nicht jedoch die tatsächliche Beeinflussung. Weitere Änderungen ergeben sich auch im Bereich der Sekundärgrundsätze und Nebenbedingungen (z.B. bei Zeitnähe und Wesentlichkeit). Zentrale Bedeutung dürfte hier die Diskussion um das Verlässlichkeitskriterium haben: Das Kriterium der „glaubwürdigen Darstellung", welches im bestehenden Rahmenkonzept als Sekundärgrundsatz zur „Verlässlichkeit" behandelt wird, steht im DP an zweiter Stelle der Anforderungen und ersetzt das bisher als Primärgrundsatz definierte Kriterium der „Verlässlichkeit". Eine Konkretisierung erfährt das Merkmal der „glaubwürdigen Darstellung" dabei durch die bereits bekannten Sekundäranforderungen „Neutralität" und „Vollständigkeit". In dieser Vorgehensweise wird das bisherige Spannungsverhältnis von Relevanz und Verlässlichkeit wohl zugunsten der Relevanz aufgelöst. Erst nach der Prüfung der „Relevanz" auf der Ebene der

Exkurs

Phase A: Zielsetzung

Phase A: Adressatenkreis

Phase A: Qualitative Anforderungen

realen, durch die Rechnungslegung abzubildenden Sachverhalte, erfolgt die Prüfung auf eine „glaubwürdige Darstellung". Der Verdacht liegt nahe, dass dies künftig eine (noch) stärker zukunftsorientierte Rechnungslegung auf der Grundlage unsicherer Schätzungen und eine Abkehr von einer objektivierten Rechnungslegung begründet. Der Sekundärgrundsatz der „Nachprüfbarkeit" kommt indes neu hinzu, während die Prinzipien der „Vorsicht" und der „wirtschaftlichen Betrachtungsweise" hier nicht mehr aufgeführt werden. Den Verzicht auf den Grundsatz der „Vorsicht" begründet das IASB mit der Unvereinbarkeit des Vorsichtsprinzips mit dem Grundsatz der „Neutralität" (vgl. Abbildung 5.4 und Tabelle 5.2).

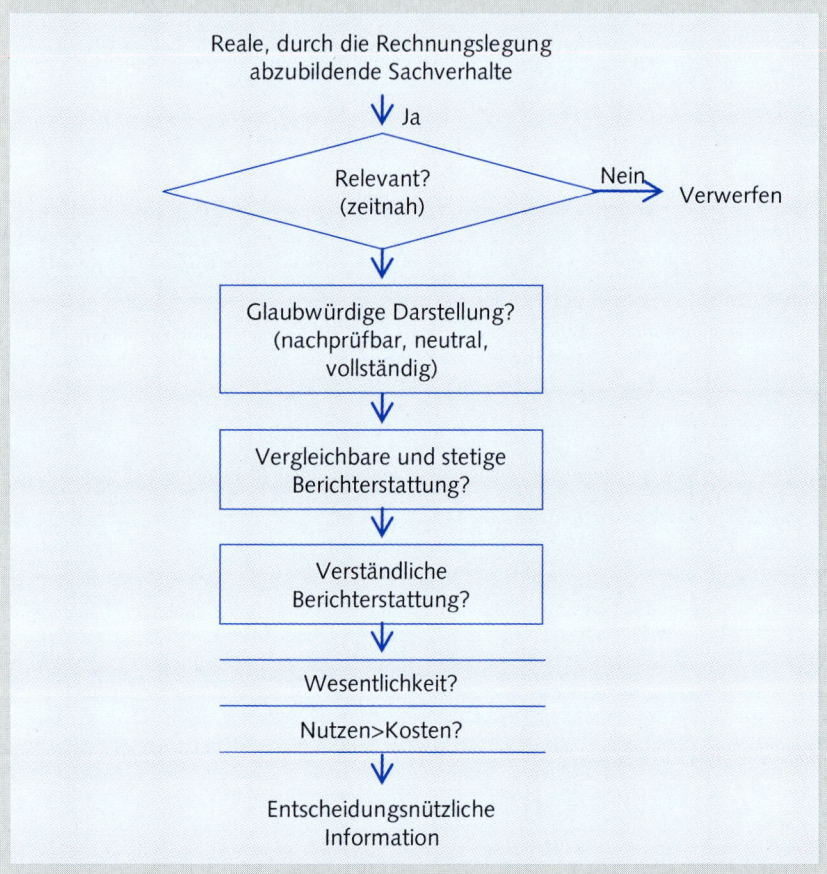

Abb. 5.4: Qualitative Anforderungen an Jahresabschlussinformationen

Phase B: Abschlussposten und Ansatzkriterien

Phase B des Konvergenzprojekts befasst sich mit den Definitionen der Abschlussposten und den Ansatzkriterien. Bislang haben IASB und FASB Arbeitsversionen einer Vermögenswert- und einer Schuld-Definition diskutiert. Für das erste Quartal des Jahres 2009 ist ein Diskussionspapier zu dieser Phase geplant.

	IASB-Rahmenkonzept	Diskussionspapier	FASB-Rahmenkonzept
Rechnungslegungsadressaten	Fokus auf Eigenkapitalgeber	Fokus auf Eigen- und Fremdkapitalgeber	Fokus auf Eigen- und Fremdkapitalgeber
Zielsetzung von Abschlüssen	Vermittlung entscheidungsrelevanter Informationen	Vermittlung entscheidungsrelevanter Informationen	Vermittlung entscheidungsrelevanter Informationen

Qualitative Anforderungen an Abschlüsse	Verständlichkeit
	Relevanz
	  - Wesentlichkeit
	Verlässlichkeit
	  - Glaubwürdige Darstellung
	  - Wirtschaftliche Betrachtungsweise
	  - Neutralität
	  - Vorsicht
	  - Vollständigkeit
	Vergleichbarkeit
		Relevanz
		  - Zeitnähe
		Glaubwürdige Darstellung
		  - Nachprüfbarkeit
		  - Neutralität
		  - Vollständigkeit
		Vergleichbarkeit
		  - Stetigkeit
		Verständlichkeit
			Relevanz
			  - Prognosewert
			  - Zeitnähe
			Verlässlichkeit
			  - Nachprüfbarkeit
			  - Neutralität
			  - Glaubwürdige Darstellung
			Vergleichbarkeit
			  - Stetigkeit

Einschränkende Anforderungen	Zeitnähe Abwägung von Kosten und Nutzen Abwägung der qualitativen Anforderungen	Wesentlichkeit Abwägung von Kosten und Nutzen	Wesentlichkeit Abwägung von Kosten und Nutzen

Tab. 5.2: Zielsetzung, Adressatenkreis und qualitative Anforderungen gemäß Rahmenkonzepten und Diskussionspapier. Quelle: in Anlehnung an *Kampmann, H./Schwedler, K.*, Zum Entwurf eines gemeinsamen Rahmenkonzeptes von FASB und IASB, in: KoR, 6. Jg. (2006), S. 527.

Phase C thematisiert Fragestellungen zur Bewertung. Konkret werden dabei die Definitionen und Eigenschaften von Bewertungsmaßstäben diskutiert und anhand der qualitativen Anforderungen an Rechnungslegungsinformationen beurteilt. Das im November 2005 vom IASB veröffentlichte Diskussionspapier „Measurement Bases for Financial Reporting – Measurement on Initial Recognition" leistet hier Vorarbeit, indem mögliche Maßstäbe für die erstmalige Bewertung von Vermögenswerten und Schulden, z.B. die Anschaffungs-

Phase C: Bewertung

kosten und der beizulegende Zeitwert, anhand von aus dem Rahmenkonzept des IASB abgeleiteten Kriterien, Entwicklungen in der finanzwirtschaftlichen Theorie sowie anhand der Bewertungspraxis beurteilt werden. Aufgrund der Komplexität von Bewertungsfragen haben die beiden Standardsetter diese Phase in sog. Milestones unterteilt[12]. IASB und FASB planen ein Diskussionspapier für das vierte Quartal des Jahres 2008.

Phase D: Berichterstattende Einheit

Die Definition und Grenzen einer berichterstattenden Einheit werden in Phase D behandelt. Das IASB hat sich dafür ausgesprochen, dass die Konsolidierung nach dem Konzept der Beherrschung (control) erfolgen soll. Ziel ist es, hier ein umfassendes Konzept zu entwerfen, das in den jeweiligen Konsolidierungsstandards konkretisiert werden soll. Diskutiert wurde ebenfalls, ob der Jahresabschluss der Mutterunternesgesellschaft ein "externer Abschluss für allgemeine Zwecke" sein könnte bzw. welcher Abschluss den primären Abschluss einer Muttergesellschaft darstellt, der Einzel- oder Konzernabschluss. Das IASB favorisiert einen zwingenden Konzernabschluss. Fraglich ist dann allerdings, welche Bedeutung dem Einzelabschluss der Muttergesellschaft zukommt. Ein Diskussionspapier ist für das erste Quartal 2008 geplant.

Phase E: Ausweis und Angaben

Phase E umfasst Fragestellungen zu Ausweis und Angaben im Abschluss und beschäftigt sich insbesondere mit zukunftsgerichteten (prospektiven) Aussagen sowie deren Berücksichtigung im Abschluss.

Phase F: Zweck und Normenhierarchie

Die Bedeutung des Rahmenkonzeptes und die Stellung in der Regelungshierarchie werden in Phase F diskutiert. Die bestehenden Rahmenkonzepte des IASB und FASB unterscheiden sich diesbezüglich insofern, als das IASB-Rahmenkonzept bei Regelungslücken zur Anwendung kommt, während das FASB-Rahmenkonzept diese Lückenfüllungsfunktion nicht kennt.

Phase G: Gemeinnützige Unternehmen

Phase G diskutiert die Anwendbarkeit der Regelungen auf gemeinnützige Unternehmen. Die Standardsetter von Australien, Großbritannien, Kanada und Neuseeland haben Überlegungen zur Übertragung des im Rahmen der Phase A publizierten Diskussionspapiers auf gemeinnützige Unternehmen veröffentlicht und kritisieren darin u.a. eine unzureichende Berücksichtigung der Rechenschaftsfunktion sowie die enge Fokussierung auf Eigen- und Fremdkapitalgeber als hauptsächlichen Adressatenkreis.

Phase H: Abschluss des Projekts

Phase H wird sich mit eventuell verbleibenden Fragestellungen beschäftigen und das Konvergenzprojekt abschließen. Die zeitliche Planung der Phasen E bis H steht noch nicht fest. Es ist nicht vor 2010 mit einer endgültigen Verabschiedung eines neuen Rahmenkonzeptes zu rechnen[13].

---

12 Zu Einzelheiten der Milestones vgl. Agenda Paper 3A-C, abrufbar unter www.iasb.org, unter „Projekte".
13 Für eine ausführlichere Übersicht über das Konvergenzprojekt vgl. www.drsc.de unter „Projektübersicht".

10 Wesentliche Unterschiede zum HGB

Der handelsrechtliche Jahresabschluss wird auf der Basis der Grundsätze ordnungsmäßiger Buchführung (GoB) aufgestellt. Diese dienen der Ausfüllung von Gesetzeslücken sowie der Auslegung von Gesetzesvorschriften. Hinter dem unbestimmten Rechtsbegriff der GoB verbergen sich allgemein anerkannte Regeln über die Führung der Handelsbücher sowie über die Erstellung des Jahresabschlusses. Dies hat den Vorteil, dass sich die GoB weiterentwickeln können, etwa wenn in der Praxis neue Sachverhalte auftreten oder sich in der Rechtsprechung neue Ansichten durchsetzen.

GoB als unbestimmter Rechtsbegriff

1985 wurde ein Teil der GoB im HGB kodifiziert. Zudem verweisen einige Gesetzestexte auf die GoB (z.B. § 243 Abs. 1 HGB, § 264, Abs. 2 HGB oder § 5 Abs. 1 EstG), um eine Vielzahl von Einzelregelungen zu vermeiden.

Teile der GoB im HGB kodifiziert

In ihrer Gesamtheit legen die GoB Ansatz-, Bewertungs- und Ausweisregeln fest. Dabei unterscheidet man materielle und formelle GoB. Die formellen GoB befassen sich hauptsächlich mit Aufstellungs- und Gliederungsgrundsätzen, die die äußere Ordnungsmäßigkeit betreffen, während die materiellen GoB im Wesentlichen den Charakter von Bilanzansatz- und Bewertungsgrundsätzen haben.

Materielle und formelle GoB

Neben den Dokumentationsgrundsätzen, die eine ordnungsmäßige Buchführung sicherstellen sollen, lassen sich fünf weitere, für den Jahresabschluss maßgebliche Arten von Grundsätzen unterscheiden[14].

In den Rahmengrundsätzen werden Anforderungen an die Jahresabschlusserstellung festgelegt, die eine adäquate Abbildung der wirtschaftlichen Sachverhalte gewährleisten sollen. Sie sind vergleichbar mit den im IFRS-Rahmenkonzept enthaltenen qualitativen Anforderungen:

Rahmengrundsätze

- Grundsatz der Richtigkeit,
- Grundsatz der Vergleichbarkeit,
- Grundsätze der Klarheit und Übersichtlichkeit,
- Grundsatz der Vollständigkeit,
- Grundsatz der Wirtschaftlichkeit.

Die Systemgrundsätze der GoB bilden die grundlegenden Annahmen, die für die Erstellung eines HGB-Abschlusses notwendig sind. Sie lassen sich vergleichen mit den Basisannahmen des IFRS-Rahmenkonzeptes:

Systemgrundsätze

- Prinzip der Unternehmensfortführung,
- Grundsatz der Pagatorik,
- Grundsatz der Einzelbewertung.

In den Ansatzgrundsätzen wird festgelegt, welche Zahlungen zu aktivieren bzw. zu passivieren sind:

Ansatzgrundsätze

- Prinzip der selbstständigen Verwertbarkeit (Aktivierungsgrundsatz),
- Prinzip der Verpflichtung, der wirtschaftlichen Belastung und der Quantifizierbarkeit (Passivierungsgrundsatz).

---

14 Vgl. *Baetge/Kirsch/Thiele*, Bilanzen, S. 117 ff.

Während in der IFRS-Bilanzierung die Definition des Vermögenswertes auf den zukünftigen ökonomischen Nutzen abstellt, stellt das HGB auf die selbständige Verwertbarkeit ab und wählt damit eine enger gefasste Definition, die z.B. den Ansatz von bestimmten immateriellen Vermögenswerten ausschließt. Auch die Definition von Schulden unterscheidet sich. Im Gegensatz zu den IFRS kennt das HGB auch Innenverpflichtungen, also Schulden des Unternehmens gegenüber sich selbst (z.B. Aufwandsrückstellungen, vgl. Kapitel 15).

Definitionsgrundsätze für das Jahresergebnis

Die Definitionsgrundsätze für das Jahresergebnis legen fest, wann Ein- oder Auszahlungen ergebniswirksam in der Gewinn- und Verlustrechnung oder ergebnisneutral im Eigenkapital zu erfassen sind:
- Realisationsprinzip,
- Grundsätze der Abgrenzung der Sache und der Zeit nach.

Kapitalerhaltungsgrundsätze

Die Kapitalerhaltungsgrundsätze stellen die letzte Kategorie der GoB dar. Nach HGB ist ausschließlich die nominale Kapitalerhaltung anzuwenden. Die folgenden Kapitalerhaltungsgrundsätze spielen eine tragende Rolle:
- Imparitätsprinzip
- Vorsichtsprinzip

Dominanz des Vorsichtsprinzips

Während in den IFRS das Vorsichtsprinzip als Sekundärprinzip dem Prinzip der Verlässlichkeit untergeordnet ist und damit eher eine Nebenrolle spielt, besitzt es im HGB einen weitaus höheren Stellenwert. Diese starke Betonung des Vorsichtsprinzips ist Ausdruck der Gläubigerschutzorientierung des HGB, die den informationsorientierten IFRS naturgemäß eher fehlt (vgl. auch Kapitel 29).

BilMoG

Im November 2007 wurde der Referentenentwurf eines Bilanzrechtsmodernisierungsgesetzes (BilMoG) vorgelegt, welcher neben zahlreichen Veränderungen im Bereich Ansatz, Bewertung und Ausweis auch wesentliche GoB, insb. das Imparitäts-, Realisations- und Vorsichtsprinzip, durchbricht. Es wird hier abzuwarten sein, wie sich das endgültige Gesetz auf Ausprägung und Gewichtung der handelsrechtlichen GoB auswirkt[15].

11 Wesentliche Unterschiede zu US-GAAP

Conceptual Framework

Auch die US-GAAP besitzen mit dem „Conceptual Framework" des FASB einen theoretisch fundierten Bezugsrahmen, der als Grundlage für die Entwicklung neuer Standards dienen soll (vgl. dazu auch Kapitel 3). Ebenso wie das Rahmenkonzept des IASB beinhaltet es jedoch keine Lösung konkreter Rechnungslegungsfragen. Das Conceptual Framework besteht aus insgesamt sieben

---

15 Vgl. zu diesen Überlegungen *Fülbier, R./Gassen, J.*, Das Bilanzrechtsmodernisierungsgesetz (BilMoG): Handelsrechtliche GoB vor der Neuinterpretation, in: DB, 60. Jg. (2007), S. 2605-2612.

„Statements of Financial Accounting Concepts" (SFAC), die vom FASB bislang veröffentlicht wurden (vgl. Tabelle 5.3).

Inhaltlich ist das Conceptual Framework weitgehend identisch mit dem Rahmenkonzept der IFRS. Dies liegt darin begründet, dass sich das IASB bei der Ausarbeitung seines Rahmenkonzeptes stark an dem Conceptual Framework des FASB orientierte. Daher kann es nicht überraschen, dass es aus den gleichen Gründen kritisiert wird, die auch gegen das IFRS-Rahmenkonzept sprechen. Insbesondere der auch im Vergleich zu IAS 1.19-1.24 fehlende Verbindlichkeitsgrad und die allgemein gehaltenen, wenig operationalisierbaren Aussagen stehen in der Kritik. Durch eine Überarbeitung des Conceptual Framework im Rahmen des gemeinsamen Projekts mit dem IASB (vgl. Exkurs) sollen diese Kritikpunkte jedoch behoben werden.

Weitgehende Identität mit Rahmenkonzept des IASB

Nummer	Titel	Erscheinungsdatum
SFAC No. 1	Objectives of Financial Reporting by Business Enterprises	Nov. 1978
SFAC No. 2	Qualitative Characteristics of Accounting Information	Mai 1980
SFAC No. 3	Elements of Financial Statements of Business Enterprises	Dez. 1980
SFAC No. 4	Objectives of Financial Reporting by Nonbusiness Organizations	Dez. 1980
SFAC No. 5	Recognition and Measurement in Financial Statements of Business Enterprises	Dez. 1984
SFAC No. 6	Elements of Financial Statements – a replacement of FASB Concepts Statement No. 3 (incorporating an amendment of FASB Concepts Statement No. 2)	Dez. 1985
SFAC No. 7	Using Cash Flow Information and Present Value in Accounting Measurements	Feb. 2000

Tab. 5.3: Statements of Financial Accounting Concepts (Conceptual Framework)

Ausgewählte Literatur

Dobler, M./Hettich, S., Zum Entwurf eines gemeinsamen Rahmenkonzeptes von FASB und IASB – Rechnungslegungsziele und qualitative Anforderungen, in: IRZ, 2. Jg. (2007), S. 29-36.

Kampmann, H./Schwedler, K., Zum Entwurf eines gemeinsamen Rahmenkonzeptes von FASB und IASB, in: KoR, 6. Jg. (2006), S. 521-530.

Streim, H./Bieker, M./Leippe, B., Anmerkungen zur theoretischen Fundierung der Rechnungslegung nach International Accounting Standards, in: Schmidt, H. et al. (Hrsg.), Moderne Konzepte für Finanzmärkte, Beschäftigung und Wirtschaftsverfassung, Tübingen 2001, S. 177-206.

Wollmert, P./Achleitner, A.-K., Konzeptionelle Grundlagen der IAS-Rechnungslegung (Teil I und II), in: WPg, 50. Jg. (1997), S. 209-222 und S. 245-256.

Übungsaufgaben

Aufgabe 1:
Das Rahmenkonzept stellt das Grundkonzept des IFRS-Rechnungslegungssystems dar.
a) Welche Ziele verfolgt das IASB mit dem Rahmenkonzept? Gehen Sie hierbei auch auf die Stellung des Rahmenkonzeptes im Vergleich zu anderen Verlautbarungen des IASB ein.
b) Nennen Sie die im Rahmenkonzept genannten potentiellen Jahresabschlussadressaten und deren Informationsbedürfnisse. An den Informationsbedürfnissen welcher Abschlussadressaten orientiert sich die IFRS-Rechnungslegung und warum?
c) Erläutern Sie die Voraussetzungen, die erfüllt sein müssen, damit ein Sachverhalt als Vermögenswert oder Schuld in der Bilanz angesetzt werden kann.

Aufgabe 2:
a) Beschreiben Sie die qualitativen Anforderungen an einen IFRS-Abschluss.
b) Bewerten Sie die folgenden Sachverhalte im Hinblick auf das Spannungsverhältnis von Relevanz und Verlässlichkeit.
- Ein Unternehmen hat gemäß IAS 16 die Wahl, Sachanlagen in den Folgeperioden mit den (fortgeführten) Anschaffungskosten oder dem beizulegenden Zeitwert zu bewerten.
- Ein Finanzanalyst vergleicht zwei Unternehmen und macht sich Gedanken über den Goodwill. Das eine Unternehmen hat nach Berechnungen des Finanzanalysten (z.B. per Discounted Cashflow-Methode) einen Unternehmenswert von 1 Mrd. €, obwohl der IFRS-Konzernabschluss nur 250 Mio. € Eigenkapital offenbart. Das andere Unternehmen ist gerade für 2 Mrd. € gekauft worden. Auch hier lag das Eigenkapital mit 500 Mio. € deutlich darunter.
- Ein Unternehmen hat die Möglichkeit, Vorräte nach dem FIFO-Verfahren oder der Durchschnittsmethode zu bewerten. Zudem liegen Marktpreise zum Stichtag vor.

- Gemäß HGB ist die Aktivierung immaterieller Vermögenswerte nicht erlaubt. IFRS ermöglicht hingegen eine Aktivierung unter bestimmten Voraussetzungen.
- Ein Unternehmen erfasst den Ertrag aus Dienstleistungsgeschäften nach der Percentage of Completion-Methode.
- Gemäß IAS 37 sind Rückstellungen mit dem bestmöglichen Schätzwert zu bewerten.
- Ein Unternehmen gewährt den Mitarbeitern Leistungen nach Beendigung des Arbeitsverhältnisses in Form von leistungsorientierten Plänen. Darin wird den Mitarbeitern später eine Pensionserhöhung in proportionaler Abhängigkeit von ihrem Gehalt garantiert. Zudem wird eine Dynamik vereinbart, die an die Entwicklung der gesetzlichen Rentenversicherung angepasst ist.

Aufgabe 3:
Zur Zeit arbeiten IASB und FASB gemeinsam an einer neuen Fassung des Rahmenkonzeptes. Wodurch ist diese Arbeit motiviert?

Kapitel 6
Berichterstattendes Unternehmen

1 Einleitung 141
2 Pflicht zur Aufstellung eines Konzernabschlusses 144
3 Konsolidierungskreis 145
   3.1   Einzubeziehende Tochterunternehmen 145
   3.2   Einzubeziehende Zweckgesellschaften 150
4 Angabepflichten 153
5 Wesentliche Unterschiede zum HGB 154
6 Wesentliche Unterschiede zu US-GAAP 156
Ausgewählte Literatur 159
Übungsaufgaben 159

Falls die wirtschaftliche Lage von rechtlich selbständigen Unternehmen ausschließlich anhand ihrer Einzelabschlüsse beurteilt wird, so kann dies insbesondere dann, wenn sich Unternehmen über Kooperationen mehr oder weniger intensiv verbinden, zu erheblichen Fehlurteilen führen. Dies sei am folgenden Beispiel einer sog. Konzernpyramide dargestellt:

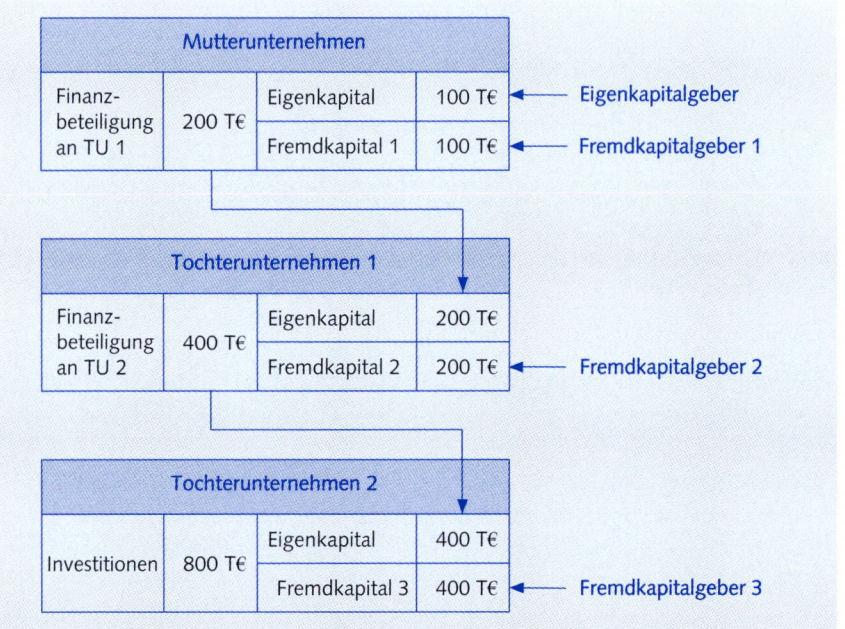

Abb. 6.1: Darstellung einer Konzernpyramide

Bei isolierter Betrachtung der jeweiligen Einzelabschlüsse zeigt sich auf jeder Ebene eine Eigenkapitalquote von (Eigenkapital / Bilanzsumme =) 50 %. Dies signalisiert für alle Gesellschaften identische Kapitalstrukturen und damit zunächst vergleichbare Insolvenzrisiken. Die Gefahr dieser Interpretation wird anhand folgender Ergänzung deutlich: Wenn Tochterunternehmen (TU) 2 eine Fehlinvestition vornimmt und einen Jahresfehlbetrag von 400 T€ realisiert, bekommt Fremdkapitalgeber 3 seine Forderung noch ausgezahlt. Da das Eigenkapital von TU 2 nun vollständig aufgezehrt ist, erfolgt eine Abschreibung der Finanzbeteiligung von TU 1 in Höhe von 400 T€. Diese wiederum führt zu einer Insolvenz von TU 1 mit der Konsequenz einer Insolvenzquote von 0 %. Schließlich muss auch das Mutterunternehmen seine Finanzbeteiligung an TU 1 abschreiben und geht ebenfalls mit einer Insolvenzquote von 0 % insolvent. Die Fremdkapitalgeber 1 und 2 gehen in diesem Szenario folglich leer aus.

Ein Konzernabschluss soll durch die Einbeziehung des Mutterunternehmens und aller Tochterunternehmen sicherstellen, dass die Investitions- und Kapitalstrukturrisiken aller wirtschaftlich zusammen gehörigen Unternehmen (Eigenkapitalquote = 12,5 %) sichtbar werden:

Konzernabschluss				
Investitionen	800 T€	Eigenkapital	100 T€	← Eigenkapitalgeber
		Fremdkapital 1	100 T€	← Fremdkapitalgeber 1
		Fremdkapital 2	200 T€	← Fremdkapitalgeber 2
		Fremdkapital 3	400 T€	← Fremdkapitalgeber 3

Abb. 6.2: Konzernbilanz

Nach der Lektüre des folgenden Kapitels sollen Sie in der Lage sein,
- die unterschiedliche Bedeutung von Einzel- und Konzernabschluss einzuschätzen,
- zu beurteilen, wer nach dem Regelwerk der IFRS zur Aufstellung eines Konzernabschlusses verpflichtet wird, und
- den Kreis der in den Konzernabschluss einzubeziehenden Unternehmen zu bestimmen.

1 Einleitung

Nach RK.8 ist berichterstattendes Unternehmen (reporting entity) jedes Unternehmen, das Adressaten hat, welche sich auf die Abschlüsse des Unternehmens als wichtigste Informationsquelle verlassen. Damit besteht zunächst die Notwendigkeit, das berichterstattende Unternehmen von seiner Umwelt abzugrenzen. Eine solche Abgrenzung erfolgt gemeinhin nach rechtlichen und/oder nach wirtschaftlichen Kriterien.

Abgrenzung des berichterstattenden Unternehmens

Bei Verwendung rechtlicher Kriterien wird in jeder abgrenzbaren Rechtseinheit (legal entity) ein berichterstattendes Unternehmen gesehen. Je nach nationalen wirtschafts- und gesellschaftsrechtlichen Gegebenheiten wären damit Unternehmen jeglicher Rechtsform als berichterstattende Unternehmen einzustufen. In Deutschland wären dies jeder Einzelkaufmann, jede Personengesellschaft und jede Kapitalgesellschaft. Die von solchen Rechtseinheiten aufgestellten Abschlüsse haben den Charakter von Einzelabschlüssen. Da hier rechtliche Kriterien zur Anwendung kommen, ist die Abgrenzung des berichterstattenden Unternehmens im Falle des Einzelabschlusses in der Regel unproblematisch.

Rechtliche Kriterien: Einzelabschluss

Für jedes rechtlich selbständige Unternehmen ist in den meisten Ländern ein Einzelabschluss zu erstellen. Die Aufstellungspflicht hierzu ergibt sich jedoch nicht aus den IFRS, da das IASB als privatwirtschaftliche internationale Organisation zur rechtlichen Unternehmensabgrenzung und zur Rechnungslegungspflicht von Gesellschaften auf nationale Rechtssysteme verweisen muss. IAS 27.38-40 bestimmen lediglich, nach welchen Methoden Tochter-, Gemeinschafts- und assoziierte Unternehmen in einem separaten IFRS-Einzelabschluss abzubilden sind, konstituieren aber selbst nicht die Pflicht zur Aufstellung eines solchen Abschlusses (IAS 27.39). Diese ist in Deutschland in den §§ 238 ff. HGB reguliert und verpflichtet, angefangen von einem als Einzelkaufmann organisierten Pommesbudenbetrieb bis hin zur Publikumsaktiengesellschaft Deutsche Telekom AG, jeden Kaufmann zur Erstellung eines Jahresabschlusses[1]. Darüber hinaus verpflichtet auch das deutsche Steuerrecht alle Kaufleute zur Erstellung einer Steuerbilanz.

Wirtschaftliche Kriterien: Konzernabschluss

Die Abgrenzung des berichterstattenden Unternehmens nach rein rechtlichen Gesichtspunkten verkennt allerdings, dass die selbständige Handlungsfähigkeit eines einzelnen Unternehmens durch rechtliche und/oder wirtschaftliche Kooperationen bzw. Verflechtungen mit anderen Unternehmen eingeschränkt sein kann. Dies führt beispielsweise im Falle eines Konzerns ggf. so weit, dass der Einzelabschluss für sich genommen keine fair presentation des Unternehmens gewährleistet. Denn das Unternehmen muss aufgrund vielfältiger konzerninterner Transaktionen im Zusammenspiel mit anderen, zur wirtschaftlich selbständig agierenden Einheit „Konzern" gehörenden Unternehmen, gesehen werden. Durch die fortschreitende Internationalisierung sowie die in zahlreichen Wirtschaftszweigen zu beobachtenden Konzentrationstendenzen gewinnen derartige Strukturen zunehmend an Bedeutung[2]. Der Einzelabschluss enthält dann lediglich zufällig herausgeschnittene Teilinformationen über die wirtschaftliche Entwicklung einer einzelnen Konzerngesellschaft, wodurch seine Informationsfunktion u.U. stark eingeschränkt wird. Diese Teilinformationen können zudem durch bewusste Sachverhaltsgestaltung in Form konzerninterner Transaktionen verzerrt sein.

Beispiel 6.1

Ein Konzernunternehmen liefert auf Anordnung der Konzernspitze an ein anderes Konzernunternehmen Produkte zu einem Verrechnungspreis, der unter den Herstellungskosten des liefernden Unternehmens und unter dem Marktpreis liegt. Falls das Konzernunternehmen keine weiteren Umsätze generiert, erscheint im Einzelabschluss des Lieferers ein Verlust, dem bei Weiterverkauf durch den Abnehmer ein entsprechender Gewinnzuwachs in dessen Einzelabschluss gegenübersteht. Selbst wenn die konzerninternen Geschäfte zu Marktkonditionen abgewickelt werden, sind die Einzelabschlüsse der Konzernunternehmen u.U. dadurch verzerrt, dass aus Liefer- und Leistungsgeschäften Gewinne ausgewiesen werden, die aus Konzernsicht noch nicht (mit konzernfremden Dritten) realisiert worden sind.

---

1 Hierbei sind aber die Deregulierungsbemühungen im Rahmen des Bilanzrechtsmodernisierungsgesetzes zu beachten, nach denen kleine Unternehmen von der handelsrechtlichen Jahresabschlusserstellung befreit werden sollen. Vgl. hierzu z.B. *Fülbier, R. U./Gassen, J.*, Das Bilanzrechtsmodernisierungsgesetz (BilMoG): Handelsrechtliche GoB vor der Neuinterpretation, in: DB, 60. Jg. (2007), S. 2605-2612.
2 Vgl. dazu m.w.N. *Theisen, M. R.*, Der Konzern, 2. Aufl., Stuttgart 2000, Kapitel A.

Um dennoch eine korrekte Darstellung der wirtschaftlichen Lage zu gewährleisten, ist als Hauptinformationsinstrument ein Gruppenabschluss als eigenständiger Abschluss der wirtschaftlichen Einheit „Konzern" zu erstellen, in dem nur solche Aktivitäten berücksichtigt werden, die der Konzern mit außenstehenden Dritten abgewickelt hat. Geschäfte der rechtlich selbständigen, miteinander aber wirtschaftlich verbundenen Konzernunternehmen untereinander werden in einem solchen konsolidierten Abschluss nicht dargestellt. Insofern wird der Konzernabschluss unter der „Fiktion der rechtlichen Einheit" aufgestellt[3]. Der Konzernabschluss wird auch in Deutschland zunehmend als der informativere Abschluss angesehen, wie die Praxis vieler Unternehmen zeigt. So wird der Einzelabschluss in vielen Geschäftsberichten überhaupt nicht mehr abgedruckt[4].

<small>Konzernabschluss als Hauptinformationsinstrument</small>

Damit ist ein rechtlich selbständiges Unternehmen, das an der Spitze eines Unternehmensverbundes steht, in der Regel einer doppelten Rechnungslegungspflicht ausgesetzt. Ein solches Unternehmen hat – neben einem Einzelabschluss (separate financial statements) – nach IFRS einen Konzernabschluss (consolidated financial statements) für den Unternehmensverbund aufzustellen. Das System der IFRS gilt somit für beide Abschlussarten gleichermaßen.

<small>Doppelte Rechnungslegungspflicht</small>

Während das IASB nicht regelt, welche Unternehmen einen Einzelabschluss erstellen müssen, liefern die IFRS konkrete Anhaltspunkte für die Bestimmung einer nach wirtschaftlichen Kriterien von der Umwelt abgrenzbaren Einheit „Konzern" und damit für die Aufstellungspflicht und den Einbeziehungskreis von IFRS-konformen Konzernabschlüssen. Diese Regeln finden sich überwiegend in IAS 27 „Konzern- und separate Abschlüsse nach IFRS" (Consolidated and Separate Financial Statements), der für Geschäftsjahre, die nach dem 31.12.2004 beginnen, zwingend anzuwenden ist. Im Rahmen des business combinations – phase II Projektes des IASB und des FASB ist dieser Standard überarbeitet und am 10.01.2008 veröffentlicht worden.

<small>Relevante Normen</small>

Der Anwendungsbereich von IAS 27 bezieht sich auf die Erstellung und Offenlegung von Konzernabschlüssen für eine Unternehmensgruppe, die unter der Beherrschungsmöglichkeit (control) durch ein Mutterunternehmen steht (IAS 27.1). IAS 27 enthält damit die relevanten Vorschriften für Aufstellungspflicht und Konsolidierungskreis und darüber hinaus auch die Konsolidierungsregeln für die Aufstellung des Konzernabschlusses. Zudem regelt IAS 27 die Bilanzierung von Anteilen an Tochterunternehmen, Gemeinschaftsunternehmen und assoziierten Unternehmen im separaten Einzelabschluss des jeweiligen Anteilseigners, sofern ein solcher erstellt wird. Nicht detailliert geregelt wird in IAS 27 die Methode für die Bilanzierung von Unternehmenszusammenschlüssen, welche Gegenstand von IFRS 3 (2008) ist (IAS 27.2). In IAS 27.18-31 wird lediglich die grundsätzliche Vorgehensweise der Konzernabschlusserstellung dargestellt.

<small>Regelungsumfang von IAS 27</small>

---

3   Vgl. *Busse von Colbe et al.*, Konzernabschlüsse, S. 25-26.
4   Zur (empirischen) Frage des Informationsgehalts von Konzernabschlüssen vgl. z.B. *Bonse, A.*, Informationsgehalt von Konzernabschlüssen nach HGB, IAS und US-GAAP, Frankfurt a.M. 2004.

Aufbau von IAS 27	IAS 27 orientiert sich an dem für die meisten IFRS üblichen Aufbau: Einer Abgrenzung des Anwendungsbereiches (IAS 27.1-3) folgt eine Definition und Erläuterung zentraler Begriffe (IAS 27.4-8). Anschließend wird in IAS 27.9-11 geklärt, welche Unternehmen einen Konzernabschluss vorzulegen haben (Aufstellungspflicht), während IAS 27.12-17 festlegen, welche Unternehmen in diesen Konzernabschluss einzubeziehen sind (Konsolidierungskreis). Diesbezügliche Angabepflichten sind in IAS 27.41 reguliert. Das Ausscheiden eines Unternehmens aus dem Konsolidierungskreis ist in IAS 27.32-37 geregelt. Die Bilanzierung von Anteilen an Tochterunternehmen im Einzelabschluss eines Mutterunternehmens (IAS 27.38-40, 42-43) ist ebenso Gegenstand von Kapitel 23 wie die bei der Konzernabschlusserstellung anzuwendenden Konsolidierungsmethoden (IAS 27.18-31).

2 Pflicht zur Aufstellung eines Konzernabschlusses

IAS-Verordnung	Die Frage, welche Unternehmen die IFRS anwenden müssen und daher ihre Pflicht zur Aufstellung eines Konzernabschlusses anhand von IAS 27 zu prüfen haben, liegt in der Regelungshoheit der Staaten. Nach der „IAS-Verordnung" der EU müssen kapitalmarktorientierte Mutterunternehmen in der EU ihre Konzernabschlüsse ab 2005 nach den IFRS aufstellen. Diese Regulierung entfaltet unmittelbare Rechtsgeltung in allen EU-Mitgliedsstaaten. Auf den ersten Blick problematisch ist dabei die Frage, nach welchen Vorschriften es sich bestimmt, ob ein Unternehmen als konzernabschlusspflichtiges Mutterunternehmen im Sinne der IAS-Verordnung gilt. Denkbar ist, dass diese EU-Konzernrechnungslegungspflicht entweder nach auf EU-Verordnungen basierendem nationalem Recht oder nach IAS 27 zu beurteilen ist. Gemäß dem durch das Bilanzrechtsreformgesetz eingefügten § 315a HGB sind in Deutschland die §§ 290 ff. HGB maßgeblich. Damit könnte folgender Fall eintreten: Ein kapitalmarktorientiertes Unternehmen, das lediglich eine Special-Purpose Entity (SPE) hält und damit nach HGB möglicherweise nicht konzernrechnungslegungspflichtig ist, müsste nicht der IAS-Verordnung entsprechen, obwohl es möglicherweise nach IAS 27/SIC-12 konzernrechnungslegungspflichtig wäre[5].
Grundsatz	Nach IAS 27.9 ist grundsätzlich jedes Mutterunternehmen zur Aufstellung eines Konzernabschlusses verpflichtet. Ein Mutterunternehmen ist nach IAS 27.4 ein Unternehmen mit einem oder mehreren Tochterunternehmen. Ein Verbund von Mutter- und Tochterunternehmen wird als Konzern bezeichnet.

---

5 Vgl. *Knorr, L./Buchheim, R./Schmidt, M.*, Konzernrechnungslegungspflicht und Konsolidierungskreis – Wechselwirkungen und Folgen für die Verpflichtung zur Anwendung der IFRS, in: BB, 60. Jg. (2005), S. 2399-2403.

Das eine Mutter-Tochter-Beziehung konstituierende Verhältnis zweier Unternehmen zueinander lässt sich als Beherrschungsverhältnis beschreiben. Ein Tochterunternehmen zeichnet sich dadurch aus, dass es unter der Beherrschungsmöglichkeit eines anderen Unternehmens, des Mutterunternehmens, steht. Nach IAS 27.4 liegt eine solche Beherrschungsmöglichkeit (control) vor, wenn das Mutterunternehmen die (rechtlich abgesicherte) Möglichkeit und die Absicht hat, die Finanz- und Geschäftstätigkeit des Tochterunternehmens so zu bestimmen, dass es aus dessen Aktivitäten einen Nutzen ziehen kann.

Beherrschungsmöglichkeit

Eine Ausnahme von der grundsätzlichen Aufstellungspflicht für Konzernabschlüsse gilt nach IAS 27.10 unter bestimmten Voraussetzungen für ein Mutterunternehmen, das seinerseits Tochterunternehmen ist (Zwischenholding). In diesen Fällen wird vermutet, dass der Gesamt- und nicht der Teilkonzernabschluss das den Bilanzadressaten interessierende Rechenwerk darstellt. Hier hat der Teilkonzernabschluss potenziell ähnliche Informationsdefizite wie ein Einzelabschluss.

Ausnahme in mehrstufigen Konzernen

Die Vermutung, dass ein Gesamtkonzernabschluss genüge, erscheint plausibel, solange an der fraglichen Teilkonzernspitze keine konzernfremden Minderheiten beteiligt sind. Ist dies jedoch der Fall, so darf ein Teilkonzernabschluss nur dann unterbleiben,

Befreiungsvoraussetzungen für Teilkonzernabschlüsse

- wenn alle außenstehenden Gesellschafter hierüber informiert sind und nicht widersprechen (IAS 27.10(a)),
- keine Inanspruchnahme eines öffentlichen Kapitalmarktes durch die Zwischenholding vorliegt (IAS 27.10(b)) oder
- in Vorbereitung ist (IAS 27.10(c)) und
- der veröffentlichte, IFRS-konforme Konzernabschluss eines übergeordneten Mutterunternehmens vorliegt (IAS 27.10(d)).

Sind diese Voraussetzungen erfüllt, so ist ein Teilkonzernabschluss nicht erforderlich. Jedoch sind in einem separaten Einzelabschluss nach IFRS, sofern ein solcher aufgestellt wird, IAS 27.38-40 über die bilanzielle Behandlung von Tochter-, Gemeinschafts- und assoziierten Unternehmen zu beachten.

3 Konsolidierungskreis

3.1 Einzubeziehende Tochterunternehmen

Gemäß IAS 27.12 hat ein Mutterunternehmen in seinen Konzernabschluss grundsätzlich alle Tochterunternehmen im Wege der Vollkonsolidierung einzubeziehen. Damit legt IAS 27 dem Konzernabschluss das Weltabschlussprinzip zugrunde. Vor der Einbeziehung eines neu erworbenen Tochterunternehmens hat das Mutterunternehmen allerdings zu prüfen, ob dieses ggf. nach IFRS 5 als „zu Veräußerungszwecken gehalten" (held for sale) zu klassifizieren ist und

Weltabschlussprinzip

damit nach den Vorschriften dieses Standards bilanziert werden muss. In diesem Fall ist das Tochterunternehmen nach IFRS 5.15 zum niedrigeren Wert aus Buchwert (Anschaffungskosten) und Nettoveräußerungspreis zu bilanzieren[6]. Ansonsten sind jedoch alle unter control stehenden Unternehmen einzubeziehen.

Nur Tochterunternehmen

Unternehmen, die zwar durch Beteiligungen miteinander verbunden sind, bei denen jedoch kein beteiligtes Unternehmen eine Beherrschungsmöglichkeit hat, unterliegen nicht der Vollkonsolidierung. Damit gehören, wie Abbildung 6.3 zeigt, schwächere Formen bilateraler Unternehmensverbindungen, also etwa Gemeinschaftsunternehmen, assoziierte Unternehmen und sonstige Beteiligungsunternehmen, nicht in den Vollkonsolidierungskreis. Diese Unternehmen werden aber dennoch im Konzernabschluss berücksichtigt (vgl. hierzu Kapitel 24).

Keine Ausnahme bei vorübergehender Beherrschungsmöglichkeit oder bei Restriktionen

Das IASB stellt in IAS 27.16 klar, dass auch Investoren wie Venture Capital-Gesellschaften, Private Equity-Gesellschaften oder Investmentfonds hinsichtlich der von ihnen kontrollierten Unternehmen die Konsolidierungspflicht zu prüfen haben. Das bisherige Konsolidierungsverbot wegen erheblicher langfristiger Beschränkungen, welche die Fähigkeit eines Tochterunternehmens, finanzielle Mittel an das Mutterunternehmen zu übertragen, wesentlich behindern, wurde im Rahmen des Improvements Project aufgehoben. Solche Restriktionen sind indes bei der Frage zu berücksichtigen, ob eine Beherrschungsmöglichkeit überhaupt vorliegt[7].

Keine Ausnahme bei abweichender Tätigkeit

Die IFRS kennen zudem – z.B. im Gegensatz zum HGB – keine Abweichung von der generellen Einbeziehungspflicht bei Tochterunternehmen, deren Tätigkeit von der anderer Konzernunternehmen abweicht. Eine Begründung hierfür ergibt sich wiederum aus der Informationsfunktion des Konzernabschlusses: In IAS 27.17 wird argumentiert, dass den Informationsbedürfnissen der Bilanzadressaten besser gedient wird, wenn solche Unternehmen konsolidiert werden und auf ihre abweichende Tätigkeit mit Hilfe von Zusatzinformationen hingewiesen wird. Solche Informationen können insbesondere mit Hilfe der Segmentberichterstattung (IFRS 8) vermittelt werden (vgl. auch Kapitel 29).

---

6 Diese Sichtweise ist allerdings nicht unumstritten. So wird auch argumentiert, dass sich ein Gebot zur Vollkonsolidierung von Töchtern, die mit Weiterveräußerungsabsicht erworben wurden, ergibt. Vgl. *Schildbach, T.*, Was leistet IFRS 5?, in: WPg, 58. Jg. (2005), S. 559f.; *Küting, K./Wirth, J.*, Bilanzierung von Unternehmenszusammenschlüssen nach IFRS 3, in: KoR, 4. Jg. (2004), S. 172. Für gegen eine Vollkonsolidierung sprechende Sichtweisen vgl. *Baetge/Kirsch/Thiele*, Konzernbilanzen, S.142 und S. 145 sowie *Heuser/Theile*, IFRS-Handbuch, Tz. 2758f. Zudem scheint bei kurzfristiger Weiterveräußerungsabsicht das „cost benefit criterion" aus dem Framework gegen eine Vollkonsolidierung zu sprechen. Vgl. hierzu auch Kapitel 27.
7 Vgl. IAS 27.BC20.

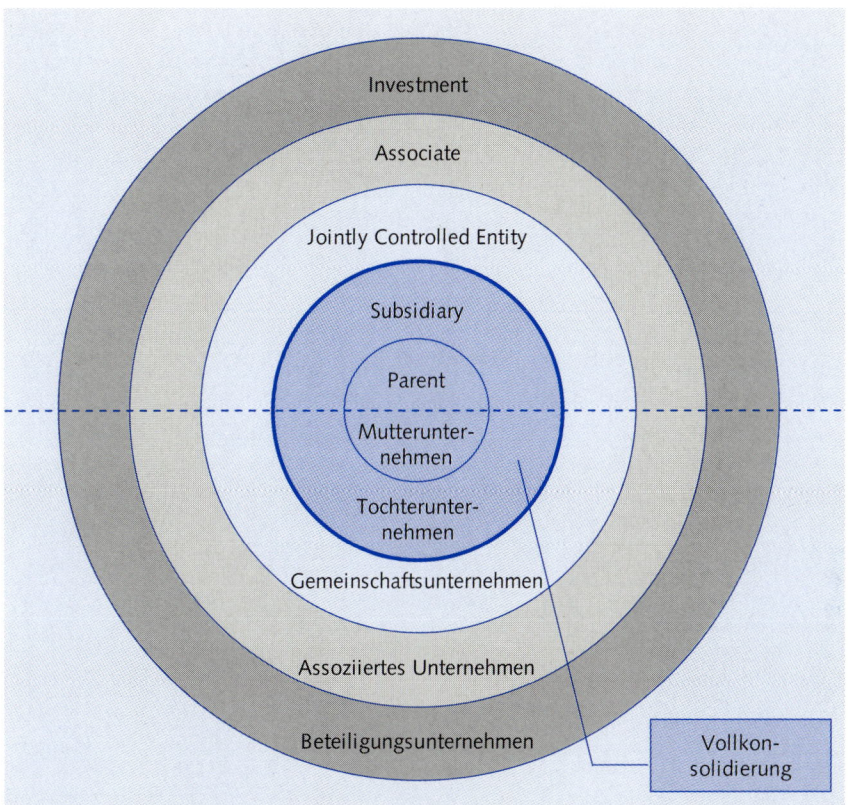

Abb. 6.3: Konsolidierungskreis nach IFRS

Im Rahmen der Vorschriften zum Konsolidierungskreis konkretisiert IAS 27 den Begriff der Beherrschungsmöglichkeit, um sicherzustellen, dass alle zur wirtschaftlichen Einheit Konzern gehörenden Unternehmen in den Konzernabschluss einbezogen werden: Gemäß IAS 27.13 wird eine Beherrschungsmöglichkeit immer dann vermutet, wenn das Mutterunternehmen, direkt oder indirekt, mehr als die Hälfte der Stimmrechte an einem anderen Unternehmen hält und damit über die Stimmrechtsmehrheit verfügt. Das IASB etabliert hier die widerlegbare Vermutung, dass ein Unternehmen, dessen Stimmrechtsmehrheit gebündelt bei einem anderen Unternehmen liegt, von diesem wirtschaftlich beherrscht werden kann und mit diesem folglich eine wirtschaftliche Einheit bildet, über deren Vermögens-, Finanz- und Ertragslage nur ein Konzernabschluss sinnvoll informieren kann. Sofern Kapital- und Stimmrechtsanteil nicht auseinanderfallen, ist für die Konsolidierungspflicht nach dem Regelfall in IAS 27.13 zumeist eine mehrheitliche Kapitalbeteiligung notwendig.

Vermutung der Beherrschungsmöglichkeit bei Stimmrechtsmehrheit

Beispiel 6.2

Zu einem Auseinanderfallen von Kapital- und Stimmrechtsanteil bei einer Beteiligung kommt es stets dann, wenn der Grundsatz des „One Share – One Vote", nach dem eine Aktie immer ein Stimmrecht verbrieft, verletzt ist[8]. So sind beispielsweise Vorzugsaktien in der Regel nicht mit einem Stimmrecht ausgestattet, so dass eine (teilweise) auf Vorzugsaktien gegründete Kapitalmehrheit nicht notwendigerweise eine Beherrschungsmöglichkeit zur Folge hat. Dies wird deutlich am Beispiel der in Deutschland börsennotierten Fresenius Medical Care AG & Co. KGaA, deren Aktionärsstruktur (Stand Ende 2006) in untenstehender Abbildung wiedergegeben ist.

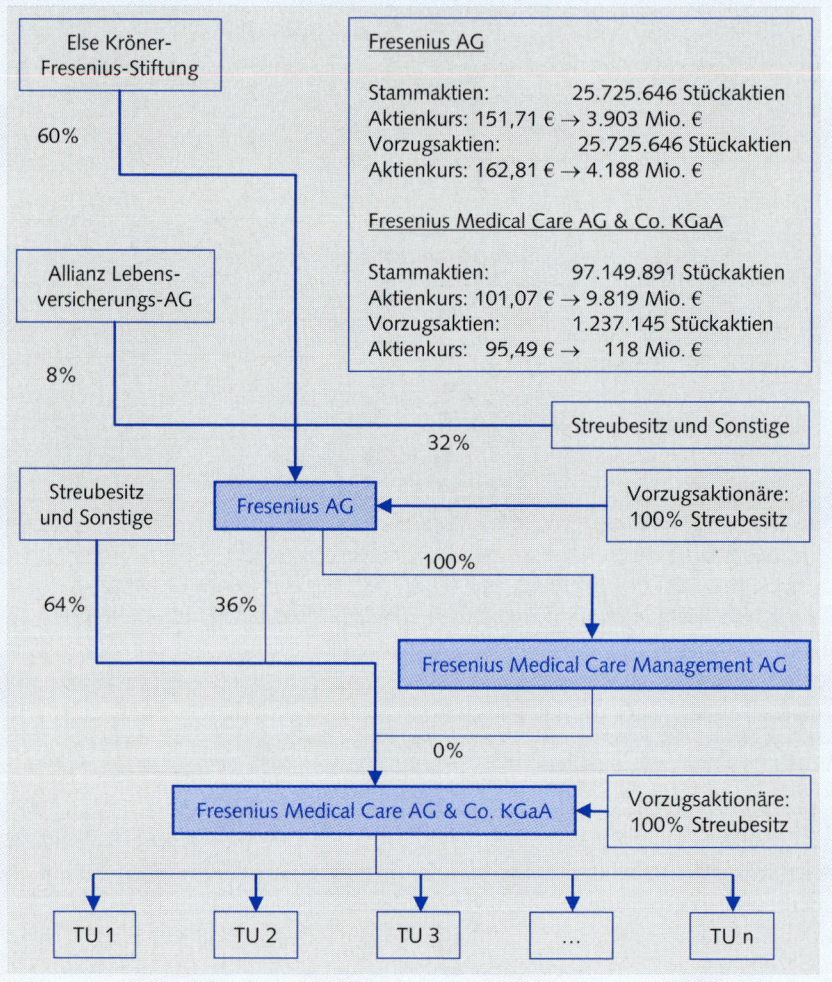

---

[8] Zu einem Überblick über die hierfür denkbaren Ursachen vgl. *Ruhwedel, F.*, Eigentümerstruktur und Unternehmenserfolg, Frankfurt a. M. u.a. 2003, S. 107-114.

Das Schaubild zeigt, dass die Else Kröner-Fresenius-Stiftung über ihren stimmberechtigten Stammaktienanteil (60 %) die Fresenius AG kontrolliert, welche ihrerseits mit 36 % der Stimmrechte an der Fresenius Medical Care AG & Co. KGaA und mit 100 % an der Fresenius Medical Care Management AG beteiligt ist. Die Fresenius Medical Care Management AG ist persönlich haftende Gesellschafterin der Fresenius Medical Care AG & Co. KGaA und hat deren Geschäftsführung übernommen. Von daher übt die Fresenius AG mittelbar control über die Fresenius Medical Care AG & Co. KGaA aus und muss diese somit als Tochterunternehmen in ihren Konzernabschluss einbeziehen. Gemessen am Marktwert der gesamten Eigenkapitalanteile (= Aktienkurs · Aktienanzahl) hält die Else Kröner-Fresenius-Stiftung nur rund 29 % der Fresenius AG, während die Fresenius AG ihrerseits nur etwa 36 % der Anteile der Fresenius Medical Care AG besitzt. Folglich übt die Else Kröner-Fresenius-Stiftung mit einem Kapitalanteil von nur rund (0,29 · 0,36 =) 10 % control über die Fresenius Medical Care AG & Co. KGaA aus.

Bei potenziellen Stimmrechten handelt es sich um Finanzinstrumente wie etwa Aktienoptionen oder Wandelanleihen, durch deren Ausübung bzw. Umwandlung das Unternehmen zusätzliche Stimmrechte an einem anderen Unternehmen erwerben kann[9]. Solche potenziellen Stimmrechte sind, sofern gegenwärtig ausüb- bzw. umwandelbar, nach IAS 27.14 bei der Frage der Stimmrechtsmehrheit zu berücksichtigen. An der gegenwärtigen Ausüb- bzw. Umwandelbarkeit fehlt es, wenn diese noch von einem zukünftigen Ereignis abhängt oder erst zu einem späteren Termin erfolgen kann. Unerheblich ist allerdings, ob das Management die Absicht und die finanzielle Fähigkeit hat, diese Rechte auszuüben oder zu wandeln (IAS 27.15).

Potenzielle Stimmrechte

Unter vom IASB explizit als „außergewöhnlich" bezeichneten Umständen kann es vorkommen, dass einem Mutterunternehmen, obwohl es die Mehrheit der Stimmrechte an einem anderen Unternehmen inne hat, de facto die Möglichkeit fehlt, dieses Unternehmen zu beherrschen (IAS 27.13). Wenn eine solche Konstellation eindeutig nachgewiesen werden kann, muss die Einbeziehung unterbleiben. Da es dem Mutterunternehmen obliegt, die trotz Stimmrechtsmehrheit fehlende Beherrschungsmöglichkeit eigens darzulegen, eröffnet IAS 27 hier ein faktisches Konsolidierungswahlrecht.

Fehlende Beherrschungsmöglichkeit trotz Stimmrechtsmehrheit

An einer Beherrschungsmöglichkeit des Mutterunternehmens kann es trotz bestehender Stimmrechtsmehrheit immer dann fehlen, wenn über die Finanz- und Geschäftstätigkeit des anderen Unternehmens nicht per (einfacher) Stimmrechtsmehrheit der Gesellschafter entschieden wird. Dies kann z.B. der Fall sein, wenn die Satzung eine Zweidrittel- oder sonstige qualifizierte Mehrheit für wesentliche Entscheidungen vorsieht, wenn die Kontrolle des Unternehmens – etwa in einem Insolvenzverfahren – den Gesellschaftern entzogen ist oder wenn ein Entherrschungsvertrag existiert.

Beispiel 6.3

---

9 Zur Wirkungsweise derartiger Finanzinstrumente auf die Anzahl der ausgegebenen Aktien eines Unternehmens vgl. Kapitel 28.

Unwiderlegbare Beherrschungsvermutung trotz fehlender Stimmrechtsmehrheit

Um zu verhindern, dass Mutterunternehmen sich einer Konsolidierungspflicht durch (rechtliche) Sachverhaltsgestaltung entziehen, trägt das IASB dem Umstand Rechnung, dass eine faktische Beherrschungsmöglichkeit auch bei fehlender Stimmrechtsmehrheit gegeben sein kann. IAS 27.13 enthält vier Anhaltspunkte, bei deren Vorliegen – jeweils für sich genommen – trotz fehlender Stimmrechtsmehrheit unwiderlegbar von einer Beherrschungsmöglichkeit über ein anderes Unternehmen ausgegangen werden muss:

- Das Mutterunternehmen hat die Möglichkeit, aufgrund einer Übereinkunft mit anderen Investoren über mehr als die Hälfte der Stimmrechte des anderen Unternehmens zu verfügen (IAS 27.13(a)).
- Das Mutterunternehmen hat die Bestimmungsmacht über die Finanz- und Geschäftstätigkeit gemäß einer Satzung oder Vereinbarung (IAS 27.13(b)).
- Das Mutterunternehmen kann die Mehrheit der Mitglieder eines kontrollierenden Leitungsgremiums (z.B. des Vorstandes) ernennen oder absetzen (IAS 27.13(c)).
- Das Mutterunternehmen kann die Stimmrechtsmehrheit in Sitzungen des kontrollierenden Leitungsgremiums ausüben (IAS 27.13(d)).

Beendigung der Beherrschungsmöglichkeit

Ein Mutter-Tochter-Verhältnis kann aufgrund von control-Verlust enden, wenn das Mutterunternehmen die Möglichkeit verliert, die Finanz- und Geschäftstätigkeit des Tochterunternehmens so zu bestimmen, dass es aus dessen Aktivitäten Nutzen ziehen kann. Dies kann mit oder ohne Veränderung in der Eigentümerstruktur des Tochterunternehmens geschehen (IAS 27.32). Im letzteren Fall wird das Tochterunternehmen beispielsweise der Beherrschung durch ein Gericht oder eine Regulierungsbehörde unterworfen. Ferner kann das Mutterunternehmen seine Beherrschungsmöglichkeit durch vertragliche Abrede (Entherrschungsvertrag) aufgeben.

3.2 Einzubeziehende Zweckgesellschaften

Special-Purpose Entities

Seit dem Bilanzskandal um den US-amerikanischen Energiehändler Enron wird verstärkt der Umstand diskutiert, dass Unternehmen aus bilanzkosmetischen Gründen gelegentlich versuchen, Schulden in sog. Zweckgesellschaften auszulagern und deren Konsolidierung zu vermeiden. Solche Special-Purpose Entities (SPE) kommen insbesondere in Form von Leasingobjektgesellschaften oder im Zusammenhang mit Finanzierungsmodellen unter Verwendung von Asset-Backed-Securities vor[10]. Oftmals hat der Initiator/Sponsor einer solchen, wirtschaftlich von ihm kontrollierten SPE (fremdfinanzierte) Vermögenswerte an

---

10 Vgl. etwa m.w.N. *Pellens, B./Sellhorn, T./Streckenbach, J.*, Neue Abgrenzungskriterien für den Konsolidierungskreis – Zur Bilanzierung von Zweckgesellschaften nach FIN 46, in: KoR, 3. Jg. (2003), S. 191-194; *Schruff, W./Rothenburger, M.*, Zur Konsolidierung von Special Purpose Entities im Konzernabschluss nach US-GAAP, IAS und HGB, in: WPg, 55. Jg. (2002), S. 755-765.

diese übertragen und durch deren Nichtkonsolidierung seine Eigenkapitalquote gestärkt. Abbildung 6.4 zeigt in vereinfachter Form eine typische SPE-Konstruktion, die von einem Sponsor dazu verwendet wird, einen Forderungsbestand in verbriefter Form am Kapitalmarkt zu platzieren, ohne dass das hierdurch generierte Fremdkapital seine Bilanzrelationen belastet. Die Herkunft des bei einer SPE gewöhnlich geringen Eigenkapitals wird in dieser Abbildung nicht dargestellt. In der Praxis erfolgt die Eigenkapitalausstattung solcher Unternehmen durch Banken oder Dienstleister, die auf die Gründung solcher Zweckgesellschaften spezialisiert sind.

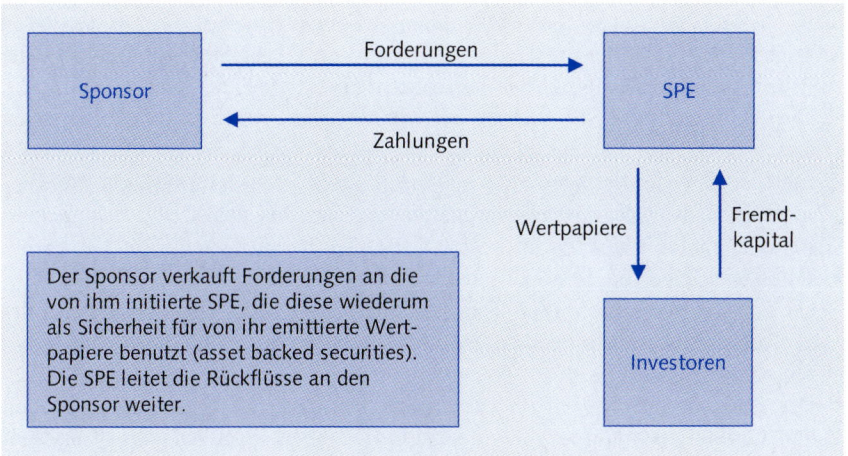

Abb. 6.4: Vereinfachte Darstellung einer SPE-Konstruktion

Weil der Sponsor einer solchen Konstruktion in der Regel keine Stimmrechtsmehrheit an der SPE hält und diese zudem derart ausgestaltet ist, dass auch die übrigen Kriterien von IAS 27.13 nicht erfüllt sind, liegt meist keine Konsolidierungspflicht nach IAS 27 vor. Die SPE verfolgt ihren eng definierten Zweck regelmäßig auf der Basis restriktiver Satzungsbestimmungen, die nicht ohne Einverständnis des Sponsors geändert werden können, und ist somit gleichsam auf „Autopilot" geschaltet. Hierdurch wird die Möglichkeit des Leitungsorgans der SPE, wesentliche geschäftspolitische Entscheidungen zu treffen, in weitgehender und dauerhafter Weise beschränkt.

„Autopilot"-Mechanismus

Wenn die Risiken und Chancen einer solchen Konstruktion unabhängig von der juristischen Ausgestaltung beim Sponsor verbleiben, wäre eine SPE bei wirtschaftlicher Betrachtungsweise (gemäß RK.35) im Sinne einer fair presentation auch von diesem zu konsolidieren. Dieses Ergebnis wird allerdings mit Hilfe der Konsolidierungsregeln in IAS 27, die nicht auf die Berücksichtigung von SPEs ausgelegt sind, häufig nicht erreicht. Angesichts dieses Problems wurde bereits 1998 SIC-12 „Konsolidierung – Zweckgesellschaften" verabschiedet, die eine umfassende Würdigung der zwischen dem bilanzierenden Unternehmen

SIC-12

und der SPE bestehenden Beziehungen zur Beantwortung der Beherrschungsfrage fordert.

Indikatoren für control

Somit wird der in IAS 27 enthaltene Begriff der Beherrschungsmöglichkeit (control) erweitert, um die im Zusammenhang mit SPEs anzutreffenden Umstände wirtschaftlich angemessen zu berücksichtigen. SIC-12.9 löst sich von dem Kriterium der Eigenkapital- bzw. Stimmrechtsbeteiligung und geht davon aus, dass SPEs vielfach von Dritten finanziert werden, welche, obwohl rechtlich Eigenkapitalgeber, wirtschaftlich eine gläubigerähnliche Stellung einnehmen und keinerlei Kontrolle ausüben. Gemäß SIC-12 erlangt der Sponsor die wirtschaftliche Beherrschungsmacht über eine SPE vorrangig über die (satzungsmäßige) Vorherbestimmung ihrer Aktivitäten zu seinen Gunsten. Hierzu werden in SIC-12.10 beispielhafte Umstände aufgelistet und im Anhang konkretisiert, die zu den in IAS 27.13 aufgeführten Indikatoren hinzutreten:

- Die Aktivitäten der SPE werden bei wirtschaftlicher Betrachtung zu Gunsten des Sponsors und maßgeschneidert auf dessen spezielle Bedürfnisse ausgeführt, so dass der Sponsor Nutzen aus den Tätigkeiten der SPE zieht. Als Beispiel kann das Spezial-Leasing genannt werden, bei dem der Leasinggegenstand eigens für den Sponsor angefertigt wurde und für Dritte nur eingeschränkt nutzbar ist. Hier wird dennoch versucht, über entsprechende rechtliche Konstruktionen die Bilanzierungspflicht des Leasinggegenstandes bei der als Leasinggeber auftretenden SPE anfallen zu lassen, ohne diese konsolidieren zu müssen.
- Der Sponsor hat bei wirtschaftlicher Betrachtung die Entscheidungsmacht, den Großteil des Nutzens aus der SPE zu ziehen, oder hat diese Entscheidungsmacht per „Autopilot"-Mechanismus delegiert. Anhaltspunkt ist etwa die Fähigkeit, die SPE aufzulösen oder ihre Satzung zu ändern.
- Der Sponsor, dem bei wirtschaftlicher Betrachtung die absolute Mehrheit des Nutzens aus der SPE zusteht, trägt auch die Risiken, die aus der Tätigkeit der SPE resultieren. Als Beispiel ist hier eine ergebnisabhängige Beteiligung zu nennen.
- Um Nutzen aus der Geschäftstätigkeit der SPE zu ziehen, lastet auf dem Sponsor bei wirtschaftlicher Betrachtung die absolute Mehrheit der Residual- oder Eigentumsrisiken aus der SPE oder ihren Vermögenswerten. Beispielsweise kann im Rahmen eines Forderungsverkaufs an die SPE das Ausfallrisiko beim Sponsor (Verkäufer) verbleiben (unechtes Factoring), wodurch dieser als Hauptrisikoträger die SPE konsolidieren muss.

Wirtschaftliche Betrachtungsweise

Bei der Mehrzahl der hier genannten Vorteile und Risiken handelt es sich um solche, die typischerweise mit einer Eigentümerstellung an der SPE verbunden sind. Sie können sich sowohl aus schuld- als auch aus gesellschaftsrechtlichen Abreden ergeben. Die obigen Kriterien sind als Indikatoren zu verstehen, die im Rahmen einer umfassenden, auf eine wirtschaftliche Betrachtungsweise abstellenden Einzelfallprüfung herangezogen werden sollen.

Abbildung 6.5 fasst die Vorgehensweise bei der Bestimmung des Konsolidierungskreises abschließend zusammen.

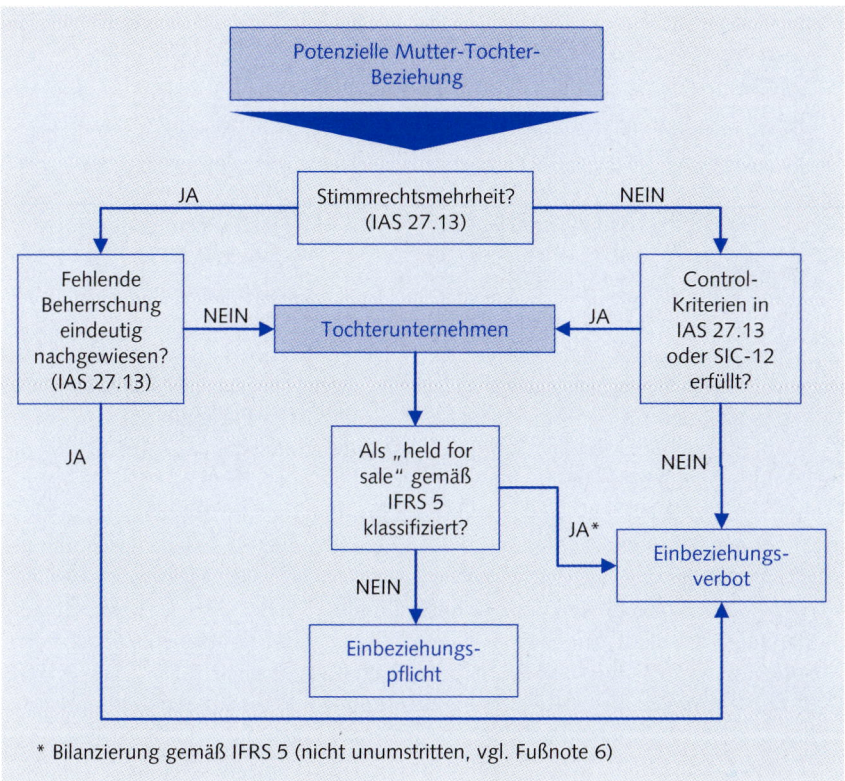

Abb. 6.5: Ablaufschema für die Festlegung des Konsolidierungskreises nach IAS 27 und SIC-12

4 Angabepflichten

Ein Konzernabschluss ist um folgende konsolidierungskreisbezogenen Angaben zu erweitern (IAS 27.41):
- die Art der Beziehung zwischen dem Mutterunternehmen und einem Tochterunternehmen, dessen Stimmrechtsmehrheit nicht beim Mutterunternehmen liegt,
- die Gründe für fehlende Beherrschungsmöglichkeit trotz vorliegender Stimmrechtsmehrheit,
- die Abschlussstichtage von Tochterunternehmen, sofern sie von dem des Mutterunternehmens abweichen, sowie eine Begründung dieser Abweichung,

- Art und Umfang etwaiger Beschränkungen, die die Fähigkeit des Tochterunternehmens, Finanzmittel an das Mutterunternehmen zu transferieren, beeinträchtigen,
- eine Übersicht, welche die Effekte aus Eigenkapitaltransaktionen mit Minderheitsaktionären darstellt, sowie
- Angaben zu den Ergebniswirkungen etwaiger Entkonsolidierungen.

5 Wesentliche Unterschiede zum HGB

Einzelabschluss

In Deutschland besteht nach § 242 Abs. 1 HGB für jeden Kaufmann eine Rechnungslegungspflicht, die vor allem hinsichtlich Rechtsform, Größe und Tätigkeit unterschiedlich umfassend reguliert ist[11]. Die im angelsächsischen Raum seit langem übliche Differenzierung nach der Inanspruchnahme des Kapitalmarktes ist in Deutschland für den Einzelabschluss zumindest bisher unüblich.

Konzernrechnungslegungspflicht

Nach deutschem Recht ist die Konzernrechnungslegungspflicht an die Rechtsform des Mutterunternehmens (HGB) bzw. an die Größe des Konzerns (PublG) gebunden. Zwei Tatbestände, die in ihrer Kombination zu mit IAS 27 vergleichbaren Ergebnissen führen, haben gemäß § 290 HGB eine Aufstellungspflicht zur Folge:

Konzept der einheitlichen Leitung

- Nach dem Konzept der einheitlichen Leitung (§ 290 Abs. 1 HGB) ist eine Kapitalgesellschaft mit Sitz im Inland als Mutterunternehmen konzernrechnungslegungspflichtig, wenn ihr eine Beteiligung nach § 271 Abs. 1 HGB (20 %-Kapitalanteil als Beteiligungsvermutung) an einem anderen Unternehmen beliebiger Rechtsform (Tochterunternehmen) gehört und sie dieses tatsächlich einheitlich leitet. Eine bloße Beherrschungsmöglichkeit, wie nach IFRS üblich, reicht hier also nicht aus. Eine Einbeziehung von Zweckgesellschaften in Anlehnung an SIC-12 wird nach diesem Konzept häufig scheitern, da die geforderte Beteiligung gerade bei SPEs oft nicht vorhanden ist. Allerdings wird momentan im Rahmen des anstehenden Bilanzrechtsmodernisierungsgesetzes (BilMoG) diskutiert, ob das Erfordernis einer Beteiligung nach § 271 Abs. 1 HGB aus dem § 290 Abs. 1 HGB eliminiert wird. Zweckgesellschaften wären dann häufig auch nach HGB zu konsolidieren.

Control-Konzept

- Nach dem in § 290 Abs. 2 HGB kodifizierten Control-Konzept finden sich darüber hinaus den in IAS 27.13 genannten Kriterien weitgehend ähnliche Anhaltspunkte dafür, dass das Mutterunternehmen eine Beherrschungsmöglichkeit gegenüber dem Tochterunternehmen innehat. Als konkrete Hinweise, bei deren jeweiligem Vorliegen die Konzernrechnungslegungspflicht ebenfalls besteht, werden die Stimmrechtsmehrheit, das Recht, als Gesellschafter das Verwaltungs-, Leitungs- oder Aufsichtsorgan zu besetzen, und das Recht,

---

11 Vgl. hierzu auch Fußnote 1.

einen beherrschenden Einfluss auf beherrschungsvertraglicher oder Satzungsbasis auszuüben, genannt.

Daneben knüpfen die §§ 11-15 PublG die Konzernrechnungslegungspflicht für Nichtkapitalgesellschaften an die Erfüllung bestimmter Größenkriterien. Ein nicht in der Rechtsform einer Kapitalgesellschaft organisiertes Mutterunternehmen, das über ein oder mehrere Tochterunternehmen die einheitliche Leitung im Sinne von § 290 Abs. 1 HGB ausübt, hat dann einen Konzernabschluss aufzustellen, wenn es an drei aufeinander folgenden Konzernabschlussstichtagen jeweils mindestens zwei der folgenden drei Größenmerkmale erfüllt: (1) Die Konzernbilanzsumme übersteigt 65 Mio. €. (2) Die Konzernumsatzerlöse der jeweiligen Jahre betragen mehr als 130 Mio. €. (3) Die inländischen Konzernunternehmen hatten im jeweiligen Jahresdurchschnitt insgesamt mehr als 5.000 Mitarbeiter.

Größenkriterien nach PublG

Das HGB sieht folgende Befreiungen von der Konzernrechnungspflicht vor:

Ausnahmen von der Konzernrechnungslegungspflicht

- § 291 HGB bietet einem untergeordneten Mutterunternehmen (Zwischenholding) ein Wahlrecht, von der Aufstellung eines Teilkonzernabschlusses abzusehen, wenn es in den geprüften Konzernabschluss eines in der EU[12] ansässigen Mutterunternehmens einbezogen ist, dieser der 7. EU-Richtlinie und dem Recht des Sitzlandes entspricht und in deutscher Sprache aufgestellt ist, und Minderheitsgesellschafter die Aufstellung eines Teilkonzernabschlusses nicht verlangen (§ 291 Abs. 3 Nr. 2 HGB). Die befreiende Wirkung tritt nach § 291 Abs. 3 Nr. 1 HGB jedoch nicht ein, wenn die Zwischenholding eine im amtlichen Markt zum Handel zugelassene Aktiengesellschaft ist.
- § 291 HGB kann auch dann angewendet werden, wenn das übergeordnete Unternehmen seinen Sitz außerhalb der EU bzw. des Europäischen Wirtschaftsraumes hat, solange es einen Konzernabschluss nach dem der 7. EU-Richtlinie entsprechenden Recht eines EU-Mitgliedsstaates oder einen gleichwertigen Konzernabschluss aufstellt (§ 292 HGB).
- Eine größenabhängige Befreiungsvorschrift gilt nach § 293 HGB. Hiernach kann auf die Aufstellung eines Teilkonzernabschlusses verzichtet werden, wenn der Konzern an zwei aufeinander folgenden Abschlussstichtagen mindestens zwei der drei folgenden Merkmale erfüllt: (1) Die Bilanzsummen der einzubeziehenden Unternehmen übersteigen abzüglich auf der Aktivseite auszuweisender Fehlbeträge in der Summe (konsolidiert) nicht 19,272 (16,06) Mio. €. (2) Die entsprechenden Umsatzerlöse übersteigen in der Summe (konsolidiert) nicht 38,544 (32,12) Mio. €. (3) Die durchschnittliche Arbeitnehmerzahl übersteigt nicht 250. Diese Erleichterungsregel kann jedoch nicht in Anspruch genommen werden, wenn Wertpapiere eines der einzubeziehenden Konzernunternehmen an einem organisierten Markt im Sinne von § 2 Abs. 5 WpHG notiert sind. Im BilMoG ist allerdings eine Anhebung der Größenkri-

---

12 Hinzu treten nach § 291 Abs. 1 HGB die Vertragsstaaten des Abkommens über den Europäischen Wirtschaftsraum.

terien vorgesehen. Demnach dürften die Bilanzsummen 21,0 (19,25) Mio. € und die Umsatzerlöse 42,0 (38,5) Mio. € nicht übersteigen.

Weltabschlussprinzip

Auch nach HGB gilt das Weltabschlussprinzip, weshalb gemäß § 294 HGB sämtliche Tochterunternehmen, bezüglich derer keine Einbeziehungswahlrechte oder Einbeziehungsverbote bestehen, im Wege der Vollkonsolidierung in den Konzernabschluss einzubeziehen sind.

Konsolidierungswahlrechte

Die in § 296 Abs. 1 Nr. 3 HGB kodifizierte Ausnahme von der Einbeziehungspflicht wegen Weiterveräußerungsabsicht ist als Wahlrecht ausgestaltet. Weiterhin kann eine Einbeziehung unterbleiben, wenn die Ausübung der Rechte des Mutterunternehmens in Bezug auf das Vermögen oder die Geschäftsführung des Tochterunternehmens erheblichen und andauernden Beschränkungen unterliegt (§ 296 Abs. 1 Nr. 1 HGB) oder die für die Konzernabschlusserstellung erforderlichen Informationen nur unter Inkaufnahme unverhältnismäßig hoher Kosten oder Verzögerungen erlangt werden können (§ 296 Abs. 1 Nr. 2 HGB). Zudem brauchen Tochterunternehmen nicht in den Konzernabschluss einbezogen werden, wenn sie von untergeordneter Bedeutung für die Vermittlung der Vermögens-, Finanz- und Ertragslage sind. Gibt es mehrere solcher Tochterunternehmen, ist jedoch zu prüfen, ob diese zusammen von nicht untergeordneter Bedeutung und damit ggf. einzubeziehen sind (§ 296 Abs. 2 HGB).

Konsolidierungsverbot

Das bis Ende 2004 in § 295 HGB enthaltene Einbeziehungsverbot für Tochterunternehmen mit abweichender Tätigkeit ist seit dem Bilanzrechtsreformgesetz aufgehoben.

Equity-Bewertung

Tochterunternehmen, die auf Grund eines Einbeziehungsverbots oder Einbeziehungswahlrechts nicht vollkonsolidiert werden, sind im Konzernabschluss nach der Equity-Methode zu bewerten[13].

6 Wesentliche Unterschiede zu US-GAAP

Einzelabschluss

In den USA ist grundsätzlich jedes rechtlich selbständige, etwa in der dominierenden Rechtsform der Corporation organisierte Unternehmen durch einzelstaatliche Regelungen zur Aufstellung eines Einzelabschlusses verpflichtet. Der Umfang und Differenzierungsgrad dieser Pflicht hängt allerdings von der Inanspruchnahme des öffentlichen Kapitalmarktes ab. De facto wird der Einzelabschluss in den USA aufgrund seiner oben diskutierten Defizite für Informationszwecke vom Konzernabschluss ersetzt[14].

Konzernrechnungslegungspflicht

Für Unternehmen, die aufgrund eines US-Börsenlistings bei der SEC registriert sind, ergibt sich die Konzernrechnungslegungspflicht aus den Vorschriften der Regulation S-X (insbesondere Rule 3-01 und 3-02). Für die materielle Aus-

---

13 Vgl. *Pellens, B.*, § 311 HGB, Tz. 23-24, in: MünchKommHGB. Zur Equity-Methode vgl. Kapitel 24.
14 Vgl. *KPMG* (Hrsg.), US-GAAP, S. 223.

gestaltung dieser Pflicht wird jedoch auf die US-GAAP verwiesen. Einschlägig ist hier ARB 51 „Consolidated Financial Statements", aus dem sich die – von einer SEC-Registrierung unabhängige – Konzernrechnungslegungspflicht von Mutterunternehmen sowie Zielsetzung und Umfang des Konzernabschlusses ergeben (ARB 51.1).

Anders als die IFRS kennen die US-GAAP keine Befreiungen von der Konzernrechnungslegungspflicht für die Mutterunternehmen von Teilkonzernen. Aus diesem Grunde haben selbst 100%ige Tochterunternehmen einen Teilkonzernabschluss zu erstellen[15]. Dieses Konzept der Stufenabschlüsse wird auch als „Tannenbaumprinzip" bezeichnet.

Tannenbaumprinzip

Speziell zu Fragen des Konsolidierungskreises ist SFAS 94 „Consolidation of All Majority-Owned Subsidiaries" maßgeblich. Die IFRS-Vorschriften zu Aufstellungspflicht und Konsolidierungskreis sind weitgehend an die älteren US-GAAP-Normen angelehnt, so dass sich beide Rechnungslegungssysteme in dieser Hinsicht nur wenig voneinander unterscheiden. Auch nach US-GAAP ist folglich eine Beherrschungsmöglichkeit (control) erforderlich, um eine Vollkonsolidierungspflicht zu begründen. SFAS 94.1 bestimmt, dass diese Beherrschungsmöglichkeit auf einer kontrollierenden finanziellen Beteiligung (controlling financial interest) beruhen muss. Eine solche konkretisiert sich in aller Regel durch das Vorliegen einer Stimmrechtsmehrheit (SFAS 94.2), wenn auch unter Umständen eine Minderheitsbeteiligung ausreichen kann (SFAS 94.10, Regulation S-X Rule 3A-02). Im umgekehrten Fall kann auch trotz Stimmrechtsmehrheit eine Einbeziehungspflicht zu verneinen sein, wenn Minderheitsgesellschaftern weitgehende Zustimmungs- und Vetorechte (substantive participating rights) zustehen, die ihnen eine Einflussnahme auf das operative Tagesgeschäft erlauben (EITF 96-16)[16].

Konsolidierungskreis

Ebenso wie das IASB hat sich das FASB der Bilanzierung von Zweckgesellschaften zugewandt, um die missbräuchliche Vermeidung der Konsolidierungspflicht mit Hilfe derartiger Konstruktionen zu verhindern. Auch das FASB versuchte, sich von den juristisch geprägten und damit gestaltbaren Kriterien des herkömmlichen control-Konzepts zu lösen und über eine Stärkung der wirtschaftlichen Betrachtungsweise eine größere Zahl von Sachverhalten in die Konsolidierungspflicht zu ziehen.

Zweckgesellschaften

Ergebnis dieser Bestrebungen war die im Januar 2003 veröffentlichte Interpretation No. 46 „Consolidation of Variable Interest Entities – an Interpretation of ARB No. 51" (FIN 46)[17]. Sie wurde mehrfach ergänzt und zuletzt im Dezember 2003 in überarbeiteter Form als „FIN 46R" neu veröffentlicht. Eine Kon-

FIN 46R

---

15 Vgl. auch *Sürken, S.*, Abgrenzung der wirtschaftlichen Einheit nach US-GAAP, Frankfurt a.M. u.a. 1999, S. 54.
16 Vgl. im Einzelnen *KPMG* (Hrsg.), US-GAAP, S. 224-225.
17 Vgl. hierzu *Melcher, W./Penter, V.*, Konsolidierung von Objektgesellschaften und ähnlichen Strukturen nach US-GAAP – Von Special-Purpose Entities zu Variable Interest Entities, in: DB, 56. Jg. (2003), S. 513-518; *Pellens, B./Sellhorn, T./Streckenbach, J.*, Neue Abgrenzungskriterien für den Konsolidierungskreis – Zur Bilanzierung von Zweckgesellschaften nach FIN 46, KoR, 3. Jg. (2003), S. 191-194.

struktion wird mit dem neu geprägten Begriff der variable interest entity (VIE) zum einen dann bezeichnet, wenn deren Eigenkapitalgeber bei wirtschaftlicher Betrachtung nicht als Hauptrisikoträger gelten können (FIN 46R.5 (a)). Hiervon wird ausgegangen, wenn aufgrund der rechtlichen Ausgestaltung das Haftungskapital der Konstruktion nicht ausreicht, um ihre Geschäftstätigkeit ohne nachrangiges (Fremd-)Kapital zu finanzieren, also um die künftig erwarteten Verluste zu decken. Dies wird widerlegbar vermutet, wenn das Eigenkapital weniger als 10 % des Gesamtkapitals ausmacht. Zum anderen liegt eine VIE vor, wenn die Eigenkapitalgeber die Konstruktion trotz Mehrheitsbeteiligung bei wirtschaftlicher Betrachtung nicht beherrschen (FIN 46R.5 (b)). Neben mangelnden Stimmrechten kann eine Beherrschungsmöglichkeit daran scheitern, dass die VIE vom Sponsor per Satzungs- oder ähnlicher Bestimmung auf „Autopilot" geschaltet wurde. Ferner deutet ein fehlender Residualanspruch der Eigenkapitalgeber auf das Vorliegen einer VIE hin.

Variable interests

Eine VIE ist von ihrem Hauptbegünstigten (primary beneficiary) in dessen Konzernabschluss einzubeziehen. Ein Unternehmen muss folglich prüfen, ob es Geschäftsbeziehungen mit einer VIE unterhält und möglicherweise als Hauptbegünstigter einzustufen ist. Den Status des Hauptbegünstigten hat derjenige, der mehrheitlich an den Chancen und/oder Risiken (variable interests) der VIE partizipiert (FIN 46R.14). Diese variable interests sind definiert als ergebnisabhängige Vor- und/oder Nachteile, die auf vertraglichen, gesellschaftsrechtlichen oder anderen Vereinbarungen beruhen. Hierzu zählen beispielsweise Gewinnansprüche oder Verlustübernahmeverpflichtungen. FIN 46R erweitert folglich das an rechtlichen Kriterien orientierte control-Konzept um eine konsequent wirtschaftliche Betrachtungsweise, wodurch eine missbräuchliche Umgehung der Konsolidierungspflicht möglichst unterbunden werden soll.

Konsolidierungsverbot

SFAS 94.13 legt ein Konsolidierungsverbot für den Fall einer tatsächlich nicht mehr bestehenden Einflussmöglichkeit, etwa wegen eines Sanierungs- oder Insolvenzverfahrens, fest. Das bisher zusätzlich bestehende Konsolidierungsverbot wegen voraussichtlich nur vorübergehender Beherrschungsmöglichkeit, etwa wegen geplanter Wiederveräußerung, wurde durch SFAS 144 aufgehoben.

Bilanzierung nach SFAS 115

Die US-GAAP sehen eine Bilanzierung nicht vollkonsolidierter Tochterunternehmen nach den allgemeinen Vorschriften für Finanzaktiva und nicht nach der Equity-Methode vor (SFAS 94.15). Hier ist i.d.R. SFAS 115 einschlägig, wenn es sich bei den fraglichen Anteilen um Wertpapiere (securities) im Sinne dieses Standards handelt.

Ausgewählte Literatur

Melcher, W./Penter, V., Konsolidierung von Objektgesellschaften und ähnlichen Strukturen nach US-GAAP – Von Special-Purpose Entities zu Variable Interest Entities, in: Der Betrieb, 56. Jg. (2003), S. 513-518.
Pellens, B./Sellhorn, T./Streckenbach, J., Neue Abgrenzungskriterien für den Konsolidierungskreis – Zur Bilanzierung von Zweckgesellschaften nach FIN 46, in: KoR, 3. Jg. (2003), S. 191-194.
Schruff, W./Rothenburger, M., Zur Konsolidierung von Special Purpose Entities im Konzernabschluss nach US-GAAP, IAS und HGB, in: WPg, 55. Jg. (2002), S. 755-765.
Sürken, S., Abgrenzung der wirtschaftlichen Einheit nach US-GAAP – Neuere Entwicklungen und Vergleich mit den deutschen Vorschriften, Frankfurt a. M. u.a. 1999.
Zwingmann, L., Einbeziehung von Tochterunternehmen in den Konzernabschluss unter Berücksichtigung neuester Entwicklungen durch das Transparenz- und Publizitätsgesetz (TransPuG), in: DStR, 40. Jg. (2002), S. 971 ff.

Übungsaufgaben

Aufgabe 1:
In den Konzernabschluss werden eine Vielzahl von Tochter- und Enkelunternehmen einbezogen. Erläutern Sie den sog. Pyramiden-Effekt, der sich hierbei ergeben kann. Unterstützen Sie Ihre Ausführungen anhand eines selbstgewählten Beispiels. Erläutern Sie anschließend den Begriff der „Fiktion der rechtlichen Einheit", der einem Konzernabschluss zugrunde liegt.

Aufgabe 2:
a) Welchen Zweck verfolgen Unternehmen mit der Gründung von Zweckgesellschaften? Was sind die typischen charakteristischen Eigenschaften dieser so genannten Special Purpose Entities?
b) Warum werden Special Purpose Entities häufig nach IFRS, HGB und US-GAAP nicht in den Konsolidierungskreis einbezogen?
c) Das IASB reagierte auf diesen Umstand 1998 mit der Einführung von SIC-12. Wie wird hier eine Einbeziehung von Zweckgesellschaften geprüft?
d) Wie hat das FASB die Einbeziehung von Zweckgesellschaften (Variable Interest Entities) geregelt?

Aufgabe 3:
Prüfen Sie, ob in den folgenden Fällen Unternehmen nach IFRS oder HGB zu konsolidieren wären. Gehen Sie von einem deutschen kapitalmarktorientierten Mutterunternehmen (M) aus.

a) M besitzt 30 % der Anteile an T1 und 51 % der Anteile an T2. Darüber hinaus besitzt T2 25 % der Anteile an T1. Für T1 gilt, dass Stimmrechte nach Anteilsquote vergeben werden.

b) Wie ist der Sachverhalt aus a) zu beurteilen, wenn
   – die Anteile an T1 zur kurzfristigen Weiterveräußerung gehalten werden?
   – M seine Rechte in Bezug auf T1 und T2 aufgrund von erheblichen und andauernden Beschränkungen nicht ausüben kann?
   – die Kriterien zur größenabhängigen Befreiung nach § 293 HGB erfüllt sind?
   – die Tätigkeiten von M, T1 und T2 stark voneinander abweichen?

c) Ändern sich die Lösungen, wenn M lediglich 20 % der Anteile an T1 gehören, M jedoch T1 einheitlich leitet?

Kapitel 7
Rechenwerke

1 Bilanz 164
   1.1   Bilanzelemente 164
   1.2   Gliederungsvorschriften 165

2 Gesamterfolgsrechnung 168
   2.1   Elemente der Gesamterfolgsrechnung 168
   2.2   Gliederungsvorschriften 171
   Exkurs: Financial Statement Presentation Project
           des IASB und des FASB 176

3 Eigenkapitalveränderungsrechnung 180
   3.1   Elemente und Inhalte der Eigenkapitalveränderungsrechnung 180
   3.2   Gliederungsvorschriften 180

4 Kapitalflussrechnung 182
   4.1   Regelungsgrundlage, Anwendungsbereich und Zielsetzung 182
   4.2   Grundsätze zur Erstellung einer Kapitalflussrechnung 185
   4.3   Cashflowabgrenzung 185
   4.4   Aufbau der Kapitalflussrechnung 190
   4.5   Anhangangaben 198

5 Wesentliche Unterschiede zum HGB 199
   5.1   Bilanz 199
   5.2   Gesamterfolgsrechnung 199
   5.3   Eigenkapitalveränderungsrechnung 200
   5.4   Kapitalflussrechnung 200

6 Wesentliche Unterschiede zu US-GAAP 201
   6.1   Bilanz 201
   6.2   Gesamterfolgsrechnung 203
   6.3   Eigenkapitalveränderungsrechnung 205
   6.4   Kapitalflussrechnung 208

Ausgewählte Literatur 208

Übungsaufgaben 209

Rechenwerke als Bestandteile eines informationsorientierten Abschlusses

Zu einem vollständigen IFRS-Einzel- oder Konzernabschluss zählen die vier Rechenwerke Bilanz, Gesamterfolgsrechnung, Kapitalflussrechnung und Eigenkapitalveränderungsrechnung sowie erläuternde Anhangangaben. Diese Abschlussbestandteile dienen der Information. Adressaten sollen entscheidungsrelevante Informationen über die Entwicklung der Vermögens- und Finanzlage (RK.12) sowie über die künftigen Cashflows des Unternehmens (IAS 1.9) erhalten. Die Darstellung hat dabei den tatsächlichen Verhältnissen zu entsprechen (fair presentation, RK.46).

Funktionen der einzelnen Rechenwerke

Die Bilanz gibt den Rechnungslegungsadressaten einen umfassenden Einblick in die Vermögens- und Finanzlage des berichtenden Unternehmens zum Bilanzstichtag. Einen Einblick in die Ertragslage verschafft die Gesamterfolgsrechnung, während die Kapitalflussrechnung die Liquiditätslage eines Unternehmens abbildet.

Grundsätzlich ließen sich Ertrags- und Liquiditätslage auch durch den Vergleich der Bilanzen zweier aufeinander folgender Geschäftsjahre eines Unternehmens bestimmen. Die Veränderung der Liquidität ergibt sich aus dem Saldo der Bestände an liquiden Mitteln zum Anfang und zum Ende einer Berichtsperiode. Der Saldo der Gesamterfolgsrechnung verändert die Höhe des Eigenkapitals, wobei hier bereits die Grenzen eines bloßen Bilanzabgleichs sichtbar werden. Auch Transaktionen, die zwischen Gesellschaftern und Unternehmen stattfinden (z.B. Kapitalerhöhungen, Dividenden) führen zu einer Veränderung des Eigenkapitals. Mithin ist die Veränderung des Eigenkapitals im Zeitablauf nicht allein durch die eigentliche Unternehmenstätigkeit zu erklären. Die Eigenkapitalveränderungsrechnung heilt diesen Mangel und zeigt den Abschlusslesern sämtliche Quellen der Reinvermögensänderungen auf. Ähnliche Funktionen haben auch die Gesamterfolgsrechnung und die Kapitalflussrechnung: Erstere gibt Aufschluss über die Ergebnisquellen, d.h. aus welchen Aufwendungen und Erträgen sich der Periodengesamterfolg zusammensetzt. Letztere zeigt die Herkunft der Ein- und Auszahlungen einer Periode. Abbildung 7.1 vermittelt einen Überblick über den Zusammenhang der beschriebenen Rechenwerke.

Relevante Standards

Für die Darstellung des Abschlusses gelten derzeit die Regelungen des im September 2007 vom IASB verabschiedeten IAS 1 „Darstellung des Abschlusses" (Presentation of Financial Statements). Während IAS 1 die Inhalte sowie Gliederungsvorschriften von Bilanz, Gesamterfolgsrechnung und Eigenkapitalveränderungsrechnung regelt, existiert für die Aufstellung der Kapitalflussrechnung mit IAS 7 „Kapitalflussrechnung" (Cash Flow Statements) ein eigener Standard. Entsprechend sind die bestehenden Bestimmungen für Bilanz, Gesamterfolgsrechnung und Eigenkapitalveränderungsrechnung vergleichsweise wenig detailliert. Lediglich die Abbildung bestimmter ungewöhnlicher Sachverhalte innerhalb der Bilanz und der Gesamterfolgsrechnung wird explizit in anderen Standards festgelegt (vgl. etwa Kapitel 27 zu aufgegebenen Geschäftsbereichen).

Benennung der Rechenwerke

Neben der Zwecksetzung der Finanzberichterstattung von Unternehmen nennt IAS 1 ihre notwendigen Bestandteile, deren jeweilige Benennung allerdings nach neuer Fassung des IAS 1.10 nicht zwingend vorgeschrieben ist. Daher sollen im Folgenden die gängigen Begriffe „Bilanz" (statement of financial position), „Eigenkapitalveränderungsrechnung" (statement of changes in equity) und „Kapitalflussrechnung" (statement of cash flows) beibehalten werden. Lediglich der Begriff der „Gewinn- und Verlustrechnung" wird nicht mehr verwendet, da das Aufwendungen und Erträge zusammenfassende Rechenwerk durch den neu verabschiedeten IAS 1 grundsätzlich verändert wurde[1]. Im Folgenden wird dieses Rechenwerk daher als „Gesamterfolgsrechnung" (statement of comprehensive income) bezeichnet.

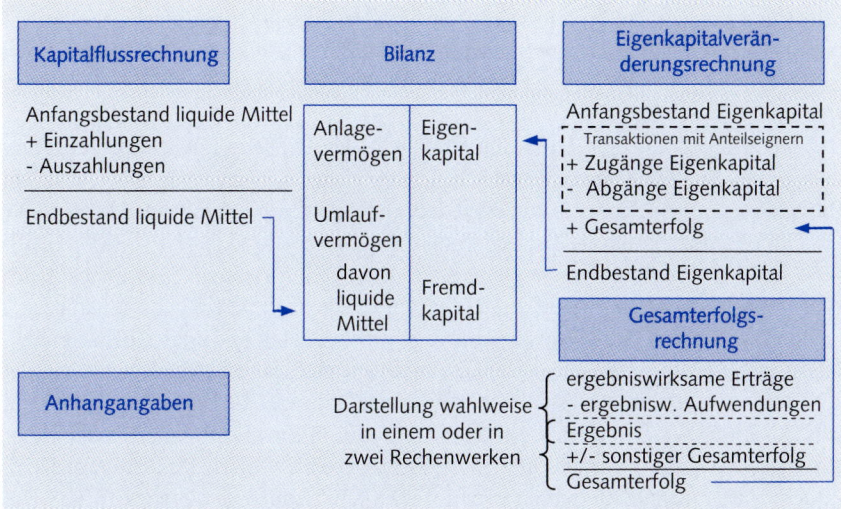

Abb. 7.1: Zusammenhang der Pflichtbestandteile des IFRS-Abschlusses

In diesem Kapitel sollen Sie lernen,
- welche Inhalte die einzelnen Rechenwerke haben und welche Gliederungsvorschriften für sie gelten,
- wie ihre jeweiligen Posten zu definieren und voneinander abzugrenzen sind und
- welche entscheidenden Unterschiede zu den Vorschriften nach HGB und US-GAAP bestehen.

---

1 Vgl. hierzu ausführlich Abschnitt 3.

1 Bilanz

1.1 Bilanzelemente

Aufgabe der Bilanz

Die Aufgabe der Bilanz als Bestandteil eines vollständigen IFRS-Abschlusses besteht in der Vermittlung eines umfassenden Bildes über die Vermögens- und Finanzlage eines Unternehmens zum Ende einer Berichtsperiode.

Elemente der Bilanz

Die Elemente der Bilanz nennt und definiert das Rahmenkonzept: In der Bilanz werden die Vermögenswerte (assets) auf der Aktivseite den Schulden (liabilities) und dem Eigenkapital (equity) auf der Passivseite gegenüber gestellt. Auf diese Weise gewährt sie sowohl einen Einblick in die Vermögensstruktur (Mittelverwendung) als auch in die Struktur des die Vermögenswerte finanzierenden Kapitals (Mittelherkunft).

Bilanzansatzkriterien

Sachverhalte, die der im Rahmenkonzept des IASB verankerten Definition dieser drei Elemente genügen (RK.49), führen noch nicht zwingend zu einem Bilanzansatz, sondern sind zunächst lediglich abstrakt bilanzierungsfähig. Die tatsächliche oder konkrete Bilanzierungsfähigkeit ergibt sich erst mit der Erfüllung von im Rahmenkonzept genannten Kriterien für einen Bilanzansatz: Im Wesentlichen sieht das Board die Erfassung eines abstrakt bilanzierungsfähigen Sachverhalts dann vor, wenn die mit ihm verbundenen Zu- oder Abflüsse wirtschaftlichen Nutzens erstens wahrscheinlich (probable), d.h. hinreichend sicher, sind und er zweitens verlässlich bewertet (reliable measurement) werden kann (RK.50 u. 82-91). Diese im Rahmenkonzept und in Einzelstandards niedergelegten Ansatzkriterien werden in den konkretisierenden Standards aufgegriffen[2]. Zudem wird nach IFRS weniger eine rechtliche denn eine wirtschaftliche Betrachtungsweise (substance over form) gewählt. So kann es nach RK.51 trotz mangelnden rechtlichen Eigentums zu einem Bilanzansatz kommen, vor allem beim Finanzierungsleasing.

Keine Bilanzierungshilfen

Bilanzierungshilfen wie z.B. die Aktivierung von Aufwendungen für Ingangsetzung und Erweiterung des Geschäftsbetriebes, deren Erfassung handelsrechtlich noch erlaubt ist, kennen die IFRS hingegen nicht. Genauso wenig ist die aktivische Abgrenzung eines Disagios erlaubt; dieses vermindert vielmehr den Buchwert der Verbindlichkeit, der dann ratierlich über ihre Laufzeit zugeschrieben wird. Aktive (und auch passive) latente Steuern müssen wiederum nach den Vorschriften des IASB angesetzt werden, da sie der Definition von Vermögenswerten (bzw. Schulden) genügen.

---

2 Vgl. exemplarisch für immaterielle Vermögenswerte IAS 38.21 und für als Finanzinvestition gehaltene Immobilien IAS 40.16. Vgl. dazu auch Kapitel 5.

1.2 Gliederungsvorschriften

Neben der Zwecksetzung der Finanzberichterstattung und der Benennung ihrer notwendigen Bestandteile (IAS 1.10) enthält IAS 1 Gliederungsschemata für Bilanz und Gesamterfolgsrechnung. Die Notwendigkeit einer geeigneten Aufspaltung der in einer Bilanz anzusetzenden Posten leitet sich aus der Informationsfunktion von Jahresabschlüssen ab. Die in IAS 1 enthaltene Bilanzgliederung ist jedoch nicht als starre Formatvorgabe zu verstehen, sondern vielmehr als Katalog der zwingend auszuweisenden Mindestpositionen. Die konkrete Darstellung bleibt den individuellen Anforderungen eines jeden Unternehmens und seines Umfeldes überlassen. In Tabelle 7.1 wird die Mindestgliederungstiefe der Bilanz am Beispiel der allgemeinen Vorgaben des IAS 1.54 aufgezeigt. *Mindestgliederungstiefe*

Gemäß IAS 1.29 sind alle wesentlichen Positionen im Abschluss gesondert darzustellen, während ähnliche Sachverhalte unbedeutenden Umfangs zusammenzufassen sind. Weiterhin ist nach IAS 1.32 eine Saldierung von Vermögenswerten und Schulden (etwa von finanziellen Vermögenswerten und finanziellen Schulden) grundsätzlich nicht zulässig, es sei denn dies wird von einem Standard explizit erlaubt oder gar gefordert. So sieht etwa IAS 12.71 unter bestimmten restriktiven Voraussetzungen die Saldierung tatsächlicher Steuererstattungsansprüche und tatsächlicher Steuerschulden vor (vgl. Kapitel 8). *Wesentlichkeit von Posten und Saldierung*

Das Board schreibt für die Bilanz weder ein bestimmtes Präsentationsformat (Konto- oder Staffelform) noch eine bestimmte Reihenfolge der 20 verpflichtend darzustellenden Positionen vor. Das im Anhang des IAS 1 gegebene Beispiel für eine Bilanz lässt jedoch vermuten, dass grundsätzlich die Staffelform bevorzugt wird. Zusätzliche Sachverhalte, Gruppenüberschriften und Zwischensummen sind auszuweisen, sofern ein anderer Standard bzw. eine Interpretation dieses fordert oder wenn nur so eine glaubwürdige Darstellung (fair presentation) der Vermögens-, Finanz- und Ertragslage des Unternehmens erzielt werden kann (IAS 1.55 und IAS 1.57). Dies kann auch die Angabe weiterer Posten in der Bilanz oder im Anhang notwendig machen (IAS 1.59). So kann die Position Sachanlagen weiter in art- und verwendungsverwandte Gruppen von Vermögenswerten unterteilt werden. IAS 16.37 nennt exemplarisch u.a. unbebaute Grundstücke, Grundstücke und Gebäude, Maschinen und technische Anlagen, Schiffe und Betriebsausstattung als eigenständige Gruppen. *Wahlrecht beim Präsentationsformat*

In Abhängigkeit von der Geschäftstätigkeit eines Unternehmens hat das Management darüber zu bestimmen, ob es Bilanzpositionen in die Kategorien kurzfristige (current) und langfristige (non-current) Vermögenswerte bzw. Schulden unterteilt oder sie stattdessen nach dem Kriterium der Liquidität ordnet.

Wird eine Unterteilung nach der Fristigkeit vorgenommen, hat diese entsprechend den Vorschriften von IAS 1.60-68 zu erfolgen. Danach sind solche Vermögenswerte und Schulden als kurzfristig zu klassifizieren, die sich innerhalb eines Geschäftszyklusses oder innerhalb eines Jahres realisieren bzw. erfüllt werden. Der Geschäftszyklus umfasst den Zeitraum vom Materialeinkauf über den Leistungserstellungsprozess bis zur Umsatzrealisierung. Je nach Unternehmenstätigkeit kann er weitaus länger (Anlagenbau), aber auch kürzer (Molkerei) als ein Jahr sein. *Gliederung nach Fristigkeit*

Assets	Aktiva
▪ Property, plant and equipment ▪ Investment property ▪ Intangible assets ▪ Financial assets (excluding investments accounted for using the equity method, trade and other receivables, cash and cash equivalents) ▪ Investments accounted for using the equity method ▪ Biological assets ▪ Inventories ▪ Trade and other receivables ▪ Cash and cash equivalents ▪ Assets for current tax, as defined in IAS 12 "Income Taxes" ▪ Deferred tax assets, as defined in IAS 12 ▪ Total of assets classified as held for sale and assets included in disposal groups classified as held for sale in accordance with IFRS 5 "Non-current Assets Held for Sale and Discontinued Operations"	▪ Sachanlagen ▪ Als Finanzinvestition gehaltene Immobilien ▪ Immaterielle Vermögenswerte ▪ Finanzielle Vermögenswerte (außer nach der Equity-Methode bewertete Finanzanlagen, Forderungen aus Lieferungen und Leistungen und sonstige Forderungen, Zahlungsmittel und Zahlungsmitteläquivalente) ▪ Nach der Equity-Methode bilanzierte Finanzanlagen ▪ Biologische Vermögenswerte ▪ Vorräte ▪ Forderungen aus Lieferungen und Leistungen und sonstige Forderungen ▪ Zahlungsmittel und Zahlungsmitteläquivalente ▪ Steuererstattungsansprüche gemäß IAS 12 „Ertragsteuern" ▪ Latente Steueransprüche gemäß IAS 12 ▪ Summe der Vermögenswerte, die gemäß IFRS 5 „Zur Veräußerung gehaltene langfristige Vermögenswerte und aufgegebene Geschäftsbereiche" als zur Veräußerung gehalten klassifiziert werden, und der Vermögenswerte, die zu einer als zur Veräußerung gehalten klassifizierten Veräußerungsgruppe gehören
Equity and liabilities	**Passiva**
▪ Trade and other payables ▪ Provisions ▪ Financial liabilities (excluding trade and other payables, provisions) ▪ Liabilities for current tax, as defined in IAS 12 "Income Taxes" ▪ Deferred tax liabilities, as defined in IAS 12 ▪ Minority interest, presented within equity ▪ Issued capital and reserves attributable to equity holders of the parent ▪ Liabilities included in disposal groups classified as held for sale in accordance with IFRS 5	▪ Verbindlichkeiten aus Lieferungen und Leistungen und sonstige Verbindlichkeiten ▪ Rückstellungen ▪ Finanzielle Schulden (außer Verbindlichkeiten aus Lieferungen und Leistungen und sonstige Verbindlichkeiten sowie Rückstellungen) ▪ Steuerschulden gemäß IAS 12 „Ertragsteuern" ▪ Latente Steuerschulden gemäß IAS 12 ▪ Minderheitsanteile am Eigenkapital ▪ Gezeichnetes Kapital und Rücklagen, die den Anteilseignern des Mutterunternehmens zuzuordnen sind ▪ Schulden, die den Veräußerungsgruppen zugeordnet sind, die gemäß IFRS 5 als zur Veräußerung gehalten klassifiziert sind

Tab. 7.1: Mindestgliederungstiefe der Bilanz gemäß IAS 1.54

Unterbleibt eine Unterteilung nach der Fristigkeit, sind die Positionen alternativ grob nach dem Kriterium der Liquiditätsnähe zu ordnen (IAS 1.60). Eine Gliederung nach der Liquiditätsnähe sollte jedoch nur als Ausnahme von der grundsätzlich vorzunehmenden Gliederung nach der Fristigkeit gewählt werden, wenn dadurch die Informationen besser dargestellt werden. Finanzdienstleistern und Konzernunternehmen, welche keinen einheitlichen, sondern aufgrund der Vielfältigkeit ihrer Tätigkeit mehrere überlappende Geschäftszyklen haben, wird das Unterscheidungskriterium nach der Liquiditätsnähe, allen übrigen Unternehmen hingegen die Gliederung nach der Fristigkeit empfohlen (IAS 1.62-63).

Gliederung nach Liquidierbarkeit

Wird die Umsetzung der Gliederungsvorschriften nach der Fristigkeit ernst genommen, so führt dies auf der Passivseite neben dem Ausweis von Eigenkapital zu keiner Trennung von Verbindlichkeiten und Rückstellungen, sondern zu der Bildung jeweils „gemischter" lang- und kurzfristiger Schulden. Abweichend hiervon nennt IAS 1.54 jedoch explizit auch Rückstellungen als eine separat auszuweisende Bilanzposition. Auch in der Praxis deutscher nach IFRS bilanzierender Unternehmen wird diese Einteilung nach der Fristigkeit bisher kaum berücksichtigt. Stattdessen behalten viele Unternehmen meist noch die nach HGB geforderte Einteilung in Verbindlichkeiten, Rückstellungen, latente Steuern und den nach internationalen Standards unbekannten Rechnungsabgrenzungsposten ggf. mit den erforderlichen Anhangangaben bei[3].

Gemischte Schuldenpositionen

Weder im Rahmenkonzept noch in IAS 1 oder einer sonstigen Verlautbarung des IASB findet sich eine direkte Definition von Rechnungsabgrenzungsposten. Allerdings ergibt sich die Notwendigkeit einer Erfassung von Abgrenzungsposten aus dem in IAS 1.27 geforderten Konzept der Periodenabgrenzung (accrual basis). Dabei fordert IAS 1.28 grundsätzlich nur den Ansatz solcher Sachverhalte in aktiven bzw. passiven Posten, welche der Definition von Vermögenswerten bzw. Schulden genügen[4]. Mithin bilden Abgrenzungsposten keine eigene Kategorie neben Vermögenswerten und Schulden, sondern werden entsprechend unter kurz- bzw. langfristigen Vermögenswerten oder Schulden subsumiert. So ergibt sich etwa der Ansatz aktiver Posten für Ausgaben, die erst in der Folgeperiode einen erwarteten ökonomischen Nutzen im Empfang von Waren oder Dienstleistungen haben (z.B. aufgrund voraus gezahlter Miete oder Versicherungsprämien), weil sie der Definition von Vermögenswerten genügen. Diese prepaid expenses entsprechen den deutschen transitorischen Rechnungsabgrenzungsposten und sind nach IFRS unter den sonstigen Forderungen im Umlaufvermögen auszuweisen. Entsprechend sind passive Posten für erhaltene Zahlungen (deferred revenues) für künftige Verpflichtungen abzugrenzen[5] und je nach ihrer Fristigkeit unter den lang- oder kurzfristigen Schulden auszuweisen. So

Rechnungsabgrenzungsposten

---

3 Vgl. *von Keitz, I.,* Praxis der IASB-Rechnungslegung, 2. Aufl., Stuttgart, 2005, S. 149-154.
4 Auf mögliche Abweichungen von diesem Grundsatz weist das Board in RK.52 hin: Demnach können bestehende Standards den Ausweis von Sachverhalten in der Bilanz fordern, die nicht den Definitionen von Vermögenswerten, Schulden oder Eigenkapital entsprechen.
5 Vgl. *ADS International*, Abschnitt 1: Konzeptionelle Grundlagen, Tz. 172-177.

sind Veräußerungsgewinne, die bei Sale-and-Lease-Back-Transaktionen entstehen, wenn sie in ein Finanzierungsleasing münden, passiv beim Leasingnehmer abzugrenzen und über die Laufzeit des Vertrages aufzulösen anstatt direkt zu vereinnahmen (IAS 17.59; vgl. Kapitel 21).

Zusatzinformationen in Bilanz oder Anhang

Zusätzlich zu den in der Grobgliederung aufgeführten Positionen werden vom IASB bestimmte Informationen explizit benannt, die entweder in der Bilanz oder aber im Anhang veröffentlicht werden müssen. Nach IAS 1.79 zählen dazu Angaben zu genehmigten Anteilen sowie Angaben zu den davon ausgegebenen Anteilen, die Beschreibung der Beschaffenheit und des Zwecks der Rücklagenpositionen des Eigenkapitals sowie der Betrag der vorgeschlagenen bzw. angekündigten Dividende. Unternehmen ohne Gezeichnetes Kapital, wie z.B. Personengesellschaften, haben nach IAS 1.80 äquivalente Informationen in der Bilanz oder im Anhang zu veröffentlichen.

Veröffentlichung einer dritten Bilanz

Gemäß dem neu gefassten IAS 1.10(f) ist im Falle einer Fehlerkorrektur, der retrospektiven Änderung der Bilanzierungs- und Bewertungsmethoden oder der Umgliederung eines Abschlusspostens (vgl. hierzu Kapitel 26) nun die Eröffnungsbilanz der Vergleichsperiode zu veröffentlichen. Damit sind in den genannten Fällen insgesamt drei Bilanzen zu zeigen: die Schlussbilanz der aktuellen Periode sowie die Schluss- und die Eröffnungsbilanz der Vergleichsperiode.

2 Gesamterfolgsrechnung

2.1 Elemente der Gesamterfolgsrechnung

Aufgabe und Elemente der Gesamterfolgsrechnung

Die Gesamterfolgsrechnung (statement of comprehensive income) soll den Jahresabschlussadressaten detaillierte Informationen über Ausmaß und Quellen der Ertrags- bzw. Leistungskraft eines Unternehmens in einer Periode vermitteln. Dazu werden die während der Berichtsperiode angefallenen Aufwendungen (expenses) den Erträgen (income) gegenübergestellt (RK.47). Als Zwischensaldo der ergebniswirksamen Posten dieser Zeitraumrechnung wird das Periodenergebnis (profit or loss) ausgewiesen, während der Periodengesamterfolg den Gesamtsaldo dieser Rechnung unter Einbeziehung ergebnisneutraler Aufwendungen und Erträge (sonstiger Gesamterfolg) darstellt. RK.70 liefert eine Definition von Erträgen einerseits und Aufwendungen andererseits. Demnach führen Erträge zu Zuflüssen bzw. Werterhöhungen von Vermögenswerten oder zur Abnahme von Schuldenpositionen. Im Gegensatz dazu entstehen Aufwendungen aus dem Abfluss oder der Wertverminderung eines Vermögenswertes bzw. der Erhöhung einer Schuld im Berichtszeitraum. Nach der Definition des Rahmenkonzepts verändern Erträge (Aufwendungen) immer das Eigenkapital positiv (negativ), sind aber nicht auf Kapitaltransaktionen zwischen Anteilseignern und Unternehmen (Einlagen, Ausschüttungen) zurückzuführen. Analog zu den Ansatzvoraussetzungen in der Bilanz gilt auch für den Ansatz in der Gesamterfolgsrechnung RK.83, wonach nur Sachverhalte anzusetzen sind, die sowohl wahrscheinlich (probable) als auch verlässlich bewertbar (reliably measureable) sind.

Anders als nach der im Rahmenkonzept vorgenommenen, z.T. missverständlichen Abgrenzung zwischen Erlösen (revenues) und anderen Erträgen (gains) bzw. Aufwendungen im Rahmen der gewöhnlichen Geschäftstätigkeit (expenses) und anderen Aufwendungen (losses) (vgl. dazu Kapitel 5) wird gemäß IAS 1 nicht zwischen Erträgen und Aufwendungen der gewöhnlichen Tätigkeit und solchen aus außerordentlichen Sachverhalten differenziert. Ein Ausweis von Posten in der Gesamterfolgsrechnung oder im Anhang als „außerordentlich" wird gemäß IAS 1.87 sogar explizit untersagt. Die Gesamterfolgsrechnung berücksichtigt daher gemäß IAS 1.81 alle in einer Periode erfassten Aufwands- und Ertragsposten, unabhängig davon, ob sie im Hinblick auf das Periodenergebnis ergebniswirksam oder ergebnisneutral gebucht wurden.

Abgrenzung der Elemente der Periodenerfolgsrechnung

Für die Realisierung von Erträgen gilt ein weit gefasstes Realisationsprinzip. Anders als nach deutschem Verständnis wird für den Zeitpunkt der Gewinnrealisierung vor dem Hintergrund der Informationsfunktion der Rechnungslegung auf das Konzept der Periodenabgrenzung und weniger auf das Vorsichtsprinzip abgestellt (IAS 1.27-28; RK.22). Deshalb ist für die ergebniswirksame Berücksichtigung von Erträgen in der Periodenerfolgsrechnung nicht der Gefahrenübergang ausschlaggebend. Nach IFRS werden neben realisierten auch realisierbare, d.h. unrealisierte, Erträge erfasst. Die weite Definition des Realisationsprinzips ergibt sich deutlich aus einzelnen Standards. So werden z.B. bei langfristiger Auftragsfertigung noch unrealisierte, aber künftig hinreichend sicher anfallende Auftragserlöse (contract revenues) gemäß IAS 11.11 vorvereinnahmt. Darüber hinaus wird aus der Behandlung von Erträgen gemäß IAS 18 „Erträge" deutlich, dass für einen ergebniswirksamen Ansatz in der Gesamterfolgsrechnung ihre Realisierbarkeit hinreichend ist. Auch aus der Neubewertung resultierende Erträge können schon vor ihrer eigentlichen Realisierung ergebniswirksam oder ergebnisneutral in der Gesamterfolgsrechnung angesetzt werden. So beeinflusst gemäß IAS 40.35 ein unrealisierter Gewinn aus der Wertänderung einer als Finanzinvestitionen gehaltenen Immobilie das Periodenergebnis.

Realisationsprinzip

Der Zeitpunkt der Erfassung von Aufwendungen wird konkret im Rahmenkonzept an den Zeitpunkt der Vereinnahmung der korrespondierenden Erträge geknüpft (matching principle). Nach dem Konzept der sachlichen Abgrenzung sollen also Aufwendungen und Erträge, die aus demselben Sachverhalt resultieren, auch gleichzeitig berücksichtigt werden (RK.95).

Matching principle

Genügt ein Geschäftsvorfall der Definition von Erträgen bzw. Aufwendungen, so ist es möglich, dass er zwar in der Gesamterfolgsrechnung erfasst wird, nicht aber das Periodenergebnis beeinflusst. Denn das Periodenergebnis bildet nur einen Zwischensaldo der Gesamterfolgsrechnung und umfasst nur einen Teil der Aufwendungen und Erträge einer Periode. Andere Aufwendungen und Erträge dagegen werden erst unterhalb dieser Zwischensumme in der Gesamterfolgsrechnung erfasst und beeinflussen damit den Gesamterfolg, nicht aber das zuvor als Zwischensumme ermittelte Periodenergebnis. Während die im Periodenergebnis zusammengefassten Aufwendungen und Erträge hier als *ergebnis-*

Ergebnisneutrale Erträge und Aufwendungen

wirksam bezeichnet werden, werden die restlichen in der Gesamterfolgsrechnung erfassten Aufwendung und Erträge im Folgenden als *ergebnisneutral* bezeichnet. Ergebnisneutrale Vorgänge werden unter dem sonstigen Gesamterfolg subsumiert. Welche Aufwendungen und Erträge ergebniswirksam innerhalb des Periodenergebnisses zu erfassen sind und welche dagegen ergebnisneutral ausserhalb dieser Zwischensumme verbleiben, ergibt sich nicht aus IAS 1, sondern explizit aus den jeweiligen Standards (IAS 1.88). So sind etwa Werterhöhungen und anschließende Wertminderungen in maximal gleichem Umfang aus der Neubewertung von Sachanlagevermögen oder immateriellen Vermögenswerten sowie Gewinne und Verluste aus der Marktbewertung bestimmter Wertpapiere zwar als Erträge bzw. Aufwendungen in die Gesamterfolgsrechnung aufzunehmen, sie beeinflussen aber nicht das Periodenergebnis (IAS 16.39-40, IAS 38.85-86, IAS 39.55(b))[6]. Obwohl die ergebnisneutralen Aufwendungen und Erträge meist aus Neubewertungssachverhalten resultieren, gibt es vom IASB bisher keine eindeutigen Abgrenzungskriterien für die eine oder andere Aufwands- bzw. Ertragskategorie. Auch die Behandlung der ergebnisneutral erfassten Sachverhalte ist in den Folgeperioden uneinheitlich: Einzelne Standards, wie beispielsweise IAS 39 bezüglich zur Veräußerung gehaltener Wertpapiere, sehen für zunächst ergebnisneutral erfassten Wertschwankungen deren ergebniswirksame Erfassung bei Veräußerung vor (recycling; vgl. Kapitel 19). Andere ergebnisneutrale Wertschwankungen dagegen werden auch in den Folgeperioden nicht vollständig im Periodenergebnis berücksichtigt[7], so dass es auf Basis des Periodenergebnisses zu einem Verstoß gegen das Kongruenzprinzip kommt. Auf Basis des weniger prominenten Saldos des Gesamterfolgs dagegen bleibt dieses Prinzip gewahrt.

Periodenergebnis, sonstiger Gesamterfolg und Gesamterfolg

Die ergebniswirksamen Aufwendungen und Erträge addieren sich zum Periodenergebnis (profit or loss), die ergebnisneutralen Aufwendungen und Erträge werden als *sonstiger Gesamterfolg* (other comprehensive income) bezeichnet. Der *Gesamterfolg* (comprehensive income) ergibt sich aus der Summe beider Teilerfolge. Aus obigen Ausführungen ergibt sich die in Abbildung 7.2 gezeigte Abgrenzung von Aufwendungen und Erträgen.

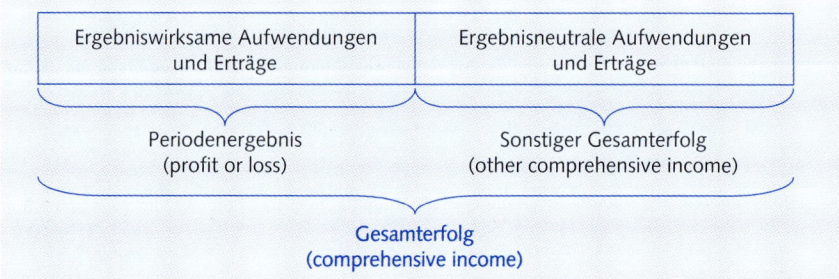

Abb. 7.2: Abgrenzung von Ergebnis und sonstigem Gesamterfolg nach IFRS

---

6 Vgl. zu den genannten Standards die Ausführungen in Kapitel 11, 12 und 19.
7 Vgl. hierzu Beispiel 11.9 in Kapitel 11.

2.2 Gliederungsvorschriften

Gemäß IAS 1.81 existieren für die Gesamterfolgsrechnung zwei Darstellungsmöglichkeiten, die sich lediglich hinsichtlich einer zusätzlichen Unterteilung des Rechenwerkes unterscheiden. Es sollen entweder

- alle Aufwendungen und Erträge in einem Rechenwerk zusammengefasst werden, wobei das Periodenergebnis einen Zwischensaldo der ergebniswirksamen Aufwendungen und Erträge bildet (single statement approach), oder
- die Darstellung erfolgt in zwei separaten Teilrechenwerken: Während die Gewinn- und Verlustrechnung (income statement) als erstes Teilrechenwerk die ergebniswirksamen Aufwendungen und Erträge im Periodenergebnis zusammenfasst, ist in einem zweiten Teilrechenwerk dieses Periodenergebnis durch die ergebnisneutralen Aufwendungen und Erträge auf den Periodengesamterfolg überzuleiten (two statement approach).

Zwei Varianten der Darstellung

Die Varianten unterscheiden sich lediglich hinsichtlich der Darstellung in einem Rechenwerk oder einer Aufspaltung dieses Rechenwerks nach Ermittlung des Periodenergebnisses in zwei Teilrechenwerke. Je nach Wahl der Darstellungsvariante wird dem Periodenergebnis optisch somit eine mehr oder weniger prominente Stellung eingeräumt[8]. Obgleich das IASB eine Darstellung in einem einzigen Rechenwerk präferiert (IAS 1.BC53), wollte es diese nicht verbindlich gegen den starken Widerstand der Praxis durchsetzen, die dem Periodenergebnis weiterhin einen hohen Stellenwert beimisst (IAS 1.BC52).

Für die Gesamterfolgsrechnung verlangt IAS 1.82-83 unabhängig von der gewählten Darstellungsvariante die in Tabelle 7.2 abgebildete Mindestgliederungstiefe.

Mindestgliederung

Analog zur Bilanz gilt auch für die Gesamterfolgsrechnung der in IAS 1.29 kodifizierte Grundsatz der Wesentlichkeit, wonach Beträge von bedeutendem Umfang separat und art- oder funktionsverwandte Aufwendungen bzw. Erträge von untergeordneter Bedeutung zusammengefasst auszuweisen sind.

Wesentlichkeitsgrundsatz

Ein bestimmtes Präsentationsformat (Konto- bzw. Staffelform) schreibt das IASB auch für die Gesamterfolgsrechnung nicht vor. Zusätzliche Posten, Gruppenüberschriften und Zwischensummen sind auszuweisen, sofern ein anderer IFRS dieses fordert oder wenn nur dadurch eine glaubwürdige Darstellung (fair presentation) der Ertragslage des Unternehmens erzielt wird (IAS 1.84). Selbst die Reihenfolge der verpflichtend auszuweisenden Positionen ist nicht vorgeschrieben. Es verbleiben dem Ersteller hier also umfangreiche Freiheitsgrade.

Wahlrecht beim Präsentationsformat

---

8 Die unterschiedliche Wahrnehmung der ergebnisneutralen Aufwendungen und Erträge durch die Abschlussempfänger in Abhängigkeit des Ausweises bestätigen auch verhaltenswissenschaftliche empirische Studien. Vgl. zu den Studien *Hirst, D. E./Hopkins, P. E. M.*, Comprehensive Income Reporting and Analysts' Valuation Judgments, in: JoAR, 36. Jg. (1998), S. 47-75 sowie *Maines, L. A./McDaniel, L. S.*, Effects of Comprehensive-Income Characteristics on Nonprofessional Investors' Judgments: The Role of Financial-Statement Presentation Format, in: TAR, 75. Jg. (2000), S. 179-207.

Revenue	Umsatzerlöse
• Finance costs	• Finanzierungsaufwendungen
• Share of the profit or loss of associates and joint ventures accounted for using the equity method	• Gewinn- oder Verlustanteile an assoziierten Unternehmen und Joint Ventures, die nach der Equity-Methode bilanziert werden
• Tax expense	• Steueraufwendungen
• A single amount comprising the total of the post-tax profit or loss of discontinued operations and the post-tax gain or loss recognised on the measurement to fair value less costs to sell or on the disposal of the assets or disposal group(s) constituting the discontinued operation	• Ein gesonderter Betrag, welcher der Summe entspricht aus dem Ergebnis nach Steuern des aufgegebenen Geschäftsbereiches und dem Ergebnis nach Steuern, das bei der Bewertung mit dem beizulegenden Zeitwert abzüglich Veräußerungskosten oder der Veräußerung der Vermögenswerte oder Veräußerungsgruppe(n), die den aufgegebenen Geschäftsbereich darstellen, erfasst wurde
• Profit or loss	• Periodenergebnis
• Profit or loss attributable to minority interest	• Den Minderheitsanteilen zuzurechnendes Ergebnis
• Profit or loss attributable to owners of the parent	• Den Anteilseignern des Mutterunternehmens zuzurechnendes Ergebnis
• Each component of other comprehensive income classified by nature (excluding share of the other comprehensive income of associates and joint ventures accounted for using the equity method)	• Nach Gesamtkostenverfahren gegliederte Bestandteile des sonstigen Gesamterfolgs (mit Ausnahme von Anteilen des sonstiges Gesamterfolgs aus der Anwendung der Equity-Methode bei assoziierten Unternehmen und Gemeinschaftsunternehmen)
• Share of the other comprehensive income of associates and joint ventures accounted for using the equity method	• Anteile des sonstigen Gesamterfolgs aus der Anwendung der Equity-Methode bei assoziierten Unternehmen und Gemeinschaftsunternehmen
• Total comprehensive income	• Gesamterfolg
• Total comprehensive income attributable to minority interest	• Den Minderheitsanteilen zuzurechnender Gesamterfolg
• Total comprehensive income attributable to owners of the parent	• Den Anteilseignern des Mutterunternehmens zuzurechnender Gesamterfolg

Tab. 7.2: Mindestgliederungstiefe der Gesamterfolgsrechnung gemäß IAS 1.82-83

Gliederung der ergebniswirksamen Aufwendungen
Wahlweise in der Gesamterfolgsrechnung oder im Anhang ist eine Analyse der ergebniswirksamen Aufwendungen zu veröffentlichen. Diese Aufstellung kann grundsätzlich entweder nach dem Gesamtkostenverfahren (nature of expense method, gegliedert nach Aufwandsarten) oder dem Umsatzkostenverfahren (function of expense oder cost of sales method, gegliedert nach Funktionsbereichen) vorgenommen werden (IAS 1.99-103)[9]. Werden dementsprechend die

---

9 Zur Veranschaulichung vgl. die Implementation Guidance zu IAS 1.

Aufwendungen nach Funktionsbereichen gegliedert, so sieht IAS 1.104 zumindest die Angabe der Aufwandsarten Abschreibungen und Personalaufwand im Anhang vor.

Auf Basis der einzelnen Ergebnisquellen wird das Periodenergebnis in einzelne Komponenten unterteilt. Diese Aufspaltung lässt sich wie in Abbildung 7.3 dargestellt konkretisieren.

Periodenergebnisspaltung

Eine nähere Definition der Bestandteile des Periodenergebnisses erfolgt zum Teil direkt in IAS 1, aber auch in anderen Standards. So bieten IAS 1.102-103 eine Konkretisierung des Periodenergebnisses (profit or loss), während IAS 18.7 Umsatzerlöse näher darlegt. Wie Änderungen von Bilanzierung- und Bewertungsmethoden sowie Auswirkungen von Fehlern und Änderungen von Schätzungen im Abschuss zu berücksichtigen sind, regelt IAS 8 (vgl. Kapitel 26).

	Umsatzerlöse		
	(Umsatzkostenverfahren)	(Gesamtkostenverfahren)	
−	Umsatzkosten	+ Sonstige betriebl. Erträge	**Ergebnis der betrieblichen Tätigkeit**
=	Bruttoergebnis	+/− Bestandsänderungen an fertigen und unfertigen Erzeugnissen	
+	Sonstige betriebliche Erträge		
−	Vertriebskosten	+ Aktivierte Eigenleistungen	
−	Verwaltungsaufwendungen	− Roh-, Hilfs- und Betriebsstoffe	
−	Sonstige betriebliche Aufwendungen	− Personalaufwand	
		− Planm. Abschreibungen	
		− Sonstige betriebliche Aufwendungen	
−	Finanzierungsaufwendungen		**Finanzergebnis**
+	Erträge aus assoziierten Unternehmen		
−	Ertragsteueraufwand		**Ertragsteuern**
+/−	Ergebnis aus aufgegebenen Geschäftsbereichen		
=	**Periodenergebnis**		
	Auf die Anteilseigner des Mutterunternehmens entfallendes Ergebnis		
	Auf Minderheitenanteile entfallendes Ergebnis		

Abb. 7.3: Periodenergebnisspaltungskonzept nach IFRS gemäß IAS 1.IG6 Part I

Mit der Verabschiedung von IFRS 5 „Zur Veräußerung gehaltene langfristige Vermögenswerte und aufgegebene Geschäftsbereiche" (Non-current Assets Held for Sale and Discontinued Operations) wurden die Vorschriften für aufgegebene Geschäftsbereiche grundlegend reformiert. Gemäß IFRS 5 sind mit der Stilllegung eines Geschäftsbereichs verbundene Posten separat von allen übrigen Be-

Aufgabe von Geschäftsbereichen

standteilen des Periodenergebnisses auszuweisen. Grund des separaten Ausweises ist die Prognoserelevanz des Periodenergebnisses für Abschlussadressaten, die eine möglichst zutreffende Einschätzung der künftigen Unternehmensentwicklung vornehmen möchten. Dies macht eine Trennung von Informationen über aufgegebene und fortzuführende Geschäftsbereiche im Periodenergebnis, aber auch in den übrigen Rechenwerken notwendig. Eine ausführliche Erläuterung der Bilanzierung aufgegebener Geschäftsbereiche nach IFRS 5 erfolgt in Kapitel 27.

Periodenergebnis

Wird die Gesamterfolgsrechnung in einem einzigen Rechenwerk dargestellt (one statement approach), stellt das Periodenergebnis (profit or loss) einen verbindlich ausweisenden Zwischensaldo dar, der alle ergebniswirksamen Aufwendungen und Erträge einer Periode enthält. Wird dagegen die Variante der Aufteilung des Gesamterfolgs in zwei Teilrechenwerke gewählt (two statement approach), so ist das Periodenergebnis der Saldo der Gewinn- und Verlustrechnung als erstem Teilrechenwerk. Auch hierin ergibt sich das Periodenergebnis als Saldo aller ergebniswirksamen Aufwendungen und Erträge einer Periode.

Sonstiger Gesamterfolg

Die ergebnisneutral unterhalb des Periodenergebnisses (Darstellung in einem Rechenwerk) bzw. im zweiten Teilrechenwerk (Darstellung in zwei Teilrechenwerken) der Gesamterfolgsrechnung zu erfassenden Aufwendungen und Erträge werden als sonstiger Gesamterfolg (other comprehensive income) bezeichnet. Abbildung 7.4 fasst diese verbindlich nach dem Gesamtkostenverfahren (IAS 1.82(g)) zu gliedernden Komponenten zusammen, die sich entweder direkt an die Ermittlung des Periodenergebnisses anschließt bzw. bei Aufteilung in zwei Teilrechenwerke im letzterem erfolgt:

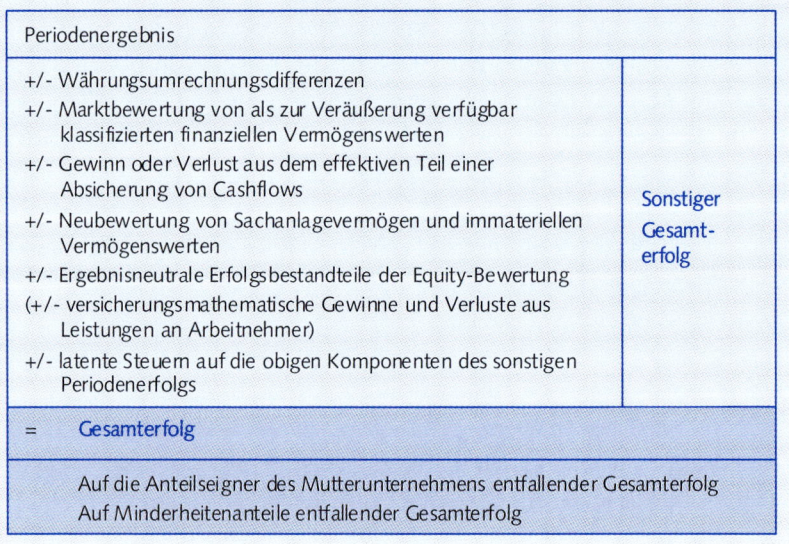

Abb. 7.4: Überleitung des Periodenergebnisses zum Gesamterfolg gemäß IAS 1.IG6 Part I

Zu den im sonstigen Gesamterfolg zusammengefassten ergebnisneutralen Aufwendungen und Erträge zählen im Wesentlichen:
- Differenzen aus der Währungsumrechnung der Einzelabschlüsse wirtschaftlich selbstständiger ausländischer Tochterunternehmen (IAS 21.30; vgl. Kapitel 22),
- ergebnisneutrale Marktbewertungen von als zur Veräußerung verfügbar klassifizierten finanziellen Vermögenswerten (available for sale financial assets, IAS 39.55(b); vgl. Kapitel 19),
- ergebnisneutrale Berücksichtigung eines Gewinns oder Verlusts aus dem effektiven Teil eines Geschäfts zur Absicherung von Cashflows (cashflow hedge, IAS 39.95(a); vgl. Kapitel 20),
- Neubewertung von Sachanlagevermögen und immateriellen Vermögenswerten (IAS 16.39-40; IAS 38.85-86; vgl. Kapitel 11 und 12),
- im Rahmen der Equity-Bewertung assoziierter Unternehmen ergebnisneutral erfasste Erfolgsbestandteile (IAS 28.11; vgl. Kapitel 24) und
- sofern entsprechend optiert die versicherungsmathematischen Gewinne und Verluste aus Leistungen an Arbeitnehmer (IAS 19.93A; vgl. Kapitel 16) sowie gegebenenfalls
- aus dem ergebnisneutral erfassten Grundsachverhalt entstehende latente Steuern, die ebenfalls ergebnisneutral zu erfassen sind (IAS 12.61A; vgl. Kapitel 8).

Die Auswirkungen latenter Steuern auf jede einzelne Komponente des sonstigen Gesamterfolgs sind jeweils gesondert auszuweisen (IAS 1.90). Dieser Ausweis kann direkt in der Gesamterfolgsrechnung erfolgen. Alternativ ist es möglich, einen kumulierten Steuereffekt in der Gesamterfolgsrechnung zu erfassen und diesen im Anhang auf die jeweiligen Komponenten aufzuteilen. Ein Darstellungsbeispiel für einen solchen gesonderten Anhangausweis findet sich ebenfalls in IAS 1.IG6 Part I. Ferner sind auch die so genannten reclassification adjustments, also die Beträge, welche im Rahmen eines so genannten Recycling in die Gewinn- und Verlustrechnung umgegliedert werden, separat offen zu legen (IAS 1.92).

Separater Ausweis latenter Steuern für jede Komponente

Der Gesamterfolg ergibt sich als Saldo aller ergebniswirksamen und ergebnisneutralen Aufwendungen und Erträge einer Periode. Sowohl bei Darstellung in einem einzigen Rechenwerk als auch bei Aufspaltung in zwei Teilrechenwerke bildet der Periodengesamterfolg die Schlussgröße der Gesamterfolgsrechnung. Der Periodengesamterfolg erfasst damit sämtliche Veränderungen des Eigenkapitals, die nicht auf Transaktionen mit Eigentümern in ihrer Funktion als Anteilseigner zurückzuführen sind. Umfangreiche Beispiele zur Darstellung der Gesamterfolgsrechnung in einem oder zwei Rechenwerken nach Gesamt- und Umsatzkostenverfahren sowie zum Ausweis der Steuereffekte finden sich in IAS 1.IG6.

Periodengesamterfolg

Nach den Regelungen des IASB ist lediglich das Periodenergebnis, nicht aber der Periodengesamterfolg auf die einzelnen Aktien herunterzubrechen und sowohl das verwässerte als auch das unverwässerte Ergebnis je Aktie auszuweisen.

Ergebnis je Aktie

Die Vorschriften sind in IAS 33 (2003) „Ergebnis je Aktie" (Earnings per Share) enthalten und werden ausführlich in Kapitel 28 beschrieben. Sämtliche ergebnisneutralen Aufwendungen und Erträge werden bei der Ergebnis je Aktie-Berechnung somit vernachlässigt.

Exkurs

Financial Statement Presentation Project des IASB und des FASB
Im Oktober 2003 beschlossen das IASB und das FASB, ihre Bemühungen zur Verbesserung des Performance Reporting, also der Darstellung des Unternehmenserfolgs, neu auszurichten und die nötigen Reformen gemeinsam anzugehen. Im April 2004 fiel dann der Startschuss für die Arbeiten der Boards, die zuvor bereits einige Jahre in separaten Projekten versucht hatten, die Erfolgsrechnung zu überarbeiten[10]. Im März 2006 wurde das Projekt umbenannt und heißt seitdem „Financial Statement Presentation Project". Damit wurde der Entwicklung der Reformbemühungen Rechnung getragen, welche sich nicht länger auf die ausschließliche Neuausrichtung der Erfolgsrechnung beschränken, sondern welche auch die weiteren Rechenwerke wie die Bilanz, die Kapitalflussrechnung und die Eigenkapitalveränderungsrechnung einschließen. Das Projekt wurde in drei Phasen eingeteilt, wobei Phase C zunächst nur vom FASB bearbeitet werden soll und sich mit speziellen Anforderungen im Rahmen der Zwischenberichterstattung auseinandersetzen wird.

Phase A

Im Rahmen der Phase A sollte zunächst eine kurzfristige Konvergenz der IFRS und US-GAAP hergestellt werden; dabei blieben die konzeptionelleren und schwierigeren Themen weitgehend außen vor. Insbesondere wurden in Phase A die Fragen behandelt, welche Abschlussbestandteile ein vollständiger Abschluss beinhalten soll, in welchen Formaten die Erfolgsrechnung und die Eigenkapitalveränderungsrechnung aufzustellen sind, wie viele Vergleichsperioden zu veröffentlichen sind und welche Terminologie bezüglich der Rechenwerke und Erfolgsbestandteile zu verwenden ist. Das FASB hat entschieden, keinen separaten Entwurf zu diesem Teilbereich zu veröffentlichen. Vielmehr soll die Phase A zusammen mit der Phase B in einen einheitlichen Entwurf münden. Das IASB hingegen votierte mit der Überarbeitung von IAS 1 für den separaten Abschluss der Phase A. Verpflichtend anzuwenden ist der am 06.09.2007 veröffentlichte überarbeitete IAS 1 für Geschäftsjahre, die am oder nach dem 01.01.2009 beginnen; eine frühere Anwendung ist jedoch erlaubt[11].

Phase B

Phase B behandelt deutlich konzeptioneller ausgestaltete Fragestellungen. Dementsprechend ist auch der Zeithorizont dieses Teilprojekts sehr lang. Mit einem endgültigen Standard kann wohl vor 2011 nicht gerechnet werden. Bislang gibt es zu den Fragestellungen nur vorläufige Vorstellungen, auf die hier nicht im Detail eingegangen wird. Jedoch sollen Leitlinien, die bei der Erar-

---

10 Vgl. für den aktuellen Stand des Gemeinschaftsprojekts von IASB und FASB www.fasb.org/project/financial_statement_presentation.shtml (Stand 19.01.2008).
11 Einer Anerkennung seitens der EU stehen wohl kurzfristig nur zeitliche Restriktionen entgegen. Daher wurde der neue IAS 1 an den entsprechenden Stellen dieses Kapitels integriert.

beitung neuer Vorschläge eine gewichtige Rolle spielen, sowie erste Tendenzen kurz skizziert werden[12].

So ist insbesondere das Cohesiveness-Prinzip zu nennen, welches eine über alle Rechenwerke hinweg konsistente und vergleichbare Darstellung sicherstellen soll. Angedacht ist derzeit eine Gliederung der Bilanz, der Gesamterfolgsrechnung und der Kapitalflussrechnung in die Kategorien *business, discontinued operations, income taxes, financing* und *equity*. Insbesondere für die Bilanz hätte eine solche Neugliederung gravierende Folgen, da es die klassische Aufteilung in eine Aktiv- und eine Passivseite nicht mehr gäbe. Vielmehr würden in den oben genannten Kategorien teilweise sowohl Vermögenswerte als auch Verbindlichkeiten abgebildet (vgl. Tabelle 7.3). Schwierigkeiten bereitet eine solche über alle Rechenwerke konsistente Klassifizierung vor allem diversifizierten Unternehmen. So haben z.B. Unternehmen der Automobilindustrie i.d.R. einen Bankenbereich im Konzernverbund, um den Kunden auch Finanzierungsangebote unterbreiten zu können. Für solche Unternehmen ist eine Zuordnung von Vermögenswerten und Schulden zu den oben genannten Klassen äußerst schwierig, da gleiche Bilanzposten unterschiedlichen Funktionen in unterschiedlichen Geschäftsmodellen dienen können.

Cohesiveness-Prinzip

Business	Bereich: Operatives Geschäft
Operating assets and liabilities	*Operative Vermögenswerte und Schulden*
• Accounts receivable	• Forderungen
• Less: Allowance for bad debts	• Abzüglich: Wertberichtigungen uneinbringlicher Forderungen
• Inventory	• Vorräte
• Accounts payable	• Verbindlichkeiten
• Accrued liabilities	• Rückst. und Abgrenzungsposten
• Advances from customers	• Vorauszahlungen von Kunden
• Interest payable	• Zu zahlende Zinsen
• Current portion of lease liability	• Kurzfr. Anteil der Leasingverbindl.
• Share-based compensation liability	• Verbindlichkeiten aus anteilsbasierter Vergütung
• Leased assets	• Geleaste Vermögenswerte
• Buildings	• Gebäude
• Less: Accumulated depreciation	• Abzüglich: kumulierte Abschr.
• Asset retirement obligation	• Entsorgungs- und Abbruchverpfl.
• Loss contingency	• Eventualverbindl./Haftungsverhältn.
• Lease liabilities (excluding current portion)	• Leasingverbindlichkeiten (ohne kurzfristigen Anteil)
• Accrued pension liabilities	• Pensionsverpflichtungen

---

12 Die folgenden Ausführungen gehen auf die Observer Notes der IASB Meetings (teilweise zusammen mit dem FASB) zurück, welche unter www.iasb.org abrufbar sind.

Investing assets and liabilities	Vermögenswerte und Schulden des Investitionsbereichs
▪ Available-for-sale securities	▪ Zur Veräußerung verfügbare Wertpapiere
▪ Investments in affiliates – equity method	▪ Beteiligungen an verbundenen Unternehmen – Equity-Methode
▪ Investments in affiliates – at fair value	▪ Beteiligungen an verbundenen Unternehmen – zum beizulegenden Zeitwert
Discontinued Operations	**Aufgegebene Geschäftsbereiche**
▪ Assets classified as held for sale	▪ Zur Veräußerung verfügbare Vermögenswerte
▪ Liabilities classified as held for sale	▪ Zur Veräußerung verfügbare Schulden
Income Taxes	**Ertragsteuern**
▪ Income tax payable	▪ (Tatsächliche) Ertragsteuerschulden
▪ Deferred tax liability	▪ Latente Steuerschulden
Financing	**Finanzierung**
Financing assets	*Vermögenswerte zu Finanzierungszwecken*
▪ Cash	▪ Zahlungsmittel
Financing liabilities	*Finanzielle Schulden*
▪ Dividends payable	▪ Zu zahlende Dividenden
▪ Short-term debt	▪ Kurzfristige Verbindlichkeiten
▪ Interest payable	▪ Zu zahlende Zinsen
▪ Bonds payable	▪ Schuldverschreibungen
Equity	**Eigenkapital**
▪ Common stock	▪ Stammkapital
▪ Treasury stock	▪ Eigene Anteile
▪ Retained Earnings	▪ Gewinnrücklagen
▪ Accumulated Other Comprehensive Income	▪ Sonstiger kumulierter Gesamterfolg

Tab. 7.3: Mögliche Bilanzgliederung nach Projekt Phase B[13]

Disaggregation

Ein weiterer wichtiger Themenschwerpunkt ist die Disaggregation der Veränderungen von Bilanzposten. Hier scheint es Anleihen an das vormalige IASB-Projekt „Performance Reporting" zu geben, in dessen Rahmen zwischen 2001 und 2003 eine mehrdimensionale Erfolgsrechnung diskutiert wurde, welche

---

13 Vgl. hierzu Agenda Paper 7B des IASB (www.iasb.org). Die dort vorgenommene Unterteilung in lang- und kurzfristige Bilanzposten wurde in Tabelle 7.3 ebenso wie die Darstellung von Zwischensummen nicht berücksichtigt.

unter der Bezeichnung *Matrix* bekannt geworden ist[14]. Diese Matrix sah neben einer vertikalen Unterteilung in die Kategorien *business, financing, tax, discontinued operations* und *cash flow hedges* auch eine horizontale Gliederung vor, durch welche die so genannten remeasurements (Buchwertveränderungen infolge von Preisschwankungen und Schätzungsrevisionen) abgespalten werden sollten. Aufgrund der negativen Kommentierungen bei Feldtests wurde dieses Format jedoch nicht weiter vom IASB verfolgt. Nun aber wird auf die damaligen Ideen zumindest im Rahmen der Erörterungen über mögliche Disaggregationskriterien wieder zurückgegriffen. In diesem Zusammenhang wird auch über das Präsentationsformat einer solchen Disaggregation diskutiert. Im Gespräch sind drei verschiedene Ausweisalternativen im Anhang, wobei die Boards derzeit eine Überleitung von der Kapitalflussrechnung zur Gesamterfolgsrechnung favorisieren[15]. Dabei wäre primär eine Orientierung an der Zahlungswirksamkeit gegeben. Sekundär würde anhand des Prognosegehalts und anhand der Unterscheidung von Änderungen des beizulegenden Zeitwertes und sonstigen Veränderungen untergliedert.

Ebenfalls kontrovers diskutiert werden die folgenden inhaltlichen Schwerpunkte:
- Sollte es weiter ein recycling, also eine Umgliederung von zunächst im sonstigen Periodenerfolg erfassten Posten in das Periodenergebnis, geben?
- Welche Zwischen- und Endsummen sind in der Gesamterfolgsrechnung anzugeben? Soll das Periodenergebnis (profit or loss) zu Gunsten des Periodengesamterfolgs langfristig gar nicht mehr an den Kapitalmarkt kommuniziert werden?
- Sollte eine Gliederung der Gesamterfolgsrechnung dem Umsatz- oder dem Gesamtkostenverfahren folgen?
- Soll eine direkte Ermittlung für den operativen Cashflow verpflichtend werden?
- Welche Angaben zur Fälligkeit von vertraglich zugesicherten Rechten und Haftungen sind zu fordern?

Diese Fragen machen deutlich, dass sich die Standardsetter mit den Grundfragen des Rechnungswesens beschäftigen. Die eigentlich zentrale Diskussion, was als Gewinn anzusehen ist, ist aber auch in der Neuauflage des Projekts bislang unterblieben. Insbesondere erscheint im aktuellen Regelwerk die Trennung zwischen Periodenergebnis und sonstigem Periodengesamterfolg keinem geschlossenen theoretischen Konzept zu folgen, da es kein einheitliches Kriterium für die Abgrenzung dieser beiden Erfolgsbestandteile gibt. Stattdessen wurde vom IASB eher einzelfallbezogen und teilweise willkürlich über die Zuordnung zum Periodenergebnis bzw. sonstigem Periodengesamterfolg entschieden. Es bleibt abzuwarten, ob durch die langjährigen Bemühun-

Ausblick

---

14 Vgl. hierzu z.B. *Barker, R.,* Reporting Financial Performance, in: AH, 18. Jg. (2004), S. 157-172.
15 Vgl. hierzu das IASB Update vom Juni 2007 (www.iasb.org).

> gen von IASB und FASB schließlich die Ziele erreicht werden können, die Darstellung der Vermögens- und Finanzlage der aktuellen Berichtsperiode sowie vergangener Perioden transparenter zu machen, das Verständnis für die operative Geschäftstätigkeit, die Finanzierungsentscheidungen sowie die sonstigen Aktivitäten zu vertiefen und deren Einfluss auf die Veränderung der Vermögens-, Finanz- und Ertragslage zu verdeutlichen sowie eine Prognose von Höhe, zeitlichem Anfall und Wahrscheinlichkeit künftiger Cashflows zu erleichtern.

3 Eigenkapitalveränderungsrechnung

3.1 Elemente und Inhalte der Eigenkapitalveränderungsrechnung

Das Eigenkapital wird im Rahmenkonzept des IASB als Residualgröße der Vermögenswerte nach Abzug der Schulden definiert (RK.49(c)). Wird der bloße Zugang bzw. Abgang von Vermögenswerten und Schulden ausgeklammert, so korrespondieren ihre Buchwertänderungen im Zeitablauf stets mit Aufwendungen und Erträgen und damit auch mit der Veränderung des Eigenkapitals. Wie oben bereits ausgeführt, werden zwar sämtliche Aufwendungen und Erträge in der Gesamterfolgsrechnung summiert angesetzt, diese erklären jedoch nicht alle Eigenkapitalveränderungen (changes in equity). Denn die Höhe des Eigenkapitals wird auch von Kapitaltransaktionen zwischen Eigentümern und Unternehmen beeinflusst, d.h. durch Kapitalerhöhungen sowie Kapitalherabsetzungen und Dividendenzahlungen. Die Eigenkapitalveränderungsrechnung soll diesen Mangel heilen, indem sie eine Übersicht über Eigenkapitalveränderungen aufgrund von Aufwendungen und Erträgen einerseits und Transaktionen mit den Anteilseignern andererseits gibt (IAS 1.109).

3.2 Gliederungsvorschriften

Mindestgliederung

Für die Eigenkapitalveränderungsrechnung verlangt IAS 1.106 mindestens die Angabe folgender Punkte:
- Periodengesamterfolg untergliedert für auf Anteilseigner des Mutterunternehmens und Minderheitsgesellschafter entfallende Teile,
- Effekte aus retrospektiven Anwendungen oder Anpassungen in Übereinstimmung mit IAS 8 (vgl. Kapital 26) auf sämtliche Eigenkapitalkomponenten,
- Beträge aus Transaktionen mit Anteilseignern in ihrer Eigenschaft als Eigentümer, untergliedert in Ein- und Auszahlungen,
- eine Überleitung sämtlicher Eigenkapitalkomponenten vom Periodenbeginn zum Periodenende.

Unter Berücksichtigung der Implementation Guidance zu IAS 1 lässt sich aus diesen mindestens zu nennenden Punkten das in Tabelle 7.4 zusammengefasste Gliederungsbeispiel für die Eigenkapitalveränderungsrechnung einer Periode ableiten. Zur Erstellung eines vollständigen Abschlusses ist für die Vorperiode eine vergleichbar gegliederte Eigenkapitalveränderungsrechnung zu erstellen.

Gliederungsbeispiel

	Auf EK-Geber des Mutterunternehmens entfallende Anteile								Minderheitenanteile	Gesamtes EK
	Gezeichnetes Kapital	Sonstige Rücklagen	Gewinnrücklagen	Umrechnungsdifferenz	Rücklage für Wertschwankungen aus Siche-	Rücklage für zur Veräußerung klassifizierter Fi-	Neubewertungsrücklage	Summe		
EK 31.12.2006	X	X	X	X	X	X	X	X	X	X
• Änderung Bewertungsmethode/ Fehlerkorrektur			X					X	X	X
Angepasstes EK 31.12.2006	X	X	X	X	X	X	X	X	X	X
• Kapitalerhöhungen	X	X						X	X	X
• Kapitalherabsetzungen	X	X						X	X	X
• Dividendenzahlungen			X					X	X	X
• Periodengesamterfolg			X	X	X	X	X	X	X	X
• Vereinnahmung der Neubewertungsrücklage (IAS 16.41, IAS 38.87)			X				X			
EK 31.12.2007	X	X	X	X	X	X	X	X	X	X

Tab. 7.4: Darstellungsbeispiel einer IAS 1.106 genügenden Eigenkapitalveränderungsrechnung in Anlehnung an IAS 1.IG6 Part I

Weitere Angabepflichten

Wahlweise direkt in der Eigenkapitalveränderungsrechnung oder im Anhang ist der Gesamtbetrag der Dividendenzahlungen an Anteilseigner während der Periode anzugeben, ebenso wie die auf den einzelnen Anteil entfallende Dividende (IAS 1.107).

4 Kapitalflussrechnung

4.1 Regelungsgrundlage, Anwendungsbereich und Zielsetzung

Vor dem Hintergrund sich im Zeitablauf immer schneller ändernder konjunktureller Rahmenbedingungen ist der soliden Finanzlage eines Unternehmens erhebliche Bedeutung beizumessen. So stellt sich z.B. für die Fremdkapitalgeber – insbesondere in konjunkturell schwachen Zeiten – die Frage, wie das Unternehmen mit den zur Verfügung gestellten Krediten gewirtschaftet hat und ob es auch künftig in der Lage sein wird, seinen Zins- und Tilgungsverpflichtungen nachzukommen. Eigenkapitalgeber dürfte hingegen eher interessieren, ob auch künftig in ausreichendem Maße liquide Mittel erwirtschaftet werden, um Dividenden im geforderten Umfang ausschütten zu können. Diese nur Ausschnittsweise skizzierten Informationswünsche der Unternehmensbeteiligten sieht auch das IASB. Aus diesem Grund werden alle Unternehmen, die nach IFRS Rechnung legen, in IAS 1.10 zur Erstellung einer Kapitalflussrechnung verpflichtet, in der Informationen zur finanziellen Situation des Unternehmens in der vergangenen Rechnungslegungsperiode bereitgestellt werden. Da in der Kapitalflussrechnung Zahlungen abgebildet werden, ist diese Zeitraumrechnung zudem – verglichen mit der Bilanz und Gesamterfolgsrechnung – weitestgehend unabhängig von bilanzpolitischen Maßnahmen.

IAS 7

Die formelle und materielle Ausgestaltung der Kapitalflussrechnung ist in IAS 7 „Kapitalflussrechnung" (Statement of Cash Flows) geregelt. IAS 7 wurde 1992 überarbeitet und löste den bereits 1977 herausgegebenen IAS 7 „Statement of Changes in Financial Position" ab. Die überarbeitete Version gilt seit 1994.

Anwendungsbereich

Der Anwendungsbereich von IAS 7 ist nicht begrenzt. Alle Unternehmen, die einen Einzel- bzw. Konzernabschluss nach IFRS erstellen, sind gemäß IAS 7.1 zur Einhaltung des Standards verpflichtet. Rechtsform-, kapitalmarkt- und/oder größenspezifische Besonderheiten fehlen. Sofern ein Unternehmen einen IFRS-konformen Einzel- bzw. Konzernabschluss erstellt, sind sämtliche gültigen IFRS und IAS – und damit auch IAS 7 – anzuwenden. Andernfalls darf der Abschluss gemäß IAS 1.16 nicht als IFRS-konform bezeichnet werden.

Beispiel 7.1

Der regional, in einer westfälischen Kleinstadt agierende Gebrauchtwagenhändler Autofix KG (15 Mitarbeiter, 7 Mio. € Umsatz im Jahr 2006) möchte freiwillig einen Jahresabschluss nach IFRS erstellen. In diesem Fall hat dieser Jahresabschluss auch eine mit IAS 7 übereinstimmende Kapitalflussrechnung zu enthalten.

Der weltweit operierende, börsennotierte Bayer-Konzern (durchschnittlich 96.594 Mitarbeiter, 28.956 Mio. € Umsatz im Jahr 2006) bilanziert im Konzernabschluss seit 1994 nach IFRS. Folglich gehört auch eine Kapitalflussrechnung nach IAS 7 zu den Bestandteilen dieses Konzernabschlusses.

Die Regelungen zur Kapitalflussrechnung gelten zudem branchenunabhängig. Die Art der Tätigkeit des Unternehmens spielt für die Frage, ob eine Kapitalflussrechnung zu erstellen ist, keine Rolle. Selbst Finanzinstitutionen, bei denen der Handel mit Zahlungsmitteln Teil des Geschäftsmodells ist, müssen eine mit IAS 7 konforme Kapitalflussrechnung publizieren. Dem liegt die Vorstellung zugrunde, dass alle Unternehmen unabhängig von ihren Tätigkeiten aus vergleichbaren Gründen Zahlungsmittel benötigen. So müssen z.B. auch Kreditinstitute zur Durchführung ihrer operativen Tätigkeiten, zur Erfüllung ihrer finanziellen Verpflichtungen oder zur Zahlung von Gewinnanteilen an die Anteilseigner liquide Mittel verwenden (IAS 7.3).

Durch Erstellung einer Kapitalflussrechnung sollen die Unternehmensbeteiligten darüber informiert werden, auf welche Weise im Unternehmen liquide Mittel erwirtschaftet und verwendet werden, indem u.a.

Zielsetzung

- die finanzielle Lage des Unternehmens detailliert abgebildet wird und
- Informationen über die Fähigkeit des Unternehmens, Überschüsse an liquiden Mitteln zu erwirtschaften und seinen Zahlungsverpflichtungen nachzukommen, bereitgestellt werden.

In Verbindung mit den übrigen Bestandteilen des Jahresabschlusses soll die Kapitalflussrechnung somit Informationen liefern, anhand derer die Abschlussadressaten die Liquidität und Solvenz des Unternehmens bewerten können. Diese Informationen sind für die Entscheidungen sämtlicher Unternehmensbeteiligter von großer Bedeutung, da auch die Illiquidität eines Unternehmens einen Insolvenzgrund darstellen kann (§§ 17-18 InsO).

Die Kapitalflussrechnung soll jedoch nicht nur Informationen zur Beurteilung der vergangenen Liquiditäts- bzw. Finanzlage des Unternehmens liefern, sondern auch der Abschätzung des zukünftigen Liquiditätsbedarfs dienen. Die Informationen sollen die Prognose der Höhe, des zeitlichen Anfalls und der Wahrscheinlichkeit künftiger Zuflüsse und Abflüsse liquider Mittel erleichtern, die wiederum zur Beurteilung des Unternehmens im Vergleich zu anderen Unternehmen innerhalb individueller Planungs- und Entscheidungsmodelle benötigt werden. Abbildung 7.5 verdeutlicht diesen Zusammenhang.

Abschätzung künftiger Entwicklungen

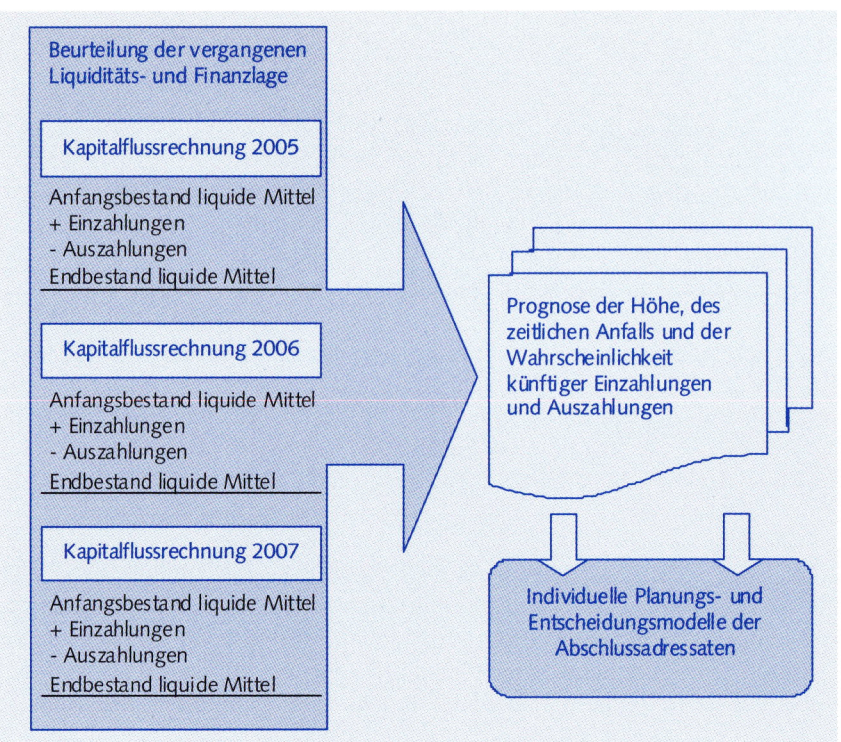

Abb. 7.5: Kapitalflussrechnungen als Grundlage für Prognosen

Beispiel 7.2

Die Kapitalflussrechnung der Techno AG weist für das Geschäftsjahr 2007 im betrieblichen Bereich einen Cashflow von 10 Mio. € aus. Da aus der Kapitalflussrechnung ebenfalls die Investitionen in das Anlagevermögen (8 Mio. €) ersichtlich sind und aus der Gesamterfolgsrechnung die Zinsaufwendungen (1 Mio. €) entnommen werden können, lässt sich gleichzeitig der Free Cashflow (= Cashflow vor Zinszahlungen und nach Investitionen) in Höhe von 3 Mio. € für das Jahr 2007 berechnen.

Unter Berücksichtigung einer Wachstumsrate von jährlich 10 % könnten die Free Cashflows der kommenden Geschäftsjahre geschätzt werden (2008: 3,3 Mio. €; 2009: 3,63 Mio. €; 2010: 3,993 Mio. €), die dann beispielsweise die Grundlage einer Bewertung der Techno AG mittels eines Discounted Cashflow-Verfahrens bilden können.

4.2 Grundsätze zur Erstellung einer Kapitalflussrechnung

Da die Kapitalflussrechnung integraler Bestandteil von IFRS-Abschlüssen ist, gelten für sie auch die übergeordneten Rechnungslegungsgrundsätze des Rahmenkonzepts (vgl. ausführlich Kapitel 5). Im Wesentlichen zählen hierzu
- der Grundsatz der Verständlichkeit,
- der Grundsatz der Vergleichbarkeit und
- der Grundsatz der Verlässlichkeit.

Rahmengrundsätze

Der Grundsatz der Verlässlichkeit fordert unter anderem auch die Vollständigkeit der Darstellung, so dass die Kapitalflussrechnung eines Unternehmens sämtliche Ein- und Auszahlungen der Periode enthalten sollte.

Neben diesen im Rahmenkonzept für die Rechnungslegung nach IFRS formulierten Grundsätzen ist für die Kapitalflussrechnung das Bruttoprinzip bedeutsam. Demnach sind die Ein- und Auszahlungen unsaldiert abzubilden (IAS 7.21). Eine Saldierung ist gemäß IAS 7.22-23 lediglich für folgende Fälle vorgesehen:
- Ein- und Auszahlungen, die im Namen von Kunden durchgeführt werden und die eher auf Aktivitäten des Kunden als auf Aktivitäten des Unternehmens zurückzuführen sind, sowie
- Ein- und Auszahlungen, die aus Posten mit großer Umschlagshäufigkeit, großen Beträgen und kurzen Laufzeiten resultieren.

Bruttoprinzip

Die speziell zum zweiten Punkt angeführten Beispiele des IASB beziehen sich vorrangig auf Finanzinstitute. So werden Darlehensbeträge gegenüber Kreditkartenkunden, der Kauf oder Verkauf von Finanzinvestitionen oder Kredite mit einer Laufzeit von drei Monaten genannt (IAS 7.23).

4.3 Cashflowabgrenzung

In der Kapitalflussrechnung werden die Veränderungen der liquiden Mittel des vergangenen Geschäftsjahres detailliert beschrieben. Zu den liquiden Mitteln, die auch als Finanzmittelfonds bezeichnet werden, gehören dabei nicht nur Zahlungsmittel, sondern auch Zahlungsmitteläquivalente. Abbildung 7.6 fasst dies schematisch zusammen.

Finanzmittelfonds

Zahlungsmittel umfassen gemäß IAS 7.6 Barmittel und Sichteinlagen. Im Wesentlichen sind darunter zu subsumieren:
- Kassenbestände in Euro und ausländischer Währung,
- Sichtguthaben bei inländischen und ausländischen Kreditinstituten (inklusive Zentral- und Postbanken),
- inländische und ausländische Postwertzeichen sowie verfügbare Frankiermöglichkeiten entsprechender Geräte,

Zahlungsmittel

- entgegengenommene, noch nicht eingelöste Bar- und Verrechnungsschecks, da Schecks unabhängig von einer eingetragenen Laufzeit stets bei Vorlage fällig sind (Art. 28 ScheckG).

Ausgestellte Schecks sind dementsprechend von den Sichtguthaben abzuziehen, auch wenn noch keine Belastung erfolgte.

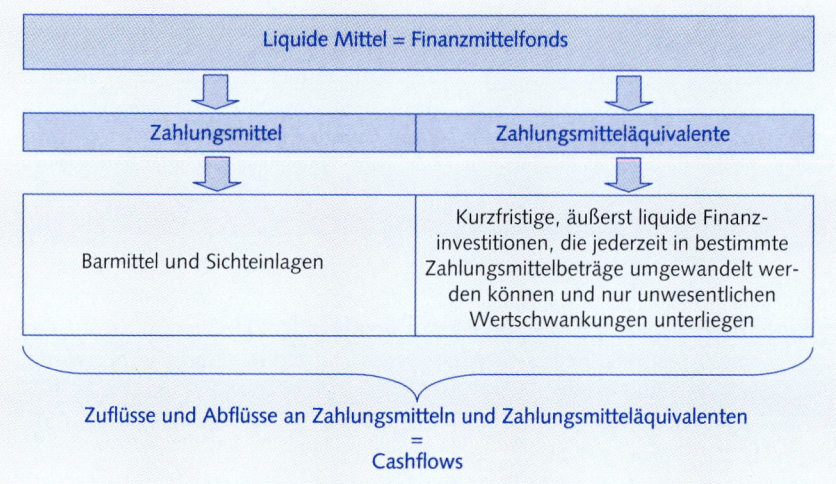

Abb. 7.6: Zusammensetzung des Finanzmittelfonds

Zahlungsmitteläquivalente

Zu den Zahlungsmitteläquivalenten gehören Finanzinvestitionen, die eine kurzfristige Laufzeit aufweisen, ohne weiteres in Zahlungsmittel umgewandelt werden können und unwesentlichen Wertschwankungen unterliegen (IAS 7.6). Dabei ist wesentlich, dass diese Finanzinvestitionen im Unternehmen zur Zahlungsmitteldisposition zählen und dazu dienen, kurzfristigen Zahlungsverpflichtungen nachzukommen. Andernfalls dürfen sie nicht unter den Zahlungsmitteläquivalenten subsumiert werden. Die „Kurzfristigkeit" wird dahingehend konkretisiert, dass die Zahlungsmitteläquivalente – vom Erwerbszeitpunkt aus gerechnet – eine Restlaufzeit von drei Monaten nicht überschreiten sollen. Kapitalbeteiligungen an anderen Unternehmen gehören regelmäßig nicht zu den Zahlungsmitteläquivalenten.

Kontokorrentkredite

In die Zahlungsmitteläquivalente können nach IAS 7.8 auch Verbindlichkeiten gegenüber Kreditinstituten einbezogen werden. Zwar zählen diese Verbindlichkeiten normalerweise zur Finanzierungstätigkeit. Auf Anforderung rückzahlbare Kontokorrentkredite gegenüber Kreditinstituten können aber auch zum Finanzmittelfonds gerechnet werden. Sie sind regelmäßig dadurch gekennzeichnet, dass der Kontosaldo häufig zwischen Soll- und Haben-Beständen schwankt und der Kontokorrentkredit als integraler Bestandteil der Zahlungsmitteldisposition des Unternehmens anzusehen ist.

Die Veränderung der Zahlungsmittel und Zahlungsmitteläquivalente wird in der Kapitalflussrechnung detailliert dargestellt. Vorgänge innerhalb der Zahlungsmittel, wie z.B. der Ausgleich eines negativen Kontos durch Überweisung von einem anderen Unternehmenskonto, werden in der Kapitalflussrechnung nicht gezeigt. Zuflüsse und Abflüsse des Bestands an liquiden Mitteln werden als Cashflows bezeichnet (IAS 7.6). Innerhalb der Cashflows ist zwischen drei großen Bereichen zu differenzieren, denen die Zu- und Abflüsse der Zahlungsmittel und Zahlungsmitteläquivalente zuzuordnen sind:

Cashflow-Untergliederung

- Cashflows aus betrieblicher Tätigkeit,
- Cashflows aus Investitionstätigkeit und
- Cashflows aus Finanzierungstätigkeit.

Hierdurch sollen die Herkunft und die Verwendung der Zahlungsmittel und Zahlungsmitteläquivalente detailliert aufgezeigt werden.

Aus Wechselkursänderungen resultierende, nicht realisierte Gewinne und Verluste bei den Zahlungsmitteln und Zahlungsmitteläquivalenten werden hingegen nicht in diesen drei Cashflows erfasst. Sie betreffen direkt den Bestand der Zahlungsmittel bzw. Zahlungsmitteläquivalente und sind in einer separaten Zeile am Ende der Kapitalflussrechnung auszuweisen.

Wechselkursänderungen

Da das IASB die Cashflows aus betrieblicher Tätigkeit durch Negativabgrenzung zu denen aus Investitions- und Finanzierungstätigkeit definiert, ist im Folgenden zunächst ein Blick auf die Cashflows aus Investitionstätigkeit und die Cashflows aus Finanzierungstätigkeit zu werfen.

Zu den Cashflows aus Investitionstätigkeit zählen gemäß IAS 7.6 die Zahlungsvorgänge, die den Erwerb oder die Veräußerung von langfristigen Vermögenswerten und sonstigen Investitionsgütern betreffen. Letztere Zahlungen sind aber lediglich dann unter die Investitionstätigkeit zu subsumieren, wenn die Finanzmittelinvestitionen nicht zu den Zahlungsmitteläquivalenten gehören oder zu Handelszwecken gehalten werden. Insgesamt können für den Bereich der Investitionstätigkeit folgende Beispiele angeführt werden:

Cashflows aus Investitionstätigkeit

- Einzahlungen/Auszahlungen aus dem Verkauf/Erwerb von Sachanlagen,
- Einzahlungen/Auszahlungen aus dem Verkauf/Erwerb immaterieller Vermögenswerte,
- Auszahlungen für aktivierte Entwicklungskosten,
- Einzahlungen/Auszahlungen aus dem Verkauf/Erwerb von Finanzanlagen,
- Einzahlungen/Auszahlungen aus dem Verkauf/Erwerb von Tochterunternehmen/assoziierten Unternehmen/Joint Ventures.

> Die Ritag AG erwirbt innerhalb des Geschäftsjahres 2007 eine neue Produktionsanlage zum Kaufpreis von 120 T€. 70 T€ des Kaufpreises werden in bar beglichen, bezüglich der fehlenden 50 T€ wird ein Zahlungsziel von einem Jahr vereinbart.
> In der Kapitalflussrechnung 2007 der Ritag AG werden Investitionsauszahlungen von 70 T€ ausgewiesen.

Beispiel 7.3

Der Saldo der mit unterschiedlichen Investitionen und Desinvestitionen verbundenen Ein- und Auszahlungen bildet den Cashflow aus Investitionstätigkeit. Er bietet Informationen darüber, inwieweit Investitionen für Ressourcen getätigt wurden, mit denen künftige Erträge und Cashflows im betrieblichen Bereich erwirtschaftet werden (IAS 7.16). Darüber hinaus wird deutlich, zu welchem Teil die Neuinvestitionen aus Vermögensumschichtung (Einzahlungen aus Investitionstätigkeit) finanziert werden.

Cashflows aus Finanzierungstätigkeit

Zu den Cashflows aus Finanzierungstätigkeit zählen gemäß IAS 7.6 alle Liquiditätsänderungen, welche durch die Aufnahme bzw. Rückzahlung von Eigenkapital oder Ausleihungen/aufgenommenen Krediten verursacht werden. Beispielhaft sind folgende Zahlungsvorgänge zur Finanzierungstätigkeit zu zählen:
- Einzahlungen aus Eigenkapitalerhöhungen,
- Auszahlungen für den Erwerb eigener Anteile,
- Aufnahme bzw. Tilgung von Krediten.

Beispiel 7.4

> Die Ritag AG hat im Geschäftsjahr 2007 einen Kredit aufgenommen: Auszahlungsbetrag 98 T€, Rückzahlungsbetrag im Jahr 2015 100 T€.
> In der Kapitalflussrechnung 2007 der Ritag AG werden Finanzierungseinzahlungen von 98 T€ ausgewiesen.

Der Saldo der mit den unterschiedlichen Finanzierungsvorgängen verbundenen Ein- und Auszahlungen bildet den Cashflow aus Finanzierungstätigkeit. Er liefert Informationen über eine ggf. auftretende Neuverschuldung bzw. einen Verschuldungsabbau und zeigt, in welchem Umfang die Finanzierungsquelle der Außenfinanzierung in Anspruch genommen wurde.

Cashflows aus betrieblicher Tätigkeit

Welche Zahlungsvorgänge zu den Cashflows aus betrieblicher Tätigkeit zählen, lässt sich nur aus individueller Sicht eines einzelnen Unternehmens beantworten. Beispielsweise weichen die betrieblichen Tätigkeiten eines Industrieunternehmens und eines Kreditinstituts erheblich voneinander ab. Folglich kann eine Abgrenzung der betrieblichen Tätigkeit nur sehr allgemein erfolgen. Dieser Notwendigkeit folgt auch das IASB, indem zu den betrieblichen Tätigkeiten allgemein
- alle wesentlichen ergebniswirksamen Aktivitäten des Unternehmens,
- die nicht zur Investitionstätigkeit und
- nicht zur Finanzierungstätigkeit gehören,

gezählt werden.

Beispielhaft zu nennen sind:
- Einzahlungen/Auszahlungen aus dem Verkauf/Kauf von Gütern und Dienstleistungen,
- Auszahlungen für Löhne und Gehälter,
- Einzahlungen aus Nutzungsentgelten, Honoraren, Provisionen und anderen Erlösen,
- Einzahlungen/Auszahlungen aus dem Verkauf/Kauf von zu Handelszwecken gehaltenen Wertpapieren.

> **Beispiel 7.5**
>
> Die Ritag AG verkauft innerhalb des Geschäftsjahres 2007 Fertigerzeugnisse mit einem Buchwert von 100 T€ auf Ziel. Von den Zielverkäufen werden 60 T€ innerhalb des Geschäftsjahres beglichen.
> In der Kapitalflussrechnung 2007 der Ritag AG werden im Cashflow aus betrieblicher Tätigkeit 60 T€ erfasst.

Gewinne und Verluste, die aus dem Verkauf von Anlagewerten resultieren, zählen hingegen nicht zur betrieblichen Tätigkeit. Die damit verbundenen Zahlungen sind als Desinvestitionseinzahlung der Investitionstätigkeit zuzuordnen.

Der Saldo der betrieblichen Ein- und Auszahlungen bildet den Cashflow aus betrieblicher Tätigkeit. Dieser gibt Auskunft über das Innenfinanzierungspotential des Unternehmens und dient insbesondere als Grundlage der Prognose künftiger Cashflows. Das IASB sieht hierin einen Schlüsselindikator dafür, „in welchem Ausmaß es durch die Unternehmenstätigkeit gelungen ist, Zahlungsmittelüberschüsse zu erwirtschaften, die ausreichen, um Verbindlichkeiten zu tilgen, die Leistungsfähigkeit des Unternehmens zu erhalten, Dividenden zu zahlen und Investitionen zu tätigen, ohne dabei auf Quellen der Außenfinanzierung angewiesen zu sein" (IAS 7.13).

Zuordnungsprobleme zu den einzelnen Cashflows können sich bei Zins- und Dividendenzahlungen ergeben. Hier gewährt das IASB – bei gesonderter Angabe in der Kapitalflussrechnung – ein Wahlrecht. Nach IAS 7.31 sind die aus erhaltenen und gezahlten Zinsen bzw. erhaltenen Dividenden resultierenden Zahlungen alternativ zur betrieblichen Tätigkeit, zur Investitionstätigkeit oder zur Finanzierungstätigkeit zu zählen. Für gezahlte Dividenden kommt gemäß IAS 7.34 wahlweise ein Ausweis im Cashflow aus betrieblicher Tätigkeit oder aus Finanzierungstätigkeit in Frage. Jedoch greift für diese Wahlrechte das Stetigkeitsgebot, wonach eine einmal getroffene Zuordnung im Zeitablauf beizubehalten ist.

Zinsen und Dividenden

Werden gezahlte Dividenden als Entgelt für Eigenkapitalgeber angesehen, wären sie der Finanzierungstätigkeit zuzuordnen. Um aufzuzeigen, dass Dividenden aus der laufenden betrieblichen Tätigkeit finanziert werden müssen, wäre alternativ auch eine Zuordnung zum Cashflow aus betrieblicher Tätigkeit zu begründen. In der Praxis erfolgt überwiegend ein Ausweis der Dividendenzahlungen unter den Finanzierungsaktivitäten[16].

Auch für gezahlte Zinsen wäre eine Zuordnung zur Finanzierungstätigkeit konsequent, da es sich aus Sicht des bilanzierenden Unternehmens um Finanzierungsaufwendungen handelt. Erhaltene Zinsen können zum Cashflow aus betrieblicher Tätigkeit oder Investitionstätigkeit gezählt werden. Vereinfachend werden Zinsein- und -auszahlungen in der Unternehmenspraxis jedoch häufig unter der betrieblichen Tätigkeit subsumiert[17]. Wesentlich ist in diesem Zusam-

---

16 Vgl. z.B. *Bayer AG*, Geschäftsbericht 2006, S. 104; *Commerzbank AG*, Geschäftsbericht 2006, S. 110.
17 Vgl. *von Keitz, I.*, Praxis der IASB-Rechnungslegung, 2. Aufl., Stuttgart 2005, S. 226-228.

menhang, dass gemäß IAS 7.32 alle Zinszahlungen, unabhängig davon, ob sie als Aufwand das Periodenergebnis mindern oder nach IAS 23 „Fremdkapitalkosten" in den Anschaffungs- oder Herstellungskosten von Vermögenswerten aktiviert werden, in der Kapitalflussrechnung erfasst werden. (Zur Ermittlung der Anschaffungs- und Herstellungskosten siehe ausführlich Kapitel 14.) Für die Erfassung der Zinszahlungen im Cashflow aus Finanzierungstätigkeit spricht, dass damit der Cashflow aus betrieblicher Tätigkeit eher dem im Controlling und in der Finanzanalyse häufig verwendeten EBITDA (earnings before interest, tax, depreciation and amortisation) entspricht.

Zinsen bei Finanzinstitutionen

Für die Zuordnung von Zinsen und Dividenden zu den einzelnen Cashflows ist jedoch auch die Branche des betrachteten Unternehmens zu berücksichtigen. So dürften beispielsweise gezahlte Zinsen sowie erhaltene Zinsen und Dividenden bei Finanzinstitutionen regelmäßig der betrieblichen Tätigkeit zuzurechnen sein.

Ertragsteuern

Auch für Ertragsteuerzahlungen können sich Zuordnungsprobleme ergeben. Zwar sind diese Zahlungen – bei gesonderter Angabe – im Normalfall als Teil der betrieblichen Tätigkeit zu klassifizieren. Sofern ertragsteuerliche Konsequenzen einzelnen Zahlungen der Investitions- oder Finanzierungstätigkeit zugeordnet werden können, dürfen die zugehörigen Ertragsteuerzahlungen aber auch in diesen Bereichen ausgewiesen werden (IAS 7.35-36).

4.4 Aufbau der Kapitalflussrechnung

Staffelform

IAS 7 gibt kein Mindestgliederungsschema für die Kapitalflussrechnung vor. Aus den Beispielen des Anhangs zu IAS 7 ist jedoch entnehmbar, dass sie in Staffelform erstellt werden soll. Tabelle 7.5 verdeutlicht den Grobaufbau.

	Betriebliche Einzahlungen
–	betriebliche Auszahlungen
=	**Cashflow aus betrieblicher Tätigkeit (1)**
	Desinvestitionseinzahlungen
–	Investitionsauszahlungen
=	**Cashflow aus Investitionstätigkeit (2)**
	Finanzierungseinzahlungen
–	Finanzierungsauszahlungen
=	**Cashflow aus Finanzierungstätigkeit (3)**
	Veränderung des Finanzmittelfonds ((1)+(2)+(3))

Tab. 7.5: Grobaufbau der Kapitalflussrechnung in Staffelform

Darstellungsmöglichkeiten

Die Darstellung der einzelnen Cashflows aus betrieblicher Tätigkeit, aus Investitions- und aus Finanzierungstätigkeit ist aus dem Blickwinkel der Informationsfunktion der Kapitalflussrechnung weiter zu untergliedern. Prinzipiell bieten sich hierbei zwei Vorgehensweisen an:

- die direkte Darstellung, bei der Ein- und Auszahlungen zu Gruppen zusammengefasst ausgewiesen werden, oder
- die indirekte Darstellung, wobei der Cashflow durch Korrektur anderer Jahresabschlussgrößen ermittelt wird.

Für die Ermittlung des Cashflows aus betrieblicher Tätigkeit gewährt das IASB den Unternehmen ein Wahlrecht (IAS 7.18). So kann zwischen einer direkten Darstellung und einer indirekten Darstellung gewählt werden. Jedoch ist auch hier das Stetigkeitsprinzip im Zeitablauf zu beachten. Empfohlen wird vom IASB die direkte Darstellungsform; in der Unternehmenspraxis herrscht hingegen noch die indirekte Darstellung vor.

Für die Darstellung der Cashflows aus Investitions- und Finanzierungstätigkeit schreibt IAS 7.21 hingegen – wie auch aus Abbildung 7.7 ersichtlich – die direkte Darstellung zwingend vor.

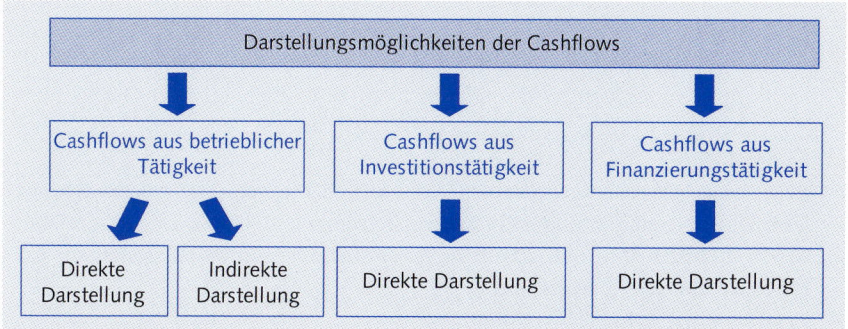

Abb. 7.7: Darstellungsmöglichkeiten in der Kapitalflussrechnung nach IAS 7

Bei der direkten Darstellung der Cashflows aus betrieblicher Tätigkeit werden die Zahlungen – wie der Name verdeutlicht – direkt auf der Basis von Zu- und Abgängen von Zahlungsmitteln und Zahlungsmitteläquivalenten ermittelt. Dabei sind die Hauptklassen an Bruttoeinzahlungen und -auszahlungen separat anzugeben. Da IAS 7 keine Mindestgliederung vorgibt, sind verschiedene Vorgehensweisen denkbar. So könnte sich beispielhaft die in Tabelle 7.6 wiedergegebene Darstellung in Anlehnung an DRS 2 „Kapitalflussrechnung" anbieten[18].

Direkte Darstellung des Cashflows aus betrieblicher Tätigkeit

---

[18] Im Gegensatz zu DRS 2 erfolgt jedoch nach IAS 7 kein separater Ausweis von außerordentlichen Posten, da deren Ausweis in IFRS-Abschlüssen generell im Rahmen des Improvements Project abgeschafft wurde (IAS 1.BC60-BC64). Dies führte zur Streichung von IAS 7.29-30.

	Einzahlungen von Kunden
–	Auszahlungen an Lieferanten und Arbeitnehmer
+	Sonstige Einzahlungen, die nicht der Investitions- oder Finanzierungstätigkeit zuzuordnen sind
–	Sonstige Auszahlungen, die nicht der Investitions- oder Finanzierungstätigkeit zuzuordnen sind
–	Gezahlte Ertragsteuern
=	**Cashflow aus betrieblicher Tätigkeit**

Tab. 7.6: Direkte Darstellung des Cashflows aus betrieblicher Tätigkeit

Indirekte Darstellung des Cashflows aus betrieblicher Tätigkeit

Bei der indirekten Darstellung wird der Cashflow aus betrieblicher Tätigkeit aus dem Periodenergebnis der Gesamterfolgsrechnung abgeleitet. Die Ergebnisgröße ist dabei um nicht zahlungswirksame Geschäftsvorfälle zu korrigieren. Ausgehend vom Periodenergebnis vor Ertragsteueraufwendungen sind im Einzelnen vier Korrekturschritte erforderlich.

1. Korrektur der nicht zahlungswirksamen Aufwendungen und Erträge, z.B. der Abschreibungen und der Zuführungen zu den Rückstellungen.
2. Korrektur um ergebniswirksame Sachverhalte, die dem Investitions- oder Finanzierungsbereich zuzuordnen sind, z.B. Gewinne aus dem Verkauf von Sachanlagen.
3. Erfassung ergebnisunwirksamer zahlungswirksamer Veränderungen der Vermögens- und Schuldpositionen der betrieblichen Tätigkeit, z.B. Zunahme der Roh-, Hilfs- und Betriebsstoffe, Abnahme der Verbindlichkeiten aus Lieferungen und Leistungen.
4. Erfassung der Ertragsteuerzahlungen.

Damit könnte aufgrund fehlender Gliederungsvorschriften in IAS 7 in Anlehnung an DRS 2 die in Tabelle 7.7 angeführte Gliederung Anwendung finden.

	Periodenergebnis vor Ertragsteuern und Zinsen
+/–	Abschreibungen/Zuschreibungen auf Vermögenswerte des AV
+/–	Zunahme/Abnahme der Rückstellungen
+/–	Sonstige zahlungsunwirksame Aufwendungen/Erträge
–/+	Gewinn/Verlust aus dem Verkauf von Vermögenswerten des AV
–/+	Zunahme/Abnahme der Vorräte, der Forderungen aus Lieferungen und Leistungen sowie anderer Aktiva, die nicht der Investitions- oder Finanzierungstätigkeit zuzuordnen sind
+/–	Zunahme/Abnahme der Verbindlichkeiten aus Lieferungen und Leistungen sowie anderer Passiva, die nicht der Investitions- oder Finanzierungstätigkeit zuzuordnen sind
–	Ertragsteuerzahlungen
+/–	Zinseinzahlungen/Zinsauszahlungen
=	**Cashflow aus betrieblicher Tätigkeit**

Tab. 7.7: Indirekte Darstellung des Cashflows aus betrieblicher Tätigkeit

Für den Cashflow aus Investitionstätigkeit schreibt das IASB ebenfalls keine detaillierte Mindestgliederung vor. Nach der direkten Methode sind lediglich in Hauptklassen die Bruttoeinzahlungen und Bruttoauszahlungen separat anzugeben. Auch hier würde sich für deutsche Unternehmen eine an DRS 2 angelehnte Vorgehensweise anbieten (vgl. Tabelle 7.8).

Darstellung des Cashflows aus Investitionstätigkeit

Zur Investitionstätigkeit zählen auch der Erwerb bzw. der Verkauf von Tochterunternehmen und sonstigen Geschäftseinheiten. Gemäß IAS 7.39 sind daraus resultierende Zahlungen separat innerhalb der Darstellung des Cashflows aus Investitionstätigkeit auszuweisen (vgl. auch Tabelle 7.8). Der zahlungswirksame Kaufpreis für Akquisitionen bzw. der Verkaufspreis von Desinvestitionen ist dabei um die miterworbenen bzw. mitveräußerten Zahlungsmittel und Zahlungsmitteläquivalente zu korrigieren. Im Gegensatz dazu ist der Zu- bzw. Abgang von bilanziellen Vermögenswerten und Schulden nicht in den anderen Zeilen der Kapitalflussrechnung zu erfassen.

Erwerb von Tochterunternehmen

	Einzahlungen aus Abgängen von Vermögenswerten des Sachanlagevermögens
–	Auszahlungen für Investitionen in das Sachanlagevermögen
+	Einzahlungen aus Abgängen von Vermögenswerten des immateriellen Anlagevermögens
–	Auszahlungen für Investitionen in das immaterielle Anlagevermögen
+	Einzahlungen aus Abgängen von Vermögenswerten des Finanzanlagevermögens
–	Auszahlungen für Investitionen in das Finanzanlagevermögen
+/–	Einzahlungen und Auszahlungen aus dem Erwerb und dem Verkauf von Tochterunternehmen und sonstigen Geschäftseinheiten
=	**Cashflow aus Investitionstätigkeit**

Tab. 7.8: Direkte Darstellung des Cashflows aus Investitionstätigkeit

Beispiel 7.6

Im Rahmen der Ausweitung der Produktionskapazitäten zur Belieferung des chinesischen Absatzmarktes sowie zur Steigerung des weltweiten Marktanteils wurde von der Kauffix AG eine 80%ige Beteiligung an einem Konkurrenzanbieter in Shanghai zum Preis von umgerechnet 50 Mio. € erworben. Der Kaufpreis wurde vollständig mit Zahlungsmitteln beglichen. Der Bestand an Zahlungsmitteln und Zahlungsmitteläquivalenten des erworbenen Unternehmens beläuft sich zum Erwerbszeitpunkt auf umgerechnet 5 Mio. €. Da entsprechend des Control-Prinzips das akquirierte Unternehmen auf Basis der Vollkonsolidierung in den Konzernabschluss der Kauffix AG einbezogen wird, ergeben sich für die Konzernkapitalflussrechnung folgende Auswirkungen:

- Separater Ausweis der Auszahlung von (50–5 =) 45 Mio. € für den Erwerb des Tochterunternehmens im Cashflow aus Investitionstätigkeit.
- Die aus der Akquisition resultierenden Veränderungen anderer Vermögenswerte und Schulden in der Konzernbilanz der Kauffix AG sind in den anderen Zeilen der Kapitalflussrechnung nicht zu berücksichtigen.

Darstellung des Cashflows aus Finanzierungstätigkeit

Auch für den Cashflow aus Finanzierungstätigkeit schreibt das IASB kein konkretes Gliederungsschema vor. Hier würde sich ebenfalls für deutsche Unternehmen bis zur weiteren internationalen Harmonisierung eine an DRS 2 orientierte Vorgehensweise anbieten (vgl. Tabelle 7.9).

	Einzahlungen aus Eigenkapitalzuführungen
–	Auszahlungen an die Eigenkapitalgeber
+	Einzahlungen aus der Begebung von Anleihen und der Aufnahme von Krediten
–	Auszahlungen aus der Tilgung von Anleihen und Krediten
=	**Cashflow aus Finanzierungstätigkeit**

Tab. 7.9: Direkte Darstellung des Cashflows aus Finanzierungstätigkeit

Beispiel 7.7

Zusammenfassend soll die Publix AG betrachtet werden, die ihre Gesamterfolgsrechnung in zwei Teilrechenwerken aufstellt. Aus den Daten der Konzernbilanz, der Konzern-GuV, und ausgewählten Zusatzangaben ist in Übereinstimmung mit IAS 7 für das Geschäftsjahr 2007 eine Konzernkapitalflussrechnung zu erstellen. Die Darstellung des Cashflows aus betrieblicher Tätigkeit erfolgt in Übereinstimmung mit dem überwiegenden Teil der Unternehmenspraxis nach der indirekten Methode.

Folgende Zusatzangaben sind gegeben:
- Eine im Finanzanlagevermögen der Publix AG gehaltene Beteiligung wurde im August 2007 für 5.500 T€ verkauft (Buchwert 3.700 T€).
- Aufgrund einer Abwertung des US-$ erfolgte in 2007 eine Abschreibung innerhalb der liquiden Mittel in Höhe von 100 T€.
- In der Veränderung der Verbindlichkeiten gegenüber Kreditinstituten ist eine Kredittilgung in Höhe von 5.000 T€ enthalten.

Konzernbilanz der Publix AG nach IFRS (in T€)

	2006	2007		2006	2007
Anlagevermögen			Eigenkapital		
I. Immat. VW	6.300	7.700	I. Gezeichn. Kapital	20.000	20.000
II. Sachanlagen	49.200	54.100	II. Kapitalrücklage	12.000	12.000
III. Finanzanlagen	5.200	2.700	III. Gewinnrücklagen	9.500	10.000
Umlaufvermögen			IV. Bilanzgewinn	900	1.000
I. Vorräte	25.100	27.900	Rückstellungen		
II. Forderungen	19.100	22.100	1. Pensionsrückstellungen	19.500	21.900
III. Wertpapiere	1.400	1.400	2. Sonst. Rückst.	10.400	11.700
IV. Liquide Mittel	3.900	1.500	Verbindlichkeiten		
			1. ggü. Kreditinstitut.	21.000	26.500
			2. aus Lief. u. Leist.	16.900	14.300
	110.200	117.400		110.200	117.400

Konzern-GuV 2007 der Publix AG nach IFRS (in T€)	
1 Umsatzerlöse	216.000
2 Erhöhung des Bestands an fertigen u. unfert. Erzeugnissen	700
3 Sonstige betriebliche Erträge	10.300
4 Materialaufwand	152.000
5 Personalaufwand	48.000

6 Abschreibungen
    - auf immaterielle Vermögensgegenstände
    - auf Sachanlagen
	
	300
	7.800

7 Sonstige betriebliche Aufwendungen	14.800
8 Zinsen und ähnliche Erträge	800
9 Zinsen und ähnliche Aufwendungen	1.900
10 Ergebnis der gewöhnlichen Geschäftstätigkeit	3.000
11 Steuern	1.500
12 Periodenergebnis	1.500
13 Zuführungen zu den Gewinnrücklagen	500
14 Bilanzgewinn	**1.000**

Lösung

Konzernkapitalflussrechnung 2007 der Publix AG nach IFRS (in T€)	
1. Periodenergebnis vor Zinsen und Steuern	4.100
2. + Zinsen und ähnliche Erträge	800
3. – Zinsen und ähnliche Aufwendungen	1.900
4. – Steuern	1.500
5. +/– Abschreibungen/Zuschreib. auf Gegenstände des AV	+ 8.100
6. +/– Zunahme/Abnahme Rückstellungen	+ 3.700
7. +/– Sonstige zahlungsunwirksame Aufwendungen/Erträge	-600
8. –/+ Gewinn/Verlust aus Anlagenabgängen	-1.800
9. –/+ Zunahme/Abnahme der Vorräte, der Forderungen sowie sonstiger Aktiva des betrieblichen Bereichs	-5.100
10. +/– Zunahme/Abnahme der Verbindlichkeiten aus L+L sowie sonstiger Passiva des betrieblichen Bereichs	-2.600
11. = Cashflow aus betrieblicher Tätigkeit	**3.200**

12.	− Auszahlungen für Investitionen in das SAV	-12.700
13.	− Auszahlungen für Investitionen IAV	-1.700
14.	+ Einzahlungen aus Abgängen FAV	+5.500
15.	− Auszahlungen für Investitionen FAV	-1.200
16.	**= Cashflow aus Investitionstätigkeit**	**-10.100**
17.	− Dividendenzahlungen	-900
18.	+ Einzahlungen aus FK-Aufnahme	+10.500
19.	− Auszahlungen für FK-Tilgung	-5.000
20.	**= Cashflow aus Finanzierungstätigkeit**	**4.600**
21.	**Cashflow gesamt**	**-2.300**
22.	+/− Wechselkursbedingte Veränderung liquider Mittel	-100
23.	+ Anfangsbestand der liquiden Mittel	3.900
24.	**= Endbestand der liquiden Mittel**	**1.500**

Die aus dem Bilanzvergleich unter Berücksichtigung der GuV- und Zusatzangaben erstellte Konzernkapitalflussrechnung ist nachfolgend angeführt. Der operative Cashflow wird dabei nach der indirekten Methode ermittelt. Übereinstimmend mit der Mehrheit der Unternehmenspraxis werden die gezahlten und erhaltenen Zinsen, die erhaltenen Dividenden sowie die Ertragsteuerzahlungen im Cashflow aus betrieblicher Tätigkeit erfasst, während die gezahlten Dividenden gemäß Zeile 14 der Kapitalflussrechnung im Cashflow aus Finanzierungstätigkeit abgebildet sind.

Erweiterung des Beispiels
Im Geschäftsjahr 2007 ist außerdem von der Publix AG eine 100%ige Beteiligung zum Kaufpreis von 4.700 T€ erworben worden. Das Unternehmen ist zum Bilanzstichtag 2007 in den Konzernabschluss einbezogen worden, wobei die Bilanz nach IFRS zum 31.12.2007 folgendes Aussehen hat. Innerhalb der Sachanlagen sind außerdem stille Reserven in Höhe von 500 T€, innerhalb der Vorräte von 300 T€ enthalten.

Bilanz 2007 nach IFRS (in T€)			
Anlagevermögen		Eigenkapital	
I. Sachanlagen	2.700	I. Gezeichnetes Kapital	1.000
II. Finanzanlagen	500	II. Kapitalrücklage	1.000
Umlaufvermögen		III. Gewinnrücklagen	400
I. Vorräte	1.500	Rückstellungen	1.100
II. Forderungen	1.800	Verbindlichkeiten	
III. Liquide Mittel	600	I. ggü. Kreditinstituten	2.000
		II. aus Lieferungen u. Leist.	1.600
	7.100		7.100

Lösung

Konzernkapitalflussrechnung 2007 der Publix AG nach IFRS (in T€)

		Alt	Veränd.	Neu
1.	Periodenergebnis	1.500		1.500
2. +	Zinsen und ähnliche Erträge	800		800
3. –	Zinsen und ähnliche Aufwendungen	1.900		1.900
4. –	Steuern	1.500		1.500
5. +/–	Abschreibungen/Zuschreibungen auf Anlagegegenstände	+8.100		+8.100
6. +/–	Zunahme/Abnahme Rückstellungen	+3.700	-1.100	+2.600
7. +/–	Sonstige zahlungsunwirksame Aufwendungen/Erträge	-600		-600
8. –/+	Gewinn/Verlust aus Anlagenabgängen	-1.800		-1.800
9. –/+	Zunahme/Abnahme der Vorräte, der Forderungen sowie sonstiger Aktiva des betrieblichen Bereichs	-5.100	+3.600	-1.500
10. +/–	Zunahme/Abnahme der Verbindlichkeiten aus L+L sowie sonstiger Passiva des betrieblichen Bereichs	-2.600	-1.600	-4.200
11. =	**CF aus betrieblicher Tätigkeit**	**3.200**		**4.100**
12. –	Auszahlungen für Investit. in das SAV	-12.700	+3.200	-9.500
13. –	Auszahlungen für Investitionen IAV	-1.700	+1.500	-200
14. +	Einzahlungen aus Abgängen FAV	+5.500		+5.500
15. –	Auszahlungen für Investitionen FAV	-1.200	+500	-700
16. +/–	Verkauf/Erwerb von konsolidierten Unternehmen		-4.100	-4.100
17. =	**CF aus Investitionstätigkeit**	**-10.100**		**-9.000**
18. –	Dividendenzahlungen	- 00		-900
19. +	Einzahlungen aus FK-Aufnahme	+10.500	-2.000	+8.500
20. –	Auszahlungen für FK-Tilgung	-5.000		-5.000
21. =	**CF aus Finanzierungstätigkeit**	**4.600**		**2.600**
22.	**CF gesamt**	**-2.300**		**-2.300**
23. +/–	Wechselkursbedingte Veränd. liq. Mittel	-100		-100
24. +	Anfangsbest. der liquiden Mittel	3.900		3.900
25. =	**Endbestand der liquiden Mittel**	**1.500**		**1.500**

Infolge dieser zusätzlichen Informationen ist die bereits erstellte Konzernkapitalflussrechnung zu verändern. Dazu ist die Akquisition zum Kaufpreis (4.700 T€) abzüglich der erworbenen Zahlungsmittel und Zahlungsmitteläquivalente (600 T€) auszuweisen (4.100 T€). Gleichzeitig sind die Veränderungen in den Bilanzpositionen, die aus dieser Akquisition resultieren, zu korrigieren. Da die Vermögenswerte und Schulden des Tochterunternehmens nach Auflösung der stillen Reserven in die Konzernbilanz eingehen, handelt es sich hierbei um die neubewerteten Vermögenswerte und Schulden. Sofern der Kaufpreis größer ist als das neubewertete Vermögen abzüglich der neubewerteten Schulden, entsteht ein unter den immateriellen Vermögenswerten auszuweisender Goodwill.

4.5 Anhangangaben

IAS 7 fordert neben der zu erstellenden Kapitalflussrechnung vielfältige zusätzliche Angaben, die für die Abschlussadressaten deren Informationsgehalt erhöhen sollen. Im Einzelnen sind folgende Angaben verpflichtend (IAS 7.45 ff.):
- Zusammensetzung der Zahlungsmittel und Zahlungsmitteläquivalente,
- Überleitung der Zahlungsmittel und Zahlungsmitteläquivalente aus der Kapitalflussrechnung auf die entsprechenden Positionen der Bilanz,
- Offenlegung von Änderungen in der Zusammensetzung des Finanzmittelfonds der Zahlungsmittel und Zahlungsmitteläquivalente,
- Angabe des wesentlichen Anteils an Zahlungsmitteln und Zahlungsmitteläquivalenten, über die der Konzern nicht frei verfügen kann (z.B. Zahlungsmittel von Tochterunternehmen in Ländern mit Devisenverkehrskontrollen),
- separate Angabe außerordentlicher Zahlungsvorgänge der betrieblichen Tätigkeit, der Investitionstätigkeit und der Finanzierungstätigkeit,
- Angabe nicht zahlungswirksamer Investitions- und Finanzierungsvorgänge, wie z.B. der Erwerb von Unternehmensanteilen gegen eigene Aktien.

Sind Tochterunternehmen oder sonstige Geschäftseinheiten erworben bzw. veräußert worden, müssen gemäß IAS 7.40 zusätzlich folgende Angaben erfolgen:
- der gesamte Kauf- oder Verkaufspreis,
- der Teil des Kauf- oder Verkaufspreises, der durch Zahlungsmittel und Zahlungsmitteläquivalente beglichen wurde,
- der Betrag der Zahlungsmittel oder Zahlungsmitteläquivalente des Tochterunternehmens oder der Geschäftseinheit, die mit dem Erwerb übernommen oder mit dem Verkauf abgegeben wurden,
- die Beträge der nach Hauptgruppen gegliederten Vermögenswerte und Schulden (mit Ausnahme der Zahlungsmittel und Zahlungsmitteläquivalente) des erworbenen oder verkauften Tochterunternehmens bzw. der Geschäftseinheit.

5 Wesentliche Unterschiede zum HGB

5.1 Bilanz

Im Gegensatz zu den amerikanischen und den internationalen Vorschriften wird Kapitalgesellschaften in Deutschland gemäß § 266 Abs. 1 HGB die Kontoform für die Bilanz vorgeschrieben. Dabei enthalten § 266 Abs. 2 und 3 HGB eine recht detaillierte Gliederungsvorlage für die Bilanz. Es werden hier die einzelnen Positionen nach zunehmender Liquidierbarkeit bzw. Fristigkeit angeordnet. Zudem zählen Rechnungsabgrenzungsposten laut § 247 Abs. 1 HGB neben Anlage- und Umlaufvermögen, Eigenkapital und Schulden zu den gesondert auszuweisenden Positionen.

5.2 Gesamterfolgsrechnung

Im Unterschied zu den neuen Regelungen nach IFRS wird die Erfolgsrechnung nach HGB weiterhin als Gewinn- und Verlustrechnung bezeichnet. Diese bildet vergleichbar mit dem ersten Teilrechenwerk bei zweigeteilter Periodenerfolgsrechnung alle ergebniswirksamen Aufwendungen und Erträge einer Periode ab. *Gewinn- und Verlustrechnung*

Da ergebnisneutrale Buchungen nach HGB (Währungsumrechnung; Verrechnung des Goodwills mit den Rücklagen) eine gegenüber den IFRS deutlich geringe Bedeutung aufweisen, ist nach HGB bislang keine dem zweiten Teilrechenwerk der zweigeteilten Gesamterfolgsrechnung vergleichbare Überleitung des Periodenergebnisses zum Gesamterfolg durch Berücksichtigung ergebnisneutraler Komponenten zu erstellen. *Geringe Bedeutung ergebnisneutraler Komponenten nach HGB*

Gemäß § 275 Abs. 1 Satz 1 HGB ist die GuV nach deutschen Rechnungslegungsvorschriften zwingend in der Staffelform zu erstellen. Dabei steht es dem bilanzierenden Unternehmen frei, zwischen den durch § 275 Abs. 2 und 3 HGB festgelegten Gliederungsschemata des Gesamtkostenverfahrens und des Umsatzkostenverfahrens zu wählen. *Darstellungsform*

§ 277 Abs. 4 HGB ordnet alle Aufwendungen und Erträge, die außerhalb der gewöhnlichen Geschäftstätigkeit angefallen sind, dem außerordentlichen Ergebnis zu und schreibt, sofern wesentlich, ihre Erläuterung im Anhang vor. Mangels Definition durch den Gesetzgeber hat sich in der Literatur eine zu den US-amerikanischen Bestimmungen analoge und demnach recht enge Konkretisierung des Begriffs (ungewöhnlich, selten und wesentlich) durchgesetzt. In der Praxis ist die Auslegung des außerordentlichen Ergebnisses nach HGB allerdings weiter als nach US-GAAP sowie dem früheren IAS 1 (1997). So umfasst es neben Einflüssen aus der Aufgabe von Geschäftsbereichen z.B. auch Zuschüsse ohne Gegenleistung sowie Gewinne und Verluste aus Schadensfällen, die nach internationalen Vorschriften häufig nicht zu einem Ausweis außeror- *Außerordentliche Positionen nach HGB* dentlicher Positionen führten[19]. Mit der Überarbeitung von IAS 1 im Dezember 2003 hat sich dieser Unterschied deutlich verstärkt, da nach IAS 1.87 außerordentliche Positionen weder in der Gesamterfolgsrechnung noch im Anhang erfasst werden dürfen.

5.3 Eigenkapitalveränderungsrechnung

Erstellungspflicht in Konzernabschlüssen von Kapitalgesellschaften

Seit dem Bilanzrechtsreformgesetz (BilReG) von 2004 sind in Deutschland Kapitalgesellschaften verpflichtet, eine Kapitalflussrechnung und eine Eigenkapitalveränderungsrechnung („Eigenkapitalspiegel") als weitere Bestandteile konsolidierter Abschlüsse zu erstellen (§ 297 Abs. 1 Satz 2 HGB). Eine konkrete Ausgestaltung der Eigenkapitalveränderungsrechnung wird in DRS 7 formuliert und ist in weiten Teilen vergleichbar der Regelung nach IAS 1. Im Gegensatz zu den Vorschriften des IASB gehört eine Eigenkapitalveränderungsrechnung jedoch nicht zwingend zu jedem Einzel- und Konzernabschluss nach HGB, da Personengesellschaften und Einzelkaufleute diese Rechenwerke nicht zu erstellen brauchen (§ 13 Abs. 3 Satz 2 PublG).

Referentenentwurf zum BilMoG

Nach dem im November 2007 veröffentlichten Referentenentwurf zum Bilanzrechtsmodernisierungsgesetz (BilMoG) sollen allerdings auch kapitalmarktorientierte Unternehmen, die in keinem Konzernverbund stehen, zukünftig zur Erstellung einer Eigenkapitalveränderungsrechnung verpflichtet werden.

5.4 Kapitalflussrechnung

Nach deutschem Handelsrecht ist gemäß § 297 Abs. 1 HGB lediglich für Konzernabschlüsse die Erstellung einer Kapitalflussrechnung als eigenständiger Bestandteil des Konzernabschlusses verpflichtend. Die materielle und formelle Ausgestaltung dieser Kapitalflussrechnung wird vom Gesetzgeber im HGB jedoch nicht festgelegt. Mit Verabschiedung von DRS 2 durch den DSR existiert aber seit 1999 ein Standard, der die Aufstellung einer Kapitalflussrechnung detailliert regelt und sich dabei an IAS 7 orientiert. Deshalb sind nur wenige Unterschiede zwischen DRS 2 und IAS 7 aufzuzeigen:

- Gezahlte Dividenden müssen nach DRS 2.37 der Finanzierungstätigkeit zugeordnet werden. Ein Wahlrecht zum Ausweis innerhalb der Cashflows aus betrieblicher Tätigkeit wie nach IAS 7.34 existiert nicht.
- Im Gegensatz zu IAS 7 gibt DRS 2 detaillierte Gliederungsschemata für die Darstellung der Cashflow aus betrieblicher Tätigkeit, aus Investitionstätigkeit und aus Finanzierungstätigkeit vor. Siehe hierzu die Tabellen 7.6 bis 7.9.

---

19 Vgl. *Förschle, G.*, in: Beck'scher Bilanz-Kommentar, § 275, Rz. 215 ff.; *Küting, K./Koch, C.*, Zur Problematik der Erfolgsquellenanalyse im internationalen Vergleich, in: StuB, 4. Jg. (2002), S. 1035 f.

- Abweichend von IAS 7 verlangt DRS 2 innerhalb des Cashflows aus betrieblicher Tätigkeit den separaten Ausweis außerordentlicher Posten. Die entsprechende IAS-Vorschrift wurde mittlerweile durch Streichung von IAS 7.29-30 aufgehoben.
- Die Zusatzangaben nach DRS 2 sind im Vergleich zu IAS 7 teilweise umfangreicher. So verlangt DRS 2.51 die Angabe von Ein- und Auszahlungen, die Minderheitsgesellschafter von Konzernunternehmen betreffen. Gemäß DRS 2.32 müssen zudem die Zahlungsvorgänge im Investitionsbereich danach untergliedert werden, welche Komponenten des Anlagevermögens sie betreffen. Außerdem hat ein Ausweis der Ein- und Auszahlungen für Finanzmittelanlagen innerhalb der kurzfristigen Finanzmitteldisposition zu erfolgen.

Der Referentenentwurf zum Bilanzrechtsmodernisierungsgesetz (BilMoG) sieht die Erstellung einer Kapitalflussrechnung auch für diejenigen kapitalmarktorientierten Unternehmen vor, die in keinem Konzernverbund stehen.

Referentenentwurf zum BilMoG

6 Wesentliche Unterschiede zu US-GAAP

6.1 Bilanz

In den US-GAAP finden sich keinerlei verbindliche Gliederungsvorschriften für die Bilanz. Die formalen und inhaltlichen Anforderungen der bei der SEC einzureichenden Jahres- und Quartalsabschlüsse sind aber Gegenstand einer zentralen SEC-Verordnung, der Regulation S-X. Diese enthält im Gegensatz zu den IFRS auch ein recht detailliertes Gliederungsschema für die Bilanz. In Tabelle 7.10 werden am Beispiel der allgemeinen Vorgabe für Handels- und Industrieunternehmen die Gliederungsvorschriften der Bilanz aufgezeigt.

In der US-amerikanischen Bilanzierungspraxis haben sich Konto- und Staffelform als Darstellungsmöglichkeiten der Bilanz etabliert, obgleich mangels Regelung grundsätzlich auch andere Formate denkbar wären. Die Aktiva werden nach abnehmender Liquidierbarkeit und die Passiva nach zunehmender Fristigkeit geordnet. Daher erfolgt der Ausweis der kurzfristigen Schulden vor den langfristigen, während das grundsätzlich unbefristete Eigenkapital ganz am Ende steht.

Präsentationsformat

Analog zu obigen Ausführungen sind auch nach US-amerikanischen Bilanzierungsregeln die aktiven bzw. passiven Abgrenzungsposten unter die Definition von Vermögenswerten bzw. Schulden zu fassen. So werden geleistete Ausgaben für in der Zukunft erwartete Leistungen als prepaid expenses aktiviert (ARB 43 Ch. 3 Sec. A. Par. 4 u. 6). Unter den Sammelposten der deferred credits fallen neben den passiven latenten Steuern auch vorzeitig vereinnahmte, noch „unverdiente" Erträge, die als deferred income bzw. revenue passivisch abgegrenzt werden und erst zu einem späteren Zeitpunkt ergebniswirksam aufzulösen sind (SFAC 6.197).

Abgrenzungsposten

Assets	Vermögenswerte

• Cash and cash items
• Marketable securities
• Accounts and notes receivable from
  – customers (trade)
  – related parties
  – underwriters, promoters, and employees
  – other
• Unearned income
• Inventories
• Prepaid expenses
• Securities of related parties
• Indebtedness of related parties
• Other investments
• Property, plant and equipment
• Intangible assets
	• Flüssige Mittel
	• Marktfähige Wertpapiere
	• Forderungen
	  – aus Lieferungen und Leistungen
	  – gegenüber nahe stehenden Personen
	  – gegenüber Konsorten, Vermittlern und Mitarbeitern
	  – Sonstige Forderungen
	• aktivischer Rechnungsabrenzungsposten
	• Vorräte
	• Abgrenzungsposten
	• Wertpapiere von nahe stehenden Personen
	• Verpfl. von nahe stehenden Personen
	• Sonstige Vermögenswerte
	• Sachanlagevermögen
	• Immaterielle Vermögenswerte

• Total assets	• Summe Aktiva
Liabilities and Stockholders' Equity	**Schulden und Eigenkapital**

• Accounts and notes payable to
  – banks for borrowings
  – factors or other financial institutions for borrowings
  – holders of commercial paper
  – trade creditors
  – related parties
  – underwriters, promoters, and employees
  – others
• Bonds, mortgages and other long-term debt, including capitalized leases
• Indebtedness to related parties
• Commitments and contingent liabilities
• Deferred credits
  – deferred income tax
  – other deferred credits
• Minority interests in consolidated subsidiaries
• Preferred stocks
• Common stocks
• Other stockholders' equity
	• Verbindlichkeiten
	  – gegenüber Kreditinstituten
	  – anderen Finanzinstitutionen
	  – Anleiheinhabern
	  – aus Lieferungen und Leistungen
	  – gegenüber nahe stehenden Personen
	  – gegenüber Konsorten, Vermittlern und Mitarbeitern
	  – Sonstige Verbindlichkeiten
	• Anleihen, Hypotheken und andere langfristige Verbindlichkeiten inklusive solcher aus einem Finanzierungsleasing
	• Langfr. Schulden gegen verbundenen Unternehmen und Gesellschaften
	• Sonstige Verpfl. und Eventualverbindl.
	• Abgrenzungsposten
	  – latente Steuern
	  – sonstige Abgrenzungsposten
	• Minderheitenanteile
	• Vorzugsaktienkapital
	• Stammaktienkapital
	• Sonstige Eigenkapitaltitel

• Total liabilities and stockholders' equity	• Summe Passiva

Tab. 7.10: Mindestgliederungstiefe der Bilanz gemäß Rule 5-02 der Regulation S-X

Nach US-GAAP ist, anders als nach IFRS, keine gesonderte Bilanzposition für Rückstellungen vorgesehen. Rückstellungen finden sich insbesondere in den contingent liabilities und den deferred credits. Während Erstere alle Außenverpflichtungen umfassen, bei denen Unsicherheit entweder über die Höhe oder über die konkrete Inanspruchnahme besteht, grenzen deferred credits im Voraus vereinnahmte Erträge ab. Rückstellungen für Innenverpflichtungen sind also auch nach US-amerikanischen Regelungen nicht zulässig. Unter deferred credits werden auch latente Steuern und etwaige Unterdeckungen bei bestehenden Pensionsverpflichtungen erfasst (vgl. Kapitel 15 und 16).

Rückstellungen

6.2 Gesamterfolgsrechnung

Im Unterschied zu den neuen Regelungen nach IFRS, hat die Erfolgsrechnung nach US-GAAP weiterhin den Charakter einer Gewinn- und Verlustrechnung (GuV). Diese umfasst grundsätzlich alle ergebniswirksamen Aufwendungen und Erträge, kann aber auch vergleichbar der Gesamterfolgsrechnung um ergebnisneutrale Sachverhalte erweitert werden. Je nach gewählter Ausweisalternative ist ein Ausweis des sonstigen Gesamterfolgs innerhalb der Gesamterfolgsrechnung oder der Eigenkapitalveränderungsrechnung möglich. Aufgrund des zumindest von deutschen US-GAAP-Bilanzierern bislang favorisierten Ausweises innerhalb der Eigenkapitalveränderungsrechnung erfolgt eine Darstellung dieser Ausweisalternativen in Kapitel 6.3[20].

Darstellungsalternativen für den sonstigen Gesamterfolg

Für SEC-berichtspflichtige Unternehmen gilt das in der SEC-Verordnung Regulation S-X enthaltene recht detaillierte Gliederungsschema für die GuV. Tabelle 7.11 enthält die laut Rule 5.03 mindestens auszuweisenden Positionen. Wie aus dieser Tabelle ersichtlich, sieht Regulation S-X anders als die Vorschriften von IAS 1 zwingend die Staffelform und eine Gliederung nach Funktionsbereichen vor. Die sonstigen betrieblichen Erträge und Aufwendungen werden allerdings im Gegensatz zu den IFRS-Vorschriften und auch dem deutschen HGB dem außerbetrieblichen Bereich zugeordnet. Aufgrund der geringen Mindestgliederungstiefe und der daraus resultierenden eingeschränkten unternehmensübergreifenden Vergleichbarkeit der GuV fordern einzelne Standards die Offenlegung zusätzlicher Positionen direkt in der GuV oder im Anhang. Für die Konkretisierung der Positionen wird also auf die Verlautbarungen der privaten Rechnungslegungsinstitutionen abgestellt[21].

Staffelform und Umsatzkostenverfahren zwingend vorgeschrieben

---

20 Vgl. exemplarisch *E.ON*, Geschäftsbericht 2006, S. 113; *Siemens*, Geschäftsbericht 2006, S. 162-163; *SAP*, Geschäftsbericht 2006, S. 130-131.
21 Vgl. *Dexheimer*, S., Gewinngliederungsgrundsätze im internationalen Vergleich: HGB, US-GAAP und IAS, in BB, 57. Jg. (2002), S. 453-455.

• Net sales and gross revenues
  – net sales of tangible products
  – operating revenues of public utilities or others
  – income from rentals
  – revenues from services
  – other revenues
• Costs and expenses applicable to sales and revenues
• Other operating costs and expenses
• Selling, general and administrative expenses
• Provision for doubtful accounts and notes
• Other general expenses
• Non-operating income
  – dividends
  – interest on securities
  – profits on securities
  – miscellaneous other income
• Interest and amortization of debt discount and expense
• Non-operating expenses
  – losses on securities
  – miscellaneous income deductions
	• Umsatzerlöse
	  – aus dem Verkauf von Gütern
	  – von öffentlichen Versorgungseinrichtungen und anderen
	  – aus Mieteinnahmen
	  – aus Dienstleistungen
	  – sonstige Umsatzerlöse
	• Herstellungskosten zur Erzielung des Umsatzes
	
	• Sonstige operative Kosten und Aufwendungen
	• Verwaltungs- und Vertriebsaufwendungen
	• Zuführungen zu Rückstellungen
	• Sonstige allgemeine Aufwendungen
	• Nicht-operative Erträge
	  – aus Dividenden
	  – aus Zinserträgen
	  – aus Wertschwankungen von Wertpapieren
	  – sonstige
	• Zinsaufwand und anteilige Verrechnung von Disagios
	• Nicht-operative Aufwendungen
	  – aus Wertschwankungen von Wertpapieren
	  – sonstige Aufwendungen

• Income or loss before income tax expense and appropriate items below	• Periodenergebnis vor Steuern und sonstigen nachfolgenden Posten
• Income tax expense • Minority interest in income of consolidated subsidiaries • Equity in earnings of unconsolidated subsidiaries and 50 percent or less owned persons • Income or loss from continuing operations • Discontinued operations	• Steueraufwand • Minderheitenergebnis • Erträge aus nicht vollkonsolidierten Unternehmen • Ergebnis aus fortgeführten Aktivitäten • Ergebnis aus aufgegebenen Aktivitäten
• Income or loss before extraordinary items and cumulative effects of changes in accounting principles	• Periodenergebnis vor außerordentlichen Posten und Einflüssen aus dem Wechsel von Bilanzierungsmethoden
• Extraordinary items, less applicable tax	• Außerordentliche Posten abzüglich entsprechender Steuern
• Cumulative effects of changes in accounting principles	• Einflüsse aus dem Wechsel von Bilanzierungsmethoden
• Net income or loss	• Periodenergebnis
• Earnings per share data	• Ergebnis je Aktie

Tab. 7.11: GuV-Mindestgliederung gemäß Rule 5-03 der Regulation S-X

Nach US-amerikanischen Rechnungslegungsvorschriften zählen zu den Posten außerhalb des Ergebnisses der gewöhnlichen Geschäftätigkeit das Ergebnis aus der Aufgabe von Geschäftsbereichen (discontinued operations), außerordentliche Positionen (extraordinary items) sowie die Einflüsse aus dem Wechsel von Bilanzierungsmethoden (cumulative effects of changes in accounting principles). Diese drei nicht-gewöhnlichen Ergebnisse sind jeweils separat auszuweisen und im Anhang zu erläutern (APB Opinion 30).

Außergewöhnliche Positionen

Außerordentlich sind Aufwendungen und Erträge aus ihrer Art nach ungewöhnlichen (unusual) *und* seltenen (infrequent) Sachverhalten, wobei beide Kriterien ausdrücklich kumulativ erfüllt sein müssen (APB Opinion 30.20). Aufgrund der sehr engen Auslegung außerordentlicher Positionen fordert APB Opinion 30.26, sobald eines der beiden Anforderungskriterien erfüllt ist, zumindest den gesonderten Ausweis dieser Positionen innerhalb des Ergebnisses der gewöhnlichen Geschäftätigkeit oder eine Erläuterung im Anhang.

Außerordentliche Positionen

6.3 Eigenkapitalveränderungsrechnung

In der US-amerikanischen Bilanzierungswelt bestehen neben dem Jahresergebnis (net income) als Saldo der GuV mit dem der Periode zurechenbaren Ergebnis (earnings) und dem Periodengesamterfolg (comprehensive income) noch zwei weitere alternative Gewinnbegriffe. Für einen vollständigen Jahresabschluss müssen SEC-berichtspflichtige Unternehmen gemäß SFAC 5 (1984) „Ansatz und Bewertung im Abschluss von Unternehmen" (recognition and measurement in financial statements of business enterprises) zusätzlich zum Periodenergebnis auch diese beiden alternativen Gewinngrößen offen legen (vgl. SFAC 5.13). Die Abgrenzung der Gewinnbegriffe geschieht im Rahmen der Erläuterungen zur GuV in SFAC 5. Das net income spiegelt dabei lediglich das Resultat sämtlicher regelmäßig wiederkehrender betriebsbezogener Aufwendungen und Erträge wieder, während der Periodengesamterfolg (comprehensive income) gemäß SFAC 6.70 wie auch nach IFRS sämtliche Eigenkapitalveränderungen einer Periode, die nicht auf Transaktionen mit Eigentümern in ihrer Eigenschaft als Anteilseigner zurückzuführen sind (Einlagen, Dividenden) enthält. In SFAC 5.30-44 erfolgt eine Abgrenzung des Periodengesamterfolgs zu den earnings als traditionellem Periodenerfolg, der wiederum von dem in der Praxis gebräuchlichen und von der SEC in Regulation S-X verwandten Begriff des Periodenergebnisses (net income) als Saldo der GuV abweichen kann. Aus dem Rahmenkonzept des FASB ergibt sich der in Abbildung 7.8. dargestellte Zusammenhang zwischen den drei Gewinndefinitionen.

Verschiedene Gewinnbegriffe nach US-GAAP

Die Definition der earnings berücksichtigt von den außerbetrieblichen Aufwendungen und Erträgen nur den Teil, welcher der Periode auch zuzuordnen ist. Aperiodische Ergebniskomponenten, die sich z.B. aus der Änderung von Rechnungslegungsmethoden ergeben, sind nicht Bestandteil dieses Gewinnbegriffs (vgl. SFAC 5.34). Nach Ansicht des FASB wird auf diese Weise ein wichtiger

Earnings

Kapitel 7: Rechenwerke

Periodenergebnis und Periodengesamterfolg

Einblick in die Erfolgsquellenanalyse geleistet und eine verbesserte Prognosebasis für künftige Cashflows geliefert.

Der Periodengesamterfolg umfasst – ebenso wie derjenige nach IAS 1 (rev. 2007) – neben dem Periodenergebnis (net income) zusätzlich ergebnisneutrale Eigenkapitalkorrekturen, welche im sonstigen Gesamterfolg (other comprehensive income) zusammengefasst werden. Gemäß SFAC 5.42b entstehen sie beispielsweise aus der Bewertung bestimmter Bilanzpositionen zu Marktwerten, wobei die genaue Abgrenzung zwischen ergebnisneutraler und ergebniswirksamer Verrechnung nicht immer konsistent vorgenommen wird. Auf diese Weise sollen wie nach IFRS noch nicht realisierte Erträge, z.B. aus der Kurssteigerung von gehaltenen Wertpapieren, separat außerhalb des Periodenergebnis, der somit vor Schwankungen geschützt wird, ausgewiesen werden. Zwischen sämtlichen Eigenkapitalveränderungen und dem Periodengesamterfolg liegen als Differenz daher einzig die Kapitaltransaktionen zwischen Unternehmen und Eigentümern.

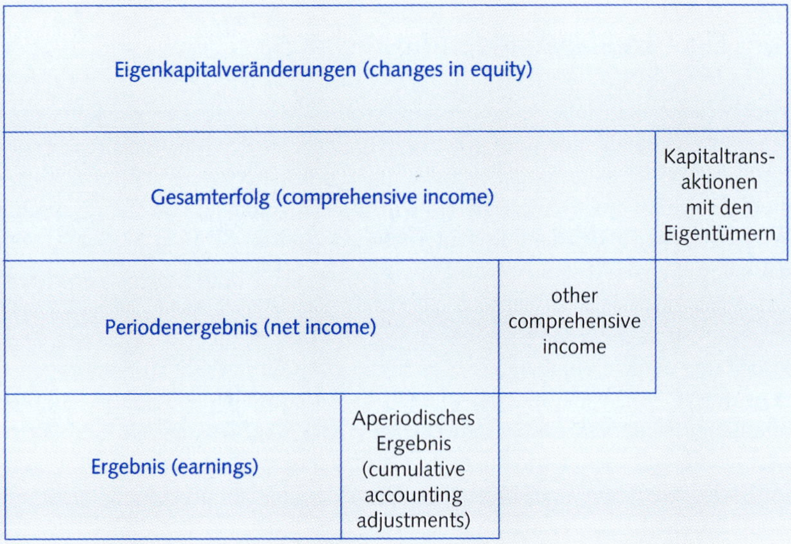

Abb. 7.8: Komponenten der Eigenkapitalveränderung nach US-GAAP

SFAS 130: Reporting comprehensive income

Die oben kurz beschriebene Abgrenzung der verschiedenen Gewinnbegriffe earnings, net income und comprehensive income durch das FASB hatte sich in der Unternehmenspraxis bis 1997 nur wenig durchgesetzt. In der Regel fehlte eine Überleitung zum comprehensive income[22]. Mit der Verabschiedung von SFAS 130 (1997) „Reporting Comprehensive Income" sind seit 1998 ergebnisneutral mit dem Eigenkapital verrechnete Vorgänge des sonstigen Periodenerfolgs separat nach der Quelle ihres Ursprungs zu erfassen (SFAS 130.17). Damit

---

22 Vgl. z.B. *Mobil Corporation*, Annual Report 1997, S. 33; *Philip Morris Companies Inc.*, Annual Report 1997, S. 40.

reagierte das FASB auf die zunehmende Bedeutung ergebnisneutral zu berücksichtigender Geschäftsvorfälle.

Nach gegenwärtig gültigen Standards umfasst der sonstige Gesamterfolg solche Sachverhalte, die auf Währungsumrechnungsdifferenzen (SFAS 52), unrealisierte Gewinne/Verluste aus Finanzinstrumenten (SFAS 115), die Mindestrückstellung im Zusammenhang mit Pensionsverpflichtungen (SFAS 87) oder Marktwertänderungen von cashflow hedges (SFAS 133) zurückzuführen sind. Im Unterschied zu den IFRS-Vorschriften werden sämtliche ergebnisneutral gebildeten Eigenkapitalpositionen des other comprehensive income irgendwann ergebniswirksam aufgelöst (recycling), und es kommt daher – anders als nach IFRS – nicht zu einem endgültigen Verstoß gegen das Kongruenzprinzip auf Grundlage des Periodenergebnisses. Würde anders als beispielsweise auch beim Gewinn je Aktie der Periodengesamterfolg als zentrale Gewinngröße des Abschlusses zugrunde gelegt, wäre dagegen auch nach IFRS das Kongruenzprinzip gewahrt.

Bestandteile des sonstigen Gesamterfolg (other comprehensive income)

Ein bestimmtes Ausweisformat für die Darstellung des Periodengesamtergebnisses ist nach SFAS 130 nicht vorgeschrieben, vielmehr bietet der Standard drei Alternativen, die gleichermaßen zulässig sind (vgl. SFAS 130.22-23)[23]. Unabhängig von der gewählten Darstellungsform sind in jedem Fall das net income sowie die einzelnen Komponenten des other comprehensive income gesondert auszuweisen. Die Aufspaltung des other comprehensive income kann dabei vor oder nach Steuern vorgenommen werden (SFAS 130.24).

Kein vorgeschriebenes Format

Wie auch nach IFRS, kann als erste Ausweisalternative neben der GuV ein zusätzliches statement of comprehensive income im Sinne einer Gesamtergebnisrechnung (two statement approach) aufgestellt werden. Diese Darstellung sieht im Anschluss an die GuV ausgehend vom net income eine Hinzurechnung des nach seinen Quellen aufgespaltenen other comprehensive income vor. Als Summe ergibt sich das comprehensive income.

Two statement approach

Denkbar ist zweitens auch eine Integration der einzelnen Sachverhalte in die GuV, indem vom net income zum comprehensive income übergeleitet wird (statement of income and comprehensive income). Im Vergleich zum explizit getrennten Ausweis beider Ergebnisse in zwei Rechenwerken wird diesem single statement approach aus Sicht von Abschlussadressaten ein geringerer Informationswert zugetraut. Daher empfiehlt das FASB im Gegensatz zum IASB zur deutlicheren Abgrenzung von net income und comprehensive income den two statement approach (SFAS 130.A96-A99).

Single statement approach

Während diese beiden Ausweisalternativen auch nach IFRS möglich sind, eröffnet das FASB schließlich noch eine dritte Möglichkeit des Ausweises in einer sämtliche Eigenkapitalveränderungen umfassenden Eigenkapitalveränderungsrechnung (statement of changes in equity). Auch von dieser Ausweisform rät das

Statement of changes in equity

---

23 Vgl. zum Folgenden *Holzer, H. P./Ernst, C.*, (Other) Comprehensive Income und Non-Ownership Movements in Equity – Erfassung und Ausweis des Jahresergebnisses und des Eigenkapitals nach US-GAAP und IAS, in: WPg, 52. Jg. (1999), S. 364-367.

FASB zu Gunsten des two statement approach ab, da es zu einer stärkeren Vermischung besser separat auszuweisender Komponenten komme (SFAS 130.A96-A99).

6.4 Kapitalflussrechnung

Die Verabschiedung von IAS 7 im Jahre 1992 folgte nicht nur zeitlich der Herausgabe von SFAS 95 durch das FASB im Jahre 1987. Auch inhaltlich orientierte sich das IASB mit IAS 7 an der Vorgehensweise des FASB. Trotz weitgehender Übereinstimmungen bleiben einige Unterschiede zwischen IAS 7 und SFAS 95 bestehen:

- Im Gegensatz zu IAS 7 zählen zum Finanzmittelfonds nur Zahlungsmittel und Zahlungsmitteläquivalente (SFAS 95.7). Die Einbeziehung von Kontokorrentverbindlichkeiten gegenüber Kreditinstituten entsprechend IAS 7.8 sieht SFAS 95 nicht vor.
- Zinsein- und -auszahlungen sowie erhaltene Dividenden werden gemäß SFAS 95.21-23 der betrieblichen Tätigkeit zugeordnet. Das nach IAS 7.31 bestehende Wahlrecht greift hier nicht.
- Gezahlte Dividenden müssen nach SFAS 95.20 der Finanzierungstätigkeit zugeordnet werden. Ein wahlweiser Ausweis in der betrieblichen Tätigkeit ist nicht erlaubt.
- Ertragsteuerzahlungen werden nach SFAS 95.21-23 ebenfalls generell der betrieblichen Tätigkeit zugeordnet. Ein Ausweis der einzelnen Investitions- oder Finanzierungsaktivitäten zurechenbaren steuerlichen Konsequenzen innerhalb der Cashflows aus Investitions- oder Finanzierungstätigkeit ist nicht möglich.
- Die Zusatzangaben zur Kapitalflussrechnung gemäß SFAS 95 sind teilweise weniger als nach IAS 7. So besteht beispielsweise keine Verpflichtung zur Angabe des Gesamtbetrags der Ein- und Auszahlungen aus dem Kauf/Verkauf von Tochterunternehmen und anderen Geschäftsbereichen. Auch die Summe aller Kauf- und Verkaufspreise ist nach SFAS 95 nicht verbindlich. Allerdings sind diese weitergehenden Angabepflichten in den USA regelmäßig im Rahmen der Ad-hoc-Publizität enthalten.

Ausgewählte Literatur

Amen, M., Erstellung von Kapitalflußrechnungen, München u.a. 1998.
Bogajewskaja, J., Reporting Financial Performance – Konzeption und Darstellung der Erfolgsrechnung nach Vorschriften des ASB, FASB und IASB, Wiesbaden 2007.

Dexheimer, S., Gewinngliederungsgrundsätze im internationalen Vergleich: HGB, US-GAAP und IAS, in: BB, 57. Jg. (2002), S. 451-457.

Holzer, H. P./Ernst, C., (Other) Comprehensive Income und Non-Ownership Movements in Equity – Erfassung und Ausweis des Jahresergebnisses und des Eigenkapitals nach US-GAAP und IAS, in: WPg, 52. Jg. (1999), S. 353-370.

Mayer, K., Gestaltung und Informationsgehalt veröffentlichter Kapitalflußrechnungen börsennotierter deutscher Industrie- und Handelsunternehmen, Frankfurt a. M. 2002.

Oversberg, T., Ein Abschied auf Raten - IASB legt die Grundlage für die Abschaffung des Ausweises eines Jahresüberschusses, Ein Überblick über die Anpassungen des IAS 1 - Presentation of Financial Statements, in: PiR, 3. Jg. (2007), S. 339-345.

Zülch, H./Fischer, D., Das Joint Financial Statement Presentation Project von IASB und FASB – Arbeitsergebnisse und mögliche Auswirkungen, in: DB, 60. Jg. (2007), S. 1765-1770.

Zülch, H./Fischer, D., Die Neuregelung des überarbeiteten IAS 1 - Financial Statement Presentation, in: PiR, 3. Jg. (2007), S. 257-260.

Übungsaufgaben

Aufgabe 1:
Erläutern Sie den Zusammenhang zwischen den unterschiedlichen Erfolgsgrößen nach IFRS. Welcher Teil des Gesamterfolges wird in der Gewinn- und Verlustrechnung abgebildet?

Aufgabe 2:
a) Beschreiben Sie, in welche zwei Bereiche sich die Gesamterfolgsrechnung unterteilen lässt.
b) Die nach IFRS bilanzierende RONG AG hatte im Jahr 2007 folgende Geschäftsvorfälle:
- Verkauf eines Grundstücks zu einem Preis (100 T€) oberhalb des Buchwertes (60 T€)
- Auszahlung von Dividenden: 200 T€
- Zuschreibung von zur Veräußerung verfügbaren Wertpapieren: 20 T€
- Lohn- und Gehaltsaufwand: 220 T€

Nennen Sie für jeden der Geschäftsvorfälle der RONG AG in welchem der beiden Teilbereiche der Gesamterfolgsrechnung er sich niederschlägt und ob er den Gewinn je Aktie beeinflusst. Vernachlässigen Sie latente Steuern.

Aufgabe 3:
a) Erstellen Sie auf der Grundlage der nachfolgenden Konzernbilanzen und der Konzern-Gewinn- und Verlustrechnung für die Sun AG eine Kapitalflussrechnung für das Geschäftsjahr 2007 in Übereinstimmung mit IAS 7.

Konzernbilanzen der Sun AG (T€)					
	2006	2007		2006	2007
Anlagevermögen			Eigenkapital		
Immaterielle VW	9.750	9.250	Gezeichn. Kapital	14.000	29.000
Sachanlagen	75.200	123.300	Kapitalrücklage	28.000	58.000
Finanzanlagen	9.500	7.000	Gewinnrücklage	8.750	10.750
			Bilanzgewinn	1.600	1.750
Umlaufvermögen			Rückstellungen		
Vorräte			Pensionsrückst.	37.750	40.000
RHB	13.500	15.500	Steuerrückst.	5.000	3.250
Unfert. Erzeugn.	10.750	9.500	Sonst. Rückst.	11.150	12.500
Fert. Erzeugnisse	10.000	8.500			
Forderungen	28.500	40.500	Verbindlichkeiten		
Wertpapiere	4.000	4.500	Ggü. Kreditinst.	30.500	22.250
Liquide Mittel	16.500	4.750	aus Lief. u. Leist.	33.250	34.500
			sonstige Verb.	7.000	9.000
RAP	300	100	RAP	1.000	1.900
	178.000	222.900		178.000	222.900

Konzern-Gewinn- und Verlustrechnung der Sun AG im Jahr 2007 (T€)	
Umsatzerlöse	330.000
Vermind. des Bestandes an fert. und unfert. Erzeugnissen	- 2.750
Sonstige betriebliche Erträge	30.000
Materialaufwand	- 221.750
Personalaufwand	- 56.750
Abschreibungen auf	
immaterielle Vermögenswerte	- 500
Sachanlagen	- 20.000
Sonstige betriebliche Aufwendungen	- 47.000
Zinsen und ähnliche Erträge	2.250
Zinsen und ähnliche Aufwendungen	- 5.000
Ergebnis der gewöhnlichen Geschäftstätigkeit	8.500
Steuern	- 4.750
Jahresüberschuss	3.750
Zuführungen zu den Gewinnrücklagen	2.000
Bilanzgewinn	1.750

b) Berücksichtigen Sie bitte nun folgende Zusatzangabe zu der in Aufgabe a) angefertigten Kapitalflussrechnung: Die Sun AG erwarb im Geschäftsjahr 2007 die Shine AG zu einem Kaufpreis von 50 Mio. €. Nachfolgend ist die zusammengefasste Bilanz der Shine AG zu Tageswerten aufgeführt. Gehen Sie bei Ihrer Lösung bitte davon aus, dass die Shine AG bereits in dem unter Aufgabe a) angeführten Jahresabschluss der Sun AG konsolidiert wurde.

Bilanz der Shine AG (T€)			
Anlagevermögen		Eigenkapital	
Sachanlagen	50.000	Gezeichnetes Kapital	5.000
		Kapitalrücklage	10.000
		Gewinnrücklagen	20.000
		Jahresüberschuss	5.000
Umlaufvermögen		Verbindlichkeiten	
Roh-, Hilfs- u. Betriebsst.	5.000	gegenüber Kreditinst.	15.000
Liquide Mittel	5.000	aus Lieferungen u. Leist.	5.000
	60.000		60.000

Aufgabe 4:
Beschreiben Sie die Auswirkungen unten angeführter Geschäftsvorfälle unter Angabe der jeweiligen Beträge auf die Positionen des Strukturschemas einer Kapitalflussrechnung nach IAS 7 sowie auf den Cashflow aus betrieblicher Tätigkeit, aus Investitionstätigkeit, aus Finanzierungstätigkeit und auf den gesamten Cashflow. Gehen Sie bitte davon aus, dass für den Cashflow aus betrieblicher Tätigkeit die indirekte Darstellungsform gewählt wurde.
1. Kauf eines Grundstücks zu 50.000 T€. Der alte Grundstücksbesitzer erklärt sich bereit, 20 % des Kaufpreises als Kredit zu gewähren.
2. Überweisung der Gehaltszahlungen an Mitarbeiter in Höhe von 5.000 T€.
3. Verkauf von Vorräten zu 80.000 T€ an einen Großabnehmer, der die Hälfte des Verkaufspreises erst im neuen Geschäftsjahr bezahlt. Die Herstellungskosten der Vorräte betrugen 75.000 T€.
4. Auszahlung von Dividenden an die Anteilseigner in Höhe von 1.000 T€.
5. Aufnahme eines Kredits in Höhe von 10.000 T€, Ausgabekurs 98 %. Das Disagio wird sofort als Zinsaufwand verrechnet.
6. Folgende Abschreibungen wurden gebucht:
   - Immaterielle Vermögenswerte 900 T€
   - Sachanlagen 4.500 T€
   - Finanzanlagen 200 T€
7. Eingang von aus dem vorherigen Geschäftsjahr entstandenen Forderungen aus Lieferungen und Leistungen in Höhe von 2.000 T€.
8. Bildung einer Rückstellungen für Pensionen in Höhe von 3.000 T€.
9. Überweisung der Ertragsteuer an das Finanzamt in Höhe von 1.000 T€.
10. Für aufgenommene Kredite werden Zinszahlungen in Höhe von 1.500 T€ überwiesen.

Kapitel 8
Ertragsteuern

1 Regelungsgrundlage, Anwendungsbereich und Zielsetzung 214

2 Bilanzierung tatsächlicher Steuerschulden und Steuererstattungs-
 ansprüche 215

3 Bilanzierung latenter Steuerschulden und Steuererstattungsansprüche 216
 3.1 Erfordernis der Bilanzierung latenter Steuern 216
 3.2 Entstehung latenter Steuern 218
 3.3 Bilanzansatz 220
 3.4 Bilanzbewertung 226
 3.5 Ergebniswirksamkeit von Steuerlatenzen 229
 3.6 Ausweis und Anhangangaben 231

4 Wesentliche Unterschiede zum HGB 233

5 Wesentliche Unterschiede zu US-GAAP 234

Ausgewählte Literatur 235

Übungsaufgaben 235

Wie Sie in den ersten Kapiteln bereits erfahren haben, werden IFRS-Abschlüsse insbesondere zum Zweck der Informationsvermittlung für die Abschlussadressaten erstellt. Die von den Unternehmen zu zahlenden Ertragsteuern richten sich hingegen nach den in den jeweiligen nationalen Steuergesetzen enthaltenen Vorschriften zur steuerlichen Gewinnermittlung. In Deutschland sind dies die Vorschriften des EStG, KStG und GewStG sowie vielfältige BFH-Urteile. Diese steuerlichen Gewinnermittlungsvorschriften stimmen jedoch häufig nicht mit den Gewinnermittlungsregeln nach IFRS überein. Dies kann dazu führen, dass entsprechend dem matching principle die auch im IFRS-Abschluss auszuweisenden tatsächlichen Steueraufwendungen in keinem sinnvollen Zusammenhang mit dem IFRS-Ergebnis vor Steuern stehen.

Im Folgenden sollen Sie lernen,
- wie in solchen Fällen abweichender Regelungen zu verfahren ist und
- wie die nach den steuerlichen Gewinnermittlungsvorschriften berechneten Ertragsteueraufwendungen korrigiert werden, um entsprechend der Informationsvermittlungsfunktion zum IFRS-Ergebnis „passende" Ertragsteueraufwendungen in der Gesamterfolgsrechnung auszuweisen.

1 Regelungsgrundlage, Anwendungsbereich und Zielsetzung

IAS 12

IAS 12 „Ertragsteuern" (Income Taxes) regelt die Behandlung steuerlicher Konsequenzen in IFRS-Abschlüssen in seiner jetzigen Fassung im Wesentlichen seit 1998 (IAS 12.89). Einzelne Regelungen sind seitdem erneut überarbeitet worden.

Interpretationen

Ergänzt wird IAS 12 durch SIC-21 „Ertragsteuern – Realisierung von neubewerteten, nicht planmäßig abzuschreibenden Vermögenswerten" (Income Taxes – Recovery of Revaluated Non-Depreciable Assets) und SIC-25 „Ertragsteuern – Änderungen im Steuerstatus eines Unternehmens oder seiner Anteilseigner" (Income Taxes – Changes in the Tax Status of an Entity or its Shareholders). In diesen Interpretations wird auf Sonderprobleme im Rahmen der Ertragsteuerbilanzierung eingegangen.

Anwendungsbereich und Zielsetzung

IAS 12 ist von allen Unternehmen unabhängig von Rechtsform, Größe und Börsennotierung im IFRS-Konzernabschluss und falls ein solcher erstellt wird, im IFRS-Einzelabschluss anzuwenden. Das IASB verfolgt mit IAS 12 die Zielsetzung, den Bilanzansatz, die Bewertung und den Ausweis von Ertragsteuern umfassend zu regeln, um eine periodengerechte Erfassung der Ertragsteuern und eine damit den tatsächlichen Verhältnissen entsprechende Darstellung der Ertrags- und Vermögenslage zu erreichen. Dabei geht es sowohl um die Behandlung gegenwärtiger als auch um die Erfassung künftiger steuerlicher Konsequenzen. Dies bringt Abbildung 8.1 zum Ausdruck. Inhaltlich ist IAS 12 anzuwenden auf alle in- und ausländischen Ertragsteuerarten, die das steuerpflichtige Einkommen der Unternehmen betreffen. In Deutschland zählen hierzu die Einkommensteuer bzw. Körperschaftsteuer sowie die Gewerbesteuer. Unter den Regelungsbereich von IAS 12 fallen ebenfalls Quellensteuern, welche beispielsweise in einigen Ländern von einem Tochterunternehmen bei der Ausschüttung von Gewinnanteilen an das Mutterunternehmen gezahlt werden müssen.

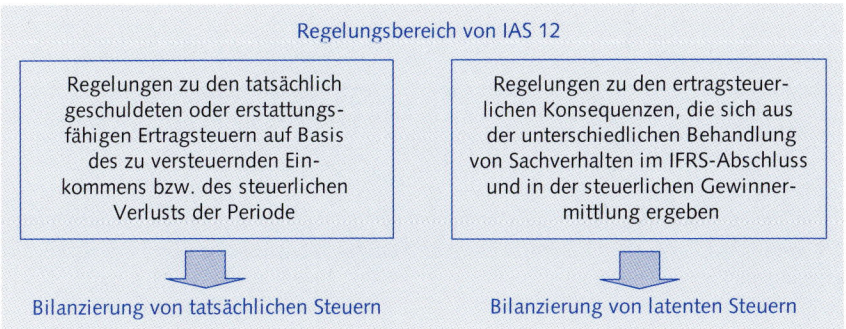

Abb. 8.1: Regelungsbereich von IAS 12

Da die Regelungen zur Bilanzierung von tatsächlich geschuldeten oder erstattungsfähigen Ertragsteuern weniger problematisch sind, widmet sich IAS 12 überwiegend der Bilanzierung latenter Steuern. Hierunter fallen Regelungen zu den ertragsteuerlichen Konsequenzen, die sich aus der unterschiedlichen Behandlung eines Sachverhalts im IFRS-Abschluss verglichen mit der steuerlichen Gewinnermittlung ergeben. Daher betreffen die nachfolgenden Ausführungen zu IAS 12 schwerpunktmäßig die Thematik der latenten Steuern. Zuvor soll aber kurz auf die Bilanzierung tatsächlicher Steuerschulden und -erstattungsansprüche eingegangen werden.

2 Bilanzierung tatsächlicher Steuerschulden und Steuererstattungsansprüche

Die Unternehmen haben auf die von ihnen erwirtschafteten Gewinne laufend Ertragsteuern zu zahlen. Diese die laufende oder frühere Perioden betreffenden Ertragsteuerzahlungen mindern als Steueraufwand das Ergebnis in der Gesamterfolgsrechnung sowie die Zahlungsmittel. Sofern jedoch die tatsächlichen Ertragsteuern zum Geschäftsjahresende noch nicht bezahlt wurden, ist gemäß IAS 12.12 eine Schuld gegenüber der entsprechenden Steuerbehörde zu passivieren.

Steuerschulden

Steuer-erstattungs-ansprüche Übersteigen hingegen die innerhalb des Geschäftsjahres gezahlten Ertragsteuern den geschuldeten Betrag gegenüber der Steuerbehörde oder wird ein steuerlicher Verlust zu einem Verlustrücktrag genutzt, so ist zum Geschäftsjahresende die entsprechende Forderung als Vermögenswert zu aktivieren. Hierbei sind jedoch die allgemeinen Bilanzansatzkriterien zu prüfen (vgl. Kapitel 5), wonach der Nutzen aus dem Erstattungsanspruch dem Unternehmen wahrscheinlich zufließen und eine verlässliche Bewertbarkeit möglich sein muss. Andernfalls ist von der Aktivierung abzusehen. Zudem sind die Impairmentvorschriften gemäß IAS 36 zu beachten (vgl. hierzu ausführlich Kapitel 10).

Saldierung Eine Saldierung der tatsächlichen Erstattungsansprüche und Schulden ist gemäß IAS 12.71 nur möglich, wenn für das Unternehmen ein einklagbares Recht zur Aufrechnung besteht und das Unternehmen beabsichtigt, den Ausgleich auf Nettobasis durchzuführen. Ein einklagbares Recht zur Aufrechnung dürfte dabei regelmäßig dann bestehen, wenn die tatsächlichen Erstattungsansprüche sowie die tatsächlichen Schulden gegenüber der gleichen Steuerbehörde bestehen und die Steuerbehörde dem Unternehmen gestattet, die Zahlung auf Nettobasis zu leisten bzw. zu empfangen.

Quellensteuer Die tatsächlich zu zahlenden Steuern bzw. die tatsächlich zu erstattenden Steuern werden grundsätzlich in der Gesamterfolgsrechnung als Steueraufwand bzw. Steuerertrag gebucht. Eine Sonderregel enthält IAS 12.65A jedoch für Dividendenzahlungen an die Anteilseigner. In einigen Ländern – wie z.B. auch in Deutschland über die Kapitalertragsteuer bzw. Abgeltungssteuer – wird ein Teil der Dividende als Quellensteuer direkt an die Steuerbehörde abgeführt. Ein solcher Betrag, der an die Steuerbehörden zu zahlen ist oder gezahlt wurde, ist direkt mit der Dividende als Teil des Eigenkapitals zu verrechnen.

Bewertung Tatsächliche Ertragsteuerschulden bzw. Ertragsteuererstattungsansprüche für die laufende oder frühere Perioden sind mit dem Betrag zu bemessen, in dessen Höhe eine Zahlung erwartet wird. Maßgeblich sind dabei die Steuersätze und übrigen Steuervorschriften, die am Bilanzstichtag in Kraft sind bzw. deren Inkrafttreten am Bilanzstichtag mit hinreichender Sicherheit angenommen werden kann (IAS 12.46).

3 Bilanzierung latenter Steuerschulden und Steuererstattungsansprüche

3.1 Erfordernis der Bilanzierung latenter Steuern

Verzerrungen der Ertrags- und Vermögenslage Die Bilanzierung latenter Steuern in IFRS-Abschlüssen ist über die Zielsetzung einer periodengerechten Darstellung der Vermögens-, Finanz- und Ertragslage eines Unternehmens zu begründen (vgl. zur Zielsetzung der IFRS-Rechnungslegung allgemein Kapitel 5). Sie soll die unterschiedliche Behandlung eines

Sachverhalts im IFRS-Abschluss und in der steuerlichen Gewinnermittlung ausgleichen, indem fiktive (latente) Ertragsteuerforderungen (aktive latente Steuern) bzw. Ertragsteuerverbindlichkeiten (passive latente Steuern) gebucht werden. Diesen fiktiven Steuern stehen in derselben Periode keine tatsächlichen Steuerzahlungen gegenüber. Sie führen aber in künftigen Perioden zu Mehr- oder Minderzahlungen.

Beispiel 8.1

Aufgrund einer Vollauslastung in der Fertigung müssen 2007 Ausgaben für eine dringend erforderliche Instandhaltungsmaßnahme in Höhe von 500 T€ verschoben werden. Die Wartung soll innerhalb der ersten drei Monate des kommenden Geschäftsjahres 2008 nachgeholt werden, da in diesem Zeitraum mit einem Rückgang der Kapazitätsauslastung zu rechnen ist. Im deutschen Steuerrecht besteht für diesen Sachverhalt eine Passivierungspflicht als Aufwandsrückstellung. Im IFRS-Abschluss 2007 findet dieser Geschäftsvorfall hingegen keine Berücksichtigung, denn die Bildung von Aufwandsrückstellungen ist verboten.

Was würde nun passieren, wenn „lediglich" die tatsächlichen Ertragsteuerzahlungen, wie sie in der steuerlichen Gewinnermittlung berechnet werden, als Steueraufwand in den IFRS-Abschluss übernommen würden?

Lösung
Die nachfolgenden Tabellen verdeutlichen die Konsequenzen, indem einerseits ausschnittsweise der IFRS-Abschluss ohne Bilanzierung latenter Steuern und andererseits mit Bilanzierung latenter Steuern aufgezeigt wird. In dem Beispiel wird zudem unterstellt, dass das vorläufige Ergebnis vor Steuern im Jahr 2007 und 2008 jeweils 1.000 T€ beträgt. Der Steuersatz ist vereinfachend mit 30 % angenommen und die Instandhaltung soll tatsächlich 2008 für 500 T€ durchgeführt werden.

Geschäftsjahr 2007 in T€	IFRS ohne latente Steuern	Steuerliche Gewinn-ermittlung	IFRS mit latenten Steuern
vorläufiges Ergebnis vor Steuern	1.000	1.000	1.000
Rückstellung für unterlassene Instandhaltung	—	-500	—
Ergebnis vor Steuern	1.000	500	1.000
tatsächlicher Steueraufwand	-150	-150	-150
latenter Steueraufwand (passive latente Steuer)	—	—	-150
Ergebnis nach Steuern	850	350	700

Geschäftsjahr 2008 in T€	IFRS ohne latente Steuern	Steuerliche Gewinn-ermittlung	IFRS mit latenten Steuern
vorläufiges Ergebnis vor Steuern	1.000	1.000	1.000
Instandhaltungsaufwand	-500	—	-500
Ergebnis vor Steuern	500	1.000	500
tatsächlicher Steueraufwand	-300	-300	-300
latenter Steuerertrag (Auflösung der passiven latenten Steuer)	—	—	150
Ergebnis nach Steuern	200	700	350

1. Verzerrte Darstellung der Ertragslage

Die zu bildende Rückstellung mindert in der steuerlichen Gewinnermittlung 2007 als Betriebsausgabe das Ergebnis vor Steuern und somit die Ertragsteuerzahlungen. Sofern lediglich diese Zahlungen als Ertragsteueraufwendungen im IFRS-Abschluss berücksichtigt werden (Spalte IFRS ohne latente Steuern), würde das Ergebnis nach IFRS zu hoch ausgewiesen, da hier keine Aufwendungen für die Rückstellung das vorsteuerliche Ergebnis mindern. Die ausgewiesenen Steuerzahlungen stünden in keinem nachvollziehbaren Zusammenhang mit dem Ergebnis vor Ertragsteuern. Durch Berücksichtigung einer passiven latenten Steuer erfolgt hingegen eine Anpassung. Es wird die Steuerbelastung ausgewiesen, die sich ergeben würde, wenn das IFRS-Ergebnis vor Steuern gleichzeitig auch Bemessungsgrundlage der Ertragsbesteuerung wäre.

2. Verzerrte Darstellung der Vermögenslage

Da im nachfolgenden Geschäftsjahr 2008 bei Durchführung der Instandhaltungsmaßnahme steuerlich keine Aufwendungen mehr das Ergebnis mindern, fallen die tatsächlich zu zahlenden Ertragsteuern höher aus. Aus Sicht des IFRS-Abschlusses 2007 sind diese künftigen Steuerverpflichtungen absehbar. Die (Netto-)Vermögenslage würde somit ohne Bilanzierung dieser absehbaren Verpflichtung als latente Steuer in 2007 zu positiv dargestellt.

3.2 Entstehung latenter Steuern

Differenzen

Voraussetzung für die Entstehung latenter Steuern ist die unterschiedliche zeitliche Erfassung eines Sachverhalts im IFRS-Abschluss und in der Steuerbilanz. Nur wenn Differenzen zwischen den beiden Rechenwerken auftreten, kann es überhaupt zur Bilanzierung latenter Steuern kommen. Allerdings ist konkret zu prüfen, um was für eine Differenz es sich handelt und in welchem Zeitraum mit ihrem Ausgleich zu rechnen ist. Allgemein wird dabei – wie in Abbildung 8.2

dargestellt – zwischen zeitlich begrenzten, quasi-zeitlich begrenzten und zeitlich unbegrenzten (permanenten) Differenzen unterschieden.

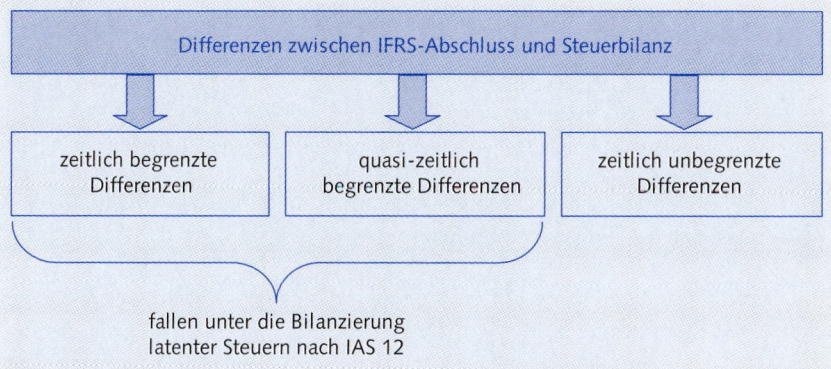

Abb. 8.2: Differenzen zwischen IFRS-Abschluss und steuerlicher Gewinnermittlung

Zu den zeitlich begrenzten Differenzen zwischen IFRS-Abschluss und steuerlicher Gewinnermittlung werden diejenigen Differenzen gezählt, die sich im Zeitablauf infolge der bestehenden Rechnungslegungsregeln automatisch ausgleichen.

Zeitlich begrenzte Differenzen

Im IFRS-Abschluss orientiert sich die Abschreibungsdauer von planmäßig abnutzbaren Vermögenswerten an der wirtschaftlichen Nutzungsdauer, während im deutschen Steuerrecht die AfA-Tabellen die Nutzungsdauer vorgeben. Sofern sich die wirtschaftliche Nutzungsdauer und die Abschreibungsdauer laut AfA-Tabelle unterscheiden, werden bis zum Ablauf der längeren Nutzungsdauer in beiden Rechenwerken die entsprechenden Vermögenswerte auf der Aktivseite unterschiedlich bewertet.

Die aus den abweichenden Nutzungsdauern resultierenden Differenzen gleichen sich jedoch bei Betrachtung mehrerer Geschäftsjahre automatisch aus. Sofern der komplette Zeitraum der Nutzung betrachtet wird, sind die kumulierten Abschreibungsbeträge in beiden Rechenwerken gleich hoch.

Beispiel 8.2

Zu den quasi-zeitlich begrenzten Differenzen zwischen IFRS-Abschluss und steuerlicher Gewinnermittlung werden diejenigen Differenzen gezählt, die sich durch eine Managemententscheidung, ein neues Ereignis oder spätestens bei der Unternehmensauflösung ausgleichen. Diese quasi-zeitlich begrenzten Differenzen lösen sich im Regelfall erst nach längerer Zeit auf.

Quasi-zeitlich begrenzte Differenzen

Beispiel 8.3 Im IFRS-Abschluss erfolgt eine Bewertung von bestimmten Finanzanlagen oberhalb der Anschaffungskosten. Dies ist hingegen im deutschen Steuerrecht verboten. IFRS-Abschluss und Steuerbilanz unterscheiden sich damit auf der Aktivseite hinsichtlich der Bewertung dieser Finanzanlagen.

Die Differenzen gleichen sich aus, wenn z.B. der Wert der Finanzanlagen in den kommenden Geschäftsjahren dauerhaft unter die Anschaffungskosten fällt (neues Ereignis) oder das Management die Finanzanlagen veräußert (Managemententscheidung). Sollen die Finanzanlagen hingegen nicht veräußert werden und liegt der Wert dauerhaft oberhalb der Anschaffungskosten, so würde es dennoch spätestens zum Liquidationszeitpunkt des Unternehmens zum Ausgleich der Differenz kommen.

Zeitlich unbegrenzte Differenzen

Zu den zeitlich unbegrenzten Differenzen zwischen IFRS-Abschluss und steuerlicher Gewinnermittlung zählen solche Differenzen, die sich niemals ausgleichen, weil der zugrunde liegende Sachverhalt im Steuerrecht zu keinem Zeitpunkt relevant wird.

Beispiel 8.4 Die Aufsichtsratsvergütung wird im IFRS-Abschluss als Aufwand erfasst und mindert das Periodenergebnis. Im deutschen Steuerrecht werden Aufsichtsratsvergütungen jedoch gemäß § 10 Nr. 4 KStG nur zur Hälfte steuermindernd als Betriebsausgabe anerkannt. In Höhe der anderen Hälfte entsteht eine Differenz zwischen IFRS-Abschluss und steuerlicher Gewinnermittlung, die sich zu keinem Zeitpunkt ausgleicht.

Unter das Konzept der latenten Steuerbilanzierung nach IAS 12 fallen sowohl die zeitlich begrenzten als auch die quasi-zeitlich begrenzten Differenzen. Sie sind bei der Bilanzierung latenter Steuern zu berücksichtigen. Im Gegensatz dazu dürfen zeitlich unbegrenzte Differenzen nicht zur Bilanzierung latenter Steuern führen.

3.3 Bilanzansatz

Temporary-Konzept

IAS 12 legt dem Bilanzansatz latenter Steuern das Temporary-Konzept zugrunde. Dieses Konzept ist bilanzorientiert und betrachtet die Differenzen von Vermögenswerten und Schulden zwischen IFRS-Abschluss und steuerlicher Gewinnermittlung. Diese Differenzen werden als temporäre Differenzen bezeichnet und gemäß IAS 12.5 als Unterschiedsbeträge zwischen dem Buchwert eines Vermögenswertes oder einer Schuld in der IFRS-Bilanz und seinem bzw. ihrem Steuerwert definiert.

Dem Temporary-Konzept folgend müssen gemäß IAS 12.15 und 12.24 sämtliche Bilanzansatz- und Bilanzbewertungsdifferenzen von Vermögenswerten und Schulden zwischen IFRS-Abschluss und steuerlicher Gewinnermittlung

grundsätzlich in die Bilanzierung latenter Steuern einbezogen werden. Allerdings sind folgende Voraussetzungen zu beachten:
- die Bilanzansatz- und Bilanzbewertungsdifferenzen führen zu künftigen Steuerentlastungen oder Steuerbelastungen, d.h. es handelt sich um zeitlich begrenzte oder quasi-zeitlich begrenzte Differenzen, und
- die künftigen Steuerentlastungen sind wahrscheinlich[1] und verlässlich bewertbar, d.h. bei künftigen Steuerentlastungen erfolgt der Ansatz eines Vermögenswertes nur in dem Umfang, in dem es wahrscheinlich ist, dass ein zu versteuerndes Ergebnis verfügbar sein wird, gegen das die temporären Differenzen verwandt werden können.

Der Bilanzansatz latenter Steuern erfolgt dabei unabhängig davon, ob die Differenz zwischen IFRS-Abschluss und steuerlicher Gewinnermittlung ergebniswirksam ist oder ergebnisneutral im sonstigen Gesamterfolg erfasst werden muss und somit erst bei ihrer Umkehrung ergebniswirksam in der Gesamterfolgsrechnung berücksichtigt wird. Solange sich die Differenzen künftig ausgleichen, besteht eine Aktivierungs- bzw. Passivierungspflicht latenter Steuern. Lediglich zeitlich unbegrenzte Differenzen führen nicht zur Bilanzierung latenter Steuern.

Ergebniswirksame/ ergebnisneutrale Entstehung

Beispiel 8.5

Ergebniswirksame Differenzen, welche direkt das Periodenergebnis (net profit or loss) verändern, können z.B. aus unterschiedlichen Abschreibungsmethoden, Nutzungsdauern oder auch durch eine nur steuerlich akzeptierte Instandhaltungsrückstellung entstehen.

Folgende Sachverhalte können z.B. zur ergebnisneutralen Entstehung von Differenzen zwischen IFRS-Abschluss und steuerlicher Gewinnermittlung führen, welche im sonstigen Gesamterfolg zu erfassen sind:
- Neubewertung von Sachanlagen (vgl. ausführlich Kapitel 12)
- Bewertung von zur Veräußerung verfügbaren finanziellen Vermögenswerten (vgl. ausführlich Kapitel 19)
- Umrechnung von Abschlüssen ausländischer Geschäftsbetriebe mit abweichender funktionaler Währung (vgl. ausführlich Kapitel 22)
- Aufdeckung stiller Reserven und Lasten im Rahmen der Erwerbsmethode bei der Kapitalkonsolidierung (vgl. ausführlich Kapitel 23)

Innerhalb des Bilanzansatzes ist zwischen aktiven und passiven latenten Steuern zu unterscheiden. Abbildung 8.3 zeigt die verschiedenen Möglichkeiten:

Aktive/passive latente Steuern

---

1 Das IASB konkretisiert diese Wahrscheinlichkeit nicht. Allgemein kann von einer Aktivierungspflicht ausgegangen werden, wenn die künftige Steuerentlastung mit einer mehr als 50%igen Wahrscheinlichkeit eintritt. Teilweise wird eine wesentlich über 50 % liegende Wahrscheinlichkeit verlangt. Vgl. *Wagenhofer,* IAS/IFRS, S. 327;. A.A. *Coenenberg/Hille,* IAS 12, Tz. 79, in: Baetge et al., IAS-Kommentar.

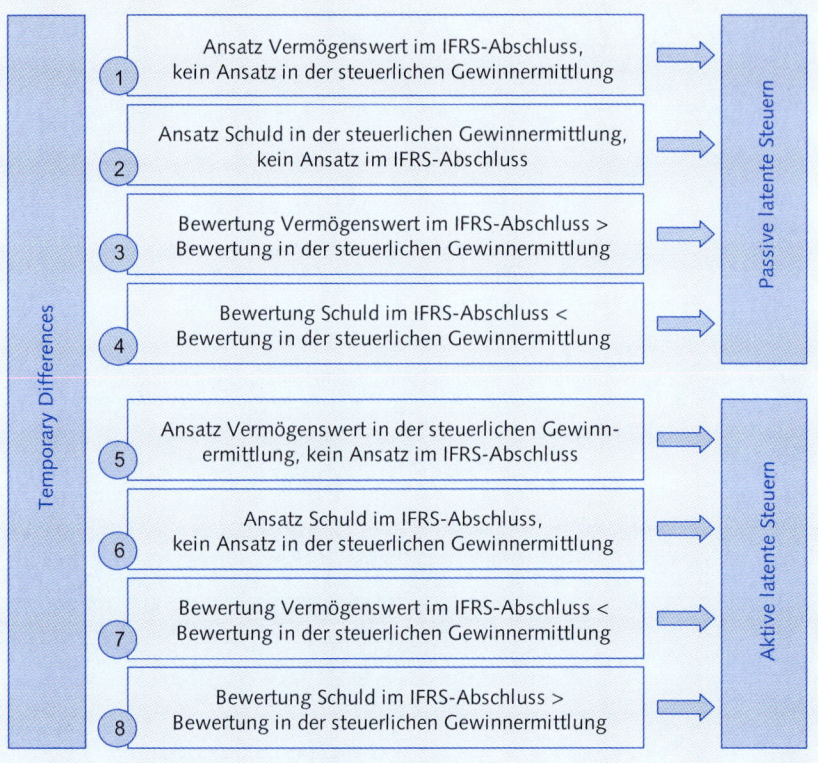

Abb. 8.3: Ursachen temporärer Differenzen

Beispiele 8.6 zur Abbildung 8.3[2]

Fall 1:
Aktivierung von Entwicklungskosten im IFRS-Abschluss, was in der steuerlichen Gewinnermittlung nicht möglich ist (vgl. Kapitel 11).

Fall 2:
Bildung einer Rückstellung für unterlassene Instandhaltungen in der steuerlichen Gewinnermittlung, was im IFRS-Abschluss nicht möglich ist (vgl. Kapitel 15).

Fall 3:
Bewertung von Wertpapieren des Handelsbestands im IFRS-Abschluss zum beizulegenden Zeitwert oberhalb der Anschaffungskosten. In der steuerlichen Gewinnermittlung gilt das Anschaffungswertprinzip (vgl. Kapitel 19).

---

2 Die Beispiele gehen von deutschen steuerlichen Gewinnermittlungsvorschriften aus. Zu weiteren Beispielen vgl. auch *Coenenberg/Hille*, IAS 12, Tz. 59-75, in: Baetge et al., IAS-Kommentar; *KPMG Deutsche Treuhand-Gesellschaft AG (Hrsg.)*, International Financial Reporting Standards, 4. Aufl., Stuttgart 2007, S. 197-198; *Ballwieser/Kurz*, Wiley Kommentar, S. 721-723.

Fall 4:
Niedrigere Bewertung einer Rückstellung im IFRS-Abschluss als in der steuerlichen Gewinnermittlung (vgl. Kapitel 15).

Fall 5:
Ein gemieteter Vermögenswert wird steuerlich beim Mieter angesetzt, da das Mietgeschäft als Finanzierungsleasing klassifiziert wird, während dieser Mietvertrag nach IFRS als Operating-Leasing eingestuft wird, so dass ein Ansatz beim Vermieter erfolgt (vgl. Kapitel 21).

Fall 6:
Drohende Verluste aus einem Termingeschäft führen nach IFRS zum Ansatz einer Schuld, während in der steuerlichen Gewinnermittlung die Passivierung einer Drohverlustrückstellung verboten ist (vgl. Kapitel 15 und 19).

Fall 7:
Ein Vermögenswert wird in der steuerlichen Gewinnermittlung nach AfA-Tabellen mit einem geringeren Betrag abgeschrieben als im IFRS-Abschluss (vgl. Kapitel 12).

Fall 8:
Pensionsrückstellungen werden im IFRS-Abschluss höher bewertet als in der steuerlichen Gewinnermittlung, da künftige Gehalts- und Rententrends mit berücksichtigt werden (vgl. Kapitel 16).

Unter die Bilanzansatzpflicht aktiver latenter Steuern fallen gemäß IAS 12.24 auch latente Steuern auf noch nicht genutzte steuerliche Verlustvorträge. Sie sind in dem Umfang zu aktivieren, in dem es wahrscheinlich ist, dass künftig ein zu versteuerndes Ergebnis zur Verfügung stehen wird, gegen das die noch nicht genutzten steuerlichen Verluste verrechnet werden können. Zwar sind die Voraussetzungen für die Bilanzierung aktiver latenter Steuern auf Verlustvorträge grundsätzlich dieselben wie die allgemeinen Kriterien zur Bilanzierung aktiver latenter Steuern, allerdings bestehen bei einer Folge steuerlicher Verluste in der jüngeren Vergangenheit generelle Zweifel an der Realisierbarkeit des Verlustvortrags. Zur Konkretisierung der Wahrscheinlichkeit der künftigen Nutzung hat das IASB gemäß IAS 12.36 folgende Kriterien formuliert:

Steuerliche Verlustvorträge

- Passive Steuerlatenzen in Bezug auf die gleiche Steuerbehörde und das gleiche Steuersubjekt kehren sich fristgerecht in Hinblick auf die Nutzung des Verlustvortrags um,
- zu versteuernde Ergebnisse werden vor Verfall des Verlustvortrags realisiert,
- steuerliche Verluste resultieren aus identifizierbaren Ursachen, die wahrscheinlich nicht wieder auftreten, oder
- Steuerplanungsstrategien ermöglichen die Nutzung des Verlustvortrags.

Sofern eine künftige Nutzung steuerlicher Verlustvorträge vollständig oder teilweise nicht wahrscheinlich ist, besteht ein vollständiges oder teilweises Aktivierungsverbot. Zudem ist die Wahrscheinlichkeit der Inanspruchnahme steuerlicher Verlustvorträge zu jedem Bilanzstichtag neu zu prüfen. Auflösungen bereits bilanzierter aktiver latenter Steuern bzw. Aktivierungen zu späteren Bilanzstichtagen sind dabei an den beschriebenen Kriterien zu überprüfen.

Beispiel 8.7

Die Steuerfix AG erwirtschaftet in 2007 einen Verlust vor Steuern von 1.000 T€, der infolge fehlender Verlustrücktragsmöglichkeiten für die kommenden Geschäftsjahre vorgetragen werden soll (§ 10d Abs. 2 EStG). Bei einem Steuersatz von 30 % stellt sich damit die Frage des Bilanzansatzes aktiver latenter Steuern von 300 T€ für den steuerlichen Verlustvortrag von 1.000 T€.

Geschäftsjahr 2007 in T€	IFRS ohne latente Steuern	Steuerliche Gewinnermittlung	IFRS mit latenten Steuern
Ergebnis vor Steuern	-1.000	-1.000	-1.000
tatsächliche Steuerzahlungen	0	0	0
latenter Steuerertrag (aktive latente Steuer)	—	—	300
Ergebnis nach Steuern	-1.000	-1.000	-700

Sofern die künftige Nutzung des steuerlichen Verlustvortrags wahrscheinlich ist, ist – entsprechend der rechten Spalte in der Tabelle – eine aktive latente Steuer zu bilanzieren. Andernfalls entfällt der Bilanzansatz einer aktiven latenten Steuer (linke Spalte der Tabelle).

Ausnahmen Bilanzansatz

Nach IAS 12.15 und 12.24 sind z.B. folgende Sachverhalte explizit von der Bilanzierung latenter Steuern ausgenommen:
- Ausnahmen vom Ansatz aktiver latenter Steuern (IAS 12.24):
  - Differenzen zwischen IFRS-Abschluss und steuerlicher Gewinnermittlung, die aus dem erstmaligen Ansatz eines Vermögenswertes oder einer Schuld resultieren, wobei kein Unternehmenszusammenschluss vorliegt und zum Zeitpunkt des Geschäftsvorfalls weder das Ergebnis in der IFRS-Gesamterfolgsrechnung noch in der steuerlichen Gewinnermittlung berührt ist.

Die im Rahmen der Erstkonsolidierung im IFRS-Konzernabschluss aufgedeckten stillen Lasten fallen somit nicht unter die Ausnahmeregelung. Sie führen ggf. zum Bilanzansatz aktiver latenter Steuern. Sofern jedoch ein Vermögenswert in der IFRS- und steuerlichen Eröffnungsbilanz unterschiedlich bewertet wird, greift der Ausnahmefall.

- Ausnahmen vom Ansatz passiver latenter Steuern (IAS 12.15):
  - Erstmaliger Ansatz eines Geschäfts- oder Firmenwertes,
  - Differenzen zwischen IFRS-Abschluss und steuerlicher Gewinnermittlung, die aus dem erstmaligen Ansatz eines Vermögenswertes oder einer Schuld resultieren, wobei kein Unternehmenszusammenschluss vorliegt und zum Zeitpunkt des Geschäftsvorfalls weder das Ergebnis in der IFRS-Gesamterfolgsrechnung noch in der steuerlichen Gewinnermittlung berührt ist.

Die im Rahmen der Erstkonsolidierung im IFRS-Konzernabschluss aufgedeckten stillen Reserven gehören somit nicht zu dieser zweiten Ausnahmeregelung. Sie führen ggf. analog zum Bilanzansatz passiver latenter Steuern. Ein im Rahmen der Kapitalkonsolidierung verbleibender Goodwill ist hingegen von der ersten Ausnahmeregelung betroffen. Obwohl das IASB diesen Goodwill eindeutig als Vermögenswert ansieht, wird hier der Ansatz passiver latenter Steuern untersagt, da der Goodwill als Restwert innerhalb der Kapitalkonsolidierung ermittelt wird (vgl. Kapitel 23) und der Ansatz der latenten Steuerschuld wiederum die Erhöhung des Buchwertes des Goodwills zur Folge hätte (IAS 12.21).

Beispiel 8.8

Zum 31.12.2007 hat die Publix AG 100 % der Anteile an der Dynamo AG zum Kaufpreis von 100 Mio. € erworben. Der Steuersatz beträgt 30 %. Die IFRS-Bilanz der Dynamo AG hat dabei zum 31.12.2007 folgendes Aussehen (zur Vorgehensweise der Kapitalkonsolidierung vgl. ausführlich Kapitel 23):

Bilanz der Dynamo AG zum 31.12.2007 in Mio. €			
Langfristiges Vermögen		*Eigenkapital*	
Immaterielle Anlagewerte	5	Gezeichnetes Kapital	20
Sachanlagen	70	Kapitalrücklage	10
Finanzanlagen	30	Gewinnrücklagen	30
Kurzfristiges Vermögen		*Fremdkapital*	
Vorräte	55	Rückstellungen	80
Forderungen	65	Verbindlichkeiten	100
Liquide Mittel	15		
Summe	240	Summe	240

Infolge der im Vorfeld des Unternehmenserwerbs durchgeführten Analyse des Kaufobjektes ist dem Management der Publix AG bekannt, dass im Sachanlagevermögen der Dynamo AG stille Reserven von 20 Mio. € und in den Vorräten stille Reserven von 10 Mio. € enthalten sind. Zudem weisen die Rückstellungen stille Lasten von 10 Mio. € auf.

Lösung
Die Berechnung des Geschäfts- oder Firmenwertes aus dem Unternehmenserwerb gestaltet sich wie folgt:

	Kaufpreis	100 Mio. €
−	neubewertetes Eigenkapital der Dynamo AG	-80 Mio. €
+	passive latente Steuern auf die aufgedeckten stillen Reserven (Steuersatz 30 %)	+9 Mio. €
−	aktive latente Steuern auf die aufgedeckten stillen Lasten (Steuersatz 30 %)	-3 Mio. €
=	Geschäfts- oder Firmenwert	26 Mio. €

Aus der Berechnung wird deutlich, dass auf die aufgedeckten stillen Reserven im Sachanlagevermögen und in den Vorräten passive latente Steuern und auf die aufgedeckten stillen Lasten in den Rückstellungen aktive latente Steuern zu berücksichtigen sind. Während das Sachanlagevermögen der Dynamo AG mit 90 Mio. €, die Vorräte mit 65 Mio. € und die Rückstellungen mit 90 Mio. € in den Konzernabschluss der Publix AG eingehen, werden sie in der steuerlichen Gewinnermittlung mit ihren bisherigen Buchwerten fortgeführt. Dabei wurde hier vereinfachend unterstellt, dass die ursprünglichen IFRS-Werte mit den steuerlichen Werten der Dynamo AG übereinstimmen. Somit bestehen Differenzen zwischen IFRS-Konzernabschluss der Publix AG und steuerlicher Gewinnermittlung der Dynamo AG, die zudem zeitlich begrenzt sind. Folglich sind auf diese Differenzen entsprechend dem Temporary-Konzept nach IAS 12 latente Steuern zu bilden.

Keine latenten Steuern indes dürfen auf den Geschäfts- oder Firmenwert gebildet werden. Zwar liegt auch hier eine Differenz zwischen IFRS-Abschluss und steuerlicher Gewinnermittlung vor, denn der Geschäfts- oder Firmenwert wird im IFRS-Abschluss als immaterieller Vermögenswert aktiviert, während in der steuerlichen Gewinnermittlung kein Geschäfts- oder Firmenwert vorliegt. Gemäß IAS 12.15 i.V.m. IAS 12.21 ist der Geschäfts- oder Firmenwert jedoch von der Bilanzierung latenter Steuern ausgenommen. Konsequent wäre auch hier der Ansatz einer passiven latenten Steuer von (26/0,7-26 =) 11,14 Mio. € und damit eines Goodwills von (26/0,7 =) 37,14 Mio. €.

3.4 Bilanzbewertung

Liability-Methode

Die Bewertung latenter Steuern nach IAS 12 folgt der Liability-Methode. Nach dieser Methode steht – korrespondierend mit dem Temporary-Konzept im Bereich des Bilanzansatzes latenter Steuern – der zutreffende Vermögensausweis im Vordergrund. Passive (aktive) latente Steuern sind als Verbindlichkeiten (Forderungen) gegenüber dem Fiskus für künftige Ertragsteuerzahlungen bzw. -erstattungen anzusehen. Da hier auf erwartete Steuereffekte abgestellt wird, sind latente Steuern nach der Liability-Methode mit denjenigen Steuersätzen zu bewerten, die bei Realisation der künftigen Steuerforderung bzw. bei Erfüllung der künftigen Steuerschuld voraussichtlich gelten werden (IAS 12.47).

Da die künftige Steuersatzentwickung im Regelfall ungewiss ist, sind grundsätzlich die aktuell gültigen Steuersätze zur Bewertung der latenten Steuern heranzuziehen. Gemäß IAS 12.48 sind aber künftige Steuersätze anzuwenden, sofern eine Steuersatzänderung bereits vom Gesetzgeber verabschiedet und damit bekannt ist[3]. Bei Steuersatzänderungen sind zudem die latenten Steuerposten aus vergangenen Perioden in der Bilanz anzupassen.

Beispiel 8.9

Der Wert einer als Finanzinvestition gehaltenen Immobilie ist über die Perioden t1 bis t3 sukzessive jeweils um 500 € gestiegen. In der Periode t4 wird diese Finanzinvestition dann zu diesem gestiegenen Wert verkauft. Da gemäß IAS 40.30 die Bewertung dieser als Finanzinvestition gehaltenen Immobilie zum Zeitwert erfolgen kann (vgl. Kapitel 13), in der steuerlichen Gewinnermittlung diese Zuschreibungen in den Perioden t1 bis t3 jedoch nicht möglich sind, unterschreitet das steuerliche Ergebnis vor Steuern in den Perioden t1 bis t3 das IFRS-Ergebnis jeweils um 500 €, während sich diese Differenzen in Periode t4 ausgleichen. Der Ertragsteuersatz beträgt in den Perioden t1 und t2 jeweils 40 % und fällt dann auf 30 %. Die Senkung des Ertragsteuersatzes wird im Verlauf der Periode t2 bekannt.

Liability-Methode	t_1	t_2	t_3	t_4
IFRS-Ergebnis vor Steuern	1.500	1.500	1.500	1.500
Steuerbilanz-Ergebnis vor Steuern	1.000	1.000	1.000	3.000
Tatsächliche Ertragsteuern	-400	-400	-300	-900
Latenter Steuerertrag (+)/-aufwand (–) der Periode	-200	-150	-150	+450
Anpass. lat. Steuern vergang. Perioden		+50[4]		
IFRS-Ergebnis nach Steuern	900	1.000	1.050	1.050
Steuerbilanz-Ergebnis nach Steuern	600	600	700	2.100
Kumulierte passive latente Steuern	200	300	450	0
Steuerbelastung IFRS-Ergebnis	40,0%	33,3%	30,0%	30,0%

Besonderheiten ergeben sich gemäß IAS 12.49, wenn in einem Steuersystem unterschiedliche Steuersätze auf unterschiedliche Höhen des zu versteuernden Ergebnisses anzuwenden sind. Dies trifft beispielsweise in Deutschland bei der

Progressiver Steuertarif

---

3 In Deutschland wird dies unterstellt, wenn das parlamentarische Gesetzgebungsverfahren (Bundestags- und Bundesratszustimmung) abgeschlossen ist. Die Zustimmung des Bundespräsidenten wird jedoch als nicht erforderlich erachtet. Vgl. auch *KPMG Deutsche Treuhand-Gesellschaft AG (Hrsg.)*, International Financial Reporting Standards, 4. Aufl., Stuttgart 2007, S. 201.
4 Die aus der Steuersatzsenkung resultierende Abwertung der passiven latenten Steuer führt somit zu einem Ertrag.

Gewerbesteuer aufgrund der zwischen den Gemeinden variierenden Hebesätze zu. Hier könnten die latenten Steuern mit einem durchschnittlichen Gewerbesteuersatz bewertet werden[5]. Eine ähnliche Vorgehensweise bietet sich bei progressiver Steuertarifgestaltung an. Auch hier sind die latenten Steueransprüche und Steuerschulden mit dem Durchschnittssteuersatz zu bewerten, der auf das entsprechende Ergebnis in der künftigen Rechnungslegungsperiode anzuwenden ist.

Werthaltigkeitstest

Der Buchwert aktiver latenter Steuern ist zu jedem Bilanzstichtag hinsichtlich seiner Werthaltigkeit zu prüfen (IAS 12.56). Sofern es nicht wahrscheinlich ist, dass in kommenden Perioden ein ausreichendes zu versteuerndes Ergebnis vorliegen wird, um den Nutzen der latenten Steuerforderung zu realisieren, ist die gebildete aktive latente Steuer teilweise oder insgesamt aufzulösen. Die Auflösung geschieht ergebniswirksam, wenn die aktive latente Steuer zuvor ebenfalls ergebniswirksam gebildet wurde. Erfolgte die Bildung hingegen ergebnisneutral im sonstigen Gesamterfolg so ist die Auflösung ebenso ergebnisneutral zu buchen.

Wertaufholung

Ein Unternehmen hat gemäß IAS 12.37 zu jedem Bilanzstichtag bisher nicht bilanzierte aktive latente Steuern erneut zu beurteilen. Fallen beispielsweise in späteren Perioden die Gründe für eine vorherige Minderung aktiver latenter Steuern weg, so besteht ein Wertaufholungsgebot: Die aktiven latenten Steuern leben wieder auf. Das Gleiche gilt für aktive latente Steuern z.B. aus Verlustvorträgen, die bisher vollständig unberücksichtigt blieben.

Beispiel 8.10

In der vorläufigen Bilanz der Biofix AG des Geschäftsjahres 2006 ist unter den aktiven latenten Steuern ein Betrag von 100 T€ ausgewiesen. Da die Biofix AG wirtschaftlich in eine Schieflage geraten ist, kann nicht davon ausgegangen werden, dass in absehbarer Zeit steuerliche Gewinne erwirtschaftet werden. Der aus den latenten Steuerforderungen resultierende Nutzen für die Biofix AG ist deshalb als unwahrscheinlich zu beurteilen. Entsprechend IAS 12.56 ist deshalb die aktive latente Steuer komplett aufzulösen.

Im Jahr 2007 scheint der Turnaround bei der Biofix AG überraschend geglückt zu sein. Zwar werden für das Geschäftsjahr 2007 weiterhin Verluste erwartet, ab 2008 wird das Unternehmen aber wahrscheinlich in die Gewinnzone zurückkehren. Da die in 2006 geminderten aktiven latenten Steuern im Zeitraum von 2008 bis 2010 realisiert werden sollen, würden sie im Abschluss 2007 wieder aufleben. In der Bilanz 2007 wären damit aktive latente Steuern von 100 T€ auszuweisen.

Diskontierungsverbot

Obwohl die latenten Steuerforderungen und latenten Steuerschulden – wie auch im vorangehenden Beispiel – häufig erst nach mehreren Jahren realisiert bzw. beglichen werden und somit oft als eher langfristig einzustufen sind, ist bisher eine Diskontierung gemäß IAS 12.53 verboten. Das IASB begründet diese Vor-

---

5 Vgl. ebenso *Kirsch, H.,* Abgrenzung latenter Steuern bei Personengesellschaften in Deutschland nach IAS 12, in: DStR, 40. Jg. (2002), S. 1875-1876.

gehensweise mit Wirtschaftlichkeitsüberlegungen. So bedürfte es bei einer Abzinsung latenter Steuern einer detaillierten Aufstellung des zeitlichen Verlaufs, wann einzelne Steuerforderungen bzw. Steuerverpflichtungen eintreten werden. Das IASB hält diese detaillierte Aufstellung infolge ihrer Komplexität für wirtschaftlich nicht gerechtfertigt und verzichtet somit gänzlich auf eine Abzinsung latenter Steuern. Ein Abzinsungswahlrecht für die Unternehmen wurde ebenfalls abgelehnt, da andernfalls die unternehmensübergreifende Vergleichbarkeit der Bilanzierung latenter Steuern eingeschränkt würde.

3.5 Ergebniswirksamkeit von Steuerlatenzen

Die Erfassung latenter Steuern in der Gesamterfolgsrechnung folgt dem in IAS 12.57 formulierten Grundsatz, wonach die aus einem Geschäftsvorfall oder Ereignis resultierenden latenten Steuern hinsichtlich der Ergebniswirkung mit der Behandlung des ursächlichen Geschäftsvorfalls oder Ereignisses selbst übereinstimmen. I.d.R. erfolgt die Bildung und Auflösung aktiver und passiver latenter Steuern ergebniswirksam und verändert damit das Periodenergebnis. Sie werden in der Position „Steueraufwendungen/-erträge" erfasst. Steueraufwendungen und -erträge, die der gewöhnlichen Geschäftstätigkeit zuzuordnen sind, müssen dabei gemäß IAS 12.77 gesondert ausgewiesen werden. Die zugehörigen Buchungssätze lauten:

Ergebniswirksame Behandlung

Aktive latente Steuern	an	Steuerertrag
Steueraufwand	an	passive latente Steuern

Im IFRS-Abschluss wird ein zu Handelszwecken erworbenes Wertpapier (Anschaffungskosten 60 €) infolge des gestiegenen Marktwerts mit 100 € bewertet. Die Zuschreibung erfolgt dabei ergebniswirksam und geht in das Periodenergebnis des IFRS-Abschlusses ein. In der steuerlichen Gewinnermittlung ist diese Zuschreibung hingegen nicht zulässig. Bei einem Steuersatz von 30 % resultieren daraus folgende Buchungen:	**Beispiel 8.11**
Wertpapier *an* *Finanzertrag* *40 €*	
Steueraufwand *an* *passive latente Steuern* *12 €*	

Prinzipiell sind bei der ergebniswirksamen Behandlung latenter Steuern vier Fallgestaltungen möglich, die in Abbildung 8.4 dargestellt sind.

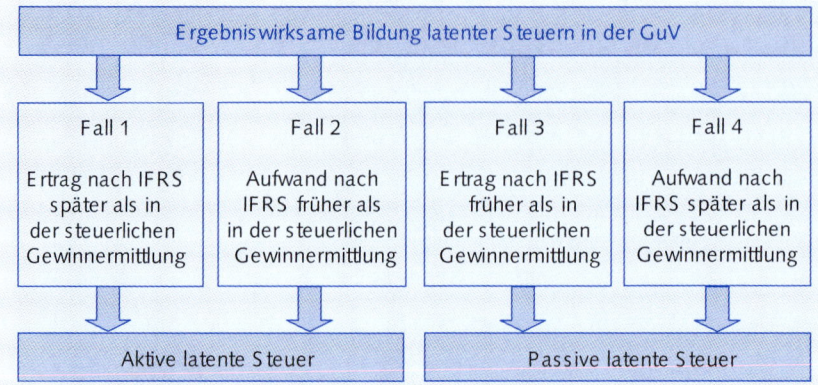

Abb. 8.4: Ergebniswirksame Bildung latenter Steuern

Beispiele 8.12 zur Abbildung 8.4[6]

Fall 1:
Dividendenerträge (vgl. Kapitel 9) dürfen im IFRS-Abschluss erst bei rechtlichem Anspruch erfasst werden. Sofern in der steuerlichen Gewinnermittlung eine phasengleiche Gewinnvereinnahmung erfolgt, werden die daraus resultierenden Erträge im IFRS-Abschluss später erfasst.

Fall 2:
Aus einem schwebenden Geschäft zeichnet sich ein Verlust mit hinreichender Wahrscheinlichkeit ab. Hierfür ist im IFRS-Abschluss ergebniswirksam eine Rückstellung zu bilden. Diese Drohverlustrückstellung wird in der steuerlichen Gewinnermittlung nicht anerkannt.

Fall 3:
Ergebniswirksame Zuschreibung von Wertpapieren des Handelsbestands im IFRS-Abschluss auf den über den Anschaffungskosten liegenden beizulegenden Zeitwert. In der steuerlichen Gewinnermittlung wird diese Zuschreibung nicht anerkannt. Der Ertrag würde erst realisiert, wenn die Wertpapiere zum höheren beizulegenden Zeitwert verkauft werden.

Fall 4:
Ergebniswirksame Bildung einer Rückstellung für unterlassene Instandhaltung in der steuerlichen Gewinnermittlung. Diese wird im IFRS-Abschluss nicht anerkannt. Sobald die Instandhaltungsmaßnahmen durchgeführt werden, mindern diese als Aufwand das IFRS-Periodenergebnis, während sie in der steuerlichen Gewinnermittlung – sofern korrekt bemessen – ohne Ergebniswirkung mit den Rückstellungen verrechnet werden.

---

6   Die Beispiele gehen von deutschen steuerlichen Gewinnermittlungsvorschriften aus.

Eine ergebnisneutrale Verrechnung der aktiven und passiven latenten Steuern im sonstigen Gesamterfolg hat hingegen dann zu erfolgen, wenn sich die latenten Steuern auf Posten bzw. Sachverhalte beziehen, die in der gleichen oder einer anderen Periode ebenfalls im sonstigen Gesamterfolg erfasst und damit ergebnisneutral gebucht werden. Die zugehörigen Buchungssätze lauten:

Aktive latente Steuern   an   Sonstiger Gesamterfolg

Sonstiger Gesamterfolg   an   passive latente Steuern

Ergebnisneutrale Behandlung

Beispiel 8.13

Im IFRS-Abschluss wird eine als zur Veräußerung verfügbar klassifizierte Aktie (Anschaffungskosten 60 €) infolge des gestiegenen Marktwerts in Höhe von 100 € bewertet. Die Zuschreibung erfolgt dabei ergebnisneutral. In der steuerlichen Gewinnermittlung ist die Bewertung der Aktie oberhalb der Anschaffungskosten nicht zulässig. Bei einem Steuersatz von 30 % resultiert daraus folgende Buchung:

Finanzvermögen   40 €   an   *Sonstiger Gesamterfolg*   28 €
                                  passive latente Steuern   12 €

Auch bei einem Unternehmenszusammenschluss in Form eines Erwerbs erfolgt grundsätzlich keine Einbeziehung der latenten Steuern in das Periodenergebnis. Stattdessen beeinflussen die latenten Steuerforderungen und Steuerschulden aufgrund der Neubewertungsdifferenzen die Höhe des (ggf. negativen) Geschäfts- oder Firmenwerts (vgl. bereits das in Abschnitt 3.3 angeführte Beispiel der Publix AG und Dynamo AG). Erfolgt jedoch die Auflösung der stillen Reserven in Folgejahren z.B. durch Abschreibungen ergebniswirksam, so ist auch die entsprechende latente Steuerposition ergebniswirksam aufzulösen.

3.6 Ausweis und Anhangangaben

Der Ausweis aktiver und passiver latenter Steuern in der Bilanz erfolgt getrennt von anderen Vermögenswerten und Schulden (IAS 1.54). Dabei sind zusätzlich die latenten Steuerforderungen und -schulden von den tatsächlichen Steuererstattungsansprüchen und -schulden zu unterscheiden. Sofern in der Bilanz zwischen kurz- und langfristigen Vermögenswerten und Schulden differenziert wird, sind die aktiven latenten Steuern dem langfristigen Vermögen und die passiven latenten Steuern den langfristigen Schulden zuzuordnen.

Bilanzausweis

Grundsätzlich besteht zwischen aktiven und passiven latenten Steuern ein Saldierungsverbot. Eine Saldierungspflicht besteht gemäß IAS 12.74 jedoch dann, wenn

Saldierung

- das Unternehmen ein einklagbares Recht zur Aufrechnung tatsächlicher Steuererstattungsansprüche gegen tatsächliche Steuerschulden hat und
- die latenten Steuern sich auf Ertragsteuern beziehen, die von der gleichen Steuerbehörde erhoben werden.

Anhangangaben

IAS 12 fordert eine Fülle zusätzlicher Angaben, wodurch für die Abschlussadressaten der Informationsgehalt erhöht werden soll[7]. Im Wesentlichen sind folgende Angaben verpflichtend:

- Angabe der Hauptbestandteile des Steueraufwands bzw. Steuerertrags (IAS 12.80). Hierzu sind beispielhaft zu zählen:
  - tatsächlicher und latenter Steueraufwand bzw. Steuerertrag,
  - periodenfremde Ertragsteueraufwendungen/-erträge,
  - Betrag der latenten Steuern, der auf Steuersatzänderungen oder auf einer Einführung neuer Steuern beruht, und
  - Betrag der Minderung des Ertragsteueraufwands aufgrund der Aktivierung latenter Steuern auf bisher nicht berücksichtigte steuerliche Verluste.
- Summe des Betrags tatsächlicher und latenter Steuern resultierend aus Posten, die direkt dem Eigenkapital belastet bzw. gutgeschrieben wurden (IAS 12.81(a))[8],
- Erläuterungen zu Änderungen des/der angewandten Steuersatzes/-sätze im Vergleich zur Vorperiode (IAS 12.81(d)),
- der Betrag (und ggf. das Datum des Verfalls) der abzugsfähigen temporären Differenzen und der noch nicht genutzten steuerlichen Verluste, für die keine aktiven latenten Steuern bilanziert wurden (IAS 12.81(e)), sowie
- der Betrag der ertragsteuerlichen Konsequenzen von Dividendenzahlungen, die vorgeschlagen oder beschlossen wurden, bevor der Abschluss zur Veröffentlichung freigegeben wurde, die aber nicht als Verbindlichkeit im Abschluss bilanziert wurden (IAS 12.81(i)).

Darüber hinaus ist der Zusammenhang zwischen dem Steueraufwand/Steuerertrag und dem IFRS-Periodenergebnis vor Ertragsteuern näher zu erläutern. Dies kann alternativ erfolgen (IAS 12.81(c)) durch eine

- Überleitungsrechnung zwischen dem Steueraufwand (Steuerertrag) und dem Produkt aus dem Periodenergebnis vor Ertragsteuern und dem anzuwendenden Steuersatz (inkl. Berechnungsgrundlage für den anzuwendenden Steuersatz) oder durch eine
- Überleitungsrechnung zwischen dem durchschnittlichen effektiven Steuersatz und dem anzuwendenden Steuersatz (inkl. Berechnungsgrundlage für den anzuwendenden Steuersatz).

---

7 Vgl. ausführlich *Kirsch, H.*, Steuerliche Berichterstattung im Jahresabschluss nach IAS/IFRS, in: DStR, 41. Jg. (2003), S. 703-708.
8 Durch die Neufassung von IAS 1 bezieht sich diese Angabepflicht auf diejenigen latenten Steuerbeträge, welche im sonstigen Gesamterfolg erfasst werden.

4 Wesentliche Unterschiede zum HGB

Die Bilanzierung latenter Steuern ist im HGB in den §§ 274 und 306 geregelt, wobei § 274 HGB für den Einzelabschluss und den Konzernabschluss und § 306 HGB lediglich für den Konzernabschluss gilt.

- Der Bilanzierung latenter Steuern kommt im HGB-Abschluss eine geringere Bedeutung zu. Der Grund ist die bisher zum Teil noch bestehende enge Verknüpfung zwischen handelsrechtlichem Abschluss und steuerlicher Gewinnermittlung über die Grundsätze der Maßgeblichkeit und der Umkehrmaßgeblichkeit, welche Differenzen zwischen beiden Rechenwerken größtenteils verhindert.
- Während IAS 12 rechtsformunabhängig gilt, gelten die Vorschriften zur Bilanzierung latenter Steuern im handelsrechtlichen Einzelabschluss nur für Kapitalgesellschaften und die unter § 264a HGB zu subsumierenden Personengesellschaften.
- Die Bilanzierung latenter Steuern im HGB folgt dem ergebnisorientierten Timing-Konzept. Demzufolge führen nur zeitlich begrenzte Ergebnisdifferenzen zur Bilanzierung latenter Steuern. Quasi-zeitlich begrenzte Differenzen zwischen handelsrechtlichem Abschluss und steuerlicher Gewinnermittlung unterliegen nicht der latenten Steuerbilanzierung oder zumindest einem Ansatzwahlrecht.
- Für die Bilanzierung latenter Steuern kommen grundsätzlich nur Ergebnisdifferenzen zwischen handels- und steuerrechtlicher Gewinnermittlung in Betracht. Bei der Entstehung und Umkehrung der Differenzen zwischen Handelsrecht und steuerlicher Gewinnermittlung müssen diese über die GuV erfasst werden. Differenzen, die bei der Entstehung ergebnisneutral sind, unterliegen nicht der Bilanzierung latenter Steuern.
- Während für passive latente Steuern gemäß § 274 Abs. 1 HGB eine Passivierungspflicht besteht, unterliegen aktive latente Steuern gemäß § 274 Abs. 2 HGB im Einzelabschluss einem Aktivierungswahlrecht. Werden latente Steuern aktiviert, ist in gleicher Höhe eine Ausschüttungssperre (z.B. durch Bildung einer „Zwangsrücklage") sicherzustellen. Für unter § 306 HGB zu subsumierende latente Steuern im Konzernabschluss gilt demgegenüber generell eine Ansatzpflicht.
- Die Bilanzierung aktiver latenter Steuern für steuerliche Verlustvorträge ist im handelsrechtlichen Jahresabschluss umstritten[9].
- Die Saldierung von aktiven und passiven latenten Steuern wird im HGB als zulässig angesehen (Gesamtdifferenzbetrachtung), während eine Saldierung nach IAS 12 nur in Ausnahmefällen möglich ist.

---

9 Vgl. *Marten, K.-U./Weiser, F./Köhler, A. G.*, Aktive latente Steuern auf steuerliche Verlustvorträge: zunehmende Tendenz zur Aktivierung, in: BB, 58. Jg. (2003), S. 2335-2341; *Ordelheide, D.*, Aktivische latente Steuern bei Verlustvorträgen im Einzel- und Konzernabschluss – HGB, SFAS und IAS –, in: von Lanfermann, J. (Hrsg.), Internationale Wirtschaftsprüfung, Festschrift zum 65. Geburtstag von Hans Havermann, Düsseldorf 1995, S. 605-617.

- Die Anhangangabepflichten sind weitaus geringer.

Mit DRS 10 wurde vom DRSC ein Rechnungslegungsstandard zur Bilanzierung von Ertragsteuern herausgegeben. DRS 10 folgt dabei weitestgehend IAS 12. Zudem ist eine weitere Annäherung des HGB an die IFRS durch das Bilanzrechtsmodernisierungsgesetz (BilMoG) geplant. Durch Neufassung der §§ 274 und 306 HGB würde das bilanzorientierte Temporary-Konzept auch in die deutsche Rechnungslegung Einzug halten. Dies hätte zu Folge, dass auch quasi-zeitlich begrenzte Differenzen zwischen handelsrechtlichem Abschluss und steuerlicher Gewinnermittlung der latenten Steuerbilanzierung unterliegen würden. Zudem würde nicht allein auf Ergebnisdifferenzen abgestellt. Statt dessen würden – entsprechend der bilanzorientierten Sichtweise – Differenzen zwischen Handels- und Steuerrecht im Bilanzansatz sowie der Bewertung von Vermögensgegenwerten und Schulden grundsätzlich eine Bilanzierungspflicht latenter Steuern auslösen. Gleichzeitig würde das Ansatzwahlrecht aktiver latenter Steuern durch eine Aktivierungspflicht ersetzt. Steuerliche Verlustvorträge wären außerdem explizit unter den aktiven latenten Steuern zu subsumieren. Im Rahmen der Bewertung aktiver und passiver latenter Steuern würde ebenfalls in Übereinstimmung mit IAS 12 der Liability-Methode gefolgt. Verbleibende Unterschiede zwischen dem HGB und IAS 12 würden danach im Wesentlichen nur noch die Anhangangaben betreffen.

5 Wesentliche Unterschiede zu US-GAAP

IAS 12 lehnt sich inhaltlich eng an SFAS 109 an, der vom FASB bereits 1992 verabschiedet wurde. Infolge der inhaltlichen Übereinstimmung in wesentlichen Bereichen sind nur wenige Unterschiede zu den US-GAAP aufzuzeigen.
- Sofern die Wahrscheinlichkeit einer künftigen Steuerentlastung nach IAS 12 mit wesentlich über 50 % quantifiziert wird, ergibt sich ein Unterschied zu den US-GAAP. Gemäß SFAS 109.17e reicht eine mehr als 50%ige Wahrscheinlichkeit aus. Das FASB hat am 13. 7. 2006 seine Interpretation FIN 48 „Accounting for Uncertainty in Income Taxes – an Interpretation of FASB Statement No. 109" (Bilanzielle Berücksichtigung von Unsicherheiten bei Ertragsteuern) veröffentlicht. FIN 48 sieht für Ansatz und Bewertung von Steuervorteilen eine zweistufige Vorgehensweise vor: Hinsichtlich der Frage des Ansatzes muss ein Unternehmen für jede steuerliche Position hypothetisch fragen, ob es eher wahrscheinlich als unwahrscheinlich erscheint, dass die steuerliche Position, wie bei der Finanzbehörde eingereicht, beibehalten werden kann. Trifft dies zu, ist das Ansatzkriterium erfüllt. Hinsichtlich der Bewertung ist der höchste Betrag des Steuervorteils anzusetzen, welcher im Zuge der endgültigen Einigung mit der Steuerbehörde mit einer Wahrscheinlichkeit von mehr als 50% eingelöst werden kann.

- Sofern für aktive latente Steuern die erwartete künftige Steuerentlastung mit einer weniger als 50%igen Wahrscheinlichkeit eintritt, ist nach SFAS 109.17 ein Sicherheitsabschlag (valuation allowance) vorzunehmen. Dieser kann zwischen 0 % und 100 % liegen. Im Gegensatz dazu würde nach IAS 12 vollständig auf den Bilanzansatz des unsicheren Teils verzichtet.
- Innerhalb des Bilanzausweises latenter Steuern wird zwischen kurz- und langfristigen latenten Steuern unterschieden. Entsprechend der Fristigkeit der Vermögenswerte und Schulden, welche für die temporären Differenzen zwischen US-GAAP-Abschluss und steuerlicher Gewinnermittlung ursächlich sind, ist ein Ausweis unter den Posten des Anlagevermögens (non-current assets) oder Umlaufvermögens (current assets) bzw. den langfristigen Schulden (long term debt) oder kurzfristigen Schulden (current liabilities) vorzunehmen.

Ausgewählte Literatur

App, J. G., Latente Steuern nach IAS, US-GAAP und HGB, in: KoR, 3. Jg. (2003), S. 209-214.

Klein, O., Die Bilanzierung latenter Steuern nach HGB, IAS und US-GAAP im Vergleich, in: DStR, 39. Jg. (2001), S. 1450-1456.

KPMG Deutsche Treuhand-Gesellschaft AG (Hrsg.), International Financial Reporting Standards, 4. Aufl., Stuttgart 2007.

Küting, K./Zwirner, C., Latente Steuern in der Unternehmenspraxis: Bedeutung für Bilanzpolitik und Unternehmensanalyse, in: WPg, 56. Jg. (2003), S. 301-316.

Übungsaufgaben

Aufgabe 1:
Bitte entscheiden Sie für die nachfolgenden Sachverhalte, ob sie zur Bilanzierung aktiver oder passiver latenter Steuern nach IAS 12 führen oder ob sie keine latenten Steuern hervorrufen. Gehen Sie dabei von den deutschen steuerrechtlichen Vorschriften aus.
1. Für unterlassene Instandhaltungen, die im kommenden Geschäftsjahr innerhalb der ersten drei Monate nachgeholt werden, ist eine Rückstellung gebildet worden. Im IFRS-Abschluss ist diese Rückstellungsbildung unzulässig.
2. Im Rahmen der Kapitalkonsolidierung ist ein Goodwill entstanden, der jährlich einem Werthaltigkeitstest unterworfen ist.

3. Bei der erstmaligen Anwendung der IFRS ist eine Zuführung zu den Pensionsrückstellungen erforderlich, da auch künftige Gehalts- und Rententrends mit in die Bemessung einbezogen werden.
4. Innerhalb des Sachanlagevermögens erfolgt nach IFRS eine Bewertung oberhalb der Anschaffungskosten.
5. Im IFRS-Abschluss ist für einen drohenden Verlust aus einem schwebenden Geschäft eine Rückstellung zu bilden.

Aufgabe 2:
Die börsennotierte Radofix AG ist infolge der EU-Verordnung zur internationalen Rechnungslegung verpflichtet, für 2005 erstmalig einen IFRS-Konzernabschluss zu erstellen. Welche die latenten Steuern betreffenden Korrekturbuchungen sind bei der Umstellung von HGB auf IFRS infolge nachfolgender Geschäftsvorfälle erforderlich? Gehen Sie bitte von einem Steuersatz von 40 % aus.

1. Im HGB-Konzernabschluss der Radofix AG wurde für künftige Garantieleistungen infolge relativ pessimistischer Einschätzungen ein Betrag von 2.000 T€ zurückgestellt. Da nach IFRS das Vorsichtsprinzip weniger stark ausgeprägt ist, wäre hier lediglich eine Rückstellung in Höhe von 1.500 T€ zulässig.
2. Die Radofix AG hat ein neuartiges Verfahren für die Genforschung entwickelt. Da die in IAS 38 formulierten Voraussetzungen für die Aktivierung von Entwicklungskosten erfüllt sind, hat im IFRS-Konzernabschluss eine Aktivierung der Entwicklungskosten in Höhe von 3.000 T€ zu erfolgen.
3. Im Aktienbestand der Radofix AG befinden sich Wertpapiere, die zu Handelszwecken gehalten werden. Diese Wertpapiere sind im IFRS-Konzernabschluss zum beizulegenden Zeitwert zu bilanzieren, wobei Wertänderungen ergebniswirksam erfasst werden. Gegenüber dem Anschaffungszeitpunkt ist der Wert dieser Aktien insgesamt bis zum Bilanzstichtag um 500 T€ gestiegen.
4. Neben den zu Handelszwecken gehaltenen Aktien befinden sich im Wertpapierportfolio der Radofix AG auch Aktien zur längerfristigen Kapitalanlage. Diese Wertpapiere sind im IFRS-Konzernabschluss ebenfalls zum beizulegenden Zeitwert zu bilanzieren, wobei Wertänderungen jedoch ergebnisneutral erfasst werden. Gegenüber dem Anschaffungszeitpunkt ist der Wert dieser Aktien insgesamt bis zum Bilanzstichtag um 1.500 T€ gestiegen.
5. Die Radofix AG hat im Konzernabschluss nach HGB eine Rückstellung für Instandhaltungen, die im Sommer des Geschäftsjahres 2006 nachgeholt werden sollen, in Höhe von 1.000 T€ bilanziert. Nach IFRS ist diese Rückstellung nicht zulässig.

Aufgabe 3:
Die im Geschäftjahr 2006 in Deutschland gegründete Steuerfix AG hat nach einem steuerlichen Gewinn in 2006 in Höhe von 300.000 T€ in 2007 einen steuerlichen Verlust in Höhe von 500.000 T€ erwirtschaftet. Der durchschnittliche Steuersatz der Steuerfix AG beträgt 30 %. Wie beurteilen Sie diesen Sachverhalt aus Sicht der Bilanzierung latenter Steuern nach IAS 12? Geben Sie die erforderlichen Buchungen an.

Kapitel 9
Umsatzrealisation

1 Relevante Normen zur Umsatzrealisation	239
2 Allgemeine Regeln	240
3 Regeln in Abhängigkeit von der Umsatzart	244
3.1 Umsatzrealisation bei Güterlieferungen	244
3.2 Umsatzrealisation bei Dienstleistungen	247
3.3 Realisation von Zinsen, Dividenden und sonstigen Nutzungsentgelten	250
Exkurs: Revenue Recognition Project von IASB und FASB	251
4 Wesentliche Unterschiede zum HGB	252
5 Wesentliche Unterschiede zu US-GAAP	253
Ausgewählte Literatur	254
Übungsaufgaben	254

Während der Boomphase der New Economy hatten Finanzanalysten und Kapitalgeber ein neues Problem zu lösen: Wie sind Unternehmen zu bewerten, die weder Gewinne noch positive operative Cashflows ausweisen? Die Lösung für dieses Problem war schnell gefunden: Da diese Unternehmen zumindest positive Umsatzerlöse vorweisen konnten, orientierten sich Finanzanalysten an diesen. Unternehmen mit starken Umsatzwachstumsraten wurde zugetraut, künftig in die Gewinnzone vorzustoßen und auch auf Dauer gesehen rentabel zu werden. Die neuen Wachstumsunternehmen spielten mit: Umsatz um jeden Preis wurde zur neuen Maxime der Bilanzpolitik. So tauschten Internetfirmen z.B. gegenseitig Werbeplatz auf ihren Internetseiten, um Umsatzerlöse zu generieren. Kunden wurden sehr generöse Rückgaberechte und Zahlungsziele eingeräumt, um sie zum Kauf zu animieren. Zudem gingen Internetvertriebsfirmen wie z.B. Reiseagenturen dazu über, ihre Umsatzerlöse brutto auszuweisen, also in Höhe der vertriebenen Güter oder Dienstleistungen plus der Gewinnmarge, anstatt nur ihren Kommissionsanteil als Umsatzerlös zu zeigen. Aber selbst wenn von diesen Formen der „kreativen Buchführung" abgesehen wird, ist die zunächst recht einfach klingende Frage, wann und in welcher Höhe ein Umsatz entstanden ist, nicht immer so leicht zu beantworten. Wann ist z.B. der Umsatz aus dem Verkauf einer Bahncard oder dem Verkauf eines Lufthansa First-Class-Tickets Frankfurt-Shanghai-Frankfurt, für das der Kunde 20.000 Bonusmeilen gutgeschrieben bekommt, auszuweisen?

Im Folgenden sollen Sie lernen, welche Regeln die IFRS dieser bilanzpolitischen Kreativität der Unternehmensleitung entgegensetzen. Im Einzelnen sollen Sie erfahren,
- wann grundsätzlich ein Umsatzerlös bzw. ein Ertrag als realisiert angesehen werden kann und
- welche konkreten Regeln für die Lieferung von Gütern, für die Erbringung von Dienstleistungen und für den Empfang von Dividenden, Zinsen und Nutzungsentgelten existieren[1].

---

1 Nicht in diesem Kapitel bearbeitet werden die Rechenwerke, in denen Gewinne oder Verluste beziehungsweise die dazu gehörenden Bilanzpositionen ausgewiesen werden. Diese werden in Kapitel 7 „Rechenwerke" und Kapitel 17 „Eigenkapital" ausführlich behandelt.

1 Relevante Normen zur Umsatzrealisation

Während zahlreiche Standards spezielle Vorschriften zur Umsatzrealisation enthalten, regelt IAS 18 „Erträge", der seit 1995 gilt, die Erfassung von Erträgen und Aufwendungen für alle sonstigen Geschäftsvorfälle[2]. Damit umfasst IAS 18 einen Großteil der normalen Lieferungs- und Leistungsbeziehungen von Industrieunternehmen. Folgende Anwendungsausnahmen von IAS 18 existieren:

IAS 18 als Generalstandard zur Umsatzrealisation

- Erträge und Aufwendungen, die im Rahmen einer langfristigen Fertigung von Gütern erwirtschaftet werden, fallen in den Anwendungsbereich von IAS 11 „Fertigungsaufträge".
- Umsätze, die sich im Rahmen von Leasingverhältnissen ergeben, werden von IAS 17 „Leasingverhältnisse" behandelt. Des Weiteren regelt SIC-27 „Beurteilung des wirtschaftlichen Gehalts von Transaktionen in der rechtlichen Form von Leasingverhältnissen" Fragen der Ergebnisrealisation bei speziellen Transaktionen, die zwar rechtlich den Charakter eines Leasinggeschäftes aufweisen, wirtschaftlich allerdings weder einem Finanzierungsgeschäft noch einem Mietverhältnis entsprechen. Dies ist z.B. bei einigen Sale-and-Lease-Back-Transaktionen der Fall. Zudem klärt IFRIC 4 „Beurteilung, ob eine Vereinbarung ein Leasingverhältnis enthält", ob bei bestimmten Transaktionen, die rechtlich kein Leasingverhältnis sind, ein verdecktes Leasingverhältnis vorliegt und diese somit in den Anwendungsbereich von IAS 17 fallen.
- Erträge im Rahmen der Anwendung der Equity-Methode werden von IAS 28 „Bilanzierung von Anteilen an assoziierten Unternehmen" behandelt.
- IAS 18 findet ebenfalls keine Anwendung auf Versicherungsverträge, die in den Anwendungsbereich von IFRS 4 „Versicherungsverträge" fallen.
- Erträge und Aufwendungen, die aus der Änderung beizulegender Zeitwerte von Finanzinstrumenten resultieren, werden von IAS 39 „Finanzinstrumente" behandelt. Die Details der Effektivzinsmethode, also der planmäßigen Verteilung der Zinskomponente von Finanzinstrumenten über die Laufzeit, werden ebenso von IAS 39 geregelt. Die Vereinnahmung von nominellen Zinsen und Dividenden hingegen fällt in den Anwendungsbereich von IAS 18.
- Erträge und Aufwendungen, die aus Wertminderungen und deren Aufhebung bei langfristigen nicht-finanziellen Vermögenswerten resultieren, werden von IAS 36 „Wertminderung von Vermögenswerten" erfasst. Für Wertminderungen im Bereich der kurzfristigen nicht-finanziellen Vermögenswerte ist u.a. IAS 2 „Vorräte" relevant.
- Erträge und Aufwendungen, die im Rahmen der landwirtschaftlichen Produktion entstehen, werden von IAS 41 „Landwirtschaft" behandelt.

---

2 IAS 18 wird ergänzt durch einen Anhang, der zahlreiche Anwendungsbeispiele enthält, um die Vorgehensweise des Standards zu verdeutlichen. Da dieser Anhang eine eigene Paragraphenzählung hat, werden Paragraphen aus dem Anhang in diesem Kapitel mit einem der Paragraphennummer unmittelbar vorangestellten „A" zitiert. IAS 18.A2 verweist also auf den zweiten Paragraphen des Anhangs von IAS 18.

Es ist nicht davon auszugehen, dass diese auf IAS 18.6 basierende Ausschlussliste vollständig ist, da fast alle neueren Standards auch Vorschriften zur Erfassung von Erträgen und Aufwendungen enthalten. Es ist somit anzunehmen, dass IAS 18 insbesondere dann Anwendung finden wird, wenn für die zu verbuchende Transaktion keine spezielleren Vorschriften in anderen IFRS existieren bzw. wenn in den speziellen Vorschriften explizit auf IAS 18 verwiesen wird. Zudem sind die Interpretationen IFRIC 12 (Dienstleistungskonzessionsvereinbarungen) und IFRIC 13 (Kundenbindungsprogramme) sowie der Entwurf IFRIC D 21 (Real Estate Sales) veröffentlicht worden, die als Interpretationshilfe für in IAS 18 nicht eindeutig geregelte Sachverhalte dienen sollen.

2 Allgemeine Regeln

Erträge im Sinne von IAS 18 sind immer ergebniswirksam

IAS 18 definiert einen Ertrag in Übereinstimmung mit IAS 1 und dem Rahmenkonzept als einen aus der Unternehmenstätigkeit resultierenden Bruttoeigenkapitalzufluss, der nicht aus einer von Eigentümern geleisteten Einlage resultiert. Somit kann ein Ertrag grundsätzlich ergebniswirksam oder ergebnisneutral in die Gesamterfolgsrechnung eingehen[3]. Da sich in IAS 18 allerdings keine Verweise auf ergebnisneutral zu erfassende Erträge finden, ist davon auszugehen, dass nach IAS 18 zu realisierende Erträge und korrespondierende Aufwendungen stets ergebniswirksam zu erfassen sind. Ergebnisneutrale Erfassungen ergeben sich somit nur aus speziellen Standards.

Ertrag bemisst sich am beizulegenden Zeitwert der Gegenleistung

Grundsätzlich ist gemäß IAS 18.9 die Höhe des Ertrages an dem beizulegenden Zeitwert der erhaltenden oder zu beanspruchenden Gegenleistung zu messen. Im Falle einer normalen monetären Gegenleistung sind also bei der Bestimmung des Betrags einerseits Preisnachlasse wie z.B. Mengenrabatte, Treueboni etc. reduzierend zu berücksichtigen. Andererseits ist nach IAS 18.11 bei längeren Zahlungszielen der Barwert der monetären Gegenleistung als Wertgrundlage zu verwenden. Als Zinssatz ist entweder ein der Bonität des Schuldners angemessener Zinssatz heranzuziehen oder der Zinssatz, der tatsächlich angewendet wurde, um, ausgehend von dem für die Transaktion aktuell gültigen Barpreis, zu den künftigen Nominalzahlungen zu gelangen. Von diesen beiden Zinssätzen ist der zu verwenden, der verlässlicher zu bestimmen ist. Die aus der Aufzinsung der Forderung in den Folgeperioden resultierenden Erträge sind gemäß IAS 18.29-30 und IAS 39 nach der Effektivzinsmethode als Zinsertrag zu erfassen.

---

3 Zu ergebniswirksamen und ergebnisneutralen Komponenten der Gesamterfolgsrechnung vgl. auch Kapitel 7, Abschnitt 3.1.

Das Autohaus Luag AG veräußert regelmäßig Luxuskarossen, die einen Listenpreis von 200 T€ haben. Hierbei werden den potentiellen Käufern zwei Zahlungsvarianten angeboten: sofortige Barzahlung von 180 T€ oder Zahlung des Listenpreises in einem Jahr. Bei beiden Varianten wird das Fahrzeug direkt ausgeliefert und geht in das Eigentum des Käufers über. Wie erfolgt bei beiden Varianten die Buchung?

Beispiel 9.1

Lösung
Da gemäß IAS 18.10 Preisnachlässe bei Bestimmung der Umsatzerlöse explizit zu beachten sind, ergibt sich im Barzahlungsfall folgende verkürzte Buchung:
Bank   an   Umsatzerlöse   180 T €

Im Fall der aufgeschobenen Zahlung ist zunächst der Zinssatz zu bestimmen, mit dem die künftige Nominalzahlung abgezinst wurde. Alternativ wäre ein kundenspezifischer Zinssatz zu bestimmen[4]. Da Barpreise vergleichbarer Transaktionen mit der ersten Variante zur Verfügung stehen, ist der Zinssatz zur Abzinsung der Nominalzahlung problemlos zu ermitteln. Er beträgt (200.000 € / 180.000 € – 1=) 11,1 %. Die Buchungen lauten dementsprechend:
Forderungen   an   Umsatzerlöse   180 T €

sowie ein Jahr später:
Forderungen   an   Zinsertrag   20 T €

Bank   an   Forderungen   200 T €

Es wird deutlich, dass in beiden Fällen die gleichen Umsatzerlöse gezeigt werden. Im zweiten Fall wird die Stundung des Kaufpreises für ein Jahr wie ein separates Finanzierungsgeschäft behandelt. Bei der Buchung dieses Beispiels ist zu beachten, dass in der Regel der Listenpreis nicht als Barpreis interpretiert werden kann, da er im Barzahlungsfall durch Preisnachlässe deutlich reduziert wird.

Falls die Bezahlung des Umsatzes nicht durch monetäre Vermögenswerte erfolgt, wird gemäß IAS 18.12 von einem Tauschgeschäft (barter transaction) ausgegangen. Hierbei werden zwei grundsätzlich unterschiedliche Taucharten unterschieden:

Tauschgeschäfte

- Es werden gleichartige und gleichwertige Vermögenswerte getauscht, die sich unter Umständen an unterschiedlichen Standorten befinden, oder
- es werden Vermögenswerte getauscht, die nicht als gleichartig und/oder gleichwertig anzusehen sind.

---
4   Hierzu findet sich ein Beispiel in Kapitel 15.

Kein Umsatzerlös beim Tausch von gleichwertigen und gleichartigen Vermögenswerten

Ein Beispiel für den Tausch von gleichartigen und gleichwertigen Vermögenswerten zwischen Unternehmen ist der Tausch von Kraftstoffen zwischen Mineralöllieferanten. Hier tauschen unterschiedliche Mineralölfirmen ihre Kraftstoffbestände untereinander, um Logistikkosten durch lange Transportwege zu vermeiden. Ein weiteres Beispiel sind die in der Einleitung erwähnten Internetfirmen, die gegenseitig gleichartigen Werbeplatz tauschen[5]. Aus solchen Tauschgeschäften resultiert gemäß IAS 18.12 kein Umsatz, da sie lediglich als Aktivtausch behandelt werden.

Tausch unterschiedlicher Güter führt zu Umsatz

Werden hingegen unterschiedliche Güter oder Dienstleistungen getauscht, so liegt gemäß IAS 18.12 ein Umsatzvorgang vor. Dementsprechend ist ein Ertrag in Höhe des beizulegenden Zeitwerts der erhaltenen Vermögenswerte, ggf. unter Berücksichtigung von zusätzlich erhaltenen oder geleisteten Zahlungen, zu realisieren. Falls der beizulegende Zeitwert der erhaltenen Vermögenswerte nicht verlässlich bestimmt werden kann, ist ein Ertrag in Höhe des beizulegenden Zeitwerts der hingegebenen Vermögenswerte anzusetzen. Fraglich erscheint indes, wie vorzugehen ist, wenn weder der beizulegende Zeitwert des hingegebenen noch der des erhaltenen Vermögenswerts verlässlich bestimmt werden können. Diese Situation erscheint z.B. durchaus denkbar, wenn Dienstleistungen getauscht werden. In diesem Fall scheint es sinnvoll zu sein, einen Ertrag in Höhe der Kosten der erbrachten Dienstleistungen zu realisieren, so dass aus dem Tausch kein Gewinn resultiert[6].

Beispiel 9.2

Der Mineralölkonzern Bamal AG tauscht regelmäßig mit seinem Konkurrenten Hasso AG Waren und Dienstleistungen. Folgende drei Tauschaktionen sind hinsichtlich ihrer Ertragswirkung aus Sicht der Bamal AG zu bewerten:

1. Die Bamal AG gibt 15.000 hl Dieselkraftstoff lagernd in Rotterdam gegen 15.000 hl Dieselkraftstoff lagernd in Ludwigshafen ab. Der beizulegende Zeitwert des Dieselkraftstoffs beträgt in beiden Fällen 12 Mio. €. Der Buchwert des Diesels in Rotterdam beträgt 11 Mio. €.
2. Die Bamal AG gibt weitere 15.000 hl Dieselkraftstoff lagernd in Rotterdam gegen 15.000 hl Normalkraftstoff, ebenfalls lagernd in Rotterdam, ab. Hierfür leistet sie eine Zuzahlung von 2,8 Mio. €. Der beizulegende Zeitwert des Diesels liegt bei 12 Mio. €, der beizulegende Zeitwert des Normalkraftstoffes bei 15 Mio. €. Der Buchwert des Diesels beträgt 11 Mio. €.
3. Die Bamal AG vereinbart mit der Hasso AG, dass die Hasso AG einmalig die Reinigung der Lagertanks der Bamal AG übernimmt. Dafür garantiert die Bamal AG die einmalige Reinigung der Pipelines der Hasso AG. Da solche Dienstleistungen im Regelfall nicht gehandelt werden, liegen keine

---

5   Falls unterschiedlicher Werbeplatz getauscht wird, findet SIC-31 „Erträge – Tausch von Werbeleistungen" Anwendung. Hiernach bestimmt sich der Ertrag aus dem beizulegenden Zeitwert der abgegebenen Dienstleistung, wobei dieser auf Basis vergleichbarer Nicht-Tauschtransaktionen zu bestimmen ist.
6   Dies entspräche auch dem von IAS 18.26 geforderten Vorgehen, wonach bei einem nicht verlässlichen bestimmbaren Ertrag eines mehrperiodigen Dienstleistungsgeschäfts lediglich die erstattbaren Aufwendungen als Ertrag zu erfassen sind.

verlässlichen beizulegenden Zeitwerte für beide Dienstleistungen vor. Die Kosten der Pipelinereinigung belaufen sich auf 1,5 Mio. €.

Lösung
Im ersten Fall werden gleichartige und gleichwertige Waren getauscht. Somit findet kein Umsatzprozess statt. Die Buchung für diesen reinen Aktivtausch auf Basis der Buchwerte lautet:
Diesel Lager Ludwigshafen   an   Diesel Lager Rotterdam   11 Mio. €

Im zweiten Fall werden nicht-gleichartige Güter getauscht. Zudem kann die Zuzahlung als Hinweis interpretiert werden, dass die Güter nicht gleichwertig sind. Da der beizulegende Zeitwert des Normalkraftstoffs ermittelbar ist, bestimmt er die Höhe der Umsatzerlöse. Demzufolge ist ein Umsatzprozess zu buchen, der insgesamt zu einem Gewinn von 1,2 Mio. € führt:
HK Umsatz   an   Diesel Lager Rotterdam   11 Mio. €

Normalkraftstoff   15 Mio. € an   Umsatzerlöse   12,2 Mio. €
*   Bank   2,8 Mio. €*

Im letzten Fall findet aufgrund des Tausches von unterschiedlichen Dienstleistungen wiederum ein Umsatzprozess statt. Da allerdings die beizulegenden Zeitwerte beider Dienstleistungen nicht verlässlich ermittelbar erscheinen, wird ihr beizulegender Zeitwert auf Basis der Kosten geschätzt, so dass der Umsatzprozess zu keinem Gewinn oder Verlust führt. Es wird hier davon ausgegangen, dass die Reinigung der Tanks lediglich Personalaufwand verursacht und dass die Reinigung der Pipelines als sonstiger betrieblicher Aufwand gebucht wird. Zunächst ist die Reinigung der Pipeline zu buchen. Da die Bamal AG diese für die Hasso AG durchführt, sind diese Aufwendungen als Herstellkosten des Umsatzes anzusehen.
Sonst. betr. Aufwand   an   div. Aktiva   1,5 Mio. €

HK Umsatz   an   sonst. betr. Aufwand   1,5 Mio. €

Anschließend wird der „Verbrauch" der durch die Hasso AG erfolgten Reinigung der Lagertanks gebucht. Der „Zugang" der Dienstleistung entspricht den Umsatzerlösen, der Verbrauch Personalaufwand[7].
Dienstleistung   an   Umsatzerlöse   1,5 Mio. €

Personalaufwand   an   Dienstleistung   1,5 Mio. €

---

7   Das Konto „Dienstleistung" dient lediglich der Illustration. Da hier kein Vermögenswert zugeht, wäre eigentlich „Personalaufwand an Umsatzerlöse" zu buchen.

Aufspaltung von Transaktionen

Die Frage, ob und ggf. in welcher Höhe ein Ertrag realisiert wird, ist grundsätzlich für jeden Geschäftsvorfall einzeln zu beantworten (IAS 18.13). Hierbei sind Transaktionen insbesondere dann aufzuspalten, wenn unterschiedliche Güter und Dienstleistungen in einer einzigen Transaktion veräußert werden. Die Teiltransaktionen sind dann hinsichtlich ihrer Ergebniswirkungen getrennt zu betrachten.

Beispiel 9.3

Das EDV-Systemhaus TechConsult AG veräußert Serverhardware in Verbindung mit einem zweijährigen 24-Stunden-vor-Ort-Servicevertrag. Der Barpreis für einen solchen Paketdeal beträgt 15 T€. Die Serviceverträge werden auch einzeln angeboten, ihr Preis beläuft sich dann auf 1,5 T€ pro Jahr. Die Herstellungskosten der Hardware betragen 12 T€. Wie ist der Verkauf eines solchen Paketdeals zu buchen?

Lösung

Die Hardwarelieferung und der Servicevertrag stellen abgrenzbare Bestandteile dieser Transaktion dar. Da der Wert der Serviceleistung sich auf 3 T€ beläuft, beträgt der realisierbare Ertrag für die Hardware 12 T€. Zum Verkaufszeitpunkt ergibt sich dementsprechend folgende Buchung:

Div. Aufwendungen		an	*div. Aktiva*	*12 T €*
Fertige Erzeugnisse		an	*div. Aufwendungen*	*12 T €*
HK Umsatz		an	*fertige Erzeugnisse*	*12 T €*
Bank	*15 T €*	an	*Umsatzerlöse*	*12 T €*
			vorbezahlte Serviceleist.	*3 T €*

Somit realisiert die TechConsult AG aus der eigentlichen Veräußerung keinen Gewinn. Dieser fällt erst in den folgenden zwei Jahren an, in denen die abgegrenzten Serviceleistungen ergebniswirksam als Ertrag vereinnahmt werden und hoffentlich die jeweiligen Aufwendungen übersteigen.

Die Buchung wird hier abschließend für das erste Servicejahr unter der Annahme gezeigt, dass keine Servicedienstleistungen anfallen:

Vorbezahlte Serviceleistungen	an	*Umsatzerlöse*	*1,5 T €*

3 Regeln in Abhängigkeit von der Umsatzart

3.1 Umsatzrealisation bei Güterlieferungen

Fünf Kriterien zum Realisationszeitpunkt

Neben den allgemeinen Regeln zur Umsatzrealisierung beinhaltet IAS 18 auch Vorschriften, die speziell für Güterlieferungen gelten und insbesondere regeln, wann ein Umsatzprozess hinreichend sicher stattgefunden hat, um eine Ertrags-

realisation zu begründen. Dieser Zeitpunkt ist nach IAS 18.14 dann gegeben, wenn folgende fünf Kriterien kumulativ erfüllt sind:
- Die maßgeblichen Chancen und Risiken des Guts wurden auf den Käufer übertragen,
- der Verkäufer behält kein besitzähnliches Verfügungsrecht über das verkaufte Gut,
- die Höhe der Erträge ist verlässlich messbar,
- es ist hinreichend wahrscheinlich, dass der Ertrag auch dem verkaufenden Unternehmen zufließen wird, und
- die Herstellungskosten des verkauften Guts sind verlässlich messbar.

Bei Prüfung dieser Kriterien ist zunächst zu beachten, dass gemäß dem Rahmenkonzept der IFRS das Augenmerk auf die wirtschaftliche Substanz und nicht auf die juristische Form zu legen ist. So konkretisiert ein Fahrzeugbrief als Beweis des juristischen Eigentums, den der Autoverkäufer als Sicherheit bis zur Bezahlung des Kaufpreises zurückbehält, kein besitzähnliches Verfügungsrecht, da sämtliche wirtschaftlichen Chancen und Risiken mit dem Kaufvertrag oder spätestens mit der Übergabe des Fahrzeugs bereits auf den neuen Besitzer des Autos übergegangen sind. Es gibt allerdings Fälle, in denen die Vertragsgestaltung einen Übergang der Chancen und Risiken zu einem anderen Zeitpunkt als dem des Vertragsabschlusses oder der physischen Übernahme konkretisiert. Beispiele hierfür finden sich in IAS 18.16. So sind die Chancen und Risiken noch nicht an den Käufer übergegangen, wenn, wie z.B. im Rahmen eines Kommissionsgeschäfts, der Ertrag des Verkäufers vom Weiterverkauf des Guts durch den Käufer abhängt (IAS 18.16(b)). Ein weiterer Fall von nicht übergegangenen Chancen und Risiken liegt vor, wenn der Käufer ein Rücktrittsrecht hat und der Verkäufer die Wahrscheinlichkeit der Inanspruchnahme dieses Rechts nicht abschätzen kann (IAS 18.16(d)). Dies ist jedoch bei normalen Rückgaberechten im Einzelhandel regelmäßig nicht gegeben: Hier ist der Verkäufer auf Basis von vergangenen Transaktionen in der Lage, die Wahrscheinlichkeit der Rückgabe hinreichend verlässlich zu messen, so dass ein Übergang der Chancen und Risiken anzunehmen ist (IAS 18.15).

Wirtschaftliche Substanz vor rechtlicher Form

Ein weiteres zentrales Kriterium für die Zulässigkeit einer Ertragsrealisation ist die hinreichende Wahrscheinlichkeit des Mittelzuflusses. So ist ein Ertrag beispielsweise solange nicht zu realisieren, wie es internationale Kapitaltransferbeschränkungen dem Käufer unmöglich machen, seine Schuld zu begleichen. Solche Unsicherheiten sind zunächst bei der Bemessung der erhaltenen Gegenleistung zu berücksichtigen. Stellt sich jedoch nach der Buchung des Umsatzprozesses heraus, dass eine korrespondierende Forderung (zum Teil) uneinbringlich ist, wird diese gemäß IAS 18.18 ergebniswirksam abgeschrieben. Eine Korrektur des Umsatzes findet nicht statt.

Hinreichende Wahrscheinlichkeit des Mittelzuflusses

Als letztes Kriterium fordert IAS 18.14, dass die Herstellungskosten bzw. bei Handelswaren die Anschaffungskosten verlässlich messbar sind. Davon ist im Regelfall auszugehen, wenn alle anderen Bedingungen erfüllt sind. Gemäß IAS 18.19 ist allerdings vorstellbar, dass das veräußernde Unternehmen auf-

HK/AK müssen verlässlich messbar sein

grund von Lieferschwierigkeiten einzelne Bestandteile eines zu veräußernden Gutes noch nicht von Zulieferern erhalten hat bzw. dass Zulieferer direkt an den Endkunden liefern. Wenn der Preis für die Zulieferteile nicht vertraglich fixiert ist, hat dementsprechend noch kein Umsatz stattgefunden. Vom Endabnehmer bereits empfangene (An-)Zahlungen sind als Schuld auszuweisen.

Beispiel 9.4

Das Groß- und Außenhandelsunternehmen ImEx AG hat eine Reihe von Transaktionen vorgenommen, für die zu prüfen ist, ob gemäß IAS 18.14 ein Umsatzerlös stattgefunden hat:
1. Ein Kunde hat am 28.12. Waren geordert, die Rechnung wurde auf Wunsch des Kunden bereits zum 29.12. ausgestellt, die Lieferung erfolgt, ebenfalls auf Wunsch des Kunden, erst zum 05.01. Die Ware liegt auf Lager bereit und der Kunde hat sämtliche Chancen und Risiken der Lieferung übernommen.
2. In einem identisch gelagerten Fall beabsichtigt die ImEx AG, die entsprechende Ware erst am 04.01. von ihrem Zulieferer zu erstehen.
3. Ein weiterer Kunde hat bei der ImEx AG eine Fräse bestellt, die bereits auf sein Firmengelände angeliefert wurde. Im Rahmen des Kaufvertrages wurde vereinbart, dass die Fräse von der ImEx AG in den Fertigungsprozess des Kunden integriert wird, wobei auch eine aufwendige Feineinstellung notwendig wird, um die vertraglich zugesicherten Ausschussquoten einzuhalten.
4. Ein Kunde, mit dem langfristige positive Lieferbeziehungen bestehen, lässt sich eine Ware auf Ratenzahlung liefern.
5. Ein Neukunde lässt sich seine Ware auf Ratenzahlung liefern.

Lösung
1. Dieses Arrangement wird auch als Bill-and-Hold bezeichnet. Im vorliegenden Fall findet der Umsatz zum 29.12. statt, da die Ware am Lager ist und nichts gegen die Erfüllung des Vertrages spricht (IAS 18.A1). Wenn die Chancen und Risiken allerdings noch beim Verkäufer lägen, wäre vor dem Lieferzeitpunkt keine Veräußerung zu realisieren.
2. Da hier die Ware noch nicht am Lager ist, stehen die Kosten der Handelsware noch nicht verlässlich fest, ein Umsatzprozess hat dementsprechend noch nicht stattgefunden.
3. Im Regelfall erfolgt eine Umsatzerfassung erst nach vertraglich zugesicherten Installationsarbeiten. Hiervon kann nur abgewichen werden, wenn die Installationsarbeiten geringfügig sind (IAS 18.A2(a)). Dies ist hier nicht der Fall, also ist der Umsatzprozess noch nicht abgeschlossen.
4. Ratenzahlung ist per se kein Hinderungsgrund für eine Umsatzrealisation. Dies gilt umso mehr, da hier genügend Informationen vorliegen, um den Zahlungseingang verlässlich schätzen zu können. Ein Umsatzprozess hat stattgefunden.

> 5. Auch wenn noch keine Erfahrungswerte für den neuen Kunden vorliegen, lässt sich im Regelfall die Wahrscheinlichkeit des Zahlungsausfalls schätzen, so dass sich ein der Bonität des Neukunden entsprechender Zinssatz zur Bestimmung des Barwertes der Gegenleistung bestimmen lässt (IAS 18.A8). Der Ertrag ist somit hinreichend verlässlich bestimmbar. Ein Umsatz hat auch hier stattgefunden.

3.2 Umsatzrealisation bei Dienstleistungen

Zusätzlich zu den allgemeinen Regeln zur Umsatzrealisation stellt sich bei Dienstleistungen insbesondere die Frage, wie Leistungen, die über mehrere Perioden erbracht werden, zu realisieren sind. In Anlehnung an die Langfristfertigung im Güterbereich[8] sind zwei grundsätzliche Vorgehensweisen denkbar:

- Realisierung des gesamten Ertrags erst, wenn die Dienstleistung vollständig erbracht wurde. Bis dahin entstandene Aufwendungen sind solange aktivisch abzugrenzen, bis die korrespondierenden Erträge anfallen.
- Realisation der Erträge und der korrespondierender Aufwendungen zu jedem Periodenstichtag gemäß dem aktuellen Leistungsfortschritt der Dienstleistung.

Bilanzierung von langfristigen Dienstleistungsbeziehungen

Wird die erste Alternative gewählt, so werden Erträge erst dann ausgewiesen, wenn sie zweifelsfrei realisiert sind. In den Vorperioden wird allerdings keinerlei Ergebnis aus der Dienstleistungsbeziehung ausgewiesen, was insbesondere zu einer verzerrten Darstellung der Ertragslage führt. Aus Sicht einer informationsorientierten Rechnungslegung kann diese strenge Auslegung des Realisationsprinzips wenig überzeugen. Dies gilt umso mehr, da das eigentliche Ende von langfristigen Dienstleistungsbeziehungen aufgrund von Anschlussaufträgen häufig kaum zweifelsfrei bestimmbar ist.

Die zweite und von IAS 18 grundsätzlich geforderte Alternative ermöglicht einen kontinuierlichen Ausweis der Ertragslage entsprechend dem Leistungsfortschritt. Da hierbei das Realisationsprinzip weniger streng ausgelegt wird, fordert IAS 18.20, dass die gesamten Erträge aus dem Dienstleistungsprojekt zum Periodenstichtag verlässlich messbar sein müssen und dass hinreichend sicher sein muss, dass diese Erträge dem bilanzierenden Unternehmen auch tatsächlich zufließen. Wenn diese beiden Bedingungen erfüllt sind, erscheinen die Erträge zumindest realisierbar. Um allerdings den Anteil bestimmen zu können, der am jeweiligen Bilanzstichtag auch tatsächlich zu realisieren ist, muss zusätzlich der Leistungsfortschritt messbar sein. Hierfür fordert IAS 18.20, dass

- der Fertigstellungsgrad der Dienstleistung zum Bilanzstichtag verlässlich messbar ist und
- die bislang angefallenen und noch zu erwartenden Kosten der Leistungserstellung verlässlich messbar sind.

Ertragsrealisation nach dem Leistungsfortschritt

---

[8] Dieser Sachverhalt wird von IAS 11 geregelt, vgl. auch Kapitel 14.

Die erste Bedingung stellt sicher, dass das bilanzierende Unternehmen in der Lage ist, den Anteil der zu realisierenden Erträge zu ermitteln. Mit der zweiten Bedingung wird zudem gefordert, dass auch die anteiligen korrespondierenden Aufwendungen hinreichend verlässlich ermittelt werden können.

Wenn alle vier oben beschriebenen Bedingungen des IAS 18 zur Ertragsrealisierung gemäß dem Leistungsfortschritt erfüllt sind, dann wird das (anteilige) Ergebnis aus dem Dienstleistungsauftrag als verlässlich schätzbar angesehen. In diesem Fall sind die Erträge des Dienstleistungsauftrags nach dem Grad der Fertigstellung zu erfassen. Zur Bestimmung des Grads der Fertigstellung zählt IAS 18.24 (wenn auch nicht abschließend) einige Methoden auf, die entweder auf der eingesetzten Leistung (Arbeitseinsatz oder gesamte Aufwendungen) oder auf der erbrachten Leistung (ermittelt z.B. anhand von Pflichtenheften oder vereinbarten Meilensteinen) jeweils im Verhältnis zur Gesamtplanung basieren. IAS 18.24 erwähnt explizit, dass Abschlagszahlungen bzw. erhaltene Anzahlungen in der Regel keine Bestimmung des Fertigstellungsgrads ermöglichen.

Falls eine verlässliche Schätzung des (anteiligen) Ergebnisses nicht möglich ist, sind gemäß IAS 18.26 nur Erträge in Höhe der erstattungsfähigen Aufwendungen der Periode zu erfassen, so dass kein (anteiliger) Periodengewinn aus dem Dienstleistungsgeschäft resultiert. Falls auch nicht hinreichend sichergestellt ist, dass die angefallenen Aufwendungen erstattet werden, so ist kein Ertrag zu realisieren, sonder lediglich der Aufwand zu erfassen (IAS 18.28).

Beispiel 9.5

Die Unternehmensberatung Wenu AG hat drei mehrjährige Beratungsprojekte, deren Ertragsrealisation für das Kalenderjahr 2006 zu ermitteln ist. Es fallen annahmegemäß nur Personalkosten an. Der Ertragsteuersatz liegt bei 30 %. Steuerrechtlich wird von einer strengen Einhaltung des Realisationsprinzips ausgegangen, so dass Herstellungskosten der Dienstleistung zwar auf Vollkostenbasis zu aktivieren sind, eine Ertragsrealisation allerdings erst bei letztendlicher Rechnungsstellung erfolgt.

1. Das auf zwei Jahre angelegte Projekt wurde Anfang 2006 begonnen und wird voraussichtlich Ende 2007 abgeschlossen werden. Die erwarteten Gesamtkosten belaufen sich auf 9 Mio. €. Ein Drittel der Kosten ist im Jahr 2006 angefallen. Der verlässlich ermittelbare Ertrag aus dem Gesamtprojekt beläuft sich auf 12 Mio. € und wird direkt zum Ende 2007 fällig. Der Kunde leistet Ende 2006 bereits eine vereinbarte Anzahlung von 2 Mio. €.

2. Die Wenu AG berät seit dem 01.01.2006 ein in Insolvenzgefahr schwebendes Unternehmen. Mit den Banken wurde vereinbart, dass die Wenu AG ihre Kosten zum Abschluss des Projekts erstattet bekommt. Eine darüber hinausgehende Vergütung von 20 % auf die Herstellungskosten erhält die Wenu AG allerdings nur, wenn die Insolvenz abgewendet wird. Ob und ggf. wann dies gelingen wird, steht momentan noch nicht fest. Bislang sind Personalkosten in Höhe von 2 Mio. € angefallen.

3. Die Wenu AG berät ferner aus karitativen Erwägungen heraus eine gemeinnützige Organisation. Es ist vertraglich vereinbart, dass die Organisation im Falle ausreichender liquider Mittel die Personalkosten der Wenu

AG erstatten wird. Im Kalenderjahr sind Personalkosten in Höhe von 1 Mio. € entstanden.

Lösung
Beim ersten Projekt sind Gesamtertrag, Gesamtkosten, angefallene Kosten und über die Kostenrelation auch der Fertigstellungsgrad verlässlich messbar. Somit erfolgt die Ergebnisrealisation nach dem Grad der Fertigstellung. Da 33 % der Kosten im Jahr 2006 angefallen sind wird auch ein Drittel des Ertrags realisiert:

Personalaufwand an *Bank* 3 Mio. €

HK Umsatz an *Personalaufwand* 3 Mio. €

Bank an *Erhaltene Anzahlungen* 2 Mio. €

Dienstleistungsprojekte an *Umsatzerlöse* 4 Mio. €

Steuerrechtlich erfolgt eine Aktivierung des Dienstleistungsprojekts nur in Höhe der Aufwendungen. Für die Differenz ist demnach ergebniswirksam eine passive latente Steuer in Höhe von ((4 Mio. € – 3 Mio. €) · 0,3 =) 0,3 Mio. € zu bilden:

Steueraufwand an *Steuerrückstellung* 0,3 Mio. €

Im Rahmen des zweiten Projekts ist der künftige Ertrag nicht verlässlich messbar, ebenso wenig der Grad der Fertigstellung. Eine Realisation von Erträgen gemäß dem Grad der Fertigstellung ist somit nicht möglich. Da allerdings sichergestellt ist, dass die Personalkosten einbringbar sind, ist gemäß IAS 18.26 ein Ertrag in Höhe des Personalaufwands zu erfassen:

Personalaufwand an *Bank* 2 Mio. €

HK Umsatz an *Personalaufwand* 2 Mio. €

Dienstleistungsprojekte an *Umsatzerlöse* 2 Mio. €

Da hier bilanziell kein Unterschied zur steuerlichen Behandlung besteht, fallen keine latente Steuern an.

Auch beim letzten Projekt ist der künftige Ertrag ungewiss. Zudem ist nicht gesichert, dass die Aufwendungen irgendwann durch einen Ertrag kompensiert werden. Somit sind die Personalauszahlungen als sonstiger betrieblicher Aufwand der Periode zu erfassen:

Personalaufwand an *Bank* 1 Mio. €

Sonst. betr. Aufwand an *Personalaufwand* 1 Mio. €

Auch hier fallen keine latenten Steuern an.

3.3 Realisation von Zinsen, Dividenden und sonstigen Nutzungsentgelten

Auch für Kapitalerträge und Entgelte für die Nutzung immaterieller Vermögenswerte darf ein Ertrag nur realisiert werden, wenn der tatsächliche Nutzenzufluss hinreichend wahrscheinlich ist und die Höhe der Erträge verlässlich bemessen werden kann (IAS 18.29). Wenn dies gegeben ist, sind nach IAS 18.30

- Zinsen gemäß der in IAS 39 weiter ausgeführten Effektivzinsmethode zu erfassen (vgl. Kapitel 19),
- Dividenden zu erfassen, wenn das bilanzierende Unternehmen einen Rechtsanspruch auf sie hat, und
- Nutzungsentgelte gemäß der vereinbarten Vertragskonditionen zu erfassen.

Rechtsanspruch auf Dividenden

Hierbei erscheint fraglich, wie sich ein Rechtsanspruch auf eine Dividende konkretisiert. Dieses fällt nicht in den Regelungsbereich der IFRS, sondern in den der nationalen Gesellschaftsrechte. Nach deutschem Recht entsteht ein formalrechtlicher Dividendenanspruch bei fehlendem Gewinnabführungsvertrag mit dem Gewinnverwendungsbeschluss der Hauptversammlung (§ 174 AktG) bzw. der Gesellschafterversammlung (§ 29 i.V.m. § 46 Nr. 1 GmbHG). Somit wäre eine Realisation der Dividende beim erhaltenden Unternehmen zu diesem Zeitpunkt möglich. In der Kommentarliteratur wird, abweichend von dieser engen Interpretation, auch die Meinung vertreten, dass eine sog. phasengleiche Gewinnvereinnahmung zulässig sei, solange das bilanzierende Unternehmen einen beherrschenden Einfluss auf das ausschüttende Unternehmen ausüben kann, die Geschäftsjahre beider Unternehmen übereinstimmen und der tatsächliche Rechtsanspruch des Mutterunternehmens auf die Dividende sich konkretisiert, bevor die Prüfung des Abschlusses der Mutter abgeschlossen wird[9].

Beispiel 9.6

Die Investmentgesellschaft Maxinvest AG (Geschäftsjahresende zum 31.12.2006, Ende der Abschlussprüfung zum 31.03.2007) hält zwei Beteiligungen:
1. Eine 100 % Beteiligung an der MakeMoney AG. Es besteht kein Gewinnabführungsvertrag. Die MakeMoney AG weist im Einzelabschluss zum 31.12.2006 einen Jahresüberschuss nach HGB in Höhe von 15 Mio. € aus. Als alleinige Aktionärin stimmt die Maxinvest AG im Rahmen der Hauptversammlung am 15.03.2007 der vollständigen Ausschüttung des Jahresüberschusses zu. Die Zahlung der Dividende ist noch nicht erfolgt.
2. Eine 5%ige Beteiligung an der SpendMoney AG. Die SpendMoney AG schlägt vor, von dem Jahresüberschuss nach HGB zum 31.12.2006 in Höhe von 20 Mio. € insgesamt 10 Mio. € auszuschütten. Die Hauptversammlung fasst diesen Gewinnverwendungsbeschluss am 20.03.2007. Die Zahlung der Dividende erfolgt am 28.03.2007.

---

9 Vgl. ausführlich *Ordelheide/Böckem*, IAS-Kommentar, IAS 18, Tz. 88-95.

Wann sind diese Dividenden im IFRS-Einzelabschluss der Mutter als Ertrag zu buchen, wenn die Maxinvest an einem möglichst frühen Ertragsausweis interessiert ist?

Lösung
Im ersten Fall ist die Maxinvest 100%ige Mutter der MakeMoney AG. Da die Geschäftsjahre übereinstimmen und sich der Dividendenanspruch zum 15.03.2007 rechtstatsächlich konkretisiert hat, kann eine Buchung noch phasengleich zum 31.12.2006 erfolgen:
31.12.2006: Ford. ggü. verb. Unt. an Dividendenertrag 15 Mio. €

Für die SpendMoney AG besteht indes keine Möglichkeit der beherrschenden Einflussnahme. Somit ist eine phasengleiche Gewinnvereinnahmung nicht möglich. Die Dividende wird demnach mit dem Hauptversammlungsbeschluss vereinnahmt, also im Jahr nach der wirtschaftlichen Entstehung:
20.03.2007: Forderung an Dividendenertrag 500 T€

28.03.2007: Bank an Forderung 500 T€

Die tatsächliche Zahlung einer Dividende ist für die Ertragsrealisation also unerheblich, ausschlaggebend ist der Beschluss der Hauptversammlung.

Revenue Recognition Project von IASB und FASB Exkurs
Wie die vorherigen Beispiele gezeigt haben, ist die Ertragsrealisation in den IFRS bisher teilweise noch sehr unterschiedlich und damit wenig konsistent reguliert. Neben dem hier dargestellten IAS 18 sind auch, wie oben erwähnt, eine Vielzahl von anderen Standards und Interpretationen für die Ertragsrealisation relevant. Daher hat das IASB – gemeinsam mit dem FASB – im Jahr 2002 das Revenue Recognition Project ins Leben gerufen. Ziel des Projektes ist die einheitliche Erfassung von Erträgen sowohl innerhalb der beiden Rechnungslegungssysteme als auch im Rahmen der angestrebten Konvergenz der Regelwerke[10]. Dem Zeitplan des IASB zufolge ist zwar im ersten Quartal 2008 mit einem Diskussionspapier zu diesem Thema zu rechnen, ein Termin

---

10 Zum aktuellen Arbeitsprogramm und Diskussionsstand vgl. auch die Homepage des IASB, www.iasb.org. Für eine detaillierte Darstellung der nachfolgend diskutierten Modelle vgl. *Wüstemann, J./Kierzek, S.*, Ertragsvereinnahmung im neuen Referenzrahmen von IASB und FASB – internationaler Abschied vom Realisationsprinzip?, in: BB, 60 Jg. (2005), S. 427-434; *Wüstemann, J./Kierzek, S.*, Ertragsvereinnahmung im neuen Referenzrahmen von IASB und FASB – Update zu BB 2005, S. 427 ff., in: BB, 60 Jg. (2005), S. 2799-2802 und *Wüstemann, J./Kierzek, S.*, Das Projekt „Revenue Recognition" von FASB und IASB – Notwendigkeit, Vorschläge und Bewertung möglicher Neufassungen von IAS 18 und IAS 11, in: Küting, K./Pfitzer, N./Weber, C.-P. (Hrsg.), Internationale Rechnungslegung: Standortbestimmung und Zukunftsperspektiven, Stuttgart 2006, S. 245-279.

für die Veröffentlichung eines Standardentwurfes oder eines endgültigen Standards ist allerdings noch nicht abzusehen.

Im Rahmen der Diskussion der Standardsetter werden Modelle zur Realisation von Umsätzen diskutiert, die sich konzeptionell deutlich von der bisherigen Vorgehensweise unterscheiden. Momentan entwickeln die Standardsetter zwei Modelle parallel weiter, die beide auf vertraglichen Ansprüchen und Verpflichtungen basieren, diese jedoch unterschiedlich bewerten.

measurement model

Im measurement model kann ein Ertrag entweder als Wertsteigerung von Vermögenswerten oder als Verringerung von Schulden entstehen. Diese Ansprüche und Verpflichtungen entstehen aus durchsetzbaren Verträgen und sollen zum current exit price bewertet werden. Dies ist der Preis, den ein aussenstehender Dritter (z.B. ein Wettbewerber) für die Rechte bzw. Pflichten aus dem zugrunde liegenden Vertrag bezahlen bzw. verlangen würde. Erträge können in diesem Modell also einerseits entstehen, wenn die Leistungsverpflichtung erfüllt wird. Hierdurch würde entweder eine Gegenleistungsverpflichtung abgebaut oder ein Anspruch gegen den Kunden aufgebaut. Andererseits wäre eine direkte Folge dieses Modells die ergebniswirksame Erfassung schwebender Geschäfte, wenn die Ansprüche des Unternehmens und die entsprechende Gegenleistung differieren. Dieses Modell würde die Erfassung vieler einfacher Umsatzakte unverändert lassen. Allerdings ergeben sich gerade bei der Bewertung zum current exit price erhebliche Ermittlungs- und Objektivierungsprobleme.

allocation model

Im allocation model wird der gleiche Grundgedanke verfolgt wie im vorherigen Modell. Allerdings würde die zu erbringende Gegenleistung nicht mit ihrem current exit price, sondern mit dem so genannten customer consideration amount bewertet werden. Dieser Wert entspricht dem Preis, der vom Kunden für die Leistungserbringung gezahlt wird. Der Betrag wird dann auf Basis der Einzelverkaufspreise auf die einzelnen identifizierbaren Teilleistungen dieser Komponenten verteilt. Daher entsteht in diesem Modell in der Regel kein Ertrag bei Vertragsabschluss (day-1 profit). Erträge würden erst durch den Abbau der Leistungsverpflichtung realisiert.

4 Wesentliche Unterschiede zum HGB

Unterschiede zum HGB

Auch wenn das HGB keine vergleichbar detaillierten Regeln für die Umsatzrealisation bereithält, hat sich in den Grundsätzen ordnungsmäßiger Buchführung (GoB) eine grundsätzlich ähnliche Vorgehensweise herausgebildet[11]. Folgende Unterschiede erscheinen wesentlich:

---

11 Vgl. m.w.N. *Ordelheide/Böckem*, IAS-Kommentar, IAS 18, Tz. 98. Vgl. allerdings zu diskutierten Änderungen des Realisationsprinzips im Referentenentwurf des BilMoG *Fülbier, R.U./Gassen, J.*, Das Bilanzrechtsmodernisierungsgesetz (BilMoG): Handelsrechtliche GoB vor der Neuinterpretation, in: DB, 60 Jg. (2007), S. 2605-2612.

- Nach HGB gibt es keine Möglichkeit zur anteiligen Gewinnrealisierung bei periodenübergreifenden Dienstleistungsverträgen. Stattdessen ist ein den Aufwand übersteigender Ertrag erst zu realisieren, wenn die Dienstleistung vollständig erbracht wurde. In den Vorperioden werden keine Umsatzerlöse realisiert, stattdessen wird das laufende Dienstleistungsprojekt im Umlaufvermögen aktiviert. Eventuell erhaltene Anzahlungen werden passivisch abgegrenzt.
- Gemäß den GoB ist ein Ertrag aus der Lieferung eines Gutes erst zu realisieren, wenn der korrespondierende Zufluss quasi-sicher ist. Dies lässt weniger Spielraum für die Entscheidung, wann ein aus einem Güterverkauf resultierender Ertrag zu erfassen ist.

Der DSR veröffentlichte im Mai 2002 einen E-DRS 17 „Erlöse", der sich inhaltlich relativ eng an IAS 18 und IAS 11 „Fertigungsaufträge" orientiert. Die Verabschiedung eines endgültigen DRS ist indes nicht mehr geplant.

5 Wesentliche Unterschiede zu US-GAAP

Im Gegensatz zu den IFRS gibt es nach US-GAAP keinen zentralen Standard, zur Umsatzrealisation. Stattdessen findet sich über das gesamte Regelwerk verstreut ein schier unüberschaubares Dickicht von Einzelfallregeln.

Kein zentraler Standard

Die Grundregel der Ertragsrealisation findet sich in SFAC 5.83: Erträge sind anzusetzen, wenn die Gegenleistung realisiert (realized) bzw. realisierbar (realizable) ist und wenn die Leistung praktisch vollständig erbracht (earned) wurde. Auf Basis dieser Grundregel kommt US-GAAP letztlich zu ähnlichen Normen wie IAS 18.

Aufgrund der vielfältigen Bilanzmanipulationen und Sachverhaltsgestaltungen rund um die Umsatzrealisation, verbunden mit der großen Bedeutung von Umsatzerlösen für die Unternehmensbewertung von Start-Up-Unternehmen, hat die US-amerikanische Börsenaufsichtsbehörde SEC in dem Staff Accounting Bulletin (SAB) 101 „Revenue Recognition in Financial Statements" im Jahr 1999 versucht, die hierzu existierenden US-GAAP zusammenzufassen und zu interpretieren. Auch wenn hierdurch explizit keine neuen US-GAAP geschaffen wurden, so hat SAB 101 doch erhebliche Auswirkungen auf die SEC-berichtspflichtige Unternehmenspraxis entfaltet. SAB 101 wurde durch SAB 104 aktualisiert. Jedoch wurden auch hierbei keine neuen Vorschriften entwickelt. So wird weiterhin davon ausgegangen, dass eine Umsatzrealisation nur dann gerechtfertigt ist, wenn folgende vier Kriterien erfüllt sind (SAB 104, Topic 13, A.1.):

SAB 101 fasst bestehende Regelvielfalt kommentierend zusammen

- Es liegt ein wirtschaftlich überzeugender Hinweis auf einen Vertragsabschluss vor.
- Die Lieferung hat stattgefunden bzw. die Dienstleistungen wurden erbracht.
- Der vom Käufer zu leistende Preis ist fest oder bestimmbar.
- Die Einbringbarkeit des Kaufpreises ist hinreichend gesichert.

Tendenziell strengere Interpretation des Realisationsprinzips

Auf diesen Kriterien basierend diskutiert der Staff der SEC eine Vielzahl von einzelnen Fällen hinsichtlich ihrer Auswirkung auf die Umsatzrealisation. Auch wenn keine neuen Normen generiert werden, so entsteht doch der Eindruck, als würde der Staff der SEC in SAB 104 die Realisationsprinzipien tendenziell strenger auslegen als das IASC seinerzeit im Anhang von IAS 18. Des Weiteren betont SAB 104, dass Umsatzerlöse in der Regel netto auszuweisen sind, dass also z.B. bei Kommissionsgeschäften der Wert der kommissionierten Ware nicht zu den Umsatzerlösen des letztlich verkaufenden Unternehmens gehört.

Ausgewählte Literatur

Pilhofer, J., Umsatz- und Gewinnrealisation im internationalen Vergleich: Bilanzpolitische Gestaltungsmöglichkeiten nach HGB, US-GAAP und IFRS, Herne et al. 2002.

Küting, K./Weber, C.-P. /Pilhofer, J., Umsatzrealisation als modernes bilanzpolitisches Instrumentarium im Rahmen des Gewinnmanagements (earnings management) – Analyse vor dem Hintergrund der Fälle Comroad und Xerox, in: FB, 4. Jg. (2002), S. 310-329.

Übungsaufgaben

Aufgabe 1:

Die Luag AG verkauft Mittelklassewagen. Käufe können über drei Modelle abgewickelt werden, die für den Verkäufer, abgesehen von einer möglichen Zinskomponente, gleich vorteilhaft sein sollen. Die erste Variante ist die einfache Barzahlung beim Kauf. Alternativ kann auch nach einem Jahr ein Preis in Höhe von 31,5 T€ bezahlt werden. Die dritte Variante ist eine Finanzierung über vier Jahre, bei der jeweils am Jahresende gleich hohe Zahlungen fällig werden. Andere Autohändler verwenden bei vergleichbaren Transaktionen Finanzierungszinssätze in Höhe von 5 %. Zum 01.01.2007 wir ein Neuwagen verkauft. Wie wäre nach den drei Modellen in 2007 und Folgejahren zu buchen?

Aufgabe 2:

Der Möbelhersteller Schrank AG verkauft regelmäßig Möbel an diverse Möbelhäuser. Mit den Häusern, zu denen eine gute Geschäftsbeziehung besteht, wurde vereinbart, dass die Ware erst bei Weiterverkauf bezahlt werden muss. Andererseits behält sich die Schrank AG bei Neukunden das Eigentum an der Ware bis zur Zahlung vor. Wie sind solche Vorfälle im Jahresabschluss der Schrank AG zu berücksichtigen, wenn noch kein Weiterverkauf bzw. keine Zahlung erfolgte?

Kapitel 10
Wertminderung im Anlagevermögen

1 Einleitung 256
2 Auslöser eines Werthaltigkeitstests 258
3 Quantifizierung einer Wertminderung 260
   3.1 Erzielbarer Betrag 260
   3.2 Beizulegender Zeitwert abzüglich der Verkaufskosten 261
   3.3 Nutzungswert 262
4 Bilanzielle Erfassung einer Wertminderung 265
5 Zahlungsmittelgenerierende Einheit 266
6 Wertaufholung 270
7 Angabepflichten 271
8 Wesentliche Unterschiede zum HGB 272
9 Wesentliche Unterschiede zu US-GAAP 274
Ausgewählte Literatur 276
Übungsaufgaben 277

Mitte November 2003 verkündete die Commerzbank AG für das dritte Quartal einen Verlust von 2,2 Mrd. €, hauptsächlich verursacht durch Wertminderungen im Anlagevermögen. Obwohl auf den ersten Blick kein Anlass zur Freude, stieß dieser Milliardenverlust in der Wirtschaftspresse auf ein positives Echo[1]. Vorstandssprecher Müller wurde für seinen Mut gelobt, den Kapitalmarkt mit diesem „spektakulären Schachzug" zu überraschen. Sein „Befreiungsschlag" zeige eine Konsequenz, mit der „bisher noch keine europäische Bank ihren Keller aufgeräumt" habe.

Die verlustbringende Aktion der Commerzbank reflektiert die Anwendung einschlägiger IFRS für die Erfassung von Wertminderungen im Anlagevermögen. Diese Regeln sollen sicherstellen, dass die Aktivseite der Bilanz und folglich das bilanzielle Eigenkapital eines Unternehmens nicht durch unrealistisch hohe Bewertungen aufgebläht werden. Daher ist ein Vermögenswert, dessen tatsächlicher Zeitwert unter den Buchwert sinkt, auf den niedrigeren Wert abzuschreiben. Solche Abwertungen sind verpflichtend vorzunehmen; ein Wahlrecht besteht insoweit also nicht. Umso mehr erstaunt es, dass Commerzbank-Chef Müller betonte, „der Konzern habe die Maßnahmen aus freien Stücken beschlossen."

Nach dem Studium dieses Kapitels werden Sie
- die bilanzielle Erfassung von Wertminderungen konzeptionell einordnen können,
- in der Lage sein, auf Wertminderungen hindeutende Ereignisse zu erkennen, und
- die für die Messung von Wertminderungen relevanten Wertkonstrukte verstehen und anwenden können.

1 Einleitung

Zweck und bilanztheoretische Einordnung

Die Notwendigkeit, Wertminderungen bei Vermögenswerten zu erfassen, ist eine Konsequenz des aus dem Imparitätsprinzip abgeleiteten Niederstwertprinzips. Das Imparitätsprinzip, nach dem unrealisierte Gewinne und Verluste asymmetrisch zu behandeln sind, gilt sowohl in der Rechnungslegung nach IFRS als auch im HGB. Während Wertminderungen bei Vermögenswerten sofort zu erfassen sind, lösen unrealisierte Wertsteigerungen über die Anschaffungs- bzw. Herstellungskosten hinaus nicht immer eine entsprechende Zuschreibung aus.

Relevante Normen

Die relevanten Vorschriften für das Erkennen, Messen und bilanzielle Erfassen von Wertminderungen sind über das System der IFRS verstreut. An erster Stelle zu nennen ist IAS 36 „Wertminderung von Vermögenswerten" (Impair-

---

1 Vgl. etwa die Artikelserie in der FAZ, Nr. 264 vom 13.11.2003, S. 15 und 19, der auch die folgenden Zitate entstammen.

ment of Assets) in seiner seit dem 31.03.2004 gültigen Fassung. Darüber hinaus regeln zahlreiche Einzelstandards die bilanzielle Erfassung von Wertminderungen bei bestimmten Vermögenswerten (IAS 36.2): Dies sind IAS 2 für Wertminderungen im Vorratsvermögen, IAS 11 bei Fertigungsaufträgen, IAS 12 bei aktivischen latenten Steuern, IAS 19 bei Vermögenswerten aus übergedeckten Pensionsverpflichtungen, IAS 39 bei den meisten Finanzvermögenswerten, IAS 40 bei als Finanzinvestitionen gehaltenen Immobilien, IAS 41 bei landwirtschaftlich genutzten biologischen Vermögenswerten sowie IFRS 4 bei Aktiva aus Versicherungsverträgen. Zudem sind Anlagevermögenswerte, die gemäß IFRS 5 als held for sale klassifiziert sind, aus dem Anwendungsbereich von IAS 36 ausgenommen. Sie werden dem Niederstwerttest des IFRS 5 unterzogen.

Entsprechend der Negativabgrenzung in IAS 36.2 zum Regelungsumfang diverser Einzelstandards ist der Anwendungsbereich von IAS 36 auf die bilanzielle Erfassung von Wertminderungen im Sachanlagevermögen, im immateriellen Anlagevermögen einschließlich Goodwill und bei bestimmten Finanzvermögenswerten begrenzt. Zu den Finanzvermögenswerten, bei denen Wertminderungen nach IAS 36 festzustellen und zu erfassen sind, gehören gemäß IAS 36.4 Anteile an Tochterunternehmen (IAS 27), assoziierten Unternehmen (IAS 28) und Gemeinschaftsunternehmen (IAS 31) in einem IFRS-Einzelabschluss.

Regelungsumfang von IAS 36

Eine Wertminderung (impairment) liegt vor, wenn der Buchwert eines Vermögenswertes (carrying amount) seinen erzielbaren Betrag (recoverable amount) übersteigt. In Höhe der Differenz zwischen den beiden Wertkonstrukten besteht ein Wertminderungsaufwand (impairment loss; IAS 36.6).

Definition einer Wertminderung

IAS 36 ist wie folgt aufgebaut: Einer Umschreibung des Regelungsziels schließt sich der Anwendungsbereich an (IAS 36.1-5). Zentrale Begriffe werden in IAS 36.6 definiert. Der nachfolgende Abschnitt (IAS 36.7-17) widmet sich der Frage, welche Indikatoren auf eine mögliche Wertminderung hindeuten. Ein großer Teil des Standards legt anschließend fest, wie der dem Buchwert als Vergleichsmaßstab gegenüber zu stellende erzielbare Betrag zu ermitteln ist (IAS 36.18-57). Darauf folgend ist geregelt, wie Wertminderungen zu buchen sind. Hier stellt das IASB zunächst auf die Wertminderung einzelner Vermögenswerte ab (IAS 36.58-64). Anschließend wird der Fall betrachtet, dass ein Vermögenswert nur als Teil einer größeren zahlungsmittelgenerierenden Einheit (ZGE; cash-generating unit) bewertungsfähig ist (IAS 36.65-108). Die Problematik der Wertaufholung ist Gegenstand von IAS 36.109-125. Letztlich folgen Angabepflichten (IAS 36.126-137), Übergangsvorschriften und der Zeitpunkt des Inkrafttretens (IAS 36.138-140).

Aufbau von IAS 36

2 Auslöser eines Werthaltigkeitstests

Häufigkeit des Werthaltigkeitstests

Die Anwendung des Niederstwertprinzips gemäß IAS 36 erfordert regelmäßige Vergleiche zwischen Buchwert und erzielbarem Betrag von Vermögenswerten, um mögliche Wertminderungen feststellen und mit entsprechenden Wertberichtigungen auf diese reagieren zu können[2]. Theoretisch müssten solche Werthaltigkeitstests (impairment tests) zu jedem Abschlussstichtag für jeden Vermögenswert durchgeführt werden. Da ein solches Erfordernis zu einem unvertretbar hohen Aufwand führen würde, lässt es das IASB aus Wirtschaftlichkeitsgründen i.d.R. dabei bewenden, die Unternehmen fallweise zur Durchführung von Werthaltigkeitstests zu verpflichten.

Jährlicher Test für bestimmte Vermögenswerte

Eine Ausnahme besteht diesbezüglich für immaterielle Vermögenswerte, die noch nicht nutzungsbereit sind oder eine unbestimmte Nutzungsdauer haben. Sie sind ebenso wie ein erworbener Goodwill (Geschäfts- oder Firmenwert) jährlich auf Werthaltigkeit zu untersuchen, unabhängig davon, ob Anzeichen für eine Wertminderung vorliegen (IAS 36.10). Diese Werthaltigkeitsprüfung kann zu jedem Zeitpunkt innerhalb des Geschäftsjahres stattfinden, vorausgesetzt, sie wird immer zum gleichen Zeitpunkt eines Jahres durchgeführt.

Indikatorgestützter Test

Wenn keine jährlichen Werthaltigkeitstests vorgeschrieben sind, wird die Pflicht, einen Vermögenswert auf Wertminderung zu untersuchen, allein durch das Vorliegen bestimmter Indikatoren ausgelöst, die in einer nicht abschließenden Liste aufgeführt sind. Es handelt sich dabei um Ereignisse, deren Eintritt aller Voraussicht nach eine Wertminderung hervorruft oder die signalisieren, dass eine Wertminderung vorliegen könnte, ohne selbst für diese ursächlich zu sein. IAS 36.9 verlangt, dass an jedem Abschlussstichtag zu überprüfen ist, ob Hinweise auf eine Wertminderung vorliegen. Dies gilt auch für die oben genannten Vermögenswerte, die einer jährlichen Werthaltigkeitsprüfung unterliegen, sofern die jährlich pflichtmäßig durchzuführende Werthaltigkeitsprüfung nicht sowieso am Abschlussstichtag vorgenommen wird. Liegen letztlich Anzeichen für eine Wertminderung vor, ist ein Werthaltigkeitstest vorzunehmen. Bei der Bestimmung von Indikatoren, die auf eine Wertminderung hindeuten können, werden unternehmensexterne und unternehmensinterne Informationsquellen unterschieden (IAS 36.12-14).

Externe Indikatoren einer Wertminderung

Zu den externen Auslösern eines Werthaltigkeitstests zählen Entwicklungen außerhalb des Unternehmens, beispielsweise
- der unerwartet starke Marktwertrückgang eines Vermögenswertes in der Berichtsperiode, der nicht durch Zeitablauf oder normale Nutzung zu erklären ist,
- nachteilige Veränderungen im Unternehmensumfeld, die bereits eingetreten sind oder mit deren Eintritt in naher Zukunft gerechnet wird,
- Erhöhungen von Kalkulationszinssätzen, die für die Ermittlung des erzielbaren Betrages verwendet werden, und

---

2 Wenn im Folgenden von „Vermögenswert" die Rede ist, gelten die Ausführungen analog zu IAS 36.7 gleichfalls für eine Gruppe von Vermögenswerten, die eine zahlungsmittelgenerierende Einheit bildet.

- ein Marktwert-Buchwert-Verhältnis des Unternehmens von weniger als eins.

Weiterhin können unternehmensinterne Hinweise auf die Wertminderung eines Vermögenswertes hindeuten. Hierzu gehören

- Überalterung oder physische Beschädigung,
- nachteilige Änderungen in der Art und Weise, wie ein Vermögenswert (künftig) genutzt wird, beispielsweise aufgrund geplanter Stilllegungen oder Restrukturierungen, und
- Hinweise aus dem internen Berichtswesen auf eine verschlechterte Ertragskraft eines Vermögenswertes, beispielsweise erhöhte Mittelerfordernisse für den Betrieb bzw. die Unterhaltung eines Vermögenswertes oder eine Verringerung der tatsächlichen und/oder erwarteten Rückflüsse aus seiner Nutzung (IAS 36.14).

Interne Indikatoren einer Wertminderung

Bei der Prüfung der obigen Kriterien ist stets der Wesentlichkeitsgrundsatz zu beachten (IAS 36.15-16). So müssen nachteilige Entwicklungen stets signifikant genug sein, um einen deutlichen Wertverlust des betreffenden Vermögenswertes wahrscheinlich erscheinen zu lassen. Auch ist kein detaillierter Werthaltigkeitstest nötig, wenn frühere Berechnungen einen deutlichen „Puffer" erkennen ließen, der durch etwaige Negativentwicklungen (noch) nicht aufgezehrt sein dürfte. Es ist ferner denkbar, dass die Werte einzelner Aktiva von einigen der genannten Kriterien generell nicht beeinflusst werden.

Wesentlichkeit

Eine Maschine mit einer Nutzungsdauer von 10 Jahren erzielt jährliche Cashflows von 10 T€. Unter Verwendung eines aus Marktdaten abgeleiteten Kalkulationszinssatzes von 5 % und des Rentenbarwertfaktors, $\frac{(1+i)^n - 1}{i \cdot (1+i)^n}$, resultiert ein erzielbarer Betrag für die Maschine von (10 T€ · 7,72 =) 77,2 T€. Der Buchwert beträgt demgegenüber 15 T€. Marktentwicklungen führen nun dazu, dass der Kalkulationszinssatz auf 10 % steigt.

Lösung
Obwohl diese Zinsänderung den erzielbaren Betrag der Maschine beeinflusst, löst sie keine Pflicht zur Durchführung eines Werthaltigkeitstests aus. Der bisherige erzielbare Betrag übersteigt den Buchwert so deutlich, dass auf den ersten Blick sichtbar ist, dass der sich nach Zinsänderung ergebende erzielbare Betrag (10 T€ · 6,14 =) 61,4 T€ nach wie vor über dem Buchwert liegt.

Beispiel 10.1

Einzelne IFRS, die für bestimmte Vermögenswerte Werthaltigkeitstests vorschreiben, verweisen hierzu auf IAS 36 und verschärfen teilweise dessen Regeln. Gemäß IFRS 3 ist ein Goodwill unter Anwendung von IAS 36 mindestens jährlich auf Werthaltigkeit zu überprüfen. Ebenso verfährt IAS 38.108 für immaterielle Werte mit unbestimmter Nutzungsdauer. Die oben genannten Ausführungen in IAS 36.10 haben somit lediglich klarstellenden Charakter.

Interaktion mit anderen IFRS

3 Quantifizierung einer Wertminderung

3.1 Erzielbarer Betrag

Vergleich zweier Wertkonstrukte

Beim Werthaltigkeitstest ist der Buchwert des betreffenden Vermögenswertes mit seinem erzielbaren Betrag zu vergleichen. Übersteigt der Buchwert den erzielbaren Betrag, liegt eine Wertminderung vor. Folglich ist eine Abschreibung auf den erzielbaren Betrag vorzunehmen. Der erzielbare Betrag ist gemäß IAS 36.6 definiert als der höhere der beiden Beträge aus
- beizulegendem Zeitwert abzüglich der Verkaufskosten (fair value less costs to sell): Betrag, der aus der Veräußerung des Vermögenswertes zu Marktbedingungen zwischen sachverständigen, vertragsbereiten Parteien erzielbar wäre, abzüglich der Verkaufskosten, und
- Nutzungswert (value in use): Barwert der geschätzten, künftig erwarteten Cashflows aus fortgesetzter Nutzung und anschließendem Verkauf des Vermögenswertes.

Konkretisierung

Die Konkretisierung des erzielbaren Betrages durch die Wertkonstrukte des beizulegenden Zeitwertes abzüglich der Verkaufskosten und des Nutzungswertes verfolgt das Ziel, jedem Vermögenswert, unabhängig von der Art seiner Nutzung und von seinen konkreten Eigenschaften einen angemessenen Wert zuordnen zu können. Die simultane Betrachtung dieser beiden Werte folgt dem Gedanken, dass sich einem Unternehmen hinsichtlich eines Vermögenswertes stets die Alternativen Veräußerung oder Eigennutzung bieten. Zum einen wird deshalb der absatzmarktorientierte beizulegende Zeitwert abzüglich der Verkaufskosten herangezogen, der die Rückflüsse aus einer hypothetischen Transaktion zwischen fremden Dritten widerspiegelt. Da die unter IAS 36 fallenden Vermögenswerte jedoch in der Regel dauerhaft vom Unternehmen selbst genutzt werden, ist zum anderen der Nutzungswert relevant, sofern er den beizulegenden Zeitwert abzüglich der Verkaufskosten übersteigt. Dieser bildet den Barwert der Cashflows aus der künftigen Nutzung in dem jeweiligen Unternehmen und dem späteren Abgang ab und stellt somit einen unternehmensindividuellen Wert dar. So wird beispielsweise für eine eigens auf das Unternehmen abgestimmte Fertigungsanlage am Markt kaum mehr als ein Schrottwert zu erzielen sein, obwohl der unternehmensinterne Nutzungswert möglicher Weise deutlich höher eingeschätzt wird. Da unterstellt wird, dass ein Unternehmen jeweils die beste Verwendungsmöglichkeit für einen Vermögenswert wählt, ist auf den höheren der beiden dargestellten Werte abzuschreiben.

Beispiel 10.2

Der Richman AG liegt ein Kaufangebot für eines ihrer Grundstücke in Höhe von 250 T€ vor. Alternativ könnte sie dieses bei einem aus Marktdaten abgeleiteten Kalkulationszinssatz von 5 % auch weiterhin für jährliche Nettozahlungsüberschüsse von 10 T€ selbst nutzen.

> **Lösung**
> Beim Werthaltigkeitstest ergibt sich für das Grundstück folglich ein erzielbarer Betrag in Höhe von 250 T€, denn der beizulegende Zeitwert abzüglich der Verkaufskosten übersteigt hier den Nutzungswert von (10 T€/0,05 =) 200 T€.

In einigen Fällen ist jedoch nur einer der beiden Wertansätze zu ermitteln. Ist beispielsweise der beizulegende Zeitwert abzüglich der Verkaufskosten nicht feststellbar, weil es etwa an einem aktiven Markt und anderen brauchbaren Schätzgrundlagen für den betreffenden Vermögenswert fehlt, wird der erzielbare Betrag stets durch den Nutzungswert determiniert (IAS 36.20). Darüber hinaus gibt es Fälle, in denen von vornherein auszuschließen ist, dass der Nutzungswert den beizulegenden Zeitwert abzüglich der Verkaufskosten übersteigt. Dies betrifft etwa solche Vermögenswerte, deren kurzfristige Veräußerung geplant ist, und die folglich keine Cashflows aus fortgesetzter Nutzung mehr generieren werden. In diesem Fall wird der erzielbare Betrag ohne weitere Prüfung dem beizulegenden Zeitwert abzüglich der Verkaufskosten gleichgesetzt (IAS 36.21).

Ausnahmen

3.2 Beizulegender Zeitwert abzüglich der Verkaufskosten

Für die Ermittlung des beizulegenden Zeitwertes abzüglich der Verkaufskosten hat das IASB eine Hierarchie möglicher Informationsquellen mit abnehmender Relevanz und Verlässlichkeit entwickelt (IAS 36.25-27). Hierdurch soll erreicht werden, dass dieser fair value gleichermaßen informativ sowie nachprüfbar und objektivierbar ist.

Hierarchie

1. Idealerweise soll auf einen vereinbarten Verkaufspreis aus einem zu Marktbedingungen bereits verbindlich geschlossenen Kaufvertrag (arm's length transaction) abgestellt werden (mark to market).
2. Liegt ein solcher (noch) nicht vor, so ist bei auf aktiven Märkten gehandelten Vermögenswerten ein möglichst aktueller Marktpreis heranzuziehen. Gemäß IAS 36.6 ist ein aktiver Markt durch homogene Güter, jederzeitige Handelbarkeit und öffentliche Preisbildung gekennzeichnet (mark to market).
3. Existiert auch kein aktiver Markt für den betreffenden Vermögenswert, so sollen die besten anderweitig verfügbaren Informationen herangezogen werden, um den Betrag, der aus der Veräußerung des Vermögenswertes zu Marktbedingungen zwischen sachverständigen, vertragsbereiten Parteien erzielbar wäre, zu schätzen. Hierbei sind auch vergangene Veräußerungen vergleichbarer Vermögenswerte innerhalb derselben Branche zu berücksichtigen. Zwangs- oder Liquidationsverkäufe sind aber nur dann repräsentativ, wenn das Management ebenfalls auf einen sofortigen Verkauf angewiesen ist. In der Praxis wird bei fehlendem aktiven Markt auch häufig ein Bewertungsmodell und damit ein Barwertkalkül zur Ermittlung des beizulegenden Zeitwertes herangezogen (mark to model). Durch diese Vorgehensweise können die für die Bestimmung des Nutzungswertes geltenden Restriktionen umgangen werden.

Abzug von Veräußerungskosten

Die Bezeichnung dieses Wertkonstruktes zeigt, dass Veräußerungskosten (costs of disposal) von dem geschätzten Veräußerungspreis abzuziehen sind. Hierauf wird in IAS 36 mehrfach hingewiesen. IAS 36.28 nennt beispielhaft Rechtsberatungskosten, Transaktionssteuern und direkt zurechenbare Aufwendungen, um den Vermögenswert verkaufsbereit zu machen. Nicht einzubeziehen sind demgegenüber Abfindungen und sonstige Aufwendungen, die aus Restrukturierungsmaßnahmen nach der Veräußerung eines Vermögenswertes folgen. Veräußerungskosten, die bereits Gegenstand einer passivierten Verbindlichkeit oder Rückstellung sind, bleiben ebenfalls unberücksichtigt.

Ermittlungsschema

Zusammengefasst lässt sich die Ermittlung des beizulegenden Zeitwertes abzüglich der Verkaufskosten damit wie folgt darstellen:

Veräußerungspreis (aus Kaufvertrag, aktivem Markt oder besten verfügbaren Informationen abgeleitet)
– Veräußerungskosten (direkt zurechenbar)
= **beizulegender Zeitwert abzüglich der Verkaufskosten**

Beispiel 10.3

> Der Richman AG liegt ein Kaufangebot für eines ihrer Grundstücke in Höhe von 250 T€ vor. Durch Vertragsabschluss und -abwicklung entstünden ihr direkt zurechenbare Rechtsanwalts- und Notargebühren in Höhe von 5 T€. Somit ergibt sich ein beizulegender Zeitwert abzüglich der Verkaufskosten von 245 T€.

3.3 Nutzungswert

Elemente

Der Nutzungswert als Barwert der aus einem Vermögenswert erwarteten Cashflows setzt sich gemäß IAS 36.31 aus zwei Elementen zusammen, die nun näher erläutert werden:
- künftig erwartete Cashflows aus Nutzung und Abgang und
- angemessener Diskontierungszins.

Um bilanzpolitisch nutzbare Ermessensspielräume bei der Barwertermittlung möglichst zu begrenzen, legen IAS 36.33-54 relativ detailliert fest, wie die Schätzung der künftig erwarteten Cashflows erfolgen soll. IAS 36.55-57 regeln die Bestimmung des Diskontierungszinses.

Grundlagen für die Schätzung von Cashflows

Die Vorschriften zur Cashflow-Ermittlung sind geprägt vom Bestreben des IASB, diese subjektiven Werte durch auf den ersten Blick restriktiv anmutende Regeln zu objektivieren. So sollen die der Cashflow-Prognose zugrunde liegenden Annahmen vernünftig und vertretbar sein und die bestmöglichen Schätzungen des Managements über die relevanten, im Verlauf der Nutzungsdauer des Vermögenswertes vorherrschenden wirtschaftlichen Bedingungen widerspiegeln. Prognosen sollen zudem aktuell sein und einen Detailprognosezeitraum von fünf Jahren nicht überschreiten. Jedoch dürfen längere Zeiträume verwendet werden, wenn sich dies rechtfertigen lässt, beispielsweise bei langfristigen Lizenzen oder sonstigen Verträgen. Für den dem Detailprognosezeitraum nachgelagerten Restwert soll von einer gleich bleibenden oder rückläufigen Wachstumsrate ausgegangen werden. Von dieser Regel darf nur dann abgewichen werden, wenn eine steigende Wachstumsrate vertretbar ist. Keinesfalls soll diese jedoch das relevante, in der Vergangenheit langfristig gemessene Durchschnittswachstum überschreiten, es sei denn, eine höhere Wachstumsrate lässt sich rechtfertigen. Ob die hier zum Ausdruck kommenden Bestrebungen des IASB, den Ermessensspielraum des Managements einzuengen, erfolgreich sein werden, ist zu bezweifeln[3].

In die Cashflow-Prognosen sind erwartete Einzahlungen aus der laufenden Nutzung des Vermögenswertes, notwendige und dem Vermögenswert einzeln oder zumindest über nachvollziehbare Schlüsselungen zurechenbare erwartete Auszahlungen sowie erwartete Zahlungen anlässlich seines Abgangs einzubeziehen (IAS 36.39). Je nachdem, ob der Diskontierungszinssatz inflationsbereinigt ist oder nicht, sind entweder reale oder nominale Cashflows zu verwenden. Bei den Prognosen sind ausschließlich der derzeitige Zustand des Vermögenswertes sowie künftige Erhaltungsmaßnahmen zu berücksichtigen. Die (erhofften) Effekte künftig geplanter Erweiterungen oder Restrukturierungen sind nicht einzubeziehen (IAS 36.44). Weiterhin soll die Cashflow-Ermittlung – konsistent mit der nachfolgend beschriebenen Festlegung des Diskontierungszinses – vor Steuern erfolgen und Zahlungen aus Finanzierungstätigkeit ausklammern (IAS 36.50). Die Zahlungen aus dem Abgang des Vermögenswertes am Ende seiner Nutzungsdauer sind – wie bei der Ermittlung des beizulegenden Zeitwertes abzüglich der Verkaufskosten – unter der Annahme einer Transaktion zu Marktbedingungen zwischen sachverständigen, vertragsbereiten Parteien zu schätzen. Veräußerungskosten sind wiederum abzuziehen (IAS 36.52). Generell sind künftige Cashflows in der jeweiligen Landeswährung, in der sie voraussichtlich generiert werden, zu prognostizieren und mit einem entsprechenden Zins zu diskontieren. Der solchermaßen ermittelte Barwert ist dann mit dem aktuellen Devisenkassakurs in die Berichtswährung umzurechnen.

Zusammensetzung der Cashflows

Der Diskontierungszins muss mit den prognostizierten Cashflows konsistent sein, damit es nicht zu einer Doppelerfassung oder Vernachlässigung bestimmter Effekte wie Steuern, Risiken oder Inflation kommt. IAS 36.55 legt hierzu fest, dass ein Vorsteuerzins zu verwenden ist, der um die dem Vermögenswert inhärenten Risiken adjustiert werden muss. Klarstellend wird hinzugefügt, dass sich die im Zinssatz berücksichtigten Risiken nicht erneut in den Cashflows widerspiegeln dürfen. Bei der Ermittlung des angemessenen Diskontierungszinses soll sich das Unternehmen, soweit verfügbar, an beobachtbaren Marktrenditen oder an den Kapitalkosten vergleichbarer Unternehmen orientieren. Ziel ist es dabei,

Diskontierungszins

---

3 Die Studie von *Pellens, B. et al.*, Goodwill Impairment Test – ein empirischer Vergleich der IFRS- und US GAAP-Bilanzierer im deutschen Prime Standard, in: BB, 60. Jg. (2005), Beilage 10 zu Heft 39, S. 10-18, weist nach, dass die Praxis bezüglich der Anwendung von IAS 36 auf den Werthaltigkeitstest des Goodwills sehr uneinheitlich vorgeht.

eine Verzinsung zu ermitteln, die ein Anleger für eine Investition in den betreffenden Vermögenswert fordern würde. Diese setzt sich zusammen aus einem risikolosen Zins als Vergütung für die Überlassung von Kapital im Zeitablauf (time value of money) und aus einer Prämie für die Übernahme des dem Vermögenswert inhärenten Risikos. Bei der Herleitung eines angemessenen Zinssatzes kann das Unternehmen als Basis seine eigenen Kapitalkosten zu Grunde legen[4].

Beispiel 10.4

Die im Tunnelbau tätige Maulwurf GmbH hat für besonders hartes Gestein einen speziellen Bohrkopf entwickelt, dessen patentrechtlich geschützte Technologie sie in Höhe der Entwicklungsauszahlungen aktiviert hat. Im Rahmen der Jahresabschlusserstellung zum 31.12.2007 soll dieser immaterielle Vermögenswert (Buchwert: 300 T€) aufgrund einer veränderten Marktsituation einem Werthaltigkeitstest unterzogen werden. Da kein aktiver Markt für ein solches Patent existiert und der Maulwurf GmbH keine verlässliche Schätzung eines Veräußerungspreises möglich erscheint, soll der Nutzungswert als erzielbarer Betrag im Rahmen des Werthaltigkeitstests herangezogen werden.

Über die verbleibende fünfjährige Nutzungsdauer der Technologie werden folgende Einzahlungen erwartet: Für das Jahr 2008 wird von 100 T€ ausgegangen. Für die beiden Folgejahre werden Einzahlungssteigerungen von jeweils 10 % prognostiziert. Anschließend wird von unveränderten Einzahlungen ausgegangen. Jährlich fallen Verwaltungsaufwendungen von 6 T€ an, zudem wird die im Jahr 2010 fällige Verlängerung des Patentschutzes voraussichtlich 10 T€ kosten. Der Diskontierungszins beträgt 15 % vor Steuern.

Lösung

Jahr	Einzahlungen	Auszahlungen	Cashflow	Diskontierungsfaktor	Barwert
2008	100 T€	6 T€	94 T€	$1/1{,}15 = 0{,}87$	81,74 T€
2009	110 T€	6 T€	104 T€	$(1/1{,}15)^2 = 0{,}76$	78,64 T€
2010	121 T€	16 T€	105 T€	$(1/1{,}15)^3 = 0{,}66$	69,04 T€
2011	121 T€	6 T€	115 T€	$(1/1{,}15)^4 = 0{,}57$	65,75 T€
2012	121 T€	6 T€	115 T€	$(1/1{,}15)^5 = 0{,}50$	57,18 T€
Summe der Barwerte					352,35 T€

Der Nutzungswert der Technologie der Maulwurf GmbH, der als erzielbarer Betrag im Rahmen des Werthaltigkeitstests ermittelt werden muss, ergibt sich als Summe der diskontierten Cashflows in Höhe von 352,35 T€. Dieser liegt über dem Buchwert am Bilanzstichtag, so dass keine Wertminderung vorliegt.

---

4 Weitere Konkretisierungen hinsichtlich der Bestimmung des Nutzungswertes finden sich in Anhang A zu IAS 36. Das IASB differenziert dabei zwischen dem traditionellen Ansatz (traditionell approach) einerseits und dem erwarteten Cashflow Ansatz (expected cash flow approach) andererseits.

4 Bilanzielle Erfassung einer Wertminderung

Eine Wertminderung liegt vor, wenn der Buchwert eines Vermögenswertes seinen erzielbaren Betrag überschreitet. In Höhe der Differenz zwischen den beiden Werten ist ein Wertminderungsaufwand zu buchen. *(Wertminderungsaufwand)*

Dies kann in unterschiedlicher Weise geschehen (IAS 36.59-60): *(Buchung)*

- Grundsätzlich schreibt IAS 36 eine ergebniswirksame Erfassung vor, die (unter Vernachlässigung etwaiger latenter Steuern) wie folgt gebucht wird:
Wertminderungsaufwand   an   Vermögenswert

- Demgegenüber ist bei Vermögenswerten, die gemäß einem anderen IFRS (etwa IAS 16) zum Neubewertungsbetrag bilanziert sind, eine zuvor im sonstigen Gesamterfolg (OCI) erfasste Wertsteigerung (unter Vernachlässigung etwaiger latenter Steuern) zunächst wie folgt ergebnisneutral aufzulösen (vgl. dazu Kapitel 12):
sonstiger Gesamterfolg   an   Vermögenswert

Nur eine den ergebnisneutral im sonstigen Gesamterfolg erfassten Betrag übersteigende Wertminderung wäre ergebniswirksam zu erfassen.

Ist der erzielbare Betrag eines Vermögenswertes negativ, so wird der Vermögenswert vollständig abgeschrieben. Eine darüber hinausgehende Schuld ist zu passivieren, sofern dies in einem anderen IFRS, etwa IAS 37, gefordert wird.

Beispiel 10.5

Die Julius AG führt bei zwei Vermögenswerten Werthaltigkeitstests durch:
- Ein Grundstück, bilanziert nach der Neubewertungsmethode in IAS 16, steht derzeit mit einem Neubewertungsbetrag von 250 T€ in der Bilanz. Die ursprünglichen Anschaffungskosten betrugen 120 T€. Auf Grund kürzlich entdeckter Altlasten im Boden wird der erzielbare Betrag von einem Sachverständigen mit 80 T€ beziffert.
- Ein Patent der Julius AG mit einem Buchwert von 500 T€, bilanziert nach der Anschaffungskostenmethode in IAS 38, muss wegen technologischer Neuerungen auf 100 T€ abgeschrieben werden. Seine Restnutzungsdauer beträgt unverändert fünf Jahre ab dem Folgejahr.

Buchungssätze *(latente Steuern werden hier vernachlässigt)*:
sonstiger Gesamterfolg   130 T€
Wertminderungsaufwand 40 T€   an   Grundstück   170 T€

Wertminderungsaufwand   an   Patent   400 T€

In den Folgejahren ist das Patent mit jährlichen Beträgen von 20 T€ planmäßig abzuschreiben.

Änderung des Abschreibungsplanes

Bei planmäßig abzuschreibenden Vermögenswerten löst eine Wertminderung eine Änderung des Abschreibungsplanes aus. Der erzielbare Betrag bildet dabei den neuen Buchwert, auf dessen Basis die künftig zu verrechnenden planmäßigen Abschreibungsbeträge ermittelt werden (IAS 36.63).

5 Zahlungsmittelgenerierende Einheit

Wie bereits angedeutet, treten spezielle Fragen auf, wenn für einen einzelnen Vermögenswert kein erzielbarer Betrag separat ermittelt werden kann, weil dieser nur im Verbund mit anderen Vermögenswerten Mittelzuflüsse generiert. In solchen Fällen ist der Werthaltigkeitstest auf die zahlungsmittelgenerierende Einheit (ZGE) zu beziehen, zu der der Vermögenswert gehört (IAS 36.66).

Definition und Abgrenzung einer ZGE

Als ZGE gilt nach IAS 36.6 die kleinste erkennbare Gruppe von Vermögenswerten, die Mittelzuflüsse aus der laufenden Nutzung generieren, welche von denen anderer Einheiten weitgehend unabhängig sind. Eine ZGE kann gemäß der beispielhaften Aufzählung in IAS 36.130 (d) als Produktlinie, Werk, Geschäftstätigkeit, geografischer Bereich oder berichtspflichtiges Segment gemäß IFRS 8 definiert sein. Auf Grund vielfältiger Geschäftsmodelle und aufbauorganisatorischer Entscheidungen eröffnet die Abgrenzung einer ZGE dem Management erhebliche Ermessensspielräume, die bilanzpolitisch genutzt werden können. IAS 36 bietet weitere Anhaltspunkte, um diese Spielräume einzugrenzen. Eine ZGE liegt nach IAS 36.70 immer dann vor, wenn für die von einem Vermögenswert oder einer Gruppe von Vermögenswerten hergestellten Erzeugnisse ein aktiver Markt existiert. Die verwendeten Abgrenzungskriterien für ZGE sind im Zeitablauf stetig anzuwenden, sofern keine abweichende Vorgehensweise gerechtfertigt ist (IAS 36.72).

Bewertung einer ZGE

Für die Ermittlung des erzielbaren Betrages einer ZGE verweist IAS 36.74 auf die Bestimmungen zur Ermittlung des erzielbaren Betrages eines einzelnen Vermögenswertes. Der diesem gegenüber zu stellende Buchwert einer ZGE soll übereinstimmend mit der Vorgehensweise bei der Ermittlung des erzielbaren Betrages festgelegt werden (IAS 36.75). Dementsprechend sind nur die Buchwerte solcher Vermögenswerte einzubeziehen, die der ZGE direkt zugeordnet oder nachvollziehbar auf sie geschlüsselt werden können, und deren Cashflows in den erzielbaren Betrag der ZGE eingerechnet wurden[5].

Nicht zurechenbare Vermögenswerte

IAS 36 nennt zwei Kategorien von Vermögenswerten, bei denen ein Werthaltigkeitstest problematisch ist, weil sie erstens nicht separat bewertungsfähig sind und sich zweitens oft nicht willkürfrei einer oder mehreren ZGE zuordnen lassen. Hierbei handelt es sich um den (erworbenen) Goodwill eines Unternehmens

---

5 In der Bilanz angesetzte Schulden sind dem Buchwert einer ZGE ausnahmsweise dann zuzuordnen, wenn der erzielbare Betrag dieser ZGE nicht ohne Berücksichtigung der entsprechenden Schulden ermittelt werden kann (IAS 36.76).

(IAS 36.80-99; vgl. dazu Kapitel 23) sowie die so genannten gemeinschaftlichen Vermögenswerte (corporate assets), die in IAS 36.100-103 gesondert behandelt werden. Der Goodwill ist deshalb schwierig zuzurechnen, weil er ökonomische Vorteile widerspiegelt, die oftmals aus erwarteten Verbundeffekten mehrerer ZGE entstehen. Bei den gemeinschaftlichen Vermögenswerten handelt es sich demgegenüber um andere Vermögenswerte, die keine unabhängigen Cashflows generieren und sich häufig nicht willkürfrei einem Vermögenswert oder einer ZGE zuordnen lassen, sondern ggf. mehrere ZGE bei der Erwirtschaftung von Cashflows unterstützen (IAS 36.6). Diese Eigenschaften weisen etwa das Verwaltungsgebäude eines Unternehmens oder Geschäftsbereichs, eine zentrale EDV-Ausstattung oder ein Forschungszentrum auf (IAS 36.100).

Goodwill und gemeinschaftliche Vermögenswerte lassen sich aufgrund ihrer besonderen Eigenschaften nur durch Schlüsselung auf eine oder mehrere ZGE zuteilen. Das Unternehmen legt dabei eine vernünftige und stetige Vorgehensweise fest, nach der diese Aufteilung vorzunehmen ist, und grenzt die ZGE auf der niedrigstmöglichen Aggregationsebene ab. Diese Vorgehensweise ist in zwei Fällen erforderlich: Erstens können Hinweise dafür vorliegen, dass der Goodwill oder ein gemeinschaftlicher Vermögenswert selbst im Wert gemindert sind. Zweitens ist bei jedem Werthaltigkeitstest einer ZGE zu überprüfen, ob in den Buchwert dieser ZGE möglicherweise Teile des Goodwill oder gemeinschaftliche Vermögenswerte einbezogen werden müssen, um eine konsistente Vergleichsebene für erzielbaren Betrag und Buchwert zu erreichen.

Schlüsselung erforderlich

Beispiel 10.6[6]

Die Personalverwaltung der Autobau AG erstellt die Lohn- und Gehaltsabrechnungen für die ZGE Polsterei (Buchwert: 1.100 T€), Stanzwerk (Buchwert: 1.700 T€) und Montage (Buchwert: 2.150 T€). Der Buchwert der drei ZGE beträgt damit in der Summe 4.950 T€. Der Buchwert der Personalverwaltung beläuft sich auf 200 T€. Die beizulegenden Zeitwerte abzüglich der Verkaufskosten lassen sich für die drei ZGE nicht bestimmen, so dass deren erzielbare Beträge allein durch den Nutzungswert determiniert werden. Für die einzelnen ZGE wurden die folgenden Cashflows geschätzt:

Jahr	2008	2009	2010	2011	Restwert 2011
Polsterei	200	200	180	150	1.000
Stanzwerk	150	150	160	170	2.000
Montage	250	270	260	280	2.200

Der aus Marktdaten abgeleitete Diskontierungszins vor Steuern beträgt 15 %. Damit ergeben sich die folgenden diskontierten Cashflows und folglich die Nutzungswerte der ZGE:

---

6 Dieses Beispiel ist angelehnt an Beispiel 8 aus dem Anhang A zu IAS 36.

Jahr	2008	2009	2010	2011	Restwert 2011	Nutzungswert (Summe)
Polsterei	173,91	151,23	118,35	85,76	571,75	1.101,00
Stanzwerk	130,43	113,42	105,20	97,20	1.143,51	1.589,76
Montage	217,39	204,16	170,95	160,09	1.257,86	2.010,45
						4.701,21

Da die Personalverwaltung aus ihrer Tätigkeit keine eigenständig bewertbaren unabhängigen Cashflows generiert, ist sie als gemeinschaftlicher Vermögenswert den Buchwerten der drei ZGE zuzuschlüsseln. Die Autobau AG hat sich entschlossen, diese Schlüsselung gemäß der Buchwerte der ZGE vorzunehmen. Entsprechend sind die Buchwerte der ZGE um die entsprechenden Umlageanteile des Buchwertes der Personalverwaltung zu adjustieren. Aus dem Vergleich von Nutzungswert und adjustiertem Buchwert der ZGE ergeben sich die entsprechenden Wertminderungen:

	Polsterei	Stanzwerk	Montage
Buchwert	1.100,00	1.700,00	2.150,00
Zuordnungs-schlüssel	$200 \cdot \frac{1.100}{4.950} = 44,44$	$200 \cdot \frac{1.700}{4.950} = 68,69$	$200 \cdot \frac{2.150}{4.950} = 86,87$
Adj. Buchwert	1.144,44	1.768,69	2.236,87
Nutzungswert	1.101,00	1.589,76	2.010,45
Wertminderung	43,44	178,93	226,42

Die ermittelten Wertminderungen werden den jeweiligen ZGE und der Personalverwaltung entsprechend ihrer Buchwerte zugeordnet:

	Polsterei	Stanzwerk	Montage
Wertminderung Personal-verwaltung	$43,44 \cdot \frac{44,44}{1.144,44}$ $= 1,69$	$178,93 \cdot \frac{68,69}{1.768,69}$ $= 6,95$	$226,42 \cdot \frac{86,87}{2.236,87}$ $= 8,79$
Wertminderung ZGE	$43,44 \cdot \frac{1.100,00}{1.144,44}$ $= 41,75$	$178,93 \cdot \frac{1.700,00}{1.768,69}$ $= 171,98$	$226,42 \cdot \frac{2.150,00}{2.236,87}$ $= 217,63$
Summe	43,44	178,93	226,42

Nach Verteilung der Wertminderung auf die Geschäftseinheiten ergeben sich zum Jahresende somit die folgenden Buchwerte:

	Polsterei	Stanzwerk	Montage	Personalverwaltung
Buchwert 01.01.2007	1.100,00	1.700,00	2.150,00	200,00
Wertminderung	41,75	171,98	217,63	(1,69 + 6,95 + 8,79) = 17,43
Buchwert 31.12.2007	1.058,25	1.528,02	1.932,37	182,57

Die Buchung eines Wertminderungsaufwandes, der bei der Werthaltigkeitsprüfung einer ZGE festgestellt wird, erfolgt analog zur Vorgehensweise bei einzelnen Vermögenswerten. Die Buchwerte der einzelnen Vermögenswerte der ZGE werden hierbei jedoch in einer bestimmten Reihenfolge abgeschrieben (IAS 36.104-108):

Buchung eines Wertminderungsaufwandes

1. Eine Wertminderung wird zuerst ergebniswirksam im Goodwill der ZGE erfasst.
2. Ein verbleibender Betrag mindert die übrigen unter IAS 36 fallenden Vermögenswerte der ZGE im Verhältnis ihrer Buchwerte. Dabei ist, wie auch bei der Wertminderung einzelner Vermögenswerte, entweder ergebniswirksam oder ergebnisneutral (über den sonstigen Gesamterfolg) zu buchen. Der Buchwert eines Vermögenswertes darf hierbei jedoch nicht unter den höchsten Wert aus beizulegendem Zeitwert abzüglich der Verkaufskosten bzw. seinem Nutzungswert – sofern jeweils bestimmbar – und Null vermindert werden (IAS 36.105).

Die Untergrenze für den Buchwert eines einer ZGE zugeordneten Vermögenswertes liegt auch dann bei Null, wenn der erzielbare Betrag negativ ist. Probleme entstehen dabei möglicherweise dadurch, dass Werthaltigkeitsprüfungen teilweise gerade deshalb auf das Aggregat ZGE abstellen, weil die einzelnen Vermögenswerte nicht einzeln bewertungsfähig sind. Für diese Fälle bestimmt IAS 36.106 explizit, dass der Wertminderungsbetrag dann über eine „willkürliche Zuordnung" auf die Vermögenswerte der ZGE (außer Goodwill) verteilt wird. Dies sei unproblematisch, weil alle Vermögenswerte der ZGE „zusammenarbeiten". Wenn nach der Abwertung aller Vermögenswerte auf ihre jeweilige Untergrenze weiterer Wertminderungsaufwand verbleibt, so ist in dieser Höhe (nur) dann eine Schuld zu buchen, wenn ein anderer IFRS – etwa IAS 37 – dies verlangt (IAS 36.108).

6 Wertaufholung

Regelmäßige Überprüfung

Bei wertgeminderten Vermögenswerten ist an jedem Abschlussstichtag zu überprüfen, ob eine früher gebuchte Wertminderung noch (in voller Höhe) gerechtfertigt ist oder ob eine Zuschreibung infrage kommt (IAS 36.110). Die hierbei zu berücksichtigenden Indikatoren gleichen spiegelbildlich weitgehend denjenigen, die in IAS 36.12-14 als Hinweise auf eine Wertminderung aufgeführt sind (IAS 36.111-112). So können beispielsweise günstige Veränderungen im Unternehmensumfeld darauf hindeuten, dass eine Wertminderung nicht mehr vorliegt, insbesondere wenn eine solche Entwicklung die ursprüngliche Ursache der Wertminderung in ihr Gegenteil verkehrt hat. Bei der Überprüfung ist auch zu berücksichtigen, ob möglicherweise eine Anpassung des Abschreibungsplanes erforderlich ist.

Ermittlung des erzielbaren Betrages

Die Umkehrung (reversal) einer Wertminderung erfolgt spiegelbildlich zur ursprünglichen Abwertung. Wiederum ist der erzielbare Betrag zu ermitteln und dem – durch die Wertminderung verringerten – Buchwert gegenüberzustellen (IAS 36.114). Das Management hat nachzuweisen, dass sich die den erzielbaren Betrag bestimmenden Faktoren, Schätzungen und Bewertungsparameter seit der Wertminderung zum Positiven entwickelt haben. Nicht erlaubt ist hingegen eine Zuschreibung nur aus dem Grund, dass der Nutzungswert eines Vermögenswertes im Zeitablauf steigt, weil die aus seiner Nutzung erwarteten künftigen Cashflows zeitlich näher rücken und sich daher der Zinseszinseffekt weniger stark auswirkt (IAS 36.116).

Obergrenze für Wertaufholung

Für die Zuschreibung ist bei Vermögenswerten, die nicht nach der Neubewertungsmethode folgebewertet werden, als Obergrenze derjenige Wert zu beachten, mit dem der Vermögenswert am Abschlussstichtag zu Buche stünde, wenn die ursprüngliche Wertminderung nicht eingetreten wäre (IAS 36.117). Dies bedeutet, dass eventuelle planmäßige Abschreibungen auf den ursprünglichen Buchwert in einem Nebenbuch mitgeführt werden müssen (fortgeführte historische Anschaffungs- oder Herstellungskosten).

Beispiel 10.7

Die Georg AG schreibt ihr Sachanlagevermögen linear über die Nutzungsdauer ab. Bei einer Maschine wurde Ende 2003 ein Wertminderungsaufwand von 180 T€ verbucht. Der Buchwert betrug zu diesem Zeitpunkt 400 T€ (vor Wertminderung) und die Restnutzungsdauer lag bei 10 Jahren. Ende 2007 stellt sich heraus, dass der Grund für die ursprüngliche Wertminderung entfallen ist und der erzielbare Betrag der Maschine jetzt bei 300 T€ liegt. Gemäß IAS 36 ist die Maschine – unter Vernachlässigung latenter Steuern – um (240 – 132 =)108 T€ zuzuschreiben. Dies ergibt sich aus folgender Aufstellung:

Stichtag	Tatsächlicher Buchwert	Buchwert ohne ursprüngliche Wertminderung
Ende 2003	220	400
Ende 2004	198	360
Ende 2005	176	320
Ende 2006	154	280
Ende 2007	132	Obergrenze für Zuschreibung = 240

Analog zur Buchung der ursprünglichen Wertminderung ist auch bei der bilanziellen Erfassung der Wertaufholung dahingehend zu differenzieren, ob der betreffende Vermögenswert zu fortgeführten Anschaffungs- oder Herstellungskosten oder zum Neubewertungsbetrag, beispielsweise nach IAS 16, zu Buche steht (IAS 36.119). Dementsprechend ist die Wertaufholung entweder nur ergebniswirksam oder zusätzlich ergebnisneutral im sonstigen Gesamterfolg zu erfassen. Nach der Wertaufholung ist wiederum der Abschreibungsplan anzupassen (IAS 36.121).

Buchung der Wertaufholung

Auch bei ZGE erfolgt die Wertaufholung spiegelbildlich zur ursprünglichen Wertminderung (IAS 36.122-123). Der Goodwill einer ZGE profitiert von einer Wertaufholung allerdings auch dann nicht, wenn alle anderen Vermögenswerte auf ihre erzielbaren Beträge bzw. auf die oben definierte Höchstgrenze zugeschrieben wurden. Gemäß IAS 36.124 besteht für den Goodwill ein Wertaufholungsverbot, das eine Aktivierung originären Goodwills verhindern soll (vgl. dazu Kapitel 23)[7].

Wertaufholung bei ZGE

7 Angabepflichten

IAS 36.126-137 kodifizieren umfangreiche Angabepflichten im Falle von Wertminderungen und Wertaufholungen. Hierzu zählt für jede homogene Gruppe von Vermögenswerten der Gesamtbetrag aller in der Berichtsperiode ergebniswirksam erfassten Wertminderungen unter Angabe der entsprechenden Position in der Gewinn- und Verlustrechnung. Gleiches gilt für die ergebnisneutral gebuchten Wertminderungen sowie jeweils für die ergebniswirksam und die ergebnisneutral erfassten Wertaufholungen. Gemäß IAS 36.128 bietet es sich an, diese

Wertminderungen und Wertaufholungen

---

7 In IFRIC 10 „Zwischenberichterstattung und Wertminderungen" legt das IFRIC fest, dass für einen in einer vorangegangenen Zwischenperiode erfassten Wertminderungsaufwand eines Goodwills, einer Investition in ein Eigenkapitalinstrument oder eines zu Anschaffungskosten bilanzierten finanziellen Vermögenswertes in den folgenden Zwischen- oder Jahresberichten ein Wertaufholungsverbot besteht (IFRIC 10.8). IFRIC 10 ist für Geschäftsjahre anzuwenden, die seit dem 01.11.2006 begonnen haben.

Informationen als Teil des Anlagespiegels zu präsentieren. Sie sind weiterhin auf die nach IFRS 8 angabepflichtigen Segmente aufzuteilen (IAS 36.129).

Detailangaben
- Bei aus Unternehmensgesamtsicht wesentlichen Wertminderungen und Wertaufholungen sind weitere Details anzugeben. Diese umfassen die jeweiligen Gründe, Beträge und bei einzelnen Vermögenswerten deren Art und Zuordnung zu den berichtspflichtigen Segmenten nach IFRS 8.
- Im Falle von Wertminderungen und Wertaufholungen bei ZGE treten der Betrag, eine Beschreibung der ZGE sowie die Art und Weise der Abgrenzung der ZGE, sofern diese sich in der Vergangenheit geändert hat, hinzu.
- Weiterhin ist zu erläutern, ob als erzielbarer Betrag eines Vermögenswertes bzw. einer ZGE sein beizulegender Zeitwert abzüglich der Verkaufskosten oder sein Nutzungswert verwendet wurde. Im ersteren Fall ist dessen Ermittlungsgrundlage anzugeben, beim Nutzungswert der verwendete Diskontierungszins.
- Wenn der Gesamtbetrag der in der Berichtsperiode gebuchten Wertminderungen und Wertaufholungen wesentlich ist, sollen die betroffenen Gruppen von Vermögenswerten sowie die auslösenden Faktoren beschrieben werden.

8 Wesentliche Unterschiede zum HGB

Niederstwertprinzip

Wegen des handelsrechtlichen Niederstwertprinzips sind auch nach HGB regelmäßig Werthaltigkeitsprüfungen durchzuführen.

Im Anlagevermögen: gemildert

Im Anlagevermögen sind gemäß § 253 Abs. 2 HGB außerplanmäßige Abschreibungen auf den am Abschlussstichtag beizulegenden Wert zwingend vorzunehmen, sofern von einer voraussichtlich dauerhaften Wertminderung ausgegangen werden muss. Ist die Wertminderung hingegen voraussichtlich nur vorübergehend, so besteht im Gegensatz zu den Vorschriften des IAS 36 ein Abschreibungswahlrecht, das bei Kapitalgesellschaften und haftungsbeschränkten Personenhandelsgesellschaften (z.B. GmbH & Co. KG) auf Finanzanlagen beschränkt ist (§ 279 Abs. 1 HGB)[8]. Besondere Anwendungsprobleme entstehen hier naturgemäß bei der Frage, ob eine Wertminderung voraussichtlich dauerhaft ist oder nicht[9].

Beizulegender Wert

Während ein beobachtbarer Börsen- oder Marktpreis ein vergleichsweise objektives Wertkonstrukt darstellt, entstehen Bewertungsspielräume dadurch, dass dem Gesetz nicht zu entnehmen ist, wie der beizulegende Wert zu ermitteln ist. Er ist daher als unbestimmter Rechtsbegriff je nach Situation entsprechend dem

---

8   Das in § 253 Abs. 4 HGB gewährte Wahlrecht zur Abschreibung im Rahmen vernünftiger kaufmännischer Beurteilung steht Kapitalgesellschaften und haftungsbeschränkten Personenhandelsgesellschaften wegen § 279 Abs. 1 HGB ebenfalls nicht offen.
9   Speziell zum Finanzanlagevermögen vgl. *Fey, G./Mujkanovic, R.*, Außerplanmäßige Abschreibungen auf das Finanzanlagevermögen, in: WPg, 56. Jg. (2003), S. 212-219.

Normzweck zu konkretisieren[10]. Der Anwendung des Ertragswertes als theoretischem Ideal steht fallweise die Schwierigkeit entgegen, künftige Einzahlungsüberschüsse einem einzelnen Vermögensgegenstand im Sinne des Einzelbewertungsgrundsatzes zuzuordnen. Daher wird der beizulegende Wert meist aus dem beschaffungsmarktorientierten Wiederbeschaffungswert oder aus dem absatzmarktorientierten Einzelveräußerungspreis abgeleitet.

Eine Wertaufholung ist gemäß § 280 Abs. 1 HGB im Anlagevermögen zwingend vorzunehmen. Eine Ausnahme gilt für Einzelkaufleute und nicht haftungsbeschränkte Personenhandelsgesellschaften, denen in § 253 Abs. 5 HGB ein Beibehaltungswahlrecht eingeräumt wird, auch dann, wenn eine Wertminderung nicht mehr vorliegt. Bei der Wertaufholung besteht analog zu IAS 36 die Obergrenze in Höhe desjenigen Betrages, mit dem der Vermögensgegenstand zu Buche stünde, wenn die Wertminderung nicht eingetreten wäre, also in Höhe der ggf. um planmäßige Abschreibungen fortgeführten Anschaffungs- oder Herstellungskosten.

Wertaufholung begrenzt

Im November 2007 wurde der Referentenentwurf eines Gesetzes zur Modernisierung des Bilanzrechts (Bilanzrechtsmodernisierungsgesetz, BilMoG) veröffentlicht. Mit der geplanten Einführung dieses Gesetzes sollen sich einige der bislang geltenden und im vorherigen Abschnitt beschriebenen Vorschriften zur Erfassung von Wertminderungen im Anlagevermögen ändern.

Geplante Änderungen durch das BilMoG

Zunächst soll die Möglichkeit, auch im Falle einer nur vorübergehenden Wertminderung Abschreibungen vornehmen zu dürfen, für alle Kaufleute auf den Bereich der Finanzanlagen beschränkt werden (§ 253 Abs. 3 Satz 4 HGB-E). Darüber hinaus soll das in § 253 Abs. 5 HGB geregelte Wertbeibehaltungswahlrecht für Einzelkaufleute und nicht haftungsbeschränkte Personenhandelsgesellschaften abgeschafft werden (§ 253 Abs. 5 Satz 1 HGB-E). Beide Änderungen verfolgen das Ziel, das bestehende bilanzpolitische Gestaltungspotential zu verringern, um dadurch eine bessere Vergleichbarkeit sowie eine Anhebung des Informationsniveaus des handelsrechtlichen Jahresabschlusses zu erreichen.

Durch den § 253 Abs. 3 Satz 5 HGB-E wird die außerplanmäßige Abschreibung aufgrund von dauerhaften Wertminderungen zudem dahingehend verändert, dass Vermögensgegenstände, die notwendigerweise nur zusammen genutzt werden können, für Zwecke der Ermittlung einer voraussichtlich dauerhaften Wertminderung zu einem bewertungstechnisch einheitlichen Vermögensgegenstand zusammenzufassen sind. Liegt der gesamte beizulegende Zeitwert des bewertungstechnisch einheitlichen Vermögensgegenstandes unter seinem Buchwert, ist eine außerplanmäßige Abschreibung vorzunehmen. Ein Beispiel für Vermögensgegenstände, die notwendigerweise nur zusammen genutzt werden können, ist ein bebautes Grundstück. Würde der beizulegende Zeitwert des Grundstücks erheblich über, der beizulegende Zeitwert des auf diesem Grundstück errichteten Gebäudes jedoch erheblich unter den Anschaffungskosten liegen, wäre eine außerplanmäßige Abschreibung des Gebäudes vorzunehmen.

---

10 Vgl. etwa *Baetge/Kirsch/Thiele*, Bilanzen, S. 244-249.

Das Grundstück würde jedoch nicht zugeschrieben. Da die Vermögens-, Finanz- und Ertragslage durch eine solche Abschreibung jedoch unzureichend dargestellt würde, soll in solchen Fällen künftig vom Grundsatz der Einzelbewertung abgewichen werden.

Eine weitere wesentliche Änderung ist die Definition des beizulegenden Zeitwertes. In § 255 Abs. 4 HGB-E wird festgelegt, dass er grundsätzlich dem Marktpreis entspricht. Nur für den Fall, dass kein aktiver Markt besteht, anhand dessen der Marktpreis ermittelt werden kann, ist der beizulegende Zeitwert mit Hilfe von anerkannten Bewertungsmethoden zu ermitteln. Ist eine Ermittlung auch auf diesem Weg nicht möglich, sind die Anschaffungs- oder Herstellungskosten anzusetzen[11].

9 Wesentliche Unterschiede zu US-GAAP

SFAS 144

Dem Regelungsumfang von IAS 36 entspricht für die US-GAAP im Wesentlichen der im August 2001 veröffentlichte SFAS 144 „Accounting for the Impairment or Disposal of Long-Lived Assets". Dieser ersetzt seit 2001 SFAS 121 „Accounting for the Impairment of Long-Lived Assets and for Long-Lived Assets to be Disposed of". Zusätzlich sind für immaterielle Vermögenswerte mit unbestimmter Nutzungsdauer sowie für den erworbenen Goodwill die Bestimmungen des SFAS 142 „Goodwill and Other Intangible Assets" zu beachten[12].

Unterschiedliche Wertkonzeptionen

Ein wesentlicher Unterschied zu IAS 36 liegt in dem Wertkonstrukt, dem der Buchwert zu Vergleichszwecken im Rahmen des Werthaltigkeitstest gegenübergestellt wird. Eine Wertminderung liegt nach SFAS 144.7 vor, wenn der Buchwert eines Anlagevermögenswertes (long-lived asset) oder einer Gruppe solcher Gegenstände (asset group) den beizulegenden Zeitwert (fair value) übersteigt. Demgegenüber ist nach IAS 36 als Vergleichswert der erzielbare Betrag relevant. Die Definition des beizulegenden Zeitwertes in SFAS 144.22 ähnelt der des beizulegenden Zeitwertes abzüglich der Verkaufskosten, wenn auch von einem Abzug von Veräußerungskosten nicht explizit die Rede ist. Zur Konkretisierung entwirft auch das FASB eine Werthierarchie, nach der zunächst auf Marktpreise abzustellen ist. Sind diese nicht zu beobachten, sollen – wie in IAS 36 – die besten verfügbaren Informationen einschließlich Vergleichstransaktionen und Bewertungsverfahren zur Anwendung gelangen. Bei Letzteren

---

11 Vgl. zu den Änderungen des BilMoG-Referentenentwurfs hinsichtlich Niederstwertprinzip, Wertaufholung und beizulegendem Zeitwert auch *Fülbier, R.U./Gassen, J.*, Das Bilanzrechtsmodernisierungsgesetz (BilMoG): Handelsrechtliche GoB vor der Neuinterpretation, in: DB, 60. Jg. (2007), S. 2605-2612.

12 Zu den Vorschriften zum Goodwill vgl. Kapitel 23. Zu den Regeln für immaterielle Vermögenswerte mit unbestimmter Nutzungsdauer vgl. etwa *Esser, M./Hackenberger, J.*, Bilanzierung immaterieller Vermögenswerte des Anlagevermögens nach IFRS und US-GAAP, in: KoR, 4. Jg. (2004), S. 410-414.

wird dem Kapitalwertverfahren (present value technique) der Vorzug gegeben, welches in SFAC 7 näher geregelt ist. Weil bei der Ermittlung des Nutzungswertes nach IAS 36 das unternehmens- bzw. sogar das vermögenswertspezifische Risiko zu berücksichtigen ist, kann sich der erzielbare Betrag von dem nach SFAC 7 barwertorientiert ermittelten beizulegenden Zeitwert unterscheiden, welcher einen weitgehend objektivierten Marktwert darstellen soll. SFAS 144.24 bestimmt hierzu explizit, dass die Annahmen und Erwartungen von Marktteilnehmern in die Bewertung einfließen sollen, während das Management seine eigenen Einschätzungen nur dann verwenden soll, wenn Markterwartungen nicht verfügbar sind[13].

Ein weiterer deutlicher Unterschied zu IAS 36 besteht in der Konzeption der Werthaltigkeitsprüfung selbst. Während nach IAS 36 bei Vorliegen entsprechender Hinweise sofort eine Gegenüberstellung von Buchwert und erzielbarem Betrag sowie ggf. eine entsprechende außerplanmäßige Abschreibung erfolgt, ist gemäß SFAS 144.7 zunächst ein sog. recoverability test durchzuführen. Die in SFAS 144.8 aufgeführten, IAS 36.12-14 ähnlichen Hinweise deuten folglich nicht auf das Vorliegen einer Wertminderung, sondern auf die Möglichkeit einer mangelnden Einbringlichkeit (recoverability) des Buchwertes eines Vermögenswertes hin. Die Einbringlichkeit wird anhand der Summe der undiskontierten Cashflows eines Vermögenswertes bestimmt. Unterschreiten diese den Buchwert, so fehlt es an Einbringlichkeit, und das Unternehmen muss den eigentlichen Werthaltigkeitstest durchführen, in dessen Rahmen Buchwert und beizulegender Zeitwert miteinander verglichen werden. Ein etwaiger Wertminderungsaufwand besteht dann in Höhe der Differenz zwischen beiden Werten. Abbildung 10.1 stellt die Vorgehensweisen nach IFRS und US-GAAP einander gegenüber.

Zweistufiger Test

Im Gegensatz zu den IFRS kennen die US-GAAP, von wenigen Ausnahmen abgesehen, keine Wertaufholung. Stattdessen bildet der Betrag, auf den ein Vermögenswert bei Wertminderung abgeschrieben wird, seine neue cost basis, also die Grundlage für künftige Abschreibungen. Wertaufholungen sind explizit untersagt (SFAS 144.15).

Keine Wertaufholung

---

13 SFAC 7.32 nennt eine Reihe von Gründen, warum Marktschätzungen und Managementschätzungen sich im Einzelfall voneinander unterscheiden können.

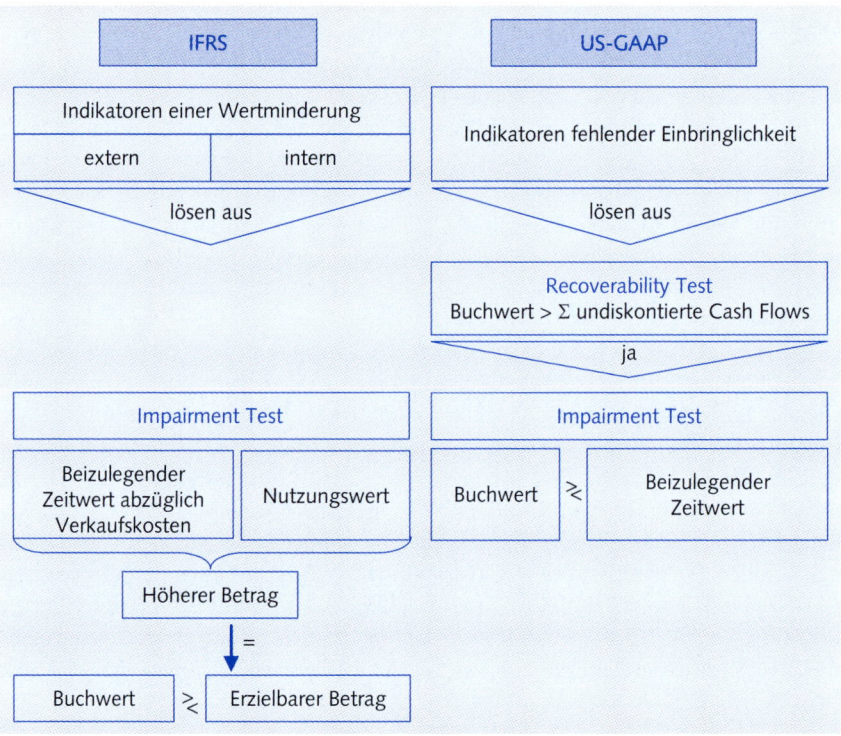

Abb. 10.1: Werthaltigkeitsprüfung nach IAS 36 und SFAS 144 im Vergleich

Ausgewählte Literatur

Beyhs, O., Impairment of Assets nach International Accounting Standards – Anwendungshinweise und Zweckmäßigkeitsanalyse, Frankfurt a. M. u.a. 2002.
Hayn, M./Ehsen, T., Impairment Test im HGB – Beteiligungsbewertung gemäß IDW ERS HFA 10, in: FB, 5. Jg. (2003), S. 205-213.
Keller, K., Impairment Test, in: DBW, 62. Jg. (2002), S. 111-116.
Küting, K./Dawo, S./Wirth, J., Konzeption der außerplanmäßigen Abschreibung im Reformprojekt des IASB, in: KoR, 3. Jg. (2003), S. 177-190.

Übungsaufgaben

Aufgabe 1:
Nach IAS 36 liegt eine Wertminderung vor, wenn der Buchwert eines Vermögenswertes seinen erzielbaren Betrag übersteigt. Beschreiben sie die beiden Konkretisierungen des erzielbaren Betrages und erläutern Sie die konzeptionellen Überlegungen, die ihnen zu Grunde liegen.

Aufgabe 2:
Die Inca AG hat am 02.01.2006 zum Kaufpreis von 180 T€ eine Abfüllanlage erworben. Diese wird über sechs Jahre planmäßig abgeschrieben. Ende 2007 zeichnet sich ab, dass die mit der Anlage befüllten 0,33-Liter-Glasflaschen „Inca Cola" harter Konkurrenz von der in PET-Flaschen verkauften „Aztec Cola" ausgesetzt ist. Die Absatzerwartungen haben sich demzufolge eingetrübt und die Auslastung der Abfüllanlage droht künftig zu sinken. Die Inca AG schätzt, dass sie aus dem Verkauf der Anlage einen Preis von 105 T€ erzielen kann. Der Abbau und die Versetzung in einen transportfähigen Zustand werden weitere 4 T€ kosten. Für die verbleibende vierjährige Nutzungsdauer der Anlage wird erwartet, dass die Nettoeinzahlungsüberschüsse ausgehend von 40 T€ in 2008 um jeweils 5 T€ pro Jahr fallen werden. Die Inca AG rechnet mit Kapitalkosten von 10 %. Führen Sie für die Abfüllanlage der Inca AG einen Werthaltigkeitstest zum 31.12.2007 und die erforderlichen Buchungen durch.

Aufgabe 3:
Nehmen Sie für die Informationen in Aufgabe 2 an, die Absatzsituation der „Inca Cola" habe sich Ende 2008 weitgehend erholt, so dass der erzielbare Betrag der Abfüllanlage zum 31.12.2008 mit 100 T€ beziffert wird. Nehmen Sie die notwendigen Buchungen vor.

Aufgabe 4:
Der Hauptsitz der Lebowski AG beherbergt Verwaltungsabteilungen, die für die drei ZGE „White Russian" (Buchwert: 3.000 T€), „Sarsaparilla" (Buchwert: 1.200 T€) und „Oat Soda" (Buchwert: 800 T€) tätig sind. Der Buchwert des Gebäudes beträgt 1.500 T€. Die beizulegenden Zeitwerte abzüglich der Verkaufskosten lassen sich für die drei ZGE nicht bestimmen. Der aus Marktdaten abgeleitete Diskontierungszins vor Steuern beträgt 8 %. Für die einzelnen ZGE wurden folgende Cashflows geschätzt:

Jahr	2008	2009	2010	2011	Restwert 2011
White Russian	400	450	475	500	1200
Sarsaparilla	120	130	140	150	700
Oat Soda	110	110	105	120	300

Führen Sie für die ZGE der Lebowski AG einen Werthaltigkeitstest zum 31.12.2007 durch.

Kapitel 11
Immaterielles Anlagevermögen

1 Identifikation immaterieller Vermögenswerte 280
   1.1   Relevante Normen 280
   1.2   Definition immaterieller Vermögenswerte 281

2 Ansatz und Erstbewertung 283
   2.1   Monetärer Einzelerwerb 285
   2.2   Einzelerwerb durch Tausch 285
   2.3   Erwerb durch Unternehmenszusammenschluss 287
   2.4   Selbsterstellte immaterielle Vermögenswerte 288

3 Folgebewertung 291
   3.1   Anschaffungskostenmodell...292
   3.2   Neubewertungsmodell 294

4 Angabepflichten...300

5 Wesentliche Unterschiede zum HGB 303

6 Wesentliche Unterschiede zu US-GAAP...304

Ausgewählte Literatur 306

Übungsaufgaben...306

Was macht die etwa 112 Mrd. US-$ Marktwert von Coca-Cola aus? Die Abfüllanlagen? Wohl kaum. Schauen wir also in die Bilanz des Geschäftsjahres 2006. Die Bilanzsumme der Coca-Cola Company beträgt 30 Mrd. US-$ und den größten Anteil an dieser Bilanzsumme haben die Betriebsanlagen mit 6,9 Mrd. US-$. Also doch die Abfüllanlagen? Außerdem: Wie kann es sein, dass der Marktwert des Eigenkapitals gut sechsmal so hoch ist wie der Buchwert des Eigenkapitals mit 17 Mrd. US-$? Laut dem von der Markenagentur Interbrand jährlich durchgeführten Markentest beträgt der Wert der Marke Coca-Cola allein ca. 67 Mrd. US-$, also mehr als das Doppelte der Bilanzsumme und etwa die Hälfte des Marktwertes. Welchen Wert hat die damit laut Interbrand wertvollste Marke der Welt in der Bilanz? Die Bilanzposition „Trademarks with Indefinite Lives" weist 2006 ca. 2 Mrd. US-$ als Teil der immateriellen Vermögenswerte aus.

Dieses Beispiel macht deutlich, dass dem Ansinnen, auf der Aktivseite der Bilanz sämtliche Vermögenswerte des Unternehmens mit informativen Werten anzusetzen, im Bereich der immateriellen Werte bisher offensichtlich Grenzen gesetzt sind. Immaterielle Werte haben keine Materialliste, zur Ermittlung ihrer Herstellungskosten kann man keine Lagerentnahmescheine zur Hilfe nehmen. Nichtsdestotrotz steht ihr Wertschöpfungspotential außer Frage: Coca-Cola wäre ohne die Marke Coca-Cola nur irgendeine braune Limonade.

Mit dem Anspruch einer informationsorientierten Rechnungslegung erscheint es somit schwer vereinbar, immaterielle Vermögenswerte als „ewige Sorgenkinder des Bilanzrechts"[1] einfach unberücksichtigt zu lassen.

Deswegen sollen Sie im Folgenden lernen,
- wie immaterielle Vermögenswerte zu identifizieren sind,
- welche immateriellen Vermögenswerte nach IAS 38 „Immaterielle Vermögenswerte" (Intangible Assets) zu aktivieren sind,
- welche Möglichkeiten zur Erst- und Folgebewertung bestehen und
- welche Angaben IAS 38 fordert.

1 Identifikation immaterieller Vermögenswerte

1.1 Relevante Normen

Relevante Vorschrift

Der zentrale Standard zur Bilanzierung von immateriellen Vermögenswerten ist IAS 38 „Immaterielle Vermögenswerte" (Intangible Assets). IAS 38 ist in seiner 2004 überarbeiteten Fassung für alle Geschäftsjahre, die am oder nach dem 31.03.2004 begonnen haben, verbindlich anzuwenden.

---

1 *Moxter, A.*, Immaterielle Anlagewerte im neuen Bilanzrecht, in: BB, 34. Jg. (1979), S. 1102.

Identifikation immaterieller Vermögenswerte

Grundsätzlich regelt IAS 38 die Bilanzierung sämtlicher immaterieller Vermögenswerte, deren Bilanzierung nicht bereits nach anderen IFRS geregelt ist (IAS 38.2(a)). Zu diesen gehören zum Beispiel (IAS 38.3):

- Immaterielle Vermögenswerte des Umlaufvermögens, wie z.B. Auftragsforschung für Dritte (IAS 2 und IAS 11),
- aktive latente Steuern (IAS 12),
- Ansprüche aus Leasingverträgen (IAS 17),
- Vermögenswerte, die aus vertraglichen Leistungen an Arbeitnehmer resultieren (IAS 19),
- nicht-materielle Vermögenswerte, die finanzieller Natur sind, wie z.B. Forderungen und sonstige Finanzinstrumente, die unter die Definition für Finanzinstrumente von IAS 32.11 fallen (IAS 39),
- derivativer Goodwill, der sich im Rahmen von Unternehmensakquisitionen konkretisiert hat (IFRS 3),
- immaterielle Vermögenswerte aus Versicherungspolicen (IFRS 4) und
- immaterielle Vermögenswerte, die im Rahmen der Einstellung von Geschäftsbereichen (IFRS 5) allein oder als Teil einer Veräußerungsgruppe als zur Veräußerung gehalten klassifiziert wurden.

Anwendungsbereich von IAS 38

Weiterhin sind nach IAS 38.2(c) immaterielle Vermögenswerte, die aus dem Abbau nicht-regenerativer Ressourcen resultieren, explizit aus dem Anwendungsbereich von IAS 38 ausgeschlossen. Für die bilanzielle Behandlung eines Spezialproblems wurde zudem SIC-32 „Immaterielle Vermögenswerte – Kosten für Webauftritte" (Intangible Assets – Web Site Costs) verabschiedet. Diese Interpretation befasst sich mit der sachgerechten bilanziellen Behandlung der Ausgaben für Entwicklung und Betrieb einer Webseite.

IAS 38 orientiert sich an dem für die meisten Standards üblichen Aufbau: Einer Abgrenzung des Anwendungsbereichs (IAS 38.2-7) folgt eine Definition wesentlicher Begriffe (IAS 38.8). Anschließend werden in IAS 38.9-17 die wesentlichen Anforderungen zum Ansatz eines immateriellen Vermögenswertes dargelegt. Die Erstbewertung immaterieller Vermögenswerte regeln IAS 38.35-71, während die Folgebewertung in IAS 38.72-117 dargestellt wird. Welche Anhangangaben gemacht werden müssen, legen IAS 38.118-128 dar. Die abschließenden IAS 38.129-133 regeln den Zeitpunkt des Inkrafttretens sowie Übergangsregeln und die Rücknahme von IAS 38 (1998).

Aufbau von IAS 38

1.2 Definition immaterieller Vermögenswerte

Immaterielle Vermögenswerte besitzen eine große Bedeutung für Unternehmen. Da ihnen indes die physische Präsenz fehlt, ist die Frage ihres bilanziellen Ansatzes nicht leicht zu entscheiden. Hierfür wird unabhängig vom Rechnungslegungssystem regelmäßig zunächst unterschieden, ob die immateriellen Vermögenswerte dauerhaft dem Unternehmen dienen, wie z.B. ein Patent für ein bestimmtes Produkt, oder ob sie zur Veräußerung bestimmt sind, wie z.B. im Kun-

Abgrenzung von Vorräten

denauftrag entwickelte Software. Immaterielle Vermögenswerte der letzten Gruppe werden als Vorräte angesehen. Für Ihre Bilanzierung ist somit IAS 2 „Vorräte" relevant, der in Kapitel 14 behandelt wird. Das vorliegende Kapitel behandelt immaterielle Vermögenswerte des Anlagevermögens, also diejenigen Vermögenswerte, die dauerhaft dem Geschäftsbetrieb dienen.

Definition immaterieller Vermögenswert

Was unter einem immateriellen Vermögenswert zu verstehen ist, definiert IAS 38.8: „Ein immaterieller Vermögenswert ist ein identifizierbarer, nicht-monetärer Vermögenswert ohne physische Substanz". Diese weite Definition stellt sicher, dass praktisch alle nicht-physischen Vermögenswerte auf ihren Ansatz hin zu überprüfen sind. Häufig ist ein immaterieller Vermögenswert untrennbar mit einem materiellen Vermögenswert verbunden. So wird Computersoftware auf Datenträgern vertrieben. Zudem führen Forschungs- und Entwicklungsanstrengungen häufig nicht nur zu einem immateriellen Vermögenswert (dem neuen Wissen), sondern auch zu einem materiellen, wie z.B. einem Prototyp. Maßgebend für die Entscheidung, ob es sich bei dem verbundenen Vermögenswert um einen materiellen oder einen immateriellen handelt, ist, welcher Teil wesentlicher für den Gesamtwert ist (IAS 38.4-5).

Definitionsmerkmale

Um der Definition eines immateriellen Vermögenswerts zu genügen, müssen insbesondere drei Bedingungen gegeben sein (IAS 38.10):
- Identifizierbarkeit (IAS 38.11-12),
- Verfügungsmacht des Unternehmens (IAS 38.13-16) und
- künftiger wirtschaftlicher Nutzen (IAS 38.17).

Während die Identifizierbarkeit explizit in der Definition gefordert wird, resultieren die anderen beiden Bedingungen aus der allgemeinen Vermögenswertdefinition des Rahmenkonzepts und gelten somit für alle Vermögenswerte. Eine hinreichende, aber nicht notwendige Bedingung für die Identifizierbarkeit ist die Separierbarkeit des Vermögenswertes. Ein weiteres hinreichendes, aber nicht notwendiges Kriterium ist das Vorliegen eines Vertrages oder anderer konkreter Rechte, die den Vermögenswert identifizieren, auch wenn diese Rechte nicht separierbar oder einzeln veräußerbar sind. So dürfen beispielsweise manche Lizenzen nicht einzeln weiterveräußert werden. Trotzdem stellen sie konkrete Rechte dar und sind damit identifizierbar (IAS 38.BC10).

Für den Nachweis, dass der Vermögenswert in der Verfügungsmacht des Unternehmens liegt, sind dementsprechend verbriefte Rechte ein klares Indiz. Insbesondere ist zu beachten, dass viele identifizierbare immaterielle Werte, wie z.B. das Know-How der Mitarbeiter oder ein Kundenstamm, nicht rechtlich dem Unternehmen zustehen und somit nicht als immaterielle Vermögenswerte ansatzfähig sind (IAS 38.15). Der künftige wirtschaftliche Nutzen ist durch in der Zukunft erwartete Mehreinnahmen oder geringere Ausgaben zu konkretisieren.

Ergebniswirksame Erfassung

Wenn ein immaterieller Gegenstand eins oder mehrere dieser Kriterien nicht erfüllt, so handelt es sich bei ihm nicht um einen immateriellen Vermögenswert im Sinne von IAS 38.8. Somit ist eine Aktivierung der ihm zugeordneten Ausgaben nicht möglich. Diese Ausgaben sind stattdessen in der Periode ihres Anfalls ergebniswirksam als Aufwand zu erfassen.

> **Selbstentwickeltes Softwareprogramm zur Vertriebsabwicklung**
> Selbsterstellte Software erfüllt in der Regel die Definition eines immateriellen Vermögenswertes: Sie ist identifizierbar (häufig auch separierbar), sie steht aufgrund des Urheberrechts in der Verfügungsgewalt des bilanzierenden Unternehmens und sollte auch in der Lage sein, künftigen Nutzen zu stiften.
>
> **Durch Strategieberatung entwickeltes neues Führungskonzept**
> Abstrakte Werte wie Managementstrategien scheitern in der Regel schon an ihrer Identifizierbarkeit. Sie sind nicht separierbar, nicht mit verbrieften Rechten versehen, und es ist kaum möglich, ihnen einen Nutzen hinreichend zweifelsfrei zuzuordnen. Andererseits kann ein Unternehmen sehr wohl die Verfügungsgewalt an neuen strategischen Konzepten sicherstellen und ihnen zumindest in einigen Fällen einen ökonomischen Nutzen zuordnen. Da sie dennoch nicht eindeutig identifizierbar sind, können sie keine immateriellen Werte darstellen.
>
> **Mitarbeiter einer Wirtschaftsprüfungsgesellschaft werden auf Firmenkosten zum Certified Public Accountant (CPA) ausgebildet**
> Es steht zu hoffen, dass der CPA-Titel eines Mitarbeiters dem Unternehmen künftigen Nutzen stiftet, und auch die Identifizierbarkeit ist unzweifelhaft. Allerdings besitzt das Unternehmen nicht die Verfügungsgewalt über den Titel und das Wissen seiner Mitarbeiter. Diese haben jederzeit das Recht, innerhalb der Kündigungsfrist das Unternehmen zu verlassen. Insofern handelt es sich hierbei nicht um einen immateriellen Vermögenswert der Wirtschaftsprüfungsgesellschaft.
>
> **Ein Unternehmen entwickelt einen neuen Markenartikel, lässt ihn rechtlich schützen und führt ihn über Werbemaßnahmen erfolgreich ein**
> Der Markenname ist identifizierbar und liegt durch den rechtlichen Schutz auch klar in der Verfügungsgewalt des Unternehmens. Durch die erfolgreiche Einführung dürfte auch der künftige wirtschaftliche Nutzen belegt sein. Es handelt sich bei diesem Markennamen also um einen immateriellen Vermögenswert.

Beispiel 11.1

2   Ansatz und Erstbewertung

Nach IAS 38.18 sind alle Vermögenswerte anzusetzen, die der Definition eines immateriellen Vermögenswertes genügen und die abstrakte Ansatzbedingung von IAS 38.21 erfüllen. Nach der abstrakten Ansatzbedingung, die wiederum dem Rahmenkonzept entlehnt ist, sind immaterielle Vermögenswerte nur dann anzusetzen, wenn

Abstrakte Ansatzregel, Konkretisierung in Abhängigkeit von der Erwerbsart

- der künftige Nutzen auch wahrscheinlich dem bilanzierenden Unternehmen zufließen wird und
- die Anschaffungs- oder Herstellungskosten zuverlässig ermittelt werden können.

Nutzenzufluss Grundsätzlich ist die Wahrscheinlichkeit des Nutzenzuflusses zu begründen. Hierbei sind insbesondere externe Hinweise auf eine Werthaltigkeit des immateriellen Vermögenswertes zu berücksichtigen. Gegebenenfalls sind diese stärker zu werten als interne Kalkulationen (IAS 38.23). Diese abstrakte Ansatzbedingung wird dann in Abhängigkeit von der Erwerbsart weiter konkretisiert. Der Erstansatz erfolgt dabei gemäß IAS 38.24 auf Basis der Anschaffungs- oder Herstellungskosten.

Beispiel 11.2 Ein Pharmaunternehmen beabsichtigt, die Entwicklungsausgaben für ein sich in der späten klinischen Entwicklung befindendes Medikament zu aktivieren. Intern wird mit beachtlichen Umsatzerlösen für dieses Medikament gerechnet. Externe Forschungsergebnisse lassen allerdings vermuten, dass der verwendete Wirkstoff starke negative Wechselwirkungen mit anderen Mitteln induziert und eine spätere Zulassung insofern unwahrscheinlich ist. Die konzerninterne Entwicklungsabteilung hält diese Studien für nicht zutreffend.

In dem hier vorliegenden Fall wären nach IAS 38.23 die externen Hinweise wohl stärker zu gewichten als die internen Forschungsergebnisse. Der Nutzenzufluss muss auf Basis dieser Überlegungen als nicht hinreichend gesichert gelten. Ein Ansatz als immaterieller Vermögenswert scheitert somit letztlich an IAS 38.21(a) i.V.m. IAS 38.23.

Für die Frage, ob die Herstellungs- bzw. Anschaffungskosten verlässlich ermittelbar sind, ist die Art des Erwerbs von besonderer Bedeutung. IAS 38 differenziert hierbei die in Abbildung 11.1 dargestellten Erwerbsarten.

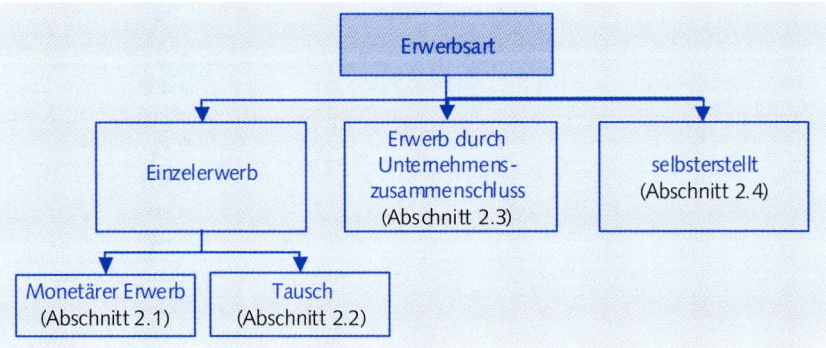

Abb. 11.1: Erwerbsarten immaterieller Vermögenswerte

2.1 Monetärer Einzelerwerb

Wird der immaterielle Vermögenswert separat gegen Zahlungsmittel von einem Dritten erworben, so erscheint die Ermittlung der Anschaffungskosten zunächst als unproblematisch. Nach IAS 38.27 gehören zu den Anschaffungskosten der Kaufpreis und weitere Kosten, die notwendig sind, um den Vermögenswert in einen betriebsbereiten Zustand zu versetzen (z.B. auch Einfuhrzölle und einbehaltene Verbrauchsteuern). Von diesen Kosten werden Anschaffungspreisminderungen wie Skonti und Rabatte abgezogen. Liegt zwischen Übergang des wirtschaftlichen Eigentums und Bezahlung des Vermögenswertes ein über das normale Zahlungsziel hinausgehender Zeitraum, ist der Barwert des Kaufpreises als Anschaffungskosten zu aktivieren (IAS 38.32). Die Differenz zwischen diesem und dem tatsächlich gezahlten kreditierten Kaufpreis ist gemäß IAS 23 „Fremdkapitalkosten" (Borrowing Costs) zu behandeln. Hiernach sind Fremdkapitalkosten für qualifizierte Vermögenswerte immer zu aktivieren[2]. Falls der Erwerb durch eine öffentliche Zuwendung, wie etwa eine Subvention, (teil)finanziert wird, so ist IAS 20 „Bilanzierung und Darstellung von Zuwendungen der öffentlichen Hand" (Accounting for Government Grants and Disclosure of Government Assistance) anzuwenden (IAS 38.44). Grundsätzlich besteht nach IAS 20.23-24 ein Wahlrecht, den Vermögenswert zum vom Unternehmen geleisteten Betrag anzusetzen (Nettoansatz) oder sowohl den Vermögenswert zum beizulegenden Zeitwert zu aktivieren als auch den beizulegenden Zeitwert der öffentlichen Zuwendung als passivischen Abgrenzungsposten anzusetzen (Bruttoansatz).

Monetärer Erwerb

2.2 Einzelerwerb durch Tausch

Wird der Vermögenswert im Tausch erworben, so ist danach zu differenzieren, was das Unternehmen dafür hingibt: Erhält der Verkäufer des Vermögenswerts Eigenkapitalanteile des kaufenden Unternehmens, so bemisst sich der Erstansatz des Vermögenswerts an dem beizulegenden Zeitwert der Anteile. Falls dieser indes nicht verlässlich zu ermitteln ist, z.B. bei nicht-börsennotierten Unternehmen oder auch bei neu emittierten Anteilen, so kann der beizulegende Zeitwert des immateriellen Vermögenswerts auch den beizulegenden Zeitwert der Eigenkapitalanteile bestimmen (IAS 38.47). Wird der Tausch durch die Hingabe eines anderen Vermögenswerts realisiert, so ist zu prüfen, ob der Tausch substanzielle

Erwerb durch Tausch

---

2 Für Geschäftsjahre bis zum 31.12.2008 besteht noch ein Wahlrecht zur Aktivierung von Fremdkapitalkosten für qualifizierte Vermögenswerte. Benchmark-Methode ist danach gemäß IAS 23.7 (rev. 1993) noch die ergebniswirksame Erfassung des Zinsaufwandes. Alternativ ist es jedoch zulässig, die Fremdkapitalkosten nach IAS 23.11 (rev. 1993) zu aktivieren. Dieses Wahlrecht hat das IASB im Rahmen der Überarbeitung von IAS 23 im März 2007 gestrichen. Vorbehaltlich des Endorsements der EU sind Fremdkapitalkosten für qualifizierte Vermögenswerte daher für Geschäftsjahre, die am oder nach dem 01.01.2009 beginnen, zukünftig immer zu aktivieren.

Auswirkungen auf die wirtschaftliche Lage des Unternehmens hat. Dies ist nach IAS 38.46 insbesondere davon abhängig, ob sich die Höhe und/oder zeitliche Reihung der künftig erwarteten Cashflows durch den Tausch signifikant ändert. Ist dies der Fall und sind die beizulegenden Zeitwerte entweder des erhaltenen oder des hingegebenen Vermögenswertes verlässlich messbar, so hat der Wertansatz des erhaltenen Vermögenswertes zum beizulegenden Zeitwert zu erfolgen. Hierfür ist normalerweise der beizulegende Zeitwert des hingegebenen Vermögenswerts ausschlaggebend. Lediglich wenn dieser nicht verlässlich zu ermitteln ist, ist der beizulegende Zeitwert des erhaltenen Vermögenswerts anzusetzen. Falls auch dieser nicht verlässlich zu ermitteln ist, oder falls der Tausch keine wirtschaftliche Substanz besitzt, ist der neue Vermögenswert zum Buchwert des alten Vermögenswerts anzusetzen.

Beispiel 11.3

Die Biogen AG erwirbt zum 01.01.2005 eine Fertigungslizenz von einem Konkurrenten zum Kaufpreis von 10 Mio. €, der nach einem Wertgutachten auch dem beizulegenden Zeitwert der Lizenz entspricht. Da die Biogen AG Liquiditätsprobleme hat, wird die Zahlung der Hälfte des Kaufpreises ohne Berücksichtigung von Zinseffekten für zwei Jahre ausgesetzt; in zwei Jahren hat die Biogen AG also 5 Mio. € an den Verkäufer zu zahlen. Die andere Hälfte des Kaufpreises finanziert die Biogen AG durch börsennotierte Aktien eines dritten Unternehmens, die mit einem Buchwert von 100 € je Stück in der Bilanz der Biogen AG stehen. Der aktuelle Marktwert der Aktien beträgt 80 € und die Biogen AG überlässt 65.000 Aktien. Im Rahmen der Vertragsverhandlungen sind Anwaltskosten in Höhe von 50.000 € angefallen. Der momentane Marktzins für zweijährige Kredite beträgt 5,4 % pro Jahr. Wie wäre der Erwerb dieser Lizenz 2005 zu buchen? Bei der Lösung dieses Beispiels sind latente Steuern zu vernachlässigen.

Lösung
Da die Aktien börsennotiert sind, sind die beizulegenden Zeitwerte der hingegebenen Anteile verlässlich ermittelbar. Deren Buchwerte sind insofern irrelevant, ebenso wie der durch Gutachten belegte beizulegende Zeitwert der Lizenz. Somit beträgt der erste Teil der Anschaffungskosten 65.000 · 80 €, also 5.200.000 €. Da der zweite Teil der Gegenleistung erst in zwei Jahren fällig ist, ist hier der Barwert dieser Zahlung anzusetzen. Dieser beträgt rund 4.500.790 € (= 5.000.000 €/($1{,}054^2$)). Da für den Kauf der Lizenz kein beträchtlicher Zeitraum erforderlich war, ist sie kein qualifizierter Vermögenswert im Sinne des IAS 23. Die Zinsaufwendungen (5,4 % von 4.500.790 €) müssen daher separat als Aufwand erfasst und dürfen nicht aktiviert werden. Als Anschaffungsnebenkosten sind die Anwaltskosten von 50.000 € den Anschaffungskosten zuzurechnen. Somit ergeben sich die gesamten Anschaffungskosten zu ca. 9.750.790 €. Die Buchungssätze für das Jahr 2005 lauten:

Sonst. betr. Aufwand	an	Wertpapiere	1.300.000 €
Imm. Vermögensw. 9.750.790 €	an	Wertpapiere Verbindlichkeit sonst. betr. Aufwand	5.200.000 € 4.500.790 € 50.000 €
Zinsaufwand	an	Verbindlichkeit	243.043 €

2.3 Erwerb durch Unternehmenszusammenschluss

Werden immaterielle Vermögenswerte im Rahmen eines Unternehmenszusammenschlusses nach IFRS 3 erworben, so werden die Anschaffungskosten durch den beizulegenden Zeitwert der immateriellen Vermögenswerte zum Erwerbszeitpunkt bestimmt. Letztlich konkretisiert der Erwerbsvorgang (Einzelerwerbsfiktion) die Wahrscheinlichkeit des künftigen Nutzenzuflusses. Somit ist nach IAS 38.33 immer davon auszugehen, dass der künftige Nutzen dem bilanzierenden Unternehmen i.S.v. IAS 38.21(a) wahrscheinlich zufließen wird. Fraglich ist, inwieweit dann i.S.v. IAS 38.21(b) die Anschaffungskosten verlässlich ermittelbar sind. Hierfür ist es unerheblich, ob der immaterielle Vermögenswert in der Bilanz des erworbenen Unternehmens bereits bilanziert wurde.

Erwerb im Rahmen eines Unternehmenszusammenschlusses

IAS 38.35 i.V.m. IFRS 3.B31-B34 geht davon aus, dass ein beizulegender Zeitwert grundsätzlich immer verlässlich ermittelbar ist, sofern der Vermögenswert identifizierbar ist, also entweder separierbar ist, oder einem Vertrag oder anderen konkreten Rechten entspringt. Sollte der immaterielle Vermögenswert nur in einer Gruppe mit anderen Vermögenswerten separierbar sein, so ist die Gruppe gemäß IAS 38.36-37 gemeinsam zu bewerten, wenn die individuellen beizulegenden Zeitwerte der einzelnen Vermögenswerte der Gruppe nicht verlässlich messbar sind.

Identifizierbarkeit als Voraussetzung

Sofern im Rahmen eines Unternehmenszusammenschlusses erworbene immaterielle Vermögenswerte zum Erwerbszeitpunkt nicht identifizierbar sind, dürfen diese nicht separat angesetzt werden, sondern gehen in den Goodwill des Unternehmenszusammenschlusses ein (IFRS 3.B31-B.40; vgl. Kapitel 23). Als Beispiel für einen solchen nicht identifizierbaren immateriellen Vermögenswert nennt IFRS 3.B37 die Übernahme einer bestehenden Belegschaft, die es dem Erwerber ermöglicht, das erworbene Geschäftsmodell unmittelbar fortzuführen.

Fehlende Identifizierbarkeit

Zur verlässlichen Ermittlung des beizulegenden Zeitwertes identifizierbarer immaterieller Vermögenswerte sind nach IAS 38.39 die Preise an einem aktiven Markt i.S.v. IAS 38.8 heranzuziehen, sofern ein solcher für den erworbenen immateriellen Vermögenswert besteht. An einen aktiven Markt werden folgende restriktive Bedingungen gestellt (IAS 38.8):
- Auf ihm müssen homogene Produkte gehandelt werden, also Produkte, die sich hinsichtlich wesentlicher Produkteigenschaften nicht unterscheiden,
- sowohl Käufer als auch Verkäufer müssen quasi jederzeit vorhanden sein und
- seine Preise müssen öffentlich zur Verfügung stehen.

Aktiver Markt oder verlässliche Bewertungsansätze als Bewertungsmaßstäbe

Falls das erwerbende Unternehmen häufiger gleichartige immaterielle Vermögenswerte akquiriert, können nach IAS 38.41 auch die hierfür verwendeten Bewertungsansätze (z.B. Multiplikator- und Discounted-Cashflow-Verfahren) als hinreichend verlässlich gelten. Dies kann dazu führen, dass bei hinreichend verlässlich ermittelbarem beizulegenden Zeitwert nach IFRS 3 und IAS 38 ein aktivischer Unterschiedsbetrag überkompensiert wird oder dass sich ein passivischer Unterschiedsbetrag vergrößert. Es gibt also keine Anschaffungskostenrestriktion im Rahmen der Erstkonsolidierung[3], was Spielräume für bilanzpolitische Maßnahmen eröffnet.

Beispiel 11.4

Die Biogen AG aus dem Vorbeispiel hat neben der separat erworbenen Lizenz zum 01.01.2005 noch ein weiteres Patent im Rahmen einer Unternehmensakquisition erworben. Die Pharma GmbH wurde zu 100 % für einen Kaufpreis von 20 Mio. € durch eine Bartransaktion erworben. Das Eigenkapital der Pharma GmbH betrug zum Erwerbszeitpunkt 15 Mio. €. Dem bislang nicht bilanzierten Patent lassen sich nach Auskunft der Pharma GmbH Herstellungskosten in Höhe von 7 Mio. € zuordnen. Ein in Ermangelung eines aktiven Marktes erstelltes Wertgutachten beziffert den Wert des Patentes auf 10 Mio. €. Außer dem besagten Patent hatte die Pharma GmbH keine stillen Reserven. Auch in diesem Beispiel werden latente Steuern vernachlässigt.

Lösung

Die ursprünglichen Herstellungskosten des Patentes sind irrelevant, da sich dessen Wert nunmehr durch den Unternehmenskauf konkretisiert hat. Der beizulegende Zeitwert beträgt laut Wertgutachten 10 Mio. €. Dieser führt zu einem negativen Unterschiedsbetrag von 5 Mio. € im Rahmen der Kapitalkonsolidierung. Somit entsteht aus der Erstkonsolidierung der Pharma GmbH ein passivischer Unterschiedsbetrag, der als ein lucky buy in der Periode des Erwerbs ergebniswirksam zu erfassen ist (IFRS 3.34-36).

Spätere Weiterentwicklungen erworbener immaterieller Vermögenswerte

Spätere Weiterentwicklungen von immateriellen Vermögenswerten, die im Rahmen einer Unternehmensakquisition erworbener wurden, sind nach IAS 38.42 analog zu selbsterstellten immateriellen Vermögenswerten zu behandeln. Demnach können sie nur dem bereits aktivierten immateriellen Vermögenswert zugeschrieben werden, wenn sie für sich allein auch aktivierungspflichtig wären.

2.4 Selbsterstellte immaterielle Vermögenswerte

Selbsterstellte immaterielle Vermögenswerte

Bei selbsterstellten immateriellen Vermögenswerten gestaltet sich neben der eigentlichen Identifikation und Abgrenzung vom originären Goodwill des Unternehmens, der gemäß IAS 38.48 generell nicht aktivierungsfähig ist, insbeson-

---

3 Zur Konsolidierung vgl. Kapitel 23.

dere die Ermittlung der Herstellungskosten schwierig. Um diese Kosten ermitteln zu können, schreibt IAS 38.52 die grundsätzliche Einteilung des Produktionsprozesses von immateriellen Vermögenswerten in eine Forschungs- und eine Entwicklungsphase vor. Falls eine Trennung von Forschung und Entwicklung nicht möglich erscheint, soll der gesamte Produktionsprozess als Forschungsphase deklariert werden. Grundsätzlich gilt: Forschungsausgaben sind nicht zu aktivieren, Entwicklungsausgaben müssen beim Vorliegen von bestimmten Bedingungen aktiviert werden. Deswegen kommt der Trennung von Forschungs- und Entwicklungsphase eine zentrale Bedeutung zu.

IAS 38.8 bietet Definitionen für Forschung und Entwicklung. Hiernach wird unter Forschung die Suche nach neuen wissenschaftlichen oder technischen Erkenntnissen verstanden. Entwicklung bedeutet indes die Einbringung dieser und anderer Erkenntnisse in die Produktion bzw. in die Produktionsplanung. Da nach IAS 38.55 ein Unternehmen in der Forschungsphase noch nicht nachweisen kann, dass ein wahrscheinlicher künftiger Nutzen aus dem Projekt resultiert, liegt gemäß IAS 38.21(a) kein anzusetzender immaterieller Vermögenswert vor.

Differenzierung in Forschungs- und Entwicklungsphase

Ferner sind nach IAS 38.63 selbsterstellte Markennamen, Drucktitel, Verlagsrechte, Kundenlisten sowie ähnliche Vermögenswerte von einer Aktivierung kategorisch ausgeschlossen, da davon ausgegangen wird, dass deren Entwicklungsaufwendungen nicht hinreichend scharf von den sonstigen Aufwendungen des Unternehmens getrennt werden können. Dies gilt, obwohl sie gemäß der Definition von IAS 38.8 immaterielle Vermögenswerte darstellen.

Explizite Aktivierungsverbote

Für andere Vermögenswerte sind die Aufwendungen der Entwicklungsphase allerdings zu aktivieren, wenn folgende Bedingungen kumulativ erfüllt sind (IAS 38.57):
- Die Absicht sowie die technische und organisatorische Fähigkeit, den Vermögenswert fertig zu stellen und zu nutzen oder zu verkaufen, sind vorhanden;
- der künftige Nutzen innerhalb oder über einen Markt außerhalb des Unternehmens kann belegt werden;
- die finanziellen Ressourcen für das Projekt sind gesichert und
- die Ausgaben für das Projekt können verlässlich bewertet werden.

Aktivierungsvoraussetzungen in der Entwicklungsphase

Für die Ermittlung des erwarteten Nutzens sind die Verfahren von IAS 36 für die Ermittlung eines Nutzungswerts bzw. bei verbundenen immateriellen Vermögenswerten zur Ermittlung des Wertes von zahlungsmittelgenerierenden Einheiten anzuwenden. Für die Bilanzierung von selbsterstellten Webauftritten gibt SIC-32 Hinweise für die Abgrenzung von Forschungs- und Entwicklungsphase.

Diejenigen Ausgaben, die nicht aktiviert werden, sind als Aufwand der laufenden Periode auszuweisen. Eine spätere Aktivierung dieser Ausgaben, wenn der Vermögenswert die Aktivierungsanforderungen doch erfüllt, ist nicht möglich (IAS 38.71).

Aufwandsverrechnung

Auch nach dem Zeitpunkt der erstmaligen Aktivierung können weiterhin Entwicklungsausgaben aktiviert werden, die den normalen Aktivierungskriterien genügen. Falls der aus dem immateriellen Vermögenswert zu erwartende künftige ökonomische Nutzen unter den dann zu aktivierenden Kosten liegt, ist allerdings eine ergebniswirksame Wertminderung vorzunehmen.

Weiterentwicklung selbsterstellter immaterieller Vermögenswerte

Ansatz erst nach Erfüllung aller Kriterien	Bei der Ermittlung der Herstellungskosten von selbsterstellten immateriellen Vermögenswerten ist der Zeitpunkt der erstmaligen Erfüllung aller Ansatzkriterien von zentraler Bedeutung. Erst von diesem Zeitpunkt an sind die Aufwendungen in die Herstellungskosten einzubeziehen. Alle vorhergehenden Aufwendungen dürfen nicht nachträglich aktiviert werden.
Umfang der Herstellungskosten	Der grundsätzlich in IAS 38.66-67 des aktuellen Standards geregelte Umfang der Herstellungskosten unterscheidet sich in der Formulierung von der Vorgängerversion IAS 38 (1998). Nach IAS 38 (1998) umfassten die Herstellungskosten neben direkt zurechenbaren Kosten eindeutig auch solche Gemeinkosten, die auf vernünftiger und stetiger Basis zugerechnet werden können (IAS 38.54 (1998)). Der aktuelle Standardtext ist im Hinblick auf den Ansatz von Gemeinkosten dagegen weniger eindeutig formuliert. Zu den Herstellungskosten zählen nach IAS 38.66 zunächst alle direkt zurechenbaren Kosten, wie etwa für Material, Dienstleistungen, Löhne und Gehälter, die Registrierung von Rechtsansprüchen, Abschreibungen auf Patente und Lizenzen etc. Mit Blick auf die Gemeinkosten erfordert IAS 38.66 durch die Neuformulierung dagegen möglicherweise einen Ansatz immaterieller Vermögenswerte zu Teilkosten. Einer solch engen Auslegung des Wortlautes von IAS 38.66 steht allerdings IAS 38.67(a) entgegen, der die Einbeziehung von Gemeinkosten fordert, die direkt zugeordnet werden können. Auch finden sich weder in IAS 38.BC noch in der „Summary of Main Changes" des ED-IAS 38 vom Dezember 2002 Hinweise darauf, dass eine Änderung des Umfangs der Herstellungskosten vom Board beabsichtigt war. Die Herstellungskosten umfassen unseres Erachtens daher neben den Einzelkosten weiterhin auch zurechenbare Gemeinkosten mit Ausnahme von nicht einzubeziehenden „general overheads" (IAS 38.67(a))[4].
Beispiel 11.5	Neben den erworbenen zwei Lizenzen ist im Laufe des Geschäftsjahres ein Patent von der Biogen AG selbst entwickelt worden. Mit der Erteilung des Patents am 01.07.2005 und dem Wertgutachten über den zukünftigen Markt für das aus dem Patent resultierende Produkt vom 01.10.2005 sind alle Bedingungen von IAS 38.57 erfüllt.

Folgende Kosten sind im Laufe des Jahres 2005 angefallen:

01.01.05-30.06.05:	Einzelkosten der Forschung:	40.000 €
01.07.05-30.09.05:	Einzelkosten der Forschung:	20.000 €
01.10.05-31.12.05:	Einzelkosten der Forschung:	20.000 €
01.05.05-30.06.05:	Einzelkosten der Entwicklung:	20.000 €
01.07.05-30.09.05:	Einzelkosten der Entwicklung:	20.000 €
01.10.05-31.12.05:	Einzelkosten der Entwicklung:	30.000 €
01.05.05-30.06.05:	Anwaltskosten Patenterteilung:	15.000 €
01.07.05-30.09.05:	Gemeinkosten der Entwicklung:	10.000 €
01.10.05-31.12.05:	Gemeinkosten der Entwicklung:	20.000 €

---

4 So auch *Hoffmann*, Haufe IFRS-Kommentar, § 13, Rz. 58 und *Wagenhofer*, IAS/IFRS, S. 214.

Am 01.01.2006 droht ein Konkurrent, wegen eines vermeintlichen Patentmissbrauchs Klage zu erheben. Die hastig herbeigerufenen Patentanwälte der Biogen AG können diese Drohung für das Unternehmen schnell abwenden, stellen allerdings für ihre Dienstleistung ein Honorar von 10.000 € in Rechnung. Mit welchem Wert ist das Patent am 31.12.2005 anzusetzen? Könnte auch das im Jahr 2006 anfallende Anwaltshonorar zur Abwendung der drohenden Klage noch zu den Anschaffungskosten zählen? Bei der Lösung sind latente Steuern zu vernachlässigen.

Lösung
Wie IAS 38.54 festlegt, sind Forschungskosten nicht aktivierungsfähig. Somit sind alle Forschungskosten des Jahres 2005 als Aufwand zu behandeln, ungeachtet dessen, ob sie Einzel- oder Gemeinkosten sind und wann sie anfallen. Entwicklungskosten sind zwar grundsätzlich aktivierungspflichtig, allerdings erst, wenn sämtliche Bedingungen von IAS 38.57 erfüllt sind. Das ist hier erst ab dem 01.10.05 der Fall. Vor der Erstellung des Wertgutachtens waren die Bedingungen von IAS 38.57 noch nicht erfüllt, eine Aktivierung derjenigen Kosten, die vor dem 01.10.2005 angefallen sind, ist also nicht zulässig. Der Wertansatz des Patents beläuft sich somit auf 50.000 €. Das im Jahr 2006 anfallende Honorar der Patentanwälte zur Abwendung der Klage ist klar zu dem Patent gehörig und qualifiziert sich gemäß IAS 38.57 i.V.m. IAS 38.66(c) zum nachträglichen Ansatz. Indes wäre im Rahmen eines Werthaltigkeitstest zu prüfen, ob der erhöhte Buchwert weiterhin über dem erzielbaren Betrag i.S.v. IAS 36 liegt.

3 Folgebewertung

Nach der Erstbewertung kann der immaterielle Vermögenswert nach zwei unterschiedlichen Methoden folgebewertet werden:
- Auf Basis fortgeführter Anschaffungs- bzw. Herstellungskosten (IAS 38.74), wobei planmäßige Abschreibungen und außerplanmäßige Wertminderungen zu berücksichtigen sind, oder
- mit dem Neubewertungsbetrag (IAS 38.75-87). Diese Neubewertungsmethode schreibt zusätzlich zu der planmäßigen Abschreibung den Wertansatz zum Neubewertungsbetrag vor, wobei dieser auf einem aktiven Markt zu ermitteln ist.

Zwei Folgebewertungsmethoden

3.1 Anschaffungskostenmodell

Da ein aktiver Markt (IAS 38.8) für immaterielle Vermögenswerte nur selten vorliegt, besitzt das Prinzip der fortgeführten Anschaffungskosten die weitaus größere praktische Bedeutung[5]. Bei ihrer Anwendung sind die Anschaffungs- bzw. Herstellungskosten des immateriellen Vermögenswertes durch Abschreibungen planmäßig auf die Perioden der Nutzung zu verteilen. Demzufolge müssen eine Nutzungsdauer und eine Abschreibungsmethode bestimmt werden.

Nutzungsdauer kann bestimmt oder unbestimmt sein

Grundsätzlich ist nach IAS 38.88 zunächst zu überprüfen, ob von einer bestimmten oder unbestimmten Nutzungsdauer auszugehen ist, wobei IAS 38.91 klarstellt, dass eine unbestimmte Nutzungsdauer nicht bedeutet, dass die Nutzungsdauer unendlich ist[6]. Eine Nutzungsdauer ist immer dann unbestimmt, wenn es keine Anhaltspunkte dafür gibt, dass der Vermögenswert von einem bestimmten Zeitpunkt an keine positiven Cashflows für das Unternehmen mehr erwirtschaftet. Hierfür ist unerheblich, ob der Vermögenswert regelmäßige Aufwendungen erforderlich macht, solange diese Aufwendungen den bisherigen Status quo erhalten und das bilanzierende Unternehmen auch in Zukunft plant, diese Aufwendungen in Kauf zu nehmen. Eine unbestimmte Nutzungsdauer kann allerdings nicht durch künftig geplante Aufwendungen begründet werden, die den bisherigen Zustand des Vermögenswerts erheblich verbessern sollen.

Beispiel 11.6

Im Rahmen einer weiteren Unternehmensakquisition hat die Biogen AG zum 01.01.2006 zwei bereits eingeführte Generikamarken erworben. Beide Marken sind nach IAS 38.33 zu ihren beizulegenden Zeitwerten anzusetzen. Da kein aktiver Markt für Generikamarken existiert, soll nun entschieden werden, welche Nutzungsdauern die beiden Marken besitzen. Die Marke Look-alike ist seit vielen Jahren sehr erfolgreich am Markt und international anerkannt. Die Marketingexperten schätzen, dass mit Werbeaufwendungen in Höhe von jährlich ca. 5 Mio. € der Wert der Marke auch in der Zukunft auf dem gegebenen Niveau zu halten sei. Die zweite erworbene Marke Nearly-as-Good ist bislang lediglich in Europa platziert. Da die Marketingexperten davon ausgehen, dass ein Überleben der Marke nur für die nächsten 5 Jahre gesichert sei, schlagen sie eine weltweite Expansion der Marke vor, die in drei Jahren beginnen soll und nach einer einmaligen Aufwendung in Höhe von 10 Mio. € in den Folgeperioden regelmäßige Aufwendungen in Höhe von 4 Mio. € erforderlich macht. Bislang liegen die Werbeaufwendungen für Nearly-as-good bei

---

5   Vgl. *von Keitz, I.,* Praxis der IASB-Rechnungslegung, 2. Aufl., Stuttgart 2005, S. 43.
6   Die deutsche Übersetzung im Amtsblatt der europäischen Union nutzt an dieser Stelle die Begriffe „begrenzte" und „unbegrenzte" Nutzungsdauer. Unseres Erachtens sollten die Originalformulierungen „finite" und „indefinite" allerdings besser mit „bestimmt" und „unbestimmt" übersetzt werden. Die erläuternde Begriffsklärung in IAS 38.91, „the term 'indefinite' does not mean 'infinite'", im Amtsblatt der EU übersetzt als „der Begriff ‚unbegrenzt' hat nicht die selbe Bedeutung wie ‚endlos'", ist andernfalls nur schwer verständlich. Unseres Erachtens ist diese Begriffsklärung vielmehr dahingehend zu verstehen, dass eine „unbestimmte" nicht gleichbedeutend mit einer „unendlichen" Nutzungsdauer ist.

2 Mio. € jährlich. Im Falle der Umsetzung des Expansionsplans sind sowohl interne als auch externe Marketingstrategen davon überzeugt, dass sich die Marke auf unbestimmte Dauer am Markt behaupten wird. Das Management der Biogen AG hat auf der jüngsten Vorstandssitzung dem Plan zugestimmt und die Finanzierung ist unproblematisch.

Lösung
Für die Marke Look-alike liegen keinerlei Hinweise vor, dass die Nutzungsdauer innerhalb eines bestimmten Zeitraums enden wird. Da die künftigen Aufwendungen im wesentlichen den momentanen Zustand erhalten sollen, ist die Nutzungsdauer der Marke als unbestimmt zu klassifizieren.

Für die Marke Nearly-as-Good gilt indes, dass der Expansionsplanung auf eine wesentliche Verbesserung der Markenpositionierung abzielt. Insofern lässt sich keine unbestimmte Nutzungsdauer rechtfertigen. Die Nutzungsdauer ist somit auf Basis des bisherigen Zustandes zu bestimmen. Hier liegen Hinweise vor, dass die Marke nach fünf Jahren keine positiven Cashflows mehr generieren wird. Die Nutzungsdauer ist also auf fünf Jahre zu beschränken.

Falls keine bestimmte Nutzungsdauer vorliegt, ist der immaterielle Vermögenswert gemäß IAS 38.107 nicht planmäßig abzuschreiben. Stattdessen hat ein jährlicher Werthaltigkeitstest zu erfolgen (IAS 38.109; vgl. Kapitel 10). Des Weiteren ist zu jedem Bilanzstichtag zu überprüfen, ob mittlerweile eine Nutzungsdauer bestimmt werden kann. Falls dies der Fall ist, so sind daraus resultierende Bewertungsänderungen nach IAS 8 „Bilanzierungs- und Bewertungsmethoden, Änderungen von Schätzungen und Fehler" zu bilanzieren[7]. Keine planmäßige Abschreibung bei unbestimmter Nutzungsdauer

Wenn eine bestimmte Nutzungsdauer vorliegt, ist der immaterielle Vermögenswert planmäßig abzuschreiben. Der Abschreibungsbeginn soll nach IAS 38.97 mit der Betriebsbereitschaft des immateriellen Vermögenswerts zusammenfallen. Die Nutzungsdauer ist anhand von internen und externen Faktoren zu bestimmen (IAS 38.90). Planmäßige Abschreibung bei bestimmter Nutzungsdauer

Lizenzen, deren Leistungsfluss in der Zukunft erst beginnt, wie etwa die im August 2000 versteigerten UMTS-Lizenzen für Telekommunikation, sind erst ab dem Beginn der tatsächlichen Betriebsbereitschaft abzuschreiben, wobei die Einsatzplanung des Managements zu berücksichtigen ist. Angenommen, technisch seien die UMTS-Lizenzen ab dem 01.01.2004 nutzbar und das Management des bilanzierenden Unternehmens hatte auch ursprünglich die Nutzung zu diesem Termin geplant. Zum Anfang des Jahres 2004 stellte sich allerdings heraus, dass der Markt für UMTS „noch nicht reif" ist. Von einigen Erstnutzern abgesehen, sei die breite Markteinführung von UMTS erst zum 01.01.2005 erfolgt. Zu diesem Zeitpunkt sei auch eine flankierende Werbekampagne gestartet. Wären die UMTS-Lizenzen bereits für das Jahr 2004 abzuschreiben, obwohl sie praktisch nicht genutzt werden? **Beispiel 11.7**

---
7 Vgl. Kapitel 26.

> **Lösung**
> Ja! Schließlich ist die von IAS 38.97 geforderte Betriebsbereitschaft, auch gemäß der ursprünglichen Planungen des Managements, bereits gegeben. Dass die Betriebsbereitschaft erst mit der Werbekampagne gegeben sei, vermag kaum zu überzeugen. Falls eine nutzungsabhängige Abschreibungsmethode gewählt wird, können die Abschreibungen für das Jahr 2004 allerdings unter Umständen relativ gering ausfallen.

Wenn der immaterielle Vermögenswert auf Basis von Rechten besteht, so darf dessen Nutzungsdauer nicht über die Gültigkeit der Rechte hinausgehen, es sei denn, die Rechtsansprüche sind erneuerbar, eine Erneuerung ist so gut wie sicher und im Vergleich mit dem zukünftig aus dem Vermögenswert erwarteten Nutzen nicht mit wesentlichen Kosten verbunden (IAS 38.96).

Abschreibungsmethode

Die Abschreibungsmethode hat der Realisierung des Nutzens zu folgen. Dies kann z.B. im Rahmen einer leistungsorientierten, linearen oder degressiven Abschreibung erfolgen. Ist der Verlauf der Nutzenrealisierung nicht zuverlässig bestimmbar, so ist der Vermögenswert linear abzuschreiben. Ein Restwert ist grundsätzlich nicht anzusetzen, es sei denn, eine dritte Partei hat sich verpflichtet, den Vermögenswert am Ende der Nutzungsdauer zu erwerben, oder es gibt einen aktiven Markt für den Vermögenswert, der wahrscheinlich auch am Ende der Nutzungsdauer noch bestehen wird (IAS 38.100).

Die Differenz zwischen Anschaffungs- bzw. Herstellungskosten und einem ggf. anzusetzenden Restwert ist als Abschreibung auf die Perioden der Nutzung zu verteilen. Der jeweilige Abschreibungsbetrag des Jahres ist ergebniswirksam zu erfassen, es sei denn, er wird im Rahmen anderer IFRS, z.B. im Rahmen eines Herstellungsprozesses, wiederum aktiviert. Stellt sich im Laufe der Nutzungsdauer heraus, dass Abschreibungszeitraum oder -methode wesentlich falsch geschätzt wurden, so sind nach IAS 38.104 i.V.m. IAS 8 aktuelle und ggf. künftige Abschreibungen dementsprechend anzupassen.

3.2 Neubewertungsmodell

Zusätzliche Neubewertung möglich bei aktivem Markt

Insbesondere bei immateriellen Vermögenswerten ist es möglich, dass sich die Wertentwicklung im Zeitablauf mehr oder weniger stark von den ursprünglichen Anschaffungs- oder Herstellungskosten abkoppelt, denn schließlich kann sich ein immaterieller Vermögenswert nicht physisch abnutzen. Interessiert sich ein Bilanzleser dafür, welchen aktuellen Zeitwert ein immaterieller Vermögenswert besitzt, so erscheinen somit die durch planmäßige Abschreibungen fortgeführten Anschaffungskosten nur wenig informativ. IAS 38 kennt daher das Konzept der alternativ zulässigen Folgebewertung zum Neubewertungsbetrag, die *zusätzlich* zur planmäßigen Abschreibung erfolgt. Dieses Neubewertungskonzept kann auch für das Sachanlagevermögen angewandt werden[8].

---

8 Vgl. Kapitel 12.

Grundidee ist hierbei die Folgebewertung von immateriellen Vermögenswerten zum beizulegenden Zeitwert. Diese Marktbewertung erfolgt imparitätisch: Wertminderungen sind grundsätzlich ergebniswirksam, Wertsteigerungen über die ursprünglichen Anschaffungs- bzw. Herstellungskosten hinaus jedoch grundsätzlich ergebnisneutral zu erfassen. Abweichungen von diesem Grundsatz ergeben sich allerdings, da zunächst die Ergebniswirkungen der Neubewertung vorheriger Perioden zu beachten sind. Der neubewertete Wertansatz des Vermögenswerts stellt dann die neue Abschreibungsbasis dar, die planmäßig auf die Restnutzungsdauer zu verteilen ist. Im Folgenden wird anhand von Beispielen verdeutlicht, wie die Neubewertung im Detail zu erfolgen hat.

Wie bereits einleitend in diesem Abschnitt gesagt wurde: Damit das Neubewertungsmodell angewandt werden kann, muss der Neubewertungsbetrag auf einem aktiven Markt ermittelt werden (IAS 38.75). Aufgrund der restriktiven Anforderungen eines aktiven Marktes geht IAS 38.78 davon aus, dass ein solcher Markt für immaterielle Vermögenswerte nur in Ausnahmefällen existiert. Als Beispiele für solche Märkte können bestimmte handelbare Lizenzen (z.B. Fischereirechte und Emissionslizenzen) angeführt werden. Explizit verneint wird die Existenz solcher Märkte für Markennamen, Drucktitel, Musik- und Filmverlagsrechte sowie Patente oder Warenzeichen.

Existenz eines aktiven Marktes ist Bedingung

Das Neubewertungsmodell für immaterielle Vermögenswerte entspricht im Wesentlichen dem Neubewertungsmodell für Sachanlagen nach IAS 16.31-42[9]. Die Neubewertung ist immer dann durchzuführen, wenn der beizulegende Zeitwert deutlich vom Buchwert abweicht, bei stark schwankenden Wertansätzen also jährlich. Wenn ein Vermögenswert neubewertet wird, sind alle ähnlichen Vermögenswerte ebenfalls neuzubewerten, sofern für sie ein aktiver Markt besteht. Daraus folgt, dass die Entscheidung, das Neubewertungsmodell anzuwenden, immer für eine Gruppe von ähnlichen Vermögenswerten einheitlich getroffen werden muss. Nur wenn für einen immateriellen Vermögenswert dieser Gruppe kein alternativer Markt vorliegt, dann ist dieser Vermögenswert lediglich zu fortgeführten Anschaffungs- bzw. Herstellungskosten folgezubewerten.

Abhängig davon, ob der bilanzierte Vermögenswert brutto, also mit den historischen Anschaffungskosten auf der Aktivseite und den korrespondierenden kumulierten Abschreibungen auf der Passivseite (in Deutschland unüblich), oder netto ausgewiesen wird, hat die Neubewertung unterschiedlich zu erfolgen (IAS 38.80), woraus allerdings keinesfalls Ergebnisdifferenzen resultieren:

- Wird der Vermögenswert brutto ausgewiesen, dann sind die kumulierten Abschreibungen und der Bruttovermögenswert dementsprechend anzupassen, so dass der beizulegende Zeitwert dem anteilig abgeschriebenen Neuwert entspricht.
- Wird der Vermögenswert netto bilanziert, so ist der Nettobuchwert des Vermögenswerts direkt neuzubewerten.

---

9 Vgl. Kapitel 12.

Beispiel 11.8

Ein Vermögenswert mit Anschaffungskosten von 100 T€ und einer linearen Abschreibung über zwei Jahre wird nach dem ersten Jahr neubewertet. Ein Zeitwert von 60 T€ ist am aktiven Markt verfügbar. Wenn, wie in Deutschland üblich, der Vermögenswert netto ausgewiesen wird, ergibt sich unter Vernachlässigung von latenten Steuern zum Beginn des zweiten Jahres folgender Buchungssatz:

Vermögenswert   an   sonstiger Gesamterfolg   10 T€

Wenn der betroffene Vermögenswert brutto ausgewiesen wird, ergibt sich folgende Buchung:

Vermögenswert   20 T€   an   akkumulierte Abschreibung   10 T€
*   sonstiger Gesamterfolg   10 T€*

Ergebniswirkung der Neubewertung

Die Neubewertung ist grundsätzlich imparitätisch vorzunehmen (IAS 38.85-86):
- Wenn der Neubewertungsbetrag über dem Buchwert liegt, so ist ergebnisneutral gegen den sonstigen Gesamterfolg zuzuschreiben.
- Wenn der Neubewertungsbetrag unter dem Buchwert liegt, ist die Wertminderung als Aufwand zu erfassen.

Bei diesem Vorgehen sind allerdings Ereignisse der Vorperioden zu beachten:
- Wenn ein Abwertungsbedarf vorliegt, in den Vorperioden allerdings eine Zuschreibung gegen den sonstigen Gesamterfolg gebucht und dieser in eine Neubewertungsrücklage im Eigenkapital abgeschlossen wurde, dann ist diese Rücklage zunächst ergebnisneutral, also wiederum über den sonstigen Gesamterfolg aufzulösen.
- Wenn ein Aufwertungsbedarf vorliegt, in den Vorperioden allerdings eine Abwertung ergebniswirksam erfasst wurde, muss diese zunächst ergebniswirksam kompensiert werden.

Beispiel 11.9

Die Biogen AG hat zum 01.01.2005 von der EU eine Produktionslizenz zum Kaufpreis von 500 T€ erworben. Für diese Produktionslizenz existiert ein aktiver Markt, auf dem diese Lizenzen mit gleicher Restlaufzeit gehandelt werden. Die Folgebewertung der Lizenz soll gemäß dem Neubewertungsmodell erfolgen. Die Laufzeit der Lizenz beträgt fünf Jahre, die Wertentwicklung kann der folgenden Tabelle entnommen werden.

Zeitpunkt	Marktwert	Buchwert Steuerbilanz
31.12.2005	405 T€	400 T€
31.12.2006	301 T€	300 T€
31.12.2007	320 T€	200 T€
31.12.2008	80 T€	100 T€
31.12.2009	0 T€	0 T€

Losgelöst von der Neubewertung wird die Lizenz sowohl im IFRS-Abschluss als auch steuerrechtlich über fünf Jahre linear abgeschrieben. Eine steuerliche Teilwertabschreibung wird nicht vorgenommen. Der Steuersatz beträgt 30 %.

Lösung
Zunächst wird der Kauf der Lizenz am 01.01.2005 gebucht:
Lizenz   an   Bank   500 T€

Zu den ersten zwei Bilanzstichtagen schwankt der Neubewertungswert nur unerheblich um die fortgeführten Anschaffungskosten, so dass sich das Management gemäß IAS 38.75 entscheidet, keine Neubewertung vorzunehmen. Die Buchungssätze zum 31.12.2005 und zum 31.12.2006 lauten also jeweils:
Abschreibung Lizenz   an   Lizenz   100 T€

Zum 31.12.2007 hingegen ist der durch den aktiven Markt belegte Wert wesentlich höher als die fortgeführten Anschaffungskosten, so dass nach der planmäßigen Abschreibung zusätzlich eine Neubewertung durchgeführt wird:
Abschreibung Lizenz   an   Lizenz   100 T€

Lizenz   120 T€   an   sonstiger Gesamterfolg   84 T€
*   Steuerrückstellung   36 T€*

Zum 31.12.2008 ist das Produktionsverfahren mittlerweile durch wesentlich effektivere Verfahren abgelöst worden. Der Wert der Lizenz ist deshalb auf den Betrag von 80 T€ gefallen. Dennoch wird zunächst die normale Abschreibung ohne Berücksichtigung der erneuten Neubewertung gebucht:
Abschreibung Lizenz   an   Lizenz   160 T€

Im Umfang der höheren Abschreibung ist nun auch die aus Abschluss des sonstigen Gesamterfolgs ins Eigenkapital gebildete Neubewertungsrücklage aufzulösen. Fraglich erscheint hierbei die Behandlung der Steuerrückstellung. So wird in der Literatur gefordert, die Auflösung der Steuerrückstellung ergebniswirksam vorzunehmen[10], um die Ertragslage des bilanzierenden Unternehmens korrekt darzustellen, auch wenn die höheren Abschreibungen steuerlich nie zu einer Ergebnisreduktion führen. Die resultierenden Buchungssätze lauten dann:
Neubewertungsrücklage   an   Gewinnrücklage   42 T€

Steuerrückstellung   an   Steuerertrag   18 T€

Diese Buchungen bedeuten eine Durchbrechung der Pagatorik: Die Bildung der Neubewertungsrücklage erfolgt ergebnisneutral über den sonstigen Ge-

---

10 Vgl. *Baetge, J./Beermann, T.*, Die Neubewertung des Sachanlagevermögens nach International Accounting Standards (IAS), in: StuB, 1. Jg. (1999), S. 346.

samterfolg, die Abschreibung des neubewerteten Vermögenswerts und die korrespondierende Auflösung der Steuerrückstellung verändern dagegen das Periodenergebnis. Während das Eigenkapital sich durch die beiden Buchungssätze lediglich um 100 T€ reduziert, entsteht ein Verlust in Höhe von 136 T€. Im Gegensatz zu anderen ergebnisneutralen Zu- oder Abschreibungen, z.B. bei zur Veräußerung verfügbaren Wertpapieren, gleicht sich dieser Unterschied im Zeitablauf *nicht* aus, wie im Folgenden zu sehen sein wird.

Im Anschluss an die planmäßige Abschreibung wird nun die Neubewertung durchgeführt, wobei zunächst die bestehende Neubewertungsrücklage über den sonstigen Gesamterfolg ergebnisneutral aufgelöst wird. Der verbleibende Restbetrag wird ergebniswirksam erfasst und führt nun zum Entstehen von ergebniswirksamen aktiven latenten Steuern, da annahmegemäß keine steuerliche Teilwertabschreibung erfolgt:

Sonstiger Gesamterfolg 42 T€
Steuerrückstellung 18 T€
Neubewertungsaufwand 20 T€ an *Lizenz* 80 T€

Aktive latente Steuer an *Steuerertrag* 6 T€

Im letzten Jahr wird dann die Lizenz komplett abgeschrieben und verlässt zum 31.12.2009 die Bilanz. Hierbei wird die im Vorjahr gebildete aktive latente Steuer ergebniswirksam aufgelöst:

Abschreibung Lizenz an *Lizenz* 80 T€

Steueraufwand an *aktive latente Steuer* 6 T€

Interpretation
Anhand der folgenden Tabelle lassen sich der Bilanzansatz (Lizenz) sowie die jährliche Beeinflussung des Periodenergebnisses (ΔPE), des sonstigen Gesamterfolgs (ΔSGE), des Periodengesamterfolgs (ΔPGE) und des Eigenkapitals (ΔEK) analysieren. Es wird deutlich, dass bei Anwendung des Neubewertungsmodells *permanente* Unterschiede zwischen steuerbilanziellem Ergebnis und IFRS-Ergebnis entstehen können und dass Eigenkapitalentwicklung und Ergebnisentwicklung nach IFRS ebenfalls dauerhaft auseinander fallen. Lediglich der Periodengesamterfolg als Saldo von Periodenergebnis und sonstigem Gesamterfolg erklärt die Eigenkapitalveränderungen in IFRS- und Steuerbilanz zutreffend, wobei abzuwarten bleibt, ob dieser Saldo im Vergleich zur derzeit prominenteren Größe des Periodenergebnisses durch die Neugestaltung der Erfolgsrechenwerke (Kapitel 7) zukünftig eine relevantere Stellung einnehmen wird.

Zeitpunkt	IFRS-Bilanz				
	Lizenz	ΔPE	ΔSGE	ΔPGE	ΔEK
31.12.2005	400	-100	0	-100	-100
31.12.2006	300	-100	0	-100	-100
31.12.2007	320	-100	+84	-16	-16
31.12.2008	80	-156	-42	-198	-198
31.12.2009	0	-86	0	-86	-86
Summe		-542	+42	-500	-500

Zeitpunkt	Steuerbilanz	
	Lizenz	ΔPE = ΔEK
31.12.2005	400	-100
31.12.2006	300	-100
31.12.2007	200	-100
31.12.2008	100	-100
31.12.2009	0	-100
Summe		-500

Beispielvariation – Verkauf im Jahre 2008
Nehmen wir nun als Variation des obigen Beispiels an, dass das Management der Biogen AG Anfang 2008 schon von den neuen Produktionsverfahren gewusst hat und sich deswegen am 01.01.2008 entschlossen hat, die Produktionslizenz zum Preis von 320 T€ am aktiven Markt zu veräußern.

Lösung Beispielvariation
Die Realisation führt nach IAS 38.87 nicht zu einer ergebniswirksamen Erfassung der Neubewertungsrücklage; vielmehr ist die Neubewertungsrücklage gesamterfolgsneutral in die Gewinnrücklagen umzubuchen:
Bank   an   Lizenz   320 T€

Neubewertungsrücklage   an   Gewinnrücklage   84 T€

Steuerrückstellung   an   Steuerertrag   36 T€

Der gesamte Periodenergebnisausweis für die Jahre 2005 bis 2008 beträgt in diesem Fall nach IFRS -300 T€, während steuerrechtlich zwar zunächst auch Abschreibungen in Höhe von 300 T€ vorgenommen wurden, dann allerdings zum Zeitpunkt der Veräußerung ein zu versteuernder Gewinn in Höhe von 120 T€ entsteht. Die hieraus resultierende faktische Steuerschuld wird durch die ergebniswirksame Auflösung der latenten Steuer kompensiert.

Wertminderungstest

Neben der normalen Folgebewertung gelten auch für immaterielle Vermögenswerte die Vorschriften von IAS 36 zur Wertminderung von Vermögenswerten (vgl. hierzu Kapitel 10). So werden in IAS 36.12 externe und interne Indikatoren aufgeführt, die einen Test auf Wertminderung notwendig machen. Zusätzlich zu diesen Anlässen sind bestimmte immaterielle Vermögenswerte gemäß IAS 36.10 regelmäßig an jedem Abschlussstichtag auf Wertminderungen zu überprüfen:
- Immaterielle Vermögenswerte, die noch nicht gebrauchsbereit sind, deren planmäßige Abschreibung also noch nicht begonnen hat, und
- immaterielle Vermögenswerte, die eine unbestimmte Nutzungsdauer haben.

Wertminderungen sind grundsätzlich ergebniswirksam zu erfassen. Falls jedoch im Rahmen des Neubewertungsmodells zuvor eine Neubewertungsrücklage gebildet wurde, so ist diese zunächst über den sonstigen Gesamterfolg aufzulösen. Wenn der Grund für eine Wertminderung in den Folgejahren weggefallen ist, dann ist die Wertminderung ebenfalls ergebniswirksam rückgängig zu machen. Eine sich daran ggf. anschließende, über die fortgeführten Anschaffungs- oder Herstellungskosten hinausgehende Neubewertung erfolgt wiederum ergebnisneutral.

Abgang

Ein immaterieller Vermögenswert hat die Bilanz zu verlassen wenn er:
- veräußert wird bzw. das Unternehmen auf andere Art verlässt (IAS 38.112(a)) oder
- wenn aus seiner Nutzung oder Veräußerung kein Nutzenzuwachs mehr zu erwarten ist (IAS 38.112(b)).

Veräußerungserfolg

Die Differenz zwischen Nettoveräußerungserlös und Buchwert ist ergebniswirksam zu erfassen (IAS 38.113). Eine Erfassung der Erlöse als Umsatz ist nicht zulässig. Wie in dem Beispiel zum Neubewertungsmodell aufgezeigt, ist eine eventuell vorhandene Neubewertungsrücklage hierbei *gesamterfolgsneutral* in die Gewinnrücklagen umzubuchen.

4 Angabepflichten

Der besondere Charakter von immateriellen Vermögenswerten macht es unmöglich, dem Adressaten allein über den bilanziellen Ausweis die zu ihrem Verständnis notwendigen Informationen zu vermitteln. Deswegen kommt den im Anhang zu präsentierenden Daten eine besondere Bedeutung zu.

Die Angaben sind jeweils für ähnliche Vermögenswerte zu gruppieren. Eine solche Gruppierung wird exemplarisch in IAS 38.119 vorgeschlagen und umfasst z.B. Gruppen wie Markennamen, Computersoftware, Lizenzen und Franchiseverträge. Zu jeder identifizierten Gruppe sind gemäß IAS 38.118 zunächst allgemeine Angaben zu machen:

- Nutzungsdauern und Abschreibungsmethoden,
- der Posten der Gesamterfolgsrechnung, der die Abschreibungen enthält,
- Informationen über im Wert geminderte Vermögenswerte und
- Informationen zu Schätzungsänderungen hinsichtlich z.B. Abschreibungsdauer und Abschreibungsmethode gemäß IAS 8 (IAS 38.121).

Um die Wertentwicklung der immateriellen Vermögenswerte innerhalb der Periode wiederzugeben, fordert IAS 38.118(e) eine erläuternde Überleitungsrechnung vom Anfangsbestand der Periode zum Endbestand. Hierbei sind die Beträge für einzelne Gruppen von immateriellen Vermögenswerten getrennt anzugeben. Diese Angaben können in einer Art Anlagespiegel für immaterielle Vermögenswerte dargestellt werden. Einen beispielhaften Aufbau für einen solchen Anlagespiegel können Sie dem nachfolgenden Beispiel entnehmen.

Anlagespiegel für immaterielle Vermögenswerte

Im Jahresabschlusses 2007 der Biogen AG soll für die immateriellen Vermögenswerte der Anlagespiegel erstellt werden. Laut den Vorbeispielen dieses Abschnitts hält die Biogen AG folgende immaterielle Vermögenswerte:
- Erworbene Lizenz zum 01.01.2005, Anschaffungskosten: 9.750.790 €, lineare Abschreibung über fünf Jahre, Folgebewertung mit fortgeführten Anschaffungskosten.
- Im Rahmen einer Unternehmensakquisition zum 01.01.2005 erworbene Lizenz der Pharma GmbH, Anschaffungskosten: 10 Mio. €, lineare Abschreibung über fünf Jahre, Folgebewertung mit fortgeführten Anschaffungskosten.
- Zum 01.10.2005 aktiviertes selbsterstelltes Patent, Herstellungskosten: 50 T€, lineare Abschreibung über fünf Jahre, Abschreibungsbeginn 01.10.2005, Folgebewertung mit fortgeführten Anschaffungskosten, nachträgliche Herstellungskosten (Anwaltskosten) zum 01.01.2006: 10 T€ bei gleicher Abschreibung (2 T€ pro Kalenderjahr).
- Zum 01.01.2005 erworbene Produktionslizenz, Anschaffungskosten: 500 T€, lineare Abschreibung über fünf Jahre, Folgebewertung nach dem Neubewertungsmodell. Auf dem aktiven Markt werden „gebrauchte" Produktlizenzen gehandelt. Die resultierenden Werte können Beispiel 11.9 entnommen werden.

Beispiel 11.10

Lösung
Für das Jahr 2007 wäre folgender Anlagespiegel für immaterielle Vermögenswerte zu erstellen. Ein solcher Anlagespiegel kann unter Umständen auch in den bestehenden Anlagespiegel für das Anlagevermögen integriert werden. Wichtig ist lediglich, dass alle von IAS 38.118(e) geforderten Angaben gemacht werden.

T€	Lizenzen	Patente	Summe
Hist. Anschaffungs-/ Herstellungskosten	20.250,79	60,00	20.310,79
Neubewertungsanpassung der Vorperioden	—	—	—
Bruttobuchwerte	20.250,79	60,00	20.310,79
Kum. Abschreibungen der Vorperioden	-8.100,32	-14,50	-8.114,82
Sonstige Neubewertungsanpassungen der Vorperioden	—	—	—
Buchwert zu Beginn der Periode	12.150,47	45,50	12.195,97
Zugänge (davon selbsterstellt und/oder durch Unternehmensakquisition erworben)	—	—	—
Abgänge	—	—	—
Wertänderungen auf Basis von ergebnisneutralen Neubewertungen oder Wertmind.	120,00	—	—
Aufwendungen durch Wertminderungen	—	—	—
Erträge durch Wertaufholungen	—	—	—
Abschreibungen der laufenden Periode	-4.050,16	-12,00	-4.062,16
Wechselkursänderungen	—	—	—
Sonst. Wertänderungen der lfd. Periode	—	—	—
Buchwert am Ende der Periode	8.220,31	33,50	8.253,81

Sonstige Angabepflichten

Zusätzlich ergeben sich insbesondere beim Vorliegen von besonderen immateriellen Vermögenswerten weitere Offenlegungspflichten:

- Detaillierte Angaben für Vermögenswerte mit unbestimmter Nutzungsdauer (IAS 38.122(a)).
- Immaterielle Vermögenswerte, die für das berichtende Unternehmen wesentliche Bedeutung besitzen, sind besonders zu beschreiben. Ihr Buchwert und der verbleibende Abschreibungszeitraum sind offen zu legen (IAS 38.122(b)).
- Wurden immaterielle Vermögenswerte mit öffentlichen Zuschüssen finanziert und zum beilegenden Zeitwert bilanziert, werden erläuternde Angaben gefordert (IAS 38.122(c)).
- Verfügungsrechtsbeschränkungen und Verpflichtungen zum künftigen Erwerb von immateriellen Vermögenswerten müssen angegeben werden (IAS 38.122(d)-(e)).
- Wenn Vermögenswerte nach dem Neubewertungsmodell bilanziert werden, sind nach IAS 38.124 Angaben zu machen, die den Adressaten die Details der Neubewertung verdeutlichen. Zudem ist der Wertansatz anzugeben, der bei Bewertung mit den fortgeführten Anschaffungskosten gelten würde.
- Schließlich sind noch die Forschungs- und Entwicklungsaufwendungen der laufenden Periode offen zu legen.

5 Wesentliche Unterschiede zum HGB

Die Bilanzierung von immateriellen Vermögensgegenständen des Anlagevermögens ist nach deutschem Handelsrecht davon abhängig, wie der Zugang beim bilanzierenden Unternehmen erfolgt. Während entgeltlich erworbene immaterielle Vermögensgegenstände aktiviert und über die Perioden der Nutzung planmäßig abgeschrieben werden, gilt für unentgeltlich erworbene immaterielle Vermögensgegenstände des Anlagevermögens nach § 248 Abs. 2 HGB ein explizites Aktivierungsverbot. Hierbei ist es unerheblich, ob es sich um Forschungs- oder Entwicklungsausgaben handelt und ob die immateriellen Vermögensgegenstände selbsterstellt wurden oder z.B. im Rahmen einer Schenkung dem Unternehmen zugefallen sind. Werden immaterielle Vermögensgegenstände im Rahmen einer Unternehmensakquisition oder durch Tausch erworben, so liegt Entgeltlichkeit vor, da Entgeltlichkeit nicht gleichzusetzen ist mit einem monetären Erwerb, sondern lediglich den Erwerb von einem Dritten gegen Gegenleistung fordert. Die im Rahmen einer Unternehmensakquisition oder durch Tausch erworbenen immateriellen Vermögensgegenstände sind somit aktivierungspflichtig.

Aktivierungsverbot nicht entgeltlich erworbener immaterieller Vermögensgegenstände des Anlagevermögens

Die Erstbewertung erfolgt grundsätzlich ähnlich IAS 38. Da Herstellungskosten nach HGB als Wertansatz nicht in Frage kommen, sind deren Ermittlungswahlrechte nach HGB (vgl. hierzu Kapitel 14) hier nicht einschlägig. Als Verfahren der Folgebewertung ist lediglich die planmäßige Abschreibung zugelassen; eine Möglichkeit zur Neubewertung besteht nicht. Analog zu den Vorschriften zu materiellen Vermögensgegenständen besteht eine Abschreibungspflicht bei dauerhafter Wertminderung (§ 253 Abs. 3 HGB). Die Angabepflichten nach HGB ähneln aufgrund der Veröffentlichungspflicht eines Anlagespiegels im Anhang grundsätzlich denen von IAS 38.

Keine Neubewertung zulässig

Der im November 2007 veröffentlichte Referentenentwurf zum geplanten Bilanzrechtsmodernisierungsgesetzes (BilMoG) sieht vor, das Aktivierungsverbot selbsterstellter immaterieller Vermögenswerte des Anlagevermögens (§ 248 Abs. 2 HGB) aufzuheben. Stattdessen sollen Entwicklungsausgaben zukünftig verpflichtend aktiviert werden, während Forschungsausgaben von der Aktivierung ausgeschlossen sind (§ 255 Abs. 2 Satz 4 HGB-E). Da der Referentenentwurf keinerlei Hinweise zur Abgrenzung von Forschungs- und Entwicklungsphase bietet, bleibt abzuwarten, inwieweit sich in der Kommentierung vergleichbare Kriterien analog zu IAS 38.57 herausbilden. Steuerlich ist weiterhin eine ergebniswirksame Erfassung der entsprechenden Entwicklungsaufwendungen vorgesehen, und auch für Ausschüttungszwecke sollen diese Beträge nicht zur Verfügung stehen (§ 268 Abs. 8 HGB-E). Wie auch nach IFRS bestünde die Verpflichtung, den Gesamtbetrag der Forschungs- und Entwicklungskosten sowie den aktivierten Teil im Anhang anzugeben (§ 285 Nr. 22, § 314 Abs. 1 Nr. 14 HGB-E). Da auch keine IAS 38.63 vergleichbaren Aktivierungsverbote vorgesehen sind, wäre der Begriff des Immateriellen Vermögenswertes bei Umsetzung dieses Entwurfs handelsrechtlich sehr viel weiter gefasst als nach IFRS, so dass insbesondere auch eine Aktivierung des eigenen Markennamens in Frage kommen würde. Weiterer markanter Unterschied zu IAS 38 bliebe der handelsrechtliche Ausschluss der Neubewertungsmethode.

Referentenentwurf zum BilMoG

6 Wesentliche Unterschiede zu US-GAAP

Normenvielfalt nach US-GAAP

Für die Bilanzierung von immateriellen Vermögenswerten des Anlagevermögens gibt es nach US-GAAP eine Vielzahl von Vorschriften, die teilweise allgemein gehalten sind, teilweise aber auch spezielle immaterielle Vermögenswerte abdecken. Ohne Anspruch auf Vollständigkeit bietet die nachfolgende Tabelle 11.1 einen Überblick über die Normenvielfalt. Das Gebiet der immateriellen Vermögenswerte ist damit ein Beispiel für die vom Case Law geprägte Normenvielfalt, welche die US-GAAP prägt.

Standard	Inhalt
SFAS 2, FIN 4	Aktivierungsverbot für eigene F&E-Ausgaben. Grundsätzlich Aktivierungsgebot für die im Kaufpreis eines Tochterunternehmens entgoltenen F&E-Aktivitäten.
SFAS 7, FIN 7, SOP 98-5	Aktivierungsverbot für Ingangsetzungsausgaben
SFAS 19, SFAS 25, SFAS 69	Aktivierungsgebot von bestimmten F&E-Maßnahmen (z.B. Ausgaben zur Gebietserschließung, Probebohrungen etc.) bei rohstoffabbauenden Branchen
SFAS 44	Aktivierungsverbot für Güterverkehrslizenzen
SFAS 50	Aktivierungsgebot für die Herstellungsausgaben von Mastertonträgern, sofern der Künstler eine hohe Reputation besitzt
SFAS 68	Aktivierungsgebot bzw. -verbot für Ausgaben im Bereich der Auftragsforschung in Abhängigkeit von der Vertragsgestaltung
SFAS 86, FIN 6, SOP 98-1	Aktivierungsgebot von Ausgaben für die Software-Entwicklung ab zweifelsfreier Feststellung der technischen Durchführbarkeit (technical feasibility) bzw. – bei interner Nutzung – eines bestimmten Projektfortschritts
SFAS 139, SOP 00-2	Aktivierungsgebot der Herstellungsausgaben für Masterfilme
SFAS 141	Bilanzierung von Unternehmenserwerben und Behandlung von immateriellen Vermögenswerten, die im Rahmen von Unternehmensakquisitionen erworben wurden
SFAS 142	Bilanzierung von Goodwill und anderen immateriellen Vermögenswerten
SOP 93-7	Aktivierungsverbot für Werbungsausgaben mit Ausnahme der sog. Direktwerbung (direct-response advertising)

Tab. 11.1: Wichtige US-amerikanische Regeln zur Bilanzierung immaterieller Vermögenswerte

Die zentrale Norm zur grundsätzlichen Bilanzierung von immateriellen Vermögenswerten ist SFAS 142 „Goodwill and other Intangible Assets". SFAS 142 verlangt grundsätzlich, dass alle einzeln identifizierbaren immateriellen Vermögenswerte mit sicherem Nutzenpotential aktiviert werden müssen, wenn das Nutzenpotential die Anschaffungs-/Herstellungskosten eindeutig überkompensiert. Da die Beurteilung, ob ein immaterieller Vermögenswert einzeln identifizierbar ist, erhebliche Ermessensspielräume bietet, gewährt SFAS 142 den US-amerikanischen Unternehmen je nach Sachverhaltsgestaltung ein faktisches Ansatzwahlrecht. Der Ansatz immaterieller Vermögenswerte hat zu Anschaffungs- oder Herstellungskosten zu erfolgen. Bei selbststellten Vermögenswerten führt eine sehr enge Definition der eindeutig zuzuordnenden Kosten dazu, dass der anzusetzende Wert nur einen kleinen Teil des Preises ausmacht, der im Rahmen einer Veräußerung für den Vermögenswert erzielt werden könnte. So qualifizieren sich bei selbststellten Marken nur die Kosten für den Schutz der Markenzeichen für eine Aktivierung, nicht aber die wesentlich höheren Werbeaufwendungen[11].

Formelle Ansatzpflicht und faktisches Ansatzwahlrecht für selbsterstellte immaterielle Vermögenswerte

Die Frage der Bilanzierung von Forschungs- und Entwicklungsaufwendungen regelt SFAS 2 „Accounting for Research and Development Costs". Das FASB argumentiert in SFAS 2, dass der zukünftige ökonomische Nutzen sowohl aus Forschung als auch aus Entwicklungsanstrengungen zu unsicher sei, um eine Aktivierung der korrespondierenden Aufwendungen zu rechtfertigen. Aus dieser Regel folgt letztlich auch, wie bereits oben gesagt, dass der Wertansatz von immateriellen Vermögenswerten tendenziell deutlich unter ihrem beizulegenden Zeitwert liegen wird, da Forschungs- und Entwicklungsaufwendungen nicht aktiviert werden.

Aktivierungsverbot für Forschungs- und Entwicklungsaufwendungen

Im Rahmen von Unternehmensakquisitionen erworbene immaterielle Vermögenswerte sind dagegen wie alle anderen Vermögenswerte gemäß SFAS 141.3(k) grundsätzlich aktivierungspflichtig, wenn sie entweder
- separierbar sind in dem Sinne, dass sie separat veräußert werden können oder ihnen separate Erträge zugeordnet werden können, oder
- wenn sie vertraglich/rechtlich konkretisiert und belegt sind.

Immaterielle Vermögenswerte und Unternehmensakquisitionen

Beispiele zur Anwendung dieser allgemeinen Ansatzkriterien auf immaterielle Vermögenswerte bietet SFAS 141.A19-A56.

Die Folgebewertung von immateriellen Vermögenswerten erfolgt grundsätzlich abhängig davon, ob dem immateriellen Vermögenswert eine bestimmte oder unbestimmte Nutzungsdauer unterstellt wird. Wenn die Nutzungsdauer bestimmt ist, dann erfolgt eine planmäßige, im Regelfall lineare Abschreibung. Wenn die Nutzungsdauer hingegen unbestimmt ist, erfolgt keine planmäßige Abschreibung im Rahmen der Folgebewertung. Stattdessen ist, analog zur Vorgehensweise im Rahmen der Goodwill-Folgebewertung (vgl. hierzu Kapitel 23), ein jährlicher Werthaltigkeitstest durchzuführen. Auf Basis dieses Tests sind unter Umständen

Folgebewertung von immateriellen Vermögenswerten

---

11 Vgl. *Kieso/Weygandt/Warfield*, Accounting, S. 575, 591 und als Beispiel die Einführung zu diesem Kapitel.

fallweise außerplanmäßige Abschreibungen vorzunehmen. Somit entspricht diese Vorgehensweise im wesentlichen IAS 38.

Die sonstigen in der Tabelle 11.1 wiedergegebenen US-GAAP-Vorschriften befassen sich im Wesentlichen mit Ansatz- und Erstbewertungsvorschriften für spezielle immaterielle Vermögenswerte und können somit als Konkretisierung der grundlegenden Vorschriften von SFAS 142 verstanden werden. Es wird zusammenfassend deutlich, dass zwei zentrale Unterschiede zwischen den US-GAAP und IAS 38 bestehen:

Zentrale Unterschiede zwischen IAS 38 und US-GAAP

- Nach SFAS 2 sind Entwicklungsaufwendungen im Grundsatz mit einem Aktivierungsverbot belegt. Nach IAS 38 besteht hingegen unter bestimmten Bedingungen eine Aktivierungspflicht für Entwicklungsaufwendungen.
- Während IAS 38 unter sehr restriktiven Vorschriften eine imparitätisch ergebniswirksame Neubewertung zulässt, ist nach SFAS 142 eine Zuschreibung über die historischen Anschaffungskosten hinaus nicht möglich.

Ausgewählte Literatur

Dawo, S., Immaterielle Güter in der Rechnungslegung nach HGB, IAS/IFRS und US-GAAP: Aktuelle Rechtslage und neue Wege der Bilanzierung und Berichterstattung, Herne et al. 2003.

von Keitz, I., Immaterielle Güter in der internationalen Rechnungslegung: Grundsätze für den Ansatz von immateriellen Gütern in Deutschland im Vergleich zu den Grundsätzen in den USA und nach IASC, Düsseldorf 1997.

Langecker, A./ Mühlberger, M., Berichterstattung über immaterielle Vermögenswerte im Konzernabschluss: Vergleichende Gegenüberstellung von DRS 12, IAS 38 und IAS 38 rev., in: KoR, 3. Jg. (2003), S. 109-123.

Übungsaufgaben

Aufgabe 1:
Ende Dezember 2006 hat das Biotech-Unternehmen Blitzforsch AG drei Lizenzen günstig für 90.000 EUR erworben, die es für drei Jahre bei der Entwicklung eines Impfstoffpräparates zu nutzen gedenkt. Der Marktwert der Lizenzen liegt am 31.12.2006 bei 102.000 EUR und am 31.12.2007 bei 65.000 EUR.
a) Wie würde der Geschäftsvorfall nach IFRS zum 31.12.2006 und zum 31.12.2007 zu verbuchen sein? Berücksichtigen Sie dabei, dass die Blitzforsch AG die Neubewertungsmethode anwendet und die Lizenzen über die Nutzungsdauer linear abschreibt. Etwaig auftretende Steuerlatenzen seien zu vernachlässigen.

b) 2007 hat die Blitzforsch AG 50 gleichartige Entwicklungs-Projekte betrieben, deren Ausgaben mit Hinweis auf die geringe Erfolgswahrscheinlichkeit von jeweils nur 10 % allesamt als Aufwand verrechnet wurden. Welcher Grundsatz könnte hinter dieser Vorgehensweise stehen? Welche Argumente sprechen hier möglicherweise für einen Ansatz der Entwicklungsausgaben?

Aufgabe 2:
Die Genfix AG hat seit dem Geschäftsjahr 2005 ein Verfahren zur verbesserten Analyse der Blutgerinnung entwickelt. Das Verfahren ist gerade patentiert worden; Lizenzeinnahmen sind bereits ab dem laufenden Geschäftsjahr 2007 für die nächsten 5 Jahre (bis 2011) zu erwarten. Die Projektkalkulation enthält folgende Angaben:

Jahr	2005	2006	2007
Ausgaben (in Euro)	150.000	250.000	100.000
Fair Value (in Euro)	20.000	300.000	700.000

Wie wäre dieses Projekt 2005 bis 2007 im IFRS-Abschluss der Genfix AG zu verbuchen? Berücksichtigen Sie dabei, dass wegen technischer Schwierigkeiten anfängliche Zweifel an dem Erfolg des Projektes bestanden. Diese konnten jedoch gegen Ende des Jahres 2006 beseitigt werden. Für das Verfahren bestand kein aktiver, funktionsfähiger Markt.

Aufgabe 3:
Die Käpt'n Iglo AG erwirbt Ende 2006 für 100 T€ eine Zwei-Jahres-Lizenz für die Fischerei in der deutschen Nordsee. Auf Grund neuer Daten über die Fischbestände springt der Marktwert dieses Fischereirechts am 31.12.2006 auf 140 T€. Im Laufe des Jahres 2007 brechen die Vorkommen weitgehend zusammen, und der Marktwert der Lizenz sinkt – ebenso wie der steuerliche Teilwert – zum 31.12.2007 auf 25 T€. Ende 2008 läuft die Lizenz aus.
   Verbuchen Sie diesen Sachverhalt für die Jahre 2006, 2007 und 2008 nach der Neubewertungsmethode. Nehmen Sie dabei planmäßige Abschreibungen auf den beizulegenden Zeitwert vor. Der Ertragsteuersatz betrage 30 %.

Aufgabe 4:
Der D&R AG ist es Ende 2007 gelungen, sich einen innovativen synthetischen Farbstoff für die Verwendung in Haarfärbemitteln patentrechtlich schützen zu lassen. Manager der D&R AG stehen derzeit mit namhaften Konzernen aus der Kosmetikindustrie in Verhandlungen. Der Patentschutz endet Ende 2011. Im Jahre 2007 sind der D&R AG Forschungsaufwendungen von 550 T€ und Entwicklungsaufwendungen von 480 T€ entstanden. Diskutieren Sie die bilanzielle Behandlung dieses Sachverhalts aus Sicht der nach IFRS bilanzierenden D&R AG zum Jahresende 2007.

Kapitel 12
Sachanlagevermögen

1 Anwendungsbereich von IAS 16 310

2 Ansatz 312

3 Bewertung 313
   3.1   Erstbewertung 313
   3.2   Folgebewertung 318
        3.2.1   Anschaffungskostenmodell 318
        3.2.2   Neubewertungsmodell 320

4 Abgänge 327

5 Ausweis 327

6 Angaben 328

7 Wesentliche Unterschiede zum HGB 330

8 Wesentliche Unterschiede zu US-GAAP 330

Ausgewählte Literatur 331

Übungsaufgaben 331

Sachanlagen wie z.B. Maschinen, Grundstücke, Gebäude oder Büro- und Geschäftsausstattung sind insbesondere bei Industrieunternehmen zwingender Bestandteil der betrieblichen Tätigkeit. Daher ist es nicht verwunderlich, dass sie zumeist den größten Posten auf der Aktivseite einer Bilanz darstellen. So umfasst z.B. das Sachanlagevermögen des Bayer-Konzerns zum 31.12.2006 8.867 Mio. € und damit ca. 15,9 % der Bilanzsumme. Zum Vergleich: Der Anteil der Sachanlagen an der Bilanzsumme von reinen Dienstleistungskonzernen wie bspw. der Deutsche Börse AG beträgt hingegen weniger als 0,5 %. Sofern Unternehmen über einen wertmäßig hohen Sachanlagenbestand verfügen, fallen in der Regel über die Nutzungsdauer beträchtliche Abschreibungsbeträge an, die sich unmittelbar auf das Jahresergebnis auswirken. So belasteten im Geschäftsjahr 2006 planmäßige und außerplanmäßige Abschreibungen des Sachanlagevermögens in Höhe von 1.322 Mio. € das Konzernergebnis von Bayer.

Innerhalb der IFRS-Rechnungslegung enthält IAS 16 „Sachanlagen" (Property, Plant and Equipment), der im Rahmen des Improvements Project in einzelnen Bereichen verändert wurde, Bilanzierungsvorschriften zum Sachanlagevermögen. Im Sinne der EU-Verordnung sind die geänderten Vorschriften auf Geschäftsjahre anzuwenden, die ab dem 01.01.2005 begonnen haben.

Im Folgenden sollen Sie lernen,
- welche Kriterien nach IAS 16 für den Ansatz von Sachanlagen erfüllt sein müssen,
- wie Sachanlagen erstmalig zu bewerten sind,
- welche Bewertungsmethoden nach der Erstbewertung angewendet werden können und
- welche sonstigen Angaben verpflichtend zu tätigen sind.

1 Anwendungsbereich von IAS 16

Definition von Sachanlagen

Die Regeln von IAS 16 sind grundsätzlich für die Bilanzierung von Sachanlagen anzuwenden. Davon abweichende Bilanzierungsvorschriften sind nur dann erlaubt, wenn ein anderer Standard dies explizit verlangt (wie z.B. IFRS 3 „Unternehmenszusammenschlüsse" für Sachanlagen, die im Rahmen eines Unternehmenszusammenschlusses erworben wurden) oder gestattet. Nach IAS 16.6 handelt es sich bei Sachanlagen um materielle Vermögenswerte, die ein Unternehmen für Zwecke der Herstellung oder der Lieferung von Gütern und Dienstleistungen, zur Vermietung an Dritte oder für Verwaltungszwecke hält und die erwartungsgemäß länger als eine Periode genutzt werden. Zentrale Merkmale einer Sachanlage stellen demnach deren Greifbarkeit und die mehr als einperiodige Nutzungsdauer dar.

Folgende Vermögenswerte bzw. bilanzielle Behandlungsweisen fallen explizit nicht in den Anwendungsbereich von IAS 16:

- Sachanlagen, die nach IFRS 5 als zum Verkauf bestimmt gelten (IFRS 5 „Zur Veräußerung gehaltene langfristige Vermögenswerte und aufgegebene Geschäftsbereiche"),
- Immobilien, die als Finanzinvestition genutzt werden (IAS 40 „Als Finanzinvestition gehaltene Immobilien"),
- Ansatz von Sachanlagen, die im Rahmen eines Leasingverhältnisses ver- bzw. gemietet werden (IAS 17 „Leasingverhältnisse"),
- Biologische Vermögenswerte (IAS 41 „Landwirtschaft"),
- Nicht-regenerative Ressourcen (IFRS 6 „Exploration und Evaluierung von mineralischen Ressourcen").

Ausschlüsse vom Anwendungsbereich

Mit der Verabschiedung von IFRS 5 am 31.03.2004 und seiner verpflichtenden Anwendung für am oder nach dem 01.01.2005 beginnende Geschäftsjahre sind langfristige Vermögenswerte, deren Veräußerung mit sehr hoher Wahrscheinlichkeit (highly probable) bevorsteht, separat auszuweisen und zum Bilanzstichtag mit dem niedrigeren Wert aus beizulegendem Zeitwert abzüglich Veräußerungskosten und Buchwert zu bewerten (vgl. hierzu Kapitel 27).

Für Immobilien wie z.B. Grundstücke und Gebäude, die als Finanzinvestition (bspw. zur Vermietung) und damit als Kapitalanlage genutzt werden, gelten die Vorschriften von IAS 40. Die Abgrenzung von Sachanlagen und Finanzimmobilien ist mit erheblichen Ermessensspielräumen verbunden, die in Kapitel 13 eingehender beschrieben werden.

Der Ansatz von Sachanlagen, die im Rahmen eines Leasingverhältnisses ver- bzw. gemietet werden, ist nach den entsprechenden Vorschriften in IAS 17 vorzunehmen (vgl. Kapitel 21). Hiernach muss der Ansatz einer geleasten Sachanlage nach dem Grundsatz der Übertragung von Risiken und Chancen beurteilt werden. Der Ausschluss des Anwendungsbereichs von IAS 16 auf geleaste Sachanlagen betrifft jedoch primär die Ansatzvoraussetzungen. Andere Bilanzierungsvorschriften, wie bspw. die Auswahl einer geeigneten Abschreibungsmethode, regelt weiterhin IAS 16.

Explizit ausgeschlossen vom Anwendungsbereich sind ferner die bilanzielle Behandlung von biologischen Vermögenswerten, wie z.B. Hühnern und Schweinen eines landwirtschaftlichen Betriebs (IAS 41), und die Suche und Gewinnung von nicht-regenerativen Ressourcen wie z.B. Öl, Erdgas oder Mineralien. Für die Behandlung Letzterer hat das IASB am 09.12.2004 IFRS 6 veröffentlicht, der jedoch überwiegend erweiterte Offenlegungspflichten enthält. Eine umfassende Neuregelung des Themenkomplexes wird vom IASB geplant. Für Sachanlagen, die zur Erschließung oder Aufrechterhaltung von biologischen Vermögenswerten und nicht-regenerativen Ressourcen genutzt werden (wie z.B. Traktoren, Ölbohrkräne etc.), gilt IAS 16 uneingeschränkt.

2 Ansatz

Ansatzkriterien

Nach IAS 16.7 ist ein Vermögenswert als Sachanlage in der Bilanz anzusetzen, wenn er gemäß den Definitionskriterien von IAS 16 als solcher zu bezeichnen ist, dem Unternehmen wahrscheinlich ein mit ihm verbundener künftiger wirtschaftlicher Nutzen zufließen wird und seine Anschaffungs- oder Herstellungskosten verlässlich ermittelt werden können. Eine quantitative Konkretisierung der Eintrittswahrscheinlichkeit des Nutzenzuflusses enthält IAS 16 dabei nicht. Im Schrifttum reichen die Meinungen hierzu von einer Wahrscheinlichkeit, die größer 50 % sein soll, bis zu einer Wahrscheinlichkeitsgrenze von 70-80 %[1].

Einzel- und Gruppenbewertung

Mit der Erfüllung der Ansatzkriterien sind Sachanlagen in der Regel voneinander abzugrenzen und einzeln zu bilanzieren. Es gilt somit der Einzelbewertungsgrundsatz. Allerdings erscheint es aufgrund des dadurch in manchen Fällen entstehenden Aufwands nicht sinnvoll, eine generelle Befolgung dieses Grundsatzes zu fordern. So ist es nach IAS 16.9 erlaubt, einzelne Sachanlagen zusammenzufassen und als Gruppe zu bewerten. Besonders einzelne, unbedeutende Gegenstände (wie z.B. Werkzeuge) kommen hier für die Gruppenbewertung infrage. Voraussetzung für einen gesammelten Ansatz als Sachanlage ist jedoch eine mehr als einperiodige Nutzungsdauer. Reine Ersatzteile stellen Vorratsvermögen dar und sind bei Verbrauch sofort als Aufwand zu verrechnen.

Komponentenansatz

Einzelne Komponenten einer Sachanlage sind nach IAS 16.43 gesondert abzuschreiben, sofern ihre Anschaffungs- oder Herstellungskosten im Verhältnis zu den Gesamtkosten der Sachanlage einen bedeutenden (significant) Anteil darstellen. Nur wenn die bedeutenden Komponenten analoge Nutzungsdauern aufweisen und mit dem gleichen Verfahren abgeschrieben werden sollen, können sie zusammengefasst werden. Nach diesem so genannten Komponentenansatz (component approach) sind Sachanlagen selbst dann in einzelne Bestandteile aufzuteilen, wenn diese in einem einheitlichen Nutzungs- und Funktionszusammenhang stehen. So kann es bspw. erforderlich sein, Triebwerke gesondert neben dem dazugehörigen Flugzeugrahmen abzuschreiben. Dies hat zur Folge, dass Gewinne aus dem vorzeitigen Abgang einer Komponente entsprechend zu erfassen sind. Ebenso sind die Kosten für planmäßige Generalüberholungen einer Komponente als nachträgliche Anschaffungskosten aktivierungspflichtig, wenn sie die allgemeinen Ansatzkriterien erfüllen (insb. künftiger wirtschaftlicher Nutzen).

Indes enthält IAS 16 keinen Hinweis darauf, ab wann ein „bedeutender Anteil" vorliegt. Im Schrifttum wird hier aus Praktikabilitäts- und Objektivierungsgründen eine eher enge Auslegung befürwortet[2]. Allerdings ist es nach IAS 16.47 in Form eines Wahlrechts auch erlaubt, nicht bedeutende Komponenten gesondert abzuschreiben. Es existieren also keine konkreten Regelungen zur Tiefe der Aufteilung eines Vermögenswerts in seine einzelnen Komponenten.

---

1 Vgl. *ADS International*, Abschnitt 1: Konzeptionelle Grundlagen, Tz. 150.
2 Siehe *Hoffmann, W.-D./Lüdenbach, N.*, Abschreibung von Sachanlagen nach dem Komponentenansatz von IAS 16, in: BB, 59. Jg. (2004), S. 377.

Vielmehr unterliegt dies in hohem Maße dem Ermessen der Unternehmensleitung, was in IAS 16.9 auch angedeutet wird.

> Zu Beginn des Geschäftsjahres 00 kauft die nach IFRS bilanzierende Fallen Apart AG ein Bürogebäude, in dem zukünftig die Hauptverwaltung des Unternehmens eingerichtet werden soll. Gemessen am Gesamtwert des Bürokomplexes werden Klimaanlage sowie die Fahrstuhltechnik als wesentliche Komponenten identifiziert, welche beide regelmäßig generalüberholt werden müssen und auch unterschiedliche Nutzungsdauern aufweisen. Bei Zugang ist demnach in der Anlagenbuchhaltung zu buchen:
> *Gebäudehülle   1.500 T€*
> *Klimaanlage   300 T€*
> *Fahrstuhltechnik   200 T€   an   Bank   2.000 T€*
>
> Diese Aufteilung ist jedoch nur zu internen Dokumentationszwecken erforderlich. Im Jahres- bzw. Konzernabschluss nach IFRS werden die Komponenten wieder zu einer Bilanzposition „Gebäude" zusammengefasst.

Beispiel 12.1

Explizite Regelungen für geringwertige Vermögenswerte, wie sie das deutsche Steuerrecht in § 6 Abs. 2 EStG für Wirtschaftsgüter mit Anschaffungs- oder Herstellungskosten von kleiner 410 € kennt, enthält IAS 16 nicht. Aufgrund des Wesentlichkeitsgrundsatzes können geringwertige Sachanlagen jedoch analog zum deutschen Recht im Jahr der Anschaffung vollständig abgeschrieben werden, wobei durchaus auch ein höherer Betrag als unwesentlich eingestuft werden könnte[3].

Geringwertige Sachanlagen

3 Bewertung

3.1 Erstbewertung

Sachanlagen sind bei ihrem erstmaligen Ansatz nach IAS 16.15 zu ihren Anschaffungs- oder Herstellungskosten (cost) anzusetzen, die gemäß der Definition von IAS 16.6 den Betrag an Zahlungsmitteln oder Zahlungsmitteläquivalenten darstellen, der zum Erwerb oder zur Herstellung eines Vermögenswerts entrichtet wurde oder den beizulegenden Zeitwert einer anderen Gegenleistung zum Zeitpunkt des Erwerbs oder der Herstellung. Sofern die Zahlung für eine Sachanlage die übliche Zahlungsfrist überschreitet, stellt der Barwert des Kaufpreises die Anschaffungskosten dar.

Anschaffungs- oder Herstellungskosten

---

3   Vgl. *Ballwieser*, IAS 16, Tz. 61, in: Baetge et al. (Hrsg.), IAS-Kommentar.

Bestandteile der Anschaffungs- oder Herstellungskosten

IAS 16 unterscheidet nicht zwischen Anschaffungskosten und Herstellungskosten, sondern verwendet allgemein den Oberbegriff „cost" als Gesamtdefinition. Die Herstellungskosten selbstproduzierter Vermögenswerte sind demzufolge nach denselben Grundsätzen wie für erworbene Vermögenswerte zu ermitteln, wobei IAS 16.22 hier auf die Vorschriften von IAS 2 „Vorräte" verweist, wenn das Unternehmen im Rahmen seiner gewöhnlichen Geschäftstätigkeit ähnliche Vermögenswerte für den Verkauf herstellt. Im Schrifttum wird daraus geschlossen, dass die Herstellungskosten von Sachanlagen bis zur Betriebsbereitschaft analog zu der Herstellungskostenermittlung von Vorräten zu bestimmen sind[4]. Insgesamt lässt sich folgende in Abbildung 12.1 dargestellte Einteilung der Kostenbestandteile vornehmen.

Anschaffungskosten	Herstellungskosten
Anschaffungspreis - Anschaffungspreisminderung	Bestandteile der Herstellungskosten gemäß IAS 2
+ alle direkt zurechenbaren Kosten, die angefallen sind, um den Vermögenswert in den vom Management vorgesehenen Zustand und Umgebung zu versetzen	
+ Ausgaben für zukünftige Entsorgungs-, Rekultivierungs- oder ähnliche Verpflichtungen	
+/- Wahlbestandteile aufgrund anderer Standards	
+ nachträgliche Anschaffungs- bzw. Herstellungskosten	
= Anschaffungs- bzw. Herstellungskosten einer Sachanlage	

Abb. 12.1: Bestandteile der Anschaffungs- bzw. Herstellungskosten

Die Anschaffungskosten umfassen den Anschaffungspreis einschließlich Einfuhrzölle und abzüglich erstattungsfähiger Umsatzsteuer sowie direkt zurechenbarer Rabatte, Boni und Skonti. Die bis zur Erlangung der Betriebsbereitschaft angefallenen Herstellungskosten selbsterstellter Sachanlagen umfassen nach IAS 2 die produktionsbezogenen Vollkosten (vgl. Kapitel 14).

Direkt zurechenbare Kosten

Darüber hinaus erhöhen alle direkt zurechenbaren Kosten, die angefallen sind, um den Vermögenswert in den vom Management vorgesehenen Zustand und Umgebung zu versetzen, die Anschaffungs- oder Herstellungskosten. Direkt zurechenbare Kosten sind z.B. Ausgaben für die Standortvorbereitung, für die erstmalige Lieferung und Leistung (z.B. Transportkosten, Transportversicherungen etc.), Installationskosten sowie Gebühren und Honorare (z.B. für Architekten und Ingenieure).

Entsorgungsverpflichtungen

Sofern einem Unternehmen bei der Anschaffung oder Nutzung von Sachanlagen eine Verpflichtung entsteht, deren es sich in späteren Perioden nicht entzie-

---

4 Vgl. *ADS International*, Abschnitt 9: Sachanlagevermögen, Tz. 38; *Ballwieser*, IAS 16, Tz. 20, in: Baetge et al. (Hrsg.), IAS-Kommentar.

hen kann, hat es die damit verbundenen zukünftigen Ausgaben nach IAS 16.16(c) bereits im Zeitpunkt der Verpflichtungsentstehung in den Anschaffungs- oder Herstellungskosten zu aktivieren. Derartige Verpflichtungen können Entsorgungs-, Rekultivierungs- oder ähnliche Verpflichtungen nach der Stilllegung der Sachanlage darstellen, um den Standort wiederherzustellen. Voraussetzung für eine Aktivierung ist nach IAS 16.18, dass derartige Verpflichtungen eine Rückstellungsbildung gemäß IAS 37 „Rückstellungen, Eventualschulden und Eventualforderungen" hervorrufen und dass die Verpflichtung nicht im Rahmen der Vorratsproduktion entstanden ist. In letzterem Fall kommt IAS 2 i.V.m. IAS 37 zur Anwendung. Im Entstehungszeitpunkt sind die künftigen Ausgaben in der Regel mit ihrem Barwert in den Anschaffungs- oder Herstellungskosten anzusetzen und anschließend über die Nutzungsdauer mit abzuschreiben. Gleichzeitig ist eine Rückstellung für die künftige Entsorgungsverpflichtung ergebnisneutral zu bilden und in den Folgejahren aufzuzinsen (vgl. Kapitel 15).

Beispiel 12.2

Die Plutonium AG kauft zu Beginn des Geschäftsjahres 00 ein Kraftwerk zum Anschaffungspreis von 200 Mio. € in bar. Mit dem Erwerb verpflichtet sich das Unternehmen, das Kraftwerk nach Ende der Nutzungsdauer von geschätzten 20 Jahren abzureißen und den Standort so wiederherzustellen, dass er als Naturschutzgebiet der Öffentlichkeit zugänglich sein kann. Schätzungsweise entstehen der Plutonium AG dafür im Geschäftsjahr 19 Kosten in Höhe von 20 Mio. €. Aus Marktdaten wurde ein Diskontierungszins von 10 % abgeleitet. Wie berechnen sich die Anschaffungskosten des Kraftwerks und wie lauten die Buchungssätze?

Lösung
Ermittlung der Anschaffungskosten:
Die Anschaffungskosten umfassen neben dem Anschaffungspreis von 200 Mio. € den Barwert der Entsorgungsverpflichtung. Dieser berechnet sich folgendermaßen: 20 Mio. € · $1{,}1^{-20}$ = 2,97 Mio. €. Die Anschaffungskosten betragen somit 202,97 Mio. €.

Buchungssätze Geschäftsjahr 00:
Der Buchungssatz zum Zeitpunkt der Anschaffung lautet:
Sachanlage 202,97 Mio. €   an   Bank   200,00 Mio. €
*   sonst. Rückstellung   2,97 Mio. €*

Zum Bilanzstichtag 00 ist die Sachanlage planmäßig über die Nutzungsdauer abzuschreiben. Die Aufzinsung der Rückstellung ist als Zinsaufwand zu erfassen. Bei linearer Abschreibung über 20 Jahre beträgt der jährliche Abschreibungsbetrag 10,15 Mio. € (202,97 Mio. €/20 Jahre), während der Aufzinsungsbetrag zum Bilanzstichtag 00 0,3 Mio. € (2,97 Mio. € · 10 %) umfasst. Die Buchungssätze lauten somit:
Abschreibung   an   Sachanlage   10,15 Mio. €

Zinsaufwand   an   sonst. Rückstellung   0,30 Mio. €

Fremdkapital-kosten

Fremdkapitalkosten, die direkt dem Erwerb oder der Herstellung eines qualifizierten Vermögenswerts (qualifying asset) zugeordnet werden können, müssen nach IAS 23 „Fremdkapitalkosten" in den Anschaffungs- oder Herstellungskosten aktiviert werden (IAS 23.11). Als qualifizierte Vermögenswerte werden diejenigen Vermögenswerte bezeichnet, die erst nach einem längeren Zeitraum in einen betriebs- oder verkaufsbereiten Zustand versetzt werden können (IAS 23.4). Wird z.B. der voraussichtlich mehrjährige Bau einer Lagerhalle durch Aufnahme eines Kredites finanziert, können die anfallenden Kreditzinsen im Rahmen der Herstellungskosten der Lagerhalle aktiviert werden.

Zuwendungen der öffentlichen Hand

Erhält ein Unternehmen beim Erwerb oder der Herstellung einer Sachanlage eine Zuwendung von öffentlichen Stellen, so kann diese gemäß IAS 20 „Bilanzierung und Darstellung von Zuwendungen der öffentlichen Hand" als Minderung des Buchwerts der Sachanlage erfasst werden (IAS 20.24). Alternativ kann die Zuwendung aber auch passivisch abgegrenzt und über die Nutzungsdauer der Sachanlage planmäßig als Ertrag verteilt werden.

Nachträgliche Anschaffungs- oder Herstellungskosten

Nachträgliche Ausgaben fallen gemäß IAS 16.10 nach dem eigentlichen Anschaffungs- oder Herstellungsprozess an, um eine Sachanlage zu erweitern (add), teilweise zu ersetzen (replace part) oder in Betrieb zu halten (service). Sie erhöhen stets dann die ursprünglichen Anschaffungs- oder Herstellungskosten, wenn dem Unternehmen daraus ein wahrscheinlicher künftiger Nutzen zufließen wird und sie verlässlich messbar sind. Die Aktivierung von nachträglichen Anschaffungs- oder Herstellungskosten hat sich somit an den allgemeinen Ansatzkriterien zu orientieren. Demnach sind auch Kosten für Großinspektionen oder planmäßige Generalüberholungen einzelner Bestandteile einer Sachanlage, wie z.B. der regelmäßige Austausch von Sitzen in einem Flugzeug, in dem Buchwert der übergeordneten Sachanlage zu aktivieren, wenn die Ansatzkriterien von IAS 16.7 erfüllt sind.

Nicht anzusetzende Kostenbestandteile

IAS 16.19-20 enthält Beispiele für Kosten, die explizit keine Bestandteile der Anschaffungs- bzw. Herstellungskosten darstellen und somit im Zeitpunkt ihres Anfallens sofort als Aufwand zu behandeln sind. Darunter fallen

- Kosten der Neueröffnung einer Betriebsstätte,
- Einführungskosten neuer Produkte oder Dienstleistungen (einschließlich Werbungsausgaben),
- Kosten, die bei der Schaffung neuer Geschäfts- oder Kundenbeziehungen anfallen (einschließlich Schulungskosten) sowie
- Verwaltungs- und andere Gemeinkosten.

Gemäß dem Wortlaut von IAS 16.19(d) sind demzufolge im Unterschied zur Ermittlung der Herstellungskosten von Vorräten weder allgemeine noch produktionsbezogene Verwaltungskosten in die Herstellungskosten von Sachanlagen einzubeziehen[5]. Zudem stellen Kosten, die während der Nutzung der Sachanlage

---

5 Vgl. *Ellrott/Förschle/Hoyos,* Beck Bil-Komm, § 255, Tz. 586; *Kümpel, T.*, Bilanzierung und Bewertung von Sachanlagen nach International Financial Reporting Standards, in: Bilanz und Buchhaltung, 48. Jg. (2003), S. 381.

(z.B. Kosten, die durch nicht ausgelastete Kapazitäten entstehen) oder aufgrund deren Neustrukturierung (z.B. durch nachträgliche Änderungen des Standorts der Sachanlage) anfallen, gleichfalls keine in den Anschaffungs- oder Herstellungskosten zu erfassenden Bestandteile dar. Nutzt ein Unternehmen eine noch nicht fertig gestellte Sachanlage in der Herstellungszeit anderweitig als eigentlich geplant, sind die damit verbundenen Ein- und Ausgaben ebenfalls als Aufwendungen bzw. Erträge zu verrechnen.

Beispiel 12.3

Ein Baugelände, auf dem ein Verwaltungsgebäude entstehen soll, wird zwischenzeitig als Parkplatz vermietet. Dafür mussten zunächst diverse Schlaglöcher beseitigt werden.
Die damit verbundenen Aufwendungen sowie die erhaltenen Erträge aus der Parkplatzvermietung sind erfolgswirksam zu verrechnen und dürfen nicht in den Herstellungskosten des Verwaltungsgebäudes aktiviert werden.

Beim Erwerb einer Sachanlage im Tausch gegen einen nicht monetären Vermögenswert oder eine Kombination aus monetären und nicht monetären Vermögenswerten bestimmen sich nach IAS 16.24 die Anschaffungskosten in der Regel durch den beizulegenden Zeitwert des abgehenden Vermögenswerts. Durchbrochen wird dieses Prinzip nur, wenn entweder dem Tauschgeschäft kein wirtschaftlicher Gehalt (commercial substance) zuzuschreiben ist oder die beizulegenden Zeitwerte weder der erhaltenen noch der abgegebenen Sachanlage verlässlich bestimmbar sind. Dann entsprechen die Anschaffungskosten dem Buchwert des abgegebenen Vermögenswerts. Ein wirtschaftlich gehaltvolles Tauschgeschäft liegt nach IAS 16.25 genau dann vor, wenn sich die Struktur der Cashflows (bzgl. Risiko, zeitlichen Anfalls und Betrag) der erhaltenen Sachanlage von der des abgegebenen Vermögenswerts unterscheiden oder der unternehmensspezifische Wert (entity-specific value) des betroffenen Unternehmensteils sich durch den Tauschvorgang verändert, so dass die beizulegenden Zeitwerte beider Vermögenswerte wesentlich voneinander abweichen. Der unternehmensspezifische Wert stellt dabei gemäß IAS 16.7 den Barwert der aus der dauerhaften Nutzung des Vermögenswerts resultierenden Cashflows im Unternehmen (d.h. inklusiv z.B. Synergien) dar. Eine zuverlässige Ermittlung des beizulegenden Zeitwerts als zweite Voraussetzung kann auch bei fehlenden Marktpreisen vorliegen. Sofern eine Intervallschätzung von beizulegenden Zeitwerten möglich ist und

- die Varianz der Zeitwerte innerhalb des Intervalls unbedeutend ist oder
- eine Zuordnung von begründeten Wahrscheinlichkeiten zu den unterschiedlichen Schätzwerten vorgenommen werden kann,

liegt gemäß IAS 16.26 Verlässlichkeit vor. Kann der beizulegende Zeitwert der erhaltenen Sachanlage verlässlicher bestimmt werden als der des abgehenden Vermögenswerts, stellt dieser die Anschaffungskosten dar.

Erwerb durch Tausch

3.2 Folgebewertung

Folgebewertungsverfahren

Nach dem erstmaligen Ansatz können Sachanlagen entweder anhand des Anschaffungskostenmodells oder anhand des Neubewertungsmodells folgebewertet werden. Aufgrund des Stetigkeitsgebots ist eine einmalig ausgewählte Methode für eine Gruppe von Sachanlagen in den Folgeperioden beizubehalten. Ein Methodenwechsel ist nach IAS 8 „Bilanzierungs- und Bewertungsmethoden, Änderungen von Schätzungen und Fehler" nur erlaubt, wenn ein anderer Standard oder eine Interpretation dies ausdrücklich verlangt oder mit dem Wechsel eine verbesserte Darstellung der Vermögens-, Finanz- und Ertragslage sowie der Cashflows erreicht werden kann (IAS 8.14). Bei einem Methodenwechsel bei der Bewertung von Sachanlagen oder immateriellen Vermögenswerten sind jedoch auch die Vorschriften der Einzelstandards IAS 16 bzw. IAS 38 zu beachten (IAS 8.17f.).

3.2.1 Anschaffungskostenmodell

Fortgeführte Anschaffungs- oder Herstellungskosten

Nach dem Anschaffungskostenmodell ist die Folgebewertung von Sachanlagen zu fortgeführten Anschaffungs- oder Herstellungskosten vorzunehmen. Demzufolge sind die Anschaffungs- oder Herstellungskosten von Sachanlagen nach IAS 16.30 planmäßig über die voraussichtliche Nutzungsdauer abzuschreiben und ggf. um außerplanmäßige Wertminderungen zu korrigieren. Dabei kommt die planmäßige Abschreibung nur bei abnutzbaren Sachanlagen infrage. Sofern ein wahrscheinlich wesentlicher Restwert im Erwerbszeitpunkt geschätzt werden kann, mindert dieser das gesamte Abschreibungsvolumen. Der Restwert ist dabei unter Beachtung der aktuellen Verhältnisse am Abschlussstichtag zu ermitteln. Künftige Entwicklungen sind bei der Schätzung nicht heranzuziehen.

Abschreibungsbeginn

Die planmäßige Abschreibung ist zu beginnen, sobald der Vermögenswert zur Nutzung zur Verfügung steht (available for use). Gemäß IAS 16.55 bezeichnet dies den Zeitpunkt, in dem der Vermögenswert in den notwendigen Zustand und Umgebung gebracht worden ist, um in der vom Management gewünschten Weise in Betrieb genommen zu werden. Den damit verbundenen Ermessensspielraum veranschaulicht folgendes Beispiel:

Beispiel 12.4

> Ein neu gegründetes Unternehmen erwirbt im November noch vor dem Bilanzstichtag mehrere PKW, die es künftig als Taxen zur Personenbeförderung einsetzen möchte. Zum Bilanzstichtag fehlt noch die notwendige Taxi-Lizenz, um mit dem Taxi-Geschäft zu beginnen. Diese erhält das Unternehmen voraussichtlich erst im Januar des neuen Geschäftsjahres.
>
> Der Zeitpunkt des Abschreibungsbeginns (Kaufzeitpunkt oder Lizenzerhalt) unterliegt hierbei dem Ermessen des Abschlusserstellers.

Abschreibungszeitraum

Nach Festlegung des Abschreibungsbeginns muss die Abschreibung über die voraussichtliche Nutzungsdauer des Vermögenswerts verlaufen und mit seiner

Ausbuchung oder Klassifikation als zum Verkauf bestimmter Vermögenswert nach IFRS 5 enden. Die Abschreibung ist indes weiterzuführen, wenn der Vermögenswert zwischenzeitlich stillgelegt werden soll.

Die voraussichtliche Nutzungsdauer ist nach IAS 16.56 u.a. auf der Grundlage des erwarteten Verbrauchs und unter Berücksichtigung von physischem Verschleiß, technischer Veralterung sowie rechtlicher oder ähnlicher Nutzungsbeschränkungen zu schätzen. Dabei können sich voraussichtliche und wirtschaftliche Nutzungsdauer durchaus unterscheiden. Beispielsweise kann die Investitionspolitik eines Unternehmens vorsehen, bestimmte Sachanlagen grundsätzlich nach der Hälfte der wirtschaftlichen Nutzungsdauer zu ersetzen. Damit eine Veränderung der Nutzungsdauer und des Restwerts rechtzeitig antizipiert werden kann, sind sie am Ende jeden Geschäftsjahres zu überprüfen und ggf. für die aktuelle und die folgenden Perioden anzupassen. Damit verbundene Anpassungsbeträge sind als Schätzungsänderungen gemäß IAS 8.36 zu behandeln und somit ergebniswirksam zu berücksichtigen (vgl. Kapitel 26).

Voraussichtliche Nutzungsdauer

Als Abschreibungsverfahren kommen sämtliche Methoden in Betracht, die den erwarteten wirtschaftlichen Nutzenverlauf korrekt abbilden. IAS 16.62 schlägt hier lineare, degressive oder leistungsabhängige Verfahren vor, wobei eine eindeutige Präferenz für eine Methode nicht erfolgt. Rein aus steuerlichen Gründen vorgenommene Abschreibungen sind nicht erlaubt. Das gilt auch für den rein aus steuerlichen Motiven vorgenommenen Wechsel von der degressiven auf die lineare Abschreibung. Grundsätzlich ist ein Methodenwechsel nur erlaubt, wenn hiermit der tatsächlich erwartete wirtschaftliche Nutzenverlauf zutreffender dargestellt wird. Daher ist das angewendete Abschreibungsverfahren stets am Ende eines Geschäftsjahres zu kontrollieren. Ein Wechsel des Abschreibungsverfahrens ist analog zur Änderung der Nutzungsdauer oder des Restwerts als Schätzungsänderung gemäß IAS 8.36 zu behandeln.

Abschreibungsverfahren

Beispiel 12.5

In Fortsetzung des Beispiels 12.1 sollen die identifizierten Komponenten des Bürogebäudes nun separat abgeschrieben werden. Dabei wird für die Gebäudehülle eine Nutzungsdauer von 60 Jahren unterstellt, die Klimatisierung muss alle 10 Jahre, die Fahrstühle alle 20 Jahre komplett erneuert bzw. generalüberholt werden. Eine lineare Abschreibung entspricht am besten dem tatsächlichen Nutzenverlauf. Bei der Generalüberholung sind die dafür aufgewendeten Kosten zu aktivieren und die Komponente bis zur nächsten Inspektion wieder abzuschreiben. Entsprechend dem Komponentenansatz ist also zu buchen:

In den Geschäftsjahren 00 - 59:
Abschreibung   65 T€   an   *Gebäudehülle*   *(1.500/60=)25 T€*
                                        Klimaanlage   *(300/10=)30 T€*
                                        Fahrstuhltechnik   *(200/20=)10 T€*

Zusätzlich am Ende der Geschäftsjahre 09, 19, 29, 39 und 49:
Klimaanlage   an   *Bank*   300 T€

> Zusätzlich am Ende der Geschäftsjahre 19 und 39:
> *Fahrstuhltechnik   an   Bank   200 T€*

Wertminderungen

Am Ende eines Geschäftsjahres hat ein Unternehmen zusätzlich zu prüfen, ob Anhaltspunkte für eine Wertminderung gemäß IAS 36 „Wertminderung von Vermögenswerten" vorliegen und somit Sachanlagen ggf. außerplanmäßig abzuschreiben sind (vgl. Kapitel 10).

Wertaufholungen

Eine Wertaufholung ist immer dann vorzunehmen, wenn die Umstände für eine frühere Wertminderung entfallen sind bzw. externe und interne Quellen auf einen erhöhten erzielbaren Betrag hindeuten. Dabei darf die Wertaufholung maximal bis zu den fortgeführten historischen Anschaffungs- oder Herstellungskosten erfolgen, die bei der Folgebewertung nach dem Anschaffungskostenmodell die Wertobergrenze darstellen.

Entschädigungsleistungen

Erhält ein Unternehmen Entschädigungszahlungen von Dritten für eine Wertminderung, einen Verlust oder eine außer Betrieb genommene Sachanlage, sind diese nach IAS 16.65 in der Gesamterfolgsrechnung als Ertrag zu verrechnen, sobald sie zu Forderungen werden. Dabei ist es unerheblich, ob es sich um monetäre oder nicht monetäre Entschädigungsleistungen handelt. So sind bspw. Versicherungsleistungen aufgrund beschädigter Sachanlagen als Erträge zu behandeln und heben nicht die aufgrund der Beschädigung vorgenommene Wertminderung auf.

3.2.2 Neubewertungsmodell

Bewertung zum beizulegenden Zeitwert

Anstelle der Bewertung zu fortgeführten Anschaffungs- oder Herstellungskosten können Sachanlagen im Rahmen der Folgebewertung zu einem Neubewertungsbetrag bilanziert werden, der ihrem beizulegenden Zeitwert abzüglich kumulierter Abschreibungen und kumulierter Wertminderungen im Zeitpunkt der Neubewertung entspricht. Voraussetzung dieser als Neubewertungsmodell bezeichneten Folgebewertungsmethode ist nach IAS 16.31, dass der beizulegende Zeitwert verlässlich ermittelt werden kann. Gemäß der Definition aus IAS 16.6 entspricht der beizulegende Zeitwert dem Betrag, zu dem ein Vermögenswert zwischen sachverständigen, vertragswilligen und voneinander unabhängigen Geschäftspartnern getauscht werden könnte. Nach IAS 16.32-33 stellt der Marktwert die beste Approximation des beizulegenden Zeitwerts einer Sachanlage dar. Sofern jedoch aktuelle Marktwerte, z.B. aufgrund fehlender Verkaufsmärkte oder aufgrund der speziellen Art einer Sachanlage, nicht ermittelt werden können, muss der beizulegende Zeitwert unter Anwendung eines Ertragswertverfahrens oder anhand der fortgeführten Wiederbeschaffungskosten geschätzt werden. Da aktuelle Marktwerte für den größten Teil der Sachanlagen in der Regel nicht vorhanden sind, stellt die Schätzung des beizulegenden Zeitwerts anhand letzterer Methoden den Regelfall dar. Insbesondere die Anwendung eines Ertragswertverfahrens und die hiermit verbundene Schätzung der Höhe und des zeitlichen Anfalls der Erträge bzw. Cashflows sowie die Bestimmung des Diskontierungszinssatzes beinhalten dabei große Ermessensspielräume. Insgesamt kann die Anwendung des Neubewertungsmodells zu einer Bewertung über die fortgeführten Anschaffungs- bzw. Herstellungskosten hinaus führen.

Um die Neubewertung einzelner Sachanlagen und die Vermischung mit anderen Wertmaßstäben zu vermeiden, ist stets die gesamte Gruppe einer Sachanlage neu zu bewerten. Eine Gruppe umfasst nach IAS 16.37 bspw. Grundstücke und Gebäude, Maschinen und technische Anlagen, Schiffe, Flugzeuge, Kraftfahrzeuge oder Betriebs- und Geschäftsausstattung. Vereinfachend darf eine Gruppe auch rollierend neubewertet werden, sofern die Neubewertung dann innerhalb einer kurzen Zeitspanne erfolgt. *Umfang der Neubewertung*

Neubewertungen von Sachanlagen sind stets notwendig, wenn beizulegender Zeitwert und aktueller Buchwert wesentlich voneinander abweichen. Wie häufig eine Neubewertung vorgenommen werden sollte, ist folglich abhängig von den Schwankungen des beizulegenden Zeitwerts im Verhältnis zum jeweiligen Buchwert. Bei starken Schwankungen ist nach IAS 16.34 eine jährliche Neubewertung durchzuführen, während bei geringfügigen Bewegungen eine alle drei bis fünf Jahre vorzunehmende Ermittlung des Neubewertungsbetrags genügt. *Häufigkeit der Neubewertung*

Die Neubewertung kann entweder direkt oder indirekt erfolgen. Bei der direkten Neubewertung sind die bisher angefallenen kumulierten Abschreibungen gegen den Bruttobuchwert der Sachanlage zu verrechnen und der Nettobetrag dem Neubewertungsbetrag anzupassen. Diese Methode kommt vor allem dann in Betracht, wenn der aktuelle Marktwert den beizulegenden Zeitwert darstellt. *Direkte oder indirekte Neubewertung*

> Ein Verwaltungsgebäude wurde am Anfang des Geschäftsjahres 00 für 40.000 T€ gekauft und soll 40 Jahre genutzt werden. Am Ende des Geschäftsjahres 01 beträgt der Buchwert 38.000 T€. Ein Immobiliengutachter ermittelt am Geschäftsjahresende einen Marktwert des Gebäudes von 42.000 T€. Der Buchwert ist somit um 4.000 T€ (42.000 T€ – 38.000 T€) zu erhöhen. *Beispiel 12.6*

Bei der indirekten Neubewertung sind die bis zum Neubewertungszeitpunkt angefallenen kumulierten Abschreibungen proportional zur Änderung des Bruttobuchwerts anzupassen. Die indirekte Neubewertung wird vorzugsweise dann angewendet, wenn die fortgeführten Wiederbeschaffungskosten den beizulegenden Zeitwert darstellen.

> Der Buchwert einer am Anfang des Geschäftsjahres 00 für 100 T€ angeschafften und voraussichtlich 5 Jahre genutzten Maschine beträgt zum Ende des Geschäftsjahres 01 60 T€. Insgesamt sind folglich 40 T€ kumulierte Abschreibungen angefallen. Am Bilanzstichtag 01 betragen die Wiederbeschaffungskosten 120 T€. Der Wiederbeschaffungspreis hat sich somit um 20 % erhöht. Um die fortgeführten Wiederbeschaffungskosten zum Bilanzstichtag 01 zu ermitteln, sind die bisherigen kumulierten Abschreibungen proportional zu der Preisänderung auf 48 T€ zu erhöhen. Somit betragen die fortgeführten Wiederbeschaffungskosten 72 T€ (120 T€ – 48 T€). Der Buchwert der Maschine ist um 12 T€ (72 T€ – 60 T€) zu erhöhen. *Beispiel 12.7*

Vorgehensweise bei der bilanziellen Abbildung des Neubewertungsmodells

Bei der bilanziellen Abbildung der Folgebewertung von Sachanlagen anhand des Neubewertungsmodells ist analog zur Neubewertung von immateriellen Vermögenswerten vorzugehen (vgl. Kapitel 11). Nach der Ermittlung des beizulegenden Zeitwerts im Neubewertungszeitpunkt stellt dieser den neuen Bilanzwert dar. Der Differenzbetrag zum bisherigen Buchwert der Sachanlage ist folgendermaßen zu verrechnen: Sofern der beizulegende Zeitwert über dem Buchwert liegt, ist der Differenzbetrag unter Berücksichtigung von latenten Steuern ergebnisneutral im sonstigen Gesamterfolg zu erfassen und als Neubewertungsrücklage (revaluation surplus) ins Eigenkapital abzuschließen. Liegt der beizulegende Zeitwert dagegen unter dem Buchwert, ist der Neubewertungsverlust sofort ergebniswirksam zu verrechnen. Dabei sind stets die Ereignisse der Vorperioden zu beachten. Wurde schon in den Vorperioden ein Neubewertungsverlust ergebniswirksam verrechnet, ist dieser bei einer aktuellen Werterhöhung zunächst ergebniswirksam zu kompensieren. Sämtliche Wertsteigerungen darüber hinaus erhöhen wiederum ergebnisneutral den sonstigen Gesamterfolg bzw. die Neubewertungsrücklage im Eigenkapital. Demnach ist ein Neubewertungsgewinn über die fortgeführten Anschaffungs- oder Herstellungskosten hinaus niemals ergebniswirksam zu verrechnen. Enthält die Neubewertungsrücklage einen Neubewertungsgewinn aus Vorperioden, so ist dieser bei einem aktuellen Neubewertungsverlust zunächst ergebnisneutral aus der Neubewertungsrücklage aufzulösen. Der darüber hinaus gehende Neubewertungsverlust ist ergebniswirksam zu berücksichtigen. Abbildung 12.2 fasst die Vorgehensweise zusammen.

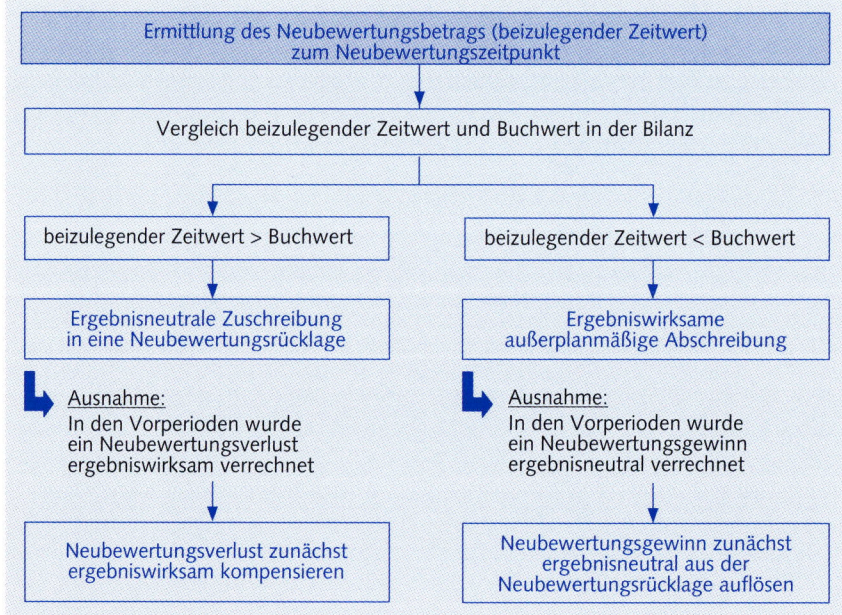

Abb. 12.2: Vorgehensweise bei der bilanziellen Abbildung des Neubewertungsmodells

Nach der Neubewertung sind abnutzbare Sachanlagen analog zur Folgebewertung zu fortgeführten Anschaffungs- bzw. Herstellungskosten unter Berücksichtigung eines wesentlichen Restwerts planmäßig über die voraussichtliche Nutzungsdauer abzuschreiben. Der Neubewertungsbetrag stellt dabei die neue Abschreibungsbasis dar[6]. Am Ende eines Geschäftsjahres sind Restwert, voraussichtliche Nutzungsdauer und Abschreibungsmethode zu kontrollieren und ggf. anzupassen. Zudem sind am Bilanzstichtag sämtliche Sachanlagen unabhängig von einer vorgenommenen Neubewertung auf Anhaltspunkte für eine Wertminderung gemäß IAS 36 zu kontrollieren. Die Neubewertung ersetzt somit nicht die jeweilige Prüfung, ob Anhaltspunkte für eine Wertminderung bestehen. Liegen diese vor, ist eine außerplanmäßige Abschreibung in dem Fall notwendig, dass der erzielbare Betrag kleiner als der beizulegende Zeitwert ist (vgl. Kapitel 10). Die Verrechnung einer festgestellten Wertminderung ist analog zu der oben beschriebenen Vorgehensweise vorzunehmen.

Die Neubewertungsrücklage darf nach IAS 16.41 über die Nutzungsdauer in Höhe der Differenz zwischen Abschreibung auf Basis des Neubewertungsbetrages einschließlich zu berücksichtigender latenter Steuern und fiktiver Abschreibung auf Grundlage fortgeführter historischer Anschaffungs- bzw. Herstellungskosten reduziert und direkt ergebnisneutral in die Gewinnrücklage eingestellt werden. Gleichfalls kann die gesamte Neubewertungsrücklage auch erst bei Stilllegung oder Verkauf der Sachanlage die Gewinnrücklagen einmalig erhöhen. Im Fall nicht abnutzbarer Sachanlagen, wie z.B. Grundstücken, stellt Letzteres die einzig mögliche Vorgehensweise dar, wie Abbildung 12.3 verdeutlicht.

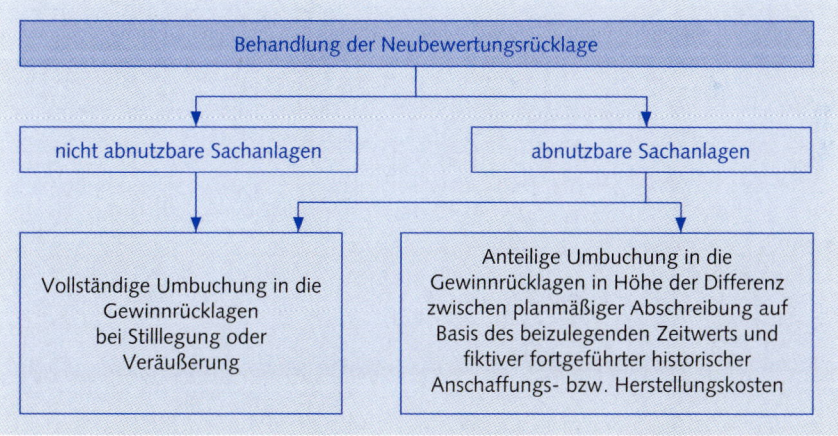

Abb. 12.3: Behandlung der Neubewertungsrücklage

---

6 Vgl. *Cairns/Creighton/Daniels*, Applying IAS, 3rd Edition, 2002, S. 513; *Mujkanovic, R.*, Fair Value im Financial Statement nach International Accounting Standards, Stuttgart 2002, S. 142-146.

Beispiel 12.8

Die Sunlike AG kauft am Anfang des Geschäftsjahres 00 ein Flugzeug zu Anschaffungskosten von 60.000 T€ in bar mit einer voraussichtlichen Nutzungsdauer von 6 Jahren. Im Rahmen der Folgebewertung soll das Neubewertungsmodell angewendet werden. Die planmäßigen Abschreibungen erfolgen linear über die voraussichtliche Nutzungsdauer. Aufgrund günstiger Marktentwicklungen beträgt der Marktwert des Flugzeugs zum Bilanzstichtag des Geschäftsjahres 01 45.000 T€. Zum Ende des Geschäftsjahres 03 wird festgestellt, dass der Marktwert des Flugzeugs auf 18.000 T€ gesunken ist. Der niedrige Marktwert wird auch steuerrechtlich angesetzt. Der Ertragsteuersatz der Sunlike AG beträgt 30 %. Wie lauten die Buchungssätze der Geschäftsjahre 00 bis 05?

Lösung
Buchungssätze Geschäftsjahr 00:
Zum Anfang des Geschäftsjahres ist zunächst der Kauf des Flugzeugs zu verrechnen. Anschließend ist das Flugzeug zum Bilanzstichtag planmäßig über die Nutzungsdauer abzuschreiben. Anhaltspunkte für eine Wertminderung liegen annahmegemäß nicht vor.

Sachanlage   *an*   *Bank*   *60.000 T€*

Abschreibung   *an*   *Sachanlage*   *10.000 T€*

Buchungssätze Geschäftsjahr 01:
Entsprechend sind am Ende des Geschäftsjahres 01 planmäßige Abschreibungen vorzunehmen. Aufgrund des gestiegenen Marktwerts des Flugzeugs ist der bisherige Buchwert in der Bilanz von 40.000 T€ (60.000 T€ − 2 · 10.000 T€) um 5.000 T€ zu erhöhen (direkte Neubewertung). Die Werterhöhung muss ergebnisneutral unter Berücksichtigung passiver latenter Steuern im sonstigen Gesamterfolg verrechnet werden und wird beim Abschluss in eine Neubewertungsrücklage innerhalb des Eigenkapitals eingestellt. Passive latente Steuern sind hierbei zu bilden, weil in der deutschen Steuerbilanz keine Zuschreibung erfolgen darf.

Abschreibung   *an*   *Sachanlage*   *10.000 T€*

Sachanlage   *5.000 T€*   *an*   *sonstiger Gesamterfolg*   *3.500 T€*
                                                     passive latente Steuern   *1.500 T€*

Der sonstige Gesamterfolg wird dann gemäß IAS 16.39 durch eine Abschlussbuchung als Neubewertungsrücklage ins Eigenkapital eingestellt.

Buchungssätze Geschäftsjahr 02:
In den Folgeperioden ist das Flugzeug nun auf Basis des Neubewertungsbetrags über die noch ausstehende Nutzungsdauer abzuschreiben. Der jährliche Abschreibungsbetrag beträgt somit 11.250 T€ (45.000 T€/4 Jahre). Die gebil-

deten passiven latenten Steuern sind laut allgemeiner Auffassung mit der Abschreibung anteilig ergebniswirksam aufzulösen (vgl. hierzu auch Kapitel 11). Darüber hinaus kann die gebildete Neubewertungsrücklage anteilig in die Gewinnrücklagen umgebucht werden.

Abschreibung   *an*   *Sachanlage*   *11.250 T€*

Passive latente Steuern   *an*   *Steuerertrag*   *375 T€*

Neubewertungsrücklage   *an*   *Gewinnrücklagen*   *875 T€*

Buchungssätze Geschäftsjahr 03:
Im Geschäftsjahr 03 sind zunächst die planmäßige Abschreibung, die ergebniswirksame Auflösung der passiven latenten Steuern und die anteilige Vereinnahmung der Neubewertungsrücklage zu verrechnen. Aufgrund des gesunkenen Marktwerts des Flugzeugs (18.000 T€) ist anschließend der bisherige Buchwert in der Bilanz von 22.500 T€ (45.000 T€ − 2 · 11.250 T€) um 4.500 T€ außerplanmäßig abzuschreiben. Dazu ist zunächst die Neubewertungsrücklage einschließlich der damit verbundenen passiven latenten Steuern in voller Höhe ergebnisneutral aufzulösen. Der noch übrig bleibende außerplanmäßige Abschreibungsbetrag ist ergebniswirksam zu verrechnen.

Abschreibung   *an*   *Sachanlage*   *11.250 T€*

Passive latente Steuern   *an*   *Steuerertrag*   *375 T€*

Neubewertungsrücklage   *an*   *Gewinnrücklagen*   *875 T€*

Sonst. Gesamterfolg   1.750 T€
Passive latente Steuern   750 T€
Außerplanm. Abschr. 2.000 T€   *an*   *Sachanlage*   *4.500 T€*

Buchungssätze Geschäftsjahr 04 und 05:
Der neue Buchwert von 18.000 T€ ist über die restliche Nutzungsdauer planmäßig abzuschreiben. In den Geschäftsjahren 04 und 05 beträgt die Abschreibung somit 9.000 T€. Latente Steuern entstehen dabei nicht, da auch steuerrechtlich auf den niedrigeren Markt- bzw. Teilwert abgeschrieben wurde. Die Buchungssätze der Geschäftsjahre 04 und 05 lauten somit:

Abschreibung   *an*   *Sachanlage*   *9.000 T€*

Folgende Tabellen veranschaulichen noch einmal die Entwicklung des Buchwerts und der Neubewertungsrücklage in der Bilanz.

Entwicklung des Buchwerts (in T€):

Geschäftsjahr	00	01	02	03	04	05
Buchwert (01.01.)	60.000	50.000	45.000	33.750	18.000	9.000
Planm. Abschreibung	10.000	10.000	11.250	11.250	9.000	9.000
Restbuchwert (31.12.)	50.000	40.000	33.750	22.500	9.000	0
Marktwert (31.12.)	—	*45.000*	—	*18.000*	—	—
neuer Buchwert (31.12.)	50.000	45.000	33.750	18.000	9.000	0

Entwicklung der Neubewertungsrücklage (in T€):

Geschäftsjahr	00	01	02	03	04	05
Buchwert (01.01.)	0	0	3.500	2.625	0	0
Ergebnisneutrale Zuführung (sonst. Gesamterfolg)	—	+3.500	—	—	—	—
Umbuchung in die Gewinnrücklagen	—	—	-875	-875	—	—
Ergebnisneutrale Auflösung (sonst. Gesamterfolg)	—	—	—	-1.750	—	—
Buchwert (31.12.)	0	3.500	2.625	0	0	0

Verstoß gegen das Kongruenzprinzip

Im Gegensatz zu der früheren Regelung, nach der die Neubewertung ergebnisneutral direkt im Eigenkapital zu verbuchen war, ergibt sich seit der grundlegenden Überarbeitung des IAS 1 kein Kongruenzverstoß mehr, da alle Wertänderungen nun in der Gesamterfolgsrechnung erfasst werden (vgl. Kapitel 7). Der Kongruenzverstoß bleibt indes bestehen, sofern nur auf die traditionelle Ergebnisrechnung (GuV) ohne den sonstigen Gesamterfolg (other comprehensive income) fokussiert wird. Aus dieser Ergebnisrechnung wird der Jahresüberschuss (Periodenergebnis) abgeleitet, der z.B. auch der Ergebnis-je-Aktie-Berechnung zugrunde liegt. Das Kongruenzprinzip besagt, dass die Summe aller Periodengewinne stets dem Totalgewinn entspricht. Aufgrund der erhöhten ergebniswirksamen Abschreibung des beizulegenden Zeitwerts bei gleichzeitiger ergebnisneutraler Verrechnung der Neubewertungsrücklage ist die Summe der Periodenergebnisse am Ende der Nutzungsdauer jedoch geringer als bei der Bewertung zu fortgeführten Anschaffungs- oder Herstellungskosten. Dieses Problem kann die neue Vorgehensweise durch die integrierte Gesamterfolgsrechnung, die nun sämtliche Neubewertungsbeträge berücksichtigt, lösen. Dafür müsste jedoch nicht auf das Periodenergebnis, sondern auf den Gesamterfolg abgestellt werden.

Die Neubewertung führt im Vergleich zur Bewertung zu fortgeführten Anschaffungs- oder Herstellungskosten im Allgemeinen zu einem höheren Vermögensausweis und somit zu einer Bilanzverlängerung, weil stille Reserven in den Sachanlagen aufgedeckt werden. Dies führt in der Regel zu einer höheren Eigenkapitalquote[7]. Dem positiven Einfluss auf die Eigenkapitalquote stehen jedoch negative Auswirkungen auf die Eigenkapital- und Gesamtkapitalrendite gegenüber. In den Folgeperioden fallen sie aufgrund der höheren Abschreibung und des damit verbundenen negativen Einflusses auf das Periodenergebnis sowie aufgrund des gestiegenen Eigenkapitals geringer aus als bei der Bilanzierung zu fortgeführten Anschaffungs- oder Herstellungskosten. Wohl auch deshalb wird in der Praxis nahezu ausschließlich die Folgebewertung zu fortgeführten Anschaffungs- oder Herstellungskosten gewählt[8].

Vergleich zur Bilanzierung zu fortgeführten Anschaffungs- oder Herstellungskosten

4 Abgänge

Der Buchwert einer Sachanlage ist aus der Bilanz zu entfernen, sobald sie veräußert wird oder kein künftiger wirtschaftlicher Nutzenzufluss von ihrem weiteren Gebrauch oder Verkauf zu erwarten ist. Die Differenz zwischen dem Nettoveräußerungserlös und dem Restbuchwert stellt den damit verbundenen Gewinn bzw. Verlust dar, der in der Gesamterfolgsrechnung zu erfassen ist. Zur Ermittlung des Verkaufszeitpunkts sind die Kriterien von IAS 18 „Erträge" anzuwenden (vgl. Kapitel 9).

Ausbuchung von Sachanlagen

5 Ausweis

Explizite Ausweisvorschriften für Sachanlagen enthält IAS 16 nicht. Gemäß IAS 1.68 ist das Sachanlagevermögen lediglich gesondert in einem Gesamtbetrag auf der Aktivseite der Bilanz auszuweisen. Es gilt jedoch der Grundsatz, dass alle wesentlichen Positionen gesondert darzustellen sind. IAS 16.37 zählt beispielhaft eigenständige Gruppen des Sachanlagevermögens auf, die auch zur weiteren Untergliederung herangezogen werden könnten:
- unbebaute Grundstücke,
- Grundstücke und Gebäude,

Bilanzausweis

---

[7] Vgl. *Baetge, J./Beermann, T.*, Die Neubewertung des Sachanlagevermögens nach International Accounting Standards (IAS), in: StuB, 1. Jg. (1999), S. 347 f.
[8] Vgl. dazu *von Keitz, I.*, Praxis der IASB-Rechnungslegung, 2. Aufl., Stuttgart 2005, S. 59.

- Maschinen und technische Anlagen,
- Schiffe,
- Flugzeuge,
- Kraftfahrzeuge,
- Betriebsausstattung und
- Geschäftsausstattung.

Erfolgsausweis

Für die Gesamterfolgsrechnung gilt analog zum Bilanzausweis, dass wesentliche Posten gesondert darzustellen sind. Dies könnte insbesondere planmäßige und außerplanmäßige Abschreibungen, Zuschreibungen sowie Gewinne bzw. Verluste aus Abgängen von Sachanlagen betreffen[9]. Gemäß IAS 16.68 stellt ein Gewinn aus der Ausbuchung einer Sachanlage keinen Erlös (revenue) im Sinne des Rahmenkonzepts dar, sondern einen anderen Ertrag (gain). Ferner besteht für Unternehmen das Wahlrecht, entweder in der Gesamterfolgrechnung oder im Anhang eine Analyse der Aufwendungen anhand des Gesamtkosten- oder Umsatzkostenverfahrens vorzunehmen (vgl. Kapitel 7).

6 Angaben

Über die bilanzielle Abbildung hinaus können die Abschlussadressaten weitere Informationen über unternehmenseigene Sachanlagen dem Anhang entnehmen. Die Regelungen hierzu sind in IAS 16.73-78 und weiteren Standards (z.B. IAS 36 zu Angabepflichten im Zusammenhang mit Wertminderungen, IAS 8 bei Änderung der Bewertungsmethoden und Schätzungsänderungen) kodifiziert.

Allgemeine Angaben

Nach IAS 16.73 sind für jede Gruppe von Sachanlagen folgende Angaben zu veröffentlichen:
- Die Bewertungsgrundlagen, die bei der Bestimmung der Anschaffungs- oder Herstellungskosten verwendet wurden.
- Die angewendeten Abschreibungsmethoden sowie Nutzungsdauern oder Abschreibungssätze.
- Der Bruttobuchwert und die kumulierten Abschreibungsbeträge einschließlich der kumulierten Wertminderungen zu Beginn und zum Ende der Periode.

Überleitungsrechnung

Ferner ist eine Überleitungsrechnung der Buchwerte zu Beginn bis zum Ende des Geschäftsjahres ähnlich einem Anlagespiegel nach handelsrechtlichen Vorschriften aufzustellen. Ausgehend vom Bruttobuchwert und den kumulierten Abschreibungen jeder Gruppe von Sachanlagen zu Beginn der Periode muss die Überleitungsrechnung sämtliche Zugänge und Abgänge sowie die planmäßigen und außerplanmäßigen Abschreibungen und Wertaufholungen der Periode enthalten. Gesondert in der Überleitungsrechnung auszuweisen sind ferner die

---

9 Vgl. *ADS International*, Abschnitt 9: Sachanlagevermögen, Tz. 168.

Sachanlagenzugänge, die aufgrund von Unternehmenszusammenschlüssen in der Periode entstanden sind, vorhandene Währungsumrechnungsdifferenzen sowie der Buchwert der zum Verkauf bestimmten Sachanlagen gemäß IFRS 5.

Des Weiteren sind – sofern vorhanden – die Existenz und der Betrag von Beschränkungen von Verfügungsrechten sowie von verpfändeten Sachanlagen, die als Sicherheit für Schulden dienen, anzugeben. Ferner sind Zahlungen, die für Sachanlagen im Bau getätigt wurden, und der Betrag, der aufgrund vertraglicher Verpflichtungen für den Erwerb von Sachanlagen aufgewandt wurde, zu veröffentlichen. Wenn eine Entschädigungszahlung von Dritten (z.B. vom Staat, Versicherungen etc.) für wertgeminderte, verlorene oder aufgegebene Sachanlagen vom Unternehmen erhalten und nicht separat in der Gesamterfolgsrechnung ausgewiesen wurde, ist der Kompensationsbetrag im Anhang gesondert aufzuführen.

Vor dem Hintergrund der Ermessensspielräume, die mit der Ermittlung von beizulegenden Zeitwerten verbunden sind, erfordert die Anwendung des Neubewertungsmodells im Rahmen der Folgebewertung zusätzliche Angabepflichten. So sind nach IAS 16.77 in diesem Fall folgende Informationen darzulegen:

Zusätzliche Angaben bei Anwendung des Neubewertungsmodells

- Der Zeitpunkt der Neubewertung.
- Die Auskunft, ob ein unabhängiger Gutachter hinzugezogen wurde.
- Die Methoden und wesentlichen Annahmen bei der Schätzung von beizulegenden Zeitwerten.
- Der Umfang, zu dem beizulegende Zeitwerte aufgrund von Marktpreisen, vergangenen Markttransaktionen oder anderen Bewertungsmethoden ermittelt wurden.
- Der Buchwert für jede neubewertete Gruppe von Sachanlagen, der sich bei Bilanzierung zu fortgeführten Anschaffungs- oder Herstellungskosten ergeben hätte.
- Der Betrag und die Entwicklung einer bestehenden Neubewertungsrücklage in der Periode einschließlich bestehender Ausschüttungsbeschränkungen.

Zudem ist die Überleitungsrechnung gemäß IAS 16.73 um den Betrag der Erhöhungen oder Verminderungen des Buchwerts von Sachanlagen aufgrund von Neubewertungen und um den Betrag von im sonstigen Gesamterfolg bzw. in der Neubewertungsrücklage erfassten oder aufgehobenen Wertminderungen gemäß IAS 36 zu erweitern.

Daneben empfiehlt IAS 16.79 bestimmte Informationen freiwillig zu veröffentlichen, um den Informationsgehalt des Abschlusses zusätzlich zu erhöhen. Informationsrelevant für Abschlussadressaten könnten bspw. die Veröffentlichung der Buchwerte vorübergehend nicht genutzter und stillgelegter Sachanlagen sowie die zusätzliche Veröffentlichung beizulegender Zeitwerte von nach dem Anschaffungskostenmodell bilanzierten Sachanlagen im Anhang sein. Von einer verpflichtenden Angabe derartiger Informationen hat das IASB jedoch bisher abgesehen.

Freiwillige Angaben

7 Wesentliche Unterschiede zum HGB

- Bei der Ermittlung der Herstellungskosten nach § 255 Abs. 2 HGB ist nur der Ansatz der Teilkosten als Wertuntergrenze verpflichtend. Wahlweise dürfen die Vollkosten als Wertobergrenze angesetzt werden.
- Entsorgungs- bzw. Rekultivierungsverpflichtungen stellen keine Bestandteile der Anschaffungs- oder Herstellungskosten dar.
- Im Rahmen der Folgebewertung ist nur die Bewertung zu fortgeführten Anschaffungs- oder Herstellungskosten erlaubt. Eine Neubewertung von Sachanlagen kennt das HGB nicht.
- Aufgrund der umgekehrten Maßgeblichkeit können auch steuerrechtliche Abschreibungen zur Anwendung kommen.
- Außerplanmäßige Abschreibungen sind rechtsformspezifisch durchzuführen. Kapitalgesellschaften und bestimmte Personengesellschaften gemäß § 264a HGB müssen Sachanlagen nach § 253 Abs. 2 i.V.m. § 279 Abs. 1 HGB außerplanmäßig abschreiben, wenn eine voraussichtlich dauerhafte Wertminderung vorliegt. Dabei zu beachtende Anhaltspunkte für eine Wertminderung enthält das HGB nicht. Sobald die Gründe für die Wertminderung in späteren Perioden nicht mehr bestehen, ist bis zur Obergrenze der fortgeführten historischen Anschaffungs- oder Herstellungskosten zuzuschreiben. Dagegen dürfen Einzelkaufleute und andere Personengesellschaften aufgrund des gemilderten Niederstwertprinzips auch bei nur vorübergehender Wertminderung außerplanmäßig abschreiben. Zusätzlich sind nach § 253 Abs. 4 HGB für sie Abschreibungen im Rahmen vernünftiger kaufmännischer Beurteilung erlaubt. Ebenfalls dürfen sie einen niedrigeren Wertansatz gemäß § 253 Abs. 5 HGB beibehalten.
- Der im November 2007 vorgelegte Referentenentwurf eines Bilanzrechtsmodernisierungsgesetzes (BilMoG) dürfte künftig reduzierte Unterschiede zum HGB anzeigen. So wird dort auch für das HGB der Vollkostenansatz festgelegt, außerplanmäßige Abschreibungen im Sachanlagevermögen nur bei voraussichtlich dauerhafter Wertminderung für zulässig erklärt sowie die Umkehrmaßgeblichkeit abgeschafft.

8 Wesentliche Unterschiede zu US-GAAP

- Bei der Erstbewertung zu Anschaffungs- oder Herstellungskosten besteht eine Aktivierungspflicht für Fremdkapitalkosten, wenn die Voraussetzung für einen qualifizierten Vermögenswert nach SFAS 34 vorliegt.
- Im Rahmen der Folgebewertung ist allein die Bewertung zu fortgeführten Anschaffungs- bzw. Herstellungskosten erlaubt. Diese stellen somit die Wertobergrenze dar.

- Sobald Ereignisse vorliegen, die auf eine Wertminderung hindeuten (triggering events), ist ein Wertminderungstest nach SFAS 144 durchzuführen, der sich teilweise von der Vorgehensweise nach IAS 36 unterscheidet. Eine spätere Wertaufholung ist grundsätzlich nicht erlaubt.

Ausgewählte Literatur

Andrejewski, K. C./Böckem, H., Praktische Fragestellungen der Implementierung des Komponentenansatzes nach IAS 16, Sachanlagen (Property, Plant and Equipment), in: KoR, 5. Jg. (2005), S. 75-81.

Baetge, J./Beermann, T., Die Neubewertung des Sachanlagevermögens nach International Accounting Standards (IAS), in: StuB, 1. Jg. (1999), S. 341-348.

Dyckerhoff, C./Lüdenbach, N./Schulz, R., Praktische Probleme bei der Durchführung von Impairment-Tests im Sachanlagevermögen, in: von Werder, A. v./Wiedemann, H. (Hrsg.), Internationalisierung der Rechnungslegung und Corporate Governance, Stuttgart 2003, S. 33-59.

Hoffmann, W.-D./Lüdenbach, N., Abschreibung von Sachanlagen nach dem Komponentenansatz von IAS 16, in: BB, 59. Jg. (2004), S. 375-377.

Übungsaufgaben

Aufgabe 1:
Die Gecko AG hat am 02.02.07 eine Produktionsanlage zum Kaufpreis von 3.570.000 € (inkl. 19 % USt) erworben. Mit dem Verkäufer wurde eine Minderung des Rechnungspreises um 2 % vereinbart, wenn der Kaufpreis innerhalb eines 14-tägigen Zahlungsziels geleistet wird. Die Gecko AG überweist den Rechnungsbetrag am 10.02.07. Die Anlage wird mit einem staatlichen Investitionszuschuss von 250.000 € gefördert, der nicht zurückgezahlt werden muss. Ein Spediteur liefert die Anlage für 23.800 € (inkl. 19 % USt) aus. Zur Versicherung der Fracht schließt die Gecko AG eine Versicherung in Höhe von 1 % des Nettowarenwerts ab. Die Aufstellung der Anlage erfolgte durch betriebseigene Mitarbeiter. Hierbei fielen Lohn- und Materialkosten in Höhe von 150.000 € sowie nicht direkt zurechenbare Fertigungs- und Verwaltungsgemeinkosten in Höhe von 30.000 € an. Ferner hat sich die Gecko AG mit dem Erwerb verpflichtet, die Anlage nach einer geschätzten Nutzungsdauer von 25 Jahren zu entsorgen. Voraussichtlich werden dafür Kosten in Höhe von 200.000 € entstehen. Die Gecko AG verwendet einen Diskontierungszins von 8 %.

a) Geben Sie allgemein das Schema zur Ermittlung der Anschaffungskosten von Sachanlagen nach IAS 16 an.

b) Berechnen Sie die Anschaffungskosten der Produktionsanlage.
c) Buchen Sie den Kauf und die erstmalige Folgebewertung zum 31.12.2007 unter den Annahmen, dass die Gecko AG linear abschreibt und den vollen Abschreibungsbetrag in der ersten Jahreshälfte ansetzt.

Aufgabe 2:
Die Boport AG erwirbt am Anfang des Jahres 2004 ein Flugzeug zum Kaufpreis von 200 Mio. € und einer voraussichtlichen Nutzungsdauer von 10 Jahren, das sie anhand des Anschaffungskostenmodells linear abschreibt. Im Kaufpreis enthalten sind die Kosten für die Turbinen, die insgesamt 20 Mio. € bei einer zweijährigen Nutzungsdauer betragen. Eine Generalüberholung der Turbinen am Ende der Nutzungsdauer ist erwartungsgemäß mit dem gleichen Betrag zu veranschlagen. Handelsrechtlich wären die Anforderungen an die Bildung einer Aufwandsrückstellung gemäß § 249 HGB erfüllt.
a) Wie ist der Sachverhalt nach IAS 16 zu behandeln?
b) Buchen Sie unter Vernachlässigung latenter Steuern den Sachverhalt für die Geschäftsjahre 2004 – 2007
- nach Handelsrecht ohne Bildung einer Aufwandsrückstellung gemäß § 249 HGB,
- nach Handelsrecht mit Bildung einer Aufwandsrückstellung gemäß § 249 HGB und
- nach IFRS.
c) Stellen Sie die Buchwerte des Flugzeugs und der Turbinen sowie die Abschreibungsbeträge, den Rückstellungsaufwand und die Veränderung des Periodenergebnisses in den vier Geschäftsjahren gegenüber.

Aufgabe 3:
Die Honey AG hat am 01.01.05 eine Kühlhalle zum Kaufpreis von 500.000 € erworben. Die voraussichtliche Nutzungsdauer beträgt 20 Jahre. Der erwartete wirtschaftliche Nutzenverlauf wird am besten über die lineare Abschreibung abgebildet. Ein Gutachter ermittelt folgende Marktwerte für die Kühlhalle:

	31.12.08	31.12.09	31.12.10
Marktwert	760.000 €	432.000 €	480.000 €

Nachfolgende Angaben wurden zudem von der Steuer- und Rechnungslegungsabteilung bereitgestellt:
- Die Honey AG unterliegt einem Steuersatz von 30 %.
- Die voraussichtliche Nutzungsdauer entspricht der steuerlichen AfA-Tabelle.
- Steuerlich wird linear abgeschrieben. Außerplanmäßige Abschreibungen erfolgen auf den niedrigeren Teilwert, der dem Marktwert der Kühlhalle entspricht. Steuerliche Wertaufholungen sind bis zu den fortgeführten Anschaffungskosten vorzunehmen.
- Die Marktwerte im Geschäftsjahr 09 und 10 entsprechen dem erzielbaren Betrag gemäß IAS 36.

a) Die Honey AG wendet zur Folgebewertung der Kühlhalle das Neubewertungsmodell gemäß IAS 16 an. Geben Sie hierfür die Buchungssätze in den Geschäftsjahren 08 bis 10 an. Eine ggf. entstehende Neubewertungsrücklage soll nicht ratierlich vereinnahmt werden.
b) Verbuchen Sie nun den Sachverhalt für den Fall, dass die Honey AG das Anschaffungskostenmodell zur Folgebewertung anwendet. Stellen Sie anschließend die Veränderung des Periodenergebnisses bei Anwendung des Anschaffungskostenmodells der Veränderung des Periodenergebnisses bei Anwendung des Neubewertungsmodells gegenüber. Woraus resultieren eventuelle Ergebnisdifferenzen zwischen den beiden Folgebewertungsmethoden?
c) Welche Vor- und Nachteile können sich aus der Anwendung des Neubewertungsmodells auf Seiten der
- Abschlussersteller
- Investoren und
- Abschlussprüfer ergeben?

Kapitel 13
Immobilien als Finanzinvestition

1 Anwendungsbereich von IAS 40 336

2 Klassifikation von Immobilien 338
   Exkurs: Geplante Änderungen durch den Exposure Draft „Proposed Improvements to International Financial Reporting Standards" ...341

3 Ansatz 341

4 Bewertung 342
   4.1 Erstbewertung 342
   4.2 Folgebewertung 343
       4.2.1 Modell des beizulegenden Zeitwerts 344
       4.2.2 Anschaffungskostenmodell 350
   Exkurs: Folgebewertung von Anlageimmobilien in der Praxis 352

5 Umklassifizierungen 353
   5.1 Übertragungen aus dem Bestand der als Finanzinvestition gehaltenen Immobilien 353
   5.2 Übertragungen in den Bestand der als Finanzinvestition gehaltenen Immobilien 354

6 Abgänge 358

7 Ausweis 358

8 Angaben 359

9 Wesentliche Unterschiede zum HGB und zu US-GAAP 360

Ausgewählte Literatur 361

Übungsaufgabe 361

Kapitel 13: Immobilien als Finanzinvestition

Viele deutsche Unternehmen folgten in den letzten Jahren dem Trend, sich auf ihre operativen Kerntätigkeiten zu fokussieren. Zu diesem Zweck trennten sich ehemalige „Mischkonzerne" wie z.B. E.On von ganzen Geschäftssegmenten. Andere Unternehmen trieben die Fokussierung insbesondere durch den Verkauf von nicht-betriebsnotwendigem Vermögen voran. Zu dieser Gruppe von Vermögenswerten zählen aus Sicht von Industrieunternehmen oft auch Immobilien, die anstatt der Produktion primär der Erzielung von Mieteinnahmen oder Wertsteigerungen dienen. Dennoch halten ungeachtet der oben genannten Entwicklung auch heutzutage zahlreiche Unternehmen Immobilien als Finanzanlagen in ihrem Bestand. So wiesen z.B. im Jahr 2006 dreizehn der DAX30-Unternehmen solche oft auch als „Rendite- oder Anlageimmobilien" bezeichneten Grundstücke und Gebäude in ihren IFRS-Konzernbilanzen aus. Im Fall von ThyssenKrupp belief sich der Buchwert der als Finanzinvestition gehaltenen Immobilien im Jahr 2006 bspw. auf 501 Mio. €. Der korrespondierende Marktwert wurde mit 677 Mio. € angegeben. Der bislang noch nicht börsennotierte RAG-Konzern, der über ein eigenes Segment „Real Estate" verfügt, wies in der Konzernbilanz des Jahres 2006 gar Renditeimmobilien in Höhe von 1,6 Mrd. € aus. Deren Marktwert betrug indes mit 2,9 Mrd. € fast das Doppelte, woran das mögliche Ausmaß stiller Reserven im Zusammenhang mit Immobilien besonders deutlich wird.

Im Folgenden werden die Vorschriften von IAS 40 „Als Finanzinvestition gehaltene Immobilien" (Investment Property) beschrieben, wobei Sie insbesondere lernen sollen,
- welche Immobilien unter dem Anwendungsbereich von IAS 40 fallen,
- wie IAS 40 unterschiedliche Immobilienarten kategorisiert und nach welchen Vorschriften diese zu bilanzieren sind,
- wann Anlageimmobilien erstmalig anzusetzen und zu bewerten sind,
- welche Folgebewertungsmethoden dem Bilanzierenden zur Verfügung stehen und welche bilanziellen Auswirkungen diese haben sowie
- welche Angaben verpflichtend zu veröffentlichen sind.

1 Anwendungsbereich von IAS 40

Für Anlageimmobilien existiert mit IAS 40 ein eigenständiger Standard, der Ansatz-, Bewertungs- und Angabevorschriften enthält. IAS 40 ist in seiner aktuellen Fassung für alle Geschäftsjahre, die am oder nach dem 01.01.2005 begonnen haben, anzuwenden.

Definition von als Finanzinvestition gehaltenen Immobilien

Die Vorschriften von IAS 40 sind allein auf Immobilien anzuwenden, die als Finanzinvestition gehalten werden. Nach IAS 40.5 sind solche Anlageimmobilien Grundstücke und/oder Gebäude oder Teile von Gebäuden, die vom Eigentümer oder vom Leasingnehmer im Rahmen eines Finanzierungsleasingverhältnisses zum Zweck der Erzielung von Miet- bzw. Pachteinnahmen und/oder mit dem Ziel der Wertsteigerung gehalten werden. Immobilien, die zur Herstellung oder Lieferung von Gütern bzw. zur Erbringung von Dienstleistungen oder für Verwaltungszwecke gehalten werden, fallen ebenso wenig unter den Anwendungsbereich von IAS 40 wie zum Verkauf im Rahmen der gewöhnlichen Geschäftstätigkeit gehaltene Immobilien. Konstituierendes Merkmal einer Anlageimmobilie stellt demzufolge die langfristige Kapitalanlage- und/oder Vermietungsabsicht eines Unternehmens dar. Gesellschaften wie bspw. die Bayerische Immobilien AG oder die frühere Viterra AG, bei denen das Immobiliengeschäft die überwiegende operative Tätigkeit bestimmt, fallen demnach ebenfalls unter den Anwendungsbereich des Standards. Ebenso gilt IAS 40 insbesondere auch für so genannte REITs (real estate investment trusts), deren Bildung der deutsche Gesetzgeber seit dem Jahr 2007 ermöglicht. Diese steuerbegünstigten Immobilien-Aktiengesellschaften mit börsennotierten Anteilen zeichnen sich per Definition dadurch aus, dass das Vermieten und Handeln von Immobilien mindestens 75 % der Umsatzerlöse ausmachen[1].

Nach IAS 40.8 sind z.B. folgende Grundstücke bzw. Gebäude als Finanzinvestition in Immobilien zu bezeichnen:

- Immobilien, die langfristig allein aus dem Grund der Wertsteigerung gehalten werden,
- Immobilien mit gegenwärtig unbestimmter zukünftiger Nutzung,
- Immobilien, die im Rahmen eines oder mehrerer Operating-Leasingverhältnisse vermietet werden.

Beispiele

Sofern Immobilien vermietet werden, entsteht zwangsläufig ein Leasingverhältnis, welches grundsätzlich gemäß IAS 17 „Leasingverhältnisse" (vgl. Kapitel 21) zu behandeln ist. In Einklang mit den dortigen Vorschriften zur Ermittlung des wirtschaftlichen Eigentümers ist IAS 40 auf die Folgebewertung der als Finanzinvestition gehaltenen Immobilien im Abschluss des Leasingnehmers im Rahmen eines Finanzierungsleasingverhältnisses bzw. im Abschluss des Leasinggebers im Rahmen eines Operating-Leasingverhältnisses anzuwenden (IAS 40.3). Zusätzlich wird mit IAS 40.6 jedoch ein Wahlrecht eingeräumt, welches dem Leasingnehmer auch im Rahmen eines Operating-Leasingverhältnisses erlaubt, die geleaste Immobilie als eine als Finanzinvestition gehaltene Immobilie zu klassifizieren und zu bilanzieren. Somit kommt es zu einer Doppelbilanzierung des betreffenden Objekts sowohl beim Leasinggeber als auch beim Leasingnehmer[2]. Das Wahlrecht setzt jedoch neben der Erfüllung der oben genannten Definitionskriterien zwangsweise die Folgebewertung aller im Bestand gehaltenen Renditeimmobilien nach dem Modell des beizulegenden Zeitwerts voraus (vgl. dazu Abschnitt 4.2.1).

Anwendung von IAS 40 bei Leasingverhältnissen

---

1 Vgl. *Bron, J. F.*, Das Gesetz zur Schaffung deutscher Immobilien-Aktiengesellschaften mit börsennotierten Anteilen, in: BB, BB-Special, Heft 21, 62. Jg. (2007), S. 14.
2 Vgl. *Engel-Ciric*, § 16, Tz. 6, in: *Lüdenbach/Hoffmann*, Haufe IFRS-Kommentar.

2 Klassifikation von Immobilien

Abgrenzung von Immobilien mit unterschiedlichem Verwendungszweck

Da im IFRS-Regelwerk, je nach Verwendungszweck einer Immobilie, unterschiedliche Bilanzierungsvorschriften und Offenlegungspflichten existieren, sind Finanzinvestitionen in Immobilien vom restlichen Immobilienbestand zu trennen. Aus IAS 40.9 können hierzu neben Finanzinvestitionen in Immobilien folgende Immobilienkategorien abgeleitet werden:
- Immobilien in der Entwicklungs- bzw. Herstellungsphase,
- Immobilien, die im Rahmen der gewöhnlichen Geschäftstätigkeit verkauft werden sollen, und
- Immobilien, die vom Eigentümer selbst genutzt werden.

Immobilien in der Entwicklungs- bzw. Herstellungsphase

Die Bilanzierung von Immobilien, die sich im Unternehmen in der Entwicklungs- bzw. Herstellungsphase befinden, hängt von der zukünftig beabsichtigten Nutzung ab. Sofern sie später im Rahmen des operativen Geschäfts veräußert werden sollen, hat die Bilanzierung nach den Vorschriften von IAS 2 „Vorräte" zu erfolgen. Wird eine Immobilie aufgrund eines Fertigungsauftrags von Dritten hergestellt, sind wegen des stichtagsübergreifenden Fertigungszeitraums in der Regel die Vorschriften von IAS 11 „Fertigungsaufträge" zu beachten. Erfolgt die Herstellung einer Immobilie jedoch zum Zweck der künftigen Nutzung als Finanzinvestition, muss die Bilanzierung in der Entwicklungs- bzw. Herstellungsphase nach den Vorschriften von IAS 16 „Sachanlagen" erfolgen. Ab dem Zeitpunkt der Fertigstellung fällt die Immobilie dann in den Anwendungsbereich von IAS 40.

Abgrenzung vom Vorratsvermögen

Immobilien, die zum Verkauf im Rahmen der gewöhnlichen Geschäftstätigkeit gehalten werden, wie z.B. Immobilien, die in naher Zukunft veräußert werden sollen, sind im Vorratsvermögen auszuweisen. Ihre Bilanzierung fällt somit unter den Anwendungsbereich von IAS 2.

Abgrenzung von vom Eigentümer selbst genutzten Immobilien

Vom Eigentümer selbst genutzte Immobilien (owner-occupied property) sind Grundstücke und/oder Gebäude, die gemäß IAS 40.5 vom Eigentümer oder vom Leasingnehmer im Rahmen eines Finanzierungsleasingverhältnisses zum Zweck der Herstellung oder der Lieferung von Gütern bzw. der Erbringung von Dienstleistungen oder für Verwaltungszwecke gehalten werden. Darunter fallen z.B. betrieblich genutzte Lagerhallen, Verwaltungsgebäude oder Betriebsgrundstücke. Selbst von Arbeitnehmern genutzte Werkswohnungen eines Unternehmens stellen nach IAS 40.9(c) aufgrund ihrer Nähe zur betrieblichen Leistungserstellung vom Eigentümer selbst genutzte Immobilien dar. Derartige Immobilien sind nach den Vorschriften von IAS 16 zu bilanzieren. Um Anlageimmobilien von selbst genutzten Immobilien zu unterscheiden, enthält IAS 40.7 entsprechende Abgrenzungskriterien. Danach ist ein spezifisches Merkmal von als Finanzinvestition gehaltenen Immobilien, dass sie von anderen Vermögenswerten weitgehend unabhängige Zahlungsüberschüsse generieren. Das ist bei selbst genutzten Immobilien meist nicht der Fall. Hier führt die Produktion oder Lieferung von Gütern zu Cashflows, die nicht nur der einzelnen Immobilie, sondern einer Vielzahl von Vermögenswerten (wie z.B. Maschinen, Fuhrpark etc.) zugeordnet werden können. Vom Eigentümer selbst genutzte Immobilien sind also nur mit einem bestimmten Anteil an den betrieblich erwirtschafteten Zahlungsüberschüssen beteiligt, während Cashflows aus Finanzinvestitionen in Immobilien allein den jeweiligen Grundstücken bzw. Gebäuden zugeordnet werden können.

Beispiel 13.1

Eine unternehmenseigene Lagerhalle wird zur Zwischenlagerung von angelieferten Rohstoffen genutzt, die anschließend in die Produktion von unterschiedlichen Produkten fließen. Die Lagerkosten gehen in die Herstellungskostenermittlung der verschiedenen Produkte ein. Hier liegt somit eine vom Eigentümer selbst genutzte Immobilie vor, die nach den Vorschriften von IAS 16 zu bilanzieren ist.

Sofern die Lagerhalle jedoch vom Unternehmen nicht mehr genutzt, sondern im Rahmen eines Operating-Leasingverhältnisses an einen unternehmensfremden Dritten vermietet wird, sind die damit verbundenen Mieteinnahmen allein der Lagerhalle zuzuordnen. Die Lagerhalle stellt in diesem Fall eine Finanzinvestition dar, für deren Bilanzierung IAS 40 relevant ist.

Grenzfall Mischnutzung

Innerhalb einer Immobilie kann es auch zur unterschiedlichen Nutzung von Gebäudeteilen und damit zu einer Vermischung unterschiedlicher Immobilienarten kommen (dual-purpose property).

Beispiel 13.2

Ein vierstöckiges Gebäude wurde bisher von einem Unternehmen als Verwaltungsgebäude genutzt. Im laufenden Geschäftsjahr reduzierte das Unternehmen den Verwaltungsapparat und vermietete die dadurch frei gewordenen oberen Etagen an eine dritte Gesellschaft.

Wie sind diese unterschiedlich genutzten Gebäudeteile bilanziell zu behandeln? IAS 40.10 schreibt hier eine gesonderte Bilanzierung der Immobilienteile vor, sofern sie getrennt veräußert oder vermietet werden können. Andernfalls stellt die Immobilie allein dann eine Finanzinvestition dar, wenn nur ein unwesentlicher Teil betrieblich genutzt wird. Die Quantifizierung eines wesentlichen Anteils überlässt der Standard dabei dem Bilanzierenden, womit diesem ein nicht unerheblicher Ermessensspielraum verbleibt. Im Schrifttum wird hier der prozentuale Anteil der betrieblich genutzten Fläche an der Gesamtfläche als Maßstab vorgeschlagen. Dabei werden Grenzwerte des höchstzulässigen selbst genutzten Anteils zwischen 15 % und 5 % diskutiert[3].

Nebenleistungen

Ferner kann es vorkommen, dass Immobilieneigentümer mit ihren Mietern die Übernahme von bestimmten Nebenleistungen, wie z.B. Sicherheits- und Wartungsleistungen, vereinbaren. Sobald diese einen wesentlichen Bestandteil der Mietvereinbarung darstellen, liegt ausschließlich eine selbst genutzte Immobilie

---

3 Vgl. *Böckem, H./Schurbohm-Ebneth, A.*, Praktische Fragestellungen der Implementierung von IAS 40 – Als Finanzanlagen gehaltene Immobilien (investment properties), in: KoR, 3. Jg. (2003), S. 339; *Zülch, H.*, Die Bilanzierung von Investment Properties nach IAS 40, Düsseldorf 2003, S. 76-78.

vor. So handelt es sich in der Regel bei einem Hotel, das ein Unternehmen besitzt und gleichzeitig führt, um eine selbst genutzte Immobilie, weil die Dienstleistungen des Eigentümers einen bedeutenden Anteil an der gesamten Mietvereinbarung darstellen. Auch hierbei liegt die Einschätzung der Wesentlichkeit im Ermessen des Bilanzierenden. Im Schrifttum wird hier eine Wesentlichkeitsermittlung auf Grundlage des jeweiligen Ertragsanteils der Nebenleistung empfohlen. Der Ertrag aus der Nebenleistung sollte dabei unter 5-10 % des Gesamtertrags aus der Vermietung liegen, um eine Immobilie als Finanzinvestition zu klassifizieren[4].

Eigenständige Entwicklung von Abgrenzungskriterien

Gerade wegen der oben genannten Ermessensspielräume müssen Unternehmen gemäß IAS 40.14 in schwierigen Abgrenzungsfällen eigenständige Klassifikationskriterien in Übereinstimmung mit den in IAS 40 enthaltenen Definitions- und Abgrenzungskriterien entwickeln und einheitlich anwenden. Diese unternehmensindividuellen Kriterien sind zu veröffentlichen.

Abbildung 13.1 fasst die anzuwendenden Vorschriften je nach Immobilienklassifikation anhand eines Entscheidungsbaums noch einmal zusammen.

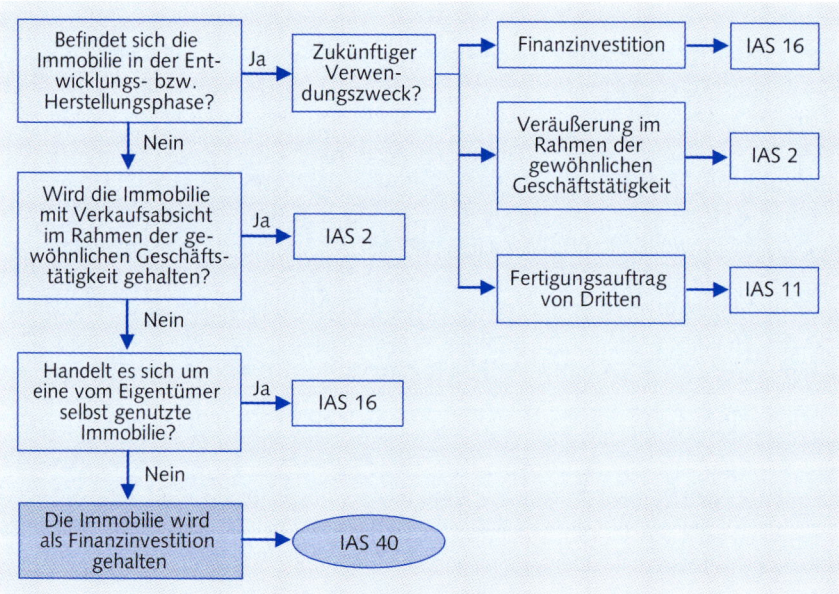

Abb. 13.1: Klassifikation von Immobilien nach IFRS

Konzern- versus Einzelabschluss

Die Klassifikation einer Immobilie kann sich ferner durch den Einbezug in den Konzernabschluss der gesamten Unternehmensgruppe verändern. Während eine Immobilie aus der Sichtweise eines einzelnen Unternehmens als Finanzinvestition klassifiziert werden kann, ist sie unter Rückgriff auf die Einheitstheorie im

---

4 Vgl. *Böckem, H./Schurbohm, A.*, Die Bilanzierung von Immobilien nach den International Accounting Standards, in: KoR, 2. Jg. (2002), S. 41.

Konzernabschluss aus der Sicht des gesamten Konzerns ggf. neu zu beurteilen. Ein und dieselbe Immobilie kann somit in Konzern- und Einzelabschluss unterschiedlichen Bilanzierungsvorschriften unterliegen.

> Unternehmen A und B sind Tochterunternehmen der Muttergesellschaft C. A vermietet B ein seinerseits nicht mehr genutztes Gebäude.
> Im IFRS-Einzelabschluss von A ist die Immobilie als Finanzinvestition zu klassifizieren, womit u.a. die Vorschriften von IAS 40 zu beachten sind. Im IFRS-Konzernabschluss des Mutterunternehmens C stellt das Gebäude jedoch eine selbst genutzte Immobilie dar. Hier greifen die Vorschriften von IAS 16.

Beispiel 13.3

> **Geplante Änderungen durch den Exposure Draft „Proposed Improvements to International Financial Reporting Standards"**
> Der im Oktober 2007 erschienene Entwurf enthält auch Änderungsvorschläge für IAS 40. Neben einigen sprachlichen Details soll vor allem der Anwendungsbereich vergrößert werden. So sieht das IASB derzeit eine Inkonsistenz innerhalb des IAS 40 hinsichtlich der Behandlung von Immobilien, die sich in der Entwicklung befinden. So fallen Immobilien, die zukünftig als Renditeimmobilien verwendet werden sollen, während ihrer Entwicklung bzw. Herstellung grundsätzlich unter IAS 16 (IAS 40.9). Handelt es sich jedoch um eine Immobilie, die bereits vorher als Renditeimmobilie genutzt wurde und nun weiterentwickelt (z.B. saniert) wird, so ist auch in der Entwicklungszeit IAS 40 anzuwenden (IAS 40.58). Um diese Inkonsistenz zu beseitigen, schlägt das IASB vor, dass zukünftig auch die erstgenannte Gruppe von Immobilien in der Entwicklungsphase unter IAS 40 fallen soll.
> Diese Änderung würde dazu führen, dass Unternehmen zukünftig vermehrt auch beizulegende Zeitwerte für Immobilien bestimmen müssen, die sich noch in der Entwicklung befinden (vgl. Abschnitt 4.2.1). Das IASB begründet seine Entscheidung damit, dass diese Inkonsistenz ursprünglich auf Bedenken aus der Praxis zurückzuführen war, wonach verlässliche beizulegende Zeitwerte für Immobilien in der Entwicklungsphase schwierig zu ermitteln seien. Durch die zunehmende Verbreitung von beizulegenden Zeitwerten sowie durch die weiterentwickelten Bewertungstechniken sieht das IASB diese Bedenken als nicht mehr zeitgemäß an.

Exkurs

3 Ansatz

Eine als Finanzinvestition gehaltene Immobilie ist nach IAS 40.16 erstmalig in der Bilanz anzusetzen, wenn sie die allgemeinen Ansatzkriterien für einen Vermögenswert erfüllt. Demnach muss es einerseits wahrscheinlich sein, dass dem Unternehmen in Zukunft ein mit der Immobilie verbundener wirtschaftlicher Nutzen zufließen wird. Darüber hinaus müssen ihre Anschaffungs- oder Herstel-

Ansatzkriterien

lungskosten zuverlässig messbar sein. Zu der zu erfüllenden Eintrittswahrscheinlichkeit des Nutzenzuflusses äußert sich IAS 40 nicht. Wie schon in Kapitel 12 beschrieben, reicht hier die Literaturmeinung von größer 50 % bis zu einer Wahrscheinlichkeitsgrenze von 70-80 %. Im Zeitpunkt der Erfüllung der Ansatzkriterien sind die angefallenen Anschaffungs- oder Herstellungskosten anzusetzen.

Ansatz von nachträglichen Anschaffungs- oder Herstellungskosten

Nachträgliche Anschaffungs- oder Herstellungskosten fallen gemäß IAS 40.17 nach dem erstmaligen Ansatz an, um die Immobilie zu erweitern (add), teilweise zu ersetzen (replace part) oder in Betrieb zu halten (service). Sie erhöhen stets dann den Buchwert, wenn sie die allgemeinen Ansatzkriterien von IAS 40.16 erfüllen. Daher sind bspw. Kosten für Ersatzbeschaffungen von einzelnen Bestandteilen einer Immobilie, wie z.B. der Austausch von Innenwänden, bei Erfüllung der Ansatzkriterien im Gesamtbuchwert zu berücksichtigen und der ausgetauschte Bestandteil auszubuchen. Laufende Instandhaltungen und Wartungen (cost of day-to-day servicing) sind dagegen stets als Aufwendungen zu erfassen. Sie stellen keine nachträglichen Anschaffungs- oder Herstellungskosten dar.

4 Bewertung

4.1 Erstbewertung

Anschaffungs- oder Herstellungskosten

Als Finanzinvestition gehaltene Immobilien sind beim erstmaligen Ansatz nach IAS 40.20 mit ihren Anschaffungs- oder Herstellungskosten einschließlich angefallener Transaktionskosten zu bewerten. Anschaffungs- oder Herstellungskosten stellen den Betrag an Zahlungsmitteln oder Zahlungsmitteläquivalenten dar, der zum Erwerb oder zur Herstellung eines Vermögenswerts entrichtet wurde, oder den beizulegenden Zeitwert einer anderen Gegenleistung zum Zeitpunkt des Erwerbs oder der Herstellung (IAS 40.5).

Anschaffungskosten

Unter die Anschaffungskosten fallen sowohl der Kaufpreis als auch sämtliche direkt zurechenbaren Kosten. Letztere stellen z.B. Makler- und Vermittlungsgebühren, Steuerzahlungen im Rahmen der Immobilienübertragung sowie sonstige Transaktionskosten dar. Sofern die Zahlung für eine Immobilie die übliche Zahlungsfrist überschreitet, entspricht der Barwert des Kaufpreises den Anschaffungskosten. Dabei entstehende Finanzierungskosten sind nach IAS 40.24 grundsätzlich als Zinsaufwendungen über die Kreditlaufzeit zu verteilen und dürfen somit nicht in die Anschaffungskosten einbezogen werden.

Herstellungskosten

Die Herstellungskosten umfassen sämtliche Kosten, die bis zum Zeitpunkt der Fertigstellung der Immobilie angefallen sind. Die eigentliche Herstellungskostenermittlung während der Entwicklungs- bzw. Herstellungsphase einer Immobilie, die zukünftig als Finanzanlage gehalten werden soll, fällt nicht unter den

Regelungsbereich von IAS 40, sondern unter die Vorschriften von IAS 16 (vgl. Kapitel 12).

Gemäß IAS 40.23 stellen bestimmte Kosten ausdrücklich keine Bestandteile der Anschaffungs- bzw. Herstellungskosten dar. Sie sind somit als Aufwendungen in der Periode zu verrechnen, in der sie anfallen. Darunter fallen *Nicht anzusetzende Kostenbestandteile*
- Gründungs- und/oder Anlaufkosten (start-up costs), sofern sie nicht notwendig sind, um die Immobilie in den vom Unternehmen vorgesehenen Zustand und in die vorgesehene Umgebung zu versetzen,
- Betriebsverluste vor Erreichung des geplanten Belegungsgrades sowie
- ungewöhnlich hohe Mengen an Materialabfällen, Fertigungslöhnen oder anderen bei der Herstellung der Immobilie angefallenen Ressourcen.

Beim Erwerb von Immobilien durch Tausch gegen andere Vermögenswerte entsprechen die Anschaffungskosten der Immobilie dem beizulegenden Zeitwert des abgehenden Vermögenswerts, es sei denn, der beizulegende Zeitwert der erhaltenen Immobilie kann verlässlicher bestimmt werden (IAS 40.27). Sofern jedoch weder der beizulegende Zeitwert des abgehenden Vermögenswerts noch der Immobilie zuverlässig ermittelt werden können oder dem Tauschvorgang der wirtschaftliche Gehalt (commercial substance) fehlt, stellt der Buchwert des abgehenden Vermögenswerts die Anschaffungskosten dar. Die dargestellten Vorschriften entsprechen somit den Regeln für den Erwerb von Sachanlagen durch Tausch gemäß IAS 16 (vgl. Kapitel 12). *Erwerb durch Tausch*

4.2 Folgebewertung

Nach erstmaligem Ansatz und Bewertung können als Finanzinvestition gehaltene Immobilien nach zwei unterschiedlichen Bewertungsverfahren folgebewertet werden. Als Folgebewertungsmethoden stehen die ergebniswirksame Bewertung zum beizulegenden Zeitwert (Modell des beizulegenden Zeitwerts; fair value model) und die Folgebewertung zu fortgeführten Anschaffungs- oder Herstellungskosten (Anschaffungskostenmodell; cost model) zur Auswahl. Beide Methoden verpflichten grundsätzlich zur Ermittlung des beizulegenden Zeitwerts der Anlageimmobilien, wobei jedoch dessen Ausweis je nach angewendeter Folgebewertungsmethode unterschiedlich zu erfolgen hat. Das Modell des beizulegenden Zeitwerts erfordert den Ausweis des beizulegenden Zeitwerts in der Bilanz und die ergebniswirksame Verrechnung von Zeitwertänderungen in der Gesamterfolgsrechnung. Bei der Folgebewertung nach dem Anschaffungskostenmodell muss der beizulegende Zeitwert dagegen lediglich im Anhang ausgewiesen werden. *Folgebewertungsverfahren*

Die ausgewählte Folgebewertungsmethode ist nach IAS 40.30 in den Folgeperioden grundsätzlich auf den gesamten Bestand der Anlageimmobilien anzuwenden. Es ist also in der Regel nicht möglich, lediglich vereinzelte Immobilien ergebniswirksam zum beizulegenden Zeitwert zu bewerten. Weiterhin schreibt *Einheitliche und stetige Bewertung* das Stetigkeitsgebot vor, dass der Bilanzierende an dem einmal gewählten Folgebewertungsverfahren im Zeitablauf festzuhalten hat. Der bilanzpolitisch motivierte Wechsel der Folgebewertungsmethode durch den Bilanzierenden soll damit verhindert werden. Ein Durchbrechen des Stetigkeitsgrundsatzes ist nach IAS 8 „Bilanzierungs- und Bewertungsmethoden, Änderungen von Schätzungen und Fehler" nur dann erlaubt, wenn daraus im Abschluss eine sachgerechtere Darstellung der als Finanzinvestition gehaltenen Immobilien erzielt werden kann. Das IASB hält es indes für höchst unwahrscheinlich, dass ein Wechsel von dem Modell des beizulegenden Zeitwerts auf das Anschaffungskostenmodell zu einer verbesserten Darstellung führt (IAS 40.31). Damit sind Unternehmen, die sich für Ersteres entscheiden, faktisch dauerhaft auf diese Methode festgelegt.

4.2.1 Modell des beizulegenden Zeitwerts

Folgebewertung zum beizulegenden Zeitwert

Die Folgebewertung nach dem Modell des beizulegenden Zeitwerts erfordert gemäß IAS 40.33 die Bestimmung des beizulegenden Zeitwerts der Anlageimmobilien und seinen Ansatz in der Bilanz unter der Voraussetzung, dass er verlässlich ermittelt werden kann. Sofern sich der beizulegende Zeitwert im Zeitablauf verändert hat, entsteht zwangsläufig ein Unterschiedsbetrag, der nach IAS 40.35 ergebniswirksam in der Gesamterfolgsrechnung zu erfassen ist. Es kommt somit zu einem ergebniswirksamen Ausweis noch nicht realisierter Gewinne bzw. Verluste. Zusätzlich sind ergebniswirksam latente Steuern zu bilden, sobald der in der IFRS-Bilanz angesetzte beizulegende Zeitwert vom steuerbilanziell anzusetzenden Wert abweicht.

Häufigkeit der Ermittlung

Aus IAS 40 geht nicht explizit hervor, ob der beizulegende Zeitwert periodenweise neu zu ermitteln ist. Da er jedoch gemäß IAS 40.38 stets die aktuelle Marktlage der Immobilien abbilden soll, kann von einer jährlichen Ermittlung ausgegangen werden. Damit entfallen bei der ergebniswirksamen Folgebewertung zum beizulegenden Zeitwert planmäßige und außerplanmäßige Abschreibungen. Dies ist insofern konsequent, da die beizulegenden Zeitwerte den aktuellen Zustand der Immobilien am Bilanzstichtag widerspiegeln. IAS 36, der zu prüfende Anhaltspunkte für wertgeminderte bzw. wertgestiegene Vermögenswerte enthält, ist demzufolge nicht anzuwenden.

Definition des beizulegenden Zeitwerts

Der beizulegende Zeitwert stellt nach der allgemeinen Definition von IAS 40.5 den Betrag dar, zu dem ein Vermögenswert zwischen sachverständigen, vertragswilligen und voneinander unabhängigen Geschäftspartnern getauscht werden könnte. Sachverständige Geschäftspartner zeichnen sich nach IAS 40.42 dadurch aus, dass sie ausreichend über die Eigenschaften, Nutzungsmöglichkeiten und über die aktuelle Marktlage der Immobilie informiert sind. Käufer gelten als vertragswillig, sofern sie nicht zum Erwerb gezwungen wurden. Vielmehr ist ein vertragswilliger Käufer aus Eigenmotivation bereit, die Immobilie zu erwerben. Er würde keinen höheren Kaufpreis als vom Markt gefordert bezahlen. Gleichfalls ist ein vertragswilliger Verkäufer nach IAS 40.43 eine Person, die weder zur Veräußerung gezwungen ist, noch einen unvernünftigen Verkaufspreis verlangen wird. Stattdessen wird er versuchen, unter Berücksichtigung der aktuellen Marktbedingungen den bestmöglichen Veräußerungspreis zu erzielen. Unabhängigkeit der Geschäftspartner voneinander liegt vor, wenn keine besonderen Beziehungen zwischen Verkäufer und Käufer bestehen, die marktuntypische Preise nach sich ziehen würden. Damit stellen geschätzte Preise, die durch besondere Umstände wie z.B. untypische Finanzierungen, Sale-and-leaseback-Geschäfte oder andere gewährte Vergünstigungen entstehen, ausdrücklich keine beizulegenden Zeitwerte dar.

Der beizulegende Zeitwert unterscheidet sich vom Nutzungswert, der zur Ermittlung einer Wertminderung im Rahmen der Bestimmung des erzielbaren Betrages gemäß IAS 36 „Wertminderung von Vermögenswerten" zu berechnen ist (vgl. Kapitel 10). Während dieser aus Sicht des Unternehmens ermittelt wird und damit dessen Wissensstand und Erwartungen widerspiegelt, wird der beizulegende Zeitwert gemäß IAS 40.43 aus Sicht externer Marktteilnehmer unter Berücksichtigung von deren Kenntnisstand und Erwartungen bestimmt. Somit darf der beizulegende Zeitwert keine unternehmensindividuellen Nutzenpotenziale abbilden, wie z.B. *(Abgrenzung vom Nutzungswert)*
- Vorteile aus der Bildung eines Immobilienportfolios an unterschiedlichen Standorten,
- Synergien zwischen Anlageimmobilien und anderen Vermögenswerten,
- Rechtsansprüche oder gesetzliche Beschränkungen sowie
- Steuervorteile oder -nachteile des Eigentümers.

Bei der Ermittlung von beizulegenden Zeitwerten für Anlageimmobilien dürfen keine beim Verkauf oder Abgang entstehenden Transaktionskosten berücksichtigt werden (IAS 40.37). Vielmehr ist der beizulegende Zeitwert nach IAS 40.38 ausschließlich unter Berücksichtigung der aktuellen Marktlage der Immobilie zum Bilanzstichtag zu bestimmen. Vergangene oder künftig erwartete Marktlagen sind bei seiner Ermittlung nicht zu berücksichtigen. Somit ist eine erwartete Wertsteigerung einer Immobilie in naher Zukunft, z.B. aufgrund geplanter künftiger Sanierungsmaßnahmen, erst dann bilanziell abzubilden, wenn sie tatsächlich eingetreten ist. Ferner darf der beizulegende Zeitwert von Immobilien keine Vermögenswerte und Schulden enthalten, die bereits einzeln in der Bilanz erfasst werden. Sofern es sich bei den Vermögenswerten und Schulden jedoch um integrale Bestandteile der Immobilie handelt, wie z.B. bei Fahrstühlen oder Klimaanlagen, sind sie in der Regel nicht separat in der Bilanz anzusetzen, sondern in die Bewertung einzubeziehen. Ebenso stellen Möbel eines Bürogebäudes im Allgemeinen integrale Bestandteile der Immobilie dar, da sie unmittelbare Auswirkungen auf die erwarteten Mieteinnahmen und damit auf den beizulegenden Zeitwert haben (IAS 40.50). *(Allgemeine Ermittlungsgrundlagen)*

Die Bestimmung des beizulegenden Zeitwertes kann auf verschiedene Arten erfolgen, wobei das IASB stets die Zuhilfenahme eines unabhängigen Gutachters empfiehlt (IAS 40.32). Grundsätzlich stellen nach IAS 40.45 aktuelle Preise auf einem aktiven Markt für vergleichbare Immobilien den besten Ausgangspunkt für die Ableitung eines beizulegenden Zeitwerts für die betrachtete Immo- *(Vorgehensweise bei der Ermittlung des beizulegenden Zeitwerts)* bilie dar. Diese Vergleichsimmobilien sollten sich dabei in nahezu identischer Lage, Zustand, Alter etc. wie die betrachtete Immobilie befinden sowie eine ähnliche Mietvertragsausgestaltung haben. Bestehende Unterschiede bei der Vertragsgestaltung bzw. bei den anderen Immobilienmerkmalen sind bei der Ableitung des beizulegenden Zeitwerts für die betrachtete Immobilie durch Zu- oder Abschläge anzupassen. Dieses Verfahren wird in der Praxis als Vergleichswertverfahren bezeichnet[5].

Zusätzliche Informationsquellen

Immobilien sind jedoch in der Regel Unikate, so dass auch nahezu identische Vergleichsimmobilien kaum zu finden sind. In diesem Fall sind zusätzliche Informationsquellen zur Ermittlung des beizulegenden Zeitwerts heranzuziehen. Insbesondere schlägt das IASB in IAS 40.46 hierzu folgende Quellen vor:

- Ermittlung des beizulegenden Zeitwerts mittels Ableitung aus aktuellen Preisen in aktiven Märkten von Immobilien, die sich hinsichtlich ihrer Lage, Zustand, Vertragsgestaltung etc. unterscheiden. Die Unterschiede sind, soweit ermittelbar, bei der Bestimmung des beizulegenden Zeitwerts anzupassen.
- Bestimmung des beizulegenden Zeitwerts anhand der Ableitung aus vergangenen Preisen älterer Transaktionen, die auf weniger aktiven Märkten vollzogen wurden. Hierbei ist der beizulegende Zeitwert an die mittlerweile eingetretenen veränderten wirtschaftlichen Gegebenheiten anzupassen.
- Ermittlung des beizulegenden Zeitwerts über die Diskontierung von prognostizierten künftigen Cashflows (Discounted-Cashflow-Methode). Die künftigen Cashflows sind unter Berücksichtigung der Mietvertragsgestaltung sowie, wenn möglich, der aktuellen marktüblichen Mieten vergleichbarer Immobilien zu ermitteln. Daneben sind die voraussichtliche Nutzungsdauer, der Restwert der Immobilie am Ende der Nutzungsdauer und der Diskontierungszinssatz zu schätzen bzw. zu berechnen. Als Diskontierungszins ist ein Zinssatz zu verwenden, der die gegenwärtige Einschätzung der Unsicherheit über Höhe und zeitlichen Anfall der Cashflows widerspiegelt[6].

IAS 40 schreibt hierbei keine bestimmte Bewertungsreihenfolge vor. Sofern unter Bezugnahme auf die zusätzlichen Informationsquellen mehrere beizulegende Zeitwerte bestimmt werden können, ist stets der verlässlichste Wert aus der sich ergebenden Bandbreite in der Bilanz anzusetzen. Die Ermittlung von beizulegenden Zeitwerten anhand von Vergleichswerten verschiedenartiger Immobilien oder anhand von veralteten Marktpreisen, sofern sie überhaupt feststellbar sind, ist mit erheblicher Willkür behaftet. Die vorzunehmenden Zu- oder Abschläge sind kaum objektiv nachprüfbar[7]. In der Regel stellt somit die Ablei-

---

5 Siehe zum Vergleichswertverfahren *Beck, M.*, Wertermittlung bei Immobilien, in: Richter, F./Timmreck, C. (Hrsg.), Unternehmensbewertung, Stuttgart 2004, S. 347-350.

6 Zur Bewertung von Immobilien mittels der Discounted-Cashflow-Methode siehe *Beck, M.*, Wertermittlung bei Immobilien, in: Richter, F./Timmreck, C. (Hrsg.), Unternehmensbewertung, Stuttgart 2004, S. 359-363.

7 Vgl. *Olbrich, M.*, Zur Bilanzierung von als Finanzinvestition gehaltenen Immobilien nach IAS 40, in: BFuP, 55. Jg. (2003), S. 348.

tung des beizulegenden Zeitwerts anhand der Discounted-Cashflow-Methode die regelmäßig anzuwendende Ermittlungsmethode dar. Aber auch hier bietet die Schätzung der Höhe und des zeitlichen Anfalls der Cashflows sowie die Bestimmung des Diskontierungszinssatzes einen erheblichen Ermessensspielraum[8].

Beispiel 13.4[9]

Die Sunshine AG erwirbt Anfang des Geschäftsjahres 07 erstmalig ein Gebäude mit einer voraussichtlichen Nutzungsdauer von 50 Jahren zu einem Preis von 10.000 T€ in bar. Dieses wird fortan überwiegend als Finanzinvestition genutzt werden. Annahmegemäß soll am Ende der Nutzungsdauer kein Restwert bestehen. Der Ertragsteuersatz der Sunshine AG beträgt 30 %. Die Folgebewertung soll ergebniswirksam zum beizulegenden Zeitwert erfolgen. Ein unabhängiger Gutachter ermittelt zum Bilanzstichtag 07 einen Gebäudewert von 11.800 T€. Wie lauten die Buchungssätze für das Geschäftsjahr 07?

Lösung
Zunächst ist der Kauf des Gebäudes zu erfassen. Anschließend ist zum Bilanzstichtag der höhere beizulegende Zeitwert anzusetzen und der Unterschiedsbetrag zum bisherigen Buchwert in Höhe von 1.800 T€ ergebniswirksam in der Gesamterfolgsrechnung auszuweisen. Steuerbilanziell soll das Gebäude annahmegemäß mit den fortgeführten Anschaffungskosten bilanziert werden. Die fortgeführten Anschaffungskosten ergeben sich aus den historischen Anschaffungskosten abzüglich kumulierter linearer Abschreibungen (hier 10.000 T€ − 200 T€ = 9.800 T€). Ein temporärer Unterschied zwischen IFRS-Bilanzbewertung und Steuerbilanzbewertung führt zur Entstehung latenter Steuern. Da der IFRS-Wert größer als der steuerbilanzielle Wert ist, entstehen passive latente Steuern in Höhe von ((11.800 T€ − 9.800 T€) · 30 % =) 600 T€. Die passiven latenten Steuern sind ergebniswirksam zu bilden.

Buchungssätze Geschäftsjahr 07:

Als Finanzinvestition gehaltene Immobilie	*an*	*Bank*	*10.000 T€*
Als Finanzinvestition gehaltene Immobilie	*an*	*Finanzertrag*	*1.800 T€*
Steueraufwand	*an*	*passive latente Steuern*	*600 T€*

Zum Bilanzstichtag 08 wird keine Veränderung des beizulegenden Zeitwerts festgestellt. Ist vielleicht trotzdem eine Buchung durchzuführen?

---

8 Vgl. z.B. *Baetge, J./Zülch, H.*, Fair Value-Accounting, in: BFuP, 53. Jg. (2001), S. 559.
9 Vgl. ein ähnliches Beispiel in *Zülch, H./Lienau, A.*, Die Bedeutung der Steuerabgrenzung für die fair-value-Bilanzierung nicht-finanzieller Vermögenswerte nach den Rechnungslegungsvorschriften des IASB, in: WPg, 57. Jg. (2004), S. 570 f.

Lösung

Ja, denn es sind wiederum latente Steuern zu berücksichtigen, weil die steuerbilanziell fortgeführten Anschaffungskosten nach Abzug von planmäßigen Abschreibungen des Geschäftsjahres nun 9.600 T€ betragen. Der gesamte Betrag der passiven latenten Steuern muss demnach auf 660 T€ erhöht werden ((11.800 T€ – 9.600 T€) · 30 % = 660 T€). 600 T€ wurden schon im vorherigen Geschäftsjahr eingestellt, so dass im aktuellen Geschäftsjahr passive latente Steuern in Höhe von 60 T€ ergebniswirksam zu verrechnen sind.

Buchungssatz Geschäftsjahr 08:

Steueraufwand   an   passive latente Steuern   60 T€

Am Ende des Geschäftsjahres 09 erhält die Sunshine AG ein Verkaufsangebot für das Gebäude in Höhe von 12.000 T€. Nach gründlicher Überlegung entscheidet sie sich zum Verkauf. Der Verkaufspreis wird bar bezahlt. Welche Buchungen sind vorzunehmen?

Lösung

Mit dem Verkauf ist das Gebäude aus der Bilanz auszubuchen. Gleichzeitig ist der Unterschiedsbetrag aus bisherigem Buchwert und Verkaufspreis als Ertrag zu verrechnen. Darüber hinaus sind die gebildeten passiven latenten Steuern vollständig ergebniswirksam aufzulösen.

Buchungssätze Geschäftsjahr 09:

Bank   12.000 T€   an   als Finanzinvestition
*   gehaltene Immobilie   11.800 T€*
*   Finanzertrag   200 T€*

Passive latente Steuern   an   Steuerertrag   660 T€

Vergleich mit dem Neubewertungsmodell nach IAS 16

Obwohl auch IAS 16 die Möglichkeit der Folgebewertung zum beizulegenden Zeitwert vorsieht, unterscheidet sich das Neubewertungsmodell für Sachanlagen deutlich von dem hier dargestellten Bewertungsansatz für Anlageimmobilien. So führt das Neubewertungsverfahren nach IAS 16 zwar ebenfalls zu einem Ausweis des beizulegenden Zeitwerts in der Bilanz, allerdings werden Wertsteigerungen über die fortgeführten Anschaffungs- bzw. Herstellungskosten hinaus unter Berücksichtigung von latenten Steuern stets ergebnisneutral über den sonstigen Gesamterfolg in einer Neubewertungsrücklage im Eigenkapital erfasst (vgl. Kapitel 12). Ferner sind Neubewertungen nicht periodenweise vorzunehmen, sondern nur dann, wenn sich der beizulegende Zeitwert am Bilanzstichtag wesentlich vom bisherigen Buchwert unterscheidet. Gleichfalls sind abnutzbare Immobilien nach dem Neubewertungsmodell von IAS 16 planmäßig abzuschreiben, während der Bestand der Neubewertungsrücklage ratierlich oder vollständig beim Verkauf bzw. bei der Stilllegung der Immobilie ergebnisneutral mit den Gewinnrücklagen verrechnet werden kann.

Das IASB geht in IAS 40.53 davon aus, dass der beizulegende Zeitwert von Immobilien in der Regel fortlaufend verlässlich ermittelt werden kann. Allerdings können durchaus Fälle auftreten, in denen eine verlässliche Ermittlung anhand von Vergleichswertverfahren und/oder mittels der Discounted-Cashflow-Methode nicht möglich ist. So ist bspw. zur Prognose von künftigen Cashflows eine umfassende Informationsbasis nötig. Fehlen die notwendigen Informationen, kann ein Unternehmen keine verlässliche Zeitwertermittlung vornehmen. Das gleiche Problem besteht, wenn eine große Bandbreite vernünftiger Schätzungen des beizulegenden Zeitwerts vorliegt und die Eintrittswahrscheinlichkeiten der unterschiedlichen Werte nicht ermittelt werden können.

Nicht verlässliche Ermittlung des beizulegenden Zeitwerts

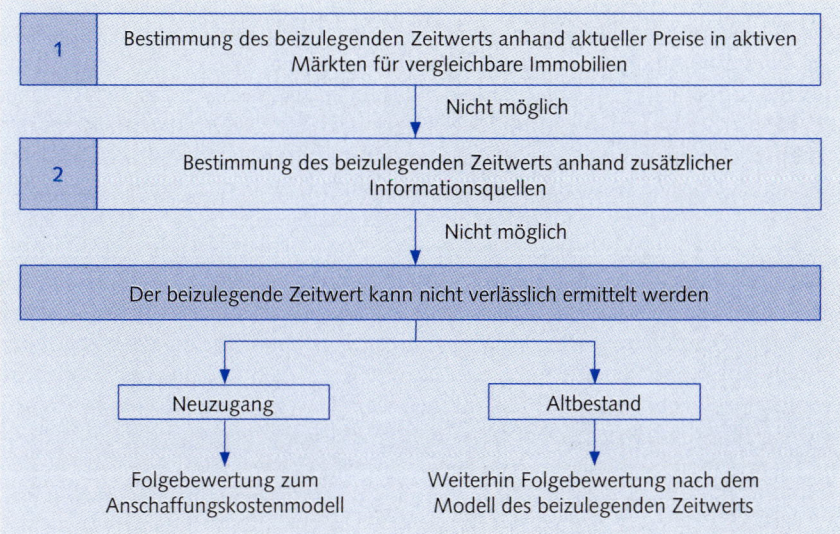

Abb. 13.2: Folgebewertung bei nicht verlässlicher Ermittlung des beizulegenden Zeitwerts

Das IASB hat sich in diesen Fällen zu einer zweiteiligen Lösung entschieden (vgl. Abbildung 13.2). Ausgehend von einem Immobilienbestand, der nach dem Modell des beizulegenden Zeitwerts folgebewertet wird, ist zwischen der nicht verlässlich möglichen Zeitwertermittlung von Neuzugängen und Altbeständen zu unterscheiden. Sofern der beizulegende Zeitwert von neu erworbenen Immobilien nicht zuverlässig ermittelt werden kann, ist deren Folgebewertung bis zu ihrem Abgang nach dem Anschaffungskostenmodell vorzunehmen und ein eventueller Restwert mit Null anzunehmen (IAS 40.53). Somit kann es durchaus zu unterschiedlicher Bilanzierung einzelner Anlageimmobilien und damit zur Abweichung vom Grundsatz der einheitlichen Bewertung kommen. Die Folgebewertung des Altbestandes ist dagegen gemäß IAS 40.55 selbst bei nicht verlässlich möglicher Ermittlung von beizulegenden Zeitwerten weiterhin unverändert bis zum Abgang oder zur Umwidmung der betroffenen Immobilien nach dem Modell des beizulegenden Zeitwerts vorzunehmen. Damit soll sichergestellt werden, dass die einmal ausgewählte Folgebewertungsmethode beibehalten und nicht unternehmensindividuell durch Sachverhaltsgestaltung als ein verdecktes Wahlrecht missbraucht wird. Gleichzeitig wird in Kauf genommen, dass die Bilanz nicht verlässlich ermittelte beizulegende Zeitwerte enthalten kann. Für davon betroffene Immobilien erfordert IAS 40.78(b) daher erweiterte Anhangangaben.

4.2.2 Anschaffungskostenmodell

Folgebewertung zu fortgeführten Anschaffungs- oder Herstellungskosten

Sofern die Folgebewertung nach dem Anschaffungskostenmodell erfolgen soll, sind die Anschaffungs- oder Herstellungskosten der Immobilien in den Folgeperioden fortzuführen. Dabei sind gemäß IAS 40.56 die Vorschriften von IAS 16 zur Folgebewertung von Sachanlagen zu fortgeführten Anschaffungs- bzw. Herstellungskosten zu beachten. Der Gesamtbestand der Immobilien ist daher am Bilanzstichtag zu seinen Anschaffungs- oder Herstellungskosten abzüglich kumulierter Abschreibungen und kumulierter Wertminderungsaufwendungen anzusetzen. Im Gegensatz zur ergebniswirksamen Bewertung zum beizulegenden Zeitwert sind die Immobilien somit planmäßig über ihre voraussichtliche Nutzungsdauer abzuschreiben. Daneben ist zum Bilanzstichtag jeweils zu überprüfen, ob Anhaltspunkte für eine Wertminderung gemäß IAS 36 vorliegen und die Immobilien gegebenenfalls außerplanmäßig im Wert zu mindern sind. Sofern eine Veräußerung mit hoher Wahrscheinlichkeit bevorsteht, sind die betroffenen Immobilien separat auszuweisen und nach IFRS 5 „Zur Veräußerung gehaltene langfristige Vermögenswerte und aufgegebene Geschäftsbereiche" zum Bilanzstichtag mit dem niedrigeren Wert aus beizulegendem Zeitwert abzüglich Veräußerungskosten und Buchwert zu bewerten (vgl. Kapitel 27).

Angabe des beizulegenden Zeitwerts

Der beizulegende Zeitwert wird somit bei der Folgebewertung nach dem Anschaffungskostenmodell nicht in der Bilanz ausgewiesen. Stattdessen ist er verpflichtend im Anhang zu veröffentlichen. Die Wahl des Anschaffungskostenmodells befreit demnach nicht von der Ermittlung beizulegender Zeitwerte.

Beispiel 13.5

Anstatt das erworbene Gebäude (Kaufpreis 10.000 T€, Nutzungsdauer 50 Jahre; s. Beispiel 13.4) ergebniswirksam zum beizulegenden Zeitwert folgezubewerten, entscheidet sich die Sunshine AG für das Anschaffungskostenmodell. Die Anschaffungskosten sollen linear über die voraussichtliche Nutzungsdauer abgeschrieben werden. Wie lauten dann die Buchungssätze für das Geschäftsjahr 07?

Lösung
Nach dem Kauf ist das Gebäude am Bilanzstichtag 07 planmäßig abzuschreiben. Die planmäßige Abschreibung beträgt 200 T€ (= 10.000 T€/50 Jahre). Da im Vergleich zur steuerrechtlichen Bewertung keine Differenzen bestehen, sind auch keine latenten Steuern zu bilden. Der beizulegende Zeitwert von 11.800 T€ ist im Anhang auszuweisen.

Buchungssätze Geschäftsjahr 07:
Als Finanzinvestition
gehaltene Immobilie   an   Bank   10.000 T€

Abschreibung   an   als Finanzinvestition
*   gehaltene Immobilie   200 T€*

Zum Bilanzstichtag 08 verändert sich der beizulegende Zeitwert nicht. Wie ist also zu buchen?

Lösung
Das Gebäude ist weiterhin planmäßig abzuschreiben und der beizulegende Zeitwert im Anhang zu veröffentlichen.

Buchungssatz Geschäftsjahr 08:
Abschreibung   an   als Finanzinvestition
*   gehaltene Immobilie   200 T€*

Am Ende des Geschäftsjahres 09 wird das Gebäude zu einem Verkaufspreis von 12.000 T€ verkauft. Wie lautet hier der Buchungssatz?

Lösung
Mit Verkauf des Gebäudes wird der Buchwert aus der Bilanz ausgebucht und ein Ertrag in Höhe von 2.400 T€ realisiert.

Buchungssatz Geschäftsjahr 09:
Bank   12.000 T€   an   als Finanzinvestition
*   gehaltene Immobilie   9.600 T€*
*   Finanzertrag   2.400 T€*

Folgende Tabelle stellt Buchwert und Periodenergebnis (jeweils in T€) bei Folgebewertung nach dem Modell des beizulegenden Zeitwerts (MBZ) und nach dem Anschaffungskostenmodell (AKM) gegenüber:

Bilanz	07	08	09	
MBZ: Buchwert	11.800	11.800	—	
AKM: Buchwert	9.800	9.600	—	
Gewinn- und Verlustrechnung	07	08	09	∑
MBZ: Periodenergebnis vor lat. Steuern	+1.800	+/-0	+200	+2.000
Latente Steuern	-600	-60	+660	+/- 0
Periodenergebnis nach lat. Steuern	+1.200	-60	+860	+2.000
AKM: Periodenergebnis	-200	-200	+2.400	+2.000

Vergleich mit dem Modell des beizulegenden Zeitwerts

Sofern der beizulegende Zeitwert die fortgeführten historischen Anschaffungs- oder Herstellungskosten überschreitet, kommt es bei der Folgebewertung nach dem Modell des beizulegenden Zeitwerts generell zu einem höheren Vermögensausweis und somit zu einer größeren Bilanzsumme. Gleichzeitig steigt das Periodenergebnis aufgrund der ergebniswirksamen Verrechnung des Unterschiedsbetrages von Buchwert und beizulegendem Zeitwert. Des Weiteren wird das Periodenergebnis in den Folgeperioden nicht durch planmäßige Abschreibungen belastet. Allerdings könnte der beizulegende Zeitwert im Zeitablauf schwanken, was zu einer höheren Volatilität des Ergebnisses führen würde. Die ergebniswirksam zu bildenden und aufzulösenden passiven latenten Steuern mildern indes diesen Ergebniseffekt. In der Summe entsteht bei beiden Methoden durch die jeweilige Wahrung des Kongruenzprinzips der gleiche Totalerfolg.

Exkurs

Folgebewertung von Anlageimmobilien in der Praxis
Eine Analyse von einhundert Geschäftsberichten deutscher, börsennotierter IFRS-Konzernunternehmen der Jahre 2001 bis 2003 ergab, dass die betrachteten Unternehmen ausschließlich das Anschaffungskostenmodell zur Folgebewertung ihrer Anlageimmobilien nutzten[10]. Bei dieser Untersuchung wurden jedoch Banken, Finanzdienstleister und Versicherungen ausgeklammert. Da die Wertentwicklung von Anlageobjekten in diesen Branchen durchaus als Teil der „Performance" angesehen werden kann, wären gerade hier Anwender der ergebniswirksamen Zeitwertbilanzierung zu vermuten gewesen. Dementsprechend finden sich aktuell mit der Commerzbank und der Hypo Real Estate gleich zwei Vertreter dieser Branchen im DAX30, die in ihren IFRS-Abschlüssen des Jahres 2006 das Modell des beizulegenden Zeitwerts angewendet haben. Insgesamt ist jedoch im Einklang mit obiger Argumentation das Modell des beizulegenden Zeitwerts am stärksten bei Unternehmen des Immobiliensektors verbreitet. Eine aktuelle Untersuchung europäischer Immobilien-Unternehmen zeigt, dass im Jahr 2005 in zehn der 15 betrachteten Länder fast ausschließlich das fair value model gewählt wurde[11]. Dagegen kommt lediglich in vier Ländern das Anschaffungskostenmodell häufiger zur Anwendung. Diese Länder sind Frankreich, Italien, Spanien und Deutschland.

---

10 Vgl. dazu *von Keitz, I.*, Praxis der IASB-Rechnungslegung, 2. Aufl., Stuttgart 2005, S. 80.
11 Vgl. *Riedl, E.J./Sellhorn,T.*, Choosing Historical Cost versus Fair Value: Evidence from the European Real Estate Industry, Working Paper, Harvard Business School/Ruhr-Universität Bochum, 2008.

5 Umklassifizierungen

Immobilien unterliegen, wie bereits gezeigt, je nach Verwendungszweck unterschiedlichen Bilanzierungsregeln, die sich insbesondere in den zu verwendenden Folgebewertungsmethoden unterscheiden. Hierbei ist vor allem zwischen als Finanzinvestition gehaltenen Immobilien (IAS 40), vom Eigentümer selbst genutzten Immobilien (IAS 16) und Immobilien des Vorratsvermögens (IAS 2) zu unterscheiden. Zwischen diesen drei Kategorien kann es, z.B. aufgrund einer Veränderung des Verwendungszweckes, zu Übertragungen und damit zur Anwendbarkeit jeweils anderer Standards kommen. Dabei stellt sich vor dem Hintergrund unterschiedlicher Folgebewertungsmethoden innerhalb der Kategorien die Frage, ob der bisherige Buchwert unverändert übertragen werden kann oder ob er gegebenenfalls aufgrund einer andersartigen Folgebewertung anzupassen ist. Nach IAS 40.59 ist die Beantwortung dieser Frage abhängig von der bisher angewendeten Folgebewertungsmethode. Sofern Anlageimmobilien unter IAS 40 nach dem Anschaffungskostenmodell folgebewertet werden, führen Übertragungen in und aus dem Bestand zu keiner Änderung ihres Buchwerts bzw. ihrer Anschaffungs- oder Herstellungskosten. In diesem Fall können die Buchwerte einfach übertragen werden. Folglich sind Anpassungen nur bei Übertragungen in und aus einem Bestand von Immobilien vorzunehmen, die unter IAS 40 nach dem Modell des beizulegenden Zeitwerts folgebewertet werden.

Grundsatz

5.1 Übertragungen aus dem Bestand der als Finanzinvestition gehaltenen Immobilien

Immobilien sind stets dann aus dem Anlageimmobilienbestand herauszunehmen, wenn sie nicht mehr als Finanzinvestition genutzt werden sollen. Es muss also eine Nutzungsänderung vorliegen, die nach IAS 40.57(a)-(b) in folgenden Fällen besteht:

Nutzungsänderung als Voraussetzung

- Eine bisher als Finanzinvestition gehaltene Immobilie soll zukünftig vom Unternehmen selbst genutzt werden. Mit Beginn der Nutzungsänderung fällt die Immobilie in den Anwendungsbereich von IAS 16 und ist in den Bestand der selbst genutzten Immobilien zu übertragen, unabhängig davon, ob die Immobilie für die betriebliche Nutzung noch saniert werden muss.

Übertragung in den Anwendungsbereich von IAS 16

- Eine bisher als Finanzinvestition genutzte Immobilie soll künftig weiterentwickelt werden mit der Absicht, sie anschließend zu veräußern. In diesem Fall fällt die Immobilie mit dem Beginn der Weiterentwicklung in den Anwendungsbereich von IAS 2, womit sie in das Vorratsvermögen zu übertragen ist. Allerdings ist eine Übertragung nur dann vorzunehmen, wenn die Immobilie vor der Veräußerung tatsächlich weiterentwickelt wird. Sofern sie ohne Weiterentwicklung verkauft oder lediglich für die weitere Nutzung als Finanzinvestition saniert werden soll, verbleibt die Immobilie im Anwendungsbereich von IAS 40.

Übertragung in den Anwendungsbereich von IAS 2

Übernahme der beizulegenden Zeitwerte	Im Zeitpunkt der Nutzungsänderung von bisher nach dem Modell des beizulegenden Zeitwerts folgebewerteten Immobilien und der daraus resultierenden Übertragung aus dem Anlageimmobilienbestand heraus sind die jeweiligen beizulegenden Zeitwerte zu übernehmen. Sie stellen die fortzuführenden Bilanzwerte (deemed cost) für die weitere Folgebewertung unter IAS 16 bzw. IAS 2 dar.
Beispiel 13.6	Eine vermietete Lagerhalle wurde bisher als Finanzinvestition ergebniswirksam zum beizulegenden Zeitwert in der Bilanz bewertet. Dieser betrug zum Bilanzstichtag 07 5.000 T€. Mit Beginn des neuen Geschäftsjahres soll die Lagerhalle nun zur unternehmenseigenen Vorratslagerung genutzt werden. **Lösung** Der beizulegende Zeitwert der Lagerhalle (5.000 T€) stellt die Ausgangsbasis für die weitere Folgebewertung im neuen Geschäftsjahr dar. Dabei kann die künftige Folgebewertung nach IAS 16 entweder zu fortgeführten Anschaffungs- bzw. Herstellungskosten oder anhand des Neubewertungsmodells zum Neubewertungsbetrag erfolgen, unter der Voraussetzung, dass die gesamte Gruppe der betrieblichen Immobilien neubewertet wird.

5.2 Übertragungen in den Bestand der als Finanzinvestition gehaltenen Immobilien

Nutzungsänderung als Voraussetzung	Sofern Immobilien künftig als Finanzinvestition genutzt werden sollen, sind sie im Zeitpunkt der Nutzungsänderung in den Bestand der Anlageimmobilien zu übertragen. Nach IAS 40.57(c)-(e) ist eine Übertragung in folgenden Fällen vorzunehmen: • Mit Beginn eines Operating-Leasingverhältnisses einer bisher dem Vorratsvermögen zugeordneten Immobilie. • Mit Ende der Fertigung oder Entwicklung und künftiger Nutzung als Finanzinvestition. • Mit Ende der Nutzung durch den Eigentümer und künftiger Verwendung als Finanzinvestition.
Ansatz des beizulegenden Zeitwerts	Im Zeitpunkt der Nutzungsänderung ist die weitere Folgebewertung nach den Vorschriften von IAS 40 durchzuführen. Anpassungen müssen hier nur erfolgen, sofern der Anlageimmobilienbestand nach dem Modell des beizulegenden Zeitwerts folgebewertet wird. In diesem Fall ist anstelle des bisherigen Buchwerts der beizulegende Zeitwert der Immobilie in der Bilanz anzusetzen. Differenzen zwischen dem bisherigen Buchwert und dem beizulegenden Zeitwert sind dabei gemäß dem vormals angewendeten Standard zu behandeln.
Übertragung vom Vorratsvermögen	Ein Unterschiedsbetrag, der zwischen dem Buchwert einer bisher unter IAS 2 fallenden Immobilie und deren beizulegendem Zeitwert im Übertragungszeit-

punkt besteht, ist nach IAS 40.63 vollständig ergebniswirksam in der Gesamterfolgsrechnung zu erfassen. Die vollständig ergebniswirksame Erfassung wird damit begründet, dass hier fiktiv eine Veräußerung von Vorratsvermögen vorliegt (IAS 40.64).

Analog dazu ist ein Unterschiedsbetrag zwischen dem Buchwert bei Beendigung der Herstellungs- bzw. Entwicklungsphase einer künftig als Finanzinvestition zu nutzenden Immobilie und ihrem beizulegendem Zeitwert im Zeitpunkt der Fertigstellung zu behandeln. Auch hier ist eine bestehende Differenz nach IAS 40.65 vollständig ergebniswirksam zu verrechnen.

Übertragung bei Beendigung der Herstellungsphase

Sofern eine bisher vom Eigentümer selbst genutzte Immobilie künftig als Finanzinvestition verwendet werden soll, ist ein Unterschiedsbetrag zwischen bisherigem Buchwert und beizulegendem Zeitwert im Übertragungszeitpunkt gemäß IAS 40.61 wie eine Neubewertung von Sachanlagen nach IAS 16 zu behandeln. Demnach ist ein Differenzbetrag zwischen niedrigerem beizulegenden Zeitwert und bisherigem Buchwert ergebniswirksam als Aufwand zu buchen. Besteht noch eine Neubewertungsrücklage für die betrachtete Immobilie, so ist der Unterschiedsbetrag zunächst mit dieser zu verrechnen, wobei die Minderung bzw. Auflösung der Neubewertungsrücklage im sonstigen Gesamterfolg zu erfassen ist (IAS 40.62(a)). Vorher gebildete latente Steuern sind entsprechend (anteilig) aufzulösen. Der Unterschiedsbetrag zwischen höherem beizulegenden Zeitwert und bisherigem Buchwert ist ebenfalls im sonstigen Gesamterfolg zu erfassen, was in diesem Fall jedoch zu einem Anstieg der Neubewertungsrücklage führt. Sofern die Immobilie aber in früheren Perioden außerplanmäßig im Wert gemindert wurde, ist diese Wertminderung zunächst bis zur Höhe der fortgeführten historischen Anschaffungs- oder Herstellungskosten der Immobilie ergebniswirksam aufzuholen. Erst ein anschließend noch verbleibender Unterschiedsbetrag wird im sonstigen Gesamterfolg erfasst, was wiederum bilanziell zu einer Erhöhung der Neubewertungsrücklage führt. Bei Zuschreibungen über die fortgeführten Anschaffungskosten hinaus sind wiederum passive latente Steuern zu bilden. Die Neubewertungsrücklage kann ratierlich oder vollständig beim Abgang bzw. bei der Stilllegung der Immobilie ergebnisneutral in die Gewinnrücklagen umgebucht werden. Der in die Neubewertungsrücklage eingestellte Unterschiedsbetrag wird somit niemals ergebniswirksam.

Übertragung von selbst genutzten Immobilien

Beispiel 13.7

Die Sunshine AG erwirbt Anfang des Geschäftsjahres 07 ein Hotel in unmittelbarer Nähe eines großen Vergnügungsparks zum Kaufpreis von 12.000 T€ in bar und klassifiziert es als vom Eigentümer selbst genutzte Immobilie. Die Folgebewertung soll bilanziell und steuerrechtlich zu fortgeführten Anschaffungskosten mittels linearer Abschreibung über die geschätzte voraussichtliche Nutzungsdauer von 60 Jahren erfolgen. Von einem Restwert wird nicht ausgegangen. Im Geschäftsjahr 08 schließt der Park aufgrund eines Brandes, der die beliebtesten Attraktionen zerstörte. Daraufhin bleibt ein großer Teil der Hotelgäste fern. Die Sunshine AG beziffert den außerplanmäßigen Abschreibungsbedarf aufgrund fehlender Zimmerbelegungen zum Bilanzstichtag auf rund 3.600 T€, die auch steuerrechtlich akzeptiert werden. Gleichzeitig wird entschieden, das Hotel im Geschäftsjahr 09 zu einem Bürogebäude umzubauen, um es künftig zu vermieten. Finanzinvestitionen in Immobilien bewertet die Sunshine AG ergebniswirksam zum beizulegenden Zeitwert. Aufgrund aufwendiger Werbemaßnahmen ist das Gebäude zur Eröffnung am Bilanzstichtag des Geschäftsjahres 09 nahezu komplett vermietet, woraufhin ein beauftragter Gutachter einen Immobilienmarktwert von 14.000 T€ ermittelt. Anfang des Geschäftsjahres 10 bietet eine Immobiliengesellschaft für das Gebäude 18.000 T€ in bar. Um ihr eigentliches Kerngeschäft zu stärken, nimmt die Sunshine AG das Angebot an und erhält den Zahlungsbetrag. Der Ertragsteuersatz der Sunshine AG beträgt 30 %. Welche Buchungssätze resultieren aus diesem Sachverhalt in den Geschäftsjahren 07, 08, 09 und 10 bei Vernachlässigung der Umbau- und Werbekosten?

Lösung
Geschäftsjahr 07:
Zunächst ist der Immobilienkauf zu buchen. Da das Hotel zu fortgeführten Anschaffungskosten gemäß IAS 16 mittels linearer Abschreibung folgebewertet werden soll, entstehen planmäßige Abschreibungen in Höhe von 200 T€. Der Restbuchwert der Immobilie in der Bilanz beträgt 11.800 T€. Latente Steuern sind nicht zu bilden, da steuerlich ebenso vorgegangen wird.

Buchungssätze:
Vom Eigentümer selbst
genutzte Immobilie an *Bank* 12.000 T€

Abschreibung an *vom Eigentümer selbst*
genutzte Immobilie 200 T€

Geschäftsjahr 08:
Neben den planmäßigen sind außerplanmäßige Abschreibungen in Höhe von 3.600 T€ zu verrechnen.

Buchungssätze:
Abschreibung an *vom Eigentümer selbst*
genutzte Immobilie 200 T€

Außerplanmäßige Abschreibung an *vom Eigentümer selbst*
genutzte Immobilie 3.600 T€

Geschäftsjahr 09:
Mit der Nutzung als Finanzinvestition fällt die Immobilie in den Anwendungsbereich von IAS 40. Die Immobilie ist daher in den Bestand der Anlageimmobilien zu übertragen und in der Bilanz zum beizulegenden Zeitwert in

Höhe von 14.000 T€ anzusetzen. Der Unterschiedsbetrag von 6.000 T€ (14.000 T€ – 8.000 T€) zum bisherigen Buchwert ist in Höhe der im Geschäftsjahr 08 vorgenommenen außerplanmäßigen Wertminderung (3.600 T€) ergebniswirksam zuzuschreiben. Da steuerrechtlich jedoch nur bis zu den fortgeführten historischen Anschaffungskosten zugeschrieben wird (12.000 T€ – 3 · 200 T€ = 11.400 T€), sind passive latente Steuern ergebniswirksam in Höhe von 60 T€ ((11.600 T€ – 11.400 T€) · 30 %) zu bilden. Anschließend ist der restliche Unterschiedsbetrag in Höhe von 2.400 T€ als Teil des sonstigen Gesamterfolgs und unter Berücksichtigung passiver latenter Steuern in Höhe von 720 T€ (30 % von 2.400 T€) gegen eine Neubewertungsrücklage innerhalb des Eigenkapitals zu verrechnen.

Buchungssätze:

Als Finanzinvestition gehaltene Immobilie		an	vom Eigentümer selbst genutzte Immobilie	8.000 T€
Als Finanzinvestition gehaltene Immobilie		an	Finanzertrag	3.600 T€
Steueraufwand		an	passive latente Steuern	60 T€
Als Finanzinvestition gehaltene Immobilie	2.400 T€	an	sonstiger Gesamterfolg (Neubewertungsrücklage)	1.680 T€
			passive latente Steuern	720 T€

Geschäftsjahr 10:
Mit dem Verkauf ist das Hotel auszubuchen und der Unterschiedsbetrag zum Verkaufspreis als Ertrag zu realisieren. Gleichzeitig ist die Neubewertungsrücklage direkt in die Gewinnrücklagen umzubuchen. Darüber hinaus sind die bisher gebildeten passiven latenten Steuern in voller Höhe ergebniswirksam aufzulösen, um die Ertragslage des bilanzierenden Unternehmens korrekt darzustellen (vgl. hierzu auch Kapitel 11).

Buchungssätze:

Bank	18.000 T€	an	als Finanzinvestition gehaltene Immobilie	14.000 T€
			Finanzertrag	4.000 T€
Neubewertungsrücklage	1.680 T€	an	Gewinnrücklagen	1.680 T€
Passive lat. Steuern	780 T€	an	Steuerertrag	780 T€

6 Abgänge

Behandlung eines Abgangs

Die Ausbuchung bzw. Entfernung einer Anlageimmobilie aus der Bilanz hat bei ihrem Abgang zu erfolgen oder wenn sie dauerhaft nicht mehr genutzt werden soll und kein zukünftiger wirtschaftlicher Nutzen mehr aus ihrem Abgang zu erwarten ist. Ein Abgang kann dabei nicht nur bei einem Verkauf vorliegen, sondern auch bei Abschluss eines Finanzierungsleasingverhältnisses, in dem anstatt des rechtlichen Eigentümers der Leasingnehmer die Immobilie bilanzieren muss. Die Differenz zwischen dem Nettoveräußerungserlös und dem bisherigen Buchwert der Immobilie ist ergebniswirksam in der Gesamterfolgsrechnung zu erfassen. Dabei kann IAS 17 „Leasingverhältnisse" eine andere Behandlung bei Sale-and-leaseback-Transaktionen verlangen (vgl. Kapitel 21). Die Bestimmung des Abgangszeitpunktes ist unter Berücksichtigung von IAS 18 „Erträge" zu ermitteln (vgl. Kapitel 9).

Entschädigungsleistungen

Ausgleichszahlungen von Dritten für eine Wertminderung, einen Verlust oder eine aufgegebene Immobilie (wie z.B. Entschädigungsleistungen von Versicherungen) sind nach IAS 40.72 stets ergebniswirksam zu verrechnen und heben somit keinen vormaligen Abgang auf.

7 Ausweis

Bilanzausweis

IAS 40 enthält keine Ausweisvorschriften für Anlageimmobilien. Demzufolge muss auf die Vorschriften des IAS 1 „Darstellung des Abschlusses" zurückgegriffen werden. Aufgrund ihres Charakters sind Finanzinvestitionen in Immobilien auf der Aktivseite der Bilanz unter den langfristigen Vermögenswerten auszuweisen. Dabei darf kein Ausweis unter dem Sachanlagevermögen erfolgen. Gemäß IAS 1.54 sind Anlageimmobilien vielmehr gesondert darzustellen.

Ausweis innerhalb des Periodenergebnisses

Erträge oder Aufwendungen aus der Folgebewertung zum beizulegenden Zeitwert sind nach IAS 40.35 ergebniswirksam in der Gesamterfolgsrechnung zu verrechnen. Weder IAS 40 noch IAS 1 enthalten Hinweise darauf, wo die Veränderungen des beizulegenden Zeitwerts in der Gesamterfolgsrechnung ausgewiesen werden sollen. Im Schrifttum wird hier vorgeschlagen, Aufwendungen bzw. Erträge aus Veränderungen des beizulegenden Zeitwerts dem Ergebnis der betrieblichen Geschäftstätigkeit zuzuordnen, sofern das Halten von Anlageimmobilien zum operativen Geschäft gehört[12]. Ist das Halten von Finanzinvestitionen in Immobilien stattdessen nur eine Nebentätigkeit eines Unternehmens, sollte der Ausweis der Wertveränderungen im Finanzergebnis erfolgen, und zwar unabhängig davon, welche Folgebewertungsmethode angewendet wird.

---

12 Vgl. *Böckem, H./Schurbohm-Ebneth, A.*, Praktische Fragestellungen der Implementierung von IAS 40 – Als Finanzanlagen gehaltene Immobilien (investment properties), in: KoR, 3. Jg. (2003), S. 342; *Zülch, H.*, Die Bilanzierung von Investment Properties nach IAS 40, Düsseldorf 2003, S. 342-344.

8 Angaben

IAS 40 verlangt die Veröffentlichung von umfangreichen Angaben über den Bestand an Finanzinvestitionen in Immobilien. Neben allgemeinen Angaben sind in Abhängigkeit von der angewendeten Folgebewertungsmethode zusätzliche Informationen offen zu legen. Daneben können andere Standards wie z.B. IAS 17 im Rahmen von Leasingverhältnissen weitere Angaben erfordern.

Zu den allgemeinen Informationspflichten gehören nach IAS 40.75 u.a. Angaben über

Allgemeine Angaben

- die angewendete Folgebewertungsmethode,
- die Kriterien, die ein Unternehmen bei Klassifikationsproblemen zur Unterscheidung von als Finanzinvestition gehaltenen Immobilien, vom Eigentümer selbst genutzten Immobilien und zum Verkauf im Rahmen der gewöhnlichen Geschäftstätigkeit gehaltenen Immobilien anwendet,
- die angewendeten Methoden und wesentlichen Annahmen bei der Ermittlung des beizulegenden Zeitwerts einschließlich Angaben darüber, ob der beizulegende Zeitwert aufgrund von Marktdaten oder anderen, ebenfalls anzugebenden Informationen festgestellt wurde,
- das Ausmaß, in dem die beizulegenden Zeitwerte von einem unabhängigen Sachverständigen ermittelt bzw. die Angabe, dass kein Gutachter mit der Immobilienbewertung beauftragt wurde,
- die in der Gesamterfolgsrechnung verrechneten Beträge der Mieteinnahmen und der betrieblichen Aufwendungen einschließlich der Instandhaltungs- und Wartungskosten, wobei über betriebliche Aufwendungen für Immobilien, die Mieteinnahmen erzielen und über Aufwendungen für Immobilien, die keine Mieterträge generieren, gesondert zu berichten ist,
- das Vorliegen und die Höhe von etwaigen Verkaufsbeschränkungen oder Erlösschmälerungen sowie
- Angaben über vertragliche Verpflichtungen hinsichtlich des Erwerbs, der Herstellung oder Entwicklung von Anlageimmobilien und für Instandhaltung, Reparaturen oder Verbesserungen.

Sofern das Modell des beizulegenden Zeitwerts als Folgebewertungsverfahren gewählt wurde, ist zusätzlich eine erläuternde Überleitungsrechnung zu erstellen, die die Entwicklung des Buchwerts der als Finanzinvestition gehaltenen Immobilien vom Beginn bis zum Ende des Geschäftsjahres zeigt (IAS 40.76). Darin müssen sämtliche Zugänge (mit gesonderter Angabe der Zugänge aus Erwerb, nachträglicher Aktivierung von Anschaffungs- oder Herstellungskosten und aus Unternehmenszusammenschlüssen), nach IFRS 5 als zur Veräußerung klassifizierte Immobilien und andere Abgänge, Nettogewinne/-verluste aus Veränderungen des beizulegenden Zeitwerts, Währungsdifferenzen, Übertragungen in und aus den Vorräten und dem Bestand an selbst genutzten Immobilien sowie sonstige Veränderungen der Periode aufgezeigt werden. Dabei sind Immobilien, bei denen der beizulegende Zeitwert nicht verlässlich ermittelt werden kann, gesondert in der Überleitungsrechnung auszuweisen. Damit die Abschlussadres-

Zusätzliche Angaben bei Folgebewertung nach dem Modell des beizulegenden Zeitwerts

saten die Gründe für eine nicht verlässlich mögliche Ermittlung von beizulegenden Zeitwerten nachvollziehen können, sind die betroffenen Immobilien zu beschreiben, die Problematik bei der Ermittlung des beizulegenden Zeitwerts zu begründen und, sofern möglich, eine Bandbreite der Schätzungen, innerhalb derer sich der beizulegende Zeitwert mit hoher Wahrscheinlichkeit befindet, sowie ein eventueller Abgang einschließlich Buchwert zum Verkaufszeitpunkt und damit verbundene Gewinne oder Verluste anzugeben.

Zusätzliche Angaben bei Folgebewertung nach dem Anschaffungskostenmodell

Bei Anwendung des Anschaffungskostenmodells als Folgebewertungsmethode sind die angewendeten Abschreibungsverfahren, Nutzungsdauern bzw. Abschreibungssätze und die Bruttobuchwerte der Immobilien einschließlich der bislang angefallenen planmäßigen und außerplanmäßigen Abschreibungen vom Beginn bis zum Ende der Periode zu veröffentlichen (IAS 40.79). Gleichfalls ist eine Überleitungsrechnung aufzustellen, um die Entwicklung des Immobilienbuchwerts vom Anfang bis zum Ende der Periode aufzuzeigen. Diese muss wiederum gesondert sämtliche Zugänge aus Erwerben, nachträglicher Aktivierung und aus Unternehmensakquisitionen enthalten, aber auch sämtliche nach IFRS 5 als zu veräußernd klassifizierte Immobilien und andere Abgänge, Abschreibungen, Wertminderungen und -aufholungen, Währungsumrechnungsdifferenzen, Übertragungen in und aus den Vorräten und dem Bestand an selbst genutzten Immobilien sowie sonstige Veränderungen der Periode. Zusätzlich ist der beizulegende Zeitwert der als Finanzinvestition gehaltenen Immobilien zu veröffentlichen. Sofern dieser nicht verlässlich ermittelt werden kann, sind die betroffenen Immobilien zu beschreiben, die nicht verlässliche Ermittlung zu erklären und sofern möglich, die Bandbreite der Schätzungen anzugeben, innerhalb derer sich der beizulegende Zeitwert befindet.

9 Wesentliche Unterschiede zum HGB und zu US-GAAP

In der handelsrechtlichen und US-amerikanischen Rechnungslegung existieren keine gesonderten Vorschriften für die Bilanzierung von als Finanzinvestition gehaltenen Immobilien. Während Immobilien nach handelsrechtlichen Vorschriften unter dem Sachanlagevermögen auszuweisen sind, stellen Finanzinvestitionen in Immobilien nach US-GAAP langfristige Investitionen (long-term investments) dar. In beiden Rechnungslegungssystemen sind sie zu fortgeführten Anschaffungs- oder Herstellungskosten zu bilanzieren. Eine Bewertung zum beizulegenden Zeitwert in der Bilanz ist nicht erlaubt. Ebenso sehen beide Systeme keine verpflichtende Angabe der beizulegenden Zeitwerte im Anhang vor.

Ausgewählte Literatur

Böckem, H./Schurbohm-Ebneth, A., Praktische Fragestellungen der Implementierung von IAS 40 – Als Finanzanlagen gehaltene Immobilien (investment properties), in: KoR, 3. Jg. (2003), S. 335-343.

Olbrich, M., Zur Bilanzierung von als Finanzinvestition gehaltenen Immobilien nach IAS 40, in: BFuP, 55. Jg. (2003), S. 346-357.

Zülch, H., Die Bilanzierung von Investment Properties nach IAS 40, Düsseldorf 2003.

Übungsaufgabe

Im Zuge der Jahresabschlusserstellung 2007 sehen sich die Rechnungsleger der nach IFRS bilanzierenden Weiland AG der Forderung des Vorstandes gegenüber, das Periodenergebnis „ein wenig nach oben zu drücken". Für dieses Ziel wird eine in der aktuellen Berichtsperiode fertig gestellte und bereits an Unternehmensexterne vermietete Großimmobilie der Weiland AG als möglicher Ansatzpunkt für Bilanzpolitik identifiziert. Diese Immobilie ist die erste und einzige als Finanzinvestition gehaltene Immobilie der Weiland AG. Die Herstellungskosten der Immobilie betragen 175 Mio. €. Ein sachverständiger Gutachter ermittelt zum Geschäftsjahresende einen beizulegenden Zeitwert von 180 Mio. €. Die für das Jahr 2005 geplante anteilige Abschreibung beträgt 10 Mio. €.

a) Skizzieren Sie die bestehenden Möglichkeiten der bilanziellen Abbildung dieses Geschäftsvorfalls nach IFRS. Gehen Sie hierbei auf Ansatz-, Bewertungs- und Offenlegungsfragen ein.

b) Buchen Sie den geschilderten Sachverhalt gemäß dem bilanzpolitischen Ziel für das Jahr 2007 nach IFRS. Die Buchung des Erstellungsprozesses ist nicht erforderlich. Gehen Sie hierbei von einem Steuersatz von 30 % aus und davon, dass die steuerliche Behandlung der handelsrechtlichen folgt. Um welchen Betrag ändert sich das Periodenergebnis im Vergleich zur ebenfalls zulässigen Bewertungsalternative?

c) Stellen Sie die Unterschiede zwischen dem Modell des beizulegenden Zeitwerts gemäß IAS 40 und dem Neubewertungsmodell gemäß IAS 16 bzw. IAS 38 im Rahmen der Folgebewertung dar.

Kapitel 14
Vorräte und Fertigungsaufträge

1 Ansatz 365

2 Bewertung..366
   2.1   Erstbewertung..366
          2.1.1   Anschaffungskosten 367
          2.1.2   Herstellungskosten 369
   2.2   Vereinfachte Verfahren zur Ermittlung der Anschaffungs- und
        Herstellungskosten...375
   2.3   Folgebewertung 378
          2.3.1   Grundsatz..378
          2.3.2   Bewertungsvereinfachungsverfahren 380
   Exkurs: LIFO-Verfahren..384
   2.4   Fertigungsaufträge 385
          2.4.1   Bestandteile eines Fertigungsauftrages und Vertragsformen ...386
          2.4.2   Auftragserlöse und Auftragskosten 387
          2.4.3   Verfahren der Gewinnrealisierung 388
                  2.4.3.1   Gewinnrealisierung nach dem Fertigstellungsgrad
                                (Percentage-of-Completion-Methode) 389
                  2.4.3.2   Gewinnrealisierung bei Vertragserfüllung
                                (modifizierte Completed-Contract-Methode) 398

3 Angaben...401

4 Wesentliche Unterschiede zum HGB 402

5 Wesentliche Unterschiede zu US-GAAP..407

Ausgewählte Literatur 411

Übungsaufgaben..411

Die Aktivposition Vorräte ist insbesondere für produzierende Unternehmen von großer Relevanz. Hier bilden Vorräte in der Regel den größten Bilanzposten innerhalb der kurzfristigen Vermögenswerte. So weist beispielsweise der Bayer-Konzern zum 31.12.2006 ein Vorratsvermögen in Höhe von 6.153 Mio. € auf, was in etwa 11 % der Bilanzsumme und ca. ein Drittel der kurzfristigen Vermögenswerte ausmacht. Zum Vergleich: Beim Deutsche Telekom-Konzern spielt das Vorratsvermögen mit 1.129 Mio. € bei einer Bilanzsumme von 130.160 Mio. € nur eine untergeordnete Rolle.

Verarbeitung und Verkauf der Vorräte haben einen erheblichen Einfluss auf die Bilanz und die Gesamterfolgsrechnung. Aus Sicht der Bilanzanalyse ist die Höhe der Vorräte interessant, da diese finanziert werden müssen und insofern für die Dauer ihres Verbleibs im Unternehmen Kapitalkosten verursachen. Das Hauptproblem besteht nun darin, alle mit der Produktion und dem Kauf von Vorräten verbundenen Auszahlungen zu messen und den einzelnen Vorratsgegenständen als Anschaffungs- oder Herstellungskosten zuzuordnen. Dabei ist zu differenzieren, welche Teile der Auszahlungen vom Unternehmen in der betrachteten Periode bereits als Aufwand erfasst werden und welche Teile ergebnisneutral behandelt, d.h. aktiviert und erst in der Periode des Verkaufs bzw. Verbrauchs als Aufwand verrechnet werden.

Lernziele Vorräte

Hinsichtlich der bilanziellen Abbildung hat das Unternehmen im Wesentlichen drei Problembereiche zu berücksichtigen, die Ihnen im Folgenden erläutert werden:

- Es muss zum einen für die von Dritten bezogenen Handelswaren sowie für die Roh-, Hilfs- und Betriebsstoffe die Anschaffungskosten bestimmen.
- Zum anderen muss es für die selbstproduzierten fertigen und unfertigen Erzeugnisse die Höhe der Herstellungskosten ermitteln.
- Das Unternehmen muss weiterhin zu jedem Bilanzstichtag überprüfen, ob Anhaltspunkte für Wertminderungen vorliegen.

In einigen Branchen ist es zudem üblich, dass zwischen Produktion und Verkauf ein erheblicher Zeitraum vergeht. So wickelt beispielsweise der Hochtief-Konzern eine Reihe von Großaufträgen im Hoch-, Tief- und Ingenieurbau ab. Um zu vermeiden, dass Umsatzerlöse in der Gesamterfolgsrechnung erst zum Zeitpunkt des Umsatzaktes im Absatzmarkt (Gefahrenübergang)[1] ausgewiesen werden, kommt in den meisten Fällen die so genannte Percentage-of-Completion-Methode zur Anwendung. Bei Hochtief machten im Geschäftsjahr 2006 die Umsatzerlöse, die nach dieser Methode abgebildet werden, fast 82 % der insgesamt erwirtschafteten rund 15,5 Mrd. € Umsatzerlöse aus. Die Bilanz wiederum weist Fertigungsaufträge, bei denen die angefallenen Herstellungskosten inkl. Gewinnanteilen die erhaltenen Anzahlungen übersteigen, im Wert von ca. 2,5 Mrd. € aus. Dies entspricht einem Anteil an der Bilanzsumme von annä-

---

[1] Vgl. zu den vielfältigen Schwierigkeiten, den Zeitpunkt des Gefahrenübergangs zu bestimmen, ausführlich *Epstein/Jermakowicz*, IFRS 2007, S. 177-182.

hernd 30 %. Hinzu kommen noch einmal Fertigungsaufträge mit passivischem Saldo von knapp 380 Mio. €.

Das Hauptproblem bei der bilanziellen Behandlung der periodenübergreifenden Auftragsfertigung besteht in der Bestimmung des Zeitpunktes, in dem die Umsätze und die korrespondierenden Herstellungskosten ergebniswirksam ausgewiesen werden. Zwei Möglichkeiten sind dabei grundsätzlich denkbar: Soll der Aspekt der Rechtssicherheit und damit der Verlässlichkeit besonders betont werden, spricht vieles dafür, die Umsätze und den Gewinn erst dann auszuweisen, wenn sie realisiert sind. Wird hingegen auf eine von Periode zu Periode möglichst vergleichbare Ergebnisdarstellung abgestellt, werden die Umsätze und (Teil-)Gewinne nach dem Grad der Fertigstellung den einzelnen Perioden zugerechnet. Diese wirtschaftliche Betrachtungsweise geht dann mit einer Vernachlässigung des strengen Realisationsprinzips und einer Betonung der Relevanz einher.

Hinsichtlich der Bilanzierung von Fertigungsaufträgen ist somit eine Reihe von Fragen zu klären:
- Wie sind die über den Zeitraum der Fertigung anfallenden Ein- und Auszahlungen den Berichtsperioden als Erträge und Aufwendungen zuzurechnen?
- Wie ist der unterjährige Fortschritt des Fertigungsprojektes bilanziell abzubilden und wann ist der erwartete Gewinn aus dem Geschäft in der Gesamterfolgsrechnung auszuweisen?
- Wie sind die erwarteten Kosten zu schätzen?
- Wie und zu welchem Zeitpunkt sind veränderte Schätzungen und erwartete Verluste zu erfassen?

Lernziele Fertigungsaufträge

Vorschriften zu den angesprochenen Problemkreisen finden sich primär in IAS 2 „Vorräte" (Inventories) und IAS 11 „Fertigungsaufträge" (Construction Contracts). Hinsichtlich des Umfangs der Herstellungs- bzw. Anschaffungskosten der Vorräte sind auch die Vorschriften in IAS 23 „Fremdkapitalkosten" (Borrowing Costs) zu beachten. IAS 23 ist im März 2007 vom IASB überarbeitet worden und in dieser Fassung ab dem 01.01.2009 gültig. IAS 8 „Bilanzierungs- und Bewertungsmethoden, Änderungen von Schätzungen und Fehlern" (Accounting Policies, Changes in Accounting Estimates and Errors) ist schließlich zu berücksichtigen, wenn es bei Fertigungsaufträgen zu veränderten Schätzungen kommt.

Relevante Normen

1 Ansatz

Damit ein Gegenstand nach IAS 2 Bestandteil des Vorratsvermögens sein kann, muss es sich um einen Vermögenswert im Sinne des Rahmenkonzepts handeln (vgl. Kapitel 5). In IAS 2.6 werden Vorräte als Vermögenswerte definiert, die

Anwendungsbereich von IAS 2

- im Rahmen der üblichen Geschäftstätigkeit zum Verkauf bestimmt sind,
- sich im Prozess der Herstellung für diesen Verkauf befinden oder
- in der Produktion bzw. im Dienstleistungserbringungsprozess verbraucht werden.

Dazu zählen z.B. erworbene Handelswaren oder Grundstücke und Gebäude, die zu Handelszwecken gehalten werden, sowie selbst hergestellte Softwareprodukte, die zum Verkauf bestimmt sind.

Explizit ausgenommen von der Definition der Vorräte sind gemäß IAS 2.2 unfertige Erzeugnisse im Rahmen der Auftragsfertigung (geregelt in IAS 11), Finanzinstrumente (geregelt in IAS 32 und IAS 39) sowie biologische Vermögenswerte, die mit einer land- oder forstwirtschaftlichen Tätigkeit in Zusammenhang stehen (geregelt in IAS 41). Weitere Vorratsgegenstände fallen gemäß IAS 2.3-5 zwar unter die Ansatz-, nicht aber unter die Bewertungsvorschriften von IAS 2. Lebendbestände im Vorratsvermögen von Erzeugern, land- und forstwirtschaftliche Produkte sowie Mineralien und Mineralienprodukte werden nach den jeweiligen Branchengepflogenheiten mit dem Nettoveräußerungswert angesetzt. Dies hat zur Folge, dass Zeitwertänderungen des Nettoveräußerungswertes sofort ergebniswirksam erfasst werden. Eine sofortige ergebniswirksame Erfassung hat ebenfalls bei Vorräten von Brokern an Warenbörsen zu erfolgen, bei denen eine Bewertung zum beizulegenden Zeitwert abzüglich der Verkaufskosten durchgeführt wird.

Beispiel 14.1

Baumwolle ist ein landwirtschaftliches Erzeugnis. Die Baumwollpflanzen stellen die korrespondierenden biologischen Vermögenswerte gemäß IAS 41.5 dar. Sowohl die noch „an der Pflanze hängende" Baumwolle als auch die Pflanzen selbst sind keine Vorräte gemäß IAS 2. Von einem Landwirt bereits geerntete oder von einem Textilfabrikanten gekaufte Baumwolle stellen hingegen für den Landwirt bzw. den Textilfabrikanten Vorratsvermögen nach IAS 2 dar.

Würde die Baumwolle an einer Warenbörse gehandelt, wären die Vorräte von Brokern im Ansatz, nicht jedoch in der Bewertung, an IAS 2 gebunden.

2 Bewertung

2.1 Erstbewertung

Grundsatz

Gemäß IAS 2.9 sind Vorräte an jedem Bilanzstichtag mit dem niedrigeren Wert aus historischen Anschaffungs- oder Herstellungskosten und Nettoveräußerungswert zu bewerten. Hierbei gilt grundsätzlich der Einzelbewertungsgrundsatz, nach dem jeder Vermögenswert des Vorratsvermögens einzeln zu bewerten ist.

2.1.1 Anschaffungskosten

Die Anschaffungskosten der Vorräte umfassen gemäß IAS 2.11, 2.15 und 2.17 folgende Komponenten:

Anschaffungspreis
+ Anschaffungsnebenkosten
− Anschaffungspreisminderungen
+ sonstige Kosten
= **Anschaffungskosten**

Der Anschaffungspreis umfasst den Kaufpreis ohne Umsatzsteuer, soweit der Erwerber vorsteuerabzugsberechtigt ist und folglich die von ihm gezahlte Umsatzsteuer vom Finanzamt erstattet bekommt. Auch sämtliche andere Komponenten der Anschaffungskosten stellen Nettobeträge dar. *Anschaffungspreis*

Zu den Anschaffungsnebenkosten gehören alle Kosten, die dem Anschaffungsvorgang direkt zurechenbar sind. Das können sein: Einfuhrzölle und andere Steuern, sofern es sich nicht um solche handelt, die das Unternehmen später von den Steuerbehörden zurückerlangen kann, Transportkosten sowie sonstige Kosten, die der Beschaffung von Fertigerzeugnissen, Materialien und Leistungen unmittelbar zugerechnet werden können. *Anschaffungsnebenkosten*

Zu den Anschaffungspreisminderungen zählen die einzeln zurechenbaren Nachlässe wie Skonti, Rabatte, Boni und Diskonte. Darüber hinaus besteht nach IAS 20.24 die Möglichkeit, die Anschaffungskosten um Zuschüsse zu kürzen. Müssen die gewährten Zuwendungen zurückbezahlt werden, ist der Wertansatz des Vermögenswertes bei vorheriger Kürzung wieder zu erhöhen[2]. *Anschaffungspreisminderungen*

Nach alter Rechtslage kam unter sehr restriktiven Voraussetzungen die Aktivierung von Fremdwährungsverlusten als nachträgliche Anschaffungskosten gemäß IAS 2.9 (rev. 1993) i.V.m. IAS 21.21 und SIC-11.6 in Betracht[3]. Durch das Improvements Project ist dieses Wahlrecht abgeschafft worden. *Nachträgliche Anschaffungskosten*

Sonstige Kosten, die angefallen sind, um die Vorräte an ihren Einsatzort zu bringen, erhöhen gemäß IAS 2.15 die Anschaffungskosten der Vorräte. Infrage kommen z.B. Gemeinkosten der internen Spedition. Weitere Hinweise werden in IAS 2 nicht gegeben. *Sonstige Kosten*

Besonderheiten ergeben sich bei der Behandlung von Fremdkapitalkosten. So verpflichtet der ab 2009 geltende IAS 23 zu einer Aktivierung von Fremdkapitalkosten als sonstige Kosten in den Vorräten gemäß IAS 2.17, sofern nachfolgende Kriterien erfüllt sind (IAS 23.8-9)[4]: *Fremdkapitalkosten*

---

2 Vgl. *Jacobs*, IAS-Kommentar, IAS 2, Tz. 13.
3 Zu den Voraussetzungen, nach denen nachträgliche Anschaffungskosten die Anschaffungskosten von Sachanlagen erhöhen, vgl. IAS 16.10 und Kapitel 12.
4 IAS 23 (rev. 2007) ist bisher (Stand 01.01.2008) noch nicht von der EU im Zuge des Endorsement-Verfahrens übernommen worden. Eine vorzeitige Anwendung des ab 01.01.2009 gültigen Standards ist möglich.

- Es handelt sich um Fremdkapitalkosten, die direkt dem Erwerb, dem Bau oder der Herstellung eines qualifizierten Vermögenswertes (qualifying asset) zugeordnet werden können (IAS 23.8).
- Es muss wahrscheinlich sein, dass dem Unternehmen hieraus ein künftiger wirtschaftlicher Nutzen erwächst, und die Kosten müssen verlässlich ermittelt werden können (IAS 23.9).

Qualifizierter Vermögenswert

Ein qualifizierter Vermögenswert ist dabei gemäß IAS 23.5 „ein Vermögenswert, für den ein beträchtlicher Zeitraum erforderlich ist, um ihn in seinen beabsichtigten gebrauchs- oder verkaufsfähigen Zustand zu versetzen". Qualifizierte Vermögenswerte zeichnen sich dadurch aus, dass sie über einen längeren Zeitraum – eine genauere Angabe wird nicht gemacht – keinen Beitrag zum betrieblichen Erfolg leisten und dass Vorbereitungen getroffen werden, damit sie zukünftig im Rahmen des betrieblichen Leistungsprozesses genutzt werden können.

Fraglich ist, ob Vorräte i.S.v. IAS 2 die Definition des qualifizierten Vermögenswertes überhaupt erfüllen können. In Abhängigkeit vom Sachverhalt können Vorräte nach IAS 23.7 zwar einen qualifizierten Vermögenswert darstellen, allerdings weist der Standard gleichzeitig explizit darauf hin, dass innerhalb eines kurzen Zeitraums hergestellte Vorräte sowie verkaufs- oder betriebsfertig bezogene Vermögenswerte keine qualifizierten Vermögenswerte repräsentieren. Sämtliche Arten von Waren, die noch einem längeren Reifungsprozess unterliegen, wie z.B. hochwertige in Fässern reifende Weine, Whiskey oder spezielle Käsesorten, könnten jedoch zu Fremdkapitalkosten führen, die gemäß IAS 2.17 Teil der Anschaffungskosten sind[5].

Während der neue IAS 23 unter den beschriebenen Voraussetzungen zu einer Aktivierung von Fremdkapitalkosten bei Vorräten verpflichtet, gewährt der bis Ende 2008 geltende IAS 23 hier unter ähnlichen Voraussetzungen ein Wahlrecht. Fremdkapitalkosten können demnach entweder

- gemäß IAS 23.7 in der Periode als Aufwand erfasst werden, in der sie angefallen sind (Benchmark-Methode), oder
- bei Vorliegen bestimmter Tatbestandsmerkmale gemäß IAS 23.11 aktiviert werden (alternativ zulässige Methode).

Aktivierungsverbote

IAS 2.16 listet exemplarisch Kostenbestandteile auf, die von einer Aktivierung explizit ausgeschlossen und damit in der Periode ihres Anfalls als Aufwand zu erfassen sind. Hierunter fallen z.B. nicht produktionsbezogene Lager- und Verwaltungskosten sowie Vertriebskosten. Darüber hinaus stellt der neu eingefügte IAS 2.18 klar, dass gestundete Zahlungsbedingungen (deferred settlement terms) keine Aktivierung nach sich ziehen.

---

5 Vgl. dazu auch *Vater, H.*, Überarbeitung von IAS 23 „Fremdkapitalkosten" – Konvergenz um der Konvergenz willen?, in: WpG, 59. Jg. (2006), S. 1340; a.A. *Kümpel, T.*, Bilanzierung und Bewertung des Vorratsvermögens nach IAS 2 (revised 2003), in: DB, 56. Jg. (2003), S. 2610.

Beispiel 14.2

Das bilanzierende Unternehmen kauft Vorräte, die bei sofortiger Zahlung 100 T€ kosten. Der Lieferant gewährt dem Unternehmen die Möglichkeit, erst nach 30 Tagen – dann allerdings 105 T€ – zu bezahlen. Die Anschaffungskosten betragen in diesem Fall 100 T€. Die bei späterer Zahlung geschuldeten 5 T€ sind gemäß IAS 2.18 als Zinsaufwand auszuweisen.

Im Folgenden wird die Ermittlung der Anschaffungskosten anhand eines weiteren Beispiels verdeutlicht.

Beispiel 14.3

Zum Weiterverkauf hat ein Unternehmen eine Maschine gekauft. Der Preis beläuft sich auf 19.040 T€ (inkl. 19 % USt). Der Verkäufer gewährt 2 % Skonto, wenn das Unternehmen innerhalb von 30 Tagen zahlt. Das Unternehmen überweist den Rechnungsbetrag nach 20 Tagen. Es sind Fracht- und Transportkosten i.H.v. 202,3 T€ (inkl. 19 % USt) angefallen; für die Versicherung entstanden weitere Aufwendungen i.H.v. 30 T€ (inkl. Versicherungssteuer). Aufgrund der guten und stetigen Geschäftsbeziehung wurde für das Geschäftsjahr eine Treueprämie von insgesamt 300 T€ (netto) gutgeschrieben. Mit welchem Wert wird diese Handelsware in der Bilanz angesetzt?

Lösung

	Anschaffungspreis (19.040 T€/1,19 =)	16.000 T€
+	Anschaffungsnebenkosten	+200 T€
−	Anschaffungspreisminderungen	-320 T€
=	**Anschaffungskosten**	**15.880 T€**

Vom Kaufpreis ist die Umsatzsteuer (3.040 T€) abzuziehen, weil sie als Vorsteuer erstattungsfähig ist. Fracht- und Transportkosten (202,3 T€), von denen ebenfalls die Umsatzsteuer abzuziehen ist, und die Versicherungsgebühr (30 T€) sind Anschaffungsnebenkosten. Das Unternehmen hat die Zahlung innerhalb der Skontofrist geleistet, so dass der Skontobetrag (2 % von 16.000 T€) den Anschaffungspreis mindert. Die Treueprämie ist nicht zu berücksichtigen, da sie nicht angefallen ist, „um die Vorräte an ihren derzeitigen Ort und in ihren derzeitigen Zustand zu versetzen" (IAS 2.10) und der Maschine nicht „unmittelbar zugerechnet werden können" (IAS 2.11).

2.1.2 Herstellungskosten

Die Vorschriften von IAS 2.12-14 (Herstellungskosten) und IAS 2.15-17 (sonstige Kosten) gewähren dem Bilanzierenden vom Grundsatz her keine Spielräume bei der Bestimmung der Höhe der Herstellungskosten. Es sind die produktionsbezogenen Vollkosten anzusetzen, d.h. neben den Einzelkosten sind auch variable und fixe Produktionsgemeinkosten zwingend einzubeziehen:

Produktionsbezogener Vollkostenansatz

Einzelkosten
+ fixe Produktionsgemeinkosten
+ variable Produktionsgemeinkosten
+ sonstige Kosten
= **Herstellungskosten**

IAS 2 enthält kein detailliertes Berechnungsschema zur Ermittlung der Herstellungskosten. So werden z.B. in IAS 2.12 lediglich die Fertigungslöhne als Einzelkosten genannt. Ausschlaggebend für die Aktivierungsentscheidung ist der direkte Zusammenhang der angefallenen Kosten mit dem Produkt bzw. dem Produktionsvorgang. Im Folgenden werden nun in Anlehnung an die Kommentarliteratur die Bestandteile der Herstellungskosten komponentenweise erläutert[6]. Die Reihenfolge der Ausführungen orientiert sich dabei weitgehend an Tabelle 14.1.

Einzelkosten	
Materialeinzelkosten	Pflicht
Fertigungseinzelkosten	Pflicht
Sondereinzelkosten der Fertigung	Pflicht
Variable Produktionsgemeinkosten	
Materialgemeinkosten	Pflicht
Fertigungsgemeinkosten	Pflicht
Fixe Produktionsgemeinkosten	
Abschreibungen des Anlagevermögens	Pflicht
Allgemeine Verwaltungskosten	Pflicht, sofern herstellungsbezogen
Aufwendungen für	
soziale Einrichtungen des Betriebes	Pflicht, sofern herstellungsbezogen
freiwillige soziale Leistungen	Pflicht, sofern herstellungsbezogen
betriebliche Altersversorgung	Pflicht, sofern herstellungsbezogen
Sonstige Kosten	
Steuern	Pflicht, sofern herstellungsbezogen
Fremdkapitalkosten	Pflicht, sofern qual. Vermögenswerte
Vertriebskosten	Verbot

Tab. 14.1: Herstellungskosten nach IFRS

Materialeinzelkosten — Zu den Materialeinzelkosten gehören Auszahlungen für Rohstoffe sowie für Halb- und Fertigfabrikate. Auszahlungen für Hilfs- und Betriebsstoffe wie Nä-

---

[6] Vgl. dazu z.B. *ADS International*, Abschnitt 15: Vorräte, Tz. 71-104; *Ballwieser*, MünchKommHGB, § 255, Tz. 52-100; *Ellrott/Brendt*, Beck Bil-Komm, § 255, Tz. 410-456; *Ellrott/Pastor*, Beck Bil-Komm, § 255, Tz. 585-589; *Jacobs*, IAS-Kommentar, IAS 2, Tz. 20-36; *Hoffmann*, Haufe IFRS-Kommentar, § 8, Tz. 16-29.

gel, Schrauben oder Leim werden in der Regel als Gemeinkosten verrechnet. Sie stellen so genannte unechte Gemeinkosten dar, d.h. es sind Kosten, die bei entsprechender Messung als Einzelkosten zu sehen wären, aus Wirtschaftlichkeitsgründen aber als Gemeinkosten erfasst werden. Verpackungsmaterial muss mit dem Produkt zusammenhängen, damit die Auszahlungen als Materialeinzelkosten gelten (z.B. die Hülle einer CD). Verbrauchsbedingter Verschnitt oder Ausschuss führen ebenfalls zu aktivierungspflichtigen Einzelkosten (z.B. nicht wieder verwendbarer Abfall bei Holzteilen).

Fertigungseinzelkosten umfassen z.B. Akkordlöhne, Produktions-, Werkstatt- und Verarbeitungslöhne sowie Überstunden-, Feiertags- und Sonderzuschläge. Weiterhin zählen zu den Fertigungseinzelkosten die Arbeitgeberanteile zur Sozialversicherung und die vom Unternehmen etwa bei geringfügig Beschäftigten übernommene Lohn- und Kirchensteuer.

Fertigungseinzelkosten

Bei Fertigungsaufträgen fallen regelmäßig noch vor Beginn des eigentlichen Herstellungsprozesses Kosten für spezielle Vorleistungen an. Soweit diese Kosten einem bereits erhaltenen Auftrag als Einzelkosten direkt zugerechnet werden können, sind sie als Sondereinzelkosten der Fertigung zu aktivieren. Diese fallen beispielsweise für Modelle, Entwürfe, Schablonen, Spezialwerkzeuge, Lizenzgebühren – sofern es sich nicht um Vertriebslizenzen handelt – oder Rezepturen an. Daneben stellen auftrags- oder objektbezogene Kosten, z.B. für Planung und Konstruktion, aktivierungspflichtige Sondereinzelkosten dar. Für Sondereinzelkosten des Vertriebs besteht hingegen ein Aktivierungsverbot (IAS 2.16(d)).

Sondereinzelkosten der Fertigung

Zu den Herstellungskosten zählen neben den bisher behandelten Einzelkosten auch die zurechenbaren fixen und variablen Produktionsgemeinkosten, die bei der Verarbeitung der Ausgangsstoffe zu Fertigungserzeugnissen anfallen. Die Gemeinkosten müssen also herstellungsbezogen sein.

Produktionsgemeinkosten

Unter fixen Produktionsgemeinkosten versteht man solche nicht direkt zurechenbaren Kosten der Produktion, die unabhängig vom Produktionsvolumen relativ konstant anfallen, wie z.B. Abschreibungen und Instandhaltungskosten von Betriebsgebäuden und -einrichtungen sowie die Kosten des Managements und der Verwaltung (IAS 2.12). Grundlage für die Zurechnung der fixen Produktionsgemeinkosten ist gemäß IAS 2.13 grundsätzlich die Normalkapazität. Hierunter ist definitionsgemäß die durchschnittliche, unter normalen Bedingungen erzielbare Produktionsmenge zu verstehen. Die Bestimmung der Normalkapazität bereitet in der Praxis häufig Schwierigkeiten[7]. Nach IAS 2.13 kann wahlweise die aktuelle Kapazität zugrunde gelegt werden, wenn diese nicht zu stark von der Normalkapazität abweicht. Bei „ungewöhnlich hoher" Überproduktion sind nach IAS 2.13 allerdings nur die tatsächlichen fixen Produktionsgemeinkosten pro Stück und nicht die höheren fixen Gemeinkosten bei Normalkapazität anzusetzen.

Fixe Produktionsgemeinkosten

---

7   Vgl. dazu *Coenenberg*, Jahresabschluss, S. 102 m.w.N.

Beispiel 14.4 Ein Unternehmen produziert Kunststoffgehäuse für elektronische Anlagen. Die Normalkapazität beträgt 100.000 Stück. Abschreibungen in Höhe von 1 Mio. € stellen den einzigen fixen Kostenbestandteil dar, bei Normalauslastung also 10 € pro Stück. Die übrigen Herstellungskosten betragen 100 € pro Stück. Drei Fälle sollen betrachtet werden:
1. Fall: Starke Unterproduktion (60.000 Stück)
2. Fall: Leichte Unterproduktion (95.000 Stück)
3. Fall: Ungewöhnlich hohe Überproduktion (125.000 Stück)

Mit welchem Wert sind die Kunststoffgehäuse in den drei Fallkonstellationen in der Bilanz anzusetzen?

Lösung
1. Fall:
Es sind fixe Produktionsgemeinkosten auf Basis der Normalkapazität den Herstellungskosten zuzurechnen (10 € pro Stück). Die Herstellungskosten der Kunststoffgehäuse betragen damit insgesamt 6,6 Mio. € (6 Mio. € übrige Herstellungskosten, 600.000 € fixe Produktionsgemeinkosten). Die Kunststoffgehäuse werden also in der Bilanz mit 6,6 Mio. € aktiviert. Der Rest der fixen Produktionsgemeinkosten (400.000 €) wird als Aufwand der Periode verbucht.

2. Fall:
Auf Basis der Normalkapazität betragen die fixen Produktionsgemeinkosten 10 € pro Stück. Der Wertansatz der Kunststoffgehäuse beträgt daher 10,45 Mio. € (9,5 Mio. € übrige Herstellungskosten, 950.000 € fixe Produktionsgemeinkosten). Der Rest der Abschreibungen (50.000 €) wird aufwandswirksam erfasst.

Da die tatsächliche Auslastung der Normalkapazität in diesem Fall nahe kommt, kann gemäß IAS 2.13 aus Vereinfachungsgründen auch die tatsächliche Auslastung zugrunde gelegt werden. Es errechnen sich dann fixe Produktionsgemeinkosten in Höhe von ca. 10,53 € pro Stück (1 Mio. €/95.000 Stück). Die Kunststoffgehäuse werden mit 10,5 Mio. € aktiviert (9,5 Mio. € übrige Herstellungskosten, 1 Mio. € fixe Produktionsgemeinkosten). Eine Aufwandsbuchung existiert dann nicht mehr.

3. Fall:
Aufgrund des ungewöhnlich hohen Produktionsvolumens dürfen nur die fixen Produktionsgemeinkosten pro Stück auf Basis der tatsächlichen Auslastung (1 Mio. €/125.000 Stück = 8 €) und nicht die höheren bei Normalauslastung (10 €) angesetzt werden. Damit ergeben sich Herstellungskosten von 13,5 Mio. € (12,5 Mio. € übrige Herstellungskosten, 1 Mio. € fixe Produktionsgemeinkosten). Eine Aufwandsbuchung existiert nicht.

Variable Produktionsgemeinkosten sind hingegen solche nicht direkt zurechenbaren Kosten der Produktion, die (nahezu) unmittelbar mit dem Produktionsvolumen variieren, wie z.B. Materialgemeinkosten und Fertigungsgemeinkosten (IAS 2.12). Im Gegensatz zu den fixen Produktionsgemeinkosten stellt hierbei die tatsächliche Auslastung der Kapazität die Zurechnungsgrundlage dar (IAS 2.13).

Variable Produktionsgemeinkosten

Unter die Materialgemeinkosten fallen die Aufwendungen für Hilfsstoffe (unechte Gemeinkosten) und die Aufwendungen der Einkaufsabteilung, der Warenannahme, der Material- und Rechnungsprüfung, der Materialläger, der Materialverwaltung und -bewachung sowie bestimmte auf Material bezogene Versicherungsprämien und Aufwendungen für innerbetrieblichen Transport.

Materialgemeinkosten

Zu den Fertigungsgemeinkosten zählen z.B. Aufwendungen für Betriebsstoffe und Energie, für Konstruktion, Wartung, Instandhaltung und Reparaturen der Fertigungsanlagen, für Betriebsbauten, Werkzeuge und Vorrichtungen, für Betriebsleitung, Werkstattverwaltung und Meister, für Arbeitsvorbereitung, Fertigungs- und Qualitätskontrolle, Transport, Sicherheits- und Unfallverhütungsdienste des Fertigungsbereichs sowie für das Lohnbüro.

Fertigungsgemeinkosten

Von den Verwaltungskosten ist derjenige Teil unter den Herstellungskosten aktivierungspflichtig, der dem Produktionsbereich zugerechnet werden kann. Die Verwaltungskosten des Material- und Fertigungsbereichs sind in der Regel vollständig den fixen oder variablen Produktionsgemeinkosten zuzurechnen und unterliegen damit der Aktivierungspflicht.

Verwaltungskosten

Ebenfalls aktivierungspflichtig sind allgemeine Verwaltungskosten, die dem Produktionsbereich zugerechnet werden können. Dafür müssen die allgemeinen Verwaltungskosten den verschiedenen betrieblichen Funktionen zugeordnet werden, wobei als Verteilungsschlüssel z.B. der jeweilige Grad der Unterstützung verwendet werden kann[8]. Können beispielsweise die Kosten der Rechnungslegungsabteilung den Funktionsbereichen Vertrieb (Verkaufsanalysen, Führung des Umsatzkontos), allgemeine Verwaltung (Jahresabschlusserstellung, Budgeterstellung, Finanzplanung) und Produktion (Lohn- und Gehaltsabrechnung des Produktionsbereiches, Rechnungsprüfung) zugerechnet werden, so sind Letztere aktivierungspflichtig.

Allgemeine Verwaltungskosten

Kosten für soziale Einrichtungen des Betriebes (z.B. Sporteinrichtungen, Kantinen), Kosten für freiwillige soziale Leistungen (z.B. Jubiläumszuwendungen, Betriebsausflüge) und Kosten für betriebliche Altersversorgung (z.B. Zuführungen zu Pensionsrückstellungen, Beiträge an Pensionskassen) werden in IAS 2 nicht explizit geregelt. Werden diese Kosten des sozialen Bereichs als Lohnbestandteile interpretiert, sind die dem Produktionsbereich zuzuordnenden Kosten aktivierungspflichtig.

Kosten des sozialen Bereichs

Sonstige Kosten stellen gemäß IAS 2.15 der Produktion zurechenbare Kosten in der Höhe dar, in der sie anfallen, um die Vorräte an ihren derzeitigen Ort und in ihren derzeitigen Zustand zu versetzen. Beispielhaft werden im Standard be-

Sonstige Kosten

---

8 Vgl. *Jacobs*, IAS-Kommentar, IAS 2, Tz. 29.

stimmte nicht herstellungsbezogene Kosten oder Kosten für Produktentwicklungen für bestimmte Kundengruppen genannt.

Steuern

Die Berücksichtigung von Steuern wird in IAS 2 nicht explizit geregelt. Sie sind jedoch analog der Konzeption der produktionsbezogenen Vollkosten insoweit aktivierungspflichtig, als sie im Zeitraum der Herstellung anfallen. In Deutschland trifft dies auf die Grundsteuer als Substanzsteuer zu, wenn sie auf das im Produktionsbereich gebundene Grundvermögen entfällt[9]. Ebenso trifft dies auf die Umsatzsteuer zu, wenn ein Unternehmen nicht vorsteuerabzugsberechtigt ist. Für Ertragsteuern besteht hingegen grundsätzlich ein Aktivierungsverbot, da diese erst im Anschluss an die Herstellung anfallen[10].

Fremdkapitalkosten

Fremdkapitalkosten sind gemäß IAS 2.17 i.V.m. IAS 23 unter bestimmten Voraussetzungen in die Herstellungskosten einzubeziehen. Wie bereits im Zusammenhang mit den Anschaffungskosten erläutert, ist hier spätestens ab dem 01.01.2009 der überarbeitete IAS 23 anzuwenden, welcher bei Erfüllung der in IAS 23.8-9 genannten Kriterien zu einer Aktivierung von Fremdkapitalkosten in den Herstellungskosten verpflichtet.

Forschungs- und Entwicklungskosten

Forschungs- und Entwicklungskosten werden in IAS 38 „Immaterielle Vermögenswerte" geregelt, wobei allerdings IAS 38 gemäß IAS 38.3(a) ausdrücklich nicht auf das Vorratsvermögen anzuwenden ist. Stattdessen sind die geltenden Regelungen des betrachteten Standards anzuwenden. In der Forschungsphase besteht noch sehr große Unsicherheit, ob das fertige Produkt zukünftige Einzahlungsüberschüsse erwirtschaften wird. Deshalb scheiden Forschungskosten als Bestandteil der Herstellungskosten aus. Soweit die Entwicklungskosten als Voraussetzung für die Entwicklung neuer Produkte angesehen werden können, sind sie mittelbar mit der Produktion der gegenwärtigen Produkte verbunden und müssen diesen anteilig zugerechnet werden.

Aktivierungsverbote

IAS 2.16 listet Kostenbestandteile auf, die von einer Aktivierung explizit ausgeschlossen und damit in der Periode ihres Anfalls als Aufwand zu erfassen sind. Neben den bereits erwähnten nicht herstellungsbezogenen allgemeinen Verwaltungskosten dürfen ferner ungewöhnliche Beträge für Auschussmaterial, Fertigungslöhne und sonstige Produktionskosten ebenso wenig aktiviert werden wie Vertriebskosten. Darüber hinaus ist der Ansatz von Lagerkosten verboten, soweit sie nicht produktionsbezogen sind (z.B. Kosten des Ausgangslagers).

Kuppelproduktion

Zusätzliche Probleme entstehen bei der Kuppelproduktion. Diese ist dadurch gekennzeichnet, dass aus denselben Inputmaterialien im gleichen Produktionsprozess automatisch mehrere verschiedene Erzeugnisse erstellt werden. So fallen z.B. bei der Gasherstellung aus dem Einsatzstoff Kohle nicht nur Gas, sondern gleichzeitig Ammoniak, Benzol, Koks und Teer an. Ebenso werden in Raffinerien Benzine, Gase und Öle gewonnen.

---

9 Vgl. dazu ausführlich *Küting, K./Harth, H.-J.*, Herstellungskosten von Inventories und Self-Constructed Assets nach IAS und US-GAAP (Teil II) – Vergleich zu den Vorschriften des HGB, in: BB, 54. Jg. (1999), S. 2395.

10 Vgl. *Jacobs*, IAS-Kommentar, IAS 2, Tz. 31.

Sind die Herstellungskosten der verschiedenen Produkte nicht einzeln feststellbar, so sind die Herstellungskosten gemäß IAS 2.14 den Produkten auf einer vernünftigen und sachgerechten Basis zuzurechnen[11].

Handelt es sich um zwei entstehende Hauptprodukte, so werden die Herstellungskosten nach der so genannten Marktwertmethode nach den relativen Verkaufswerten der beiden Hauptprodukte verteilt. Fallen bei dem Produktionsprozess Haupt- und Nebenprodukte an, kommt die so genannte Restwertmethode zur Anwendung. Wenn die Nebenprodukte im Vergleich zu den Hauptprodukten einen nur untergeordneten Wert besitzen, werden die Herstellungskosten des Hauptproduktes ermittelt, indem die Nettoveräußerungswerte der Nebenprodukte von den gesamten Herstellungskosten des Hauptproduktes abgezogen werden.

Besonderheiten bei der Ermittlung von Herstellungskosten existieren weiterhin für Dienstleistungsunternehmen (IAS 2.8 und IAS 2.19) und landwirtschaftliche Erzeugnisse (IAS 2.20). Dienstleistungsunternehmen haben ebenfalls die produktionsbezogenen Vollkosten anzusetzen, d.h. alle mit der Erbringung einer Dienstleistung in Zusammenhang stehenden Kosten. Nach IAS 2.19 zählen dazu die direkt zurechenbaren Personalkosten, Kosten des Aufsichtspersonals und zurechenbare Gemeinkosten. Aktivierungspflichtige Gemeinkosten sind z.B. Kosten für die Nutzung von Räumlichkeiten und sonstiger Betriebs- und Geschäftsausstattung sowie Personalschulungen[12]. IAS 2.19 weist darauf hin, dass die Kosten des Personals im Vertrieb und in der allgemeinen Verwaltung nicht in die Herstellungskosten einzubeziehen, sondern als Aufwand zu erfassen sind.

Dienstleistungsunternehmen

Gemäß IAS 2.8 sind die gerade beschriebenen Kostenbestandteile allerdings nur dann Teil der Herstellungskosten, wenn das Unternehmen noch keine Erträge aus den Dienstleistungsgeschäften nach Maßgabe des Fertigstellungsgrades gemäß IAS 18.20-28 realisiert hat.

Von biologischen Vermögenswerten geerntete landwirtschaftliche Erzeugnisse, die nicht nach herrschender Praxis bestimmter Branchen mit dem Nettoveräußerungswert bewertet werden (IAS 2.2-3), fallen, wie bereits erwähnt, in den Anwendungsbereich von IAS 2. Die Herstellungskosten dieser Ernteerzeugnisse werden ermittelt, indem von dem beizulegenden Zeitwert zum Zeitpunkt der Ernte die geschätzten Verkaufskosten im Verkaufszeitpunkt abgezogen werden (IAS 2.20).

Landwirtschaftliche Erzeugnisse

2.2 Vereinfachte Verfahren zur Ermittlung der Anschaffungs- und Herstellungskosten

Zur Ermittlung der Anschaffungs- und Herstellungskosten können gemäß IAS 2.21 aus Wirtschaftlichkeits- und Vereinfachungsgründen die Standardkostenmethode (standard cost method) oder die retrograde Methode (retail method)

---

11 Vgl. zur Ermittlung der Herstellungskosten bei Kuppelproduktion ausführlich *ADS International*, Abschnitt 15: Vorräte, Tz. 107-109; *Epstein/Jermakowicz*, IFRS 2007, S. 184; *Hoffmann*, Haufe IFRS-Kommentar, § 8, Tz. 22.
12 Vgl. *ADS International*, Abschnitt 15: Vorräte, Tz. 111-114 m.w.N.

Kapitel 14: Vorräte und Fertigungsaufträge

angewendet werden, wenn diese zu Ergebnissen führen, die den tatsächlichen Anschaffungs- oder Herstellungskosten annähernd entsprechen.

Standard-
kostenmethode

Zur Bestimmung der Herstellungskosten verwendet die Standardkostenmethode Planpreise und unterstellt die normale Höhe des Material- und Personaleinsatzes sowie die normale Leistungsfähigkeit und Kapazitätsauslastung der Maschinen. Diese Plangrößen sind nach IAS 2.21 regelmäßig zu überprüfen und ggf. an die aktuellen Gegebenheiten anzupassen. Die Methode verhindert eine Überbewertung der Vorräte, da sie einen normalen Betriebsverlauf unterstellt und somit Kosten ineffizienter Produktion, ungewöhnliche Ausschusskosten oder Kosten der Unterbeschäftigung nicht in die Herstellungskosten einbezieht. Liegt die Istbeschäftigung über der Normalbeschäftigung, so stellen die tatsächlich angefallenen Istkosten die Bewertungsobergrenze dieses Ansatzes dar[13].

Beispiel 14.5

In einem Stühle produzierenden Unternehmen befinden sich am Bilanzstichtag von Periode 03 insgesamt 10.000 Stühle auf Lager. In den letzten drei Perioden sind folgende Herstellungskosten pro Stück in € angefallen:

01: Einzelkosten (30) + Gemeinkosten (70) = Herstellungskosten (100)
02: Einzelkosten (35) + Gemeinkosten (85) = Herstellungskosten (120)
03: Einzelkosten (35) + Gemeinkosten (75) = Herstellungskosten (110)

Die historischen Kosten sind auf der Basis eines Normalverbrauchs ermittelt worden. Damit sind ungewöhnliche Ausschusskosten oder auch Kosten der Unterbeschäftigung ausgeschlossen.

Lösung
Auf Basis der Vorperioden werden durchschnittliche Standardkosten ermittelt. Sie betragen (100 + 120 + 110)/3 = 110 € pro Stuhl. Das Vorratsvermögen an Stühlen ist demzufolge unabhängig vom eigentlichen Fertigungszeitpunkt wie folgt zu bewerten: 10.000 · 110 = 1.100.000 €.

Retrograde
Methode

Die retrograde Methode findet vor allem bei Einzelhandelsunternehmen Anwendung, die für große Stückzahlen von Vorräten mit ähnlichen Bruttogewinnspannen (Margen) und hoher Umschlagshäufigkeit die Anschaffungskosten zu berechnen haben. Gemäß IAS 2.22 werden die Anschaffungskosten der Vorräte indirekt ermittelt, indem von dem Verkaufspreis der Vorräte eine angemessene prozentuale Bruttogewinnspanne abgezogen wird. Der verwendete Prozentsatz berücksichtigt dabei auch Vorräte, deren ursprüngliche Verkaufspreise reduziert worden sind. IAS 2.22 erlaubt auch die Verwendung einer durchschnittlichen Bruttogewinnspanne für eine ganze Warengruppe. Die Vereinfachung der retrograden Methode zur Bestimmung der Anschaffungskosten liegt somit darin, dass nicht genau nachgehalten werden muss, welche Ware zu welchem Preis bereits verkauft worden ist.

---

13 Vgl. *ADS International*, Abschnitt 15: Vorräte, Tz. 106; *Jacobs*, IAS-Kommentar, IAS 2, Tz. 42.

Beispiel 14.6[14]

in €	Anschaffungskosten	Verkaufspreis
Anfangsbestand der Warengruppe „T-Shirt"	10.000	13.000
Anschaffung der Periode	30.000	39.000
Verkaufsbestand	40.000	52.000
Umsatzerlöse		20.000
Endbestand	?	32.000

Wie ist der Endbestand der Warengruppe „T-Shirt" anhand der retrograden Methode zu bewerten?

Lösung
Von dem Verkaufspreis der nicht verkauften T-Shirts (32.000 €) ist die Bruttogewinnspanne abzuziehen. Das Verhältnis von Anschaffungskosten zu Verkaufspreis beträgt ca. 76,92 % (40.000/52.000). Die Bruttogewinnspanne beträgt folglich 23,08 %. Somit sind die Vorräte in der Bilanz anzusetzen mit ((1 – 0,2308) · 32.000 =) 24.615 €.

Das Beispiel wird nun erweitert um Preisabschläge (z.B. aufgrund eines Schlussverkaufs), die bei der Entwicklung des Verkaufsbestandes berücksichtigt werden müssen.

Beispiel (Fortsetzung)

in €	Anschaffungskosten	Verkaufspreis
Verkaufsbestand	40.000	52.000
Preisreduzierung		6.000
Endgültiger Verkaufsbestand	40.000	46.000
Umsatzerlöse		22.000
Endbestand	?	24.000

Wie ist der Endbestand der Warengruppe „T-Shirt" unter Berücksichtigung des Preisabschlags zu bewerten?

Lösung
Das Verhältnis von Anschaffungskosten zu Verkaufspreis beträgt ca. 86,96 % (40.000/46.000). Die Bruttogewinnspanne beträgt folglich 13,04 %. Somit sind die Vorräte in der Bilanz anzusetzen mit ((1 – 0,1304) · 24.000 =) 20.870 €.

---

14 Zu einem ähnlichen Beispiel vgl. *Jacobs*, IAS-Kommentar, IAS 2, Tz. 45.

2.3 Folgebewertung

2.3.1 Grundsatz

In den Folgeperioden ist der Frage nachzugehen, ob der ursprüngliche Wert der Vorratsgegenstände noch aktuell ist. Das Unternehmen muss somit an jedem Bilanzstichtag den noch vorhandenen Bestand des zu Anschaffungs- oder Herstellungskosten bewerteten Vorratsvermögens auf seine Werthaltigkeit hin überprüfen. Ist eine Wertminderung eingetreten, muss das Unternehmen aufgrund des Vorsichtsprinzips gemäß IAS 8.10(b)(iv) sowie RK.37 von den historischen Anschaffungs- und Herstellungskosten abweichen. Um festzustellen, ob eine Wertminderung vorliegt, ist am Bilanzstichtag der so genannte Nettoveräußerungswert (net realisable value) zu bestimmen.

Nettoveräußerungswert

Der Nettoveräußerungswert ergibt sich gemäß IAS 2.6, indem vom geschätzten Verkaufspreis (ohne Umsatzsteuer) voraussichtlich noch anfallende Produktionskosten sowie geschätzte noch anfallende Vertriebskosten (z.B. Kosten für Werbemaßnahmen) abgezogen werden.

Grundsatz der verlustfreien Bewertung

Vorräte sind nach IAS 2.9 zu dem niedrigeren Wert aus Anschaffungs- oder Herstellungskosten und Nettoveräußerungswert zu bewerten (lower of cost and net realisable value). Ist also der Nettoveräußerungswert am Abschlussstichtag niedriger als die historischen Anschaffungs- oder Herstellungskosten, so hat ein Unternehmen auf diesen niedrigeren Wert abzuschreiben. Ein solcher Fall kann nach IAS 2.28 z.B. durch Beschädigungen, Überalterungen, Preiseinbrüche oder gestiegene geschätzte Kosten der Fertigstellung eintreten. Hierdurch wird eine verlustfreie Bewertung des Vorratsvermögens gewährleistet. Der Grundsatz der verlustfreien Bewertung soll sicherstellen, dass beim Verkauf der zu bewertenden Vorräte nach dem Bilanzstichtag kein Verlust mehr entstehen kann. Die Abwertung rechnet den erwarteten Verlust bereits der aktuellen Periode zu.

Der Nettoveräußerungswert ist nach IAS 2.30 auf Basis der zuverlässigsten substantiellen Hinweise zu schätzen. Hierbei stellen vorliegende Börsen- oder Marktpreise die besten Schätzwerte dar. Dabei sind Preis- und Kostenänderungen, die bereits am Ende der Berichtsperiode bestanden haben, aber erst nach dem Bilanzstichtag bekannt geworden sind (so genannte wertaufhellende Ereignisse), nach IAS 2.30 zu berücksichtigen.

Bei der Schätzung des Nettoveräußerungswertes ist gemäß IAS 2.31 auch der Zweck, zu dem die Vorräte gehalten werden, zu berücksichtigen. Die Zweckgebundenheit wirkt sich insbesondere auf die Bewertung von Vorräten aus, die Gegenstand von abgeschlossenen Liefer- und Leistungsverträgen sind. Der Nettoveräußerungswert dieser Vorräte basiert auf den vertraglich vereinbarten Preisen. Umfasst der auf Lager befindliche Bestand an Vorräten eine größere Menge als in der Festpreisvereinbarung festgelegt, basiert der Nettoveräußerungswert für den darüber hinausgehenden Teil auf allgemeinen Verkaufspreisen. Rückstellungen oder Eventualschulden, die aus diesen Geschäften entstehen können, sind nach IAS 37 „Rückstellungen, Eventualschulden und Eventualforderungen" zu behandeln.

Ein auf Lager befindliches Fertigerzeugnis ist zu historischen Herstellungskosten von 28,00 € bewertet. Am Abschlussstichtag liegen folgende Informationen vor: Das Unternehmen wird das Fertigerzeugnis aller Voraussicht nach nur für 25,00 € verkaufen können. Für Marketing und Vertrieb werden anteilig noch 1,00 € pro Stück anfallen.

Mit welchem Wert ist das Fertigerzeugnis zum Abschlussstichtag in die Bilanz aufzunehmen?

Beispiel 14.7

Lösung

	Geschätzter Verkaufserlös	25,00 €
–	geschätzte noch anfallende Verkaufskosten	-1,00 €
=	Nettoveräußerungswert zum Bilanzstichtag	24,00 €

Die historischen Herstellungskosten betragen 28,00 €, d.h. es muss der niedrigere Nettoveräußerungswert von 24,00 € angesetzt werden. Daraus resultiert der Buchungssatz:
Sonstige betriebliche
Aufwendungen (Abschreibungen) an   Vorräte   4 €

Von der Pflicht, eine Abwertung auf den niedrigeren Nettoveräußerungswert vorzunehmen, sind Roh-, Hilfs- und Betriebsstoffe gemäß IAS 2.32 dann ausgenommen, wenn das Fertigerzeugnis, in welches die Produkte eingehen, mindestens zu den Herstellungskosten verkauft werden kann. Diese Ausnahme kann mit der hohen Bedeutung des Going-Concern-Prinzips nach IFRS erklärt werden. Nur wenn sich bei dem gesamten Herstellungs- oder Absatzvorgang des Fertigerzeugnisses ein Verlust abzeichnet, wird eine Einzelbewertung durchgeführt. Dabei wird als Vergleichsmaßstab ausnahmsweise – grundsätzlich orientieren sich etwaige Abschreibungserfordernisse an den Preisen des Absatzmarktes – der Wiederbeschaffungswert der Roh-, Hilfs- und Betriebsstoffe herangezogen.

Nettoveräußerungswert von Roh-, Hilfs- und Betriebsstoffen

IAS 2.33 schreibt vor, dass der Nettoveräußerungswert in jeder Periode neu ermittelt werden muss. Wird dabei festgestellt, dass die Gründe für die Wertminderung entfallen sind, muss die vorgenommene Abwertung rückgängig gemacht werden (Wertaufholungsgebot). Der neue Buchwert entspricht dann wiederum dem niedrigeren Wert aus Anschaffungs- oder Herstellungskosten und berichtigtem Nettoveräußerungswert. Wertobergrenze sind die historischen Anschaffungs- oder Herstellungskosten.

Wertaufholungsgebot

In dem Lager eines Gartenbaucenters befinden sich im Geschäftsjahr 01 noch 100 hochwertige Gartenbänke aus Holz als Handelsware zu historischen Anschaffungskosten von je 1.200 €. Aufgrund eines lang anhaltenden schlechten Sommers sowie eines Trends zu Gartenbänken aus Kunststoff können diese Gartenbänke nur noch für 1.000 € (ohne USt) verkauft werden. Ein Jahr spä-

Beispiel 14.8

ter boomt das Geschäft mit den Holz-Gartenbänken völlig überraschend. Aufgrund der hohen Nachfrage steigt der Verkaufspreis auf 1.400 €.

Lösung
Der Nettoveräußerungswert der Gartenbänke beträgt am Bilanzstichtag 01 1.000 €. Dieser ist niedriger als die Anschaffungskosten von 1.200 €, so dass eine Wertminderung vorzunehmen ist.
Sonstige betriebliche
Aufwendungen (Abschreibungen) an *Vorräte* 20 T€

Am Bilanzstichtag 02 beträgt der Nettoveräußerungswert 1.400 €. Bewertungsobergrenze stellen aber die historischen Anschaffungskosten dar. Es ist dementsprechend eine Wertaufholung auf 1.200 € vorzunehmen. Gemäß IAS 2.34 ist die Erhöhung des Nettoveräußerungswertes durch Verminderung des Materialaufwandes zu erfassen. Für jede nicht verkaufte Gartenbank ist wie folgt zu buchen:
Vorräte an *Materialaufwand* 20 €

2.3.2 Bewertungsvereinfachungsverfahren

Einzelbewertungsgrundsatz

Gemäß IAS 2.23-24 sind Vorräte grundsätzlich einzeln zu bewerten. Eine Einzelzuordnung bedeutet dabei gemäß IAS 2.24 eine Zuweisung der jeweils angefallenen Kosten zu bestimmten Gegenständen des Vorratsvermögens. Bei der Lagerung und Produktion von Vorräten kommt es aber regelmäßig zu einer Vermischung (z.B. bei Flüssigkeiten, Schrauben, Erzen und Kies), so dass bei sich ändernden Preisen zumeist gar nicht oder nur mit großem Aufwand festgestellt werden kann, welche Anteile des Vermögens bereits verbraucht sind und welche noch auf Lager liegen.

Ausnahmen vom Einzelbewertungsgrundsatz

Aus diesem Grund ist vom Grundsatz der Einzelbewertung abzuweichen, wenn gemäß IAS 2.24 folgende Voraussetzungen vorliegen:
- Es muss sich um eine große Stückzahl von Vorratsgegenständen handeln.
- Diese Vorratsgegenstände müssen normalerweise untereinander austauschbar sein.

Liegen beide Voraussetzungen kumulativ vor, müssen Bewertungsvereinfachungsverfahren (cost formulas)[15] angewandt werden.

Zulässige Verfahren zur Zuordnung der Anschaffungs- oder Herstellungskosten

Als Bewertungsvereinfachungsverfahren kommen gemäß IAS 2.25-27 ausschließlich das
- First-in-First-out-Verfahren (FIFO) und die
- Durchschnittsmethode in Betracht (siehe Abbildung 14.1).

---

15 Anstelle von Bewertungsvereinfachungsverfahren verwendet IAS 2 in seiner deutschen Übersetzung den Begriff „Zuordnungsverfahren".

Das früher alternativ zulässige Last-in-First-out-Verfahren (LIFO) ist seit der Überarbeitung von IAS 2 durch das Improvements Project im Jahr 2003 nicht mehr zulässig.

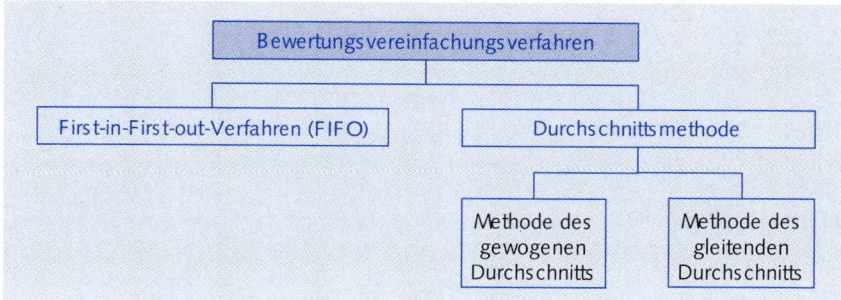

Abb. 14.1: Bewertungsvereinfachungsverfahren nach IAS 2

Unabhängig von der Auswahl eines Bewertungsvereinfachungsverfahrens ist der daraus resultierende Wertansatz immer mit dem Nettoveräußerungswert zu vergleichen und der jeweils niedrigere Wert von beiden in der Bilanz anzusetzen. Da ein höherer Nettoveräußerungswert nicht angesetzt werden darf, erfolgt hier eine vorsichtige Gewinnermittlung.

Zu beachten ist, dass gemäß IAS 2.25 für alle Vorräte, die von ähnlicher Beschaffenheit und Verwendung für das Unternehmen sind, das gleiche Verfahren zur Zuordnung der Anschaffungs- oder Herstellungskosten angewandt werden muss. Unterschiedliche Bewertungsvereinfachungsverfahren können demnach nur angewandt werden, wenn sich die Beschaffenheit und Verwendung der Vorräte für das Unternehmen unterscheiden. Ein Unterschied im geografischen Standort von Vorräten allein ist allerdings noch nicht ausreichend, um die Anwendung unterschiedlicher Zuordnungsverfahren zu rechtfertigen. Unterschiedliche Beschaffenheit oder Verwendung liegen hingegen dann vor, wenn dieselbe Art von Rohstoffen in zwei verschiedenen Geschäftssegmenten verwendet wird.

Das FIFO-Verfahren geht gemäß IAS 2.27 von der Annahme aus, dass die zuerst angeschafften – also die ältesten – Vorräte zuerst verbraucht werden. Am Jahresende befinden sich annahmegemäß nur noch die Bestände der zuletzt eingetroffenen Lieferungen oder selbst hergestellten Vorräte auf Lager.

FIFO-Verfahren

Zu Produktionszwecken kauft und verbraucht ein Unternehmen Vorräte während des Geschäftsjahres. Die folgende Tabelle informiert über die Zeitpunkte der Zu- und Abgänge sowie über die jeweiligen Anschaffungskosten (AK) pro Stück in €:

Beispiel 14.9

	Datum	Stück	AK in €	Gesamtwert in €
Anfangsbestand	01.01.	3.000	1,00	3.000
+ Zugang	20.01.	+5.000	1,16	5.800
+ Zugang	05.04.	+5.000	1,28	6.400
– Abgang	20.04.	-4.000		
– Abgang	11.07.	-6.000		
+ Zugang	20.09.	+6.000	1,65	9.900
– Abgang	23.11.	-4.000		
+ Zugang	20.12.	+2.000	1,15	2.300
= Endbestand	31.12.	7.000		?

Der Nettoveräußerungswert beträgt am Bilanzstichtag 1,30 € pro Stück. Mit welchem Wert ist der Endbestand der Vorräte (7.000 Stück) nach dem FIFO-Verfahren zum Bilanzstichtag anzusetzen?

Lösung

	Datum	Stück	AK in €	Gesamtwert in €
+ Zugang	20.12.	2.000	1,15	2.300
+ Zugang	20.09.	5.000	1,65	8.250
= Endbestand	31.12.	7.000		10.550

Der Endbestand setzt sich beim FIFO-Verfahren annahmegemäß aus Vorräten zusammen, die zuletzt – hier also am 20.12. und 20.09. – angeschafft wurden. Der Wert des Endbestandes nach dem FIFO-Verfahren beträgt daher 10.550 €. Aufgrund einer vorsichtigen Gewinnermittlung ist dieser nun mit dem Nettoveräußerungswert zu vergleichen: 7.000 · 1,30 € = 9.100 €. Da dieser niedriger ist, sind die Vorräte in der Bilanz mit 9.100 € zu aktivieren.

Durchschnitts-methode

Bei Anwendung der Durchschnittsmethode nach IAS 2.27 werden die Anschaffungs- und Herstellungskosten von Vorräten als durchschnittlich gewichtete Kosten gleichartiger, während der Periode gekaufter oder hergestellter Vorratsgegenstände ermittelt. Der gewogene Durchschnitt kann auf Basis der Berichtsperiode oder gleitend bei jeder zusätzlich erhaltenen Lieferung berechnet werden. Die Methode des gleitenden Durchschnitts kann z.B. in einem permanenten Inventursystem Anwendung finden[16].

---

16 Vgl. *Peemöller*, WILEY-Kommentar, Tz. 41-42.

Unter Zugrundelegung derselben Fallkonstellation soll nun der Wert des Endvermögens anhand der Durchschnittsmethode in ihren beiden Ausprägungen (gewogene und gleitende Durchschnittsmethode) ermittelt werden.

Mit welchem Wert ist der Endbestand der Vorräte nach der *Methode des gewogenen Durchschnitts* zum Bilanzstichtag anzusetzen?

Beispiel (Fortsetzung von Beispiel 14.9)

Lösung

	Datum	Stück	AK in €	Gesamtwert in €
Anfangsbestand	01.01.	3.000	1,00	3.000
+ Zugang	20.01.	+5.000	1,16	5.800
+ Zugang	05.04.	+5.000	1,28	6.400
+ Zugang	20.09.	+6.000	1,65	9.900
+ Zugang	20.12.	+2.000	1,15	2.300
= insgesamt	31.12.	21.000	27.400/21.000 ≈ 1,30	27.400
= Endbestand	31.12.	7.000	1,30	9.100

Zunächst wird die gesamte Stückzahl der Vorräte (Anfangsbestand und alle Zugänge) ermittelt: 21.000 Stück. Die gesamten Anschaffungskosten des Anfangsbestandes und der Zugänge betragen 27.400. Daraus resultieren Anschaffungskosten von 1,30 € pro Stück. Da der Nettoveräußerungswert ebenfalls 1,30 € pro Stück beträgt, ist der Endbestand mit 9.100 € anzusetzen.

Mit welchem Wert ist der Endbestand der Vorräte nach der *Methode des gleitenden Durchschnitts* zum Bilanzstichtag anzusetzen?

Lösung

	Datum	Stück	AK in €	Gesamtwert in €
Anfangsbestand	01.01.	3.000	1,00	3.000
+ Zugang	20.01.	+5.000	1,16	5.800
+ Zugang	05.04.	+5.000	1,28	6.400
= Zwischenwert	20.04.	13.000	15.200/13.000 ≈ 1,17	15.200

– Abgang	20.04.	-4.000	1,17	- 4.680
– Abgang	11.07.	-6.000	1,17	- 7.020
+ Zugang	20.09.	+6.000	1,65	9.900
= Zwischenwert	23.11.	9.000	13.400/9.000 ≈ 1,49	13.400
– Abgang	23.11.	-4.000	1,49	- 5.960
+ Zugang	20.12.	+2.000	1,15	2.300
= Endbestand	31.12.	7.000		9.740

Nach der Methode des gleitenden Durchschnitts ist ein Durchschnittswert vor jedem Abgang neu zu berechnen. Der folgende Abgang ist anschließend mit dem errechneten Durchschnittswert zu bewerten. Abschließend ist der Wert des Endbestandes mit dem Nettoveräußerungswert zu vergleichen und der niedrigere Betrag anzusetzen. Da der Nettoveräußerungswert 9.100 € beträgt, ist dieser niedrigere Wert in der Bilanz zum Bilanzstichtag anzusetzen.

Bilanzpolitische Spielräume

Die freie Auswahl des Bewertungsvereinfachungsverfahrens unter Beachtung des Stetigkeitsgebotes eröffnet dem bilanzierenden Unternehmen die Möglichkeit zur Bilanzpolitik. Weichen diese Verfahren von der tatsächlichen Verbrauchsfolge ab, führen das FIFO-Verfahren und die Durchschnittsmethode bei steigenden Preisen dazu, dass der Bilanzansatz und damit der Gewinn tendenziell höher ausgewiesen werden und es zum Ausweis von Scheingewinnen kommen kann.

Exkurs

LIFO-Verfahren

Das LIFO-Verfahren geht von der Annahme aus, dass die zuletzt angeschafften oder hergestellten Vorräte zuerst verkauft worden sind und folglich der Endbestand aus den älteren Lieferungen oder Produktionen bzw. dem Anfangsbestand besteht[17]. Als Bewertungsvereinfachungsverfahren ist es nach IAS 2 nicht mehr zulässig. Weil der Anwendung des LIFO-Verfahrens jedoch nichts entgegensteht, wenn es der tatsächlichen Verbrauchsfolge entspricht[18], wird das Verfahren aus Gründen der Vollständigkeit nachfolgend kurz dargestellt.

Beispiel (Fortsetzung von Beispiel 14.9)

Erneut soll dasselbe Zahlenmaterial zugrunde gelegt werden, um nun den Wert des Endvermögens anhand des LIFO-Verfahrens zu bestimmen. Mit welchem Wert ist der Endbestand der Vorräte nach dem LIFO-Verfahren zum Bilanzstichtag anzusetzen?

---

17 Vgl. zu den zahlreichen Varianten des LIFO-Verfahrens in der Praxis ausführlich *Kieso/Weygandt/Warfield*, Intermediate Accounting, S. 384-394.
18 Vgl. auch IAS 2.BC19.

	Datum	Stück	AK in €	Gesamtwert in €
Anfangsbestand	01.01.	3.000	1,00	3.000
+ Zugang	20.01.	+4.000	1,16	4.640
= Endbestand	31.12.	7.000		7.640

Der Endbestand setzt sich annahmegemäß aus dem Anfangsbestand zum 01.01. und dem Zugang am 20.01. zusammen. Da der Wert des Endbestandes nach dem LIFO-Verfahren niedriger ist als sein Nettoveräußerungswert (9.100 €), beträgt der Wertansatz zum Bilanzstichtag 7.640 €.

Eine Scheingewinnrealisierung bei steigenden Preisen wird bei Anwendung der LIFO-Methode weitgehend verhindert, da die verbrauchten Vorräte zu (nahezu) aktuellen Preisen bewertet werden[19]. Problematisch ist die LIFO-Methode allerdings deshalb, weil die zuerst beschafften oder produzierten Vorratsgegenstände mit ihren historischen Kosten ausgewiesen werden. Bei inflationären Tendenzen entstehen daher stille Reserven, die bei bilanzpolitisch motiviertem Abbau des Lagerbestandes ebenso still aufgelöst werden können. Nach Auffassung des IASB entspricht das LIFO-Verfahren in der Praxis nur in seltenen Fällen der tatsächlichen Verbrauchsfolge und führt im Einzelfall zu einer stark verzerrten Darstellung der Vermögens- und Ertragslage. Zudem sei die Anwendung der LIFO-Methode in vielen Fällen ausschließlich steuerrechtlich motiviert. Steuerliche Überlegungen sollten aber den IFRS-Abschluss nicht beeinflussen[20].

Bilanzpolitische Spielräume

2.4 Fertigungsaufträge

Bei der Bewertung des Vorratsvermögens steht das bilanzierende Unternehmen bei Fertigungsaufträgen, die zum Bilanzstichtag noch nicht abgeschlossen sind (stichtagsübergreifende oder langfristige Fertigung) vor folgendem Bewertungsproblem: Es erbringt unter Umständen über Jahre hinweg eine Leistung, für die grundsätzlich erst bei Fertigstellung ein Kaufpreis in Rechnung gestellt werden kann. Sofern die Rechnungsstellung maßgeblich für die Umsatzrealisierung ist, könnte erst dann ein Umsatzerlös mit ggf. zugehörigem Gewinn ausgewiesen werden. Damit würde der Ergebnisausweis im Anlagenbau, wie z.B. insbesondere im Schiffs-, Flugzeug- und Großmaschinenbau, in Abhängigkeit vom Fertigstellungszeitpunkt erheblichen Schwankungen im Zeitablauf unterliegen.

Problemstellung

Neben dieser grundlegenden Problematik der langfristigen Fertigung existieren eine Reihe weiterer Schwierigkeiten. Die über den Zeitraum der Fertigung

---

19 Vgl. zur Kritik an der LIFO-Methode ausführlich *Baetge/Kirsch/Thiele*, Bilanzen, S. 370-372 m.w.N.
20 Vgl. zur ausführlichen Begründung der Abschaffung der LIFO-Methode IAS 2.BC10-BC20.

anfallenden Aufwendungen müssen verschiedenen Berichtsperioden zugerechnet werden. Am Bilanzstichtag ist der unterjährige Fortschritt des Fertigungsprojektes bilanziell abzubilden. Dabei ergibt sich das Problem der Teilgewinnrealisierung. Wird aus dem langfristigen Fertigungsauftrag insgesamt ein Gewinn erwartet, ist dieser ggf. nicht erst zum Zeitpunkt des Verkaufs, sondern anteilig bereits in den Perioden der Fertigungsdauer zu berücksichtigen. Während dieses Zeitraums kann es somit zu einem Wertansatz der Vorräte über ihre Anschaffungs- bzw. Herstellungskosten hinaus und einem anteiligen unrealisierten Gewinn in der Gesamterfolgsrechnung kommen. Schließlich sind für die Erfassung eines Fertigungsauftrages im Jahresabschluss zu jedem Bilanzstichtag umfangreiche Schätzungen durchzuführen.

IAS 11

Mit IAS 11 „Fertigungsaufträge" (Construction Contracts) existiert ein eigener Standard, der den Umgang mit diesen Problemen ausführlich regelt.

2.4.1 Bestandteile eines Fertigungsauftrages und Vertragsformen

Definition

Gemäß IAS 11.3-4 stellt ein Fertigungsauftrag einen Vertrag über die kundenspezifische Produktion
- einzelner Gegenstände (z.B. Brücke, Gebäude, Staudamm, Schiff, Tunnel) oder
- einer Anzahl von Gegenständen oder Leistungen (z.B. komplexe Industrieanlagen wie Raffinerien oder Kraftwerke), die hinsichtlich Design, Technologie, Funktion oder Verwendung aufeinander abgestimmt oder voneinander abhängig sind, dar.

Weiterhin können Fertigungsaufträge nach IAS 11.5
- Verträge über die Erbringung von Dienstleistungen, die in engem Zusammenhang mit der Fertigung eines Vermögenswertes stehen, oder
- Verträge über die Restaurierung oder den Abriss von Gebäuden oder ähnlichen Vermögenswerten sowie die Wiederherstellung der Umwelt nach einem erfolgten Abriss umfassen.

Festpreis-, Kostenzuschlagsverträge und Mischformen

IAS 11.3 differenziert idealtypisch zwischen den folgenden zwei Vertragstypen:
- Festpreisverträge (fixed price contracts), die eine feste Preisvereinbarung beinhalten und häufig eine Preisgleitklausel enthalten.
- Kostenzuschlagsverträge (cost plus contracts), bei denen der Preis auf Basis der Kosten zuzüglich eines vereinbarten prozentualen Anteils dieser Kosten oder eines festgelegten Entgeltes ermittelt wird.

IAS 11.6 weist darauf hin, dass Fertigungsaufträge auch Charakteristika von beiden Vertragstypen aufweisen können. Dies ist z.B. dann der Fall, wenn ein Kostenzuschlagsvertrag mit einem vereinbarten Höchstpreis abgeschlossen wird. Eine Unterscheidung der verschiedenen Vertragsformen ist insofern von Bedeutung, als dass je nach Art des Fertigungsauftrages unterschiedliche Anforderungen an die Verlässlichkeit von Schätzungen der Auftragserlöse, Auftragskosten sowie des Fertigstellungsgrades gestellt werden.

2.4.2 Auftragserlöse und Auftragskosten

Die Auftragserlöse setzen sich gemäß IAS 11.11-15 aus folgenden Positionen zusammen: *Auftragserlöse*

	Ursprünglich vertraglich vereinbarte Erlöse
+/–	Erhöhungen/Minderungen der Auftragserlöse aufgrund von Abweichungen von der ursprünglich vertraglich vereinbarten Leistung
+	Erhöhungen der Auftragserlöse aufgrund von Nachforderungen für Kosten, die im ursprünglich vertraglich vereinbarten Kaufpreis nicht enthalten waren
+	Prämien
=	**Auftragserlöse**

Eine Abweichung liegt nach IAS 11.13 vor, wenn der Kunde den Auftragnehmer veranlasst, den ursprünglich vertraglich vereinbarten Leistungsumfang zu verändern. Unter einer Nachforderung ist gemäß IAS 11.14 die Erhöhung des Kaufpreises infolge von Mehrkosten zu verstehen, die der Kunde zu vertreten hat, beispielsweise weil er falsche Spezifikationsvorgaben gemacht oder Verzögerungen verursacht hat. Sieht der Vertrag Prämienzahlungen bei Erfüllung oder Überschreiten bestimmter Leistungsvorgaben wie z.B. die vorzeitige Erfüllung vor, so erhöhen diese gemäß IAS 11.15 die Auftragserlöse.

Die Ermittlung der Auftragserlöse ist in der Regel mit großen Unsicherheiten hinsichtlich der Berücksichtigung zukünftiger Ereignisse verbunden. Die Zahlungen für Abweichungen, Nachforderungen und Prämien sind daher nur dann zu berücksichtigen, wenn es wahrscheinlich ist, dass sie zu Erlösen (bzw. Erlösminderungen) führen, und die Positionen verlässlich bestimmt werden können.

Die Auftragskosten umfassen gemäß IAS 11.16 folgende Bestandteile: *Auftragskosten*

	Direkte Kosten, die dem Vertrag zugeordnet werden können
+	indirekte und allgemein dem Vertrag zurechenbare Kosten
+	sonstige Kosten, die dem Kunden aufgrund vertraglicher Abrede gesondert in Rechnung gestellt werden können
=	**Auftragskosten**

Zu den direkten Kosten zählen gemäß IAS 11.17 u.a. Fertigungslöhne, Materialkosten und Abschreibungen der eingesetzten Maschinen und Anlagen. *Direkte Kosten*

Indirekte Kosten sind gemäß IAS 11.18 z.B. Versicherungsprämien und Fertigungsgemeinkosten. Diese sind dem Fertigungsauftrag mit geeigneten Verfahren auf Basis der Normalkapazität zuzurechnen. Ebenfalls unter diese zu subsu- *Indirekte Kosten* mieren sind die u.U. in die Anschaffungs- oder Herstellungskosten einzubeziehenden Finanzierungskosten bei Vorliegen eines qualifizierten Vermögenswertes (IAS 23.5) Dabei müssen allerdings gemäß IAS 23.12 etwaige Erträge aus der vorübergehenden Zwischenanlage der Mittel (bei Langfristfertigung leistet der Kunde in den meisten Fällen Anzahlungen) von den Finanzierungskosten abgezogen werden.

Sonstige Kosten
Sonstige Kosten sind nach IAS 11.19 Teil der Auftragskosten, wenn der Vertrag die Erstattung dieser Kosten durch den Kunden vorsieht. Sie können Kosten für die allgemeine Verwaltung und Entwicklungskosten umfassen. Zu beachten ist, dass die sonstigen Kosten im Vertrag eindeutig spezifiziert sein müssen.

2.4.3 Verfahren der Gewinnrealisierung

Neben der Ermittlung der Auftragserlöse und der Auftragskosten ist die Frage zu beantworten, wann und in welcher Höhe ein hieraus als Saldo resultierender Gewinn bzw. Verlust bilanziell auszuweisen ist.

Nach IAS 11 kommen dafür grundsätzlich zwei Verfahren in Betracht: Die Bilanzierung der Auftragserlöse und Auftragskosten nach dem Leistungsfortschritt (Percentage-of-Completion-Methode) oder eine Bilanzierungsmethode, bei der die Umsatzerlöse lediglich in Höhe der angefallenen Auftragskosten und damit ohne einen Gewinnanteil erfasst werden (modifizierte Completed-Contract-Methode[21]). Grundsätzlich gilt dabei, dass diese beiden Verfahren der Gewinnrealisierung bei Vorliegen bestimmter Voraussetzungen jeweils verpflichtend anzuwenden sind (vgl. Abbildung 14.2).

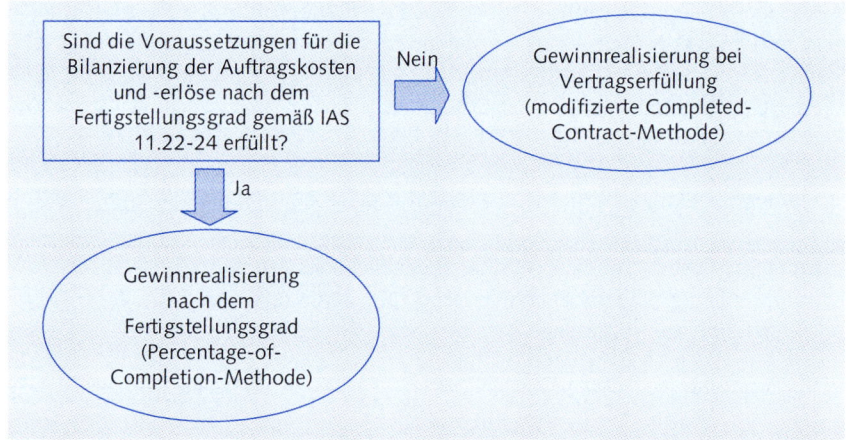

Abb. 14.2: Verfahren der Gewinnrealisierung nach IAS 11

---

[21] In der Literatur wird alternativ auch von einer „verkürzten" Percentage-of-Completion-Methode gesprochen. Vgl. z.B. *ADS International*, Abschnitt 16: Fertigungsaufträge, Tz. 120 m.w.N.

2.4.3.1 Gewinnrealisierung nach dem Fertigstellungsgrad (Percentage-of-Completion-Methode)

IAS 11.22 legt fest, dass die gesamten Auftragskosten und Auftragserlöse entsprechend dem Leistungsfortschritt des Projektes am Bilanzstichtag als Erträge bzw. Aufwendungen zu erfassen sind, wenn das Ergebnis der Auftragsfertigung verlässlich geschätzt werden kann.

Damit kommt es nach IAS 11 regelmäßig zu einer Gewinnrealisierung bereits zu einem Zeitpunkt, zu dem noch kein Rechtsanspruch auf eine entsprechende Zahlung besteht, da der Gefahrenübergang der Leistung auf den Käufer noch nicht stattgefunden hat. Um die wirtschaftliche Lage eines Unternehmens zutreffender abzubilden, stellt das IASB hierbei die periodengerechte Erfolgsermittlung unabhängig von der rechtlichen Situation in den Vordergrund. Da der IFRS-Abschluss ausschließlich der Informationsvermittlung dienen soll, wird es als unproblematisch erachtet, dass hier unrealisierte Gewinne ausgewiesen werden. Der in der Regel viel stärker schwankende Umsatz- und Ergebnisausweis bei strikterer Befolgung des Realisationsprinzips, wie z.B. nach HGB, wird durch diese Bilanzierungsmethode vermieden. Wenn es dagegen wahrscheinlich ist, dass die gesamten Auftragskosten die gesamten Auftragserlöse übersteigen und somit ein Verlust erwartet wird, ist dieser Verlust sofort und vollständig als Aufwand zu erfassen.

Je nachdem, welcher Vertragstyp vorliegt, sind nach IAS 11 unterschiedliche Voraussetzungen an die verlässliche Schätzung des Ergebnisses geknüpft.

Verlässliche Schätzungen

Liegt ein Festpreisvertrag vor, so kann das Ergebnis des Fertigungsauftrages verlässlich geschätzt werden, wenn die Voraussetzungen in IAS 11.23 kumulativ erfüllt sind:

Festpreisvertrag

- Die gesamten Auftragserlöse können verlässlich bestimmt werden.
- Der Nutzenzufluss an das Unternehmen aus dem Vertrag ist wahrscheinlich.
- Am Bilanzstichtag können sowohl die bis zur endgültigen Fertigstellung des Projektes noch anfallenden Kosten als auch der Grad der Fertigstellung verlässlich bestimmt werden.
- Die dem Projekt zurechenbaren Auftragskosten können verlässlich gemessen werden, um die bis zum Bilanzstichtag angefallenen Kosten mit früheren Schätzungen vergleichen zu können.

Bei Vorliegen eines Kostenzuschlagsvertrages müssen nach IAS 11.24 die folgenden Voraussetzungen für eine verlässliche Schätzung des Ergebnisses kumulativ erfüllt sein:

Kostenzuschlagsvertrag

- Der sich aus dem Auftrag ergebende wirtschaftliche Nutzenzufluss an das Unternehmen ist wahrscheinlich.
- Die dem Projekt zurechenbaren Auftragskosten können – unabhängig davon, ob sie abrechenbar sind – eindeutig bestimmt und verlässlich ermittelt werden.

Liegen diese – je nach Vertragsgestaltung – unterschiedlichen Voraussetzungen vor, so sind die Auftragserlöse und Auftragskosten nach dem Grad der Fertigstellung am Bilanzstichtag ergebniswirksam zu erfassen.

Mischvertrag

Bei Vorliegen eines Mischvertrages müssen gemäß IAS 11.6 sämtliche Voraussetzungen der IAS 11.23-24 erfüllt sein, um die Percentage-of-Completion-Methode anwenden zu können. Letztendlich müssen daher bei Mischverträgen die strengeren Voraussetzungen für die verlässliche Schätzung des Ergebnisses bei Festpreisverträgen erfüllt sein.

Methoden zur Bestimmung des Fertigstellungsgrades

Sind die Voraussetzungen für eine Bilanzierung nach der Percentage-of-Completion-Methode erfüllt, ist der erwartete Gesamterfolg entsprechend dem Fertigstellungsgrad auf die Perioden der Fertigung zu verteilen. Das Verfahren zur Bestimmung des Fertigstellungsgrades ist nach IFRS nicht vorgeschrieben, so dass unterschiedliche Methoden in Betracht kommen. Zwar werden einzelne Methoden in IAS 11 nicht explizit genannt, jedoch gibt IAS 11.30(a)-(c) Hinweise auf drei mögliche Methoden zur Bestimmung des Fertigstellungsgrades. Diese Methoden können entweder inputorientiert sein und auf die Anstrengungen zum Zweck der Leistungserbringung abstellen (z.B. Cost-to-Cost-Verfahren, Effort-Expended-Methode), oder es handelt sich um outputorientierte Methoden, die auf den Anteil der bisher erzielten Leistung an der Gesamtleistung abstellen (z.B. Units-of-Delivery-Methode)[22]. Das bilanzierende Unternehmen hat diejenige Methode zu wählen, die am verlässlichsten den Grad der Fertigstellung wiedergeben kann (IAS 11.30).

Cost-to-Cost-Verfahren

In der Praxis dominiert mit dem Cost-to-Cost-Verfahren eine inputorientierte Methode, wonach der Gesamterfolg im Verhältnis zu den angefallenen Kosten auf die Perioden der Fertigung verteilt wird[23]. Dies kann als Ausdruck des matching principle gewertet werden. Da die Kalkulation und damit einhergehend auch der Gesamterfolg bis zur endgültigen Fertigstellung des Langfristauftrages nur auf mehr oder minder sicheren Schätzungen beruhen, können Korrekturen dieser Schätzungen während des Fertigungsverlaufes erforderlich sein.

Bei dem Cost-to-Cost-Verfahren wird in einem ersten Schritt der prozentuale Fertigstellungsgrad errechnet (vgl. Abbildung 14.3). Dafür werden die bis zum Periodenende kumuliert angefallenen Kosten den erwarteten Gesamtkosten gegenübergestellt. Dieser Quotient wird in jeder Periode auf der Grundlage der dann geltenden Informationen ermittelt.

In einem zweiten Schritt wird der jeweils so ermittelte Fertigstellungsgrad mit dem erwarteten Gesamterfolg multipliziert. Veränderte Schätzungen finden Berücksichtigung, indem der in den Vorperioden ausgewiesene Teilerfolg subtrahiert wird, so dass sich schließlich der Teilerfolg der jeweils betrachteten Periode ergibt.

---

22 Für eine Systematisierung der einzelnen Methoden vgl. z.B. *ADS International*, Abschnitt 16: Fertigungsaufträge, Tz. 102-113; *Seeberg*, IAS-Kommentar, IAS 11, Tz. 37-40.

23 Vgl. *von Keitz, I.*, Praxis der IASB-Rechnungslegung, 2. Aufl., Stuttgart 2005, S. 197.

$$TE_k = \frac{\sum_{i=1}^{k} K_i}{\sum_{i=1}^{n} K_i} \cdot \sum_{i=1}^{n} TE_i - \sum_{i=1}^{k-1} TE_i$$

mit TE_i = Teilerfolg der Periode i
K_i = Kosten der Periode i
k = betrachtete Periode
n = Periode der endgültigen Fertigstellung

Abb. 14.3: Vorgehensweise des Cost-to-Cost-Verfahrens

Die auf den Tunnelbau spezialisierte Durchsgebirge AG ist mit dem Bau eines aufwendigen Tunnels durch ein skandinavisches Gebirge beauftragt. Dabei handelt es sich um ein langfristiges Fertigungsprojekt, dessen Fertigungsdauer auf fünf Jahre festgelegt ist. Die Abnahme und Abrechnung dieses Projektes erfolgt im fünften Jahr. Als Verkaufspreis ist ein Festpreis von 700 Mio. € vereinbart worden. Für die Durchsgebirge AG ergeben sich für diesen Auftrag geplante jährliche Einzelkosten von 95 Mio. € und anteilig verrechnete jährliche Gemeinkosten von 30 Mio. €. Damit belaufen sich die Gesamtkosten des Projektes auf 625 Mio. €. Vereinfachend sei unterstellt, dass es sich bei den Einzel- und Gesamtkosten ausschließlich um den Verbrauch von Roh-, Hilfs- und Betriebsstoffen handelt. Aus der Gegenüberstellung des Verkaufspreises von 700 Mio. € und der Gesamtkosten von 625 Mio. € ergibt sich der erwartete Gesamterfolgsbeitrag des Projektes von 75 Mio. €. Teilabnahmen sind vertraglich nicht vereinbart.

Wie hat die Durchsgebirge AG dieses Fertigungsprojekt nach der Percentage-of-Completion-Methode unter Berücksichtigung latenter Steuern (Steuersatz = 30 %) zu bilanzieren?

Beispiel 14.10[24]

Lösung
Nach der Percentage-of-Completion-Methode werden bei ausreichend nachgewiesener Teilfertigstellung die anteiligen Gewinne nach dem Grad der Fertigstellung der zu erbringenden Leistung als realisiert betrachtet. Mit Hilfe des Cost-to-Cost-Verfahrens wird der Gesamterfolg auf die Perioden der Fertigungsdauer verteilt. Für das Beispiel ergibt das bei einem Gesamterfolg von

---

24 Für weitere Beispiele vgl. z.B. *ADS International*, Abschnitt 16: Fertigungsaufträge, Tz. 172-177; *Armeloh, K.-H.*, Übung 62: Die Abbildung langfristiger Fertigungsaufträge im Jahresabschluß (HGB und IFRS), in: Baetge/Kirsch/Thiele (Hrsg.), Übungsbuch Bilanzen und Bilanzanalyse, 3. Aufl., Düsseldorf 2007, S. 299-311; *Coenenberg*, Jahresabschluss und Jahresabschlussanalyse. Aufgaben und Lösungen, 12. Aufl., Stuttgart 2005, S. 87-94; *Epstein/Jermakowicz*, IFRS 2007, S. 220-223; *Seeberg*, IAS-Kommentar, IAS 11, Tz. 58-62. Vgl. auch das Beispiel im Anhang zu IAS 11.

75 Mio. € somit 15 Mio. € pro Jahr. Der Wertansatz der unfertigen Erzeugnisse (95 Mio. € Einzelkosten + 30 Mio. € Gemeinkosten = 125 Mio. €) wird um diesen Erfolgsbeitrag erhöht. Somit erhöht sich die Bilanzposition „Fertigungsaufträge" in jedem Jahr um 140 Mio. €. Da das Vorratsvermögen jedoch im Vergleich zur deutschen Steuerbilanz um 15 Mio. € zu hoch bewertet ist, sind gleichzeitig passive latente Steuern zu berücksichtigen (15 Mio. € · 0,3 = 4,5 Mio. €). Nach Berücksichtigung latenter Steuern verbleibt damit ein Ergebnisbeitrag von jeweils 10,5 Mio. € in den ersten vier Perioden, der in den Folgeperioden jeweils die Gewinnrücklagen erhöht. In Periode t_5 sind die kumulierten (latenten) Steuerrückstellungen in Höhe von 18 Mio. € aufzulösen. Der nun steuerbilanziell realisierte Gewinn in Höhe von 75 Mio. € ist mit 30 % zu versteuern, so dass sich ein jährlicher Ergebnisbeitrag (nach Steuern) in der IFRS-Gesamterfolgsrechnung von 10,5 Mio. € ergibt. Für den tatsächlich anfallenden Steueraufwand ist insgesamt eine Rückstellung in Höhe von (75 · 0,3 =) 22,5 Mio. € zu bilden. Für die Bilanz und Gesamterfolgsrechnung der Durchsgebirge AG bedeutet dies also:

Bilanz (Percentage-of-Completion-Methode) in Mio. €

	t_1	t_2	t_3	t_4	t_5
Aktiva					
Roh-, Hilfs- und Betriebsstoffe	-125	-250	-375	-500	-625
Fertigungsaufträge	140	280	420	560	
Ford. aus Lief. und Leistungen					700
Passiva					
Gewinnrücklagen		10,5	21	31,5	42
Ergebnisbeitrag	10,5	10,5	10,5	10,5	10,5
Steuerrückstellungen	4,5	9	13,5	18	22,5

Gesamterfolgsrechnung (Percentage-of-Completion-Methode) in Mio. €
a) nach Umsatzkostenverfahren

	t_1	t_2	t_3	t_4	t_5
Umsatzerlöse	140	140	140	140	140
Umsatzkosten	-125	-125	-125	-125	-125
Bruttogewinn	15	15	15	15	15
Latenter Steueraufwand	-4,5	-4,5	-4,5	-4,5	+18
Tatsächlicher Steueraufwand					-22,5
Ergebnisbeitrag nach Steuern	10,5	10,5	10,5	10,5	10,5

b) nach Gesamtkostenverfahren

	t_1	t_2	t_3	t_4	t_5
Umsatzerlöse	140	140	140	140	140
Sonst. betriebliche Aufwendungen	-125	-125	-125	-125	-125
Latenter Steueraufwand	-4,5	-4,5	-4,5	-4,5	+18
Tatsächlicher Steueraufwand					-22,5
Ergebnisbeitrag nach Steuern	10,5	10,5	10,5	10,5	10,5

Das Fertigungsprojekt ist in den Perioden t_1 bis t_4 nach dem Umsatzkostenverfahren wie folgt zu buchen:

Sonst. betriebl. Aufwand	an	Roh-, Hilfs- und Betriebsstoffe	125
Unfertige Erzeugnisse	an	sonst. betriebl. Aufwand	125
Umsatzkosten	an	unfertige Erzeugnisse	125
Fertigungsaufträge mit aktivischem Saldo gegenüber Kunden	an	Umsatzerlöse	140
Steueraufwand	an	Steuerrückstellung	4,5

Die Buchungen nach dem Gesamtkostenverfahren lauten in den Perioden t_1 bis t_4:

Sonst. betriebl. Aufwand	an	Roh-, Hilfs- und Betriebsstoffe	125
Fertigungsaufträge mit aktivischem Saldo gegenüber Kunden	an	Umsatzerlöse	140
Steueraufwand	an	Steuerrückstellung	4,5

In Periode t_5 kommt es – mit Ausnahme der Bildung einer passiven latenten Steuer – nach beiden Verfahren zunächst zu denselben Buchungen wie in den Perioden zuvor. Sofern die Bezahlung des Projektes noch aussteht, kommt es zusätzlich zu folgender Buchung:

Forderungen	an	*Fertigungsaufträge mit aktivischem Saldo gegenüber Kunden*	700

Da der Fertigungsauftrag ausgebucht wird, werden nun die korrespondierenden Steuerrückstellungen, die in den Vorperioden angesammelt worden sind, aufgelöst:

Steuerrückstellung   an   Steuerertrag   18

Der annahmegemäß auch steuerrechtlich relevante Gewinn in Höhe von 75 Mio. € führt zu einem tatsächlichen Steueraufwand von (75 · 0,3 =) 22,5 Mio. €. Ist die Steuerzahlung an das Finanzamt erst in der folgenden Periode fällig, ist schließlich wie folgt zu buchen:
(Tatsächlicher) Steueraufwand   an   Steuerrückstellung   22,5

Modifikation I des Beispiels
Abweichend von der Ausgangssituation steigen die Auftragskosten insgesamt auf 635 Mio. €. Damit sinkt der Gesamtgewinn des Projektes auf 65 Mio. €. Der in Periode t_4 bekannt gewordene Kostenanstieg ist durch eine Erhöhung der Einzelkosten verursacht, die in Periode t_4 und t_5 um jeweils 5 Mio. € steigen. Wie stellt sich dieser Sachverhalt in der Bilanz und Gesamterfolgsrechnung der Durchsgebirge AG dar?

Lösung
Bilanz (Percentage-of-Completion-Methode) in Mio. €

	t_1	t_2	t_3	t_4	t_5
Aktiva					
Roh-, Hilfs- und Betriebsst.	-125	-250	-375	-505	-635
Fertigungsaufträge	140	280	420	556,69	
Ford. aus Lief. und Leist.					700
Passiva					
Gewinnrücklagen		10,5	21	31,5	36,18
Ergebnisbeitrag	10,5	10,5	10,5	4,68	9,32
Steuerrückstellungen	4,5	9	13,5	15,51	19,5

Gesamterfolgsrechnung (Percentage-of-Completion-Methode) in Mio. €
a) nach Umsatzkostenverfahren

	t_1	t_2	t_3	t_4	t_5
Umsatzerlöse	140	140	140	136,69	143,31
Umsatzkosten	-125	-125	-125	-130	-130
Bruttogewinn	15	15	15	6,69	13,31
Latenter Steueraufwand	-4,5	-4,5	-4,5	-2,01	+15,51
Tatsächlicher Steueraufwand					-19,5
Ergebnisbeitrag nach Steuern	10,5	10,5	10,5	4,68	9,32

b) nach Gesamtkostenverfahren

	t_1	t_2	t_3	t_4	t_5
Umsatzerlöse	140	140	140	136,69	143,31
Sonst. betriebl. Aufwendungen	-125	-125	-125	-130	-130
Latenter Steueraufwand	-4,5	-4,5	-4,5	-2,01	+15,51
Tatsächlicher Steueraufwand					-19,5
Ergebnisbeitrag nach Steuern	10,5	10,5	10,5	4,68	9,32

Da zunächst von einem geschätzten Gesamterfolgsbeitrag von 75 Mio. € ausgegangen wird, werden auch hier in den ersten drei Perioden jeweils 15 Mio. € (vor Steuern) bzw. 10,5 Mio. € (nach latenten Steuern) als Gewinn ausgewiesen. In Periode t_4 rechnet das Unternehmen mit um 10 Mio. € höheren Gesamtkosten, die sich gleichmäßig über die Perioden t_4 und t_5 verteilen. Daher steigen die Umsatzkosten bzw. die sonstigen betrieblichen Aufwendungen in den Perioden t_4 und t_5 um jeweils 5 Mio. € auf 130 Mio. €. Folglich wird der Gesamtgewinn in Periode t_4 nur noch auf 65 Mio. € geschätzt.

Der Fertigstellungsgrad, der bisher in jedem Jahr um (140/700 =) 20 % anstieg, ist deshalb neu zu ermitteln. Nach dem Cost-to-Cost-Verfahren beträgt der neu berechnete Fertigstellungsgrad in Periode t_4 (505/635 =) 79,53 %. Der Teilerfolg in Periode t_4 beträgt somit (0,7953 · 65 − 45 =) 6,69 Mio. €. Passive latente Steuern fallen in Höhe von (6,69 · 0,3 =) 2,01 Mio. € an. Damit betragen die Steuerrückstellungen in der Periode t_4 insgesamt (13,5 + 2,01 =) 15,51 Mio. €. Infolge des Kostenanstiegs erhöht sich die Bilanzposition „Fertigungsaufträge" in Periode t_4 um 136,69 Mio. € auf 556,69 Mio. €. In Periode t_5 sind die kumulierten (latenten) Steuerrückstellungen in Höhe von 15,51 Mio. € aufzulösen. Der nun steuerbilanziell realisierte Gewinn führt zu einem tatsächlichen Steueraufwand von (65 · 0,3 =) 19,5 Mio. €, für den eine entsprechende Rückstellung zu bilden ist, falls die Steuerzahlung erst in der Folgeperiode zu leisten ist.

Modifikation II des Beispiels
Abweichend von der Ausgangssituation steigen die Gesamtkosten nun auf 675 Mio. €, so dass der Gesamtgewinn des Projektes nur noch 25 Mio. € beträgt. Wieder wird der Kostenanstieg erst in Periode t_4 bekannt und ist durch eine Erhöhung der Einzelkosten verursacht, die in Periode t_4 und t_5 um jeweils 25 Mio. € steigen und damit die jeweiligen Umsatzerlöse der Perioden übersteigen.

Lösung
Bilanz (Percentage-of-Completion-Methode) in Mio. €

	t_1	t_2	t_3	t_4	t_5
Aktiva					
Roh-, Hilfs- und Betriebsst.	-125	-250	-375	-525	-675
Fertigungsaufträge	140	280	420	544,44	
Ford. aus Lief. und Leist.					700
Passiva					
Gewinnrücklagen		10,5	21	31,5	13,61
Ergebnisbeitrag	10,5	10,5	10,5	-17,89	3,89
Steuerrückstellungen	4,5	9	13,5	5,83	7,5

Gesamterfolgsrechnung (Percentage-of-Completion-Methode) in Mio. €
a) nach Umsatzkostenverfahren

	t_1	t_2	t_3	t_4	t_5
Umsatzerlöse	140	140	140	124,44	155,56
Umsatzkosten	-125	-125	-125	-150	-150
Bruttogewinn	15	15	15	-25,56	5,56
Latenter Steueraufwand	-4,5	-4,5	-4,5	+7,67	+5,83
Tatsächlicher Steueraufwand					-7,5
Ergebnisbeitrag nach Steuern	10,5	10,5	10,5	-17,89	3,89

b) nach Gesamtkostenverfahren

	t_1	t_2	t_3	t_4	t_5
Umsatzerlöse	140	140	140	124,44	155,56
Sonst. betriebl. Aufwendungen	-125	-125	-125	-150	-150
Latenter Steueraufwand	-4,5	-4,5	-4,5	+7,67	+5,83
Tatsächlicher Steueraufwand					-7,5
Ergebnisbeitrag nach Steuern	10,5	10,5	10,5	-17,89	3,89

Erneut wird zunächst von einem geschätzten Gesamterfolgsbeitrag von 75 Mio. € ausgegangen, so dass in den ersten drei Perioden Gewinne von jeweils 15 Mio. € (vor Steuern) bzw. 10,5 Mio. € (nach latenten Steuern) ausgewiesen werden. In Periode t_4 rechnet das Unternehmen aufgrund einer veränderten Schätzung mit um 50 Mio. € höheren Gesamtkosten, die sich annahmegemäß gleichmäßig auf die Perioden t_4 und t_5 verteilen. Daher steigen die Umsatzkosten bzw. die sonstigen betrieblichen Aufwendungen in diesen Perioden um jeweils 25 Mio. € auf 150 Mio. €. Der Kostenanstieg hat somit zur Folge, dass der Gesamterfolgsbeitrag in Periode t_4 nur noch auf 25 Mio. € geschätzt wird. In den ersten drei Perioden sind bereits (3 · 15 =) 45 Mio. € als Gewinn realisiert worden. Aufgrund der neuen Schätzung hätte in jeder Periode jedoch nur ein Teilerfolg von 5 Mio. € ausgewiesen werden dürfen. Der neu berechnete Fertigstellungsgrad beträgt in Periode t_4 nach dem Cost-to-Cost-Verfahren (525/675 =) 77,78 %. Der Teilerfolg der Periode t_4 beträgt somit (0,7778 · 25-45 =) -25,56 Mio. €. In den Vorperioden gebildete Steuerrückstellungen werden um (25,56 · 0,3 =) 7,67 Mio. € aufgelöst, und es ergibt sich ein Ergebnisbeitrag in Periode t_4 von -17,89 Mio. €.

IAS 11.41 unterscheidet zwischen Teilabrechnungen (progress billings) und Anzahlungen (advances). Teilabrechnungen stellen in Rechnung gestellte Beträge für vertragsgemäß bereits erbrachte (Teil-)Leistungen dar. Teilabrechnungen sind gemäß IAS 11.42-44 zur Ermittlung der Bilanzposition „Fertigungsaufträge mit aktivischem Saldo gegenüber Kunden" (Vermögenswert) bzw. „Fertigungsaufträge mit passivischem Saldo gegenüber Kunden" (Schuld) von den angefallenen Kosten inklusive der ausgewiesenen Gewinne abzuziehen. Sie werden – solange noch nicht beglichen – als Forderungen aus Lieferungen und Leistungen ausgewiesen. Anzahlungen sind Vorauszahlungen des Kunden auf noch nicht erbrachte Leistungen und sind in der Bilanz gesondert auszuweisen. IAS 11 lässt die Position des Ausweises offen. Grundsätzlich erscheint der Ausweis als Verbindlichkeit angemessen[25].

Teilabrechnungen, Anzahlungen

In Abwandlung des obigen Ausgangsbeispiels 14.10 erhält die Durchsgebirge AG in der Periode t_1 eine Anzahlung in Höhe von 10 Mio. €. In Periode t_2 werden 50 % des Kaufpreises abzüglich der erhaltenen Anzahlung in Rechnung gestellt. Daraus resultieren die folgenden Buchungssätze:
t_1: *Zahlungsmittel   an   erhaltene Anzahlungen   10*

Der Fertigungsauftrag wird in Periode t_1 weiterhin mit 140 Mio. € in der Bilanz ausgewiesen.
t_2: *Forderungen   340*
  Erhalt. Anzahl.   10   an   Fertigungsaufträge
                                 mit aktivischem Saldo
                                 gegenüber Kunden   280
                                 Fertigungsaufträge
                                 mit passivischem Saldo
                                 gegenüber Kunden   70

Beispiel 14.11

---
25 Vgl. so auch *Küting, K./Reuter, M.*, Erhaltene Anzahlungen in der Bilanzanalyse, in: KoR, 6. Jg. (2006), S. 4-5 m.w.N.

Je nach Interpretation der Forderungen in der Steuerbilanz können latente Steuereffekte entstehen, die aber hier nicht näher betrachtet werden. Die Position „Fertigungsaufträge mit aktivischem Saldo gegenüber Kunden" erhöht sich zunächst durch die Umsatzrealisation um 140 Mio. € auf 280 Mio. €. Die Teilabrechnung in Höhe von 340 Mio. € wird in der Bilanz als Forderung ausgewiesen. Dieser Betrag ist gemäß IAS 11.43 von der Summe aus bis zum Bilanzstichtag angefallenen Auftragskosten und vereinnahmten Gewinnen abzuziehen. Es ergibt sich also ein passivischer Saldo aus dem Fertigungsauftrag: 140 + 140 − 340 − 10 = -70 Mio. €. In Periode t_2 werden somit „Fertigungsaufträge mit passivischem Saldo gegenüber Kunden" in Höhe von 70 Mio. € ausgewiesen.

In den Perioden t_3 bis t_5 werden – wie im Ausgangsbeispiel dargestellt – jedes Jahr Umsatzerlöse in Höhe von 140 Mio. € realisiert. Dadurch löst sich der passivische Saldo in Periode t_3 auf. In Periode t_5 liegt damit ein aktivischer Saldo in Höhe von (-70 + 140 + 140 + 140 =) 350 Mio. € vor. Diese Position ist nun auszubuchen und eine Forderung in derselben Höhe einzubuchen.

t_5: *Forderungen* an *Fertigungsaufträge mit aktivischem Saldo gegenüber Kunden*   350

2.4.3.2 Gewinnrealisierung bei Vertragserfüllung (modifizierte Completed-Contract-Methode)

Kann das Ergebnis des Fertigungsauftrages z.B. in einem sehr frühen Stadium des Fertigungsprojektes nicht verlässlich geschätzt werden, so ist gemäß IAS 11.32-33 eine Ertragsrealisation nur in Höhe bereits angefallener und durch korrespondierende Erträge wahrscheinlich gedeckter Kosten vorzunehmen. Dieses Vorgehen kann als modifizierte Completed-Contract-Methode bezeichnet werden, weil auch hier bereits während der Produktionsdauer Umsatzerlöse in der Gesamterfolgsrechnung erfasst werden. Dies geschieht allerdings nur in Höhe der Auftragskosten und damit ohne einen Gewinnanteil. Entfallen hingegen zu einem späteren Zeitpunkt die Unsicherheiten, so dass das Ergebnis des Fertigungsauftrages verlässlich geschätzt werden kann, ist nach IAS 11.35 eine anteilige Gewinnrealisierung entsprechend der Percentage-of-Completion-Methode vorzunehmen. Die modifizierte Completed-Contract-Methode nach IFRS unterscheidet sich von der reinen, z.B. nach HGB anzuwendenden Completed-Contract-Methode dadurch, dass bei letzterer die gesamten Umsatzerlöse erst im Zeitpunkt des Gefahrenübergangs ausgewiesen werden (vgl. Abschnitt 4).

Analog zur Gewinnrealisierung nach dem Fertigstellungsgrad sind erwartete Verluste in der Periode, in der sie sich erstmals abzeichnen werden, vollständig als Aufwand zu erfassen.

Das Beispiel geht von denselben Ausgangsdaten wie das zur Percentage-of-Completion-Methode (Beispiel 14.10) aus. Es sei nun jedoch angenommen, dass die Schätzungen in allen Perioden als nicht hinreichend sicher einzustufen sind. Damit scheidet eine Gewinnrealisierung nach dem Fertigstellungsgrad aus. Wie ist dieses Fertigungsprojekt nach der modifizierten Completed-Contract-Methode unter Berücksichtigung latenter Steuern zu bilanzieren?

Beispiel 14.12

Lösung
Bilanz (modifizierte Completed-Contract-Methode) in Mio. €

	t_1	t_2	t_3	t_4	t_5
Aktiva					
Roh-, Hilfs- und Betriebsstoffe	-125	-250	-375	-500	-625
Fertigungsaufträge	125	250	375	500	
Ford. aus Lief. und Leistungen					700
Passiva					
Gewinnrücklagen					
Ergebnisbeitrag					52,5
Steuerrückstellungen					22,5

Gesamterfolgsrechnung (modifizierte Completed-Contract-Methode) in Mio. €
a) nach Umsatzkostenverfahren

	t_1	t_2	t_3	t_4	t_5
Umsatzerlöse	125	125	125	125	200
Umsatzkosten	125	125	125	125	125
Bruttogewinn					75
Latenter Steueraufwand					
Tatsächlicher Steueraufwand					-22,5
Ergebnisbeitrag nach Steuern					52,5

b) nach Gesamtkostenverfahren

	t_1	t_2	t_3	t_4	t_5
Umsatzerlöse	125	125	125	125	200
Sonstige betriebl. Aufwendungen	125	125	125	125	125
Latenter Steueraufwand					
Tatsächlicher Steueraufwand					-22,5
Ergebnisbeitrag nach Steuern					52,5

Das Fertigungsprojekt ist in den Perioden t_1 bis t_4 nach dem Umsatzkostenverfahren wie folgt zu buchen:

Sonst. betriebl. Aufwand	an	Roh-, Hilfs- und Betriebsstoffe	125
Unfertige Erzeugnisse	an	sonst. betriebl. Aufwand	125
Umsatzkosten	an	Unfertige Erzeugnisse	125
Fertigungsaufträge mit aktivischem Saldo gegenüber Kunden	an	Umsatzerlöse	125

In Periode t_5 kommt es zusätzlich zu folgender Buchung:

Forderungen 700	an	Umsatzerlöse	200
		Fertigungsaufträge mit aktivischem Saldo gegenüber Kunden	500

Der annahmegemäß auch steuerrechtlich relevante Gewinn in Höhe von 75 Mio. € führt zu einem tatsächlichen Steueraufwand von (75 · 0,3 =) 22,5 Mio. €. Falls die Steuerzahlung an das Finanzamt erst in der Folgeperiode zu leisten ist, lautet die resultierende Buchung wie folgt:

(Tatsächlicher) Steueraufwand	an	Steuerrückstellung	22,5

Nach dem Gesamtkostenverfahren lauten die Buchungen in den Perioden t_1 bis t_4:

Sonst. betriebl. Aufwand	an	Roh-, Hilfs- und Betriebsstoffe	125
Fertigungsaufträge mit aktivischem Saldo gegenüber Kunden	an	Umsatzerlöse	125

In Periode t_5 kommt es zu folgenden Buchungen:

Sonst. betriebl. Aufwand	an	Roh-, Hilfs- und Betriebsstoffe	125
Forderungen 700	an	Umsatzerlöse	200
		Fertigungsaufträge mit aktivischem Saldo gegenüber Kunden	500

Analog zum Umsatzkostenverfahren führt auch hier der steuerrechtlich relevante Gewinn in Höhe von 75 Mio. € zu einem tatsächlichen Steueraufwand von (75 · 0,3 =) 22,5 Mio. €. Im Falle einer Steuerzahlung an das Finanzamt in der Folgeperiode ist damit schließlich folgende Buchung durchzuführen:

(Tatsächlicher) Steueraufwand	an	Steuerrückstellung	22,5

3 Angaben

Hinsichtlich des Vorratsvermögens enthalten die Vorschriften in IAS 2.36-39 detaillierte Offenlegungspflichten. Danach müssen IFRS-Abschlüsse u.a. folgende Angaben enthalten:

Angaben nach IAS 2

- Die angewandten Bilanzierungs- und Bewertungsmethoden für Vorräte einschließlich der Zuordnungs-Bewertungsvereinfachungsverfahren,
- den Gesamtbuchwert der Vorräte und die Buchwerte in einer unternehmensspezifischen Untergliederung,
- die Buchwerte der Vorräte, die zum beizulegenden Zeitwert abzüglich der Veräußerungskosten angesetzt werden,
- den Betrag der Vorräte, der als Aufwand der Berichtsperiode erfasst worden ist,
- die in einer Periode erfassten Wertminderungen von Vorräten,
- Ereignisse, die zu einer Wertaufholung geführt haben.

IAS 2 enthält keine Hinweise, an welcher Stelle die geforderten Angaben vorzunehmen sind. Folglich können die Angaben nicht nur ausschließlich im Anhang, sondern auch in der Bilanz und in der Gesamterfolgsrechnung gemacht werden. Entscheidend ist allein die wirtschaftliche Betrachtungsweise. Die Mindestgliederung der Bilanz gemäß IAS 1.54 sieht lediglich den Posten „Vorräte" vor. Zwar wird ein Gliederungsschema nicht vorgegeben, eine Untergliederung der Vorräte in folgende Posten wird aber gemäß IAS 2.37 als „verbreitet" angesehen:

- Handelswaren,
- Roh-, Hilfs- und Betriebsstoffe,
- unfertige Erzeugnisse und
- Fertigerzeugnisse.

Bei Langfristfertigung werden nach IAS 11.39-45 v.a. folgende Anhangangaben verlangt:

Angaben nach IAS 11

- Im Geschäftsjahr erfasste Auftragserlöse,
- Methoden zur Ermittlung der Auftragserlöse und des Fertigstellungsgrades laufender Projekte,
- kumulierte Kosten und bereits vereinnahmte Gewinne der laufenden Projekte und
- Betrag der erhaltenen Anzahlungen für laufende Projekte.

4 Wesentliche Unterschiede zum HGB

Ansatz und Bewertung des Vorratsvermögens

Grundsätzlich bestehen hinsichtlich der Vorratsbilanzierung recht große Ähnlichkeiten zwischen HGB und IFRS. So sind z.B. die Ansatzregeln weitgehend identisch. Grundlegende Unterschiede bestehen hingegen bei der Bewertung des Vorratsvermögens. In Deutschland gilt dabei grundsätzlich auch das Anschaffungs- und Herstellungskostenprinzip, das bei Gegenständen des Umlaufvermögens durch das strenge Niederstwertprinzip ergänzt wird. Die in § 255 HGB festgelegten Anschaffungs- oder Herstellungskosten markieren dabei die Obergrenze der Bewertung. Gemäß § 253 Abs. 3 Satz 1 und 2 HGB müssen vorübergehende und dauerhafte Wertminderungen durch außerplanmäßige Abschreibungen berücksichtigt werden.

Anschaffungskosten

In der grundsätzlichen Interpretation der Anschaffungskosten geht das deutsche HGB in § 255 Abs. 1 mit den IFRS konform. Unterschiede ergeben sich allerdings bei der Zurechnung der Fremdkapitalzinsen, die in Deutschland grundsätzlich kein Bestandteil der Anschaffungskosten sind[26], während sie nach den IASB-Vorschriften – bei Vorliegen bestimmter Voraussetzungen – unter Beachtung des im März 2007 überarbeiteten IAS 23 spätestens ab 2009 verpflichtend einzubeziehen sind.

Herstellungskosten

Bei der Ermittlung der Herstellungskosten kommen die Unterschiede zwischen IFRS und HGB deutlicher zum Vorschein. Die IASB-Vorschriften verfolgen einen herstellungsbezogenen Vollkostenansatz. Gemäß § 255 Abs. 2 HGB reicht es hingegen aus, wenn die Material- und Fertigungseinzelkosten sowie die Sondereinzelkosten der Fertigung in die Herstellungskosten einbezogen werden. Ein solcher Teilkostenansatz als handelsrechtliche Herstellungskostenuntergrenze ist nach IFRS nicht zulässig. Allerdings schlägt hier der BilMoG-Referentenentwurf von November 2007 mit einem Vollkostenansatz eine Annäherung an die IFRS vor[27].

Es ist zudem anzumerken, dass sich viele Unternehmen in der deutschen Bilanzierungspraxis an den steuerrechtlichen Bestimmungen orientieren. So schreibt das Steuerrecht im Vergleich zu der handelsrechtlichen Vorgabe auf der Basis identischer Kostenbestandteile weitergehende Einbeziehungspflichten vor (R 6.3 EStR)[28]. Die steuerrechtlichen Herstellungskosten gehen von einem Vollkostenansatz aus, der neben den Einzelkosten noch die Material- und Fertigungsgemeinkosten sowie die Abschreibungen beinhaltet.

Insoweit besteht zwischen R 6.3 EStR und den internationalen Rechnungslegungsvorschriften eine weitgehende Übereinstimmung. Nach beiden Vorgaben wird der Vollkostenansatz den Herstellungskosten zugrunde gelegt. Da handels-

---

26 Vgl. dazu auch *Ballwieser*, MünchKommHGB, § 255, Tz. 14-15.
27 Vgl. hierzu ausführlicher *Fülbier, R.U./Gassen, J.*, Das Bilanzrechtsmodernisierungsgesetz (BilMoG): Handelsrechtliche GoB vor der Neuinterpretation, in: DB, 60. Jg. (2007), S. 2605-2612.
28 Zu den steuerrechtlichen Bestimmungen vgl. auch *Scheffler, W.*, Besteuerung von Unternehmen – Band II: Steuerbilanz und Vermögensaufstellung, 5. Aufl., Heidelberg u.a. 2007, S. 180-186.

und steuerrechtliche Vorschriften bei der Gemeinkostenzurechnung nicht nach betrieblichen Funktionsbereichen differenzieren, beinhaltet der Vollkostenansatz hierzulande aber auch nicht herstellungsbezogene Gemeinkostenbestandteile. Diese Bestandteile dürfen den Herstellungskosten nach IFRS nicht zugerechnet werden. Erfolgt eine Bewertung zu den höchstmöglichen Herstellungskosten in der Steuerbilanz, müssen im IFRS-Abschluss aktive latente Steuern angesetzt werden. An anderer Stelle greift der mögliche Vollkostenansatz nach IFRS jedoch weiter. Liegen bei der Aktivierung vom Fremdkapitalkosten i.S.d. überarbeiteten IAS 23 qualifizierte Vermögenswerte vor, so zählen nach IAS 23.5-6 neben den Fremdkapitalzinsen auch die sonstigen Finanzierungskosten dazu.

Da sich das deutsche Handels- bzw. Steuerrecht und die Vorschriften des IASB bei keinem Kostenbestandteil direkt widersprechen, d.h. kein Einbeziehungsverbot auf eine Einbeziehungspflicht trifft und umgekehrt, können die Unterschiede über die entsprechende Ausübung von Wahlrechten überbrückt werden. Der Umfang der Herstellungskosten nach IFRS ist deshalb auch für HGB-Bilanzierer de lege lata zulässig.

Darüber hinaus lässt das HGB einige Abschreibungswahlrechte zu, die nach IFRS unzulässig sind. So können z.B. durch die Vorwegnahme künftiger Wertschwankungen (§ 253 Abs. 3 Satz 3 HGB) aus Vorsichtsgründen stille Reserven gelegt werden. Hierüber haben Kapitalgesellschaften allerdings im Anhang zu berichten (§ 277 Abs. 3 HGB). Ferner lässt das Steuerrecht solche Abschreibungen nicht zu. Nicht-Kapitalgesellschaften können Abschreibungen aufgrund von vernünftiger kaufmännischer Beurteilung (§ 253 Abs. 4 HGB) vornehmen. Auch steuerrechtlich motivierte Abschreibungen sind möglich (§§ 254 i.V.m. 279 Abs. 2 HGB). Anzumerken ist jedoch, dass der BilMoG-Referentenentwurf die genannten Abschreibungswahlrechte sowie rein steuerlich motivierte Abschreibungen nicht mehr zulässt.

Abschreibungswahlrechte

Außerplanmäßige Abschreibungen, die pflichtgemäß auf das Umlaufvermögen vorzunehmen sind, orientieren sich gemäß § 253 Abs. 3 Satz 1 und 2 HGB an dem Börsen- oder Marktpreis oder – sofern diese nicht feststellbar sind – an dem beizulegenden Wert als Wertmaßstäbe. Letzterer wird in der Regel durch die (beschaffungsmarktorientierten) Wiederbeschaffungskosten, Wiederherstellungskosten oder auch durch den retrograd ermittelten (absatzmarktorientierten) Nettoveräußerungswert (Prinzip der verlustfreien Bewertung) konkretisiert.

Die Anwendungsvoraussetzungen der nach HGB erlaubten Bewertungsvereinfachungsverfahren[29] entsprechen grundsätzlich denen nach IFRS. Allerdings ist das vom IASB abgeschaffte LIFO-Verfahren nach HGB zulässig und in Deutschland weit verbreitet, da es steuerrechtlich gemäß § 6 Abs. 1 Nr. 2a EStG selbst dann anerkannt wird, wenn die unterstellte mit der tatsächlichen Verbrauchsfolge nicht übereinstimmt.

Bewertungsvereinfachungsverfahren

Im Unterschied zu den IFRS ist die Position „geleistete Anzahlungen" nach § 266 Abs. 2 B I HGB explizit Teil der Vorräte. IAS 2 regelt geleistete Anzahlungen nicht; IAS 1.78(b) empfiehlt einen gesonderten Ausweis im Umlaufver-

Ausweis

---

29 Vgl. ausführlich *Ellrott*, Beck Bil-Komm., § 256, Tz. 28-75.

mögen. In der deutschen IFRS-Bilanzierungspraxis ist ein Ausweis unter den Vorräten dennoch weit verbreitet[30]. Betriebsstoffe, die nicht unmittelbar der Fertigung dienen, gehören nach IFRS nicht zum Vorratsvermögen, sondern zu den sonstigen Vermögenswerten.

Langfristfertigung

Vor dem Hintergrund der unterschiedlichen Zielsetzungen von HGB- und IFRS-Rechnungslegung sind unterschiedliche Bilanzierungsvorschriften für langfristige Fertigungsaufträge nicht verwunderlich. Nach deutschem Handelsrecht ist eine vorzeitige Gewinnrealisierung grundsätzlich nicht gestattet. Im Sinne des in § 252 Abs. 1 Nr. 4 HGB kodifizierten Realisationsprinzips ist der gesamte Gewinn in dem Geschäftsjahr auszuweisen, in dem der Umsatzerlös konkret anfällt (Completed-Contract-Methode). In den vorherigen Perioden sind die Herstellungskosten, die im Rahmen der langfristigen Fertigung anfallen, unter den unfertigen Erzeugnissen im Vorratsvermögen zu aktivieren. Dadurch entstehen in der Bilanz negative Erfolgsbeiträge (Auftragszwischenverluste) in Höhe der nicht aktivierten bzw. nicht aktivierbaren Kostenbestandteile der Periode. Insbesondere bei einer Aktivierung zur Herstellungskostenuntergrenze können während des Fertigungszeitraumes in beträchtlichem Umfang stille Reserven gelegt werden. In der Periode der Abnahme des Projektes kommt es dann zu einem sprunghaften Gewinnausweis.

Diese Bilanzierungsweise ist Ausdruck des nach HGB im Vordergrund stehenden Gläubigerschutz- und Kapitalerhaltungskonzepts, das eine Ausschüttung unrealisierter Gewinne konsequent verhindern soll. Darüber hinaus zeigt sich darin auch die stärkere Bedeutung des Vorsichtsprinzips im Vergleich zu den IFRS, welche die vergleichbare Erfolgsermittlung stärker gewichten.

Teilgewinnrealisierung nach HGB

Abweichend von diesem Grundsatz werden allerdings in Teilen der deutschen Kommentarliteratur enge Voraussetzungen formuliert, unter denen eine Teilgewinnrealisierung im Einklang mit § 252 Abs. 2 HGB als Bewertungswahlrecht möglich erscheint. Demnach muss die langfristige Fertigung insbesondere einen wesentlichen Teil der Unternehmenstätigkeit ausmachen, und ein Verzicht auf die Teilgewinnrealisierung müsste zu einer nicht unerheblichen Beeinträchtigung des Einblicks in die Ertragslage führen. Zudem muss der Gewinn und insofern auch der gesamte Aufwand sicher und ohne jedes Risiko ermittelbar sein[31].

Das folgende Beispiel greift erneut das aus Beispiel 14.10 bekannte Zahlenmaterial auf und verdeutlicht die Abbildung desselben Sachverhaltes nach der (reinen) Completed-Contract-Methode.

Beispiel 14.13

In Deutschland sind gemäß des in § 252 Abs. 1 Nr. 4 HGB kodifizierten Realisationsprinzips angeschaffte bzw. selbsterstellte Leistungen bis zum Zeitpunkt des Verkaufs höchstens mit ihren Anschaffungs- bzw. Herstellungskosten in der Bilanz anzusetzen. In diesem Beispiel wird davon ausgegangen,

---

30 Vgl. dazu *Bieg, H. et al.*, Bilanzierung und Bewertung von Vorräten nach IAS 2, in: StB, 57. Jg. (2006), S. 421 m.w.N.
31 Vgl. *Adler/Düring/Schmaltz*, Rechnungslegung, § 252, Tz. 86-89; *Ballwieser*, MünchKommHGB, § 252, Tz. 78-80; *Ellrott/Brendt*, Beck Bil-Komm., § 255, Tz. 461-464, jeweils m.w.N.

dass die Aktivierung der unfertigen Erzeugnisse in der Bilanz gemäß § 255 Abs. 2 HGB in Höhe sämtlicher aktivierungsfähiger Aufwendungen (Vollkosten) erfolgt. Erst zum Zeitpunkt des Verkaufs, im fünften Jahr, erfolgt die erfolgswirksame Erfassung des Auftrages:

Bilanz (Completed-Contract-Methode) in Mio. €

	t_1	t_2	t_3	t_4	t_5
Aktiva					
Roh-, Hilfs- und Betriebsstoffe	-125	-250	-375	-500	-625
Fertigungsaufträge	125	250	375	500	
Ford. aus Lief. und Leistungen					700
Passiva					
Gewinnrücklagen					
Ergebnisbeitrag					52,5
Steuerrückstellungen					22,5

Gesamterfolgsrechnung (Completed-Contract-Methode) in Mio. €
a) nach Umsatzkostenverfahren

	t_1	t_2	t_3	t_4	t_5
Umsatzerlöse					700
Herstellungskosten des Umsatzes					625
Bruttoergebnis vom Umsatz					75
Latenter Steueraufwand					
Tatsächlicher Steueraufwand					-22,5
Ergebnisbeitrag nach Steuern					52,5

b) nach Gesamtkostenverfahren

	t_1	t_2	t_3	t_4	t_5
Umsatzerlöse					700
Erhöhung (+) oder Verminderung (-) des Bestands an fertigen und unfertigen Erzeugnissen	+125	+125	+125	+125	-500
Sonstige betriebl. Aufwendungen	125	125	125	125	125
Latenter Steueraufwand					
Tatsächlicher Steueraufwand					-22,5
Ergebnisbeitrag nach Steuern					52,5

Nach dem Umsatzkostenverfahren ist das Fertigungsprojekt in den Perioden t_1 bis t_4 wie folgt zu buchen:

Sonst. betriebl. Aufwand	an	*Roh-, Hilfs- und Betriebsstoffe*	*125*
Unfertige Erzeugnisse	an	*sonst. betriebl. Aufwand*	*125*

In Periode t_5 kommt es zusätzlich zu folgenden Buchungen:

Herstellungskosten des Umsatzes	an	*unfertige Erzeugnisse*	*625*
Forderungen	an	*Umsatzerlöse*	*700*

Nach dem Gesamtkostenverfahren lauten die Buchungen in den Perioden t_1 bis t_4:

Sonst. betriebl. Aufwand	an	*Roh-, Hilfs- und Betriebsstoffe*	*125*
Unfertige Erzeugnisse	an	*Bestandserhöhung*	*125*

In Periode t_5 kommt es schließlich zu folgenden Buchungen:

Sonst. betriebl. Aufwand	an	*Roh-, Hilfs- und Betriebsstoffe*	*125*
Bestandsminderung	an	*unfertige Erzeugnisse*	*500*
Forderungen	an	*Umsatzerlöse*	*700*

Sofern die Vertragsgestaltung schon während der Fertigungsdauer Zahlungen an das produzierende Unternehmen vorsieht, sind diese in Höhe des tatsächlichen Zahlungseingangs auf der Passivseite der Bilanz unter die erhaltenen Anzahlungen zu buchen. Eine Forderung für eventuell noch ausstehende Zahlungen entsteht nicht.

Bei einer Bilanzierung der unfertigen Erzeugnisse zu den ausschließlich aktivierungspflichtigen Einzelkosten gemäß § 255 Abs. 2 HGB entstünden noch höhere stille Reserven, die dann erst in der Periode der Umsatzrealisation aufgelöst würden. Insofern ergäbe sich in den Perioden t_1 bis t_4 ein negativer Ergebnisbeitrag von jeweils -30 Mio. €. In t_5 würde der Ergebnisbeitrag entsprechend auf 195 Mio. € ansteigen, so dass der Gesamterfolgsbeitrag wiederum bei 75 Mio. € läge.

Angaben
Die Angabepflichten nach § 284 HGB[32] sind grundsätzlich vergleichbar mit den IFRS-Bestimmungen. Allerdings sind unterschiedliche Schwerpunkte festzustellen: Während nach IFRS insbesondere umfangreiche quantitative Angaben zu machen sind, stehen nach HGB Angaben zum Umfang der einbezogenen Kosten im Vordergrund. Dadurch soll der Bilanzleser das Ausmaß der ausgeübten Bewertungswahlrechte erkennen können.

---

32 Vgl. dazu im Einzelnen *Ellrott*, Beck Bil-Komm., § 284, Tz. 116-121.

5 Wesentliche Unterschiede zu US-GAAP

Für die Bilanzierung von Vorräten ist in den USA Chapter 4 „Inventory Pricing" des vom CAP herausgegebenen und heute noch gültigen ARB No. 43 „Restatement and Revision of Accounting Research Bulletins" maßgeblich.

Bis auf die Tatsache, dass Fremdkapitalzinsen bei Vorliegen eines qualifizierten Vermögenswertes zwingend aktiviert werden müssen, sind die Vorschriften zur Ermittlung der Anschaffungs- oder Herstellungskosten (acquisition and production cost) materiell mit den IFRS-Regelungen identisch.

Tabelle 14.2 verdeutlicht synoptisch den unterschiedlichen Umfang der Herstellungskosten nach IFRS, US-GAAP, HGB und den deutschen steuerrechtlichen Bestimmungen (EStR).

Die Bewertung des Vorratsvermögens orientiert sich auch in den USA grundsätzlich an den historischen Kosten. Es gibt jedoch Ausnahmen, die einen Wertansatz auch über den historischen Anschaffungs- oder Herstellungskosten zulassen. Sofern bei bestimmten Vorratsgegenständen die unmittelbare Verwertbarkeit am Absatzmarkt zu bekannten Markt- oder Börsenpreisen gegeben ist (z.B. bei Edelmetallen und landwirtschaftlichen Produkten), kann bei der Bewertung gemäß ARB No. 43 Ch. 4.9 auf diese Wertmaßstäbe zurückgegriffen werden. Bei der Bewertung über den Anschaffungs- oder Herstellungskosten entsteht für das bilanzierende Unternehmen eine zusätzliche Angabepflicht in den Notes.

Anschaffungs- und Herstellungskosten

Bewertung der Vorräte

	IFRS	US-GAAP	HGB	EStR
Materialeinzelkosten	Pflicht	Pflicht	Pflicht	Pflicht
Fertigungseinzelkosten	Pflicht	Pflicht	Pflicht	Pflicht
Sondereinzelkost. der Fertigung	Pflicht	Pflicht	Pflicht	Pflicht
Materialgemeinkosten	Pflicht	Pflicht	Wahlrecht	Pflicht
Fertigungsgemeinkosten	Pflicht	Pflicht	Wahlrecht	Pflicht
Abschreib. des Anlageverm.	Pflicht	Pflicht	Wahlrecht	Pflicht
Allgemeine Verwaltungskosten	Pflicht[1]	Pflicht[1]	Wahlrecht	Wahlrecht
Aufwendungen für				
– soz. Einrichtungen d. Betriebs	Pflicht[1]	Pflicht[1]	Wahlrecht	Wahlrecht
– freiwillige soziale Leistungen	Pflicht[1]	Pflicht[1]	Wahlrecht	Wahlrecht
– betriebliche Altersversorgung	Pflicht[1]	Pflicht[1]	Wahlrecht	Wahlrecht
Fremdkapitalkosten	Pflicht[2]	Pflicht[2]	Wahlrecht[3]	Wahlrecht[4]
Vertriebskosten	Verbot	Verbot	Verbot	Verbot

[1] Pflicht, sofern herstellungsbezogen, sonst Verbot.
[2] Nur bei Vorliegen eines qualifizierten Vermögenswertes.
[3] Aber nur dann, wenn das Fremdkapital zur Herstellung eines Vermögensgegenstandes verwendet wird, und nur insoweit, als die Zinsen auf den Zeitraum der Herstellung entfallen.
[4] Umstritten

Tab. 14.2: Herstellungskosten nach IFRS, US-GAAP, HGB und EStR im Vergleich. Quelle: In Anlehnung an *Coenenberg*, Jahresabschluss, S. 98.

Lower of Cost or Market

Die Folgebewertung der Vorräte folgt dem in Abbildung 14.4 dargestellten US-amerikanischen Prinzip des Lower of Cost or Market, das verpflichtend zur Anwendung gelangt, wenn die historischen Kosten durch einen anderen relevanten Wertmaßstab unterschritten werden. Hinsichtlich der Frage, welche Wertansätze diesbezüglich alternativ heranzuziehen sind, verweist ARB No. 43 Ch. 4.8 auf

- Die Wiederbeschaffungs- bzw. Wiederherstellungskosten (current replacement cost),
- den erwarteten Nettoveräußerungswert (net realizable value) oder
- den erwarteten Nettoveräußerungswert abzüglich einer üblichen Gewinnspanne (net realizable value less a normal profit margin).

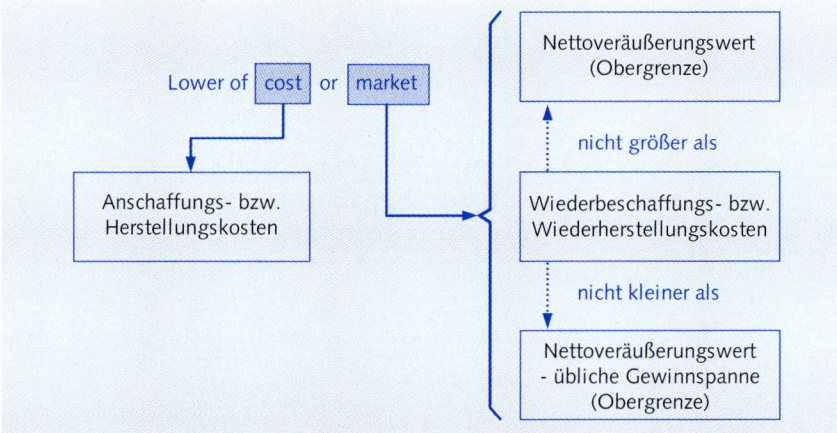

Abb. 14.4: Lower of Cost or Market Valuation Method bei der Vorratsbewertung nach den US-GAAP. Quelle: *Kieso/Weygandt/Warfield*, Intermediate Accounting, S. 424.

Das Prinzip des Lower of Cost or Market geht in zwei Schritten vor: In einem ersten Schritt wird aus den drei infrage kommenden Wertmaßstäben der relevante Vergleichsmaßstab zu den historischen Kosten ermittelt. Dafür sind die Wiederbeschaffungs- bzw. Wiederherstellungskosten mit dem Nettoveräußerungswert und dem Nettoveräußerungswert abzüglich der üblichen Gewinnspanne zu vergleichen. Die beiden letztgenannten Wertmaßstäbe fungieren dabei als Ober- und Untergrenze der Wiederbeschaffungs- bzw. Wiederherstellungskosten, die nur dann als Vergleichsmaßstab herangezogen werden, wenn sie niedriger als der Nettoveräußerungswert und gleichzeitig höher als der Nettoveräußerungswert abzüglich der üblichen Gewinnspanne sind. Der mittlere der drei Wertmaßstäbe ist immer der Vergleichswert. Dieser kann niemals unter den Nettoveräußerungswert abzüglich der üblichen Gewinnspanne (Untergrenze) sinken, da dieser Wertmaßstab den in Zukunft mindestens erzielbaren Ertrag darstellt und den für einen Vermögenswert charakteristischen future benefit ausdrückt (ARB No. 43 Ch. 4.5-7). Der so ermittelte Vergleichsmaßstab wird in einem zweiten

Schritt den historischen Kosten gegenübergestellt. Zur Bewertung der Vorräte wird der niedrigere der beiden Wertmaßstäbe herangezogen.

Fraglich ist, ob auch nach US-GAAP eine Wertaufholung in den Folgeperioden bis zu den ursprünglichen historischen Kosten wie nach IAS 2.33 möglich ist. ARB No. 43 geht auf diese Thematik nicht explizit ein, so dass in Analogie zur Bewertung des Anlagevermögens eine Wertaufholung ausgeschlossen zu sein scheint[33]. Wendet das Unternehmen allerdings bei der Berücksichtigung von Wertminderungen die so genannte indirect oder allowance method an, bei der ein „Korrekturposten zur Vorratsbewertung" gebildet wird, erscheint es möglich, in Höhe der Allowance zuzuschreiben[34]. Aufgrund der Tatsache, dass ein Großteil der Vorratsgegenstände nicht über mehrere Bilanzstichtage hinweg im Unternehmen verbleibt, handelt es sich wohl um ein wenig praxisrelevantes Problem.

Wertaufholung

Das folgende Beispiel verdeutlicht zusammenfassend die unterschiedlichen Vorgehensweisen nach IFRS, HGB und US-GAAP.

Beispiel 14.14

Fall konstellation	Hist. Herstellungskosten	Wiederbeschaffungskosten	Verkaufspreise	Kosten der Fertigstellung	Nettoveräußerungswert	Übliche Gewinnmarge	Nettoveräußerungswert abzgl. der übl. Gewinnmarge
	I	II	III	IV	III-IV = V	VI	V-VI = VII
1	18,50	23,00	31,00	5,00	26,00	6,00	20,00
2	42,00	38,00	51,00	2,00	49,00	9,00	40,00
3	10,50	15,00	18,00	4,00	14,00	3,00	11,00
4	56,00	50,00	61,00	3,00	58,00	9,00	49,00
5	28,00	20,00	25,00	1,00	24,00	2,00	22,00

Fallkonstellation	Bilanzansatz nach IFRS und HGB Niederstwertprinzip		US-GAAP-Bilanzansatz Lower of Cost or Market	
1	18,50	I	18,50	I
2	42,00	I	40,00	VII
3	10,50	I	10,50	I
4	56,00	I	50,00	II
5	24,00	V	22,00	VII

Quelle: In Anlehnung an *Förschle/Holland/Kroner*, Internationale Rechnungslegung: US-GAAP, HGB und IAS, 5. Aufl., Heidelberg 2001, S. 91.

---

[33] Vgl. z.B. *Coenenberg*, Jahresabschluss, S. 203; *Hayn/Waldersee*, Vergleich, S. 180.
[34] Vgl. zu dieser allowance method ausführlich *Kieso/Weygandt/Warfield*, Intermediate Accounting, S. 426-428.

> Hinsichtlich der handelsrechtlichen Vorgehensweise ist anzumerken, dass für die noch unfertigen Erzeugnisse ein Markt- oder Börsenpreis streng genommen nicht existiert, da sich der Verkaufspreis allein auf das fertige Erzeugnis bezieht. Dem Wortlaut des § 253 Abs. 3 HGB folgend ist insofern der beizulegende Wert heranzuziehen und mit den historischen Herstellungskosten zu vergleichen. Hier ergeben sich mit dem absatzmarktorientierten Nettoveräußerungswert und den beschaffungsmarktorientierten Wiederbeschaffungskosten zwei alternative Varianten eines beizulegenden Wertes. Das vorliegende Beispiel folgt der absatzmarktorientierten Sichtweise. Alternativ wäre die beschaffungsmarktorientierte Sicht oder gar eine Kombination der beiden Sichtweisen (im Sinne eines überbetonten Vorsichtsprinzips wird der niedrigere der beiden Werte gewählt) denkbar.

Bewertungsvereinfachungsverfahren

Auch nach US-GAAP sind neben der Einzelbewertung alternative Bewertungsvereinfachungsverfahren zugelassen, sofern es sich um identische und austauschbare Güter des Vorratsvermögens handelt. Neben der Durchschnittsbewertung (average cost method) sind in den USA die LIFO- und FIFO-Methode anerkannt. Der Bilanzierende kann zwischen diesen Verfahren grundsätzlich frei wählen. Bei der Verfahrenswahl sollte nach ARB No. 43 Ch. 4.4 allerdings die übergeordnete Zielsetzung der bestmöglichen Gewährleistung einer periodengerechten Erfolgsermittlung berücksichtigt werden.

Seit der 1938 erfolgten steuerrechtlichen Zulassung der LIFO-Methode im Bundeseinkommensteuergesetz der USA hat sich dieses Verbrauchsfolgeverfahren im Rahmen der Vorratsbewertung durchgesetzt. Insofern besteht eine Analogie zu der Bedeutung der LIFO-Methode in Deutschland, die seit ihrer steuerrechtlichen Legalisierung gemäß § 6 Abs. 1 Nr. 2a EStG im Jahr 1990 weit verbreitet ist.

In beiden Ländern ist zudem die Zulässigkeit der LIFO-Methode in der Steuerbilanz davon abhängig, dass sie auch in der Handelsbilanz zur Anwendung gelangt. Für die ansonsten in der US-amerikanischen Bilanzierungspraxis vorherrschende strikte Trennung von handels- und steuerrechtlicher Rechnungslegung stellt dieses Erfordernis eine Ausnahme dar und dokumentiert eine Art von umgekehrter Maßgeblichkeit der Steuerbilanz für die Handelsbilanz[35].

Langfristfertigung

Die Bilanzierungsvorschriften für langfristige Auftragsfertigung sind in den USA in ARB No. 45 „Long-Term Construction-Type Contracts" und SOP 81-1 „Accounting for Performance of Construction-Type and Certain Production-Type Contracts" geregelt und entsprechen weitgehend den IFRS. Ein Unterschied besteht allerdings darin, dass die Completed-Contract-Methode nach US-GAAP dann anzuwenden ist, wenn die Anwendungsvoraussetzungen der Percentage-of-Completion-Methode nicht gegeben sind[36]. Während in solchen Fäl-

---

35 Vgl. *Kieso/Weygandt/Warfield*, Intermediate Accounting, S. 393.
36 In der US-amerikanischen Rechnungslegungspraxis wird die Completed-Contract-Methode allerdings nur selten angewandt. Vgl. dazu *ADS International*, Abschnitt 16: Fertigungsaufträge, Tz. 54 m.w.N.

len nach US-GAAP bis zur Fertigstellung keine Umsatzrealisierung stattfindet, werden nach IFRS Erträge in Höhe der angefallenen Kosten ausgewiesen.

Auch nach US-GAAP werden Fertigungsaufträge nicht aufgrund der Fertigungsdauer definiert. Ein Hinweis auf eine Projektdauer von mehr als zwölf Monaten findet sich zwar für SEC-berichtspflichtige Unternehmen in Regulation S-X, Rule 5-02.6(d). Allerdings wird dort darauf hingewiesen, dass „long-term contracts" auch Verträge mit kürzerer Laufzeit umfassen können sowie generell solche, die nach der Percentage-of-Completion-Methode bilanziert werden.

IAS 11 ist explizit auch auf Dienstleistungsgeschäfte nach IAS 18.20-28 anzuwenden. Eine entsprechende Vorschrift existiert nach US-GAAP nicht.

Hinsichtlich der Angabepflichten bestehen keine wesentlichen Unterschiede zwischen IFRS und US-GAAP.

Ausgewählte Literatur

Bieg, H./Hossfeld, C./Kußmaul, H./Waschbusch, G., Bilanzierung und Bewertung von Vorräten nach IAS 2, in: StB, 57. Jg. (2006), S. 421-425.

Bigus, J., Bilanzierung von langfristigen Fertigungsaufträgen nach IAS 11 und nach HGB, in: WiSt, 34. Jg. (2005), S. 602-606.

Hundsdoerfer, J., Die Vorräte, in: von Wysocki, K./Schulze-Osterloh, J./Hennrichs, J. (Hrsg.), Handbuch des Jahresabschlusses in Einzeldarstellungen, 2. Band, Abt. II/4, Stand: Januar 2004.

Kümpel, T., Gewinnrealisierung bei langfristiger Fertigung nach deutscher und US-amerikanischer Rechnungslegung, Lohmar u.a. 2000.

Kümpel, T., Vorratsbewertung und Langfristfertigung nach International Financial Reporting Standards, in: bilanz & buchhaltung, 50. Jg. (2004), S. 269-285.

Kümpel, T., Vorratsbewertung nach IAS 2, in: DStR, 43. Jg. (2005), S. 1153-1158.

Übungsaufgaben

Aufgabe 1:
Die Gunnison GmbH bilanziert bisher nach den Vorschriften des HGB. Da sich die Geschäftsführung der Gunnison GmbH bei der Kreditvergabe Vorteile erhofft, erwägt sie, ausschließlich zu Informationszwecken zusätzlich einen Einzelabschluss nach IFRS aufzustellen. Aufgrund der hohen Produktionstätigkeit des Unternehmens ist die Geschäftsführung insbesondere an den Auswirkungen einer solchen Umstellung auf das Vorratsvermögen interessiert. Folgende Informationen liegen Ihnen vor:

in € pro Erzeugniseinheit	2007
Materialeinzelkosten	200
Fertigungseinzelkosten	80
Sondereinzelkosten der Fertigung	20
Materialgemeinkosten	50
Fertigungsgemeinkosten	100
Abschreibungen des Anlagevermögens	40
Verwaltungskosten	180
davon herstellungsbezogen	30
Aufwendungen für betriebliche Altersversorgung	70
davon herstellungsbezogen	20
Fremdkapitalkosten	10
Vertriebskosten	60

Berechnen Sie die Herstellungskosten für ein von der Gunnison GmbH im Geschäftsjahr 2007 hergestelltes Erzeugnis
a) auf Basis der handelsrechtlichen Untergrenze,
b) auf Basis der handelsrechtlichen Obergrenze,
c) auf Basis der steuerrechtlichen Untergrenze,
d) auf Basis der IFRS.
und erläutern Sie Ihr Vorgehen.

Aufgabe 2:
Im Rahmen des Improvements Project ist das LIFO-Verfahren in IAS 2 abgeschafft worden. Diskutieren Sie die möglichen Gründe, die das IASB zum Verbot dieses Bewertungsvereinfachungsverfahrens bewogen haben könnten. Gehen Sie dazu auch auf die bilanzpolitischen Spielräume des LIFO-Verfahrens ein.

Aufgabe 3:
Die Skypower AG erhält Anfang 2007 einen Auftrag zur Fertigung und Montage von 250 Windkraftanlagen bis Ende 2009. Der vereinbarte Festpreis beträgt 75 Mio. €. Eine Abnahme von Teilleistungen ist nicht vorgesehen. Die Skypower AG trägt bis zur Übergabe das Gesamtfunktionsrisiko. Zur Zwischenfinanzierung wurden rechtlich nicht einklagbare Abschlagszahlungen vereinbart. Der Steuersatz beträgt 30 %. Dem Auftrag liegen zudem folgende Daten zugrunde:

alle Angaben in Mio. €	2007	2008	2009	Summe
Herstellungskosten im lfd. Geschäftsjahr zu Vollkosten	17.000	23.000	20.000	60.000
Noch erwartete Herstellungskosten bis zur Fertigstellung	35.000	17.500	—	
Insgesamt erwartete Kosten (Stichtagsschätzung)	52.000	57.500	60.000	
Eingeforderte Abschlagszahlungen	20.000	25.000	30.000	75.000
Zahlungseingänge	15.000	17.500	20.000	52.500

a) Beschreiben Sie die zwei gegensätzlichen Bilanzierungsmethoden für Fertigungsaufträge nach HGB und IFRS. Vergleichen Sie beide Vorgehensweisen hinsichtlich des Zeitpunktes der Umsatzrealisierung. Diskutieren Sie die Methoden vor dem Hintergrund der Kriterien Relevanz (relevance) und Verlässlichkeit (reliability).
b) Buchen Sie den geschilderten Vorgang nach HGB und IFRS. Gehen Sie nach IFRS von einer anteiligen Gewinnrealisierung aus und wenden Sie sowohl nach HGB als auch nach IFRS das Umsatzkostenverfahren an.

Kapitel 15
Rückstellungen und Erfolgsunsicherheiten

1 Einleitung 416
2 Ansatz 418
3 Bewertung 422
   Exkurs: Rückstellungen und Bilanzpolitik 425
4 Einzelfragen 426
   *Exkurs: Wesentliche Änderungen gemäß dem „Exposure Draft of
   Proposed Amendments to IAS 37" (ED-IAS 37)* 433
5 Ausweis und Offenlegung 436
6 Wesentliche Unterschiede zum HGB 438
7 Wesentliche Unterschiede zu US-GAAP 439
Ausgewählte Literatur 441
Übungsaufgaben 441

Mit dem Release der XBOX 360 im November 2005 war der Microsoft-Konzern vor Nintendo und Sony das erste dieser drei im Videospiel-Sektor konkurrierenden Unternehmen, das im Kampf um die Marktführerschaft eine Videospiel-Konsole der sogenannten „Next Generation" auf den Markt brachte. Wie sich in den folgenden Monaten allerdings herausstellte, wurde der „Zeitvorteil" gegenüber der Konkurrenz teuer erkauft. Denn eine beträchtliche Anzahl der ausgelieferten Konsolen wies aufgrund von Designmängeln Hardwarefehler auf, die dazu führten, dass die Konsole nach einiger Zeit defekt zur Reparatur eingesendet werden musste. Während Microsoft lange Zeit von einer „normalen" Anzahl an Hardwaredefekten und entsprechenden Garantiefällen sprach, wurde schließlich im Juli 2007 Klarheit geschaffen. Seitens Microsoft wurde bestätigt, dass jede dritte aller bis zu diesem Zeitpunkt verkauften Konsolen wegen eines Hardwaredefekts zurückgesendet wurde. Infolgedessen verlängerte Microsoft die Garantiezeit der XBOX 360 von zwei auf drei Jahre. Die Konsequenz war, dass der Konzern Rückstellungen in Höhe von knapp einer Milliarde Dollar bilden musste, die sämtliche zukünftig innerhalb der verlängerten Garantiezeit anfallenden Gewährleistungsansprüche decken sollten.

Nach dem Durcharbeiten dieses Kapitels werden Sie
- verstehen, zu welchem Zweck Rückstellungen gebildet werden,
- die Voraussetzungen kennen, die das IASB an die Passivierung einer Rückstellung knüpft,
- die Vorgehensweise bei der Bewertung von Rückstellungen erlernen und
- die mit künftigen Risiken und Erfolgsunsicherheiten im Zusammenhang stehenden Angabepflichten kennen.

1 Einleitung

Zweck und bilanztheoretische Einordnung

Rückstellungen bilden gemeinsam mit den Verbindlichkeiten das Fremdkapital (Schulden) eines Unternehmens. Je nach bilanztheoretischer Perspektive werden Rückstellungen konzeptionell unterschiedlich gesehen. Die statische Bilanztheorie sieht in ihnen Schulden, denen sich das Unternehmen am Bilanzstichtag ausgesetzt sieht, die jedoch bezüglich ihrer Existenz und/oder ihrer Höhe (noch) unsicher sind. Im Interesse eines vollständigen Schuldenausweises sind demzufolge auch „unsichere Schulden" am Bilanzstichtag zu erfassen, sofern sie gegenüber Dritten bestehen, also Außenverpflichtungen darstellen. In der dynamischen Bilanztheorie steht demgegenüber das Ziel der periodengerechten Erfolgsermittlung, also der zutreffenden zeitlichen Zuordnung von Aufwendungen und Erträgen nach ihrer wirtschaftlichen Verursachung (Verursachungsprinzip), im Vordergrund. Hiernach sollen Rückstellungen im Sinne eines Abgrenzungspostens sämtliche Aufwendungen erfassen, die wirtschaftlich einer abgelaufenen Periode zuzurechnen sind, aber erst in der Zukunft zu Auszahlungen führen. Die dynamische Interpretation schließt folglich auch sog. Aufwandsrückstellungen ein, welche Verpflichtungen des Unternehmens „gegenüber sich selbst" betreffen. Insofern ist der dynamische Rückstellungsbegriff weiter gefasst als der statische.

Im System der IFRS fallen diejenigen Bilanzpositionen, die nach handelsrechtlichen Begriffen als Rückstellungen zu bezeichnen wären, unter den allgemeinen Begriff der Schulden (liabilities). Die relevanten Vorschriften für die Bilanzierung von Rückstellungen sind im Wesentlichen in IAS 37 „Rückstellungen, Eventualschulden und Eventualforderungen" (Provisions, Contingent Liabilities and Contingent Assets) kodifiziert. Relevante Normen

Entscheidende Änderungen des derzeitigen Regelungsinhaltes von IAS 37 könnten sich im Rahmen des Konvergenzprojektes zwischen FASB und IASB ergeben. Diesbezüglich wurde im Juni 2005 ein Exposure Draft[1] zu IAS 37 herausgegeben, der wesentliche Änderungen der bisherigen Ansatz- und Bewertungsvorschriften enthält. Der Projektplanung des IASB zufolge ist der finale Standard nicht vor 2009 geplant. Aktueller Exposure Draft

Nach IAS 37.10 sind unter Rückstellungen (provisions) solche Schulden zu verstehen, die bezüglich ihrer Fälligkeit oder ihrer Höhe ungewiss sind. Der Begriff der Schuld, ursprünglich definiert in RK.49(b), wird in IAS 37.10 verkürzt wiedergegeben. Danach sind Rückstellungen ungewisse gegenwärtige Verpflichtungen, die, aus vergangenen Ereignissen resultierend, künftig einen Abfluss wirtschaftlicher Ressourcen erwarten lassen. Nicht darunter fallen allerdings passivische Abgrenzungsposten wie erhaltene Anzahlungen sowie quasi sichere künftige Verpflichtungen (accruals), wie sie in HGB-Abschlüssen etwa über Steuerrückstellungen und Urlaubsrückstellungen erfasst werden. Diese stellen im IFRS-Abschluss sonstige Verbindlichkeiten dar (IAS 37.11). Definition

Neben Rückstellungen wird in IAS 37 die Bilanzierung von Eventualschulden (contingent liabilities) und Eventualforderungen (contingent assets) behandelt. Er gilt jedoch nur als lex generalis zu spezielleren IFRS, in denen besondere Rückstellungsarten geregelt sind (IAS 37.1-9). Beispielsweise sind Rückstellungen für Leistungen an Arbeitnehmer (IAS 19), für Leasingverhältnisse (IAS 17), sofern es sich beim Leasinggeber nicht um belastende Verträge handelt (für diese gilt IAS 37), für passive latente Steuern (IAS 12), aus langfristigen Fertigungsaufträgen (IAS 11) sowie für Verpflichtungen von Versicherungsunternehmen aus Versicherungsverträgen (IFRS 4) jeweils in eigenen Standards geregelt. Explizit eingeschlossen in den Regelungsbereich von IAS 37 sind jedoch Restrukturierungsrückstellungen. IFRS 3 gilt auch für Eventualschulden, die im Rahmen von Unternehmenszusammenschlüssen erworben werden. Regelungsumfang von IAS 37

IAS 37 folgt dem üblichen Aufbau der meisten IFRS. Im Anschluss an eine Umschreibung des Regelungsziels wird der Anwendungsbereich umrissen Aufbau von IAS 37

---

[1] Eine nähere Darstellung und Erläuterung der Inhalte des aktuellen „Exposure Draft of Proposed Amendments to IAS 37 Provsions, Contingent Liabilities and Contingent Assets" (nachfolgend kurz ED-IAS 37) erfolgt in Abschnitt 4 (Einzelfragen) im Rahmen eines Exkurses.

(IAS 37.1-9). Dem folgt ein Katalog zentraler Begriffsdefinitionen und Konzepte (IAS 37.10-13). Bilanzansatzregeln sind anschließend Gegenstand der Absätze 14-35, während sich Bewertungsregeln in IAS 37.36-52 finden. Der Umgang mit Spezialproblemen und die Anwendung der Grundregeln auf ausgewählte Sachverhalte wie Restrukturierungen wird in den Absätzen 53-83 beschrieben. Die abschließenden Vorschriften betreffen Angabepflichten (IAS 37.84-92), Übergangsregeln (IAS 37.93-94) und die erstmalige Anwendung (IAS 37.95-96). Eine Zusammenfassung der Kernvorschriften findet sich in den Anhängen A und B, während die Anhänge C und D erläuternde Beispiele zu den Ansatzvorschriften bzw. Angabepflichten enthalten.

2 Ansatz

System

Um eine angemessene bilanzielle Erfassung künftiger Risiken zu erreichen, kodifiziert IAS 37 ein System abgestufter Passivierungs- und Berichterstattungspflichten in Abhängigkeit davon, mit welcher Wahrscheinlichkeit sich das bilanzierende Unternehmen einer künftigen Belastung gegenüber sieht. Muss von einem solchen Nutzenabfluss in abschätzbarer Höhe mit hoher Wahrscheinlichkeit ausgegangen werden, ist eine Rückstellung zu passivieren. Fehlt es jedoch an der hohen Eintrittswahrscheinlichkeit und/oder an der Quantifizierbarkeit des Betrags, so ist allenfalls in Form einer Eventualschuld über das künftige Risiko zu berichten.

Voraussetzungen für Rückstellungen

Das kumulative Vorliegen der drei in IAS 37.14 aufgeführten Grundvoraussetzungen löst die Pflicht zur Passivierung einer Rückstellung aus. Diese Kriterien entsprechen denjenigen, die generell gemäß RK.49(b) und RK.83 für die Passivierung von Schulden zu prüfen sind.
- Das Unternehmen hat aus einem vergangenen Ereignis eine gegenwärtige Verpflichtung rechtlicher oder tatsächlicher Natur.
- Es ist wahrscheinlich, dass es zu einem Abfluss von Ressourcen mit wirtschaftlichem Nutzen kommen wird, um die Verpflichtung zu begleichen.
- Eine zuverlässige Schätzung der Verpflichtungshöhe ist möglich.

Gegenwärtige Verpflichtung

Die erste Voraussetzung besteht aus zwei Elementen: Zum einen muss sich das Unternehmen einer gegenwärtig bereits bestehenden Verpflichtung (present obligation) gegenüber sehen. Es ist nicht erforderlich, dass die Verpflichtung juristisch durchsetzbar ist, also auf einer gesetzlichen, vertraglichen oder sonstigen rechtlichen Grundlage beruht. Vielmehr genügt eine wirtschaftlich-faktische Verpflichtung, der sich das Unternehmen praktisch nicht entziehen kann. Eine solche ist gegeben, wenn das Unternehmen durch seine Verhaltensweise oder durch öffentliche Erklärungen bei Dritten die gerechtfertigte Erwartung erzeugt hat, dass es die Verpflichtung, beispielsweise aus Kulanz, erfüllen werde (IAS 37.10).

Das Bestehen einer gegenwärtigen Verpflichtung kann in seltenen Fällen, etwa bei Gerichtsverfahren, unklar sein. Daher wird man die erste Voraussetzung nur dann als gegeben ansehen können, wenn unter Berücksichtigung aller verfügbaren Informationen mehr für als gegen das Bestehen einer gegenwärtigen Verpflichtung am Bilanzstichtag spricht (IAS 37.15). Insofern muss eine Verpflichtung mit mehr als 50%iger Wahrscheinlichkeit vorliegen (more likely than not). Bei der Beurteilung solcher Grenzfälle muss das bilanzierende Unternehmen ggf. Expertenrat einholen. *Unsicherheit der Verpflichtung*

Zum anderen muss diese Verpflichtung aus einem vergangenen Ereignis resultieren (IAS 37.10). Mit diesem Erfordernis stellt das IASB sicher, dass keine künftig erwarteten oder geplanten Ereignisse bereits in der Berichtsperiode über eine Rückstellung erfasst werden. Es soll nicht von künftigen Entscheidungen des Unternehmens abhängen, ob eine Verpflichtung besteht oder nicht. Das hier geforderte vergangene Ereignis führt vielmehr dazu, dass sich dem Unternehmen außer der Erfüllung der Verpflichtung keine realistische Handlungsalternative bietet (IAS 37.17). Entscheidend ist dabei, dass das Unternehmen aus rechtlichen oder faktischen Gründen keinerlei Möglichkeit haben darf, sich der Erfüllung der Verpflichtung zu entziehen. *Vergangenes Ereignis*

Die zweite Voraussetzung erfordert eine mehr als 50%ige Wahrscheinlichkeit, dass die Begleichung der Verpflichtung künftig einen Abfluss wirtschaftlicher Ressourcen erfordert. Der Wahrscheinlichkeitsmaßstab ist damit der gleiche wie bei der Frage, ob eine gegenwärtige Verpflichtung vorliegt: more likely than not (IAS 37.23), so dass zusätzlich zum ersten Ansatzkriterium eine zweite Einschätzung von Wahrscheinlichkeiten erforderlich ist (doppelter Wahrscheinlichkeitsbegriff). Der Ressourcenabfluss muss allerdings nicht für jede Verpflichtung gesondert als wahrscheinlich einzustufen sein. Bei einer Gruppe gleichartiger Verpflichtungen, beispielsweise aus Garantiezusagen, genügt es vielmehr, wenn zur Begleichung dieser gesamten Klasse von Verpflichtungen ein Ressourcenabfluss wahrscheinlich ist (IAS 37.24). Hervorzuheben ist an dieser Stelle die grundlegende konzeptionelle Änderung durch ED-IAS 37, in Folge welcher dieses zweite Ansatzkriterium gestrichen werden soll. *Wahrscheinlicher Ressourcenabfluss*

Die dritte Voraussetzung ist erfüllt, wenn der in Zukunft zur Begleichung der Verpflichtung erforderliche Betrag verlässlich geschätzt werden kann. Das IASB betont, dass es an diesem Erfordernis nur in extrem seltenen Ausnahmefällen fehlen dürfte (IAS 37.25). Insbesondere kann ein Unternehmen von der Passivierung einer Rückstellung nicht allein deshalb Abstand nehmen, weil es sich außer Stande sieht, für die Verpflichtungshöhe eine verlässliche, einwertige Punktschätzung anzugeben. Sobald eine Spanne möglicher Beträge (Bandbreiten) ermittelbar ist, muss – das Vorliegen der übrigen Ansatzkriterien vorausgesetzt – eine Rückstellung gebildet werden. *Zuverlässige Schätzbarkeit*

Beispiel 15.1

Anhang C zu IAS 37 enthält zahlreiche Beispiele zur Anwendung der hier beschriebenen Ansatzvoraussetzungen. In vielen Fällen ist es beispielsweise zweifelhaft, ob eine gegenwärtige Verpflichtung aufgrund eines verpflichtenden Ereignisses existiert, und worin dieses Ereignis bestanden hat.
- Bei Garantie- bzw. Kulanzverpflichtungen ist das verpflichtende Ereignis beispielsweise der Verkauf des Produkts, welcher beim bilanzierenden Unternehmen eine – rechtliche oder auch nur wirtschaftlich-faktische – Verpflichtung auslöst, künftige Ersatzleistungen zu erbringen.
- Bei einer Verpflichtung, aufgrund eines neuen Gesetzes Altlasten auf einem Grundstück in Zukunft beseitigen zu müssen, besteht das verpflichtende Ereignis nicht etwa in der Verabschiedung des neuen Gesetzes, sondern in der Verschmutzung des Grundstücks. Erstere führt lediglich dazu, dass ein künftiger Ressourcenabfluss nun – im Gegensatz zu vorher, als eine Sanierungspflicht noch nicht bestand – wahrscheinlich ist.

Eventualschuld

Scheitert die Passivierung einer Rückstellung daran, dass eines oder mehrere der obigen drei Kriterien für das Vorliegen einer Schuld nicht gegeben sind, so ist subsidiär zu prüfen, ob zumindest eine Eventualschuld (contingent liability) vorliegt. Hier sind nach IAS 37.10 zwei Alternativen zu unterscheiden:
- Zum einen handelt es sich dabei um eine lediglich mögliche Verpflichtung aus einem vergangenen Ereignis, deren Bestehen noch durch unsichere künftige Entwicklungen, die vom Unternehmen nicht gänzlich kontrolliert werden können, bestätigt werden muss. Hier ist also unklar, ob bereits ein verpflichtendes Ereignis eingetreten ist. Beispielsweise kann es bei einer in der Vergangenheit gemachten Garantiezusage des Unternehmens unklar sein, ob der Garantiefall jemals eintreten wird.
- Zum anderen ist als Eventualschuld auch eine aus vergangenen Ereignissen resultierende gegenwärtige Verpflichtung anzusehen, wenn diese aus folgenden Gründen nicht als Rückstellung passiviert wurde: Es ist unwahrscheinlich, dass ein wirtschaftlicher Ressourcenabfluss zu ihrer Begleichung erforderlich sein wird oder der Verpflichtungsbetrag lässt sich nicht mit hinreichender Zuverlässigkeit schätzen. Hier ist als Beispiel ein laufender Prozess gegen das Unternehmen zu nennen, der voraussichtlich negativ ausgehen wird, hinsichtlich der Höhe der resultierenden Zahlungsverpflichtungen jedoch noch völlig ungewiss ist.

Keine Passivierung

Eine Eventualschuld wird nicht passiviert (IAS 37.27). Stattdessen ist gemäß IAS 37.86 im Anhang über sie zu berichten[2]. Eine Offenlegungspflicht entfällt jedoch dann, wenn ein künftiger Ressourcenabfluss als sehr unwahrscheinlich

---

[2] Eine Eventualschuld bildet auch derjenige Teil einer gesamtschuldnerischen Verpflichtung, für den voraussichtlich ein anderer Gesamtschuldner einstehen muss (IAS 37.29). Eventualschulden, die im Zuge einer Unternehmensübernahme erworben wurden, sind gemäß IFRS 3.23 im Konzernabschluss anzusetzen; vgl. dazu Kapitel 23.

(remote) einzustufen ist. Unternehmen sind angehalten, die einer Eventualschuld zugrunde liegenden Sachverhalte kontinuierlich zu überprüfen und Änderungen in der Wahrscheinlichkeit eines künftigen Ressourcenabflusses entsprechend zu berücksichtigen.

Das Gegenstück zur Eventualschuld ist die Eventualforderung (contingent asset). Dieser „mögliche Vermögenswert" (IAS 37.10) erwächst aus ungeplanten und unerwarteten Ereignissen in der Vergangenheit, die einen künftigen Ressourcenzufluss im Unternehmen, beispielsweise als Ergebnis einer gerichtlichen Auseinandersetzung, als möglich erscheinen lassen (IAS 37.32). Ebenso wie eine Eventualschuld erst durch künftige Ereignisse in ihrem Schuldcharakter bestätigt oder widerlegt wird, kommt es auch bei der Eventualforderung darauf an, dass erst unsichere künftige Ereignisse, die nicht der Kontrolle des Unternehmens unterliegen, den Vermögenswertcharakter des Sachverhalts endgültig klären.

Eventualforderung

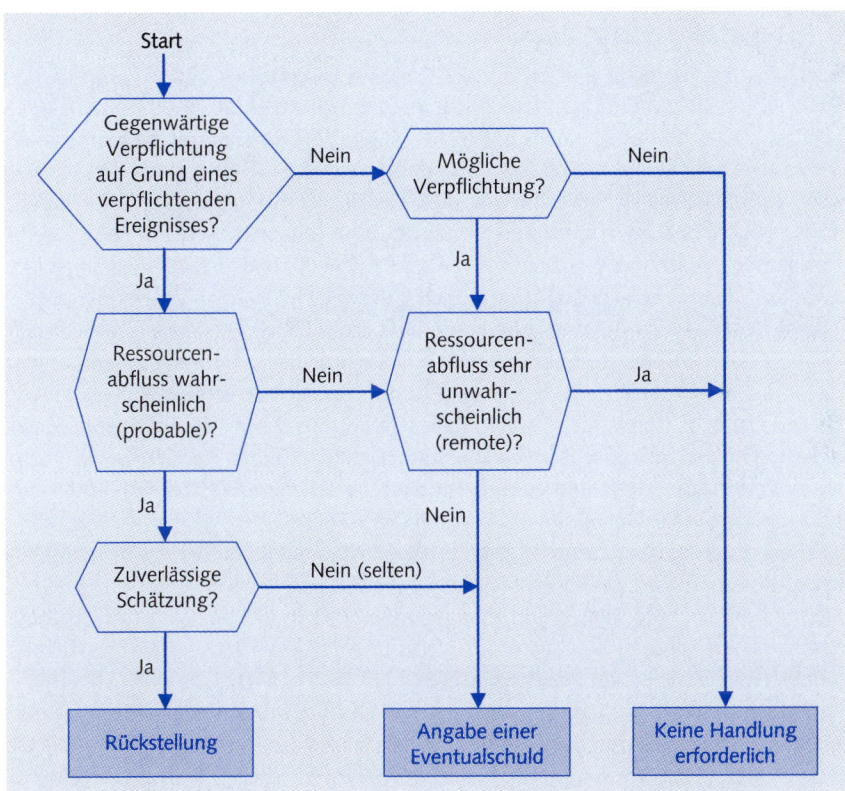

Abb. 15.1: Entscheidungsbaum für Rückstellungen und Eventualschulden (Anhang B zu IAS 37)

Keine Aktivierung	Spiegelbildlich zur Eventualschuld ist eine Eventualforderung nicht bilanziell zu erfassen (IAS 37.31), sondern unterliegt einer Offenlegungspflicht nach IAS 37.89, sofern der künftige Ressourcenzufluss wahrscheinlich (probable) ist. Der Aktivierung als Vermögenswert steht das Realisationsprinzip entgegen, weil sich ein daraus resultierender Ertrag möglicherweise niemals realisieren lässt. Kann die entsprechende Ertragsrealisierung demgegenüber als so gut wie sicher (virtually certain) angesehen werden, so greifen die allgemeinen Ansatzkriterien für Vermögenswerte (IAS 37.33). In diesem Fall handelt es sich aber auch nicht mehr um eine Eventualforderung.
Zusammenfassendes Prüfschema	Die Voraussetzungen für die Passivierung einer Rückstellung bzw. für die Offenlegung einer Eventualschuld lassen sich in Form des vorangehenden Entscheidungsbaumes darstellen, der Anhang B zu IAS 37 entlehnt ist.

3 Bewertung

Bestmöglicher Schätzwert	Rückstellungen werden mit dem bestmöglichen Schätzwert (best estimate) der künftigen Auszahlungen, die zur Erfüllung der Verpflichtung erforderlich sind, bewertet (IAS 37.36). Geschätzt wird dabei derjenige Betrag, den das Unternehmen vernünftigerweise zahlen würde, um die Verpflichtung am Bilanzstichtag zu begleichen oder auf einen Dritten zu übertragen (IAS 37.37). Angesetzt wird dabei der Betrag vor Steuern (IAS 37.41), während die Berücksichtigung etwaiger Steuereffekte in IAS 12 geregelt ist.
Ermessensspielraum	Das IASB ist sich darüber im Klaren, dass die vom Management des bilanzierenden Unternehmens vorzunehmende Schätzung der künftigen Auszahlungen vorrangig von dessen Urteilsvermögen bestimmt wird. Als zusätzliche, objektivierende Informationsquellen sollen daher Erfahrungen mit vergleichbaren Sachverhalten sowie fallweise der Sachverstand unabhängiger Experten heran gezogen werden. Zusätzlich sind Ereignisse nach dem Bilanzstichtag zu berücksichtigen, sofern sie die Schätzung erleichtern (IAS 37.38).
Erwartungswert	In der Regel gibt es für den unsicheren, künftig zu zahlenden Verpflichtungsbetrag keine einwertige Punktschätzung, sondern das Management kann allenfalls eine Spanne möglicher Werte angeben, innerhalb welcher sich der gesuchte Betrag voraussichtlich bewegen wird. Wie in solchen Fällen verfahren wird, ist gemäß IAS 37.39 anhand der konkreten Umstände zu entscheiden. Hängt die Höhe des Gesamtbetrages, der sich aus der künftigen Inanspruchnahme ergibt, von einer Vielzahl ähnlicher Sachverhalte ab, so ist die Erwartungswertmethode anzuwenden. Der bestmögliche Schätzwert wird in diesen Fällen als Durchschnitt der einzelnen Verpflichtungsbeträge, gewichtet mit ihren jeweiligen Eintrittswahrscheinlichkeiten, berechnet. Dies führt dazu, dass bei einer Spanne gleichwahrscheinlicher Werte der mittlere Betrag angesetzt wird. Insofern folgt das IASB mehr dem Gedanken der fair presentation als dem reinen Vorsichtsprinzip.

Beispiel 15.2[3]

Die Hendriksson AG gewährt auf die von ihr produzierten Mobiltelefone eine Garantie von zwei Jahren. Innerhalb dieser Zeit können die Kunden defekte Geräte einschicken und erhalten diese kostenlos repariert bzw. ersetzt. Erfahrungsgemäß stellen sich 15 % der Hendriksson-Telefone innerhalb der Garantiezeit als schadhaft heraus. Bei rund einem Drittel dieser Geräte liegen Tastaturstörungen vor, die zu einem Betrag von 8 € pro Stück in Stand gesetzt werden können. Die restlichen Mobiltelefone haben defekte Displays, deren Reparatur 13 € pro Stück kostet. Insgesamt hat die Hendriksson AG im abgelaufenen Geschäftsjahr 540.000 Telefone verkauft.

Der Erwartungswert der aus der Garantieverpflichtung künftig resultierenden Ressourcenabflüsse wird unter Berücksichtigung der obigen Erfahrungen wie folgt berechnet: Da 85 % der Geräte voraussichtlich intakt bleiben, sind hier keinerlei Auszahlungen zu erwarten. Bei (5 % · 540.000 =) 27.000 Telefonen fallen voraussichtlich Auszahlungen von 8 € pro Stück, also insgesamt 216 T€ an. Die restlichen (10 % · 540.000 =) 54.000 Geräte müssen für 13 € pro Stück repariert werden, was aller Erwartung nach zu Auszahlungen von 702 T€ führen wird. Insgesamt stellt die Hendriksson AG folglich – das Vorliegen der Passivierungsbedingungen für eine Rückstellung sei hier vorausgesetzt – einen Betrag von (216+702=) 918 T€ als bestmöglichen Schätzwert des künftigen Ressourcenabflusses zurück.

Wahrscheinlichstes Ergebnis

Selbst bei der Beurteilung einzelner Sachverhalte, für die keine statistischen Erfahrungswerte zur Verfügung stehen, ist es denkbar, dass eine Spanne unterschiedlicher Szenarien für die Höhe des künftigen Ressourcenabflusses existiert. IAS 37.40 hebt in diesem Zusammenhang explizit hervor, dass in solchen Fällen das jeweils wahrscheinlichste Ergebnis die bestmögliche Schätzung darstellen kann. Dabei sind allerdings auch andere mögliche Entwicklungen einzubeziehen, die je nach Sachlage für eine höhere oder niedrigere Rückstellung sprechen können. Dies ist z.B. dann der Fall, wenn die neben dem wahrscheinlichsten Wert vorliegenden Schätzungen großteils über oder unter diesem liegen. Das IASB lehnt in IAS 37.43 explizit eine bewusst vorsichtige Bilanzierung ab. Insbesondere rechtfertige das Vorliegen von Unsicherheit nicht die Überdotierung von Rückstellungen. Im Zusammenhang mit Ansatz- und Bewertungsregeln für Rückstellungen ist es leicht, über das Ziel hinauszuschießen, indem auf jeder Ebene der Schätzung besonders pessimistische Annahmen verwendet werden.

Beispiel 15.3

Die Schwabe AG ist Beklagte in einem Produkthaftungsprozess. Das Management und der zu Rate gezogene Rechtsbeistand gehen mit in etwa gleichen Wahrscheinlichkeiten davon aus, dass es zu einem Freispruch, einem Schuldspruch oder zu einem außergerichtlichen Vergleich kommt. Schätzt man den künftigen Ressourcenabfluss auf der Basis des für das Unternehmen ungünstigsten Falles, nämlich des Schuldspruchs, so käme es einer übertrieben vorsichtigen Bewertung gleich, wenn anschließend aus einer Bandbreite verschiedener, im Falle des Schuldspruchs möglicher Verpflichtungshöhen wiederum der höchste Betrag angesetzt würde.

---

3 Ein ähnliches Beispiel findet sich in IAS 37.39.

Barwert	Bei Rückstellungen für Verpflichtungen, deren Begleichung relativ weit in der Zukunft liegt, ist der Zins- und Zinseszinseffekt, soweit wesentlich, zu berücksichtigen, um eine Überbewertung der Rückstellung zu vermeiden (IAS 37.45). Obwohl der Begriff der Wesentlichkeit in diesem Zusammenhang nicht näher konkretisiert wird, könnte im Grundsatz davon ausgegangen, dass eine Abzinsung des Verpflichtungsbetrages erforderlich ist, wenn mit einer Inanspruchnahme aus der Verpflichtung nach einem Zeitraum von mehr als einem Jahr zu rechnen ist[4]. Konsequenterweise sind die künftig erwarteten Ressourcenabflüsse zu diskontieren. Der als bestmögliche Schätzung anzusetzende Rückstellungsbetrag ist folglich der Barwert der zur Begleichung der Verpflichtung künftig erforderlichen Auszahlungen.
Risikoberücksichtigung	Als Basis für die Barwertberechnung ist ein Kalkulationszins vor Steuern zu verwenden, der den aktuellen risikolosen Marktzins widerspiegelt (IAS 37.47). Neben dem Zins- und Zinseszinseffekt hat dieser Diskontierungsfaktor zusätzlich die spezifischen Risiken der konkreten Verpflichtung abzubilden. Damit es zu keiner Doppelerfassung kommt, dürfen sich Risiken, die bereits bei der Ermittlung der künftig erwarteten Auszahlungen berücksichtigt wurden, nicht zusätzlich im Kalkulationszins niederschlagen.
Künftige Ereignisse	Die Unsicherheit bezüglich Fälligkeit und Höhe einer Schuld, die über eine Rückstellung erfasst wird, bezieht sich in vielen Fällen auf den Eintritt oder Nichteintritt künftiger Ereignisse wie etwa technologischer Neuerungen. IAS 37.48 bestimmt daher deklaratorisch, dass künftige Ereignisse mit möglichem Einfluss auf die Verpflichtungshöhe im Rückstellungsbetrag zu berücksichtigen sind, sofern ausreichende objektive Hinweise für ihren Eintritt sprechen. Handelt es sich bei solchen künftigen Ereignissen um geplante Gesetzesvorhaben, so dürfen deren Effekte allerdings erst berücksichtigt werden, wenn ihre Verabschiedung so gut wie sicher ist (IAS 37.50).
Veräußerungsgewinne	Schließlich bestimmt IAS 37.51, dass erwartete Gewinne aus der Veräußerung von Vermögenswerten nicht mindernd in den Rückstellungsbetrag einbezogen werden dürfen. Dies gilt selbst dann, wenn die geplante Veräußerung mit dem Rückstellungsanlass in engem Zusammenhang steht. Eine Einbeziehung solcher geplanten Erlöse widerspräche dem Realisationsprinzip.
Erstattungen	In vielen Fällen stehen Unternehmen für künftige Auszahlungen, für die z.B. eine Schadensersatzrückstellung zu bilden ist, Erstattungen z.B. aufgrund eines Versicherungsvertrages zu. Solche erwarteten Erstattungen mindern nicht etwa den Rückstellungsbetrag, sondern sind als separate Vermögenswerte zu aktivieren, wenn es so gut wie sicher ist (virtually certain), dass das Unternehmen die Erstattung bei Erfüllung der Verpflichtung auch tatsächlich erhält (IAS 37.53). Ein solcher Vermögenswert darf allerdings den Rückstellungsbetrag nicht übersteigen. Der Aufwand aus der Rückstellungsbildung und der Ertrag aus der Aktivierung der Erstattung dürfen in der Gesamterfolgsrechnung saldiert ausgewiesen werden.

---

[4] Diese Vorgehensweise einer Abzinsung bei Überschreiten einer Zwölfmonatsfrist würde auch der steuerrechtlichen Vorschrift des § 6 Abs. 1 Nr. 3a.e) Satz 1 EStG entsprechen.

Die Rückstellungshöhe ist zu jedem Bilanzstichtag zu überprüfen und – in der Regel ergebniswirksam – an aktuelle Entwicklungen anzupassen (IAS 37.59). Auch dieses Erfordernis ergibt sich aus den allgemeinen Grundsätzen und schließt auch die kontinuierliche Überprüfung der Passivierungskriterien ein. Sind diese nicht mehr erfüllt, wird die Rückstellung ergebniswirksam aufgelöst (reversal).

Fortlaufende Anpassung der Rückstellung

Weitere Anpassungen werden bei diskontierten Rückstellungsbeträgen erforderlich. Durch das Näherrücken des erwarteten Erfüllungstermins im Zeitablauf ist die Rückstellung jeweils um eine Rechnungsperiode aufzuzinsen (unwinding of discount). Der entsprechende Aufwand ist als Zinsaufwand unter den Fremdkapitalkosten darzustellen (IAS 37.60).

Änderungen im Rückstellungsbetrag werden schließlich – und dies sollte der Regelfall sein – durch bestimmungsgemäßen Gebrauch verursacht. Sobald die Auszahlungen, für deren Vorwegnahme eine Rückstellung gebildet wurde, anfallen, wird in der Gegenbuchung die Rückstellung entsprechend aufgelöst. Dabei dürfen Rückstellungen ausschließlich mit solchen Auszahlungen verrechnet werden, für die sie ursprünglich gebildet wurden (IAS 37.61). Andernfalls könnten Aufwendungen, für die ursprünglich keine Rückstellung gebildet wurde, ergebnisneutral gebucht werden.

Nutzung der Rückstellung

Rückstellungen und Bilanzpolitik

Exkurs

Aufgrund der Notwendigkeit, künftige Entwicklungen abzuschätzen, ist die Bilanzierung von Rückstellungen in hohem Maße von subjektiven Schätzungen der Unternehmensleitung geprägt. Liegt eine gegenwärtige Verpflichtung vor? Kommt es wahrscheinlich zu künftigen Belastungen? In welcher Höhe treten diese voraussichtlich ein? Die dabei notwendigerweise auftretenden Ermessensspielräume erlauben es dem Management, Aufwendungen zu einem gewissen Grad entsprechend seiner Anreizstruktur auf der Zeitachse zu verschieben. So lässt sich beispielsweise mit Hilfe von Rückstellungen eine Glättung des intertemporalen Ergebnisverlaufs (income smoothing) erreichen: In guten Jahren wird durch Bildung überhöhter Rückstellungen eine Gewinnreduktion erreicht, wodurch stille Reserven für schlechtere Zeiten entstehen. In schlechteren Jahren, in denen das Unternehmen seine Ergebnisziele zu verfehlen droht, kann durch gewinnerhöhende Auflösung nicht benötigter Rückstellungen eine Ergebnissteigerung erzielt bzw. ein Verlust abgefedert werden. Ein solches Verhaltensmuster ist beispielsweise im Zusammenhang mit der Auflösung von Restrukturierungsrückstellungen in den USA nachgewiesen worden[5]. Restrukturierungsrückstellungen unterliegen daher besonders strengen Voraussetzungen, weil vielfältige Arten von künftigen Aufwendungen mit ihnen antizipiert werden können[6].

---

5 Vgl. *Moehrle, S. R.*, Do firms use restructuring charge reversals to meet earnings targets?, in: TAR, 77. Jg. (2002), S. 397-413.
6 Vgl. auch *Schildbach, T.*, Aufwandsrückstellungen in der internationalen Rechnungslegung, in: StuB, 4. Jg. (2002), S. 791.

4 Einzelfragen

Das IASB stellt in IAS 37.63-83 drei Anwendungsfälle vor, anhand derer die zuvor dargestellten allgemeinen Ansatz- und Bewertungsregeln erläutert und konkretisiert werden. Diese Ausführungen haben vor allem deklaratorischen Charakter und ergeben sich teilweise direkt aus den allgemeinen Regeln. Im Einzelnen geht es dabei um
- künftige operative Verluste,
- schwebende Verträge, aus denen Verluste drohen (belastende Verträge), und
- Restrukturierungen.

Neben diesen drei explizit genannten Anwendungsfällen schließt IAS 37 auch die Behandlung von Entsorgungs-, Rekultivierungs- und ähnlichen Verpflichtungen mit ein. Mit IFRIC 1 „Änderungen bestehender Rückstellungen für Entsorgungs-, Wiederherstellungs- und ähnliche Verpflichtungen" (Changes in Decommissioning, Restoration and Similar Liabilities) wurde eine Interpretation herausgegeben, die Leitlinien zur Bilanzierung der Auswirkung von Bewertungsänderungen solcher Verpflichtungen enthält.

Künftige operative Verluste

Kann ein Unternehmen am Bilanzstichtag bereits drohende operative Verluste absehen, so darf eine Rückstellung für diese künftigen Belastungen dennoch nicht gebildet werden. Die Ansatzkriterien sowohl von Schulden im Allgemeinen als auch von Rückstellungen im Besonderen sind nicht erfüllt, denn es liegt weder eine gegenwärtige Verpflichtung vor, noch ein vergangenes Ereignis, welches eine solche ausgelöst hätte. Die Erwartung künftiger operativer Verluste deutet jedoch ggf. auf eine Wertminderung (impairment) im betrieblichen Vermögen hin, die nach IAS 36 durch eine außerplanmäßige Abschreibung zu berücksichtigen wäre (IAS 37.65).

Belastende Verträge/ drohende Verluste

Unter einem belastenden Vertrag wird nach IAS 37.10 eine Abmachung verstanden, bei deren Erfüllung dem Unternehmen unvermeidbare Kosten entstehen, die den voraussichtlich erzielbaren künftigen Nutzen übersteigen. Die unvermeidbaren Kosten ergeben sich dabei als niedrigerer Betrag aus denjenigen Kosten, die bei vertragsgemäßer Erfüllung entstehen, und etwaigen aus der Nichterfüllung resultierenden Strafen oder Entschädigungen (IAS 37.68). Ist das Unternehmen also Vertragspartei einer belastenden Abmachung, kann jedoch kostenfrei von ihr zurücktreten, darf eine Rückstellung nicht gebildet werden.

Beispiel 15.4

Im Jahr 2007 hat sich die Bottrop-Bau GmbH vertraglich verpflichtet, Ende 2008 50 t Flüssigbeton zu 600 €/t zu liefern. Bei Nichterfüllung droht eine Konventionalstrafe i.H.v. 1.500 €. Im Laufe des Jahres 2007 steigt der Einkaufspreis für Flüssigbeton für die Bottrop-Bau GmbH überraschend von 580 €/t auf 635 €/t am Abschlussstichtag.

Die aus dem nun belastend gewordenen Vertrag resultierenden unvermeidbaren Kosten belaufen sich auf den niedrigeren Betrag aus der Konventionalstrafe und dem bei Vertragserfüllung zu erwartenden Verlust in Höhe von (35 €/t · 50 t =) 1.750 €. Somit ist eine Rückstellung von 1.500 € zu bilden.

Ein weiterer wichtiger Anwendungsfall von IAS 37 sind Restrukturierungen, die vom IASB detailliert in IAS 37.70-83 reguliert werden. Die hier gesehenen bilanzpolitischen Spielräume führen zu genau formulierten Voraussetzungen, die allesamt erfüllt sein müssen, damit derartige Restrukturierungsrückstellungen gebildet werden dürfen. Nach IAS 37.10 sind als Restrukturierungsmaßnahmen wesentliche Änderungen in Art oder Umfang der Geschäftstätigkeit einzustufen, die von der Unternehmensleitung geplant und kontrolliert werden. Beispielhaft zu nennen sind hier Verkauf oder Stilllegung von Geschäftsbereichen oder regionalen Standorten, geografische Standortverlagerungen und einschneidende organisatorische Änderungen wie etwa die Auflösung ganzer Managementebenen (IAS 37.70).

Restrukturierungen: Definition

Eine Notwendigkeit für umfangreiche Zusatzerläuterungen ergibt sich daraus, dass es bei Restrukturierungsmaßnahmen schwierig ist, das verpflichtende Ereignis zu bestimmen. Dies ist in der Regel unproblematisch, wenn aus einer Restrukturierung rechtliche Ansprüche gegen das Unternehmen erwachsen, beispielsweise in Gestalt von Abfindungsansprüchen entlassener Mitarbeiter. Sehr viel früher jedoch kann sich das Unternehmen bereits einer faktischen Verpflichtung ausgesetzt sehen.

Faktische Verpflichtung

Entsprechend den allgemeinen Bestimmungen muss das Management hierzu durch sein Verhalten bei Dritten eine berechtigte Erwartung geweckt haben (IAS 37.10). Bezogen auf Restrukturierungen ist dies der Fall, wenn ein detaillierter, formeller Restrukturierungsplan mit bestimmten Mindestinhalten existiert. Diese umfassen die genaue Identifikation des betroffenen (Teil-)Geschäftsbereichs und der wesentlichen betroffenen Standorte, die annähernde Angabe von Anzahl, Ort und Qualifikation der durch die Restrukturierung betroffenen Mitarbeiter sowie die Angabe der notwendigen Ausgaben und des konkreten Zeitpunkts der Implementierung des Plans (IAS 37.72). Zudem ist erforderlich, dass die von ihm Betroffenen mit seiner planmäßigen Durchführung rechnen müssen, weil die Unternehmensleitung diesen Plan entweder ihnen gegenüber verkündet hat oder mit seiner Umsetzung bereits begonnen wurde (IAS 37.72). In solchen Fällen ist davon auszugehen, dass sich das Unternehmen den aus der Restrukturierung erwachsenen Verpflichtungen nicht mehr ohne weiteres entziehen kann. Ein Management- oder Aufsichtsratsbeschluss allein erzeugt keine berechtigte Erwartung, so lange es an den anderen Voraussetzungen fehlt. Speziell in Deutschland führt ein Aufsichtsratsbeschluss jedoch in der Regel dazu, dass die von dem Restrukturierungsplan Betroffenen durch die im Aufsichtsrat sitzenden Arbeitnehmervertreter von diesem erfahren. Aus diesem Grund könnte hier eine durch eine berechtigte Erwartung erzeugte faktische Verpflichtung vorliegen (IAS 37.77).

Berechtigte Erwartung

Gewissermaßen eine Ausnahme von den obigen Bestimmungen bildet der Verkauf von Geschäftsbereichen, auch wenn aus diesem möglicherweise ein Verlust droht. Eine Rückstellung ist hier erst dann zu bilden, wenn ein bindender Verkaufsvertrag geschlossen wurde (IAS 37.78). Denn auch wenn die von der Restrukturierung Betroffenen mit einem Verkauf rechnen müssen, verpflichtet

Verkauf von Geschäftsbereichen

diese berechtigte Erwartung allein das Unternehmen noch nicht dazu, dieses – möglicherweise verlustträchtige – Geschäft abzuschließen.

Bewertung

Bei der Bewertung einer Restrukturierungsrückstellung ist strikt darauf zu achten, dass nur solche Auszahlungen einbezogen werden, die notwendigerweise im Rahmen der Restrukturierungsmaßnahmen anfallen und nicht mit dem laufenden Geschäftsbetrieb des Unternehmens in Verbindung stehen (IAS 37.80). Insbesondere sind Auszahlungen für die künftige Führung des restrukturierten Geschäfts, beispielsweise für Umschulungen oder Werbemaßnahmen, nicht einzurechnen. Speziell an diesem Punkt dürften sich schwierige Abgrenzungsprobleme ergeben. Eine Abzinsung ist auch hier obligatorisch, wenn die erwarteten Auszahlungen in ferner Zukunft liegen.

Entsorgungs-, Rekultivierungs- und ähnliche Verpflichtungen

Bedeutende künftige Belastungen ergeben sich in vielen Branchen aus der Verpflichtung der Unternehmen, nach der Stilllegung bestimmter Vermögenswerte kostspielige Entsorgungs-, Rekultivierungs-, Rückbau- oder ähnliche Maßnahmen durchzuführen. Beispielsweise ist der Betreiber einer Ölbohrplattform am Ende von deren Nutzungsdauer dafür verantwortlich, die Anlage inklusive aller umweltgefährdenden Stoffe ordnungsgemäß zu entsorgen und entstandene Schäden am Meeresboden zu beheben. Gleiches gilt etwa für die Betreiber von Kernenergieanlagen.

Aktivierung nach IAS 16

Derartige Sachverhalte erfüllen die Passivierungskriterien von IAS 37, so dass für die künftig erwarteten Auszahlungen entsprechende Beträge zurückzustellen sind. Gemäß IAS 16 müssen diese Rückstellungsbeträge, sofern sie für die Stilllegung einer bestimmten Anlage gebildet wurden, in deren Anschaffungskosten einbezogen werden (vgl. Kapitel 12). Insofern wird die Rückstellung durch Gegenbuchung bei der Anlage ergebnisneutral gebildet. Der Rückstellungsbetrag wird folglich erst im Zeitablauf mit der Abschreibung der um den Rückstellungsbetrag erhöhten Anschaffungskosten aufwandswirksam. Folgendes Beispiel wurde aus Kapitel 12 übernommen (vgl. Beispiel 12.1):

Beispiel 15.5

Die Plutonium AG kauft zu Anfang des Geschäftsjahres 00 ein Kraftwerk zum Anschaffungspreis von 200 Mio. € in bar. Mit dem Erwerb verpflichtet sich das Unternehmen, das Kraftwerk nach Ende der Nutzungsdauer von geschätzten 20 Jahren abzureißen und den Standort so wiederherzustellen, dass er als Naturschutzgebiet der Öffentlichkeit zugänglich sein kann. Schätzungsweise entstehen der Plutonium AG dafür im Geschäftsjahr 19 Kosten in Höhe von 20 Mio. €. Aus Marktdaten wurde ein Diskontierungszins von 10 % abgeleitet. Wie berechnen sich die Anschaffungskosten des Kraftwerks und wie lautet der Buchungssatz zum Zeitpunkt der Anschaffung?

Lösung
Ermittlung der Anschaffungskosten:
Die Anschaffungskosten umfassen neben dem Anschaffungspreis von 200 Mio. € den Barwert der Entsorgungsverpflichtung. Dieser berechnet sich folgendermaßen: 20 Mio. € $\cdot 1{,}1^{-20}$ = 2,97 Mio. €. Die Anschaffungskosten betragen somit 202,97 Mio. €.

Buchungssatz zum Zeitpunkt der Anschaffung:
Sachanlage   202,97 Mio. €   an   Bank   200,00 Mio. €
                                      sonst. Rückstellung   2,97 Mio. €

Spezielle Probleme ergeben sich für die Unternehmen bei einer nachträglichen Änderung des Rückstellungsbetrags: Grundsätzlich kann diese ergebniswirksam, wie bei Rückstellungen normalerweise üblich, oder ergebnisneutral gegen den Buchwert der betreffenden Anlage gebucht werden. Hierzu hat das IFRIC im Mai 2004 seine Interpretation 1 „Änderungen bestehender Rückstellungen für Entsorgungs-, Wiederherstellungs- und ähnlicher Verpflichtungen" (Changes in Decommissioning, Restoration and Similar Liabilities) herausgegeben[7]. Drei mögliche Gründe für Schwankungen des Rückstellungsbetrags werden identifiziert: Geänderte Schätzung des erwarteten Ressourcenabflusses, Änderung des Kalkulationszinssatzes und Aufzinsung der Rückstellung wegen Zeitablaufs.

Interpretation IFRIC 1

Bezüglich des der Rückstellung zuzuordnenden Vermögenswerts unterscheidet das IASB bei der Buchung des Änderungsbetrags zwischen der Anwendung der Anschaffungskosten- und der Neubewertungsmethode. Die Erfassung eines Änderungsbetrags, sofern dieser nicht auf die im Zeitablauf erfolgende Aufzinsung der Rückstellung zurückzuführen ist, erfolgt unabhängig von den beiden Bewertungsmethoden grundsätzlich ergebnisneutral, wobei das IASB auf eine vollständig prospektive Erfassung abstellt. Das bedeutet, dass der vollständige Änderungsbetrag in der aktuellen Periode zu erfassen ist. In Abhängigkeit von der angewandten Bewertungsmethode ist lediglich bei der Art der Buchung zu differenzieren. Erfolgt die Bewertung des Vermögenswerts zu Anschaffungskosten, so ist analog zur Änderung des Rückstellungsbetrags eine ergebnisneutrale Erhöhung oder Verminderung des Buchwerts des Vermögenswerts vorzunehmen (IFRIC 1.5 (a)). Eine Ergebniswirkung der Betragsänderung wird erst in den Folgeperioden aufgrund der notwendigen Abschreibungs- und Zinskorrekturen erzielt. Als Grundlagen zur Ermittlung der künftigen Abschreibungs- und Zinsaufwendungen dienen dabei die um den Änderungsbetrag korrigierten Buchwerte des Vermögenswerts bzw. der zugehörigen Rückstellung sowie die verbleibende Restnutzungsdauer.

Buchung des Änderungsbetrags

Kommt es in Verbindung mit einer Erhöhung des Rückstellungsbetrags zu einer Zuschreibung des zugehörigen Vermögenswerts, so ist zu prüfen, ob dies einen Anhaltspunkt für eine Wertminderung darstellt. Insofern ein solches Anzeichen vorliegt, ist ein Wertminderungstest durchzuführen und in Einklang mit IAS 36 gegebenenfalls eine außerplanmäßige Abschreibung vorzunehmen (IFRIC 1.5 (c)).

Ein anderer Fall liegt vor, wenn der Rückstellungbetrag vermindert wird. Übersteigt dieser Änderungsbetrag den aktuellen Buchwert des zugehörigen Vermögenswerts, so ist die Differenz umgehend ergebniswirksam zu erfassen (IFRIC 1.5 (b)). Wird anstatt der Anschaffungskosten- die Neubewertungsme-

---

[7] Eine Fallstudie zur Anwendung von IFRIC 1 findet sich in *Christian, D.*, Änderungen bestehender Rückstellungen für Entsorgungs-, Wiederherstellungs- und ähnliche Verpflichtungen, in: KoR, 8. Jg. (2008), S. 50-56.

thode verwendet, so sind etwaige Änderungen des Rückstellungsbetrags analog in einer Erhöhung oder Verminderung des sonstigen Gesamterfolgs zu buchen (IFRIC 1.6 (a)). Eine ergebniswirksame Erfassung ist dann vorgeschrieben, wenn eine Minderung des Rückstellungsbetrags eine in der Vergangenheit als Aufwand erfasste Abwertung des gleichen Vermögenswerts rückgängig macht, oder wenn der Betrag einer Rückstellungserhöhung den im sonstigen Gesamterfolg erfassten Betrag übersteigt. Auch in dem Fall, dass der Änderungsbetrag, um den eine Rückstellung vermindert wird, den Buchwert übersteigt, der sich bei Anwendung der Methode der fortgeführten Anschaffungskosten ergeben hätte, ist der Differenzbetrag unmittelbar ergebniswirksam zu erfassen (IFRIC 1.6 (b)).

Beispiel 15.6

Zum Ende des Geschäftsjahres 00 haben sich gegenüber Beispiel 15.5 keine Änderungen der erwarteten Stilllegungs- und Wiederherstellungskosten, des zu Grunde gelegten Diskontierungszinses und der geschätzten Nutzungsdauer ergeben. Des Weiteren entspricht der beizulegende Zeitwert des Kraftwerks zu diesem Zeitpunkt dem auf Basis der fortgeführten Anschaffungskosten ermittelten Buchwert. Am Ende des Geschäftsjahres 01 stellt sich schließlich heraus, dass die mit 20 Mio. € geschätzten Stilllegungs- bzw. Wiederherstellungskosten aufgrund neuer technologischer Entwicklungen um ca. 5 Mio. € reduziert werden müssen. Zusätzlich wird festgestellt, dass der Marktwert des Kraftwerks nach Abzug der zukünftigen Stilllegungs- und Wiederherstellungskosten zum Jahresende 200 Mio. € beträgt. Wie lauten unter Vernachlässigung latenter Steuern die Buchungssätze für die Geschäftsjahre 00 und 01, wenn (a) auf Basis fortgeführter Anschaffungskosten bilanziert oder (b) die Neubewertungsmethode angewendet wird? Mit welchen Buchwerten stehen das Kraftwerk und die zugehörige Rückstellung zum Ende beider Geschäftsjahre in der Bilanz?

Lösung
Buchungssätze Geschäftsjahr 00:
Der Buchungssatz zum Zeitpunkt der Anschaffung lautete:

Sachanlage	202,97 Mio. €	*an*	*Bank*	200,00 Mio. €
			sonst. Rückstellung	2,97 Mio. €

Zum Bilanzstichtag 00 ist die Sachanlage planmäßig über die Nutzungsdauer abzuschreiben. Die Aufzinsung der Rückstellung ist als Zinsaufwand zu erfassen (IFRIC 1.8). Bei linearer Abschreibung über 20 Jahre beträgt die jährliche Abschreibung 10,15 Mio. € (202,97 Mio. €/20 Jahre), während die Aufzinsung zum Bilanzstichtag 00 in Höhe von 0,30 Mio. € (2,97 Mio. € · 10 %) erfolgt. Die Buchungssätze lauten somit:

Abschreibung	*an*	*Sachanlage*	10,15 Mio. €
Zinsaufwand	*an*	*sonst. Rückstellung*	0,30 Mio. €

Da zum Ende des Geschäftsjahres 00 der auf Basis der fortgeführten Anschaffungskosten ermittelte Restbuchwert des Kraftwerks mit dem beizulegenden Zeitwert übereinstimmt, sind die Buchungen für die Methode fortgeführter Anschaffungskosten und die Neubewertungsmethode identisch. Demzufolge hat das Kraftwerk zum Ende des Geschäftsjahres 00 einen Restbuchwert von 192,82 Mio. €, und die Rückstellung für die zukünftigen Stilllegungs- und Wiederherstellungskosten beträgt 3,27 Mio. €.

Buchungssätze Geschäftsjahr 01:
(a) Bilanzierung auf der Grundlage fortgeführter Anschaffungskosten:
Zum Bilanzstichtag 01 ist die Sachanlage weiterhin planmäßig über die verbleibende Restnutzungsdauer abzuschreiben. Die Aufzinsung der Rückstellung ist als Zinsaufwand zu erfassen. Der Abschreibungsbetrag liegt weiterhin bei 10,15 Mio. €, während die Rückstellung um den Zinsaufwand der Periode in Höhe von 0,33 Mio. € (3,27 Mio. € · 10 %) erhöht wird. Des Weiteren ist zu berücksichtigen, dass die Stilllegungs- und Wiederherstellungsverpflichtung um 5 Mio. € zu hoch veranschlagt wurde, was einem Barwert zum Ende des Geschäftsjahres 01 in Höhe von 0,90 Mio. € (5 Mio. €/$1,1^{18}$) entspricht. Die Rückstellung ist folglich um diesen Betrag zu vermindern, wobei die Gegenbuchung den Buchwert der Sachanlage mindert (IFRIC 1.5 (a)). Die Buchungssätze lauten somit:

Abschreibung an *Sachanlage* 10,15 Mio. €

Zinsaufwand an *sonst. Rückstellung* 0,33 Mio. €

Sonst. Rückstellung an *Sachanlage* 0,90 Mio. €

Damit hat das Kraftwerk zum Ende des Geschäftsjahres 01 einen Buchwert in Höhe von 181,77 Mio. € (192,82 Mio. € – 10,15 Mio. € – 0,90 Mio. €). Der Rückstellungsbetrag liegt zum gleichen Zeitpunkt bei 2,70 Mio. € (3,27 Mio. € + 0,33 Mio. € – 0,90 Mio. €). Damit ergeben sich im folgenden Geschäftjahr 02 Abschreibungen in Höhe von 10,10 Mio. € (181,77 Mio. €/18 Jahre) und Zinsaufwendungen von 0,27 Mio. € (2,70 Mio. € · 10 %).

(b) Bilanzierung bei Anwendung der Neubewertungsmethode:
Auch bei der Neubewertungsmethode ist das Kraftwerk planmäßig über die verbleibende Restnutzungsdauer abzuschreiben und die Rückstellung um eine Periode auf das Ende des Geschäftsjahres 01 aufzuzinsen. Analog zur Methode der fortgeführten Anschaffungskosten ergeben sich damit Abschreibungen und Zinsaufwendungen in Höhe von 10,15 Mio. € bzw. 0,33 Mio. €. Des Weiteren ist zu berücksichtigen, dass der Marktwert des Kraftwerks zum Ende des Geschäftsjahres 01 bei 200 Mio. € liegt, wobei die zukünftigen Stilllegungs- und Wiederherstellungskosten als Abzugposten in diesem Betrag bereits berücksichtigt wurden. Dieser Marktwert stellt also den Betrag dar, den

ein sachverständiger Dritter unter Berücksichtigung der zukünftig anfallenden Stilllegungs- und Wiederherstellungskosten für dieses Kraftwerk bezahlen würde. Zum Zwecke des Bilanzansatzes muss bei Anwendung der Neubewertungsmethode der aktuelle Rückstellungsbetrag zum Marktwert der Anlage hinzuaddiert werden (Bruttowert), da der aktuelle Verpflichtungsbetrag auf der Passivseite der Bilanz unsaldiert auszuweisen ist (IFRIC 1 IE 7 (a)). Somit ergibt sich ein Bruttowert in Höhe von 203,60 Mio. € (200 Mio. € + 3,60 Mio. €). Die Höhe der Differenz zwischen diesem Bruttowert und dem Buchwert, der sich bei einer Folgebewertung auf Basis fortgeführter Anschaffungskosten ergeben würde, ist im sonstigen Gesamterfolg zu buchen. Da der auf der Grundlage fortgeführter Anschaffungskosten berechnete Buchwert 182,67 Mio. € (192,82 Mio. € – 10,15 Mio. €) beträgt, ist ein Betrag in Höhe von 20,93 Mio. € (203,60 Mio. € – 182,67 Mio. €) ergebnisneutral zu erfassen. Schließlich ist auch noch zu berücksichtigen, dass die zum Ende der Nutzungdauer geschätzte Verpflichtung von 20 Mio. € um 5 Mio. € zu hoch veranschlagt wurde. Demzufolge ist der aktuelle Rückstellungsbetrag um 0,90 Mio. € (5 Mio. €/$1,1^{18}$) zu vermindern und analog dazu der sonstige Gesamterfolg um diesen Betrag zu erhöhen. Die entsprechenden Buchungssätze lauten also folgendermaßen:

Abschreibung	*an*	*Sachanlage*	*10,15 Mio. €*
Zinsaufwand	*an*	*sonst. Rückstellung*	*0,33 Mio. €*
Sachanlage	*an*	*sonstiger Gesamterfolg*	*20,93 Mio. €*
Sonst. Rückstellung	*an*	*sonstiger Gesamterfolg*	*0,90 Mio. €*

Damit stehen das Kraftwerk und die sonstige Rückstellung zum Ende des Geschäftsjahres 01 mit Buchwerten von 203,60 Mio. € bzw. 2,70 Mio. € (3,60 Mio. € – 0,90 Mio. €) in der Bilanz der Plutonium AG. Der sonstige Gesamterfolg ist um einen Betrag von 21,83 Mio. € (20,93 Mio. € + 0,90 Mio. €) zu erhöhen. Die sich im folgenden Geschäftsjahr ergebenden Abschreibungen und Zinsaufwendungen werden voraussichtlich 11,31 Mio. € (203,60 Mio. €/18 Jahre) bzw. 0,27 Mio. € (2,70 Mio. € · 10 %) betragen.

Interpretation IFRIC 6

IFRIC 6 „Schulden, die aus der Beteiligung an bestimmten Märkten resultieren – Entsorgung von Elektro- und Elektronikgeräten" (Liabilities arising from Participating in a Specific Market – Waste Electrical and Electronic Equipment) wurde vom IFRIC speziell aufgrund der sogenannten Elektroschrott-Richtlinie herausgegeben[8]. Diese wurde mit dem am 16.03.2005 verabschiedeten „Gesetz

---

8 Vgl. dazu die Richtlinien 2002/96/EG des Europäischen Parlaments und des Rates vom 27.01.2003, zuletzt geändert durch die Richtlinie 2003/108/EG des Europäischen Parlaments und des Rates vom 08.12.2003 (Elektroschrott-Richtlinie), sowie die Richtlinie 2002/95/EG des Europäischen Parlaments und des Rates vom 27.01.2003.

über das Inverkehrbringen, die Rücknahme und die umweltverträgliche Entsorgung von Elektro- und Elektronikgeräten" (ElektoG) in deutsches Recht umgesetzt. Durch die Richtlinie und das Gesetz wurden umfassende Verpflichtungen der Hersteller von Elektrogeräten festgelegt, Elektro- und Elektronik-Gerbrauchtgeräte umweltgerecht zu entsorgen. Für die Hersteller stellte sich dabei die Frage, ob und, sofern möglich, zu welchem Zeitpunkt die Verpflichtung zur Entsorgung als Rückstellung begründendes Ereignis im Sinne von IAS 37 anzusehen ist.

Die Interpretation befasst sich mit der Bilanzierung von Rücknahmeverpflichtungen, die sich auf vor dem 23.11.2005 in Verkehr gebrachte von privaten Haushalten genutzte Gebrauchtgeräte beziehen, durch die zur Entsorgung verpflichteten Hersteller (IFRIC 6.7). In diesem Zusammenhang hält IFRIC 6.7 fest, dass alle anderen Rücknahmeverpflichtungen sachgerecht durch die derzeit gültigen Regelungen des IAS 37 abgedeckt werden[9]. Regelungsumfang

Das spezielle Problem, mit dem sich IFRIC 6 befasst, besteht in der Frage, welcher Sachverhalt im Fall der Entsorgung der alten Gebrauchtgeräte in Übereinstimmung mit IAS 37.14(a) als verpflichtendes Ereignis anzusehen ist. IFRIC 6.9 stellt diesbezüglich klar, dass als verpflichtendes Ereignis die künftige Marktteilnahme während der Entsorgungsperiode anzusehen ist. Somit muss ein Unternehmen eine Rückstellung bilden, wenn es im Entsorgungsjahr einen Marktanteil (market share) aufweist, der allerdings nicht durch die in der Vergangenheit veräußerten und nun zu entsorgenden Produkte begründet wird. In diesem Zusammenhang weist IFRIC 6.5 explizit darauf hin, dass die Begriffe „measurement period" sowie „market share" in den einzelnen Mitgliedstaaten der EU vollkommen unterschiedlich ausgelegt bzw. definiert werden können. Verpflichtendes Ereignis

Wesentliche Änderungen gemäß dem „Exposure Draft of Proposed Amendments to IAS 37" (ED-IAS 37)

Am 30.06.2005 wurde im Rahmen des Konvergenzprojekts von IASB und FASB in Verbindung mit Phase II des IASB-Projekts „Business Combinations" der neue Standardentwurf ED-IAS 37 veröffentlicht, dessen Kommentierungsfrist am 28.10.2005 endete. Neben einer Änderung der bis dato geltenden Terminologie sind dabei wesentliche Neuerungen gegenüber den aktuellen Ansatz- und Bewertungsvorschriften geplant. Mit Blick auf die Terminologie verzichtet ED-IAS 37 bewusst auf die Begriffe „provision", „contingent liability" und „contingent asset". Stattdessen wird der gegenüber der „provision" inhaltlich weiter gefasste Begriff der „liability" verwendet, unter welchem auch die bisherigen „provisions" (Rückstellungen) zu subsumieren sind (ED-IAS 37.9). Anstelle von "contingent asset" und "contingent liability" soll in Zukunft der Begriff „contingency" verwendet werden. Letztgenannter bezieht sich dabei nicht auf die Unsicherheit bezüglich der Frage, ob ein „asset" Exkurs

Neue Definitionen

---

[9] Vgl. hierzu auch *Oser, P./Roß, N.*, Rückstellungen aufgrund der Verpflichtung zur Rücknahme und Entsorgung von sog. Elektroschrott beim Hersteller – Bilanzierung nach HGB, IFRS und US-GAAP, in: WPg, 58 Jg. (2005), S. 1069-1077.

oder eine „liability" tatsächlich vorliegen. Stattdessen impliziert der Begriff der „contingency" Unsicherheit hinsichtlich der Höhe des wirtschaftlichen Nutzens des entsprechenden Vermögenswerts bzw. der Höhe des notwendigen Betrags, um die entsprechende Schuld zu begleichen. Die Unsicherheit resultiert dabei daraus, dass die Höhe vom Eintreten eines oder mehrerer unsicherer Ereignisse in der Zukunft abhängig ist. Das faktische Vorliegen eines Vermögenswerts bzw. einer Schuld bleibt in diesem Kontext unbestritten.

Ansatzkriterien

Entscheidende Änderungen sieht ED-IAS 37 bei den derzeitig gültigen Ansatzkriterien für Rückstellungen und Eventualschulden bzw. Eventualforderungen vor. Nach ED-IAS 37.11 ist eine Verpflichtung zukünftig als liability zu passivieren, wenn sie einerseits die liability-Definition erfüllt und andererseits ihre Höhe zuverlässig ermittelt werden kann. Im Zentrum der Definition einer liability (ED-IAS 37.10), die aus dem Rahmenkonzept übernommen wurde, steht dabei das Vorliegen einer gegenwärtigen Verpflichtung, resultierend aus einem vergangenen Ereignis. Zur Bestimmung, ob eine gegenwärtige Verpflichtung zum Bilanzstichtag tatsächlich vorliegt, ist auf alle verfügbaren Informationen zurückzugreifen. Dabei spielt es keine Rolle, ob sich die Hinweise für eine Verpflichtung erst nach dem Bilanzstichtag ergeben (ED-IAS 37.16). Gemäß den oben genannten Kriterien zum Ansatz einer liability fällt auf, dass eines der derzeit gültigen Kriterien zum Ansatz einer Rückstellung gestrichen wurde. IAS 37.14 fordert bisher, dass zur Begleichung einer Verpflichtung mit einer mehr als 50%igen Wahrscheinlichkeit ein künftiger Abfluss wirtschaftlicher Ressourcen erwartet werden muss. Ist dies nicht der Fall, und ist der zukünftige Ressourcenabfluss nicht unwahrscheinlich (remote), so liegt eine Eventualschuld vor, über die lediglich im Anhang zu berichten ist. Als Resultat der Streichung dieses Kriteriums – und damit der Abschaffung des doppelten Wahrscheinlichkeitsbegriffs – wären künftig auch Eventualschulden, die aufgrund dieses Kriteriums bis dato nicht als Rückstellung angesetzt wurden, als liability zu passivieren.

Eventualschulden

Eine weitere Änderung sieht ED-IAS 37 auch bezüglich solcher Eventualverbindlichkeiten vor, die gemäß IAS 37.10 als ungewisse Verpflichtungen definiert werden, deren Bestehen (oder Nichtbestehen) vom Eintreten eines oder mehrerer unsicherer zukünftiger Ereignisse abhängt, die nicht von der Unternehmung kontrolliert werden können. Zukünftig sollen auch solche ungewissen Verpflichtungen passiviert werden. In ED-IAS 37.22-26 wird dies unter dem Begriff der „contingencies" näher erläutert. Demnach trennt das IASB bei ungewissen Verpflichtungen zwischen einer gegenwärtig unbedingt bestehenden (unconditional obligation) und einer bedingt bestehenden Verpflichtung (conditional obligation). Zu beachten ist, dass ein Sachverhalt immer beide Verpflichtungen gleichzeitig umfasst. Als Grundlage für den Ansatz einer Rückstellung dient dabei die unbedingte Verpflichtung, die unabhängig von künftigen Ereignissen aufgrund rechtlicher oder faktischer Gegebenheiten besteht. Sie wird in ED-IAS 37.24 dahingehend näher definiert, dass es sich um die Verpflichtung eines Unternehmens handelt, darauf vorbereitet zu sein, eine Leistung erbringen zu müssen, die in Abhängigkeit von unsicheren zukünftigen Ereignissen zu einem Abfluss wirtschaftlicher Ressourcen in unbestimmter Höhe führen kann. Da sich das Unternehmen bereithalten muss, die entsprechende Leistung zu erbringen, wird im Standardentwurf bei dieser unbedingten Verpflichtung auch von einer „stand ready obligation" gesprochen. Die bedingte Verpflichtung ist demgegenüber in der eigentlichen Leistungsverpflichtung zu sehen, der sich ein Unternehmen in Abhängigkeit vom Eintreten oder Nichteintreten der unsicheren zukünftigen Ereignisse nicht entziehen kann. Dieser bedingten Verpflichtung ist allerdings nicht im Rahmen des Bilanzansatzes, sondern im Rahmen der Bewertung der liability Rechnung zu tragen (ED-IAS 37.23).

Auf die Behandlung von Eventualforderungen soll an dieser Stelle nicht explizit eingegangen werden. Es ist hier lediglich festzuhalten, dass ED-IAS 37 hinsichtlich des bilanziellen Ansatzes von „contingent assets" spiegelbildlich zum Ansatz von „contingent liabilities" argumentiert. Grundsätzlich verweist er letztendlich aber auf IAS 38, in dessen Regelungsbereich ein bisher als „contingent asset" identifizierter Sachverhalt immer dann fällt, wenn er die Definition eines „asset" gemäß Framework erfüllt (ED-IAS 37.BC4-18). Insofern könnten zukünftig also auch „contingent assets" aktiviert werden, sofern die in IAS 38 definierten Ansatzkriterien für immaterielle Vermögenswerte erfüllt sind.

Eventualforderungen

Wie bereits erläutert, soll die Unsicherheit hinsichtlich des Abflusses wirtschaftlicher Ressourcen bzw. der konkreten Höhe einer liability künftig nicht mehr im Rahmen des Ansatzes berücksichtigt werden. Stattdessen schreibt ED-IAS 37 vor, dass diese Unsicherheiten in die Bewertung einfließen müssen. Als Grundlage für die Bewertung einer Rückstellung nennt ED-IAS 37.31 die Erwartungswertmethode (expected cash flow approach). Dabei werden unterschiedliche Cashflow-Szenarien, welche die Spannweite möglicher Ergebnisse reflektieren, anhand der mit ihnen verbundenen Wahrscheinlichkeiten gewichtet. Im Gegensatz zur aktuellen Fassung des IAS 37 schreibt ED-IAS 37 als einzig zulässige Bewertungsmethode die Erwartungswertmethode vor. Die Bewertung einer einzelnen Verpflichtung mit dem wahrscheinlichsten Wert aus einer Bandbreite möglicher Werte wäre demnach nicht mehr möglich. Ein weiterer Unterschied zwischen ED-IAS 37 und IAS 37 besteht in der Berücksichtigung von Zinseffekten. IAS 37.45 schreibt diesbezüglich vor, dass der Barwert des geschätzten Erfüllungsbetrages einer bilanziell als Rückstellung abzubildenden unsicheren Verpflichtung nur in dem Fall zu ermitteln ist, dass der Zinseffekt wesentlich ist. Demgegenüber sieht ED-IAS 37.38 vor, dass zukünftig immer, also unabhängig von der Höhe des Zinseffekts, der Barwert des künftigen Erfüllungsbetrages in der Bilanz anzusetzen ist.

Bewertung

Nach der derzeitigen Planung des IASB ist die Veröffentlichung eines endgültigen Standards für das erste Halbjahr 2009 vorgesehen. Während der ursprünglich im Exposure Draft vorgeschlagene Titel eines endgültigen Stan-

Aktuelle Entwicklungen

> dards „Non-Financial Liabilities" lauten sollte, hat sich im Projektverlauf eine Änderung der Terminologie ergeben. Dabei wurde der Begriff der „non-financial liability" nicht nur im Standardtitel, sondern im kompletten Standardtext durch den Begriff „liability" ersetzt. Zur Klarstellung sollen financial liabilities, wie sie in IAS 32 definiert sind, explizit vom Anwendungsbereich des Standards ausgeschlossen werden.

5 Ausweis und Offenlegung

Ausweis als Fremdkapital

Rückstellungsspiegel

Rückstellungen sind als Teil der bilanziellen Schulden auszuweisen. Je nach Fristigkeit sind sie Teil des langfristigen oder des kurzfristigen Fremdkapitals.

Nach IAS 37.84 ist die Veränderung der Rückstellungen – zusammengefasst zu homogenen Klassen (IAS 37.87) – in der Berichtsperiode detailliert zu erläutern. Zu den erforderlichen Angaben gehören dabei die Buchwerte zu Beginn und Ende der Betrachtungsperiode, die Beträge, die im aktuellen Geschäftsjahr zusätzlich zurückgestellt wurden sowie die Änderungsbeträge aus der Inanspruchnahme und Auflösung nicht genutzter Rückstellungen. Ebenfalls anzugeben sind Änderungen des Rückstellungsbetrages, die sich aus der Aufzinsung sowie einer gegebenenfalls eintretenden Änderung des Diskontierungszinses ergeben. Sämtliche erforderlichen Angaben lassen sich am besten als „Rückstellungsspiegel" präsentieren, für den Vorjahresangaben nicht gefordert werden.

Beispiel 15.7

Die Melania AG erstellt ihren Rückstellungsspiegel zum 31.12.2007. Folgende Informationen liegen vor:
- Aus dem Vorjahr existiert eine Rückstellung für Schadenersatzzahlungen aus zwei Rechtsstreitigkeiten. Der Buchwert beträgt 95 T€.
- Am Anfang des Geschäftsjahres 2007 wurden die Kläger in Verfahren 1 mit 50 T€ außergerichtlich abgefunden. Mit weiteren Belastungen aus diesem Verfahren, das mit 70 T€ im aktuellen Rückstellungsbuchwert berücksichtigt ist, wird nicht gerechnet.
- In Verfahren 2, mit dessen Ausgang Ende 2009 gerechnet wird, haben sich keine neuen Informationen ergeben.
- Aus einem Verfahren 3, das in 2007 erstmals anhängig geworden ist, erwartet die Melania AG künftige Belastungen von 45 T€, die voraussichtlich Ende 2011 fällig werden.

Alle Schätzungen spiegeln das Risiko der künftigen Belastungen zutreffend wider. Die Melania AG rechnet mit einem Kalkulationszins von 5 %.

Lösung
Aus den obigen Informationen ergibt sich folgender Rückstellungsspiegel:

	Rückstellung in T€
Buchwert zum 1.1.2007	**95.000**
Zusätzliche Rückstellungsbeträge (45.000/$1,05^4$)	+ 37.022
Verwendete Rückstellungsbeträge	– 50.000
Nicht verwendete Rückstellungsbeträge	– 20.000
Aufzinsung der Rückstellung (25.000 · 0,05)	+ 1.250
Buchwert zum 31.12.2007	**63.272**

Zusätzlich zum Rückstellungsspiegel erfordert IAS 37.85 folgende Informationen je Rückstellungsklasse:
- Angaben zur Verpflichtungsart und zur erwarteten Fälligkeit künftiger Belastungen,
- eine Beschreibung der mit Höhe oder Fälligkeit der Belastungen verbundenen Unsicherheit, nötigenfalls unter Angabe der wesentlichen Annahmen über künftige Ereignisse, und
- erwartete Erstattungsbeträge unter Angabe der hierfür ggf. aktivierten Vermögenswerte.

Zusatzangaben zu Rückstellungen

Wie oben erläutert, sind Eventualschulden im Gegensatz zu Rückstellungen nicht zu passivieren. Stattdessen sind sie – ebenfalls zu homogenen Klassen zusammengefasst – kurz zu beschreiben, sofern die Inanspruchnahme des Unternehmens aus der möglichen Verpflichtung nicht sehr unwahrscheinlich (remote) ist (IAS 37.86). Falls praktikabel, sind folgende Zusatzangaben zu machen[10]:
- Eine Schätzung der finanziellen Auswirkungen, wobei die für Rückstellungen gelten Bewertungsgrundsätze anzuwenden sind,
- eine Beschreibung der mit Fälligkeit oder Betrag verbundenen Unsicherheiten
- und die Möglichkeit einer Erstattung.

Eventualschulden

Spiegelbildliche Angaben werden auch für Eventualforderungen vorgeschrieben, welche offen zu legen sind, wenn ein künftiger Nutzenzufluss wahrscheinlich ist (IAS 37.89).

Eventualforderungen

In extrem seltenen Fällen können die hier geforderten Angaben gegen das Unternehmen verwandt werden und, etwa in einem Rechtsstreit, dessen Aussichten erheblich verschlechtern. Wenn diese Gefahr nachgewiesen werden kann, dürfen die betreffenden Angaben unter Angabe von Gründen unterbleiben. Allerdings ist dann generell auf den Rechtsstreit hinzuweisen und anzugeben, dass bestimmte Informationen zurückgehalten werden (IAS 37.92).

Keine Pflicht, sich selbst zu belasten

---

10 Werden Angaben wegen fehlender Praktikabilität unterlassen, so ist gemäß IAS 37.91 ohne Angabe von Gründen auf diese Tatsache hinzuweisen.

6 Wesentliche Unterschiede zum HGB

Vorsichtsprinzip

Unterschiede zwischen HGB und IFRS ergeben sich sowohl auf der Ebene der Ansatzvorschriften als auch bei der Bewertung. Dabei bewirkt das die HGB-Vorschriften prägende Vorsichtsprinzip, dass es bei gleichen Sachverhalten nach HGB eher zur Rückstellungsbildung kommt als dies nach IFRS der Fall wäre[11].

Abschließender Katalog in § 249 HGB

§ 249 HGB enthält eine abschließende Liste von Rückstellungen, für die entweder eine Ansatzpflicht oder ein Ansatzwahlrecht besteht. Für andere als die dort genannten Zwecke dürfen Rückstellungen nicht gebildet werden (§ 249 Abs. 3 HGB).

Passivierungspflicht

Verpflichtend zu bilden (§ 249 Abs. 1 HGB) sind demnach Rückstellungen für ungewisse Verbindlichkeiten, für drohende Verluste aus schwebenden Geschäften und für Gewährleistungen, die ohne rechtliche Verpflichtung erbracht werden. Weiterhin besteht eine Passivierungspflicht für bestimmte Aufwandsrückstellungen, die sich auf folgende im aktuellen Geschäftsjahr geplanten Maßnahmen beziehen: Instandhaltungsmaßnahmen, die auf das erste Quartal des folgenden Geschäftsjahres verschoben wurden, und Abraumbeseitigungsmaßnahmen, die im folgenden Geschäftsjahr nachgeholt werden.

Wahrscheinlichkeit

Dem Vorsichtsprinzip folgend, wird man nach HGB eine Rückstellung bereits bei einer relativ geringen Wahrscheinlichkeit einer künftigen Belastung bilden. Während nach IFRS eine Wahrscheinlichkeit von über 50 % vorliegen muss, ist nach HGB wohl eine deutlich geringere Wahrscheinlichkeit hinreichend.

Passivierungswahlrecht

Ein Passivierungswahlrecht besteht demgegenüber hinsichtlich der Bildung von Rückstellungen für im aktuellen Geschäftsjahr unterlassene Instandhaltungsmaßnahmen, die erst nach Ablauf des ersten Quartals der Folgeperiode nachgeholt werden. Weiterhin besteht gemäß § 249 Abs. 2 HGB ein Wahlrecht für den Ansatz von Rückstellungen für Aufwendungen, die

- ihrer Eigenart nach genau umschrieben,
- dem Geschäftsjahr oder einem früheren Geschäftsjahr zuzuordnen,
- am Abschlussstichtag wahrscheinlich oder sicher,
- aber hinsichtlich ihrer Höhe oder des Zeitpunkts ihres Eintritts unbestimmt sind.

Aufwandsrückstellungen

Diese sonstigen Aufwandsrückstellungen fallen nicht unter den in der internationalen Rechnungslegung üblichen Rückstellungsbegriff, der auf Verpflichtungen gegenüber Dritten abstellt. Die hier aufgezählten, detaillierten Passivierungsvoraussetzungen sollen verhindern, dass Aufwandsrückstellungen zur allgemeinen Vorsorge für nicht näher umschriebene künftige Belastungen bis hin zum allgemeinen Geschäftsrisiko eingesetzt werden.

Bewertung

Die Bewertung von Rückstellungen erfolgt gemäß § 253 Abs. 1 HGB zu demjenigen Betrag, der nach vernünftiger kaufmännischer Beurteilung notwendig ist. Eine Abzinsung darf nur erfolgen, wenn die zugrunde liegenden Verbindlichkeiten einen Zinsanteil enthalten. Diese vagen Bewertungsregeln werden

---

11 So auch *Wagenhofer*, IAS/IFRS, S. 262.

dahingehend interpretiert, dass bei identischen Daten wohl – wiederum dem Vorsichtsprinzip folgend – von einem höheren Rückstellungsansatz im Vergleich zur IFRS-Rechnungslegung auszugehen ist. Insbesondere wird bei einem hohen Grad an Unsicherheit nicht notwendigerweise der Erwartungswert (mit Eintrittswahrscheinlichkeiten gewichteter Durchschnitt aus möglichen Belastungsszenarien) verwendet, sondern das Vorliegen von Unsicherheit löst einen tendenziell höheren und damit pessimistischeren Rückstellungsbetrag aus[12].

Im November 2007 wurde der Referentenentwurf eines Bilanzrechtsmodernisierungsgesetzes (BilMoG) veröffentlicht[13]. Speziell in Bezug auf den Ansatz und die Bewertung von Rückstellungen sieht der Gesetzesentwurf wesentliche Änderungen vor. So ist im Allgemeinen eine realistischere Bewertung von Rückstellungen geplant. In diesem Sinne sollen Rückstellungen in Zukunft zwingend abgezinst und künftige Preis- und Kostensteigerungen bei der Ermittlung des Erfüllungsbetrages der Verpflichtung einbezogen werden (§ 253 Abs. 1 Satz 2, Abs. 2 HGB-E). Des Weiteren soll eine Einschränkung von derzeit bestehenden Bilanzierungswahlrechten durch die Abschaffung der Wahlrechte zur Bildung von Aufwandsrückstellungen und von Rückstellungen für Instandhaltung, für die die Instandhaltungsmaßnahme erst nach dem 1. Quartal des nachfolgenden Geschäftsjahres vorgesehen ist, erreicht werden. Die Auflösung bereits gebildeter Rückstellungen zum Zeitpunkt der erstmaligen Anwendung der neuen Rechtsvorschriften kann unmittelbar zugunsten der Gewinnrücklagen vorgenommen werden (Artikel 66 Abs. 1 EGHGB-E).

Geplante Änderungen durch das BilMoG

7 Wesentliche Unterschiede zu US-GAAP

Bei den Ansatzvoraussetzungen für Rückstellungen entsprechen sich IFRS und US-GAAP, hier insbesondere SFAS 5 „Accounting for Contingencies", weitestgehend. Allerdings ist im Sprachgebrauch der US-GAAP der Begriff der Rückstellung (provision) nicht anzutreffen, sondern die unter das Konzept der Rückstellung im engeren Sinne fallenden Sachverhalte werden als contingent liabilities bezeichnet.

Weitgehende Übereinstimmung mit IFRS

Contingent liabilities resultieren aus loss contingencies[14]. Diese bilden einen Unterfall der Erfolgsunsicherheiten (contingencies) im Allgemeinen, bei denen dem Grunde nach Unsicherheit über eine künftige Belastung oder einen künftigen Anspruch herrscht, deren Bestätigung oder Widerlegung von einem künfti-

loss contingencies

---

12 Vgl. etwa *Baetge/Kirsch/Thiele*, Bilanzen, S. 422, die hier von einer „Vorsichtskomponente" sprechen.
13 Zu einer grundlegenden Darstellung der durch das BilMoG vorgesehenen Änderungen des HGB vgl. *Fülbier,R.U./Gassen,J.*, Das Bilanzrechtsmodernisierungsgesetz (BilMoG): Handelsrechtliche GoB vor der Neuinterpretation, in: DB, 60. Jg. (2007), S. 2605-2612.
14 Vgl. *Kieso/Weygandt/Warfield*, Intermediate Accounting, S. 632.

gen Ereignis abhängt. Loss contingencies sind als Rückstellung aufwandswirksam zu erfassen, wenn die künftige Belastung am Bilanzstichtag wahrscheinlich ist und vernünftig geschätzt werden kann[15]. Eine passivierungspflichtige Rückstellung wird folglich nach US-GAAP als contingent liability bezeichnet, während mit diesem Begriff nach IFRS eine lediglich offenlegungspflichtige Eventualschuld gemeint ist.

accrued liabilities und deferred credits

Dem deutschen Begriff der Rückstellung entsprechen ferner mit den accrued liabilities bereits sicher entstandene Verpflichtungen, deren Höhe jedoch noch ungewiss ist. Als deferred credits werden schließlich Abgrenzungsposten für künftige Auszahlungen für Außenverpflichtungen bezeichnet, die Aufwand der aktuellen Periode darstellen und dem deutschen Konzept der Rechnungsabgrenzungsposten entsprechen.

Eintrittswahrscheinlichkeit

Ein wichtiger Unterschied zu den IFRS liegt zudem in der für die Rückstellungsbildung geforderten Wahrscheinlichkeit einer drohenden Inanspruchnahme. Während hierfür nach IAS 37 eine Wahrscheinlichkeit von mehr als 50 % ausreicht, wird nach US-GAAP für den Begriff probable eine weit höhere Schwelle gefordert, die zum Teil bei 70-80 % und darüber angesiedelt wird[16]. Demzufolge kommt es bei vergleichbaren Sachverhalten nach HGB am häufigsten zur Rückstellungsbildung. Die IFRS sind demgegenüber zwar restriktiver, stellen aber dennoch weniger strikte Anforderungen als die US-GAAP.

Vernünftige Schätzbarkeit

Das Kriterium der vernünftigen Schätzbarkeit wurde vom FASB in FIN 14 „Reasonable Estimation of the Amount of a Loss – An Interpretation of FASB Statement No. 5" geklärt. Die Anforderungen an die Quantifizierbarkeit der künftigen Belastungen sind dabei nicht so hoch, dass eine relativ sichere Punktschätzung erforderlich wäre. Es genügt vielmehr, wenn eine Spanne möglicher Werte angegeben werden kann. Aus einer solchen Spanne ist der beste Schätzwert anzusetzen. Erscheint die mögliche Bandbreite als Gleichverteilung, so ist der geringste Wert heranzuziehen. Über eine mögliche Mehrbelastung ist jedoch in den Notes zu berichten (FIN 14.3).

Angabepflichten

Nach SFAS 5.10 sind loss contingencies, bei denen eine künftige Belastung lediglich möglich ist, ebenso wie nach IAS 37 anzugeben. Im Gegensatz zu IAS 37 soll nach SFAS 5.12 allerdings über bestimmte Verlustmöglichkeiten, die im Zusammenhang mit Garantiezusagen bestehen, auch dann berichtet werden, wenn deren Eintrittswahrscheinlichkeit lediglich gering ist.

Spezialregeln ähnlich IFRS

Entsorgungs- und ähnliche Verpflichtungen sind Gegenstand von SFAS 143 „Accounting for Asset Retirement Obligations" und SOP 96-1 „Environmental

---

15 Derartige Sachverhalte führen nicht stets zur Passivierung einer Rückstellung, sondern können fallweise auch die Wertminderung (impairment) eines Vermögenswertes auslösen (SFAS 5.3).

16 Es zeigt sich also, dass Unterschiede in der Bilanzierung von Rückstellungen zumindest teilweise auf die uneinheitliche Interpretation von Wahrscheinlichkeitsbegriffen zurückzuführen sind. Zur Unterscheidung und Quantifizierung unterschiedlicher Wahrscheinlichkeitsbegriffe vgl. *Simon, J.*, Interpretation of Probability Expressions by Financial Directors and Auditors of UK Companies, in: European Accounting Review, 11. Jg. (2002), S. 601-629.

Remediation Liabilities"[17]. Restrukturierungsrückstellungen sind in SFAS 146 „Accounting for Costs Associated with Exit or Disposal Activities" geregelt[18]. Die Vorschriften zum Sonderfall von Entsorgungsverpflichtungen für Elektro- und Elektronikschrott finden sich in FSP FAS 143-1 „Accounting for Electronic Equipment Waste Obligations". Im Wesentlichen entsprechen die vorstehenden Regeln den einschlägigen IFRS.

Ausgewählte Literatur

Daub, S., Rückstellungen nach HGB, US GAAP und IAS, Baden-Baden 2000.
Kirchhof, J., Die Bilanzierung von Restrukturierungsrückstellungen nach IFRS, in: WPg, 58. Jg. (2005), S. 589-601.
Kühne, M./Nerlich, C., Vorschläge für eine geänderte Rückstellungsbilanzierung nach IAS 37: Darstellung und kritische Würdigung, in: BB, 60. Jg. (2005), S. 1839-1844.
Marx, F./Köhlmann, S., Bilanzierung von Entsorgungsverpflichtungen nach HGB und IFRS, in: StuB, 7. Jg. (2005), S. 693-702.
Osterloh-Konrad, C., Rückstellungen für Prozessrisiken in Handels- und Steuerbilanz – Kriterien der Risikokonkretisierung und ihre Anwendung auf die Prozesssituation (Teil I), in: DStR, 41. Jg. (2003), S. 1631-1635.
Schildbach, T., Aufwandsrückstellungen in der internationalen Rechnungslegung, in: StuB, 4. Jg. (2002), S. 791-797.
Zeimes, M., Fair Value-Bewertung von Rückstellungen nach IFRS, in: DB, 56. Jg. (2003), S. 2077-2080.

Übungsaufgaben

Aufgabe 1:
Die nach deutschem Recht steuerpflichtige Fluggesellschaft EuroFly hat zum 31.12.2007 einen Konzernabschluss nach den IFRS zu erstellen. Im Rahmen der Abschlussarbeiten sind folgende Informationen zu berücksichtigen. Der Ertragsteuersatz beträgt 30 %.
1. Die EuroFly AG hat Ende 2007 am Düsseldorfer Flughafen ein neues Terminal E, das ihr exklusiv zur Nutzung zur Verfügung steht, errichtet und in Be-

---

17 Vgl. etwa *Kieso/Weygandt/Warfield*, Intermediate Accounting, S. 639-640; *Schildbach, T.*, Aufwandsrückstellungen in der internationalen Rechnungslegung, in: StuB, 4. Jg. (2002), S. 794; *Zeimes, M.*, Fair Value-Bewertung von Rückstellungen nach IFRS, in: DB, 56. Jg. (2003), S. 2078-2079.
18 Vgl. etwa *Schildbach, T.*, Aufwandsrückstellungen in der internationalen Rechnungslegung, in: StuB, 4. Jg. (2002), S. 791-794.

trieb genommen. In drei Jahren soll eine umfangreiche Wartung erfolgen, die zu geschätzten Aufwendungen von 30 Mio. Euro führt.

2. Während eines Transatlantikfluges geriet eine EuroFly-Maschine in einem Unwetter in Turbulenzen, wobei sich eine Reihe von Passagieren an heißem Kaffee verbrühte. Eine in den USA angekündigte Sammelklage könnte mit 50%iger Wahrscheinlichkeit eine Schadenersatzverpflichtung zur Folge haben. Die Rechtsabteilung der EuroFly AG rät dazu, eine erwartete Summe von 5 Mio. Euro bereits heute Gewinn mindernd zu buchen.

3. Im Rahmen des „Kilometer & Mehr"-Programms erhalten EuroFly-Stammkunden Gratisflüge und sonstige Prämien. Das Management geht dabei von folgenden Annahmen aus:

Szenario	Wahrscheinlichkeit	geschätzter Aufwand
I	60 %	4 Mio. EUR
II	20 %	2 Mio. EUR
III	20 %	1 Mio. EUR

Erörtern Sie die Ansatz- und Bewertungsregeln von Rückstellungen nach IAS 37 zunächst allgemein und anschließend am Beispiel des obigen Geschäftsvorfalles Nr. 2. Buchen Sie anschließend unter Berücksichtigung latenter Steuern die obigen Vorfälle nach den IFRS für das Jahr 2007. Diskutieren Sie zum Abschluss die Konzeption der so genannten Aufwandsrückstellungen vor dem Hintergrund der internationalen Bilanzierung. Erläutern Sie dabei zunächst, was sich hinter diesem Konzept verbirgt und diskutieren Sie anschließend, ob Aufwandsrückstellungen die Ansatzkriterien des IAS 37 erfüllen.

Aufgabe 2:
Die kapitalmarktorientierte Spielekonsolen AG hat zum 31.12.2007 einen Konzernabschluss nach den IFRS zu erstellen. Folgende Sachverhalte sind im IFRS-Konzernabschluss 2007 noch nicht gebucht worden:

1. Zur Herstellung der neuen Spielkonsole *Powerplant* wurde bis Ende 2005 ein Spezialwerk errichtet, das am 01.01.2006 in Betrieb genommen wurde. Verbunden mit der Errichtung des Werkes ist eine Verpflichtung aus der Stilllegung des Werkes am Ende seiner Nutzungsdauer, welche 15 Jahre beträgt. Die Anschaffungskosten des Spezialwerkes betrugen 50 Mio. €, in denen bereits geschätzte Stilllegungskosten in Höhe von 3 Mio. € berücksichtigt wurden, was bei einem konstanten risikoadjustierten Zinssatz von 5 % einer geschätzten zukünftigen Verpflichtung in Höhe von 6,2 Mio. € entspricht. Ende 2007 hat sich herausgestellt, dass die Stilllegungskosten aufgrund einer technologischen Neuerung um 1 Mio. € zu hoch veranschlagt wurden.

2. Für Kulanzleistungen ohne rechtliche Verpflichtung, denen sich das Unternehmen aber aus wirtschaftlichen Gründen nicht entziehen kann, erwartet das Management mit jeweils 50%iger Wahrscheinlichkeit eine zukünftige Verpflichtung in Höhe von 300.000 bzw. 500.000 Euro.

3. Die Spielekonsolen AG ist in einen Patentstreit mit der Zock AG verwickelt. Ein endgültiger Gerichtsbeschluss wird für das nächste Jahr erwartet. Dabei rechnet die Spielekonsolen AG mit 90%iger Wahrscheinlichkeit mit einer Verurteilung. Unklar ist jedoch, auf welchen Betrag sich die Schadenersatzzahlungen belaufen würden. Folgenden drei Szenarien sind hierzu denkbar:

Szenario	Wahrscheinlichkeit	Geschätzter Aufwand
I	15 %	5 Mio. €
II	60 %	15 Mio. €
III	25 %	20 Mio. €

Ermitteln Sie in einem ersten Schritt, wie hoch die in Geschäftsvorfall Nr. 1 beschriebene Stilllegungsverpflichtung am 31.12.2007 ist, wenn Sie die Auswirkung der technologischen Neuerung nicht berücksichtigen. Welche bilanziellen Folgen hat schließlich die nachträgliche Minderung der Stilllegungsverpflichtung? Geben Sie anschließend die erforderlichen Buchungssätze zu den drei geschilderten Sachverhalten unter Vernachlässigung latenter Steuern an.

Aufgabe 3:

Die Hulk AG muss ihren Konzernabschluss im Geschäftsjahr 2007 erstmals nach den IFRS aufstellen. Als Experte für die Rechnungslegung nach den IFRS gelten Sie auch als erste Ansprechperson des Managements für die Bilanzierung von Rückstellungen. Im Rahmen der Aufstellung des IFRS-Abschlusses müssen noch unten aufgeführte Geschäftsfälle aus dem Jahr 2007 berücksichtigt werden.

1. Die Spezialmaschinen der Hulk AG werden alle 4 Jahre zum Jahresende einer Generalüberholung unterzogen. Dazu werden am Ende der vier Jahre 800.000 € benötigt, was einer jährlichen Ansparsumme von 200.000 € entspricht. Die nächste Generalüberholung ist Ende 2007 geplant.
2. Am 10.12.2007 entschied der Vorstand der Hulk AG, den Geschäftsbereich „Spielzeugpuppen" zu schließen. Dazu wurde am 27.12.2007 ein detaillierter Restrukturierungsplan vorgelegt, der zu Beginn des nächsten Jahres allen Beteiligten kommuniziert und mit dessen Umsetzung nach der Bekanntgabe unverzüglich begonnen werden soll. Die Restrukturierungsaufwendungen werden voraussichtlich 15 Mio. € betragen.
3. Aus einem noch laufenden Prozess gegen die Jings AG erwartet das Management mit einer Wahrscheinlichkeit von 60 % eine zu leistende Schadensersatzzahlung in Höhe von 300.000 €. Mit einer Verurteilung wird allerdings in frühestens 3 Jahren gerechnet. Der die spezifischen Risiken der Verpflichtung berücksichtigende Kalkulationszinssatz beträgt 8 %.

Erläutern Sie zunächst die Voraussetzungen zum Ansatz von Restrukturierungsrückstellungen. Inwieweit sind diese mit Blick auf Geschäftsvorgang Nr. 2 erfüllt? Geben Sie anschließend unter Vernachlässigung latenter Steuern die Buchungssätze nach den IFRS für das Geschäftsjahr 2007 an.

Kapitel 16
Pensionsverpflichtungen und Leistungen an Arbeitnehmer

1 Einleitung 447

2 Klassifikation von Pensionszusagen 448

3 Bilanzierung leistungsorientierter Zusagen 450
   3.1   Bewertung der Verpflichtung 450
   3.2   Externe Finanzierung über Planvermögen 453
   3.3   Ermittlung des Pensionsaufwandes................................454
   3.4   Ergebnisglättung 455
   3.5   Wahlrecht zur ergebnisneutralen Verrechnung versicherungsmathematischer Gewinne und Verluste 460
   3.6   Ausweis..461

4 Zusammenfassendes Beispiel: Lufthansa AG...........................463

5 Spezialfragen 464

6 Anhangangaben 466

7 Wesentliche Unterschiede zum HGB 466

8 Wesentliche Unterschiede zu US-GAAP 469

Ausgewählte Literatur 470

Übungsaufgaben..470

Verpflichtungen aus betrieblichen Pensionszusagen stellen in den Bilanzen vieler Unternehmen eine zentrale Position dar. Insbesondere die Ende 2000 einsetzenden Verluste an den Kapitalmärkten sowie das in diesem Zeitraum niedrige Zinsniveau resultierten bei vielen Unternehmen in erheblichen Finanzierungslücken der betrieblichen Pensionszusagen. Diese Finanzierungs- bzw. Deckungslücken schlugen sich bei Anwendung der internationalen Bilanzierungsvorschriften zudem nicht in vollem Ausmaß in den Pensionsrückstellungen der Unternehmen nieder. Daher wurde die Bilanzierung von Pensionsverpflichtungen in den letzten Jahren kontrovers diskutiert. Nobelpreisträger *Joseph E. Stiglitz* machte die vorherrschenden Bilanzierungspraktiken sogar für die Krise der betrieblichen Altersversorgung insbesondere in den USA mitverantwortlich[1]. Zwar haben die Erholung der Kapitalmärkte sowie der Anstieg der Zinsen dazu geführt, dass sich die Finanzierungssituation der meisten Pensionspläne wieder etwas entspannt hat. Trotzdem weisen viele Pensionspläne weiterhin eine Unterdeckung auf.

In Deutschland werden Pensionszusagen traditionell unternehmensintern über die Bildung von Rückstellungen finanziert. Dieser als Direktzusage bezeichnete Durchführungsweg ist international eher unbekannt. Insbesondere in angelsächsischen Ländern ist eine unternehmensexterne Finanzierung der Pensionszusagen über Pensionsfonds vorherrschend. Aus Unternehmenssicht bietet dieser Finanzierungsweg den Vorteil, dass das ausgelagerte Vermögen nach internationalen Rechnungslegungsregeln mit den Pensionsverpflichtungen saldiert werden darf. Dadurch können sich zentrale Bilanzrelationen erheblich verbessern, was auch einen positiven Einfluss auf das Unternehmensrating haben kann.

Seit einigen Jahren passen sich immer mehr deutsche Unternehmen an diese Vorgehensweise an und nutzen verstärkt ausgelagertes Vermögen zur Deckung ihrer Pensionsverpflichtungen. So lagerten beispielsweise BASF, E.ON und RWE Vermögenswerte in Milliardenhöhe auf sog. contractual trust arrangements (CTAs) aus[2]. Mit diesen Treuhandmodellen ist es möglich, unter Beibehaltung des Durchführungswegs Direktzusage einen Nettoausweis der Pensionsverpflichtungen in der Bilanz nach IFRS und US-GAAP zu erreichen.

Die Lektüre dieses Kapitels soll
- Ihnen die unterschiedlichen Arten und Ausgestaltungsformen von Leistungen an Arbeitnehmer vermitteln,
- Ihnen zeigen, wie beitragsorientierte und leistungsorientierte Pensionszusagen bilanziert werden und
- Sie dafür sensibilisieren, welche bilanzpolitischen Spielräume es dabei gibt.

---

1 Vgl. FAZ v. 04.11.2003, S. 23.
2 Vgl. zu CTA-Modellen *Neuhaus, S.*, Contractual Trust Arrangement (CTA), in: DBW, 67. Jg. (2007), S. 123-127.

1 Einleitung

Die Bilanzierung von Pensionszusagen und anderen Leistungen an Arbeitnehmer ist Gegenstand von IAS 19 „Leistungen an Arbeitnehmer" (Employee Benefits), der seit 1999 gilt und seitdem durch kleinere Überarbeitungen geändert wurde. Eine umfangreichere Änderung, durch die ein neues Wahlrecht zur Erfassung von versicherungsmathematischen Gewinnen und Verlusten sowie erweiterte Angabepflichten eingeführt wurden, erfolgte im Dezember 2004. Der im Juli 2007 veröffentlichte IFRIC 14 „Die Begrenzung eines leistungsorientierten Vermögenswertes, Mindestfinanzierungsvorschriften und ihre Wechselwirkung" regelt schließlich spezielle Probleme, die bei überdotierten Pensionsplänen auftreten.

Relevante Normen

Die Komplexität von IAS 19 und die meist an Versicherungsmathematiker delegierten Berechnungen machen IAS 19 in Bezug auf die geforderte Vorgehensweise, die bilanziellen Konsequenzen und die zum Teil informationsverzerrende Wirkung zu einem der unzugänglichsten IFRS. Diese Problematik betrifft auch andere, vom Arbeitgeber für die Zeit nach Beendigung des Arbeitsverhältnisses zugesagte Leistungen, zu denen Versicherungs-, Gesundheitsvorsorge- und ähnliche Leistungen gehören.

IAS 19 ist wie folgt aufgebaut: Im Anschluss an Zwecksetzung und Anwendungsbereich (IAS 19.1-6) werden zentrale Begriffe definiert (IAS 19.7). Im Zentrum des Standards stehen die von einem Unternehmen seinen Arbeitnehmern zugesagten Leistungen nach Beendigung des Arbeitsverhältnisses[3]. Deren Klassifikation in beitragsorientierte Zusagen (defined contribution plans) und leistungsorientierte Zusagen (defined benefit plans) ist Gegenstand von IAS 19.24-42. Während die Bilanzierung beitragsorientierter Pensionszusagen vergleichsweise wenig Raum einnimmt (IAS 19.43-47), erstrecken sich die Vorschriften zur Bilanzierung leistungsorientierter Pensionszusagen über den Großteil des Standards (IAS 19.48-125). Die bilanzielle Erfassung anderer Leistungen an Arbeitnehmer wird ebenfalls reguliert: IAS 19.8-23 betreffen die Bilanzierung von kurzfristig fälligen Leistungen an Arbeitnehmer, während IAS 19.126-131 andere langfristig fällige Leistungen zum Gegenstand haben. Leistungen anlässlich der Beendigung des Arbeitsverhältnisses werden schließlich in IAS 19.132-143 behandelt. Der Rest des Standards enthält Vorschriften zum Inkrafttreten (IAS 19.157-160) und zum Übergang auf IAS 19 (IAS 19.153-156).

Aufbau von IAS 19

---

[3] Der begrifflichen Einfachheit halber werden solche post-employment benefits im Folgenden einheitlich als Pensionsleistungen bzw. Pensionszusagen bezeichnet. Vgl. auch IAS 19.24.

2 Klassifikation von Pensionszusagen

Zwei Arten von Pensionszusagen

Die bilanzielle Abbildung der Pensionszusagen bzw. -pläne hängt zunächst davon ab, welche Vereinbarung das Unternehmen als Arbeitgeber mit dem Arbeitnehmer geschlossen hat. Im Grundsatz lassen sich hier zwei Arten von Pensionszusagen unterscheiden, durch welche ein Unternehmen erbrachte Arbeitsleistungen kompensiert: beitrags- und leistungsorientierte Zusagen.

Beitragsorientierte Pensionszusagen

Bei den beitragsorientierten Pensionszusagen (defined contribution plans) verpflichtet sich das Unternehmen „lediglich" zur Zahlung fester Beiträge an externe Versorgungsträger, die auch die spätere Pensionsleistung erbringen. Das betreffende Unternehmen hat außer den periodischen Zahlungen keinerlei weitere Verpflichtungen; es garantiert insbesondere nicht die Höhe der künftigen Leistungen. Der Arbeitnehmer trägt damit das Risiko, dass seine künftigen Pensionszahlungen geringer als erwartet ausfallen (IAS 19.25). In Deutschland haftet der Arbeitgeber jedoch aufgrund der in § 1 Abs. 1 BetrAVG kodifizierten Subsidiärhaftung mindestens für die zum Aufbau der betrieblichen Altersversorgung eingezahlten Beiträge.

Leistungsorientierte Pensionszusagen

Demgegenüber verpflichtet sich das Unternehmen bei leistungsorientierten Pensionsplänen (defined benefit plans) selbst zu einer bestimmten künftigen Pensionsleistung, die i.d.R. von der Zahl der Dienstjahre und/oder der Gehaltshöhe abhängt. Es hat damit sicherzustellen, dass jederzeit ausreichende Mittel zur Begleichung fälliger Pensionsleistungen zur Verfügung stehen. Hier trägt folglich das Unternehmen sämtliche Risiken, dass die künftigen Zahlungsverpflichtungen aus der Pensionszusage höher als erwartet ausfallen, profitiert aber möglicherweise im umgekehrten Fall von einer entsprechenden Minderung (IAS 19.27).

Finanzierung

Während beitragsorientierte Pläne schon per Definition mit einem Mittelabfluss an externe Versorgungsträger einhergehen, hat das Unternehmen bei leistungsorientierten Pensionsplänen die Wahl zwischen unterschiedlichen Finanzierungsformen[4]. Entweder sammelt es die finanziellen Mittel im Unternehmen selber an oder es bedient sich auch hier der Hilfe externer Versorgungsträger, ohne dadurch jedoch aus der Leistungsverpflichtung entlassen zu werden. Tabelle 16.1 fasst die grundlegenden Ausgestaltungsformen von Pensionszusagen zusammen.

Grenzfälle

In Abhängigkeit von den konkreten Ausgestaltungsdetails der betrieblichen Rentenzusage ist die Grenze zwischen beitrags- und leistungsorientierten Plänen oftmals fließend[5]. IAS 19.26 nennt Arrangements, die darauf hindeuten, dass

---

4 Vgl. unter finanzwirtschaftlichen Gesichtspunkten diese Alternativen analysierend *Arbeitskreis „Finanzierung" der Schmalenbach-Gesellschaft für Betriebswirtschaft e.V.*, Betriebliche Altersversorgung mit Pensionsrückstellungen oder Pensionsfonds – Analyse unter finanzwirtschaftlichen Gesichtspunkten, in: DB, 51. Jg. (1998), S. 321-331. Vgl. auch IAS 19.49.

5 Insbesondere beitragsorientierte Pläne existieren in Deutschland nicht in Reinform, da beim Arbeitgeber eine Art Subsidiärhaftung verbleibt. Vgl. § 1 Abs. 1 Satz 3 des Gesetzes zur Verbesserung der betrieblichen Altersversorgung (BetrAVG).

beim Unternehmen eine rechtliche oder faktische Verpflichtung verbleibt, mehr als die vereinbarten Beträge zu Gunsten des Arbeitnehmers zu zahlen. In solchen Fällen liegt ggf. eine leistungsorientierte Zusage vor. Hierzu zählen u.a. die Gewohnheit eines Unternehmens, vereinbarte Zusagen im Nachhinein freiwillig zu erhöhen, sowie garantierte (Mindest-)Renditen aus ansonsten rein beitragsorientierten Zusagen. Ein weiterer Grenzfall wird explizit in IAS 19.39-42 genannt: Schließt ein Unternehmen zu Gunsten seines Arbeitnehmers eine Lebensversicherung ab, so liegt eine beitragsorientierte Zusage vor. Dies gilt nur dann nicht, wenn das Unternehmen verpflichtet ist, die Pensionsbeträge bei Fälligkeit direkt an den Arbeitnehmer zu zahlen oder wenn es über die Versicherungssumme hinausgehende Beträge leisten muss.

	Beitragsorientierte Pensionspläne	**Leistungsorientierte Pensionspläne**
Unternehmens-externe Finanzierung	Zahlung bestimmter Beträge an externe Versorgungsträger; Risiko liegt primär beim Arbeitnehmer.	Zahlung bestimmter Beträge an externe Versorgungsträger; Risiko liegt primär beim Unternehmen.
Unternehmens-interne Finanzierung	—	Ansammlung der künftig benötigten Mittel innerhalb des Unternehmens; Risiko liegt primär beim Unternehmen.

Tab. 16.1: Ausgestaltungsformen von Pensionszusagen

Beitragsorientierte Pläne sind für die Rechnungslegung wenig komplex, solange das Unternehmen seinen Zahlungsverpflichtungen regelmäßig und in voller Höhe nachkommt. Folgerichtig wird die Bilanzierung beitragsorientierter Pläne in IAS 19.43 als einfach bezeichnet, da die periodischen Beitragsverpflichtungen in dem Vertrag mit dem externen Versorgungsträger bereits festgelegt sind. Die anfallenden Zahlungsverpflichtungen sind lediglich zeitkongruent mit der Erbringung der Arbeitsleistung des Begünstigten aufwandswirksam zu verbuchen. Versäumte oder im Voraus geleistete Zahlungen an den Pensionsfonds werden als Schuld bzw. Forderung abgegrenzt (IAS 19.44). Liegt der geplante Zahlungstermin mehr als 12 Monate nach dem Ende der Periode, in der die entsprechenden Arbeitsleistungen erbracht wurden, ist die resultierende Verbindlichkeit abzuzinsen (IAS 19.45).

Bilanzierung beitragsorientierter Zusagen

Die X AG hat einigen ihrer Mitarbeiter beitragsorientierte Pensionspläne in Form einer Lebensversicherung zugesagt. Dafür sind jedes Jahr insgesamt 100 T€ an die LV AG zu überweisen. Nachdem die X AG ihren Zahlungsverpflichtungen bisher immer nachgekommen ist, überweist sie der LV AG für dieses Jahr wegen eines Liquiditätsengpasses nur 90 T€. Hier wird wie folgt gebucht:

Pensionsaufwand   100 T€   an   Bank   90 T€
*   Verbindlichkeit   10 T€*

Beispiel 16.1

3 Bilanzierung leistungsorientierter Zusagen

Überblick

Im Unterschied zu beitragsorientierten Zusagen versprechen Unternehmen ihren Mitarbeitern mit leistungsorientierten Pensionszusagen i.d.R. lebenslange betriebliche Rentenzahlungen. Dieses Versprechens können sie sich durch Zahlungen an externe Versorgungsträger nicht entledigen, weil diese bei nicht ausreichenden Mitteln ein Rückgriffsrecht auf das Unternehmensvermögen haben. Im Endeffekt erfüllt eine leistungsorientierte Pensionszusage für das Unternehmen damit den Tatbestand einer ungewissen Verbindlichkeit. Entsprechend den in IAS 19.48 als komplex bezeichneten Bilanzierungsregeln (IAS 19.48-125) ist im Folgenden insbesondere zu klären,
- wie die aus der Zusage resultierende Verpflichtung zu bewerten ist (Abschnitt 3.1),
- wie das ggf. in einem externen Versorgungsträger angesammelte Planvermögen bewertet wird (Abschnitt 3.2),
- wie der jährliche Aufwand konzeptionell zu ermitteln ist (Abschnitt 3.3),
- wie Ergebnisglättungsmechanismen die Höhe des Aufwandes sowie der bilanziell zu erfassenden Positionen beeinflussen (Abschnitt 3.4),
- wie sich das im Dezember 2004 eingefügte Wahlrecht zur ergebnisneutralen Eigenkapitalverrechnung von versicherungsmathematischen Gewinnen und Verlusten auswirkt (Abschnitt 3.5),
- welche Beträge letztlich in Bilanz und Gesamterfolgsrechnung sichtbar werden (Abschnitt 3.6) und
- welche zusätzlichen Angaben erforderlich sind (Abschnitt 6).

Ein zusammenfassendes Beispiel sowie die Diskussion einiger Spezialfragen finden sich in den Abschnitten 4 und 5.

3.1 Bewertung der Verpflichtung

Versicherungsmathematisches Verfahren

Unabhängig davon, ob die leistungsorientierte Pensionszusage intern oder extern finanziert wird, folgt die Bewertung der resultierenden Verpflichtung einem versicherungsmathematischen Verfahren. Im Kern geht es darum, für jeden betroffenen Arbeitnehmer in einem ersten Schritt die künftigen Zahlungen in ihrer absoluten Höhe zu schätzen, sie in einem zweiten Schritt auf den Pensionseintrittstermin abzuzinsen und sie in einem dritten Schritt auf die Perioden der aktiven Dienstzeit des betreffenden Arbeitnehmers zu verteilen (vgl. Abbildung 16.1).

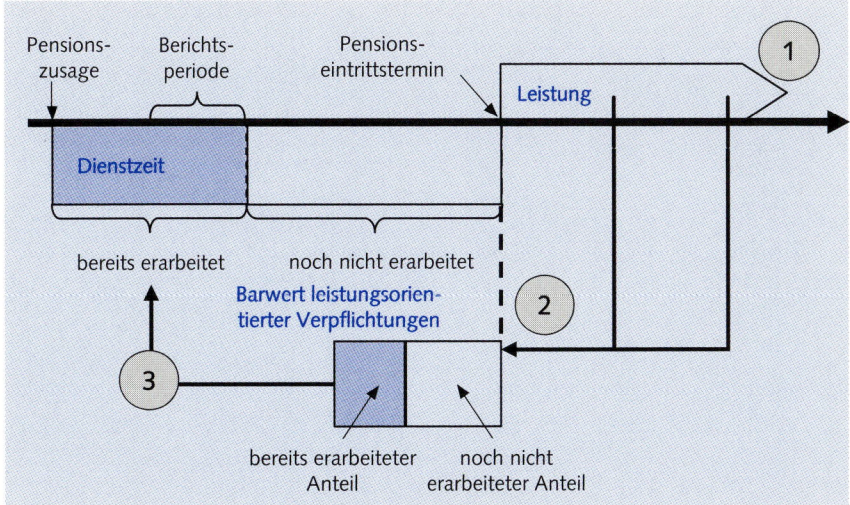

Abb. 16.1: Barwert leistungsorientierter Verpflichtungen nach dem Anwartschaftsbarwertverfahren

Die Höhe der künftigen Pensionszahlungen hängt von den Vertragsdetails der Pensionszusage sowie von versicherungsmathematischen Annahmen etwa über Sterblichkeit, Fluktuation oder Frühpensionierung ab (IAS 19.63). Da sich Pensionszahlungen häufig am letzten Gehalt vor Pensionseintritt sowie ggf. zusätzlich am gesetzlichen Rentenniveau orientieren, fordern IAS 19.83-87 die Berücksichtigung erwarteter künftiger Gehaltssteigerungen. In die Schätzung der künftigen Gehaltssteigerungen fließen Informationen über die künftige Arbeitsmarktsituation, Inflation und etwaige Beförderungen ein. Rententrends sind ebenfalls regelmäßig zu berücksichtigen, etwa wenn die Leistungszusage an das gesetzliche Rentenniveau geknüpft ist und sich dessen Entwicklung zuverlässig schätzen lässt.

Einflussfaktoren

Um die Pensionszahlungen abzinsen zu können, bedarf es eines Zinssatzes. Dieser ist als Vorsteuer-Nominalzins ausgestaltet[6] und hat sich an der Marktrendite erstrangiger, festverzinslicher Industrieanleihen mit gleicher Währung und Laufzeit zu orientieren (IAS 19.78-82). Marktrenditen von Staatspapieren sind nur dann heranzuziehen, wenn in einem Land keine liquiden Märkte für solche Industrieanleihen existieren. Der Diskontierungszins berücksichtigt folglich in erster Linie den Zeitwert des Geldes, also die Verteilung der Zahlungsverpflichtungen im Zeitablauf, und nicht das unternehmensspezifische Risiko (IAS 19.79).

Kalkulationszins

---

6 Vgl. *Wollmert/Rhiel/Hofmann/Schwitters*, IAS-Kommentar, IAS 19, Tz. 92 ff.

Barwert der leistungsorientierten Verpflichtung

Kennt das Unternehmen nun – wiederum gedanklich für jeden einzelnen Arbeitnehmer – den Barwert der künftigen Pensionszahlungen im Zeitpunkt des Pensionseintritts, so ist hieraus die am Bilanzstichtag zu berücksichtigende Verpflichtung zu ermitteln. In einem dritten Schritt wird dieser Barwert auf die Perioden der aktiven Dienstzeit zurückverteilt. Am Bilanzstichtag ist hiernach festzustellen, welcher Anteil auf die laufende Periode sowie auf frühere Dienstzeitperioden entfällt. Es wird folglich der bereits erarbeitete Anteil berechnet. Dieser Anteil an der künftigen Leistung wird erneut auf den Betrachtungszeitpunkt (Bilanzstichtag) abgezinst und bildet den Barwert der leistungsorientierten Verpflichtung (present value of the defined benefit obligation).

Methode der laufenden Einmalprämien

Diese versicherungsmathematische Verfahrensweise nennt sich Methode der laufenden Einmalprämien (projected unit credit method) und stellt ein Anwartschaftsbarwertverfahren dar, weil Leistungsanteile entweder linear (Ausnahmefall nach IAS 19.67) oder einer bestimmten Planformel folgend (Regelfall nach IAS 19.67) den Dienstjahren zugerechnet werden. In jedem Dienstjahr wird ein zusätzlicher Teil des letztendlichen Leistungsanspruchs erdient. Nur der bis zum Bilanzstichtag kumuliert erdiente Leistungsanspruch wird in dem Barwert der leistungsorientierten Verpflichtung berücksichtigt.

Beispiel 16.2

Die X AG stellt den gerade 62 Jahre alt gewordenen Johann Muster mit der Zusage ein, ihm in den zehn Folgejahren nach seiner Pensionierung mit 65 Jahren jeweils 5 % seines Endgehalts als Jahresrente zu zahlen. Basierend auf einem Endgehalt von 32.608,40 € beträgt die Jahresrente nach derzeitigem Informationsstand also 1.630,42 €. Die Rente wird jeweils am Ende der Folgejahre gezahlt. Für den Kalkulationszinsfuß wird eine vergleichbare Rendite von Industrieanleihen in Höhe von 6 % unterstellt.

Im ersten Schritt wird die zugesagte künftige Leistung mit Hilfe des Rentenbarwertfaktors,

$$\frac{(1+i)^n - 1}{i \cdot (1+i)^n},$$

auf den Pensionseintrittstermin abgezinst. Mit i = 6 % ergibt sich ein Barwert von

$$1.630{,}42 \cdot \frac{1{,}06^{10} - 1}{0{,}06 \cdot 1{,}06^{10}} = 12.000\ \text{€}.$$

Im zweiten Schritt wird dieser Barwert nach der Methode der laufenden Einmalprämien auf die drei aktiven Dienstjahre von Johann Muster verteilt. Hierbei wird eine lineare Verteilung unterstellt. Zum Diensteintritt entspricht die Pensionsverpflichtung dem Barwert der Leistungen, die früheren Dienstjahren zugerechnet werden. Dieser Barwert beträgt anfangs naturgemäß 0 €.

Am Ende des ersten Dienstjahres bzw. zu Beginn des zweiten Dienstjahres hat sich Johann Muster ein Drittel des gesamten späteren Leistungsanspruchs erdient. Der Barwert leistungsorientierter Verpflichtungen beträgt (12.000/ 3 · $1{,}06^{-2}$ =) 3.560 €.

Im Verlauf des zweiten Dienstjahres wird der zu Periodenbeginn vorhandene Barwert mit 6 % aufgezinst (3.560 · 0,06 = 213 €). Zudem wird auch dieser Periode wieder ein Leistungsanteil (12.000/3) zugeordnet und entsprechend abgezinst: (12.000/3 · $1{,}06^{-1}$ =) 3.774 €. Die Verpflichtung am Ende des zweiten Dienstjahres entspricht nun dem Barwert der Leistungen, die der laufenden sowie früheren Perioden zugeordnet werden: 3.560 + 213 + 3.774 = 7.547 €. Analog ist im dritten und letzten Dienstjahr vorzugehen. Die Entwicklung der Pensionsverpflichtung über die dreijährige Dienstzeit kann zusammenfassend wie folgt dargestellt werden (in €):

Dienstjahr (Alter)	1 (63)	2 (64)	3 (65)
Verpflichtung zu Beginn der Periode	0	3.560	7.547
Verzinsung des Anfangsbestandes (6 %)	0	+ 213	+ 453
Barwert des Leistungsanteils, der der Berichtsperiode zugerechnet wird	+ 3.560	+ 3.774	+ 4.000
Verpflichtung am Ende der Periode	**3.560**	**7.547**	**12.000**

Das mehrstufige Bewertungsverfahren und die Vielzahl der im stark vereinfachenden Beispiel nicht berücksichtigten Faktoren, wie z.B. geschätzte Gehaltstrends, mögen das IASB motiviert haben, den betroffenen Unternehmen in IAS 19.57 zu empfehlen, bei der Bewertung der künftigen Verpflichtung aus leistungsorientierten Pensionszusagen die Dienste eines qualifizierten Versicherungsmathematikers in Anspruch zu nehmen.

Komplexe Berechnung

3.2 Externe Finanzierung über Planvermögen

Um die späteren Pensionsleistungen erbringen zu können, sind finanzielle Mittel erforderlich, die entweder innerhalb oder außerhalb des Unternehmens angesammelt werden. Außerhalb des Unternehmens angesammelte Mittel bilden das Planvermögen (plan assets), wenn es sich gemäß IAS 19.7 um qualifizierte Versicherungspolicen oder Vermögen handelt, das durch einen langfristig ausgelegten Fonds zur Erfüllung von Leistungen an Arbeitnehmer gehalten wird. Dieser externe Versorgungsträger muss rechtlich unabhängig sein und das von ihm gehaltene Vermögen darf den Gläubigern des berichtenden Unternehmens selbst in einem Insolvenzverfahren nicht zur Verfügung stehen[7]. Eine wirtschaftliche Nutzung des Planvermögens durch das Trägerunternehmen ist jedoch in bestimmten Fällen möglich[8].

Definition

---

[7] Diese Voraussetzung erfüllen u.a. die eingangs erwähnten CTAs.
[8] Vgl. hierzu ausführlich *IDW*, Stellungnahme zur Rechnungslegung: Einzelfragen zur Anwendung von IFRS (IDW RS HFA 2), in: WPg, 58. Jg. (2005), S. 1402-1415.

Bewertung

Das Planvermögen ist mit dem beizulegenden Zeitwert zu bewerten (IAS 19.102-104). Dieser ergibt sich entweder aus dem Marktwert der Vermögensanlagen oder aus Schätzungen, die z.B. auf diskontierten künftigen Cashflows basieren. Der beizulegende Zeitwert des Planvermögens ist – wie auch der Barwert der leistungsorientierten Verpflichtung – vom Unternehmen in ausreichender Regelmäßigkeit zu ermitteln. Im Idealfall wird die Berechnung für jeden Bilanzstichtag neu durchgeführt.

Beispiel 16.3

Im Ausgangsbeispiel (Beispiel 16.2) finanziert die X AG die Rente von Johann Muster über einen Pensionsfonds. Diesem wird am Ende jedes Jahres ein Betrag jeweils in Höhe des Barwerts der in der Periode zusätzlich erdienten Pensionsansprüche zugeführt. Der Fondsmanager investiert diese Beträge in Aktien. Bei einer Aktienrendite in Höhe des verwendeten Abzinsungsfaktors von 6 % pro Jahr entwickelt sich das Planvermögen im Gleichschritt mit der Pensionsverpflichtung wie folgt (in €):

Dienstjahr (Alter)	1 (63)	2 (64)	3 (65)
Planvermögen zu Beginn der Periode	0	3.560	7.547
Wertzuwachs in der Periode (6 %)	0	+ 213	+ 453
Zuführung am Ende der Periode	+ 3.560	+ 3.774	+ 4.000
Planvermögen am Ende der Periode	**3.560**	**7.547**	**12.000**

Bei planmäßigem Verlauf kann somit der am Ende der dreijährigen Dienstzeit vorliegende Anspruch von Johann Muster in Höhe von 12.000 € gerade durch den Gegenwert des im Pensionsfonds angesammelten Planvermögens gedeckt werden.

3.3 Ermittlung des Pensionsaufwandes

Konzeptionell zutreffende Vorgehensweise

Konzeptionell ergäbe sich der in der Periode zu erfassende Pensionsaufwand als Saldo zweier Veränderungsgrößen: Zum einen wäre eine Erhöhung des Barwerts der Verpflichtung als Aufwand zu erfassen. Ein kompensierender Effekt träte demgegenüber ein, wenn das Planvermögen eine positive Rendite erbringt. Gegenläufige Effekte wären dabei mit umgekehrten Vorzeichen zu berücksichtigen. Wird die Erhöhung des Barwerts der Verpflichtung, wie im Ausgangsbeispiel erläutert, in zwei Komponenten unterteilt, ergeben sich konzeptionell die folgenden Bestandteile des Pensionsaufwandes:

Laufender Dienstzeitaufwand

- Laufender Dienstzeitaufwand (current service cost): Der laufende Dienstzeitaufwand ist derjenige Betrag, um den der Barwert der leistungsorientierten Verpflichtung durch die in der Periode zusätzlich erdienten Pensionsansprüche steigt.

- Zinsaufwand (interest cost): Der auf den Anfang der Berichtsperiode berechnete Barwert der Leistungen, die früheren Dienstjahren zuzuordnen sind, ist in der Berichtsperiode mit dem Diskontierungssatz aufzuzinsen.

Zinsaufwand

- Erfolg aus dem Planvermögen (return on plan assets): Dieser besteht aus dem während der Periode erwirtschafteten Gesamtertrag (Zinsen, Dividenden, Kurssteigerungen) des Planvermögens.

Erfolg aus dem Planvermögen

Ausgehend von den Angaben in Beispiel 16.2 und Beispiel 16.3 ließe sich der Pensionsaufwand konzeptionell wie folgt ermitteln:

Beispiel 16.4

Dienstjahr (Alter)	1 (63)	2 (64)	3 (65)
Laufender Dienstzeitaufwand	3.560	3.774	4.000
Zinsaufwand (6 %)	0	+ 213	+ 453
Tatsächlicher Erfolg aus Planvermögen	0	– 213	– 453
Pensionsaufwand	**3.560**	**3.774**	**4.000**

Es wird deutlich, dass sich Zinsaufwand und Erfolg aus dem Planvermögen bei planmäßiger Entwicklung des Planvermögens mit einer Rendite in Höhe des Kalkulationszinssatzes genau ausgleichen. In diesem theoretischen Extremfall liegt ein Pensionsaufwand stets allein in Höhe des laufenden Dienstzeitaufwandes vor.

3.4 Ergebnisglättung

Die bisher beschriebenen drei Schritte (Bewertung der Pensionsverpflichtung, Bewertung des Planvermögens und Aufwandsermittlung) stellen nach IAS 19 lediglich den Ausgangspunkt für die in der Bilanz sowie der Gesamterfolgsrechnung sichtbaren Auswirkungen dar. Die in der Bilanz zu erfassenden Aktiv- bzw. Passivpositionen sowie die Ermittlung des Pensionsaufwandes basieren nur zum Teil auf der bereits erläuterten Vorgehensweise. IAS 19 sieht zudem verschiedene Ergebnisglättungsmechanismen vor, die das Ermittlungsverfahren erheblich verkomplizieren. Diese werden im Folgenden erläutert.

Abweichung von der konzeptionell zutreffenden Vorgehensweise

Bestimmte „außerplanmäßige" Erhöhungen oder Verminderungen des Barwerts der leistungsorientierten Verpflichtung sowie des Planvermögens werden nicht in der Periode ihres Auftretens, sondern – wenn überhaupt – erst in den Folgeperioden ergebniswirksam erfasst. Solche versicherungsmathematischen Gewinne und Verluste (actuarial gains and losses) resultieren im Grunde aus zwei Sachverhalten (IAS 19.94):

Versicherungsmathematische Gewinne und Verluste

- Zum einen können unerwartete tatsächliche Entwicklungen sowie Schätzungsrevisionen bezüglich der versicherungsmathematischen Annahmen von Periode zu Periode sprunghafte Änderungen im Barwert der leistungsorientierten Verpflichtung hervorrufen.

Verpflichtung

Beispiel 16.5

Die bisherige Pensionszusage an Johann Muster basiert im Ausgangsbeispiel 16.2 auf einem geschätzten Endgehalt von 32.608,40 € am Ende von Periode 3. Unerwartet tritt in Periode 1 indes ein Gehaltssprung ein, so dass nun ein Endgehalt von 41.798,80 € zugrunde gelegt werden muss.

Die zugesagte Jahresrente beträgt folglich (41.798,80 · 0,05 =) 2.089,94 €. Der Barwert der künftigen Verpflichtung zum Pensionseintrittstermin ergibt sich damit zu

$$2.089{,}94 \cdot \frac{1{,}06^{10}-1}{0{,}06 \cdot 1{,}06^{10}} = 15.382{,}14 \, €.$$

Dieser ist, wie im Ausgangsbeispiel geschehen, nach der bekannten Methode der laufenden Einmalprämien den Dienstperioden von Johann Muster zuzuordnen. Für Periode 1 ergibt sich damit ein Wert von (15.382,14/3 · 1,06^{-2} =) 4.563 €. Die folgende Aufstellung zeigt den Barwert der leistungsorientierten Verpflichtung in Periode 1 unter Berücksichtigung der neuen Information:

Verpflichtung zu Beginn der Periode	0 €
Verzinsung des Anfangsbestandes (6 %)	0 €
Barwert des Leistungsanteils, der der Berichtsperiode zugerechnet wird	bisher 3.560 € neu zusätzlich 1.003 €
Verpflichtung am Ende der Periode	4.563 €
Versicherungsmathematischer Verlust aus der leistungsorientierten Verpflichtung: „Einmaleffekt" in Höhe von	(4.563 – 3.560 =) 1.003 €

Gegenüber der Ausgangssituation „springt" der Barwert also aufgrund neuer Informationen in Periode 1 von 3.560 € auf 4.563 €. Diese Differenz von 1.003 € wird als versicherungsmathematischer Verlust aus der leistungsorientierten Verpflichtung bezeichnet, da er quasi „außerplanmäßig" deren Barwert erhöht.

Planvermögen

- Zum anderen kann der tatsächliche Ertrag des Fondsvermögens von den Erwartungen abweichen.

Beispiel 16.6

In der Ausgangssituation (Beispiel 16.3) ging die X AG von einem jährlichen Ertrag des Planvermögens in Höhe von 6 % aus. Entgegen den Erwartungen kommt es jedoch in Periode 2 zu einem Crash am Aktienmarkt, aufgrund dessen das Planvermögen einen Verlust von 20 % erwirtschaftet. In Periode 3 werden demgegenüber wieder 6 % Ertrag erzielt. Die folgende Tabelle stellt die erwartete mit der tatsächlichen Entwicklung des Planvermögens – bei unveränderten Zuführungen trotz Schätzrevision bezüglich des Endgehalts (Beispiel 16.5) – gegenüber:

Dienstjahr (Alter)	1 (63)	2 (64)	3 (65)
Erwartetes Planvermögen (Periodenbeginn)	0	3.560	6.622
Erwarteter Wertzuwachs in der Periode (6 %)	0	+ 213	+ 397
Zuführung am Periodenende	+ 3.560	+ 3.774	+ 4.000
Erwartetes Planvermögen (Periodenende)	**3.560**	**7.547**	**11.019**
Tatsächl. Planvermögen (Periodenbeginn)	0	3.560	6.622
Tatsächlicher Wertzuwachs in der Periode	0	− 712	+ 397
Zuführung am Periodenende	+ 3.560	+ 3.774	+ 4.000
Tatsächliches Planvermögen (Periodenende)	3.560	6.622	11.019
Versicherungsmath. Verlust aus Planvermögen	0	925	0

Das Beispiel zeigt, dass das Planvermögen trotz planmäßiger Zuführungen zum Pensionsfonds am Ende von Periode 3 den erforderlichen Betrag von 12.000 € verfehlt. Die Differenz zwischen tatsächlichem und erwartetem Planvermögen von 925 € in Periode 2 stellt einen versicherungsmathematischen Verlust aus dem Planvermögen dar. Um diesen auszugleichen, müsste die X AG zusätzliche Zahlungen an den Fonds leisten.

corridor approach

Um unerwünschte Ergebnisvolatilität aufgrund außerplanmäßiger Wertschwankungen von Pensionsverpflichtung und Planvermögen zu vermeiden, sollen derartige Einmaleffekte nach dem Willen des IASB nur „zeitlich gestreckt" ergebniswirksam erfasst werden. Daher wurde in IAS 19.92-95 das so genannte Korridorverfahren (corridor approach) etabliert. Dieser Ergebnisglättungsmechanismus führt dazu, dass versicherungsmathematische Gewinne und Verluste erst ab einer bestimmten Größenordnung – und selbst dann ggf. nur zum Teil – ergebniswirksam in der Gesamterfolgsrechnung erfasst werden. Nach dem corridor approach werden versicherungsmathematische Gewinne und Verluste so lange in einer Nebenrechnung geführt, bis ihr kumulierter Gesamtbetrag am Ende der Vorperiode 10 % des Barwerts der leistungsorientierten Verpflichtung oder des Planvermögens – falls dieses höher ist – übersteigt.

Beispiel 16.7

In Periode 2 vergleicht die X AG folglich die Summe der versicherungsmathematischen Verluste mit dem entsprechenden Schwellenwert auf Basis der Werte zu Ende der Periode 1:

Versicherungsmathematischer Verlust aus Verpflichtung	1.003 €
Versicherungsmathematischer Verlust aus Planvermögen	0 €
Summe versicherungsmathematischer Verluste	1.003 €
10 % Barwert Verpflichtung (10 % von 4.563 €)	456 €
10 % beizulegender Zeitwert Planvermögen (10 % von 3.560 €)	356 €
Übersteigender Betrag	(1.003 – 456 =) 547 €

Es zeigt sich, dass die Summe versicherungsmathematischer Verluste am Ende von Periode 1 den Referenzwert (hier: 10 % des Barwerts der Verpflichtung) um 547 € übersteigt.

Verteilung des Differenzbetrags

IAS 19.93 sieht nun vor, dass der überschießende Differenzbetrag i.d.R. über die durchschnittliche Restdienstzeit der von der Pensionszusage erfassten Arbeitnehmer ergebniswirksam zu verteilen ist. Diese Ergebniskomponente taucht in IAS 19.61 (d) als Bestandteil des Pensionsaufwandes auf. Eine abweichende, systematische Verteilungsmethode, die zu einer schnelleren ergebniswirksamen Erfassung führt, ist jedoch erlaubt (IAS 19.93). Damit steht es den Unternehmen frei, im Extremfall den gesamten Einmaleffekt in der Periode seiner Entstehung ergebniswirksam zu erfassen. Eine weitere – vollständig ergebnisneutrale – Möglichkeit der Behandlung versicherungsmathematischer Gewinne und Verluste wird in Abschnitt 3.5 diskutiert.

Beispiel 16.8

Die X AG muss also den Betrag von 547 € über die Restdienstzeit von Johann Muster periodisieren. Diese beträgt am Ende von Periode 1 noch zwei Jahre. Damit werden in den Perioden 2 und 3 versicherungsmathematische Gewinne und Verluste in Höhe von jeweils (547/2 =) 274 € ergebniswirksam gebucht:
Pensionsaufwand an Pensionsrückstellung 274 T€

Fortschreibung des Restbetrags

Der Restbetrag der (noch nicht ergebniswirksam erfassten) versicherungsmathematischen Gewinne und Verluste wird weiterhin in der Nebenrechnung geführt und in den Folgeperioden jeweils wiederum dem corridor approach unterzogen.

Beispiel 16.9

In Periode 2 treten die versicherungsmathematischen Verluste aus dem Planvermögen hinzu (Beispiel 16.6). Außerdem ist der in der Nebenrechnung geführte Betrag um den in Periode 2 amortisierten Betrag zu vermindern. In Periode 3 wird folglich der aus dem Korridor überschießende Betrag von (1.654 – 967 =) 687 € vollständig ergebniswirksam erfasst, weil die Dienstzeit von Johann Muster in derselben Periode endet.

Diese Vorgehensweise macht zweierlei deutlich: Erstens werden versicherungsmathematische Gewinne und (hier im Beispiel) Verluste als Einmaleffekte begriffen, die nur in der Periode ihres Auftretens als solche behandelt werden. Es gibt diesbezüglich keinen „Nachhalleffekt" in späteren Perioden.

Daher wird beispielsweise ab Periode 2 mit der auf den neuen Annahmen (Beispiel 16.5) basierenden Verpflichtung weitergerechnet (s. auch Beispiel 16.11), ohne dass aus dem in Periode 1 eingetretenen „Schock" in Periode 2 und 3 weitere versicherungsmathematische Verluste entstünden. Zweitens wird der am Ende der Dienstzeit noch nicht amortisierte, innerhalb des Korridors verbliebene Betrag von 967 € nicht sofort, sondern entsprechend der künftigen Abnahme von Pensionsverpflichtung und Planvermögen – und damit der Korridorgrenzen – über die kommenden zehn Jahre ergebniswirksam aufgelöst[9]. Insgesamt zeigt das Beispiel, dass Schwankungen in der Verpflichtungshöhe und im Planvermögen nur teilweise und verzögert ergebniswirksam erfasst werden, insbesondere wenn die durchschnittliche Restdienstzeit der entsprechenden Arbeitnehmer – anders als hier unterstellt – noch lang ist.

Dienstjahr (Alter)	**1 (63)**	**2 (64)**	**3 (65)**
Versicherungsmathematischer Verlust (Anfang)	0	1.003	1.654
Versich. Verlust aus Verpflichtung (in Periode)	+ 1.003	0	0
Versich. Verlust aus Planvermögen (in Periode)	0	+ 925	0
In der Periode amortisierte Beträge	0	– 274	– 687
Summe versicherungsmath. Verluste (Ende)	**1.003**	**1.654**	**967**
10 % Barwert der Verpflichtung		456	967*
10 % beizulegender Zeitwert des Planvermögens		356	662**
Übersteigender Betrag		547	687
* 10 % von 15.382,14 € · 2/3 · $1,06^{-1}$; ** 10 % von 6.622 €			

Ebenfalls ergebnisglättend periodisiert wird ein u.U. anfallender nachzuverrechnender Dienstzeitaufwand (past service cost). Dieser entsteht, wenn ein Unternehmen rückwirkend neue leistungsorientierte Pensionspläne einführt oder bestehende ändert. Bei noch verfallbaren Leistungen ist er linear über den durchschnittlichen Zeitraum bis zum Eintritt der Unverfallbarkeit der Anwartschaften zu verteilen, wird also nicht dem corridor approach unterworfen. Sind die Ansprüche bereits unverfallbar, erfolgt eine sofortige Aufwandsverrechnung (IAS 19.96).

Nachzuverrechnender Dienstzeitaufwand

Gewinne oder Verluste aus etwaigen Plankürzungen oder Abgeltungen, die z.B. aus Betriebsschließungen resultieren, sind demgegenüber zum Zeitpunkt der Kürzung bzw. Abgeltung sofort ergebniswirksam zu erfassen (IAS 19.109-110).

Plankürzungen und Abgeltungen

---

9 Es handelt sich hier um einen theoretischen Grenzfall eines einzelnen Arbeitnehmers, der so in der Praxis nur selten anzutreffen sein wird.

3.5 Wahlrecht zur ergebnisneutralen Verrechnung versicherungsmathematischer Gewinne und Verluste

IAS 19-Änderung

Auch mit der IAS 19-Änderung vom Dezember 2004 nahm das IASB nicht konsequent von der zuvor beschriebenen Ergebnisglättung Abschied. Es wird lediglich ein (weiteres) Wahlrecht für die Behandlung versicherungsmathematischer Gewinne und Verluste eröffnet. Diese dürfen seit dem Geschäftsjahr 2004 bei Eintritt in voller Höhe ergebnisneutral im Eigenkapital erfasst werden (IAS 19.93A-93D)[10]. Verbessert wird dadurch zwar der Bilanzausweis von Pensionsverpflichtungen, indem deren tatsächliche Deckungssituation sichtbar wird. Andererseits ergibt sich ein dauerhafter Kongruenzverstoß daraus, dass die ergebnisneutral erfassten versicherungsmathematischen Gewinne und Verluste nun dauerhaft am Periodenergebnis vorbei fließen und auch zu keinem späteren Zeitpunkt ergebniswirksam berücksichtigt werden.

Beispiel 16.10

Nach dem neuen Wahlrecht in IAS 19.93A könnte die X AG die in Periode 1 und 2 entstandenen versicherungsmathematischen Verluste aus der Pensionsverpflichtung (in Höhe von 1.003 €; Beispiel 16.5) und aus dem Planvermögen (in Höhe von 925 €; Beispiel 16.6) bereits in Periode 1 bzw. 2 ergebnisneutral gegen die Gewinnrücklagen buchen:

Periode 1:
Sonstiger Gesamterfolg   an   Pensionsrückstellung   1.003 T€

Periode 2:
Sonstiger Gesamterfolg   an   Pensionsrückstellung   925 T€

Bilanzielle Auswirkungen

Anders als der corridor approach oder andere ergebniswirksame Vorgehensweisen zur Erfassung versicherungsmathematischer Gewinne und insbesondere Verluste hält dieses neue Wahlrecht die Periodenergebnisse vollständig von „außerplanmäßigen" Schwankungen der Pensionsverpflichtung und des Planvermögens frei[11]. Es liefert zudem unverzerrte Informationen über die tatsächliche Höhe einer etwaigen Über- oder Unterdeckung der Pensionsverpflichtung durch das Planvermögen. Im Falle versicherungsmathematischer Verluste „bezahlen" die Unternehmen die Ergebnisneutralität dieses Verfahrens jedoch mit Eigenkapitalminderungen und folglich mit Erhöhungen des Verschuldungsgrades.

---

10 Ursprünglich ist der entsprechende Betrag in einem „statement of recognised income and expense (SORIE)" auszuweisen. Bei Anwendung des IAS 1 (rev. 2007) entfällt dieses Rechenwerk. Stattdessen sind die ergebnisneutral erfassten versicherungsmathematischen Gewinne und Verluste in der Gesamterfolgsrechnung auszuweisen. Vgl. hierzu Kapitel 7.

11 Dies wäre ökonomisch jedoch allenfalls für den theoretischen Grenzfall sinnvoll, dass sich diese Schwankungen im Zeitablauf ausgleichen.

3.6 Ausweis

Da IAS 19 einem Nettoausweis folgt, sind bei externer Finanzierung weder der Barwert der leistungsorientierten Verpflichtung noch der beizulegende Zeitwert des Planvermögens in der Bilanz in voller Höhe ersichtlich[12]. Zudem wirken sich die bis hierher beschriebenen Maßnahmen der Ergebnisglättung dahingehend aus, dass bei Nichtanspruchnahme des zuvor geschilderten Wahlrechts der Saldo beider Größen, also eine etwaige Über- oder Unterdeckung der Verpflichtung durch das Planvermögen, der Bilanz nicht unverfälscht entnommen werden kann. Stattdessen bestimmt IAS 19.54, dass folgende Größe in der Bilanz als Schuld oder Vermögenswert[13] auszuweisen ist:

Bilanziell anzusetzende Größe: Nettoausweis

    Barwert der leistungsorientierten Verpflichtung
+/(–) versicherungsmathematische Gewinne (Verluste), die wegen des corridor approach (IAS 19.92-93) noch nicht ergebniswirksam erfasst wurden
– noch nicht ergebniswirksam erfasster nachzuverrechnender Dienstzeitaufwand
– beizulegender Zeitwert des Planvermögens
= **bilanziell zu erfassender Saldo aus einer leistungsorientierten Zusage**

Auf Basis der bisherigen Berechnungen erfasst die X AG am Ende von Periode 3 folgenden Betrag als Schuld aus einem leistungsorientierten Plan in ihrer Bilanz:

Beispiel 16.11

Barwert der leistungsorientierten Verpflichtung	15.382 €
+/(–) versicherungsmathematische Gewinne (Verluste), die noch nicht ergebniswirksam erfasst wurden	-967 €
– noch nicht ergebniswirksam erfasster nachzuverrechnender Dienstzeitaufwand	0 €
– beizulegender Zeitwert des Planvermögens	-11.019 €
= **bilanzielle Schuld aus leistungsorientierter Zusage**	**3.396 €**

Damit weist die X AG bilanziell eine Schuld von 3.396 € aus. Tatsächlich jedoch sieht sie sich einer Verpflichtung in Höhe von 15.382 € gegenüber, für deren Abgeltung sie im Pensionsfonds bisher lediglich 11.019 € angesammelt hat. Die tatsächliche Unterdeckung beträgt damit 4.363 €, ist also um den Be-

---

[12] Zur Forderung eines diesbezüglichen Bruttoausweises von Pensionsverpflichtung und Planvermögen in jeweils voller Höhe vgl. *Pellens, B./Fülbier, R. U./Sellhorn, T.*, Bilanzierung leistungsorientierter Pensionspläne bei deutschen und US-amerikanischen Unternehmen – Vorschlag und Simulation einer Weiterentwicklung von SFAS 87, in: DBW, 64. Jg. (2004), S. 133-153, 144 f. Eine ausführliche Diskussion der Vor- und Nachteile von Brutto- und Nettoansatz erfolgt in IAS 19.BC68A-BC68L.
[13] Die Höhe eines solchen Vermögenswerts ist gemäß IAS 19.58A begrenzt (asset ceiling).

trag der noch nicht ergebniswirksam erfassten versicherungsmathematischen Verluste von 967 € (s. Erläuterung in Beispiel 16.9) höher als der bilanziell ersichtliche Wert.

Unternehmensinterne Finanzierung

Nur bei ausschließlich unternehmensinterner Finanzierung der Pensionsverpflichtung entfällt das Planvermögen innerhalb dieser Berechnung und der Barwert leistungsorientierter Verpflichtungen erscheint in voller Höhe auf der Passivseite der Bilanz. Allerdings ist auch dieser Barwert um die noch nicht ergebniswirksam verrechneten Komponenten der Ergebnisglättung zu „korrigieren".

Nettoausweis auch im Konzernabschluss

Dieser Nettoausweis gemäß IAS 19 gilt im Übrigen auch für den Konzernabschluss. Entspricht das separierte Planvermögen den Anforderungen von IAS 19.7, sind die Vorschriften von IAS 27 zum Konsolidierungskreis nicht anwendbar, denn IAS 19 geht IAS 27 als *lex specialis* vor. Interpretation SIC-12.6 schließt zudem die Konsolidierung als Zweckgesellschaft (special purpose entity) aus.

Ergebniswirkung: Pensionsaufwand

Auch der ergebniswirksam zu verrechnende Pensionsaufwand wird durch die beschriebenen Maßnahmen der Ergebnisglättung zumindest bei Negativentwicklungen meist unterschätzt. IAS 19.61 legt folgendes Schema zu seiner Ermittlung fest[14]:

	Dienstzeitaufwand der Periode
+	Zinsaufwand
–	erwarteter Erfolg aus Planvermögen
+/(–)	Amortisationsbetrag von versicherungsmathematischen Verlusten (Gewinnen) nach dem corridor approach
+	Amortisationsbetrag von nachzuverrechnendem Dienstzeitaufwand
+/(–)	Auswirkungen etwaiger Plankürzungen oder -abgeltungen
=	**Pensionsaufwand oder -ertrag der Periode**

Beispiel 16.12

Auf Basis der bisherigen Berechnungen erfasst die X AG am Ende von Periode 3 folgenden Betrag als Pensionsaufwand in ihrer GuV:

	Dienstzeitaufwand der Periode	$(15.382/3 =)$ 5.127 €
+	Zinsaufwand	$(15.382 \cdot 2/3 \cdot 1{,}06^{-1} \cdot 0{,}06 =)$ 580 €
–	erwarteter Erfolg aus Planvermögen	$((-1) \cdot 6.622 \cdot 0{,}06 =)$ -397 €
+/(–)	Amortisationsbetrag von versicherungsmathematischen Verlusten (Gewinnen) nach dem corridor approach	687 €
=	**Pensionsaufwand der Periode 3**	**5.997 €**

Damit weist die X AG in ihrer GuV einen Pensionsaufwand von 5.997 € aus. Tatsächlich jedoch ergäbe sich – wie oben gezeigt – ohne Berücksichtigung

---

14 Etwas anderes gilt, wenn Teile des Aufwandes in die Anschaffungs- oder Herstellungskosten eines Vermögenswerts einbezogen werden müssen bzw. dürfen.

der Gewinnglättungen ein Pensionsaufwand von 5.311 € (Dienstzeitaufwand: 5.127 €, Zinsaufwand: 580 €, abzüglich tatsächlicher Erfolg aus Planvermögen: 397 €).

Wie in Abschnitt 3.5 ausgeführt, sind ergebnisneutral erfasste versicherungsmathematische Gewinne und Verluste nach IAS 19.93B in der Gesamterfolgsrechnung (gemäß IAS 1 (rev. 2007)) auszuweisen. Wählt ein Unternehmen diese Vorgehensweise, so ist der Bilanzausweis weniger verzerrt und näher an den „tatsächlichen" Werten, da die Verzerrung durch versicherungsmathematische Gewinne und Verluste entfällt.

Ausweis nach dem Wahlrecht in IAS 19.93A

4 Zusammenfassendes Beispiel: Lufthansa AG

Anhand der Konzernabschlussdaten der Lufthansa AG für das Geschäftsjahr 2006 soll die erläuterte Vorgehensweise zusammengefasst werden[15]. Die bilanzielle Nettoschuld aus leistungsorientierten Pensionsverpflichtungen von 3.814 Mio. € ergibt sich dabei zunächst als Saldo des Barwerts der leistungsorientierten Pensionsverpflichtung von 7.029 Mio. €[16] und des Planvermögens von 2.308 Mio. €, der anschließend gemäß IAS 19.54 um die oben beschriebenen Gewinnglättungsbeträge von insgesamt 907 Mio. € vermindert wird (vgl. Abbildung 16.2).

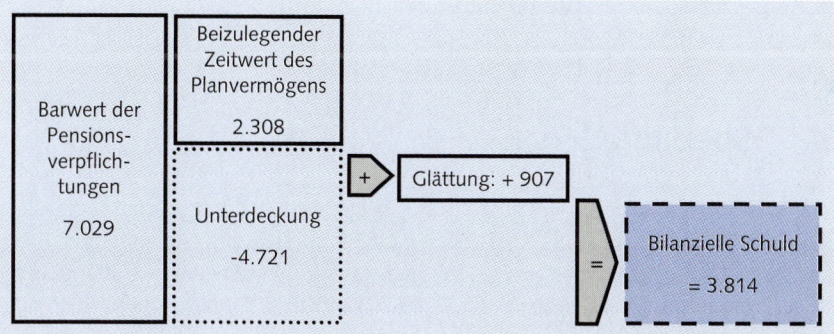

Abb. 16.2: Herleitung der bilanziellen Schuld aus leistungsorientierten Pensionszusagen

Auch die GuV spiegelt die in IAS 19.61 vorgesehenen Glättungsmöglichkeiten wider (vgl. Abbildung 16.3). Die laufenden Aufwandsbestandteile (Dienstzeit-

---

15 Die im Folgenden verwendeten Daten stammen aus dem Geschäftsbericht 2006 der Lufthansa AG, insbesondere S. 145-148.
16 Diese ist mit 2.042 Mio. € auf rückstellungs- und mit 4.987 Mio. € auf fondsfinanzierte Zusagen zurückzuführen.

aufwand und Zinsaufwand) machen mit 591 Mio. € den Großteil des Pensionsaufwandes aus. Dieser wird durch die Amortisationsbeträge der im Nebenbuch mitgeführten Größen um weitere 51 Mio. € erhöht. Dem steht kompensierend der erwartete Erfolg aus dem Planvermögen in Höhe von 113 Mio. € gegenüber.

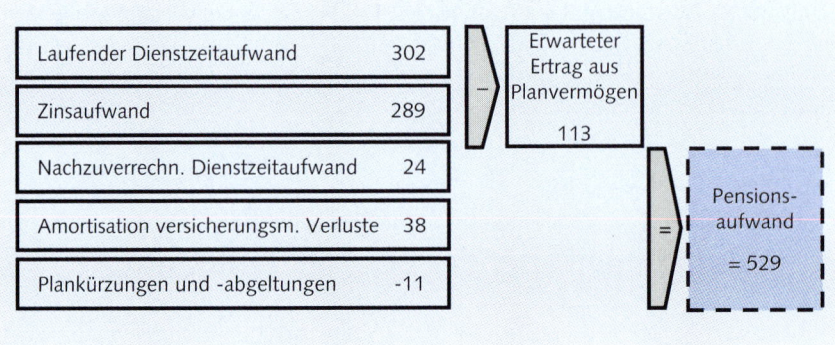

Abb. 16.3: Ermittlung des Pensionsaufwandes

Hätte die Lufthansa statt des corridor approach die ergebnisneutrale Verrechnung versicherungsmathematischer Gewinne und Verluste gewählt, ergäbe sich in Folge einer deutlich höheren bilanziellen Schuld ein geringeres Eigenkapital. Dieses führt in der Folgezeit bei sonst gleichen Bedingungen zu einer höheren Eigenkapitalrendite, zumal das Periodenergebnis durch die Amortisation versicherungsmathematischer Verluste ebenfalls nicht mehr belastet wird

5 Spezialfragen

Gemeinschaftliche Pläne mehrerer Arbeitgeber

IAS 19.29-35 enthalten Vorschriften zur Bilanzierung von gemeinschaftlichen Plänen mehrerer Arbeitgeber. Hierbei handelt es sich um Arrangements, bei denen verschiedene Arbeitgeber, die nicht unter gemeinsamer Beherrschung (under common control) stehen, zur Finanzierung ihrer beitrags- oder leistungsorientierten Zusagen Vermögenswerte in einen gemeinsamen Fonds einbringen. Aus diesem Vermögensbestand werden gegenüber den Begünstigten die vereinbarten Leistungen erbracht, ohne dass es dabei eine Rolle spielt, bei welchem Unternehmen der jeweilige Begünstigte angestellt war bzw. ist. Ein gemeinschaftlicher Plan mehrerer Arbeitgeber kann als beitrags- oder leistungsorientierter Plan einzustufen sein (IAS 19.29). Im letzteren Fall muss das beteiligte Unternehmen die oben beschriebenen Bilanzierungsmethoden auf seinen Anteil an der gemeinschaftlichen Verpflichtung, dem gemeinschaftlichen Planvermögen und dem gemeinschaftlichen Aufwand anwenden. Die mangelnde Zuordnung dieser Positionen auf die beteiligten Unternehmen führt jedoch dazu, dass die

Informationen, die ein Unternehmen für die Bilanzierung benötigt, u.U. schwierig zu erhalten sind. Ist dies der Fall, so werden die betreffenden Zusagen wie beitragsorientierte Zusagen behandelt, wobei zusätzliche Angabepflichten entstehen (IAS 19.30). Ähnliche Bilanzierungsgrundsätze wie für gemeinschaftliche Pläne mehrerer Arbeitgeber gelten gemäß IAS 19.36-38 auch für sog. staatliche Pläne.

IAS 19 behandelt alle Arten von Leistungen an Arbeitnehmer. Neben Pensionszusagen sind dies — *Andere Leistungen*
- kurzfristig fällige Leistungen an Arbeitnehmer (IAS 19.8-23),
- andere langfristig fällige Leistungen an Arbeitnehmer (IAS 19.126-131) und
- Leistungen aus Anlass der Beendigung des Arbeitsverhältnisses (IAS 19.132-143).

Kurzfristig fällige Leistungen werden spätestens 12 Monate nach Ende der Periode, in der die entsprechende Arbeitsleistung erbracht wurde, in voller Höhe fällig (IAS 19.7). Hierzu gehören gemäß IAS 19.8 u.a. Löhne, Gehälter, Sozialversicherungsbeiträge, Erfolgsbeteiligungen sowie geldwerte Vorteile. Diese Leistungen werden, ebenso wie Leistungen aus beitragsorientierten Pensionszusagen, zeitkongruent mit der vergüteten Arbeitsleistung aufwandswirksam. Auch hier sind Mehr- oder Minderzahlungen abzugrenzen. Eine Abzinsung ist jedoch nicht zulässig. — *Kurzfristig fällige Leistungen*

„Andere" langfristig fällige Leistungen sind z.B. Jubiläumszahlungen oder langfristige Erfolgsbeteiligungen. Anders als etwa Pensionszusagen sind sie häufig mit geringerer Schätzunsicherheit behaftet (IAS 19.27) und werden daher nach einem vereinfachten Verfahren bilanziert. So entfallen die für beitragsorientierte Pensionszusagen charakteristischen Glättungen (corridor approach und zeitlich gestreckte Erfassung von nachzuverrechnendem Dienstzeitaufwand), so dass der Saldo aus dem Barwert der Verpflichtung und der beizulegende Zeitwert etwaigen Planvermögens unverfälscht sichtbar ist (IAS 19.128). Auch der als Aufwand zu erfassende Betrag steht dem oben beschriebenen konzeptionellen Ideal wesentlich näher als dies bei Pensionszusagen der Fall ist (IAS 19.129). — *Andere langfristig fällige Leistungen*

Mit Leistungen anlässlich der Beendigung des Arbeitsverhältnisses werden nicht Arbeitsleistungen entgolten, sondern es handelt sich um Zahlungen, deren auslösendes Ereignis die vorzeitige Entlassung oder das vom Unternehmen finanziell geförderte freiwillige Ausscheiden eines Mitarbeiters ist (IAS 19.132). Im Wesentlichen sind dies Abfindungen oder Lohnfortzahlungen, an die kein wirtschaftlicher Nutzen für das Unternehmen mehr geknüpft ist. Erst wenn sich das vorzeitige Ausscheiden der Mitarbeiter in einem detaillierten Plan konkretisiert hat und die dadurch fälligen Leistungen für das Unternehmen unausweichlich sind, werden sie als Schuld und Aufwand erfasst (IAS 19.133). Bei langfristiger Fälligkeit sind die Leistungen abzuzinsen (IAS 19.139). — *Leistungen anlässlich der Beendigung des Arbeitsverhältnisses*

6 Anhangangaben

Umfangreiche Angabepflichten

Wie die bisherigen Erläuterungen zeigen, sind weder der Barwert der leistungsorientierten Verpflichtung noch der beizulegende Zeitwert des Planvermögens (bei externer Finanzierung) unmittelbar der Bilanz zu entnehmen. Diese Informationen müssen allerdings im Anhang aufgeführt werden. So enthält IAS 19.120-125 umfangreiche Angabepflichten zur Bilanzierung von Pensionsverpflichtungen, zu denen u.a. gehören:

- Eine Beschreibung der Pensionspläne (IAS 19.120A (b)) sowie die Veröffentlichung wesentlicher versicherungsmathematischer Annahmen wie Kalkulationszinsfuß, erwartete Rendite des Planvermögens sowie Gehalts- und Rententrends (IAS 19.120A (n)),
- die Angabe des Barwerts der leistungsorientierten Verpflichtungen, des beizulegenden Zeitwert des Planvermögens und der Bestandteile der in Gesamterfolgsrechnung sowie Bilanz ausgewiesenen Posten (IAS 19.120A (f)-(g)),
- eine Überleitungsrechnung vom Periodenanfang zum Periodenende für die Verpflichtung bzw. für das Planvermögen (IAS 19.120A (c) bzw. (e)),
- die Aufspaltung der Pensionsverpflichtung in intern und extern finanzierte Teilbeträge (IAS 19.120A (d)),
- eine Aufteilung des Planvermögens in verschiedene Asset-Klassen (IAS 19.120A (j)),
- eine verbale Beschreibung und Begründung der erwartenden Rendite aus dem Planvermögen (IAS 19.120A (l)) und
- eine Fünf-Jahres-Historie der Pensionsverpflichtung und des Planvermögens mit den entsprechenden Anpassungen und Parameteränderungen im Zeitablauf (IAS 19.120A (p)).

Keine Heilung von Defiziten durch Anhangangaben

Diese umfangreichen und komplexen Angabepflichten können das Informationsdefizit in der Bilanz sowie ggf. insbesondere in der Ergebnisrechnung allerdings nicht vollständig beheben, da die IFRS dem Anhang eine derartige Funktion nicht zuerkennen. Denn bereits die Rechenwerke für sich sollen die Vermögens-, Finanz- und Ertragslage den tatsächlichen Verhältnissen entsprechend darstellen[17].

7 Wesentliche Unterschiede zum HGB

Nur unvollständige Regelung im HGB

Für die handelsbilanzielle Abbildung von Pensionszusagen ist zunächst Art. 28 EGHGB einschlägig, der zwischen Neuzusagen (nach dem 31.12.1986) und Altzusagen (vor dem 01.01.1987) differenziert. Hier wird in Verbindung mit den allgemeinen Ansatzvorschriften der §§ 246 Abs. 1, 249 HGB eine Passivie-

---

17 Vgl. IAS 1.18; siehe auch *Fülbier/Pellens*, MünchKommHGB, § 314, Tz. 58; *Wollmert/Achleitner*, IAS-Kommentar, Kapitel II, Tz. 26.

rungspflicht für Neuzusagen und ein Passivierungswahlrecht für Altzusagen formuliert. Das HGB selbst regelt die bilanzielle Abbildung von Pensionsverpflichtungen nicht im Detail. Neben einer nur bestimmte Rechtsformen betreffenden Verpflichtung zum expliziten Ausweis der Passivposition „Rückstellungen für Pensionen und ähnliche Verpflichtungen" (§ 266 Abs. 3 B 1 HGB) existiert in § 253 Abs. 1 Satz 2 HGB lediglich eine Spezialvorschrift zur Bewertung von Pensionsverpflichtungen. Diese regelt die Bewertung erst ab dem Zeitpunkt, ab dem „eine Gegenleistung nicht mehr zu erwarten ist". Die Bewertung von Pensionsanwartschaften während der aktiven Dienstzeit des Arbeitnehmers ist unter Rückgriff auf allgemeine Bewertungsgrundsätze für Rückstellungen (§ 253 Abs. 1 HGB) und die entsprechenden GoB vorzunehmen.

Unter anderem um den Unternehmen die Kosten einer doppelten Wertermittlung von Pensionsrückstellungen zu ersparen, wird bisher davon ausgegangen, dass die steuerrechtlichen Berechnungsvorschriften in § 6a EStG auch mit den handelsrechtlichen GoB vereinbar sind. Hiernach erfolgt eine Passivierung der Pensionsverpflichtung zum Teilwert, bei dessen versicherungsmathematischer Berechnung mit dem Teilwertverfahren ein Anwartschaftsdeckungsverfahren zur Anwendung kommt. Im Unterschied zu IAS 19 sieht dieses vor, die künftigen, auf den Pensionseintrittstermin abgezinsten Pensionsleistungen mit dem Rückwärtsverteilungsfaktor gleichmäßig auf die Dienstjahre zu verteilen. Damit wird eine kontinuierliche Arbeitsleistung des pensionsberechtigten Arbeitnehmers unterstellt. Die nach IAS 19.67 mögliche Ungleichgewichtung der einzelnen Perioden (back- bzw. frontloading) ist damit nicht erreichbar[18]. Als Diskontierungssatz dient nach § 6a Abs. 3 Satz 3 EStG ein kapitalmarktunabhängiger fester Zins von 6 %, während nach HGB auch einen niedrigerer Zins zulässig ist. Bei der Berechnung ist vom aktuellen Gehalt des Mitarbeiters auszugehen, so dass Gehalts- und Rententrends bei der Berechnung unberücksichtigt bleiben. Ungewisse künftige Leistungserhöhungen werden bei der Barwertberechnung erst dann berücksichtigt, „wenn sie eingetreten sind" (§ 6a Abs. 3 Nr. 1 Satz 4 EStG). Unter Einbeziehung von Zinsen ergibt das Anwartschaftsbarwertverfahren insbesondere zu Beginn der Dienstzeit geringere Verpflichtungsbeträge, die jedoch bis zum Pensionseintrittstermin stärker ansteigen. Hier wirkt sich der Abzinsungseffekt in den ersten Perioden überproportional stark und in den späteren Perioden geringer aus als beim Anwartschaftsdeckungsverfahren. In der Tendenz verlagert das Anwartschaftsbarwertverfahren den Pensionsaufwand damit stärker auf die späteren Dienstjahre[19].

Teilwertberechnung nach § 6a EStG: Anwartschaftsdeckungsverfahren

---

18 Vgl. *Schildbach, T.*, Pensionsverpflichtungen nach US-GAAP/IAS versus HGB/GoB und die Informationsfunktion des Jahresabschlusses, in: ZfB, 69. Jg. (1999), S. 960-962; *Wolz, M.*, Die Bilanzierung von Pensionsverpflichtungen nach HGB versus US-GAAP/IAS, in: ZfB, 70. Jg. (2000), S. 1374.
19 Zur Verdeutlichung vgl. die Gegenüberstellung versicherungsmathematischer Methoden bei *Wollmert/Rhiel/Hofmann/Schwitters*, IAS-Kommentar, IAS 19, Tz. 145 ff.

Beispiel 16.13

Um die Unterschiede in der Bewertungsmethodik zwischen IFRS bzw. US-GAAP und HGB herauszustellen, wird das Anwartschaftsdeckungsverfahren auf die im Ausgangsbeispiel (Beispiel 16.2) gegebenen Informationen angewandt. Der Rückwärtsverteilungsfaktor ergibt sich als

$$\frac{i}{(1+i)^n - 1}.$$

Bei einem Kalkulationszins von 6 % beträgt der Teilwert der Verpflichtung am Ende des ersten Dienstjahres

$$12.000 \cdot \frac{0{,}06}{1{,}06^3 - 1} = 12.000 \cdot 0{,}314 = 3.769 \ \text{€}.$$

Zum Ende des zweiten Dienstjahres wird diese Annuität von 3.769 € mit dem Rentenendwertfaktor für n = 2 Jahre,

$$\frac{1{,}06^2 - 1}{0{,}06} = 2{,}06,$$

multipliziert, wodurch das Aufzinsen der Verpflichtung im Zeitablauf (3.769 · 1,06 = 3.995 €) sowie der neu erdiente Leistungsanteil (3.769 €) erfasst werden. Der Teilwert beträgt folglich (3.769 · 2,06 =) 7.765 €. Am Ende des dritten Dienstjahres wird die Pensionszahlung in Höhe von 12.000 € fällig. Sie ergibt sich durch Multiplikation der ursprünglichen Annuität von 3.769 € mit dem Rentenendwertfaktor für n = 3 Jahre zu (3.769 · 3,1836 =) 12.000 €.

Analog zum Ausgangsbeispiel wird im Folgenden die Entwicklung der Pensionsverpflichtung über die dreijährige Dienstzeit dargestellt. Zum Vergleich werden in der letzten Zeile die nach der IFRS-Vorgehensweise ermittelten Beträge angegeben.

Dienstjahr (Alter)	1 (63)	2 (64)	3 (65)
Verpflichtung zu Beginn der Periode	0	3.769	7.765
Verzinsung des Anfangsbestandes (6 %)	0	226	466
Barwert des Leistungsanteils, der der Berichtsperiode zugerechnet wird	3.769	3.769	3.769
Verpflichtung am Ende der Periode	3.769	7.765	12.000
Verpflichtungsbeträge nach IAS 19	3.560	7.547	12.000

Geplante Änderungen durch das BilMoG

Der im November 2007 veröffentlichte Referentenentwurf zum Bilanzrechtsmodernisierungsgesetz (BilMoG) reguliert nun erstmalig auch handelsrechtlich den bei der Abzinsung der Pensionsrückstellungen heranzuziehenden Zinssatz, indem er auf den durchschnittlichen Marktzins der vergangenen fünf Geschäftsjahre abstellt. Die dabei anzuwendenden Abzinsungssätze sollen von der Deutschen Bundesbank monatlich bekannt gegeben werden und sich an der Marktrendite hochklassiger deutscher Industrieanleihen orientieren. Zudem erlaubt der Referentenentwurf eine Verrechnung der Pensionsrückstellungen mit dem korrespondierenden Planvermögen, wenn sichergestellt ist, dass die Vermögensgegenstände nur zur Begleichung der Pensionsverpflichtungen dienen. Auch Gehalts- und Rententrends werden zukünftig berücksichtigt.

8 Wesentliche Unterschiede zu US-GAAP

IAS 19 beruht in weiten Teilen auf dem einschlägigen SFAS 87 „Employers' Accounting for Pensions". Auch die US-GAAP folgen somit einem Nettoausweis von extern finanzierten Pensionsverpflichtungen und sehen eine Reihe von Glättungsmechanismen vor. Die teils deutlichen Unterdeckungen der Pensionspläne von US-amerikanischen Unternehmen wurden durch diese Glättungsmechanismen nur unvollständig ausgewiesen, was insbesondere von Finanzanalysten und auch von der SEC zunehmend kritischer gesehen wurde. SFAS 87 konzeptionell ähnlich zu IAS 19

Das FASB reagiert auf diese Kritik und startete ein Projekt zur grundsätzlichen Überarbeitung der Regelungen zur Pensionsbilanzierung. Als Ergebnis der ersten Phase dieses Projekts wurde im September 2006 SFAS 158 „Employers' Accounting for Defined Benefit Pension and Other Postretirement Plans" veröffentlicht[20]. SFAS 158 schreibt einen Ausweis der vollständigen Nettopensionsverpflichtung in der Bilanz vor. Versicherungsmathematische Gewinne und Verluste sind im Jahr ihres Anfalls ergebnisneutral im Eigenkapital zu erfassen. Im Gegensatz zu dem 2004 eingeführten Wahlrecht des IAS 19 sieht SFAS 158 in den Folgejahren ein Recycling dieser Beträge vor. Die zunächst im other comprehensive income erfassten Beträge werden in den Folgeperioden nach dem Korridorverfahren ergebniswirksam in der GuV vereinnahmt. SFAS 158 ist für Geschäftsjahre, die nach dem 15.12.2006 enden, verpflichtend anzuwenden. SFAS 158

---

20 Vgl. zu den durch SFAS 158 eingeführten Neuerungen im Detail *Baetge, J./Haenelt, T.*, Pensionsrückstellungen im IFRS-Abschluss – Kritische Würdigung der Regelungen zur Vereinnahmung versicherungsmathematischer Gewinne und Verluste im IFRS-Abschluss unter Berücksichtigung der Neuregelung des FASB, in: DB, 59. Jg. (2006), S. 2415 f.

Ausgewählte Literatur

Arbeitskreis „Finanzierung" der Schmalenbach-Gesellschaft für Betriebswirtschaft e.V., Betriebliche Altersversorgung mit Pensionsrückstellungen oder Pensionsfonds – Analyse unter finanzwirtschaftlichen Gesichtspunkten, in: DB, 51. Jg (1998), S. 321-331.

Baetge, J./Haenelt, T., Pensionsrückstellungen im IFRS-Abschluss – Kritische Würdigung der Regelungen zur Vereinnahmung versicherungsmathematischer Gewinne und Verluste im IFRS-Abschluss unter Berücksichtigung der Neuregelung des FASB, in: DB, 59. Jg. (2006), S. 2413-2419.

Küting, K./Keßler, M., Pensionsrückstellungen nach HGB und IFRS: Die Bilanzierung versicherungsmathematischer Gewinne und Verluste, in: KoR, 6. Jg. (2006), S. 192-206.

Lachnit, L./Müller, S., Bilanzanalytische Behandlung von Pensionsverpflichtungen, in: DB, 57. Jg. (2004), S. 497-506.

Pellens, B./Fülbier, R. U./Sellhorn, T., Bilanzierung leistungsorientierter Pensionspläne bei deutschen und US-amerikanischen Unternehmen – Vorschlag und Simulation einer Weiterentwicklung von SFAS 87, in: DBW, 64. Jg. (2004), S. 133-153.

Zimmermann, J./Schilling, S., Änderungen der Bilanzierung von Pensionsverpflichtungen nach IAS 19 und deren Wirkung auf die Jahresabschlüsse deutscher Unternehmen, in: KoR, 4. Jg. (2004), S. 485-491.

Übungsaufgaben

Aufgabe 1:
Beschreiben Sie die beiden Grundformen von Pensionszusagen sowie die allgemeinen Möglichkeiten zu ihrer Finanzierung. Erläutern Sie in Grundzügen die bilanzielle Behandlung dieser Ausgestaltungsformen.

Aufgabe 2:
Buchen Sie unter Vernachlässigung latenter Steuern folgenden Sachverhalt: Die Y AG muss im Rahmen eines beitragsorientierten Pensionsplanes jährlich 250 T€ an die Entente-Versicherung überweisen. Wegen eines Liquiditätsüberhanges zahlt sie im laufenden Jahr einen Betrag von 500 T€. Im Vorjahr war die Y AG um 50 T€ hinter ihrer Zahlungsverpflichtung zurückgeblieben.

Aufgabe 3:
Ermitteln Sie analog zu Beispiel 16.2 den Barwert der leistungsorientierten Verpflichtung (nach IAS 19) in den Perioden 1 bis 5 für folgenden Sachverhalt: An ihrem 60. Geburtstag tritt Bettina Sachs in den Dienst der Y AG. Die Y AG sagt ihr zu, ihr in den 25 Folgejahren nach ihrer Pensionierung mit 65 Jahren jeweils

10 % ihres Endgehalts als Jahresrente zu zahlen. Derzeit wird von einem Endgehalt in Höhe von 40.000 € bei Renteneintritt ausgegangen. Erstrangige Industrieanleihen verzinsen sich derzeit mit 5 %.

Aufgabe 4:
Beziehen sich auf Ihre Ergebnisse in Aufgabe 3. In Periode 3 sinke der Kalkulationszins aufgrund eines einmaligen Schocks auf 4 %. Gleichzeitig zeigen neue Informationen, dass das Endgehalt von Frau Sachs bei Renteneintritt voraussichtlich 45.000 € betragen wird. Am Ende der Periode 3 beträgt das für die Finanzierung der Pensionsverpflichtung vorgesehene Planvermögen 30.000 €. Wie hoch ist der versicherungsmathematische Erfolg (Gewinn oder Verlust) in Periode 3? Wie ist er in Periode 4 zu behandeln, wenn die Y AG den corridor approach anwendet? Geben Sie die dazu erforderlichen Buchungssätze an.

Aufgabe 5:
Nennen und erläutern Sie die in IAS 19 vorgesehenen Möglichkeiten zur bilanziellen Behandlung von versicherungsmathematischen Gewinnen und Verlusten. Stellen Sie verbal die jeweiligen Auswirkungen auf den return on capital employed (RoCE) und auf die Eigenkapitalquote unter der Annahme dar, dass versicherungsmathematische Verluste vorliegen.

Kapitel 17
Eigenkapital

1 Definition und Abgrenzung zu Schulden 475
   *Exkurs: Exposure Draft „Financial Instruments Puttable
       at Fair Value and Obligations Arising on Liquidation"* 478
2 Sonderformen des Eigenkapitals 480
   2.1 Vorzugsaktien 480
   2.2 Mezzanine-Kapital 480
   2.3 Finanzinstrumente mit Eigen- und Fremdkapitalanteil 481
3 Eigenkapitalpositionen 482
   3.1 Struktur 482
   3.2 Eingezahltes Kapital 482
   3.3 Erwirtschaftetes Kapital 484
   3.4 Ausweis eigener Anteile 490
4 Gliederungsvorschriften und Angaben 492
5 Wesentliche Unterschiede zum HGB 494
6 Wesentliche Unterschiede zu US-GAAP 498

Ausgewählte Literatur 499

Übungsaufgaben 500

Eigenkapital ist eine der wichtigsten Bilanzpositionen. Gerade die zum Teil in der Vergangenheit emotional geführten Diskussionen über den IAS 32 zeigen die Bedeutung dieser Bilanzposition auf. Dieser Standard befasst sich mit der Abgrenzung des bilanziellen Eigenkapitals vom Fremdkapital. Besonders in Deutschland sehen sich Familienunternehmen aufgrund dieser Bilanzregeln benachteiligt. Der Vorstand der Stiftung Familienunternehmen, Herr Brun-Hagen Hennerkes, sieht in diesem Standard sogar „das bilanzielle Aus für Familienunternehmen"[1].

Diese Aussage resultiert aus einer konsequenten Anwendung von IAS 32.18(b). Dadurch würden große Teile des Eigenkapitals von Personenhandelsgesellschaften (wie z.B. OHG, KG und GmbH & Co. KG) und Genossenschaften nicht mehr als Eigenkapital, sondern als Fremdkapital auszuweisen sein. Damit bestünde die Gefahr, dass in den Bilanzen dieser Unternehmen das zu bilanzierende Eigenkapital gegen Null tendiert. Kernproblem bei diesen Rechtsformen aus Sicht von IAS 32 ist, dass Mitglieder bzw. Gesellschafter ein nicht ausschließbares Recht auf Kündigung ihrer Gesellschafteranteile und Zahlung einer Abfindung besitzen. Damit ist nach IFRS formal die Definition einer Schuld erfüllt.

Die Sorge der Stiftung wird damit ebenso verständlich wie die gestartete Lobbyarbeit durch verschiedene Unternehmensverbände, die direkt auf drei Ebenen ansetzte. So wurde sowohl international (beim IASB und beim IFRIC) als auch auf europäischer (bei der EU-Kommission, dem EU-Parlament und beim EFRAG) und deutscher Ebene (beim IDW, DRSC, bei den Ministerien und bei der Regierung) nachdrücklich auf die Konsequenzen der neuen Vorschriften hingewiesen.

Wie bedeutsam der Ausweis des Eigenkapitals ist, lässt sich letztlich auch daran erkennen, dass Gesellschaften sogar an Satzungsänderungen denken und durch lobbyistische Aktivitäten entsprechende Gesetzesänderungen erwirken wollen, um die Kriterien für den Ausweis als Eigenkapital zu erfüllen. Letztlich löst die Eigenkapitaldefinition von IAS 32 möglicherweise einen Wandel des Charakters des Eigenkapitals von Personenhandelsgesellschaften und genossenschaftlichem Eigenkapital in Deutschland aus: Aus kündbarem wird nur bedingt oder gar nicht kündbares Kapital. Die Abgrenzung zur Schuld ist eines von vielen wichtigen Themen rund um das Eigenkapital. Ebenso wird im Rahmen dieses Kapitels kurz skizziert, wie das IASB mithilfe eines Entwurfs zur Änderung des IAS 32, spezifische Ausnahmeregeln zu den bisherigen Abgrenzungsgrundsätzen formuliert hat.

---

1 Vgl. Handelsblatt, Nr. 210 vom 31.10.2006, S. 4.

Im Folgenden soll außerdem dargelegt werden,
- welche Gliederungsvorschriften das IASB für das Eigenkapital vorsieht,
- welche Inhalte die verschiedenen Eigenkapitalpositionen haben,
- welche speziellen Angaben im Zusammenhang mit der Eigenkapitalbilanzierung gemacht werden müssen und
- wie der Rückkauf eigener Anteile zu bilanzieren ist.

1 Definition und Abgrenzung zu Schulden

Die Regelungen zur Bilanzierung des Eigenkapitals sind in verschiedenen Standards zu finden. Innerhalb des Rahmenkonzeptes erfolgt eine Definition des Eigenkapitals. Eine Abgrenzung gegenüber dem Fremdkapital wird in IAS 32 vorgenommen. Die Gliederungsvorschriften der Bilanzposition Eigenkapital werden in IAS 1 erläutert.   *Relevante Standards*

Ergänzt werden diese Standards durch IFRIC 2 „Die Bilanzierung von Genossenschaftsanteilen" (Members' Shares in Co-operative Entities and Similar Instruments). In dieser Interpretation wird die Abgrenzung von Eigen- und Fremdkapital bei genossenschaftlich organisierten Unternehmen geregelt.   *Interpretationen*

Die Position Eigenkapital (equity) repräsentiert die Ansprüche der Anteilseigner eines Unternehmens innerhalb der Bilanz. Als Residualgröße sämtlicher Vermögenswerte abzüglich der Schulden (RK.49(c)) ist die Höhe des Eigenkapitals insbesondere von der Bilanzierung der übrigen Bilanzpositionen und somit von geltenden Ansatz- und Bewertungsregeln abhängig. Daher entsprechen Buchwert und Marktwert der Eigenkapitalanteile einander im Zeitablauf allenfalls zufällig (RK.67).   *Eigenkapitaldefinition*

Erneut aufgegriffen wird die Eigenkapitaldefinition in IAS 32 „Finanzinstrumente: Angaben und Darstellung". IAS 32.11 beinhaltet klare Abgrenzungskriterien zwischen Eigenkapital und Schulden. Nur wenn die folgenden zwei Bedingungen erfüllt sind, handelt es sich bei einer Passivposition um ein Eigenkapitalinstrument (vgl. auch IAS 32.16):   *Abgrenzung von Schulden*

1. Das passivische Finanzinstrument darf keine Verpflichtung bedingen, einen finanziellen Vermögenswert an eine andere Partei zu liefern oder finanzielle Vermögenswerte oder Schulden mit einer anderen Partei zu ungünstigen Bedingungen zu tauschen (IAS 32.16 (a)).
2. Falls das Finanzinstrument durch Eigenkapitaltitel des ausgebenden Unternehmens bedient wird bzw. bedient werden kann, ist es entweder
   - ein nicht-derivatives Instrument, das keine Verpflichtung des Ausgebers verbrieft, eine variable Anzahl eigener Eigenkapitaltitel zu liefern (IAS 32.16 (b) (i)) oder
   - ein Derivat, das vom ausgebenden Unternehmen durch die Lieferung einer fixen Anzahl von Eigenkapitaltiteln für einen fixen Geldbetrag oder sonstigen finanziellen Vermögenswert bedient wird (IAS 32.16 (b) (ii)).

Die erste Bedingung schließt zunächst alle Finanzinstrumente aus, die die Definition von Schulden erfüllen. Die zweite Bedingung grenzt Instrumente aus, die zwar durch Eigenkapitaltitel bedient werden, bei denen die Eigenkapitaltitel aber lediglich eine Art Währung darstellen und zur Bezahlung von anders normierten Beträgen verwendet werden. Weitere Erläuterungen finden sich in IAS 32.17-27.

Beispiel 17.1 Anhand des folgenden Beispielsachverhalts soll die obige Abgrenzung von Eigen- und Fremdkapital verdeutlicht werden: Die X AG erwirbt von der Y AG ein Aktienpaket der Z AG. Im Sinne von IAS 32.16 (a) bestünde eine Schuld darin, dass sich die X AG dazu verpflichtet, im Gegenzug 1 Mio. € oder Bundesanleihen im Wert von 1 Mio. € an die Y AG zu liefern. Ebenso läge eine Schuld vor, wenn die X AG im Gegenzug einwilligte, eine Schuld der Y AG in Höhe von 1 Mio. € zu übernehmen.

Im Sinne von IAS 32.16 (b) (i) könnte die X AG die Aktien der Z AG auch in eigenen Aktien bezahlen. Sofern sie sich verpflichtet, eine *variable*, also noch festzulegende Anzahl eigener Aktien im Wert von 1 Mio. € an die Y AG zu leisten, liegt eine Schuld vor. In diesem Fall sind die Aktien der X AG lediglich eine Art Währung, um eine auf einen festen Betrag lautende Verpflichtung zu begleichen.

Besteht die Gegenleistung der X AG hingegen in einer *festen* Anzahl eigener Aktien, so schwankt ihr Wert mit dem Aktienkurs der X AG, lautet also nicht auf einen festen Betrag von z.B. 1 Mio. €. Damit liegt, sofern die erste Voraussetzung in IAS 32.16 (a) ebenfalls erfüllt ist, gemäß IAS 32.16 (b) (ii) ein Eigenkapitalinstrument vor.

Gemäß IAS 32.16 (b) (ii) ist als Eigenkapitalinstrument auch ein Derivat anzusehen, das vom Unternehmen mit der Ausgabe einer *festen* Anzahl eigener Aktien gegen einen *festen* Geldbetrag glattgestellt wird. Beispielsweise könnte die X AG als Stillhalterin einer Kaufoption verpflichtet sein, dem Zeichner der Option 10.000 eigene Aktien gegen Zahlung von 1 Mio. € zu übertragen. Aus IAS 32.16 (b) (ii) lässt sich nun folgern, dass eine Schuld demgegenüber dann vorliegt, wenn die X AG für die 10.000 eigenen Aktien keinen festen Betrag erhält, sondern z.B. denjenigen variablen Betrag, der dem Wert von 10 t Kupfer im Ausübungszeitpunkt der Option entspricht.

IFRIC 2 Die Abgrenzung von Eigen- und Fremdkapital kann – wie oben bereits beschrieben – bei der Umstellung von HGB auf IFRS erhebliche Auswirkungen auf die Bilanzen vieler deutscher Unternehmen haben. Durch die Änderung des Rechnungslegungssystems könnte es also zu einer erheblichen Umgliederung des Eigenkapitals und damit des ausgewiesenen Verlustpuffers kommen[2]. Bei strikter Auslegung des IAS 32 dürfte die Anwendung der IFRS bei genossenschaftlichen Unternehmen und Personenhandelsgesellschaften zu einer deutli-

---

2 Diese Umklassifizierung wird kontrovers diskutiert. Vgl. *Schildbach, T.*, Das Eigenkapital deutscher Unternehmen im Jahresabschluß nach IFRS – Analyse eines Problems, in: BFuP, 58. Jg. (2006), S. 325-341.

chen Erhöhung des Verschuldungsgrades führen. Am 25.11.2004 veröffentlichte das IFRIC, wohl auch als Reaktion auf die erwähnte Lobbyarbeit, die Interpretation IFRIC 2 „Members' Shares in Co-operative Entities and Similar Instruments", die sich mit der Anwendung von IAS 32 auf genossenschaftlich organisierte Unternehmen beschäftigt. Nach IFRIC 2 besteht nun zwar theoretisch die Möglichkeit, genossenschaftliche Anteile als Eigenkapital auszuweisen. Allerdings hat das IFRIC die Meinung des IASB bestätigt und an dem Kriterium der Kündigungsmöglichkeit mit Abfindungsanspruch festgehalten. Die IAS 32 inhärente Problematik wird damit nicht grundsätzlich gelöst. So regelt IFRIC 2.6, dass Anteile an Personenhandelsgesellschaften und Genossenschaften unter dem Eigenkapital zu subsumieren sind, sofern eine der beiden folgenden Bedingungen erfüllt ist:

- Das Unternehmen hat das bedingungslose Recht, die Anteile nicht zurücknehmen zu müssen.
- Gesetzliche, regulatorische oder satzungsmäßige Vorschriften verbieten die Rücknahme des Gesellschafts- bzw. Genossenschaftsanteils. Das Verbot ist dabei nicht an weitere Prämissen gebunden, kann aber einen nur partiellen Wirkungsbereich haben. So kann nach IFRIC 2.9 die Rücknahme der Anteile an Genossenschaften und Personenhandelsgesellschaften durch die Gesellschaften nur dann ausgeschlossen sein, wenn dadurch das eingezahlte Kapital einen vorher determinierten Betrag unterschreiten würde. Diejenigen Anteile, die nicht mehr in den Wirkungsbereich des Verbotes fallen, stellen Schulden dar, sofern sie nicht die obige erste Bedingung erfüllen.

Damit sind schon Satzungs- und Gesetzesänderungen erforderlich, um den gewünschten Ausweis als Eigenkapital zu realisieren. Unabhängig von den dabei ggf. zu überwindenden Hürden ist zu bedenken, dass die Genossenschaftsanteile letztlich durch die Aufgabe des Kündigungsrechts einen neuen ökonomischen Gehalt bekommen würden.

Die Regelungen in IAS 32 und deren Folgen beschäftigen nicht nur den Genossenschafts- und Raiffeisenverband. Auch das IDW hält die bisherige Abgrenzung von Eigen- und Fremdkapital nach IFRS für unbefriedigend[3]. So wird explizit auf die materielle Bedeutung dieser Definitionen hingewiesen, die z.B. bei der Berechnung von Kapitalstrukturkennziffern in Rahmen von Ratings die Höhe der Eigen- und Fremdkapitalkosten negativ beeinflussen könnten. Das IDW präferiert daher eine stärker auf den wirtschaftlichen Gehalt abstellende Abgrenzung und schlägt als Kriterium die Erfüllung der Haftungsfunktion des Eigenkapitals vor. Eigenkapital würde sich demnach vom Fremdkapital dadurch unterscheiden, dass es als Mittel der Verlustdeckung herangezogen werden kann.

Empfehlung des IDW

Nach IFRS sind Veränderungen des Buchwerts des Eigenkapitals auf Kapitaltransaktionen mit Gesellschaftern (Einlagen, Dividenden), auf das Periodenergebnis (net profit or loss) und auf – nach deutschem Bilanzrecht weitgehend

Veränderung des Eigenkapitals

---

3 Vgl. hierzu die Presseinformation des IDW vom 09.03.2005, die unter https://www.idw.de/idw/generator/property=Datei/id=383264.pdf) abrufbar ist.

unbekannte – ergebnisneutrale Eigenkapitalveränderungen (etwa aus Neubewertungen oder Währungsumrechnungsdifferenzen) zurückzuführen. Die Summe der beiden letztgenannten Quellen der Eigenkapitalveränderungen repräsentiert den periodischen Gesamterfolg eines Unternehmens, für welche sich die aus der Terminologie der US-GAAP stammende Bezeichnung comprehensive income etabliert hat (vgl. Kapitel 7). Abbildung 17.1 fasst die möglichen Quellen der Veränderungen des Eigenkapitals zusammen.

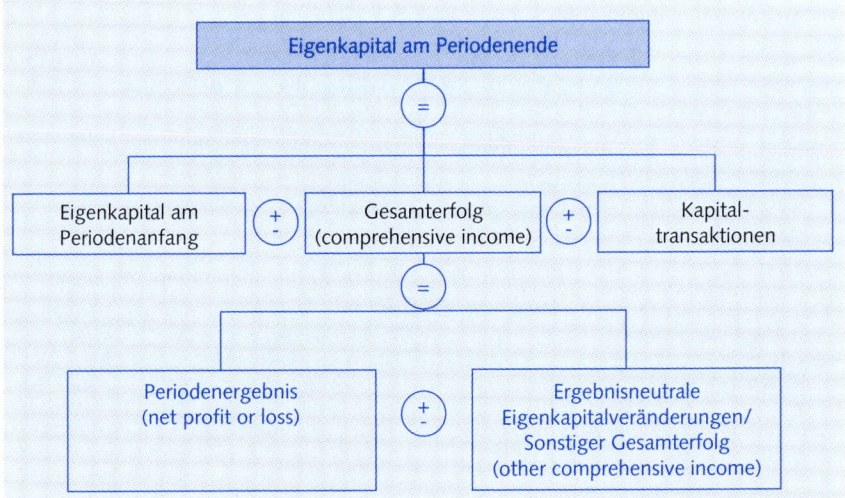

Abb. 17.1: Quellen der periodischen Veränderungen des Eigenkapitals

Um auch die nicht in der GuV erfassten Änderungen des Reinvermögens nachvollziehbar zu machen, schreibt IAS 1.81-105 i.V.m. IAS 1.10(b) eine Gesamterfolgsrechnung vor, die auch den sonstigen Gesamterfolg (nicht ergebniswirksame Geschäftsvorfälle) umfasst. Darüber hinaus soll nach IAS 1.106-110 i.V.m. IAS 1.10(c) der Überblick über die Vermögens-, Finanz- und Ertragslage sowie der in Zukunft erwarteten Cashflows (IAS 1.9) mithilfe einer Eigenkapitalveränderungsrechnung innerhalb der Finanzberichterstattung vervollständigt werden.

Exkurs

Exposure Draft „Financial Instruments Puttable at Fair Value and Obligations Arising on Liquidation"
Das IASB hat sich der Kritik bezüglich der Abgrenzung von Eigen- und Fremdkapital angenommen, und mit dem FASB im Rahmen des Memorandum of Understanding vereinbart, diese Fragestellung konzeptionell zu überarbeiten. Dabei wird zunächst das FASB eine grundlegende Diskussionsvorlage erarbeiten, die anschließend innerhalb eines gemeinsamen Projekts weiterentwickelt werden soll. Da der Abschluss dieses Projekts nicht kurzfristig erfolgen wird, sah sich das IASB gezwungen, zeitnah der Kritik entgegenzu-

treten. Daraufhin wurde am 22.06.2006 ein Änderungsentwurf zum IAS 32 veröffentlicht. Mithilfe von spezifischen Ausnahmeregeln für Finanzinstrumente, die zum beizulegenden Zeitwert durch den Inhaber des Finanzinstruments kündbar sind, oder aber die bei Liquidation des Unternehmens eine Zahlungsverpflichtung des emittierenden Unternehmens zur Folge haben, sollten diese Finanzinstrumente in eine neu geschaffene Eigenkapitalklasse eingeordnet werden. Bisher entsprachen diese Finanzinstrumente den Definitionsmerkmalen einer Schuld gemäß IAS 32.11. Folgende Voraussetzungen mussten entsprechend dieses Entwurfs erfüllt sein, damit ein Eigenkapitalausweis hätte erfolgen können:
- Die Anteile müssen zum beizulegenden Zeitwert ausgegeben worden sein.
- Sie müssen gegen Zahlung des beizulegenden Zeitwerts kündbar sein.
- Darüber hinaus müssen sie die nachrangigste Kapitalklasse darstellen.

Während der Tatbestand der Ausgabe zum beizulegenden Zeitwert, gerade bei einer Neugründung eines Unternehmens, in der Regel als erfüllt angesehen werden kann, waren die beiden übrigen Merkmale im deutschen Gesellschaftsrecht als problematisch zu erachten. Die Kündbarkeit zum beizulegenden Zeitwert würde bei Gesellschaften, deren Anteilsscheine nicht an einer Börse notiert sind, eine regelmäßige Unternehmensbewertung implizieren. Das IASB ließ daher zur Vereinfachung Formelverfahren im Rahmen der Bewertung zu. Diese Verfahren mussten aber gewährleisten, dass das ermittelte Ergebnis den beizulegenden Zeitwert approximiert. Eine Beschreibung was als ausreichende Approximation angesehen wurde, unterließ das IASB in dem Änderungsentwurf. Ebenso wurde das Kriterium der nachrangigsten Kapitalklasse kritisch gesehen. So wurde diskutiert, inwiefern dieses Merkmal bei einer Gesellschaft in der Rechtsform einer Kommanditgesellschaft, auszulegen sei. Da im Falle der Liquidation des Unternehmens der Komplementär nach Aufzehrung der Kommanditeinlage unbeschränkt haftet, erfüllt die Einlage des Kommanditisten nicht den Tatbestand der nachrangigsten Kapitalklasse und wäre demnach nicht als Eigenkapital auszuweisen.

Die dargestellten Problemkreise haben dazu geführt, dass seit dem Ende der Kommentierungsfrist am 23.10.2006 die Änderungen nicht in den IAS 32 übernommen worden sind. So stimmte das IDW diesem Reformvorschlag des IASB zwar grundsätzlich zu, forderte aber Klarstellungen u.a. in den oben dargestellten Punkten[4]. Nach intensiven Beratungen mit Vertretern des DRSC wurde im November 2007 erneut darüber verhandelt, inwiefern der Anwendungsbereich der Neuregelungen angepasst werden konnte. Im Dezember 2007 wurde daraufhin ein neuer near-final draft veröffentlicht. Die Kriterien für die Zuordnung zum Eigenkapital sind in diesem Entwurf gegenüber dem ursprünglichen Vorschlag verändert. So muss das Finanzinstrument nicht mehr zum beizulegenden Zeitwert ausgegeben bzw. gekündigt werden. Das

---

4 Vgl. hierzu die Presseinformation des IDW vom 02.11.2006, die unter http://www.idw.de/idw/download/Presseinfo_10_06.pdf?id=414176 abrufbar ist.

> Kriterium der nachrangigsten Kapitalklasse wird im neuen Entwurf konkretisiert. So sollen nun alle Finanzinstrumente dieser Kapitalklasse dieselben Merkmale aufweisen. Eine Differenzierung in z.B. Kommandit- bzw. Komplementärkapital hätte damit keine Auswirkung auf dieses Kriterium, da beide Kapitalklassen nahezu identische Merkmale aufweisen. Zusätzlich wird verlangt, dass die Verzinsung der neu definierten Eigenkapitalklasse auf Basis des Periodenerfolgs festgelegt wird. Somit soll der Ausweis eines festverzinslichen Finanzinstruments als Eigenkapital vermieden werden.

2 Sonderformen des Eigenkapitals

2.1 Vorzugsaktien

Wie das genossenschaftliche Kapital sind auch rückzahlbare Vorzugsaktien grundsätzlich dem Fremdkapital zuzuordnen. Solche rückzahlbaren Vorzugsaktien, die auf Beschluss der Hauptversammlung zu einem im Voraus festgelegten Preis vom Unternehmen zurückgekauft werden, kommen in Deutschland jedoch nur selten vor. Sie sind zu unterscheiden von den gebräuchlicheren Vorzugsaktien ohne Stimmrecht, bei denen Anteilseigner für ihren Verzicht auf das Stimmrecht ein Dividendenvorrecht erhalten. Durch dieses Vorrecht werden Vorzugsaktionäre bei der Gewinnverteilung bevorzugt berücksichtigt, sofern der Bilanzgewinn nicht ausreicht, um alle Aktionäre zu bedienen. Außerdem kann die Gesellschaftssatzung eine höhere Ausschüttung für Vorzugsaktionäre als Stammaktionäre vorsehen. Besitzen Vorzugsaktionäre ein Nachbezugsrecht, so haben sie in ausschüttungslosen Jahren das Recht auf Nachzahlung der Mindestdividende. Vorzugsaktien ohne Stimmrecht sind nach den Abgrenzungskriterien des IAS 32 im Gegensatz zu rückzahlbaren Vorzugsaktien dem Eigenkapital zuzuordnen.

2.2 Mezzanine-Kapital

Eine weitere Finanzierungsform, die hinsichtlich der Klassifizierung als Eigen- bzw. Fremdkapital kritisch zu betrachten ist, stellt das sogenannte Mezzanine-Kapital dar[5]. Hierunter werden meist langfristige Finanzierungsformen verstanden, die zwischen Eigen- und Fremdkapital sehr variabel ausgestaltet sein können. So werden u.a. nachrangige Darlehen, stille Beteiligungen, Wandelanleihen, Genussrechte und atypisch stille Beteiligungen unter dem Begriff subsu-

---

5 Vgl. zu den folgenden Ausführungen mit weiteren Nachweisen *Kamp, A./Solmecke, H.*, Mezzanine-Kapital: Ein Eigenkapitalsubstitut für den Mittelstand?, in: FB, 7. Jg. (2005), S. 618-625.

miert. Als idealtypisch kann die Nachrangigkeit des Mezzanine-Kapitals angesehen werden. Es wird also nach dem Fremdkapital, jedoch vor dem Eigenkapital bedient, daher liegt auch die Verzinsung i.d.R. zwischen den Verzinsungserwartungen von Fremd- und Eigenkapitalgebern. Ferner stellt die zeitliche Befristung ein Charakteristikum von Mezzanine-Kapital dar. In IAS 32.18(b), 32.25 und 32.AG37 sind Kriterien implementiert, die jeweils dazu führen können, dass ein Finanzinstrument bzw. die Komponente eines Finanzinstruments vom Emittenten als Fremdkapital zu klassifizieren ist[6]. Hierzu gehören fest vereinbarte Zahlungsverpflichtungen, Wandlungs- bzw. Kündigungsrechte des Halters sowie bedingte Zahlungsverpflichtungen, deren Eintritt nicht vom Inhaber beeinflussbar ist. Diese Kriterien implizieren, dass Mezzanine-Kapital in Zukunft im Regelfall als Fremdkapital zu klassifizieren sein wird und dass eine Zerlegung in einzelne Komponenten unabdingbar erscheint. So ist z.B. eine Wandelanleihe, die im ersten Jahr keine Auszahlung von Zinsen oder Dividenden vorsieht, dem Inhaber jedoch nach einem Jahr den Tausch gegen eine Aktie oder wahlweise den Erhalt einer im Voraus determinierten Zahlung zugesteht, aus Sicht des Emittenten in Höhe des Barwerts der möglichen Zahlungsverpflichtung als Fremdkapital auszuweisen. Lediglich die Differenz zwischen dem Emissionserlös aus der Wandelanleihe und deren Barwert kann je nach vertraglicher Ausgestaltung als Eigenkapital klassifiziert werden.

2.3 Finanzinstrumente mit Eigen- und Fremdkapitalanteil

Eine Vielzahl von Finanzinstrumenten beinhaltet separierbare Eigenkapital- und Schuldanteile. Wenn es sich bei einem der beiden Instrumente um ein Finanzderivat und bei dem anderen um ein originäres Instrument handelt, muss die Auftrennung schon nach IAS 39.11 erfolgen. IAS 32.28 fordert nun,
- dass eine Auftrennung in Eigenkapital und Schuld auch für nicht-derivative Instrumente zu erfolgen hat und
- dass für die Bewertung der Trennung der Schuldteil durch Rückgriff auf vergleichbare Titel zu bewerten ist. Der Wert des Eigenkapitalteils ergibt sich dann nach IAS 32.31-32 als Differenz des gesamten beizulegenden Zeitwerts des Finanzinstruments und des Werts des Schuldteils.

---

6 Vgl. zu den folgenden Ausführungen *Isert, D./Schaber, M.*, Zur Abgrenzung von Eigenkapital und Fremdkapital nach IAS 32 (rev. 2003) – Teil I und II, in: KoR, 7. Jg. (2005), S. 299-310 und 357-364.

3 Eigenkapitalpositionen

3.1 Struktur

Unter Berücksichtigung der in den IFRS genannten Positionen kann das Eigenkapital wie in Abbildung 17.2 systematisiert werden. Im Wesentlichen wird dabei differenziert zwischen dem eingezahlten Kapital und dem erwirtschafteten Kapital[7]. Zu Letzterem werden neben den Gewinnrücklagen auch die ergebnisneutral gebildeten Eigenkapitalpositionen gezählt. Im Folgenden werden die Eigenkapitalpositionen näher beschrieben.

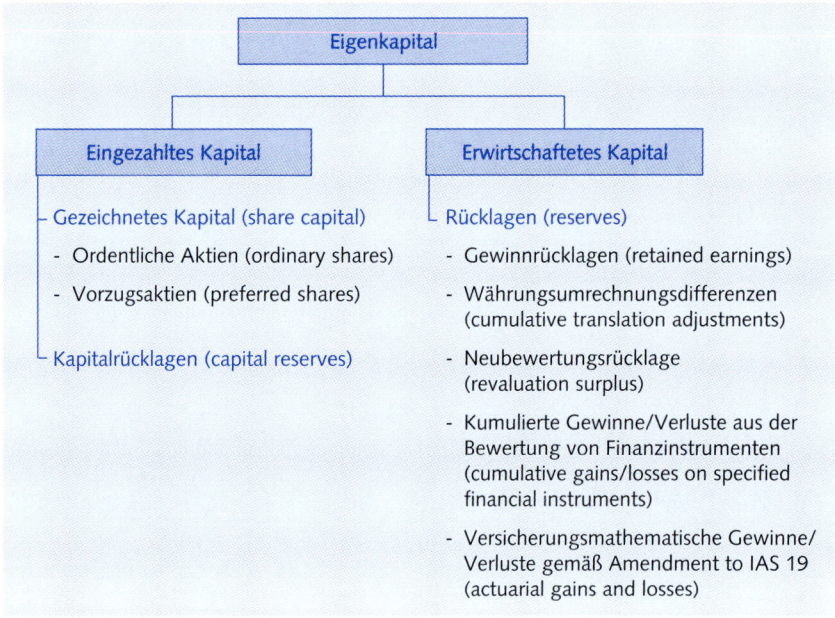

Abb. 17.2: Eigenkapitalpositionen nach IFRS. Quelle: In Anlehnung an *Förschle/Hoffmann*, Beck Bil-Komm., § 272, Tz. 290.

3.2 Eingezahltes Kapital

Gezeichnetes Kapital

In Abhängigkeit von den nationalen rechtlichen Bestimmungen, denen das nach IFRS bilanzierende Unternehmen aufgrund seines Sitzes unterliegt, kann sich das Gezeichnete Kapital aus Stamm- und Vorzugsaktien zusammensetzen, die jeweils mit oder ohne Nennwert ausgestaltet sein können. Zu jeder Anteilskate-

---

[7] Theoretisch denkbar wäre für die einzelnen Positionen auch eine Unterscheidung zwischen den (Mehrheits-)Konzerngesellschaften und den Minderheitenanteilen. Im Folgenden wird eine solche Differenzierung jedoch nicht vorgenommen.

gorie sind die oben bereits aufgezeigten Offenlegungspflichten des IAS 1.78-80 in Bilanz bzw. Anhang zu berücksichtigen.

Häufig wird nur ein Teil der von Unternehmen emittierten Anteile auch direkt von den Gesellschaftern eingezahlt. Anders als nach deutschen Rechnungslegungsvorschriften wird die Formulierung des IAS 1.79(a)(ii) so interpretiert, dass ein Ausweis ausstehender Einlagen (shares issued but not fully paid) auf der Aktivseite i.S.v. Forderungen gegen die Gesellschafter nicht vorgesehen ist. Sie sind vielmehr offen vom gezeichneten Kapital abzusetzen. Alternativ ist auch eine Angabe im Anhang zulässig[8].

Ausstehende Einlagen

Im Gegensatz zu Stammaktien (common shares), welche die üblichen Vermögens- und Kontrollrechte aufweisen, sind Vorzugsaktien (preferred shares) mit bestimmten Vorrechten, i.d.R mit einer Vorzugsdividende bei gleichzeitigem Stimmrechtsverzicht, ausgestattet. Nach den Vorstellungen des IASB zählen Vorzugsaktien nicht allein aufgrund ihrer Eigenschaft als Anteilsrechte zum Eigenkapital. Ist der Rückkauf von Vorzugsaktien zu einem festen oder vom Inhaber zu bestimmenden Zeitpunkt durch das ausgebende Unternehmen vorgesehen, so genügen diese Wertpapiere der Definition einer finanziellen Verbindlichkeit, da die vertragliche Verpflichtung besteht, einen finanziellen Vermögenswert an andere abzugeben (IAS 32.16 i.V.m. IAS 32.11). Für die Unterscheidung von Eigen- und Fremdkapital ist die Rückforderungsmöglichkeit eines Kapitalgebers relevant. Wie bereits ausgeführt, sind rückzahlbare Vorzugsaktien daher als Verbindlichkeit zu klassifizieren.

Vorzugsaktien versus Stammaktien

Zwar wird die Kapitalrücklage (share premium) in keinem IFRS definiert, die Bildung dieser Unterposition ist aber vor dem Hintergrund der fair presentation (IAS 1.77) geboten. IAS 1.78(e) fordert einen separaten Ausweis des Postens in Anhang oder Bilanz. Die Kapitalrücklage enthält das Agio (Aufgeld), das bei der Ausgabe von Anteilen durch die Gesellschafter bereitgestellt wird. Sie grenzt sich dadurch vom Gezeichneten Kapital sowie von den übrigen Rücklagen, die aus realisierten und unrealisierten Gewinnen bzw. Verlusten entstanden sind, ab.

Kapitalrücklage

Die Dyckerhoff AG führte im Geschäftsjahr 2007 eine ordentliche Kapitalerhöhung durch. Sie emittierte 4.862.954 nennwertlose Stammaktien zu einem Kurs von 22 € und 4.846.588 nennwertlose Vorzugsaktien zu jeweils 20 €. Jede der ausgegebenen Aktien hat einen rechnerischen Anteil von 2,56 € am Gezeichneten Kapital. Damit erhöhte sich das Gezeichnete Kapital um 2,56 € · (4.862.954+4.846.588) und die Kapitalrücklage um (22 €-2,56 €) · 4.862.954+(20 €-2,56 €) · 4.846.588.

Bank   203.917 T€   an   Gezeichnetes Kapital   24.857 T€
                                      Kapitalrücklage   179.060 T€

Beispiel 17.2

---

8   Vgl. *Förschle/Kroner*, Beck Bil-Komm., § 272, Tz. 246; *ADS International*, Abschnitt 7: Darstellung von Bilanz und Gewinn- und Verlustrechnung, Tz. 116. Diese Kommentare beziehen sich zwar noch auf den Stand vor dem Improvement Project. Da der neue IAS 1.79(a)(ii) jedoch den Wortlaut von IAS 1.74(a)(ii) a.F. übernommen hat, kann von der weiteren Gültigkeit der Meinung ausgegangen werden.

Emissionskosten

Bei Eigenkapitaltransaktionen (Kapitalerhöhungen) können sich ergebnis- und erfolgsneutrale Veränderungen im Eigenkapital ergeben. Die bei der Eigenkapitalbeschaffung unmittelbar entstehenden Kosten (beispielsweise für Beratungsleistungen oder den Druck von Börsenprospekten) mindern den Emissionserlös. Diese werden nach der Berücksichtigung abzugsfähiger Steuern direkt gegen das Eigenkapital gebucht (IAS 32.37). Obwohl IAS 32.37 offen lässt, welche Eigenkapitalposition um Emissionskosten nach Steuern zu kürzen ist, liegt es nahe, Letztere als Abschlag vom Aufgeld zu interpretieren und die Kapitalrücklage entsprechend zu belasten. Können Anteile ggf. nicht am Markt platziert werden oder wird die Emission der Aktien verschoben, so sind die entstandenen Transaktionskosten als Aufwand der Periode zu berücksichtigen[9].

Beispiel 17.3

Die Ausgabe von 100.000 neuen Aktien (Nennwert 1 €, Emissionspreis 15 €) führt zu Transaktionskosten von 100.000 €, die steuerlich voll abzugsfähig sind. Der relevante Steuersatz beträgt 30 %. Die Verbuchung erfolgt wie folgt:

Sonst. betr. Aufwand		an	Bank	100 T€
Bank	1.500 T€	an	Gezeichnetes Kapital	100 T€
			Kapitalrücklage	1.400 T€
Kapitalrücklage		an	sonst. betr. Aufwand	100 T€
Steueraufwand		an	Kapitalrücklage	30 T€

Durch die Transaktionskosten wird die Kapitalrücklage reduziert. Die steuerliche Abzugsfähigkeit der Emissionsausgaben erhöht wiederum direkt das Eigenkapital. Weder die Emissionskosten noch die korrespondierende Steuerentlastung sind ergebniswirksam. Da die faktische Steuerminderung indes ergebniswirksam ist, wird ein latenter Steueraufwand gebucht, der diese Ergebniswirkung korrigiert (IAS 32.39). Dies führt jedoch nicht, wie bei einer normalen latenten Steuer, zu einer Steuerrückstellung, sondern direkt zu einer Erhöhung der Kapitalrücklage.

3.3 Erwirtschaftetes Kapital

IAS 1.78(e) sieht eine Beschreibung jeder Rücklage nach Art und Zweck im Eigenkapital vor. Neben der das Aufgeld enthaltenden Kapitalrücklage sind hiervon auch die Gewinnrücklagen sowie sonstige Rücklagen betroffen, wobei Letztere innerhalb einzelner Standards näher spezifiziert werden.

---

9   Für die Bilanzierung von Emissionskosten nach internationalen Regeln vgl. *Lind, H./Faulmann, A.*, Die Bilanzierung von Eigenkapitalbeschaffungskosten nach IAS, US-GAAP und HGB, in: DB, 54. Jg. (2001), S. 601-605.

Die Gewinnrücklagen (retained earnings/accumulated profits) enthalten die Summe der einbehaltenen Gewinne (ggf. vermindert um Verluste) der Vorjahre zuzüglich des aktuellen Periodenergebnisses. Das Ergebnis des laufenden Geschäftsjahres wird nicht als separate Eigenkapitalposition ausgewiesen, sondern ist Bestandteil der seit der Unternehmensgründung angesammelten Gewinne bzw. Verluste[10]. Eine Ergebnisverwendungsrechnung, wie sie der deutsche Gesetzgeber für Kapitalgesellschaften verlangt, muss nach den Bestimmungen des IASB nicht angeben werden. Allerdings ist die Offenlegung der an die Anteilseigner ausgeschütteten Dividende sowie des dazugehörigen Betrages je Aktie in der Eigenkapitalveränderungsrechnung oder alternativ im Anhang vorgesehen (IAS 1.107).

Gewinnrücklagen

Die Gewinnrücklagen werden jedoch nicht allein über den Saldo der GuV im Zeitablauf, d.h. über ergebniswirksame Sachverhalte, verändert. Sie haben zusätzlich die Funktion eines Ausgleichspuffers für die ergebnisneutrale Berücksichtigung der Änderungen von Bilanzierungs- und Bewertungsmethoden (IAS 8.22 und 8.26) sowie der Korrektur von Fehlern aus Vorperioden (IAS 8.42 und Guidance on Implementing IAS 8 Beispiel 1)[11]. Auch die erstmalige Anwendung eines IFRS kann eine Veränderung der Gewinnrücklagen bewirken. IAS 8.19 besagt, dass die erstmalige Anwendung eines Standards oder einer Interpretation immer gemäß den in der jeweiligen Verlautbarung enthaltenen Übergangsvorschriften zu erfolgen hat. Nur für den Fall, dass es keine spezifischen Übergangsregelungen gibt, hat eine retrospektive Behandlung analog zu der in IAS 8 beschriebenen Vorgehensweise zu erfolgen. So führt die erstmalige Anwendung von IAS 41 „Landwirtschaft" (verpflichtend für alle Geschäftsjahre, die am oder nach dem 01.01.2003 beginnen) zu den unter IAS 8 beschriebenen Anpassungen (IAS 41.59). IAS 41.12 sieht die Bewertung von biologischen Vermögenswerten (wie z.B. Schafen, Milchvieh, Obstbäumen) grundsätzlich zum beizulegenden Zeitwert abzüglich der geschätzten Verkaufskosten vor. Dabei sind Gewinne und Verluste aus dem erstmaligen Ansatz und aus der Änderung des beizulegenden Zeitwertes abzüglich der geschätzten Verkaufskosten in der Periode, in der sie entstanden sind, ergebniswirksam zu erfassen.

Ergebnisneutrale Veränderung der Gewinnrücklagen

Der Viehbestand der Bauer AG umfasst u.a. Milchziegen, die Ende 2002 mit einem Buchwert (fortgeführte Anschaffungskosten) in Höhe von 37 T€ in der Bilanz stehen. Anfang 2002 betrug der Buchwert noch 36 T€. Der zum 31.12.2003 ermittelte beizulegende Zeitwert der Ziegen liegt bei 41 T€. Die geschätzten Veräußerungskosten seien Null. Da das Geschäftsjahr dem Kalenderjahr entspricht, muss im Jahr 2003 erstmals IAS 41 angewendet werden. Die Anpassung des Buchwertes der biologischen Vermögenswerte am

Beispiel 17.4

---

10 Allerdings stellen einige deutsche IFRS-Bilanzierer – wie nach den Bestimmungen des HGB üblich – das Periodenergebnis der GuV als separaten Eigenkapitalposten dar. Vgl. exemplarisch *Altana*, Geschäftsbericht 2006, S. 113.
11 Die Regelungen des IAS 8 sind Gegenstand des Kapitels 26.

01.01.2003 erfolgt gemäß IAS 8.19 retrospektiv ergebnisneutral über die Gewinnrücklagen unter Berücksichtigung latenter Steuern (Steuersatz 40 %):

	Zeitwert	Fortgeführte AK	Differenz
01.01.2002	37,5 T€	36 T€	1,5 T€
31.12.2002	38 T€	37 T€	1 T€
31.12.2003	41 T€	39 T€	2 T€

	Vor Steuern	Steuern	Nach Steuern
Vor 2002	1,5 T€	0,6 T€	0,9 T€
2002	-0,5 T€	-0,2 T€	-0,3 T€
Summe zum 01.01.2003	1 T€	0,4 T€	0,6 T€
2003	1 T€	0,4 T€	0,6 T€
Summe zum 31.12.2003	2 T€	0,8 T€	1,2 T€

Die Berücksichtigung der Vorperioden, d.h. vor 2002 und im Geschäftsjahr 2002, erfolgt über die Anpassung der Gewinnrücklagen. Die Differenz aus 2003 wird derweil schon ergebniswirksam vereinnahmt, da die Umstellung zum 01.01.2003 erfolgt und für das Geschäftsjahr bereits die oben beschriebenen Regelungen des IAS 41 greifen. Wäre der Milchziegenbestand auch 2003 noch zu fortgeführten Anschaffungskosten bewertet worden, so wäre 2003 das Periodenergebnis vor Steuern um 1.000 € bzw. um 600 € nach Steuern geringer ausgefallen.

Die ergebnisneutrale Anpassung aus der Erstanwendung des IAS 41 wäre demnach wie folgt zu buchen:
Milchziegen   1.000 €   an   Gewinnrücklagen
                                                    (aus Erstanpassung IAS 41)   600 €
                                                    Steuerrückstellung   400 €

Die Änderung des beizulegenden Zeitwerts abzüglich der geschätzten Veräußerungskosten 2003 würde dagegen ergebniswirksam bilanziert:
Milchziegen   an   Ertrag aus der Wertänderung
                                                    des Milchviehbestandes   1.000 €

Steuern v. Einkommen u. Ertrag an   Steuerrückstellung   400 €

Die Bildung der latenten passiven latenten Steuern beruht darauf, dass steuerlich eine Zuschreibung des Milchziegenbestandes über die fortgeführten historischen Anschaffungskosten hinaus nicht zulässig ist.

Die IFRS gelten außerhalb konkreter nationaler gesetzlicher Rahmenbedingungen. Nationale (steuer-)rechtliche Bestimmungen und vertragliche Vorschriften machen ggf. die Bildung einer gesetzlichen (legal reserve), satzungsmäßigen (statutory reserve) bzw. steuerlichen Rücklage (tax reserve) innerhalb des Eigenkapitals notwendig (RK. 65-66). In Deutschland sind die gesetzliche Rücklage und die Kapitalrücklage besonders vor der Ausschüttung geschützt (§ 150 AktG). In der nachfolgenden Abbildung 17.3 werden die möglichen Unterpositionen der Gewinnrücklagen grafisch veranschaulicht:

Gesetzliche und satzungsmäßige Rücklagen

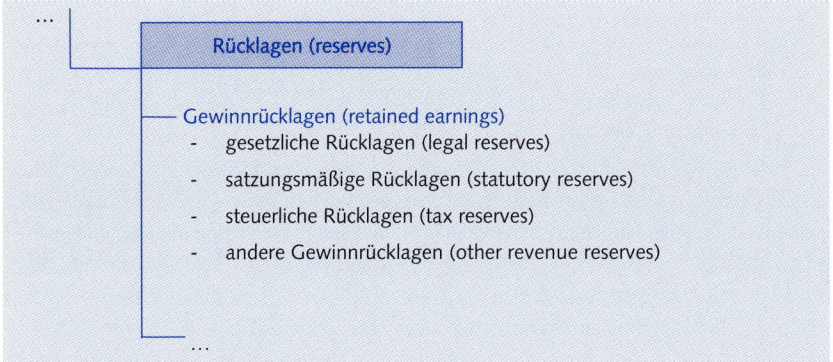

Abb. 17.3: Aufgliederung der Gewinnrücklagen

Wie in den vorangehenden Kapiteln zu speziellen Bilanzierungsproblemen bereits aufgezeigt, wird das Eigenkapital nach den Vorschriften des IASB noch in weitere Rücklagenpositionen untergliedert, die sich aus Komponenten des sonstigen Gesamterfolgs zusammensetzen. Hier handelt es sich um nicht ergebniswirksame Aufwendungen und Erträge. Um einer angemessenen Berichterstattung (fair presentation) zu genügen, werden separate, die spezielle Ursache ihrer Bildung beschreibende Rücklagenpositionen gebildet.

Spezielle Eigenkapitalpositionen

In der Regel dienen diese sonstigen Rücklagen dem „Zwischenparken" ergebnisneutraler Aufwendungen und Erträge, die dann im Zeitpunkt des Abgangs des betreffenden Vermögenswertes bzw. der Fälligkeit der Schuld über die GuV ergebniswirksam aufgelöst werden. Diese Methode ist unter dem Terminus recycling/clean surplus accounting von Gewinnen und Verlusten bekannt. Andere Rücklagenarten werden nicht nur ergebnisneutral gebildet, sondern per Verrechnung mit den Gewinnrücklagen auch so aufgelöst. Auf diese als dirty surplus accounting bezeichnete Weise verstoßen die Vorschriften des IASB teilweise dauerhaft gegen das Kongruenzprinzip, wonach die Summe der Periodenergebnisse mit dem Totalgewinn eines Unternehmens übereinstimmt. Liegt das Kongruenzprinzip zugrunde, so sind Reinvermögensänderungen ausschließlich über den Periodengewinn, gezahlte Dividenden und mögliche Kapitalerhöhungen bzw. -minderungen zu erklären. Das Kongruenzprinzip bleibt indes unverletzt, wenn nicht auf die Summe der Periodenergebnisse, sondern auf die Summe der Gesamterfolge (comprehensive income) abgestellt wird.

Kongruenzprinzip

Währungsumrechnungsdifferenzen

Das IASB folgt bei der Umrechnung von Abschlüssen ausländischer Geschäftsbetriebe für den konsolidierten Abschluss dem Konzept der funktionalen Währung. Die bei der Konsolidierung von ausländischen Geschäftsbetrieben mit abweichender funktionaler Währung entstehenden Währungsumrechnungsdifferenzen werden in einer gesonderten Eigenkapitalposition gesammelt (IAS 21.39(c)). Die Bildung der Rücklage für Währungsumrechnungsdifferenzen erfolgt ergebnisneutral nach Berücksichtigung aktiver bzw. passiver latenter Steuern. Der Eigenkapitalposten wird bis zum Ausscheiden des ausländischen Geschäftsbetriebes aus dem Konzern ergebnisneutral weitergeführt, dann allerdings ergebniswirksam aufgelöst (IAS 21.48).

Neubewertungsrücklage

Wird bei der Folgebewertung des Sachanlagevermögens und/oder immaterieller Vermögenswerte der beizulegende Zeitwert gewählt (Neubewertungsmethode), so führen Wertansätze über die historischen Anschaffungs- oder Herstellungskosten hinaus zu einer ergebnisneutralen Berücksichtigung im sonstigen Gesamterfolg. Die Kumulierung dieser Ergebniskomponenten erfolgt in einer Neubewertungsrücklage innerhalb des Eigenkapitals. Dabei sind passive latente Steuern zu berücksichtigen. Spätere Wertminderungen führen zunächst zur ergebnisneutralen Auflösung der Neubewertungsrücklage. Wie bereits in Kapitel 11 und 12 aufgezeigt, werden aufgrund einer tagesnahen Bewertung von immateriellen Vermögenswerten (nach IAS 38) bzw. Sachanlagen (nach IAS 16) entstandene Neubewertungsrücklagen bei Realisierung ergebnisneutral in die Gewinnrücklagen umgebucht. Die Neubewertung führt über die Nutzungsdauer der Vermögenswerte ggf. zu einer Anpassung der Abschreibungsbeträge. Hier wird das Kongruenzprinzip – anders als bei Währungsdifferenzen – dauerhaft durchbrochen.

Kumulative Gewinne/Verluste aus der Bewertung von Finanzinstrumenten

Die tagesnahe Bewertung bestimmter Finanzinstrumente führt ebenfalls nach den Bestimmungen des IASB zur Berücksichtigung innerhalb des sonstigen Gesamterfolgs (vgl. Kapitel 19). Gewinne bzw. Verluste aus der Wertänderung von zur Veräußerung gehaltenen Wertpapieren sind gemäß IAS 39 nicht ergebniswirksam abzubilden. Die jeweiligen Bewertungsergebnisse werden innerhalb des Eigenkapitals kumuliert. Es sind jeweils latente Steuern zu bilden. Die Auflösung dieser Eigenkapitalkomponente erfolgt bei Veräußerung des finanziellen Vermögenswertes ergebniswirksam (IAS 39.26). Die kumulierten Gewinne und Verluste aus derivativen Finanzinstrumenten (vgl. Kapitel 20) zur Absicherung von Cashflows (cash flow hedges) sind, soweit sie den effektiven Teil des Sicherungsgeschäfts betreffen, innerhalb des Eigenkapitals zu berücksichtigen (IAS 39.95). Analog hierzu werden auch Sicherungsinstrumente in Bezug auf Nettoinvestitionen in ausländische Geschäftsbetriebe (hedges of a net investment in a foreign operation) nach IAS 39.102 bilanziell abgebildet. Eine nähere Beschreibung des jeweiligen Sachverhalts ist zudem in der sonstigen Gesamterfolgsrechnung vorgesehen.

Versicherungsmathematische Gewinne und Verluste nach IAS 19

Am 16.12.2004 wurde eine Ergänzung zu IAS 19 „Leistungen an Arbeitnehmer" vom IASB veröffentlicht (vgl. Kapitel 16). Darin ist eine zusätzliche Option zur bilanziellen Behandlung von versicherungsmathematischen Gewinnen und Verlusten vorgesehen. Wurden diese Gewinne und Verluste bislang entweder in voller Höhe ergebniswirksam erfasst oder über den Korridor-Ansatz geglättet, ist nun auch eine sofortige, vollständige und nicht ergebniswirksame Verrechnung mit dem Eigenkapital möglich. Eine solche Behandlung stellt einen dauerhaften Verstoß gegen das Kongruenzprinzip dar.

Einige Unternehmen fassen in der Bilanz sämtliche ergebnisneutral gebildeten Eigenkapitalposten in einem Sammelposten zusammen und weisen diesen neben Gewinnrücklagen und den beiden Kategorien des eingezahlten Kapitals aus[12]. Die einzelnen Quellen sämtlicher Eigenkapitalentwicklungen müssen separat in der Eigenkapitalveränderungsrechnung offen gelegt werden. Hierbei wird auch das Herunterbrechen der nicht ergebniswirksamen Reinvermögensänderungen auf ihre jeweilige Ursache sowie der Ausweis ihrer Summen gefordert (IAS 1.106(d)). Alle Komponenten des sonstigen Gesamterfolgs der jeweiligen Periode sind darüber hinaus innerhalb der Gesamterfolgsrechnung (IAS 1.81) anzugeben. Die folgende Abbildung 17.4 fasst die Aufgliederung der ergebnisneutral gebildeten Rücklagen zusammen:

Ausweis ergebnisneutral gebildeter Rücklagen

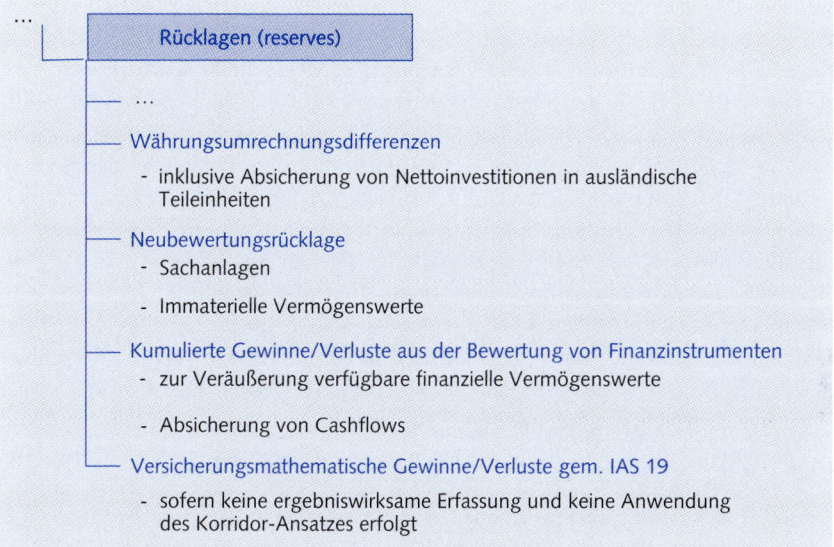

Abb. 17.4: Aufgliederung der ergebnisneutral gebildeten sonstigen Rücklagen (other comprehensive income)

---

12 Vgl. z.B. *Linde AG*, Geschäftsbericht 2006, S. 85.

3.4 Ausweis eigener Anteile

Ausweis als Abzug vom Eigenkapital

Unternehmen können eigene Anteile aus verschiedenen Gründen zurückkaufen. So stellt der Rückkauf ein Ausschüttungsinstrument dar, außerdem kann er z.B. Kapitalherabsetzungen, späteren Neuemissionen bei besseren Kapitalmarktbedingungen oder der Ausgabe von Mitarbeiteraktien bzw. Aktienoptionsprogrammen dienen. IAS 1.79(a)(vi) fordert in der Bilanz oder alternativ im Anhang für alle Anteilskategorien Angaben über eigene Anteile, die vom Unternehmen selbst oder von Tochtergesellschaften bzw. assoziierten Unternehmen gehalten werden. Nicht explizit eingeschlossen in diese Regelung sind gemeinschaftlich geführte Einheiten (jointly controlled entities). Der Ausweis rückgekaufter Anteile ist in IAS 32.33 geregelt. Danach sind eigene Anteile nicht auf der Aktivseite, sondern als Abzug vom Eigenkapital auszuweisen. Damit ist eine Aktivierung unter den Wertpapieren des Umlaufvermögens unzulässig. Der Erwerb eigener Anteile führt zu einer direkten Verminderung des Reinvermögens in Höhe der Anschaffungskosten. Analog dazu sind auch die Erlöse bei Wiederverkauf innerhalb des sonstigen Gesamterfolgs zu erfassen.

Drei Ausweisalternativen

Für den Ausweis rückgekaufter Anteile war früher SIC 16 relevant. Zwar wurde SIC 16 durch die aktuelle Fassung des IAS 32 außer Kraft gesetzt, dennoch sind große Teile der Inhalte dieser Interpretation wohl weiterhin relevant[13]. Daher sollen im Folgenden für den Abzug eigener Anteile vom Eigenkapital die vormals in SIC 16.10 geregelten drei Bilanzierungsmöglichkeiten für die Darstellung der Anschaffungskosten in der Bilanz oder im Anhang erläutert werden. Ihre jeweilige Anwendung führt allein zu Unterschieden in der Struktur der Eigenkapitalpositionen nach dem Erwerb der eigenen Anteile:

- Anschaffungskostenmethode (cost method): Die gesamten Anschaffungskosten werden en bloc offen vom Eigenkapital als Abzugsposten abgesetzt.
- Nennwertmethode (par value method): In Abhängigkeit von der Verteilung des ursprünglichen Emissionserlöses pro Aktie werden die Rückkaufkosten auf das Gezeichnete Kapital und die Kapitalrücklage verteilt. Liegt der Rückkaufpreis über dem Emissionspreis, sind die Gewinnrücklagen entsprechend zu kürzen.
- Die Anschaffungskosten eigener Anteile werden nach dem Ermessen des Unternehmens auf die relevanten Eigenkapitalpositionen verteilt. Dabei ist aber der Nennbetrag vom gezeichneten Kapital abzusetzen[14]. Angesichts der bilanziellen Ermessensspielräume ist hierbei fraglich, inwieweit diese Methode dem Grundsatz der fair presentation entspricht.

---

13 So kann mangels konkreter Vorgaben in den IFRS anhand von IAS 8.10-12 eine Anwendung der entsprechenden US-GAAP-Regelungen hergeleitet werden. Diese sehen in Analogie zu SIC 16 die cost method sowie die par value method vor. Vgl. hierzu *Kirsch, H.*, Bilanzierung eigener Aktien nach IFRS – Darstellung, Prüfungsaspekte und Auswirkungen auf die Jahresabschlussanalyse, in: StuB, 7. Jg. (2005), S. 10.

14 Vgl. *Förschle/Kroner*, Beck Bil-Komm, § 272, Tz. 286 sowie ausführlich *Schmidbauer, R.*, Die Bilanzierung eigener Aktien im internationalen Vergleich, in: DStR, 40. Jg. (2002), S. 190-192.

Die ersten beiden der in SIC 16 genannten Methoden werden im folgenden Beispiel verdeutlicht.

Beispiel 17.5

Die Atlas AG emittiert am 01.01.2006 50.000 Aktien mit einem Nennwert von einem Euro zu einem Ausgabekurs von 15 Euro.
Bank 750 T€ an Gezeichnetes Kapital 50 T€
Kapitalrücklage 700 T€

Am 15.3.2007 kauft die Atlas AG 1.000 Aktien zu einem Kurs von 18 Euro zurück. Die Gewinnrücklagen betragen zu diesem Zeitpunkt 100 T€. Nach den oben vorgestellten verschiedenen Ausweismöglichkeiten, lauten die Buchungssätze wie folgt:

(a) Anschaffungskostenmethode
Eigene Anteile an *Bank* *18 T€*

(b) Nennwertmethode
Gezeichnetes Kapital *1 T€*
(Eigene Anteile)
Kapitalrücklage *14 T€*
(Eigene Anteile)
Gewinnrücklagen *3 T€* an *Bank* *18 T€*
(Eigene Anteile)

(a) Anschaffungskostenmethode		(b) Nennwertmethode	
Gezeichnetes Kapital	50 T€	Gezeichnetes Kapital	50 T€
Kapitalrücklage	700 T€	Eigene Anteile	-1 T€
Gewinnrücklagen	100 T€	Kapitalrücklage	700 T€
Eigenkapital (brutto)	850 T€	Eigene Anteile	-14 T€
Eigene Anteile	-18 T€	Gewinnrücklagen	100 T€
		Eigene Anteile	-3 T€
Summe Eigenkapital	832 T€	Summe Eigenkapital	832 T€

Angenommen, die Atlas AG hätte nur 12 Euro pro rückgekaufte Aktie bezahlt, so lauteten die Buchungssätze:

(a) Anschaffungskostenmethode
Eigene Anteile an *Bank* *12 T€*

(b) Nennwertmethode[15]
Gezeichnetes Kapital   1 T€
(Eigene Anteile)
Kapitalrücklage   11 T€   an   Bank   12 T€
(Eigene Anteile)

(a) Anschaffungskostenmethode		(b) Nennwertmethode	
Gezeichnetes Kapital	50 T€	Gezeichnetes Kapital	50 T€
Kapitalrücklage	700 T€	Eigene Anteile	-1 T€
Gewinnrücklagen	100 T€	Kapitalrücklage	700 T€
Eigenkapital (brutto)	850 T€	Eigene Anteile	-11 T€
Eigene Anteile	-12 T€	Gewinnrücklagen	100 T€
Summe Eigenkapital	838 T€	Summe Eigenkapital	838 T€

Wiederverkauf eigener Anteile

Die erneute Ausgabe rückgekaufter Aktien wird bei der Nennwertmethode analog zu einer erstmaligen Aktienemission behandelt. Hingegen führt der Wiederverkauf eigener Anteile bei der Anschaffungskostenmethode zunächst zu einer Auflösung des negativen offenen Korrekturpostens im Eigenkapital. Höhere bzw. niedrigere Wiederveräußerungswerte führen zu einer Anpassung der Kapitalrücklage. Wird diese von Veräußerungsverlusten aufgezehrt, kommt es zu einer zusätzlichen Kürzung der Gewinnrücklagen.

4 Gliederungsvorschriften und Angaben

Bilanzausweis

Die im IASB Rahmenkonzept bzw. in IAS 32.11 enthaltene Eigenkapitaldefinition gilt für alle Unternehmen, die einen IFRS-Abschluss erstellen (RK.68). Die Höhe und zeitliche Veränderung des Eigenkapitals soll den Anteilseignern als Indikator für die Fähigkeit eines Unternehmens, in Zukunft Ausschüttungen vorzunehmen oder Kapital zurückzuzahlen, dienen. In der Bilanz sehen die IFRS keine detaillierte Gliederung des Eigenkapitals vor. Nach IAS 1.54(q) und (r) sind lediglich das Gezeichnete Kapital und die Rücklagen sowie der Minderheitenanteil auszuweisen. Gewisse Gestaltungsspielräume sollen durch den Grundsatz der fair presentation, der eine angemessene Untergliederung aller Bilanzpositionen unter Berücksichtigung des Wesentlichkeitsgrundsatzes fordert, begrenzt werden. Abschlussadressaten können durch eine weitere Aufgliederung der Residualgröße Eigenkapital u.a. eher abschätzen, inwieweit mögliche Ausschüttungsrestriktionen vorliegen könnten. Daher hat nach IAS 1.77-80 auch

---

15 Zu diskutieren wäre, ob nicht das komplette bei der Erstemission der Aktien entstandene Agio aus der Kapitalrücklage herauszubuchen ist. Folgt man dieser Auffassung, so müssten zusätzlich zu der hier angegebenen Buchung noch 3 T€ aus der Kapitalrücklage in die Gewinnrücklagen gebucht werden.

eine detailliertere Untergliederung des Eigenkapitals zu erfolgen, die wahlweise direkt in der Bilanz oder im Anhang vorgenommen werden kann.

Die Notwendigkeit einer Bildung bestimmter Unterpositionen des Eigenkapitals ergibt sich z.T. aus einzelnen IFRS. Wird die Neubewertungsmethode z.B. bei der Folgebewertung von Sachanlagevermögen gewählt, so sind nach IAS 16.39 Werterhöhungen über die fortzuführenden historischen Anschaffungs- oder Herstellungskosten hinaus innerhalb einer Neubewertungsrücklage auszuweisen, sofern zuvor keine außerplanmäßige Abschreibung vorgenommen wurde. Die Guidance on Implementing IAS 1 zeigt die exemplarische Gliederung einer Konzernabschlussbilanz. Das Eigenkapital wird in die folgenden Positionen grob unterteilt:

Gliederungsvorschriften ergeben sich auch konkret aus Standards

- Gezeichnetes Kapital (share capital),
- Gewinnrücklagen (retained earnings),
- Andere Eigenkapitalbestandteile (other components of equity) und
- Minderheitenanteil am Eigenkapital (minority interest).

Für die ersten drei Eigenkapitalpositionen ist eine Zwischensumme anzugeben, die das den Anteilseignern des Mutterunternehmens zuzurechnende Eigenkapital (equity attributable to equity holders of the parent) kennzeichnet.

Ferner sind die Anteile von Minderheitsgesellschaftern gesondert innerhalb des Eigenkapitals auszuweisen (IAS 27.33). Das IASB hat mit der Ende 2003 erfolgten Überarbeitung von IAS 27 den zuvor eher interessentheoretisch orientierten Ausweis abgeändert, der noch eine Trennung vom (übrigen) Eigenkapital und vom Fremdkapital vorsah. Die Hinwendung zur Einheitstheorie (entity theory) ist nunmehr unverkennbar (vgl. Kapitel 23).

Minderheitenanteile

Die beschriebenen relativ offen formulierten Gliederungsvorschriften zum Eigenkapital führen in der deutschen IFRS-Bilanzierungspraxis zu sehr unterschiedlichen Darstellungen der Gesellschafteransprüche innerhalb der Bilanz bzw. im Anhang:

> Im IFRS-Konzernabschluss 2006 der Adidas AG wird zwischen Grundkapital, Sonstige Rücklagen, Gewinnrücklagen und Minderheitenanteilen unterschieden. Die Aufteilung der Veränderung des erwirtschafteten Kapitals (Gewinnrücklagen und other comprehensive income) in die einzelnen Positionen ergibt sich nur aus der Eigenkapitalveränderungsrechnung und dem Anhang.
>
> Demgegenüber gruppiert die Linde AG in ihrem IFRS-Konzernabschluss 2006 das Eigenkapital in der Bilanz in Gezeichnetes Kapital, Kapitalrücklage, Gewinnrücklagen, kumulierte erfolgsneutrale Eigenkapitalveränderungen sowie Anteile anderer Gesellschafter. Die kumulierten ergebnisneutralen Eigenkapitalveränderungen werden ausführlich im Anhang aufgeschlüsselt. Zusätzliche Informationen liefert die Eigenkapitalveränderungsrechnung.

Beispiel 17.6

IAS 1.107 und 1.137 enthält darüber hinaus bestimmte Angabepflichten zum Eigenkapital, die sich auf die vorgeschlagene Dividende beziehen und zwingend im Anhang zu erbringen sind. Außerdem haben Unternehmen gemäß

Mindestangabepflichten

IAS 1.78-80 folgende Informationen in der Bilanz oder im Anhang offen zu legen:
- Für jede Anteilsklasse, u.a.
  - Anzahl genehmigter Anteile,
  - Anzahl ausgegebener vollständig gezahlter Anteile und Anzahl ausgegebener nicht vollständig gezahlter Anteile,
  - Nennwert der Anteile bzw. die Angabe, dass die Anteile keinen Nennwert haben,
  - eine Überleitungsrechnung der Anzahl der ausgegebenen Anteile vom Anfang zum Ende der Periode,
  - Informationen zu bestimmten (Vorzugs-)Rechten und Beschränkungen von Anteilen,
  - Informationen zu eigenen Anteilen sowie zu von Tochterunternehmen oder assoziierten Unternehmen gehaltenen Anteilen am Unternehmen,
  - Angaben zu Anteilen, die aufgrund von Optionen und Verkaufsverträgen vorgehalten werden,
- Beschreibung der Beschaffenheit und des Zwecks der Rücklagenpositionen des Eigenkapitals.

Diese Angabepflichten zielen primär auf die Rechtsform der Kapitalgesellschaft. Unternehmen mit einer anderen Rechtsform, wie z.B. Personengesellschaften, haben äquivalente Informationen in der Bilanz oder im Anhang zu veröffentlichen.

5 Wesentliche Unterschiede zum HGB

Eigenkapitaldefinition und -gliederung

Die Gliederung des Eigenkapitals ergibt sich für Kapitalgesellschaften aus § 266 Abs. 3 HGB und sieht einen separaten Ausweis von Gezeichnetem Kapital, Kapitalrücklage, Gewinnrücklagen, Gewinn- bzw. Verlustvortrag sowie dem Jahresüberschuss bzw. -fehlbetrag der Berichtsperiode vor. Für den Einzelabschluss ist die Untergliederung insbesondere aufgrund der Ausschüttungsbemessungsfunktion wichtig. Im Konzernabschluss erfolgt die Untergliederung dagegen nur aus Informationsgründen. Wird der Abschluss nach (teilweiser) Gewinnverwendung aufgestellt (§ 268 Abs. 1 HGB), so schließt statt der beiden letztgenannten Positionen der Bilanzgewinn bzw. -verlust die Gliederung des Eigenkapitals ab. Hierbei ist ein eventuell vorhandener Gewinn- oder Verlustvortrag einzurechnen und in Bilanz oder Anhang gesondert anzugeben. Im Unterschied zu den IFRS werden die Gewinnrücklagen also nicht mit dem (verwendeten) Gewinn und ggf. Gewinn- bzw. Verlustvortrag zu einem Sammelposten zusammengefasst. Ergebnisneutrale Veränderungen des Eigenkapitals kommen im HGB-Konzernabschluss z.B. bei einer direkten Verrechnung des derivativen Goodwills gegen die Gewinnrücklagen (§ 309 Abs. 1 Satz 3 HGB) sowie bei der

Berücksichtigung von Währungsdifferenzen im Rahmen der Umrechnung von Abschlüssen ausländischer Teileinheiten vor. Minderheitsanteile werden im Konzernabschluss gemäß § 307 Abs. 1 HGB separat, und analog zu den IFRS als Bestandteil des Konzerneigenkapitals ausgewiesen[16].

Analog zu den Vorschriften nach IFRS wird beim eingezahlten Kapital von Kapitalgesellschaften zwischen Gezeichnetem Kapital und Kapitalrücklage unterschieden. Die Kapitalrücklage enthält das von Gesellschaftern gezahlte Agio bei der Ausgabe von Anteilen, die Prämie von Gesellschaftern zur Erlangung eines Vorzugs ihrer Anteile, sonstige Zuzahlungen sowie den Betrag, der bei der Ausgabe von Schuldverschreibungen für Wandlungs- und Optionsrechte zum Erwerb von Anteilen erzielt wird (§ 272 Abs. 2 HGB). Eine ergebnisneutrale Verrechnung direkter Emissionskosten nach Steuern mit der Kapitalrücklage, wie nach internationalen Vorschriften üblich, ist nach deutschem Bilanzrecht allerdings nicht zulässig. Sie gelten vielmehr als Aufwand der Periode.

Gezeichnetes Kapital und Kapitalrücklage

Stimmrechtslose Vorzugsaktien sind in Übereinstimmung mit den IFRS als Eigenkapital zu klassifizieren. Wesentliche Unterschiede zu den IFRS bestehen dagegen beim Ausweis von rückzahlbaren Vorzugsaktien, die aufgrund einer Abgrenzung von Eigenkapital zu Fremdkapital auf Basis von Fristigkeits- und Ergebnisabhängigkeitsmerkmalen sowie des Anspruches im Konkursfall grundsätzlich dem Eigenkapital zugeordnet werden. Ähnlich wie rückzahlbare Vorzugsaktien werden auch Kommandit- und Genossenschaftsanteile dem Eigenkapital zugeordnet.

Abgrenzung zu Schulden

Zudem ist anders als nach IFRS ein Ausweis ausstehender Einlagen auf der Aktivseite der Bilanz vorgesehen. Dabei wird in HGB-Bilanzen zwischen eingeforderten und noch nicht eingeforderten ausstehenden Einlagen unterschieden. Diese werden entweder oberhalb des Anlagevermögens voneinander abgegrenzt, alternativ werden nur die eingeforderten Einlagen im Umlaufvermögen als Forderungen ausgewiesen. Die nicht eingeforderten Einlagen werden bei der zweiten Alternative offen vom Gezeichneten Kapital abgesetzt (§ 272 Abs. 1 Satz 2 und 3 HGB).

Ausstehende Einlagen

Auch nach deutschem Recht entstehen Gewinnrücklagen aus einbehaltenen Gewinnen vergangener Perioden. Nach § 266 Abs. 3 HGB sind sie in gesetzliche Rücklagen, Rücklagen für eigene Anteile, satzungsmäßige Rücklagen und andere Gewinnrücklagen zu untergliedern. Eine gesetzliche Rücklage ist nur für Aktiengesellschaften und Kommanditgesellschaften auf Aktien vorgesehen, ihre Höhe ergibt sich aus § 150 AktG. Die Einstellung des Jahresüberschusses von Aktiengesellschaften in die anderen Gewinnrücklagen ist in § 58 AktG geregelt. Im Gegensatz zur Auflösung der Kapitalrücklage und gesetzlichen Rücklagen, welche nur sehr restriktiv möglich ist, kann die Auflösung anderer Gewinnrücklagen durch Vorstand und Aufsichtsrat bzw. durch die Hauptversammlung recht willkürlich vorgenommen werden[17].

Gewinnrücklagen

---

16 Vgl. auch *Busse von Colbe et al.*, Konzernabschlüsse, S. 209 f.
17 Vgl. ausführlich zu den verschiedenen Rücklagentypen z.B. *Coenenberg*, Jahresabschluss, S. 299-323.

Ergebnisneutrale Eigenkapitalveränderungen

Wie oben bereits angedeutet, spielten ergebnisneutrale Eigenkapitalveränderungen in Deutschland lange eine eher untergeordnete Rolle. Ihr Ausweis in einer gesonderten Rücklagenkategorie wird daher nicht verlangt, vielmehr führen sie zu pauschalen Anpassungen der Gewinnrücklagen bzw. – nach deren Aufzehrung – der Kapitalrücklage. Allerdings müssen Konzernabschlüsse nach § 297 Abs. 1 Satz 1 durch das am 05.11.2004 vom deutschen Bundestag beschlossene Bilanzrechtsreformgesetz - BilReG auch einen Eigenkapitalspiegel beinhalten. Damit hat der Gesetzgeber auf die in Zukunft erwartete gesteigerte Bedeutung ergebnisneutraler Eigenkapitalveränderungen insbesondere für den Konzernabschluss reagiert. Vor dem BilReG hatte der Gesetzgeber durch das „Gesetz zur weiteren Reform des Aktien- und Bilanzrechts, zu Transparenz und Publizität" (TransPuG) lediglich kapitalmarktorientierte Mutterunternehmen verpflichtet, ihren Konzernabschluss um einen Eigenkapitalspiegel zu erweitern. Empfehlungen zur Ausgestaltung des Eigenkapitalspiegels finden sich in DRS 7 „Konzerneigenkapital und Konzerngesamtergebnis".

Eigene Anteile

Seit der Verabschiedung des „Gesetzes zur Kontrolle und Transparenz im Unternehmensbereich" (KonTraG) erfährt der Erwerb eigener Aktien durch den neu eingeführten § 71 Abs. 1 Nr. 8 AktG auch in Deutschland praktische Relevanz[18]. In Abhängigkeit vom Erwerbsmotiv sieht das deutsche HGB zwei alternative Bilanzierungsmöglichkeiten für eigene Anteile vor. Beabsichtigt ein Unternehmen die Einziehung der rückgekauften Aktien, so erfolgt der Ausweis als Korrektur zum Eigenkapital, der Nennbetrag der Aktien wird offen vom Gezeichneten Kapital abgesetzt. Über dem Nennwert liegende Anschaffungskosten werden unabhängig vom ursprünglichen Emissionserlös pauschal mit den anderen Gewinnrücklagen verrechnet, Anschaffungsnebenkosten gelten als Aufwand der Periode (§ 272 Abs. 1 Satz 4-6 HGB). Die Wiederausgabe der Aktien wird bilanziell wie bei einer Erstemission behandelt. Diese bei der geplanten Einziehung rückgekaufter Aktien vorzunehmende Bilanzierungsvariante ähnelt grundsätzlich den nach internationalen Vorschriften zulässigen Methoden, allerdings unterscheidet sich die Struktur des ausgewiesenen Eigenkapitals von der, die sich bei der Anwendung von Anschaffungskosten- oder Nennwertmethode ergibt.

Beispiel (Fortsetzung von Beispiel 17.5)

Angenommen die 1.000 Aktien der Atlas AG wären zu 18 € zurückgekauft worden und zum Einzug bestimmt, so ergäben sich nach HGB folgende Buchungssätze sowie der folgende Bilanzausweis:

Gezeichnetes Kapital   1 T€
(Eigene Anteile)
Gewinnrücklagen   17 T€   an   Bank   18 T€
(Eigene Anteile)

---

18 Die Durchbrechung des generellen Verbots zum Rückkauf eigener Aktien gab es auch schon vor der Verabschiedung des KonTraG, jedoch war diese an bestimmte Ausnahmefälle gebunden. Vgl. im Folgenden *Schremper, R.*, Aktienrückkauf und Kapitalmarkt, Frankfurt a. M. 2002, S. 16-19 u. 28-32.

Bilanzierung bei Einziehung nach HGB	
Gezeichnetes Kapital	50 T€
Eigene Anteile	*-1 T€*
Kapitalrücklage	700 T€
Gewinnrücklagen	100 T€
Eigene Anteile	*-17 T€*
Summe Eigenkapital	832 T€

Werden eigene Anteile nicht vor dem Hintergrund ihrer geplanten Einziehung zurückgekauft, so werden sie gemäß § 266 Abs. 2 B. III. 2. HGB i.V.m. § 265 Abs. 3 Satz 2 HGB als Vermögensgegenstände im Umlaufvermögen ausgewiesen. Ihnen muss jedoch eine Rücklage für eigene Anteile in gleicher Höhe gegenübergestellt werden (§ 272 Abs. 4 HGB). Die Bildung der Rücklage für eigene Anteile erfolgt ergebnisneutral und dient als Ausschüttungssperre. Werden die Aktien erneut veräußert, so wird die Differenz zwischen ihrem Buchwert und dem Emissionserlös ergebniswirksam über die GuV erfasst, die Auflösung der Rücklage erfolgt analog zu ihrer Bildung ergebnisneutral. Der Ausweis eigener Anteile im Umlaufvermögen stellt den Regelfall dar.

Rückkauf von 1.000 Aktien der Atlas AG zu einem Kurs von 18 Euro. Die Aktien dienen nicht der Einziehung: Ausweis im Umlaufvermögen (HGB)				**Beispiel (Fortsetzung von Beispiel 17.5)**
Eigene Anteile im UV	an	Bank	18 T€	
Gewinnrücklagen	an	Rücklage f. eigene Anteile	18 T€	

Der im November 2007 veröffentlichte Referentenentwurf eines geplanten Bilanzrechtsmodernisierungsgesetzes (BilMoG) sieht im Bereich der Bilanzierung des Eigenkapitals folgende Vorschläge vor: **Referentenentwurf zum BilMoG**

- Die Aufhebung des Wahlrechts bei der Bilanzierung der ausstehenden Einlagen nach § 272 Abs. 1 HGB. Der Ausweis der nicht eingeforderten ausstehenden Einlagen wird auf den Ausweis auf der Passivseite beschränkt. Sie sind offen von dem Posten „Gezeichnetes Kapital" abzusetzen (§ 272 Abs. 1 HGB-E).
- Ebenso soll das Wahlrecht für zurückgekaufte eigene Anteile abgeschafft werden, diese als Vermögensgegenstände im Umlaufvermögen ausweisen zu können. Stattdessen soll ausschließlich der Ausweis als Korrektur zum Eigenkapital erfolgen (§ 272 Abs. 1a HGB-E).
- Die ergebnisneutrale Goodwill-Verrechnung im Konzernabschluss soll abgeschafft werden (§309 Abs.1 HGB-E).

6 Wesentliche Unterschiede zu US-GAAP

Eigenkapitaldefinition und -gliederung

Analog zu den Bestimmungen des IASB wird Eigenkapital gemäß SFAC 6.49 als Residualanspruchsgröße der Anteilseigner aus Vermögen abzüglich Schulden definiert. SEC-berichtspflichtige Unternehmen untergliedern das Eigenkapital in Gezeichnetes Kapital (capital stock), Kapitalrücklage (additional paid in capital), Gewinnrücklagen, Ergebnisvortrag und Periodenergebnis (retained earnings), kumulierte ergebnisneutrale Eigenkapitalveränderungen, die keine Kapitaltransaktionen sind (accumulated other comprehensive income) sowie eigene Anteile (treasury stock). Im Gegensatz zu den IFRS sind Minderheitenanteile im Konzernabschluss gemäß Regulation S-X gesondert vom übrigen Eigenkapital und den Schulden zwischen Eigen- und Fremdkapital auszuweisen (Rule 5.02.27)[19].

Gezeichnetes Kapital und Kapitalrücklage

Das Gezeichnete Kapital wird in Stammaktien (common stock) und Vorzugsaktien (preferred stock) unterteilt, wobei rückzahlbare Vorzugsaktien (mandatory redeemable preferred stocks) wie nach internationalen Vorschriften ebenfalls nicht im Eigenkapital, sondern unter den Verbindlichkeiten auszuweisen sind. Zudem sind umfangreiche Offenlegungspflichten zu beachten (u.a. in SFAS 129 sowie Regulation S-X Rule 5.02.28-31). Die das Aufgeld und weitere Zahlungen umfassende Kapitalrücklage wird analog zu den Vorschriften des IAS 32 ergebnisneutral um Kosten nach Steuern, die direkt bei der Emission von Aktien entstehen, gekürzt (SFAS 109.36c).

Gewinnrücklagen

Die Gewinnrücklagen beinhalten nach US-GAAP die in der Vergangenheit thesaurierten Gewinnen sowie den Saldo der GuV des laufenden Geschäftsjahres und stellen grundsätzlich das Ausschüttungspotential eines Unternehmens dar. Der US-amerikanische Abschluss hat allerdings analog zum IFRS-Abschluss einzig Informations- und keine Ausschüttungsbemessungsfunktion. Die Entscheidung über die Dividende ist vielmehr dem Unternehmensführungs- und Aufsichtsgremium (board) vorbehalten. Für die Gewinnrücklagen können wie nach deutschem Recht Ausschüttungssperren (appropriations) bestehen, die auf gesetzlichen, vertraglichen oder satzungsmäßigen Bestimmungen fußen und somit die mögliche Ausschüttungshöhe einschränken. Darüber hinaus kann sich eine Veränderung der Gewinnrücklagen aus APB Opinion 20 bei der Änderung von Bilanzierungs- oder Bewertungsmethoden sowie bei der Korrektur wesentlicher Fehler ergeben (vgl. Kapitel 25). Die Gewinnrücklagen können dabei über den laufenden Saldo der GuV oder durch direkte Anpassungen Veränderungen erfahren.

Ergebnisneutrale Eigenkapitalveränderungen

Ergebnisneutrale Veränderungen des Eigenkapitals der laufenden Periode und früherer Perioden, die nicht auf Transaktionen mit den Anteilseignern beruhen, werden im accumulated other comprehensive income ausgewiesen. Beispiele für solche Sachverhalte sind Währungsumrechnungsdifferenzen (SFAS 52), unrealisierte Gewinne/Verluste aus Finanzinstrumenten (SFAS 115), die Mindestrückstellung im Zusammenhang mit Pensionsverpflichtungen (minimum pension

---

19 Vgl. zu den folgenden Ausführungen *KPMG*, US-GAAP, S. 130-132 sowie S. 155-156.

liability adjustments, SFAS 87), Marktwertänderungen von cash flow hedges (SFAS 133) oder weitere Posten, die u.a. aus der Equity-Bewertung assoziierter Unternehmen resultieren[20]. Die Bestandteile der ergebnisneutralen Eigenkapitaländerungen sind dabei nicht in einem Sammelposten, sondern nach der Quelle ihres Ursprungs getrennt in der Bilanz auszuweisen (SFAS 130.17). Im Unterschied zu den IFRS-Vorschriften werden im Grundsatz sämtliche ergebnisneutral gebildeten Eigenkapitalpositionen des other comprehensive income irgendwann über die GuV aufgelöst (clean surplus accounting). Eine Ausnahme ergibt sich allerdings durch den jüngst publizierten SFAS 154, der durch die der retrospektive Änderungen der Bilanzierungsmethoden sowie rückwirkende und ergebnisneutrale Korrektur wesentlicher Fehler eine Durchbrechung des Kongruenzprinzips induziert (vgl. hierzu Kapitel 25).

Eigene Aktien stellen nach US-GAAP keinen Vermögenswert dar und werden daher grundsätzlich auch nicht auf der Aktivseite der Bilanz ausgewiesen. In Abhängigkeit vom Erwerbsmotiv beim Rückkauf eigener Anteile kommen für ihre Bilanzierung zwei der oben beschriebenen Methoden in Betracht. Nach ARB 43 Chapter 1A und 1B i.V.m. APB Opinion 6 Par. 12 werden eigene Anteile, die für den Einzug vorgesehen sind, nach der Nennwertmethode bilanziert. Beabsichtigt ein Unternehmen hingegen, die erworbenen Anteile zu einem späteren Zeitpunkt erneut auszugeben bzw. ist die Entscheidung über ihre Verwendung noch nicht gefallen, kommt regelmäßig die Anschaffungskostenmethode zur Anwendung[21].

Eigene Anteile

Ausgewählte Literatur

Arbeitskreis „Externe Unternehmensrechnung" der Schmalenbach Gesellschaft, Behandlung „eigener Aktien" nach deutschem Recht und US-GAAP unter besonderer Berücksichtigung der Änderungen des KonTraG, in: DB, 51. Jg. (1998), S. 1673-1677.

Barckow, A./Schmidt, M., IASB Exposure Draft "Financial Instruments Puttable at Fair Value and Obligations Arising on Liquidation" - Darstellung und Würdigung der vorgeschlagenen Änderungen, in: KoR, 8. Jg. (2006), S. 623-634.

---

20 Vgl. *Lachnit, L./Müller, S.*, Other comprehensive income nach HGB, IFRS und US-GAAP - Konzeption und Nutzung im Rahmen der Jahresabschlussanalyse, in: DB, 58. Jg. (2005), S. 1637-1645.
21 Vgl. zu einer Gegenüberstellung von Anschaffungskosten- und Nennwertmethode *Arbeitskreis „Externe Unternehmensrechnung" der Schmalenbach Gesellschaft*, Behandlung „eigener Aktien" nach deutschem Recht und US-GAAP unter besonderer Berücksichtigung der Änderungen des KonTraG, in: DB, 51. Jg. (1998), S. 1673 f.

Isert, D./Schaber, M., Zur Abgrenzung von Eigenkapital und Fremdkapital nach IAS 32 (rev. 2003) - Teil I und II, in: KoR, 7. Jg. (2005), S. 299-310 und 357-364.

Lind, H./Faulmann, A., Die Bilanzierung von Eigenkapitalbeschaffungskosten nach IAS, US-GAAP und HGB, in: DB, 54. Jg. (2001), S. 601-605.

Schmidbauer, R., Die Bilanzierung eigener Aktien im internationalen Vergleich, in: DStR, 40. Jg. (2002), S. 187-192.

Thiele, S., Das Eigenkapital im handelsrechtlichen Jahresabschluß: rechtsformübergreifende und rechtsformspezifische Grundsätze für Ansatz und Ausweis des gesetzestypischen Eigenkapitals und der hybriden Finanzierungsformen, Düsseldorf 1998.

Übungsaufgaben

Aufgabe 1:

a) Für welche Unternehmensformen könnte die Abgrenzung von Eigen- und Fremdkapital nach IAS 32 problematisch sein? Begründen Sie Ihre Antwort.

b) Welche drei großen Bereiche von Eigenkapitalveränderungen können unterschieden werden?

c) Wie werden Minderheitenanteile in der IFRS-Konzernbilanz ausgewiesen? Welche theoretische Leitlinie lässt sich daraus erkennen?

d) Wie ist es zu erklären, dass die IFRS-Konzernbilanzen deutscher Unternehmen teilweise einen sehr unterschiedlichen bilanziellen Ausweis des Eigenkapitals aufweisen?

Aufgabe 2:

a) Am 27.09.2006 gibt die Kunz AG im Rahmen einer Kapitalerhöhung 50.000 neue Aktien (Nennwert 1 €, Emissionspreis 8 €) aus. Im Rahmen der Emission enstehen Registerkosten, Beratungsgebühren, Druckkosten und Börsenumsatzsteuern i.H.v. insgesamt 25 T€. Diese Ausgaben sind steuerlich voll abzugsfähig. Der relevante Steuersatz beträgt 30 %. Wie ist die Emission bilanziell abzubilden?

b) Anfang Oktober 2007 beschließt die Kunz AG, einen Teil der am 27.09.2006 ausgegebenen Aktien wieder zurückzukaufen, um so das neu aufgelegte Aktienoptionsprogramm bedienen zu können. Am 13.10.2007 kauft die Allofs AG schließlich 1.000 Aktien zu einem Kurs von 10 Euro zurück. Die Gewinnrücklagen betragen zu diesem Zeitpunkt 200 T€, das gezeichnete Kapital 80 T€ und die Kapitalrücklage 500 T€. Das Geschäftsjahr entspricht dem Kalenderjahr. Geben Sie die Buchungssätze für den Rückkauf der eigenen Anteile unter Anwendung der Anschaffungskostenmethode an. Wie wäre zu buchen, wenn stattdessen die Nennwertmethode zur Anwendung käme?

Kapitel 18
Aktienoptionen und ähnliche Entgeltformen

1 Anwendungsbereich 502

2 Echte Eigenkapitalinstrumente 504
   2.1   Ausgestaltungsvarianten 504
   2.2   Bilanzansatz..507
   2.3   Bilanzbewertung 512
   Exkurs: Bewertung von Mitarbeiter-Aktienoptionen 514

3 Virtuelle Eigenkapitalinstrumente 518
   3.1   Ausgestaltungsvarianten 518
   3.2   Bilanzansatz..519
   3.3   Bilanzbewertung 519

4 Kombinationsmodelle 522

5 Anhangangaben 524

6 Wesentliche Unterschiede zum HGB 525

7 Wesentliche Unterschiede zu US-GAAP..527

Ausgewählte Literatur 529

Übungsaufgaben..529

Wie kann sichergestellt werden, dass sich Führungskräfte und Mitarbeiter eines Unternehmens stärker an den Zielen der Aktionäre orientieren? Viele Unternehmen versuchen, dies durch eine Vergütung mit Aktienoptionen und ähnlichen Entgeltformen zu erreichen. Immer dann, wenn sich die Eigentümer über Werterhöhungen freuen, soll auch das Vermögen der Mitarbeiter steigen.

Die Beliebtheit von Aktienoptionen wurde in der Vergangenheit vielfach auch damit begründet, dass sie nach der in der Praxis üblichen Vorgehensweise nicht zu einem Personalaufwand führten. Für IFRS-Bilanzierer war dies dadurch möglich, dass in IAS 19 „Leistungen an Arbeitnehmer" bewusst auf Ansatz- und Bewertungsvorschriften für solche Vergütungen verzichtet wurde. Erst mit der Veröffentlichung von IFRS 2 „Anteilsbasierte Vergütung" (Share-based Payment) im Jahr 2004 hat das IASB hierzu einen eigenen Standard veröffentlicht und in diesem die aufwandswirksame Bilanzierung von anteilsbasierten Vergütungen verpflichtend gemacht.

Im Folgenden sollen Sie lernen,
- welche Formen anteilsbasierter Vergütung zu unterscheiden sind,
- aufgrund welcher Überlegungen Aktienoptionspläne und ähnliche Entgeltformen nach IFRS 2 zu Aufwendungen führen,
- wie die Höhe dieser Aufwendungen bestimmt wird und wie sie bei der Mitarbeitervergütung auf den Leistungszeitraum zu verteilen sind und
- welche Angaben über anteilsbasierte Vergütungen gemacht werden müssen.

1 Anwendungsbereich

Anwendungsbereich nicht auf Mitarbeitervergütung beschränkt

Das typische Anwendungsgebiet von IFRS 2 ist die Vergütung von Mitarbeitern mit Aktien oder Aktienoptionen. Jedoch ist der Anwendungsbereich des Standards weder auf Transaktionen mit Mitarbeitern noch auf die Rechtsform der Aktiengesellschaft beschränkt. Nach IFRS 2.2-4 betrifft er grundsätzlich alle Transaktionen, bei denen Unternehmensanteile oder Optionen auf solche Anteile als Entgelt für Güter, Arbeitsleistungen oder andere Dienstleistungen gewährt werden. Der Standard ist z.B. auch in folgenden Fällen anzuwenden:
- Bei der Gründung einer Aktiengesellschaft bringt ein Gründer anstelle von Barmitteln ein Kraftfahrzeug als Firmenwagen ein und erhält hierfür Aktien.
- Ein Unternehmensberater erhält als Entgelt für seine Tätigkeit Optionen auf Aktien des Unternehmens.
- Der Geschäftsführer einer GmbH erhält als Teil seiner Vergütung Anteile an der Gesellschaft.

Spezialfälle im Konzern

Zudem liegt eine anteilsbasierte Vergütung auch dann vor, wenn die Eigenkapitalinstrumente nicht vom Unternehmen selbst, sondern von dessen Anteilseignern, z.B. bei Konzerngesellschaften vom Mutterunternehmen, gewährt werden. Nach IFRIC 11 „IFRS 2-Geschäfte mit eigenen Aktien und Aktien von Konzernunternehmen" (IFRS 2-Group and Treasury Stock Transactions) fallen des Weiteren auch solche Transaktionen in den Anwendungsbereich, bei denen Mitarbeiter eines Tochterunternehmens Eigenkapitalinstrumente des Mutterunternehmens als Entgelt für ihre Tätigkeit beim Tochterunternehmen erhalten.

IFRIC 8 „Anwendungsbereich von IFRS 2" (Scope of IFRS 2) legt fest, dass die vom Unternehmen erhaltene Gegenleistung nicht notwendigerweise identifizierbar sein muss. Allerdings bekommt hierdurch nicht jede vergünstigte Anteilsausgabe automatisch Vergütungscharakter. Entscheidend ist, dass das Unternehmen aufgrund der Transaktion mit einem wirtschaftlichen Vorteil rechnet. Als Beispiel wird in IFRIC 8.2 die vergünstigte Anteilsausgabe an wohltätige Organisationen zur Imageverbesserung genannt.

Nicht identifizierbare Gegenleistung

Aus dem Anwendungsbereich ausgenommen sind nach IFRS 2.5-6 solche Transaktionen, deren Bilanzierung explizit in anderen Verlautbarungen geregelt ist. Hierzu zählen nach IFRS 3 zu bilanzierende Unternehmenszusammenschlüsse, bei denen ein Teil des Kaufpreises mit Eigenkapitaltiteln des erwerbenden Unternehmens erbracht wird, und in den Anwendungsbereich von IAS 32.8-10 bzw. IAS 39.5-7 fallende Warenterminkontrakte, bei denen anstelle des Warenbezugs eine finanzielle Glattstellung beabsichtigt ist.

Anwendungsausschlüsse

Der Begriff der anteilsbasierten Vergütung ist zudem nach IFRS 2.2 nicht auf Transaktionen mit einem Ausgleich durch Eigenkapitalinstrumente (equity-settled share-based payment transactions) beschränkt. Es wird auch die Bilanzierung solcher Transaktionen geregelt, bei denen sich das Unternehmen zu einem an der Wertentwicklung von Unternehmensanteilen bemessenen Barausgleich verpflichtet (cash-settled share-based payment transactions). Durch solche Barvergütungen werden i.d.R. die finanziellen Konsequenzen der Gewährung von Aktien, Aktienoptionen oder anderen Eigenkapitaltiteln (z.B. GmbH-Anteilen) aus Sicht der Empfänger nachgebildet, weshalb sie auch als virtuelle Eigenkapitalinstrumente bezeichnet werden.

Echte und virtuelle Eigenkapitalinstrumente

Tabelle 18.1 gibt einen Überblick über die verschiedenen Ausgestaltungsformen anteilsbasierter Vergütungen. Aus anreiztheoretischer Sicht ist die Unterscheidung zwischen Anteils- und Optionscharakter die wichtigere, da hierdurch das Vergütungsrisiko der Manager maßgeblich beeinflusst wird. Hinsichtlich der Bilanzierung ist demgegenüber die Einteilung in echte und virtuelle Eigenkapitalinstrumente von größerer Bedeutung. Hierdurch wird festgelegt, ob die Entgeltempfänger gegenüber dem Unternehmen einen Eigenkapital- oder einen Fremdkapitalanspruch haben.

	Anteilscharakter	**Optionscharakter**
Echte Eigenkapitalinstrumente	Belegschaftsaktien, GmbH-Anteile (restricted shares)	Optionen auf Unternehmensanteile (share options)
Virtuelle Eigenkapitalinstrumente	virtuelle Unternehmensanteile (phantom shares)	virtuelle Optionen auf Unternehmensanteile (share appreciation rights)

Tab. 18.1: Anteilsbasierte Vergütungen

Kombinierter Einsatz von echten und virtuellen Instrumenten

Neben Vorschriften für die Bilanzierung echter und virtueller Eigenkapitalinstrumente enthält IFRS 2 auch Regelungen für den kombinierten Einsatz beider Ausgestaltungsformen (share-based payment transactions with cash alternatives). Bei solchen Kombinationsmodellen hat entweder das Unternehmen oder der Entgeltempfänger das Wahlrecht zwischen der Gewährung echter Eigenkapitalinstrumente und einer – zumeist äquivalenten – Barzahlung.

Die folgenden Ausführungen konzentrieren sich auf die Bilanzierung von anteilsbasierten Entgelten im Zusammenhang mit der Mitarbeitervergütung bei Aktiengesellschaften. Auf abweichende Regelungen, die beim Einsatz anteilsbasierter Entgelte für andere Zwecke zu beachten sind, wird bei Bedarf gesondert hingewiesen.

2 Echte Eigenkapitalinstrumente

2.1 Ausgestaltungsvarianten

Aktien und Aktienoptionen

Aktiengesellschaften können echte Eigenkapitalinstrumente in Form von Aktien oder Aktienoptionen als Entgelt einsetzen. Dabei werden Aktien in Deutschland zumeist als Belegschaftsaktien auf breiter Basis allen Beschäftigten angeboten und die Höhe der Vergütung pro Mitarbeiter bewegt sich häufig innerhalb des steuerlich geförderten Rahmens von jährlich 135 € (§ 19a Abs. 1 EStG). Aktienoptionen werden demgegenüber bevorzugt an Führungskräfte der obersten Ebenen ausgegeben. Es gibt jedoch auch Ausnahmen: So sind während des Börsen-Booms der späten 1990er Jahre viele junge, liquiditätsschwache Unternehmen dazu übergegangen, nahezu allen Beschäftigten Aktienoptionen zu gewähren. Und in jüngerer Zeit haben einige Unternehmen damit begonnen, Aktienoptionspläne für Führungskräfte durch Aktienprogramme zu ersetzen.

Gestaltungsparameter bei Vergütung mit Aktien

Bei einer Vergütung mit Aktien liegt der wirtschaftliche Vorteil der Empfänger darin, dass sie einen unter dem aktuellen Börsenkurs liegenden Preis für die Aktien zahlen. Gestaltungsparameter von Belegschafts- und anderen Aktienprogrammen sind neben dem Kreis der Teilnahmeberechtigten vor allem die Höhe des Kursabschlags und die Länge der Haltefrist, innerhalb der die Aktien nicht veräußert werden dürfen. Gesellschaftsrechtlich sind verschiedene Durchführungsformen nach der Herkunft der ausgegebenen Aktien zu unterscheiden: Handelt es sich um junge Aktien aus einer Kapitalerhöhung oder um zurückgekaufte eigene Aktien (treasury shares)? Aus Unternehmenssicht liegt der Unterschied vor allem in der Liquiditätswirkung. Während durch einen Rückkauf zunächst liquide Mittel abfließen, kommt bei einer Kapitalerhöhung allein der Kapitalzufluss zum Zeitpunkt der Aktienausgabe zum Tragen. Für die Bilanzierung erlangt die Herkunft der Aktien nur dann Bedeutung, wenn – wie bislang nach deutschem Handelsrecht – eigene Aktien als Vermögensgegenstände auszuweisen sind. Nach IAS 32.33-34 sind sie jedoch beim Rückkauf ergebnisneutral mit dem Eigenkapital zu verrechnen. Die Herkunft der Aktien ist deshalb – wie auch in IFRIC 11 noch einmal klargestellt wird – für die Anwendung von IFRS 2 unerheblich.

Beim Einsatz von Aktienoptionen zur Mitarbeitervergütung erhalten die Empfänger das Recht, Aktien des Unternehmens nach Ablauf einer Sperrfrist zu einem im Voraus festgelegten Preis zu kaufen. Der wirtschaftliche Vorteil der Mitarbeiter liegt dabei zunächst darin, dass sie die Optionen ohne finanzielle Gegenleistung erhalten. In Abhängigkeit von der Aktienkursentwicklung kann sich dieser Vorteil in der Folge erhöhen oder vermindern. Hierbei ist die Gewinnchance prinzipiell unbegrenzt, während der maximale Verlust dem Optionswert bei Gewährung entspricht. Um tatsächlich von den Optionsrechten profitieren zu können, müssen die Mitarbeiter allerdings in der Regel verschiedene Ausübungsbedingungen (vesting conditions) erfüllen. Hierzu zählt z.B. die Dienstbedingung (service condition), bis zum Ende der Sperrfrist im Unternehmen zu verbleiben. Die Sperrfrist beträgt zumeist zwei bis drei Jahre. Verlässt ein Mitarbeiter das Unternehmen innerhalb dieses Zeitraums, verfallen seine Optionen unabhängig davon, wie viel Zeit bereits verstrichen ist. Insbesondere in Deutschland werden zudem oft Leistungsbedingungen (Erfolgsziele, performance conditions) vereinbart[1]. Eine für die Bilanzierung wichtige Unterscheidung ist dabei, ob eine kapitalmarktbezogene Leistungsbedingung (market condition) vorliegt[2]. Hierbei kann es sich um absolute oder relative Kursziele handeln. Bei einem absoluten Kursziel dürfen die Optionen nur ausgeübt werden, wenn der Aktienkurs um einen bestimmten Mindestbetrag steigt bzw. eine bestimmte jährliche Mindestrendite erreicht wird. Relative Kursziele setzen die Kursentwicklung demgegenüber ins Verhältnis zur Entwicklung eines Vergleichsindex. Hierbei kann es sich um einen Marktindex, wie z.B. DAX und Dow Jones Eurostoxx, um einen Branchenindex oder um einen selbst definierten Wettbewerber-Index handeln. Absolute und relative Kursziele können auch kombiniert eingesetzt werden, wie das folgende Praxisbeispiel zeigt:

Gestaltungsparameter bei Vergütung mit Aktienoptionen

„Die Bezugsrechte können nur ausgeübt werden, wenn mindestens eines der folgenden Erfolgsziele erreicht wird:
  Absolute Performance: In dem Zeitraum zwischen Ausgabe und Ausübung der Bezugsrechte muss der Börsenkurs der Aktie der adidas AG – errechnet auf der Grundlage des „Total Shareholder Return-Ansatzes" – um jährlich durchschnittlich mindestens 8 % gestiegen sein.

Beispiel 18.1

---

1 Zur Gestaltung der Erfolgsziele in den Aktienoptionsplänen deutscher Unternehmen vgl. *Leuner, R./Lehmeier, O./Rattler, T.*, Entwicklungen und Tendenzen bei Stock Option Modellen, in: FB, 6. Jg. (2004), S. 264 f.; *Winter, S.*, Erfolgsziele deutscher Aktienoptionsprogramme, in: Franck E. et al. (Hrsg.), Marktwertorientierte Unternehmensführung – Anreiz und Kommunikationsaspekte, ZfbF-Sonderheft 50/03, Düsseldorf u.a. 2003, S. 129-137.
2 Im englischen Originaltext von IFRS 2 zählen „market conditions" zu den „vesting conditions". Die deutsche Übersetzung impliziert demgegenüber fälschlicherweise, dass Markt- und Ausübungsbedingungen begrifflich nebeneinander stehen. Die Ausführungen in diesem Kapitel folgen der Einteilung im Originaltext.

> Relative Performance: Im selben Zeitraum muss sich der Börsenkurs der Aktie der adidas AG um jährlich durchschnittlich 1 % besser entwickelt haben als die Börsenkurse der wesentlichen Wettbewerber des adidas Konzerns weltweit und darf absolut gesehen nicht gefallen sein."[3]

Nicht kapitalmarktbezogene Leistungsbedingungen sind insbesondere rechnungswesenbasierte Ziele. Diese beziehen sich auf Größen wie das Ergebnis je Aktie oder das Ergebnis vor Zinsen und Steuern (earnings before interest and taxes, EBIT), für die bestimmte Mindestwerte oder Steigerungsraten festgelegt werden.

Zusammenhang zwischen Erfolgszielen und Bezugskurs

Bei vielen Aktienoptionsplänen steht die Höhe des Bezugskurses in unmittelbarem Zusammenhang mit dem Erfolgsziel. So kann bei einem absoluten Kursziel der Bezugskurs mit dem Mindestkurs gleich gesetzt oder jährlich um die vorgegebene Rendite erhöht werden. Bei relativen Erfolgszielen kann der Abschlag vom Aktienkurs zum Zeitpunkt der Ausübung davon abhängen, um wie viele Prozentpunkte der Vergleichsindex geschlagen wurde. Je höher die „Outperformance", desto höher der Abschlag. Durch eine Verknüpfung mit dem Erfolgsziel steht somit vielfach nicht der Bezugskurs selbst, sondern nur die Formel zu dessen Berechnung im Voraus fest.

Durchführungsformen nach deutschem Recht

Gesellschaftsrechtlich sind Aktienoptionspläne wie Aktienprogramme danach zu unterscheiden, ob die auszugebenden Aktien aus einer Kapitalerhöhung oder aus einem Aktienrückkauf stammen. Auch hier liegt ein wesentlicher Unterschied in der Liquiditätswirkung. Soll ein Optionsplan auf jungen Aktien basieren, stehen den Unternehmen im Wesentlichen zwei Varianten offen: Zum einen können sie die 1998 durch das KonTraG speziell für Zwecke der Mitarbeitervergütung eingeführte Möglichkeit nutzen, so genannte „nackte" Optionsrechte auf der Grundlage von § 192 Abs. 2 Nr. 3 AktG auszugeben. Sie sind dann gemäß § 193 Abs. 2 Nr. 4 AktG verpflichtet, eine Sperrfrist von mindestens zwei Jahren sowie ein Erfolgsziel festzulegen[4]. Alternativ können sie auch auf die bereits zuvor existierende Möglichkeit zurückgreifen, Wandel- oder Optionsanleihen auszugeben. Hierbei müssen die Manager eine Anleihe zeichnen, die sie später in Aktien wandeln können (Wandelanleihe) bzw. die ergänzend mit dem gewünschten Optionsrecht (Optionsanleihe) ausgestattet ist. Diese etwas umständlichere Variante bietet den Vorteil, nicht an die Vorgaben von § 193 Abs. 2 Nr. 4 AktG gebunden zu sein. Gleichwohl gilt aber die Empfehlung des Deutschen Corporate Governance Kodex, dass „Aktienoptionen und vergleichbare Gestaltungen [...] auf anspruchsvolle, relevante Vergleichsparameter bezogen sein" sollen (Ziffer 4.2.3). Bei der Bilanzierung ist beim Einsatz von Wandel- und Optionsanleihen zu beachten, dass auch der Anleihebestandteil abzubilden ist. Für die Erfassung des Optionsrechts selbst ergeben sich jedoch keine Besonderheiten.

---

3 *Adidas*, Geschäftsbericht 2006, S. 178.
4 Die gleichen Anforderungen gelten auch, wenn auf Basis von § 71 Abs. 1 Nr. 8 AktG zurückgekaufte Aktien als Basis für einen Aktienoptionsplan genutzt werden.

2.2 Bilanzansatz

Die Mitarbeitervergütung mit echten Eigenkapitalinstrumenten umfasst sowohl eine Transaktion mit Eigenkapitalgebern als auch einen leistungswirtschaftlichen Vorgang. Aufgrund der Zusammenfassung dieser beiden Vorgänge kommt es zu der ungewöhnlichen Konstellation, dass als Gegenposten für den mit der Mitarbeitervergütung einhergehenden Personalaufwand direkt das Eigenkapital angebucht wird. Die Verminderung des Eigenkapitals durch den Personalaufwand wird also unmittelbar durch eine ergebnisneutrale Eigenkapitalerhöhung kompensiert. Um die Logik dieser Buchung zu verdeutlichen, soll zunächst ein ebenfalls in den Anwendungsbereich von IFRS 2 fallender Sachverhalt betrachtet werden, bei dem die beiden Vorgänge separat zu bilanzieren sind. Ein Beispiel hierfür ist die Einbringung eines Kraftfahrzeugs bei der Gründung einer Aktiengesellschaft (Sacheinlage) und dessen anschließende Nutzung im Unternehmen.

Komplexität aufgrund der Zusammenfassung zweier Vorgänge

Beispiel 18.2

Bei der Gründung einer Aktiengesellschaft bringt einer der Gründer anstelle einer Barzahlung ein Kraftfahrzeug im Wert von 100.000 € in das Unternehmen ein. Als Entgelt hierfür erhält er einen entsprechenden Anteil am Gründungskapital, der durch 1.000 Aktien mit einem Nennwert von je 1 € verbrieft wird. Diese Sacheinlage ist bilanziell wie folgt ohne Berührung der Gesamterfolgsrechnung zu erfassen:

Fuhrpark   100.000 €   an   *Gezeichnetes Kapital*   1.000 €
                                         Kapitalrücklage   99.000 €

Die Nutzung des Fahrzeugs ist anschließend durch Abschreibungen zu erfassen. Bei einer Nutzungsdauer von fünf Jahren und Anwendung der linearen Abschreibungsmethode ist im ersten Jahr der Nutzung zu buchen:

Abschreibung   an   *Fuhrpark*   20.000 €

In den weiteren Perioden ist diese Buchung zu wiederholen, bis das Fahrzeug vollständig abgeschrieben ist.

Die erste Buchung im Beispiel entspricht IFRS 2.7-8. Nach IFRS 2.7 kommt es bei der Gewährung von echten Eigenkapitalinstrumenten als Entgelt zu einer ergebnisneutral zu vereinnahmenden Eigenkapitalmehrung in Höhe des beizulegenden Werts der vom Unternehmen erhaltenen Güter oder Dienstleistungen und nach IFRS 2.8 ist der eingebrachte Vermögenswert im Gegenzug zu aktivieren. Die zweite Buchung spiegelt die übliche bilanzielle Vorgehensweise beim Eingang einer Ressource in den Leistungsprozess des Unternehmens wider.

Was passiert nun, wenn die vom Unternehmen erhaltenen Güter oder Dienstleistungen anders als ein Fahrzeug keinen aktivierungsfähigen Vermögenswert darstellen? Genau dies ist bei der Mitarbeitervergütung mit echten Eigenkapitalinstrumenten der Fall. Der den Mitarbeitern gewährte wirtschaftliche Vorteil stellt ein Entgelt für Arbeitsleistungen dar. Diese sind unabhängig davon, ob sie bereits erbracht wurden oder noch zu erbringen sind, nicht aktivierungsfähig.

Vorgehen bei fehlender Aktivierungsfähigkeit

Wenn die Arbeitsleistungen bereits erbracht wurden, müssten sie bei einer Aktivierung sofort wieder vollständig abgeschrieben werden. Werden zukünftige Arbeitsleistungen entgolten, scheitert die Aktivierungsfähigkeit am fehlenden rechtlichen Anspruch des Unternehmens. Sie stellen insofern einen Teil des originären, nicht bilanzierungsfähigen Goodwills des Unternehmens dar.

Direkte Aufwandsbuchung als Ausweg

Das IASB löst dieses konzeptionelle Problem dadurch, dass nach IFRS 2.8 bei fehlender Aktivierungsfähigkeit der erhaltenen Güter oder Dienstleistungen eine Aufwandsbuchung vorzunehmen ist. Beim Einsatz von Aktien zur Mitarbeitervergütung führt dies zum Buchungssatz „Personalaufwand / Kasse an Gezeichnetes Kapital / Kapitalrücklage", der den wirtschaftlichen Gehalt des Geschäftsvorfalls in zusammengefasster Form ausdrückt. Zur Veranschaulichung sei folgendes Beispiel betrachtet, bei dem von einer Vergütung bereits erbrachter Arbeitsleistungen ausgegangen wird.

Beispiel 18.3

Zwanzig Manager erhalten anstelle ihres Jahresbonus für das abgelaufene Jahr jeweils 50 Aktien. Der aktuelle Aktienkurs beträgt 100 €, der Nennwert der Aktien 1 €. Die Manager müssen für jede Aktie nur 60 € bezahlen. Dieser Vorgang wird wie folgt erfasst:

Personalaufwand 40.000 €
Kasse 60.000 € an *Gezeichnetes Kapital* 1.000 €
Kapitalrücklage 99.000 €

Insgesamt werden (20 · 50 =) 1.000 Aktien ausgegeben. Aufgrund der Zuzahlungen der Manager fließen dem Unternehmen dementsprechend (1.000 · 60 =) 60.000 € zu. Im Eigenkapital werden die Aktien aber mit ihrem Marktwert von insgesamt 100.000 € eingebucht, der durch die Ausgabe der Aktien am Kapitalmarkt hätte erzielt werden können. Die Differenz von (100 · 40 =) 40.000 € wird als Personalaufwand gebucht.

Ansatz bei Gewährung von Aktienoptionen

Die bilanzielle Abbildung bei einer Vergütung mit Aktienoptionen ist komplexer, da hier sowohl die Gewährung der Aktienoptionen als auch die mögliche Ausgabe von Aktien bilanziell abzubilden sind. Die Gewährung der Aktienoptionen ohne finanzielle Gegenleistung wird hierbei als der eigentliche Vergütungsvorgang gewertet. Der entsprechende Buchungssatz lautet „Personalaufwand an Kapitalrücklage". Die Aktienausgabe erfolgt hingegen nur, wenn die Mitarbeiter die Optionen später ausüben. Gewinne und Verluste der Mitarbeiter aus dem Optionsgeschäft werden dabei nicht mehr der Leistungssphäre des Unternehmens zugerechnet, sondern als Reichtumsverschiebung zwischen bestehenden und potentiellen Aktionären gewertet. Werden die Optionen ausgeübt, sind dementsprechend nur die Einzahlungen der Mitarbeiter durch die Buchung „Kasse an Gezeichnetes Kapital / Kapitalrücklage" zu erfassen. Eine nachträgliche Anpassung des Personalaufwands an den Ausübungsgewinn des Managers findet gemäß IFRS 2.23 nicht statt. Diese Vorgehensweise geht konform mit der Wertung von Aktienoptionen als Eigenkapitalinstrumente, für die einmal vorgenommene Buchungen nicht mehr aufgrund von späteren Wertänderungen anzupassen sind.

Zur Veranschaulichung sei ein weiteres Beispiel betrachtet, bei dem wieder von einer Vergütung bereits erfolgter Arbeitsleistungen ausgegangen wird.

> Zwanzig Manager erhalten anstelle ihres Jahresbonus für das abgelaufene Jahr jeweils 300 Aktienoptionen im Wert von 8 € pro Option. Jede Option verbrieft das Recht, eine Aktie des Unternehmens zum Preis von 100 € zu erwerben. Der Buchungssatz zum Zeitpunkt der Gewährung lautet:
> *Personalaufwand   an   Kapitalrücklage   48.000 €*
>
> In dieser Buchung kommt zum Ausdruck, dass insgesamt 6.000 Optionen im Wert von 8 € ausgegeben werden. Obwohl keine finanzielle Gegenleistung erfolgt, werden sie in der Kapitalrücklage mit ihrem geschätzten Marktwert erfasst. Die Höhe des Eigenkapitals wird durch die Buchung insgesamt aber nicht verändert, da sich Aufwandsbuchung und Rücklagenerhöhung gegenseitig kompensieren.
>
> Nach vier Jahren üben die Manager ihre Optionen aus. Der Aktienkurs zu diesem Zeitpunkt ist 120 €, so dass pro Option ein Gewinn von 20 € erzielt wird. Die Buchung zum Zeitpunkt der Ausübung lautet:
> *Kasse   600.000 €   an   Gezeichnetes Kapital   6.000 €*
> *   Kapitalrücklage   594.000 €*
>
> Bei der Ausübung werden (20 · 300 =) 6.000 Aktien ausgegeben. Aufgrund der Zuzahlungen der Manager fließen dem Unternehmen (6.000 · 100 =) 600.000 € zu, die auf die Bestandteile Gezeichnetes Kapital und Kapitalrücklage verteilt werden. Der von den Managern erzielte Wertzuwachs von (20-8 =) 12 € pro Option bleibt hingegen ohne bilanzielle Konsequenz.

Beispiel 18.4

Bislang wurde angenommen, dass bereits erbrachte Arbeitsleistungen vergütet werden. Dies ist jedoch nach IFRS 2.14 nur dann möglich, wenn die freie Verfügbarkeit der Aktien bzw. die Ausübbarkeit der Optionen nicht von einem weiteren Anstellungsverhältnis abhängt. Eine solche Bedingung ist aber insbesondere bei Aktienoptionsplänen die Regel, so dass von einer Vergütung zukünftiger Arbeitsleistungen auszugehen ist. Die Aufwendungen sind in diesem Fall zu gleichen Teilen auf die Perioden des Leistungszeitraums zu verteilen. Dessen Ende wird nach IFRS 2.15 durch den Zeitpunkt bestimmt, zu dem die Eigenkapitalinstrumente frei verfügbar bzw. ausübbar werden (vesting period). Bei Aktienoptionsplänen entspricht dieser Zeitraum in der Regel der Sperrfrist, deren Länge aber mitunter vom Erreichen bestimmter Erfolgsziele abhängt. Ist dies der Fall, soll nach IFRS 2.15(b) der Leistungszeitraum geschätzt werden. Liegt eine kapitalmarktbezogene Bedingung vor, darf der bei Gewährung geschätzte Leistungszeitraum später nicht korrigiert werden. Bei anderen Erfolgszielen ist hin-

Verteilung des Aufwands über mehrere Perioden

gegen eine Anpassung an die tatsächliche Dauer bis zum Erreichen des Erfolgszieles vorzunehmen.

Nachträgliche Korrektur, wenn Ausübungsbedingungen nicht erfüllt

Wie bereits ausgeführt, sind die dem Personalaufwand gegenüberstehenden Eigenkapitalbuchungen grundsätzlich nicht mehr anzupassen. Eine Abweichung von diesem Grundsatz ist allerdings in IFRS 2.19-21 für Eigenkapitalinstrumente vorgesehen, die verfallen, weil Ausübungsbedingungen, die keine Marktbedingungen sind, nicht erfüllt werden. In diesem Fall sind bereits erfolgte Eigenkapitalbuchungen wieder zurückzunehmen. Diese Vorgehensweise wirkt sich auch auf die Aufwandsverteilung aus. Um den zu verteilenden Aufwand festzulegen, ist nach IFRS 2.20 zunächst die Anzahl der Eigenkapitalinstrumente zu schätzen, die aufgrund von nicht erfüllten Ausübungsbedingungen, die keine Marktbedingungen sind, voraussichtlich verfallen. Im Zeitablauf ist diese Schätzung an die tatsächliche Ausfallrate anzupassen. Notwendige Anpassungsbuchungen sind jeweils in der Periode vorzunehmen, in der neue Informationen über die Ausfallrate bekannt werden. Zur Veranschaulichung sei das obige Beispiel zu Aktienoptionen in abgewandelter Form betrachtet.

Beispiel 18.5

Wiederum erhalten zwanzig Manager je 300 Aktienoptionen im Wert von 8 € pro Option. Jede Option verbrieft das Recht, eine Aktie des Unternehmens zum Preis von 100 € zu erwerben. Um die Optionen ausüben zu dürfen, müssen die Manager nun aber zwei weitere Jahre im Unternehmen verbleiben. Bei Gewährung wird davon ausgegangen, dass fünf Manager (25 %) die Bedingung nicht erfüllen werden. Dementsprechend sind (48.000 · 0,75 =) 36.000 € auf den Leistungszeitraum von zwei Jahren zu verteilen. Jeder Periode werden also zunächst 18.000 € zugerechnet.

Zum Zeitpunkt der Gewährung ist keine Buchung notwendig, da noch keine Arbeitsleistungen erbracht wurden. Für die weiteren Buchungen ist zu unterscheiden, ob die erwartete Ausfallrate tatsächlich eintritt oder ob es zu Abweichungen kommt.

Fall 1: Die erwartete Ausfallrate tritt ein
Während der Sperrfrist verlassen wie erwartet fünf Manager das Unternehmen und verlieren damit ihren Anspruch auf die Aktienoptionen. Es ist deshalb in beiden Jahren jeweils der auf der erwarteten Ausfallrate basierende Personalaufwand von 18.000 € zu buchen.

Personalaufwand an *Kapitalrücklage* 18.000 €

Fall 2: Die erwartete Ausfallrate tritt nicht ein
Abweichend von der ursprünglichen Erwartung verlassen nur drei Manager das Unternehmen, so dass die tatsächliche Ausfallquote 15 % beträgt. Der insgesamt zu verrechnende Personalaufwand ist deshalb auf (48.000 · 0,85 =) 40.800 € zu korrigieren. Die Abweichung von der ursprünglichen Erwartung wird erst im zweiten Jahr bekannt, so dass im ersten Jahr bereits ein Personalaufwand von 18.000 € gebucht worden ist. Im zweiten Jahr sind nun zusätz-

> lich zu den planmäßig veranschlagten 18.000 € weitere 4.800 € als Personalaufwand zu buchen.
>
> *Personalaufwand* an *Kapitalrücklage* 22.800 €
>
> Der zusätzliche Betrag verteilt sich je zur Hälfte auf die Korrektur des Personalaufwands im aktuellen Geschäftsjahr und auf die Korrektur des im vorherigen Jahr zu niedrig ausgewiesenen Betrags.

Die differenzierte Behandlung von kapitalmarktbezogenen und nicht-kapitalmarktbezogenen Erfolgszielen ist kritisch zu sehen, da sie Möglichkeiten zur Bilanzpolitik durch Sachverhaltsgestaltung eröffnet. Durch die konkrete Ausgestaltung von Erfolgszielen kann die Reagibilität des durch echte Aktienoptionen verursachten Aufwands auf negative Unternehmensentwicklungen gesteuert werden. Bei kapitalmarktbezogenen Erfolgszielen besteht keine Reagibilität, da auch bei schlechter Kursentwicklung sowohl die Anzahl als auch die Bewertung der Eigenkapitalinstrumente identisch bleibt. Bei nicht-kapitalmarktorientierten Erfolgszielen wie z.B. einer geforderten Steigerung des Ergebnisses je Aktie sieht dies anders aus: Werden die Ziele im vorgegebenen Zeitraum nicht erreicht, verringert sich die Anzahl der anzusetzenden Eigenkapitalinstrumente auf null, so dass insgesamt kein Aufwand zu buchen ist. In den späteren Perioden des Leistungszeitraums ist sogar von Erträgen auszugehen, da bereits gebuchte Aufwendungen rückgängig gemacht werden müssen. Umgekehrt kommt es allerdings bei positiver Entwicklung zu höheren Aufwendungen, wenn die Ausfallrate gegenüber der ursprünglichen Erwartung sinkt. Das IASB diskutiert diese bilanzpolitischen Möglichkeiten in der Begründung zu IFRS 2 und sieht kein schwerwiegendes Problem darin. Lapidar wird festgestellt, dass es nicht klar sei, ob die Unternehmen in einer größeren Reagibilität einen Vor- oder einen Nachteil sehen (IFRS 2.BC184). Nichtsdestotrotz verbleibt den Unternehmen die Möglichkeit, je nach subjektiver Sichtweise Aktienoptionspläne entsprechend zu gestalten.

Bilanzpolitische Möglichkeiten durch uneinheitliche Behandlung von Erfolgszielen

Je nachdem, wie Mitarbeiter-Aktien(optionen) auf Unternehmensseite steuerlich behandelt werden, kann es bei ihrer Bilanzierung auch zum Ansatz latenter Steuern kommen (IFRS 2.BC311-329). Bemerkenswert ist dabei, dass diese anzusetzen sind, obwohl zu keinem Zeitpunkt Bewertungsdifferenzen ausgewiesener Bilanzpositionen vorliegen. Das IASB argumentiert, nach IAS 12 könnten auch Bewertungsunterschiede nicht bilanziell ausgewiesener Vermögenswerte und Schulden latente Steuern begründen. Voraussetzung ist allerdings, dass es sich um zeitlich begrenzte Differenzen handelt. Nach deutschem Steuerrecht führen echte Eigenkapitalinstrumente nach herrschender Meinung nicht zu Betriebsausgaben[5]. Somit liegen zeitlich unbegrenzte Differenzen vor, für die keine latenten Steuern zu bilden sind.

Latente Steuern

---

5 Zur steuerlichen Behandlung von Aktienoptionsplänen auf Unternehmensseite vgl. *Herzig, N./Lochmann, U.*, Steuerbilanz und Betriebsausgabenabzug bei Stock Options, in: WPg, 55. Jg. (2002), S. 325-344; *Lochmann, U.*, Stock Options im Rahmen einer bedingten Kapitalerhöhung – Betriebsausgabenabzug durch sachgerechte Erweiterung des Einlagentatbestands, in: StuW, 82. Jg. (2005), S. 71-80.

2.3 Bilanzbewertung

Grundsatz: Bewertung zum beizulegenden Zeitwert der empfangenen Leistungen

Nach IFRS 2.10 sind grundsätzlich alle Transaktionen, bei denen echte Eigenkapitalinstrumente als Entgelt eingesetzt werden, mit dem beizulegenden Zeitwert der vom Unternehmen empfangenen Güter oder Dienstleistungen zu erfassen. Beim Einsatz von Aktienoptionen und Aktien zur Vergütung von Arbeitsleistungen stellt sich aber das Problem, dass diese – wenn überhaupt – nur in Ausnahmefällen auf direktem Wege bewertet werden können. Nach IFRS 2.11-12 ist deshalb zur Bewertung eingebrachter Arbeitsleistungen ersatzweise auf den Wert der als Entgelt gewährten Eigenkapitalinstrumente zum Zeitpunkt der Gewährung (grant date) abzustellen. Dienen Aktien und Aktienoptionen hingegen als Entgelt für Güter und Dienstleistungen von Dritten, stellt IFRS 2.13 die widerlegbare Vermutung auf, dass deren Wert zuverlässig auf direktem Weg ermittelbar ist. Als Bewertungszeitpunkt wird in diesem Fall der Zeitpunkt des Zugangs der Güter oder Dienstleistungen herangezogen. Letzteres ändert sich auch dann nicht, wenn die Vermutung widerlegt wird. Es ist dann ersatzweise der Wert der Eigenkapitalinstrumente zum Zugangszeitpunkt zu bestimmen.

Beizulegender Zeitwert versus innerer Wert

Ist entsprechend dieser Regelungen der beizulegende Zeitwert der Eigenkapitalinstrumente zu bestimmen, soll nach IFRS 2.16 soweit wie möglich auf Marktpreise abgestellt werden. Dies ist z.B. problemlos möglich, wenn ein börsennotiertes Unternehmen Belegschaftsaktien ausgibt. Sind hingegen keine Marktpreise verfügbar, soll gemäß IFRS 2.17 ein allgemein anerkanntes Bewertungsmodell eingesetzt werden. Insbesondere bei der Bewertung von speziell zur Mitarbeitervergütung ausgestalteten Aktienoptionen ist dies als Normalfall anzusehen. Dabei ist grundsätzlich der innere Wert (intrinsic value) vom beizulegenden Zeitwert der Optionen zu unterscheiden. Der innere Wert misst den Betrag, um den der aktuelle Aktienkurs den Bezugskurs übersteigt und verdeutlicht somit den möglichen Gewinn bei sofortiger Ausübung. Der beizulegende Zeitwert (fair value) oder Gesamtwert beinhaltet neben dem inneren Wert auch den so genannten Zeitwert (time value), in dem zum Ausdruck kommt, dass der Optionsinhaber von positiven Aktienkursentwicklungen vollständig profitiert, während er gegen negative Entwicklungen geschützt ist. Der Zeitwert ist zu jedem Zeitpunkt vor dem Ende der Laufzeit positiv, so dass eine Option auch dann noch einen Wert besitzt, wenn der innere Wert gleich null ist. Erst am Ende der Laufzeit wird der Optionswert allein durch den inneren Wert bestimmt. Abbildung 18.1 verdeutlicht die Entwicklung der verschiedenen Wertkomponenten in Abhängigkeit vom Aktienkurs schematisch für eine positive und eine negative Kursentwicklung.

Anforderungen an Optionsbewertungsmodelle

Um Weiterentwicklungen auf dem Gebiet der Optionsbewertung jederzeit berücksichtigen zu können, legt sich das IASB nicht auf ein konkretes Bewertungsmodell fest. Es nennt jedoch die in jedem Fall zu berücksichtigenden Parameter. Hierzu zählen nach IFRS 2.B6 der Ausübungspreis, die Optionslaufzeit, der aktuelle Marktpreis der zugrunde liegenden Aktie, dessen erwartete Volatilität, die erwartete Dividendenrendite und der risikolose Zinsfuß. Diese Parameter sind unter Berücksichtigung der Besonderheiten von vergütungshalber gewährten Aktienoptionen zu schätzen. Weiterhin sind kapitalmarktbezogene Erfolgsziele, also insbesondere absolute und relative Kursziele, nach IFRS 2.21 bei der Bewertung zu berücksichtigen. Andere Ausgabebedingungen sind – wie bereits beschrieben – über die zunächst geschätzte und im Zeitablauf angepasste Anzahl der tatsächlich ausgegebenen Eigenkapitalinstrumente einzubeziehen.

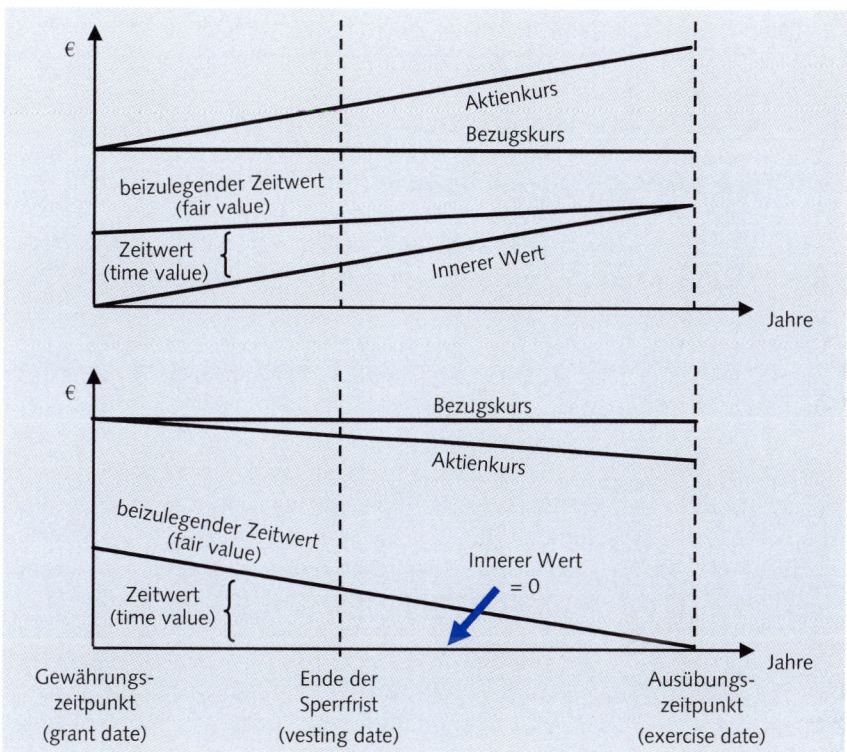

Abb. 18.1: Bewertung von Aktienoptionen

Nur ausnahmsweise darf von der Bewertung zum beizulegenden Zeitwert der Optionen abgewichen werden. Voraussetzung hierfür ist nach IFRS 2.24, dass das Unternehmen sich außer Stande sieht, den beizulegenden Zeitwert zuverlässig zu ermitteln. Ersatzweise sind die Optionen dann mit ihrem inneren Wert zu bewerten. Anders als bei der Bewertung zum beizulegenden Zeitwert ist die Bewertung zum inneren Wert bei Gewährung nicht endgültig. Veränderungen des inneren Werts im Zeitablauf sind in der jeweiligen Periode ergebniswirksam zu berücksichtigen. Die Bewertung zum inneren Wert ist dabei stetig bis zur Ausübung bzw. zum Verfallen der Optionen beizubehalten. Ein späterer Wechsel auf eine Bewertung zum beizulegenden Zeitwert ist nicht möglich. Insgesamt ist damit über die Laufzeit der Optionen ein Aufwand in Höhe des Ausübungsgewinns des Optionsinhabers zu verrechnen.

Bewertung zum inneren Wert in Ausnahmefällen

Ob die Vorschrift in IFRS 2.24 eine echte Erleichterung für die Unternehmen darstellt, kann bezweifelt werden. Zum einen wird die regelmäßige Anpassung der Bewertung häufig zu einer höheren Ergebnisvolatilität führen. Zum anderen dürfte sich die Schätzproblematik oft nur verlagern, da die betroffenen Unternehmen in den meisten Fällen nicht börsennotiert sind. Anstelle der einmaligen Schätzung des Optionswertes ist dann zu jedem Bilanzstichtag der Wert der den Optionen zugrunde liegenden Anteile zu schätzen, um den inneren Wert zu bestimmen. Insofern kann die Regelung als ein Versuch des IASB gewertet werden, die Unternehmen trotz der damit verbundenen Schwierigkeiten zu einer Bewertung zum beizulegenden Zeitwert bei Gewährung anzuhalten.

Exkurs

Bewertung von Mitarbeiter-Aktienoptionen
Bei der Bewertung von Optionen wird üblicherweise auf das Prinzip der Arbitragefreiheit abgestellt[6]. Der Wert einer Option muss hiernach dem Wert eines Wertpapier-Portfolios entsprechen, durch das die Rückflüsse der Option exakt nachgebildet werden. Weicht der Preis einer Option von dem so bestimmten Wert ab, besteht die Möglichkeit, risikolose Arbitragegewinne durch den Kauf (Verkauf) der Option und den gleichzeitigen Verkauf (Kauf) des Portfolios zu erzielen.

Black/Scholes-Modell

Das bekannteste auf diesem Prinzip basierende Bewertungsmodell ist das nach *Fischer Black* und *Myron Scholes* benannte Black/Scholes-Modell. Mit diesem Modell wurde Anfang der 1970er Jahre erstmals eine geschlossene Bewertungsgleichung für Optionen gefunden – eine Leistung für die *Scholes* und *Robert C. Merton*, der das ursprüngliche Modell um zahlreiche Facetten erweiterte, 1997 mit dem Wirtschaftsnobelpreis ausgezeichnet wurden[7]. Gerade die geschlossene Gleichungsform erweist sich aber als zu unflexibel, um die Besonderheiten von Mitarbeiter-Aktienoptionen adäquat zu berücksichtigen. Unter anderem kann die Möglichkeit einer frühzeitigen Ausübung nicht integriert werden, da die Black/Scholes-Formel auf der Annahme beruht, dass die Ausübung nur am Ende der Laufzeit erfolgen kann.

Lattice-Modelle

Größere Flexibilität im Umgang mit den Besonderheiten von Mitarbeiter-Aktienoptionen bieten Modelle, bei denen die zeitstetige Modellierung der Aktienkursbewegungen im Black/Scholes-Modell durch eine zeitdiskrete Modellierung ersetzt wird (Lattice-Modelle)[8]. Im Binomialmodell wird beispielsweise unterstellt, dass die Entwicklung des Aktienkurses innerhalb eines bestimmten Zeitraums nur zwei mögliche Ausprägungen annehmen kann. Durch die Aufteilung der Optionslaufzeit in sehr viele kurze Perioden kann

---

6   Einführend zur Optionsbewertung vgl. z.B. *Kruschwitz, L.*, Finanzierung und Investition, 5. Aufl., München u.a. 2007, Kapitel 9; vertiefend vgl. z.B. *Hull, J.*, Optionen, Futures und andere Derivative, 6. Aufl., München 2006.
7   *Black* war zu diesem Zeitpunkt bereits verstorben. Zur Vergabe des Nobelpreises an *Scholes* und *Merton* vgl. http://www.nobel.se/economics/laureates/1997/press.html.
8   Die Bezeichnung „Lattice-Modelle" bezieht sich auf die an ein Gitter (im Englischen: Lattice) erinnernde grafische Darstellung zeitdiskreter Bewertungsmodelle in der Form eines Zustandsbaums.

auch hier eine realitätsnahe Verteilung von Aktienrenditen erreicht werden. Auf jede der beiden möglichen Ausprägungen am Ende einer Periode folgen dann zwei weitere mögliche Ausprägungen in der nächsten Periode. Abbildung 18.2 zeigt die Modellierung der Aktienkursentwicklung in einem Binomialmodell mit fünf Perioden.

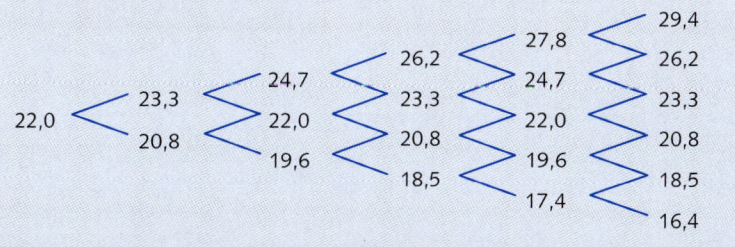

Abb. 18.2: Aktienkursentwicklung im Binomialmodell

Der eigentliche Bewertungsvorgang erfolgt im Binomialmodell und in anderen Lattice-Modellen (z.B. Trinomialmodelle mit jeweils drei Ausprägungen pro Periode und Ausgangszustand) rekursiv. Zunächst werden die möglichen Ausübungsgewinne am Ende der Laufzeit bestimmt. Diese sind dann Eingabeparameter für die zustandsbedingten Werte zu Beginn der letzten Periode und so fort. Der gesamte Vorgang wird so in viele kleine Bewertungsprobleme mit nur zwei Zeitpunkten und zwei möglichen Umweltzuständen zerlegt, die jeweils nach dem Prinzip der Arbitragefreiheit zu lösen sind.

Durch das rekursive Vorgehen kann in jedem Zustand und zu jedem Zeitpunkt überprüft werden, ob sich eine frühzeitige Ausübung lohnt. Grundsätzlich kann dies immer nur dann passieren, wenn weiteres Abwarten mit Kosten verbunden ist (z.B. entgehende Dividenden oder ein im Zeitablauf steigender Bezugskurs). Lohnt sich die frühzeitige Ausübung, ist statt dem Optionswert der Ausübungsgewinn als Eingabeparameter für die nächste Bewertungsstufe zu verwenden. Darüber hinaus können in Lattice-Modellen auch die Ausübungsbedingungen von Periode zu Periode und auch zustandsbedingt variiert werden. Hierdurch gewinnen sie genügend Flexibilität zur Berücksichtigung der Besonderheiten von Mitarbeiter-Aktienoptionen.

Berücksichtigung von Besonderheiten

Sperrfrist und Ausübungszeiträume
Die Laufzeit von Mitarbeiter-Aktienoptionen unterteilt sich üblicherweise in zwei Phasen: die Sperrfrist, während der die Optionen noch nicht ausgeübt werden dürfen, und den Ausübungszeitraum[9]. Darüber hinaus gibt es bei vie-

---

9 Mitarbeiter-Aktienoptionen stellen somit eine Mischform aus europäischen (Ausübung nur am Ende der Laufzeit) und amerikanischen Optionen (Ausübung zu jedem Zeitpunkt während der Laufzeit) dar. Im Fachjargon werden solche Optionen – mit Referenz zur geografischen Lage der Inselgruppe – auch als Bermuda-Optionen bezeichnet.

len Programmen weitere Zeiträume, in denen eine Ausübung nicht erlaubt ist, um die Ausnutzung von Insiderwissen zu vermeiden. Entweder wird zu diesem Zweck eine Ausübung zu bestimmten Zeiten untersagt (z.B. vier Wochen vor der Veröffentlichung von Quartalszahlen) oder es werden so genannte Ausübungsfenster festgelegt (z.B. vier Wochen nach der Veröffentlichung von Quartalszahlen).

Diesen Vorgaben entsprechend ist in Lattice-Modellen eine Bedingung einzuarbeiten, zu welchen Zeitpunkten eine frühzeitige Ausübung erlaubt ist. Soweit dies nicht der Fall ist, müssen generell die zustandsbedingten Optionswerte als Eingabeparameter für die nächste Bewertungsstufe verwendet werden. Können günstige Gelegenheiten zur frühzeitigen Ausübung nicht genutzt werden, sinkt der Optionswert bei Gewährung.

Kapitalmarktbezogene Erfolgsziele
Wie oben ausgeführt, sind kapitalmarktbezogene Erfolgsziele bei der Bewertung von Mitarbeiter-Aktienoptionen zu berücksichtigen. Der berechnete Optionswert sinkt hierdurch im Allgemeinen, da die Ausübung der Optionsrechte unwahrscheinlicher wird. Die Vorgehensweise zur Berücksichtigung von Erfolgszielen ist je nach Art des Ziels unterschiedlich komplex.

Im einfachsten Fall besteht das Erfolgsziel im Erreichen eines bestimmten Aktienkurses, der gleichzeitig auch der Bezugskurs ist. Da der Bezugskurs ein wichtiger Parameter der Optionsbewertung ist, wird ein solches Erfolgsziel automatisch berücksichtigt. Etwas komplexer ist der Fall, dass das Erreichen des Mindestkurses zwar eine Bedingung darstellt, der Bezugskurs aber niedriger liegt. Die Überprüfung der Bedingung und die Berechnung des möglichen Ausübungsgewinns stellen dann zwei separate Schritte dar.

Schwieriger ist die Berücksichtigung von relativen Erfolgszielen[10]. Hierbei ist nicht nur die mögliche Entwicklung des Aktienkurses, sondern auch die Entwicklung des Vergleichsindex zu modellieren. Dabei ist auch die Korrelation der beiden Entwicklungen zu berücksichtigen. Weiterhin hängt der Bezugskurs häufig davon ab, wie viel besser als der Vergleichsindex sich die Aktie entwickelt hat. Der Bezugskurs ist dann für jeden Zeitpunkt und jeden Zustand und in Abhängigkeit von der erwarteten „Outperformance" festzulegen.

Erzwungene frühzeitige Ausübung bzw. Verfallen der Optionen bei Ausscheiden der Mitarbeiter
Nach IFRS 2.19 ist die Bedingung eines fortgesetzten Anstellungsverhältnisses während der Sperrfrist nicht bei der Bewertung der Optionen, sondern durch eine nachträgliche Anpassung der Anzahl der ausgegebenen Optionen zu berücksichtigen. Effekte, die sich aufgrund des Ausscheidens von Mitarbeitern nach Ende der Sperrfrist ergeben, sind hingegen in die Bewertung zu

---

10 Vgl. hierzu z.B. *Crasselt, N.*, Bewertung indexierter Mitarbeiter-Aktienoptionen im Binomialmodell, in: KoR, 5. Jg. (2005), S. 444-449.

integrieren. Scheidet ein Mitarbeiter während der Ausübungsphase aus dem Unternehmen aus, muss er seine Aktionoptionen zumeist innerhalb eines kurzen Zeitraums ausüben. Hierdurch wird er gezwungen, den Zeitwert der Optionen aufzugeben. Wenn die Ausübung sich innerhalb des vorgegebenen Zeitraums überhaupt lohnt, kann er nur den inneren Wert realisieren. Lohnt sich die Ausübung nach seinem Ausscheiden nicht, verliert er ebenfalls den Zeitwert, der aber in diesem Fall den gesamten Optionswert ausmacht.

Die Auswirkung einer erzwungenen frühzeitigen Ausübung bzw. des Verfallens der Optionen bei Ausscheiden hängt davon ab, wie hoch die Quote der ausscheidenden Mitarbeiter eingeschätzt wird. Im Bewertungsmodell ist diese Quote dadurch zu berücksichtigen, dass mit einer gewissen Wahrscheinlichkeit auch dann von einer frühzeitigen Ausübung auszugehen ist, wenn diese aufgrund der berechneten Werte nicht lohnend erscheint. Dabei kann die erwartete Quote zustands- und zeitpunktsbedingt variiert werden, wenn z.B. davon ausgegangen wird, dass in einer Unternehmenskrise (und damit einhergehender schlechter Kursentwicklung) mehr Mitarbeiter ausscheiden als bei einer guten Unternehmensentwicklung.

Frühzeitige Ausübung aufgrund fehlender Handelbarkeit und eingeschränkten Möglichkeiten zur Risikodiversifikation
Eine wichtige Eigenschaft von Mitarbeiter-Aktienoptionen ist, dass sie nicht handelbar sind. Hierdurch soll erreicht werden, dass sich die Mitarbeiter des ihnen aufgebürdeten Vergütungsrisikos nicht einfach durch Verkauf der Optionen entledigen. Unwahrscheinlich ist auch, dass es den Mitarbeitern gelingt, das Risiko durch Geschäfte mit anderen Wertpapieren abzusichern. Hiergegen sprechen vor allem die sehr lange Laufzeit, die speziellen Ausgestaltungsmerkmale sowie die hohen Transaktionskosten.

Die fehlende Handelbarkeit kann sich auf das Ausübungsverhalten der Mitarbeiter auswirken. Anders als Besitzer von gehandelten Optionsrechten können sie ihr in Optionen gebundenes Vermögen nicht durch Verkauf in Liquidität zu wandeln. Die einzige Möglichkeit, an liquide Mittel aus der Optionsvergütung zu kommen, liegt in der Ausübung. In diesem Effekt wird eine Erklärung für die empirische Beobachtung gesehen, dass Mitarbeiter-Optionen deutlich früher ausgeübt werden als von der Theorie vorausgesagt. Ein weiterer Grund hierfür kann auch in der fehlenden Möglichkeit zur effizienten Risikodiversifikation gesehen werden, die ebenfalls durch die speziellen Merkmale der Optionen und hohe Transaktionskosten bedingt ist. Eine ineffiziente Risikodiversifikation führt bei Risikoaversion zu einer niedrigeren Bewertung der Optionen aus Mitarbeitersicht. Dementsprechend wird die frühzeitige Ausübung für sie tendenziell attraktiver.

Die Reaktionen der Mitarbeiter auf die fehlende Handelbarkeit und die fehlenden Diversifikationsmöglichkeiten wirken sich auch auf die Bewertung von Mitarbeiter-Aktienoptionen aus Unternehmens- bzw. Aktionärssicht aus. Gegenüber dem Referenzfall ohne Handelsbeschränkungen sinkt der Opti-

> onswert. Um dies zu berücksichtigen, schlägt das IASB vor, die Laufzeit der Optionen durch die erwartete Haltedauer zu ersetzen (IFRS 2.B17). Von wissenschaftlicher Seite wird hingegen alternativ vorgeschlagen, eine Auslöseschwelle in das Bewertungsmodell einzubauen, bei deren Überschreiten es zur frühzeitigen Ausübung kommt[11]. Empirische Untersuchungen deuten darauf hin, dass diese Schwelle für eine sonst nicht begründbare frühzeitige Ausübung zwischen dem Doppelten und dem Dreifachen des Bezugskurses liegt.

3 Virtuelle Eigenkapitalinstrumente

3.1 Ausgestaltungsvarianten

Gestaltungsparameter bei virtuellen Eigenkapitalinstrumenten

Beim Einsatz virtueller Eigenkapitalinstrumente werden die finanziellen Konsequenzen ihrer echten Pendants aus Sicht der Empfänger durch Auszahlungen des Unternehmens nachgebildet. So erhalten die Mitarbeiter bei der Ausgabe virtueller Aktienoptionen das Recht, zu einem bestimmten Zeitpunkt oder innerhalb eines bestimmten Zeitraums eine Zahlung des Unternehmens zu verlangen, deren Höhe sich an der Differenz zwischen dem aktuellen Aktienkurs und dem im Voraus festgelegten Bezugskurs orientiert. Anders als für echte Aktienoptionen gibt es für virtuelle Aktienoptionen keine gesetzlichen Vorgaben. Jedoch orientieren sich die meisten Unternehmen an den Vorgaben für echte Aktienoptionen. Durch virtuelle Aktien werden die finanziellen Konsequenzen einer verbilligten Aktiengewährung nachgebildet. Hierzu ist es prinzipiell notwendig, dass die Mitarbeiter zunächst selbst eine Einlage leisten. Solche Vereinbarungen sind in der Praxis allerdings nur selten anzutreffen. Wird auf eine Einlage und damit auf die Möglichkeit einer vollständigen Verlustbeteiligung verzichtet, verschwimmen die Grenzen zwischen virtuellen Aktien und Aktienoptionen.

Vor- und Nachteile

Aus Sicht der Mitarbeiter ist es in aller Regel unerheblich, ob sie mit echten oder virtuellen Aktienoptionen vergütet werden. Dies gilt insbesondere in Deutschland, wo in beiden Fällen der gesamte Ausübungsgewinn der individuellen Einkommensteuer der Mitarbeiter unterliegt. Aus Unternehmenssicht bestehen hingegen mehrere Unterschiede. Der wesentliche Nachteil virtueller Aktienoptionen ist, dass sie zu einem Liquiditätsabfluss in Höhe des Ausübungsgewinns führen, während bei echten Aktienoptionen mit der Ausübung ein Kapitalzufluss stattfindet. Stammen die Aktien aus einer Kapitalerhöhung steht diesem Zufluss kein Liquiditätsabfluss gegenüber. Wesentlicher Vorteil virtueller Aktienoptionen für deutsche Unternehmen ist, dass in Höhe der tatsächlich gezahlten Vergütung unstrittig eine Betriebsausgabe geltend gemacht werden kann. Ein weiterer Aspekt ist der Einfluss auf die Aktionärsstruktur. Anders als bei

---

11 Vgl. *Hull, J./White, A.*, How to value employee stock options, in: Financial Analysts Journal, Vol. 60 (2004), Heft 1, S. 114-119.

echten Aktienoptionen besteht bei virtuellen Aktienoptionen keine Gefahr, dass Mehrheitsverhältnisse beeinflusst werden. Schließlich sind die rechtlichen Anforderungen an virtuelle Aktienoptionspläne geringer. Insbesondere wird zu ihrer Verabschiedung kein Hauptversammlungsbeschluss benötigt. Während dies aus Unternehmenssicht einen Vorteil darstellen kann, ist die fehlende Einflussmöglichkeit aus Sicht der Aktionäre als Nachteil zu werten.

3.2 Bilanzansatz

Die bilanzielle Abbildung von virtuellen Eigenkapitalinstrumenten ist weniger komplex, da die Entgeltempfänger hier nicht in die Position eines aktuellen oder potentiellen Gesellschafters gelangen. Folglich kommt es zu keinen ergebnisneutralen Buchungen im Eigenkapital. Stattdessen ist die unsichere Zahlungsverpflichtung des Unternehmens gegenüber den Entgeltempfängern gemäß IFRS 2.7 durch eine Rückstellung zu erfassen. Dienen die virtuellen Eigenkapitalinstrumente als Entgelt für Güter oder bereits erbrachte Dienst- bzw. Arbeitsleistungen, ist die Rückstellung ab dem Zeitpunkt der Gewährung in voller Höhe anzusetzen. Wenn das Unternehmen einen aktivierungsfähigen Vermögenswert erwirbt, ist gleichzeitig ein Aktivposten in Höhe des beizulegenden Werts zu bilden. Anderenfalls ist ein Aufwand in gleicher Höhe zu buchen. Dienen die virtuellen Eigenkapitalinstrumente als Entgelt für zukünftige Dienst- oder Arbeitsleistungen, soll die Rückstellung nach IFRS 2.32 ratierlich aufgebaut und erst dann in voller Höhe angesetzt werden, wenn die Arbeitsleistungen als vollständig erbracht anzusehen sind. Der Leistungszeitraum ist dabei nach den gleichen Prinzipien festzulegen wie beim Einsatz echter Eigenkapitalinstrumente.

Geringere Komplexität, da Eigenkapital nicht berührt

Eine Verpflichtung aufgrund virtueller Eigenkapitalinstrumente führt nicht nur zum Ansatz einer Rückstellung, sondern bei abweichender steuerlicher Behandlung auch zum Ansatz latenter Steuern. Anders als bei echten Eigenkapitalinstrumenten sind die latenten Steuern hier unmittelbar aus der Bilanz über Bewertungsdifferenzen bei der Rückstellung zu begründen. Je nach Art der Bewertungsdifferenz kann es sich um aktive oder passive latente Steuern handeln.

Latente Steuern

3.3 Bilanzbewertung

Für den Einsatz virtueller Eigenkapitalinstrumente sicht IFRS 2.30 keine direkte Bewertung der vom Unternehmen empfangenen Güter oder Dienstleistungen vor. Vielmehr soll deren Wert generell indirekt über den beizulegenden Zeitwert der unsicheren Zahlungsverpflichtung bestimmt werden. Da die hierbei zugrunde liegenden erwarteten Auszahlungen des Unternehmens unmittelbar durch die Wertentwicklung der Unternehmensanteile determiniert werden, sind für die Bewertung die gleichen Methoden heranzuziehen wie für echte Eigenkapitalinstrumente. Eine Besonderheit besteht jedoch darin, dass die Bewertung nicht

Bewertung der Verbindlichkeit zum beizulegenden Zeitwert

einmalig zum Gewährungszeitpunkt erfolgt, sondern während der Laufzeit zu jedem Bilanzstichtag aktualisiert werden muss. Die Rückstellung ist jeweils ergebniswirksam an die veränderte Bewertung anzupassen.

Zur Veranschaulichung sei das folgende Beispiel betrachtet, das an das obige Beispiel zur Mitarbeitervergütung mit echten Aktienoptionen angelehnt ist.

Beispiel 18.6

Zwanzig Manager erhalten als Teil ihrer variablen Vergütung jeweils 300 virtuelle Aktienoptionen mit einem beizulegenden Zeitwert bei Gewährung von 8 € pro Option. Jede Option verbrieft das Recht, die Differenz zwischen dem Aktienkurs bei Ausübung und dem Bezugskurs von 100 € ausbezahlt zu bekommen. Um die virtuellen Aktienoptionen ausüben zu dürfen, müssen die Manager zwei weitere Jahre im Unternehmen verbleiben. Bei Gewährung wird davon ausgegangen, dass fünf Manager (25 %) die Bedingung nicht erfüllen werden. Am Ende des ersten Jahres wird diese Annahme aufrechterhalten. Am Ende des zweiten Jahres stellt sich jedoch heraus, dass tatsächlich nur drei Manager das Unternehmen verlassen haben.

Aufgrund einer günstigen Aktienkursentwicklung steigt der Wert der virtuellen Optionen im Laufe des ersten Jahres auf 12 € und bis zum Ende der zweijährigen Sperrfrist auf 14 €. Am Ende des dritten Jahres beträgt er hingegen nur noch 11 €.

Innerhalb des dritten Jahres üben acht Manager ihre virtuellen Optionen aus. Der Aktienkurs beträgt bei der Ausübung 106 €. Dementsprechend wird für jedes Optionsrecht eine Zahlung von 6 € fällig.

Zum Zeitpunkt der Gewährung ist nach IFRS 2 noch keine Buchung vorzunehmen, da ein schwebendes Geschäft vorliegt. In den folgenden Jahren ist jeweils eine Rückstellung zu bilden:

Erstes Jahr
Am Ende des ersten Jahres ist die Hälfte des Leistungszeitraums verstrichen, so dass eine Rückstellung in halber Höhe des aktuellen Werts der Zahlungsverpflichtung von (15 · 300 · 12 =) 54.000 € zu bilden ist. Die Gegenbuchung erfolgt im Personalaufwand:
Personalaufwand an Rückstellung 27.000 €

Der aktuelle Wert der Verpflichtung basiert auf dem aktuellen beizulegenden Zeitwert der Optionsrechte, also 12 €. Außerdem ist zu berücksichtigen, dass das Ausscheiden von insgesamt fünf der zwanzig Manager erwartet wird.

Zweites Jahr
Am Ende des zweiten Jahres ist der Leistungszeitraum beendet. Die Rückstellung ist deshalb in voller Höhe zu bilden. Ausgangspunkt der Bewertung ist wiederum der beizulegende Zeitwert der Optionsrechte, jetzt also 14 €. Außerdem ist die Rückstellung an die tatsächliche Ausfallquote von 15 % anzupassen. Sie muss dementsprechend um 44.400 € auf (17 · 300 · 14 =) 71.400 € erhöht werden:

Personalaufwand   an   Rückstellung   44.400 €

Durch den gestiegenen Optionswert und die Revision der Ausfallquote ist die Belastung im zweiten Jahr deutlich höher als im ersten Jahr.

Drittes Jahr
Auch am Ende des dritten Jahres ist die Rückstellung in Höhe des aktuellen Werts der Zahlungsverpflichtung zu bilden. Der Rückstellungsbetrag ist aber gegenüber dem Vorjahr aufgrund von zwei Effekten zu modifizieren. Zum einen sind insgesamt (8 · 300 =) 2.400 Optionsrechte ausgeübt worden. Zum anderen ist der beizulegende Zeitwert der Optionen auf 11 € gefallen. Die Rückstellung ist also nur noch in Höhe von (9 · 300 · 11 =) 29.700 € zu bilden. Die Differenz gegenüber dem Vorjahr in Höhe von 41.700 € verteilt sich auf eine ergebnisneutrale und eine ergebniswirksame Gegenbuchung. Ergebnisneutral ist der mit der Optionsausübung verbundenen Kassenabflusses von (2.400 · 6 =) 14.400 € zu erfassen. Der verbleibende Betrag ist als sonstiger betrieblicher Ertrag auszuweisen:

Rückstellung   41.700 €   an   Kasse   14.400 €
*   sonst. betriebl. Ertrag   27.300 €*

Der sonstige betriebliche Ertrag setzt sich aus zwei Komponenten zusammen. Erstens kommt darin die Verringerung der Rückstellung aufgrund des um 3 € auf 11 € gesunkenen Optionswerts zum Ausdruck (17 · 300 · 3 = 15.300 €). Zweitens musste für jede der 2.400 ausgeübten Optionen nur eine Zahlung in Höhe des inneren Werts von 6 € geleistet werden. Der von den Managern aufgegebene Zeitwert beträgt insgesamt (2.400 · (11-6) =) 12.000 €.

Weitere Jahre
In den weiteren Jahren der Laufzeit ist die Rückstellung wie im dritten Jahr an die Anzahl der noch nicht ausgeübten virtuellen Optionsrechte und deren aktuellen Wert anzupassen.

Wie das Beispiel verdeutlicht, unterscheiden sich die Ergebniswirkungen von echten und virtuellen Aktienoptionen durch die regelmäßige Anpassung der Bewertung erheblich. Während bei echten Aktienoptionen die Höhe des pro Optionsrecht zu verrechnenden Aufwands zum Zeitpunkt der Gewährung determiniert wird, ist bei virtuellen Aktienoptionen letztlich der Ausübungsgewinn des Mitarbeiters aufwandswirksam. Je nach Marktentwicklung kann der Ausübungsgewinn höher oder niedriger ausfallen als der beizulegende Zeitwert der Optionen bei Gewährung. Folglich erhöht sich beim Einsatz virtueller Aktienoptionen die Ergebnisvolatilität.

Höhere Volatilität des Personalaufwands

Separater Ausweis von Personal- und Finanzierungsaufwand

Um die Ergebniswirkungen von echten und virtuellen Aktienoptionen besser vergleichen zu können, bietet sich ein separater Ausweis folgender Aufwandskomponenten an:
- Der Teil der Aufwendungen, der bei einem vergleichbar ausgestalteten echten Aktienoptionsplan über den Leistungszeitraum als Personalaufwand anzusetzen wäre.
- Der verbleibende Teil der Aufwendungen, der durch die Wahl eines virtuellen anstatt eines echten Aktienoptionsplans begründet ist und insofern als Finanzierungsaufwand klassifiziert werden kann.

Während der Standardentwurf zu IFRS 2 eine solche Aufteilung noch als verpflichtende Angabe gefordert hatte, wird sie wird im endgültigen Standard nur noch als eine mögliche Zusatzangabe genannt (IFRS 2.BC252-BC255).

4 Kombinationsmodelle

Abgrenzungskriterium: Vorliegen einer Zahlungsverpflichtung

Für den in der Praxis häufig vorzufindenden kombinierten Einsatz von echten und virtuellen Eigenkapitalinstrumenten hat das IASB mit IFRS 2.34-43 differenzierte Regeln aufgestellt, die als Unterscheidungskriterium auf das Vorliegen einer Zahlungsverpflichtung des Unternehmens abstellen. Von einer Zahlungsverpflichtung ist insbesondere dann auszugehen, wenn der Entgeltempfänger die Art der Inanspruchnahme wählen darf. Liegt das Wahlrecht demgegenüber beim Unternehmen, ist nur unter bestimmten Bedingungen vom Vorliegen einer Zahlungsverpflichtung auszugehen. Beispielsweise ist dies der Fall, wenn das Wahlrecht aufgrund von gesellschaftsrechtlichen Restriktionen faktisch nicht zugunsten der Eigenkapitalvariante ausgeübt werden kann oder wenn das Unternehmen in der Vergangenheit regelmäßig die Barvariante gewählt hat.

In Abhängigkeit davon, ob von einer Zahlungsverpflichtung auszugehen ist, sind Kombinationsmodelle wie folgt zu bilanzieren:
- Ist von einer Zahlungsverpflichtung auszugehen, gelten die Regeln für virtuelle Eigenkapitalinstrumente. Wird später dennoch die Eigenkapitalvariante in Anspruch genommen, ist die Rückstellung zum Ausübungszeitpunkt neu zu bewerten und ergebnisneutral in das Eigenkapital umzubuchen. Die Inanspruchnahme der Eigenkapitalvariante wird somit als die Ausgabe eines Eigenkapitalinstruments zum Zeitpunkt der Wahlrechtsausübung interpretiert.
- Ist nicht von einer Zahlungsverpflichtung auszugehen, gelten die Regeln für echte Eigenkapitalinstrumente. Entscheidet sich das Unternehmen letztlich doch für eine Barzahlung an die Entgeltempfänger, ist dies als Rückkauf von Eigenkapitalinstrumenten zu werten. Entsprechend ist der ausgezahlte Betrag ergebnisneutral vom Eigenkapital abzuziehen.

Zur Veranschaulichung sei folgendes Beispiel betrachtet, das an die beiden Beispiele zu echten und virtuellen Aktienoptionen anknüpft.

Beispiel 18.7

Zwanzig Manager erhalten als Teil ihrer variablen Vergütung jeweils 300 Optionsrechte aus einem Kombinationsplan. Der beizulegende Zeitwert jedes Optionsrechts beträgt bei Gewährung 8 €. Es sind zwei Fälle zu unterscheiden. Im ersten Fall können die Manager bei der Ausübung wählen, ob sie Aktien beziehen oder eine äquivalente Barvergütung erhalten. Folglich ist von einer Zahlungsverpflichtung auszugehen. Im zweiten Fall hat das Unternehmen das Wahlrecht und es gibt auch keine anderen Anhaltspunkte dafür, dass eine Zahlungsverpflichtung vorliegt.

Erster Fall: Eine Zahlungsverpflichtung liegt vor
Im ersten und zweiten Jahr ist genauso zu buchen wie in dem obigen Beispiel zu virtuellen Aktienoptionen. Wenn die Manager bei der Ausübung im dritten Jahr die Barvergütung wählen, ändert sich auch die Buchung im dritten Jahr nicht. Entscheiden sich die Manager im dritten Jahr hingegen für den Bezug von Aktien, ist demgegenüber wie folgt zu buchen:

Rückstellung   41.700 €
Kasse   240.000 €   an   Gezeichnetes Kapital   2.400 €
*   Kapitalrücklage   252.000 €*
*   sonst. betriebl. Ertrag 27.300 €*

Wie zuvor ist die Rückstellung um 41.700 € zu verringern, um sie an den aktuellen Wert von 29.700 € anzupassen. Ebenfalls wie zuvor entsteht ein sonstiger betrieblicher Ertrag von 27.300 €, der sich aus den gleichen Komponenten wie oben zusammensetzt. Anders als zuvor kommt es jetzt jedoch nicht zu einem Kassenabfluss. Stattdessen erhält das Unternehmen liquide Mittel in Höhe von (2.400 · 100 =) 240.000 €. Dieser Betrag ist zusammen mit dem auf die ausgeübten Optionen entfallenen Teil der Rückstellung im Eigenkapital gegenzubuchen. Der Betrag von insgesamt (240.000+14.400 =) 254.400 € verteilt sich entsprechend dem Nennwert und dem darüber hinaus gehenden Teil auf das Gezeichnete Kapital und die Kapitalrücklage.

Zweiter Fall: Eine Zahlungsverpflichtung liegt nicht vor
Wie im obigen Beispiel zu echten Aktienoptionen ist im ersten Jahr ein Personalaufwand von 18.000 € und im zweiten Jahr von 22.800 € zu buchen. Gleichzeitig ist das Eigenkapital entsprechend zu erhöhen. Entscheidet sich das Unternehmen, bei der Ausübung von 2.400 Optionen im dritten Jahr Aktien auszugeben, ist der Zufluss von 240.000 € wie folgt zu erfassen:

Kasse   240.000 €   an   Gezeichnetes Kapital   2.400 €
*   Kapitalrücklage   237.600 €*

Entscheidet sich das Unternehmen hingegen für eine Barvergütung, ist folgende Buchung vorzunehmen:

Kapitalrücklage   14.400 €   an   Kasse   14.400 €

Eine Anpassung des Periodenergebnisses ist aufgrund der Wertung als Rückkauf von Eigenkapitalinstrumenten nicht notwendig.

Über die hier dargestellten Vorschriften hinaus sieht IFRS 2 auch Regeln für solche Kombinationspläne vor, bei denen sich die Werte der Eigenkapital- und der Barvariante unterscheiden. Wenn das Wahlrecht bei den Empfängern liegt, ist in solchen Fällen von einem strukturierten Finanzinstrument auszugehen, das in eine Eigen- und in eine Fremdkapitalkomponente aufzuteilen ist. Da solche Kombinationsmodelle zumindest in der deutschen Unternehmenspraxis bislang kaum vorzufinden sind, soll auf diese Regelungen aber hier nicht näher eingegangen werden.

5 Anhangangaben

Umfangreiche Angabepflichten

Die Darstellung in Bilanz und Gesamterfolgsrechnung ist durch umfangreiche Anhangangaben zu ergänzen. Nach IFRS 2.44 sollen Informationen veröffentlicht werden, die es dem Jahresabschlussleser ermöglichen, die Art und das Ausmaß der für die Berichtsperiode relevanten anteilsbasierten Entgeltvereinbarungen zu verstehen. Nach IFRS 2.46 sollen darüber hinaus Informationen veröffentlicht werden, durch die die im Zusammenhang mit solchen Entgelten vorgenommene Bewertung von Gütern und Dienstleistungen bzw. der gewährten Eigenkapitalinstrumente transparent wird. Nach IFRS 2.50 sollen schließlich die Auswirkungen anteilsbasierter Vergütungen auf die Ertrags- und Finanzlage des Unternehmens verdeutlicht werden.

Angaben über Art und Ausmaß relevanter Transaktionen

Das IASB konkretisiert diese drei Grundsätze durch umfangreiche Mindestanforderungen an die Publizität der Unternehmen. Im Hinblick auf den ersten Grundsatz sind nach IFRS 2.45 insbesondere folgende Angaben zu machen:
- Eine allgemeine Beschreibung aller während der Periode existierenden anteilsbasierten Vergütungsvereinbarungen. Hierbei ist auf alle wesentlichen Merkmale (z.B. Bezugskurs, Erfolgsziele, Sperrfrist, Laufzeit, Durchführungsform) einzugehen.
- Die Anzahl und der gewichtete durchschnittliche Bezugskurs von echten Aktienoptionen getrennt nach folgenden Gruppen:
    - zu Beginn der Periode ausstehende Aktienoptionen;
    - während der Periode gewährte Aktienoptionen;
    - während der Periode aufgrund nicht erfüllter Ausübungsbedingungen erloschene Aktienoptionen;
    - während der Periode ausgeübte Aktienoptionen;

- während der Periode am Ende ihrer Laufzeit verfallene Aktienoptionen;
- am Ende der Periode ausstehende Aktienoptionen; und
- am Ende der Periode ausübbare Aktienoptionen.
- Für alle in der Periode ausgeübten Aktienoptionen der mittlere Aktienkurs am Tag der Ausübung.
- Die Bandbreite der Bezugskurse und die mittlere verbleibende Laufzeit der am Ende der Periode noch ausstehenden Aktienoptionen.

Hinsichtlich des zweiten Grundsatzes sind nach IFRS 2.47-49 insbesondere folgende Angaben zu machen: *Angaben zur Bewertung*
- Der durchschnittliche beizulegende Zeitwert aller Eigenkapitalinstrumente, die in der Periode anstelle von Gütern oder Dienstleistungen bewertet wurden. Diese Angabe muss getrennt für Aktien und Aktienoptionen erfolgen.
- Detaillierte Informationen über die eingesetzten Bewertungsmodelle und die dabei verwendeten Eingabeparameter.
- Die Vorgehensweise bei der direkten Bewertung von Gütern oder Dienstleistungen, die das Unternehmen aufgrund von anteilsbasierten Vergütungen während der Periode empfangen hat.
- Falls empfangene Güter oder Dienstleistungen indirekt über den Wert der Eigenkapitalinstrumente bewertet wurden, ist zu begründen, warum eine direkte Bewertung nicht möglich war.

Zur Konkretisierung des dritten Grundsatzes schreibt IFRS 2.51 vor allem folgende Angaben vor: *Angaben zu den Auswirkungen auf Ertrags- und Finanzlage*
- Der Gesamtaufwand, der aufgrund von anteilsbasierten Vergütungen angesetzt wurde, bei denen die erhaltene Gegenleistung keinen aktivierbaren Vermögenswert dargestellt hat. Dabei ist der Anteil der Transaktionen, bei denen echte Eigenkapitalinstrumente zum Einsatz kamen, separat aufzuführen.
- Der Gesamtbetrag, der am Ende der Periode aufgrund von anteilsbasierten Vergütungen als Rückstellung angesetzt wurde.
- Der Teilbetrag der Rückstellung, der dem inneren Wert von bereits ausübbaren virtuellen Optionsrechten entspricht.

Wenn die in IFRS 2.44, 2.46 und 2.50 formulierten Grundsätze durch die Mindestangaben nicht ausreichend erfüllt werden, sollen die Unternehmen gemäß IFRS 2.52 nach Bedarf weitere Angaben machen.

6 Wesentliche Unterschiede zum HGB

Nach deutschem Recht existiert mit § 272 Abs. 2 HGB eine Vorschrift zur Bilanzierung von Transaktionen, bei denen Aktien und Aktienoptionen als Entgelt ausgegeben werden. Deren Anwendung ist jedoch nur dann unstrittig, wenn das *Keine explizite Regelung nach HGB*

Unternehmen aktivierungsfähige Vermögensgegenstände erwirbt. Für solche Transaktionen führt § 272 Abs. 2 HGB zum gleichen Ergebnis wie IFRS 2. Beim Einsatz von echten Eigenkapitalinstrumenten zur Mitarbeitervergütung wird die Anwendbarkeit von § 272 Abs. 2 HGB hingegen von Teilen des Schrifttums bezweifelt. Dementsprechend ist die bilanzielle Behandlung solcher Transaktionen aus den Grundsätzen ordnungsmäßiger Buchführung (GoB) abzuleiten. Hier prallen bisher verschiedene Meinungen aufeinander, ohne dass sich bislang eine eindeutig herrschende Meinung herausgebildet hat[12]:

Meinungsvielfalt

- Vielfach wird aus den Zielen des handelsrechtlichen Jahresabschlusses eine Vorgehensweise abgeleitet, die weitgehend mit IFRS 2 übereinstimmt. Diese Sichtweise liegt u.a. dem 2001 veröffentlichten Standardentwurf E-DRS 11 zugrunde, der auch vom IDW positiv gewertet und unterstützt wurde. Jedoch ist der Entwurf nie in einen endgültigen Standard überführt worden.
- Häufig wird auch die Meinung vertreten, die Gewährung von echten Aktienoptionen könne gar nicht zu einem Aufwand führen, da die Leistungssphäre des Unternehmens nicht berührt werde. Dementsprechend wird auch die Buchung einer korrespondierenden Einlage abgelehnt. Bilanziell zu erfassen ist nach dieser Auffassung lediglich der Kassenzufluss bei der Optionsausübung.
- Vereinzelt wird argumentiert, für noch ausstehende echte Aktienoptionen sei eine Rückstellung in Höhe des jeweils aktuellen inneren Werts zu bilden. Erst bei Ausübung solle eine Umbuchung ins Eigenkapital erfolgen.

Wird der ersten Meinung gefolgt, ergeben sich Unterschiede nur bei Detailfragen wie z.B. der Aufwandsverteilung über den Leistungszeitraum. Die zweite Auffassung steht hingegen im krassen Gegensatz zu IFRS 2. Das IASB diskutiert diese Position in der Begründung zu IFRS 2 und lehnt sie mit dem zutreffenden Argument ab, dass die Arbeitsleistungen sehr wohl dem Unternehmen zugute kommen (IFRS 2.BC35). Die dritte Position steht grundsätzlich mit dem Gedanken in Einklang, dass anteilsbasierte Mitarbeitervergütungen zu Aufwendungen führen. Jedoch werden noch nicht ausgeübte Aktienoptionen dem Fremd- und nicht dem Eigenkapital zugeordnet. Das IASB hat diesen Ansatz abgelehnt, da eine solche Zuordnung zum Fremdkapital nicht mit dem Rahmenkonzept vereinbar ist (IFRS 2.BC98, 2.BC113-118).

Unterschied bei Verwendung eigener Aktien

Ein wichtiger Unterschied zwischen IFRS 2 und den Regeln des HGB ergibt sich bislang bei Aktienoptionsplänen auf Basis eigener Aktien. Nach §§ 266 Abs. 2 B.III.2., Abs. 3 A.III.2, 272 Abs. 4 S. 1 HGB sind eigene Anteile im Regelfall im Umlaufvermögen zu aktivieren. Eine ergebnisneutrale Absetzung vom Eigenkapital ist nach § 272 Abs. 1 Sätze 4 bis 6 HGB nur dann vorzunehmen, wenn eigene Aktien nach § 71 Abs. 1 Nr. 6 oder 8 AktG zur Einziehung

---

12 Für einen Überblick über die verschiedenen Positionen mit weiteren Literaturhinweisen vgl. *Pellens, B./Crasselt, N.*, Bilanzierung von Stock Options: Status quo und aktuelle Entwicklungen, in: Küting, K./Weber, C.-P. (Hrsg.), Vom Financial Accounting zum Business Reporting: Kapitalmarktorientierte Rechnungslegung und integrierte Unternehmenssteuerung, Stuttgart 2002, S. 147-171, hier S. 155 f.

erworben wurden oder ihre Wiederausgabe von einem erneuten Beschluss der Hauptversammlung abhängig gemacht worden ist. Die Aktivierung von eigenen Aktien geht damit einher, dass Aufwendungen oder Erträge aus dem Rückkauf und der anschließenden Wiederausgabe erzielt werden können.

Im deutschen Schrifttum wird aus diesen Regeln zur Bilanzierung eigener Aktien geschlossen, dass der im Zusammenhang mit Aktienoptionsplänen auf Basis eines Aktienrückkaufs zu erfassende Personalaufwand (bzw. gegebenenfalls: -ertrag) als Differenz aus dem Rückkaufkurs und dem Bezugskurs der Aktienoptionen zu ermitteln ist. Demnach hängt die Höhe des ergebniswirksamen Betrags entscheidend vom Rückkaufzeitpunkt ab. Werden die Aktien bereits bei Gewährung beschafft, wird zumeist weder Aufwand noch Ertrag erzielt. Werden die Aktien erst mit der Ausübung beschafft, resultiert ein Aufwand in Höhe des Ausübungsgewinns der Mitarbeiter. Bei einer zwischenzeitlichen Beschaffung hängt die Höhe des Aufwands oder des Ertrags von der Marktlage zum Zeitpunkt des Rückkaufs ab.

Die beschriebene Vorgehensweise steht in deutlichem Kontrast zu der IFRS 2 zugrunde liegenden Sichtweise, nach der Aktienrückkäufe im Einklang mit ihrem ökonomischen Charakter wie Kapitalherabsetzungen zu buchen sind. Ohne eine Änderung der Regelungen zur Erfassung eigener Aktien kann die HGB-Bilanzierung in diesem Punkt nicht mit IFRS 2 in Einklang gebracht werden. In dem im November 2007 vorgelegten Referentenentwurf eines Bilanzrechtsmodernisierungsgesetzes (BilMoG) wird aber genau eine solche Änderung vorgeschlagen. Künftig sollen eigene Anteile unabhängig vom Verwendungszweck auf der Passivseite ergebnisneutral mit dem Gezeichneten Kapital und – soweit vorhanden – anderen Gewinnrücklagen verrechnet werden. Damit erfolgt eine weitgehende Angleichung an die IFRS.

7 Wesentliche Unterschiede zu US-GAAP

Die Bilanzierung von Aktienoptionsplänen und ähnlichen Entgeltformen nach US-GAAP ist in der Vergangenheit höchst kontrovers diskutiert worden. Bereits 1993 hat das FASB einen Standardentwurf vorgelegt, der weitgehend mit dem Inhalt des heute gültigen IFRS 2 übereinstimmte. Starker politischer Druck zwang das FASB allerdings dazu, den 1995 veröffentlichten SFAS 123 „Accounting for Stock-based Compensation" mit einem Bewertungswahlrecht zu versehen[13]. Durch die Bewertung von Aktienoptionen zum inneren Wert bei Gewährung konnten die Unternehmen zumeist Aufwandsbuchungen vermeiden.

Bewertungswahlrecht in alter Regelung

---

13 Zum Entstehungsprozess der 1995er Fassung von SFAS 123 vgl. *Zeff, S.*, Playing the congressional card on employee stock options, in: Cooke, T.E./Nobes, C. (Hrsg.), The Development of Accounting in an International Context, London 1997, S. 177-192. Detailliert zu den Regelungen der alten Fassung vgl. *Pellens, B./Crasselt, N.*, Bilanzierung von Stock Options, in: DB, 51. Jg. (1998), S. 217-223.

Angleichung an IFRS 2

Das FASB hat 1995 keinen Hehl daraus gemacht, dass es die von den Unternehmen erzwungene Kompromisslösung nur mit Widerwillen verabschiedet hat. Insofern ist es wenig überraschend, dass es die Initiative des IASB zum Anlass genommen hat, sich selbst wieder mit dem Thema zu beschäftigen. In der Folge hat das FASB Ende 2004 eine überarbeitete Fassung des Standards verabschiedet, der nun wie IFRS 2 die Bezeichnung „Share-based Payment" trägt (SFAS 123R) und auch inhaltlich bis auf wenige Details mit den IFRS-Regelungen übereinstimmt.

Verbleibende Unterschiede

Die wichtigsten noch verbleibenden Unterschiede zwischen SFAS 123R und IFRS 2 sind in SFAS 123R.B259-B269 aufgeführt. Hierbei handelt es sich um folgende Punkte:

- Anders als IFRS 2 schließt SFAS 123R Transaktionen mit Personen, die keine Mitarbeiter sind, hinsichtlich der Festlegung des Bewertungszeitpunkts aus dem Anwendungsbereich aus. Stattdessen wird auf EITF 96-18 verwiesen, wonach es zu einem von IFRS 2 abweichenden Bewertungszeitpunkt kommen kann.
- Die Kriterien, nach denen auch Aktienpläne mit nur geringem Abschlag auf den Aktienkurs zwingend als Vergütungstransaktionen anzusehen sind, sind nach SFAS 123R weniger streng als nach IFRS 2.
- SFAS 123R erlaubt die fortlaufende Bewertung zum inneren Wert nur dann, wenn aufgrund der komplexen Ausgestaltung von Optionsrechten kein adäquates Bewertungsmodell existiert. Schwierigkeiten bei der Schätzung der erwarteten Volatilität bei nicht börsennotierten Gesellschaften werden hingegen anders als nach IFRS 2 nicht als Ausnahmetatbestand angesehen.
- Bestimmte nachträgliche Veränderungen von Ausgabebedingungen haben nach SFAS 123R andere bilanzielle Konsequenzen als nach IFRS 2.
- Durch bislang noch existierende Unterschiede in der Definition von Eigen- und Fremdkapital nach IFRS und US-GAAP kann es zu unterschiedlichen Abgrenzungen bei Kombinationsplänen kommen, wenn die Alternativen (Anteilsbezug, Barvergütung) wertmäßig nicht übereinstimmen.
- Im Zusammenhang mit Aktienoptionen entstehende latente Steuern werden nach IFRS 2 und SFAS 123R unterschiedlich abgebildet. Für deutsche Unternehmen hat dies jedoch kaum Bedeutung, da zumindest bislang davon auszugehen ist, dass die deutschen Finanzbehörden einen Betriebsausgabenabzug für echte Aktienoptionen nicht akzeptieren. Latente Steuern entstehen dementsprechend aufgrund permanenter Differenzen gar nicht erst.

Weitere Konvergenz

Das FASB geht davon aus, dass die Anzahl der Unterschiede sich in Zukunft noch weiter verringern wird (SFAS 123R.B258). Dies ergibt sich zum einen aus der geplanten Weiterentwicklung von SFAS 123R und zum anderen aus den Konvergenzbemühungen von IASB und FASB.

Ausgewählte Literatur

Küting, K./Dürr, U., IFRS 2 Share-based Payment – ein Schritt zur weltweiten Konvergenz?, in: WPg, 57. Jg. (2004), S. 609-620.
Pellens, B./Crasselt, N., Exkurs: Bilanzierung von Aktienoptionsplänen, in: Baetge, J./Kirsch, H.-J./Thiele, S. (Hrsg.), Bilanzrecht, Bonn/Berlin, 14. Aktualisierung 2006, § 272, Rz. 801-921.
Pellens, B./Crasselt, N./Jödicke, D., IFRIC 8 – Scope of IFRS 2, in: Vater, H. et al. (Hrsg.), IFRS Änderungskommentar 2007, Weinheim 2007, S. 57-63.
Pellens, B./Crasselt, N./Jödicke, D., IFRIC 11 – IFRS 2: Group and Treasury Share Transactions, in: Vater, H. et al. (Hrsg.), IFRS Änderungskommentar 2007, Weinheim 2007, S. 83-90.
Rossmanith, J./Funk, W./Alber, M., Stock Options – Neue Bilanzierungs- und Bewertungsansätze nach IFRS 2 und SFAS 123 (R) im Vergleich, in: WPg, 59. Jg. (2006), S. 664-671.
Schmidt, L., Bilanzierung von Aktienoptionen nach IFRS 2 – Darstellung und ökonomische Analyse, Frankfurt a. M. u.a. 2006.

Übungsaufgaben

Aufgabe 1:
Geben Sie für die folgenden Geschäftsvorfälle an, ob sie in den Anwendungsbereich von IFRS 2 fallen. Begründen Sie Ihre Antwort.
a) Der bisherige Alleineigentümer der Freund AG überträgt dem Geschäftsführer des Unternehmens 25 % der Anteile ohne finanzielle Gegenleistung. Im Gegenzug verzichtet der Geschäftsführer in den nächsten beiden Jahren auf 40 % seines Gehalts, um die Liquidität des Unternehmens zu stärken.
b) Die Huckschlag AG erwirbt Rohstoffe von der Klee GmbH. Als Gegenleistung erhält die Klee GmbH junge Aktien der Huckschlag AG.
c) Die Huckschlag AG übernimmt das Betriebsvermögen der Freund AG, die zeitgleich mit dem Erwerb aufgelöst wird. Als Gegenleistung erhalten die beiden Aktionäre der Freund AG junge Aktien der Huckschlag AG.
d) Die Huckschlag AG hat mit der Investment Bank, die die Übernahme der Freund AG betreut hat, folgende Vereinbarung getroffen: Als Teil des Honorars erhält die Bank 10.000 Zertifikate, deren Wert sich an der Aktienkursentwicklung innerhalb eines Jahres nach dem Unternehmenskauf bemisst. Steigt der Kurs, zahlt die Huckschlag AG pro Zertifikat den Betrag, um den der Aktienkurs gestiegen ist. Sinkt der Kurs, wird keine Zahlung fällig.
e) Die Mitarbeiter der Huckschlag AG haben folgende Vereinbarung mit ihrem Arbeitgeber getroffen: Der Jahresbonus wird nicht mehr wie gewohnt bar ausgezahlt, sondern durch die Ausgabe von Aktien ersetzt. Die Mitarbeiter erhalten die Aktien zum Nennwert von 1 €. Der aktuelle Kurs beträgt 7,20 €.

f) Ein Mitarbeiter der Huckschlag AG hat im Vorjahr eine am Kapitalmarkt angebotene Wandelanleihe des Unternehmens mit einem Nominalwert von 1.000 € gezeichnet. Die Anleihe kann ohne Zuzahlung in 20 Aktien der Huckschlag AG gewandelt werden. Der Mitarbeiter hat das Wandlungsrecht beim aktuellen Aktienkurs von 7,20 € wahrgenommen.

Aufgabe 2:
Geben Sie für jeden der folgenden Geschäftsvorfälle die notwendigen Buchungen im IFRS-Konzernabschluss 2008 der Wolny AG an. Die Aktien der Wolny AG haben einen Nennwert von 1 €. Latente Steuern brauchen nicht berücksichtigt zu werden.

a) Die obersten Führungskräfte der Wolny AG erhalten echte Aktienoptionen als Teil ihrer variablen Vergütung. Im Geschäftsjahr 2008 wurden insgesamt 19.300 Aktienoptionen mit einem Basispreis von 15,25 € ausgeübt. Der durchschnittliche Aktienkurs bei Ausübung betrug 17,40 €. Der Fair Value der Aktienoptionen am Ende des Geschäftsjahres 2007 betrug 1,90 €. Der Leistungszeitraum endete am 31.12.2007.

b) Die mittleren Führungskräfte der Wolny AG erhalten virtuelle Aktienoptionen als Teil ihrer variablen Vergütung. Im Geschäftsjahr 2006 wurden insgesamt 8.400 Optionsrechte mit einem Basispreis von 12,20 € ausgeübt. Der durchschnittliche Aktienkurs bei Ausübung betrug 18,30 €. Der Fair Value der virtuellen Aktienoptionen am Ende des Geschäftsjahres 2007 betrug 3,70 €. Der Leistungszeitraum endete am 31.12.2007.

c) Aus einem früheren Optionsplan hielten die obersten Führungskräfte noch 60.000 Aktienoptionen mit einem Basispreis von 30,50 € und die mittleren Führungskräfte noch insgesamt 30.000 virtuelle Aktienoptionen mit einem Basispreis von 24,40 €. Diese Optionsrechte sind im Laufe des Geschäftsjahres unausgeübt verfallen. Der Fair Value der Aktienoptionen betrug am Ende des Geschäftsjahres 2007 0,15 €, der Fair Value der virtuellen Aktienoptionen 0,40 €.

d) Die Geschäftsführer eines Tochterunternehmens, der Kranz GmbH, erhalten ebenfalls Aktienoptionen zum Bezug von Wolny-Aktien. Bei diesem Aktienoptionsplan hat sich die Wolny AG allerdings das Recht einer Barauszahlung anstelle der Ausgabe von Aktien vorbehalten. Im Geschäftsjahr sind aus diesem Programm 3.000 Optionsrechte mit einem Ausübungsgewinn von 6.300 € ausgeübt worden. Entgegen ihrer bisherigen Absicht hat die Wolny AG sich für eine Barauszahlung entschieden.

e) Im Januar 2007 hat ein Tochterunternehmen der Wolny AG, die Peters GmbH, einen neuen Gesellschafter aufgenommen. Der neue Gesellschafter hat eine Produktionsanlage im Wert von 25.000 € aus seinem Privatbesitz eingebracht und dafür einen GmbH-Anteil erhalten. Vor dem Eintritt des neuen Gesellschafters war die Peters GmbH im Alleinbesitz der Wolny AG.

Aufgabe 3:

a) Zeigen Sie für das im Folgenden skizzierte Szenario auf, wie in den Geschäftsjahren 2008 bis 2010 zu buchen ist. Latente Steuern brauchen nicht berücksichtigt zu werden.
- Am 01.01.2008 werden 1 Mio. Aktienoptionen mit einem Bezugskurs in Höhe des aktuellen Aktienkurses von 9 € und mit einer Laufzeit von drei Jahren gewährt. Um aktienrechtlichen Voraussetzungen zu genügen, werden eine Sperrfrist von zwei Jahren und eine Mindestkurssteigerung von 25 % als Erfolgsziel vereinbart. Der Wert der Aktienoptionen am 01.01.2008 beträgt 1,25 €. Es wird erwartet, dass während der Sperrfrist rund 5 % der Mitarbeiter das Unternehmen verlassen werden.
- Im Laufe des Geschäftsjahres 2008 sinkt der Aktienkurs kontinuierlich und erreicht am 31.12.2008 einen Stand von 7,90 €. Der Wert der Aktienoptionen sinkt auf 0,70 €. Wie erwartet sind 2008 rund 25.000 Optionen verfallen, weil Mitarbeiter das Unternehmen während der Sperrfrist verlassen haben.
- Im Laufe des Geschäftsjahres 2009 erholt sich der Aktienkurs, das Erfolgsziel wird aber nicht erreicht. Am 31.12.2009 liegt der Aktienkurs bei 8,70 €. Der Wert der Aktienoptionen ist auf 0,60 € gesunken. Im Jahr 2009 haben deutlich mehr Mitarbeiter das Unternehmen verlassen als erwartet, so dass weitere 75.000 Optionen verfallen sind.
- Auch im Laufe des Geschäftsjahres 2010 wird das Erfolgsziel nicht erreicht. Am 31.12.2010 verfallen die Optionsrechte aller Mitarbeiter wertlos.

b) Wie würden sich die Buchungen verändern, wenn alternativ zur Mindestkurssteigerung folgendes Erfolgsziel gelten würde und ebenfalls nicht erreicht wird? Alternatives Erfolgsziel: Der Gewinn je Aktie muss innerhalb der bis zum 31.12.2009 laufenden Sperrfrist um 25 % gesteigert werden. Referenzgröße ist der 2007 erzielte Gewinn je Aktie. Der ohne Berücksichtigung dieses Erfolgsziels berechnete Wert der Aktienoptionen zum 01.01.2008 beträgt 2,30 €.

c) Wie würden sich die Buchungen verändern, wenn anstelle echter Aktienoptionen virtuelle Aktienoptionen ausgegeben werden. Beziehen Sie sich bitte auf die Angaben in Aufgabenteil a).

Kapitel 19
Finanzinstrumente

1 Relevante Standards und Identifikation von Finanzinstrumenten 534

2 Anwendungsbereich von IAS 32 und 39 537

3 Ansatz 539

4 Erstbewertung 540

5 Folgebewertung 542
   5.1 Klassifizierung von Finanzinstrumenten 542
      5.1.1 Klassifikation 542
      5.1.2 Finanzinstrumente, die ergebniswirksam zum beizulegenden Zeitwert folgebewertet werden (financial instruments at fair value through profit or loss) 543
      5.1.3 Bis zur Endfälligkeit gehaltene finanzielle Vermögenswerte (held-to-maturity investments) 544
      5.1.4 Ausleihungen und Forderungen (loans and receivables)..........544
      5.1.5 Zur Veräußerung verfügbare finanzielle Vermögenswerte (available-for-sale financial assets) 546
   Exkurs: Hybride Finanzinstrumente 546
   5.2 Folgebewertung der Kategorien..548
   Exkurs: Reklassifizierung von Finanzinstrumenten 551
   5.3 Effektivzinsmethode zur Bestimmung der fortgeführten Anschaffungskosten...553

6 Wertminderung von finanziellen Vermögenswerten 556

7 Ausbuchung 563
   7.1 Ausbuchung von finanziellen Vermögenswerten................................563
   7.2 Ausbuchung von finanziellen Verbindlichkeiten.................................569

8 Ausweisfragen und Angabepflichten...570

9 Wesentliche Unterschiede zum HGB 572

10 Wesentliche Unterschiede zu US-GAAP..574

Ausgewählte Literatur 577

Übungsaufgaben...577

Die Verwendung von Finanzinstrumenten hat in den letzten Jahren erheblich zugenommen. Wurden früher Finanzinstrumente fast ausschließlich zur Finanzierung und zur Liquiditätsaufbewahrung genutzt, so erfüllen sie heute eine Vielzahl von weiteren Zwecken. Zum Beispiel
- finanzieren viele Unternehmen sich nicht mehr nur bei Ihrer Hausbank, sondern nehmen internationale Kapitalmärkte zur Fremdfinanzierung in Anspruch,
- dienen Derivate (z.B. Optionen oder Futures) zur Absicherung von Risiken des Geschäftsbetriebs,
- werden Vermögenswerte und Schulden gegen Überlassung eines Finanzinstruments zeitweise an Dritte veräußert und
- liquide Mittel des Unternehmens in verschiedene risikobehaftete Anlageformen umgeschichtet, um die Rentabilität und das Gesamtrisiko des Unternehmens zu steuern.

Außerdem weisen manche Finanzinstrumente hohe Wertschwankungen auf, was eine besondere bilanzielle Behandlung notwendig macht, die deren Risiken und Chancen offen legt. Während wir uns in Kapitel 20 speziell mit Problemen der Bilanzierung von Sicherungsgeschäften befassen, schildert dieses Kapitel zunächst die grundsätzliche Bilanzierung von Finanzinstrumenten.

Somit sollen Sie im Folgenden lernen,
- welche Arten von Finanzinstrumenten es gibt,
- wann und zu welchem Wert diese Finanzinstrumente bilanziell zu erfassen sind,
- wie die Folgebewertung von Finanzinstrumenten erfolgt und
- wann Finanzinstrumente ganz oder teilweise auszubuchen sind.

1 Relevante Standards und Identifikation von Finanzinstrumenten

IAS 32, IAS 39 und IFRS 7 sind zentrale Normen

Die Bilanzierung von Finanzinstrumenten nach IFRS wird im Wesentlichen von drei separaten Standards geregelt. Die Ausführungen dieses Kapitels basieren auf IAS 32/39 und IFRS 7 auf dem Stand vom 31.12.2007:
- IAS 32 „Finanzinstrumente: Darstellung" (Financial Instruments: Presentation) wurde ursprünglich 1995 unter dem Namen „Finanzinstrumente: Angaben und Darstellung" verabschiedet. Nach grundlegenden Überarbeitungen im Jahr 2003 wurden 2005 die Vorschriften zu Angabepflichten in den neuen IFRS 7 überführt, sodass IAS 32 sich nunmehr lediglich mit Regeln der Eigen-/Fremdkapitaldifferenzierung (vgl. Kapitel 17) und mit den Möglichkeiten zur Saldierung von Finanzaktiva und -passiva befasst. Er ist in seiner aktuellen Fassung gültig für Geschäftsjahre, die am oder nach dem 01.01.2005

beginnen. Im Juni 2006 wurde der Exposure Draft „Financial Instruments Puttable at Fair Value and Obligations Arising on Liquidation" veröffentlicht, der sich mit der Differenzierung von Eigen- und Fremdkapital befasst.

- IAS 39 „Finanzinstrumente: Ansatz und Bewertung" (Financial Instruments: Recognition and Measurement) wurde ursprünglich 1998 verabschiedet. Nach einer umfassenden Überarbeitung im Dezember 2003 und zahlreichen kleineren Modifikationen in den Jahren 2004 und 2005 ist die aktuelle Fassung für Geschäftsjahre, die am oder nach dem 01.01.2006 beginnen, anzuwenden. Mit dem First Annual Improvements Project und dem im September 2007 veröffentlichten Exposure Draft „Exposures Qualifying for Hedge Accounting" zeichnen sich neuerliche Detailänderungen bereits ab. Die Grundkonzeption von IAS 39 dürfte indes mittelfristig Bestand haben, auch wenn 2006 im Memorandum of Understanding (vgl. Kapitel 4) vom FASB und IASB bereits vereinbart wurde, die Bilanzierung von Finanzinstrumenten langfristig erneut umfassend zu reformieren.

- IFRS 7 „Finanzinstrumente: Angaben" (Financial Instruments: Disclosures) regelt die Angabepflichten für Finanzinstrumente. Er wurde im August 2005 verabschiedet, modifizierte IAS 32, löste IAS 30 „Angaben im Abschluss von Banken und ähnlichen Finanzinstitutionen" (Disclosures in the Financial Statements of Banks and Similar Financial Institutions) ab und ist für Geschäftsjahre ab dem 01.01.2007 anzuwenden.

Das EU-Endorsement der neuentwickelten IAS 32 und 39 war lange umstritten. Zwischenzeitlich führte dies zu einem Teilendorsement von IAS 39 mit einer technischen Beschränkung im Bereich der Sicherungsbilanzierung und ohne Berücksichtigung der vollen im Standard vorgesehenen Option, Finanzinstrumente wahlweise ergebniswirksam zum beizulegenden Zeitwert bewerten zu können (sog. Carve-Out). Diese partielle Anerkennung eines Standards durch die EU war heftiger Kritik ausgesetzt. Im November 2005 wurde der neuformulierte Standardänderungsentwurf zur Fair Value-Option von der EU anerkannt, sodass die zum 31.12.2007 aktuelle Fassung des EU-anerkannten IAS 39 bis auf die erste oben erwähnte Ausnahme dem aktuell gültigen IAS 39 entspricht. IAS 32 und IFRS 7 sind in ihrer jeweils gültigen Form endorsed.

Annerkennung durch die EU

Um zu erfassen, welchen breiten Wirkungsbereich IAS 32/39 und IFRS 7 entfalten, ist die Definition des Begriffs „Finanzinstrument" entscheidend. IAS 32.11 definiert ein Finanzinstrument als einen Vertrag, der bei einer Vertragspartei einen finanziellen Vermögenswert und bei der anderen eine finanziel-

Definition Finanzinstrument

le Verbindlichkeit¹ oder ein Eigenkapitalinstrument entstehen lässt. Diese Definition wirft drei neue Fragen auf:

Finanzieller Vermögenswert

- Was ist ein finanzieller Vermögenswert?
  Finanzielle Vermögenswerte umfassen den Kassenbestand, andere flüssige Mittel sowie Eigenkapitaltitel anderer Unternehmen. Auch Rechte auf flüssige Mittel (wie z.B. gehaltene Anleihen anderer Unternehmen) sowie auf Eigenkapitaltitel anderer Unternehmen (wie z.B. Aktienoptionen) sind finanzielle Vermögenswerte des bilanzierenden Unternehmens, ebenso wie Rechte, die den vorteilhaften Austausch von Finanzinstrumenten garantieren (wie z.B. ein Terminkauf von Fremdwährung zu einem Terminkurs, der unter dem Kassakurs liegt).

Finanzielle Verbindlichkeit

- Was ist eine finanzielle Verbindlichkeit?
  Eine finanzielle Verbindlichkeit entsteht aus einer Verpflichtung des bilanzierenden Unternehmens, entweder flüssige Mittel an einen externen Vertragspartner zu liefern (wie z.B. bei einer ausgegebenen Anleihe) oder Finanzinstrumente mit diesem zu ungünstigen Bedingungen zu tauschen (wie z.B. die Stillhalterverpflichtung eines Optionsgeschäfts).

Eigenkapitalinstrument

- Was ist ein Eigenkapitalinstrument?
  Ein Eigenkapitalinstrument (z.B. eine Aktie) garantiert dem Eigentümer den anteiligen Anspruch am Residualvermögen des Unternehmens, also an allen Vermögenswerten nach Abzug aller Schulden. Diese Definition umfasst nicht nur „normale" Aktien, sondern z.B. auch Stillhalterpositionen von Kaufoptionen für Aktien des bilanzierenden Unternehmens (vgl. hierzu auch Kapitel 17).

Ein Finanzinstrument ist also jede Vertragsform, die ohne Produktions- und Absatzprozess direkt oder indirekt zum Zu- oder Abfluss von flüssigen Mitteln oder Eigenkapitaltiteln führt. Hierunter fallen sowohl derivative als auch nicht-derivative Finanzinstrumente. Dies führt zu einer nächsten Frage:

Finanzderivat

- Was ist ein Finanzderivat?
  Zentrale Eigenschaft von derivativen Finanzinstrumenten ist, dass ihre Wertentwicklung von einem so genannten Basisobjekt abhängt. Solche Basisobjekte können zum Beispiel Währungen, Zinsen, Aktien oder Aktienindizes sowie Rohstoffe sein. Da der Halter eines Finanzderivats nicht das Basisobjekt selber besitzen muss, kann er mit einem vergleichsweise geringen Investment an der Wertentwicklung des Basisobjekts während der Laufzeit im Guten wie im Schlechten partizipieren.

---

1 Im strengen Sinne ist zu fragen, ob nicht finanzielle Schuld eine bessere Übersetzung für „financial liability" wäre, da auch Schulden, die Rückstellungscharakter haben (wie z.B. die erwartete Zahlungsverpflichtung aus einem sich negativ entwickelnden Termingeschäft), die Definition von financial liabilities erfüllen. Um Einheitlichkeit mit der offiziellen deutschen Übersetzung sicherzustellen, wird im Folgenden dennoch die Übersetzung „finanzielle Verbindlichkeiten" gewählt.

Es gibt drei typische Klassen von Finanzderivaten:
- *Termingeschäft*, auch *Future* (standardisierter Vertrag) oder *Forward* (unstandardisierter Vertrag) genannt. Hier erwirbt der Halter von dem Stillhalter das *Recht und die Pflicht*, zu einem bestimmten Zeitpunkt das Basisobjekt zu einem bestimmten Preis zu erwerben. Ein Beispiel hierfür ist ein Währungstermingeschäft: Hier wird ein bestimmter Betrag einer Fremdwährung erworben. Der Preis wird zum Zeitpunkt des Vertragsabschlusses mittels des Terminkurses fixiert. Der eigentliche Kauf der Fremdwährung erfolgt allerdings erst in der Zukunft. In Abhängigkeit von der zukünftigen Entwicklung des Fremdwährungskurses kann ein Termingeschäft entweder Vermögenswert- oder Schuldcharakter erlangen.

   Termingeschäft

- Bei einer *Option* hingegen erwirbt der Halter *lediglich das Recht*, innerhalb eines Zeitraums (amerikanische Option) oder zu einem festen Zeitpunkt (europäische Option) das Basisobjekt zu einem bestimmten Preis zu erwerben (*Call*) bzw. zu verkaufen (*Put*). Eine Verpflichtung besteht nicht. Ein Beispiel hierfür ist eine Aktienkaufoption (auch Aktiencall genannt): Hier erwirbt eine Partei von einer anderen das Recht, in der Zukunft zu einem bestimmten Kurs eine Aktie zu kaufen. Das Recht der kaufenden Partei (die auch als Zeichner oder underwriter bezeichnet wird) stellt immer einen Vermögenswert dar. Die Verpflichtung der verkaufenden Partei (auch Stillhalter oder writer genannt) ist in der Regel eine Verbindlichkeit oder, bei Optionen auf eigene Aktien, unter Umständen auch ein Eigenkapitaltitel.

   Option

- Bei einem *Swapgeschäft* verpflichten sich die beiden Parteien, die Zahlungsströme aus zwei Basisobjekten über einen bestimmten Zeitraum hinweg zu tauschen. Ein Beispiel hierfür ist ein Zinsswap: Hier tauschen zwei Parteien die Zinszahlungen aus zwei Krediten. Zum Beispiel zahlt eine Partei A die variablen Zinsen für einen Kredit der Partei B. Diese wiederum leistet die Zinszahlungen für einen festverzinslichen Kredit von Partei A. Je nachdem, wie sich die variable Verzinsung entwickelt, kann ein Swapgeschäft für die eine oder andere Partei vorteilhaft sein.

   Swapgeschäft

2 Anwendungsbereich von IAS 32 und 39

Auch wenn IAS 32 und IAS 39 grundsätzlich die Bilanzierung aller Finanzinstrumente regeln, gibt es doch einige Ausschlüsse, da die hiervon betroffenen Finanzinstrumente entweder in anderen Standards explizit behandelt werden oder für sie ein solcher Standard geplant ist. Weder IAS 32 noch IAS 39 finden Anwendung für:

Grundsatz: Gilt für alle Finanzinstrumente

- Anteile an Tochtergesellschaften (IFRS 3), an assoziierten Unternehmen (IAS 28) oder an Gemeinschaftsunternehmen (IAS 31), wenn diese Anteile konsolidiert oder at equity bewertet werden. Teilweise fordern einige Standards jedoch explizit die Anwendung von IAS 39. Dann sind auch die Anga-

   Anwendungsausschlüsse

bepflichten von IAS 32 zu erfüllen. Dies ist z.B. bei Gemeinschaftsunternehmen, die von Investmentgesellschaften nur zum Zweck der Weiterveräußerung gehalten werden, oder bei ggf. zusätzlich aufgestellten Einzelabschlüssen (separate financial statements i.S.v. IAS 28 und IAS 31) der Fall.
- Finanzinstrumente, die aus Altersversorgungsplänen resultieren (IAS 19).
- Finanzinstrumente (bis auf darin eingebettete Derivate), die aus Versicherungsverträgen stammen und in den Anwendungsbereich von IFRS 4 fallen. Bürgschaften und gestellte Kreditsicherheiten (financial guarantee contracts, vgl. IAS 39.9) fallen grundsätzlich in den Anwendungsbereich von IAS 32/39. Unternehmen haben indes die Möglichkeit, diese Verträge fallweise nach IFRS 4 zu bilanzieren, wenn sie im Vorfeld deutlich gemacht haben, dass sie solche Verträge als Versicherungsverträge ansehen (vgl. IAS39.AG4-AG4A).
- Verträge mit bedingter Gegenleistung, die im Rahmen von Unternehmensakquisitionen geschlossen werden (IFRS 3).
- Finanzinstrumente oder sonstige Verträge oder Verpflichtungen, die in den Anwendungsbereich von IFRS 2 fallen. IFRS 2 behandelt eigenkapitalbasierte Entgelte für bezogene Güter und Dienstleistungen und deren bilanzielle Behandlungen beim Emittenten. IFRS 2 gilt hingegen nicht für netto glattstellbare Warenterminkontrakte i.S.v. IAS 32.8-10 oder IAS 39.5-7, sodass diese wiederum in den Anwendungsbereich von IAS 32/39 fallen. Die Behandlung von eigenen Aktien gemäß IAS 32.33-34 bleibt von IFRS 2 unberührt.

Neben diesen Ausschlüssen gibt es weitere, die nur für IAS 39 gelten:
- Finanzinstrumente (außer Forderungen, Verbindlichkeiten aus Finanzierungsleasing und eingebetteten derivativen Instrumenten), die aus Leasingverhältnissen stammen (IAS 17).
- Eigenkapitalinstrumente des bilanzierenden Unternehmens (also eigene Aktien), einschließlich Options- und Bezugsrechte hierauf. Zwar sind diese Instrumente gemäß IAS 32 auszuweisen, eine Bewertung nach IAS 39 erfolgt allerdings nicht.
- Kreditzusagen, die nicht durch Finanzinstrumente bedient werden, wie z.B. die Vorfinanzierung von Bauleistungen durch den Bauherren. Solche Kreditzusagen sind gemäß IAS 39.2 (h) zum Ausgabezeitpunkt zum beizulegenden Zeitwert anzusetzen und sollen dann entweder als Schuld nach IAS 37 folgebewertet oder nach IAS 18 ratierlich aufgelöst werden. Hierbei soll immer der höhere Wertansatz Anwendung finden. Für die Entscheidung, wann eine solche Kreditzusage die Bilanz verlässt, sind allerdings die Ausbuchungsvorschriften von IAS 39 anzuwenden.

Warenterminkontrakte

Zu diskutieren ist zudem, ob IAS 39 für Warenterminkontrakte gilt. Warenterminkontrakte, also die feste Zusage, zu einem bestimmten Zeitpunkt eine Ware zu einem festen Kurs zu kaufen oder zu verkaufen, sind im strengen Sinn keine

Finanzinstrumente, da sie ein Recht auf die Lieferung eines *nicht-finanziellen* Vermögenswerts verbriefen. In der Unternehmenspraxis werden Warenterminkontrakte indes häufig nicht durch die tatsächliche Lieferung der Waren abgewickelt, sondern es wird vielmehr durch Glattstellung lediglich die Wertdifferenz zum „Liefertermin" transferiert. IAS 39 ist auf solche Verträge gemäß IAS 39.6 nicht anzuwenden, wenn das bilanzierende Unternehmen auch tatsächlich beabsichtigt, beim Terminverkauf eigene Vermögenswerte zu liefern, bzw. beim Terminkauf beabsichtigt, die erworbenen Vermögenswerte auch tatsächlich in der Produktion einzusetzen. Dieser Absicht darf die vergangene Geschäftspraxis nicht entgegenstehen.

3 Ansatz

Im Rahmen des Ansatzes erscheint zunächst fraglich, wann der Erstansatz zu erfolgen hat. Der Ansatz von Finanzinstrumenten hat nach IAS 39.14 unabhängig davon, ob es sich um normale Finanzinstrumente oder Finanzderivate handelt, immer genau dann zu erfolgen, wenn das bilanzierende Unternehmen Partei eines Vertrages wird, der zu einem Finanzinstrument führt. IAS 39.9 definiert den üblichen Erwerb bzw. Verkauf von finanziellen Vermögenswerten als einen Vorgang, der innerhalb eines durch Marktvorschriften oder -konventionen gesetzten Zeitraums abgewickelt wird. Definitionsgemäß handelt es sich bei einem solchen üblichen Vertrag aufgrund der Festpreisverpflichtung um ein Finanzderivat, da die Vorteilhaftigkeit des Vertrags von der Preisentwicklung des gehandelten Vermögenswerts über diesen Zeitraum abhängt. Trotzdem wird ein solcher Vertrag im Regelfall nach IAS 39.38 nicht als separates Finanzderivat erfasst, da der Zeitraum zwischen dem

- Handelstag, also dem Zeitpunkt des Vertragsabschlusses und dem
- Erfüllungstag, also dem Zeitpunkt, an dem das Unternehmen die Verfügungsrechte über den gehandelten finanziellen Vermögenswert erlangt bzw. abgibt,

im Allgemeinen relativ kurz ist. Hingegen ist ein Erwerb nach IAS 39.AG54 als Finanzderivat zu behandeln, wenn eine Nettoglattstellung möglich ist, wenn also statt der tatsächlichen Lieferung am Erfüllungstag ein rein finanzieller Ausgleich möglich ist.

Ansatz bei Vertragsabschluss

Das bilanzierende Unternehmen kann gemäß IAS 39.AG53 für jede Kategorie von Finanzinstrumenten entscheiden, ob es den Ansatz zum Handelstag oder zum Erfüllungstag vornehmen will. Innerhalb der jeweiligen Kategorie ist der Ansatz stetig zu halten. Wenn Finanzinstrumente zum Erfüllungstag angesetzt werden, bzw. bei Verkäufen die Bilanz verlassen, müssen mögliche Wertänderungen zwischen Handels- und Erfüllungstag indes entsprechend der geltenden Folgebewertungsvorschriften der jeweiligen Kategorie trotzdem beachtet werden. Dies geschieht, indem Wertänderungen, die sich zwischen Handels- und

Ansatz zum Handels- oder Erfüllungstag für jede Kategorie wählbar

Erfüllungstag konkretisieren, als Forderung oder Verbindlichkeit erfasst werden, wie das nachfolgende Beispiel verdeutlicht.

Beispiel 19.1

Ein Unternehmen erwirbt am 29.12.2007 (Handelstag) eine Aktie zum beizulegenden Zeitwert von 180 €. Zum Bilanzstichtag hat diese Aktie einen Wert von 200 € und zum Zeitpunkt der Depotgutschrift am 02.01.2008 (Erfüllungstag) einen Wert von 190 €. Die Aktie wird zum Handelsbestand gezählt und somit ergebniswirksam zum beizulegenden Zeitwert bewertet.

Bilanziert das Unternehmen seinen Handelsbestand zum Handelstag, so lauten die Buchungssätze unter Vernachlässigung von latenten Steuern:

29.12.07: *Wertpapier*   an   *Verbindlichkeit*   *180 €*

31.12.07: *Wertpapier*   an   *sonst. betr. Ertrag*   *20 €*

02.01.08: *Verbindlichkeit*   an   *Bank*   *180 €*

02.01.08: *sonst. betr. Aufwand* an   *Wertpapier*   *10 €*

Bilanziert das Unternehmen seinen Handelsbestand hingegen zum Erfüllungstag, lauten die Buchungssätze:
29.12.07: —

31.12.07: *Forderung*   an   *sonst. betr. Ertrag*   *20 €*

02.01.08: *Wertpapier*   an   *Bank*   *180 €*

02.01.08: *Sonst. betr. Aufw. 10 €*
           Wertpapier   *10 €* an   *Forderung*   *20 €*

4 Erstbewertung

Erstbewertung zum beizulegenden Zeitwert

Wenn ein Finanzinstrument in der Bilanz anzusetzen ist, ist als nächstes die Frage zu klären, zu welchem Wert der Erstansatz zu erfolgen hat. IAS 39 hält hierfür eine einfache Grundregel parat: Nach IAS 39.43 sind alle Finanzinstrumente zum beizulegenden Zeitwert erstzubewerten. Hinzu kommen für Finanzinstrumente, die nicht ergebniswirksam zum beizulegenden Zeitwert folgebewertet werden, die mit dem Erwerb bzw. der Ausgabe in direkter Verbindung stehenden Transaktionskosten. IAS 39.9 definiert hierfür Transaktionskosten als die Kosten, die nicht entstanden wären, wenn der Erwerb, der Abgang oder die Ausgabe von Finanzinstrumenten nicht stattgefunden hätte. Falls ein Unternehmen die oben erläuterte Methode des Ansatzes zum Erfüllungstag verwendet, dann ist nach IAS 39.44 dennoch, wie im obigen Beispiel, der beizulegende Zeitwert zum Handelstag maßgeblich für den Erstansatz. Dies ist für Finanzinstrumente von Bedeutung, die zu historischen Kosten oder fortgeführten Anschaffungskosten folgebewertet werden.

Wie ist der beizulegende Zeitwert eines Finanzinstruments zu ermitteln? Hierfür ist zu unterscheiden, ob ein aktiver Markt für das Finanzinstrument vorliegt oder nicht. Ein aktiver Markt liegt nach IAS 39.AG71 dann vor, wenn Preise regelmäßig z.B. mittels Börse, Händler, Branchenverband, Preisagentur oder Regulierungsbehörde bereitgestellt werden und wenn die Preise aus Transaktionen zwischen gleichberechtigten Partnern resultieren. In diesem Fall stellen die aktuellen (oder letzt verfügbaren) Preise dieses Marktes den beizulegenden Zeitwert dar. Weitere Details der Preisbestimmung am aktiven Markt werden von IAS 39.AG71-73 geregelt.

Bestimmung des beizulegenden Zeitwerts

Wenn kein aktiver Markt verfügbar ist, ist zur Bestimmung des beizulegenden Zeitwerts ein geeignetes Bewertungsverfahren anzuwenden. Nahe liegend sind hier zunächst Vergleichspreise. Wenn ein Finanzinstrument von einer dritten Partei im Rahmen einer gleichberechtigten Transaktion erworben wurde, so sind die Anschaffungskosten bei einem Vermögenswert bzw. die erhaltene Gegenleistung (bei einer Schuld) als beizulegender Zeitwert anzusehen (IAS 39.AG77). Falls keine Vergleichspreise zur Verfügung stehen, nennt IAS 39.AG74 Discounted Cashflow-Verfahren und Optionsbewertungsmodelle als Beispiele für allgemein anerkannte Bewertungsverfahren. Angaben zu den Einflussfaktoren für Bewertungsmodelle wie Zinsstrukturen, Kreditrisiken, Wechselkurse, Rohstoffpreise, Eigenkapitalpreise und Volatilitäten enthält IAS 39.AG82, weitere Details finden sich in IAS 39.AG74-79.

Aufgenommener Kredit

Beispiel 19.2

Für finanzielle Verbindlichkeiten werden die Anschaffungskosten also durch den beizulegenden Zeitwert der erhaltenen Gegenleistung bestimmt. Wie hoch ist demnach der Erstansatz, wenn ein Unternehmen einen Kredit über 10 Mio. € mit einem Disagio von 5 % aufnimmt und hierbei Transaktionskosten in Höhe von 50 T€ entstehen? Finanzielle Verbindlichkeiten sind nicht ergebniswirksam zum beizulegenden Zeitwert folgezubewerten.

Lösung

In diesem Fall sind die „Anschaffungskosten" des Kredits 9,45 Mio. €, da von dem Wert der Gegenleistung (0,95 · 10 Mio. € = 9,5 Mio. €) noch die Transaktionskosten von 50 T€ abgezogen werden.

Forderungsbewertung

Eine Beratungsgesellschaft erbringt im Kalenderjahr 2002 eine Restrukturierungsberatung für einen von Liquiditätsproblemen geplagten Kunden. Da diese Beratung sehr spezifisch ist und vergleichbare Transaktionspreise von ähnlichen Aufträgen aufgrund des vertraulichen Charakters solcher Projekte nicht ermittelbar sind, ist eine verlässliche Ermittlung des beizulegenden Zeitwerts der erbrachten Gegenleistung nicht möglich. Um den Kunden nicht endgültig in die Illiquidität zu stürzen, wurde ihm ein vierjähriges Zahlungsziel eingeräumt. Dann wird der Betrag von 10 Mio. € fällig. Wie ist bei der Bewertung der Forderung grundsätzlich vorzugehen?

> **Lösung**
> Zunächst ist festzuhalten, dass bei einem so langen Zahlungsziel der Zinseffekt wesentlich ist, der Rechnungsbetrag also nicht den beizulegenden Zeitwert der Forderung darstellen kann (Vgl. IAS 39.AG79). Wenn die Gegenleistung für die Forderung nicht verlässlich ermittelbar ist, muss somit auf andere Bewertungsverfahren ausgewichen werden. Hier bietet sich z.B. das Discounted Cashflow-Verfahren an. Um einen adäquaten Zinssatz zu ermitteln, ist hierbei die angespannte Liquiditätslage des Kunden explizit zu berücksichtigen. Eine mögliche Informationsquelle für einen solchen Zinssatz könnte eine ebenfalls auf Euro lautende Anleihe des Kunden mit gleicher Laufzeit sein. Anhand der wirtschaftlichen Lage ist jedenfalls davon auszugehen, dass der Zinssatz wesentlich über dem aktuellen Marktzins für risikoschwache Anleihen liegen dürfte. Wenn der adäquate Zinssatz beispielsweise 25 % beträgt, wäre die Forderung des Beratungsunternehmens mit (10 Mio. €/ $(1{,}25^4)$) = 4.096 T€ zu bewerten.

5 Folgebewertung

5.1 Klassifizierung von Finanzinstrumenten

5.1.1 Klassifikation

Folgebewertung hängt von Kategorisierung der Finanzinstrumente ab

Grundidee aller IFRS-Regeln zur Bilanzierung von Finanzinstrumenten ist eine weitgehende Implementierung der Marktbewertung zum beizulegenden Zeitwert. So erstaunt es nicht, dass auch IAS 39 für eine Vielzahl von Finanzinstrumenten eine Folgebewertung zum beizulegenden Zeitwert fordert. Ebenso wenig erstaunt es, dass zur Zeit der Standardentwicklung die Unternehmenspraxis gegen eine Bewertung aller Finanzinstrumente zum beizulegenden Zeitwert opponierte. Sie befürchtete, dass durch eine solche Regel extern induzierte Schwankungen der Kapitalmärkte Periodenergebnis und Eigenkapital der nach IFRS bilanzierenden Unternehmen verzerren könnten. Das Ergebnis dieses Diskurses kann als Kompromiss bezeichnet werden: IAS 39.45 differenziert hinsichtlich der Folgebewertung von Finanzinstrumenten zwischen unterschiedlichen Kategorien. Diese Kategorien orientieren sich am Charakter und an der Aufgabe der Finanzinstrumente innerhalb des Unternehmens.

Großteil der finanziellen Verbindlichkeiten bildet separate Kategorie

Zudem wird zwischen finanziellen Vermögenswerten und finanziellen Verbindlichkeiten differenziert. Sämtliche Verbindlichkeiten, die nicht zum Handelsbestand des Unternehmens gehören und die das bilanzierende Unternehmen nicht freiwillig zum beizulegenden Zeitwert bilanziert (s.u.), werden in einer separaten Gruppe zusammengefasst. Alle anderen Finanzinstrumente sind nach IAS 39.9 in eine der folgenden vier Kategorien einzuteilen:

- Finanzinstrumente, die ergebniswirksam folgebewertet werden (financial instruments at fair value through profit or loss),
- bis zur Endfälligkeit gehaltene finanzielle Vermögenswerte (held-to-maturity investments),
- Ausleihungen und Forderungen (loans and receivables) oder
- zur Veräußerung verfügbare finanzielle Vermögenswerte (available-for-sale financial assets).

Im Folgenden werden die einzelnen Kategorien beschrieben, eine zusammenfassende Darstellung der Klassifizierung findet sich in Abbildung 19.1.

5.1.2 Finanzinstrumente, die ergebniswirksam zum beizulegenden Zeitwert folgebewertet werden
(financial instruments at fair value through profit or loss)

Diese Klassifizierungsgruppe umfasst zwei unterschiedliche Gruppen von Finanzinstrumenten: Alle Finanzinstrumente des Handelsbestands *müssen* in diese Gruppe einsortiert werden, bestimmte andere Finanzinstrumente *können* in diese Gruppe einsortiert werden. Zum Handelsbestand gehören alle Finanzinstrumente,

Zwei Gruppen von Finanzinstrumenten

- die primär mit der Absicht einer kurzfristigen Veräußerung erworben bzw. eingegangen wurden,
- die Teil eines gemeinsam verwalteten Portfolios von Finanzinstrumenten sind, wobei das erkennbare Ziel der Portfolioverwaltung darin besteht, kurzfristige Gewinne zu erzielen, oder
- die derivativ sind und nicht Teil einer nach IAS 39 zu bilanzierenden Sicherungsbeziehung (vgl. hierzu Kapitel 20 „Sicherungsgeschäfte") darstellen.

Das Klassifizierungswahlrecht für andere Finanzinstrumente ist international unter dem Begriff „Fair Value-Option" geläufig. Diese Option erlaubt für drei Arten von Finanzinstrumenten wahlweise die Klassifikation in die Kategorie der ergebniswirksam zum beizulegenden Zeitwert folgezubewertenden Finanzinstrumente:

Fair Value-Option

- Hybride Finanzinstrumente, die gemäß IAS 39.11 aufzuspalten wären und deren eingebettetes Derivat die Zahlungsreihe wesentlich beeinflusst (IAS 39.11A), sowie
- Finanzinstrumente, deren ergebniswirksame Folgebewertung zum beizulegenden Zeitwert helfen würde, eine bewertungsbedingte Verzerrung zu vermeiden. Dies wäre zum Beispiel der Fall, wenn die zinsbedingte Wertentwicklung von bestimmten Aktiva perfekt negativ mit der zinsbedingten Wertentwicklung von bestimmten Passiva korrelierte, die Aktiva ergebniswirksam zum Markwert bewertet würden, die Passiva allerdings zu (fortgeführten) Anschaffungskosten.

- Die letzte Gruppe umfasst Finanzinstrumente, die in einem Portfolio von ähnlichen Instrumenten auf Basis ihres beizulegenden Zeitwerts gesteuert werden.

Ausgenommen hiervon sind generell Eigenkapitaltitel, für die kein aktiver Markt besteht und für die auch anderweitig kein verlässlicher beizulegender Zeitwert bestimmbar ist (vgl. IAS 39.46(c) und 39.AG80-AG81).

5.1.3 Bis zur Endfälligkeit gehaltene finanzielle Vermögenswerte (held-to-maturity investments)

Schon der Wortlaut der Kategoriebezeichnung verrät die zentralen Bedingungen für eine Einordnung von finanziellen Vermögenswerten in diese Kategorie:
- Es muss sich um finanzielle Vermögenswerte handeln, die eine feste Endfälligkeit aufweisen. Des Weiteren müssen sämtliche Zahlungen fest oder zumindest klar determinierbar sein. Letzteres gilt z.B. für variabel verzinsliche Anleihen. Aus diesen Bedingungen folgt eindeutig, dass normale Stammaktien keine bis zur Endfälligkeit gehaltene Finanzinvestition darstellen können.
- Das Unternehmen muss weiterhin die Absicht und auch die Fähigkeit besitzen, diese finanziellen Vermögenswerte bis zum Ende der Laufzeit zu halten.
- Es darf sich nicht um Ausleihungen oder Forderungen, also um finanzielle Vermögenswerte der dritten Kategorie handeln.

Ungeachtet davon, ob ein bestimmter Vermögenswert die oben stehenden Bedingungen erfüllt, hat das bilanzierende Unternehmen weiterhin die Möglichkeit, entweder das Wahlrecht zur ergebniswirksamen Folgebewertung zum beizulegenden Zeitwert wahrzunehmen oder den Vermögenswert als zur Veräußerung verfügbar zu klassifizieren.

Strafe bei Reklassifizierung

Um zu verhindern, dass ein Vermögenswert fälschlich als bis zur Endfälligkeit gehalten klassifiziert wird, gibt es in IAS 39.9 und 39.AG16-AG25 eine Reihe von Vorschriften, die einerseits erläutern, wann keine hinreichende Absicht oder Möglichkeit zum Halten bis zur Endfälligkeit unterstellt werden kann. Andererseits wird das vorzeitige Verkaufen von bis zur Endfälligkeit gehaltenen Finanzinvestitionen mit einem Verbot „bestraft", überhaupt noch Finanzinstrumente so zu klassifizieren. Dieses Verbot gilt für die aktuelle und die folgenden zwei Perioden (vgl. auch den Exkurs „Reklassifizierung").

5.1.4 Ausleihungen und Forderungen (loans and receivables)

Auch diese Gruppe umfasst nur finanzielle Vermögenswerte. Bei den hierunter fallenden Instrumenten handelt es sich um Ausleihungen, bei denen das Unternehmen als Gläubiger fungiert. Dies kann auch bei Industrieunternehmen der Fall sein, wenn z.B. Kunden mehrjährige Zahlungsziele eingeräumt werden.

Folgebewertung

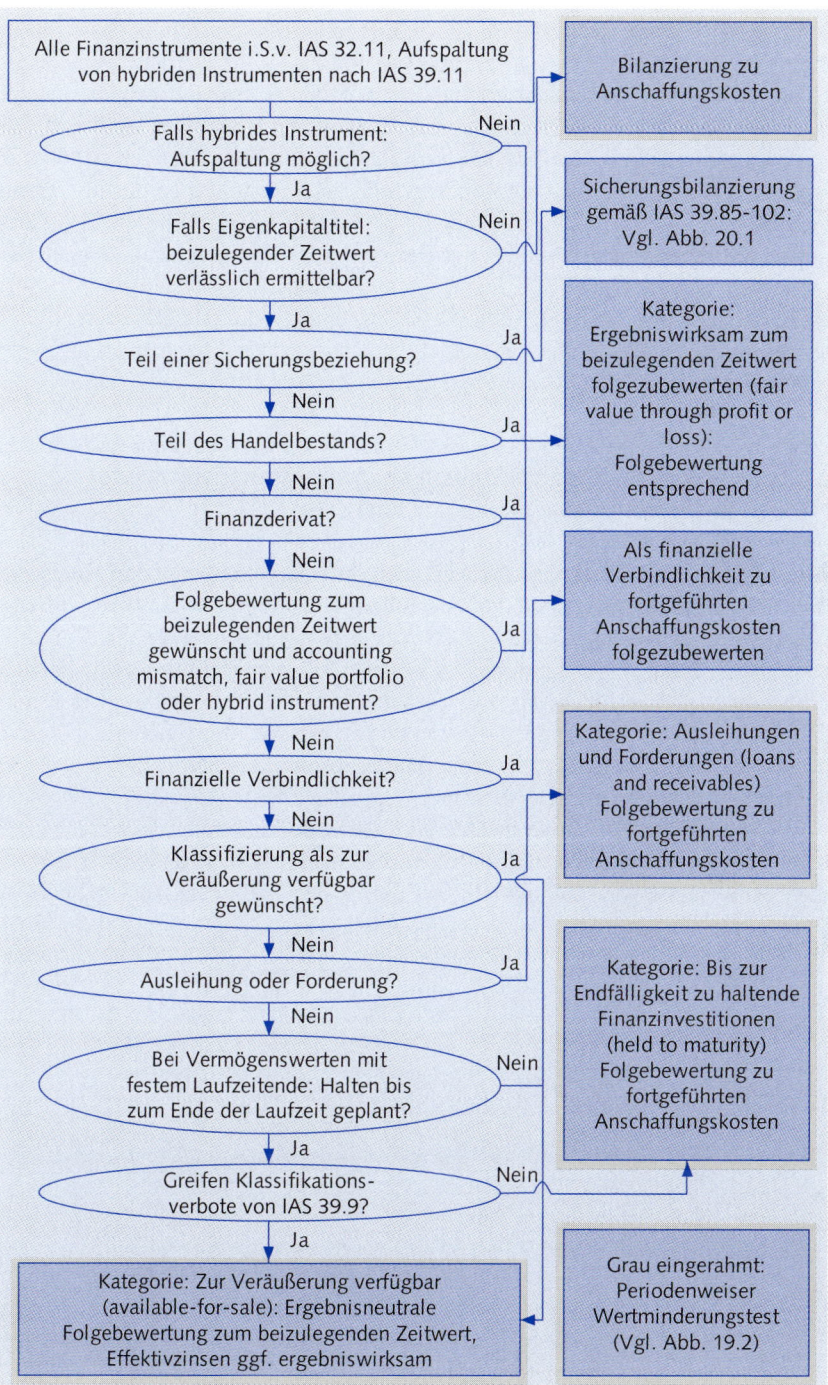

Abb. 19.1: Ablaufschema zur Klassifizierung von Finanzinstrumenten

Nach IAS 39.9 werden in diese Kategorie allerdings nur Finanzinstrumente aufgenommen, die nicht an einem aktiven Markt notiert werden. Dementsprechend fällt eine vom bilanzierenden Unternehmen erworbene Anleihe nicht in diese Kategorie, wenn ihr Kurs an einer Börse regelmäßig festgestellt wird. Ein weiteres wesentliches Merkmal für Ausleihungen und Forderungen ist, dass sie feste oder klar determinierbare Zahlungen festschreiben. Das heißt: Ein variabel verzinslicher Kredit ist eine Ausleihung im Sinne dieser Definition. Außerdem dürfen die Vermögenswerte nicht der Definition des Handelsbestandes genügen.

Gemäß IAS 39.9 sind alle finanziellen Vermögenswerte in diese Kategorie einzusortieren, die obige Definition erfüllen, und für die das bilanzierende Unternehmen nicht das Wahlrecht zur ergebniswirksamen Folgebewertung wahrnimmt bzw. die es nicht als zur Veräußerung verfügbar klassifiziert hat.

5.1.5 Zur Veräußerung verfügbare finanzielle Vermögenswerte (available-for-sale financial assets)

Alle finanziellen Vermögenswerte, die nicht in eine der anderen drei Kategorien eingeteilt wurden, werden als zur Veräußerung verfügbar klassifiziert. Hierbei ist allerdings zu beachten, dass auch Vermögenswerte, welche die Definition einer Ausleihung, einer Forderung oder einer bis zur Endfälligkeit gehaltenen Finanzinvestition erfüllen, als zur Veräußerung verfügbar klassifiziert werden können, wenn das bilanzierende Unternehmen dies wünscht. Lediglich Vermögenswerte, die zu Handelszwecken gehalten werden, können nicht als zur Veräußerung verfügbar definiert werden.

Finanzielle Verbindlichkeiten außerhalb des Handelsbestands als fünfte Kategorie

Wie bereits gesagt: Diese in IAS 39.9 genannte Einteilung der Finanzinstrumente in vier Kategorien umfasst nicht die finanziellen Verbindlichkeiten, die nicht zum Handelsbestand gehören und für die das Wahlrecht der ergebniswirksamen Marktbewertung nicht wahrgenommen wurde. Diese Gruppe von finanziellen Verbindlichkeiten, die in keine Klassifikation von IAS 39.9 passt, kann also als fünfte Gruppe von Finanzinstrumenten im Sinne von IAS 39 angesehen werden.

Exkurs

> **Hybride Finanzinstrumente**
>
> Ein hybrides Finanzinstrument besteht aus einem nicht-derivativen Basisvertrag und mindestens einem eingebetteten Finanzderivat. Beide Teile sind rechtlich nicht separierbar, denn sonst wären sie separate Finanzinstrumente. Ein prominentes Beispiel für ein solches hybrides Finanzinstrument ist eine Wandelanleihe. Eine Wandelanleihe besteht aus zwei Komponenten:
> - Einer normalen Unternehmensanleihe als Basisvertrag, bei der das ausgebende Unternehmen für die zeitweise Überlassung eines Geldbetrags einen bestimmten, in der Regel fixen Zinssatz garantiert und den überlassenen Geldbetrag nach dem Ende der Laufzeit wieder zurückzahlt.

- Die zweite Komponente besteht in einem Wandlungsrecht als eingebettetes Finanzderivat, also einer Kaufoption des Anleihezeichners auf Eigenkapitaltitel i.d.R. des anleiheausgebenden Unternehmens. Wenn der Anleiheninhaber die Kaufoption wahrnimmt, erhält er für eine bestimmte Zuzahlung und Hingabe seiner Anleihe eine bestimmte Zahl von Aktien.

Da es sich bei dem Wandlungsrecht um eine Option, also um ein Finanzderivat handelt, ist eine Wandelanleihe ein hybrides Finanzinstrument im Sinne von IAS 39.10. Die Wandeloption führt im Regelfall dazu, dass das Unternehmen nur einen unter dem Marktzins liegenden Zinssatz leisten muss. Das eingebettete Finanzderivat beeinflusst also die Zahlungsreihe des hybriden Finanzinstruments wesentlich. Die bilanzielle Behandlung von Wandelanleihen aus Sicht des emittierenden Unternehmens wird in IAS 32 behandelt.

Bilanzielle Behandlung

Wie ist ein solches Finanzinstrument aus Sicht des Erwerbers zu klassifizieren? Während die erworbene Anleihe einen finanziellen Vermögenswert darstellt, ist das eingebettete Derivat für sich genommen dem Handelsbestand zuzuordnen. Somit muss ein solches eingebettetes Finanzderivat beim Vorliegen von bestimmten Bedingungen von seinem Basisvertrag hinsichtlich Ansatz und Bewertung getrennt werden. Nach IAS 39.11 sind Basisvertrag und eingebettetes Finanzderivat immer dann getrennt zu bewerten, wenn folgende drei Bedingungen erfüllt sind:

- Die wirtschaftlichen Merkmale des eingebetteten Finanzderivats und die aus ihm resultierenden Risiken sind mit denen des Basisvertrags nicht eng verbunden.
- Das eingebettete Finanzderivat würde für sich genommen die Definition eines Finanzderivats nach IAS 39.9 erfüllen.
- Das hybride Instrument wird nicht als solches schon ergebniswirksam zum beizulegenden Zeitwert bewertet.

Die zweite Bedingung ist automatisch erfüllt, wenn das hybride Finanzinstrument richtig identifiziert wurde. Die letzte Bedingung verhindert, dass hybride Finanzinstrumente unnötig aufgespalten werden, wenn sie ohnehin ergebniswirksam zum beizulegenden Zeitwert bewertet werden. Da das bilanzierende Unternehmen auch nach der Neufassung der Fair Value-Option noch die Möglichkeit hat, hybride Finanzinstrumente ungeachtet ihrer originären Klassifizierung ergebniswirksam zum beizulegenden Zeitwert zu bewerten, können Unternehmen so die Aufspaltung von hybriden Finanzinstrumenten verhindern. Fraglich erscheint, wann und ggf. wie oft diese Aufspaltungsentscheidung getroffen werden muss bzw. kann. IFRIC 9 „Financial Instruments: Reassessment of Embedded Derivatives" bestimmt, dass die Aufspaltungsentscheidung zum Vertragsabschluss getroffen werden muss. Eine spätere Re-

> vidierung dieser Entscheidung ist nur bei wesentlichen Änderungen der Vertragskonditionen möglich[2].
>
> Zentrales Kriterium zur Bestimmung, welche hybriden Instrumente aufgespalten werden müssen, ist somit die Ähnlichkeit der wirtschaftlichen Merkmale von Basisvertrag und eingebettetem Derivat. Hinweise hierfür finden sich in IAS 39.AG30-AG33. Aus ihnen wird deutlich, dass die Aufspaltung von hybriden Instrumenten auch für Unternehmen außerhalb der Finanzbranche häufig relevant sein dürfte. So sind z.B. Wandelschuldverschreibungen ebenso aufzuspalten wie Kredite mit Verlängerungsoptionen, wenn die Verlängerung nicht zu zum Verlängerungszeitpunkt gültigen Marktkonditionen erfolgt. Auch Warentermingeschäfte, die nicht in der Lieferland-, Empfängerlandwährung oder in der weltweit vorherrschenden Handelswährung abgewickelt werden, beinhalten durch die Währungskonversion ein abzuspaltendes eingebettetes Derivat. Gleiches gilt für finanzielle Vermögenswerte, deren Verzinsung z.B. von Aktienindizes, Rohstoffpreisen oder erzielten Toren der deutschen Nationalmannschaft abhängt.

Aufspaltung

5.2 Folgebewertung der Kategorien

IAS 39.46 nennt drei mögliche Folgebewertungskonzepte für Finanzinstrumente:
- Bewertung zum beizulegenden Zeitwert,
- Bewertung zu fortgeführten Anschaffungskosten mittels der Effektivzinsmethode und
- Bewertung zu historischen Kosten.

Beizulegender Zeitwert ist vorherrschendes Bewertungskonzept

Welche Kategorie ist nun wie zu bewerten? Hier zeigt sich zunächst der in diesem Kapitel einleitend dargestellte Wille des IASB, den beizulegenden Zeitwert zum dominierenden Wertansatz für Finanzinstrumente zu machen. Neben der ersten Kategorie der Finanzinstrumente, die schon dem Namen nach zum beizulegenden Zeitwert bilanziert werden, sind auch alle finanziellen Vermögenswerte, die als zur Veräußerung verfügbar klassifiziert wurden, zum beizulegenden Zeitwert folgezubewerten. Demgegenüber sind bis zur Endfälligkeit gehaltene Finanzinvestitionen und Ausleihungen oder Forderungen des Unternehmens ebenso wie nicht zum beizulegenden Zeitwert zu bewertende finanzielle Verbindlichkeiten zu fortgeführten Anschaffungskosten mittels der Effektivzinsmethode zu bewerten[3]. Investitionen in Eigenkapitaltitel von anderen Unternehmen, für die kein aktiver Markt vorliegt und deren beizulegender Zeitwert nicht ver-

---

2 Vgl. *Schmidt, M./Schreiber, S.*, IFRIC 9 "Neubeurteilung eingebetteter Derivate" – Darstellung und kritische Würdigung, in: KoR, 6. Jg. (2006), S. 445-451.
3 Eine Ausnahme hiervon stellen lediglich Verbindlichkeiten dar, die im Zuge der Bilanzierung eines Abgangs von anderen Finanzinstrumenten entstehen. Vgl. hierzu Abschnitt 7 dieses Kapitels.

lässlich gemessen werden kann, sowie Derivate auf solche Eigenkapitaltitel sind zu Anschaffungskosten zu bewerten. Ein Beispiel für solche Eigenkapitaltitel sind schwer bewertbare GmbH-Anteile.

Durch Schwankungen im Rahmen der Folgebewertung entstehen zwangsläufig auch Gewinne und/oder Verluste. Fraglich ist, ob solche Gewinne tatsächlich dem Ergebnis der Periode zuzurechnen sind. So wird unter Bilanztheoretikern seit langem gestritten, ob die unrealisierten aber jederzeit realisierbaren Gewinne aus der Höherbewertung von Wertpapieren des Handelsbestands Erträge der Wertsteigerungsperiode darstellen oder ob die Gewinne doch erst dann als Erträge zu erfassen sind, wenn die Wertpapiere tatsächlich veräußert wurden. Wie sind nun die aus der Folgebewertung resultierenden Wertdifferenzen nach IAS 39 zu erfassen? Dies kann zunächst ergebnisneutral über den sonstigen Gesamterfolg oder unmittelbar ergebniswirksam geschehen.

Wie werden Wertschwankungen erfasst?

Neben Wertminderungen, die im nächsten Abschnitt besprochen werden, erfolgt die Realisierung von Gewinnen und Verlusten wiederum in Abhängigkeit von der jeweiligen Kategorie, bzw. von der Bewertungsart. Logischerweise werden die Ergebnisänderungen der ergebniswirksam zum beizulegenden Zeitwert folgezubewertenden Kategorie im GuV-Bereich der Gesamterfolgsrechnung ergebniswirksam erfasst. Wertschwankungen des beizulegenden Zeitwerts von als zur Veräußerung verfügbar klassifizierten finanziellen Vermögenswerten werden hingegen ergebnisneutral über den sonstigen Gesamterfolg abgebildet. Wertschwankungen, die sich durch die Änderungen von Wechselkursen ergeben, sollen allerdings nach IAS 21 ergebniswirksam behandelt werden, wenn es sich bei dem Finanzinstrument um eine monetäre Position im Sinne von IAS 21 handelt und wenn dieses Finanzinstrument nicht Teil eines Sicherungsgeschäfts (vgl. Kapitel 20 „Sicherungsgeschäfte") ist. Eine monetäre Position im Sinne von IAS 21.8 i.V.m. IAS 21.16 sind neben Devisen z.B. Forderungen und Anleihen, nicht jedoch Eigenkapitaltitel anderer Unternehmen (vgl. IAS 39.AG83). Dividenden sind unabhängig von der Bewertungsmethode des grundlegenden Finanzinstruments ergebniswirksam zu erfassen, wenn das bilanzierende Unternehmen einen Rechtsanspruch auf sie hat (IAS 18.30(c)). Wertänderungen, die aus Fortführung der Anschaffungskosten unter Anwendung der Effektivzinsmethode entstehen, sind ergebniswirksam zu erfassen.

Teilweise ergebniswirksam, teilweise ergebnisneutral, in Abhängigkeit von der Kategorie

Durch die Wertänderungen bauen sich somit bei als zur Veräußerung verfügbar klassifizierten Vermögenswerten durch den Abschluss des sonstigen Gesamterfolgs positive oder negative Eigenkapitalpositionen auf. Wenn das entsprechende Finanzinstrument die Bilanz verlässt, sind diese Eigenkapitalpositionen ergebniswirksam in der Gesamterfolgsrechnung aufzulösen (IAS 39.26). Dieses Vorgehen stellt sicher, dass letztlich die Wertdifferenz zwischen Anschaffungskosten und Verkaufserlös im vollen Umfang ergebniswirksam wird. Dieses Verfahren wird international auch als „recycling" bezeichnet. Im Rahmen der Bilanzierung sind ggf. auch latente Steuern zu berücksichtigen.

Ergebniswirksame Auflösung von ergebnisneutral gebuchten Positionen bei Abgang

Beispiel 19.3

Das bilanzierende Unternehmen hält eine geringfügige Eigenkapitalbeteiligung, die nach IAS 39 zu bewerten ist. Die Wertentwicklung der Beteiligung ist der folgenden Tabelle zu entnehmen.

Jahr [T€]	2007	2008	2009
AK/beizulegender Zeitwert 01.01.2007	500	—	—
beizulegender Zeitwert 31.12.	600	400	—
Verkaufserlös 01.07.2009	—	—	470

Der Steuersatz betrage 25 %[4]. Zum 31.12.2008 wird von einer dauerhaften Wertminderung ausgegangen, die steuerlich zu einer Teilwertabschreibung führt[5]. Wie ist diese Eigenkapitalposition zu bilanzieren, wenn sie als ergebniswirksam zum beizulegenden Zeitwert zu bilanzieren klassifiziert wird und wie, wenn sie als zur Veräußerung verfügbar klassifiziert wird?

Lösung – Ergebniswirksam zum beizulegenden Zeitwert
Wird der Eigenkapitaltitel freiwillig als ergebniswirksam zum beizulegenden Zeitwert zu bilanzieren klassifiziert, sind alle Wertschwankungen unmittelbar ergebniswirksam zu erfassen. Wenn Ende 2007 der Wertansatz 100 T€ über dem steuerrechtlichen Wert liegt, ist eine passive latente Steuer ergebniswirksam zu buchen. Im Folgejahr gleichen sich steuerlicher Wert und bilanzieller Wert wieder an, die Steuerlatenz ist somit ergebniswirksam aufzulösen. Die Buchungen lauten also:

01.01.2007:
Wertpapier   an   Bank   500 T€

31.12.2007:
Wertpapier   an   sonst. betr. Ertrag   100 T€

Steueraufwand   an   Steuerrückstellung   25 T€

31.12.2008:
Sonst. betr. Aufwand   an   Wertpapier   200 T€

Steuerrückstellung   an   Steuerertrag   25 T€

01.07.2009:
Bank   470 T€   an   Wertpapier   400 T€
*   sonst. betr. Ertrag   70 T€*

---

4 Hier und im Folgenden wird von der realiter bestehenden teilweisen Steuerfreiheit von Kapitalerträgen abstrahiert.
5 Es soll hier davon ausgegangen werden, dass keine Wertminderung nach IAS 39 vorliegt; vgl. hierzu Abschnitt 6 dieses Kapitels.

Lösung – Zur Veräußerung verfügbar
Wird der Eigenkapitaltitel als zur Veräußerung verfügbar klassifiziert, sind die Wertschwankungen ergebnisneutral als sonstiger Gesamterfolg zu erfassen. Zur Verdeutlichung soll das relevante Erfolgskonto hier als „sonstiger Gesamterfolg Finanzinstrumente (FI)" bezeichnet werden. Dementsprechend sind bei Bewertungsunterschieden zur Steuerbilanz ergebnisneutral latente Steuern zu bilden. Ein besonderer Fall ergibt sich allerdings, wenn 2008 eine ergebnisneutrale Abwertung nach IAS 39 in der Steuerbilanz ergebniswirksam durchgeführt wird. Auch wenn streng genommen zum 31.12.2008 keine Temporary Difference zwischen IFRS-Wertansätzen und steuerlichen Wertansätzen vorliegt, da keine Bestandsdifferenzen existieren, scheint wohl dennoch eine ergebniswirksame passive latente Steuer sinnvoll, da sehr wohl eine Timing Difference besteht. Schließlich ist das steuerrechtliche Ergebnis aufgrund der Teilwertabschreibung um 100 T€ geringer als das IFRS-Periodenergebnis. Im Jahr 2009 kehrt sich die Timing Difference um: Das steuerrechtliche Ergebnis aus der betrachteten Transaktion beträgt +70 T€, während das IFRS-Ergebnis -30 T€ lautet. Die Steuerrückstellung ist demnach wieder ergebniswirksam aufzulösen. Die Buchungssätze lauten:

01.01.2007:
Wertpapier		an	Bank	500 T€

31.12.2007:
Wertpapier		an	sonst. Gesamterfolg FI	75 T€
			Steuerrückstellung	25 T€

31.12.2008:
sonst. Gesamterfolg FI	175 T€			
Steuerrückstellung	25 T€	an	Wertpapier	200 T€
Steueraufwand		an	Steuerrückstellung	25 T€

01.07.2009:
Bank	470 T€			
sonst. betr. Aufwand	30 T€	an	Wertpapier	400 T€
			sonst. Gesamterfolg FI	100 T€
Steuerrückstellung		an	Steuerertrag	25 T€

Reklassifizierung von Finanzinstrumenten   *Exkurs*
Die Klassifizierung der nach IAS 39 zu bilanzierenden Finanzinstrumente ist ein zentraler Bestandteil der gesamten Ansatz- und Bewertungsregeln. Um die Wahlrechte im Rahmen dieser Bilanzierung möglichst gering zu halten, sind Reklassifizierungen nur in relativ seltenen Fällen überhaupt zulässig und teilweise sogar mit Sanktionen verbunden. So ist eine Umklassifizierung aus der

oder in die Kategorie der ergebniswirksam zum beizulegenden Zeitwert folgebewerteten Finanzinstrumente nach IAS 39.50 grundsätzlich nicht zulässig. Einige Ausnahmen zu dieser Regel finden sich im Folgenden.

Reklassifikation von held-to-maturity investments

Falls eine Finanzinvestition nicht mehr bis zur Endfälligkeit gehalten werden soll, ist sie nach IAS 39.51 als zur Veräußerung verfügbar zu klassifizieren. Dies zieht eine ergebnisneutrale Neubewertung zum beizulegenden Zeitwert nach sich. Außerdem führt eine Reklassifizierung von bis zur Endfälligkeit gehaltenen Finanzinvestitionen ebenso wie deren Verkauf zu der zwangsweisen Umgliederung aller Vermögenswerte dieser Kategorie. Zudem darf das bilanzierende Unternehmen im laufenden und den folgenden zwei Geschäftsjahren keine Finanzinvestitionen mehr als bis zur Endfälligkeit gehalten klassifizieren, solange die Ausnahmen von IAS 39.9 nicht greifen.

Falls für Eigenkapitalinstrumente (bzw. für deren Derivate), für die bislang kein verlässlicher beizulegender Zeitwert vorlag, ein solcher nunmehr identifiziert wurde, sind diese in Folge zum beizulegenden Zeitwert zu bewerten. Die resultierende Wertdifferenz ist gemäß IAS 39.55 entweder ergebniswirksam oder für als zur Veräußerung verfügbar klassifizierte Vermögenswerte ergebnisneutral zu verbuchen. Da in den Vorperioden ja kein verlässlicher beizulegender Zeitwert verfügbar war, kann nicht zwischen der aktuellen Wertänderung und der der Vorperioden differenziert werden. Die gesamte Differenz ist mithin so zu behandeln, als ob sie in der aktuellen Periode angefallen wäre.

Reklassifkation in Kategorie, die zu (fortgeführten) Anschaffungskosten folgebewertet wird

Eine Umklassifizierung in eine Kategorie, die eine Bewertung zu fortgeführten Anschaffungskosten erforderlich macht, ist in drei Fällen möglich:
- Das Unternehmen plant nunmehr, einen bislang als zur Veräußerung verfügbar klassifizierten Vermögenswert bis zur Endfälligkeit zu halten.
- Für ein Eigenkapitalinstrument (oder dessen Derivat), für das bislang ein verlässlicher beizulegender Zeitwert verfügbar war, ist dieser nun nicht mehr zu ermitteln. Dieser Fall soll nach IAS 39.54 selten sein.
- Die zweijährige Klassifizierungssperre von IAS 39.52 ist abgelaufen. Deswegen können Finanzinvestitionen, die zwangsweise als zur Veräußerung verfügbar klassifiziert wurden, nunmehr wieder als bis zur Endfälligkeit gehalten klassifiziert werden.

Behandlung von bestehenden Eigenkapitalpositionen

In all diesen Fällen wird der Buchwert der betroffenen Finanzinstrumente die Wertbasis der (fortgeführten) Anschaffungskosten. Was geschieht aber mit den im Eigenkapital gesammelten Wertunterschieden von Vermögenswerten, die bislang als zur Veräußerung verfügbar klassifiziert wurden? Hier wird in IAS 39.54 zwischen Finanzinstrumenten mit und ohne feste Restlaufzeit unterschieden:
- Bei Vermögenswerten mit fester Restlaufzeit wird die korrespondierende EK-Position über diese Restlaufzeit ergebniswirksam aufgelöst. Der aus dem Wertansatz zum beizulegenden Zeitwert und dem Rückzahlungsbetrag am Laufzeitende resultierende Unterschied wird analog zu dem normalen

> Verfahren der fortgeführten Anschaffungskosten gemäß der Effektivzinsmethode über die Perioden der Laufzeit als Zinsanpassung verteilt.
> - Bei Finanzinstrumenten ohne feste Laufzeit bleibt die korrespondierende EK-Position unangetastet, bis das Finanzinstrument die Bilanz verlässt. Dann wird die EK-Position ergebniswirksam aufgelöst.

5.3 Effektivzinsmethode zur Bestimmung der fortgeführten Anschaffungskosten

Im Rahmen der Folgebewertung von Finanzinstrumenten spielt nach IAS 39 die Effektivzinsmethode (IAS 39.9) eine zentrale Rolle. Grundgedanke der Effektivzinsmethode ist die systematische Erfassung der Wertänderungen, die aus dem bloßen Verstreichen von Zeit resultieren. Besonders prägnant treten solche Wertänderungen bei Zerobonds zu Tage: Der Erwerber eines Zerobond, also einer Anleihe ohne jährliche Zinszahlung, erhält zum Ende der Laufzeit mit dem Nominalwert der Anleihe mehr Geld, als er zum Erwerbszeitpunkt für die Anleihe bezahlt hat. Dieser Mehrwert entspricht der Verzinsung des eingesetzten Kapitals und entsteht über den Zeitraum, in dem der Erwerber die Anleihe hält. Die Effektivzinsmethode ermittelt nun Periode für Periode diesen Wertzuwachs und schreibt diesen Wertzuwachs dem Zerobond zu. In Analogie zur Folgebewertung des Sachanlagevermögens durch Abschreibungen wird auch hier von „fortgeführten" Anschaffungskosten gesprochen. In gleicher Weise ist auch zu verfahren, wenn die Nominalverzinsung einer Anleihe zwar größer null, aber ungleich der Effektivverzinsung ist.

Konzept der Effektivzinsmethode

Eine Staatsanleihe mit dreijähriger Restlaufzeit, einem rückzahlbaren Nominalwert von 10.000 € und einer Nominalverzinsung von 4 %, jeweils zum 31.12., wird zum 31.12.2007 nach Zinszahlung zu 9.500 € erworben. Aus diesen Informationen lässt sich folgende Zahlungsreihe ableiten:

Beispiel 19.4

Jahr	2007	2008	2009	2010
Zahlung [€]	-9.500	+400	+400	+10.400

Wie ist diese Anleihe unter Vernachlässigung von latenten Steuern erst- und folgezubewerten? Es ist davon auszugehen, dass die Anleihe vom bilanzierenden Unternehmen als bis zur Endfälligkeit gehalten klassifiziert wird.

Lösung
Es ist unschwer zu erkennen, dass die Effektivverzinsung dieser Anleihe über 4 % liegt, schließlich liegt das Anfangsinvestment unter dem Rückzahlungsbetrag von 10.000 €. Der Effektivzinssatz entspricht dem internen Zinsfuß der Zahlungsreihe und beträgt ca. 5,87 %.

Wie sind nun die fortgeführten Anschaffungskosten für die kommenden Perioden unter Verwendung der Effektivzinsmethode zu ermitteln? Der Buchwert der Anleihe muss in jeder Periode so zugeschrieben werden, dass der Effektivzins konstant bleibt. Dies stellt sicher, dass der Wertansatz der Anleihe bis auf den Zeiteffekt dem Erstansatzwert der Anleihe entspricht, dass also die Anschaffungskosten korrekt fortgeführt werden. Eine konstante Effektivverzinsung wird sichergestellt, indem der neue Buchwert so bestimmt wird, dass eine hypothetische Zahlungsreihe mit dem neuen Buchwert als Investitionsauszahlung einen internen Zinsfuß in Höhe der Effektivverzinsung ausweist. Dies sei für die oben gegebene Zahlungsreihe für den Zeitpunkt Ende 2008 erläutert: Gesucht ist hier ein Buchwert für den gilt:

$$-\text{Buchwert} + 400\ \text{€}/1{,}0587 + 10.400\ \text{€}/1{,}0587^2 = 0.$$

Die Lösung dieser Gleichung findet sich bei einem Buchwert von 9.657,26 €. Alternativ lässt sich das gleiche Ergebnis bei bekanntem Buchwert der Vorperiode und internem Zins auch ermitteln, indem der alte Buchwert aufgezinst und die nominelle Zinszahlung abgezogen wird. Für Ende 2008 ergibt sich so: 9.500 € · 1,0587 − 400 € = 9.657,26 €. Um die Anleihe auf diesen Buchwert, also auf die fortgeführten Anschaffungskosten für das Jahr 2008 zuzuschreiben, ist ein dementsprechender Zinsertrag zu buchen. Für das Jahr 2009 betragen die fortgeführten Anschaffungskosten der Anleihe 9.823,75 € (10.400 €/1,0587).

Aus diesen Daten ergeben sich folgende Buchungssätze:

2007:
| Wertpapier | an | Bank | 9.500 € |

2008:
| Bank | an | Zinsertrag | 400 € |
| Wertpapier | an | Zinsertrag | 157,26 € |

2009:
| Bank | an | Zinsertrag | 400 € |
| Wertpapier | an | Zinsertrag | 166,49 € |

2010:
Bank	an	Zinsertrag	400 €
Wertpapier	an	Zinsertrag	176,25 €
Bank	an	Wertpapier	10.000 €

Zu beachten ist, dass aus der Effektivzinsmethode in jedem Kalenderjahr ein Zinsergebnis resultiert, welches genau der Effektivverzinsung der Anleihe entspricht. So beträgt im Kalenderjahr 2008 der Zinsertrag 557,26 €. Dies sind 5,87 % von 9.500 €. Der jeweilige Buchwert der Anleihe entspricht ihrem theoretischen Marktwert, wenn Marktzins und Bonität des Schuldners konstant bleiben.

Ein weiteres Beispiel zeigt die Anwendung der Effektivzinsmethode im Rahmen der Folgebewertung einer ausländischen Anleihe, die als zur Veräußerung verfügbar klassifiziert wurde. Zudem verdeutlicht dieses Beispiel die gleichzeitige Behandlung von Währungsdifferenzen bei monetären Vermögenswerten.

Die Invest AG erwirbt am 31.12.2007 eine festverzinsliche, börsennotierte Anleihe mit einer Restlaufzeit von 3 Jahren für 963 TUS-$. Der Nominalzinssatz beträgt 4 %. Die Zinsen werden immer zum 31.12. jedes Jahres gezahlt, auf die Zinsen zum 31.12.2007 hat die Invest AG allerdings keinen Anspruch mehr. Der Rückzahlungsbetrag der Anleihe liegt bei 1 Mio. US-$. Die Invest AG klassifiziert die Anleihe als zur Veräußerung verfügbar. Am 01.01.2009 wird die Anleihe zum aktuellen Börsenkurs verkauft. Die fortgeführten Anschaffungskosten, die von den fortgeführten Anschaffungskosten unabhängige Entwicklung des beizulegenden Zeitwerts der Anleihe sowie der US-$-Wechselkurs sind der folgenden Tabelle zu entnehmen.

Beispiel 19.5

Zeitpunkt	31.12.2007	31.12.2008 = 01.01.2009
Kurs US-$/€	1,00	1,10
fortgeführte Anschaffungskosten (Effektivzins 6 %; ex Zinscoupon [TUS-$])	963	981
fortgeführte Anschaffungskosten (Effektivzins 6 %; ex Zinscoupon [T€])	963	892
beizulegender Zeitwert (ex Zinscoupon in [TUS-$])	963	984
beizulegender Zeitwert (ex Zinscoupon in [T€])	963	894

Wie hat die Verbuchung der Anleihe unter Vernachlässigung von latenten Steuern zu erfolgen?

Lösung
Da am 31.12.2007 Euro-Dollar-Parität herrscht, entfällt eine Umrechnung des Kaufkurses. Der erste Buchungssatz lautet also:
31.12.2007:
Wertpapier   an   Bank   963 T€

Am Ende des nächsten Jahres sind zunächst die Zinserträge zu buchen. Da der Dollar abgewertet wurde, erfolgt dies allerdings zum niedrigeren Eurobetrag von 40 TUS-$/1,10 US-$/€ = 36 T€.
31.12.2008:
Bank   an   Zinsertrag   36 T€

> Wie IAS 39.55(b) fordert, ist das Wertpapier nun zunächst ergebniswirksam auf die fortgeführten Anschaffungskosten zuzuschreiben. Dies geschieht gemäß IAS 39.AG83 zunächst noch zum alten, paritätischen Dollarkurs (981 T€ – 963 T€):
> *Wertpapier* an *Zinsertrag* 18 T€
>
> Der Buchwert des Wertpapiers entspricht nun den fortgeführten Anschaffungskosten vom 31.12.2008, allerdings zum alten, paritätischen US-$ Kurs vom 31.12.2007. Nun ist die Währungsumrechnungsdifferenz gemäß IAS 39.55(b) i.V.m. 21.23(a) und 21.28 ergebniswirksam zu erfassen. Die fortgeführten Anschaffungskosten sind also mit dem neuen US-$ Kurs umzurechnen (892 T€ – 981 T€).
> *Aufw. aus Währungsumrechnung* an *Wertpapier* 89 T€
>
> Als letzter Bewertungsschritt für das Geschäftsjahr 2008 erfolgt nun die ergebnisneutrale Bewertung zum beizulegenden Zeitwert. Hier wird nun nicht mehr zwischen kursinduzierten und währungsinduzierten Wertschwankungen differenziert:
> *Wertpapier* an *sonst. Gesamterfolg FI* 2 T€
>
> Mit Anfang des Jahres 2009 wird das Wertpapier annahmegemäß zum aktuellen beizulegenden Zeitwert und damit zum Buchwert verkauft. Somit ist die im letzten Jahr aus dem sonstigen Gesamterfolg gebildete EK-Position (akkumulierter sonstiger Gesamterfolg oder auch Neubewertungsrücklage) ergebniswirksam aufzulösen.
> *01.01.2009:*
> *Bank* an *Wertpapier* 894 T€
> *Akk. sonst. Gesamterfolg FI* an *Zinsertrag* 2 T€

6 Wertminderung von finanziellen Vermögenswerten

Werthaltigkeitstest jede Periode

Neben der normalen Folgebewertung sind alle finanziellen Vermögenswerte, die nicht ergebniswirksam zum beizulegenden Zeitwert bilanziert werden, nach IAS 39.58 zu jedem Bilanzstichtag auf Ihre Werthaltigkeit zu überprüfen. Falls eine Wertminderung festgestellt wird, ist der Vermögenswert abzuschreiben. Diese Prüfung auf Wertminderung kann auch ganze Gruppen von finanziellen Vermögenswerten umfassen.

Der in Abbildung 19.2 wiedergegebene Ablauf der Wertminderungsprüfung ist in zwei Stufen gegliedert. Zunächst sind alle nicht ergebniswirksam zum beizulegenden Zeitwert bewerteten Vermögenswerte zum Bilanzstichtag einzeln oder in Gruppen daraufhin zu untersuchen, ob objektive Hinweise auf eine Wertminderung vorliegen.

Zweistufige Vorgehensweise

Ein objektiver Hinweis ist immer das Ergebnis eines Ereignisses, welches nach dem Ansatz des Vermögenswerts stattgefunden hat und das zu einer verlässlich messbaren Änderung der erwarteten künftigen Zahlungsströme führt (wie z.B. ein eröffnetes Insolvenzverfahren). Ein künftiges Ereignis (wie z.B. die erwartete Eröffnung eines Insolvenzverfahrens) kann nie einen objektiven Hinweis auslösen, egal wie wahrscheinlich es ist. Allerdings kann der gemeinsame Effekt von mehreren Ereignissen einen objektiven Hinweis darstellen. Alle finanziellen Vermögenswerte, die zu fortgeführten Anschaffungskosten bilanziert werden, sind, auch wenn sich bei individueller Betrachtung kein Hinweis auf Wertminderung ergibt, nach IAS 39.64 nochmals in einer Gruppe mit ähnlichen Instrumenten zusammengefasst auf eine gruppenweite Wertminderung zu überprüfen.

1. Stufe: Identifikation von objektiven Hinweisen

IAS 39 präsentiert keine abschließende Liste der Sachverhalte, die als objektive Hinweise für das Vorliegen einer Wertminderung angesehen werden können. Somit verbleibt beim Bilanzierer ein gewisser Spielraum, wann diese Hinweise als gegeben anzunehmen sind. Von den in IAS 39.59 aufgeführten Beispielen zielen die meisten auf das Vorliegen von deutlichen finanziellen Schwierigkeiten des Emittenten ab. So gelten folgende Ereignisse als objektive Hinweise:

Verfahren eröffnet bilanziellen Spielraum

- Vertragsbruch, wie Zahlungsverzug oder kompletter Ausfall des Schuldendienstes.
- Kreditgeber des Emittenten haben bereits Zugeständnisse gemacht, die sie bei liquiden Emittenten nicht eingegangen wären.
- Es besteht, durch ein konkretes Ereignis (z.B. Eröffnung des Insolvenzverfahrens) belegt, Konkurs- oder sonstige finanziell bedingte Reorganisationsgefahr beim Emittenten.
- Der aktive Markt für den Vermögenswert ist aufgrund von finanziellen Schwierigkeiten des Emittenten zusammengebrochen.
- Für Gruppen von Vermögenswerten können weiterhin auch Ereignisse, die auf eine Wertminderung für die Gesamtheit der Gruppe schließen lassen, objektive Hinweise darstellen. Ein solches Ereignis kann z.B. eine Häufung von Zahlungsverzügen bei einer Gruppe von ähnlichen Schuldnern darstellen. Auch ökonomische Entwicklungen, die eine Erhöhung der Ausfallwahrscheinlichkeit für bestimmte Kreditgruppen vermuten lassen, stellen u.U. objektive Hinweise dar.

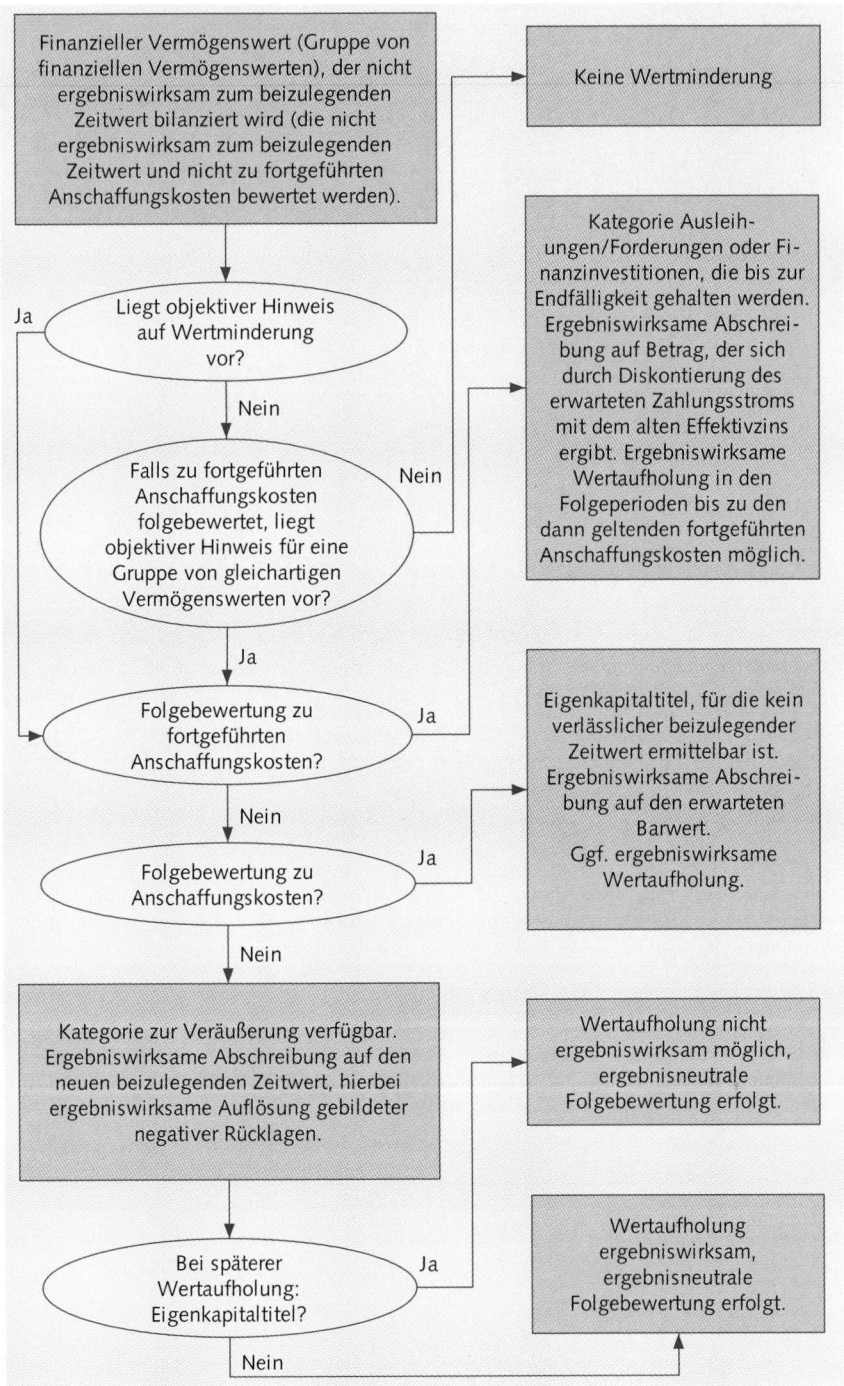

Abb. 19.2: Ablaufschema zur Wertminderung von finanziellen Vermögenswerten

Speziell für Eigenkapitaltitel werden in IAS 39.61 weitere Hinweise genannt:
- Deutliche Änderungen im Marktumfeld des Unternehmens, die einen negativen Effekt auf den Unternehmenswert haben werden und deutlich machen, dass die Anschaffungskosten nicht einbringbar erscheinen. Diese Umfeldänderungen können neben ökonomischer auch technischer oder rechtlicher Natur sein.
- Ein nachhaltiger und deutlicher Rückgang des beizulegenden Zeitwerts unter die Anschaffungskosten.

Um den Spielraum bei der Identifikation von objektiven Hinweisen zu beschränken, geht IAS 39.60 auch auf Indizien ein, die, jeweils für sich genommen, keinen objektiven Hinweis darstellen:
- Das Delisting eines Finanzinstruments. Indes kann dies wohl ein objektiver Hinweis sein, wenn es aufgrund von finanziellen Schwierigkeiten des Emittenten erfolgt.
- Ein Herabstufen des Kreditratings.
- Ein Sinken des beizulegenden Zeitwerts unter die fortgeführten Anschaffungskosten, solange dies nicht nachhaltig und deutlich bei einem Eigenkapitaltitel vorliegt.

Finden sich nun objektive Hinweise, dann ist in einem zweiten Schritt die eigentliche Höhe des Wertminderungsbetrags zu ermitteln. Dies erfolgt abhängig von der angewendeten Folgebewertungsmethode. Wird der finanzielle Vermögenswert zu fortgeführten Anschaffungskosten bewertet, dann wird zunächst die Höhe der noch erwarteten Zahlungen bestimmt. Falls ein Vermögenswert besichert ist und es wahrscheinlich ist, dass diese Besicherungen in Anspruch genommen werden, ist dies zu berücksichtigen. Als Zinssatz für die Diskontierung findet der bislang verwendete Effektivzins Anwendung. Da weiterhin davon ausgegangen wird, dass das bilanzierende Unternehmen den Vermögenswert bis zur Endfälligkeit hält, ist der aktuelle Marktzins weiterhin nicht relevant. Änderungen der Zahlungsbedingungen im Zuge der Wertminderung wirken sich nur auf die Zahlungsreihe, aber nicht auf den Zinssatz aus. Durch Diskontierung ergibt sich die neue Wertbasis und somit auch der Wertminderungsaufwand. Dieser ergebniswirksame Aufwand kann entweder direkt gegen den Vermögenswert gebucht werden oder zur Bildung eines Wertberichtigungspostens führen. Falls ein Wertberichtigungsposten gebildet wird, ist wohl davon auszugehen, dass dieser als negativer Korrekturposten auf der Aktivseite auszuweisen ist.

In Folgeperioden ist der zur Diskontierung verwendete Zinssatz weiter zu verwenden, um die fortgeführten Anschaffungskosten zu ermitteln. Falls nach der Wertminderung ein Ereignis auftritt, dass die Wertminderung rückgängig macht, wie z.B. das Abwenden eines Insolvenzfalls aufgrund von neuen externen Geldgebern, dann ist der Wertminderungsaufwand der Vorperiode durch eine Ertragsbuchung in der laufenden Periode rückgängig zu machen. Der Vermögenswert ist somit auf den Betrag ergebniswirksam wieder zuzuschreiben, der

2. Stufe: Wertminderungsaufwand bei Bewertung zu fortgeführten Anschaffungskosten, ...

den fortgeführten Anschaffungskosten ohne Wertminderung entspricht. Falls die Abschreibung gegen einen Wertberichtigungsposten erfolgt war, so ist dieser zu korrigieren bzw. aufzulösen.

... bei Bewertung zu Anschaffungskosten und ...

Wenn für zu Anschaffungskosten bewertete finanzielle Vermögenswerte, also für Eigenkapitalinstrumente mit nicht zuverlässig ermittelbaren beizulegenden Zeitwerten oder deren aktivische Derivate, objektive Hinweise auf eine Wertminderung vorliegen, wie ist dann der Umfang der Wertminderung abzuschätzen? Hierfür ist nach IAS 39.66 der aus diesem Vermögenswert unter Berücksichtigung der Wertminderung noch erwartete Zahlungsstrom unter Verwendung eines für ähnliche Vermögenswerte adäquaten Marktzinssatzes abzuzinsen. Die Differenz zwischen diesem möglichst marktnahen Wert und dem Buchwert ist als Wertminderungsaufwand ergebniswirksam zu erfassen. Eine solche Wertminderung kann in späteren Perioden nicht rückgängig gemacht werden.

... bei ergebnisneutraler Bewertung zum beizulegenden Zeitwert.

Bei finanziellen Vermögenswerten, die als zur Veräußerung verfügbar klassifiziert wurden, wird die Differenz zwischen den fortgeführten Anschaffungskosten und dem beizulegenden Zeitwert normalerweise ergebnisneutral behandelt. Wenn sich nun herausstellt, dass für einen solchen Vermögenswert objektive Hinweise auf eine Wertminderung vorliegen, dann ist die korrespondierende Rücklage ergebniswirksam aufzulösen. Um für Schuldinstrumente den beizulegenden Zeitwert zu ermitteln, kann auf den erzielbaren Betrag zurückgegriffen werden. Dieser ermittelt sich durch die Abzinsung der Zahlungsreihe der noch einbringbaren Zahlungen mit einem adäquaten Marktzins. Für Eigenkapitaltitel kann eine solche Wertminderung gemäß IAS 39.69 in späteren Perioden nicht ergebniswirksam rückgängig gemacht werden. Allerdings ist es weiterhin möglich, ausgehend von der neuen Wertbasis, im Zuge der normalen Bewertungsregeln für zur Veräußerung verfügbare finanzielle Vermögenswerte den beizulegenden Zeitwert ergebnisneutral anzupassen. Für Fremdkapitaltitel gilt demgegenüber gemäß IAS 39.70, dass analog zum Vorgehen bei bis zur Endfälligkeit gehaltenen Finanzinvestitionen ein ergebniswirksames Rückgängigmachen der Wertminderung vorzunehmen ist, wenn neue objektive Hinweise in späteren Perioden dafür sprechen.

Beispiele 19.6

Zerobond

Das bilanzierende Unternehmen hält einen Zerobond, der am 01.01.2010 fällig wird. Der Zerobond ist als bis zur Endfälligkeit gehalten klassifiziert und wird dementsprechend zu fortgeführten Anschaffungskosten bilanziert. Der Rückzahlungsbetrag beträgt 1 Mio. €, der Effektivzins 5 %. Dementsprechend ist der Bilanzansatz zum 31.12.2007 907 T€.

Zum 01.01.2008 wird ein Insolvenzverfahren über das Vermögen des Emittenten des Zerobonds eröffnet. Das bilanzierende Unternehmen erfährt, dass es realistischerweise nur mit einer Rückzahlung (zum 01.01.2010) von 200 T€ rechnen kann. Am 01.01.2009 erfährt das Unternehmen, dass die Insolvenz abgewendet werden konnte. Es ist nun wieder mit einer vollen Rückzahlung des Bonds zu rechnen. Wie ist der Zerobond in den Jahren 2008 und 2009 unter Vernachlässigung von latenten Steuern zu verbuchen?

Lösung
Das eröffnete Insolvenzverfahren stellt einen objektiven Hinweis auf eine Wertminderung dar. Der Wertminderungsbetrag ist gemäß IAS 39.63 zu ermitteln. Der erwartete Rückzahlungsbetrag von 200 T€ ist mit dem alten Effektivzins von 5 % abzuzinsen, was zu einem neuen Wertansatz von (200 T€/$1,05^2$=)181 T€ und einem Wertminderungsaufwand von 726 T€ führt. Der direkte Buchungssatz lautet:
01.01.2008:
Wertminderungsaufwand   an   Zerobond   726 T€

Basierend auf dem neuen Wertansatz werden die Anschaffungskosten gemäß der Effektivzinsmethode mit dem alten Effektivzins fortgeführt:
31.12.2009:
Zerobond   an   Zinsertrag   9 T€

Die Abwendung der Insolvenz am 01.01.2009 stellt wiederum einen objektiven Hinweis dar, der gemäß IAS 39.65 eine Wertaufholung rechtfertigt. Dementsprechend wird der Zerobond zunächst bis zu den ursprünglichen fortgeführten Anschaffungskosten von (1.000 T€/1,05=) 952 T€ zugeschrieben:
01.01.2009:
Zerobond   an   Ertrag aus Wertaufholung   762 T€

Schließlich werden wiederum die Anschaffungskosten gemäß der Effektivzinsmethode mit dem alten Effektivzins fortgeführt:
31.12.2009:
Zerobond   an   Zinsertrag   48 T€

Somit beträgt der Bilanzansatz des Zerobonds zum 31.12.2009 genau 1 Mio. €, was eine ergebnisneutrale Ausbuchung zum Rückzahlungszeitpunkt ermöglicht.

GmbH-Anteil
Das Unternehmen hält weiterhin einen 5%igen GmbH-Anteil. Die ursprünglichen Anschaffungskosten betrugen 10 Mio. €. Da das Unternehmen sich außer Stande sieht, den beizulegenden Zeitwert des Anteils verlässlich zu bestimmen, wird der Anteil zu historischen Kosten folgebewertet. Am 31.12.2008 erfährt das bilanzierende Unternehmen, dass auf dem Markt, an dem die GmbH tätig ist, nachhaltige Umsatzeinbußen zu befürchten sind. Demzufolge rechnet das bilanzierende Unternehmen nunmehr nur noch mit regelmäßigen jährlichen Gewinnen aus dem Anteil in Höhe von 500 T€. Ein risikoadäquater Zins liegt bei 10 %. Im Laufe des Jahres 2009 erschließt die GmbH überraschenderweise einen neuen Markt. Zudem erhält sie Lizenzen für neue Produkte zugesprochen. Beides zusammen lässt die erwarteten Gewinne des GmbH-Anteils auf 1.500 T€ pro Jahr steigen. Wie lautet der Wertansatz des GmbH-Anteils zum 31.12.2008 und zum 31.12.2009?

Lösung
Der Markteinbruch stellt einen objektiven Hinweis i.S.v. IAS 39.61 dar. Aus den künftig erwarteten Zahlungen als ewige Rente und dem risikoadjustierten Zins ergibt sich demnach ein wertgeminderter Ansatz für den GmbH-Anteil von (500 T€/0,1=) 5 Mio. €. Insofern sind 5 Mio. € ergebniswirksam abzuschreiben. Die Informationen des Folgejahres können durchaus als objektive Hinweise für eine Wertaufholung angesehen werden. IAS 39.61 verbietet allerdings für finanzielle Vermögenswerte, die zu historischen Kosten folgebewertet werden, explizit die Wertaufholung. Deswegen bleibt der Wertansatz von 5 Mio. € auch 2009 bestehen.

Eigenkapitalbeteiligung über börsengehandelte Aktien
Weiterhin hat das bilanzierende Unternehmen zum 31.12.2007 eine Minderheitsbeteiligung an einem viel versprechenden Börsenneuling im Wert von 20 Mio. € erworben. Die Beteiligung wurde als zur Veräußerung verfügbar klassifiziert. Nach einigen desillusionierenden Unternehmensnachrichten ist der Wert zum 31.12.2008 zunächst auf 18 Mio. € gefallen, um im Laufe des Jahres 2009 schließlich auf 5 Mio. € einzubrechen. Im Laufe des Jahres 2010 stellt sich eine leichte Erholung ein, der Wert der Beteiligung steigt auf 5,5 Mio. €. Wie ist die Beteiligung in den Jahren 2008-2010 unter Vernachlässigung von latenten Steuern zu verbuchen?

Lösung
IAS 39.61 fordert für das Vorliegen von objektiven Hinweisen eine deutliche und andauernde Minderung des beizulegenden Zeitwerts. Es soll hier davon ausgegangen werden, dass dies erst 2009 gegeben ist. Somit ist die Beteiligung gemäß ihrer Klassifizierung 2008 ergebnisneutral folgezubewerten:
31.12.2008:
Sonst. Gesamterfolg FI   an   Wertpapiere AV   2 Mio. €

2009 erfolgt dann die Wertminderung, wobei die bislang ergebnisneutral mindernd angebuchte Rücklage ergebniswirksam aufzulösen ist:
31.12.2009:
Wertminderungsaufw. 15 Mio. €   an   Wertpapier AV   13 Mio. €
*   akk. sonst. Gesamterfolg 2 Mio. €*

Der Wertansatz von 5 Mio. € wird im Folgenden die neue Wertbasis. Eine spätere ergebniswirksame Wertaufholung ist nach IAS 39.69 ausgeschlossen, da es sich bei diesem als zur Veräußerung verfügbar klassifizierten Instrument um einen Eigenkapitaltitel handelt. Die Wertaufholung wird also ergebnisneutral gebucht:
31.12.2010:
Wertpapier AV   an   sonst. Gesamterfolg   0,5 Mio. €

7 Ausbuchung

7.1 Ausbuchung von finanziellen Vermögenswerten

Was in der Bilanz angesetzt wird, muss sie auch irgendwann wieder verlassen. Aufgrund der Kreativität der finanzdienstleistenden Branche ist die Frage, wann ein Finanzinstrument aus Sicht des bilanzierenden Unternehmens endgültig erloschen ist, teilweise schwierig zu beantworten. IAS 39 behandelt die Ausbuchung für finanzielle Vermögenswerte und Verbindlichkeiten unterschiedlich. Zunächst wird hier die Ausbuchung von Vermögenswerten behandelt. Zur Verdeutlichung des Abgangsproblems soll das folgende Beispiel dienen.

Wann verlässt ein finanzieller Vermögenswert die Bilanz?

> Die im Bereich Maschinenbau tätige Meier AG hält eine kurzfristige Forderung über 10 Mio. € gegenüber einem Kunden. Um die eigene Liquiditätssituation zu verbessern, verkauft er diese Forderung an seine Hausbank. Diese zahlt ihm dafür 9.600 T€, behält sich allerdings das Recht vor, im Falle des Ausfalls der Forderung Ansprüche an den Maschinenbauer geltend zu machen, die einen wesentlichen Teil (20 %) des Ausfalls kompensieren. Im Gegenzug ist eine Weiterveräußerung der Forderung an Dritte durch die Bank nur mit vorheriger Zustimmung der Meier AG möglich. Hat die Meier AG die Forderung noch zu bilanzieren?

Beispiel 19.7

Zur Beantwortung dieser Frage ist das Schaubild Abbildung 19.3 hilfreich. Hiernach ist gemäß IAS 39.17(a) zunächst zu prüfen, ob die Rechte an der Forderung erloschen sind. Dies ist hier sicherlich nicht der Fall. Der Kunde der Meier AG muss seine Verbindlichkeit immer noch begleichen. Als nächster Schritt ist nach IAS 39.18 zu prüfen, ob die Rechte an einen konzernexternen Dritten veräußert wurden oder ob sich das bilanzierende Unternehmen verpflichtet hat, die aus den Rechten resultierenden Cashflows direkt an einen Konzerndritten abzuführen. Wenn nichts von beiden gegeben ist, dann wäre die Forderung weiter zu bilanzieren. Im Fall der Meier AG hat ein Forderungsverkauf stattgefunden, die Rechte an der Forderung hält nun die Hausbank.

Zunächst Prüfung, ob Rechte erloschen oder veräußert

Ist also ein Abgang der Forderung bei der Meier AG zu bilanzieren? Zur Beantwortung dieser Frage ist zu prüfen, wer nach der Veräußerung die Chancen und Risiken der Forderung hält. Liegen diese nunmehr praktisch komplett bei dem Käufer, so hat der Verkäufer gemäß IAS 39.20(a) den Vermögenswert auszubuchen. Verbleiben sie hingegen praktisch komplett beim Verkäufer, so erfolgt gemäß IAS 39.20(b) keine Ausbuchung, der Vermögenswert verbleibt beim Verkäufer. Was heißt das nun für die Meier AG? Hier hat die Bank einen Anspruch auf Kompensation für einen wesentlichen Teil des Forderungsausfalls, allerdings nicht auf eine praktisch komplette Kompensation. Es findet also eine Teilung des Risikos zwischen Käufer und Verkäufer statt.

Wer hält Chancen und Risiken?

Bei geteilten Chancen und Risiken: Wer hat die Kontrolle?	In diesem Fall ist die Frage der Ausbuchung nach IAS 39.20(c) in Abhängigkeit davon zu beantworten, wer nach Veräußerung die Kontrolle über den Vermögenswert hat: Hat der Verkäufer die Kontrolle verloren, so bucht er den Vermögenswert aus, anderenfalls verbleibt er in der Bilanz und zwar in dem Umfang in dem der Verkäufer noch an der Wertentwicklung des Vermögenswerts partizipiert. Was macht nun die Kontrolle über einen finanziellen Vermögenswert aus? IAS 39.23 gibt die Antwort: Wenn der Käufer das Recht hat, den Vermögenswert an eine dritte Partei weiterzuveräußern, ohne Rücksprache mit dem Käufer vorzunehmen oder den Verkauf einzuschränken, dann hat der Käufer die Kontrolle über den Vermögenswert. In allen anderen Fällen behält der Verkäufer die Kontrolle. Da die Meier AG Weiterverkäufen explizit zustimmen muss, hat sie also im Sinne von IAS 39 weiterhin die Kontrolle über die Forderungen.
	Als Ergebnis der Abgangsprüfung lässt sich festhalten: Die Meier AG hat die Forderung an einen Konzerndritten veräußert. Da weder der Käufer noch die Meier AG nach der Veräußerung praktisch alle Chancen und Risiken an der Forderung halten, muss die Frage der Ausbuchung anhand des Kontrollbegriffs entschieden werden. Weil die Weiterveräußerung der Forderung durch die Hausbank nur mit Zustimmung der Meier AG möglich ist, behält die Meier AG faktisch die Kontrolle über die Forderung. Somit hat die Meier AG die Forderung weiterhin zu bilanzieren. Dies erfolgt in dem Umfang, in dem sie weiterhin an der Wertentwicklung der Forderung partizipiert.
Ermittlung der Höhe der andauernden Beteiligung	Wie lässt sich dieser Umfang bestimmen? Dies hängt im Wesentlichen von den Einzelheiten der Kompensation ab, die im Verkaufsvertrag festgelegt werden. Informationen hierzu finden sich in IAS 39.30 und 39.AG48. Im hier vorliegenden Fall findet IAS 39.30(a) Anwendung: Der Umfang bestimmt sich anhand der Höhe der maximal möglichen Kompensationszahlung solange diese geringer ist als der Buchwert der Forderung. In diesem Fall wären also die Forderung weiterhin in der Bilanz der Meier AG in einer Höhe von 2 Mio. € zu bilanzieren. Zudem wird aus dem Angebot der Hausbank deutlich, dass die Forderung bislang nicht zum beizulegenden Zeitwert in der Bilanz steht: Die Hausbank geht davon aus, dass der Kredit eine Ausfallwahrscheinlichkeit von 5 % besitzt, denn so ergibt sich – unter Vernachlässigung von Inkassogebühren – der Preis von (0,95 · 10 Mio. € + 0,05 · 2 Mio. € =) 9,6 Mio. €. Insofern hat die Forderung vor dem Abgang einen beizulegenden Zeitwert von 9,5 Mio. €.

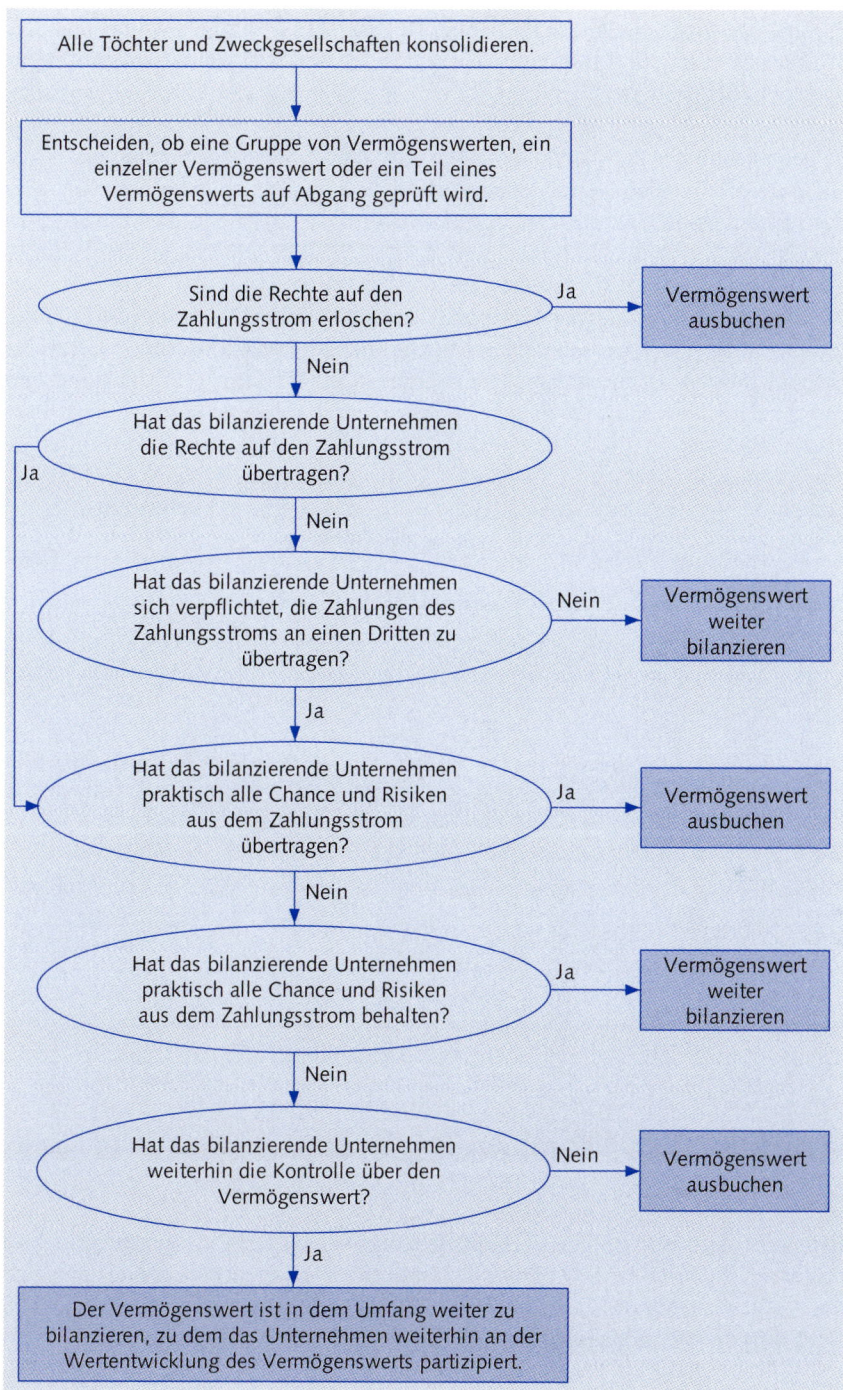

Abb. 19.3: Ausbuchung von finanziellen Vermögenswerten (vgl. IAS 39.AG36)

Einbuchung einer Schuld, sodass weiter bilanzierter Vermögenswert und Schuld saldiert den Wert der andauernden Beteiligung ergeben

Parallel zur Ausbuchung der Forderung ist zudem eine Schuld einzubuchen. Der Wertansatz der Schuld bestimmt sich nach IAS 39.31 (a) so, dass die Differenz aus noch bilanziertem Vermögenswertanteil und eingebuchter Schuld genau der verbleibenden Verpflichtung des verkaufenden Unternehmens entspricht. Dies ist genau dann der Fall, wenn die Höhe der Schuld gleich der Summe des in der Bilanz verbleibenden Vermögenswerts und der noch bestehenden Verpflichtung des verkaufenden Unternehmens ist. Somit wird sichergestellt, dass die aus Forderung und Verbindlichkeit resultierende Nettoposition einen korrekten Vermögensausweis sicherstellt. In dem hier vorliegenden Fall ist die Meier AG verpflichtet, beim Ausfall der Forderung eine Garantiezahlung von 2 Mio. € zu leisten. Weil es sich um eine kurzfristige Forderung handelt, soll hier von einem Effektivzins von Null ausgegangen werden. Der Wert der Verpflichtung entspricht dann der Ausfallwahrscheinlichkeit der Forderung von 5 % mal dem Garantiebetrag von 2 Mio. €, also 100 T€. Da nach Veräußerung der Forderung diese weiterhin in Höhe von 2 Mio. € in der Bilanz der Meier AG steht, muss nach IAS 39.31(a) eine Schuld in Höhe von 2,1 Mio. € eingebucht werden.

Somit ergibt sich die folgende Lösung des Beispiels:

Lösung Beispiel 19.7

> Die Meier AG muss die Forderung weiterhin in dem Umfang bilanzieren, wie sie an der Wertentwicklung partizipiert. Dieser Umfang beläuft sich gemäß IAS 39.30(a) auf 2 Mio. €. Die Verpflichtung der Meier AG, ggf. die Garantieleistung von 2 Mio. € zu erbringen, hat bei einer aus dem Kaufpreis der Forderung abgeleiteten Ausfallwahrscheinlichkeit von 5 % einen Wert von 100 T€. Dementsprechend hat die Meier AG eine Schuld von 2,1 Mio. € einzubuchen. Falls zunächst die notwendige Wertminderung der Forderung gebucht wird, ergeben sich unter Vernachlässigung von latenten Steuern folgende Buchungssätze:
>
> *Aufwand aus Wertminderung* an *Forderungen* 500 T€
>
> *Bank* 9,6 Mio. € an *Forderungen* 7,5 Mio. €
> *Schuld* 2,1 Mio. €
>
> Falls vor der Ausbuchung keine Wertminderung erfolgt, resultiert aus der Ausbuchung ein Aufwand, der der Höhe der Wertminderung entspricht:
> *Bank* 9,6 Mio. €
> *Sonst. betr. Aufw.* 0,5 Mio. € an *Forderungen* 8 Mio. €
> *Schuld* 2,1 Mio. €

Falls eine Ausbuchung eines finanziellen Vermögenswerts als gegeben angesehen wird, ist nach IAS 39.26 die Differenz von erhaltener Gegenleistung und ggf. ergebnisneutraler akkumulierter Gesamterfolgsrücklage einerseits und Buchwert des Vermögenswerts andererseits ergebniswirksam zu erfassen.

Beispiel 19.8

Neben der Forderung veräußert die Meier AG noch eine Anleihe, die als zur Veräußerung verfügbar klassifiziert und somit ergebnisneutral folgebewertet wurde. Der Buchwert der Anleihe beträgt 115.000 €, die korrespondierende EK-Rücklage beträgt 15.000 €, da die ursprünglichen Anschaffungskosten 100.000 € betrugen und keine Effektivzinsen erfasst wurden. Die Gegenleistung der Geschäftsbank beläuft sich auf 114.500 €. Wie ist der Abgang der Anleihe unter Vernachlässigung von latenten Steuern zu bilanzieren?

Lösung
Da die Meier AG sämtliche Verfügungsrechte an der Anleihe bedingungslos an die Hausbank veräußert, erscheint der komplette Abgang unkritisch. Die Meier AG bilanziert:

Bank 114.500 €
Akk. sonst. Gesamterfolg
        15.000 €   an   Anleihe   115.000 €
                                       sonst. betr. Ertrag   14.500 €

Damit wird die Rücklage ergebniswirksam aufgelöst und gleichzeitig der Veräußerungsgewinn berücksichtigt. Da dieser allerdings niedriger ist als die ursprüngliche ergebnisneutrale Eigenkapitalposition, ergibt sich insgesamt aus dem Verkauf eine Eigenkapitalreduktion von 500 €.

Teilweiser Verkauf

Unternehmen veräußern ihre finanziellen Vermögenswerte nicht in jedem Fall vollständig. So werden zum Beispiel Forderungen verkauft, die Inkassodienstleistung jedoch beibehalten. Oder eine Anleihe wird im Rahmen eines Strips in einen Zerobond und in eine Zinszahlungsreihe aufgespalten. Fraglich ist nun, wie der Buchwert des Finanzinstruments auf die verkaufte und einbehaltene Komponente aufzuteilen ist.

IAS 39.27 sieht hier vor, dass der Buchwert des Vermögenswerts anteilig gemäß der beiden beizulegenden Zeitwerte aufzuteilen ist. Beide Teile zusammen bilden den Schlüssel, nach dem der Buchwert des einbehaltenen Teils und der eventuell verbleibende Gewinn oder Verlust ermittelt werden. Falls die Ermittlung des beizulegenden Zeitwerts für den nicht veräußerten Teil nicht verlässlich möglich erscheint, ist nach IAS 39.28 davon auszugehen, dass die Veräußerung zum beizulegenden Zeitwert erfolgt. Somit ergibt sich der Buchwert des nicht veräußerten Teils des Vermögenswerts aus der Differenz von Gesamtbuchwert und Veräußerungserlös.

Beispiel 19.9

Ein Unternehmen hält eine festverzinsliche Anleihe erstklassiger Bonität mit drei Jahren Restlaufzeit und endfälliger Tilgung. Der Nennbetrag beträgt 1 Mio. €, der Zins 6 %, was auch dem aktuellen Marktzins entsprechen soll. Das Unternehmen spaltet die Anleihe in eine Zinszahlungsreihe (drei Zahlungen von je 60.000 €) und einen Zerobond (in drei Jahren einmalige Zahlung von 1 Mio. €) auf. Die Anleihe steht zum beizulegenden Zeitwert von 1 Mio. € in der Bilanz.

Auf Basis einer finanzmathematischen Kalkulation beträgt der Wert des Zerobonds 839.619 € und der Wert der Zinszahlungsreihe 160.381 €. Angenommen, die Hausbank des Unternehmens erwirbt den Zerobonds des Unternehmens für 830.000 € inklusive aller Verfügungsrechte. Wie lautet der Buchungssatz für den Verkauf?

Lösung
Da sowohl der beizulegende Zeitwert der Anleihe als auch der beizulegende Zeitwert der Zahlungsreihe auf Basis von marktnahen Daten verlässlich geschätzt werden können, soll hier davon ausgegangen werden, dass der beizulegende Zeitwert der Anleihe 839.619 € beträgt. Somit resultiert aus der Veräußerung ein Verlust. Der Buchungssatz lautet:

Bank   830.000 €
Zinsforderung   160.381 €
sonst. betr. Aufwand 9.619 €   an   Anleihe   1.000.000 €

Beleihungen und Sicherheiten

Die Frage der Ausbuchung stellt sich auch, wenn finanzielle Vermögenswerte beliehen werden oder als Sicherheiten verwendet werden. Eine Beleihung von Vermögenswerten bzw. die zeitweise Übereignung von Vermögenswerten als Sicherheiten stellt regelmäßig keinen Abgang von Vermögenswerten dar. Die Bilanzierung von Sicherheiten hängt nach IAS 39.37 im Wesentlichen davon ab, welche Rechte der Sicherheitsempfänger an den Forderungen hält:

- Der Sicherheitsgeber bilanziert im Regelfall den als Sicherheit anzusehenden finanziellen Vermögenswert weiterhin. Der Sicherheitsempfänger bilanziert nichts.
- Wenn der Sicherheitsempfänger das Recht hat, die als Sicherheit anzusehenden finanziellen Vermögenswerte weiterzuveräußern, dann hat der Sicherheitsgeber diese Vermögenswerte in eine Bilanzposition einzustellen, die dies verdeutlicht. Eine solche Bilanzposition könnte zum Beispiel „Als Sicherheiten veräußerte Forderungen" lauten.
- Wenn der Sicherheitsempfänger einen solchen Vermögenswert dann an einen Dritten weiter veräußert, hat er dies ergebniswirksam zu bilanzieren. Andererseits hat er gleichzeitig eine Schuld gegenüber dem Sicherheitsgeber zum beizulegenden Zeitwert zu bilanzieren, sodass das gesamte Geschäft im Regelfall ergebnisneutral ausfällt.
- Wenn der Sicherheitsgeber im Rahmen eines Konkurses die Anrechte auf den als Sicherheit anzusehenden Vermögenswert verliert, dann hat er diesen in der Bilanz ergebniswirksam auszubuchen. Der Sicherheitsempfänger hat ihn dann bilanziell zu erfassen bzw. seine Verpflichtung zur Rückübereignung auszubuchen.

7.2 Ausbuchung von finanziellen Verbindlichkeiten

Eine Verbindlichkeit soll nach IAS 39.39 dann und nur dann die Bilanz verlassen, wenn sie durch Tilgung, Aufkündigung oder Auslauf erloschen ist. Weitere Details, die erläutern, wann ein solches Erlöschen gegeben ist, finden sich in IAS 39.AG57-AG63. Falls im Rahmen der Ausbuchung eine Differenz zwischen dem auszubuchenden Buchwert der Schuld und der Gegenleistung resultiert, ist diese Differenz nach IAS 39.41 ergebniswirksam zu erfassen. Wird nur ein Teil einer Schuld getilgt, so ist die Restschuld gemäß IAS 39.42 mit ihrem anteiligen beizulegenden Zeitwert zu bewerten.

Ausbuchung, wenn erloschen

Umschuldungen sind nach IAS 39.40 bei einer wesentlichen Konditionenänderung als eine Tilgung der alten Schuld und Aufnahme einer neuen Schuld zu behandeln. Wann aber sind denn die Konditionen so wesentlich verschieden, dass eine Tilgung und neue Aufnahme vorliegt? Eine wesentliche Konditionenänderung ist gemäß IAS 39.AG62 immer dann gegeben, wenn die abgezinsten Cashflows der neuen Schuld (inkl. Gebühren) sich um mehr als 10 % von den abgezinsten Cashflows der alten Schuld unterscheiden.

Behandlung von Umschuldungen

Die Meier AG hält einen Bankkredit über 1 Mio. €, der sich zum aktuellen Marktzins von 6 % verzinst und in einem Jahr voll zu tilgen wäre. Um die Liquiditätslage der nächsten Periode zu verbessern, einigt man sich mit der Hausbank auf eine Verlängerung des Kredits auf eine Laufzeit von 5 Jahren, ebenfalls mit endfälliger Tilgung. Der Zinssatz wird auf 7,5 % festgelegt, liegt damit also 150 Basispunkte über dem aktuell gültigen Marktzins. Außerdem fallen für die Umschuldung Transaktionskosten von 50 T€ an, die von der Meier AG zu tragen sind. Wie ist diese Umschuldung unter Vernachlässigung von latenten Steuern zu verbuchen?

Beispiel 19.10

Lösung
Der diskontierte Cashflow aus dem alten Kredit beträgt (1.060.000/1,06) = 1 Mio. €. Der diskontierte Cashflow des neuen Kredits ergibt sich zu:
$$50.000\ €+75.000\ €/1,06+75.000\ €/1,06^2+75.000\ €/1,06^3$$
$$+75.000\ €/1,06^4+1.075.000\ €/1,06^5=1.113.185\ €$$

Da dieser Wert über 10 % höher liegt als der alte Wert von 1 Mio. €, ist die alte Schuld auszubuchen und eine neue zu passivieren. Der resultierende Buchungssatz lautet bei einer Verteilung der Transaktionskosten über die Perioden der Kreditlaufzeit gemäß der Effektivzinsmethode (interner Zinsfuß = 8,78 %):

Verbindl. ggü. KI   1.000 T€   an   *Verbindl. ggü. KI*   950 T€
                                                                  Bank   50 T€

Die Zinszahlung des ersten Jahres lässt dann exemplarisch den gestiegenen Aufwand erkennen:
Zinsaufwand   83,4 T€   an   *Bank*   75 T€
                                              Verbindl. ggü. KI   8,4 T€

8 Ausweisfragen und Angabepflichten

Auch Finanzinstrumente sind grundsätzlich einzeln zu bewerten

Neben der zentralen Frage der Differenzierung von Eigenkapital und Schulden, für deren Behandlung auf das Kapitel 17 verwiesen wird, erscheint hinsichtlich des Ausweises von Finanzinstrumenten insbesondere fraglich, ob und ggf. wann ein saldierter Ausweis von finanziellen Vermögenswerten und Verbindlichkeiten möglich ist. Grundsätzlich gilt für die Bilanzierung der Grundsatz der Einzelbewertung, das heißt, Vermögenswerte und Schulden sind einzeln zu erfassen und zu bewerten. Hiermit ist sichergestellt, dass die Vermögens- und Finanzlage korrekt wiedergegeben wird. Eine beliebige Saldierung von Vermögenswerten und Schulden würde dies nicht ermöglichen. Ein Unternehmen, dass gleichzeitig Forderungen in Höhe von 10 Mio. € an Kunden und 10 Mio. € Verbindlichkeiten aus Lieferungen und Leistungen hat, steht anders da, als ein Unternehmen, das keine Forderungen und Verbindlichkeiten hat: Das erste Unternehmen unterliegt einem Forderungsausfallrisiko. Es sind jedoch Fälle denkbar, bei denen eine Saldierung trotzdem sinnvoll sein kann: Was ist zum Beispiel, wenn Forderungen und Verbindlichkeiten den gleichen Vertragspartner besitzen und das bilanzierende Unternehmen das Recht hat, diese gegeneinander aufzurechnen? In diesem Fall gibt es kein Forderungsausfallrisiko mehr, eine Saldierung erscheint zweckmäßig.

Saldierung nur in bestimmten Fällen möglich

Nach IAS 32.42 ist eine solche Saldierung vorzunehmen, wenn:
- Das Unternehmen das Recht hat, Vermögenswert und Schuld tatsächlich gegeneinander aufzurechnen und
- das Unternehmen auch beabsichtigt, dies zu tun oder wenn es beabsichtigt, Vermögenswert und Schuld exakt gleichzeitig zu begleichen.

Eine Saldierung ist nicht zulässig, wenn die Ausbuchung eines veräußerten Vermögenswerts an den Regeln von IAS 39 gescheitert ist und stattdessen eine korrespondierende Schuld passiviert wurde. Auch erwartete aber noch nicht einklagbare Vermögenswerte, wie z.B. Versicherungsleistungen, berechtigen nicht zur Saldierung.

Zu betonen ist ferner, dass die Klassifikation der Finanzinstrumente nach IAS 39.45 zum Zweck der Folgebewertung für den bilanziellen Ausweis selber keine Rolle spielt. So können Finanzinstrumente unterschiedlicher Folgebewertungskategorien in einer Bilanzposition ausgewiesen werden.

IFRS 7 fordert umfangreiche Angaben

Über die Zuordnung von Bilanzpositionen zu Bewertungskategorien informieren die weiteren Angaben, die grundsätzlich direkt in den Rechenwerken oder im Anhang erfolgen können. Die Angabepflichten zu Finanzinstrumenten sind in IFRS 7 „Finanzinstrumente: Angaben" (Financial Instruments: Disclosures) zusammengefasst. In IFRS 7.IN5 werden für die Angabepflichten zwei zentrale Ziele formuliert. Sie sollen den Anleger in die Lage versetzen,
- die Bedeutung von Finanzinstrumenten für die wirtschaftliche Lage des berichtenden Unternehmens einzuschätzen, und
- sie sollen qualitative und quantitative Informationen über die aus Finanzinstrumenten resultierenden Risiken geben.

Generell fordert IFRS 7 keine spezielle Form der Anhangangaben. Informationen, die bereits innerhalb der Rechenwerke präsentiert wurden, müssen nicht im Anhang wiederholt werden. Die Finanzinstrumente des Unternehmens sind gemäß IFRS 7.6 zu gruppieren, sodass die Angaben im Wesentlichen je Gruppe erfolgen können. Die Gruppierung soll sich an dem Charakter der Instrumente orientieren. Eine Überleitung auf die Bilanzpositionen ist anzugeben. Des Weiteren sind die Buchwerte je Folgebewertungskategorie anzugeben. Hierbei bilden der Handelsbestand und die Finanzinstrumente, für die die Fair Value-Option angewendet wurde, zwei separate Kategorien. Besondere Angabepflichten ergeben sich zudem für

Zahlreiche Angabepflichten zu Bilanzpositionen

- ergebniswirksam zum beizulegenden Zeitwert folgebewertete Finanzinstrumente (IFRS 7.9-11),
- umklassifizierte Finanzinstrumente (IFRS 7.12),
- partielle Ausbuchungen (IFRS 7.13),
- Sicherheiten (IFRS 7.14-15),
- Wertkorrekturen für notleidende Kredite (IFRS 7.16),
- vom Unternehmen ausgegebene komplexe hybride Instrumente, deren derivative Komponenten sich in ihren Wertentwicklungen gegenseitig beeinflussen (IFRS 7.17), und
- eigene Zahlungsverzüge (IFRS 7.18-19).

Auch das Finanzergebnis ist u.a. auf die Folgebewertungskategorien herunterzubrechen (IFRS 7.20). Zudem sind detaillierte Angaben zu den angewendeten Ansatz- und Bewertungsmethoden zu machen (IFRS 7.21).

Als weiteren Angabeblock fordert IFRS 7.25-30 die Angabe von beizulegenden Zeitwerten für die Finanzinstrumente, die nicht zum beizulegenden Zeitwert folgebewertet werden. Ausgenommen hiervon sind Eigenkapitaltitel inklusive deren Derivate von Unternehmen, für die kein verlässlicher Marktpreis verfügbar ist. Diese sind nach IAS 39 zu fortgeführten Anschaffungskosten zu bilanzieren. Da ihr beizulegender Zeitwert nur unzuverlässig ermittelt werden kann, müssen die Unternehmen neben der genauen Beschreibung der Titel möglichst eine Spannbreite angeben, innerhalb derer der beizulegende Zeitwert sich mit hoher Wahrscheinlichkeit befindet. Wenn solche Titel veräußert werden, ist der Gewinn oder Verlust anzugeben.

Beizulegende Zeitwerte sind anzugeben

Die Angabepflichten zu Finanzinstrumenten sollen den Bilanzleser in die Lage versetzen, den bilanziellen Umfang der Finanzinstrumente ebenso wie die aus ihnen resultierenden Cashflows und Risiken einschätzen zu können. Hierzu gehören auch Informationen über die Sicherheit und Höhe zukünftiger Zahlungen. Selbstverständlich unterliegen Finanzinstrumente bestimmten Risiken. IFRS 7.31-42 nennt drei zentrale Risikogruppen:

Informationen zu Risiken

- Kreditrisiken: Die Gefahr, dass von dem Unternehmen als Gläubiger gehaltene Kredite notleidend werden.

- Liquiditätsrisiken: Die Gefahr, dass das bilanzierende Unternehmen die Liquidität nicht aufbringen kann um künftigen Zahlungsverpflichtungen nachzukommen.
- Marktrisiken: Die Gefahr oder die Chance, dass Marktdaten wie Wechselkurse, Zinssätze und Aktienkurse den Wert von Finanzinstrumenten des Unternehmens beeinflussen.

Diese Risikoklassifizierung ist bei der Erstellung der Angaben zu Finanzinstrumenten als Leitfaden zu verwenden, um sicherzustellen, dass der Adressat über die wesentlichen Risiken informiert wird. Zudem verlangt IFRS 7.33 qualitative Angaben zur allgemeinen Risikosteuerungsstrategie. Bei den quantitativen Angaben erscheinen die geforderten Sensitivitätsanalysen für das Marktrisiko (IFRS 7.40-41) als besonders bedeutend. Weitere quantitative Angabepflichten zu den Risikokategorien finden sich in IFRS 7.34-39 und 7.42.

9 Wesentliche Unterschiede zum HGB

In Deutschland wird bei der Bilanzierung von Finanzinstrumenten einerseits zwischen Aktiva und Passiva sowie andererseits zwischen Anlage- und Umlaufvermögen unterschieden. Unter den Wertpapieren des Anlagevermögens sind diejenigen Wertpapiere zu subsumieren, die dauerhaft gehalten werden, ohne dass dabei eine Beteiligungsabsicht bzw. eine Beteiligungsvermutung nach § 271 Abs. 1 Satz 3 HGB besteht. Wertpapiere des Umlaufvermögens dienen hingegen nur der vorübergehenden Anlage flüssiger Mittel und können in Anteile an verbundenen Unternehmen, in eigene Anteile oder in sonstige Wertpapiere unterteilt werden. Hinzu kommen als weitere Finanzinstrumente Forderungen und Liquide Mittel als Aktiva und Verbindlichkeiten als Passiva. Dieser Abschnitt basiert auf der aktuellen Rechtslage des HGB zum 31.12.2007. Auf sich abzeichnende Änderungen durch das BilMoG wird zum Ende des Abschnitts kurz eingegangen.

AK/HK als Wertobergrenze

Unabhängig von der Zuordnung zum Anlage- oder Umlaufvermögen gelten in Deutschland für jeden Vermögensgegenstand, und damit auch für finanzielle Vermögensgegenstände, anders als nach IAS 39 gemäß § 253 Abs. 1 Satz 1 HGB die Anschaffungs- oder Herstellungskosten als Bewertungsobergrenze. Unrealisierte Gewinne, die sich aus einem höheren Börsen- oder Marktpreis zum Stichtag ergeben, dürfen nicht ausgewiesen werden. Die ergebniswirksame Erfassung von Wertminderungen resultiert in Deutschland aus dem Niederstwertprinzip. Während außerplanmäßige Abschreibungen auf niedrigere Börsen- oder Marktpreise bzw. niedrigere beizulegende Werte am Abschlussstichtag bei Wertpapieren des Umlaufvermögens zwingend erforderlich sind (strenges Niederstwertprinzip gemäß § 253 Abs. 3 Satz 1 und 2 HGB), existiert im Anlagevermögen für Finanzanlagen bei voraussichtlich nur vorübergehender

Wertminderung ein Abschreibungswahlrecht (gemildertes Niederstwertprinzip gemäß § 253 Abs. 2 Satz 3 i.V.m. § 279 Abs. 1 Satz 2 HGB). Sind in Deutschland durch zwischenzeitlich gestiegene Börsen- oder Marktpreise die Gründe für eine in früheren Perioden vorgenommene Wertberichtigung entfallen, so muss auch nach § 280 Abs. 1 HGB grundsätzlich eine Zuschreibung maximal bis zu den Anschaffungskosten erfolgen.

Verbindlichkeiten des Unternehmens sind grundsätzlich zum Rückzahlungsbetrag anzusetzen (§ 253 Abs. 1 Satz 2 HGB). Dies verlangt unter Umständen die Aktivierung eines Disagios oder Passivierung eines Agios. Diese Rechnungsabgrenzungsposten sind dann über die Laufzeit der Verbindlichkeit ergebniswirksam aufzulösen. Eventuelle wechselkursbedingte Wertschwankungen sind imparitätisch zu erfassen, der Rückzahlungsbetrag multipliziert mit dem Briefkurs zum Entstehungszeitpunkt der Verbindlichkeit ergibt auf jeden Fall den Mindestwert der Verbindlichkeit.

Verbindlichkeiten sind zum Rückzahlungsbetrag anzusetzen

Finanzderivate, deren Zugang nicht mit dem Abgang von liquiden Mitteln verbunden war und die die Definition eines schwebenden Geschäfts erfüllen, werden nicht in der Bilanz angesetzt. Hierbei ist unter einem schwebenden Geschäft i.S.v. § 249 HGB ein vertraglich abgesichertes oder faktisch bindendes Geschäft zu verstehen, bei dem beide Seiten ihre Leistung noch nicht erbracht haben. Falls allerdings ein Verlust aus dem Halten eines Finanzderivats droht, ist eine Drohverlustrückstellung zu passivieren. Für den Abgang von Finanzinstrumenten ist nach HGB der Verlust der rechtlichen Verfügungsgewalt maßgeblich. Ggf. ist allerdings ein verbleibendes Risiko als Rückstellung zu passivieren oder gemäß § 251 HGB als Haftungsverhältnis unterhalb der Bilanz anzugeben.

Finanzderivate häufig nicht bilanzwirksam

Im Zuge der Umsetzung der europäischen Fair-Value-Richtlinie im Rahmen des BilReG wurde auf eine Umsetzung der Ansatz- und Bewertungswahlrechte der Richtlinie verzichtet. Lediglich die Pflichtbestandteile, die den Ausweis im Anhang und Lagebericht betreffen, wurden umgesetzt. So fordern nun § 285 Satz 1 Nr. 18 und 19 sowie § 314 Nr. 10 und 11 HGB umfangreiche Angabepflichten zu Finanzderivaten und zu Finanzinstrumenten, die oberhalb ihres beizulegenden Zeitwerts ausgewiesen werden. Neben anderen Informationen ist auch deren beizulegender Zeitwert anzugeben. Des Weiteren fordert § 289 Abs. 2 Nr. 2 HGB Lageberichtsangaben zum Einsatz von Finanzinstrumenten im Rahmen des Risikomanagements.

Mehr Ausweispflichten durch Transformation der Fair-Value-Richtlinie

Es wird deutlich, dass sich die HGB-Vorschriften zu Finanzinstrumenten grundlegend von IAS 39 unterscheiden. So werden Finanzinstrumente nach HGB imparitätisch ergebniswirksam bewertet, eine Zuschreibung von Vermögenswerten über die Anschaffungskosten hinaus ist also nicht möglich. Termingeschäfte und Swaps werden als schwebende Geschäfte nicht bilanziert, sondern ggf. lediglich über eine Drohverlustrückstellung erfasst. Verbindlichkeiten werden nicht zum Barwert, sondern zum Rückzahlungsbetrag angesetzt und für den Abgang von finanziellen Vermögenswerten ist weniger die wirtschaftliche sondern eher die rechtliche Sichtweise maßgeblich.

Zahlreiche wesentliche Unterschiede zu IFRS

Änderungen durch das BilMoG

Diese deutlichen Unterschiede zwischen der traditionellen handelsrechtlichen Bilanzierung und den internationalen Rechnungslegungsstandards waren ein wesentlicher Grund für die Entwicklung des Referentenentwurfs eines Bilanzrechtsmodernisierungsgesetzes (BilMoG). Zentrale Bestandteile des Entwurfs, die für die Bilanzierung von Finanzinstrumenten einschlägig sind, sind zunächst die Pflicht zur Folgebewertung von Finanzinstrumenten des Handelsbestands zum beizulegenden Zeitwert. Aus der Gesetzesbegründung wird indes deutlich, dass Finanzderivate, die nicht Teil von Bewertungseinheiten sind, nach der Umsetzung des BilMoG nicht automatisch als dem Handelsbestand zugehörig anzusehen sind. Somit wären auch nach der Umsetzung des BilMoG nicht alle Finanzderivate bilanzwirksam. Ferner erscheint bedeutend, dass sich das BilMoG mit der Konzentration auf den beizulegenden Zeitwert hinsichtlich des maßgeblichen Bewertungsmaßstabs der IFRS-Terminologie anpasst. Da eine paritätische Anwendung dieses einheitlichen Bewertungsmaßstabs lediglich für den Handelsbestand geplant ist und eine (ggf. ergebnisneutrale) Bewertung von sonstigen Finanzinstrumenten zum beizulegenden Zeitwerten verwehrt bleibt, blieben indes auch bei Umsetzung des BilMoG wesentliche Unterschiede zwischen handelsrechtlicher und internationaler Rechnungslegung bestehen.

10 Wesentliche Unterschiede zu US-GAAP

Standardvielfalt nach US-GAAP

Die Bilanzierung von Finanzinstrumenten ist nach US-GAAP in einer Vielzahl von einzelnen Standards geregelt, deren wichtigste in Tabelle 19.1 wiedergegeben sind. Zentrale Standards sind SFAS 115, der Ansatz, Bewertung und Ausweis von nicht-derivativen Wertapieren regelt, und SFAS 133, der Vorschriften zu Ansatz, Bewertung und zu Ausweisfragen von Finanzderivaten und Sicherungsgeschäften enthält.

Recht hohe Ähnlichkeit zu IAS 39 – Unterschiede im Detail

Die zentralen Regelungen von SFAS 115 entsprechen weitgehend IAS 39 und sind in der Tabelle 19.2 wiedergegeben. Durch die Verabschiedung von SFAS 159 gibt es nun auch nach US-GAAP zudem die Möglichkeit, einen Großteil der Finanzinstrumente, die nicht zum Handelsbestand zählen, ergebniswirksam zu beizulegenden Zeitwerten zu bewerten. Weiterhin ist nach IAS 39 bei Vorliegen von objektiven Hinweisen aus Ereignissen nach der Abwertung eine ergebniswirksame Wertminderung von Fremdkapitaltiteln ebenfalls ergebniswirksam zu korrigieren, während diese Wertaufholung bei Eigenkapitaltiteln unterbleiben muss. Nach US-GAAP ist eine ergebniswirksame Wertaufholung bei finanziellen Vermögenswerten in keinem Fall möglich.

SFAS	Titel	Verabschiedet
159	The Fair Value Option for Financial Assets and Financial Liabilities – Including an amendment of FASB Statement No. 115	02/2007
157	Fair Value Measurements	09/2006
156	Accounting for Servicing of Financial Assets – an amendment of FASB Statement No. 140	03/2006
155	Accounting for Certain Hybrid Financial Instruments – an amendment of FASB Statements No. 133 and 140	02/2006
150	Accounting for Certain Financial Instruments with Characteristics of both Liabilities and Equity	05/2003
149	Amendment of Statement 133 on Derivative Instruments and Hedging Activities	05/2003
140	Accounting for Transfers and Servicing of Financial Assets and Extinguishments of Liabilities – a replacement of FASB Statement No. 25	09/2000
138	Accounting for Certain Derivative Instruments and Certain Hedging Activities – an amendment of FASB Statement No. 133	06/2000
137	Accounting for Derivative Instruments and Hedging Activities – Deferral of the Effective Date of FASB Statement No. 133 – an amendment of FASB Statement No. 133	06/1999
134	Accounting for Mortgage-Backed Securities Retained after the Securitization of Mortgage Loans Held for Sale by a Mortgage Banking Enterprise – an amendment of FASB Statement No. 65	10/1998
133	Accounting for Derivative Instruments and Hedging Activities	06/1998
126	Exemption from Certain Required Disclosures about Financial Instruments for Certain Nonpublic Entities – an amendment to FASB Statement No. 107	12/1996
118	Accounting by Creditors for Impairment of a Loan-Income Recognition and Disclosures – an amendment of FASB Statement No. 114	10/1994
115	Accounting for Certain Investments in Debt and Equity Securities	05/1993
114	Accounting by Creditors for Impairment of a Loan – an amendment of FASB Statements No. 5 and 15	05/1993
107	Disclosures about Fair Value of Financial Instruments	12/1991

Tab. 19.1: Zentrale Vorschriften zu Finanzinstrumenten nach US-GAAP

Kategorie	Trading	Available-for-Sale	Held-to-Maturity
Ansatz und Ausweis	Current Assets	In Abhängigkeit von der Unternehmensstrategie kann es sich um Current Assets oder Non current Assets handeln.	I.d.R. sind dies Non current Assets. Bei Fälligkeit im folgenden Geschäftsjahr ist eine Umgliederung zu Current Assets vorzunehmen.
Bewertung	Fair Value (i.d.R. Börsen- oder Marktpreis)		Amortized Cost (fortgeführte AK)
Grundsatz	Unrealisierte Gewinne und Verluste werden, bezogen auf das Net Income, ergebniswirksam verrechnet.	Unrealisierte Gewinne und Verluste werden, bezogen auf das Net Income, ergebnisneutral verrechnet. Ausweis der Wertschwankungen in einem gesonderten Eigenkapitalposten.	Unrealisierte Gewinne und Verluste werden nicht erfasst. Die Differenz zwischen den AK und dem Nominalwert des Schuldtitels ist ergebniswirksam auf dessen Laufzeit zu verteilen.
Ausnahme		Fair Value < Amortized Cost	
		1) vorübergehend (temporary) • siehe Grundsatz! 2) nicht nur vorübergehend (other than temporary) • die Wertminderung wird ergebniswirksam; • es ist auf den niedrigeren Fair Value abzuschreiben: dieser wird neue Wertbasis	
		Wertaufholungen sowie später erneut auftretende nur vorübergehende Wertminderungen sind ergebnisneutral in der gesonderten Eigenkapitalposition zu berücksichtigen.	keine Wertaufholung zulässig
Anhang	Angaben über die Ergebniswirkung	Umfangreiche Offenlegungspflichten	

Tab. 19.2: Bilanzierung und Bewertung von Wertpapieren nach SFAS 115. Quelle: In Anlehnung an *Kroner, M.*, Bilanzierung und Bewertung von Wertpapieren nach SFAS No. 115, in: DB, 47. Jg. (1994), S. 2247.

Abgang folgt nach SFAS 140 dem „Financial Components Approach". Praktische Relevanz des Unterschieds unklar

Der Abgang von Finanzinstrumenten wird nach US-GAAP im Wesentlichen von SFAS 140 geregelt. Dieser Standard folgt dabei dem so genannten Financial Components Approach. Hiernach hat das bilanzierende Unternehmen nur die (Teile von) Finanzinstrumente(n) zu bilanzieren, über die es tatsächlich die wirtschaftliche Kontrolle ausübt. Die hierfür notwendige Aufspaltung der Finanzinstrumente ist nach IAS 39 nur eingeschränkt möglich. Stattdessen ist nach IAS 39 zunächst zu prüfen, ob eine Partei praktisch alle Chancen und Risiken aus dem Vermögenswert hält und wer, bei unklarer Verteilung von Chancen und Risiken, die Kontrolle über den gesamten Vermögenswert ausübt. Falls das bilanzierende Unternehmen noch die Kontrolle über den Vermögenswert hat, ist dieser im Umfang der noch bestehenden Beteiligung weiter zu bilanzieren. Diese konzeptionellen Unterschiede in der Standardgestaltung dürften im Regelfall allerdings zu recht ähnlichen Bilanzierungsentscheidungen führen.

Ausgewählte Literatur

IdW (Hrsg.), IDW Stellungnahme zur Rechnungslegung: Einzelfragen zur Bilanzierung von Finanzinstrumenten nach IFRS (IDW RS HFA 9), in: IdW Fachnachrichten, o. Jg. (2007), S. 326-400.
Kuhn, S., Die bilanzielle Abbildung von Finanzinstrumenten in der Rechnungslegung nach IFRS: Vergleich des Mixed-Model-Ansatzes (IASB) mit dem Fair-Value-Model-Ansatz (JWG), Düsseldorf 2007.
Kuhn, S./Scharpf, P., Rechnungslegung von Financial Instruments nach IFRS: IAS 32, IAS 39 und IFRS 7, 3. Auflage, Stuttgart 2006.
Löw, E. (Hrsg.), Rechnungslegung für Banken nach IFRS: Praxisorientierte Einzeldarstellungen, 2. Auflage, Wiesbaden 2005.
Reiland, M., Derecognition – Ausbuchung finanzieller Vermögenswerte: Eine Analyse der Regelungen in IAS 39, SFAS 140 und FRS 5, Düsseldorf 2006.
Schmidt, M., Rechnungslegung von Finanzinstrumenten: Abbildungskonzeptionen aus Sicht der Bilanztheorie, der empirischen Kapitalmarktforschung und der Abschlussprüfung, Wiesbaden 2005.
Schmidt, M./Pittroff, E./Klingels, B., Finanzinstrumente nach IFRS: Bilanzierung, Absicherung, Publizität, München 2007.

Übungsaufgaben

Aufgabe 1:
Die in Köln ansässige Päffgen AG erstellte bis einschließlich 2006 einen HGB-Konzernabschluss. Für das Jahr 2007 wird der Konzernabschluss erstmalig nach den IFRS erstellt. Um Vergleichszahlen zu erhalten, wurde auch der Konzernabschluss 2006 rückwirkend auf die IFRS umgestellt. Der Steuersatz der Päffgen AG liegt 2006 und 2007 bei 25 %.
a) Die Päffgen AG hat 2006 und 2007 die nachfolgend aufgeführten Wertpapiertransaktionen (Beträge in €) getätigt. Buchen Sie die Geschäftsvorfälle 2006 und 2007 sowohl nach HGB als auch nach IFRS.

Wertpapier-gattung	Anschaffungs-datum Anschaffungs-kosten	Börsen-kurs am 31.12.2006	Börsen-kurs am 31.12.2007	Veräuße-rungs-datum Veräuße-rungspreis
Aktien A (Available-for-Sale, Anlagevermögen)	01.02.2006 120.000	140.000	—	03.07.2007 120.000
Aktien B (Available-for-Sale, Anlagevermögen)	21.07.2006 100.000	90.000	100.000	—
Aktien C (Trading)	30.09.2006 70.000	60.000	110.000	—

Hinweis: Bei der IFRS-Bilanzierung wählt die Päffgen AG eine Vorgehensweise, die sich möglichst wenig auf den Jahresüberschuss auswirkt. Bei der HGB-Bilanzierung wird zudem bei Wertschwankungen unter die Anschaffungskosten – soweit möglich – auf Abschreibungen verzichtet. Gehen Sie zudem davon aus, dass im vorliegenden Fall die steuerrechtliche Verbuchung derjenigen nach HGB folgt.

b) Buchen Sie für die unter a) aufgeführten Wertpapiere für 2007 die Korrektur von HGB auf IFRS.

Aufgabe 2:
Die Gerida AG hat zum Beginn des Geschäftsjahres 2007 ein Aktienpaket eines Konkurrenten erworben. Für 70.000 Aktien der Compet AG sind je 35 € gezahlt worden. An Bankprovisionen fielen noch einmal insgesamt 25.000 € an. Kurz- und mittelfristig ist kein Verkauf dieser Anteile geplant. Das Management behält sich vor, diese strategische Position in Zukunft aufzustocken. Eine Beherrschungsmöglichkeit („control") oder ein maßgeblicher Einfluss ist derzeit aber nicht gegeben. Zum 31.12.2007 notierte die Compet-Aktie bei 42 €. Steuerlatenzen sind zu vernachlässigen.
  Welche unterschiedlichen Möglichkeiten der Verbuchung dieses Geschäftsvorfalls existieren nach IAS 39? Geben Sie die jeweiligen Buchungssätze an und diskutieren Sie die jeweiligen Auswirkungen auf Eigenkapital und Periodenergebnis.

Aufgabe 3:
Die bisher nach HGB bilanzierende Hardy AG hält die in der Tabelle aufgeführten Finanzinstrumente in ihrem Bestand (in T€). Im Rahmen der Umstellung auf IFRS zum 31.12.2007 fragt sich der Leiter Konzernrechnungswesen, wie der Bestand nach IFRS bilanziell abzubilden wäre.

Name	Art	Anschaffungs-kosten (31.12.2004)	Marktwert 31.12.2005	Marktwert 31.12.2006	Marktwert 31.12.2007
Stan AG	Aktie	20.000	30.000	25.000	18.000
Laurel AG	Aktie	40.000	45.000	35.000	43.000
Oliver AG	Anleihe	95.000	98.000	99.000	100.000

Die steuerrechtliche Bilanzierung der Wertpapiere, bei denen es sich durchgehend um Minderheitsbeteiligungen handelt, erfolgt bei der Hardy AG analog zu der HGB-Verbuchung, wobei die Hardy AG einem Ertragsteuersatz von 30 % unterliegt. Gehen Sie bei der Anleihe davon aus, dass handels- und steuerrechtlich wie nach den Vorschriften von IAS 39 bilanziert wurde.

Nennen Sie für sämtliche Wertpapiere und evtl. Zinszahlungen die originären Buchungssätze nach IAS 39 für die Geschäftsjahre 2005 bis 2007. Berücksichtigen Sie dabei folgende Zusatzangaben:
- Die Hardy AG möchte den Ausweis von beizulegenden Zeitwerten und hieraus resultierende Ergebniswirkungen möglichst vermeiden.
- Aktie Stan AG wird im Handelsbestand gehalten.
- Aktie Laurel AG ist Teil einer langfristigen Anlagestrategie. Im Jahr 2006 lag eine dauerhafte Wertminderung vor, die auch nach IAS 39 zu einer Wertminderung führen würde.
- Anleihe Oliver AG hat einen Nennwert von 100.000 T€, Nominalzins 5 %, Effektivzins 6,9 %, Laufzeitende 31.12.2007 mit Halteabsicht bis zur endfälligen Tilgung.

Kapitel 20
Sicherungsbeziehungen

1 Grundlagen 583
   1.1 Sinn der Sicherungsbilanzierung 583
   1.2 Sicherungsinstrument..585
   1.3 Gesichertes Grundgeschäft 587

2 Bestimmung von Sicherungsbeziehungen 589
   2.1 Klassifizierung..589
   2.2 Effektivitätsmessung...591

3 Bewertung..595
   3.1 Absicherung des beizulegenden Zeitwerts (Fair Value Hedge)...........595
   3.2 Absicherung von Zahlungsströmen (Cash flow Hedge).....................601
   3.3 Absicherung einer Nettoinvestition in einen ausländischen Geschäftsbetrieb 608

4 Angabepflichten...611

5 Wesentliche Unterschiede zum HGB 611

6 Wesentliche Unterschiede zu US-GAAP...612

Ausgewählte Literatur 613

Übungsaufgaben..613

Wissen Sie, wie hoch die weltweite Marktkapitalisierung aller börsennotierten Eigenkapitaltitel ist? Laut der World Federation of Exchanges betrug sie Ende 2006 über 50 Billionen US-$, also über 50.000.000.000.000 US-$. Hinzu kommt ein 30 Billionen US-$-Markt für börsennotierte Fremdkapitaltitel. Wie hoch ist der Wert der Vermögenswerte, auf die sich an Börsen gehandelte Derivate, also insbesondere Optionen und Futures, beziehen? Die Antwort können Sie der nachfolgenden Tabelle 20.1 entnehmen.

Derivatekategorie	Basiswert (notional value) Ende 2006 in Mio. US-$
Stock Options	4.889.799
Stock Futures	1.558.373
Stock Index Options	81.419.448
Stock Index Futures	73.134.006
Short Term Interest Rate Options	377.963.775
Short Term Interest Rate Futures	946.126.183
Long Term Interest Rate Options	11.106.280
Long Term Interest Rate Futures	113.091.906
Currency Options	581.517
Currency Futures	16.982.207
Commodity Options	1.966.453
Commodity Futures	11.270.971
Summe	**1.640.090.917**

Tab. 20.1: Werte gehandelter Derivate
Quelle: World Federation of Exchanges, www.world-exchanges.org

Die Gesamtsumme macht schwindelig: 1.640 Billionen US-$, in etwa das 25fache des Weltwirtschaftsprodukts. Selbst wenn die Währungs- und Zinsderivate außen vor gelassen werden, wenn also nur die Aktien- und Warenderivate berücksichtigt werden, liegt die Gesamtsumme mit 174 Billionen US-$ über dem Doppelten der Marktkapitalisierung der organisierten Eigen- und Fremdkapitalmärkte. Hinzu kommen OTC-Derivate, also Derivate, die „over-the-counter", außerhalb des börslichen Handels umgesetzt werden. Deren Basiswert betrug Ende 2006 laut der Bank for International Settlements 414 Billionen US-$.

Wofür gibt es alle diese Derivate, deren Grundstruktur bereits in Kapitel 19 erläutert wurde? Neben der Spekulation dienen sie vor allem der Absicherung von bestimmten Grundgeschäften. Rohstoffproduzenten sichern sich gegen Preisschwankungen, Banken gegen Zinsänderungen und Getränkehersteller gegen verregnete Sommer ab. Als Teil so genannter Sicherungsbeziehungen sind Derivate zu einer zentralen Säule der internationalen Finanzmärkte geworden. Ihre Chance und ihr Risiko zugleich liegt in dem geringen finanziellen Einsatz, den es erfordert, um sie zu erwerben. Was glauben Sie, was es kosten würde, den gesamten OTC-Markt der Derivate zu erwerben? Etwa 10 Billionen US-$ und damit gerade mal 2,3 % der Basiswerte.

Sie sehen, Finanzderivate und die mit ihnen gebildeten Sicherungsbeziehungen sind aus dem modernen Wirtschaftsgeschehen nicht mehr wegzudenken.

Daher sollen Sie im Folgenden lernen,
- was Sicherungsbeziehungen sind, was ihr ökonomischer Zweck ist und wo das bilanzielle Problem Ihrer Abbildung liegt,
- welchem Konzept das IASB bei der Sicherungsbilanzierung folgt und wie die Sicherungsbeziehungen hiernach zu klassifizieren sind und schließlich,
- wie die Bilanzierung von Sicherungsbeziehungen im Detail zu erfolgen hat.

1 Grundlagen

1.1 Sinn der Sicherungsbilanzierung

Was ist Sicherungsbilanzierung und warum erscheint sie in bestimmten Fällen sinnvoll und notwendig? Diese Frage soll anhand eines einführenden Beispiels beantwortet werden.

Problem der Sicherungsbilanzierung

Beispiel 20.1

Die Invest AG hält zu Beginn des Jahres 2008 eine US-$-Verbindlichkeit, deren Nennwert von 10 Mio. US-$ am 01.01.2009 fällig wird. Zinszahlungen fallen nicht an. Bislang notierten US-$ und Euro zur Parität. In der Finanzierungsabteilung herrscht allerdings die Befürchtung, dass der US-$-Kurs im Laufe des Jahres 2008 deutlich steigen wird, dass also die Invest AG am 01.01.2009 mehr Euro aufwenden muss, um den US-$-Kredit zu tilgen. Deswegen schließt die Invest AG am 01.01.2008 ein Devisentermingeschäft ab. Dieses Sicherungsinstrument verpflichtet die Invest AG, zum 01.01.2009 10 Mio. US-$ zu einem Terminkurs von 1,05 €/US-$ zu erwerben. Mit diesen auf Termin gekauften US-$ ist die Invest AG dann in der Lage, die Verbindlichkeit zu tilgen. Da das Termingeschäft für die Invest AG die Verpflichtung bedingt, die US-$ auch tatsächlich für 1,05 €/US-$ zu kaufen, besteht aus Sicht der Invest AG nunmehr kein Währungsrisiko mehr: Sicher ist, dass sie am 01.01.2009 die Verbindlichkeit zum Terminkurs tilgen wird, also für 10,5 Mio. €.

Wie sähe nun die bilanzielle Abbildung zum Ende des Jahres 2008 aus, wenn angenommen wird, dass das Termingeschäft gemäß Einzelbewertungsgrundsatz als schwebendes Geschäft unter eventueller Bildung einer Drohverlustrückstellung bilanziert wird? In der untenstehenden Tabelle sind drei Szenarien wiedergegeben:

Szenario Werte in T€ zum 31.12.2008	US-$ fällt	US-$ konstant	US-$ steigt
US-$ Kurs [€/US-$]	0,90	1,00	1,10
Buchwert Verbindlichkeit	9.000	10.000	11.000
Aufwand/Ertrag Verbindlichkeit	1.000	0	-1.000
Rückstellung Termingeschäft	1.500	500	0
Periodenergebnis	-500	-500	-1.000

Aus ökonomischer Sicht müsste das Periodenergebnis -500 T€ betragen, dies ist genau der Verlust aus der Terminkursbesicherung, sozusagen der Preis für die Sicherheit. Wenn der US-$ jedoch über den Terminkurs hinaus steigt, ist die bilanzielle Darstellung demgegenüber verzerrt. Die Verbindlichkeit wird zum Kassakurs höher bewertet, der Gewinn des Termingeschäfts allerdings nicht bilanziell realisiert, da es annahmegemäß wie ein schwebendes Geschäft bilanziert wird. Somit wird ein Ergebnis ausgewiesen, das einen ökonomisch unmöglichen Verlust widerspiegelt.

Grundidee zur Vermeidung von Verzerrungen

Wie sind solche bilanziellen Verzerrungen zu vermeiden? Aus theoretischer Sicht ist für abgesicherte bilanzwirksame Risiken die Antwort einfach: Alle Vermögenswerte und Schulden, also auch das Sicherungsinstrument und das zu sichernde Grundgeschäft, sind hinsichtlich des gesicherten Risikos gleich zu bewerten. Dies führte dazu, dass die ökonomisch geplante Risikoabsicherung auch bilanziell erkennbar und beurteilbar wird. In dem hier vorliegenden Beispiel wäre dies zu erreichen, wenn die Wertsteigerung des Termingeschäfts auf 500 T€ im Szenario steigender US-$-Kurse ebenso ergebniswirksam bilanziert werden würde wie die wechselkursbedingte Erhöhung der Verbindlichkeit. Dies würde dann zu dem gewünschten Periodenergebnis von -500 T€ führen.

Wie ist aber vorzugehen, wenn eine bisher lediglich geplante Transaktion, wie ein beabsichtigtes ausländisches Investment, gegen Währungsrisiken abgesichert wird? Da geplante Geschäfte nicht bilanzwirksam sind, können sie nicht genauso wie das Sicherungsinstrument bilanziert werden. Wenn in leichter Abwandlung des obigen Beispiels nicht eine Verbindlichkeit, sondern ein geplanter Kauf von Rohstoffen in US-$ durch ein Termingeschäft abgesichert wird, kann eine ökonomisch sinnvolle bilanzielle Darstellung der Sicherungsbeziehung nicht ohne weiteres geleistet werden. Zwar kann die Wertentwicklung des sichernden Termingeschäfts (steigt der US-Dollar, steigt der Wert des Termingeschäfts, fällt der US-Dollar, sinkt der Wert des Termingeschäfts) in der Bilanz gezeigt werden, die gegenläufige Wertentwicklung der geplanten Transaktion (steigt der US-Dollar, steigen die geplanten Auszahlungen der Transaktion, fällt der US-Dollar, sinken die geplanten Auszahlungen der Transaktion) findet allerdings regelmäßig keine bilanzielle Abbildung.

Umsetzung durch IAS 39

Daher fordert IAS 39 eine explizite Berücksichtigung von Sicherungsbeziehungen, wobei zwei unterschiedliche Konzepte Anwendung finden:

Grundlagen

- Wo immer möglich, sollen zu sicherndes Grundgeschäft und Sicherungsinstrument hinsichtlich des gesicherten Risikos gleich bewertet werden. Die hieraus jeweils resultierenden Gewinne und Verluste sind ergebniswirksam zu erfassen, so dass sie sich bei perfekter Absicherung gegenseitig ausgleichen.
- Wenn dies nicht möglich erscheint, dann soll die Wertentwicklung des Sicherungsinstruments ergebnisneutral behandelt werden, solange sie durch eine gegenläufige Wertentwicklung des zu sichernden Grundgeschäfts kompensiert wird.

Für diese Vorgehensweise ist es notwendig, die existenten Sicherungsbeziehungen zu identifizieren. Diese bestehen im Sinne von IAS 39.9 jeweils aus einem Sicherungsinstrument und einem gesicherten Grundgeschäft. Ein Sicherungsinstrument ist gemäß IAS 39.9 ein Finanzderivat oder, bei der Absicherung von Wechselkursschwankungen, auch ein sonstiges Finanzinstrument, von dem erwartet wird, dass es die Wertschwankung des gesicherten Grundgeschäfts hinsichtlich der abgesicherten Risiken ausgleichen kann. Weitere Details zur Definition und Bestimmung von Sicherungsinstrumenten finden sich in IAS 39.72-77 und in IAS 39.AG94-AG97.

Sicherungsinstrument und gesichertes Grundgeschäft bilden Sicherungsbeziehung

Ein gesichertes Grundgeschäft kann prinzipiell jeder Vermögenswert oder jede Schuld sein, der oder die der Gefahr von Wertschwankungen unterliegt und vom bilanzierenden Unternehmen explizit als abgesichert bestimmt wird. Neben Vermögenswerten und Schulden können, wie oben bereits erwähnt, eine feste Verpflichtung, eine vorhergesehene künftige Transaktion oder auch eine Nettoinvestition in einen ausländischen Geschäftsbetrieb gesicherte Grundgeschäfte darstellen, wenn die für Vermögenswerte und Schulden genannten Bedingungen für sie gelten. Details zu den Definitionen von Sicherungsinstrument und gesichertem Grundgeschäft werden in den folgenden beiden Abschnitten diskutiert.

1.2 Sicherungsinstrument

Aus der Definition eines Sicherungsinstruments folgt direkt, dass nur Finanzinstrumente als Sicherungsinstrumente klassifiziert werden können. Dies schließt insbesondere auch eigene Aktien des Unternehmens aus, da diese als Eigenkapitaltitel des bilanzierenden Unternehmens keine Finanzinstrumente darstellen. Darüber hinaus muss nach IAS 39.73 ein Sicherungsinstrument immer einen Partner außerhalb der rechnungslegenden Einheit haben. Im Regelfall sind Sicherungsinstrumente gemäß der Definition Finanzderivate. Dennoch eignen sich nicht alle Finanzderivate beliebig als Sicherungsinstrumente: Stillhalterpositionen, die das bilanzierende Unternehmen bei Optionen eingeht, haben eine begrenzte Chance (den Optionspreis) und ein ex ante unbegrenztes Risiko. So kann z.B. bei einer Kaufoption auf eine Aktie der Stillhalter maximal den Optionspreis gewinnen, der Optionszeichner kann an theoretisch unbegrenzten Kurssteigerungspotentialen partizipieren. IAS 39.AG94 erlaubt demzufolge logischer-

Nur Finanzinstrumente mit externen Vertragspartnern können Sicherungsinstrumente sein

weise den Einsatz einer solchen Option als Sicherungsinstrument beim Stillhalter nur für den Fall, bei dem eine gegenläufige Kaufoption das gesicherte Grundgeschäft darstellt.

<small>Nicht-derivative Finanzinstrumente können nur Währungsrisiken absichern</small>

Nicht-derivative Finanzinstrumente eignen sich weniger gut als Sicherungsinstrumente, da ihre Wertentwicklung im Regelfall von wesentlich mehr unterschiedlichen Risiken abhängt und so eine spezifische Bewertung für ein einzelnes Risiko schwer durchzuführen ist. Deswegen dürfen nicht-derivative Finanzinstrumente nur als Sicherungsinstrumente für Währungsrisiken eingesetzt werden, da diese Risiken scharf messbar sind. Finanzderivate, deren Wertentwicklung von einem Eigenkapitalinstrument abhängt, dessen beizulegender Zeitwert nicht verlässlich messbar ist, können kein Sicherungsinstrument darstellen. Wie sollten sie auch, da ihr eigener beizulegender Zeitwert noch nicht einmal verlässlich messbar ist?

<small>Teile eines Finanzinstruments als Sicherungsinstrument bestimmbar</small>

Es ist also klar, welche Finanzinstrumente als Sicherungsinstrumente infrage kommen. Unklar bleibt jedoch, ob diese immer ganz oder nur teilweise als Sicherungsinstrument bestimmt werden können. Grundsätzlich können Sicherungsinstrumente nur komplett oder quotal als Teil einer Sicherungsbilanzierung bestimmt werden. Es ist also möglich, 50 % eines ausländischen festverzinslichen Wertpapiers (Rückzahlungsbetrag 10 Mio. US-$) zur Absicherung einer künftigen Auslandszahlung (5 Mio. US-$) gegen Währungskursschwankungen zu verwenden. Weiterhin kann ein Sicherungsinstrument innerhalb einer Sicherungsbilanzierung unterschiedliche Risiken absichern. So kann z.B. ein Währungszinsswap, der variable US-$-Zinszahlungen in fixe Eurozinszahlungen umwandelt, benutzt werden, um einen variabel verzinslichen US-$-Kredit gegen währungskurs- und zinsinduzierte Zahlungsstromschwankungen abzusichern.

Eine Aufspaltung in verschiedene, separat zu bewertende Teile ist demgegenüber nur in Ausnahmefällen möglich, da vor allem Finanzderivate im Allgemeinen im Ganzen bewertet werden. Zwei Ausnahmen gibt es jedoch:

- Optionen können in ihren Zeitwert und inneren Wert aufgespalten werden, wobei dann nur der innere Wert als sichernde Komponente des Sicherungsinstruments bestimmt wird. Der innere Wert einer Option ergibt sich als Differenz zwischen Ausübungskurs und beizulegendem Zeitwert des Bezugsguts. Der Zeitwert einer Option ist nicht mit dem „beizulegenden Zeitwert" einer Option im Sinne des Fair Value zu verwechseln. Er ergibt sich als Spanne zwischen dem inneren Wert und dem beizulegenden Zeitwert der Option. Eine Option, die zum Kauf von einer DaimlerChrysler-Aktie für 35 € berechtigt, hat bei einem aktuellen Kurs von 41 € für die gleiche Aktie einen inneren Wert von 6 €. Wenn diese Option momentan zum beizulegenden Zeitwert von 8 € gehandelt wird, beträgt der Zeitwert der Option 2 €.
- Terminkurse differieren von Kassakursen aufgrund von Zinseffekten. So ist z.B. der Terminkurs US-$/€ höher als der Kassakurs, wenn US-Dollarguthaben besser verzinst werden als Euroguthaben. Diese Zinsdifferenzwirkung lässt sich anhand der Zinsdifferenzen ermitteln und ist genau die Differenz zwischen dem Terminkurs und dem aktuellen Kassakurs. Termingeschäfte lassen sich somit in die Zinskomponente und den zum Abschlussstichtag gül-

tigen Kassakurs aufspalten, wobei dann die Entwicklung der Zinskomponente direkt ergebniswirksam erfasst und die Kassakurskomponente separat als sichernde Komponente der Sicherungsbeziehung angesehen werden kann. Beispiel 20.2 behandelt eine solche Aufspaltung.

Ebenso können unterschiedliche Finanzderivate gemeinsam als Sicherungsinstrument klassifiziert werden. Aus dem Zusammenschluss darf allerdings nicht in der Gesamtsicht der Charakter einer Stillhalterposition resultieren.

1.3 Gesichertes Grundgeschäft

Wie bereits aus der Definition eines gesicherten Grundgeschäfts deutlich wurde, beschränkt IAS 39 eine Sicherungsbilanzierung nicht auf die Absicherung von bilanzwirksamen Positionen. Abgesichert werden können vielmehr vier unterschiedliche Sachverhaltsgruppen:
- Vermögenswerte und Schulden, wie z.B. Fremdwährungsverbindlichkeiten und -forderungen,
- eine bilanzunwirksame Verpflichtung zur Abwicklung einer künftigen Transaktion, wie z.B. der bereits vertraglich abgesicherte künftige Kauf von Rohöl in US-$,
- eine vorgesehene Transaktion im Sinne einer mit hoher Wahrscheinlichkeit erwarteten Transaktion, zu der allerdings noch keine Verpflichtung besteht, wie z.B. der geplante Kauf einer Fertigungsanlage von einem ausländischen Lieferanten oder
- ein Fremdwährungsinvestment in einen ausländischen Geschäftsbetrieb, wie z.B. ein Kredit, der in Yen aufgenommen wurde, um eine japanische Tochter, deren funktionale Währung der Yen ist, zu finanzieren.

Während gemäß IAS 39.80 grundsätzlich nur Transaktionen mit Konzerndritten als gesichertes Grundgeschäft gelten können, gibt es eine Ausnahme für (geplante) Fremdwährungstransaktionen zwischen zwei konsolidierten Unternehmen, falls die aus ihr resultierenden Währungseffekte nicht vollständig durch die Konsolidierung eliminiert werden. Dies kann nach IAS 21 dann eintreten, wenn die beiden Unternehmen unterschiedliche funktionale Währungen besitzen, die wiederum von der funktionalen Währung der Mutter abweichen.

Alle oben angegebenen Sachverhalte können einzeln oder in Gruppen mit weitgehend homogener Risikostruktur abgesichert werden. Es gibt zu einzelnen Gruppen indes logisch plausible Ausnahmen:

Gruppenbildung möglich

- Die Absicht, eine Gesellschaft im Rahmen eines Unternehmenskaufs zu erwerben, kann nicht abgesichert werden, da das daraus resultierende Risiko im Wesentlichen ein allgemeines Geschäftsrisiko darstellt. Davon ausgenommen sind die aus der Finanzierung des Kaufs eventuell resultierenden Fremdwährungsrisiken.

- Eine Finanzinvestition, die bis zur Endfälligkeit gehalten wird, kann nicht gegen Zinsrisiken abgesichert werden. Diese Einschränkung erscheint plausibel, da aus Sicht des Unternehmens, das die Finanzinvestition sicher bis zur Endfälligkeit halten will, kein Zinsrisiko besteht. Eine Absicherung hinsichtlich Währungsrisiken und Bonitätsrisiken ist hingegen weiterhin möglich.
- At-Equity bilanzierte oder konsolidierte Unternehmensanteile können ebenfalls nicht abgesichert werden, da ihre bilanzielle Abbildung nicht gemäß dem eventuell nicht messbaren Marktwert schwankt, sondern gemäß des Geschäftsverlaufs der jeweiligen Unternehmen. Dieses Risiko ist wiederum ein allgemeines Geschäftsrisiko und kann nicht abgesichert werden.

Die Zuordnung von Grundgeschäften zu Sicherungsbeziehungen erfolgt abhängig davon, ob es sich bei ihnen um Finanzinstrumente, um sonstige individuelle Sachverhalte oder um Gruppen handelt.

- *Zuordnung von Finanzinstrumenten.* Finanzinstrumente können ganz oder teilweise gesichert werden, vorausgesetzt, dass die Effektivität der Sicherungsbeziehung messbar bleibt. Ebenso ist die Absicherung nur spezifischer Risiken möglich[1]. So kann eine festverzinsliche Auslandsanleihe gegen ihr komplettes Zinsänderungsrisiko und in einer anderen Sicherungsbeziehung gegen 50 % ihres Wechselkursrisikos abgesichert werden.
- *Zuordnung von nicht-finanziellen Sachverhalten.* Nicht-finanzielle Sachverhalte können entweder in ihrer Gesamtheit oder hinsichtlich ihres Fremdwährungsrisikos abgesichert werden. Eine Absicherung von einzelnen Risiken scheitert daran, dass die Wertänderungen des gesicherten Geschäfts aufgrund dieser einzelnen Risiken regelmäßig nicht verlässlich messbar sind. Eine Absicherung des gesamten Risikos ist allerdings auch durch ein Sicherungsinstrument möglich, das eigentlich auf ein leicht anderes Grundgeschäft bezogen ist. So kann ein geplanter Kauf von Flachstahl durch einen Terminkauf von Walzstahl abgesichert werden, solange die sonstigen Vorschriften des Standards, insbesondere bezüglich der Effektivität der Sicherungsbeziehung, erfüllt sind.
- *Zuordnung von Gruppen von Sachverhalten.* Eine Gruppenbildung von zu sichernden Grundgeschäften hat so zu erfolgen, dass die risikoinduzierten Wertänderungen der einzelnen Grundgeschäfte im Wesentlichen proportional zur risikoinduzierten Wertänderung des Gesamtportfolios verlaufen. Demnach kann eine Gruppe keine gegenläufigen Positionen beinhalten. Würden z.B. künftige US-$-Forderungen und US-$-Verbindlichkeiten zusammengefasst, so würde eine Wechselkursänderung auf das Gesamtportfolio anders wirken, als auf die beiden einzelnen Positionen. Trotzdem ist in diesem Fall eine Absicherung sehr wohl möglich: Die Gruppe ist so zu definieren, dass sie lediglich die Spitze der Fremdwährungspositionen umfasst, in diesem Fall

---

1 Der im September 2007 veröffentlichte Exposure Draft „Exposures Qualifying for Hedge Accounting" schlägt vor, die absicherbaren spezifischen Risiken abschließend aufzuzählen.

enthält sie entweder nur Vermögenswerte oder nur Schulden. Eine Sonderregel gilt für Gruppen von festverzinslichen finanziellen Vermögenswerten und Schulden, die als gesichertes Grundgeschäft gegen Zinsschwankungen abgesichert werden. Diese Portfolios sind gemäß ihrer Laufzeiten anhand sog. Laufzeitenbänder in Gruppen mit ähnlichen erwarteten Fälligkeitsterminen bzw. ähnlicher erwarteter Anpassung an Marktzinsen aufzuteilen. Jede Gruppe für sich ist dann als gesichertes Grundgeschäft zulässig[2].

2 Bestimmung von Sicherungsbeziehungen

2.1 Klassifizierung

In Abhängigkeit von den Möglichkeiten, einen bilanziellen Ausgleich der Wertentwicklung von gesichertem Grundgeschäft und Sicherungsinstrument herbeizuführen, differenziert IAS 39.86 drei Arten von Sicherungsbeziehungen.

Drei Kategorien von Sicherungsbeziehungen

- *Absicherung des beizulegenden Zeitwerts (fair value hedge)*: Bei dieser Absicherung werden Vermögenswerte oder Schulden (bzw. Anteile davon) gegen Schwankungen des beizulegenden Zeitwerts abgesichert. Entscheidend ist, dass diese Wertschwankungen auch tatsächlich das Periodenergebnis beeinflussen können. Dies wäre z.B. beim Verkauf einer zu fortgeführten Anschaffungskosten bilanzierten langfristigen Forderung der Fall, wenn sich zwischenzeitlich der Zinssatz geändert hat. Darüber hinaus können auch feste Verpflichtungen, die bisher noch nicht bilanzwirksam waren, gegen Wertschwankungen ihrer beizulegenden Zeitwerte abgesichert werden.
- *Absicherung der Cashflows (cash flow hedge)*: Hier sichert ein Unternehmen nicht den beizulegenden Zeitwert selber, sondern Zahlungsströme, die aus einem Vermögenswert, einer Schuld oder einer geplanten Transaktion resultieren können. Wie kann ein mit einem Vermögenswert verbundener Zahlungsstrom schwanken, ohne dass der beizulegende Zeitwert des Vermögenswerts selbst schwankt? Ein Beispiel sind die Zinszahlungen aus einer variabel verzinslichen Anleihe: Der beizulegende Zeitwert der Anleihe ist von Änderungen des Marktzinses unabhängig, während die Zinszahlungen selber schwanken. Eine geplante Transaktion kann nur hinsichtlich der aus ihr resultierenden Zahlungsströme abgesichert werden, da sie noch nicht mit Vermögenswerten und Schulden korrespondiert. So können z.B. künftig erwartete und hinreichend sichere Verkaufserlöse in Fremdwährung gegen das Fremdwährungsrisiko abgesichert werden.
- *Absicherung einer Nettoinvestition in einen ausländischen Geschäftsbetrieb (hedge of a net investment in a foreign operation)*: IAS 21.8 definiert einen ausländischen Geschäftsbetrieb als ein(en) Unternehmen(steil), das/der im

---

2 Vgl. hierzu *Kropp, M./Klotzbach, D.*, Der Vorschlag des IASB zum Makro Hedge Accounting, in: WPg, 56. Jg. (2003), S. 1180-1192.

Ausland bzw. mit ausländischer Währung agiert. Wenn dieser ausländische Geschäftsbetrieb nicht die funktionale Währung des berichterstattenden Unternehmens hat, sind nach IAS 21.32 Unterschiedsbeträge aus der Währungsumrechnung solcher Unternehmen(steile) bis zum Veräußerungszeitpunkt des jeweiligen Unternehmens ergebnisneutral im Eigenkapital zu bilanzieren. Trotzdem kann die berichterstattende Konzernmutter sich entschließen, das Währungsrisiko abzusichern.

Die Sicherungsbilanzierung erfolgt in Abhängigkeit der Zuordnung der Sicherungsbeziehung zu einer dieser drei Kategorien, wie in Abbildung 20.1 überblicksartig visualisiert und im Folgenden beschrieben wird.

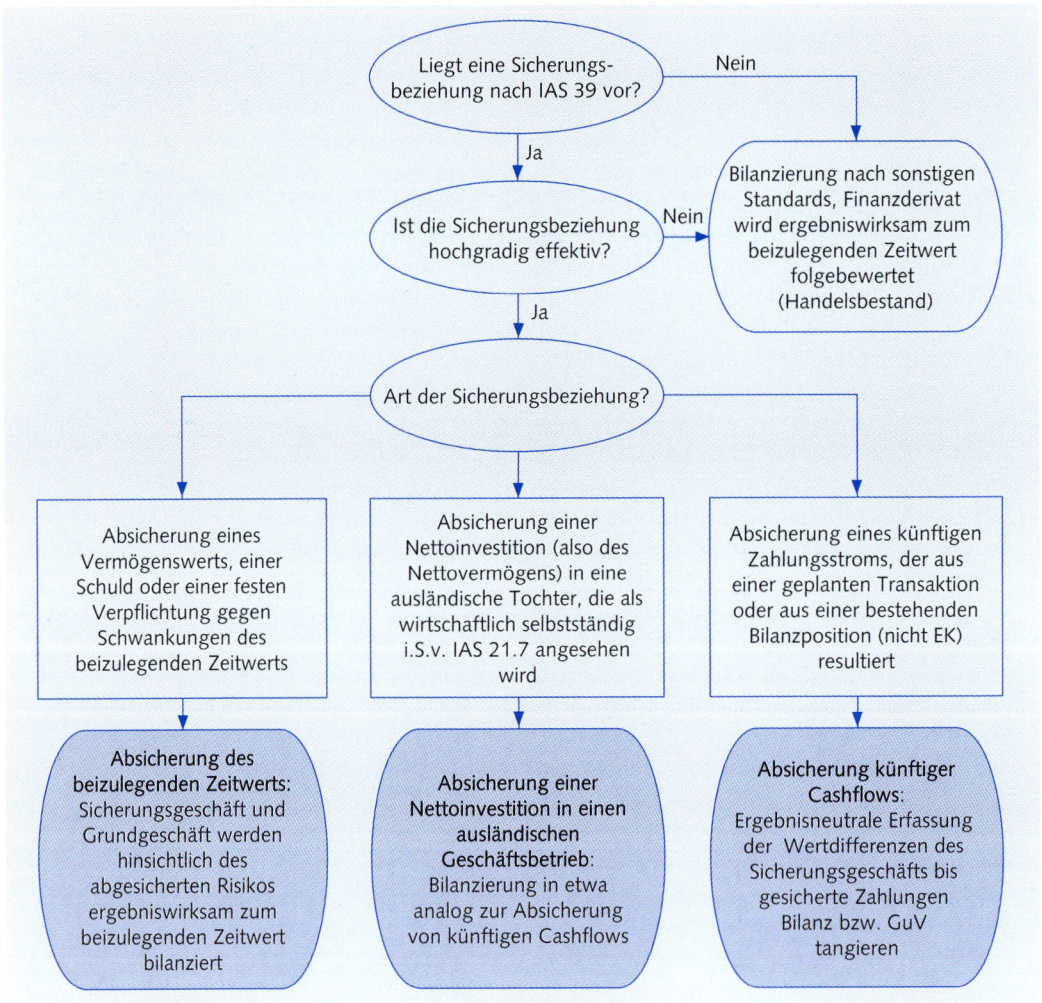

Abb. 20.1: Ablaufschema Sicherungsbilanzierung

Um eine Bilanzierung als Sicherungsbeziehung zu rechtfertigen, müssen bestimmte in IAS 39.88 aufgezählte Bedingungen kumulativ erfüllt sein. Neben der Dokumentation befassen sich diese Bedingungen zentral mit der erwarteten und tatsächlichen Effektivität der Sicherungsbeziehung. Hierbei ist zu klären, inwieweit das explizit abzusichernde Risiko des Grundgeschäfts auch tatsächlich durch das Sicherungsinstrument beseitigt wird.

Bedingungen für Sicherungsbilanzierung

Die Bedingungen im Einzelnen:
- Die Sicherungsbeziehung muss insgesamt und in Beziehung zur Risikomanagementstrategie des Unternehmens hinreichend formal dokumentiert sein. Diese Dokumentation muss insbesondere das Verfahren der Effektivitätsmessung umfassen.
- Eine hohe Effektivität der Sicherungsbeziehung ist zu erwarten.
- Falls eine geplante Transaktion abgesichert wird, muss diese wiederum hochgradig wahrscheinlich sein. Eine solche hochgradige Wahrscheinlichkeit muss extern plausibel sein, also z.B. durch veröffentlichte Pläne des Unternehmens dokumentiert werden.
- Die Effektivität der Sicherungsbeziehung muss verlässlich messbar sein, und diese Messung muss regelmäßig durchgeführt werden.
- In der Vergangenheit wurden diese Effektivitätsmessungen jeweils mit positivem Ergebnis durchgeführt.

2.2 Effektivitätsmessung

Sicherungsbeziehungen können aus ökonomischer Sicht nur dann sinnvoll sein, wenn das abgesicherte Risiko tatsächlich weitgehend eliminiert wird. Eine Absicherung, bei der die risikoinduzierte Wertschwankung des Grundgeschäfts zu 100 % durch eine gegenläufige Wertentwicklung des Sicherungsinstruments kompensiert wird, wird als perfekte oder vollständige Absicherung bezeichnet.

Wann ist eine 100%ige Absicherung möglich?

Solche perfekten Absicherungen können gemäß IAS 39.AG108 insbesondere dann vorliegen, wenn
- das Grundgeschäft das exakte Bezugsgut des sichernden Derivats darstellt,
- das Derivat zum Startpunkt der Sicherungsbeziehung einen beizulegenden Zeitwert von Null hat,
- die Laufzeiten und Bezugsmengen gleich lauten und
- die sichernden Bestandteile des Sicherungsinstruments geeignet bestimmt wurden.

Ein Unternehmen plant am 31.12.2008 für den 31.12.2010 einen Rohstoffkauf von 100 Tonnen Kupfer. Der aktuelle Marktpreis für Kupfer liegt bei 3.000 €/t. Um sich gegen Marktpreisschwankungen abzusichern, schließt die Einkaufsabteilung am 31.12.2008 ein Termingeschäft zum 31.12.2010 über 100 t Kupfer gleicher Qualität ab. Der relevante Zinssatz liegt bei 6 %. Die Daten zur Absicherung können der folgenden Tabelle entnommen werden.

Beispiel 20.2

Um die Aufspaltung des Terminkurses in Kassa- und Zinskomponente besser nachvollziehbar zu machen, wird die Zinskomponente des Terminkurses als Teil des gesamten Terminkurses separat dargestellt.

Kurs	31.12.2008	31.12.2009	31.12.2010
Kassa	3.000 €/t	3.300 €/t	3.500 €/t
Termin	3.370 €/t	3.498 €/t	3.500 €/t
davon Zinsanteil	370 €/t	198 €/t	0 €/t

Um eine perfekte Sicherung zu erzielen, wird das Termingeschäft in Kassa- und Zinskomponente aufgespaltet, wobei nur die Wertentwicklung der Kassakomponente als Sicherungsinstrument bestimmt wird. Die Wertentwicklung der geplanten Transaktion wird ebenfalls anhand der Entwicklung der Kassakurse abgeschätzt. Der beizulegende Zeitwert des Termingeschäfts ergibt sich aus der Differenz zwischen dem aktuellen Terminkurs und dem Terminkurs zum Vertragsabschluss. Da diese Differenz erst zum Ende des Termingeschäfts am 31.12.2010 realisiert wird, ist sie ggf. zum aktuellen Marktzins von 6 % auf den Bewertungszeitpunkt abzuzinsen. So ergibt sich der Wert des Termingeschäfts zum 31.12.2009 zu (((3.498 €/t – 3.370 €/t) · 100 t)/ 1,06 =) 12,1 T€. Analog wird die Entwicklung der Zinskomponente ebenfalls zum Marktzins abgezinst. Also ergibt sich der Wert der Zinskomponente zum 31.12.2009 zu (((198 €/t – 370 €/t) · 100 t)/1,06 =) -16,2 T€. Schließlich ergibt sich der Wert der Kassakomponente zu (((3.300 €/t – 3.000 €/t) · 100 t)/ 1,06 =) 28,3 T€. Zusammenfassend ergibt sich folgende Wertentwicklung des Termingeschäfts und seiner Komponenten für die 100 t Kupfer:

Beizulegender Zeitwert für 100 t	31.12.2008	31.12.2009	31.12.2010
Termingeschäft	0	12,1 T€	13,0 T€
Zinskomponente	0	-16,2 T€	-37,0 T€
Kassakomponente	0	28,3 T€	50,0 T€

Zum Bilanzstichtag am 31.12.2009 ist dann festzuhalten: Die geplante Transaktion hat sich um 30 T€ verteuert ((3.300 €/t – 3.000 €/t) · 100 t). Abgezinst ergibt sich eine Wertänderung von (30 T€/1,06=) 28,3 T€. Die Kassakomponente des Termingeschäfts hat eine korrespondierende Wertsteigerung von 28,3 T€ erfahren, während die Entwicklung der Zinskomponente direkt als Aufwand in Höhe von -16,2 T€ verrechnet wird. Durch die Bestimmung der Kassakomponente des Termingeschäfts als Sicherungsinstrument ist sichergestellt, dass die Absicherung immer 100 % effektiv sein wird.

Aber wie wird vorgegangen, wenn eine solche 100 %-Effektivität nicht erzielt werden kann, z.B. weil keine Derivate auf das entsprechende Bezugsgut verfügbar sind? In diesem Fall muss die tatsächliche Effektivität empirisch gemessen werden. IAS 39.AG105 schreibt vor, dass das absolute Verhältnis von Wertänderung des Sicherungsinstruments und Wertänderung des gesicherten Grundgeschäfts zwischen 80 % und 125 % liegen muss. Der Standard schreibt keine explizite Methode vor, nach der die Effektivität zu messen ist. Von den mehreren vorstellbaren Verfahren werden zwei zentrale, die Dollar-Offset-Methode und das Regressionsverfahren, anhand des nachfolgenden Beispiels erläutert[3].

Effektivität muss zwischen 80 % und 125 % liegen

Ein Maschinenbauunternehmen plant, am 01.06.2009 10.000 t Flachstahl zu kaufen. Um diese geplante Transaktion abzusichern, werden am 01.06.2008 10.000 t Walzstahl anderer Qualität auf Termin zum 01.06.2009 erworben. Als Sicherungsinstrument wird wiederum die Kassakomponente des Walzstahlterminkurses verwendet, so dass die Abschätzung der Effektivität anhand der historischen Kassakursänderungen vorgenommen werden kann.

Beispiel 20.3

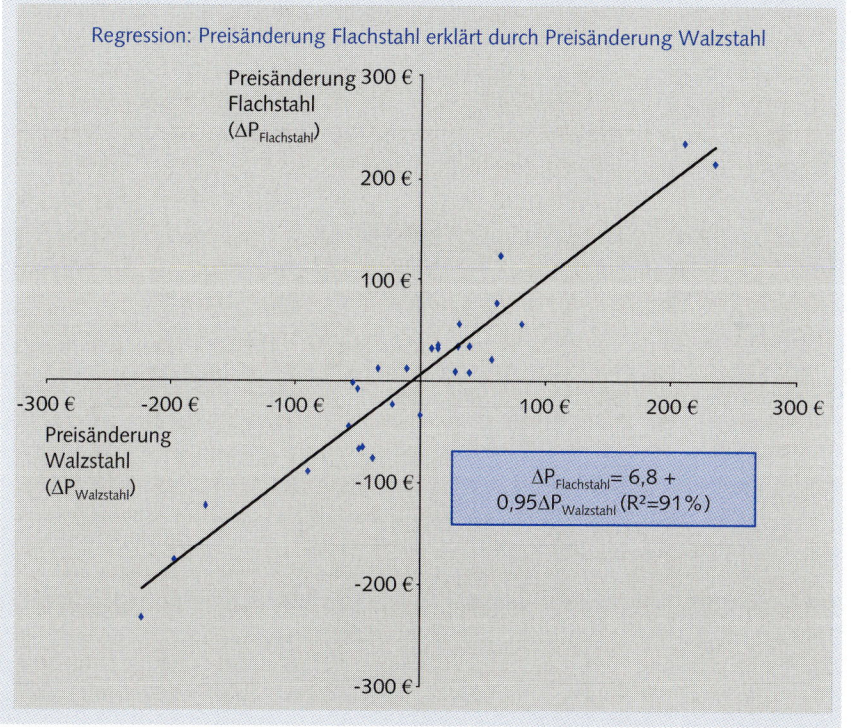

---

3 Vgl. weiterführend zur Effektivitätsmessung *Scharpf, P.*, Hedge Accounting nach IAS 39: Ermittlung und bilanzielle Behandlung der Hedge (In-)Effektivität, in: KoR, Beilage 1 zu Heft 11, 4. Jg. (2004); *Hailer, A./Rump, S.*, Evaluierung von Hedge-Effektivitätstests, Zeitschrift für das gesamte Kreditwesen, 58. Jg. (2005), S. 1089-1097.

Um abzuschätzen, ob die bisherigen Preisänderungen von Walzstahl hinreichend stark mit Preisänderungen von Flachstahl korrelieren, wird eine lineare Regression der historischen Daten durchgeführt. Als Ergebnis ergibt sich die in der obigen Abbildung wiedergegebene Gerade. Sowohl Geradensteigung als auch, und das ist wesentlich, Bestimmtheitsmaß (R^2) liegen innerhalb der von IAS 39 spezifizierten Grenzen von 80-125 %. Vor Beginn der Sicherungsbeziehung besteht somit auf Basis der Regressionsmethode Anlass, von einer hinreichend hohen Effektivität auszugehen. Nach dem Abschluss des Termingeschäfts zeigt sich folgende Entwicklung der Kassakurse:

Quartal	Preisänderung Walzstahl	Preisänderung Flachstahl
2008 III	12,00 €	10,00 €
2008 IV	-25,00 €	-23,00 €
2009 I	-17,00 €	-17,00 €
2009 II	23,00 €	22,00 €

Für das dritte Quartal 2008 stellt sich nun heraus, dass der Walzstahlpreis stärker gestiegen ist als der Flachstahlpreis. Eine perfekte Absicherung liegt also nicht vor. Mit 12 € im Verhältnis zu 10 €, also 120 %, liegt eine Überkompensation vor, die allerdings noch im vom Standard aufgespannten „Effektivitätskorridor" liegt.

Quartal	Preisänderung Walzstahl	Preisänderung Flachstahl	(WS/FS) je Periode	kum. Preisänderung WS	kum. Preisänderung FS	(WS/FS) insgesamt
2008 III	12 €	10 €	120,0 %	12 €	10 €	120,0 %
2008 IV	-25 €	-23 €	108,7 %	-13 €	-13 €	100,0 %
2009 I	-17 €	-17 €	100,0 %	-30 €	-30 €	100,0 %
2009 II	23 €	22 €	104,5 %	-7 €	-8 €	87,5 %

Um jetzt quartalsweise zu beurteilen, wie sich die Effektivität der Absicherung darstellt, wird die so genannte Dollar-Offset-Methode verwendet. Hierfür werden für jede Periode einzeln und für den gesamten Sicherungszeitraum die Preisänderungen von Grundgeschäft und Sicherungsinstrument direkt ins Verhältnis gesetzt. Die resultierenden Prozentsätze dienen dazu, Ineffektivitäten zu erkennen, wobei insbesondere darauf zu achten ist, dass auf die gesamte Sicherungsdauer betrachtet keine Ineffektivität entsteht. Dies ist hier der Fall: Sowohl je Periode betrachtet als auch über die gesamte Laufzeit der Absicherung liegt keine Ineffektivität vor, da die Prozentzahlen nie unter 80 % (Untersicherung) fallen oder über 125 % (Übersicherung) steigen. Für die Vorgehensweise bei fehlender Effektivität vgl. Beispiel 20.6.

3 Bewertung

3.1 Absicherung des beizulegenden Zeitwerts (Fair Value Hedge)

Wenn die Absicherung des beizulegenden Zeitwerts als hochgradig effektiv eingeschätzt wird und dies auch hinreichend dokumentiert ist, kann davon ausgegangen werden, dass die Anforderungen von IAS 39.82 erfüllt sind. In diesem Fall orientiert sich die Bilanzierung der Sicherungsbeziehung an der einfachen Grundregel:
Sowohl Sicherungsinstrument als auch gesichertes Grundgeschäft sind hinsichtlich des abgesicherten Risikos ergebniswirksam zum beizulegenden Zeitwert zu bewerten.

Eine korrekte Abbildung der Sicherungsbeziehung erfolgt dann automatisch durch die gegenläufige Ergebniswirkung beider Geschäfte. Wichtig ist hierbei:
- Sowohl Sicherungsinstrument als auch gesichertes Grundgeschäft sind nur hinsichtlich der wirklich zur Sicherung bestimmten Teile nach der oben stehenden Regel zu bewerten. Wenn als Sicherungsinstrument z.B. ein nicht-derivatives Finanzinstrument eingesetzt wird, das nur Wechselkursschwankungen absichert, dann ist dieses auch nur hinsichtlich dieser Wechselkursschwankungen zum beizulegenden Zeitwert abzubilden. Für andere Wertänderungen, wie z.B. Schwankungen der Bonität, gelten weiter die normalen Vorschriften.
- Falls das Sicherungsinstrument ausgelaufen ist oder die Bedingungen für eine Bilanzierung der Sicherungsbeziehung nicht mehr gegeben sind, ist die Bewertung des gesicherten Grundgeschäfts zum beizulegenden Zeitwert gegebenenfalls prospektiv einzustellen. Eine rückwärtige Anpassung ist somit nicht notwendig. Eine Beendigung der Sicherungsbilanzierung erfolgt allerdings nicht, wenn das Sicherungsinstrument direkt durch ein anderes ersetzt wurde und dieses Vorgehen geplant und dokumentiert war.
- Wenn ein verzinsliches Finanzinstrument, das zu fortgeführten Anschaffungskosten ergebniswirksam bilanziert wird, als gesichertes Grundinstrument umbewertet wurde, ist die Buchwertanpassung aus der teilweisen Bewertung zum beizulegenden Zeitwert spätestens nach Ende der Absicherung über die Restlaufzeit mittels eines neu ermittelten effektiven Zinssatzes zu amortisieren, frühestens jedoch mit Vornahme der Buchwertanpassung. Dies ist insbesondere von Bedeutung, wenn die Sicherungsbeziehung vor dem Bilanzabgang des Vermögenswerts aus den oben genannten Gründen eingestellt wurde (IAS 39.92).

Die Bilanzierung einer Absicherung des beizulegenden Zeitwerts wird nachfolgend anhand einiger Beispiele dargestellt.

Beispiel 20.4

Das bilanzierende Unternehmen hält seit dem 31.12.2008 ein festverzinsliches Wertpapier, das als zur Veräußerung verfügbar klassifiziert wurde. Um es gegen Wertschwankungen abzusichern, wird am 31.12.2009 ein „pay-fixed receive-variable" Zinsswap abgeschlossen. Durch diesen Swap verpflichtet sich das Unternehmen, feste Zinsen zu zahlen (die es ja durch sein Wertpapier einnimmt) und erhält dafür variable Zinszahlungen. Hierdurch wird das Wertpapier ökonomisch in eine variabel verzinsliche Anleihe transformiert und so das Zinsänderungsrisiko des beizulegenden Zeitwerts ausgeschlossen. Nachfolgend sind die Wertentwicklungen für die Jahre 2009 und 2010 wiedergegeben.

Instrument (T€)	31.12.2008	31.12.2009	31.12.2010
Anleihe	5.000	4.800	4.700
Zinsswap		0	100

Die Bedingungen für eine Absicherung zum beizulegenden Zeitwert seien erfüllt. Wie ist die Sicherungsbeziehung unter Vernachlässigung von latenten Steuern zu bilanzieren?

Lösung

Nach dem Kauf der Anleihe 2008 reduziert sich der Marktwert der Anleihe 2009 in Folge einer Zinssteigerung um 200 T€ auf 4.800 T€. Da keine Anzeichen einer Wertminderung vorliegen und das Wertpapier als zur Veräußerung verfügbar klassifiziert wurde, wird diese Wertveränderung ergebnisneutral als sonstiger Gesamterfolg gebucht. Der Vertragsabschluss des Zinsswaps führt zunächst zu keinen Auszahlungen, der Erstverbuchungswert ist somit null, eine Buchung braucht nicht zu erfolgen.

31.12.2008
Anleihe an *Bank* 5.000 T€

31.12.2009:
sonst. Gesamterfolg (FI) an *Anleihe* 200 T€

Nachfolgend ist davon auszugehen, dass die Effektivität der Sicherungsbeziehung gegeben und auch formal hinreichend dokumentiert ist, so dass eine Bilanzierung der Sicherungsbeziehung erfolgen kann. Daher wird im folgenden Jahr die hier als lediglich zinsinduziert angenommene Wertänderung der Anleihe ergebniswirksam gebucht. Die korrespondierende Werterhöhung des Zinsswaps kompensiert die Ergebniswirkung und verdeutlicht gleichzeitig die komplette Absicherung.

31.12.2010:
Absicherungsaufwand an *Anleihe* 100 T€

Zinsswap an *Absicherungsertrag* 100 T€

Nachdem in diesem Beispiel das Bewertungsprinzip verdeutlicht wurde, wird nun ein etwas komplexerer Sachverhalt analysiert. Im folgenden Beispiel wird ein nicht-derivatives Sicherungsinstrument verwendet, um eine Fremdwährungsverbindlichkeit gegen wechselkursbedingte Schwankungen des beizulegenden Zeitwerts abzusichern.

Beispiel 20.5

Ein in Euro bilanzierendes Unternehmen geht am 30.06.2008 eine Verbindlichkeit aus Lieferungsbeziehungen in Höhe von 1 Mio. US-$ ein, die nach einem Jahr zu tilgen ist. Um sich gegen das Währungsrisiko abzusichern, erwirbt es gleichzeitig einen zum gleichen Zeitpunkt fälligen Zerobond mit einem Rückzahlungsbetrag von 1 Mio. US-$. Die Verbindlichkeit wird mit einem risikofreien Geldmarktzins von 5 % abgezinst, der auch dem Effektivzinssatz des Zerobond entspricht. Da zum 30.06.2008 US-$/€-Parität herrscht, ergibt sich für beide Finanzinstrumente ein Erstansatz zu 952 T€. Der Zerobond wird als zur Veräußerung verfügbar klassifiziert.

Zum 31.12.2008 ist der US-$/€-Kurs auf 0,9 US-$/€ gefallen. Zudem hat sich die Bonität des Zerobonds verschlechtert, so dass der effektive Zinssatz bei 8 % liegt. Daraus ergibt sich ein Wertansatz für den Zerobond von (1 Mio. US-$ /$(1 + 0{,}08)^{0{,}5}$)/0,9 US-$/€ = 1.069 T€, während die Verbindlichkeit zu (1 Mio. US-$ /$(1 + 0{,}05)^{0{,}5}$)/0,9 US-$/€ = 1.084 T€ notiert.

Wie ist dieser Geschäftsvorfall unter Vernachlässigung von latenten Steuern als Absicherung des beizulegenden Zeitwerts zu verbuchen?

Lösung
Die Verbindlichkeit entstand aufgrund von Rohstofflieferungen, während der Zerobond am Kapitalmarkt erworben wurde.
30.6.2008:

Rohstoffe	*an*	*Verbindlichkeit*	*952 T€*
Wertpapier	*an*	*Kasse*	*952 T€*

Zum Bilanzstichtag ist für die Verbindlichkeit zunächst der Zinseffekt in Höhe von (952 T€ · $1{,}05^{0{,}5}$ – 52 T€ =) 24 T€ zu berücksichtigen. Gemäß IAS 21.23 und IAS 21.28 ist für die Verbindlichkeit auch die wechselkursinduzierte Wertschwankung (1.084 T€ – (952 T€ + 24 T€) = 108 T€) ergebniswirksam zu erfassen. Da eine Absicherung des beizulegenden Zeitwerts vorliegt, wird dies nunmehr als Absicherungsaufwand ausgewiesen.
31.12.2008:

Zinsaufwand	*an*	*Verbindlichkeit*	*24 T€*
Absicherungsaufwand	*an*	*Verbindlichkeit*	*108 T€*

Das Sicherungsinstrument wird zunächst gemäß der Effektivitätszinsmethode ergebniswirksam fortgeschrieben. Dann erfolgt die Berücksichtigung der Bonitätsabwertung (1 Mio. €/$1,08^{0,5}$ – Mio. €/$1,05^{0,5}$ = -14 T€). Da keine Anzeichen einer Wertminderung vorliegen, erfolgt diese Abwertung ergebnisneutral. Die letztlich der Absicherung dienende Wechselkursänderung (1.069 T€ - (952 T€ + 24 T€ – 14 T€) = 107 T€) wird dann ergebniswirksam erfasst.

Wertpapier	an	Zinsertrag	24 T€
sonst. Gesamterfolg (FI)	an	Wertpapier	14 T€
Wertpapier	an	Absicherungsertrag	107 T€

Durch die Bonitätsabwertung des Zerobonds wird für das Geschäftsjahr 2008 keine perfekte Absicherung erreicht (Absicherungsertrag ≠ Absicherungsaufwand), die Effektivität beträgt indes ca. 99 % und liegt damit klar innerhalb der zulässigen Grenzen. Die Ineffektivität wird zudem direkt ergebniswirksam, da im Rahmen der Absicherung des beizulegenden Zeitwerts sowohl Sicherungsinstrument als auch gesichertes Grundgeschäft beide ergebniswirksam zum beizulegenden Zeitwert folgebewertet werden.

Im Geschäftsjahr 2009 läuft alles wie geplant: Der Zerobond wird zurückgezahlt und mit dieser Zahlung wird die Verbindlichkeit getilgt. Der Wechselkurs ist auf 0,85 US-$/€ gefallen. Zunächst ist der Zinsaufwand der Verbindlichkeit auf Basis des alten Wechselkurses zu buchen (1.084 T€ · $1,05^{05}$ – 1.084 T€ = 27 T€). Daran anschließend wird die wechselkursinduzierte Änderung der Verbindlichkeit als Absicherungsaufwand erfasst (1.176 T€ – (1.084 + 27 T€) = 65 T€), so dass sich die Verbindlichkeit somit zum aktuellen Rückzahlungsbetrag von 1.176 T€ (= 1 Mio. US – $/0,85 US-$/€) in der Bilanz befindet.

30.6.2009:

Zinsaufwand	an	Verbindlichkeit	27 T€
Absicherungsaufwand	an	Verbindlichkeit	65 T€

Auch der Zerobond wird zunächst gemäß der Effektivzinsmethode zugeschrieben. Da die Rückzahlung nunmehr unfraglich ist und direkt bevorsteht, entspricht sein beizulegender Zeitwert dem der Verbindlichkeit. Somit ist zunächst die Rücklage aufzulösen. Die verbleibende Wertdifferenz (1.176 T€ – (1.069 T€ + 27 T€ + 14 T€) = 66 T€) ist wechselkursinduziert und wird somit als Absicherungsertrag erfasst.

Wertpapier	an	Zinsertrag	27 T€
Wertpapier	an	akk. sonst. Gesamterfolg (FI)	14 T€
Wertpapier	an	Absicherungsertrag	66 T€

Schlussendlich verlassen Sicherungsinstrument und gesichertes Grundgeschäft in Verbindung mit dem dementsprechenden Mittelab- bzw. -zufluss die Bilanz.

Bank an *Wertpapier* 1.176 T€

Verbindlichkeit an *Bank* 1.176 T€

Aus der Bilanzbetrachtung wird deutlich, dass die bonitätsbedingte Ineffektivität der Sicherungsbeziehung 2008 im Jahr 2009 genau ausgeglichen wird. Dies entspricht der ökonomischen Realität, da, über beide Perioden betrachtet, eine perfekte Absicherung vorlag. Was ist der Unterschied dieser Bilanzierung zu einer Bilanzierung ohne explizite Sicherungsbilanzierung? Es gibt zwei Unterschiede: Zunächst werden die Erträge und Aufwendungen aus Wechselkursschwankungen explizit als gesichert ausgewiesen. Der zweite Unterschied liegt im Detail: Wäre der Zerobond normal als zur Veräußerung verfügbar klassifiziert bilanziert worden, wären nur die Wechselkursschwankungen basierend auf den fortgeführten Anschaffungskosten ergebniswirksam erfasst worden (vgl. IAS 39.AG83, zu dem Vorgehen hier im Beispiel insb. den letzten Satz).

Die Effektivität der Sicherungsbeziehung ist in beiden diskutierten Beispielen unproblematisch. Der letzte Sachverhalt zeigt eine Absicherung des beizulegenden Zeitwerts einer festen Verpflichtung zum Rohstoffverkauf, die aufgrund mangelnder Effektivität abgebrochen werden muss.

Beispiel 20.6

Das bilanzierende Handelsunternehmen hat sich am 30.06.2008 vertraglich verpflichtet, zum 30.06.2009 150 Tonnen Flachstahl zum Festpreis von 170.000 € zu liefern. Da dieser Flachstahl erst kurzfristig am Spotmarkt erworben werden soll, beabsichtigt das Unternehmen, sich gegen Wertschwankungen durch den Abschluss eines Termingeschäfts abzusichern, um die imposante Gewinnspanne von 50 Mio. € zu sichern. Da Termingeschäfte auf Flachstahl nicht verfügbar sind, wird ein Termingeschäft auf den Kauf von Walzstahl abgeschlossen. Als sichernde Komponente wird der gesamte beizulegende Zeitwert des Termingeschäfts bestimmt.

Die Effektivität der Sicherungsbeziehung wird quartalsweise evaluiert. Die Wertentwicklung von Sicherungsinstrument und gesichertem Grundgeschäft, sowie die Entwicklung der periodenübergreifenden Effektivität ist der nachfolgenden Tabelle zu entnehmen. Auf die Berücksichtigung von Zinseffekten wird hier verzichtet.

Quartalsende	2008 II	2008 III	2008 IV	2009 I	2009 II
Beizulegender Zeitwert Flachstahl	120 T€	130 T€	140 T€	150 T€	160 T€
Beizulegender Zeitwert Termingeschäft Walzstahl	0	9 T€	17 T€	20 T€	24 T€
Effektivität		90 %	85 %	66 %	60 %

Es wird deutlich, dass die Preissteigerungen des Flachstahls nur unzureichend durch die Wertentwicklung des Termingeschäfts ausgeglichen werden. Die periodenübergreifende Effektivität sinkt kontinuierlich und fällt im ersten Quartal 2009 unter den Schwellenwert von 80 %. Da dies nicht antizipierbar war, ist bis zum vierten Quartal 2008 die Sicherungsbilanzierung vorzunehmen. Im ersten Quartalsbericht 2009 ist die Sicherungsbilanzierung zu beenden.

Somit werden im ersten Quartal die Wertentwicklungen jeweils ergebniswirksam erfasst. Da das schwebende Geschäft der Flachstahllieferung für sich nicht bilanzwirksam ist, erfolgt lediglich ein bilanzieller Ansatz der Wert*änderung* als Wertminderung bzw. -erhöhung. Der beizulegende Zeitwert des sichernden Termingeschäfts kann hingegen direkt abgebildet werden. Das gleiche Bild zeigt sich auch für das folgende Quartal 2008 IV.

2008 III:
Absicherungsaufwand   an   Wertminderung
                                  feste Verpflichtung   10 T€

Termingeschäft   an   Absicherungsertrag   9 T€

2008 IV:
Absicherungsaufwand   an   Wertminderung
                                  feste Verpflichtung   10 T€

Termingeschäft   an   Absicherungsertrag   8 T€

Mit Ablauf des Quartals 2009 I wird hingegen die Sicherungsbilanzierung abgebrochen. Unter der Annahme, dass keine effektive Beziehung bestand, waren die Aufwendungen der Vorquartale unnötig. Da nach IAS 39.91 in diesen Fällen die Sicherungsbilanzierung prospektiv zu beenden ist, verbleibt der Buchwert der Wertminderung in der Bilanz. Das Termingeschäft wird nunmehr wie ein normales Finanzderivat des Handelsbestandes ergebniswirksam bilanziert, was letztlich nur den Ausweis (sonstiger betrieblicher Ertrag statt Absicherungsertrag) beeinflusst. In der letzten Periode wird das Termingeschäft glattgestellt und das schwebende Geschäft erfüllt, wobei die passivierte Wertminderung die Kosten des Umsatzes reduziert.

2009 I: Termingeschäft		an	sonst. betr. Ertrag	3 T€
2009 II: Bank	24 T€	an	Termingeschäft sonst. betr. Ertrag	20 T€ 4 T€
Handelsware Flachstahl		an	Bank	160 T€
Kosten des Umsatzes Wertminderung feste Verpflichtung	140 T€ 20 T€	an	Handelsware Flachstahl	160 T€
Forderungen		an	Umsatzerlöse	170 T€

Aus diesen Buchungen ergeben sich für die Quartale folgende Ergebniswirkungen:

Quartal	2008 III	2008 IV	2009 I	2009 II
Ergebniswirkung bei abgebrochener Sicherungsbilanzierung	−1 T€	−2 T€	+3 T€	+34 T€
Ergebniswirkung bei durchgehender Sicherungsbilanzierung	−1 T€	−2 T€	−7 T€	+44 T€
Ergebniswirkung ohne Sicherungsbilanzierung	+9 T€	+8 T€	+3 T€	+14 T€

Zum Vergleich wird die Ergebniswirkung unter der Annahme einer durchgehenden Sicherungsbilanzierung und ohne Sicherungsbilanzierung dargestellt.

3.2 Absicherung von Zahlungsströmen (Cash flow Hedge)

Wird statt eines Vermögenswerts, einer Schuld oder einer festen Verpflichtung eine künftige Zahlung oder eine Reihe künftiger Zahlungen abgesichert, dann kann ein automatischer Ausgleich durch parallele ergebniswirksame Bewertung zum beizulegenden Zeitwert nicht mehr erfolgen. Schließlich ist das gesicherte Grundgeschäft weder Vermögenswert noch Schuld. Somit ist eine andere Grundregel anzuwenden:

Absicherung bei nicht bilanzwirksamen Risiken

> Da das gesicherte Grundgeschäft zumindest hinsichtlich des abgesicherten Risikos bilanzunwirksam ist, ist die als effektiv eingestufte Entwicklung des beizulegenden Zeitwerts des Sicherungsinstruments ergebnisneutral als sonstiger Gesamterfolg zu erfassen. Der ineffektive Teil der Wertentwicklung ist wie ansonsten für das Sicherungsinstrument vorgeschrieben zu behandeln.

Diese Regel berührt im Wesentlichen drei Problembereiche:
- Wie ist zwischen effektivem und ineffektivem Teil zu differenzieren?
- Wie ist mit der Eigenkapitalposition zu verfahren, wenn die abgesicherten Zahlungen anfallen?
- Was ist zu tun, wenn die Absicherungsbeziehung beendet wird oder die Bedingungen von IAS 39.88 nicht mehr erfüllt sind?

Bestimmung des effektiven Teils des Sicherungsinstruments

Wie ist also der effektive Teil des Sicherungsinstruments zu bestimmen? IAS 39.96 schreibt indirekt vor, dass hierfür auf den kumulativen periodenübergreifenden Effektivitätsbegriff abzustellen ist. Dieser fordert, dass die Eigenkapitalposition immer so anzupassen ist, dass es den absolut gesehen niedrigeren Wert der kumulativen Wertänderung der erwarteten Cashflows oder der kumulativen Wertänderungen des Sicherungsinstruments beinhaltet.

Beispiel 20.7

Folgende Daten sind gegeben:

Jahr (T€)	2008	2009	2010
Beizulegender Zeitwert Sicherungsinstrument	0	20	38
Barwert der Cashflows	100	82	60

Wie hoch wäre in diesem Fall die Eigenkapitalposition für die Absicherung der erwarteten Cashflows?

Lösung

Jahr (T€)	2008	2009	2010
Kumulative Abweichung Sicherungsinstrument	0	+20	+38
Kumulative Abweichung Barwert Cashflows	0	-18	-40
Rücklage (Cashflow-Absicherung)	0	+18	+38

Es wird davon ausgegangen, dass das Sicherungsinstrument für sich genommen ergebniswirksam zum beizulegenden Zeitwert zu bilanzieren ist. 2009 steigt das Sicherungsinstrument um 20 T€, während der Barwert der Cashflows nur um 18 T€ sinkt. Eine Ineffektivität liegt vor, dementsprechend wird nur ein Teil der Wertänderung in den sonstigen Gesamterfolg (Cash flow Hedge, CFH) gebucht:
Sicherungsinstrument   20 T€   an   sonst. Gesamterfolg (CFH)   18 T€
*   sonst. betr. Ertrag   2 T€*

> Im Gegensatz zur Absicherung von beizulegenden Zeitwerten, bei der Ineffektivitäten „automatisch" ergebniswirksam werden, wird bei der Absicherung von Zahlungsströmen der ineffektive Teil anders (ergebniswirksam) bewertet als der effektive Teil (ergebnisneutral). 2010 ist ein höherer Betrag als sonstiger Gesamterfolg zu erfassen als das Sicherungsinstrument an Wert gewonnen hat. Insofern ist ein Buchungssatz folgender Art zu bilden:
> Sicherungsinstrument 18 T€
> sonst. betr. Aufwand 2 T€ an sonst. Gesamterfolg (CFH) 20 T€
>
> Dem Aufwand von 2010 steht der 2009 aufgrund der dort festgestellten Ineffektivität realisierte Ertrag in gleicher Höhe gegenüber. Insofern handelt es sich um eine Reklassifizierung von Erträgen der Vorperiode in die ergebnisneutrale Komponente des Eigenkapitals.

Grundsätzlich ist die im Rahmen der Sicherungsbilanzierung durch die Akkumulation des sonstigen Gesamterfolgs gebildete Eigenkapitalposition parallel zur Ergebniswirkung der abgesicherten Zahlungen aufzulösen. Hierfür erscheinen zwei Fälle denkbar:

- Die Zahlungen führen direkt zu Aufwendungen oder Erträgen, wie z.B. bei Zinszahlungen. In diesem Fall wird dann die Eigenkapitalposition direkt ergebniswirksam aufgelöst.
- Die Zahlungen führen zum Ansatz eines Vermögenswerts oder einer Schuld, wie z.B. bei einer Auszahlung zum Erwerb einer Maschine, die als geplante Transaktion abgesichert war. Dies ist für sich genommen zunächst ergebnisneutral. Somit erfolgt die Auflösung der Eigenkapitalposition erst, wenn die Maschine abgeschrieben oder veräußert wird. Für nicht-finanzielle Vermögenswerte oder Schulden gibt es allerdings nach IAS 39.98 (b) das Wahlrecht, alternativ die Eigenkapitalposition zum Ansatz aufzulösen und so die Erstbewertung des Vermögenswerts oder der Schuld zu verändern.

Auflösung der Rücklage

Generell ist allerdings zu beachten, dass Verluste, die im Rahmen der Absicherung ergebnisneutral über den sonstigen Gesamterfolg im Eigenkapital erfasst wurden, ergebniswirksam aufzulösen sind, sobald zu erwarten ist, dass der erwartete Nutzen aus dem gesicherten Grundgeschäft nicht mehr realisierbar erscheint.

Neben der normalen Beendigung kann eine Sicherungsbilanzierung aus unterschiedlichen Gründen terminiert werden:

- Das Sicherungsinstrument läuft aus oder wird verkauft und nicht im Rahmen der dokumentierten Risikostrategie direkt durch ein neues ersetzt.
- Die Anforderungen von IAS 39.88 an die Sicherungsbilanzierung sind nicht mehr erfüllt. Dies kann insbesondere der Fall sein, wenn die Absicherung nicht mehr hinreichend effektiv oder die geplante Transaktion nicht mehr hoch wahrscheinlich ist.

Beendung der Sicherungsbilanzierung

In beiden Fällen ist die weitere Vorgehensweise indes gemäß IAS 39.101 ähnlich: Die im Eigenkapital akkumulierte Position verbleibt dort solange, bis das gesicherte Grundgeschäft ergebniswirksam wird. Dann erfolgt die Auflösung analog zu den Regeln für qualifizierende Sicherungsbeziehungen. Anders stellt sich die Situation dar, wenn es für unwahrscheinlich gehalten wird, dass die Zahlungen aus dem gesicherten Grundgeschäft überhaupt noch eintreten: In diesem Fall ist die Eigenkapitalposition sofort ergebniswirksam aufzulösen.

Die Bilanzierung einer Absicherung von Zahlungsströmen wird nun anhand von zwei Beispielen weiter verdeutlicht. Im ersten Sachverhalt wird eine geplante Transaktion gegen Wechselkursschwankungen gesichert.

Beispiel 20.8

Ein in Euro bilanzierendes Unternehmen plant am 30.06.2008 den Neukauf einer Anlage für den 30.06.2009. Durch den Neukauf wird zeitgleich die Zahlung von 10 Mio. US-$ fällig. Die Anlage wird im Anschluss über zehn Jahre abgeschrieben, wobei bereits 2009 eine komplette Jahresabschreibung erfolgen soll, da dies dem wirtschaftlichen Nutzenverlauf entspricht.

Um sich gegen das Risiko einer Euroabwertung abzusichern, wird ein zeit- und betragsgleiches Termingeschäft abgeschlossen. Die notwendigen Termin- und Kassakurse sind der folgenden Tabelle zu entnehmen.

Zeitpunkt	30.06.2008	31.12.2008	30.06.2009
€/US-$ Kassakurs	1,000	1,100	1,200
€/US-$ Terminkurs	1,005	1,103	1,200

Aus diesen Ergebnissen ergeben sich folgende Wertentwicklungen, auf eine Berücksichtigung von Zinseffekten wurde verzichtet.

Zeitpunkt	30.06.2008	31.12.2008	30.06.2009
Geplante Transaktion	0	-1.000 T€	-2.000 T€
Termingeschäft insgesamt	0	980 T€	1.950 T€
Termingeschäft Kassakomponente	0	1.000 T€	2.000 T€
Termingeschäft Zinskomponente	0	-20 T€	-50 T€

Gemäß IAS 39.74(b) kann das bilanzierende Unternehmen entweder das ganze Termingeschäft oder nur die Kassakomponente als Sicherungsinstrument bestimmen. Hier werden beide Varianten dargestellt:

Gesamtes Termingeschäft als Sicherungsinstrument
31.12.2008
Termingeschäft   an   sonst. Gesamterfolg (CFH)   980 T€

30.6.2009				
Termingeschäft		an	sonst. Gesamterfolg (CFH)	970 T€
Anlage	12.000 T€	an	Bank	10.050 T€
			Termingeschäft	1.950 T€

31.12.2009				
Abschreibung	1.005 T€			
akk. sonst. Gesamterfolg	195 T€	an	Anlage	1.200 T€

Alternativ ist hier auch die Reduktion der Erstbewertung der Anlage nach IAS 39.98(b) möglich. Die letzten beiden Buchungssätze lauten dann:

30.6.2009:

Anlage	10.050 T€			
akk. sonst. Gesamterfolg	1.950 T€	an	Bank	10.050 T€
			Termingeschäft	1.950 T€

31.12.2009				
Abschreibung	1.005 T€	an	Anlage	1.005 T€

Nur Kassakomponente als Sicherungsinstrument

31.12.2008:

Termingeschäft		an	sonst. Gesamterfolg (CFH)	1.000 T€
Sonstiger betrieblicher Aufwand		an	Termingeschäft	20 T€

30.6.2009:

Termingeschäft		an	sonst. Gesamterfolg (CFH)	1.000 T€
Sonstiger betrieblicher Aufwand		an	Termingeschäft	30 T€
Anlage	12.000 T€	an	Bank	10.050 T€
		an	Termingeschäft	1.950 T€

31.12.2009				
Abschreibung	1.000 T€			
akk. sonst. Gesamterfolg	200 T€	an	Anlage	1.200 T€

Auch hier ist alternativ eine direkte Erfassung der Eigenkapitalposition im Rahmen der Erstbewertung der Anlage möglich. Beim Vergleichen der Buchungen werden die Unterschiede beider Varianten deutlich:

- Wenn nur die Kassakomponente als Sicherungsinstrument fungiert, wird der Zinseffekt des Termingeschäfts, hier aufgrund der angenommenen Zinsunterschiede negativ, direkt ergebniswirksam erfasst. Dementsprechend ist ab 2009 die Abschreibung geringer.
- Durch die Bestimmung der Kassakomponente als Sicherungsinstrument ist die Absicherung quasi definitorisch vollständig effektiv, während bei Bestimmung des gesamten Termingeschäfts als Sicherungsinstrument nur ein Teil der Wertschwankungen der geplanten Transaktion tatsächlich durch das Termingeschäft abgesichert werden.

Als nächstes Beispiel wird die bereits im Vorabschnitt dargestellte Absicherung eines Rohstoffverkaufs durch ein Warentermingeschäft wiederaufgegriffen. Im Gegensatz zu diesem Beispiel besteht nun nicht eine feste Verpflichtung zur Lieferung von Flachstahl, sondern die Transaktion ist lediglich geplant.

Beispiel 20.9 (basiert auf Beispiel 20.6)

Dieses Beispiel basiert somit auf den Daten des Beispiels zur Absicherung des beizulegenden Zeitwerts: Das bilanzierende Unternehmen plant am 30.06.2008, zum 30.06.2009 150 Tonnen Flachstahl zum Festpreis von 170.000 € zu veräußern. Da dieser Flachstahl erst kurzfristig am Spotmarkt erworben werden soll, beabsichtigt das Unternehmen, sich gegen Wertschwankungen durch den Abschluss eines Termingeschäfts abzusichern. Da Termingeschäfte auf Flachstahl nicht verfügbar sind, wird ein Termingeschäft auf den Kauf von Walzstahl abgeschlossen. Als sichernde Komponente wird der gesamte beizulegende Zeitwert des Termingeschäfts bestimmt.

Die Effektivität der Sicherungsbeziehung wird quartalsweise evaluiert. Die Wertentwicklung von Sicherungsinstrument und gesichertem Grundgeschäft, sowie die Entwicklung der periodenübergreifenden Effektivität ist der nachfolgenden Tabelle zu entnehmen. Auf die Berücksichtigung von Zinseffekten wird hier verzichtet.

Quartalsende	2008 II	2008 III	2008 IV	2009 I	2009 II
Beizulegender Zeitwert Flachstahl	120 T€	130 T€	140 T€	150 T€	160 T€
Beizulegender Zeitwert Termingeschäft Walzstahl	0	9 T€	17 T€	20 T€	24 T€
Effektivität		90 %	85 %	66 %	60 %

Es wird deutlich, dass die Preissteigerungen des Flachstahls nur unzureichend durch die Wertentwicklung des Termingeschäfts ausgeglichen werden. Die periodenübergreifende Effektivität sinkt kontinuierlich und fällt im ersten Quartal 2009 unter den Schwellenwert von 80 %. Da dies nicht antizipierbar war, ist bis zum vierten Quartal 2008 die Sicherungsbilanzierung vorzunehmen. Im ersten Quartalsbericht 2009 ist die Sicherungsbilanzierung zu beenden.

Weil bei einer Absicherung der Cashflows die geplante Transaktion als Grundgeschäft bilanzunwirksam ist, wird in den ersten Quartalen nur die Wertentwicklung des Termingeschäfts ergebnisneutral erfasst.

2008 III:
Termingeschäft an sonst. Gesamterfolg (CFH) 9 T€

2008 IV:
Termingeschäft an sonst. Gesamterfolg (CFH) 8 T€

Mit Ablauf des Quartals 2009 I wird hingegen die Sicherungsbilanzierung abgebrochen. Da indes die geplante Transaktion weiterhin wahrscheinlich ist, bleibt nach IAS 39.101(b) die aus dem akkumulierten sonstigen Gesamterfolg resultierende Eigenkapitalposition unangetastet. Das Termingeschäft wird nunmehr wie ein normales Finanzderivat des Handelsbestandes ergebniswirksam bilanziert

2009 I:
Termingeschäft an sonst. betr. Ertrag 3 T€

In der letzten Periode wird das Termingeschäft glattgestellt. Im Rahmen der Erfüllung der geplanten Transaktion wird die Eigenkapitalposition ergebniswirksam aufgelöst und reduziert die Kosten des Umsatzes.

2009 II:
Bank 24 T€ an Termingeschäft 20 T€
 sonst. betr. Ertrag 4 T€

Handelsware Flachstahl an Bank 160 T€

Kosten des Umsatzes 143 T€
akk. sonst.
Gesamterfolg 17 T€ an Handelsware Flachstahl 160 T€

Forderungen an Umsatzerlöse 170 T€

Aus diesen Buchungen ergeben sich für die Quartale die in der folgenden Tabelle dargestellten Ergebniswirkungen. Zum Vergleich wird auch hier wieder die Ergebniswirkung unter der Annahme einer durchgehenden Sicherungsbilanzierung sowie ohne Sicherungsbilanzierung dargestellt. Im Gegensatz zur Absicherung des beizulegenden Zeitwerts ist hier die Ineffektivität des Sicherungsinstruments in den ersten Quartalen nicht zu erkennen. Dies liegt daran, dass das Sicherungsinstrument untersichert, also kein Teil des Sicherungsinstruments ergebniswirksam erfasst werden muss. Gleichzeitig wird aus der geplanten Transaktion immer noch ein Gewinn erwartet, sodass keine Rückstellungen aus belastenden Verträgen gebildet werden müssen.

Quartal	2008 III	2008 IV	2009 I	2009 II
Ergebniswirkung bei abgebrochener Sicherungsbilanzierung	0	0	+3 T€	+31 T€
Ergebniswirkung bei durchgehender Sicherungsbilanzierung	0	0	0	+34 T€
Ergebniswirkung ohne Sicherungsbilanzierung	+9 T€	+8 T€	+3 T€	+14 T€

3.3 Absicherung einer Nettoinvestition in einen ausländischen Geschäftsbetrieb

Behandlung von Wechselkursschwankungen bei ausländischen Geschäftsbetrieben nach IAS 21

Unternehmen, die in ausländische Gesellschaften investieren, übernehmen nicht nur ein wirtschaftliches, sondern auch ein wechselkursbedingtes Risiko. Die Behandlung dieses Risikos wird im Wesentlichen in IAS 21 „Auswirkungen von Änderungen der Wechselkurse" geregelt. Für die Währungsumrechnung von Tochtergesellschaften und sonstigen Investitionen in Auslandsunternehmen kennt IAS 21 zwei Grundregeln (vgl. Kapitel 22):

- Unternehmen, die i.S.v. IAS 21.11 praktisch als verlängerter Arm des Mutterunternehmens im Ausland agieren, wie z.B. reine Produktions- oder Vertriebsgesellschaften, besitzen die gleiche funktionale Währung wie die Mutter. Somit sind ihre Abschlüsse jeweils so in die Berichtswährung der Mutter umzurechnen, als ob es originäre Abschlusspositionen der Mutter wären (Zeitbezugsmethode).
- Abschlusspositionen von Unternehmen, die eine andere funktionale Währung als das berichterstattende Unternehmen besitzen, sind zum jeweiligen Stichtagskurs in die Berichtswährung der Mutter umzurechnen. Die sich daraus ergebenden Umrechnungsdifferenzen sind über den sonstigen Gesamterfolg ergebnisneutral in eine gesonderte Rücklage einzustellen und dort solange zu belassen, bis das jeweilige Unternehmen den Konzernverbund verlässt bzw. bis die Beteiligung veräußert wird (modifizierte Stichtagskursmethode).

Absicherung sinnvoll bei ausländischen Geschäftsbetrieben mit eigener funktionaler Währung

Im ersten Fall ist die Absicherung des Fremdwährungsrisikos einer Schuld oder eines Vermögenswerts problemlos möglich, da kein Unterschied zu einem Vermögenswert oder einer Schuld besteht, den das Mutterunternehmen selber hält. Im zweiten Fall ist eine solche Abgrenzung nicht möglich, da die Wertschwankungen der Auslandsinvestition ergebnisneutral erfasst werden. Für diese Fälle ist die Absicherungskategorie „Absicherung einer Nettoinvestition in einen ausländischen Geschäftsbetrieb" vorgesehen. Ihre Grundidee besteht darin, dass nur die Nettoinvestition der gesamten Auslandsinvestition abgesichert wird. Was ist nun aber eine Nettoinvestition? Bei nicht konsolidierten oder bei at equity bilanzierten Beteiligungen ist das einfach: Es handelt sich um den Buchwert der Beteiligung. Wie ist das aber bei konsolidierten Beteiligungen? Hier ermittelt sich die Nettoinvestition grundsätzlich als Summe der Vermögenswerte abzüglich der Schulden des konsolidierten Unternehmens. Hierzu zählt auch der Goodwill, da dieser nach der Währungsumrechnung gemäß IAS 21.47 in der funktionalen Währung der Tochter ermittelt wird. Hinzu zu zählen sind gemäß IAS 21.15 sowohl bei at equity bewerteten als auch bei konsolidierten Unternehmen ggf. vom Mutterunternehmen der ausländischen Teileinheit gewährte bzw. erhaltene Kredite, nicht jedoch Forderungen und Verbindlichkeiten.

Diese Nettoinvestition kann nun in ihrer Gesamtheit gegen Währungsschwankungen abgesichert werden, wobei auch antizipierte Dividendenzahlungen und ähnliche Transfers zu berücksichtigen sind. Die bilanzielle Behandlung der Absicherung erfolgt analog zur Absicherung von künftigen Cashflows:
- Der effektive Teil des Sicherungsinstruments wird über den sonstigen Gesamterfolg ergebnisneutral in der gleichen EK-Rücklage wie die Währungsumrechnungsdifferenz des Auslandsinvestments erfasst.
- Der nicht effektive Teil wird gemäß der ansonsten für das Sicherungsinstrument geltenden Regeln behandelt.

Beispiel 20.10

Ein Telekommunikationsmutterunternehmen in Deutschland hat am 31.12.2008 für 100 Mio. US-$ eine 100 %-Beteiligung an einer US-amerikanischen Tochter, die ebenfalls im Telekommunikationssektor tätig ist, erworben. Die Muttergesellschaft plant keine Änderung des operativen Geschäfts der Tochter, sondern hält es eher für realistisch, die Tochtergesellschaft mittelfristig an einen Dritten zu veräußern. Somit handelt es sich um einen ausländischen Geschäftsbetrieb mit abweichender funktionaler Währung, der allerdings vollkonsolidiert wird. Um die Nettoinvestition gegen Wertschwankungen abzusichern, wird ein variabel verzinslicher US-$-Kredit über 100 Mio. US-$ aufgenommen, der jederzeit getilgt werden kann. Die relevanten Daten finden sich in der folgenden Tabelle.

Periode	2008	2009	2010
Vermögenswerte TU [Mio. US-$]	140,0	130,0	130,0
Schulden TU [Mio. US-$]	60,0	60,0	60,0
Goodwill [Mio. US-$]	20,0	20,0	20,0
Nettoinvestition [Mio. US-$]	100,0	90,0	90,0
Wert US-$-Kredit [Mio. US-$]	100,0	100,0	100,0
Wechselkurs [US-$/€]	1,0000	1,0625	1,1250
Vermögenswerte TU [Mio. €]	140,0	122,4	115,5
Schulden TU [Mio. €]	60,0	56,5	53,3
Goodwill TU [Mio. €]	20,0	18,8	17,8
Nettoinvestition [Mio. €]	100,0	84,7	80,0
Wert US-$-Kredit [Mio. €]	100,0	94,1	88,9

Die Wechselkursentwicklung verdeutlicht eine Abwertung des US-Dollar, die auch zu einer zusätzlichen Wertminderung der Nettoinvestition führt. Dies ist auch bei der Verbuchung der Absicherung zu erkennen: Durch die Abwertung des US-$ sinken Vermögenswerte und Schulden der Tochtergesellschaft, was insgesamt zur Erfassung eines negativen sonstigen Gesamterfolgs aus Währungsumrechnung (WU) führt.

31.12.2009:

sonst. Gesamterfolg (WU)	an	div. Aktiva Tochter	7,6 Mio. €
div. Passiva Tochter	an	sonst. Gesamterfolg (WU)	3,5 Mio. €
sonst. Gesamterfolg (WU)	an	Goodwill Tochter	1,2 Mio. €

Die aufgenommene Schuld als Sicherungsinstrument ist ebenfalls abzuwerten, was zu einem Ertrag aus Währungsumrechnung führt, der die negative Rücklage überkompensiert und damit in seinem ineffektiven Teil ergebniswirksam wird.

Schuld US-$-Kredit 5,9 Mio. €	an	sonst. Gesamterfolg (WU)	5,3 Mio. €
		Ertrag aus WU	0,6 Mio. €

Die gleiche Situation stellt sich aufgrund der fortschreitenden Abwertung des US-Dollar nahezu unverändert für 2010 dar.

31.12.2010:

sonst. Gesamterfolg (WU)	an	div. Aktiva Tochter	6,9 Mio. €
div. Passiva Tochter	an	sonst. Gesamterfolg (WU)	3,2 Mio. €
sonst. Gesamterfolg (WU)	an	Goodwill Tochter	1,0 Mio. €
Schuld US-$-Kredit 5,2 Mio. €	an	sonst. Gesamterfolg (WU)	4,7 Mio. €
		Ertrag aus WU	0,5 Mio. €

Zur Effektivität des Sicherungsinstruments ist Folgendes anzumerken: 2008 stimmt der Nennwert der Verbindlichkeit mit dem Betrag der abzusichernden Nettoinvestition überein. Im Jahr 2009 allerdings sinkt der US–Dollar-Wert der Nettoinvestition auf 90 Mio., so dass ein ineffektiver Teil verbleibt. Die Effektivität beträgt nach der Dollar-Offset-Methode kumulativ berechnet für 2006 111 % (5,9 Mio. €/5,3 Mio. €) und für 2010 ebenfalls 111 % (5,9 + 5,2) Mio. €/ (5,3 + 4,7) Mio. €. Trotzdem kann die Sicherungsbeziehung durchaus als 100 %-effektiv angesehen werden, wenn nur ein quotaler Teil (hier 90 %) des Kredits als Sicherungsinstrument angesehen wird. Dieser quotale Teil kann unter Umständen auch kontinuierlich angepasst werden. An der Bilanzierung ändert diese Vorgehensweise nichts, da der nicht als Sicherungsinstrument bestimmte Teil analog zum ineffektiven Teil bilanziert wird.

4 Angabepflichten

Ein Großteil der aus der Sicherheitsbilanzierung resultierenden Angabepflichten entspricht den Angabepflichten zu Finanzinstrumenten, so dass hierfür auf den entsprechenden Abschnitt des Kapitels 19 „Finanzinstrumente" verwiesen werden kann. Speziell für Sicherungsbeziehungen fordert IFRS 7 neben allgemeinen Angaben zur Risikostrategie auch Ausführungen zu den einzelnen Sicherungsbeziehungen. IFRS 7.22 fordert, gegliedert nach der Klassifizierung der Sicherungsbeziehungen, folgende Angaben:

- Eine allgemeine Beschreibung der Sicherungsbeziehungen,
- eine Beschreibung der Sicherungsinstrumente und deren beizulegender Zeitwerte zum Bilanzstichtag und
- Angaben zum Wesen des abgesicherten Risikos.

IFRS 7 fordert Angaben zur Sicherungsbilanzierung

Speziell für Absicherungen künftiger Cashflows verlangt IFRS 7.23 die Angabe folgender Punkte:

- Den Zeitraum, für den diese Cashflows erwartet werden, und wann sie voraussichtlich ergebniswirksam werden,
- Informationen über alle geplanten Transaktionen, die im Rahmen einer Sicherungsbilanzierung abgesichert wurden, aber deren Eintritt nunmehr für nicht mehr wahrscheinlich gehalten wird,
- für jede GuV-Position den Betrag, der aus der Cashflow Hedge-Rücklage im laufenden Jahr ergebniswirksam aufgelöst wurde, sowie
- die aus der Cashflow Hedge-Rücklage stammenden Beträge, die im Rahmen des Erstansatzes von nicht-finanziellen Vermögenswerten aufgelöst wurden.

Angabepflichten für Absicherungen künftiger Cashflows

Des Weiteren sind nach IFRS 7.24 bei Absicherungen von künftigen Cashflows oder von Nettoinvestitionen in ausländische Geschäftsbetriebe die ineffektiven Wertänderungen der Sicherungsinstrumente anzugeben. Für Absicherungen von beizulegenden Zeitwerten sind die korrespondierenden Absicherungserträge und Absicherungsaufwendungen der Grundgeschäfte und der Sicherungsinstrumente zu veröffentlichen.

5 Wesentliche Unterschiede zum HGB

Im Unterschied zu den Vorschriften von IAS 39 gibt es nach deutschem Bilanzrecht bislang keine branchenunabhängige, explizite Regelung der Bilanzierung von Sicherungsbeziehungen. Nach herrschender Meinung erscheint es allerdings zulässig, abweichend vom Grundsatz der Einzelbewertung, gesichertes Grundgeschäft und Sicherungsinstrument gemeinsam in einer Bewertungseinheit zu bilanzieren. Hierfür müssen allerdings einige Kriterien erfüllt sein. So wird ein eindeutiger und dokumentierter Nutzen- und Funktionszusammenhang beider

Keine expliziten Regeln zur Sicherungsbilanzierung nach HGB

Geschäfte gefordert, ebenso wie der ebenfalls zu dokumentierende Wille des Unternehmens, die Sicherungsbeziehung über den Bilanzstichtag hinaus fortzusetzen. Sind diese Bedingungen gegeben, so hat das bilanzierende Unternehmen de facto ein Wahlrecht, ob es eine Bewertungseinheit bildet oder beide Bestandteile der Sicherungsbeziehung einzeln bewertet. Im Falle einer Bewertungseinheit erfolgt ein saldierter Ausweis. Analog zu den normalen Vorschriften für Finanzinstrumente findet das (strenge) Niederstwertprinzip Anwendung, ein ergebniswirksamer Ausweis von positiven Absicherungsineffizienzen ist also ausgeschlossen. Falls keine Bewertungseinheit gebildet wird, sind Finanzderivate, die nicht mit Anschaffungskosten verbunden sind, wie z.B. Termingeschäfte und Swaps, regelmäßig als schwebende Geschäfte zu behandeln. Droht aus ihnen in den Folgeperioden ein Verlust, so ist eine Drohverlustrückstellung zu bilden.

Problematisch stellt sich die Bildung von Bewertungseinheiten indes dar, wenn künftige Cashflows von noch nicht bilanzwirksamen Transaktionen abgesichert werden. Es ist strittig, ob solche antizipativen Absicherungen nach HGB zulässig sind. Ähnliches gilt für sog. Makro-Absicherungen, die ganze Portfolios von ähnlichen Risiken umfassen, wobei hier wohl eher von einer Zulässigkeit von Bewertungseinheiten auszugehen ist.

Kodifizierung von Bewertungseinheiten durch BilMoG

Mit dem Referentenentwurf eines Bilanzrechtsmodernisierungsgesetzes (BilMoG) soll künftig die Bildung von Bewertungseinheiten kodifiziert werden. In der Entwurfsfassung würde diese neue Regel den Bilanzierenden große Handlungsspielräume gewähren: So wären sämtliche Vermögensgegenstände, Schulden, feste Verpflichtungen und hinreichend sicher geplante Transaktionen grundsätzlich sowohl als gesicherte Grundgeschäfte als auch als Sicherungsinstrumente zulässig. In einer Nettobetrachtung entspräche dies einer generellen Anwendung der Methode der Absicherung des beizulegenden Zeitwerts, ungeachtet davon, ob Sicherungsinstrument und zu sicherndes Grundgeschäft für sich betrachtet bilanzierungsfähig sind. Ob eine derartig weite Legitimierung von Bewertungseinheiten den Weg in das reformierte HGB finden wird, bleibt zum momentanen Stand (10.01.2008) abzuwarten.

6 Wesentliche Unterschiede zu US-GAAP

Recht hohe Ähnlichkeit von SFAS No. 133 und IAS 39

Nach US-GAAP regelt SFAS 133 „Accounting for Derivative Instruments and Hedging Activities" die Bilanzierung von Derivaten und Sicherungsbeziehungen. Analog zu IAS 39 differenziert SFAS 133 Absicherungen des beizulegenden Zeitwerts und Absicherungen künftiger Cashflows. Zusätzlich definiert SFAS 133 separate Kategorien für Absicherungen von Fremdwährungsrisiken, was vorrangig ausweisbedingt ist. Die Vorschriften von IAS 39 und SFAS 133 sind im Grundsatz recht ähnlich, Unterschiede ergeben sich eher im Detail. So ist es z.B. nach SFAS 133 nicht möglich, die aus einer Absicherung künftiger

Cashflows resultierende Eigenkapitalposition bei nicht-finanziellen Grundgeschäften im Rahmen der Erstbewertung aufzulösen. Zudem gibt es keine Möglichkeit zur Absicherung von Zinsänderungsrisiken von Portfolios.

Ausgewählte Literatur

Barckow, A., Die Bilanzierung von derivativen Finanzinstrumenten und Sicherungsbeziehungen: Eine Gegenüberstellung des deutschen Bilanzrechts mit SFAS 133 und IAS 32/39, Düsseldorf 2004.

Hachmeister, D., Portfolio-Hedging von Zinsänderungsrisiken nach IAS 39, in: ZfCM, Sonderheft 1, 51. Jg. (2007), S. 75-84.

IdW (Hrsg.), IDW Stellungnahme zur Rechnungslegung: Einzelfragen zur Bilanzierung von Finanzinstrumenten nach IFRS (IDW RS HFA 9), in: IdW Fachnachrichten, o. Jg. (2007), S. 326-400.

Kuhn, S./Scharpf, P., Rechnungslegung von Financial Instruments nach IFRS: IAS 32, IAS 39 und IFRS 7, 3. Aufl., Stuttgart 2006.

Wüstemann, J./Duhr, A., Steuerung von Fremdwährungsrisiken von Tochterunternehmen im Konzern – Finanzcontrolling vs. Bilanzierung nach HGB und IAS/IFRS, in: BB, 58. Jg. (2003), S. 2501-2508.

Übungsaufgaben

Aufgabe 1:
Verbuchen Sie den folgenden Geschäftsvorfall unter Vernachlässigung von latenten Steuern:
a) Im November 2008 kauft die Päffgen AG 100.000 US-$ auf Termin (per 01.01.2010) 1,06 €/US-$. Der Terminkurs lag am 31.12.2008 bei 1,09 €/US-$. Dieses Termingeschäft ist durch den geplanten Erwerb einer Produktionsanlage per 01.01.2010 begründet, der mit einer Zahlungsverpflichtung von 100.000 US-$ einhergeht. Wie klassifizieren Sie das Termingeschäft nach IFRS und welche Buchungssätze fallen bei der Päffgen AG 2008 nach IFRS an?
b) Was ändert sich bezüglich der Klassifikation und Verbuchung des unter a) dargestellten Termingeschäfts, wenn der Erwerb der Produktionsanlage
- überhaupt nicht geplant ist?
- 2008 auf Kredit (Rückzahlung zum 01.01.2010) durchgeführt wurde?

Aufgabe 2:
Verbuchen Sie die beiden folgenden Finanzderivate unter Vernachlässigung von latenten Steuern:
a) Ein Bestand an Fertigerzeugnissen, dessen Veräußerung für 2009 geplant ist, wurde am 1.6.2008 durch ein Termingeschäft (Anschaffungskosten = 0) gegen Marktpreisänderungsrisiken abgesichert. Zum 31.12.2008 hatte dieses Termingeschäft einen Wert von 40.000 €. Der beizulegende Zeitwert der Fertigerzeugnisse ist von 160.000 € (31.12.2007) auf 120.000 € (31.12.2008) gefallen. Die Hedgingbedingungen von IAS 39 sind erfüllt.
b) Eine Aktienindexoption auf deutsche Aktien (Put), vom Finanzvorstand in sicherer Erwartung fallender Aktienkurse am 31.12.2007 für 10.000 € erworben, um das international diversifizierte Nettoaktienportfolio des Unternehmens abzusichern, hatte am 31.12.2008 einen Marktwert von 1.000 €.

Aufgabe 3:
Die Norisk AG hält langfristig produktionsnotwendige Kupfervorräte vor, die sie gegen Marktwertschwankungen absichern will. Deswegen schließt die Einkaufsabteilung ein börsennotiertes Termingeschäft (Future) ab, indem sie ähnlich spezifizierte Rohstoffe in gleicher Menge auf Termin (31.12.2010) verkauft. Die relevanten Angaben finden sich in der folgenden Tabelle (in €).

Position	31.12.2008	31.12.2009	31.12.2010
Kupferpreis Spot je Tonne	2.000	3.000	3.500
Kupferpreis Termin je Tonne zum 31.12.2010	2.332	3.240	3.500
Beizulegender Zeitwert Kupferlager je Tonne	2.000	2.950	3.400

a) Ermitteln Sie für die in der Tabelle angegebenen Zeitpunkte die Wertentwicklung des Termingeschäft insgesamt sowie der Zinskomponente, jeweils je Tonne. Der relevante Zinssatz beträgt 8 %.
b) Wie beurteilen Sie die Effektivität der Sicherungsbeziehung?
c) Charakterisieren Sie die Sicherungsbeziehung und verbuchen Sie sie für die Jahre 2008 bis 2010. Gehen Sie davon aus, dass die 1000 t Kupfer zum 31.12.2008 am Spotmarkt erworben wurden und dass gleichzeitig das Termingeschäft abgeschlossen wurde. Die Absicherung soll zum Kassakurs erfolgen und latente Steuern sind zu vernachlässigen.

Kapitel 21
Leasing

1 Definition und Klassifizierung von Leasingverhältnissen 618
2 Ansatz 623
   2.1 Finanzierungsleasing 623
   2.2 Operating-Leasingverhältnis 623
3 Bewertung 624
   3.1 Anwendungsbereich von IAS 17 bei Bewertungsfragen 624
   3.2 Erstbewertung 624
      3.2.1 Finanzierungsleasing 624
         3.2.1.1 Erstbewertung beim Leasingnehmer 624
         3.2.1.2 Erstbewertung beim Leasinggeber 626
      3.2.2 Operating-Leasingverhältnis 628
   3.3 Folgebewertung 628
      3.3.1 Finanzierungsleasing 628
         3.3.1.1 Folgebewertung beim Leasingnehmer 628
         3.3.1.2 Folgebewertung beim Leasinggeber 633
      3.3.2 Operating-Leasingverhältnis 635
   Exkurs: Überlegungen des IASB zur künftigen Leasingbilanzierung 638
4 Sonderprobleme des Leasing 640
   4.1 Hersteller oder Händler als Leasinggeber 640
   4.2 Sale-and-leaseback-Transaktionen 643
5 Angaben 648
   5.1 Finanzierungsleasing 648
   5.2 Operating-Leasingverhältnis 649
6 Wesentliche Unterschiede zum HGB 650
7 Wesentliche Unterschiede zu US-GAAP 651
Ausgewählte Literatur 652
Übungsaufgaben 652

In Deutschland wurden im Jahr 2006 Wirtschaftsgüter im Wert von weit über 200 Milliarden Euro geleast. Die Leasing-Branche in Deutschland generiert ein jährliches Investitionsvolumen von über 50 Milliarden Euro und ist damit der größte Investor des Landes. Bei einem gesamtwirtschaftlichen Investitionsvolumen von 282 Milliarden Euro (ohne Wohnungsbau) liegt der Anteil des Leasing somit bei etwa 20 %. Jeder fünfte investierte Euro wird also durch einen Leasinggeber vorfinanziert. Inzwischen werden in Deutschland mehr Investitionen über Leasing finanziert als über den klassischen Bankkredit[1].

Was ist überhaupt unter Leasing zu verstehen? Letztlich verbirgt sich dahinter die bekannte Miete. Einer Vertragspartei wird das Nutzungsrecht an einem bestimmten Leasinggegenstand eingeräumt, ohne dass dafür sofort ein voller Kaufpreis zu entrichten ist. Als Leasinggegenstand kommen grundsätzlich alle denkbaren Vermögenswerte in Betracht, z.B.

- Maschinen bis hin zu ganzen Produktionsanlagen,
- Immobilien,
- Gegenstände der Betriebs- und Geschäftsausstattung, z.B. einzelne Kfz oder der gesamte Fuhrpark,
- aber auch immaterielle Vermögenswerte, z.B. die eingesetzte Software.

Um der Informationsfunktion einer kapitalmarktorientierten Rechnungslegung gerecht zu werden, müssen Leasingverträge gemäß ihrem wirtschaftlichen Gehalt bilanziert werden. Fraglich ist nur, wer genau was zu bilanzieren hat.

Die Bilanzierung könnte wie bei einem klassischen Mietvertrag aussehen. Hier aktiviert der Leasinggeber (Vermieter) als rechtlicher Eigentümer den Leasinggegenstand und schreibt ihn über seine Nutzungsdauer ab. Zudem wird die Leasingrate wie eine Miete periodisch als Ertrag erfasst. Der Leasingnehmer (Mieter) hat demgegenüber die Leasingraten periodisch als Aufwand zu verbuchen. Der Sinn einer derartigen Bilanzierung ist jedoch fraglich, wenn weitere Charakteristika vorliegen, die für einen Leasingvertrag ebenfalls typisch sein können. Zum Beispiel:

- Der Leasingnehmer kann den gemieteten Vermögenswert über eine feste, unkündbare Mietzeit nutzen, die sich in etwa mit der voraussichtlichen Nutzungsdauer des Vermögenswertes deckt.
- Die insgesamt zu zahlende Miete übersteigt den ursprünglichen Kaufpreis des Vermögenswertes.

Obwohl der Leasingnehmer auch in diesen Fällen kein rechtliches Eigentum erlangt, kann ihm eine Art wirtschaftliches Eigentum nicht abgesprochen werden. Er darf den Vermögenswert über einen Großteil der Lebensdauer nutzen und zahlt dafür eventuell sogar mehr als dessen Neuwert. Wirtschaftlich kann dies als ein verdeckter Kauf – kombiniert mit einer Kreditfinanzierung durch den

---

1 Vgl. *Ifo-Institut für Wirtschaftsforschung München,* Ifo-Schnelldienst 23/06, 59. Jg. (2006), S. 21-31 und *Bundesverband Deutscher Leasing-Unternehmen:* Jahresbericht 2006/2007, S. 8-17.

Leasinggeber – interpretiert werden. Diese Finanzierungskomponente ist oftmals das Hauptargument für einen Leasingvertrag.

Was folgt daraus für die Rechnungslegung? Bei einem derartigen „Finanzierungsleasing" – der Begriff wird im folgenden Abschnitt genauer definiert – erscheint es sinnvoll, dass nicht mehr der rechtliche, sondern der wirtschaftliche Eigentümer den Vermögenswert aktiviert. Das Rahmenkonzept des IASB stellt schließlich auf die wirtschaftliche Betrachtungsweise ab und lässt die formalrechtliche Seite in den Hintergrund treten.

Ein Leasingverhältnis hat aber auch eine schuldrechtliche Seite, die die Passiva der Bilanz betrifft und sich auf die Kapitalstruktur auswirkt. So muss der Leasingnehmer gegenüber dem Leasinggeber eine feste vertragliche Zahlungsverpflichtung eingehen. Bei ihm entsteht demnach eine Schuld und beim Leasinggeber eine korrespondierende Forderung. Darüber hinaus ergeben sich Konsequenzen für die Gesamterfolgsrechnung und entsprechende Rentabilitätskennziffern.

Schon an diesem kleinen Beispiel wird deutlich, welche bilanziellen Konsequenzen das Leasing hat. Je nachdem, welcher der beiden Vertragsparteien die Leasinggegenstände wirtschaftlich zugeordnet werden, wirken sie sich unmittelbar auf die Struktur des investierten Vermögens und die Frage späterer Abschreibungen aus. Fast noch wichtiger ist dabei die schuldrechtliche Seite. Ein verhältnismäßig langfristiger Mietvertrag (Finanzierungsleasing) wirkt sich beim Leasingnehmer bilanziell wie ein fremdfinanzierter Kauf aus, d.h. es steigt nicht nur das Anlagevermögen, sondern auch das Fremdkapital und damit der Verschuldungsgrad. Um negative Auswirkungen auf die Bonitätsbeurteilung, z.B. durch Ratingagenturen zu verhindern, dürfte der Leasingnehmer ein Interesse daran haben, den Leasingvertrag möglichst so auszugestalten, dass bilanziell eben nur eine Miete abgebildet wird. Der Leasinggegenstand und vor allem die korrespondierende Schuld wären „off balance sheet", das Fremdkapital erhöhte sich nicht, der Verschuldungsgrad bliebe unberührt.

Es kann somit festgehalten werden, dass Leasingverhältnisse durchaus komplexe Auswirkungen auf den Jahresabschluss beider Vertragsparteien haben können und dass es bei der Bilanzierung von Leasingverhältnissen insbesondere auf den konkreten Vertrag und dessen individuelle Ausgestaltung ankommt.

Im Folgenden sollen Sie deshalb lernen,
- wie Leasingverhältnisse in bestimmte Grundtypen klassifiziert werden,
- wie Leasingverhältnisse in Abhängigkeit von ihrer Klassifikation bilanziert werden,
- wie sich die Bilanzierung dieser Verhältnisse für Leasinggeber und Leasingnehmer unterscheidet,
- welche sonstigen Angabepflichten auf die beiden Vertragsparteien zukommen und
- wie in der Praxis zu beobachtende Vertragskonstruktionen, insbesondere Sale-and-leaseback-Transaktionen, zu bilanzieren sind.

IAS 17　Die entsprechenden Antworten ergeben sich aus IAS 17 „Leasingverhältnisse" (Leases), der die Bilanzierung von Leasingverhältnissen regelt. Dieser Standard datiert in seiner ursprünglichen Fassung aus dem Jahr 1982, wurde aber 1997 und zuletzt 2003 grundlegend überarbeitet. Die im Jahr 2003 verabschiedete Fassung ist für Geschäftsjahre seit Januar 2005 anzuwenden.

Trotz der Überarbeitung sieht das IASB IAS 17 noch nicht als abschließend an: Die Vorschrift sei noch zu komplex, biete noch zu viele Gestaltungsfreiräume bei der Bilanzierung und bilde nicht alle entscheidungsrelevanten Informationen ab. Deshalb hat das IASB in Zusammenarbeit mit dem FASB ein Leasing-Projekt initiiert, dessen Ergebnisse IAS 17 in Zukunft vollständig ersetzen sollen. Ein erstes Diskussionspapier ist für das erste Quartal des Jahres 2009 geplant[2].

1 Definition und Klassifizierung von Leasingverhältnissen

Anwendungsbereich von IAS 17 und Definition

Grundsätzlich regelt IAS 17 die Bilanzierung *sämtlicher* Leasingverhältnisse. Ein Leasingverhältnis wird dabei nach IAS 17.4 definiert als „eine Vereinbarung, bei der der Leasinggeber dem Leasingnehmer gegen eine Zahlung oder eine Reihe von Zahlungen das Recht auf Nutzung eines Vermögenswertes für einen vereinbarten Zeitraum überträgt." Unter diese Vereinbarungen fallen dabei sämtliche Mietverträge oder mietrechtsähnliche Verträge. Das wesentliche Definitionsmerkmal liegt in der Übertragung eines Nutzungsrechts an einem Vermögenswert. Mietkaufverträge, die die Vermietung eines Vermögenswertes mit einer anschließenden Kaufoption verbinden, sind ebenfalls als Leasingverhältnisse anzusehen. Somit entscheidet die wirtschaftliche Substanz der Vereinbarung über die Frage, ob ein Leasingverhältnis vorliegt[3].

Vom Anwendungsbereich des IAS 17 sind diejenigen Leasingverhältnisse ausgenommen, die in einem anderen Standard geregelt werden: Lizenzvereinbarungen über immaterielle Werte und Leasingvereinbarungen in Bezug auf nicht regenerative Ressourcen, wie z.B. Öl oder Erdgas (IAS 17.2).

2　Vgl. zu den möglichen Ergebnissen dieses Reformprojekts den Exkurs in diesem Kapitel sowie im Detail *Fülbier, R.U./Pferdehirt, M.H.*, Überlegungen des IASB zur künftigen Leasingbilanzierung: Abschied vom off balance sheet approach, in: KoR, 5. Jg. (2005), S. 275-285.

3　Die wirtschaftliche Betrachtungsweise wird durch die Interpretationen SIC 27 und IFRIC 4 untermauert, die den Anwendungsbereich von IAS 17 bei speziellen Vertragskonstruktionen regeln. IFRIC 4 fokussiert auf langfristige Liefer- und Leistungsverträge (sog. Betreibermodelle), bei denen indirekte Nutzungsrechte, etwa an Produktionsanlagen oder Leitungsnetzkapazitäten, zur Verfügung gestellt werden. SIC 27 bezieht sich auf oftmals steuerlich motivierte Sales-and-lease-back-Transaktionen.

Liegt nun ein Leasingverhältnis nach IAS 17 vor, stellt sich die zentrale Bilanzierungsfrage, welche der beiden Vertragsparteien welche Vermögenswerte und Schulden in welcher Höhe anzusetzen hat. Wie eingangs bereits beschrieben, ist diese Frage nur zu beantworten, wenn das wirtschaftliche Eigentum an dem Leasinggegenstand eindeutig zugeordnet werden kann. Diese Zuordnung nimmt IAS 17 im Rahmen einer Klassifizierung vor. Je nachdem, wer das wirtschaftliche Eigentum an dem Leasinggegenstand hält, wird zwischen

- einem Finanzierungsleasing (finance lease) und
- einem Operating-Leasingverhältnis (operating lease)

Klassifizierung

unterschieden. Dabei kann es im Einzelfall schwierig sein, den wirtschaftlichen Eigentümer zu identifizieren. In diesem Zusammenhang ist deshalb nach IAS 17.7 zu prüfen, in welchem Umfang die mit dem Eigentum eines Leasinggegenstandes verbundenen *Risiken* und *Chancen* beim Leasinggeber oder Leasingnehmer liegen. Während die Risiken auf Verlustmöglichkeiten, z.B. durch Ausfall oder technische Überholung des Gegenstandes, abstellen, zielen die Chancen auf Gewinnmöglichkeiten, die z.B. durch den Einsatz des Leasinggegenstandes im Geschäftsbetrieb oder dessen Wertzuwachs entstehen. Diese Prüfung ist zu Beginn eines Leasingverhältnisses und bei wesentlichen Vertragsänderungen vorzunehmen. Als Beginn des Leasingverhältnisses gilt grundsätzlich der Zeitpunkt des Vertragsabschlusses. Davon zu unterscheiden ist der Beginn der Laufzeit des Leasingverhältnisses, der für die Klassifizierung unbedeutend ist.

Ein Leasingverhältnis wird als Finanzierungsleasing klassifiziert, wenn es im Wesentlichen alle Risiken und Chancen, die mit dem Eigentum verbunden sind, auf den Leasingnehmer überträgt (IAS 17.8). Der Leasingnehmer wird im Zuge einer Art „Kauf-Finanzierung" wirtschaftlicher Eigentümer. Der Kaufpreis des Leasinggegenstandes wird dabei nicht sofort, sondern in Raten unter zusätzlicher Berücksichtigung von Finanzierungsaufwendungen entrichtet. Der Leasingnehmer erwirbt also den wirtschaftlichen Nutzen aus dem Gebrauch des Leasinggegenstandes für den überwiegenden Teil der wirtschaftlichen Nutzungsdauer und verpflichtet sich im Gegenzug, für dieses Recht bestimmte Leasingraten zu entrichten, die dem beizulegenden Zeitwert des Gegenstandes und den Finanzierungskosten in etwa entsprechen. Es ist noch einmal zu betonen, dass es unerheblich ist, ob das rechtliche Eigentum tatsächlich übertragen wird.

Finanzierungsleasing

Im Gegensatz dazu liegt ein Operating-Leasingverhältnis im Sinne einer Negativdefinition immer dann vor, wenn ein Leasingverhältnis nicht als Finanzierungsleasing klassifiziert werden kann. Der Leasinggeber behält dann das wirtschaftliche Eigentum.

Operating-Leasingverhältnis

Sicherlich erscheint die Klassifizierung von Leasingverhältnissen auf dieser allgemeinen Basis sehr abstrakt. Dies gilt insbesondere vor dem Hintergrund der immensen Gestaltungsvielfalt in der Praxis. IAS 17 hilft hier in begrenztem Maße weiter und nennt in IAS 17.10 und 17.11 konkrete Kriterien, die – einzeln oder in Kombination – auf ein Finanzierungsleasing hindeuten (vgl. Tabelle 21.1). Diese Kriterien sind jedoch nicht abschließend, haben eher Indizienchar-

Indizien für ein Finanzierungsleasing

Immobilien-Leasing

rakter und sind teilweise mit großen Ermessensspielräumen behaftet. Zudem bleibt unklar, warum einerseits von „Beispielen" (IAS 17.10) und andererseits von „Indikatoren" (IAS 17.11) gesprochen wird.

Eine besondere Schwierigkeit stellt die Klassifizierung des Immobilien-Leasing dar. Grundsätzlich gilt, dass Leasingverhältnisse über Grundstücke (Grund und Boden) und Gebäude ebenso wie bei anderen Leasinggegenständen entweder als Operating-Leasingverhältnis oder als Finanzierungsleasing klassifiziert werden. Kombinierte Verträge über bebaute Grundstücke sind in die einzelnen Bestandteile aufzuteilen, so dass der Boden- und der Gebäudevertragsbestandteil separat klassifiziert werden kann (IAS 17.15). Bei dieser Klassifikation weisen Grundstücke jedoch eine Besonderheit auf. Wegen ihrer grundsätzlich unbegrenzten wirtschaftlichen Nutzungsdauer verfügt der Leasinggeber auch bei einer noch so langen, endlichen Vertragslaufzeit immer noch uneingeschränkt über das vollwertige Nutzenpotential des Grundstücks und damit über alle Risiken und Chancen. Wenn der Übergang der Risiken und Chancen nicht anderweitig sichergestellt wird, z.B. durch Übertragung des rechtlichen Eigentums am Laufzeitende oder durch eine unendliche Vertragslaufzeit, ist ein Finanzierungsleasing bei Grundstücken unmöglich.

Kriterien für das Finanzierungsleasing	Begründung
Am Ende der Leasing-Vertragslaufzeit erhält der Leasingnehmer das rechtliche Eigentum an dem Vermögenswert.	Der Leasingnehmer hat von Beginn an die tatsächliche Herrschaftsgewalt, die ihm bei ordnungsgemäßer Vertragserfüllung nicht mehr streitig gemacht werden kann. Da der Vermögenswert automatisch bei ihm verbleibt, trägt er auch alle damit verbundenen Risiken und Chancen.
Der Leasingnehmer hat eine Kaufoption auf den Vermögenswert. Der vereinbarte Kaufpreis liegt deutlich unter dem beizulegenden Zeitwert, der zum Ausübungszeitpunkt erwartet wird.	Durch die günstige Kaufpreisgestaltung ist schon zu Beginn des Leasingverhältnisses hinreichend sicher, dass die Option ausgeübt wird. Was allerdings als günstig angesehen werden kann, bleibt letztlich eine Ermessensfrage. IAS 17 gibt keine konkreten Hinweise.
Die Vertragslaufzeit umfasst den überwiegenden Teil der wirtschaftlichen Nutzungsdauer des Vermögenswertes.	Auch wenn das rechtliche Eigentum nicht übertragen wird, nutzt der Leasingnehmer den Vermögenswert fast über dessen gesamte Nutzungsdauer, so dass so gut wie alle daran geknüpften Risiken und Chancen bei ihm liegen. IAS 17 enthält aber keine genau definierten quantitativen Kriterien. Ein Mindestverhältnis von Vertragslaufzeit zur wirtschaftlichen Nutzungsdauer existiert nicht. Im Rahmen dieses zwangsläufig existierenden Ermessensspielraums scheint die Orientierung an einer konkreten Grenze – z.B. nach US-GAAP 75 % oder nach deutschem Steuerrecht 90 % – möglich, nicht jedoch zwingend. Der „überwiegende Teil" (major part) muss dem Wortsinn nach zumindest mehr als 50 % umfassen.

Kriterien für das Finanzierungsleasing	Begründung
Zu Beginn des Leasingverhältnisses entspricht der Barwert der (Mindest-) Leasingzahlungen mindestens dem beizulegenden Zeitwert des Vermögenswertes.	Wirtschaftlich betrachtet kann ein Ratenkauf vermutet werden. Die eventuell entstehende Differenz zwischen den Mindestleasingzahlungen und dem beizulegenden Zeitwert wird durch Finanzierungskosten o.ä. erklärt. Ob dieses Kriterium wörtlich zu nehmen ist oder schon greift, wenn der Barwert zumindest annähernd dem beizulegenden Zeitwert entspricht, bleibt indes fraglich. Andere Rechnungslegungssysteme wie z.B. US-GAAP legen hier konkrete Grenzen (90 %) zugrunde.
Der geleaste Vermögenswert ist so speziell beschaffen, dass er ohne wesentliche Veränderungen nur vom Leasingnehmer genutzt werden kann.	Beim sog. ‚Spezialleasing' wird das Leasingobjekt letztlich nur für den Leasingnehmer nutzbar sein. Mangels anderweitiger Verwertung muss sich der Vermögenswert deshalb aus Sicht des Leasinggebers über den Leasingvertrag voll amortisieren. Dadurch gerät der Leasingnehmer in die Position des wirtschaftlichen Eigentümers, der die Risiken und Chancen trägt.
Der Leasingnehmer trägt die Verluste des Leasinggebers bei vorzeitiger Auflösung des Leasingverhältnisses.	Der Zwang zur Verlustübernahme durch den Leasingnehmer bei vorzeitiger Vertragsauflösung zeigt konkret auf, wie Teile der mit dem Leasinggegenstand verbundenen Risiken auf den Leasingnehmer übertragen werden.
Der Leasingnehmer trägt Gewinne und Verluste infolge von Schwankungen des beizulegenden Restzeitwertes.	Trägt der Leasingnehmer Gewinne und Verluste aus Restwertschwankungen, so liegen auch die diesbezüglichen Risiken und Chancen bei ihm.
Der Leasingnehmer hat die Möglichkeit zur Fortführung des Leasingverhältnisses im Rahmen einer zweiten Mietperiode zu einer Miete weit unter den marktüblichen Bedingungen.	Die niedrige Anschlussmiete mag als Indiz für die zuvor übergegangenen und im Wesentlichen abgegoltenen Chancen und Risiken aus dem Vermögenswert auf den Leasingnehmer angesehen werden.

Tab. 21.1: Kriterien nach IAS 17.10 und 17.11 für das Finanzierungsleasing

Zusammengefasste Grundsätze für die Klassifizierung

Abschließend sollen noch einmal wichtige Grundsätze für die Klassifizierung von Leasingverhältnissen festgehalten werden:
- Klassifizierungskriterium ist die Aufteilung der Risiken und Chancen.
- Liegen im Wesentlichen alle Risiken und Chancen beim Leasingnehmer, ist Finanzierungsleasing gegeben.
- Sind die Voraussetzungen für ein Finanzierungsleasing nicht gegeben, liegt ein Operating-Leasingverhältnis vor.
- Es zählt allein die wirtschaftliche Betrachtungsweise. Ein Leasingverhältnis ist vor diesem Hintergrund in seiner Gesamtheit und nicht nur auf der Basis einzelner vertraglicher Absprachen zu beurteilen.
- IAS 17.10 und 17.11 geben den Bilanzierenden einen in begrenztem Maße hilfreichen Kriterienkatalog zur Klassifizierung an die Hand.

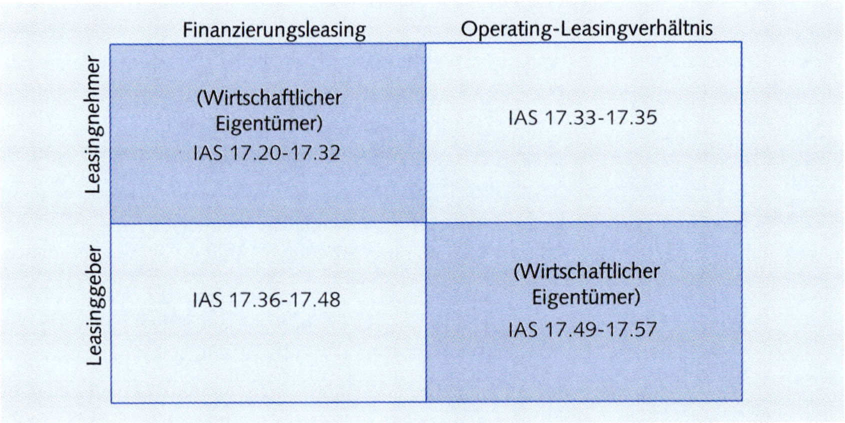

	Finanzierungsleasing	Operating-Leasingverhältnis
Leasingnehmer	(Wirtschaftlicher Eigentümer) IAS 17.20-17.32	IAS 17.33-17.35
Leasinggeber	IAS 17.36-17.48	(Wirtschaftlicher Eigentümer) IAS 17.49-17.57

Abb. 21.1 Bilanzierungsvorschriften von IAS 17 in Abhängigkeit von der Klassifizierung des Leasingverhältnisses

Bilanzierung in Abhängigkeit von der Klassifizierung

Ist die Klassifizierung vorgenommen worden, leiten sich aus IAS 17 die entsprechenden Bilanzierungsregeln ab. Da hierbei wiederum zwischen den Regeln für Leasingnehmer und Leasinggeber zu differenzieren ist, lässt sich die Bilanzierung von Leasingverhältnissen auch durch eine Vier-Felder-Matrix konkretisieren (Abbildung 21.1). In jedem der vier Felder sind Ansatz- und Bewertungsfragen zu beantworten, denen sich die nun folgenden Abschnitte widmen.

2 Ansatz

2.1 Finanzierungsleasing

Beim Finanzierungsleasing ist der Leasingnehmer als wirtschaftlicher Eigentümer des Leasinggegenstandes identifiziert worden. Um seine wirtschaftlichen Ressourcen vollständig auszuweisen, muss er den Leasinggegenstand nach IAS 17.20 unter den langfristigen Vermögenswerten aktivieren.

Ansatz beim Leasingnehmer

Der Leasingnehmer hat simultan eine langfristige Schuld bzw. Verbindlichkeit zu passivieren. Sie drückt die Verpflichtung zu künftigen Leasingzahlungen aus. Die Verpflichtung darf nicht aktivisch von dem aktivierten Vermögenswert abgesetzt werden. Die bilanzielle Vorgehensweise entspricht beim Leasingnehmer demnach einer normalen kreditfinanzierten Anschaffung. Er hat zu buchen:

Simultaner Ansatz von Leasinggegenstand und Schuld

Vermögenswert an Leasingverbindlichkeit

Die Abbildung des Leasingverhältnisses beim Leasinggeber verläuft im Grundsatz – nicht jedoch zwingend in den Beträgen – spiegelbildlich zur Abbildung beim Leasingnehmer. Da er im Wesentlichen alle mit dem Leasinggegenstand verbundenen Risiken und Chancen auf den Leasingnehmer übertragen hat, ist der Leasinggeber nicht länger wirtschaftlicher Eigentümer des Leasinggegenstandes. Der vermietete Leasinggegenstand ist daher auch nicht als Vermögenswert in seiner Bilanz zu aktivieren.

Ansatz beim Leasinggeber

Der Leasinggeber hat jedoch nach IAS 17.36 eine Forderung über die erwarteten Zahlungen aus dem Leasingverhältnis anzusetzen. Zumeist wird die Forderung eingebucht und gleichzeitig der Vermögensgegenstand ausgebucht. Alternativ kann auch ein (Raten-)Kauf mit unmittelbarer Ergebniswirkung vorliegen. Dieser Sonderfall, in dem Produzenten oder Händler als Leasinggeber auftreten, wird in Abschnitt 4 noch einmal näher betrachtet.

Ansatz einer Forderung

2.2 Operating-Leasingverhältnis

Bei einem Operating-Leasingverhältnis ist der Leasingnehmer weder rechtlicher noch wirtschaftlicher Eigentümer des Vermögenswertes. Das Leasingverhältnis wird wie ein normaler Mietvertrag behandelt, der mit keinerlei Ansatzpflichten einhergeht. Die regelmäßige ergebniswirksame Erfassung der Leasingraten über die Laufzeit ist die einzige aus dem Leasingverhältnis resultierende Konsequenz.

Ansatz beim Leasingnehmer

Beim Operating-Leasingverhältnis ist der Leasinggeber nicht nur rechtlicher, sondern auch wirtschaftlicher Eigentümer des Leasinggegenstandes. Somit muss er den Leasinggegenstand gemäß IAS 17.49 unter den langfristigen Vermögenswerten aktivieren.

Ansatz beim Leasinggeber

3 Bewertung

3.1 Anwendungsbereich von IAS 17 bei Bewertungsfragen

Priorität von IAS 40 und 41 bei bestimmten Bewertungsfragen

Grundsätzlich regelt IAS 17 auch die Bewertung der erfassten und klassifizierten Leasingverhältnisse. Für als Finanzinvestition gehaltene Immobilien (IAS 40) und biologische Vermögenswerte (IAS 41) gilt dies aber nur zum Teil. Bei hierauf beruhenden Leasingverhältnissen muss der wirtschaftliche Eigentümer für Bewertungsfragen IAS 40 bzw. 41 heranziehen (IAS 17.2). Alle sonstigen Vorschriften des IAS 17 sind indes weiterhin anzuwenden.

Beispiel 21.1

Im Rahmen eines Finanzierungsleasingverhältnisses least die X GmbH als Leasingnehmer ein bebautes Grundstück von der L AG.

Variante 1
Die X GmbH nutzt das bebaute Grundstück im Rahmen der eigenen Produktion als Lagerstätte.

Lösung
Hier greift IAS 17 für Ansatz und Bewertung. Dies gilt für die L AG und für die X GmbH uneingeschränkt. Das bebaute Grundstück ist für die X GmbH keine als Finanzinvestition gehaltene Immobilie.

Variante 2
Die X GmbH vermietet das bebaute Grundstück an ein anderes Unternehmen weiter.

Lösung
Hier greift grundsätzlich auch IAS 17. Dies gilt uneingeschränkt für die L AG. Da die X GmbH das bebaute Grundstück aber nun als Finanzinvestition im Sinne von IAS 40 hält, hat sie IAS 40 für Zwecke der Bewertung anzuwenden. Für alle sonstigen Fragen hat sie weiterhin IAS 17 zu beachten. Neben dem Ausweis und den Anhangangaben gilt IAS 17 damit auch für den Ansatz, d.h. für die Frage, wie das Leasingverhältnis zu klassifizieren und anzusetzen ist.

3.2 Erstbewertung

3.2.1 Finanzierungsleasing

3.2.1.1 Erstbewertung beim Leasingnehmer

Beim Finanzierungsleasing muss der Leasingnehmer den Leasinggegenstand und eine simultane Verbindlichkeit ansetzen. IAS 17.20 schreibt hier vor, dass

Vermögenswert und Verbindlichkeit zu Beginn des Leasingverhältnisses in gleicher Höhe und zwar
- mit dem beizulegenden Zeitwert des Leasinggegenstandes zu Beginn des Leasingverhältnisses oder, sofern niedriger,
- mit dem Barwert der Mindestleasingzahlungen, bewertet werden.

Während der beizulegende Zeitwert des Leasinggegenstandes im IFRS-System eine bekannte Wertkategorie darstellt, gilt dies nicht für den Barwert der Mindestleasingzahlungen. Unter den Mindestleasingzahlungen versteht IAS 17.4 sämtliche vom Leasingnehmer während der Laufzeit pflichtgemäß zu leistenden Zahlungen. Dazu gehören u.a. auch die von ihm garantierten Beträge einschließlich garantierter Restwerte. Ausgeschlossen sind z.B. nicht garantierte Restwerte oder bedingte Mietzahlungen, die als Teil der Leasingrate nicht betraglich fixiert, sondern an Faktoren wie z.B. Verkaufsquote oder Preisindizes gekoppelt sind.

Barwert der Mindestleasingzahlungen

Da es sich im Zeitpunkt der Erstbewertung um künftige Zahlungen handelt, ist eine Abzinsung der Mindestleasingzahlungen erforderlich, um den Barwert zu erhalten. Der insofern erforderliche Abzinsungsfaktor ist im Regelfall der Zins, der dem Leasingverhältnis zugrunde liegt. Nur wenn dieser nicht in praktikabler Weise ermittelbar ist, soll nach IAS 17.20 der Grenzfremdkapitalzinssatz des Leasingnehmers herangezogen werden.

Der dem Leasingverhältnis zugrunde liegende Zins ist nach IAS 17.4 der interne Zinsfuß der Leasingzahlungen. Dieser bestimmt sich zu Beginn des Leasingverhältnisses wie folgt: Es wird der Diskontierungssatz ermittelt, bei dem die Summe der Barwerte der Mindestleasingzahlungen und der Barwert des nicht garantierten Restwertes dem beizulegenden Zeitwert des Leasinggegenstandes entsprechen. Dieser interne Zinsfuß gibt eine Art Effektivverzinsung des Leasingverhältnisses an.

Der dem Leasingverhältnis zugrunde liegende Zins

Über eine Maschine wird am 1.1.2007 ein Leasingvertrag mit einer Laufzeit von drei Jahren abgeschlossen. Zu diesem Zeitpunkt hat die Maschine einen beizulegenden Zeitwert von 30 T€. Jährliche nachschüssige Leasingzahlungen von 12 T€ sind vereinbart. Die Maschine wird keinen Restwert mehr haben.

Beispiel 21.2

Lösung
Der interne Zinsfuß (r) ergibt sich allgemein nach Auflösung folgender Berechnungsformel:

$$-a_0 + \sum_{t=1}^{n} c_t (1+r)^{-t} = 0$$

mit a_0 als beizulegendem Zeitwert der Maschine, c_t als Folgezahlungen einschließlich Restwert und n als Anzahl der Perioden. Unter Verwendung der konkreten Zahlen ergibt sich mit Hilfe eines iterativen Verfahrens unter Auflösung der Gleichung

$$-30.000 + (12.000\ (1 + r)^{-1} + 12.000\ (1 + r)^{-2} + 12.000\ (1 + r)^{-3}) = 0$$

ein interner Zinsfuß r von 9,7 %. Dies ist der dem Leasingverhältnis zugrunde liegende Zins. Wird mit diesem Zins der Barwert der Mindestleasingzahlungen berechnet, entspricht dieser Barwert nahe liegender Weise dem beizulegenden Zeitwert. Unterschiede zwischen diesen beiden Wertansätzen können indes entstehen, wenn z.B. der Grenzfremdkapitalzinssatz des Leasingnehmers zur Barwertberechnung herangezogen wird.

Grenzfremdkapitalzinssatz des Leasingnehmers

Der alternativ heranzuziehende Grenzfremdkapitalzinssatz des Leasingnehmers stellt hingegen eine Art Opportunitätszinssatz des Leasingnehmers dar. Hierunter wird derjenige Zinssatz verstanden, den der Leasingnehmer bei einem anderen Dritten für ein vergleichbares Leasingverhältnis zahlen müsste. Die Festlegung eines derartigen Zinssatzes ist regelmäßig nicht frei von Ermessensspielräumen. Sofern dieser Satz überhaupt nicht ermittelbar ist, muss ein vergleichbarer Fremdkapitalzinssatz für einen Kreditbetrag mit gleicher Fristigkeit und gleicher Sicherheit herangezogen werden.

Anfängliche direkte Kosten

Um das Leasingverhältnis zu begründen, fallen oft Kosten z.B. für Verhandlungen, Rechtsberatung und Verträge an. Sofern diese dem Leasingverhältnis direkt zugeordnet werden können, müssen sie dem geleasten Vermögenswert zugerechnet und mit aktiviert werden (IAS 17.24). IAS 17.4 bezeichnet sie als anfängliche direkte Kosten.

3.2.1.2 Erstbewertung beim Leasinggeber

Nettoinvestitionswert aus dem Leasingverhältnis

Auf Seiten des Leasinggebers ist im Zuge der Erstbewertung die Forderung gegenüber dem Leasingnehmer zu ermitteln. Gemäß IAS 17.36 muss diese Forderung in Höhe des Nettoinvestitionswertes aus dem Leasingverhältnis gebildet werden. Obwohl IAS 17 damit wieder eine neue Wertkategorie einführt, unterscheidet sich diese nicht grundlegend von denjenigen Werten, die für den Leasingnehmer bei der Erstbewertung verpflichtend sind. Die Bruttoinvestition ist die Summe der bereits bekannten Mindestleasingzahlungen und der dem Leasinggeber zuzurechnende vom Leasingnehmer nicht garantierte Restwert. Die Differenz zwischen Brutto- und Nettoinvestitionswert, der sich durch die Abzinsung des Bruttoinvestitionswertes mit dem internen Zinsfuss des Leasinggebers ergibt, wird als nicht realisierter Finanzertrag bezeichnet. Der Barwert der Bruttoinvestition stellt also den Nettoinvestitionswert dar. Durch das Abstellen auf den Nettoinvestitionswert wird somit aus Sicht des Leasinggebers der noch nicht realisierte Finanzertrag erst einmal abgezogen und erst im Zeitablauf vereinnahmt.

Der Unterschied zwischen Barwert der Mindestleasingzahlungen einerseits und Nettoinvestitionswert andererseits liegt im Wesentlichen im Restwert begründet, der bei der Nettoinvestition insgesamt – einschließlich auch des nicht garantierten Anteils – berücksichtigt wird, während beim Barwert der Mindestleasingzahlungen nur der garantierte Teil zu berücksichtigen ist. Der Nettoinvestitionswert entspricht häufig dem beizulegenden Zeitwert des Leasinggegenstandes. Abweichungen können sich z.B. ergeben, wenn der beizulegende Zeitwert nicht auf Basis eines abgezinsten Zahlungsflusses ermittelt wird oder wenn bei seiner Ermittlung außer Leasingzahlungen und Restwerten noch weitere Zahlungen, wie z.B. bedingte Mietzahlungen, berücksichtigt werden.

> **Beispiel 21.3**
>
> Der Leasinggeber einer Maschine erhält im Rahmen eines zweijährigen Leasingvertrages pro Jahr 25 T€. Der dem Leasingverhältnis zugrunde liegende Zinssatz beträgt 8 % (interner Zinsfuß bei einem beizulegenden Zeitwert von 48.868 €). Unter Berücksichtigung der zu erwartenden Nutzung hat die Maschine nach der Vertragslaufzeit einen wahrscheinlichen Restwert von 5 T€. Der Leasingnehmer hat gegenüber dem Leasinggeber aber diesbezüglich eine Garantieverpflichtung für nur 3 T€ übernommen. Verlängerungs- oder Kaufoptionen sind nicht vereinbart; die Maschine fällt nach Ende der Laufzeit an den Leasinggeber zurück.
>
> **Lösung**
> Die Bruttoinvestition in das Leasingverhältnis beträgt 55 T€. Die Nettoinvestition beträgt 48.868 € (25.000/1,08 + 25.000/1,08^2 + 5.000/1,08^2). Der Differenzbetrag von 6.132 € kann aus Sicht des Leasinggebers als noch nicht realisierter Finanzertrag interpretiert werden. Der Restwert ist dem Leasinggeber insgesamt zuzurechnen, obwohl dieser einen nicht garantierten Teil von 2 T€ enthält (für Leasinggeber relevante Wertkategorie).
> Der Barwert der Mindestleasingzahlungen beträgt 47.154 € (25.000/1,08 + 25.000/1,08^2 + 3.000/1,08^2). Der Unterschied zur Nettoinvestition ist durch den diskontierten Unterschied im Restwert begründet (für Leasingnehmer relevante Wertkategorie).

Sollten dem Leasinggeber anfängliche direkte Kosten entstehen, so sind diese dem Wertansatz der Forderung gemäß IAS 17.38 hinzuzufügen. Auch der dem Leasingverhältnis zugrunde liegende Zins berücksichtigt diese Kosten des Leasinggebers. Bei der Berechnung des internen Zinsfußes müssen die abgezinsten Leasingzahlungen und Restwertbeträge der Summe aus beizulegendem Zeitwert und anfänglichen direkten Kosten entsprechen (IAS 17.4).

Anfängliche direkte Kosten

> **Beispiel 21.4**
>
> Eine Produktionsanlage mit einem beizulegenden Zeitwert von 1 Mio. € wird für fünf Jahre geleast (Finanzierungsleasing). Jährliche Leasingzahlungen von 230 T€ werden vereinbart. Der nicht garantierte und dem Leasinggeber zustehende Restwert wird auf 100 T€ geschätzt. Für eine aufwendige Rechtsberatung durch ein auf das Leasingrecht spezialisiertes Anwaltsteam und die gesamten sonstigen Vertragsverhandlungen fallen weitere 74 T€ beim Leasinggeber an.

Lösung
Die Bruttoinvestition in das Leasingverhältnis beträgt 1,25 Mio. € (5 · 230 T€ + 100 T€). Der dem Leasingverhältnis zugrunde liegende Zins (r) beträgt 5 % und ermittelt sich aus der folgenden Gleichung:

$$-1.074.000 + (230.000 \cdot (1+r)^{-1} + 230.000 \cdot (1+r)^{-2} + 230.000 \cdot (1+r)^{-3}$$
$$+ 230.000 \cdot (1+r)^{-4} + 330.000 \cdot (1+r)^{-5} = 0$$

Der Nettoinvestitionswert ist also mit 1.074.000 € zu beziffern und übersteigt damit den beizulegenden Zeitwert der Produktionsanlage, da die anfänglichen direkten Kosten ebenfalls Bestandteil des Nettoinvestitionswertes sind. Die anfänglichen direkten Kosten reduzieren somit über die Laufzeit des Vertrages die insgesamt anfallenden Finanzerträge um 74 T€ auf 176 T€ (Differenz zwischen Brutto- und Nettoinvestitionswert).

3.2.2 Operating-Leasingverhältnis

Erstbewertung beim Leasinggeber

Fragen der Erstbewertung stellen sich beim Operating-Leasingverhältnis nur für den Leasinggeber, der den Leasinggegenstand zu aktivieren und zu bewerten hat. Wie jeder normale Vermögenswert wird der Leasinggegenstand entsprechend seiner Eigenschaft als materieller bzw. immaterieller Wert nach den jeweiligen Standards bewertet. Bei der Erstbewertung sind regelmäßig die Anschaffungs- oder Herstellungskosten heranzuziehen.

3.3 Folgebewertung

3.3.1 Finanzierungsleasing

3.3.1.1 Folgebewertung beim Leasingnehmer

Wie bei einem normalen kreditfinanzierten Kauf tritt die Ergebniswirkung auch bei der Leasingbilanzierung des Leasingnehmers erst in den Folgeperioden ein: Der aktivierte Gegenstand wird in der Regel abgeschrieben und die passivierte Verbindlichkeit wird verzinst und getilgt. Abschreibungen und Finanzierungskosten sind Aufwand. Die Tilgung reduziert ergebnisneutral die Leasingverbindlichkeit. Zu buchen ist damit:

    Abschreibung   an   Vermögenswert
    Finanzaufwand und Leasingverbindlichkeit   an   Bank

Um so verfahren zu können, sind folgende Fragen zu klären:
- Nach welcher Abschreibungsmethode und über welchen Zeitraum ist der Leasinggegenstand abzuschreiben?
- Nach welcher Methode und über welchen Zeitraum ist die Leasingverbindlichkeit aufzulösen, d.h. zu tilgen?

- Wie hoch sind die Finanzierungskosten und wie sind sie zeitlich zu verteilen?
- Wie sind die regelmäßigen Leasingzahlungen in diesem Zusammenhang zu behandeln?

Abschreibungsmethode

Bei der Frage nach der Abschreibungsmethode verweist IAS 17.27 auf die allgemeinen Grundsätze zur planmäßigen Abschreibung langfristiger Vermögenswerte. Diese sind für materielle Vermögenswerte in IAS 16 und für immaterielle in IAS 38 festgelegt. Als normaler Vermögenswert unterliegt der aktivierte Leasinggegenstand auch der Möglichkeit zusätzlicher (außerplanmäßiger) Wertminderungen. Diese sind gegeben, wenn der künftige wirtschaftliche Nutzen unter den Buchwert des Leasinggegenstandes fällt. Die Vorgehensweise und bilanzielle Berücksichtigung einer Wertminderung richtet sich nach IAS 36. Der Leasingnehmer hat also den Leasinggegenstand in Übereinstimmung mit den Grundsätzen abzuschreiben, die auch für die übrigen von ihm aktivierten Vermögenswerte gelten.

Abschreibungszeitraum

Der ursprünglich aktivierte Wert des Leasinggegenstandes ist planmäßig auf die Perioden der erwarteten Nutzung zu verteilen. Nach IAS 17.27 und 17.28 ist dies die voraussichtlich verbleibende wirtschaftliche Nutzungsdauer des Leasinggegenstandes, sofern ein Übergang des rechtlichen Eigentums nach Ablauf des Leasingvertrages vereinbart wurde. Ist dieser Übergang zu Beginn des Leasingverhältnisses nicht vereinbart oder nicht hinreichend sicher, ist der Leasinggegenstand entweder über die Laufzeit des Leasingvertrages oder die verbleibende wirtschaftliche Nutzungsdauer abzuschreiben, je nachdem welcher der beiden Zeiträume der kürzere ist (Abbildung 21.2).

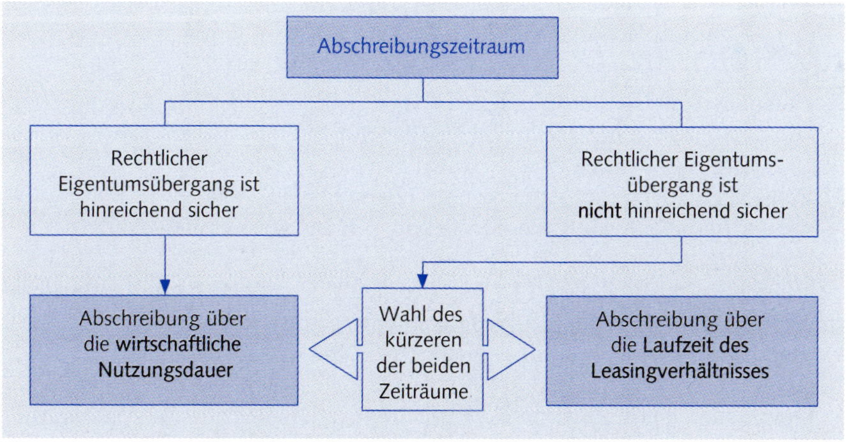

Abb. 21.2: Abschreibungszeitraum beim Finanzierungsleasing

Beispiel 21.5

Variante 1
Die Produktion AG hat eine Maschine für fünf Jahre geleast. Der Standardleasingvertrag enthält keine Bestimmung hinsichtlich eines späteren Eigentumsübergangs. Zu Beginn des Leasingverhältnisses war die Maschine bereits gebraucht und hatte noch eine wirtschaftliche Restnutzungsdauer von etwa sechs Jahren.

Lösung
Die Maschine ist über fünf Jahre abzuschreiben.

Variante 2
Die Produktion AG hat eine Maschine für fünf Jahre geleast und einen späteren Eigentumsübergang vereinbart. Zu Beginn des Leasingverhältnisses war die Maschine bereits gebraucht und hatte noch eine wirtschaftliche Restnutzungsdauer von etwa sechs Jahren.

Lösung
Die Maschine ist über sechs Jahre abzuschreiben.

Variante 3
Die Produktion AG hat eine gebrauchte Maschine mit einer wirtschaftlichen Restnutzungsdauer von etwa sechs Jahren geleast. Um die jährliche Belastung zu reduzieren, hat die Produktion AG im Rahmen eines Standardleasingvertrages auf einer Vertragslaufzeit von acht Jahren bestanden.

Lösung
Die Maschine ist über sechs Jahre abzuschreiben.

Aufteilung der Leasingzahlungen

Nachdem nun geklärt wurde, wie und über welchen Zeitraum der Leasinggegenstand abzuschreiben ist, werden die jährlichen Leasingzahlungen näher betrachtet. Aus Sicht des Leasingnehmers haben diese zwei Aufgaben:
- Begleichung der Finanzierungskosten (Zinsaufwand) und,
- mit dem darüber hinausgehenden Betrag, Tilgung der Verbindlichkeit.

Leasingzahlungen sind nach IAS 17.25 in den Tilgungsanteil und die Finanzierungskosten aufzuspalten. Beide Bestandteile werden so über die Laufzeit des Leasingverhältnisses verteilt. Fraglich ist nur, wie diese Aufteilung zu erfolgen hat.

Die Summe der jährlichen Tilgungsbeträge muss am Ende der Vertragslaufzeit gleich der anfänglich eingebuchten Verbindlichkeit sein. Damit ist sichergestellt, dass die Verbindlichkeit vollständig getilgt ist. Die darüber hinausgehenden Zahlungen sind Zinsaufwendungen. Diese Differenz entspricht dem Betrag, um den die Mindestleasingzahlungen bei der Berechnung der Leasingverbindlichkeiten abgezinst werden.

> Über eine Maschine wird ein Leasingvertrag mit einer Laufzeit von drei Jahren abgeschlossen. Die Maschine hat zu diesem Zeitpunkt einen beizulegenden Zeitwert von 30 T€ (der Barwert der Mindestleasingzahlungen ist nicht niedriger) und eine wirtschaftliche Nutzungsdauer von ebenfalls drei Jahren. Jährliche Leasingzahlungen von 12 T€ sind vereinbart.
>
> **Lösung**
> Der Tilgungsbetrag beläuft sich auf insgesamt 30 T€. Die Finanzierungskosten betragen insgesamt 6 T€ (36 T€ – 30 T€).

Beispiel 21.6[4]

Die Finanzierungskosten und die korrespondierende Tilgung müssen periodisiert werden. IAS 17.25 gibt hier als Leitlinie vor, die Finanzierungskosten so über die Perioden zu verteilen, dass auf die verbliebene Restverbindlichkeit immer ein konstanter Zinssatz angewendet wird (Effektivzinsmethode). Damit ist erneut der interne Zinsfuß der Zahlungsreihe zu berechnen, die sich aus einer Einzahlung zu Beginn (Wertansatz des Leasinggegenstandes) und späteren Auszahlungen (Leasingzahlungen) zusammensetzt.

Zeitliche Verteilung von Tilgung und Finanzierungskosten

> Wie sind nun die 6 T€ Finanzierungskosten in obigem Beispiel zu verteilen?
>
> **Lösung**
> Die Zahlungsreihe +30.000, -12.000, -12.000, -12.000 hat den internen Zinsfuß von 9,7 %. Mit diesem Zins ergeben sich die folgenden Werte:
>
> | Jahr | Verbindlichkeit zum 01.01 | Zahlung | Finanzierungskosten | Tilgung |
> |---|---|---|---|---|
> | 1 | 30.000 | 12.000 | **2.910** (30.000 · 0,097) | 9.090 |
> | 2 | 20.910 | 12.000 | **2.029** (20.910 · 0,097) | 9.971 |
> | 3 | 10.939 | 12.000 | **1.061** (10.939 · 0,097) | 10.939 |
> | Summe | | 36.000 | **6.000** | 30.000 |
>
> Die Bedingung von IAS 17.25 wäre erfüllt, da sich die Finanzierungskosten aus der jeweiligen Restverbindlichkeit mit dem konstanten Zins von 9,7 % ergeben.

Beispiel (Fortsetzung von Beispiel 21.6)

Nach IAS 17.26 können diese Berechnungen in der Praxis auch vereinfacht werden, indem Näherungsverfahren zur Anwendung kommen. Konkrete Verfahren werden dort jedoch nicht benannt.

Näherungsverfahren

Als Näherungsverfahren taugt evtl. die digitale Methode, die die Finanzierungskosten arithmetisch-degressiv auf die Perioden verteilt. Der Verteilungsfaktor ergibt sich hierbei als Quotient aus der Summe der Jahresziffern der Ver-

Digitale Methode

---

[4] Vgl. auch das umfassende Beispiel in *Kirsch*, IAS-Kommentar, IAS 17, Tz. 43-53.

tragslaufzeit (Nenner) und den einzelnen Jahresziffern (Zähler). Angesichts des degressiven Charakters wird mit der höchsten Jahresziffer im Zähler begonnen.

Beispiel (Fortsetzung von Beispiel 21.6)

Wie sind die 6 T€ Finanzierungskosten vereinfacht nach der digitalen Methode zu verteilen?

Lösung
Bei einer Laufzeit des Leasingvertrages von drei Jahren ergibt sich ein Verteilungsschlüssel von 50 % (3/(1 + 2 + 3)) im ersten, 33,33 % (2/6) im zweiten und 16,67 % (1/6) im dritten Jahr. Es ergeben sich die folgenden Werte:

Jahr	Verbindlichkeit zum 01.01	Zahlung	Finanzierungskosten	Tilgung
1	30.000	12.000	**3.000** (6.000 · 0,5000)	9.000
2	21.000	12.000	**2.000** (6.000 · 0,3333)	10.000
3	11.000	12.000	**1.000** (6.000 · 0,1667)	11.000
Summe		36.000	**6.000**	30.000

Lineare Aufteilung

Völlig offen ist, ob lineare Aufteilungen noch als Näherungslösung im Sinne von IAS 17.26 akzeptiert werden. Hiernach werden die Finanzierungskosten unter Vernachlässigung jeder Verzinsung linear auf die Vertragslaufzeit verteilt.

Beispiel (Fortsetzung von Beispiel 21.6)

Es ergeben sich die folgenden Werte für eine lineare Verteilung:

Jahr	Verbindlichkeit zum 01.01	Zahlung	Finanzierungskosten	Tilgung
1	30.000	12.000	**2.000** (6.000/3)	10.000
2	20.000	12.000	**2.000** (6.000/3)	10.000
3	10.000	12.000	**2.000** (6.000/3)	10.000
Summe		36.000	**6.000**	30.000

Im Grundsatz dürfte gelten, dass die lineare Verteilung als Näherungslösung umso eher infrage kommt, je kürzer die Laufzeit des Leasingverhältnisses ist. IAS 17.29 stellt in diesem Zusammenhang klar, dass eine undifferenzierte Verbuchung der jährlichen Leasingzahlungen als Aufwand anstelle von Abschreibung und Zinsaufwand unangemessen ist. Abschreibung und Zinsaufwendungen dürften zusammengerechnet nur in Ausnahmefällen den Leasingzahlungen entsprechen. Daraus folgt übrigens, dass der Wertansatz für den aktivierten Leasinggegenstand demjenigen der Leasingverbindlichkeit – vorausgesetzt, es liegen keine anfänglichen direkten Kosten vor – nur zu Anfang entspricht. In der Regel entwickeln sich die beiden Wertansätze im Zuge der Folgebewertung unterschiedlich weiter und gleichen sich erst am Vertragsende wieder an.

3.3.1.2 Folgebewertung beim Leasinggeber

Korrespondierend zur Bilanzierung beim Leasingnehmer hat auch der Leasinggeber die während der Laufzeit des Leasingverhältnisses erhaltenen Zahlungen aufzuteilen:
- in eine Kapitalrückzahlung zur Rückführung der Forderung und
- in einen Finanzertrag als Vergütung für die Kapitalüberlassung.

Aufteilung der Leasingzahlungen

Daraus resultiert für ihn der Buchungssatz:
Bank   an   Forderungen
                                              Finanzertrag

Von der Idee her sind die Finanzerträge über die Laufzeit des Leasingverhältnisses zu verteilen. Maßstab dieser Verteilung ist nach IAS 17.39 eine konstante periodische Verzinsung der Forderung und damit der noch ausstehenden Nettoinvestition des Leasinggebers. Wie beim Leasingnehmer ist also auch beim Leasinggeber der dem Leasingverhältnis zugrunde liegende Zinssatz heranzuziehen. Dieser entspricht dem internen Zinsfuß der Zahlungsreihe, die sich – spiegelbildlich zum Leasingnehmer – aus einer Auszahlung zu Beginn (Nettoinvestition) und späteren Einzahlungen (insb. Leasingzahlungen) zusammensetzt.

Zeitliche Verteilung von Kapitalrückzahlung und Finanzertrag

Das schon bekannte Beispiel 21.6 wird wieder aufgegriffen: Über eine Maschine wird ein Leasingvertrag mit einer Laufzeit von drei Jahren abgeschlossen. Die Maschine hat zu diesem Zeitpunkt einen beizulegenden Zeitwert (=Nettoinvestitionswert) von 30 T€ und eine wirtschaftliche Nutzungsdauer von ebenfalls drei Jahren. Der Restwert nach Ablauf des Leasingverhältnisses ist 0. Jährliche Leasingzahlungen von 12 T€ sind vereinbart.

Lösung
Die Kapitalrückzahlung beläuft sich auf Seiten des Leasinggebers auf 30 T€ und die Finanzerträge auf 6 T€. Der interne Zinsfuß für den Leasinggeber entspricht natürlich dem des Leasingnehmers bei einer identischen, aber spiegelverkehrten Zahlungsreihe (-30.000 +12.000 +12.000 +12.000). Er beträgt 9,7 %. Die 6 T€ Finanzerträge verteilen sich wie folgt:

Jahr	Forderung zum 01.01.	Einzahlung	Finanzerträge	Kapitalrückzahlung
1	30.000	12.000	**2.910** (30.000 · 0,097)	9.090
2	20.910	12.000	**2.029** (20.910 · 0,097)	9.971
3	10.939	12.000	**1.061** (10.939 · 0,097)	10.939
Summe		36.000	**6.000**	30.000

Die Bedingung von IAS 17.39 wäre erfüllt, da sich die jeweilige Restforderung mit dem konstanten Zins von 9,7 % verzinst.

Näherungsverfahren nicht explizit zugelassen

Die Verwendung von Näherungsverfahren wird nach IAS 17 – anders als beim Leasingnehmer – nicht explizit zugelassen. In IAS 17.40 existiert lediglich ein Hinweis, wonach die Finanzerträge auf einer „planmäßigen und vernünftigen Grundlage" zu verteilen sind. Da diese Verteilung allerdings auf einer konstanten periodischen Verzinsung basieren soll, ist fraglich, ob und inwieweit Näherungsverfahren angewendet werden können. Es wäre allerdings nicht konsistent, die Verwendung von Näherungsverfahren dem Leasingnehmer zu gestatten, nicht jedoch dem Leasinggeber.

Restwertänderungen

Im Rahmen der Folgebewertung kann es dazu kommen, dass sich Einschätzungen bezüglich des Restwertes ändern. Nicht garantierte Restwerte, die zwangsläufig auf Schätzungen beruhen, sind deshalb regelmäßig zu überprüfen. Sollte eine Minderung des geschätzten, nicht garantierten Restwertes eintreten, muss die Ertragsverteilung gemäß IAS 17.41 berichtigt werden. Diese Berichtigung ist über die Laufzeit des Leasingverhältnisses zu verteilen. Der Berichtigungsbetrag, der sich auf bereits abgelaufene Perioden bezieht, ist unmittelbar ergebniswirksam zu erfassen.

Beispiel 21.8 (Modifizierung von Beispiel 21.7)

Schritt 1
Über eine Maschine wird ein Leasingvertrag mit einer Laufzeit von drei Jahren abgeschlossen. Die Maschine hat zu diesem Zeitpunkt einen beizulegenden Zeitwert (= Nettoinvestitionswert) von 30 T€ und eine wirtschaftliche Nutzungsdauer von drei Jahren. Der Restwert nach Ablauf des Leasingverhältnisses beträgt voraussichtlich 2 T€, der vom Leasingnehmer jedoch nicht garantiert ist. Jährliche Leasingzahlungen von 12 T€ sind vereinbart.

Lösung
Auf Seiten des Leasinggebers erhöht sich der Bruttoinvestitionswert um 2 T€ auf 38 T€. Der dem Leasingverhältnis zugrunde liegende Zins beträgt nunmehr 12,5 %. Bei gleichem Wertansatz der Forderung von 30 T€ ergibt sich nun gegenüber dem Ausgangsfall ohne Restwert ein insgesamt höherer Finanzertrag von 8 T€. Dieser ist folgendermaßen auf die Perioden zu verteilen:

Jahr	Forderung zum 01.01.	Forderung zum 31.12.	Einzahlung	Finanzerträge	Kapitalrückzahlung
1	30.000	21.739	12.000	**3.739** (30.000 · 0,12463)	8.261
2	21.739	12.448	12.000	**2.709** (21.739 · 0,12463)	9.291
3	12.448	2.000	12.000	**1.552** (12.448 · 0,12463)	10.448
Σ			36.000	**8.000**	30.000

Am Ende der dritten Periode steht noch eine Forderung in Höhe von 2 T€ in der Bilanz. Dies entspricht dem Restwert des Leasinggegenstandes, der an den Leasinggeber zurückfällt.

Schritt 2
Am Ende des zweiten Jahres wird nun im Rahmen der regelmäßigen Überprüfung festgestellt, dass der geschätzte Restwert am Ende der Vertragslaufzeit nur noch 1 T€ betragen wird.

Lösung

Jahr	Finanzerträge bei bisheriger Restwertschätzung	Finanzerträge bei korrigierter Restwertschätzung	Differenz im Jahr 1 (= Korrekturbedarf im Jahr 2)	Tatsächlich realisierter Finanzertrag
1	3.739 (30.000 · 0,12463)	3.331 (30.000 · 0,11105)	408	3.739
2	2.709 (21.739 · 0,12463)	2.369 (21.331 · 0,11105)	-408	1.961
3	1.552 (12.448 · 0,12463)	1.300 (11.700 · 0,11105)		1.300
∑	8.000	7.000		7.000

Die Verteilung der Finanzerträge ist nun so zu korrigieren, als ob die veränderte Schätzung bereits zu Beginn des Leasingverhältnisses bekannt gewesen wäre. Der korrigierte Bruttoinvestitionswert beträgt nun 37 T€. Der neue interne Zinssatz liegt bei 11,105 %. Im Vergleich zur bisherigen Verteilung der Finanzerträge ergibt sich folgende Veränderung: Im zweiten Jahr, dem Jahr der Schätzänderung, wird bereits mit dem korrigierten Finanzertrag gerechnet (2.369 €). Um den „falsch" gebuchten Finanzertrag aus dem ersten Jahr auszugleichen, wird dieser jedoch um die Differenz aus dem ersten Jahr korrigiert (um 408 auf 1.961 €). In der dritten Periode ist dann nur noch der korrigierte Finanzertrag von 1.300 € zu realisieren.

3.3.2 Operating-Leasingverhältnis

Während der Laufzeit eines Operating-Leasingverhältnisses hat der Leasingnehmer die Leasingzahlungen als Aufwand zu erfassen.

Mietaufwand an Bank

Folgebewertung beim Leasingnehmer

Im Grundsatz lineare Aufwandsverteilung

Die Verteilung des Leasingaufwands auf die Vertragslaufzeit ist dabei unabhängig vom Zahlungsabfluss. Nach IAS 17.33 gilt hier im Grundsatz, dass der Aufwand linear über die Laufzeit zu verteilen ist. Dieser Vorgehensweise liegt letztlich das in IAS 1.25 und 1.26 festgeschriebene Konzept der Periodenabgrenzung zugrunde. Hiernach sollen die Leasingaufwendungen korrespondierend zu den entsprechenden Ertragsposten anfallen, die mit dem geleasten Vermögenswert erwirtschaftet werden. Da der Nutzenverlauf aber nicht immer linear sein muss, sieht IAS 17.33 als Ausnahme konsequenterweise eine Alternative zur linearen Verteilung vor. Wenn eine andere systematische Grundlage dem Verlauf der wirtschaftlichen Nutzung eher entspricht, ist diese anzuwenden.

Beispiel 21.9

Variante 1
Eine Maschine wird im Rahmen eines vierjährigen Operating-Leasingverhältnisses geleast und im Unternehmen eingesetzt. Weitere Informationen zur Nutzung dieser Maschine über die Laufzeit des Leasingverhältnisses liegen nicht vor.

Lösung
Die Aufwendungen sind linear auf die vierjährige Vertragslaufzeit zu verteilen.

Variante 2
Im Rahmen eines vierjährigen Operating-Leasingverhältnisses über eine Maschine nutzt der Leasingnehmer die Maschine im ersten Jahr sehr intensiv. In den Folgejahren ist ein jeweils abnehmender Nutzenverlauf geplant.

Lösung
Die Aufwendungen sind degressiv auf die Vertragslaufzeit zu verteilen.

Abgrenzung der Zahlungen

Da die Zahlungen von den jährlichen Aufwendungen abweichen können, müssen sie eventuell aktivisch (Zahlung übersteigt den Aufwand) oder passivisch (Aufwand übersteigt die Zahlung) abgegrenzt werden.

Beispiel 21.10

Im Rahmen eines Operating-Leasingverhältnisses mit einer vierjährigen Laufzeit wird eine mietfreie Zeit in den ersten zwei Jahren vereinbart. In diesen ersten Jahren nutzt der Leasingnehmer den Leasinggegenstand zudem sehr viel intensiver als in der Folgezeit.

Lösung
Durch die anfänglich intensivere Nutzung des Leasinggegenstandes verteilt der Leasingnehmer den Aufwand degressiv auf die vierjährige Laufzeit. Die mietfreie Zeit führt zudem in den ersten beiden Jahren zu einer passivischen Abgrenzung, die nach IFRS die Ansatzvoraussetzungen einer Schuld erfüllt. Durch die degressive Aufwandsverteilung fällt diese höher aus als bei einer linearen Verteilung.

Bei einem Operating-Leasingverhältnis hat der Leasinggeber den Leasinggegenstand in den Folgeperioden abzuschreiben und die Leasingzahlungen als Ertrag zu erfassen. Die Abschreibungen bemessen sich nach den üblichen Grundsätzen, die sich aus IAS 16, IAS 36 oder IAS 38 ergeben (IAS 17.53 und 17.54).

Folgebewertung beim Leasinggeber

Wie beim Leasingnehmer bemisst sich die Verteilung der Leasingerträge auf die Vertragslaufzeit nicht nach dem Zahlungsfluss. Dem Konzept der Periodenabgrenzung folgend sollen die Leasingerträge korrespondierend zu der wirtschaftlichen (Ab-)Nutzung des Leasinggegenstandes anfallen. Bei regelmäßig linearer Abschreibung sollen deshalb auch die Leasingerträge im Grundsatz linear verteilt werden, es sei denn, eine andere Systematik entspricht eher dem zeitlichen Verlauf des Nutzens für den Leasingnehmer. Spiegelbildlich zur Behandlung beim Leasingnehmer muss deshalb eventuell aktivisch oder passivisch abgegrenzt werden.

Ertragsverteilung

Beispiel 21.11

Im Rahmen eines vierjährigen Operating-Leasingverhältnisses über eine Maschine schreibt der Leasinggeber die aktivierte Maschine nach IAS 16 linear über eine zehnjährige Nutzungsdauer ab. Mit dem Leasingnehmer wird eine erhöhte Miete für das erste Jahr und reduzierte Mieten für die Folgejahre vereinbart.

Lösung
Bei einer linearen Verteilung der Leasingerträge hat der Leasinggeber einen Teil der erhaltenen Leasingzahlung des ersten Jahres passivisch abzugrenzen. In den drei Folgejahren ist die daraus erwachsene Schuld ergebniswirksam aufzulösen.

Analog zum Finanzierungsleasing ist zu beachten, dass anfängliche direkte Kosten, z.B. für Kommission, Vertragsabschluss oder Rechtsberatung, den Anschaffungs- oder Herstellungskosten des Leasinggegenstandes hinzuzurechnen sind. Sie verteilen sich damit durch die Abschreibungen ergebniswirksam über die Laufzeit des Leasingverhältnisses (IAS 17.52). Sonstige Kosten, die dem Leasinggeber während der Vertragslaufzeit im Zusammenhang mit dem Leasinggeschäft entstehen, werden unmittelbar als Aufwand verrechnet (IAS 17.51).

Anfängliche direkte Kosten und sonstige Kosten

In der Praxis ist es auch üblich, dass der Leasinggeber den Leasingnehmer über Anreize dazu bewegt, den Leasingvertrag abzuschließen. Derartige Anreizvereinbarungen, die z.B. eine Barzahlung oder die Übernahme von Kosten vorsehen können, müssen nach SIC 15.4-5 periodisiert werden. Aus Sicht des Leasinggebers sind die Kosten für Anreizvereinbarungen als Reduktion der Mieterträge linear über die Laufzeit des Leasingverhältnisses zu erfassen. Von der linearen Verteilung darf nur abgewichen werden, wenn eine andere systematische Periodisierungsmethode wirtschaftlich sinnvoller erscheint. Für den Leasingnehmer ergibt sich die umgekehrte Situation: er hat die erhaltenen Anreize über die Laufzeit von den Mietaufwendungen abzusetzen.

Anreizvereinbarungen

Zusammen-
fassung

Die gesamten Bilanzierungsregeln des IAS 17 zu Ansatz und Bewertung lassen sich abschließend in ihren wesentlichen Inhalten in Tabelle 21.2 zusammenfassen.

	Finanzierungsleasing	**Operating-Leasingverhältnis**
Leasing-nehmer	- Ansatz des Leasinggegenstandes zum beizulegenden Zeitwert oder niedrigeren Barwert der Mindestleasingzahlungen (IAS 17.20). - Simultaner Ansatz einer Schuld (IAS 17.20). - Abschreibung des Leasinggegenstandes nach den einschlägigen Vorschriften, z.B. IAS 16, über wirtschaftliche Nutzungsdauer oder Laufzeit des Leasingverhältnisses (IAS 17.27). - Leasing(aus)zahlungen sind in Tilgungsanteil und Finanzierungskosten aufzuteilen (IAS 17.25).	- Leasing(aus)zahlungen sind vom Zahlungszeitpunkt unabhängig als Aufwand zu erfassen. Evtl. entsteht dadurch ein Abgrenzungsbedarf. Im Grundsatz verteilt sich der Aufwand linear über die Laufzeit des Leasingverhältnisses, es sei denn, ein anderer wirtschaftlicher Nutzungsverlauf des Leasinggegenstandes ist nachweisbar (IAS 17.33).
Leasing-geber	- Ansatz einer Forderung zum Nettoinvestitionswert (IAS 17.36). - Leasing(ein)zahlungen sind in Kapitalrückzahlung und Finanzertrag aufzuteilen (IAS 17.37, 17.39).	- Ansatz des Leasinggegenstandes entsprechend der einschlägigen Vorschriften, z.B. IAS 16 (IAS 17.49). - Abschreibung des Leasinggegenstandes nach den einschlägigen Vorschriften über die wirtschaftliche Nutzungsdauer (IAS 17.53). - Leasing(ein)zahlungen sind vom Zahlungszeitpunkt unabhängig als Ertrag zu erfassen. Evtl. entsteht dadurch ein Abgrenzungsbedarf. Im Grundsatz verteilt sich der Ertrag linear über die Laufzeit des Leasingverhältnisses, es sei denn, ein anderer wirtschaftlicher Verzehr des Leasinggegenstandes ist nachweisbar (IAS 17.50).

Tab. 21.2: Ansatz- und Bewertungsregeln von IAS 17 im Überblick

Exkurs
Abkehr vom „all or nothing approach"

Überlegungen des IASB zur künftigen Leasingbilanzierung
Die bilanzielle Zweiteilung in Finanzierungsleasing und Operating Leasing ist seit Jahrzehnten Gegenstand heftiger Kritik. Schließlich werden Leasingverträge häufig so gestaltet, dass Leasinggegenstände und vor allem die korrespondierenden Verbindlichkeiten nicht in der Bilanz des Leasingnehmers erscheinen. Dies ist möglich, weil IAS 17 wie viele andere Rechnungslegungssysteme einem „all or nothing approach" folgt, nach dem ein Vertrag entwe-

der vollständig in der Bilanz des Leasingnehmers erscheint (Finanzierungsleasing) oder ebenso vollständig aus ihr verbannt wird (Operating Leasing). Diese zielgerichtete Gestaltung der Leasingverträge ist aus Sicht der ökonomischen Theorie eine rationale „Ausweichhandlung der Regulierten", bei der es darum geht, die Klassifikationskriterien des Finanzierungsleasings erfolgreich zu umgehen, um insbesondere die bilanzielle Verschuldung und entsprechende Kennzahlen nicht zu erhöhen. Das IASB hat in IAS 17 allerdings versucht, entsprechende Ausweichhandlungen mit weiter gefassten und interpretationsfähigen Klassifikationskriterien, die den ökonomischen Gehalt der Transaktion in den Vordergrund stellen, zumindest zu erschweren. Das Ergebnis bleibt mit Hinweis auf die vielen Gestaltungsspielräume unbefriedigend. Zudem betont auch das IASB, dass nicht alle entscheidungsrelevanten Informationen durch die gegenwärtige Form der Bilanzierung abgebildet werden.

Konsequenterweise hat das IASB entschieden, ein Leasing-Projekt auf die Agenda zu nehmen, dessen Ergebnisse IAS 17 in Zukunft ersetzen sollen. Vorarbeiten auf diesem Gebiet existieren bereits seit Mitte der 1990er Jahre, als die Standardsetter aus Australien, Großbritannien, Kanada, Neuseeland und den USA sowie das IASC als Vorgängerinstitution des IASB in der sog. G4+1-Gruppe die Verbesserung der Leasingbilanzierung diskutierten. Unter Verzicht auf die heutige Unterteilung in Finanzierungs- und Operating Leasing sollen ihren Vorstellungen zufolge alle Leasingverträge einem identischen Prinzip folgend bilanziert werden: Unabhängig von der Frage des wirtschaftlichen Eigentums sollen alle Leasingverträge im Prinzip wie das heutige Finanzierungsleasing bilanziert werden. Dabei wird auf der Aktivseite in der Bilanz des Leasingnehmers grundsätzlich ein immaterielles Nutzungsrecht angesetzt, dem eine korrespondierende Verbindlichkeit auf der Passivseite gegenüber steht. In der konkreten Ausgestaltung führt das zu einer generellen Aktivierung (Nutzungsrecht) und Passivierung (Leasingverbindlichkeit) aller kapitalisierten Mindestleasingzahlungen.

Leasingbilanzierung künftig einheitlich „on balance sheet"

Diese Vorgehensweise, die das IASB derzeit erneut diskutiert, hat mehrere Effekte auf die Bilanz und Gesamterfolgsrechnung insbesondere in den Fällen, in denen heute nach IAS 17 noch ein bilanzunwirksames Operating-Leasingverhältnis identifiziert wird. Bei Vertragsabschluss erfolgt eine Bilanzverlängerung, die sich in der höheren immateriellen Vermögensposition und der höheren Verschuldung konkretisiert. Die Auswirkungen auf die Rendite, z.B. gemessen am Return on Capital Employed (ROCE), erscheinen erst einmal negativ, da sich die Kapitalbasis erhöht. Allerdings sind zwei relativierende Ergebniseffekte zu beachten: Anstelle des eher konstanten Aufwandsverlaufs beim Operating Leasing, der mit dem häufig unterstellten linearen Nutzungsverlauf des Leasinggegenstandes korrespondiert, werden Aufwendungen bei der Kapitalisierungsvariante stärker in frühere Perioden verlagert. Folgt auch die Abschreibung des Nutzungsrechts der linearen Methode, ist hierfür einzig der Zinseffekt verantwortlich, weil der Zinsaufwand mit zunehmender Tilgung der Verbindlichkeit abnimmt. Neben dieser zeitlichen Ergebnisverschiebung existiert auch eine gliederungstechnische Veränderung. Auch hierfür ist der Zinseffekt verantwortlich. Ein Teil des vormaligen (Miet-)Aufwands berührt nun als Zinsaufwand das Finanzergebnis und belastet insofern nicht mehr das EBIT und damit die ROCE-Zählergröße.

Ungelöste Probleme

Die Zukunft der Leasingbilanzierung ist trotz dieses Vorschlags noch völlig offen. Fraglich ist z.B., welchen lobbyistischen Einfluss die Unternehmen gegen die Abschaffung des „off balance sheet financing" mobilisieren werden. Fraglich ist auch, ob die Hinwendung zu einer stärkeren Nutzungsrechtorientierung im Sinne der „property rights theory" die traditionellen Säulen der eher gegenständlichen Bilanzierung untergräbt. Auch steht mit der Bilanzwirksamkeit des Operating Leasing zwangsläufig die Nichtbilanzierung anderer schwebender, auf einen fortwährenden Leistungsaustausch ausgerichteter Dauerschuldverhältnisse (z.B. „normale", unbefristete Mietverträge mit Kündigungsrecht) generell zur Disposition. Unklar ist zudem die bilanzielle Behandlung beim Leasinggeber. Völlig offen erscheint auch die Behandlung der für Leasingverträge typischen optionalen Vertragskomponenten wie z.B. Verlängerungs- oder Kündigungsoptionen. Die konkrete Zukunft der Leasingbilanzierung bleibt deshalb mit Spannung abzuwarten. Erste Weichenstellungen in dieser Entwicklung könnten einem Diskussionspapier zu entnehmen sein, das für das erste Quartal des Jahres 2009 geplant ist.

4 Sonderprobleme des Leasing

4.1 Hersteller oder Händler als Leasinggeber

Unterstellung eines Verkaufsgeschäftes

Handelt es sich beim Leasinggeber um einen Händler oder um den Hersteller des Leasinggegenstandes, so wird das Leasinggeschäft zunächst auch hier nach den üblichen Kriterien klassifiziert. Besonderheiten existieren jedoch bei der Bilanzierung. Oft kommt es vor, dass Hersteller und Händler ihren Kunden das Produkt-Leasing alternativ zum Kauf anbieten. Sofern hier die Bedingungen eines Finanzierungs-Leasingverhältnisses gegeben sind (dies dürfte der Regelfall sein), zwingt IAS 17 diese Leasinggeber dazu, ein Veräußerungsgeschäft, und zwar einen Ratenkauf im Jahresabschluss abzubilden. Die Entscheidung zwischen Kauf oder Leasinggeschäft soll keine Auswirkungen auf die bilanzielle Abbildung beim Leasinggeber/Verkäufer haben.

Damit hat der Leasinggeber zwei Arten von Ertrag:
- den bei Leasinggeschäften üblichen Finanzertrag, der auf die Laufzeit des Leasingverhältnisses verteilt wird, und
- die bei Verkaufsgeschäften übliche Marge zwischen den Produktionskosten bzw. dem Einkaufspreis und dem Verkaufspreis, der sofort ergebniswirksam zu erfassen ist.

Beispiel 21.12

Kunde König kommt zum Autohändler Stern-Stuttgart und informiert sich über ein Auto der neuen D-Klasse. Nach kurzer Beratung entschließt er sich begeistert, dieses Auto künftig fahren zu wollen. Wegen einer gerade durchgeführten Sanierung seines Eigenheims hat König Liquiditätsengpässe und will das Auto im Rahmen eines langjährigen Leasingvertrages über dessen komplette Nutzungsdauer leasen.

Lösung
Der Autohändler Stern-Stuttgart hat als Leasinggeber bilanziell ein Veräußerungsgeschäft (Ratenkauf) abzubilden. Neben seiner üblichen Gewinnspanne bei einem Auto der D-Klasse freut er sich auch über den jährlichen Finanzertrag aus dem Leasinggeschäft.

Wie wird der Ratenkauf beim Leasinggeber nun konkret bilanziert? Der Leasinggeber hat das Verkaufsgeschäft nach der gleichen Methode zu bilanzieren, die er auch bei einem direkten Verkauf anwendet (IAS 17.42). So bucht er z.B. nach dem Umsatzkostenverfahren

Bilanzierung des Veräußerungsgeschäftes beim Leasinggeber

 Umsatzkosten   an   Fertige Erzeugnisse/ Waren
 Forderung   an   Umsatzerlöse

Damit läge in der Differenz zwischen den Umsatzkosten und den Umsatzerlösen der unmittelbar anfallende Verkaufserlös. Die Umsatzkosten bestimmen sich dabei nach IAS 17.44 durch

Umsatzkosten

- die Anschaffungs- bzw. Herstellungskosten des Leasinggegenstandes oder, falls abweichend,
- den Buchwert des Leasinggegenstandes abzüglich des Barwertes des nicht garantierten Restwertes.

Die Umsatzerlöse bestimmen sich durch

Umsatzerlöse

- den beizulegenden Zeitwert des Vermögenswertes oder, wenn niedriger,
- den Barwert der Mindestleasingzahlungen, berechnet auf der Grundlage eines marktüblichen Zinssatzes.

Die Verwendung des marktüblichen Zinssatzes hat einen einfachen Grund: Kunden werden oft mit sensationell niedrigen Finanzierungskosten zu einer Kauf- bzw. Leasingentscheidung verleitet. Eine Barwertberechnung auf der Basis dieses künstlich niedrigen Zinssatzes führte zwangsläufig zu einem unverhältnismäßig hohen Verkaufserlös. Da wirtschaftlich ein Verkaufsgeschäft und kein klassisches Leasinggeschäft vorliegt, werden auch anfängliche direkte Kosten des Händlers oder Herstellers sofort zu Beginn des Leasingverhältnisses als Aufwand verrechnet (IAS 17.46).

Marktüblicher Zinssatz

Beispiel (Fortsetzung von Beispiel 21.12)

Der Autohändler Stern-Stuttgart kauft ein Auto der D-Klasse für insgesamt 37 T€ ein. Anschließend wird mit dem Kunden König ein Leasingvertrag abgeschlossen. Vereinbart wird eine achtjährige Laufzeit und jährliche Zahlungen von 7 T€ bei einem günstigen Zins von etwa 1 %. Der Zins ist deshalb günstig, da der marktübliche Zins bei 6 % liegt. Der Händler hat anfängliche direkte Kosten in Höhe von 500 €. Nach Laufzeit des Leasingvertrages geht der Autohändler von einem (nicht garantierten) Restwert von etwa 3 T€ aus, der abgezinst auf den Beginn des Leasingverhältnisses 1.900 € beträgt. Latente Steuern bleiben unberücksichtigt.

Lösung

Die Umsatzkosten belaufen sich auf 35.100 € (Anschaffungskosten abzüglich des Barwertes des nicht garantierten Restwertes). Die anfänglichen direkten Kosten werden sofort ergebniswirksam verrechnet. Die Umsatzerlöse belaufen sich auf 43.470 €, berechnet als Barwert der Mindestleasingzahlungen auf der Grundlage des marktüblichen Zinses von 6 %. Es wird angenommen, dass dieser Barwert unter dem beizulegenden Zeitwert des Wagens liegt.

Buchungssätze für das erste Jahr:
Waren 37.000 €
Sonst. betr. Aufwand 500 € an *Bank* 37.500 €

Umsatzkosten 35.100 €
Restwertforderung 1.900 € an *Waren* 37.000 €

Forderung 43.470 € an *Umsatzerlöse* 43.470 €

Der abgezinste Restwert wird hier als Restwertforderung gebucht. Über die Vertraglaufzeit verzinst sich diese mit 6 % und wird bei Laufzeitende 3.000 € betragen[5]. Die Leasingzahlungen sind – wie gehabt – in Kapitalrückzahlung und Finanzertrag aufzusplitten (bei konstanter periodischer Verzinsung der Forderung).

Bank 7.000 € an *Forderung* 4.392 €
Finanzertrag 2.608 €

Restwertforderung 114 € an *Finanzertrag* 114 €
(1.900*6 %)

---

[5] Die Bilanzierung des nicht garantierten Restwertes lässt sich nicht eindeutig IAS 17 entnehmen. Alternativ wäre z.B. denkbar, diesem nicht garantierten Restwert die Vermögenswerteigenschaft gänzlich abzusprechen, ihn nicht anzusetzen und einen insoweit reduzierten Umsatzerlös (nur noch 41.570 €) zu buchen. Vgl. ähnlich *Alfredson, K. et al.*, Applying IFRS, S. 622-623.

Liegen hingegen die Voraussetzungen für ein Finanzierungsleasing nicht vor, verbleiben Risiken und Chancen beim Leasinggeber, so dass kein Verkauf vorliegt und auch kein Veräußerungsgeschäft im Jahresabschluss abzubilden ist. Der Händler oder Hersteller hat als Leasinggeber ein normales Operating-Leasingverhältnis zu bilanzieren.

Operating-Leasingverhältnis

Kunde König kommt zum Autohändler Stern-Stuttgart und informiert sich über ein Auto der neuen D-Klasse, das er nur für eine zweijährige Übergangsphase leasen möchte. Nach kurzer Beratung entschließt er sich begeistert zum Vertragsabschluss.

Beispiel 21.13

Lösung
Der Autohändler Stern-Stuttgart hat als Leasinggeber bilanziell ein normales Operating-Leasingverhältnis zu bilanzieren. Der Wagen der D-Klasse und anfängliche direkte Kosten sind zu aktivieren und über die Nutzungsdauer abzuschreiben (IAS 17.49 und 52). Die Leasingerträge sind auf die zweijährige Laufzeit des Leasingvertrages zu verteilen.

4.2 Sale-and-leaseback-Transaktionen

In der Unternehmenspraxis existieren Vertragskombinationen, die als Sale-and-leaseback-Transaktionen bezeichnet werden. Hierbei handelt es sich streng genommen um eine Kombination zweier Verträge:
- Kaufvertrag: Durch einen Kauf wechselt das rechtliche Eigentum an einem Vermögenswert.
- Leasingvertrag: Durch einen anschließenden Leasingvertrag über den gleichen Vermögenswert wird der ursprüngliche rechtliche Eigentümer zum Leasingnehmer. Er behält damit das Nutzungsrecht. Der neue rechtliche Eigentümer wird Leasinggeber.

Wie bei jedem sonstigen Leasingverhältnis ist auch hier das bestehende Leasingverhältnis in einem ersten Schritt nach den Kriterien von IAS 17 zu klassifizieren. In der Regel dürfte es sich um Finanzierungsleasingverhältnisse handeln, da Sale-and-leaseback-Transaktionen gerade das Ziel haben, nur das rechtliche, nicht jedoch das wirtschaftliche Eigentum abzugeben. Letzteres verbleibt also beim Verkäufer bzw. Leasingnehmer. Operating-Leasingverhältnisse sind jedoch nicht ausgeschlossen.

Finanzierungsleasing als Regelfall

Sale-and-leaseback-Verträge werden nun als Finanzierungs- und Operating-Leasingverhältnisse im Grundsatz genauso behandelt wie sonstige Leasingverhältnisse. Dies gilt auch für die Angabepflichten, in deren Rahmen insbesondere auch die Vertragsbedingungen der Sale-and-leaseback-Transaktion zu beschreiben sind. Lediglich einige Besonderheiten hinsichtlich der Behandlung des eventuell anfallenden Verkaufsgewinns sind zu beachten. Dies resultiert aus

Besonderheiten nur bei der Behandlung des Verkaufsgewinns

Abgrenzung des Verkaufsgewinns

der Erkenntnis, dass der Verkaufspreis normalerweise gemeinsam mit den Leasingzahlungen festgelegt wird und ein Zusammenhang wahrscheinlich ist.

Sind Sale-and-leaseback-Transaktionen als Finanzierungsleasingverhältnisse ausgestaltet, handelt es sich um eine reine Kreditfinanzierung durch den Leasinggeber. Das rechtliche Eigentum an dem Leasinggegenstand dient ihm hierbei als Sicherheit. Da sich im wirtschaftlichen Vermögen des Leasingnehmers und Leasinggebers keine echten Veränderungen vollziehen, soll nach IAS 17.59 auch keine Veräußerung abgebildet werden. Stattdessen soll der Überschuss der Veräußerungserlöse über den Buchwert (Verkaufsgewinn) abgegrenzt und über die Laufzeit des Leasingverhältnisses ergebniswirksam verteilt werden. Der Verkaufsgewinn ist mit den künftigen Leasingzahlungen zu verrechnen. Fraglich ist jedoch, wie dieser Verkaufsgewinn genau über die Vertragslaufzeit zu verteilen ist. Um diese Frage zu beantworten, wird erst einmal unterstellt, dass der Verkaufspreis des Leasinggegenstandes dessen beizulegendem Zeitwert entspricht.

Bei einem ebenfalls unterstellten Finanzierungsleasing wird der Leasinggegenstand nach Verkauf und Abgrenzung des hierbei entstandenen Verkaufsgewinns zum beizulegenden Zeitwert oder, sofern niedriger, zum Barwert der Mindestleasingzahlungen aktiviert. Dieser Wertansatz übersteigt den vorherigen Buchwert und führt somit zu höheren Abschreibungen in den Folgeperioden. Die kumulierte Differenz zu den ursprünglichen Abschreibungen entspricht genau dem abgegrenzten Verkaufsgewinn. Die Auflösung dieses Abgrenzungspostens soll nun die Abschreibungsaufwendungen mindern, so dass in Summe die jährlichen Abschreibungen verbleiben, die ohne Sale-and-leaseback-Transaktion entstanden wären.

Beispiel 21.14

Die Produktion AG schließt mit der Finanzierung AG einen Sale-and-leaseback-Vertrag ab. Hiernach erwirbt die Finanzierung AG eine Maschine von der Produktion AG, die zeitgleich im Rahmen eines Leasingvertrages der Produktion AG zur Nutzung über die fünfzehnjährige Restnutzungsdauer überlassen wird. Die Maschine hat bei der Produktion AG zum Vertragszeitpunkt einen Buchwert von 100 T€, der beizulegende Zeitwert entspricht dem Veräußerungspreis in Höhe von 120 T€. Es werden jährliche Leasingzahlungen über die Laufzeit von 15 Jahren in Höhe von 14 T€ vereinbart. Die Maschine hat am Ende der Laufzeit keinen Wert mehr. Latente Steuern sind zu vernachlässigen.

Lösung

1. Leasingnehmer: Zuerst wird der Veräußerungsvorgang gebucht. Der Verkaufsgewinn in Höhe von 20 T€ wird zunächst nicht realisiert, sondern abgegrenzt.

Bank	120.000 €	an	Maschine	100.000 €
			abgegrenzter Gewinn	20.000 €

In einem zweiten Schritt wird das Leasinggeschäft verbucht. Hierfür muss der dem Leasingverhältnis zugrunde liegende (interne) Zins berechnet werden, der in diesem Beispiel ca. 8 % beträgt. Beim Leasingnehmer (Produktion AG) wird zu Beginn des Leasingverhältnisses eine Verbindlichkeit gemäß IAS 17.20 zu 120 T€ eingebucht. In entsprechender Höhe wird der Anlagegegenstand aktiviert. Buchungssatz zu Beginn des Leasingverhältnisses:
Maschine   an   Leasingverbindlichkeit   120.000 €

Am Jahresende wird nun der Leasinggegenstand über die erwartete Restlaufzeit abgeschrieben (120 T€ / 15 Jahre = 8 T€/Jahr). Gleichzeitig wird der abgegrenzte Gewinn erfolgswirksam aufgelöst (20 T€ / 15 Jahre = 1.333 € / Jahr). In Summe wird also eine jährliche Abschreibung in Höhe von 6.667 € verbucht, was der ursprünglichen Abschreibung entspräche (100 T€ / 15 Jahre = 6.667 €). Buchungssatz am Ende des ersten Jahres:
Abschreibung   an   Maschine   8.000 €

Abgegrenzter Gewinn   an   Abschreibung   1.333 €

Oder:
Abschreibung   6.667 €
Abgegrenzter Gewinn 1.333 € an Maschine   8.000 €

Die Leasingzahlungen werden mit Hilfe der Effektivzinsmethode (oder einer anderen opportunen Methode) in Tilgung und Zinsaufwand getrennt. Es fallen im ersten Jahr Zinsen in Höhe von 9.600 € (120 T€ · 8 %) an. Der Tilgungsanteil beträgt demnach 4.400 € (14.000 € – 9.600 €).
Leasingverbindlichkeit 4.400 €
Finanzaufwand   9.600 € an   Bank   14.000 €

2. Leasinggeber: Beim Leasinggeber (Finanzierung AG) wird ein „normales" Finanzierungsleasingverhältnis verbucht. Buchungssatz zu Beginn des Leasingverhältnisses:
Forderung   an   Bank   120.000 €

Buchungssatz am Ende des ersten Jahres:
Bank   14.000 € an   Forderung   4.400 €
*   Finanzertrag   9.600 €*

Sollte nun der Verkaufserlös über dem beizulegenden Zeitwert des Vermögensgegenstandes liegen, helfen IAS 17.59 und 17.60 nicht weiter. Diese Regeln bleiben unbestimmt. Ökonomisch dürfte in dieser Differenz jedoch ein weiteres Kreditgeschäft zu vermuten sein. Kein fremder Dritter wäre ansonsten bereit, einen derartigen Preis zu zahlen. Insofern erscheint es sinnvoll, die gesamte Spanne zwischen ursprünglichem Buchwert des Leasinggegenstandes und dessen Verkaufserlös in zwei Teile aufgespalten. Der erste Teil (beizulegender Zeitwert - Buchwert) wird als Verkaufsgewinn abgegrenzt, während der zweite Teil (Verkaufserlös - beizulegender Zeitwert) als Verbindlichkeit behandelt, d.h. in den Folgeperioden verzinst und getilgt wird.

Beispiel 21.15 (Modifikation von Beispiel 21.14)

Anstelle eines beizulegenden Zeitwertes in Höhe des Veräußerungspreises beträgt der beizulegende Zeitwert lediglich 110 T€; der Veräußerungspreis bleibt bei 120 T€.

Lösung

1. Leasingnehmer: Zuerst wird der Veräußerungsvorgang gebucht. Die Differenz zwischen Buchwert (100 T€) und Verkaufserlös (120 T€) wird in den abzugrenzenden Gewinn und das Kreditgeschäft aufgespalten.

Bank   120.000 €   an   *Maschine*   100.000 €
                                               abgegrenzter Gewinn   10.000 €
                                               Verbindlichkeit   10.000 €

In einem zweiten Schritt wird das Leasinggeschäft verbucht. Mangels Informationen über eventuell unterschiedliche Zinssätze wird für das gesamte Kreditgeschäft von 120 T€ ein interner Zinsfuß von erneut ca. 8 % berechnet. Das Finanzierungsleasingverhältnis wird nun bilanziert, indem die Maschine und die korrespondierende Leasingverbindlichkeit zu 110 T€ angesetzt werden.

Maschine   110.000 €   an   *Leasingverbindlichkeit*   110.000 €

Die Maschine muss nun jährlich um 7.333 € abgeschrieben werden. Dies geschieht analog zum vorhergehenden Beispiel unter ratierlicher Auflösung des abgegrenzten Gewinns. Die ursprünglichen Abschreibungsbeträge ohne Sale-and-leaseback-Transaktion bleiben damit erhalten.

Abschreibung   6.667 €
Abgegrenzter Gewinn   667 €   an   *Maschine*   7.333 €

Die gesamte Verbindlichkeit von 120 T€ wird in gewohnter Manier zurückgeführt, indem die Leasingzahlungen in Tilgungs- und Zinsanteil aufgespalten werden. Dabei wird in diesem Beispiel noch zwischen den beiden Kreditgeschäften (10 T€ und 110 T€) im Ausweis differenziert, obgleich angesichts der Zins- und Tilgungsidentität eine Zusammenfassung auch möglich erscheint.

Leasingverbindlichkeit   3.605 €
Verbindlichkeit   795 €
Finanzaufwand   9.600 €   an   *Bank*   14.000 €

2. Leasinggeber: Aus Sicht des Leasinggebers ändert sich nichts.

Obwohl Sale-and-leaseback-Transaktionen über die Abgrenzung des Verkaufsgewinns keine Ergebniswirkung entfalten, wirken sie sich auf das Vermögen des Leasingnehmers aus. Durch die Verbuchung des Verkaufs mit anschließendem Finanzierungsleasing werden stille Reserven beim Leasinggegenstand ergebnisneutral gehoben. Damit entstehen letztlich doch Veränderungen im wirtschaftlichen Vermögen des Leasingnehmers.

Im Gegensatz zum Finanzierungsleasing geht beim Operating-Leasingverhältnis das rechtliche und das wirtschaftliche Eigentum auf den Leasinggeber über. Nach IAS 17.61 ist ein Verkaufsgewinn aber nur in der Höhe anzunehmen, in der er auch in einem normalen Verkaufsgeschäft ohne anschließende Leasingvereinbarung zustande gekommen wäre. Daraus folgt: Wird die Transaktion zum beizulegenden Zeitwert getätigt, ist jeder daraus erwachsene Gewinn oder Verlust unmittelbar ergebniswirksam zu erfassen.

Operating-Leasingverhältnis

Falls es Abweichungen von dem beizulegenden Zeitwert gibt, sind diese über die voraussichtliche Nutzungsdauer des Leasinggegenstandes ergebniswirksam zu verteilen. Nur wenn der Verkaufspreis unter dem beizulegenden Zeitwert liegt und nicht durch entsprechend niedrigere Leasingzahlungen in Zukunft ausgeglichen wird, ist der daraus resultierende Verlust unmittelbar zu realisieren.

Abgrenzung

Ähnlich den Überlegungen beim Finanzierungsleasing dürfte auch bei einem Operating-Leasingverhältnis ein Kreditgeschäft zu vermuten sein, wenn der Verkaufspreis den beizulegenden Zeitwert des Leasinggegenstandes übersteigt. Konsequenterweise müsste hier wiederum eine Verbindlichkeit eingebucht werden, die in den Folgeperioden Zins- und Tilgungsleistungen erfordert. Die Bilanzierung eines Abgrenzungspostens, der z.B. linear aufgelöst wird, kann demgegenüber nur als Vereinfachungsregel interpretiert werden.

Es sei auf die vorherigen Beispiele verwiesen. Der beizulegende Zeitwert beträgt wieder 110 T€. Die nun auf 10 Jahre deutlich verkürzte Laufzeit des Leasingverhältnisses rechtfertigt nun ein Operating-Leasingverhältnis.

Beispiel 21.16 (Modifikation von Beispiel 21.14)

Lösung
Es wird ein Veräußerungsvorgang gebucht. Dessen Gewinn ist aber auf die Differenz von 10 T€ zwischen beizulegendem Zeitwert und Buchwert beschränkt. Der darüber hinausgehende Teil des Veräußerungspreises ist abzugrenzen. Hierbei wird der Einfachheit halber eine lineare Verteilung gewählt.

Es ergeben sich für den Leasingnehmer (Produktion AG) die folgenden Buchungssätze:

Buchungssatz zu Beginn des Leasingverhältnisses:
Bank   *120.000 €*   an   *Maschine*   *100.000 €*
                                         sonst. betriebl. Ertrag   *10.000 €*
                                         Abgrenzung (Verbindl.)   *10.000 €*

Es ist zu berücksichtigen, dass IAS 17.63 eine außerplanmäßige Abschreibung im Zeitpunkt des Verkaufs vorschreibt, wenn der beizulegende Zeitwert zum Bilanzstichtag bereits unter dem Buchwert liegt. Dies ist hier aber nicht der Fall.

Buchungssatz am Ende des ersten Jahres:
Mietaufwand 13.000 €
Schuld (Abgrenzung) 1.000 € an *Bank* 14.000 €

Für den Leasinggeber (Finanzierung AG) ergibt sich analog:

Buchungssatz zu Beginn des Leasingverhältnisses:
Maschine 110.000 €
Vermögenswert (Abgrenzung) 10.000 € an *Bank* 120.000 €

Buchungssatz am Ende des ersten Jahres:
Abschreibung an *Maschine* 7.333 €

Bank 14.000 € an *Finanzertrag* 13.000 €
Vermögenswert (Abgrenzung) 1.000 €

5 Angaben

5.1 Finanzierungsleasing

Angabepflichten beim Leasingnehmer

Neben den Informationen in der Bilanz und in der Gesamterfolgsrechnung sind weitere Informationen notwendig, um den Adressaten des Jahresabschlusses alle entscheidungsrelevanten Informationen zu liefern. Zu beachten ist, dass der Leasingnehmer beim Finanzierungsleasing als wirtschaftlicher Eigentümer je nach Art des betreffenden Leasinggegenstandes bereits den Angabepflichten von
- IAS 16 „Sachanlagen",
- IAS 36 „Wertminderung von Vermögenswerten",
- IAS 38 „Immaterielle Vermögenswerte",
- IAS 40 „Als Finanzinvestition gehaltene Immobilien" und
- IAS 41 „Landwirtschaft" unterliegt.

Zudem hat der Leasingnehmer den Angabepflichten von IFRS 7 „Finanzinstrumente: Angaben" zu folgen, da Leasingverhältnisse eine bestimmte Art von Finanzinstrument darstellen und die allgemeinen Pflichten des IFRS 7 damit neben die Spezialnorm IAS 17 treten (IAS 17.31). IAS 17.31 gibt darüber hinaus eine Reihe weiterer Angabepflichten vor. Anzugeben sind u.a.:

- Allgemeine Beschreibung der wesentlichen Leasingvereinbarungen des Leasingnehmers, die insbesondere die Modalitäten für eventuelle bedingte Mietzahlungen, Kauf- oder Verlängerungsoptionen, Preisanpassungsklauseln und auferlegte Beschränkungen umfassen soll.
- Nettobuchwert (ursprünglicher Wertansatz abzüglich der Abschreibungen) zum Bilanzstichtag je Klasse von Leasinggegenständen.
- Summe der Mindestleasingzahlungen zum Bilanzstichtag und für bestimmte Folgeperioden (bis zu einem Jahr, bis zu fünf Jahren, länger als fünf Jahre) sowie Überleitung auf deren Barwert.
- Summe der künftigen Mindestleasingzahlungen, deren Erhalt aufgrund unkündbarer Untermietverhältnisse am Bilanzstichtag erwartet wird.

Wie der Leasingnehmer hat auch der Leasinggeber bestimmte Angabepflichten zu beachten. Da er jedoch kein wirtschaftlicher Eigentümer des Leasinggegenstandes mehr ist und diesen auch nicht bilanziert, entfallen alle diesbezüglichen Angabepflichten. Es verbleiben die mit dem Leasingverhältnis an sich zusammenhängenden Angaben. Da Leasingverhältnisse eine bestimmte Art von Finanzinstrument darstellen, gelten erst einmal die

Angabepflichten beim Leasinggeber

- allgemeinen Angabepflichten von IFRS 7,
- die durch die Spezialvorschriften in IAS 17 ergänzt werden.

In IAS 17.47 werden u.a. folgende Angaben verlangt:
- Allgemeine Beschreibung der wesentlichen Leasingvereinbarungen des Leasinggebers.
- Überleitung von der Bruttogesamtinvestition zum Barwert der ausstehenden Mindestleasingzahlungen. Dies gilt für jede der Perioden bis zu einem Jahr, bis zu fünf Jahren und länger als fünf Jahre.
- Noch nicht realisierter Finanzertrag.
- Die nicht garantierten, zu Gunsten des Leasinggebers wahrscheinlich anfallenden Restwerte.

5.2 Operating-Leasingverhältnis

Den Leasingnehmer treffen auch bei einem Operating-Leasingverhältnis bestimmte Angabepflichten. Da er kein wirtschaftlicher Eigentümer des Leasinggegenstandes ist und diesen auch nicht bilanziert, entfallen alle diesbezüglichen Angaben. Es verbleiben die mit dem Leasingverhältnis an sich zusammenhängenden Angaben. Auch hier gelten bereits die Angabepflichten von IFRS 7, die durch Spezialvorschriften in IAS 17 ergänzt werden. Zudem werden insbesondere folgende Angaben verlangt (IAS 17.35):

Angabepflichten beim Leasingnehmer

- Allgemeine Beschreibung der wesentlichen Leasingvereinbarungen des Leasingnehmers.

- Summe der ausstehenden Mindestleasingzahlungen aus unkündbaren Operating-Leasingverhältnissen für jede der Perioden bis zu einem Jahr, bis zu fünf Jahren und länger als fünf Jahre.
- Summe der ausstehenden Mindestleasingzahlungen, die aufgrund unkündbarer Untermietverhältnisse zum Bilanzstichtag erwartet werden (Leasingnehmer als Zwischenmieter).
- Ergebniswirksam erfasste Zahlungen aus Leasingverhältnissen und Untermietverhältnissen.

Angabepflichten beim Leasinggeber

Wie der Leasingnehmer hat auch der Leasinggeber bei einem Operating-Leasingverhältnis bestimmte Angabepflichten zu beachten. Da er als wirtschaftlicher Eigentümer den Leasinggegenstand aktiviert hat, treffen ihn bereits die diesbezüglichen Angabepflichten (IFRS 7, IAS 16, 36, 38, 40, 41). Des Weiteren ist u.a. anzugeben (IAS 17.56):

- Allgemeine Beschreibung der wesentlichen Leasingvereinbarungen des Leasinggebers.
- Summe der künftigen Mindestleasingzahlungen aus unkündbaren Operating-Leasingverhältnissen. Neben dem Gesamtbetrag sind auch die Beträge für die Perioden bis zu einem Jahr, bis zu fünf Jahren und länger als fünf Jahre anzugeben.

6 Wesentliche Unterschiede zum HGB

Im deutschen HGB gibt es außer den allgemeinen Ansatz- und Bewertungsvorschriften keine speziellen Regeln zur Bilanzierung von Leasingverhältnissen. In der Bilanzierungspraxis wird es als GoB-konform erachtet, die steuerlichen Leasingerlasse des Bundesministeriums der Finanzen (BMF) heranzuziehen.

Im Rahmen der vorzunehmenden Klassifizierung steht das Finanzierungsleasing im Vordergrund, das in Voll- und Teilamortisationsverträge beweglicher sowie unbeweglicher Wirtschaftsgüter untergliedert wird. Als zentrales Abgrenzungskriterium gilt die unkündbare Grundmietzeit. Das Operating Leasing wird nicht thematisiert und bilanziell weitgehend dem Mietvertrag gleichgesetzt.

Die zentrale Frage, wer den Leasinggegenstand als wirtschaftlicher Eigentümer zu bilanzieren hat, ist nur durch Überprüfung weiterer Kriterien zu beantworten. Die BMF-Erlasse haben hier eine Fülle von Einzelkriterien entwickelt (z.B. wenn das Verhältnis der Grundmietzeit zur betriebsgewöhnlichen Nutzungsdauer bei Vollamortisationsverträgen über bewegliche Wirtschaftsgüter kleiner 40 % oder größer 90 % ist und darüber hinaus ein Kaufoptionsrecht mit einem Kaufpreis oberhalb des Restbuchwertes vereinbart wurde, hat der Leasingnehmer das Wirtschaftsgut zu aktivieren). Diese sind sehr viel quantitativer und präziser als die weiten und ermessensbehafteten IAS 17-Klassifikationskriterien (Chancen und Risiken), können daher über Vertragsgestaltung aber auch einfacher umgangen werden. Zudem kann tendenziell festgehalten werden, dass die deutsche Vorgehensweise höhere Anforderungen an das wirtschaftliche Eigentum knüpft und sich insofern stärker vom juristischen Eigentumskonzept leiten lässt. Die IFRS-Bilanzierung führt somit tendenziell eher zur Aktivierung beim Leasingnehmer.

Der Schwerpunkt der Leasingerlasse liegt bei den Ansatzfragen. Bewertungsfragen sind dort nur rudimentär abgehandelt. Verträge, bei denen der Leasinggegenstand dem Leasinggeber zugerechnet wird, werden eher wie Mietverträge nach den Grundsätzen für schwebende Geschäfte behandelt. Bei Zurechnung zum Leasingnehmer werden die Verträge wie Teilzahlungsgeschäfte bilanziert. Weitere Unterschiede liegen im Detail, z.B. sind anfängliche direkte Vertragsabschlusskosten nicht zu aktivieren oder die Methode der Aufteilung in Zins- und Tilgungsanteil wird nicht explizit festgelegt.

7 Wesentliche Unterschiede zu US-GAAP

Leasingverhältnisse sind Gegenstand zahlreicher Verlautbarungen im US-GAAP-System (u.a. SFAS 13, 28, 66, 98, EITF 90-15). Zentrale Bedeutung hat indes SFAS 13 „Accounting for Leases".

Die auch nach SFAS 13 vorzunehmende Klassifizierung der Leasingverträge in Operating- oder Finanzierungsleasing orientiert sich ebenfalls an der Verteilung der Risiken und Chancen. Ähnlich IAS 17.10 und 17.11 werden diesbezüglich Klassifikationskriterien vorgegeben, die allerdings abschließend und tendenziell auch konkreter formuliert sind. So gibt SFAS 13.7 insbesondere klare quantitative Grenzen für das Verhältnis von Vertragslaufzeit und wirtschaftlicher Nutzungsdauer (75 %) oder Barwert der Leasingraten und Marktpreis des Leasinggegenstandes (90 %) vor.

Die Ansatz- und Bewertungsregeln von IAS 17 und US-GAAP sind von großen Gemeinsamkeiten geprägt; Unterschiede liegen nur in einigen Details[6].

---

6 Vgl. zu einer sehr ausführlichen Auseinandersetzung mit der hier nicht im Detail vorgestellten Leasingbilanzierung nach HGB und US-GAAP *Leippe, B.*, Die Bilanzierung von Leasinggeschäften nach deutschem Handelsrecht und US-GAAP, Frankfurt a. M. u.a. 2002.

Ausgewählte Literatur

Alvarez, M./Wotschofsky, S./Miethig, M., Leasingverhältnisse nach IAS 17 – Zurechnung, Bilanzierung, Konsolidierung, in: WPg, 54. Jg. (2001), S. 933-947.

Fülbier, R.U./Pferdehirt, M.H., Überlegung des IASB zur künftigen Leasingbilanzierung: Abschied vom off balance sheet approach, in: KoR, 5. Jg. (2005), S. 275-285.

Mellwig, W./Weinstock, M., Die Zurechnung von mobilen Leasingobjekten nach deutschem Handelsrecht und den Vorschriften des IASC, in: DB, 49. Jg. (1996), S. 2345-2352.

Oversberg, T., Paradigmawechsel in der Bilanzierung von Leasingverhältnissen, in: KoR, 7. Jg. (2007), S. 376-386.

Pferdehirt, H., Die Leasingbilanzierung nach IFRS – Eine theoretische und empirische Analyse der Reformbestrebungen, Wiesbaden 2007.

Vater, H., Bilanzierung von Leasingverhältnissen nach IAS 17: Eldorado bilanzpolitischer Möglichkeiten?, in: DStR, 40. Jg. (2002), S. 2094-2100.

Übungsaufgaben

Aufgabe 1:

Die Produktion AG (Leasingnehmer) schließt am 1.1.2007 mit der Finanzierung AG (Leasinggeber) einen Leasingvertrag mit einer Laufzeit von drei Jahren für eine Maschine ab. Die wirtschaftliche Nutzungsdauer dieser Maschine beträgt wahrscheinlich ebenfalls drei Jahre. Zum Zeitpunkt des Vertragsabschlusses hat die Maschine einen beizulegenden Zeitwert von 3.000 T€. Ein Restwert von 300 T€ (200 T€ garantiert, 100 T€ nicht garantiert) wird angenommen. Als Leasingzahlungen sind jährlich 1.100 T€ vereinbart worden.

a) Berechnen Sie die Summe der Mindestleasingzahlungen, den dem Leasingverhältnis zu Grunde liegenden Zins, den Barwert der Mindestleasingzahlungen und die Brutto- sowie Nettoinvestition in das Leasingverhältnis.
b) Klassifizieren Sie das Leasingverhältnis.
c) Welche Buchungsvorgänge sind aus Sicht der Produktion AG für die Jahre 2007 bis 2009 zu berücksichtigen? Der Restwert von 300 T€ wird erreicht. Vernachlässigen Sie dabei eventuell anfallende latente Steuern.
d) Welche Buchungsvorgänge sind aus Sicht der Finanzierung AG für die Jahre 2007 bis 2009 zu berücksichtigen? Vernachlässigen Sie dabei eventuell anfallende latente Steuern.

Aufgabe 2:
Die Produktion AG verkauft 2007 der Finanzierung AG eine Maschine, um diese anschließend wieder zurück zu leasen. Die Maschine ist fünf Jahre alt und hat eine erwartete Gesamtnutzungsdauer von 10 Jahren. Sie ist für 2.000 T€ gekauft und bereits linear über die ersten 5 Jahre abgeschrieben worden; nach 10 Jahren ist sie wertlos. Der von der Finanzierung AG gezahlte Verkaufspreis beträgt 1.240 T€. Nehmen Sie an, die Produktion AG least den Gegenstand über die verbleibenden 5 Jahre zurück. Die Leasingraten betragen 300 T€ pro Jahr, zahlbar jeweils am Jahresende. Welche Buchungsvorgänge sind aus Sicht der Produktion AG für 2007 unter Vernachlässigung latenter Steuern zu berücksichtigen?

Kapitel 22
Währungsumrechnung

1 Einleitung 656

2 Bilanzielle Abbildung von Fremdwährungsgeschäften 658

3 Umrechnung von in Fremdwährung aufgestellten Abschlüssen..................664

4 Anhangangaben 672

5 Wesentliche Unterschiede zum HGB 673

6 Wesentliche Unterschiede zu US-GAAP...674

Ausgewählte Literatur 674

Übungsaufgaben..675

Der LANXESS-Konzern ist einer der bedeutenden Chemie- und Polymeranbieter in Europa. Mit einem Umsatz von etwa 6,9 Mrd. € im Geschäftsjahr 2006 ist der Chemiekonzern mit seinen 16.481 Mitarbeitern weltweit tätig. Die Produktionsstandorte verteilen sich auf 18 Länder insbesondere über Deutschland, Belgien, USA, Kanada sowie VR China. Aufgrund dieser Standortverteilung ergeben sich weltweite Absatzmärkte, weshalb der LANXESS-Konzern mehr als 76 % seiner Umsätze im Ausland tätigt. Aus diesem hohen ausländischen Umsatzanteil resultieren natürlich Chancen und Risiken für LANXESS. Diese hat der Konzern im ersten Halbjahr des Geschäftsjahres 2007 zu spüren bekommen. Da der US-Dollar in diesem Zeitraum gegenüber dem Euro an Wert verloren hatte, wirkte sich dieser Wechselkurseffekt negativ auf die in Euro auszuweisenden Umsatzerlöse aus. Bei einem Gesamtumsatzrückgang in Höhe von 4,2 % machten diese Währungseffekte 3,3 % aus.

In der Rechnungslegung werfen diese internationalen Verflechtungen vielfältige Fragen auf und machen u.a. eine Währungsumrechnung erforderlich. Der IFRS-Konzernabschluss von LANXESS wird in Euro aufgestellt. Daher müssen die vielfältigen Fremdwährungstransaktionen sowie die aus ihnen resultierenden Bilanzpositionen und Erfolgskomponenten in diese Währung umgerechnet werden. Insbesondere wenn die Wechselkurse im Zeitablauf stark schwanken, kann die Währungsumrechnung erhebliche Auswirkungen auf das Konzernergebnis und das Konzerneigenkapital haben.

Nach der Lektüre dieses Kapitels sollten Sie wissen,
- wie Fremdwährungstransaktionen im IFRS-Abschluss erfasst werden und
- wie die Jahresabschlüsse ausländischer Tochterunternehmen, die in fremder Währung aufgestellt wurden, für die Einbeziehung in einen Konzernabschluss in die Konzernwährung umzurechnen sind.

1 Einleitung

Die zunehmende Internationalisierung der Kapital- und Gütermärkte hat dazu geführt, dass immer mehr Unternehmen vom Inland aus Geschäfte in fremden Währungen abschließen (Im- und Export) und/oder Tochterunternehmen, Gemeinschaftsunternehmen, assoziierte Unternehmen oder Niederlassungen (Betriebsstätte, Büro, Filiale etc.) unterhalten, die ihre Geschäftsbücher in einer Fremdwährung führen. Obwohl die IFRS als international ausgerichtetes Regelungssystem keine bestimmte Währung für die Erstellung von Abschlüssen vorschreiben, sondern die Wahl der Berichtswährung den Unternehmen überlassen, ist offensichtlich, dass alle in einen Jahresabschluss aufzunehmenden Geschäftsvorfälle in einer einheitlichen Währung abgebildet werden müssen. Aus diesen Gründen sind sowohl Regeln zur Umrechnung von Fremdwährungsgeschäften im IFRS-Abschluss als auch solche zur Umrechnung von Fremdwährungsabschlüssen für die Einbeziehung in den IFRS-Konzernabschluss erforderlich.

Einleitung

Diese Regeln sind in IAS 21 „Auswirkungen von Änderungen der Wechselkurse" (The Effects of Changes in Foreign Exchange Rates) enthalten. IAS 21 ist wie folgt aufgebaut: Im Anschluss an Zwecksetzung (IAS 21.1-2) und Anwendungsbereich (IAS 21.3-7) wird eine Reihe von zentralen Begriffen definiert (IAS 21.8-16). Die grundlegende, bei der Währungsumrechnung zu befolgende Vorgehensweise wird in IAS 21.17-19 geschildert. IAS 21.20-37 behandeln die Frage, wie Fremdwährungstransaktionen in der sog. funktionalen Währung (functional currency) darzustellen sind. Anschließend wird erläutert, wie bei einem Abweichen von funktionaler Währung und Berichtswährung (presentation currency) vorzugehen ist (IAS 21.38-49). IAS 21.50 stellt klar, dass auf Steuerwirkungen aus der Währungsumrechnung IAS 12 anzuwenden ist. IAS 21.51-57 legen Angabepflichten im Zusammenhang mit der Währungsumrechnung fest, während Inkrafttreten und Übergangsvorschriften in IAS 21.58-60 geregelt sind. IAS 21.61-62 schließlich weisen darauf hin, dass durch die aktuelle Version von IAS 21 die Vorversion des Standards sowie die Interpretationen SIC-11, SIC-19 und SIC-30 ihre Gültigkeit verlieren.

Relevante Normen

Im Dezember 2005 wurde ein Amendment zu IAS 21 veröffentlicht. In diesem wird der Umgang mit Umrechnungsdifferenzen aus Nettoinvestitionen in einen ausländischen Geschäftsbetrieb geregelt. Die Anwendung dieser Ergänzungen ist seit 2005 verpflichtend. Zudem regelt IAS 29 „Rechnungslegung in Hochinflationsländern" (Financial Reporting in Hyper-inflationary Economies) die Berücksichtigung hoher Kaufkraftverluste bei der Währungsumrechnung. Dieser Standard wird durch die Interpretation IFRIC 7 ergänzt. Hier wird geregelt, inwieweit Anpassungen vorzunehmen sind, wenn ein Unternehmen in der funktionalen Währung eines in der laufenden Berichtsperiode erstmals hochinflationären Landes bilanziert.

Die buchhalterische Erfassung und Bewertung der unternehmerischen Tätigkeit soll nach Ansicht des IASB in der Währung des primären wirtschaftlichen Umfeldes des Unternehmens erfolgen, in der dieses seine wesentlichen Transaktionen durchführt. Dies wäre für ein in Deutschland ansässiges Unternehmen, das auch seine Geschäftsbücher in Landeswährung führt, der Euro. Alternativ wäre aber auch denkbar, dass ein deutsches Unternehmen aufgrund seiner Fokussierung auf den US-amerikanischen Markt sämtliche Geschäfte in US-Dollar fakturiert.

Konzeption

Die Währung des primären wirtschaftlichen Umfeldes wird als funktionale Währung (functional currency) bezeichnet. Das IASB stellt es den IFRS-Anwendern jedoch grundsätzlich frei, in welcher Berichtswährung (presentation currency) sie ihre Abschlüsse präsentieren wollen.

Funktionale Währung

Die Notwendigkeit der Währungsumrechnung ergibt sich folglich daraus,
- dass ausländische Geschäftsbetriebe innerhalb eines Konzernverbundes (foreign operations) in unterschiedlichen Währungsräumen tätig sind, die ggf. von demjenigen des Mutterunternehmens abweichen,

- dass nicht zwingend alle Geschäfte in der funktionalen Währung, sondern fallweise in Fremdwährungen abgeschlossen werden (Fremdwährungsgeschäfte)[1], und
- dass funktionale Währung und Berichtswährung voneinander abweichen können.

2 Bilanzielle Abbildung von Fremdwährungsgeschäften

Bestimmung der funktionalen Währung

Für die Währungsumrechnung ist das Konzept der funktionalen Währung von zentraler Bedeutung. Erst durch die Festlegung einer funktionalen Währung zeigt sich, welche Geschäfte aus der Perspektive eines Unternehmens als Fremdwährungsgeschäfte gelten. Gemäß IAS 21.8 ist die funktionale Währung eines Unternehmens die Währung desjenigen wirtschaftlichen Umfeldes, in dem das Unternehmen hauptsächlich tätig ist, also im Regelfall dasjenige, in welchem es primär seine Zahlungsmittelzu- und -abflüsse generiert (IAS 21.9). IAS 21.9-14 enthalten konkrete Anhaltspunkte für die Bestimmung der funktionalen Währung in Zweifelsfällen. In erster Linie ist gemäß IAS 21.9 darauf abzustellen, auf welche Währung der Großteil der Umsatzerlöse und -kosten des Unternehmens lautet und in welcher Währung die zugehörigen Transaktionen abgewickelt werden. Erst in zweiter Linie sind die Währung der Finanzierungsvorgänge sowie andere Faktoren relevant.

Änderung der funktionalen Währung

Einmal bestimmt, wird die funktionale Währung nur dann geändert, wenn sich das wirtschaftliche Umfeld des Unternehmens grundlegend wandelt (IAS 21.13). IAS 21.35-37 regeln, dass eine Änderung der funktionalen Währung prospektiv zu buchen ist. Folglich werden die bisherigen Beträge mit dem zum Zeitpunkt der Änderung geltenden Wechselkurs in die neue funktionale Währung umgerechnet.

Hochinflationsländer

In Hochinflationsländern kann der Kaufkraftverlust während einer Abrechnungsperiode so hoch sein, dass der intertemporäre Vergleich von Beträgen in nominaler Landeswährung, denen Geschäftsvorfälle oder sonstige Ereignisse aus unterschiedlichen Zeiträumen zugrunde liegen, erschwert ist. Ist die funktionale Währung eines Unternehmens die eines Hochinflationslandes, muss das Unternehmen seine Abschlüsse daher gemäß IAS 29 in einer einheitlichen, am Bilanzstichtag geltenden Maßeinheit aufstellen. Hierzu ist ggf. eine Anpassung von Bilanz- und Erfolgsrechnungspositionen mit Hilfe eines allgemeinen Preisindexes erforderlich. Diese Anpassung ist auch für Vergleichszahlen aus Vorperioden vorzunehmen.

---

[1] Dementsprechend bezeichnet IAS 21.8 als Fremdwährung aus Sicht eines Unternehmens jede Währung, die nicht die funktionale Währung des Unternehmens ist.

Fremdwährungsgeschäfte, also Geschäfte, die nicht auf die funktionale Währung des Unternehmens lauten oder in ihr abgerechnet werden (IAS 21.20), werden für ihre erstmalige buchhalterische Erfassung in der funktionalen Währung mit dem Stichtagskurs umgerechnet (IAS 21.21). Hierbei handelt es sich um den zum Transaktionszeitpunkt (date of the transaction) gültigen Devisenkassakurs (spot exchange rate)[2]. Als Transaktionszeitpunkt gilt dabei derjenige Zeitpunkt, zu dem der betreffende Geschäftsvorfall nach den IFRS erstmalig zu erfassen ist (IAS 21.22). Der Einfachheit halber dürfen wöchentliche oder monatliche Durchschnittskurse für die Umrechnung aller Geschäftsvorfälle der jeweiligen Periode verwendet werden, außer bei signifikanten Schwankungen des Wechselkurses innerhalb der Betrachtungsperiode.

Ansatz und Erstbewertung

Die X AG kauft am 15.06.2007 15.000 Barrel Erdöl zu je 86,52 US-$. Die funktionale Währung der X AG sei der Euro. Der Devisenkassakurs betrug am 15.06.2007 1,36 US-$ je Euro. Die Umrechnung dieses Fremdwährungsgeschäftes erfolgt mit dem Devisenkassakurs zum Transaktionszeitpunkt, also am 15.06.2007. In der funktionalen Währung (Euro) bucht die X AG also ihre Anschaffungskosten von (15.000 · 86,52 / 1,36 =) 954,26 T€ wie folgt:
Vorräte   an   Bank   954,26 T€

Beispiel 22.1

Bei der Folgebewertung von Bilanzpositionen, die auf eine Fremdwährung lauten, soll erreicht werden, dass diese im Abschluss so erscheinen, als seien sie originär in der funktionalen Währung gebucht worden (IAS 21.34). Dies entspricht einer Währungsumrechnung nach der aus dem sog. Äquivalenzprinzip folgenden Zeitbezugsmethode[3]. Zu den Bilanzpositionen, die auf eine Fremdwährung lauten, zählen etwa solche, die in einer ausländischen Betriebsstätte in der Landeswährung geführt werden. Bei der Währungsumrechnung nach der Zeitbezugsmethode ist zwischen verschiedenen Kategorien von Bilanzpositionen zu unterscheiden (IAS 21.23):

Folgebewertung

- Monetäre Posten (monetary items) in Fremdwährung werden mit dem Stichtagskurs am Bilanzstichtag umgerechnet. Monetäre Posten sind gemäß IAS 21.8 Währungsbestände des Unternehmens sowie Vermögenswerte bzw. Schulden, für die das Unternehmen einen festen oder bestimmbaren (Nominal-) Betrag an Währungseinheiten erhalten wird oder zahlen muss. Hierunter fallen alle Fremdwährungsforderungen und -verbindlichkeiten. Zu den in IAS 21.16 aufgelisteten Beispielen für monetäre Posten gehören Pensions- und ähnliche Verpflichtungen, die in bar zu begleichen sind, sowie zu zahlende Dividenden. Auch wenn das Unternehmen beispielsweise verpflichtet ist,

Monetäre Posten

---

[2] Der Standard lässt dabei offen, ob der Geld-, der Brief- oder der Mittelkurs heranzuziehen ist. Vgl. *Schmidbauer, R.*, Die Fremdwährungsumrechnung nach deutschem Recht und nach den Regelungen des IASB – Vergleichende Darstellung unter Berücksichtigung von DRS 14 und den Änderungen von IAS 21, in: DStR, 42. Jg. (2004), S. 700.
[3] Vgl. *Busse von Colbe et al.*, Konzernabschlüsse, S. 175-185.

eine variable Anzahl seiner eigenen Anteile oder anderer Vermögenswerte anstelle von Geldmitteln zu übereignen, liegt ein monetärer Posten vor, wenn sich der geschuldete Betrag als feste oder bestimmbare Menge an Währungseinheiten ausdrücken lässt.

Beispiel 22.2

Die X AG geht am 15.07.2007 eine Fremdwährungsverbindlichkeit in Höhe von 500.000 russischen Rubel (RUB) ein. Zum Transaktionszeitpunkt betrug der Devisenkassakurs 35,1 RUB je Euro. Damit erfolgt der Erstansatz der Verbindlichkeit mit (500.000 / 35,1 =) 14.245 €. Am 31.12.2007 lautet der Kassakurs 36 RUB je Euro, so dass am Bilanzstichtag lediglich (500.000 / 36 =) 13.888 € als Verbindlichkeit auszuweisen sind.

Nicht-monetäre Posten

- Bei der Umrechnung nicht-monetärer Posten ist zu differenzieren, nach welchem Folgebewertungsverfahren diese behandelt werden. Nicht-monetäre Posten, die mit den historischen Anschaffungs- oder Herstellungskosten zu Buche stehen, werden mit dem historischen Wechselkurs umgerechnet, der zum Zeitpunkt des Anschaffungs- bzw. Herstellungsvorganges galt. Dies gilt auch für die Aufwendungen und Erträge, die mit diesen Posten in Zusammenhang stehen, wie etwa Abschreibungen[4].
- Demgegenüber werden nicht-monetäre Posten, die mit dem beizulegenden Zeitwert bewertet werden, mit dem Wechselkurs zum Zeitpunkt der letztmaligen Wertermittlung (also beispielsweise zum Zeitpunkt der Neubewertung nach IAS 16) umgerechnet. Gleiches gilt für die entsprechenden Aufwendungen und Erträge.

Beispiel 22.3

Die X AG besitzt in Toronto ein als Finanzinvestition gehaltenes Bürogebäude, das sie gemäß IAS 40 mit dem beizulegenden Zeitwert bewertet. Die letztmalige Zeitwertermittlung erfolgte am 31.12.2006 und ergab einen Wert von 50 Mio. kanadischen Dollar (CAD). Der Euro stand am 31.12.2006 bei 1,63 CAD, so dass der Buchwert des Bürogebäudes im IFRS-Abschluss zum 31.12.2007 der X AG (50 / 1,63 =) 30,67 Mio. € beträgt.

Niederstwerttest

- Daraus folgt, dass auch für außerplanmäßige Abschreibungen der Wechselkurs zum Zeitpunkt des Werthaltigkeitstests maßgeblich ist[5].
- Steht ein nicht-monetärer Posten mit einem Fremdwährungsbetrag zu Buche, der Resultat eines Niederstwerttests etwa nach IAS 2 oder IAS 36 ist, so ist dieser Niederstwerttest um eine Berücksichtigung der Wechselkursentwicklung zu erweitern (IAS 21.25).

---

4 Vgl. *Oechsle/Müller/Doleczik*, IAS-Kommentar, IAS 21, Tz. 60.
5 Vgl. *Oechsle/Müller/Doleczik*, IAS-Kommentar, IAS 21, Tz. 62.

> **Beispiel 22.4**
>
> Eine britische Betriebsstätte der X AG hat am 01.04.2007 zum Preis von 100 T£ ein Grundstück erworben. Am 15.10.2007 wurden auf dem Grundstück erhebliche Altlasten entdeckt. Ein Niederstwerttest nach IAS 36 ergab einen erzielbaren Betrag von 90 T£ am 15.10.2007. Aufgrund der hieraus resultierenden Wertminderung von 10 T£ steht das Grundstück am 31.12.2007 mit 90 T£ in den Büchern der britischen Betriebsstätte. Der Wechselkurs habe sich in diesem Zeitraum wie folgt entwickelt:
>
> | | 01.04.2007 | 15.10.2007 | 31.12.2007 |
> |---|---|---|---|
> | 1 € entspricht … | 0,70 £ | 0,65 £ | 0,66 £ |
>
> Gemäß IAS 21.25 sind am Bilanzstichtag nun die Anschaffungskosten in Pfund Sterling, umgerechnet mit dem historischen Kurs zum Transaktionszeitpunkt (01.04.2007), mit dem erzielbaren Betrag in Pfund Sterling, umgerechnet mit dem Wechselkurs, der bei dessen Ermittlung (15.10.2007) galt, zu vergleichen:
>
> | Anschaffungskosten am 01.04.2007 / Wechselkurs am 01.04.2007 | Erzielbarer Betrag am 15.10.2007 / Wechselkurs am 15.10.2007 |
> |---|---|
> | 100 T£ / 0,70 = 142,86 T€ | 90 T£ / 0,65 = 138,46 T€ |
>
> In diesem Beispiel zeigt sich, dass die in Pfund Sterling eingetretene Wertminderung durch den Kursgewinn des Pfund teilweise kompensiert wurde[6]. Im IFRS-Abschluss der X AG ist folglich eine Wertminderung von lediglich (142,86 – 138,46 =) 4,40 T€ zu buchen. Das Grundstück wird mit 138,46 T€ bilanziert.

Umrechnungsdifferenzen entstehen, wenn ein Fremdwährungsbetrag im Zeitablauf mit unterschiedlichen Wechselkursen umgerechnet wird (IAS 21.8). Grundsätzlich sind hier zwei Fälle denkbar: Umrechnungsgewinne bzw. Umrechnungsverluste entstehen, wenn in der Berichtsperiode Fremdwährungsforderungen eingezahlt oder Fremdwährungsverbindlichkeiten beglichen werden und der tatsächlich realisierte Wechselkurs vom Umrechnungskurs des letzten Bilanzstichtags abweicht. Umrechnungserfolge entstehen aber auch dann, wenn am Bilanzstichtag z.B. noch bestehende Fremdwährungsforderungen bzw. Fremdwährungsverbindlichkeiten aufgrund von Wechselkursänderungen neu bewertet werden müssen.

Umrechnungsdifferenzen und Wechselkurserfolge

Bei monetären Posten sind solche Wechselkursgewinne bzw. Wechselkursverluste, die aus der Umrechnung mit unterschiedlichen Stichtagskursen resultieren, ergebniswirksam zu erfassen.

Erfassung bei monetären Posten

---

6 Auf derartige Kompensationswirkungen wird in IAS 21.25 explizit hingewiesen.

Beispiel 22.5

Die X AG hält seit dem 31.12.2006 unverändert eine Devisenposition von 12 Mio. japanischen Yen. Am 31.12.2006 wurde dieser monetäre Posten mit einem Stichtagskurs von 129 ¥ je Euro umgerechnet, stand also mit (12.000 / 129 =) 93,02 T€ in der IFRS-Bilanz der X AG. Am 31.12.2007 beträgt der Devisenkassakurs 136 ¥ je Euro. Der Yen-Bestand ist folglich nun mit (12.000 / 136 =) 88,24 T€ anzusetzen. Die X AG bucht den resultierenden Wechselkursverlust von (93,02 – 88,24 =) 4,78 T€ wie folgt:

Aufwand aus WU an *Devisenposition* 4,78 T€

Monetärer Posten als Teil einer Nettoinvestition in einen ausländischen Geschäftsbetrieb

Eine Ausnahme gilt für Umrechnungsdifferenzen bei monetären Posten, die Teil einer Nettoinvestition in einen ausländischen Geschäftsbetrieb (foreign operation) sind. Solche monetären Posten werden gemäß IAS 21.32 in dem (Konzern-)Abschluss, in den sowohl das berichterstattende Unternehmen als auch der ausländische Geschäftsbetrieb (als Tochterunternehmen, Gemeinschaftsunternehmen, assoziiertes Unternehmen oder Niederlassung) einbezogen wird, zunächst innerhalb des sonstigen Gesamterfolgs berücksichtigt und innerhalb des Eigenkapitals gesondert ausgewiesen. Erst bei Veräußerung des ausländischen Geschäftsbetriebes wird diese Eigenkapitalposition ergebniswirksam aufgelöst (IAS 21.48)[7]. Als ausländische Geschäftsbetriebe definiert IAS 21.8 alle Tochter-, Gemeinschafts- oder assoziierten Unternehmen sowie alle Niederlassungen des berichterstattenden Unternehmens, deren Geschäftstätigkeit primär in einem anderen Land oder Währungsraum durchgeführt wird. Als Teile einer Nettoinvestition in einen solchen ausländischen Geschäftsbetrieb gelten gemäß IAS 21.15 langfristige Forderungen an den oder Verbindlichkeiten gegenüber dem ausländischen Geschäftsbetrieb, deren Begleichung in absehbarer Zukunft weder geplant noch wahrscheinlich ist. Mithilfe des Amendments vom Dezember 2005 wird dahingehend eine Konkretisierung vorgenommen, als dass kein unmittelbares Schuldverhältnis zwischen berichtendem Unternehmen und dem ausländischen Geschäftsbetrieb bestehen muss, damit eine Nettoinvestition vorliegt (IAS 21.15A). Als mögliche Fälle ist daher denkbar:

- Die Herausgabe eines Darlehens durch eine vollzukonsolidierende Tochtergesellschaft an ein eigenes vollzukonsolidierendes Tochterunternehmen.
- Die Einräumung eines Darlehens durch eine vollzukonsolidierende Tochtergesellschaft an eine Schwestergesellschaft.

In beiden Fällen liegt aus Sicht des Mutterunternehmens eine Nettoinvestition in einen ausländischen Geschäftsbetrieb vor.

---

[7] Im Einzelabschluss des berichterstattenden Unternehmens (wenn eine Niederlassung vorliegt) bzw. im Einzelabschluss des ausländischen Geschäftsbetriebes selbst (wenn dieser eine eigenständige Rechtseinheit bildet) sind diese Umrechnungsdifferenzen allerdings gemäß dem Grundsatz in IAS 21.28 ergebniswirksam zu behandeln (IAS 21.32). Die ergebnisneutrale Erfassung wird ggf. zum Teil durchbrochen, wenn der monetäre Posten auf eine Drittwährung lautet und zunächst in die funktionale Währung des berichterstattenden Unternehmens bzw. des ausländischen Geschäftsbetriebes umgerechnet werden muss.

Wie erläutert werden nicht-monetäre Posten mit dem Wechselkurs umgerechnet, der zum jeweiligen Zeitpunkt der Ermittlung ihres Fremdwährungs-Buchwertes galt. Treten hierbei Erfolge auf, so werden die hierin enthaltenen Wechselkurskomponenten (exchange component) wie die entsprechenden Gewinne oder Verluste aus der Bewertung entweder ergebniswirksam oder innerhalb des sonstigen Gesamterfolgs erfasst (IAS 21.30).

Erfassung bei nicht-monetären Posten

- Bei nicht-monetären Posten, deren Wertänderungen ergebniswirksam erfasst werden, sind auch die entsprechenden Wechselkurskomponenten ergebniswirksam zu buchen. Hierzu zählen etwa Aktien, die nach IAS 39 als Handelsbestand (trading) klassifiziert werden, oder als Finanzinvestition gehaltenene Immobilien, die nach IAS 40 nach dem Modell des beizulegenden Zeitwertes bewertet werden.

Ergebniswirksame Erfassung

- Entsprechend sind bei nicht-monetären Posten, deren Wertänderungen im sonstigen Gesamterfolg erfasst werden, auch die entsprechenden Wechselkurskomponenten nicht ergebniswirksam zu buchen. Hiervon betroffen sind beispielsweise Sachanlagen, die nach der Neubewertungsmethode gemäß IAS 16 bilanziert werden, oder zur Veräußerung verfügbare (available for sale) Finanzinstrumente gemäß IAS 39.

Berücksichtigung im sonstigen Gesamterfolg

Die X AG hält in ihrer available for sale-Kategorie 5.000 Aktien der in New York in US-Dollar notierten Flex Corporation. Folgende Tabelle zeigt die Kursentwicklung der Flex-Aktie, die Wechselkursentwicklung von US-Dollar und Euro sowie die daraus resultierenden, nach IAS 21.23(c) ermittelten Wertansätze des Flex-Aktienpaketes im IFRS-Abschluss der X AG:

Beispiel 22.6

	31.12.2006	31.12.2007
Kurs der Flex-Aktie (in US-$)	23,45	17,67
1 € entspricht ...	1,25 US-$	1,15 US-$
Wertansatz der Flex-Aktien im IFRS-Abschluss der X AG	5.000 · 23,45 / 1,25 = 93.800 €	5.000 · 17,67 / 1,15 = 76.826 €

Die Wertminderung der Flex-Aktien von (93.800 − 76.826 =) 16.974 € enthält folglich eine Wechselkurskomponente: Bei konstantem Wechselkurs hätte das Aktienpaket eine Wertminderung von (93.800 − 5.000 · 17,67 / 1,25 =) 23.120 € erfahren. Damit hat die X AG einen Wechselkursgewinn von (23.120 − 16.974 =) 6.146 € aus dem Halten der Flex-Aktien erzielt. Dieser ist – ebenso wie die „Aktienkurskomponente" der Wertminderung – im sonstigen Gesamterfolg zu erfassen.

3 Umrechnung von in Fremdwährung aufgestellten Abschlüssen

Funktionale Währung

Auch bei der Umrechnung von Fremdwährungsabschlüssen ist das Konzept der funktionalen Währung von entscheidender Bedeutung. Je nach funktionaler Währung eines ausländischen Geschäftsbetriebs ist bei der Währungsumrechnung differenziert vorzugehen[8]. IAS 21.11 legt spezielle Kriterien fest, die zusätzlich zu den in IAS 21.9-10 formulierten Faktoren bei der Frage heranzuziehen sind, welche Währung die funktionale Währung eines Tochterunternehmens ist. Hier geht es in erster Linie um den Grad an Selbständigkeit, den das ausländische Tochterunternehmen in seiner Geschäftstätigkeit besitzt: Von unselbständigen Tochterunternehmen, die als „verlängerter Arm" des Mutterunternehmens betrieben werden, wird vermutet, dass ihre funktionale Währung die des Mutterunternehmens ist. Dagegen hat ein selbstständiges, in einem anderen Währungsraum relativ autonom agierendes Tochterunternehmen in der Regel eine eigene, von der des Mutterunternehmens abweichende funktionale Währung. In Zweifelsfällen sollen die in IAS 21.9 enthaltenen Kriterien gegenüber den in IAS 21.10-11 genannten Faktoren in den Vordergrund treten, da in ihnen der Gedanke einer wirtschaftlichen Betrachtungsweise stärker zum Ausdruck kommt (IAS 21.BC9).

Beispiel 22.7

> Als Beispiel für die erste Kategorie (unselbständige Tochterunternehmen) nennt IAS 21.11 eine reine Vertriebsgesellschaft, die vom Mutterunternehmen importierte Produkte auf einem ausländischen Markt verkauft und die erzielten Umsatzerlöse an das Mutterunternehmen transferiert.
>
> Im Gegensatz dazu ist von hoher Selbständigkeit in der Regel dann auszugehen, wenn ein Tochterunternehmen liquide Mittel, Forderungen und Verbindlichkeiten sowie Aufwendungen und Erträge in seiner lokalen Währung generiert und auch seine eigene Finanzierung vornehmlich in dieser Währung sicherstellt.

Unselbständige Tochterunternehmen: Zeitbezugsmethode

Weil für relativ unselbständige Tochterunternehmen die funktionale Währung des Mutterunternehmens gilt, müssen deren Geschäftsvorfälle gedanklich ebenso umgerechnet werden wie die Fremdwährungsgeschäfte des Mutterunternehmens selbst: Die Fremdwährungsabschlüsse unselbständiger Tochterunternehmen werden folglich so in die funktionale Währung des Mutterunternehmens umgerechnet, als wären ihre Geschäftsvorfälle originär in dieser Währung gebucht worden (IAS 21.23-34). Daher ist in diesen Fällen die sog. Zeitbezugsmethode anzuwenden, die konzeptionell aus dem oben erläuterten Äquivalenzprinzip folgt. Die Währungsumrechnung wird damit zu einem Bewertungsvorgang, um

---

8 Die Umrechnung von Fremdwährungsabschlüssen ist in erster Linie relevant, wenn ein ausländisches Tochterunternehmen in den IFRS-Konzernabschluss des Mutterunternehmens einbezogen werden soll. Daher ist im Folgenden an Stelle der Begriffe „ausländischer Geschäftsbetrieb" und „berichterstattendes Unternehmen" vereinfachend von „Tochterunternehmen" bzw. „Mutterunternehmen" die Rede.

die Geschäftsvorfälle des Tochterunternehmens, die integraler Bestandteil der Tätigkeit des Mutterunternehmens sind, zutreffend abzubilden.

Die X AG erwirbt Mitte 2006 die US-amerikanische Z Corp. und betreibt diese als unselbständiges Tochterunternehmen. Das Anlagevermögen der Z Corp. stammt aus dem Erwerbszeitpunkt. Bei Umlaufvermögen und Fremdkapital handelt es sich um monetäre Posten. Die Wechselkursentwicklung wird in folgender Übersicht wiedergegeben:

Beispiel 22.8[9]

Zeitpunkt	Kurs	Kursart
Erwerbszeitpunkt der Z Corp.	1 € = 1,00 $	Historischer Kurs (HK)
31.12.2006	1 € = 1,00 $	Stichtagskurs (StK)
31.12.2007	1 € = 1,40 $	Stichtagskurs (StK)
Durchschnittskurs in 2007	1 € = 1,30 $	Durchschnittskurs (DK)

Ende 2006 wird die Bilanz der Z-Corp. erstmalig nach der Zeitbezugsmethode umgerechnet. Da der historische Kurs (Erwerbszeitpunkt) und der Stichtagskurs am 31.12.2006 übereinstimmen, ergibt sich für diesen Bilanzstichtag eine bilanzielle Umrechnungsdifferenz von Null.

Bilanz der Z Corp. zum 31.12.2006				
	T US-$	Kurs	Kursart	T€
Anlagevermögen	1.000	1,00	HK	1.000
Umlaufvermögen	1.000	1,00	StK	1.000
Summe Aktiva	2.000			2.000
Gezeichnetes Kapital	600	1,00	HK	600
Rücklagen	400	1,00	HK	400
Fremdkapital	1.000	1,00	StK	1.000
Summe Passiva	2.000			2.000

Für die Folgeperiode 2007 sind folgende Zusatzinformationen zu berücksichtigen. Die Rücklagen der Z Corp. haben sich wie folgt entwickelt:

---

9 Die hier präsentierte, theoretisch korrekte Vorgehensweise ist relativ aufwendig und wird daher in der Praxis möglicherweise nicht durchgängig gewählt. Eine in der Praxis ebenfalls verbreitete, vereinfachende Vorgehensweise findet sich bei *Oechsle/Müller/Doleczik,* IAS-Kommentar, IAS 21, Tz. 93.

Entwicklung der Rücklagen der Z Corp. in 2007	T US-$
Rücklagen zum 01.01.2007	400
– 2007 gezahlte Dividenden (Wechselkurs: 1 € = 1,00 US-$)	-100
+ Periodenergebnis des Jahres 2007	300
= Rücklagen zum 31.12.2007	600

Die US-Dollar-GuV der Z Corp. für 2007 sieht wie folgt aus:

GuV der Z Corp. für den Zeitraum vom 01.01. - 31.12.2007	T US-$
Umsatzerlöse	1.000
– Abschreibungen	-200
– übrige Aufwendungen	-500
= Periodenergebnis	300

Ende 2007 ist der US-$-Abschluss der Z Corp. erneut in Euro umzurechnen, um die Z Corp. in den IFRS-Abschluss der X AG einbeziehen zu können. Die Bilanzposten werden mit den jeweils relevanten Kursen umgerechnet. Das aus der GuV zu übernehmende Euro-Periodenergebnis bringt die Bilanz zum Ausgleich.

Bilanz der Z Corp. zum 31.12.2007				
	T US-$	Kurs	Kursart	T€
Anlagevermögen	800	1,00	HK	800
Umlaufvermögen	1.400	1,40	StK	1.000
Summe Aktiva	2.200			1.800
Gezeichnetes Kapital	600	1,00	HK	600
Rücklagen	300	1,00	HK	300
Periodenergebnis	300	*	*	186
Fremdkapital	1.000	1,40	StK	714
Summe Passiva	2.200			1.800
* ermittelt als Residualgröße in der Bilanz (1800-600-300-714=186)				

Das Euro-Periodenergebnis ergibt sich nicht als Saldo der umgerechneten Aufwendungen und Erträge (vorläufiger Saldo). Es wird als Residualgröße in der Bilanz ermittelt. Das auf diese Weise errechnete Euro-Periodenergebnis weicht aufgrund von Umrechnungsdifferenzen vom vorläufigen Saldo ab. Diese Differenzen lassen sich in die GuV-Umrechnungsdifferenz und die Veränderung der bilanziellen Umrechnungsdifferenz unterteilen, welche beide ergebniswirksam in der GuV erfasst werden. Die GuV-Umrechnungsdifferenz ergibt sich dadurch, dass in der GuV statt mit Stichtagskursen mit Durchschnittskursen umgerechnet wird. Die Ergebniswirkungen der Wechselkursänderung (von 1 € = 1,00 US-$ auf 1 € = 1,40 US-$) bezogen auf einzelne Bilanzpositionen sorgen für die Veränderung der bilanziellen Umrechungsdifferenz.

GuV der Z Corp. (01.01. - 31.12.2007)	T US-$	Kurs	Kursart	T€
Umsatzerlöse	1.000	1,30	DK	769
– Abschreibungen	-200	1,00	HK	-200
– übrige Aufwendungen	-500	1,30	DK	-385
(Vorläufiger) Saldo der umgerechneten Aufwendungen und Erträge				184
Periodenergebnis	300			186
Saldo der Umrechnungsdifferenzen*				2
– GuV-Umrechnungsdifferenz**				-27
– Verlust im Umlaufvermögen aus Wechselkursänderung***		-257		
+ Gewinn im Fremdkapital aus Wechselkursänderung****		+286		
Veränderung der bilanziellen Umrechnungsdifferenz[10]				+29

* Die Umrechnungsdifferenzen lassen sich wie folgt in die GuV-Umrechnungsdifferenz und die Veränderung der bilanziellen Umrechnungsdifferenz unterteilen.

** Die GuV-Umrechnungsdifferenz resultiert, wenn der Saldo der mit Durchschnittskursen umgerechneten Aufwendungen und Erträge ((1.000 – 500) / 1,30) von dem Betrag abgezogen wird, der sich aus der Umrechnung dieses Saldos mit dem Stichtagskurs ergibt ((1.000 – 500) / 1,40). Sie beträgt ((1.000 – 500) / 1,40 – (1.000 – 500) / 1,30 =) -27 T€.

*** Im Umlaufvermögen von (Anfangsbestand 1.000 – Dividendenausschüttung 100 =) 900 T US-$ fällt durch die Euro-Aufwertung ein Verlust an, denn dieses ist, obwohl in US-Dollar unverändert, in Euro nun weniger wert. Dieser Wechselkursverlust beträgt (900 / 1,00 – 900 / 1,40 =) 257 T€. Die restlichen 500 T US-$ Umlaufvermögen stammen aus dem Cashflow (Periodenergebnis 300 + Abschreibungen 200) der laufenden Periode, welcher bei einem Wechselkurs von 1 € = 1,40 US-$ zugeflossen ist.

**** Spiegelbildlich wurde im Fremdkapital ein Wechselkursgewinn erwirtschaftet, da die US-$-Verbindlichkeiten wegen der Wechselkursänderung nun mit weniger Euro als bisher beglichen werden können. Dieser Erfolg beträgt (1.000 / 1,00 – 1.000 / 1,4 =) 286 T€, da sich die Zusammensetzung des Fremdkapitals 2004 nicht verändert hat.

---

10 Da die bilanzielle Umrechnungsdifferenz im Vorjahr Null betrug, entspricht die Veränderung der bilanziellen Umrechnungsdifferenz 2007 ihrem Endbestand.

Umrechnungsdifferenzen im Rahmen der Zeitbezugsmethode

Wie aus dem Beispiel ersichtlich, sorgt die zum Durchschnittskurs umgerechnete GuV noch nicht für einen Ausgleich der Bilanz. Dies resultiert daraus, dass Positionen in der Bilanz und in der GuV mit heterogenen Kursen umgerechnet werden. Daher wird das auf Basis von Durchschnittskursen umgerechnete Ergebnis der GuV erfolgswirksam angepasst, so dass eine Überführung in das Residualergebnis der Bilanz erfolgt. Dabei ist zu beachten, dass bestandsbedingte Umrechnungsdifferenzen, die innerhalb des sonstigen Gesamterfolgs ausgewiesen werden (z.B. die Folgebewertung von available-for-sale Wertpapieren), nicht in die erfolgswirksame Anpassung der GuV mit einfließen[11].

Selbständige Tochterunternehmen: Modifizierte Stichtagskursmethode

Demgegenüber stellt für selbständig agierende Tochterunternehmen deren eigene funktionale Währung das relevante Wertgerüst für die Buchungsvorgänge bereit. Änderungen des Wechselkurses gegenüber der Währung des Mutterunternehmens sind damit aus dem Blickwinkel des Tochterunternehmens irrelevant. Das Konzept der funktionalen Währung soll dazu beitragen, dass die Aktivitäten und die finanzielle Struktur des jeweiligen selbständigen Tochterunternehmens so in den Konzernabschluss einfließen, wie sie sich auch in ihrer funktionalen Währung darstellen. Die Währungsumrechnung zielt hier auf die unverzerrte Wiedergabe der Jahresabschlussrelationen sowie der Ergebnisstruktur des ausländischen Abschlusses ab. Die Strukturen der Rechenwerke des Tochterunternehmens sollen durch die Umrechnung in die Berichtswährung des Mutterunternehmens möglichst nicht verändert werden. Der Umrechnungsvorgang wird damit mehr zu einer reinen Lineartransformation und erfolgt nach der sog. modifizierten Stichtagskursmethode. Ebenso ist vorzugehen, wenn ein berichterstattendes Unternehmen beschließt, eine von der funktionalen Währung abweichende Berichtswährung für seine Finanzberichterstattung zu verwenden (IAS 21.38).

Modifizierte Stichtagskursmethode

Gemäß IAS 21.39 ist in diesen Fällen wie folgt vorzugehen[12]:
- Monetäre und nicht-monetäre Vermögenswerte und Schulden werden mit dem am Bilanzstichtag gültigen Stichtagskurs umgerechnet. Für die Vorperiodenwerte sind die an den entsprechenden Vorperiodenstichtagen gültigen Stichtagskurse relevant.
- Aufwendungen und Erträge werden mit den jeweiligen Transaktionskursen umgerechnet. Dies gilt auch für die Vorperiodenwerte. Auch hier ist die Verwendung von Durchschnittskursen zulässig, solange hierdurch das Ergebnis aufgrund stark schwankender Wechselkurse nicht verzerrt wird (IAS 21.40). Bei planmäßigen Abschreibungen ist regelmäßig der Durchschnittskurs heranzuziehen, da sich der hierin zum Ausdruck kommende Wertverzehr auf die gesamte Berichtsperiode bezieht.

---

11 Vgl. *Gassen, J. et al.*, Währungsumrechnung nach IFRS im Rahmen des Konzernabschlusses – Eine Fallstudie zur Umrechnung von Fremdwährungsabschlüssen nach IAS 21, in: KoR, 7. Jg. (2007), S. 173.

12 Eine abweichende Vorgehensweise gilt für selbständige Tochterunternehmen, deren funktionale Währung die eines Hochinflationslandes ist. Vgl. dazu IAS 21.42-43.

Für die Umrechnung des Eigenkapitals enthält IAS 21 keine Regelung. Da bei der Stichtagskursmethode jedoch Umrechnungsdifferenzen als gesonderter Teil des Eigenkapitals auszuweisen sind (IAS 21.39(c)), ergibt sich das Eigenkapital als Residualgröße aus der Währungsumrechnung[13]. Um die Entwicklung der aus dem sonstigen Gesamterfolg resultierenden und im Eigenkapital ausgewiesenen Umrechnungsdifferenzen, wie in IAS 21.52(b) gefordert, darstellen zu können, ist eine Umrechnung dieser einzelnen Eigenkapitalbestandteile mit denjenigen Kursen erforderlich, die zu den Zeitpunkten ihrer jeweiligen, aus Konzernsicht erfolgten Zugänge galten[14]. Das aktuelle Periodenergebnis ergibt sich damit als Saldo der umgerechneten Aufwendungen und Erträge in der GuV und wird in die Bilanz übernommen. Während der Konzernzugehörigkeit erwirtschaftete und einbehaltene Periodenergebnisse werden mit den Durchschnittskursen der jeweiligen Entstehungsperiode umgerechnet. Der Eigenkapitalposten „Umrechnungsdifferenz" spiegelt dann die sich im Zeitablauf ergebenden Auswirkungen von Wechselkursänderungen auf das Eigenkapital des Tochterunternehmens wider[15]. Er ist gemäß IAS 21.48 bei Veräußerung des Tochterunternehmens – bei einem Teilverkauf anteilig – ergebniswirksam aufzulösen.

Umrechnung des Eigenkapitals und Umrechnungsdifferenzen

Als Abwandlung des obigen Beispiels sei nun unterstellt, dass die Z Corp. als selbständiges Tochterunternehmen geführt wird, also den US-Dollar als funktionale Währung hat. Bei der modifizierten Stichtagskursmethode wird zunächst das Euro-Periodenergebnis als Saldo der mit den Transaktions- bzw. vereinfachenden Durchschnittskursen umgerechneten Aufwendungen und Erträge ermittelt.

Beispiel 22.9[16]

GuV der Z Corp. (01.01. - 31.12.2007)	T US-$	Kurs	Kursart	T€
Umsatzerlöse	1.000	1,30	DK	769
– Abschreibungen	-200	1,30	DK	-154
– übrige Aufwendungen	-500	1,30	DK	-385
= Periodenergebnis (Saldo)	300			231

---

13 Vgl. zum Folgenden *Oechsle/Müller/Doleczik,* IAS-Kommentar, IAS 21, Tz. 98.
14 Die reine Stichtagskursmethode, nach der sämtliche Abschlussposten mit einem einheitlichen Stichtagskurs umgerechnet werden und die insofern eine Lineartransformation darstellt, ist mit IAS 21 hingegen nicht vereinbar (IAS 21.56). Vgl. dazu auch IAS 21.BC17. Zur reinen Stichtagskursmethode (all current method) vgl. *Busse von Colbe et al.*, Konzernabschlüsse, S. 170.
15 Beträge, die auf Minderheitenanteile an vollkonsolidierten Tochterunternehmen entfallen, sind im Eigenkapital als Teil des Minderheitenanteils auszuweisen (IAS 21.41).
16 Ein ähnliches Beispiel findet sich bei *Oechsle/Müller/Doleczik*, IAS-Kommentar, IAS 21, Tz. 109.

Anschließend werden in der Bilanz die Vermögenswerte und Schulden mit dem Stichtagskurs umgerechnet. Die Umrechnung des Eigenkapitals erfolgt demgegenüber mit den historischen Kursen zu den jeweiligen Zugangszeitpunkten. Das Periodenergebnis wird aus der Euro-GuV in die Bilanz übernommen. Damit wird es also letztlich auch mit dem bei seinem Zugang geltenden Kurs umgerechnet, denn die in der GuV vorgenommene Umrechnung mit dem Durchschnittskurs ist mit der Annahme konsistent, dass das Periodenergebnis während der Periode kontinuierlich erwirtschaftet wurde. Eine bilanzielle Umrechnungsdifferenz ergibt sich innerhalb des Eigenkapitals als Residualgröße zur Herstellung der Bilanzidentität, wird also ergebnisneutral innerhalb des Eigenkapitals ausgewiesen.

Bilanz der Z Corp. zum 31.12.2007				
	T US-$	Kurs	Kursart	T€
Anlagevermögen	800	1,40	StK	571
Umlaufvermögen	1.400	1,40	StK	1.000
Summe Aktiva	2.200			1.571
Gezeichnetes Kapital	600	1,00	HK	600
Rücklagen*	300	1,00	HK	300
Periodenergebnis	300	1,30	DK	231
Umrechnungsdifferenz**				-274
Fremdkapital	1.000	1,40	StK	714
Summe Passiva	2.200			1.571

* resultiert aus dem Anfangsbestand in Höhe von 400 abzüglich der Dividendenausschüttung von 100
** ermittelt als Residualgröße: 1.571 – 600 – 300 – 231 – 714 = -274 T€.

Da das Periodenergebnis sich als Saldo der umgerechneten Aufwendungen und Erträge ergibt bzw. hier wie alle Aufwendungen und Erträge mit dem Durchschnittskurs umgerechnet wird, fällt bei der modifizierten Stichtagskursmethode keine GuV-Umrechnungsdifferenz an. Die separat im Eigenkapital auszuweisende bilanzielle Umrechnungsdifferenz erklärt sich daraus, dass das Nettovermögen mit dem Stichtagskurs, die einzelnen Eigenkapitalkomponenten aber mit davon abweichenden Kursen umgerechnet werden. Sie ist im Beispiel mit -274 T€ als Korrekturposten und hier damit als Wertminderung des Eigenkapitals anzusehen. Sie verdeutlicht – unabhängig von der Wertentwicklung der jeweiligen Vermögenswerte und Schulden in US-Dollar

– allein die Auswirkungen der Euro-Aufwertung auf das Nettovermögen[17]. Die bilanzielle Umrechnungsdifferenz setzt sich wie folgt zusammen:

	Ermittlung	**T€**
Differenz aus Umrechnung des Netto-Anfangsvermögens zu verändertem Stichtagskurs (Wertverlust des Eigenkapitals)	1.000 / 1,40 – 1.000 / 1,00	-286
Differenz Periodenergebnis zu Stichtags- und zu Durchschnittskursen	300 / 1,40 – 300 / 1,30	-16
Differenz aus der Dividendenausschüttung	-100 / 1,40 – (-100) / 1,00	28
= Umrechnungsdifferenz		-274

Bei Unternehmenszusammenschlüssen werden die Vermögenswerte und Schulden des erworbenen Tochterunternehmens mit ihren beizulegenden Zeitwerten in die Konzernbilanz übernommen. In vielen Fällen entsteht dabei zudem ein Goodwill. Die Anpassungsbeträge sowie ein Goodwill sind gemäß IAS 21.47 als Vermögenswerte bzw. Schulden des Tochterunternehmens anzusehen. Sie werden folglich in dessen funktionaler Währung geführt. Die Umrechnung des Goodwills hängt davon ab, ob ein unselbständiges oder selbständiges Unternehmen vorliegt. Bei unselbständigen Tochterunternehmen kommt die Zeitbezugsmethode zum Tragen, so dass im Rahmen der Folgebewertung des Goodwills keine Wechselkursschwankungen auftreten. Kommt es zwischenzeitlich im Rahmen eines Werthaltigkeitstests zu einer außerplanmäßigen Abschreibung, so ist für die Folgebewertung des Goodwills der Wechselkurs zum Testzeitpunkt relevant. Wird hingegen bei selbständigen Tochterunternehmen die modifizierte Stichtagskursmethode angewendet, so ändert sich der Wert des Goodwills entsprechend den Wechselkursen der jeweiligen Bilanzstichtage[18]. Die Allokation des Goodwills im Rahmen der Währungsumrechnung kann sich gemäß IAS 21.BC32 von der Allokation für die Zwecke des Werthaltigkeitstests gemäß IAS 36 (vgl. hierzu Kapitel 23) unterscheiden.

Abbildung 22.1 ordnet noch einmal den Vorgang der Währungsumrechnung in die Maßnahmen im Rahmen der Konzernabschlusserstellung ein (vgl. hierzu Kapitel 23).

Konsolidierung

---

17 Vgl. zur betriebswirtschaftlichen Würdigung der Umrechnungsverfahren sowie zur Behandlung von Umrechnungsdifferenzen *Busse von Colbe et al.*, Konzernabschlüsse, S. 157-196.
18 Vgl. *Gassen, J. et al.*, Währungsumrechnung nach IFRS im Rahmen des Konzernabschlusses – Eine Fallstudie zur Umrechnung von Fremdwährungsabschlüssen nach IAS 21, in: KoR, 7. Jg. (2007), S. 173 f.

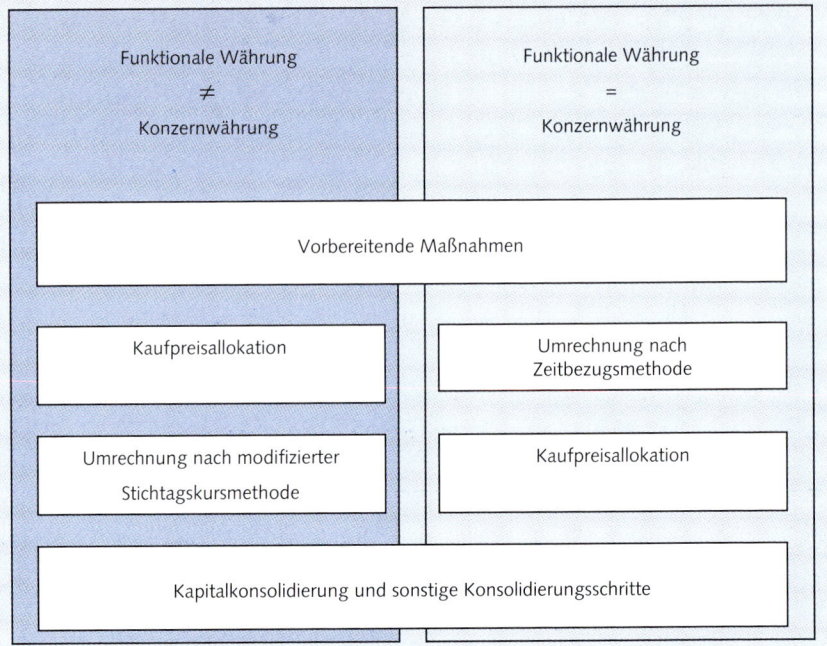

Abb. 22.1: Währungsumrechnung im Rahmen der Konzernabschlusserstellung.
Quelle: In Anlehnung an *Gassen, J. et al.*, Währungsumrechnung nach IFRS im Rahmen des Konzernabschlusses – Eine Fallstudie zur Umrechnung von Fremdwährungsabschlüssen nach IAS 21, in: KoR, 7. Jg. (2007), S. 171.

4 Anhangangaben

In IAS 21.51-57 werden umfangreiche Angabepflichten hinsichtlich der Währungsumrechnung festgelegt. Gemäß IAS 21.51 ist der Gesamtbetrag ergebniswirksam erfasster Umrechnungsdifferenzen aus der Anwendung der Zeitbezugsmethode anzugeben. Zudem ist die Entwicklung der aus dem sonstigen Gesamterfolg resultierenden und im Eigenkapital ausgewiesenen Umrechnungsdifferenzen aus der Anwendung der modifizierten Stichtagskursmethode darzustellen. Auch ist darauf hinzuweisen, wenn die Berichtswährung des (Konzern-) Abschlusses nicht der funktionalen Währung entspricht (IAS 21.53) und wenn sich die funktionale Währung des Mutterunternehmens oder eines bedeutenden Tochterunternehmens ändert (IAS 21.54). Weitere Angabepflichten entstehen, wenn ein Unternehmen Finanzinformationen in einer Drittwährung präsentiert, die von funktionaler und Berichtswährung abweicht (IAS 21.57). Solche Zusatzinformationen sind vom Unternehmen als nicht IFRS-konform zu kennzeichnen und zu erläutern.

5 Wesentliche Unterschiede zum HGB

Aus § 298 Abs. 1 i.V.m. § 244 HGB, die eine Aufstellung des (Konzern-) Abschlusses in Euro fordern, ergibt sich die grundsätzliche Notwendigkeit einer Währungsumrechnung. Mangels konkreter Vorschriften – eine Ausnahme bildet der für Kredit- und Finanzdienstleistungsinstitute geltende § 340h HGB, der auch von Unternehmen anderer Branchen angewendet wird – erfolgt die Umrechnung von Fremdwährungsgeschäften nach HGB unter Berücksichtigung der allgemeinen Bewertungsgrundsätze[19]. So verhindern beispielsweise das Realisations- und das Anschaffungskostenprinzip (§§ 252, 253 HGB) grundsätzlich eine ergebniswirksame Erfassung von Wechselkursgewinnen aus Fremdwährungsgeschäften immer dann, wenn hierdurch ein monetärer Vermögensgegenstand mit einem die Anschaffungskosten überschreitenden Betrag angesetzt würde.

Umrechnung von Fremdwährungsgeschäften

Das HGB enthält keine konkrete Vorgehensweise für die Umrechnung von Fremdwährungsabschlüssen im Rahmen der Konzernabschlusserstellung. Dementsprechend werden in der deutschsprachigen Literatur eine Vielzahl verschiedener Varianten der hier beschriebenen Zeitbezugs- und (modifizierten) Stichtagskursmethode für GoB-konform und damit zulässig gehalten[20]. Im Ergebnis dürfte damit auch die Anwendung der IAS 21-Grundsätze zu einem HGB-konformen (Konzern-) Abschluss führen[21].

Umrechnung von Fremdwährungsabschlüssen

Der Anfang Juni 2004 vom BMJ bekannt gemachte DRS 14 „Währungsumrechnung" lehnt sich, obgleich erheblich kürzer gefasst, eng an IAS 21 an, dies jedoch unter Beachtung der einschlägigen HGB-Grundsätze. Die ergebnisneutrale Behandlung von Umrechnungsdifferenzen bei monetären Posten, die Teil einer Nettoinvestition in einen ausländischen Geschäftsbetrieb sind, wurde allerdings nicht in DRS 14 übernommen. Ebenso fehlen Regelungen zur Umrechnung von Anpassungsbeträgen und Goodwill aus Unternehmenszusammen-

DRS 14

---

19 Vgl. zur allgemeinen Vorgehensweise bei der Währungsumrechnung sowie zu Einzelfragen *Gebhardt, G.*, Stichwort „Währungsumrechnung", in: Chmielewicz, K. et al. (Hrsg.), Handwörterbuch des Rechnungswesens, Stuttgart 1993, Sp. 2134-2143; *Langenbucher, G.*, Umrechnung von Valutaposten, in: Busse von Colbe, W./Pellens, B.(Hrsg.), Lexikon des Rechnungswesens, 1998, S. 701-708. Zur Währungsumrechnung im Jahresabschluss von Kreditinstituten siehe ausführlich *Schlösser, J.*, Die Währungsumrechnung im Jahresabschluß von Kreditinstituten – Eine Auslegung der Rechtsvorschrift des § 340 h HGB, Berlin 1996.

20 Vgl. etwa *Langenbucher, G.*, Umrechnung von Fremdwährungsabschlüssen, in: Handbuch der Konzernrechnungslegung, Kommentar zur Bilanzierung und Prüfung, 2. Aufl., Stuttgart 1998, S. 633-673; *Busse von Colbe, W./Müller, E./Reinhard, H.* (Hrsg.), Aufstellung von Konzernabschlüssen, ZfbF-Sonderheft Nr. 21, 2. Aufl., Düsseldorf u.a. 1989, S. 51; *HFA des IDW*, Geänderter Entwurf einer Verlautbarung zur Währungsumrechnung im Jahres- und Konzernabschluß, in: WPg, 39. Jg. (1986), S. 664-667.

21 Vgl. mit zahlreichen weiteren Nachweisen *Schmidbauer, R.*, Die Fremdwährungsumrechnung nach deutschem Recht und nach den Regelungen des IASB – Vergleichende Darstellung unter Berücksichtigung von DRS 14 und den Änderungen von IAS 21, in: DStR, 42. Jg. (2004), S. 704.

schlüssen. Auch für die Behandlung von Abschlüssen aus Hochinflationsländern lässt DRS 14 weitere, nach IAS 21.42-43 nicht vorgesehene Methoden zu.

Referentenentwurf zum BilMoG

Mit der Veröffentlichung des Referentenentwurfs zum geplanten Bilanzrechtsmodernisierungsgesetz (BilMoG) im November 2007 sieht der Gesetzgeber Klarstellungen im Bereich der Währungsumrechnung nach HGB vor. So soll nun mit dem neu formulierten § 256a HGB-E vorgeschrieben werden, dass auf ausländische Währung lautende Vermögensgegenstände, Schulden, Rechnungsabgrenzungsposten, Aufwendungen und Erträge mit dem Devisenkassakurs umzurechnen sind.

Im Bereich des Konzernabschlusses möchte man mit dem ebenfalls eingefügten § 308a HGB-E eine Vereinheitlichung schaffen. So ist es geplant, die Umrechnung von auf ausländische Währung lautenden Abschlüssen dahingehend zu vereinfachen, als dass die Transformation ausschließlich nach der modifizierten Stichtagskursmethode zu erfolgen hat.

6 Wesentliche Unterschiede zu US-GAAP

Für die Währungsumrechnung nach US-GAAP ist insbesondere SFAS 52 „Foreign Currency Translation" maßgeblich. Da IAS 21 sich in weiten Teilen an SFAS 52 orientiert, ergeben sich zwischen beiden Vorschriften kaum nennenswerte Unterschiede. Die Neufassung von IAS 21 (2003) stellte zwar eine konzeptionell bemerkenswerte, da konsequenter als bisher erfolgende Anwendung des Konzeptes der funktionalen Währung dar; wesentliche materielle Änderungen waren damit indes nicht verbunden[22]. An der weitgehenden Übereinstimmung der einschlägigen IFRS und US-GAAP zur Währungsumrechnung hat sich daher kaum etwas geändert.

Ausgewählte Literatur

Gassen, J. et al., Währungsumrechnung nach IFRS im Rahmen des Konzernabschlusses – Eine Fallstudie zur Umrechnung von Fremdwährungsabschlüssen nach IAS 21, in: KoR, 7. Jg. (2007), S. 171-180.

Küting, K./Wirth, J., Umrechnung von Fremdwährungsabschlüssen vollzukonsolidierender Unternehmen nach IAS/IFRS, in: KoR, 3. Jg. (2003), S. 376-387.

Langenbucher, G., Umrechnung von Fremdwährungsabschlüssen, in: Küting, K. et al. (Hrsg.), Handbuch der Konzernrechnungslegung, Kommentar zur Bilanzierung und Prüfung, 2. Aufl., Stuttgart 1998, S. 633-673.

---

22 So auch IAS 21.BC3.

Löw, E./Lorenz, K., Bilanzielle Behandlung von Fremdwährungsgeschäften nach deutschem Recht und nach den Vorschriften des IASB, in: KoR, 2. Jg. (2002), S. 234-243.

Rolf, B., Währungsumrechnung und Kongruenz – Kritische Würdigung des Konzeptes der funktionalen Währung nach US-GAAP, Berlin 2001.

Schmidbauer, R., Die Fremdwährungsumrechnung nach deutschem Recht und nach den Regelungen des IASB – Vergleichende Darstellung unter Berücksichtigung von DRS 14 und den Änderungen von IAS 21, in: DStR, 42. Jg. (2004), S. 699-704.

Übungsaufgaben

Aufgabe 1:

Der Konsolidierungskreis des nach IFRS bilanzierenden Godzone Konzerns umfasst zum 31.12.2007 auch die ausländische Frutti S.p.A. Obwohl ein Control-Verhältnis zwischen der Godzone Ltd. und der Frutti S.p.A. vorliegt, sind die Aktivitäten der Frutti S.p.A. weitgehend selbständig. Zudem bestehen zwischen den beiden Unternehmen nur unwesentliche Leistungsbeziehungen.

a) Wie müssen allgemein die Positionen der Bilanz und Gewinn- und Verlustrechnung der Frutti S.p.A. umgerechnet werden, wenn die Godzone Ltd. eine Währungsumrechnung nach IAS 21 durchführt?

b) Was soll das Konzept der funktionalen Währung, bezogen auf die Darstellungsform des Tochterunternehmens der Frutti S.p.A. innerhalb des Konzernabschlusses, bezwecken?

Aufgabe 2:

Das Unternehmen Börg Ltd. will folgende Geschäftsvorfälle zum 31.12.2007 gemäß IAS 21 in die eigene funktionale Währung Euro umrechnen. Wie sind die jeweiligen Umrechnungsdifferenzen zu behandeln? Bitte geben Sie die jeweiligen Buchungssätze an.

1. Die Börg Ltd. unterhält seit dem 31.3.2007 einen Aktienbestand in Höhe von 20.000 Aktien an der russischen Oil Corp. Die Aktien gehören dem Handelsbestand an.

	31.03.2007	31.12.2007
Kurs der Oil-Aktie (in Rubel)	16,65	18,12
1 € entspricht ...	33,70 RUB	33,50 RUB

2. Die Börg Ltd. besitzt auf den Cayman Islands eine Betriebsstätte, auf der eine Maschine (Buchwert zum 31.12.2006 (in Kaiman-Dollar): 250 TKYD) zum Einsatz kommt. Diese wird zu fortgeführten Anschaffungskosten bilanziert.

Durch einen Betriebsunfall sind einige Funktionen der Maschine nicht mehr einsetzbar, so dass eine Werthaltigkeitsprüfung zum 31.12.2007 eine Wertminderung in Höhe von 100 TKYD ergab. Der historische Kurs zum Transaktionszeitpunkt betrug 1 € = 3,20 KYD. Am 31.12.2007 liegt der Kurs bei 1 € = 4,10 KYD.

3. In dieser Betriebsstätte werden ebenfalls Vorräte vorgehalten. Die Anschaffungskosten betrugen 520 TKYD. Der geschätzte Verkaufspreis zum 31.12.2007 liegt bei 560 TKYD. Als Vertriebskosten werden 20 TKYD geschätzt. Der Kurs zum Transaktionszeitpunkt lag bei 1 € = 4,00 KYD.

4. Die Börg Ltd. besitzt eine Beteiligung an der dänischen Bölög AG. Dieser wurde ein unbefristetes Gesellschafterdarlehen in Höhe von 500.000 dänischen Kronen (DKK) gewährt. Der Stichtagskurs zum 31.12.2007 lag bei 1 € = 7,30 DKK. Der aktuelle Stichtagskurs liegt bei 1 € = 7,50 DKK.

5. Die Börg Ltd. hält 8.000 Aktien der in Zürich in Schweizer Franken notierten Zürli AG. Diese Aktien werden als „zur Veräußerung verfügbare finanzielle Vermögenswerte" klassifiziert.

	31.12.2006	31.12.2007
Kurs der Zürli-Aktie (in CHF)	48,65	42,30
1 € entspricht …	1,61 CHF	1,52 CHF

Aufgabe 3:

Die Star AG erwirbt zum 1.1.2007 die ausländische Bane Corp. Der Abschluss der Bane Corp. ist zum 31.12.2007 umzurechnen, um in den Konzernabschluss einbezogen zu werden. Der Kurs der Landeswährung (LW) betrug zum 1.1.2007 1 LW = 3 Euro. Im Laufe des Jahres steigt der Wechselkurs des Euro gegenüber der Landeswährung auf 1 LW = 2 Euro. Folgende Angaben sind zusätzlich zu berücksichtigen:

- Der Endbestand an Vorräten ist komplett in 2007 nach der Wechselkursänderung entstanden.
- Der Anfangsbestand der Forderungen wurde nach der Wechselkursänderung vollständig beglichen.
- Der Anfangsbestand an liquiden Mitteln wurde nach der Wechselkursänderung komplett für eine Investition ausgegeben.
- Sachanlagen wurden Ende 2007 für 60 LW neu erworben.
- 150 LW Verbindlichkeiten wurden vor der Wechselkursänderung getilgt. 30 LW Verbindlichkeiten wurden dagegen 2007 nach der Wechselkursänderung beglichen. Der restliche Bestand entstand nach der Wechselkursänderung.

a) Führen Sie die Währungsumrechnung nach der modifizierten Stichtagskursmethode durch.

b) Zeigen Sie anschließend auf, wie sich Bilanz- und GuV-Positionen bei Anwendung der Zeitbezugsmethode verändern, in dem Sie den Abschluss der Bane Corp. auch nach dieser Methode umrechnen. Welche Umrechnungsdifferenzen treten auf? Wie hoch sind diese?

Bilanz der Bane Corp.	2006		2007	
	Mio. LW		Mio. LW	
Aktiva				
Sachanlagen	200		220	
Vorräte	150		160	
Forderungen	150		160	
Kasse	200		210	
Passiva				
gez. Kapital		100		100
Kapitalrücklage		150		150
Gewinnrücklagen		150		150
Periodenergebnis		—		80
Unterschiedsbetrag aus der Währungsumrechnung		—		—
Verbindlichkeiten		300		270
Summe	700	700	750	750

GuV der Bane Corp. 2007	Mio. LW
Umsatzerlöse	1.000
sonstige Erträge	100
Material- und Personalaufwand	980
Abschreibungen auf das Sachanlagevermögen	40
Periodenergebnis	80

Kapitel 23
Unternehmenszusammenschlüsse und Konsolidierung

1 Einleitung 681

2 Relevante Normen und Begriffe 682

3 Arten von Unternehmenszusammenschlüssen...683

4 Bilanzielle Abbildung eines asset deal im Einzelabschluss 685

5 Bilanzielle Abbildung eines share deal im Konzernabschluss...................687
    5.1 Verfahrensschritte..687
    5.2 Vorbereitende Maßnahmen..689
    5.3 Kapitalkonsolidierung..691
        5.3.1 Konzeptionelle Grundlagen der Erstkonsolidierung 691
        5.3.2 Alternative Konzeptionen der Erstkonsolidierung 697
        5.3.3 IFRS 3-Regeln zur Akquisitionsmethode 705
            5.3.3.1 Bestimmung des Erwerbers
                    und des Akquisitionsdatums 706
            5.3.3.2 Ansatz und Bewertung von erworbenem
                    Nettovermögen und Minderheitenanteilen................709
            5.3.3.3 Anschaffungskostenermittlung und -allokation........713
            5.3.3.4 Aufteilung des Goodwills...718
        5.3.4 Folgekonsolidierung...720
            5.3.4.1 Technik der Folgekonsolidierung 720
            5.3.4.2 Folgebehandlung des erworbenen Goodwills............722
        5.3.5 Endkonsolidierung..729
    5.4 Sonstige Konsolidierungsmaßnahmen...731
        5.4.1 Schuldenkonsolidierung 731
        5.4.2 Aufwands- und Ertragskonsolidierung...................................734
        5.4.3 Zwischenerfolgseliminierung 736

6 Anhangangaben 738

7 Zusammenfassendes Beispiel 738

8 Wesentliche Unterschiede zum HGB 743

9 Wesentliche Unterschiede zu US-GAAP...745

Ausgewählte Literatur 748

Übungsaufgaben..748

Internationale Unternehmenszusammenschlüsse und Übernahmen (business combinations) sind, wenn man z.B. an die Bayer-Schering-Übernahme denkt, vielbeachtete Ereignisse, die nicht selten die Wettbewerbssituation ganzer Branchen beeinflussen und zu erheblichen Veränderungen in den betroffenen Unternehmen führen. Diese Transaktionen können nach rechtlichen und wirtschaftlichen Kriterien unterschieden werden. Eine mögliche Gliederung wird in Abbildung 23.1 dargestellt.

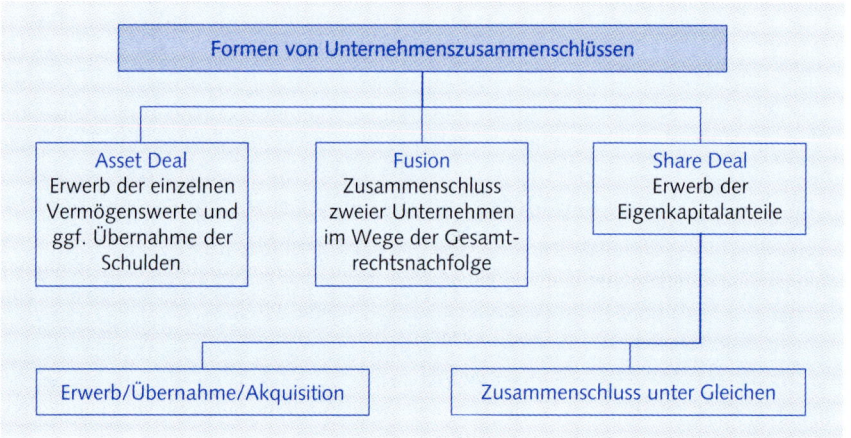

Abb. 23.1: Ausgestaltungsformen von Unternehmenszusammenschlüssen

Während der asset deal vor allem beim Verkauf von einzelkaufmännischen Unternehmen oder rechtlich unselbständigen Unternehmensteilen zur Anwendung kommt, schließen sich im Rahmen einer Fusion meist zwei Kapitalgesellschaften durch Aufnahme oder Neubildung zu einem neuen Rechtsträger zusammen. Insbesondere bei grenzüberschreitenden Zusammenschlüssen großer Kapitalgesellschaften bildet der share deal den Regelfall. Hier wird der Zusammenschluss zweier Unternehmen durch den Erwerb von i.d.R. mehr als 50 % der Eigenkapitalanteile und somit i.d.R. der Stimmrechte des erworbenen Unternehmens realisiert. Beim share deal wird zumeist zwischen Akquisitionen, bei denen Erwerber und Erworbener eindeutig feststehen, und Zusammenschlüssen unter Gleichen (merger of equals) unterschieden. Die Übernahme der Mannesmann AG durch den britischen Mobilfunkkonzern Vodafone ist ein viel zitiertes Beispiel der ersten Kategorie, während der zwischenzeitliche Zusammenschluss der Daimler-Benz AG und der Chrysler Corp. zur DaimlerChrysler AG dem Kapitalmarktpublikum als „Schulterschluss zweier gleichberechtigter Partner" und damit als Exempel der zweiten Kategorie kommuniziert wurde[1].

---

[1] Weitere Beispiele mit deutscher Beteiligung sowie deren rechtliche und bilanzielle Behandlung finden sich bei *Krawitz, N./Leukel, S.*, Die Abbildung von Unternehmensfusionen in der Rechnungslegung – Rechtliche Möglichkeiten und Analyse ausgewählter Fälle mit deutscher Beteiligung, in: KoR, 1. Jg. (2001), S. 91-106.

So verschieden die Ausgestaltungsformen von Unternehmenszusammenschlüssen in rechtlicher Hinsicht sind, so sehr unterscheiden sie sich auch bezüglich ihrer bilanziellen Abbildung. Bei asset deal und Fusion werden die übernommenen Vermögenswerte und Schulden mit ihren beizulegenden Zeitwerten im Erwerbszeitpunkt in die Einzelbilanz des Erwerbers übernommen. Demgegenüber entsteht beim share deal regelmäßig eine Mutter-Tochter-Beziehung, die zur Einbeziehung des erworbenen Unternehmens in den – evtl. – erstmalig zu erstellenden Konzernabschluss des Erwerbers führt (vgl. Kapitel 6).

Ergebnisse der empirischen Rechnungslegungsforschung zeigen, dass Manager offenbar nicht nur am wirtschaftlichen Erfolg von Zusammenschlüssen interessiert sind, sondern auch deren bilanzieller Abbildung große Bedeutung beimessen. Eine besondere Rolle nimmt dabei der Geschäfts- oder Firmenwert (Goodwill) ein, der bei Unternehmenserwerben immer dann entsteht, wenn der Erwerber für das Akquisitionsobjekt einen über dessen neu bewertetes bilanzielles Eigenkapital hinausgehenden Kaufpreis bezahlt. Die bilanzielle Behandlung dieser Position hat enorme Konsequenzen für die Darstellung der Vermögens-, Finanz- und Ertragslage des Erwerbers und ist daher oftmals Gegenstand bilanzpolitischer Überlegungen[2].

Mit Hilfe dieses Kapitels sollen Sie
- die bilanziellen Konsequenzen von Zusammenschlüssen verstehen,
- die Erstellung eines Konzernabschlusses aus den Einzelabschlüssen der Konzernunternehmen erlernen und
- mit den Bilanzierungsvorschriften für den Goodwill vertraut werden.

1 Einleitung

Entsprechend der obigen Unterscheidung wird in diesem Kapitel zunächst die bilanzielle Abbildung von asset deals und Fusionen im Einzelabschluss (Abschnitt 4) und anschließend die Erfassung von share deals im Konzernabschluss (Abschnitt 5) beschrieben. Diese Zusammenschlussformen sind Gegenstand von IFRS 3 „Unternehmenszusammenschlüsse" (Business Combinations) (2008). Der Standard bildet das Ergebnis des Projekts „Business Combinations – Phase II". Er wurde am 10.01.2008 verabschiedet und ersetzt die vorherige Version aus dem Jahr 2004. Der neue Standard entspricht zu großen Teilen der US-GAAP-Vorschrift SFAS 141 „Business Combinations" (2007). Zudem ist IAS 27, der ebenfalls im Januar 2008 in einer neuen Version veröffentlicht wurde, für die Abbildung von Unternehmenszusammenschlüssen im Konzernabschluss relevant. Im Anschluss an eine Übersicht über die derzeit geltenden IFRS-Normen

---

2 Vgl. hierzu *Sellhorn, T.*, Goodwill Impairment – An Empirical Investigation of Write-Offs under SFAS 142, Frankfurt a.M. 2004, S. 34-55.

(Abschnitt 2) werden zunächst die denkbaren Ausgestaltungsformen von Unternehmenszusammenschlüssen (Abschnitt 3) näher erläutert.

2 Relevante Normen und Begriffe

Regelungsumfang von IFRS 3 (2008)

Der Regelungsumfang von IFRS 3 (2008) erstreckt sich insbesondere auf die bei Unternehmenszusammenschlüssen anzuwendende Akquisitionsmethode (acquisition method) und mit dieser im Zusammenhang stehende Fragen. Da IFRS 3 (2008) die Existenz von „Zusammenschlüssen unter Gleichen" verneint, ist zunächst die gelegentlich verzwickte Frage zu klären, welche Partei bei einem Unternehmenszusammenschluss der Erwerber (acquirer) und welche der Erworbene (acquiree) ist. Anschließend wird festgelegt, wie die Anschaffungskosten aus Sicht des Erwerbers (cost of a business combination) zu bestimmen sind. Da die im Rahmen eines Unternehmenszusammenschlusses erworbenen Vermögenswerte und Schulden beim Erwerber mit ihren beizulegenden Zeitwerten (fair values) im Erwerbszeitpunkt (acquisition date) anzusetzen sind, enthält IFRS 3 (2008) zudem umfangreiche Ansatz- und Bewertungsregeln für erworbene materielle und immaterielle Vermögenswerte sowie für Goodwill, Eventualschulden und andere Bilanzpositionen.

Aufbau von IFRS 3 (2008)

Im Einzelnen ist IFRS 3 (2008) wie folgt aufgebaut: Im Anschluss an die Zielsetzung (IFRS 3.1) erfolgt eine Abgrenzung des Anwendungsbereiches (IFRS 3.2). Anschließend wird auf die Identifizierung eines Geschäftsvorfalls als Unternehmenszusammenschluss (business combination) eingegangen (IFRS 3.3). Anwendungsfragen der für Unternehmenszusammenschlüsse allein zulässigen Akquisitionsmethode bilden den Großteil des Standards (IFRS 3.4-53). Dabei geht es im Einzelnen um die Festlegung des Erwerberunternehmens und des Erwerbsdatums (IFRS 3.6-9), Ansatz und Bewertung identifizierbarer Vermögenswerte, Schulden und Minderheitenanteile (IFRS 3.10-31), Ansatz und Bewertung des Goodwills sowie die Behandlung eines Unterschiedsbetrags aus günstigem Kauf (bargain purchase; IFRS 3.32-36), die Bestimmung der Anschaffungskosten der Beteiligung (IFRS 3.37-40) und die Vorgehensweise bei besonderen Arten von Unternehmenszusammenschlüssen (IFRS 3.41-44). Anschließend ist die nachträgliche Korrektur vorläufig ermittelter Beträge (IFRS 3.45-50), die Bestimmung der Bestandteile einer business combination (IFRS 3.51-53) sowie die Bilanzierung in nachfolgenden Perioden (IFRS 3.54-58) geregelt. Abschließend enthält der Standard umfangreiche Angabepflichten (IFRS 3.59-63). Übergangsvorschriften und Inkrafttreten werden in IFRS 3.64-68 behandelt. Die umfangreichen Anhänge bilden teilweise integrale Bestandteile von IFRS 3 und enthalten Definitionen (Anhang A), Anwendungshinweise (Anhang B) und eine Übersicht über Änderungen anderer Standards durch die Neuregelungen (Anhang C). Zudem liefert das IASB eine Darstellung der basis for conclusions, erläuternde Beispiele sowie eine Übersicht über die Unterschiede zwischen IFRS 3 (2008) und SFAS 141 (2007).

Share deals führen, wie oben erläutert, zur Entstehung eines Konzerns bzw. dazu, dass ein neues Tochterunternehmen erstmals in einen bereits bestehenden Konzern einbezogen wird. Die Erstellung des Konzernabschlusses erfolgt dann durch Zusammenführung der Abschlüsse der einzubeziehenden Konzernunternehmen. Dabei sind konzerninterne Salden und Geschäftsvorfälle durch so genannte Konsolidierungsmaßnahmen zu eliminieren (IAS 27.20). Große Teile von IAS 27 (2008) regeln die Pflicht zur Erstellung eines Konzernabschlusses und die Abgrenzung des Kreises der in einen Konzernabschluss einzubeziehenden Unternehmen (vgl. Kapitel 6). Die eigentlichen Konsolidierungsmaßnahmen sowie die ihnen vorgelagerten Schritte sind Gegenstand von IAS 27.18-31.

Konsolidierung nach IAS 27 (2008)

IFRS 3 (2008) gilt für Unternehmenszusammenschlüsse (business combinations) (IFRS 3.2). Ein Unternehmenszusammenschluss liegt immer dann vor, wenn ein Unternehmen eine Beherrschungsmöglichkeit (control) über ein oder mehrere Geschäftsbetriebe (businesses) erlangt (IFRS 3.A). Unter business versteht IFRS 3 (2008) eine integrierte Gruppe von Aktivitäten und Vermögenswerten, mit deren Hilfe eine Rendite für Investoren erwirtschaftet werden soll (IFRS 3.A). Damit ist IFRS 3 (2008) für asset deals, Fusionen und share deals gleichermaßen relevant. Ein Unternehmenszusammenschluss liegt also nicht vor, wenn die erworbene Gruppe von Vermögenswerten und Schulden nicht den Charakter eines Geschäftsbetriebs hat. In diesem Fall soll die Transaktion wie ein Erwerb von Vermögensgegenständen behandelt werden (IFRS 3.3).

Unternehmenszusammenschlusses

Die folgenden Unternehmenszusammenschlüsse sind aus dem Anwendungsbereich von IFRS 3 (2008) ausgenommen (IFRS 3.2a-c):
- Die Bildung von Joint Ventures[3],
- der Erwerb von Vermögenswerten oder einer Gruppe solcher, die kein business darstellen, sowie
- Zusammenschlüsse von Unternehmen oder Geschäften, die sowohl vor als auch nach der Transaktion von ein und derselben „Partei" oder Gruppe beherrscht werden (under common control), also etwa die Zusammenführung zweier Tochterunternehmen desselben Mutterunternehmens[4].

In IFRS 3 (2008) nicht geregelte Zusammenschlussformen

3 Arten von Unternehmenszusammenschlüssen

Ein Unternehmenszusammenschluss kann auf unterschiedlichen Wegen erreicht werden. Die gewählte Struktur hängt z.B. vom nationalen Steuersystem und Gesellschaftsrecht sowie ggf. auch von den bilanziellen Konsequenzen ab. IFRS 3.B5-B6 nennen eine nicht abschließende Reihe von Ausgestaltungsmöglichkeiten. Eine grobe Unterscheidung ist zwischen Art des Erwerbs und Art der Gegenleistung möglich:

Verschiedene Ausprägungen

---

3 Die Bilanzierung von Anteilen an Gemeinschaftsunternehmen ist Gegenstand von IAS 31. Vgl. hierzu Kapitel 24.
4 Zu näheren Ausführungen vgl. IFRS 3.B1-B4.

share deal oder asset deal
- Wie eingangs erwähnt, kann sich der Erwerber einerseits durch Anteilskauf am Kapital des Erworbenen beteiligen, ohne dass dieser dadurch seine Rechtspersönlichkeit verliert (share deal). Die beteiligten Unternehmen werden in diesen Fällen oftmals einer Umorganisation bzw. Restrukturierung unterzogen. Im anderen Fall bezieht sich der Kauf auf die Vermögenswerte und ggf. Schulden, die der Erwerber durch Einzelrechtsnachfolge (asset deal) oder Gesamtrechtsnachfolge (Fusion) übernimmt. Sofern der Erworbene vor der Transaktion eine eigenständige Rechtspersönlichkeit besessen hat, geht diese durch den Zusammenschluss verloren[5]. Vielfach erstreckt sich die Transaktion lediglich auf Unternehmensteile, die allerdings, wie oben erläutert, für sich genommen als selbständige businesses einzustufen sein müssen. Im Folgenden werden die Fälle des asset deal und der Fusion vereinfachend unter dem Begriff „asset deal" zusammengefasst, um diesen für die Fragen der bilanziellen Darstellung vom share deal abzugrenzen.

Art der Gegenleistung
- Der Erwerber kann den Kaufpreis zum einen durch Anteilstausch begleichen, indem er eigene Anteile an die Anteilseigner des erworbenen Unternehmens überträgt. Zum anderen können dafür Bargeld oder andere Vermögenswerte hingegeben werden. Insbesondere ist auch die Übernahme von Schulden des Erworbenen durch den Erwerber gebräuchlich.

Bilanzielle Auswirkungen
Die bilanziellen Konsequenzen von Unternehmenszusammenschlüssen hängen von der Ausgestaltung der Transaktion ab. In allen Fällen ergeben sich Konsequenzen für den Einzelabschluss, wohingegen nur in bestimmten Fällen zusätzlich der Konzernabschluss berührt ist.

Keine Konsolidierung bei asset deal
- Ist der Unternehmenszusammenschluss als asset deal ausgestaltet, entsteht kein Mutter-Tochter-Verhältnis, weil der Erwerb sich nicht auf das (ggf. stimmberechtigte) Kapital des Erworbenen bezieht, sondern auf dessen Vermögenswerte und Schulden. Zudem verliert der Erworbene im Rahmen eines asset deal vielfach seine Rechtspersönlichkeit oder hat als rechtlich unselbständiges business eines anderen Unternehmens von Anfang an keine solche besessen. Dieser Fall ist Gegenstand des folgenden Abschnitts 4.

Konsolidierung bei share deal und Mutter-Tochter-Verhältnis
- Ist ein Unternehmenszusammenschluss hingegen als share deal ausgestaltet, so führt dieser in aller Regel zu einem Mutter-Tochter-Verhältnis (parent-subsidiary relationship), weil der Erwerber hierdurch die Beherrschungsmöglichkeit über den Erworbenen erlangt (vgl. Kapitel 6). Damit muss der Erwerber den Erworbenen in seinen Konzernabschluss einbeziehen[6]. Dieser Fall wird in Abschnitt 5 behandelt.

---

5 Verliert nur der Erworbene seine rechtliche Selbständigkeit, handelt es sich um eine Verschmelzung durch Aufnahme. Im Falle einer Verschmelzung durch Neubildung geht hingegen auch die Rechtspersönlichkeit des Erwerbers unter, und die sich zusammenschließenden Unternehmen übertragen ihr Vermögen auf einen neu gegründeten Rechtsträger.

6 Folglich wird der Erwerber durch Erwerb des ersten Tochterunternehmens erstmalig zur Aufstellung eines Konzernabschlusses verpflichtet.

4 Bilanzielle Abbildung eines asset deal im Einzelabschluss

IFRS 3.4 lässt für die bilanzielle Abbildung von Unternehmenszusammenschlüssen allein die Akquisitionsmethode zu. Mit dieser Festlegung stellt sich das IASB auf den Standpunkt, dass im Grunde jeder Unternehmenszusammenschluss, auf den IFRS 3 (2008) anwendbar ist, eine Akquisition darstellt, bei der Erwerber und Erworbener eindeutig zu bestimmen sind (IFRS 3.6).

Akquisitionsmethode allein zulässig

Die Akquisitionsmethode unterstellt, dass der Erwerber, unabhängig von der konkret gewählten gesellschaftsrechtlichen Ausgestaltung der Transaktion, wirtschaftlich betrachtet die Vermögenswerte und Schulden des Erworbenen kauft. Auf Ansatz und Bewertung der bisher beim Erwerber selbst bilanzierten Positionen hat eine solche Akquisition aber keinerlei Auswirkungen, da diese nicht Gegenstand der Transaktion sind (IFRS 3.51). Die im Rahmen eines asset deal durch Einzel- oder Gesamtrechtsnachfolge erworbenen Positionen werden vom Erwerber in seinem Abschluss mit ihren Anschaffungskosten und damit mit ihren beizulegenden Zeitwerten angesetzt. Dies gilt ungeachtet dessen, ob und mit welchem Betrag sie bereits im Abschluss des Erworbenen bilanziert waren.

Grundgedanke der Akquisitionsmethode

In vielen Fällen entspricht der vom Erwerber gezahlte Kaufpreis nicht dem beizulegenden Zeitwert des erworbenen Nettovermögens, also der Vermögenswerte abzüglich eventuell übernommener Schulden. Zwei Fälle sind denkbar: Der Erwerber zahlt eine über den beizulegenden Zeitwert des erworbenen Nettovermögens hinausgehende Prämie. Diese wird als Geschäfts- oder Firmenwert (Goodwill) bezeichnet und als Vermögenswert aktiviert (IFRS 3.32).

Unterschiedsbeträge

Goodwill

Die X AG schließt am 31.12.2007 mit den Gesellschaftern der Y GmbH einen Kaufvertrag über alle Vermögenswerte der Y GmbH. Im Gegenzug verpflichtet sich die X AG zur Zahlung von 1.200 T€ sowie zur Übernahme aller Schulden der Y GmbH. Damit liegt hier ein asset deal vor. Die Bilanz der Y GmbH zu Buchwerten zeigt vor der Transaktion folgendes Bild:

Beispiel 23.1

Bilanz der Y GmbH zum 31.12.2007 zu Buchwerten (in T€)			
Anlagevermögen	550	Eigenkapital	500
Umlaufvermögen	300	Fremdkapital	350
Summe	850	Summe	850

Nachfolgend wird die Bilanz der X AG vor der Transaktion dargestellt:

Bilanz der X AG zum 31.12.2007 vor Erwerb der Y GmbH (in T€)			
Anlagevermögen	1.800	Eigenkapital	2.100
Umlaufvermögen	2.050	Fremdkapital	1.750
Summe	3.850	Summe	3.850

Ein Immobiliensachverständiger ermittelt für die im Anlagevermögen ausgewiesenen Gebäude der Y GmbH (Buchwert: 300 T€) einen beizulegenden Zeitwert von 600 T€. Ansonsten entsprechen die Buchwerte den beizulegenden Zeitwerten.

Lösung[7]

Die X AG hat die erworbenen Vermögenswerte sowie die übernommenen Schulden mit ihren beizulegenden Zeitwerten anzusetzen. Dabei entsteht ein positiver Unterschiedsbetrag, der als Goodwill unter den immateriellen Vermögenswerten aktiviert wird:

Kaufpreis	1.200 T€
– Vermögenswerte der Y GmbH (zu Buchwerten)	– 850 T€
– Stille Reserven in den Gebäuden der Y GmbH	– 300 T€
+ Schulden der Y GmbH	+ 350 T€
= positiver Unterschiedsbetrag (Goodwill)	**400 T€**

Damit ergibt sich für die X AG folgende Bilanz nach dem Erwerb und der Übernahme der Vermögenswerte und Schulden der Y GmbH:

Bilanz der X AG zum 31.12.2007 nach Erwerb der X GmbH (in T€)			
Anlagevermögen (1.800 + 550 + 300 =)	2.650	Eigenkapital	2.100
Goodwill	400		
Umlaufvermögen (2.050 – 1.200 + 300 =)	1.150	Fremdkapital (1.750 + 350 =)	2.100
Summe	4.200	Summe	4.200

Negativer Unterschiedsbetrag

Ist der beizulegende Zeitwert des erworbenen Nettovermögens höher als der dafür vom Erwerber entrichtete Kaufpreis und hält ein solcher negativer Unterschiedsbetrag einer erneuten Überprüfung (reassessment) stand, so ist er als Ertrag zu erfassen (IFRS 3.34-36). Hier ist zu beachten, dass stille Reserven auch dann voll aufzudecken sind, wenn daraus ein negativer Unterschiedsbetrag entsteht oder sich erhöht. Eine sog. Anschaffungskostenrestriktion gibt es nicht.

Beispiel 23.2

Im Unterschied zu Beispiel 23.1 wird nun unterstellt, der Kaufpreis für das Nettovermögen der Y GmbH habe nicht 1.200 T€, sondern lediglich 700 T€ betragen. Dann ergäbe sich ein negativer Unterschiedsbetrag, der von der X AG als Ertrag vereinnahmt wird:

---

[7] Bei diesem und den folgenden Beispielen werden Steuereffekte zunächst vernachlässigt. Diese werden in Abschnitt 7 berücksichtigt.

Kaufpreis	700 T€
− Vermögenswerte der Y GmbH (zu Buchwerten)	− 850 T€
− Stille Reserven in den Grundstücken der Y GmbH	− 300 T€
+ Schulden der Y GmbH	+ 350 T€
= negativer Unterschiedsbetrag (Ertrag)	**-100 T€**

5 Bilanzielle Abbildung eines share deal im Konzernabschluss

5.1 Verfahrensschritte

Während die Akquisitionsmethode beim asset deal sowohl im Einzel- als auch in einem vom Erwerber ggf. aufzustellenden Konzernabschluss wie beschrieben angewendet wird, gilt sie im Falle eines share deal ausschließlich im Konzernabschluss des Erwerbers. Ein share deal führt i.d.R. zu einem Mutter-Tochter-Verhältnis mit der Konsequenz, dass der Erwerber den Erworbenen unter Anwendung von IFRS 3 (2008) im Wege der Vollkonsolidierung in seinen Konzernabschluss einbeziehen muss[8]. Da der Erworbene als Tochterunternehmen mit eigener Rechtspersönlichkeit weiter existiert, wird der Erwerb im Einzelabschluss des Mutterunternehmens als reiner Beteiligungszugang (Beteiligungen an Bank) ausgewiesen. Diese wird dort als „Anteile an Tochterunternehmen" (investments in subsidiaries) entweder nach der Anschaffungskostenmethode (at cost) oder nach IAS 39 bilanziert (IAS 27.38).

Im Konzernabschluss wird die Akquisitionsmethode im Rahmen der Konsolidierung angewendet. Sie stellt damit einen zentralen Schritt bei der Erstellung eines Konzernabschlusses aus den Einzelabschlüssen aller zur wirtschaftlichen Einheit „Konzern" gehörenden Unternehmen dar. Die nachfolgende Abbildung 23.2 stellt die Arbeitsschritte bei der Erstellung eines konsolidierten Abschlusses kurz dar.

Schritte der Konzernabschlusserstellung

---

[8] Von diesem Regelfall, dass durch einen share deal ein Mutter-Tochter-Verhältnis entsteht, wird im folgenden Verlauf dieses Kapitels ausgegangen. Hierzu ist i.d.R. erforderlich, dass der Erwerber eine Stimmrechtsmehrheit an dem Erworbenen hält. Vgl. hierzu Kapitel 6.

> 1. Prüfung, ob das betrachtete Unternehmen an der Spitze einer nach wirtschaftlichen Kriterien festgelegten Unternehmensgruppe steht (**Pflicht zur Aufstellung eines Konzern- bzw. Teilkonzernabschlusses**)
>
> 2. Festlegung aller zu dieser Gruppe gehörenden rechtlich selbständigen Unternehmen (**Konsolidierungskreis**)
>
> 3. **Vereinheitlichung von Bilanzansatz und Bilanzbewertung** der in den Konzernabschluss einzubeziehenden Abschlüsse
>
> 4. Bei ausländischen Tochterunternehmen: Ggf. Umrechnung der einheitlichen Abschlüsse in die Konzernabschlusswährung (**Währungsumrechnung**)
>
> 5. **Erstellung eines Summenabschlusses** durch Horizontaladdition der Jahresabschlusspositionen der einheitlichen und umgerechneten Jahresabschlüsse
>
> 6. **Durchführung der Konsolidierungsmaßnahmen** zur Eliminierung konzerninterner Geschäftsbeziehungen und Abschlusskorrekturen zur Beachtung der Fiktion der rechtlichen Einheit

Abb. 23.2: Arbeitsschritte zur Erstellung eines konsolidierten Abschlusses

Prüfung der Aufstellungspflicht

- Erstens ist zu prüfen, ob ein Unternehmen an der Spitze einer nach wirtschaftlichen Kriterien abgegrenzten Unternehmensgruppe steht und damit zur Erstellung eines Konzern- bzw. Teilkonzernabschlusses verpflichtet ist. Diese grundlegende Frage der Konzernabschlusserstellungspflicht ist gemäß IAS 27 (2008) i.d.R. dann zu bejahen, wenn das Unternehmen ein oder mehrere Tochterunternehmen hat. Vgl. hierzu ausführlich Kapitel 6.

Konsolidierungskreis

- Zweitens ist der Kreis derjenigen rechtlich selbständigen Unternehmen festzulegen, die in den Konzernabschluss des Mutterunternehmens aufzunehmen sind, weil sie mit diesem in einem Mutter-Tochter-Verhältnis stehen. Auch diese Frage ist in IAS 27 (2008) geregelt. Vgl. hierzu wiederum Kapitel 6.

Vereinheitlichung

- Drittens sind zwecks Erstellung eines IFRS-konformen Konzernabschlusses die in den einzubeziehenden Abschlüssen angewandten Ansatz- und Bewertungsmethoden sowie die Abschlussstichtage ggf. zu vereinheitlichen (IAS 27.22-25).

Währungsumrechnung

- Viertens ergibt sich bei ausländischen Tochterunternehmen häufig das zusätzliche Erfordernis, deren konzerneinheitlich erstellte Abschlüsse in die Konzernabschlusswährung umzurechnen. Für diese Währungsumrechnung gilt IAS 21. Vgl. hierzu ausführlich Kapitel 22.

Horizontaladdition zum Summenabschluss

- Fünftens ist als weiterer Schritt die Horizontaladdition der einzubeziehenden, in Konzernabschlusswährung umgerechneten und konzerneinheitlich aufgestellten Abschlüsse erforderlich. Ergebnis dieses Vorganges ist der Summenabschluss.

Konsolidierung

- Den sechsten und zentralen Schritt der Konzernabschlusserstellung bildet schließlich die eigentliche Konsolidierung. Mit ihrer Hilfe werden die bilanziellen Effekte aller konzerninternen Geschäftsbeziehungen aus dem Summenabschluss eliminiert, so dass der Konzernabschluss entsprechend der „Fiktion der rechtlichen Einheit" als Abschluss der gesamten, wirtschaftlich zusammengehörigen Unternehmensgruppe erscheint. Bei diesen in IAS 27.22-31 geregelten Maßnahmen handelt es sich um die Kapitalkonsolidierung, die Schuldenkonsolidierung, die Aufwands- und Ertragskonsolidierung und die Zwischenerfolgseliminierung (Abbildung 23.3)[9].

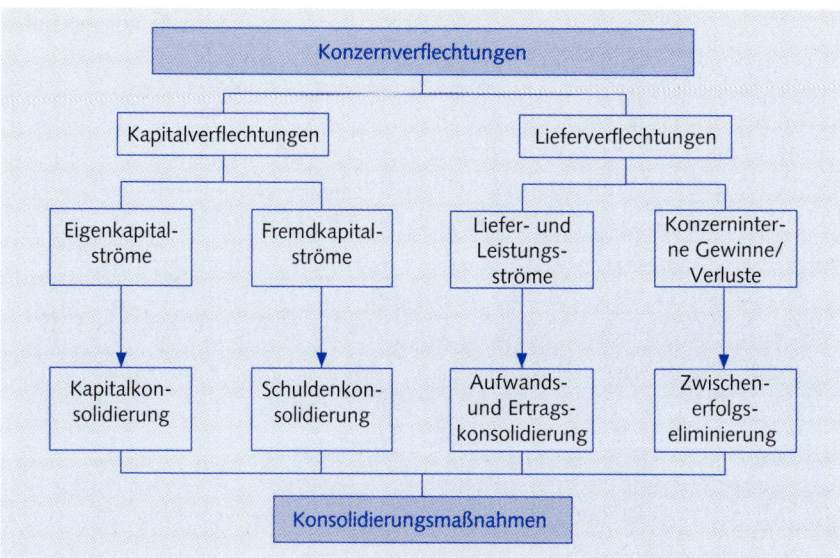

Abb. 23.3: Konzernverflechtungen und resultierende Konsolidierungsmaßnahmen

5.2 Vorbereitende Maßnahmen

Im Folgenden werden die den eigentlichen Konsolidierungsmaßnahmen vorgelagerten Arbeitsschritte der Konzernabschlusserstellung, sofern sie nicht Gegenstand eigener Kapitel dieses Buches sind, erläutert.

Das Erfordernis der Vereinheitlichung von Ansatz- und Bewertungsmethoden ergibt sich aus IAS 27.24, wonach Konzernabschlüsse unter Anwendung einheitlicher Bilanzierungsgrundsätze für ähnliche Geschäftsvorfälle zu erstellen sind. Wurden die in den Konzernabschluss aufzunehmenden Abschlüsse bisher nach abweichenden Methoden erstellt, sind demzufolge Anpassungsbuchungen in einer „Handelsbilanz II" erforderlich (IAS 27.25).

Vereinheitlichung von Ansatz und Bewertung

Die zum Konzernabschluss zu aggregierenden Abschlüsse des Mutterunternehmens und der Tochterunternehmen sollen einen gemeinsamen Abschlussstichtag haben. Weicht der Stichtag eines Tochterunternehmens von dem des Mutterunternehmens ab, so erstellt das betreffende Tochterunternehmen zu Kon-

Konzernabschlussstichtag

---

[9] In IAS 27 ist der Begriff „Konsolidierung" für die Kapitalkonsolidierung reserviert (IAS 27.18), wohingegen die übrigen Konsolidierungsschritte als Eliminierung konzerninterner Salden und Transaktionen bezeichnet werden (IAS 27.20).

solidierungszwecken einen Zwischenabschluss, es sei denn, dies ist nicht durchführbar oder wirtschaftlich nicht zu vertreten (IAS 27.22). Wird aus diesen Gründen kein Zwischenabschluss erstellt, so sind zwischen den abweichenden Stichtagen eingetretene bedeutende Geschäftsvorfälle oder sonstige Ereignisse durch Korrekturbuchungen zu berücksichtigen. Die zwischen den Stichtagen liegende Abweichung, die im Zeitablauf ebenso wie die Abrechnungsperioden selbst konstant bleiben soll, darf jedoch allenfalls drei Monate betragen; geht sie darüber hinaus, ist ein Zwischenabschluss unbedingt erforderlich (IAS 27.23).

Summenabschluss

Als letzter Schritt verbleibt nach einer ggf. vorzunehmenden Währungsumrechnung die Verdichtung der einzelnen Abschlüsse der Konzernunternehmen durch Horizontaladdition zum sog. Summenabschluss, der dann den eigentlichen Konsolidierungsmaßnahmen zugrunde gelegt wird (IAS 27.18).

Beispiel 23.3

Im Folgenden wird unterstellt, dass der im Beispiel 23.1 beschriebene Erwerb der Y GmbH durch die X AG für 1.200 T€ über einen share deal realisiert wurde, bei dem die X AG zum 31.12.2007 die Anteile an der Y GmbH zu 100 % erworben hat. Die erforderlichen vorbereitenden Maßnahmen wurden bereits getroffen. Die Bilanz der X AG habe zum Erwerbszeitpunkt folgendes Bild:

Bilanz der X AG zum 31.12.2007 (in T€)			
Anlagevermögen	1.800	Eigenkapital	2.100
Beteiligung an Y	1.200	Fremdkapital	1.750
Umlaufvermögen	850		
Summe	3.850	Summe	3.850

Die Horizontaladdition mit der im obigen Beispiel abgebildeten Bilanz der Y GmbH wird im Folgenden dargestellt. In analoger Weise ist grundsätzlich mit den übrigen Rechenwerken zu verfahren.

31.12.2007, T€	X AG		Y GmbH		Summenbilanz	
Anlagevermögen	1.800		550		2.350	
Beteiligung an Y	1.200		—		1.200	
Umlaufvermögen	850		300		1.150	
Eigenkapital		2.100		500		2.600
Fremdkapital		1.750		350		2.100
Summe	3.850	3.850	850	850	4.700	4.700

5.3 Kapitalkonsolidierung

5.3.1 Konzeptionelle Grundlagen der Erstkonsolidierung

In dem obigen Summenabschluss ist der „Wert" des Tochterunternehmens doppelt erfasst. Im Jahresabschluss des Mutterunternehmens steht der Beteiligungsbuchwert, der mit dem Eigenkapital im Jahresabschluss des Tochterunternehmens korrespondiert. Aus Konzernsicht hält das Mutterunternehmen mit der Beteiligung am Tochterunternehmen quasi „eigene Aktien", die im Rahmen der Kapitalkonsolidierung mit dem Eigenkapital zu saldieren sind.

Problem der Mehrfacherfassungen

Um die Doppelerfassung zu korrigieren, wird der Beteiligungsbuchwert im Zeitpunkt des Erwerbs mit dem anteilig erworbenen Eigenkapital des Tochterunternehmens verrechnet. Im folgenden Beispiel wird zunächst die grundlegende Technik der Kapitalkonsolidierung erläutert.

Grundsätzliche Vorgehensweise

Ausgehend von Beispiel 23.3 erfolgt nun die Kapitalkonsolidierung. Aufgrund der Ungleichheit von Beteiligungsbuchwert (1.200 T€) und anteilig erworbenem Eigenkapital der Y GmbH (Buchwert: 500 T€) ergibt sich zunächst ein Unterschiedsbetrag aus der Kapitalkonsolidierung in Höhe von 700 T€ (Konsolidierungsbuchung [a]).

Beispiel 23.4

31.12.2007, T€	X AG	Y GmbH	Summen-bilanz	Konsolidierung	Konzern-bilanz
Anlageverm.	1.800	550	2.350		2.350
Beteilig. an Y	1.200	—	1.200	[a]1.200	—
Umlaufverm.	850	300	1.150		1.150
Unterschiedsb.	—	—	—	[a]700	700
Eigenkapital	2.100	500	2.600	[a]500	2.100
Fremdkapital	1.750	350	2.100		2.100
Summe	3.850 3.850	850 850	4.700 4.700		4.200 4.200

[a] Kapitalkonsolidierung: Verrechnung des Beteiligungsbuchwerts aus dem Einzelabschluss der X AG mit dem Eigenkapital der Y GmbH; Entstehung eines aktivischen Unterschiedsbetrags aus der Kapitalkonsolidierung.

Bei der Kapitalkonsolidierung entstehende Unterschiedsbeträge können unterschiedliche Ursachen haben. Ihre bilanzielle Behandlung ergibt sich teilweise aus der Bewertungskonzeption, nach welcher Mutter- und Tochterunternehmen in der Konzernbilanz abgebildet werden sollen. Bei der nach IFRS 3 (2008) allein gültigen Akquisitionsmethode gilt, dass alle erworbenen Vermögenswerte und Schulden des Tochterunternehmens – unabhängig von ihrer bisherigen Behandlung – mit ihren beizulegenden Zeitwerten im Konzernabschluss bilanziert werden. Dementsprechend ist ein bei der Kapitalkonsolidierung entstehender

Stille Reserven und stille Lasten

Unterschiedsbetrag zwischen Beteiligungsbuchwert und anteilig erworbenem Eigenkapital des Tochterunternehmens zunächst daraufhin zu untersuchen, ob er auf stille Reserven (beizulegender Zeitwert > bisheriger Bilanzansatz bei Vermögenswerten; beizulegender Zeitwert < bisheriger Bilanzansatz bei Schulden) bzw. stille Lasten (beizulegender Zeitwert < bisheriger Bilanzansatz bei Vermögenswerten; beizulegender Zeitwert > bisheriger Bilanzansatz bei Schulden) zurückzuführen ist.

Beispiel 23.5 Wie in Beispiel 23.1 erwähnt, befinden sich in den Grundstücken der Y GmbH stille Reserven in Höhe von 300 T€. Da die Grundstücke – ebenso wie alle anderen Vermögenswerte und Schulden der Y GmbH – nach IFRS 3 (2008) mit den beizulegenden Zeitwerten in die Konzernbilanz aufzunehmen sind, erfolgt zunächst eine Neubewertung im Rahmen einer „Handelsbilanz III" (Buchung [a]). Hierdurch erhöht sich das Eigenkapital der Y GmbH um 300 T€. Die anschließende Konsolidierungsbuchung ergibt damit einen gegenüber dem vorangegangenen Beispiel um 300 T€ reduzierten Unterschiedsbetrag von 400 T€ (Buchung [b]), der als Goodwill unter den immateriellen Vermögenswerten auszuweisen ist.

31.12.2007, T€	X AG	Y GmbH	Summen-bilanz	Neu-bewertung	Konsoli-dierung	Konzern-bilanz
Anlagevermögen	1.800	550	2.350	[a]300		2.650
Beteiligung an Y	1.200	—	1.200		[b]1.200	—
Umlaufvermögen	850	300	1.150			1.150
Goodwill	—	—	—		[b]400	400
Eigenkapital	2.100	500	2.600	[a]300	[b]800	2.100
Fremdkapital	1.750	350	2.100			2.100
Summe	3.850 3.850	850 850	4.700 4.700			4.200 4.200

[a] Neubewertung der erworbenen Vermögenswerte der Y GmbH.
[b] Kapitalkonsolidierung: Verrechnung des Beteiligungsbuchwerts aus dem Einzelabschluss der X AG mit dem neubewerteten Eigenkapital der Y GmbH; Aktivierung des entstehenden Goodwills.

Keine Anschaffungskostenrestriktion

Die Höhe der auflösbaren stillen Reserven und stillen Lasten ist dabei nicht auf den ursprünglichen Unterschiedsbetrag begrenzt. Es ist auch denkbar, dass das neubewertete Nettovermögen des Tochterunternehmens die Anschaffungskosten der Beteiligung übersteigt. In einem solchen Fall würde durch die Auflösung stiller Reserven und stiller Lasten aus einem ursprünglich positiven Unterschiedsbetrag eine negative Differenz.

Bisher nicht bilanzierte Positionen

Neben der Auflösung von Bewertungsunterschieden zwischen Buchwerten und beizulegenden Zeitwerten verlangt IFRS 3 (2008) im Rahmen der Akquisitionsmethode auch den Ansatz von bisher beim Tochterunternehmen nicht angesetzten Vermögenswerten und Schulden, sofern diese bestimmte Kriterien erfüllen.

Auch nach vollständiger Erfassung der identifizierbaren Vermögenswerte und Schulden des Tochterunternehmens verbleibt in der Praxis regelmäßig ein Unterschiedsbetrag zwischen dem Beteiligungsbuchwert und dem neubewerteten anteiligen Eigenkapital. Wie bereits oben im Zusammenhang mit dem Fall des asset deal erläutert, wird dieser nach IFRS 3 (2008) asymmetrisch behandelt.

Behandlung verbleibender Unterschiedsbeträge

Eine verbleibende positive Differenz (Firmen- bzw. Geschäftswert oder Goodwill) wird als Vermögenswert aktiviert (IFRS 3.32). Nach dem Verständnis des IASB ist der erworbene Goodwill ein immaterieller Vermögenswert, dem es an Identifizierbarkeit fehlt, der aber ansonsten alle Definitionsmerkmale eines Vermögenswerts erfüllt, was seine Aktivierung rechtfertigt. Einen Überblick über denkbare Bestandteile des Goodwills für den Fall einer 100%-Beteiligung bietet Abbildung 23.4[10].

Goodwill

Der wirtschaftliche Gehalt des Goodwills leitet sich aus künftigen Erträgen ab, die der Erwerber mit Hilfe des Zusammenschlusses zu generieren plant. Diese Erträge sollen sich erstens aus nicht bilanzierungsfähigen Werten des erworbenen Unternehmens ergeben. Beispiele hierfür sind ein vorhandener Kundenstamm oder ein hoch qualifiziertes Management. Dieser going-concern goodwill entspricht dem originären Goodwill des erworbenen Unternehmens. Er umfasst damit den Unterschied zwischen dem Gesamtbewertungswert des erworbenen Unternehmens und der Summe von dessen einzeln bewerteten Vermögenswerten und Schulden[11]. Zweitens kann sich künftiges Ertragspotenzial aus einer Restrukturierung des erworbenen Unternehmens ergeben. Ein solcher Restrukturierungs-Goodwill kann durch effizientere Ausnutzung vorhandener Ressourcen und/oder Konzentration auf das Kerngeschäft durch Abbau nicht betriebsnotwendiger Ressourcen gehoben werden. Drittens verbindet der Erwerber mit einem Zusammenschluss häufig die Hoffnung auf Synergien aus der Bündelung von Aktivitäten und/oder der Übertragung von Know-how. Der Synergie-Goodwill besteht folglich aus den quantifizierten Verbundeffekten, die aus dem Zusammenschluss erwartet werden[12]. Weniger greifbar als die bisher genannten Bestandteile erscheint eine vierte Komponente, die als Strategie-Goodwill bezeichnet werden kann. Sie spiegelt den Beitrag des Zusammenschlusses zur geplanten Strategieumsetzung des Erwerbers wider. So werden Zusammenschlüsse oftmals damit gerechtfertigt, dass nur auf diese Weise die Eintrittsbarrieren eines lukrativen, neuen Marktes überwunden werden können.

---

10 Von möglichen Bewertungsfehlern oder Über- bzw. Unterzahlungen des Erwerbers wird hier abgesehen. Bei einer Beteiligungsquote unter 100 % erlaubt IFRS 3 (2008) zudem eine Aktivierung des den Minderheiten zustehenden Goodwills. Dieser würde mit seinem beizulegenden Zeitwert bewertet werden. Zum Vorgehen vgl. Beispiel 23.6.

11 Die übrigen drei Kategorien sind nicht trennscharf voneinander separierbar. Sie quantifizieren in ihrer Gesamtheit den aus dem Zusammenschluss erwarteten Zuwachs an Handlungsalternativen.

12 Vgl. auch IAS 36.80, der Goodwill vor allem durch erwartete Synergien erklärt.

Zu dieser letzten Goodwill-Komponente gehört ganz allgemein die Gesamtheit der durch einen Zusammenschluss neu hinzugewonnenen Handlungsalternativen. Diese Flexibilität lässt sich als Realoption auffassen und unter Zuhilfenahme entsprechender Verfahren auch quantifizieren[13].

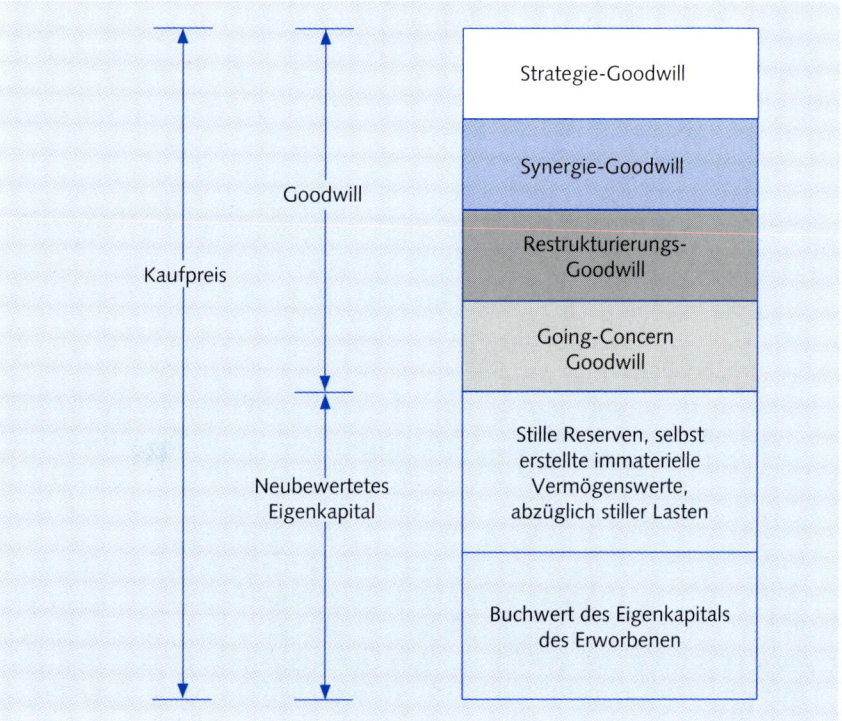

Abb. 23.4: Komponenten eines positiven Unterschiedsbetrags. Quelle: In Anlehnung an *Sellhorn, T.*, Ansätze zur bilanziellen Behandlung des Goodwills im Rahmen einer kapitalmarktorientierten Rechnungslegung, in: DB, 53. Jg. (2000), S. 885-892.

Negativer Unterschiedsbetrag

Gelegentlich entsteht bei der Kapitalkonsolidierung jedoch eine negative Differenz. Auch für einen solchen negativen Unterschiedsbetrag sind verschiedene Erklärungsansätze denkbar: Zum einen sind Bewertungsfehler bei den Anschaffungskosten eine denkbare Ursache. Zum anderen kann es zu einer Unterschätzung von stillen Lasten oder Überschätzung von stillen Reserven gekommen sein. Bewertungsungenauigkeiten bei den erworbenen Vermögenswerten und Schulden sind ferner deshalb möglich, weil einzelne Wertansätze im Rahmen der Kaufpreisallokation als beizulegende Zeitwerte gelten, in Wirklichkeit aber

---

13 Vgl. dazu *Crasselt, N./Tomaszewski, C.*, Unternehmerische Flexibilität bei strategischen Akquisitionen – Einsatzmöglichkeiten von Optionspreismodellen, in: Controlling, 11. Jg. (1999), S. 517-524.

keine beizulegenden Zeitwerte darstellen. Als Beispiel sind latente Steuerpositionen, die im Rahmen der Kaufpreisallokation undiskontiert zu berücksichtigen sind, obwohl die Vertragsparteien ihnen im Rahmen der Kaufverhandlungen möglicherweise diskontierte Werte zugrunde gelegt haben, zu nennen. Lassen sich die bisher genannten Gründe ausschließen, so wird ein negativer Unterschiedsbetrag letztendlich als Ausdruck eines günstigen Kaufs (bargain purchase, lucky buy) anzusehen sein. Ein negativer Restbetrag ist i.d.R. als Ertrag zu vereinnahmen (IFRS 3.34).

Da nach dem control-Konzept für das Vorliegen eines Mutter-Tochter-Verhältnisses auch Beteiligungen unter 100 % ausreichen, müssen vielfach auch Tochterunternehmen, an denen das Mutterunternehmen weniger als 100 % der Anteile hält, im Wege der Vollkonsolidierung in den Konzernabschluss einbezogen werden. Hier sind weiterhin Minderheitsgesellschafter am Kapital des Tochterunternehmens beteiligt[14]. Deren Behandlung hängt von der dem Konzernabschluss zugrunde liegenden Konzerntheorie ab[15]. *Vorgehensweise bei Existenz von Minderheiten*

- Nach der Einheitstheorie (entity theory), in deren Richtung sich IFRS und auch US-GAAP insbesondere mit der Verabschiedung von IFRS 3 (2008) und SFAS 141 (2007) entwickelt haben, erscheinen Minderheiten als Eigenkapitalgeber der wirtschaftlichen Einheit Konzern, so dass der Minderheitenanteil im Konzernabschluss zwar separat, aber innerhalb des Eigenkapitals ausgewiesen wird (IAS 27.27). *Einheitstheorie*

- Die konkurrierende Interessentheorie (parent company theory) sieht den gesamten Konzern demgegenüber aus dem Blickwinkel der Anteilseigner des Mutterunternehmens. An Tochterunternehmen beteiligte Minderheitsgesellschafter stellen aus dieser Perspektive außen stehende Kapitalgeber dar, obwohl auch sie dem Konzern über Tochterunternehmen Eigenkapital zur Verfügung gestellt haben. Ein Minderheitenanteil wäre nach dieser Sichtweise als Verbindlichkeit und damit im Fremdkapital auszuweisen. *Interessentheorie*

In Abwandlung von Beispiel 23.4 sei im Folgenden unterstellt, die X AG habe eine 70 %-Beteiligung an der Y GmbH für 840 T€ erworben. Der beizule- **Beispiel 23.6**

---

14 Da eine Einbeziehungspflicht für das Mutterunternehmen auch bei einem Kapitalanteil von weniger als 50 % gegeben sein kann (vgl. Kapitel 6), ist der Begriff des Minderheitsgesellschafters in solchen Fällen nicht ganz korrekt. *Busse von Colbe et al.*, Konzernabschlüsse, S. 209, verwenden den dem deutschen HGB (§ 307) entlehnten Begriff der anderen Gesellschafter und bezeichnen deren Eigenkapitalanteil als „Ausgleichsposten für Anteile anderer Gesellschafter". Der in IFRS 3 (2008) und IAS 27 (2008) verwendete Begriff „non-controlling interest" wird z.B. von *Beyhs, O./Wagner, B.*, Die neuen Vorschriften des IASB zur Abbildung von Unternehmenszusammenschlüssen, in: DB, 60. Jg. (2008), S. 73-83, mit „nicht-beherrschende Anteile" übersetzt. Da eine offizielle Übersetzung bisher nicht vorliegt, werden hier weiterhin die gebräuchlichen Begriffe „Minderheiten" und „Minderheitenanteil" verwendet.

15 Vgl. ausführlich *Busse von Colbe et al.*, Konzernabschlüsse, S. 24-26, sowie Abschnitt 5.3.2 in diesem Kapitel.

gende Zeitwert der restlichen 30 % – also des Minderheitenanteils – sei 360 T€[16]. Für die Bilanz der X AG ergibt sich damit ein verändertes Bild:

Bilanz der X AG zum 31.12.2007 (in T€)			
Anlagevermögen	1.800	Eigenkapital	2.100
Beteiligung an Y	840	Fremdkapital	1.750
Umlaufvermögen	1.210		
Summe	3.850	Summe	3.850

Die Bilanz der Y GmbH wird demgegenüber unverändert aus dem Ausgangsbeispiel bzw. aus Beispiel 23.4 übernommen:

Bilanz der Y GmbH zum 31.12.2007 zu Buchwerten (in T€)			
Anlagevermögen	550	Eigenkapital	500
Umlaufvermögen	300	Fremdkapital	350
Summe	850	Summe	850

Obwohl die X AG hier weniger als 100 % der Anteile an der Y GmbH hält, werden – ein control-Verhältnis sei unterstellt – deren Vermögenswerte und Schulden vollständig in die Summenbilanz und damit in den Konzernabschluss einbezogen. Der Buchwert der Y-Beteiligung (840 T€) wird hier mit dem anteiligen, der X AG zustehenden Eigenkapital der Y GmbH in Höhe von $(500 \cdot 0{,}7 =)$ 350 T€ verrechnet (Konsolidierungsbuchung [a]). Die verbleibenden 150 T€ des Y-Eigenkapitals werden auf den Minderheitenanteil umgegliedert (Konsolidierungsbuchung [b]).

31.12.2007, T€	X AG	Y GmbH	Summenbilanz	Konsolidierung	Konzernbilanz
Anlageverm.	1.800	550	2.350		2.350
Beteiligung an Y	840		840	[a]840	—
Umlaufverm.	1.210	300	1.510		1.510
Unterschiedsb.	—	—	—	[a]490	490
Eigenkapital	2.100	500	2.600	[a]350 [b]150	2.100
Minderheiten	—	—	—	[b]150	150
Fremdkapital	1.750	350	2.100		2.100
Summe	3.850 3.850	850 850	4.700 4.700		4.350 4.350

---

16 Somit wird im Beispiel davon ausgegangen, dass sich der Wert des Minderheitenanteils direkt aus dem der Mehrheitsbeteiligung herleiten lässt $(840 / 0{,}7 \cdot 0{,}3 = 360)$.

[a] Kapitalkonsolidierung: Verrechnung des Beteiligungsbuchwerts aus dem Einzelabschluss der X AG mit dem anteiligen Eigenkapital der Y GmbH; Entstehung eines aktivischen Unterschiedsbetrags aus der Kapitalkonsolidierung als Zwischenschritt.
[b] Einbuchung der Minderheitenanteile am Eigenkapital der Y GmbH.

Im Sinne der Einheitstheorie sind die Minderheiten als gesonderte Position im Eigenkapital auszuweisen, das sich folglich zu (2.100 + 150 =) 2.250 T€ ermittelt und zu einer Eigenkapitalquote von (2.250 / 4.350 =) 51,7 % führt.

Der in der Konzernbilanz noch enthaltene Unterschiedsbetrag setzt sich hier aus stillen Reserven und Goodwill zusammen. Er kann, je nach konzerntheoretischer Perspektive und daraus abgeleiteter Erstkonsolidierungskonzeption, unterschiedlich behandelt werden. Im folgenden Abschnitt werden diese Alternativen detailliert erörtert.

5.3.2 Alternative Konzeptionen der Erstkonsolidierung

Konzeptionell sind, je nach konzerntheoretischer Perspektive und den wirtschaftlichen Umständen des betreffenden share deal (Erwerb oder Zusammenschluss), unterschiedliche Methoden der Kapitalkonsolidierung denkbar. Abbildung 23.5 vermittelt einen Überblick über die Methoden der Vollkonsolidierung, die nachfolgend anhand eines durchgehenden Beispiels verdeutlicht werden.

Konzerntheoretische Einordnung

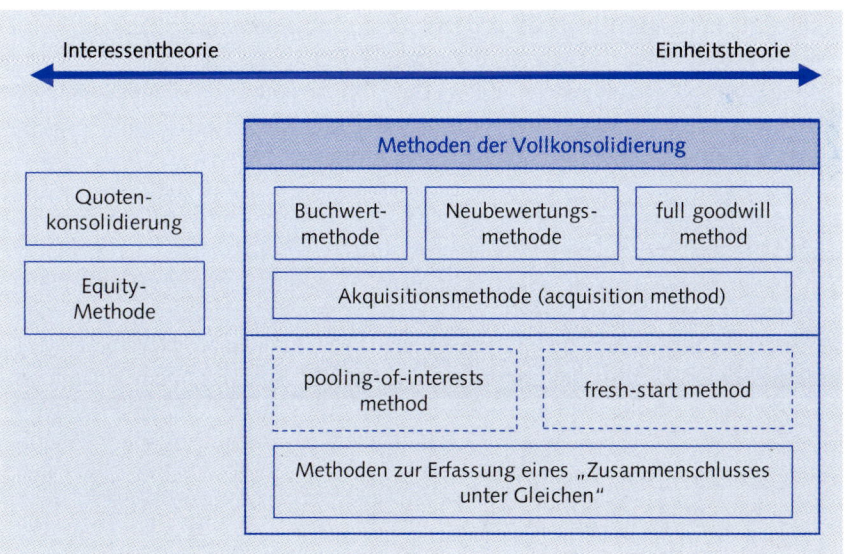

Abb. 23.5: Bilanztheoretische Einordnung von Konsolidierungsmethoden

Varianten der Akquisitionsmethode

Die in der oberen Hälfte des Kastens befindlichen Varianten der Akquisitionsmethode stehen inzwischen im Fokus der Standardisierungsbemühungen von IASB und FASB. Hier wird davon ausgegangen, dass sich die an einem Unternehmenszusammenschluss beteiligten Parteien immer in einen Erwerber und einen Erworbenen unterscheiden lassen. Der IFRS 3 (2008)-Vorgänger sah für die Kapitalkonsolidierung einzig die Neubewertungsmethode vor. Nach IFRS 3 (2008) sind nunmehr die Neubewertungsmethode sowie die full goodwill method zulässig. Der Erwerber kann für jeden Unternehmenszusammenschluss, der in den Anwendungsbereich von IFRS 3 (2008) fällt, frei zwischen diesen beiden Methoden wählen (IFRS 3.19). Die in Abbildung 23.5 dargestellten Ausprägungen der Akquisitionsmethode unterscheiden sich hinsichtlich der Berücksichtigung etwaiger Minderheitenanteile an Tochterunternehmen, die entstehen, wenn das Mutterunternehmen weniger als 100 % des Eigenkapitals des Tochterunternehmens erwirbt. Bei einer Anteilsquote des Mutterunternehmens von 100 % führen alle drei Methoden folglich zum selben Ergebnis.

Buchwertmethode

Nach der Buchwertmethode erstreckt sich die Neubewertung der Vermögenswerte und Schulden des Tochterunternehmens lediglich auf den Anteil, den das Mutterunternehmen an diesen erworben hat. Somit werden stille Reserven und stille Lasten nur proportional zur Anteilsquote des Mutterunternehmens aufgedeckt, weshalb dieses Verfahren auch als beteiligungsproportionale Neubewertungsmethode bekannt ist. Der den Minderheiten „zustehende" Anteil an Vermögenswerten und Schulden wird demzufolge mit seinen ursprünglichen Buchwerten übernommen. Sind also Minderheiten an einem Tochterunternehmen beteiligt, so erfolgt die Bewertung der Vermögenswerte und Schulden dieses Tochterunternehmens in der Konzernbilanz mit einem schwer interpretierbaren Wertkonglomerat aus Buchwerten (proportional zur Anteilsquote der Minderheiten) und beizulegenden Zeitwerten (proportional zur Anteilsquote des Mutterunternehmens). Die Buchwertmethode ist die am stärksten interessentheoretisch geprägte Variante der Akquisitionsmethode.

Beispiel 23.7

Die Unterschiede zwischen den hier erläuterten Methoden der Kapitalkonsolidierung werden anhand des folgenden einfachen Beispiels und vorerst unter Vernachlässigung latenter Steuern illustriert[17]. Hierzu werden die jeweiligen Auswirkungen auf den Return on Capital Employed (ROCE) des Unternehmens diskutiert, wobei für die Folgeperioden von einem Konzern-EBIT von jährlich 400 T€ ausgegangen wird. Der ROCE wird hier vereinfacht als EBIT / Bilanzsumme definiert. Zudem werden die Auswirkungen auf die Eigenkapitalquote (Eigenkapital / Gesamtkapital) als zentrale Kapitalstrukturkennzahl betrachtet. Dabei wird der Minderheitenanteil im Sinne einer einheitstheoretischen Sichtweise dem Eigenkapital zugerechnet.

---

17 Die Berücksichtigung latenter Steuern im Rahmen der Kapitalkonsolidierung wird im Rahmen des abschließenden Beispiels in Abschnitt 7 dargestellt. Für eine Illustration der Quotenkonsolidierung und der Equity-Methode vgl. Kapitel 24.

Ausgangspunkt sei der Erwerb einer 70 %-Beteiligung an der Y GmbH durch die X AG (Beispiel 23.6). Zudem sind wiederum die bereits in Beispiel 23.1 erwähnten stillen Reserven in Höhe von 300 T€ in den Gebäuden der Y GmbH zu berücksichtigen. Bei der Buchwertmethode erfolgt eine Neubewertung der erworbenen Vermögenswerte und Schulden nur proportional zum Kapitalanteil des Mutterunternehmens, also lediglich zu 70 %.

Buchwertmethode	X AG	Y GmbH	Summenbilanz	Konsolidierung	Konzernbilanz
Anlagevermögen	1.800	550	2.350	[b]210	2.560
Beteiligung an Y	840	—	840	[a]840	—
Umlaufvermögen	1.210	300	1.510		1.510
Unterschiedsbetrag	—	—	—	[a]490 [b]490	—
Goodwill	—	—	—	[b]280	280
Eigenkapital	2.100	500	2.600	[a]350 [c]150	2.100
Minderheiten	—	—	—	[c]150	150
Fremdkapital	1.750	350	2.100		2.100
Summe	3.850 3.850	850 850	4.700 4.700		4.350 4.350

[a] Kapitalkonsolidierung: Verrechnung des Beteiligungsbuchwerts aus dem Einzelabschluss der X AG mit dem anteiligen Eigenkapital der Y GmbH; Entstehung eines aktivischen Unterschiedsbetrags aus der Kapitalkonsolidierung.
[b] Anteilige Aufdeckung der stillen Reserven in den erworbenen Vermögenswerten der Y GmbH. Aktivierung des verbleibenden Unterschiedsbetrags als Goodwill.
[c] Einbuchung der Minderheitenanteile am Eigenkapital der Y GmbH.

Bei einheitstheoretischer Betrachtung ergibt sich eine Konzerneigenkapitalquote von (2.250 / 4.350 =) 51,7 %. Der ROCE beträgt hier (400 / 4.350 =) 9,2 %.

Nach der Neubewertungsmethode werden die Vermögenswerte und Schulden des Tochterunternehmens unabhängig von der Anteilsquote des Mutterunternehmens mit ihren vollen beizulegenden Zeitwerten erfasst. Der den Minderheiten zuzuordnende Eigenkapitalanteil wird hier folglich als proportionaler Anteil der Minderheiten am beizulegenden Zeitwert des erworbenen Nettovermögens – exklusive Goodwill – berechnet. Diese Methode ist eine der beiden in IFRS 3 (2008) erlaubten Methoden (IFRS 3.19).

Neubewertungsmethode

Beispiel 23.8 Bei Anwendung der Neubewertungsmethode werden die erworbenen Vermögenswerte (ohne Goodwill) und Schulden inklusive des Minderheitenanteils neu bewertet.

Neubewertungs-methode	X AG	Y GmbH	Summen-bilanz	Neu-bewertung	Konsoli-dierung	Konzern-bilanz
Anlagevermögen	1.800	550	2.350	[a]300		2.650
Beteiligung an Y	840	—	840		[b]840	—
Umlaufvermögen	1.210	300	1.510			1.510
Goodwill	—	—	—		[b]280	280
Eigenkapital	2.100	500	2.600	[a]300	[b]560 [c]240	2.100
Minderheiten	—	—	—		[c]240	240
Fremdkapital	1.750	350	2.100			2.100
Summe	3.850 3.850	850 850	4.700 4.700			4.440 4.440

[a] Neubewertung der erworbenen Vermögenswerte der Y GmbH.
[b] Kapitalkonsolidierung: Verrechnung des Beteiligungsbuchwerts aus dem Einzelabschluss der X AG mit dem anteiligen neubewerteten Eigenkapital der Y GmbH; Aktivierung des entstehenden Goodwills.
[c] Einbuchung der Minderheitenanteile am neubewerteten Eigenkapital der Y GmbH.

Die Konzernbilanzsumme ist durch die vollständige Aufdeckung der stillen Reserven höher als bei der Buchwertmethode, was sich in einem niedrigeren ROCE von (400 / 4.440 =) 9,0 % ausdrückt. Von der Einheitstheorie ausgehend, ist die Eigenkapitalquote gegenüber der Buchwertmethode gestiegen. Sie beträgt (2.340 / 4.440 =) 52,7 %.

full goodwill method — Die full goodwill method kann als einheitstheoretische Extremform der Akquisitionsmethode bezeichnet werden. Hier erfolgt nicht nur eine Neubewertung des den Minderheiten zustehenden Anteils an den Vermögenswerten und Schulden des Tochterunternehmens. Es wird zudem ein den Minderheiten zustehender Goodwill aktiviert. Dieser Minderheiten-Goodwill erscheint in der Konzernbilanz als Teil des Goodwills auf der Aktivseite und erhöht auf der Passivseite entsprechend den Eigenkapitalanteil der Minderheiten. Die full goodwill method ist die zweite in IFRS 3 (2008) erlaubte Alternative zu bilanziellen Behandlung von Unternehmenszusammenschlüssen (IFRS 3.19).

Bei Anwendung der full goodwill method ist es notwendig, den beizulegenden Zeitwert der Minderheitenanteile zu bestimmen. Dieser wurde in der Ausgangssituation mit 360 T€ angenommen. Der Anteil der Minderheiten am ausgewiesenen full goodwill ergibt sich dann als Differenz aus dem Zeitwert der Minderheitenanteile und ihrem analog zur Neubewertungsmethode bestimmten Anteil am neu bewerteten Eigenkapital. Somit ergibt sich in Beispiel 23.9 ein Minderheiten-Goodwill in Höhe von (360 – 240 =) 120 T€ und ein full goodwill von (280 + 120 =) 400 T€. Für diesen Gesamt-Goodwill ergibt sich in diesem Beispiel genau der Wert, der auch beim vollständigen Erwerb in Beispiel 23.5 entstanden ist. Damit wäre der full goodwill auch durch einfache „Hochrechnung" (280 / 0,7) zu bestimmen gewesen[18]. In der Konzernbilanz wird nun auch der Minderheitenanteil mit seinem beizulegenden Zeitwert ausgewiesen.

Beispiel 23.9

full goodwill method	X AG	Y GmbH	Summen-bilanz	Neu-bewertung	Konsoli-dierung	Konzern-bilanz
Anlagevermögen	1.800	550	2.350	[a]300		2.650
Beteiligung an Y	840		840		[b]840	—
Umlaufvermögen	1.210	300	1.510			1.510
Goodwill	—				[b]280 [d]120	400
Eigenkapital	2.100	500	2.600	[a]300	[b]560 [c]240	2.100
Minderheiten	—				[c]240 [d]120	360
Fremdkapital	1.750	350	2.100			2.100
Summe	3.850 3.850	850 850	4.700 4.700			4.560 4.560

[a] Neubewertung der erworbenen Vermögenswerte der Y GmbH.
[b] Kapitalkonsolidierung: Verrechnung des Beteiligungsbuchwerts aus dem Einzelabschluss der X AG mit dem anteiligen neubewerteten Eigenkapital der Y GmbH; Aktivierung des entstehenden Mehrheiten-Goodwills.
[c] Einbuchung der Minderheitenanteile am neubewerteten Eigenkapital der Y GmbH.
[d] Aktivierung des Minderheiten-Goodwills.

---

18 Dies muss jedoch nicht immer der Fall sein. Der proportionale Wert, also der Wert pro Anteil, eines Mehrheitsanteils kann z.B. aufgrund einer gezahlten control-Prämie oder – umgekehrt – eines minority discount von dem eines entsprechenden Minderheitenanteils abweichen. Vgl. hierzu Abschnitt 5.3.3.2.

> Durch die Aufdeckung des gesamten Goodwills steigt hier die Konzernbilanzsumme gegenüber der Neubewertungsmethode an. Das Management muss nun auch auf den Minderheitenanteil am Goodwill eine Rendite erbringen. Der ROCE beträgt hier nur noch (400 / 4.560 =) 8,8 %. Dementsprechend ist wiederum die Eigenkapitalquote höher als zuvor. Sie beträgt nun (2.460 / 4.560 =) 53,9 %.

Quotenkonsolidierung

Wenn Minderheitsgesellschafter im Sinne einer interessentheoretischen Extremhaltung vollständig als Konzernfremde angesehen würden, wären die Vermögenswerte und Schulden von Tochterunternehmen nur zu demjenigen Anteil in den Konzernabschluss einzubeziehen, der vom Mutterunternehmen kontrolliert wird. Hier würde folglich eine beteiligungsproportionale bzw. quotale Konsolidierung des Nettovermögens des Tochterunternehmens durchgeführt. Diese Vorgehensweise wird als Quotenkonsolidierung bezeichnet. Nach IFRS kommt die Quotenkonsolidierung für die bilanzielle Behandlung von Tochterunternehmen nicht in Betracht, da das control-Konzept von einer nicht teilbaren Beherrschungsmöglichkeit des gesamten Tochterunternehmens ausgeht. Vorgesehen ist die Quotenkonsolidierung gemäß IAS 31 vielmehr – als Wahlrecht neben der Equity-Methode – für die Bilanzierung von Anteilen an Gemeinschaftsunternehmen. Hier leiten zwei oder mehr gleichberechtigte Partner gemeinsam ein anderes Unternehmen. Allerdings ist durch den Entwurf ED 9 „Joint Arrangements" eine Abschaffung der Quotenkonsolidierung geplant (vgl. Kapitel 24).

Equity-Methode

Eine noch stärker der Interessentheorie folgende Konzernsichtweise wird durch die Equity-Methode umgesetzt. Bei diesem Verfahren werden nicht die Vermögenswerte und Schulden der Beteiligungsgesellschaft in die Konzernbilanz des beteiligten Unternehmens aufgenommen. Stattdessen wird die Beteiligung, ausgehend von den Anschaffungskosten, in den Folgeperioden der Entwicklung des anteiligen Eigenkapitals und damit dem Nettovermögen bzw. dem Bilanzkurs angepasst. Insofern kann die Equity-Methode als partielles Konsolidierungsverfahren (one-line consolidation) interpretiert werden (vgl. Kapitel 24).

Methoden zur Bilanzierung von „Zusammenschlüssen unter Gleichen"

Neben den verschiedenen Varianten der Akquisitionsmethode werden zwei Konsolidierungsmethoden diskutiert, die im Falle eines „Zusammenschlusses unter Gleichen" (merger of equals) für eine angemessene bilanzielle Abbildung sorgen sollen. Konzeptionell wird ein Bedarf nach solchen Verfahren damit gerechtfertigt, dass nicht jeder Unternehmenszusammenschluss als einseitiger Erwerbsvorgang interpretiert werden kann, bei dem ein Erwerber ein anderes Unternehmen akquiriert. Vielmehr handele es sich in vielen Fällen um Zusammenschlüsse, bei denen sich zwei gleichberechtigte Partner zusammenschließen, um ihre Unternehmen gemeinsam fortzuführen oder um aus zwei bestehenden Unternehmen ein neues zu gründen[19].

---

19 Vgl. zum Folgenden etwa *Pellens, B./Sellhorn, T.*, Kapitalkonsolidierung nach der Fresh-Start-Methode, in: BB, 54 Jg. (1999), S. 2125-2132. *Telkamp, H.-J./Bruns, C.*, Pooling-of-interests-Methode versus Fresh-Start-Methode – ein Vergleich, in: WPg, 53. Jg. (2000), S. 744-749, sprechen in diesem Zusammenhang von einer „Fusionsfiktion" (S. 746).

Von der erstgenannten Prämisse geht die pooling-of-interests method aus. Diese Methode wurde im Jahr 2004 u.a. deswegen aus den IFRS „verbannt", weil ein Nebeneinander von zwei unterschiedlichen Bilanzierungsmethoden für Unternehmenszusammenschlüsse die Vergleichbarkeit von Abschlüssen behindere. Bei der pooling-of-interests method werden mangels Erwerbsvorgang die Vermögenswerte und Schulden keiner Neubewertung unterzogen, sondern zu Buchwerten in den Konzernabschluss übernommen. Ein etwaiger Unterschiedsbetrag zwischen einem Beteiligungsbuchwert und dem anteiligen Eigenkapital ist ergebnisneutral mit dem Eigenkapital zu verrechnen.

pooling-of-interests method

Bei der pooling-of-interests method erfolgt eine Buchwertfortführung, so dass keinerlei stille Reserven der sich zusammenschließenden Unternehmen aufgedeckt werden. Der Unterschiedsbetrag wird mit dem Eigenkapital verrechnet[20].

Beispiel 23.10

pooling-of-interests method	X AG		Y GmbH		Summenbilanz		Konsolidierung		Konzernbilanz	
Anlagevermögen	1.800		550		2.350				2.350	
Beteiligung an Y	840				840		[a]840		—	
Umlaufvermögen	1.210		300		1.510				1.510	
Unterschiedsbetr.	—		—		—		[a]490	[b]490	—	
Eigenkapital		2.100		500		2.600	[a]350 [b]490 [c]150			1.610
Minderheiten		—		—		—		[c]150		150
Fremdkapital		1.750		350		2.100				2.100
Summe	3.850	3.850	850	850	4.700	4.700			3.860	3.860

[a] Kapitalkonsolidierung: Verrechnung des Beteiligungsbuchwerts aus dem Einzelabschluss der X AG mit dem anteiligen Eigenkapital der Y GmbH; Entstehung eines aktivischen Unterschiedsbetrags aus der Kapitalkonsolidierung.
[b] Verrechnung des Unterschiedsbetrags mit dem Konzerneigenkapital.
[c] Einbuchung der Minderheitenanteile am Eigenkapital der Y GmbH.

---

20 Die Darstellung der Zusammenschlussmethoden (pooling-of-interests method und fresh-start method) anhand des gewählten Beispiels mit 30 % Minderheiten ist nicht ganz unproblematisch. Eigentlich sind diese Methoden für solche Zusammenschlüsse vorgesehen, bei denen die beteiligten Unternehmen sich (annähernd) vollständig zusammenschließen, ohne dass dabei Minderheitsgesellschafter verbleiben. Aus didaktischen Gründen werden jedoch im Folgenden alle zuvor dargestellten Methoden anhand desselben Beispiels gezeigt, um Unterschiede zwischen ihnen zu verdeutlichen.

Die Konzernbilanzsumme erscheint gegenüber den Akquisitionsmethoden erheblich reduziert. Der aus diesem Grunde relativ hohe ROCE von (400 / 3.860 =) 10,4 % erklärt die Attraktivität dieser Methode für viele Unternehmen. Im Gegenzug sinkt die Eigenkapitalquote gegenüber den Akquisitionsmethoden. Sie beträgt hier (1.760 / 3.860 =) 45,6 %.

fresh-start method

Auch die fresh-start method beruht auf dem Grundgedanken, dass kein Erwerb vorliegt. Hier wird jedoch davon ausgegangen, dass sich zwei gleichberechtigte Partner zu einem neuen Unternehmen zusammenschließen, das sie fortan gemeinsam betreiben wollen. Anders als nach der pooling-of-interests method sollen hier die Vermögenswerte und Schulden beider Parteien einer vollständigen Neubewertung unterzogen werden. Ob diese sich auch auf den Goodwill beider Unternehmen erstrecken soll, ist bislang offen[21]. Konzeptionell treibt die fresh-start method die einheitstheoretisch motivierte Neubewertung auf die Spitze.

Beispiel 23.11

Im Beispiel werden die full goodwills beider beteiligten Unternehmen aktiviert. Im Anlagevermögen der X AG befinden sich stille Reserven in Höhe von 400 T€ und ein originärer Goodwill betrage 500 T€.

fresh-start method	X AG	Y GmbH	Summen-bilanz	Neu-bewertung	Konsoli-dierung	Konzern-bilanz
Anlagevermögen	1.800	550	2.350	[a]300 [b]400		3.050
Beteiligung an Y	840	—	840		[e]840	—
Umlaufvermögen	1.210	300	1.510			1.510
Goodwill	—	—	—	[c]400 [d]500		900
Eigenkapital	2.100	500	2.600	[a]300 [b]400 [c]400 [d]500	[e]840 [f]360	3.000
Minderheiten	—	—	—		[f]360	360
Fremdkapital	1.750	350	2.100			2.100
Summe	3.850 3.850	850 850	4.700 4.700			5.460 5.460

---

21 Nach derzeitigem Informationsstand ist unklar, ob die fresh-start method zur Aufdeckung beider full goodwills führen soll. Vgl. *Pellens, B./Sellhorn, T.*, Kapitalkonsolidierung nach der Fresh-Start-Methode, in: BB, 54 Jg. (1999), S. 2126; *Telkamp, H.-J./Bruns, C.*, Pooling-of-interests-Methode versus Fresh-Start-Methode – ein Vergleich, in: WPg, 53. Jg. (2000), S. 745.

[a] Neubewertung der erworbenen Vermögenswerte der Y GmbH.
[b] Neubewertung der Vermögenswerte der X AG.
[c] Aktivierung des full goodwill der Y GmbH.
[d] Aktivierung des full goodwill der X AG.
[e] Kapitalkonsolidierung: Verrechnung des Beteiligungsbuchwerts aus dem Einzelabschluss der X AG mit dem anteiligen neubewerteten Eigenkapital der Y GmbH.
[f] Einbuchung der Minderheitenanteile am neu bewerteten Eigenkapital der Y GmbH.

Gegenüber der pooling-of-interests method bildet die fresh-start method gemessen am ROCE das andere Extrem. Durch die Aufdeckung aller stillen Reserven und Goodwills der beteiligten Parteien wird die Konzernbilanzsumme stark aufgebläht. Der geringe ROCE von (400 / 5.460 =) 7,3 % erklärt möglicherweise, warum sich dieses Verfahren bisher nicht durchsetzen konnte. Die Eigenkapitalquote erscheint demgegenüber mit (3.360 / 5.460 =) 61,5 % deutlich gestärkt.

5.3.3 IFRS 3-Regeln zur Akquisitionsmethode

Nach IFRS 3 (2008) sind von den dargestellten Konsolidierungsmethoden die Neubewertungsmethode und die full goodwill method zulässig. Sie werden daher im nachfolgenden Beispiel nochmals dargestellt.

Beispiel 23.12

Die erforderlichen Angaben stammen aus Beispiel 23.6. Hinzu treten, wie bereits in Beispiel 23.1 unterstellt, stille Reserven in den Gebäuden der Y GmbH in Höhe von 300 T€.

full goodwill method	X AG		Y GmbH		Summen- bilanz		Neu- bewertung	Konsoli- dierung	Konzern- bilanz	
Anlagevermögen	1.800		550		2.350		[a]300		2.650	
Beteiligung an Y	840		—		840			[b]840	—	
Umlaufvermögen	1.210		300		1.510				1.510	
Goodwill	—		—		—			[b]280 [d]120	400	
Eigenkapital	2.100		500		2.600		[a]300	[b]560 [c]240	2.100	
Minderheiten	—		—		—			[c]240 [d]120	360	
Fremdkapital	1.750		350		2.100				2.100	
Summe	3.850	3.850	850	850	4.700	4.700			4.560	4.560

[a] Neubewertung der erworbenen Vermögenswerte der Y GmbH.
[b] Kapitalkonsolidierung: Verrechnung des Beteiligungsbuchwerts aus dem Einzelabschluss der X AG mit dem anteiligen neubewerteten Eigenkapital der Y GmbH; Aktivierung des entstehenden Goodwills.
[c] Einbuchung der Minderheitenanteile am neubewerteten Eigenkapital der Y GmbH. Soll der Unternehmenserwerb nach der Neubewertungsmethode in der Konzernbilanz abgebildet werden, ist dies die letzte Buchung.
[d] Einbuchung des Minderheiten-Goodwills. Dieser Buchungsschritt ist nur notwendig, wenn die full goodwill method gewählt wird.

Übersicht

Nachdem die Akquisitionsmethode in ihren Grundzügen erläutert wurde, sollen im Folgenden die IFRS 3 (2008)-spezifischen Einzelvorschriften zur konkreten Anwendung dieses Verfahrens dargestellt werden[22]. Bei Anwendung der Akquisitionsmethode sind nach IFRS 3.5 folgende Schritte durchzuführen:

- Erstens gilt es, bei einem Unternehmenszusammenschluss den Erwerber und das Akquisitionsdatum zu bestimmen (IFRS 3.6-9).
- Zweitens müssen die erworbenen Vermögenswerte, die übernommenen Schulden sowie ein eventueller Minderheitenanteil bewertet und angesetzt werden (IFRS 3.10-31). Dabei geht es, wie oben beschrieben, um die Aufdeckung stiller Reserven und Lasten und den Ansatz bisher nicht bilanzierter Positionen.
- Drittens muss entweder ein Goodwill oder – bei Vorliegen eines bargain purchase – ein Ertrag bewertet und erfasst werden (IFRS 3.32-36). Hierzu sind auch die genauen Anschaffungskosten zu bestimmen (IFRS 3.37-40).

Spezialprobleme ergeben sich ferner bei Unternehmenszusammenschlüssen, die sich, etwa wegen sukzessiven Anteilserwerbs, über mehrere Phasen erstrecken (IFRS 3.41-42). Gelegentlich sind auch Unternehmenszusammenschlüsse zu beobachten, bei denen keine Gegenleistung erfolgt. Solche Fälle sind z.B. bei Vorliegen eines Beherrschungsvertrages möglich und werden von IFRS 3.43-44 geregelt. Zudem ist denkbar, dass die erstmalige Konsolidierung eines Tochterunternehmens nur auf der Basis vorläufiger Werte durchgeführt werden kann (IFRS 3.45-50).

5.3.3.1 Bestimmung des Erwerbers und des Akquisitionsdatums

Der Grundgedanke der Akquisitionsmethode macht es erforderlich, für jeden Unternehmenszusammenschluss einen Erwerber festzulegen, der im Rahmen der anschließenden Konsolidierung die Perspektive des Mutterunternehmens einnimmt (IFRS 3.6). Dies kann in Einzelfällen schwierig sein, etwa wenn sich

---

22 Diese Einzelvorschriften gelten für asset deals ebenso wie für share deals, werden jedoch aufgrund der größeren Relevanz von share deals für den hier im Vordergrund stehenden Konzernabschluss im Folgenden durchgehend am Beispiel der Konsolidierung diskutiert.

zwei in etwa gleich „starke" Partner in einem merger of equals zu einem neuen Unternehmen zusammenschließen.

Als Erwerber gilt dasjenige Unternehmen, welches die Beherrschungsmöglichkeit über das andere am Zusammenschluss beteiligte Unternehmen erlangt (IFRS 3.7).

Grundsatz: control-Konzept

In der Regel kann unter Rückgriff auf IAS 27 (2008) bestimmt werden, wer der Erwerber ist. In Fällen, in denen sich ein Erwerber so nicht eindeutig identifizieren lässt, sind die in IFRS 3.B14-B18 aufgeführten Indikatoren heranzuziehen. Im Falle einer Bezahlung stimmberechtigter Eigenkapitalanteile mit liquiden Mitteln oder anderen Vermögenswerten gilt die zahlende Partei als Erwerber. Werden zur Zahlung Schulden übernommen, gilt diejenige Partei, welche die Schulden übernimmt, als Erwerber (IFRS 3.B14). Wenn sich die beteiligten Parteien hinsichtlich ihrer Größe wesentlich unterscheiden, ist das größere Unternehmen i.d.R. der Erwerber.

Hinweise auf den Erwerber

Besonders problematisch ist die Festlegung des Erwerbers häufig bei einem Unternehmenszusammenschluss durch Anteilstausch. Hierbei handelt es sich, wie oben erläutert, um einen share deal, bei dem das Mutterunternehmen die Anteile am Tochterunternehmen mit eigenen Aktien bezahlt. Dementsprechend vermutet IFRS 3.B15 in derjenigen Partei den Erwerber, die im Rahmen der Transaktion eigene Aktien ausgibt. Diese widerlegbare Vermutung macht jedoch eine Detailprüfung, welche Partei tatsächlich control erworben hat, nicht überflüssig. Hierbei sind alle relevanten Tatsachen und Umstände zu berücksichtigen.

Anteilstausch

Die Situation, dass ein Unternehmen „sich akquirieren lässt", wird als umgekehrter Unternehmenserwerb (reverse acquisition) bezeichnet[23]. Typischer Anlass einer solchen Transaktion ist das Bestreben eines großen, nicht-börsennotierten Unternehmens, durch die Verbindung mit einer kleineren börsennotierten Gesellschaft ein Börsenlisting zu erlangen. Auch wenn die Anteile ausgebende börsennotierte Gesellschaft juristisch als Mutterunternehmen gilt, erlangt das (juristisch gesehen) erworbene Unternehmen oftmals die Beherrschungsmöglichkeit über das neu entstandene Gebilde und gilt daher nach IFRS 3.B15 für bilanzielle Zwecke als Erwerber. Die Bilanzierung von reverse acquisitions wird in Anhang B (IFRS 3.B19-B27) erläutert. Der Konzernabschluss trägt zwar den Namen des juristischen Mutterunternehmens, wird aber im Anhang als Fortführung der Finanzberichterstattung des juristischen Tochterunternehmens enttarnt. Folglich werden im Rahmen der Akquisitionsmethode die Vermögenswerte und Schulden des juristischen Mutterunternehmens mit ihren beizulegenden Zeitwerten angesetzt, während es hinsichtlich des juristischen Tochterunternehmens – also des wirtschaftlichen, bilanziellen Erwerbers – zu einer Buchwertfortführung kommt.

Reverse acquisitions

---

23 Vgl. *Küting, K./Müller, W./Pilhofer, J.*, 'Reverse Acquisitions' als Anwendungsfall einer 'Reverse Consolidation' bei der Erstellung von Konzernabschlüssen nach US-GAAP und IAS – ein Leitbild für die deutsche Rechnungslegung?, in: WPg, 53. Jg. (2000), S. 257-269.

Gründung eines neuen Unternehmens

Ein weiterer Weg, einen Unternehmenszusammenschluss herbeizuführen, besteht darin, ein neues Unternehmen zu gründen, welches anschließend durch Ausgabe eigener Anteile die Anteile der beiden sich zusammenschließenden Unternehmen erwirbt. Hier verlangt IFRS 3.B18, dass eines der beiden ursprünglich existierenden Unternehmen als Erwerber identifiziert wird.

Beispiel 23.13

Diese in IFRS 3.B18 beschriebene rechtliche Konstruktion wurde seinerzeit von Daimler-Benz und Chrysler gewählt. So erwarb die neu gegründete DaimlerChrysler AG gegen Ausgabe eigener Anteile die Anteile sowohl an der Daimler-Benz AG als auch an der Chrysler Corporation. Dieser inzwischen wieder rückgängig gemachte Zusammenschluss wirft interessante bilanzielle Fragen auf, die Einblick in die konzeptionellen Hintergründe der unterschiedlichen Konsolidierungsmethoden gewähren:

- Die tatsächliche bilanzielle Abbildung dieser Transaktion erfolgte seinerzeit nach der pooling-of-interests method gemäß US-GAAP. Zweifel daran, dass es sich tatsächlich um einen „Zusammenschluss unter Gleichen" (merger of equals) gehandelt hat, und damit an der Angemessenheit der bilanziellen Abbildung, wurden zwischenzeitlich öffentlichkeitswirksam insbesondere von dem US-Großinvestor Kirk Kerkorian geäußert.
- Interessant, wenn auch nur hypothetisch, ist die Frage, welches der beiden Unternehmen als Erwerber gegolten hätte, wenn seinerzeit die nun in IFRS 3.B18 gewählte Lösung zur Anwendung gekommen wäre. Die Durchführbarkeit der Transaktion hing dem Vernehmen nach entscheidend davon ab, dass sie dem US-amerikanischen (Kapitalmarkt-) Publikum als Zusammengehen zweier gleichberechtigter Partner vermittelt werden konnte. Das Erfordernis in IFRS 3.B18, einen Erwerber benennen zu müssen, hätte diesen Eindruck beeinträchtigt – ein weiteres Beispiel dafür, dass Bilanzierungsvorschriften realwirtschaftliche Entscheidungen beeinflussen können.
- Wäre das IASB seiner damals diskutierten Alternativlösung gefolgt, hätte die neu gegründete DaimlerChrysler AG als Erwerberin der beiden Automobilkonzerne gegolten. Im Rahmen der Akquisitionsmethode wären damit die Vermögenswerte und Schulden beider Unternehmen mit ihren beizulegenden Zeitwerten angesetzt worden. Diese Lösung entspräche im Ergebnis der oben im Zusammenhang mit „Fusionen unter Gleichen" diskutierten fresh-start method.

Zusammenschluss von mehr als zwei Unternehmen

Als weiteren Problemfall der Bestimmung des Erwerbers nennt IFRS 3.B17 den Zusammenschluss von mehr als zwei Unternehmen. Auch hier ist eine der Parteien auf der Basis der vorhandenen Informationen als Erwerber zu bestimmen. Zu berücksichtigen sind dabei u.a. die relativen Unternehmensgrößen (Bilanzsumme, Umsatzerlöse) sowie die Frage, welche der Parteien den Zusammenschluss angebahnt hat.

Als Akquisitionsdatum gilt der Zeitpunkt, zu dem der Erwerber control über das erworbene Unternehmen erlangt. Dieses ist i.d.R. das Datum, an dem der Erwerber die Zahlung vornimmt und somit die Vermögenswerte und Schulden des Tochterunternehmens übernimmt. Allerdings kann der control-Übergang auch zu einem anderen Zeitpunkt stattfinden. Liegen z.B. schon vor der Zahlung schriftliche Vereinbarungen vor, die eine control-Möglichkeit beinhalten, liegt auch das Akquisitionsdatum vor der Zahlung. Der Akquisitionszeitpunkt ist maßgeblich für die Ermittlung der beizulegende Zeitwerte.

Akquisitionsdatum

5.3.3.2 Ansatz und Bewertung von erworbenem Nettovermögen und Minderheitenanteilen

Gemäß IFRS 3.10 sind im Akquisitionszeitpunkt die identifizierbaren Vermögenswerte, Schulden und eventuelle Minderheitenanteile separat vom Goodwill anzusetzen. Dabei ist in Ausnahmefällen denkbar, dass erst durch den Unternehmenszusammenschluss die Ansatzvoraussetzungen für bestimmte Vermögenswerte oder Schulden verwirklicht werden (IFRS 3.13). Die erworbenen Vermögenswerte und übernommenen Schulden müssen die Kriterien des Rahmenkonzeptes[24] erfüllen (IFRS 3.11) und als Teil des Unternehmenszusammenschlusses identifizierbar sein (IFRS 3.12).

Ansatz

Das erwerbende Unternehmen soll zudem am Akquisitionsdatum alle übernommenen Vermögenswerte und Schulden anhand der Vertragsgestaltung der Akquisition, der ökonomischen Rahmenbedingungen und der eigenen Rechnungslegungsgrundsätze klassifizieren. Anhand dieser Einordnung sollen dann die entsprechenden IFRS zur Folgebilanzierung angewandt werden (IFRS 3.15). Ausgenommen von dieser Regelung sind Leasing- und Versicherungsverträge. Diese sind so zu bilanzieren, wie sie am ursprünglichen Abschlussdatum oder zum Zeitpunkt einer substanziellen Änderung zu behandeln waren (IFRS 3.17).

Abschließend liefert IFRS 3 (2008) auch für operating leases und immaterielle Vermögenswerte weitere Ansatzvorschriften. IFRS 3.B28 legt fest, dass vom Erwerber keine Vermögenswerte und Schulden im Rahmes eines operating leasing-Verhältnisses, in dem das erworbene Unternehmen der Leasingnehmer ist, angesetzt werden sollen. Ausnahmen bilden die in IFRS 3.B29-B30 genannten Positionen. Hiernach soll vom Erwerber zunächst bestimmt werden, ob das Leasingverhältnis für ihn unter Marktkonditionen vor- oder nachteilig ist. Auf Basis dieser Einschätzung ist dann entweder ein immaterieller Vermögenswert oder eine Schuld anzusetzen.

operating leases

Unter den erworbenen Vermögenswerten befinden sich in der Regel auch immaterielle Vermögenswerte. Diese sind nach IFRS 3.B31 vom erwerbenden Unternehmen anzusetzen, wenn sie identifizierbar sind. IFRS 3.A definiert Identifizierbarkeit als gegeben, wenn

Immaterielle Vermögenswerte

---

24 Vgl. Kapitel 5 zu den allgemeinen Definitionsmerkmalen für Vermögenswerte und Schulden.

- der Vermögenswert separierbar ist, d.h. wenn er – unabhängig, ob der Erwerber dies konkret plant – veräußert, übertragen oder in einer anderen Art und Weise verwertet werden kann; oder
- wenn der Vermögenswert durch vertragliche oder andere Rechte entsteht.

IFRS 3 (2008) verweist zur Definition anzusetzender immaterieller Vermögenswerte im Gegensatz zu seinem Vorläufer nicht mehr auf IAS 38. Somit müssen für den Ansatz eines immateriellen Vermögenswertes im Rahmen eines Unternehmenszusammenschlusses die weiteren Ansatzkriterien des IAS 38.21 – wahrscheinlicher künftiger Nutzenzufluss sowie verlässlich messbare Kosten – nicht mehr erfüllt sein. Hierdurch soll erreicht werden, dass so viele immaterielle Vermögenswerte wie möglich vom Goodwill separiert werden, um diesen „Sammelposten" möglichst gering zu halten. Zur Klärung von Definitionsfragen liefert Anhang B umfangreiche Erläuterungen (IFRS 3.B32-B40).

Bewertung

Nach IFRS 3.18 sind vom Erwerber alle Vermögenswerte und Schulden mit ihrem beizulegendem Zeitwert anzusetzen und in den Folgeperioden gemäß ihrer oben erwähnten Klassifizierung fortzuschreiben (IFRS 3.54). Der beizulegende Zeitwert ist in IFRS 3.A als der Wert definiert, zu dem ein Vermögenswert getauscht bzw. eine Schuld beglichen werden könnte. Bei der Bewertung sind nach IFRS 3.B41 keine Bewertungsrückstellungen anzusetzen, da die Unsicherheit zukünftiger Zahlungsströme bereits im beizulegenden Zeitwert berücksichtigt ist.

Im Zeitwert von Vermögenswerten, die Bestandteil eines operating lease-Verhältnisses sind, bei dem das erworbene Unternehmen der Leasinggeber ist, sind vom Erwerber wiederum die Konditionen des Leasingverhältnisses zu berücksichtigen. Nach IFRS 3.B42 ist hier jedoch kein separater immaterieller Vermögenswert oder eine separate Verbindlichkeit anzusetzen, wenn ein Vergleich mit den Marktkonditionen den Leasingvertrag als vor- bzw. nachteilig erscheinen lässt. Eine Bewertung zum beizulegenden Zeitwert ist auch dann geboten, wenn das erwerbende Unternehmen einen Vermögenswert nicht oder nicht optimal nutzen möchte. Dieses kann nach IFRS 3.B43 z.B. dann der Fall sein, wenn ein immaterieller Vermögenswert aus Forschungs- und Entwicklungsleistungen erworben wurde und der Erwerber das entsprechende Geschäftssegment einstellen oder weiterveräußern möchte.

Minderheitenanteile

Eventuelle Minderheitenanteile sind nach IFRS 3.10 im Akquisitionszeitpunkt anzusetzen. Für Bewertungszwecke gewährt IFRS 3.19 hier jedoch ein Wahlrecht. Für jeden Unternehmenszusammenschluss kann das erwerbende Unternehmen für Zwecke des Konzernabschlusses wählen, ob es den Minderheitenanteil mit seinem beizulegenden Zeitwert oder in Höhe des den Minderheiten zustehenden Anteils am identifizierbaren Nettovermögen ausweist. Dieses Wahlrecht hat weit reichende Konsequenzen für die Goodwillbestimmung, die im folgenden Kapitel 5.3.3.3 genauer erläutert wird. Der beizulegende Zeitwert des Minderheitenanteils lässt sich gelegentlich anhand der Marktpreise für die nicht vom Erwerber gehaltenen Anteile bestimmen. Sind solche Marktpreise nicht vorhanden, muss auf Bewertungsverfahren zurückgegriffen werden (IFRS 3.B44). Zudem wird ausdrücklich darauf hingewiesen, dass der Preis je Anteil für Mehrheitseigner und Minderheiten unterschiedlich sein kann. Dieser Umstand lässt sich z.B. durch eine so genannte control-Prämie erklären, die das erwerbende Unternehmen zahlt, um das erworbene Unternehmen beherrschen zu können (IFRS 3.B45).

Darüber hinaus kennt IFRS 3 (2008) einige Ausnahmen von den Ansatz- und Bewertungsgrundsätzen. Hinsichtlich des Ansatzes bilden Eventualschulden (contingent liabilities) die einzige Ausnahme. Diese sind separat zu passivieren, wenn sie eine gegenwärtige Verpflichtung, resultierend aus vergangenen Ereignissen, darstellen, deren beizulegender Zeitwert verlässlich bestimmbar ist (IFRS 3.23). Die Definitionsmerkmale einer Eventualschuld finden sich originär in IAS 37.10 und werden in IFRS 3.22 wiederholt. Hiernach handelt es sich bei Eventualschulden um künftige Verpflichtungen, deren Vorliegen und/oder Höhe sich noch nicht hinreichend konkretisiert hat, um eine Passivierung zu rechtfertigen. Folglich besteht für sie nach IAS 37.27 ein Passivierungsverbot, das jedoch mit Angabepflichten verbunden ist. Von dieser Linie weicht das IASB in IFRS 3 (2008) ab, sobald verlässliche Bewertbarkeit gegeben ist. Für Eventualforderungen bleibt es hingegen beim Aktivierungsverbot des IAS 37. Insofern werden Eventualschulden und Eventualforderungen asymmetrisch behandelt. Auch die Folgebewertung von Eventualschulden ist in IFRS 3 (2008) geregelt, weil sich diese Frage aufgrund des Bilanzierungsverbotes in IAS 37 nicht stellt. In den Folgeperioden ist der jeweils höhere der beiden folgenden Wertansätze maßgeblich (IFRS 3.56):

Ausnahme vom Ansatzgrundsatz: Eventualschulden

- Der Betrag, der nach IAS 37 anzusetzen gewesen wäre, nämlich aufgrund des Passivierungsverbotes i.d.R. Null, oder
- der ursprünglich passivierte Betrag abzüglich etwaiger ratierlicher Auflösungsbeträge nach IAS 18.

Ausnahmen sowohl vom Ansatz- als auch vom Bewertungsgrundsatz formuliert IFRS 3 (2008) für latente Steuern, für Vermögenswerte, die aus einer Absicherung des Erwerbers durch den Verkäufer für gewisse Unsicherheiten entstehen, sowie für Pensionsrückstellungen:

Ausnahmen vom Ansatz- und Bewertungsgrundsatz

- Im Rahmen der Kaufpreisallokation werden die erworbenen Vermögenswerte, Schulden und Eventualschulden vielfach mit Werten angesetzt, die von denen in der Steuerbilanz des Tochterunternehmens abweichen. Solche Unterschiede lösen als so genannte temporäre Differenzen nach dem temporary-Konzept latente Steuern aus, die gemäß IAS 12 zu behandeln sind (IFRS 3.24-25). Daher werden etwa stille Reserven und bisher nicht bilanzierte immaterielle Vermögenswerte im Saldo lediglich „nach Steuern" aufgedeckt, denn die Zuschreibung der Aktiva des Tochterunternehmens löst die ergebnisneutrale Bildung einer entsprechenden Steuerrückstellung aus.
- Gelegentlich sichert der Verkäufer des Unternehmens den Käufer gegen bestimmte Zukunftsereignisse ab (IFRS 3.27). In solchen Fällen soll ein ent-

sprechender Vermögenswert aus der Absicherung zu dem Zeitpunkt angesetzt werden, zu dem auch der abgesicherte Sachverhalt bilanziert wird. Die Bewertung soll analog zur Bewertung des abgesicherten Sachverhalts – also in der Regel zum beizulegenden Zeitwert – erfolgen. Zur Folgebewertung sollen hierzu konsistente Annahmen getroffen werden (IFRS 3.57).
- Eine Schuld oder ein Vermögenswert aus Leistungszusagen an die Arbeitnehmer des erworbenen Unternehmens wird nach IAS 19 behandelt (IFRS 3.26).

Ausnahmen vom Bewertungsgrundsatz

Zudem sieht IFRS 3 (2008) Ausnahmen vom Bewertungsprinzip für zurück erworbene Rechte, Schulden oder Eigenkapitalinstrumente aus Aktienoptionsprogrammen oder ähnlichen Entgeltformen des erworbenen Unternehmens sowie für zur Veräußerung gehaltene Vermögenswerte vor:
- Im Rahmen eines Unternehmenszusammenschlusses kann es dazu kommen, dass der Erwerber ein Recht zurück erwirbt, das er dem Erworbenen zuvor z.B. im Rahmen eines Franchise-Vertrages gewährt hat. Dieses zurück erworbene Recht ist ein immaterieller Vermögenswert, der auf Basis der verbleibenden Laufzeit des Vertrages zu bewerten ist. Dieses gilt auch, wenn andere Marktteilnehmer potenzielle künftige Vertragsverlängerungen bei der Bestimmung des beizulegenden Zeitwertes berücksichtigen würden (IFRS 3.29). Für Zwecke der Folgebewertung ist der Vermögenswert über die verbleibende Vertragslaufzeit abzuschreiben. Wird das Recht indes vor Vertragsablauf an eine dritte Partei veräußert, wird dessen Buchwert bei der Ermittlung des Veräußerungserfolgs einbezogen (IFRS 3.55). Sind die Vertragskonditionen verglichen mit aktuellen Marktbedingungen vor- bzw. nachteilig, erfasst der Erwerber einen entsprechenden Ertrag bzw. Aufwand (IFRS 3.B36).
- Aktienoptionsprogramme oder ähnliche Entgeltformen des erworbenen Unternehmens, die durch solche des erwerbenden Unternehmens ersetzt werden, sind im Einklang mit den Regelungen des IFRS 2 zu bilanzieren (IFRS 3.30).
- Zur Veräußerung gehaltene Vermögenswerte oder Veräußerungsgruppen, die am Akquisitionsdatum als zur Veräußerung gehalten klassifiziert worden sind, sind nach IFRS 5 mit dem beizulegenden Zeitwert abzüglich Veräußerungskosten zu bewerten (IFRS 3.31).

Bilanzpolitische Spielräume

Insgesamt wird deutlich, dass IFRS 3 (2008) komplexe Ansatz- und Bewertungsregeln beinhaltet. Da das Ergebnis der Anwendung dieser Regeln oftmals stark von den Annahmen und Prognosen des Managements geprägt sein wird, eröffnet die Neubewertung der erworbenen Vermögenswerte, Schulden und eines eventuellen Minderheitenanteils vielfältige bilanzpolitische Spielräume bei der Aufdeckung stiller Reserven und stiller Lasten sowie bei der erstmaligen Aktivierung bisher nicht bilanzierter immaterieller Vermögenswerte.

5.3.3.3 Anschaffungskostenermittlung und -allokation

Bevor die eigentliche Kapitalkonsolidierung stattfinden kann, müssen die Anschaffungskosten der Beteiligung ermittelt werden und den erworbenen Positionen und i.d.R. dem Goodwill zugeordnet werden. Dieser Vorgang wird als Kaufpreisallokation (purchase price allocation) bezeichnet. Ein eventuell entstehender Goodwill bestimmt sich hierbei nach IFRS 3.32-33. Ein negativer Unterschiedsbetrag ist gemäß IFRS 3.34-36 zu behandeln.

Die Anschaffungskosten der Beteiligung sind die zum Akquisitionszeitpunkt ermittelten beizulegenden Zeitwerte der als Gegenleistung für die Beherrschungsmöglichkeit übertragenen Vermögenswerte, der eingegangenen bzw. übernommenen Schulden sowie der ausgegebenen Eigenkapitalinstrumente (IFRS 3.37). Anschaffungsnebenkosten sind dagegen in der Periode ihrer Entstehung als Aufwand zu erfassen (IFRS 3.53). Sind Vermögenswerte und Schulden, die zuvor mit von ihren beizulegenden Zeitwerten abweichenden Buchwerten bilanziert wurden, Teil der Gegenleistung, sind diese am Akquisitionsdatum mit ihren beizulegenden Zeitwerten neu zu bewerten. Hieraus entstehende Bewertungsgewinne oder -verluste sind ergebniswirksam im Periodengesamterfolg zu erfassen. Werden die hingegebenen Vermögenswerte und Schulden jedoch weiterhin aus Konzernsicht kontrolliert, entfällt eine Neubewertung (IFRS 3.38).

Anschaffungskosten

Die X AG hat von den Anteilseignern der Y GmbH 100 % der Anteile an der Y GmbH durch Anteilstausch, also gegen Bezahlung in X-Aktien, erworben. Zwei Szenarien sind denkbar:
- Die X AG sagt im Erwerbszeitpunkt die Übereignung von 10 Mio. Stück eigenen Aktien zu. Deren Börsenkurs beträgt im Akquisitionszeitpunkt 25 € je Aktie. Im Tauschzeitpunkt ist der Kurs auf 20 € je Aktie gefallen. Relevant für die Ermittlung der Anschaffungskosten ist dennoch allein der beizulegende Zeitwert im Akquisitionszeitpunkt, so dass die Anschaffungskosten 250 Mio. € betragen.
- Die X AG verpflichtet sich im Erwerbszeitpunkt zur Zahlung eines festen Kaufpreises von 250 Mio. €. Als „Akquisitionswährung" werden eigene Aktien der X AG vereinbart. Im Tauschzeitpunkt wird offenbar, dass die ursprünglich ausgegebenen 10 Mio. Stück eigene Aktien, deren Wert nunmehr lediglich 200 Mio. € beträgt, zur Begleichung des Kaufpreises nicht ausreichen. Die X AG ist verpflichtet, weitere 2,5 Mio. eigene Aktien an die Alteigentümer der Y GmbH auszugeben. Auch hier bleiben die Anschaffungskosten aus Sicht der X AG unverändert bei 250 Mio. €.

Beispiel 23.14

Hat das Mutterunternehmen ausschließlich eigene Anteile als Gegenleistung an die Alteigentümer des Tochterunternehmens hingegeben, so können die beizulegenden Zeitwert der Anteile des Tochterunternehmens das verlässlichere Maß zur Bestimmung der Gegenleistung sein, und der Wert der Gegenleistung muss auf diese Weise bestimmt werden (IFRS 3.33).

Erwerb durch Anteilstausch

Anschaffungskosten bei bedingter Gegenleistung

Gelegentlich machen die Parteien eines Unternehmenszusammenschlusses den zu zahlenden Kaufpreis zum Teil von künftigen Ereignissen abhängig. Beispielsweise können nachträgliche Kaufpreisanpassungen in Abhängigkeit vom Börsenkurs der ausgegebenen Anteile oder von der Ergebnisentwicklung eines der beteiligten Unternehmen vereinbart werden. Darüber hinaus werden häufig Eigenkapitalgarantien zum Zeitpunkt des Übergangs vereinbart. Aus solchen bedingten Gegenleistungen resultierende Anpassungen sind im Rahmen der Erstkonsolidierung im Akquisitionszeitpunkt mit ihrem beizulegenden Zeitwert zu berücksichtigen (IFRS 3.39). Eine eventuelle zukünftige Verpflichtung ist dabei – auf Basis von IAS 32.11 – entweder als Schuld oder als Eigenkapitalinstrument zu erfassen. Eine eventuelle spätere Zahlung o.ä. an den Erwerber ist als Vermögenswert zu erfassen (IFRS 3.40). Wird eines der formulierten Ziele erreicht, sind als Eigenkapital ausgewiesene Verpflichtungen nicht neu zu bewerten. Eine spätere Begleichung soll innerhalb des Eigenkapitals verrechnet werden. Als Verbindlichkeit ausgewiesene Zahlungsverpflichtungen sind nach IAS 39 zum beizulegenden Zeitwert auszuweisen, sofern sie in den Anwendungsbereich dieses Standards fallen. Ist dieses nicht der Fall, sind sie nach IAS 37 oder – falls angebracht – einem anderen Standard zu behandeln (IFRS 3.58). Ändert sich der beizulegende Zeitwert einer bedingten Gegenleistung indes lediglich aufgrund neuer Informationen über im Akquisitionszeitpunkt herrschende Umstände, werden solche Änderungen als so genannte measurement period adjustments nach IFRS 3.45-49 behandelt.

Aktienoptionsprogramme des erworbenen Unternehmens

Gelegentlich werden Aktienoptionsprogramme des erworbenen Unternehmens durch die des Erwerbers ersetzt. Solche Änderungen sind im Einklang mit IFRS 2 zu behandeln. Können die Mitarbeiter des erworbenen Unternehmens einen solchen Umtausch durchsetzen, muss der Erwerber die daraus resultierenden Kosten als Anschaffungskosten der Beteiligung berücksichtigen (IFRS 3.B56). IFRS 3.B57-62 regeln diesbezüglich Detailfragen.

Sukzessiver Anteilserwerb

Ein Unternehmenszusammenschluss kann sich über mehrere Phasen erstrecken, also in mehrere Tauschvorgänge zerfallen, die zu unterschiedlichen Tauschzeitpunkten stattfinden. Beispielsweise kann das Mutterunternehmen seine Anteilsquote am späteren Tochterunternehmen durch sukzessiven Anteilserwerb nach und nach steigern, bis der Tatbestand der Beherrschungsmöglichkeit verwirklicht und somit der Akquisitionszeitpunkt erreicht ist (IFRS 3.41). In einem solchen Fall sind die schon zuvor gehaltenen Anteile am Akquisitionsdatum ergebniswirksam neu zu bewerten. Sind Wertänderungen der gehaltenen Anteile zuvor ergebnisneutral behandelt worden, so ist Betrag der Wertänderung so zu behandeln, als hätte das Unternehmen die Anteile verkauft (IFRS 3.42). Die Ermittlung des Unterschiedsbetrages erfolgt also auf Basis des aktuellen beizulegenden Zeitwertes der Anteile.

Zusammenschluss ohne Gegenleistung

In seltenen Fällen kann es darüber hinaus dazu kommen, dass ein Unternehmen control über ein anderes erlangt, ohne dafür eine Gegenleistung zu bezahlen. Hierzu kann es z.B. kommen, wenn ein Unternehmen eigene Aktien zurückkauft und dadurch ein Dritter die Stimmrechtsmehrheit erhält, wenn Vetorechte von Minderheiten entfallen oder wenn durch einen Beherrschungsvertrag ein Vertragskonzern entsteht (IFRS 3.43). Da keine Gegenleistung besteht, wird dieser Wert durch den beizulegenden Zeitwert der schon vom Erwerber gehaltenen Anteile ersetzt. Zur Wertbestimmung sind dabei geeignete Bewertungsverfahren heranzuziehen (IFRS 3.33). Anhang B liefert in IFRS 3.B46-49 weitere Hinweise zur Wertbestimmung. Alle Eigenkapitalanteile an einem solchen lediglich durch Vertrag herbeigeführten Unternehmenszusammenschluss, die nicht vom Erwerber gehalten werden, sind als Minderheitenanteile auszuweisen. Dies gilt selbst dann, wenn so das gesamte Eigenkapital als Minderheitenanteil klassifiziert würde (IFRS 3.44).

Sind die Anschaffungskosten bestimmt, ergibt sich der Unterschiedsbetrag nach IFRS 3.32 als Differenz aus:

- der Summe der zum beizulegenden Zeitwert bewerteten Gegenleistung, des wie oben erläutert bestimmten Minderheitenanteils sowie den schon zuvor gehaltenen Anteilen am erworbenen Unternehmen und
- dem Wert der Vermögenswerte abzüglich der Schulden, der im Einklang mit IFRS 3 (2008) ermittelt worden ist.

Unterschiedsbetrag

Von großer Praxisrelevanz ist der als Geschäfts- oder Firmenwert bzw. Goodwill bezeichnete positive Unterschiedsbetrag. Dieser wird im Erwerbszeitpunkt als Vermögenswert aktiviert. Obwohl IFRS 3 (2008) dem Goodwill Vermögenswertcharakter zuspricht (IFRS 3.A), ergibt sich dessen erstmaliger Wertansatz als Restgröße aus der Kaufpreisallokation und nicht durch eigenständige Ermittlung eines beizulegenden Zeitwerts. IFRS 3.B63(a) legt unter Verweis auf IAS 36 umfangreiche und komplexe Folgebewertungsregeln fest, die in Abschnitt 5.3.4.2 erläutert werden.

Goodwill: Ansatz und Erstbewertung

Ein Goodwill aus der Kapitalkonsolidierung taucht i.d.R. in der Steuerbilanz nicht auf. Die hierdurch entstehende temporäre Differenz löst jedoch nach IFRS explizit keine latenten Steuern aus: Gemäß IAS 12.21 soll die Residualgröße Goodwill nicht durch passive latente Steuern zusätzlich aufgebläht werden. Dem widerspricht der Wortlaut von IFRS 3.A, nachdem der Goodwill kein bloßes Residuum aus der Kaufpreisallokation darstellt, sondern Vermögenswertcharakter hat und folgerichtig auch latente Steuern auslösen müsste.

Keine latenten Steuern auf Goodwill

Wie bereits erläutert, kann ein Minderheitenanteil auf zwei Arten bewertet werden. Wird der Minderheitenanteil mit seinem beizulegenden Zeitwert ausgewiesen, wendet der Erwerber damit die full goodwill method an, da den Minderheiten – zumindest theoretisch – ebenfalls ein Goodwill zusteht und dieser im beizulegenden Zeitwert enthalten sein muss. Wird die zweite Alternative gewählt und der Minderheitenanteil in Höhe des den Minderheiten zustehenden Teils am identifizierbaren Nettovermögen bewertet, wendet der Erwerber die Neubewertungsmethode an. Auch wenn sich Begrifflichkeiten und einige Vorschriften substanziell geändert haben, ist dieses prinzipiell die Methode, die auch schon in IFRS 3 (2004) – hier als einzige Alternative – vorgesehen war. Es erscheint uneinsichtig, dass das IASB somit ein neues Methodenwahlrecht ein-

Minderheiten-Goodwill

führt, zumal sich das FASB in SFAS 141 (2007) für die full goodwill method als einzig anzuwendendes Verfahren entschieden hat und das IASB selbst 2004 die pooling-of-interests method mit Hinweis auf die unerwünschte Methodenpluralität bei Unternehmenszusammenschlüssen abgeschafft hat. Hier kann die Vergleichbarkeit auf mehreren Ebenen stark eingeschränkt werden: Zunächst sind IFRS und US-GAAP-Abschlüsse bezüglich des Goodwills nur noch eingeschränkt vergleichbar. Für IFRS-Abschlüsse verschiedener Unternehmen gilt gleiches. Da aber für jeden Unternehmenszusammenschluss zwischen den beiden Alternativen gewählt werden kann (IFRS 3.19), ist zukünftig ein jeder nach IFRS 3 (2008) ausgewiesener Goodwill potenziell ein Wertkonglomerat aus verschiedenen Methoden der Kapitalkonsolidierung.

Negativer Unterschiedsbetrag

Wenig nachvollziehbar erscheint die Behandlung eines negativen Unterschiedsbetrags (IFRS 3.34-36). Diesen muss das Mutterunternehmen einer erneuten Überprüfung (reassessment) unterziehen. Dabei sind die Ansatzvoraussetzungen und Wertansätze der identifizierbaren Vermögenswerte und Schulden des Tochterunternehmens sowie die Anschaffungskosten der Beteiligung nochmals zu ermitteln. Zudem ist die Vorgehensweise bei den Wertermittlungen zu überprüfen (IFRS 3.36). Erst ein aus diesem reassessment hervorgehender negativer Restbetrag ist als Ertrag zu vereinnahmen (IFRS 3.34). Diese der Ertragsrealisierung vorgeschaltete „letzte Hürde" ist streng genommen überflüssig. Wird eine korrekte Vorgehensweise bei der Wertermittlung vorausgesetzt, basiert das reassessment auf denselben Regeln wie die ursprüngliche Ermittlung des Unterschiedsbetrags. Somit kann es nur in einem Fall ein davon abweichendes Ergebnis erbringen: Der Abschlussersteller hat bei der ursprünglichen Ermittlung des Unterschiedsbetrags „geschludert". Indem das IASB ein solches reassessment fordert, geht es insoweit davon aus, dass die Anwender bei der Neubewertung des erworbenen Nettovermögens gelegentlich die Anforderungen von IFRS 3 (2008) verletzen. Unklar bleibt, wie zu verfahren ist, wenn sich der ursprüngliche negative Unterschiedsbetrag im Rahmen des reassessment in eine positive Differenz, also einen Goodwill, umkehrt.

Erstkonsolidierung auf der Basis vorläufiger Wertansätze

Gelegentlich sind die genauen Wertverhältnisse der Vermögenswerte und Schulden des Tochterunternehmens am Akquisitionsdatum noch nicht bekannt, da die Kaufpreisallokation im Rahmen der Erstkonsolidierung eines Tochterunternehmens einen umfangreichen und häufig langwierigen Bewertungsvorgang darstellt. Die Erstkonsolidierung muss dann auf der Grundlage vorläufig ermittelter, geschätzter Wertansätze erfolgen.

Zwölfmonatige Anpassungsfrist

Aus diesem Grund sieht IFRS 3.45 eine zwölfmonatige Anpassungsfrist (measurement period) vor, während der die neue Informationen wie folgt berücksichtigt werden: Die vorläufigen Wertansätze der Vermögenswerte und Schulden des erworbenen Tochterunternehmens, des Minderheitenanteils sowie des Goodwills werden so angepasst, als seien bereits im Erwerbszeitpunkt die endgültigen Wertansätze bekannt gewesen und bei der Erstkonsolidierung verwendet worden. Folglich kann innerhalb dieser Anpassungsfrist auch ein Goodwill ergebnisneutral verändert werden (IFRS 3.46). Allerdings betont IFRS 3.47, dass Informationen, die kurz nach dem Akquisitionsdatum erhalten werden, wahrscheinlicher zu Wertanpassungen im Sinne des IFRS 3.45 führen, als solche, die erst nach einigen Monaten bekannt werden.

Wertkorrekturen der Vermögenswerte und Schulden des erworbenen Tochterunternehmens nach Verstreichen der zwölfmonatigen Anpassungsfrist sind nur noch zur Berichtigung von Fehlern unter den Voraussetzungen von IAS 8 möglich (IFRS 3.50).

Spätere Anpassungen

Oftmals hatten Erwerber und Erworbener schon vor dem Unternehmenszusammenschluss geschäftliche Beziehungen zueinander. In solchen Fällen muss gemäß IFRS 3.51 genau bestimmt werden, welche Vermögenswerte, Schulden und welche Gegenleistung zum Unternehmenserwerb gehören und welche Positionen aus den zuvor schon existenten Beziehungen stammen. Transaktionen, die nicht zum Zusammenschluss gehören, sollen nach den hierfür relevanten IFRS behandelt werden. IFRS 3.52 und der Anhang B (IFRS 3.B50-62) liefern Beispiele und Hilfestellungen zur Bestimmung von schon zuvor bestehenden Unternehmensbeziehungen.

Bestandteile eines Unternehmenserwerbs

Die Vorgehensweise bei Erwerb und Veräußerung von Anteilen an bereits vollkonsolidierten Tochterunternehmen ist in IAS 27 (2008) geregelt. Wird die Beteiligungshöhe an einem Tochterunternehmen verändert, ohne das dies mit einem control-Verlust einhergeht, kommt es nicht zu einer bilanziellen Anpassung der Wertansätze der Vermögenswerte und Schulden aus der Erstkonsolidierung des Tochterunternehmens. Vielmehr ist jede Veränderung der Beteiligungshöhe an einem Tochterunternehmen seit dessen Konzernzugehörigkeit als erfolgsneutrale Eigenkapitaltransaktion zwischen Mehrheits- und Minderheitsgesellschaftern zu interpretieren. Eventuelle Differenzen zwischen dem Betrag, um den der Minderheitenanteil angepasst wird, und dem beizulegendem Zeitwert der Gegenleistung sind direkt im Eigenkapitalanteil des Mutterunternehmens zu berücksichtigen (IAS 27.30-31).

Erwerb und Veräußerung von Anteilen an Tochterunternehmen

Ausgehend vom obigen Beispiel des Erwerbs einer 70 %-Beteiligung an der Y GmbH (Beispiel 23.12) erwerbe die X AG nun die restlichen 30 % der Y-Anteile für 420 T€ in bar. Der Buchwert des entsprechenden Minderheitenanteils beträgt 360 T€. Der Erwerb der 30 %-Tranche wird – unter der Fiktion, dass direkt im Konzernabschluss gebucht wird, und der Annahme, dass zuvor die full goodwill method angewandt wurde – wie folgt erfasst:

Minderheiten   *360 T€*
Kapitalrücklage   *60 T€*   an   liquide Mittel   *420 T€*

Da dieser Vorgang nicht zu einer Anpassung der im Konzernabschluss bilanzierten Wertansätze der Vermögenswerte und Schulden der Y GmbH führt, werden diese nach wie vor auf der Basis der Wertansätze im Erwerbszeitpunkt folgekonsolidiert. Der Minderheitenanteil am Eigenkapital von bisher 360 T€ ist auszubuchen. Die Differenz zwischen dem Kaufpreis (420 T€) und dem abgehenden Minderheitenanteil (360 T€) von 60 T€ wird von der Kapitalrücklage abgezogen und damit – vergleichbar dem Erwerb eigener Aktien – als Kapitalrückzahlung interpretiert. Dies entspricht der Einheitstheorie, nach

Beispiel 23.15

der das gesamte Nettovermögen der Y GmbH bereits seit dem Erwerbszeitpunkt von der X AG kontrolliert wird und der Erwerb der 30 %-Tranche als reine Eigenkapitaltransaktion zwischen Mehrheits- und Minderheitsgesellschaftern anzusehen und damit ergebnisneutral zu buchen ist. Wäre im obigen Beispiel hingegen die Neubewertungsmethode angewandt worden, wäre der Minderheitenanteil in der obigen Buchung mit 240 T€ auszubuchen gewesen. Damit hätte sich eine Buchung gegen die Kapitalrücklage in Höhe von 180 T€ ergeben.

Alternativ wird nun davon ausgegangen, dass die X AG von der ursprünglichen 70 %-Beteiligung an der Y GmbH nun 10 % der Y-Anteile für 140 T€ in bar veräußert. Der Verkauf der 10 %-Tranche wird – erneut unter der Fiktion, dass direkt im Konzernabschluss gebucht wird, und der Annahme, dass zuvor die full goodwill method angewandt wurde – wie folgt erfasst:

Liquide Mittel   *140 T€*   *an*   *Minderheiten*   *120 T€*
                                               Kapitalrücklage   *20 T€*

Damit wird deutlich, dass es sich hier aus dem Blickwinkel aller Konzerneigenkapitalgeber um eine Kapitalerhöhung in Höhe von 140 T€ handelt. Entsprechend wird der zum Eigenkapital zählende Minderheitenanteil von bisher 360 T€ auf der Basis der Wertverhältnisse zum Erwerbszeitpunkt um 120 T€ erhöht. Die Differenz zwischen dem Verkaufspreis (140 T€) und dem zusätzlichen Minderheitenanteil (120 T€) von insgesamt 20 T€ wird in die Kapitalrücklage eingestellt und damit – vergleichbar der Emission eigener Aktien – als Kapitalerhöhung interpretiert. Wäre im obigen Beispiel hingegen nach der Neubewertungsmethode gebucht worden, wäre der Minderheitenanteil im obigen Buchungssatz lediglich um 80 T€ zu erhöhen gewesen. Damit hätte sich eine Buchung gegen die Kapitalrücklage in Höhe von 60 T€ ergeben.

5.3.3.4 Aufteilung des Goodwills

Da der Goodwill nach IAS 36 durch Niederstwerttests auf der Ebene der zahlungsmittelgenerierenden Einheiten (cash-generating units; ZGE) des Erwerbers fortzuführen ist (vgl. Abschnitt 5.3.4.2), muss er auf die ZGE des Konzerns aufgeteilt werden. Dies gilt sowohl für die erstmalige Anwendung von IFRS 3 (2008) auf den zu diesem Zeitpunkt im Konzern vorhandenen Goodwill als auch für alle zu späteren Zeitpunkten neu erworbenen Goodwills.

Zu testende Ebene

Für das Verständnis der Ebene, auf welcher der Niederstwerttest des Goodwills erfolgt, ist es hilfreich, die Grundkonzeption von IAS 36 zu erläutern. Grundsätzlich sind Niederstwerttests auf der Ebene einzelner Vermögenswerte durchzuführen, wobei der Buchwert mit dem erzielbaren Betrag (recoverable amount) verglichen wird. Wenn der erzielbare Betrag allerdings für einen einzelnen Vermögenswert nicht bestimmbar ist, erfolgt eine Aggregation mehrerer Vermögenswerte zu einer ZGE, welche sodann dem Niederstwerttest unterworfen wird (IAS 36.22). Der Goodwill ist das Musterbeispiel eines Vermögenswerts, der nicht einzeln bewertbar und dessen erzielbarer Betrag somit nicht bestimmbar ist. Daher wird der Goodwill auf der Ebene der ZGE, der er zuzurechnen ist, einem Niederstwerttest unterzogen.

Ein erworbener Goodwill ist im Erwerbszeitpunkt auf diejenige ZGE des Konzerns aufzuteilen, die voraussichtlich von den erwarteten Synergien des Zusammenschlusses profitieren werden (IAS 36.80). Dabei ist es unerheblich, ob diesen ZGE auch andere Vermögenswerte oder Schulden aus dem betreffenden Zusammenschluss zugeordnet wurden. Um eine möglichst genaue Folgebewertung des Goodwills zu ermöglichen, soll ein erworbener Goodwill auf eng abgegrenzte ZGE zugeteilt werden, für die die notwendigen Informationen verfügbar sind, ohne dass hierzu ein eigenes Berichtssystem entwickelt werden müsste (IAS 36.82). Diese Vorgehensweise soll verhindern, dass eine „Quersubventionierung" der Goodwills mehrerer ZGE untereinander stattfindet[25]. Daher müssen ZGE, denen ein Goodwill zugeteilt wird, die folgenden zwei Kriterien erfüllen:

Allokation neu erworbener Goodwills

- Zum einen muss es sich bei der betreffenden ZGE um die niedrigste Unternehmensebene handeln, auf welcher der Goodwill für interne Managementzwecke überwacht wird (IAS 36.80(a)). Da es oftmals schwierig ist, die aus einem Zusammenschluss erwarteten und sich im Goodwill niederschlagenden Überrenditen willkürfrei einer einzelnen ZGE zuzuordnen, kann auch eine Zuordnung zu einem Verbund mehrerer ZGE erfolgen (IAS 36.81)[26].

Untergrenze

- Zum anderen jedoch ist die Aggregation von ZGE für Zwecke der Goodwill-Allokation auch nach oben begrenzt: Die Einheit, auf die ein Goodwill aufgeteilt wird, darf nicht größer sein als ein Berichtssegment gemäß IFRS 8 (2007) (IAS 36.80(b)).

Obergrenze

Die von der X AG zu 100 % erworbene Y GmbH (Kaufpreis: 1.200 T€; neubewertetes Eigenkapital: 800 T€; Beispiel 23.5) werde als eigenständige ZGE 4 geführt. Keine der übrigen drei ZGE des Konzerns profitiere von Synergien aus diesem Zusammenschluss. Folglich wird der gesamte erworbene Goodwill von 400 T€ der ZGE 4 (ehemals Y GmbH) zugeordnet. Die Zuordnung der erworbenen stillen Reserven und des erworbenen Goodwills führt im Erwerbszeitpunkt zu folgender unternehmensinterner „push-down"-Bilanz der ZGE 4, die für die Folgebehandlung des Goodwills in einer Nebenrechnung geführt wird:

Beispiel 23.16

„push-down"-Bilanz der ZGE 4 zum 31.12.2007 (in T€)			
Anlagevermögen	850	Eigenkapital	1.200
Goodwill	400	Fremdkapital	350
Umlaufvermögen	300		
Summe	1.550	Summe	1.550

---

25 Vgl. etwa *Pellens, B./Sellhorn, T.*, Goodwill-Bilanzierung nach SFAS 141 und 142 für deutsche Unternehmen, in: DB, 54. Jg. (2001), S. 1685-1686.

26 Wenn daher im Folgenden von ZGE die Rede ist, so können hiermit auch Gruppen von ZGE gemeint sein.

Alternativ wird es in der Unternehmenspraxis aber auch häufig vorkommen, dass die bereits bestehenden ZGE des Konzerns von dem Zusammenschluss profitieren. Daher sei in Abwandlung des vorherigen Beispiels nun unterstellt, dass nicht nur die zu 100 % erworbene Y GmbH (künftig ZGE 4), sondern auch die übrigen drei ZGE der X AG von den aus dem Zusammenschluss erwarteten Synergien wie in der folgenden Übersicht dargestellt profitieren.

Der aus dem Erwerb resultierende Goodwill von 400 T€ entfällt damit zu (60 / 400 =) 15 % auf ZGE 1, zu (20 / 400 =) 5 % auf ZGE 3 und zu (320 / 400 =) 80 % auf die neu geschaffene ZGE 4. Im Kaufpreis von 1.200 T€ für ZGE 4 wurden damit Synergiepotenziale vergütet, die in anderen Unternehmensteilen anfallen. Die Goodwills der ZGE sind für Zwecke späterer Niederstwerttests in einer Nebenrechnung fortzuführen.

T€	ZGE 1	ZGE 2	ZGE 3	ZGE 4
Unternehmenswert ohne Synergien	1.000	800	1.200	1.120
Unternehmenswert mit Synergien	1.060	800	1.220	1.120
Wertzuwachs bzw. Goodwill	+ 60	0	+ 20	+ 320

Abschluss der Goodwill-Allokation

Der Prozess der Goodwill-Allokation auf ZGE soll i.d.R. bis zum folgenden Abschlussstichtag beendet sein (IAS 36.84). Ist dies nicht möglich, so muss das Mutterunternehmen hierüber im Anhang berichten (IAS 36.133) und die Goodwill-Allokation innerhalb eines Zeitraumes von insgesamt 12 Monaten nach dem Erwerbszeitpunkt abschließen. Können die erforderlichen Werte anfangs nur vorläufig ermittelt werden, so gelten die Vorschriften in IFRS 3.45-50 entsprechend.

5.3.4 Folgekonsolidierung

5.3.4.1 Technik der Folgekonsolidierung

Begriff und Zweck

Unter Folgekonsolidierung wird die Wiederholung der Kapitalkonsolidierung in den auf den Zusammenschluss folgenden Berichtsperioden sowie die Durchführung weiterer Anpassungsbuchungen verstanden. Die Anpassungsbuchungen betreffen die Fortführung von im Rahmen der Erstkonsolidierung aufgedeckten stillen Reserven bzw. Lasten, erstmals bilanzierten immateriellen Vermögenswerten und Eventualschulden sowie eventuellen Unterschiedsbeträgen. Zudem ist der Anteil der Minderheitsgesellschafter am Konzerneigenkapital in den Folgeperioden anzupassen.

Behandlung stiller Reserven bzw. Lasten

Aus Konzernsicht sind die erworbenen Vermögenswerte und Schulden ausgehend von ihren Konzernanschaffungskosten fortzuschreiben. Der Folgekonsolidierung liegen die den erworbenen Vermögenswerten und Schulden im Rahmen der Erstkonsolidierung zugeordneten Wertansätze zugrunde. So sind die Abschreibungsbeträge planmäßig abzuschreibender Vermögenswerte auf Basis der Konzernanschaffungsbeträge zum Akquisitionszeitpunkt zu ermitteln. Für die konkrete Folgebewertung der erworbenen Positionen verweisen IFRS 3.15, IFRS 3.54 und IFRS 3.B63 auf die einschlägigen Einzelstandards.

Auch die aus der Erstkonsolidierung stammenden latenten Steuerbeträge sind in den Folgeperioden entsprechend der ihnen zugrunde liegenden stillen Reserven und Lasten fortzuführen (IFRS 3.B63(c))[27]. *Latente Steuern*

Sind an einem Tochterunternehmen Minderheitsgesellschafter beteiligt, so muss deren Anteil am Konzerneigenkapital in den Folgeperioden einerseits um die beim Tochterunternehmen entstandenen Eigenkapitalveränderungen und andererseits um Konsolidierungseffekte fortgeschrieben werden. So sind im Rahmen der Akquisitionsmethode z.B. die den Minderheiten zuzurechnenden Abschreibungen auf offen gelegte stille Reserven ebenso zu berücksichtigen wie Veränderungen der stillen Lasten. *Minderheiten*

Ausgehend vom obigen Beispiel 23.12 zur Erstkonsolidierung nach der Akquisitionsmethode bei Vorliegen von 30 % Minderheiten wird nun die Folgekonsolidierung zum 31.12.2008 vorgenommen. Es wird unterstellt, dass zur Erstkonsolidierung die Neubewertungsmethode gewählt wurde. Die Anlagevermögenswerte der Y GmbH und damit auch die aufgedeckten stillen Reserven in Höhe von 300 T€ werden über fünf Jahre planmäßig abgeschrieben. Für den Goodwill liegt ein Wertberichtigungsbedarf in Höhe von 140 T€ vor[28]. Außerdem habe die Y GmbH ein Periodenergebnis von 50 T€ erwirtschaftet. **Beispiel 23.17**

Da die Konzernbilanz aus den Einzelbilanzen abgeleitet wird, sind zunächst die bei der Erstkonsolidierung auf den Erwerbszeitpunkt vorgenommenen Buchungen zu wiederholen (Neubewertungsbuchung [a] und Konsolidierungsbuchungen [b] und [c]). Anschließend sind Abschreibungen auf stille Reserven (Konsolidierungsbuchung [d]) und Goodwill (Konsolidierungsbuchung [e]) durchzuführen, da diese nur im Konzernabschluss, nicht aber im Einzelabschluss der Y GmbH existieren. Schließlich ist das Periodenergebnis der Y GmbH anteilig den Minderheiten zuzuteilen (Konsolidierungsbuchung [f]).

---

27 Vgl. dazu das zusammenfassende Beispiel in Abschnitt 7.
28 Würde man im Beispiel von der full goodwill method ausgehen, läge ein entsprechend höherer Wertminderungsbedarf für den Goodwill vor. Da bei der Neubewertungsmethode nur der Mehrheiten-Goodwill aktiviert wird, muss auch nur dieser wertberichtigt werden. Wird auch ein Minderheiten-Goodwill aktiviert, ist auch dieser bei Bedarf in seiner Höhe zu berichtigen.

31.12.2008, T€	X AG	Y GmbH	Summen-bilanz	Neu-bewertung	Konsoli-dierung	Konzern-bilanz
Anlagevermögen	1.850	600	2.450	[a]300	[d]60	2.690
Beteiligung an Y	840	—	840		[b]840	—
Umlaufvermögen	1.360	350	1.710			1.710
Goodwill	—	—	—		[b]280 [e]140	140
Eigenkapital	2.100	500	2.600	[a]300	[b]560 [c]240	2.100
Periodenergebnis/ Konzernergebnis	200	50	250		[d]42 [e]140 [f]15	53
Minderheiten	—	—	—		[d]18 [c]240 [f]15	237
Fremdkapital	1.750	400	2.150			2.150
Summe	4.050 4.050	950 950	5.000 5.000			4.540 4.540

[a] Neubewertung der erworbenen Vermögenswerte der Y GmbH.
[b] Kapitalkonsolidierung: Verrechnung des Beteiligungsbuchwerts aus dem Einzelabschluss der X AG mit dem anteiligen neubewerteten Eigenkapital der Y GmbH; Aktivierung des entstehenden Goodwills.
[c] Einbuchung der Minderheitenanteile am neubewerteten Eigenkapital der Y GmbH.
[d] Abschreibung der aufgedeckten stillen Reserven.
[e] Außerplanmäßige Abschreibung des Goodwills.
[f] Einbuchung des Ergebnisanteils der Minderheiten.

5.3.4.2 Folgebehandlung des erworbenen Goodwills

Impairment-only approach

IFRS 3 (2008) sieht für den Goodwill keine planmäßige Abschreibung über seine voraussichtliche Nutzungsdauer, sondern nur eine außerplanmäßige Abschreibung im Falle einer Wertminderung (impairment) vor. Diese Vorgehensweise wird als impairment-only approach bezeichnet. Nach ihr bleibt der immaterielle Vermögenswert „Goodwill" nach der Erstkonsolidierung so lange mit seinem ursprünglichen Wertansatz aktiviert, bis ein in IAS 36 geregelter Niederstwerttest eine Wertminderung anzeigt. Diese ist dann ergebniswirksam zu erfassen. Ein solcher Niederstwerttest muss turnusmäßig in jährlichem Abstand durchgeführt werden und wird zusätzlich fallweise durch die in IAS 36.7-17 beschriebenen Indikatoren ausgelöst[29].

---

29 Die Ereignisse bzw. Umstände, die gemäß IAS 36 auf eine mögliche Wertminderung hindeuten, sind ausführlich in Kapitel 10 beschrieben.

Das IASB begründet diese Vorgehensweise bei der Folgebewertung wie folgt: Der Goodwill sei ein immaterieller Vermögenswert mit unbestimmter (indefinite) Nutzungsdauer. Die planmäßige Abschreibung über eine geschätzte künftige Nutzungsdauer sei von Willkür geprägt und stelle für die Adressaten der Rechnungslegung folglich keine entscheidungsrelevante Information dar. Stattdessen sei der Goodwill entsprechend seinem tatsächlichen Wertverlauf abzubilden und damit nur dann abzuschreiben, wenn ein Niederstwerttest einen Wertverlust anzeige. Dieser Argumentation wird entgegengehalten, dass eine unveränderte Goodwillhöhe dadurch bedingt sein kann, dass der ursprünglich erworbene und aktivierte Goodwill nur deshalb nicht an Wert verliere, weil er durch fortlaufende Investitionen in einen originären, selbst geschaffenen Goodwill transformiert werde. Damit werde der Aktivierung originären Goodwills eine Hintertür geöffnet, welche Unternehmen ohne erworbenen Goodwill nicht offen stehe. Darüber hinaus könne die Argumentation des IASB auf alle langlebigen Vermögenswerte wie z.B. Immobilien übertragen werden.

Konzeptionelle Begründung

Der Niederstwerttest ist Gegenstand von IAS 36 (vgl. Kapitel 10). Einmal jährlich sowie ggf. zusätzlich bei Hinweisen auf eine Wertminderung sind ZGE, denen in der in Abschnitt 5.3.3.4 beschriebenen Weise ein Goodwill zugeteilt wurde, einem Niederstwerttest zu unterwerfen[30]. Hierzu wird der erzielbare Betrag der ZGE mit ihrem Buchwert – inklusive Goodwill – verglichen (Abbildung 23.6). Übersteigt dieser Buchwert den erzielbaren Betrag, so liegt eine Wertminderung (impairment loss) der ZGE vor (IAS 36.90).

Niederstwerttest

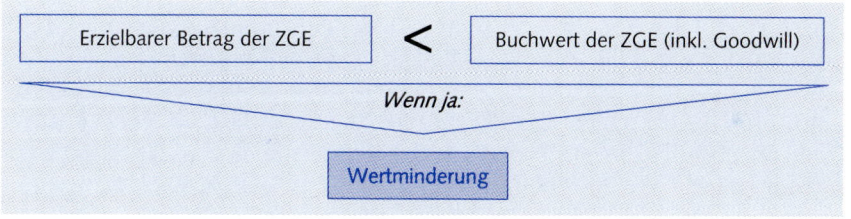

Abb. 23.6: Goodwill-Niederstwerttest nach IAS 36.90

IAS 36.75 stellt klar, dass erzielbarer Betrag und Buchwert der ZGE in konsistenter Weise ermittelt werden müssen. Zu beachten ist insbesondere, dass der erzielbare Betrag vor allem in seiner Ausprägung als Nutzungswert in der Regel als Wert des Gesamtvermögens (Eigen- und Fremdkapital) ermittelt wird[31]. Seine Berechnung basiert auf Cashflows vor Abzug von Fremdkapitalzinsen (IAS 36.50(a)). Ein solchermaßen als Bruttogröße verstandener erzielbarer Betrag passt konzeptionell nur zu einem ebenfalls als Bruttogröße ermittelten

Konsistenz von Buchwert und erzielbarem Betrag

---

30 ZGE, denen kein Goodwill zugeordnet wurde, sind demgegenüber ausschließlich bei Hinweisen auf eine Wertminderung einem Niederstwerttest zu unterziehen, es sei denn, zu ihnen gehört ein immaterieller Vermögenswert mit unbestimmter Nutzungsdauer (IAS 36.88-89).
31 Vgl. etwa *Wirth, J.*, Firmenwertbilanzierung nach IFRS, Stuttgart 2005, S. 36.

Buchwert. Der Buchwert der ZGE wird damit in der Regel durch die gedankliche „Bilanzsumme" der ZGE gebildet, also durch die Summe der Buchwerte der ihr zugehörigen Vermögenswerte. Schulden sind nicht abzuziehen (IAS 36.76(b)). Von dieser Vorgehensweise gibt es allerdings Ausnahmen:
- Zum einen sind bestimmte Schulden (insb. Rückstellungen), die so mit der ZGE im Zusammenhang stehen, dass sie bei deren Verkauf vom Erwerber übernommen werden müssten, vom Buchwert der Vermögenswerte abzuziehen (IAS 36.78). In solchen Fällen muss auch der erzielbare Betrag unter Berücksichtigung dieser Schulden und der mit ihnen im Zusammenhang stehenden Auszahlungen ermittelt werden.
- Zum anderen wird ein erzielbarer Betrag in der Praxis häufig entgegen IAS 36.50(a) unter Berücksichtigung von Schulden ermittelt (IAS 36.79)[32]. Dies dürfte vielfach der Fall sein, wenn ZGE auf Segmentebene abgegrenzt werden und entsprechende ZGE-Bilanzen vorliegen. Hier sind die entsprechenden Schulden gemäß IAS 36.75 auch vom Buchwert der ZGE abzuziehen.

In den nachfolgenden Beispielen wird, soweit nicht ausdrücklich auf eine abweichende Vorgehensweise hingewiesen wird, von der zuletzt beschriebenen Nettovorgehensweise ausgegangen.

Beispiel 23.18

Die von der X AG zu 100 % erworbene Y GmbH wird von dieser als ZGE 4 geführt. Der gesamte Goodwill aus dem Erwerb (400 T€) wurde dieser ZGE 4 zugeordnet (Beispiel 23.16). Zum 31.12.2008 ist turnusmäßig ein Niederstwerttest der ZGE 4 durchzuführen. Zu diesem Zeitpunkt sind die im Rahmen der Erstkonsolidierung aufgedeckten stillen Reserven (Beispiel 23.5) im Abschluss der ZGE 4 um (300 / 5 =) 60 T€ abgeschrieben worden, weshalb das ursprünglich positive Periodenergebnis der ZGE 4 aus Beispiel 23.17 von annahmegemäß 50 T€ auf (50 – 60 =) -10 T€ zu korrigieren ist.

Der ursprüngliche Kaufpreis für die ZGE 4 (Y GmbH) hatte 1.200 T€ betragen. Der erzielbare Betrag zum 31.12.2005 sei demgegenüber nur 650 T€. Die „push-down"-Bilanz der ZGE 4 hat folgendes Bild:

„push-down"-Bilanz der ZGE 4 zum 31.12.2008 (in T€)			
Anlagevermögen	840	Eigenkapital	1.200
Goodwill	400	Periodenergebnis	-10
Umlaufvermögen	350	Fremdkapital	400
Summe	1.590	Summe	1.590

---

32 Vgl. etwa *Wirth, J.*, Firmenwertbilanzierung nach IFRS, Stuttgart 2005, S. 87-88.

Der Niederstwerttest ergibt, dass der erzielbare Betrag (650 T€) den Buchwert der ZGE (1.190 T€) deutlich unterschreitet. Es liegt also eine Wertkorrektur der ZGE 4 von (650 − 1.190 =) -540 T€ vor.

Wie zuvor erläutert, basiert die bisherige Vorgehensweise in diesem Beispiel auf der zuvor erläuterten Nettolösung. Würde demgegenüber brutto gerechnet, wären erzielbarer Betrag und Buchwert gedanklich jeweils um das beim Nettoverfahren abgezogene Fremdkapital zu erhöhen: Der erzielbare Betrag betrüge dann (650 + 400 =) 1.050 T€ und der Buchwert läge in Höhe der Bilanzsumme, also bei (1.190 + 400 =) 1.590 T€. Der Niederstwerttest ergäbe auch hier einen Wertminderungsaufwand von (650 − 1.190 =) -540 T€.

Die Wertminderung einer ZGE wird ergebniswirksam erfasst. Zunächst wird sie gegen den Buchwert des Goodwills gebucht. Übersteigt die Wertminderung den Goodwill-Buchwert, so wird der Restbetrag proportional zu ihren jeweiligen Buchwerten gegen die übrigen Vermögenswerte der ZGE gebucht, soweit sie in den Anwendungsbereich von IAS 36 fallen (IAS 36.104). Dies betrifft im Wesentlichen Vermögenswerte des Anlagevermögens, die nicht durch IAS 36.2 aus dem Anwendungsbereich von IAS 36 ausgenommen sind[33].

Buchung einer Wertminderung

Die in Beispiel 23.18 ermittelte Wertminderung der ZGE 4 in Höhe von 540 T€ wird im ersten Schritt durch folgende Buchung erfasst:
Wertminderung Goodwill   an   Goodwill   400 T€

Die Wertminderungen des übrigen Vermögens werden gemäß IAS 36.104 (b) ermittelt: Der Restbetrag von (540 − 400 =) 140 T€ wird dem Anlagevermögen, das hier annahmegemäß in den Anwendungsbereich von IAS 36 fällt, zugeordnet:
Wertminderung Anlagevermögen   an   Anlagevermögen   140 T€

Beispiel 23.19

Durch die Zuteilung des Restbetrags soll der Buchwert eines Vermögenswerts jedoch nicht so weit reduziert werden, dass er den beizulegenden Zeitwert abzüglich der Verkaufskosten (fair value less costs to sell) oder – falls höher – den Nutzungswert (value in use) oder – falls höher – Null unterschreitet. Verbleibende Restbeträge sind ebenso auf die übrigen Vermögenswerte zu verteilen wie der ursprüngliche Restbetrag (IAS 36.105). Falls die Ermittlung der Wertuntergrenzen nicht praktikabel ist, wird die oben beschriebene proportionale Methode angewandt (IAS 36.106). Auch wenn nach Anwendung dieser Regeln auf alle Vermögenswerte der ZGE dennoch ein nicht verteilbarer Restbetrag verbleibt, ist in dieser Höhe eine Schuld nur dann zu passivieren, wenn ein anderer IFRS dies vorschreibt (IAS 36.108).

Wertuntergrenzen für übrige Vermögenswerte

---

33 Hier ist *Wirth, J.*, Firmenwertbilanzierung nach IFRS, Stuttgart 2005, S. 92, zu folgen. Vgl. zu einem weiteren Beispiel *Alfredson, K. et al.*, Applying IAS, S. 460-461.

Beispiel 23.20

Im obigen Beispiel 23.19 seien folgende Zusatzinformationen gegeben:

T€	Nettoveräußerungspreis	Nutzungswert
Anlagevermögen	770	700
Umlaufvermögen	190	185

Hier darf das Anlagevermögen nach IAS 36.105 nicht unter den Betrag von 770 T€ abgeschrieben werden.

Wertminderung AV an *Anlagevermögen* 70 T€

Der Restbetrag von (140 – 70 =) 70 T€ kann hier nur dann ergebniswirksam erfasst werden, wenn in seiner Höhe – etwa nach IAS 37 – eine Schuld zu passivieren ist.

Konzeptionelle Probleme bei Existenz von Minderheiten

Konzeptionelle Probleme des Niederstwerttests können entstehen, wenn an einer ZGE Minderheitsgesellschafter beteiligt sind und zur Konsolidierung die Neubewertungsmethode gewählt wurde. Denn ein der ZGE zugeordneter Goodwill spiegelt dann nur den vom Mutterunternehmen erworbenen, auf der Basis der Anschaffungskosten ermittelten Teil wider. Ein den Minderheiten zuzurechnender Goodwill taucht folglich im Buchwert des Nettovermögens der ZGE nicht auf. Der erzielbare Betrag der ZGE hingegen beruht wenigstens zum Teil auf einem solchen Minderheiten-Goodwill. Daher wird der Goodwill einer ZGE, an der Minderheiten beteiligt sind, für Zwecke des Niederstwerttests auf eine fiktive 100%-Beteiligung hochgerechnet. Dieser hochgerechnete full goodwill wird dem Niederstwerttest zugrunde gelegt (IAS 36.C4). Problematisch erscheint dabei, dass IAS 36.C4 eine proportionale Hochrechnung vorsieht, obwohl die full goodwill-Bestimmung in IFRS 3.32 – wie oben erläutert – anders geregelt ist. Hier kann es zu einer Vermischung unterschiedlicher Konzeptionen kommen.

Zuordnung einer Wertminderung

Eine ermittelte Wertminderung muss eventuell auf das Mutterunternehmen und die Minderheiten aufgeteilt werden. Wird zur Bilanzierung die full goodwill method gewählt, stehen den Minderheitsgesellschaftern Anteile an allen Vermögenswerten und damit auch am Goodwill zu. Daraus folgt jedoch direkt, dass ihnen auch etwaige Wertminderungen anteilig zuzuordnen sind. Wenn die getestete ZGE ein Tochterunternehmen mit Minderheiten ist oder ein solches enthält, ist eine Wertminderung demnach aufzuteilen. Im dem Fall, dass ein Tochterunternehmen oder ein Teil eines solchen eine eigenständige ZGE ist, ist der Wertminderungsaufwand so zu verteilen, wie auch das Periodenergebnis verteilt wird (IAS 36.C6). Ist ein Tochterunternehmen mit Minderheitenanteil oder der Teil eines solchen jedoch Bestandteil einer übergeordneten ZGE, muss ein Wertminderungsaufwand zunächst auf die Teile der ZGE mit Minderheiten und die Teile ohne solche aufgeteilt werden. Diese Zuordnung soll erfolgen

- anhand der Wertverhältnisse der Goodwills der Teileinheiten vor der Wertminderung, soweit sich die Wertminderung auf den Goodwill der ZGE bezieht, und

- anhand der Wertverhältnisse der Vermögenswerte der Teileinheiten vor der Wertminderung, soweit sich die Wertminderung auf die identifizierbaren Vermögenswerte der ZGE bezieht.

Anschließen wird wieder analog zur Aufteilung des Periodenergebnisses die Allokation auf Mutterunternehmen und Minderheiten vorgenommen (IAS 36.C7).

Bei Anwendung der Neubewertungsmethode hingegen sind für die Minderheiten nur solche Wertminderungen, die sich auf identifizierbare Vermögenswerte beziehen, abzuschreiben. Da ein Minderheiten-Goodwill nicht aktiviert ist, braucht dieser auch nicht abgeschrieben zu werden (IAS 36.C8). Unabhängig von der gewählten Konsolidierungsmethode kann – entgegen früheren Regelungen – durch eine den Minderheiten zuzurechnenden Wertminderung auch ein negativer Minderheitenanteil (deficit balance) entstehen (IAS 27.28).

Beispiel 23.21[34]

Im obigen Beispiel 23.12 hat die X AG an der Y GmbH eine 70 %-Beteiligung für 840 T€ erworben und diese als Tochterunternehmen konsolidiert. Innerhalb der Organisationsstruktur der X AG erfüllt die Y GmbH die Kriterien einer ZGE. Zur Konsolidierung sei die Neubewertungsmethode herangezogen worden. Der resultierende Goodwill in Höhe von 280 T€ wurde dieser ZGE ebenso wie in Beispiel 23.16 zu 100 % zugeordnet.

Die ZGE ist nun einem Niederstwerttest zu unterziehen. Dies erfordert einen Vergleich des erzielbaren Betrags (wiederum netto) der ZGE mit dem Buchwert ihres Nettovermögens inklusive des zugeordneten Goodwills. Die Hochrechnung des ursprünglichen Goodwills auf eine fiktive 100 %-Beteiligung ergibt einen full goodwill der ZGE von (280 / 0,7 =) 400 T€.

Der erzielbare Betrag der ZGE betrage 950 T€. Der Buchwert des Nettovermögens der ZGE inklusive des hochgerechneten Goodwills beträgt (790 + 400 =) 1.190 T€. Dies ergibt eine Wertkorrektur der ZGE von (950 – 1.190 =) -240 T€. Diese bezieht sich in voller Höhe auf den Goodwill, ist aber gemäß IAS 36.C8 nur für dessen 70 %-Anteil des Mutterunternehmens, also in Höhe von (240 · 0,7 =) 168 T€ zu erfassen:

Wertminderung Goodwill   an   Goodwill   168 T€

Veräußerung von Geschäftsbereichen

Bei der Veräußerung eines Teilbereiches einer ZGE (operation) wird ein Teil des Goodwills der ZGE in die Ermittlung des Veräußerungserfolges einbezogen. Nach IAS 36.86 ist dieser Goodwill-Teil durch Schlüsselung anhand der erzielbaren Beträge des zu veräußernden und des verbleibenden Teils der ZGE zu ermitteln. Von diesem Verfahren darf nur dann zu Gunsten einer anderen Methode abgewichen werden, wenn das Unternehmen nachweisen kann, dass diese den veräußerten Goodwill-Teil besser erfasst.

---

34 Ein weiteres Beispiel findet sich in IAS 36.IE62-IE68.

Beispiel 23.22[35] Die X AG veräußert im Rahmen eines asset deal einen Teilbetrieb der ZGE 4 (Beispiel 23.16) für 250 T€ an Dritte. Für den zurückbehaltenen Teil der ZGE wird ein erzielbarer Betrag von brutto 700 T€ ermittelt. Der in den Buchwert des zu veräußernden Teils einzubeziehende Goodwill-Teil beträgt (250 / (250 + 700) =) 26,3 % des gesamten Goodwills der ZGE und damit (400 · 0,263 =) 105,3 T€.

Reorganisation der Berichtsstruktur
Wenn ein Unternehmen seine Berichtsstruktur dergestalt ändert, dass hiervon die Zusammensetzung einer oder mehrerer ZGE verändert wird, muss der diesen ZGE zugerechnete Goodwill neu aufgeteilt werden (IAS 36.87). Für diese Neuaufteilung gilt konzeptionell analog die oben beschriebene Vorgehensweise bei der Veräußerung von Geschäftsbereichen.

Beispiel 23.23 Die ZGE A eines Unternehmens, zu der ein Goodwill von 300 T€ gehört, soll aufgelöst und in ZGE B und ZGE C integriert werden. Die Aufteilung des Goodwills von ZGE A auf ZGE B und ZGE C wird wie folgt vorgenommen:

T€	ZGE B	ZGE C
Erzielbarer Betrag	1.800	2.200
Wertverhältnis	45 %	55 %
Zuzurechnender Goodwill von ZGE A	135	165

Zeitpunkt des Niederstwerttests
Der turnusmäßige, jährliche Niederstwerttest für ZGE, denen Goodwill zugeordnet wurde, kann zu einem beliebigen Zeitpunkt während des Berichtsjahres durchgeführt werden. Voraussetzung hierfür ist lediglich, dass der gewählte Zeitpunkt im Zeitablauf unverändert bleibt (IAS 36.96). Die verschiedenen ZGE können zu unterschiedlichen Zeitpunkten getestet werden. ZGE, denen Goodwill zugeordnet wurde, der aus einem Unternehmenszusammenschluss des aktuellen Berichtsjahres stammt, sind jedoch bis Ende dieses Berichtsjahres zu testen. Sollten einzelne Vermögenswerte oder ZGE gleichzeitig mit dem höheren Aggregat, dem der Goodwill zugeteilt wurde, getestet werden, so sind diese zuerst zu testen (IAS 36.97). Hiermit will das IASB Verzerrungen des Testergebnisses vermeiden, indem zunächst die Werte der einzelnen Vermögenswerte bzw. ZGE auf den „neuesten Stand" gebracht werden.

Beispiel 23.24 Der erzielbare Betrag einer zu 100 % im Besitz des Mutterunternehmens stehenden ZGE sei 500 T€. Der Buchwert des Nettovermögens betrage 550 T€, inklusive eines Goodwills von 100 T€. Der Niederstwerttest ergibt eine Wertminderung von 50 T€, die vollständig vom Goodwill abgeschrieben wird.
Wertminderung Goodwill   an   Goodwill   50 T€

---

35 Ein weiteres Beispiel wird in IAS 36.86 gegeben.

Falls für die einzelnen Vermögenswerte der ZGE zeitgleich ein Niederstwerttest terminiert ist, müssten diese zuerst getestet werden. Dabei werde im Anlagevermögen eine Wertminderung von 100 T€ festgestellt und gebucht.

Wertminderung AV   *an*   *Anlagevermögen*   *100 T€*

Der anschließende Niederstwerttest der ZGE ergibt nun wegen des auf 450 T€ gesunkenen Buchwerts keine Wertminderung mehr. Der Goodwill wird folglich nicht abgeschrieben.

Die aufwändige Ermittlung der erzielbaren Beträge von ZGE muss nicht zwingend in jedem Berichtsjahr vorgenommen werden. IAS 36.99 erlaubt, detailliert ermittelte Werte aus einer vergangenen Periode heranzuziehen, wenn die folgenden drei Kriterien kumulativ erfüllt sind:

- Die Vermögenswerte der ZGE und die ihr zugeordneten Schulden haben sich seither nicht signifikant geändert (IAS 36.99 (a)),
- der seinerzeit ermittelte erzielbare Betrag überstieg den Buchwert des Nettovermögens der ZGE um einen deutlichen Betrag (IAS 36.99(b)) und
- nach einer Analyse der seither eingetretenen Entwicklung ist es unwahrscheinlich, dass der erzielbare Betrag der ZGE den Buchwert ihres Nettovermögens unterschreitet (IAS 36.99(c)).

Erleichterungsregel

IAS 36.124 verbietet eine Wertaufholung beim Goodwill. Dies bedeutet, dass Wertberichtigungen des Goodwills in den Folgeperioden nicht durch Zuschreibung rückgängig gemacht werden dürfen. Zur Begründung wird angeführt, dass spätere Wertsteigerungen des Goodwills wahrscheinlich auf Zuwächse eines originären Goodwills und weniger auf Wertaufholungen des ursprünglichen erworbenen Goodwills zurückzuführen sind (IAS 36.125).

Wertaufholung

5.3.5 Endkonsolidierung

Die Endkonsolidierung bzw. Entkonsolidierung[36], also die bilanzielle Abbildung des Ausscheidens eines Tochterunternehmens aus dem Konsolidierungskreis, ist in IAS 27 (2008) geregelt. IAS 27.34 regelt für den Fall eines – wie auch immer begründeten – control-Verlustes, dass das Mutterunternehmen

- einen Abgang der Vermögenswerte und Schulden des Tochterunternehmens zum Buchwert am Tag des control-Verlustes,
- einen Abgang eines eventuellen Minderheitenanteils zum Buchwert,
- den Zugang einer eventuellen Gegenleistung zum beizulegenden Zeitwert,
- eine eventuell zurückbehaltene Beteiligung am ehemaligen Tochterunternehmen zum beizulegenden Zeitwert bei control-Verlust sowie
- einen eventuell als Residualgröße entstehenden Aufwand oder Ertrag bucht.

---

36 Vgl. so etwa *Busse von Colbe et al.*, Konzernabschlüsse.

Zudem müssen im Rahmen einer solchen Transaktion eventuell ausgegebene Aktien des Tochterunternehmens berücksichtigt werden. Die Folgebewertung nach der Endkonsolidierung verbleibender Vermögenswerte oder Schulden richtet sich nach den einschlägigen IFRS (IAS 27.36). Eine verbleibende Beteiligung am ehemaligen Tochterunternehmen ist i.d.R. zum beizulegenden Zeitwert am Tag des control-Verlustes nach IAS 39 auszuweisen. Unter Umständen kommt auch eine Erfassung des beizulegenden Zeitwerts als erstmaliger Wertansatz für die Bilanzierung als assoziiertes (IAS 28) oder Gemeinschaftsunternehmen (IAS 31) in Betracht (IAS 27.37). Zudem sind alle Beträge, die zuvor gegen den sonstigen Gesamterfolg gebucht worden sind und aus der Beteiligung am Tochterunternehmen resultieren, so zu behandeln, als ob das Mutterunternehmen die zu Grunde liegenden Vermögenswerte direkt verkauft bzw. Schulden direkt beglichen hätte. IAS 27.35 nennt hier als Beispiele Beträge aus der Währungsumrechnung und aus der Folgebewertung von Finanzinstrumenten sowie solche aus Sicherungsbeziehungen.

Beispiel 23.25

Im Anschluss an die Folgekonsolidierung zum 31.12.2008 (Beispiel 23.17) verkauft die X AG am 02.01.2009 ihre 70 %-Beteiligung an der Y GmbH zu einem Preis von 1.100 T€ in bar. Die folgende Übersicht zeigt die Vorgehensweise bei der Endkonsolidierung. Der Veräußerungserfolg ergibt sich hier als Residualgröße:

T€	Konzernbilanz vor Endkonsolidierung (31.12.2008)		Endkonsolidierung für Anteile der X AG		Konzernbilanz nach Endkonsolidierung (02.01.2009)	
Anlagevermögen	2.690			840[a]	1.850	
Umlaufvermögen	1.710		1100[a]	350[a]	2.460	
Goodwill	140			140[a]	—	
Eigenkapital		2.100				2.100
Periodenergebnis/ Konzernergebnis		53	407[a]			460
Minderheiten		237	237[a]			—
Fremdkapital		2.150	400[a]			1.750
Summe	4.540	4.540			4.310	4.310

[a] Einbuchung des Veräußerungspreises; Ausbuchung des Anlagevermögens und des Umlaufvermögens der Y GmbH; Ausbuchung des fortgeführten Goodwills aus dem Erwerb der Y GmbH; Ausbuchung des Fremdkapitals der Y GmbH; Ausbuchung der Minderheitenanteile; ergebniswirksame Einbuchung des Veräußerungserfolges.

5.4 Sonstige Konsolidierungsmaßnahmen

Neben der Kapitalkonsolidierung sind weitere Konsolidierungsmaßnahmen notwendig, um aus dem Summenabschluss noch enthaltene konzerninterne Salden (intra-group balances), Geschäftsvorfälle (transactions) sowie Erträge und Aufwendungen (income and expenses) in voller Höhe herauszurechnen (IAS 27.20- 21)[37].

Eliminierung sonstiger konzerninterner Transaktionen

Wie bei der Kapitalkonsolidierung kann die Eliminierung sonstiger konzerninterner Transaktionen sich auf latente Steuerpositionen auswirken, wenn hieraus Unterschiede zwischen den Bestandsgrößen der Konzern- und der Steuerbilanz resultieren. Hiervon ist z.B. bei der Schuldenkonsolidierung sowie bei der Zwischenerfolgseliminierung regelmäßig auszugehen. IAS 27.21 verlangt z.B. explizit eine Anwendung von IAS 12 auf temporäre Differenzen, die aus der Korrektur konzerninterner Zwischenerfolge resultieren[38].

Latente Steuern auf sonstige Konsolidierungsmaßnahmen

Fallweise kann es auch im Rahmen der sonstigen Konsolidierungsmaßnahmen wie bei einer eventuellen Wertminderung des Goodwills dazu kommen, dass Minderheiten überproportional zu ihrem Kapitalanteil an dem Verlust eines Tochterunternehmens partizipieren und somit ein negativer Minderheitenanteil auszuweisen ist (IAS 27.28).

Negativer Minderheitenanteil

5.4.1 Schuldenkonsolidierung

Um im Konzernabschluss nur solche Forderungen und Verbindlichkeiten auszuweisen, die durch Geschäfte mit konzernexternen Unternehmen entstanden sind, werden im Rahmen der Schuldenkonsolidierung alle konzerninternen Forderungen und Verbindlichkeiten aus dem Summenabschluss eliminiert. Dieses Vorgehen resultiert aus der Fiktion der rechtlichen Einheit des Konzerns, nach der ein rechtlich einheitliches Unternehmen mit sich selbst kein Schuldverhältnis eingehen kann[39].

Zweck

Im Rahmen der Schuldenkonsolidierung werden sämtliche Positionen des Summenabschlusses, die aus Kreditgeschäften und sonstigen Verpflichtungen zwischen den konsolidierten Unternehmen stammen, eliminiert. Dies betrifft z.B. Forderungen und Verbindlichkeiten gegen verbundene Unternehmen und die zugehörigen Zinsaufwendungen und -erträge. Da sämtliche Finanzvermögenswerte und Schulden in die Schuldenkonsolidierung einzubeziehen sind, müssen auch alle Rückstellungen und Eventualschulden, die aus konzerninternen Gründen gebildet wurden, eliminiert werden.

Berührte Positionen

---

37 Diese sonstigen Konsolidierungsmaßnahmen werden hier nur in Grundzügen erläutert. Für weiterführende Darstellungen sowie Literaturhinweise wird auf *Busse von Colbe et al.*, Konzernabschlüsse, verwiesen.
38 Vgl. zur Berücksichtigung latenter Steuern bei den sonstigen Konsolidierungsmaßnahmen das zusammenfassende Beispiel in Abschnitt 7.
39 Vgl. *Busse von Colbe et al.*, Konzernabschlüsse, S. 353.

Unterschieds-beträge aus der Schuldenkonsolidierung

Die Schuldenkonsolidierung ist unproblematisch, wenn sich konzerninterne Forderungen und Verbindlichkeiten betragsmäßig entsprechen. In diesem Fall stellt die Schuldenkonsolidierung eine Verkürzung der Summenbilanz dar, aus der kein Unterschiedsbetrag entsteht. Aus unterschiedlichen Gründen kann es jedoch dazu kommen, dass die aus konzerninternen Schuldverhältnissen entstehenden Passivposten in der Summe höher (selten niedriger) sind als die entsprechenden Aktivposten. Beispielsweise ist dies der Fall, wenn ein Konzernunternehmen aufgrund konzerninterner Sachverhalte (z.B. Garantieverpflichtungen) eine Rückstellung gebildet hat, ohne dass der korrespondierende Anspruch in einem anderen Konzernunternehmen aktiviert wurde. Solche Unterschiedsbeträge (Aufrechnungsdifferenzen) sind als Korrekturposten zum Eigenkapital gesondert auszuweisen oder direkt mit Eigenkapitalpositionen zu verrechnen. Obwohl hierzu in den IFRS keine explizite Ausweisregelung existiert, erfolgt in der Unternehmenspraxis regelmäßig eine Verrechnung mit den Gewinnrücklagen.

Beispiel 23.26

Die X AG erhält von ihrem vollkonsolidierten Tochterunternehmen, der Y GmbH, eine Lieferung von 2.500 PCs für die konzerninterne EDV-Anlage. Die Y GmbH bildet für dieses Geschäft eine Rückstellung in Höhe von 25 T€ für künftige Kulanzgewährleistungen, während die X AG keinen entsprechenden Anspruch aktiviert. Diese von der Y GmbH gebildete Rückstellung für konzerninterne Sachverhalte ist im Rahmen der Schuldenkonsolidierung zu eliminieren. Da ihr kein entsprechender Aktivposten eines anderen Konzernunternehmens gegenübersteht, entsteht dabei eine passivische Aufrechnungsdifferenz.
Rückstellung   an   Aufrechnungsdifferenz   25 T€

In der Konzernbilanz wird diese passivische Aufrechnungsdifferenz als Teil des Eigenkapitals in die Gewinnrücklagen eingestellt.
Aufrechnungsdifferenz   an   Gewinnrücklagen   25 T€

In der Summen-Ergebnisrechnung ist die Aufwandsbuchung der Y GmbH zu eliminieren und die damit verbundene Erhöhung des Konzernperiodenergebnisses in die Gewinnrücklagen einzustellen.

Das nachfolgende Beispiel illustriert die Behandlung von Aufrechnungsdifferenzen im Zeitablauf bis zu dem Zeitpunkt, zu dem sich die Differenz zwischen Aktiv- und Passivpositionen aus konzerninternen Schuldverhältnissen wieder schließt.

Beispiel 23.27

Die X AG gewährt ihrem vollkonsolidierten Tochterunternehmen, der Y GmbH, Ende 2008 einen Kredit über 100 T€. Dieser wird zu 80 % ausgezahlt und ist Ende 2013 zu 100 % zurückzuzahlen. Hier wird aus didaktischen Gründen angenommen, dass dieses konzerninterne Kreditgeschäft nicht nach IAS 39 (Effektivzinsmethode), sondern wie z.B. in einem HGB-Abschluss behandelt wird.

Es sei unterstellt, dass in der Einzelbilanz der X AG zum 31.12.2008 die Forderung gegen die Y GmbH mit den Anschaffungskosten von (100 · 0,8 =) 80 T€ erscheine, während die Y GmbH die korrespondierende Verbindlichkeit in ihrer Einzelbilanz zum Rückzahlungsbetrag von 100 T€ passiviere und das Disagio von 20 T€ aktiviere. Im Rahmen der Schuldenkonsolidierung zum 31.12.2008 werden diese Positionen vollständig miteinander verrechnet. Zu einem Unterschiedsbetrag kommt es also in 2008 nicht.

Verbindlichkeit   100 T€   an   Forderung   80 T€
*   Disagio   20 T€*

In den fünf Folgeperioden löse die Y GmbH das Disagio zeitanteilig ergebniswirksam auf. Diese Disagioverrechnung führt dazu, dass in den Folgejahren, sofern die X AG ihre Forderung nicht entsprechend ergebniswirksam zuschreibt, im Rahmen der Schuldenkonsolidierung eine passivische Aufrechnungsdifferenz entsteht, die bis 2012 stetig anwächst. Die folgende Aufstellung gibt einen Überblick über die relevanten Positionen und Beträge in der Summenbilanz[40].

31.12., in T€	2008	2009	2010	2011	2012	2013
Ausleihung an Y	+80	+80	+80	+80	+80	—
Verbindlichkeit gegen X	-100	-100	-100	-100	-100	—
Disagio	+20	+16	+12	+8	+4	—
Aufrechnungsdifferenz	0	-4	-8	-12	-16	—
Δ Aufrechnungsdifferenz gegenüber Vorjahr	0	-4	-4	-4	-4	+16
Korrektur des Konzern-JÜ durch Schuldenkons.	0	+4	+4	+4	+4	-16

In der Summen-Ergebnisrechnung der Jahre 2009 bis 2012 ist die Disagioverrechnung der Y GmbH jeweils entsprechend zu korrigieren. Hierdurch steigt das Konzernergebnis um jeweils 4 T€ und damit insgesamt um 16 T€ gegenüber dem Summenergebnis an. In der Konzernbilanz werden diese Beträge in die Gewinnrücklagen eingestellt, womit die passivische Aufrechnungsdifferenz als Eigenkapital anzusehen ist. Im Jahr 2013 vereinnahmt die X AG den Rückzahlungsbetrag von 100 T€ und realisiert einen Ertrag von 20 T€. Die Y GmbH verrechnet die letzte Tranche des Disagios in Höhe von 4 T€ als Aufwand. Durch Eliminierung dieser konzerninternen Erfolge sinkt das Konzernergebnis gegenüber dem Summenabschluss um (20 – 4 =) 16 T€. Auch diese Ergebniskorrektur ist mit den Gewinnrücklagen zu verrechnen, so dass mit Ablauf des Kreditvertrages auch alle Ergebniswirkungen eliminiert sind. Demnach wird beispielsweise am 31.12.2011 wie folgt gebucht:

---

40 Vgl. das ähnliche Beispiel bei *Busse von Colbe et al.*, Konzernabschlüsse, S. 356-357.

> *Verbindlichkeit*   *100 T€*   *an*   *Forderung*   *80 T€*
>   *Disagio*   *8 T€*
>   *Aufrechnungsdifferenz*   *12 T€*
>
> *Aufrechnungsdifferenz*   *12 T€*   *an*   *Periodenergebnis*   *4 T€*
>   *Gewinnrücklagen*   *8 T€*
>
> Ende 2013 schlägt sich die Beendigung des Kreditverhältnisses wie folgt nieder. Hier ist insbesondere der Zinsertrag der X AG zu eliminieren.
>
> *Zinsertrag*   *20 T€*   *an*   *Zinsaufwand*   *4 T€*
>   *Gewinnrücklagen*   *16 T€*

5.4.2 Aufwands- und Ertragskonsolidierung

Zweck   Die Aufwands- und Ertragskonsolidierung dient der Aufrechnung sämtlicher Erträge aus konzerninternen Lieferungen und Leistungen sowie Ergebnisübernahmen gegen die korrespondierenden Aufwendungen, um auch hier – entsprechend der Fiktion der rechtlichen Einheit – die vollkonsolidierten Unternehmen als ein einziges Unternehmen erscheinen zu lassen. Hiermit müssen sowohl die Umsatzerlöse als auch andere Erträge (z.B. Miet-, Zins- und Konzernumlageerträge) gegen die entsprechenden Aufwendungen im Summenabschluss eliminiert werden. Der Schwerpunkt der folgenden Darstellungen liegt auf dem international üblichen Umsatzkostenverfahren.

Beispiel 23.28   In Abwandlung von Beispiel 23.27 muss die Y GmbH der X AG auf das gewährte Darlehen von 100 T€ jährlich Zinsen in Höhe von nominal 5 % bezahlen. Zudem stellt die X AG der Y GmbH ein Gebäude zur Verfügung, für dessen Nutzung sie der Y GmbH jährlich 20 T€ Miete berechnet. Für 2006 ist eine Aufwands- und Ertragskonsolidierung wie folgt vorzunehmen, um die konzerninternen Zins- (Buchung [a]) und Mieterfolge (Buchung [b]) aus der Summen-Ergebnisrechnung zu eliminieren:

31.12.2006, T€	Summen-Ergebnisrechn.	Konsolidierung	Konzern-Ergebnisrechn.
Zinsertrag X AG	5	[a]5	—
Mietertrag X AG	20	[b]20	—
Zinsaufwand Y GmbH	5	[a]5	—
Mietaufwand Y GmbH	20	[b]20	—

Innenumsätze   Während das obige Beispiel den einfachen Fall einer umsatzfremden Leistungsverflechtung zeigt, gestaltet sich die Aufwands- und Ertragskonsolidierung bei konzerninternen Lieferungen etwas aufwendiger, da hierbei oftmals auch ein

Gewinn entsteht, der aus Konzernsicht noch nicht realisiert ist. Dieser Fall wird gemeinsam mit der Eliminierung solcher Zwischenerfolge an Beispiel 23.30 erläutert.

Bei der Erstellung der Konzern-Ergebnisrechnung ist ferner zu klären, zu welchem Zeitpunkt die Aufwendungen und Erträge eines Tochterunternehmens erstmals in die Summen-Ergebnisrechnung zu übernehmen sind. Nach IAS 27.26 ist dies der Erwerbszeitpunkt. Fällt der Abschlussstichtag nicht mit dem Erwerbszeitpunkt zusammen, ist ein Zwischenjahresabschluss zu erstellen. Das bis zum Erwerbszeitpunkt erwirtschaftete Ergebnis des erworbenen Unternehmens gilt, auch wenn es teilweise aus Geschäften mit dem Mutterunternehmen stammt, als realisiert und wird – sofern es dem Erwerber zuzurechnen ist – zum konsolidierungspflichtigen Eigenkapital gezählt. In die Konzern-Ergebnisrechnung gehen nur solche Erträge und Aufwendungen ein, die nach dem Erwerbszeitpunkt anfallen. Erst wenn die Beherrschungsmöglichkeit des Mutterunternehmens endet, werden die Ergebnisse des Tochterunternehmens nicht mehr einbezogen.

Erstmalige Aufwands- und Ertragskonsolidierung

Die Aufwendungen und Erträge des Tochterunternehmens sind auf der Grundlage der im Rahmen der Erstkonsolidierung ermittelten beizulegenden Zeitwerte der erworbenen Vermögenswerte, Schulden und Eventualschulden zu ermitteln (IAS 27.26). Diese Vorgehensweise ergibt sich bereits aus der Konzeption der Neubewertungsmethode selbst.

Abschreibungen auf Basis der Konzernwertansätze

> Die Gebäude der Y GmbH werden über fünf Jahre planmäßig abgeschrieben (Beispiel 23.17). Vor dem Erwerb durch die X AG standen die Gebäude mit 550 T€ zu Buche. Im Rahmen der Kaufpreisallokation wurde ihnen ein beizulegender Zeitwert von 850 T€ zugeordnet. Die Konzern-Ergebnisrechnung wird damit in den Folgeperioden – die Beibehaltung des Abschreibungsplanes vorausgesetzt – mit jährlichen Abschreibungsbeträgen nicht von (550 / 5 =) 110 T€, sondern (850 / 5 =) 170 T€ belastet.

Beispiel 23.29

In der Konzernbilanz muss der Anteil der Minderheiten über die Zeit fortgeschrieben werden und ist im Eigenkapital getrennt vom Eigenkapital der Mehrheiten auszuweisen (IAS 27.27). Ausgangspunkt für die Berechnung des Ergebnisanteils der Minderheiten bildet die nach konzerneinheitlichen Regeln erstellte Handelsbilanz II. Darüber hinaus sind aber auch alle ergebniswirksamen Konsolidierungsmaßnahmen daraufhin zu überprüfen, ob bei wirtschaftlicher Betrachtungsweise hierdurch das Minderheitenergebnis verändert wird[41]. Dies gilt z.B. für die Abschreibung im Rahmen der Erstkonsolidierung aufgedeckter stiller Reserven, für Anteile an einer Goodwill-Wertminderung, für die Aufwands- und Ertragskonsolidierung und auch für die anteilig auf Minderheiten zuzurechnen-

Minderheitenanteil am Konzernergebnis

---

41 Vgl. dazu weitergehend *Pellens, B./Neuhaus, S./Nölte, U.*, Konzernergebnis und Earnings per Share, in: Betriebliches Rechnungswesen und Controlling im Spannungsfeld von Theorie und Praxis, Festschrift für Prof. Dr. Jürgen Graßhoff zum 65. Geburtstag, Hamburg 2005, S. 31-51.

den Zwischenerfolgseliminierungen. Ferner ist der Anteil des Mutterunternehmens am Ergebnis eines Tochterunternehmens ggf. um kumulative Vorzugsdividenden zu kürzen, die Minderheitsgesellschaftern des Tochterunternehmens zustehen (IAS 27.29).

5.4.3 Zwischenerfolgseliminierung

Zweck

Mit der Zwischenerfolgseliminierung sind schließlich die von konzerninternen Lieferungen und Leistungen betroffenen Bestandsgrößen der Summenbilanz (z.B. Grundstücke, Vorräte) um die hierin enthaltenen internen Gewinne bzw. Verluste zu bereinigen. Zwischenerfolge, also konzerninterne Erfolge in den Bestandsgrößen, werden durch Gegenüberstellung des Einzelbilanzwerts eines konzernintern gelieferten Vermögenswerts mit den Konzernanschaffungs- bzw. -herstellungskosten ermittelt. Diese ergeben sich durch analoge Anwendung der entsprechenden Einzelabschlussvorschriften aus der Perspektive des Konzerns als gedachte rechtliche Einheit. Die Zwischenerfolgseliminierung hat nur dann Auswirkungen auf das Konzernergebnis, wenn die gelieferten Vermögenswerte am Konzernabschlussstichtag noch im Bestand eines einbezogenen Unternehmens sind. Wurden sie indes bereits an konzernfremde Dritte weitergeliefert, ist ein (bisheriger) Zwischenerfolg auch aus Konzernsicht realisiert.

Korrekturen im Umsatzkostenverfahren

Folgendes Beispiel verdeutlicht anhand der Ergebnisrechnungsgliederung nach dem Umsatzkostenverfahren die Aufwands- und Ertragskonsolidierung sowie die Zwischenerfolgseliminierung bei der Lieferung von Erzeugnissen in das Vorratsvermögen des Abnehmers, ohne dass dieser die gelieferten Güter weiterverarbeitet. Beim Umsatzkostenverfahren sind die Innenumsatzerlöse in allen Fällen gegen die Herstellungskosten des Umsatzes (beim Lieferer) sowie gegen einen im Vorrats- bzw. Sachanlagevermögen des Abnehmers befindlichen Zwischenerfolg zu eliminieren.

Beispiel 23.30

Die X AG liefert an die Y GmbH eigene Produkte für 20 T€, deren Produktion (Konzernherstellungskosten) 10 T€ Materialaufwand und 5 T€ Löhne erfordert. Die Y GmbH lagert die Produkte als fertige Erzeugnisse im Vorratsvermögen. Bei der X AG wird hier originär wie folgt gebucht:

Diverse Aufwendungen	an	*Diverse Aktiva*	*15 T€*
Fertige Erzeugnisse	an	*Diverse Aufwendungen*	*15 T€*
Umsatzkosten	an	*Fertige Erzeugnisse*	*15 T€*
Bank	an	*Umsatzerlöse*	*20 T€*

Hier ist also ein Zwischengewinn von (20 – 15 =) 5 T€ entstanden. Als nächstes wird die originäre Buchung der Y GmbH gezeigt:

> *Fertige Erzeugnisse*   *an*   *Bank*   20 T€
>
> Aus Konzernsicht handelt es sich bei dieser Transaktion um die Produktion von Fertigerzeugnissen auf Lager, die in der originären Buchführung einer rechtlichen Einheit „Konzern" wie folgt hätte erfasst werden müssen:
> *Diverse Aufwendungen*   *an*   *Diverse Aktiva*   15 T€
>
> *Fertige Erzeugnisse*   *an*   *Diverse Aufwendungen*   15 T€
>
> Der zu einem Zwischengewinn von 5 T€ führende Umsatzakt ist aus Konzernsicht noch nicht mit konzernfremden Dritten realisiert. Er ist daher im Rahmen der Zwischenerfolgseliminierung wie folgt zu korrigieren:
> *Umsatzerlöse*   20 T€   *an*   *Umsatzkosten*   15 T€
>   *Fertige Erzeugnisse*   5 T€
>
> Per Saldo wird durch die Zwischenerfolgseliminierung das Konzernergebnis gegenüber dem Summenabschluss um 5 T€ vermindert. Die damit verbundene Eigenkapitalreduktion wird auf der Aktivseite durch den verringerten Wertansatz der fertigen Erzeugnisse ausgeglichen.

In Abhängigkeit von den verschiedenen Arten von Innenumsatzerlösen muss bei der Aufwands- und Ertragskonsolidierung nach dem Gesamtkostenverfahren unterschiedlich vorgegangen werden. Tabelle 23.1 vermittelt einen Überblick über denkbare Konstellationen bei der Lieferung von Vorräten und deren Behandlung im Rahmen der Aufwands- und Ertragskonsolidierung, wenn das Gesamtkostenverfahren der Ergebnisrechnungsgliederung angewandt wird.

Korrekturen im Gesamtkostenverfahren

	Lieferung ...		
	... in das Vorratsvermögen		... in das Anlagevermögen
Lieferer hat Vermögenswerte ...	**Abnehmer hat verarbeitet**	**Abnehmer hat nicht verarbeitet**	
... bearbeitet (Erzeugnisse)	Innenumsatz ist gegen Materialaufwand des Abnehmers zu saldieren	Innenumsatz ist auf Bestandserhöhungen bei Erzeugnissen umzugliedern	Innenumsatz ist auf aktivierte Eigenleistungen umzugliedern
... nicht bearbeitet (Handelsware)		Innenumsatzerlöse sind gegen Materialaufwand des Lieferers zu saldieren	

Tab. 23.1: Aufwands- und Ertragskonsolidierung bei der Lieferung von Vorräten. Quelle: In Anlehnung an *Busse von Colbe et al.*, Konzernabschlüsse, S. 447.

6 Anhangangaben

Umfangreiche Angabepflichten in IFRS 3 (2008)

Unter der Maxime, dass ein Erwerber durch Veröffentlichung entsprechender Informationen die Bilanzadressaten in die Lage versetzen soll, die Art und die finanziellen Auswirkungen der im abgelaufenen Geschäftsjahr durchgeführten Unternehmenszusammenschlüsse beurteilen zu können (IFRS 3.59), fordert IFRS 3 (2008) von den Bilanzierenden äußerst detaillierte Anhangangaben. Dies gilt auch für die in IAS 36 verlangten Informationen. An dieser Stelle kann daher lediglich eine stark verkürzende Übersicht geboten werden.

Informationen zu Unternehmenszusammenschlüssen

Für jeden Unternehmenszusammenschluss werden zahlreiche Daten gefordert, u.a. Namen und Beschreibungen der sich vereinigenden Unternehmen oder Geschäfte, der Erwerbszeitpunkt, der erworbene Stimmrechtsanteil, die Anschaffungskosten, eine Übersicht über die Kaufpreisallokation sowie die Faktoren, die zu einem Goodwill beigetragen haben, und vieles mehr (IFRS 3.B64). Die meisten dieser Informationen müssen nach IFRS 3.B65 in aggregierter Form auch für die Gesamtheit derjenigen Unternehmenszusammenschlüsse angegeben werden, die je für sich betrachtet als unwesentlich eingestuft wurden.

Sonstige Angabepflichten

Ein weiteres Prinzip, das in IFRS 3.61 formuliert und anschließend in IFRS 3.B67 durch eine umfangreiche Positivliste konkretisiert wird, fordert die Angabe von Informationen, die eine Abschätzung der finanziellen Auswirkungen von Gewinnen und Verlusten sowie Korrekturen und Fehlerberichtigungen im Zusammenhang mit zurückliegenden Unternehmenszusammenschlüssen erlauben.

Angabepflichten zu Goodwill-Wertminderungen

Die den Goodwill betreffenden Angabepflichten in IAS 36 betreffen im Wesentlichen die Annahmen, die im Rahmen des Niederstwerttests für die Bewertung von ZGE angewendet wurden (IAS 36.134-137). Auch über den Gesamtbetrag der Goodwill-Wertberichtigungen muss unter Angabe der Zeile, in der er enthalten ist, berichtet werden (IAS 36.126(a)). IAS 36.130-131 fordern weiterhin für wesentliche Wertberichtigungen umfassende Erläuterungen. Sofern das IASB hier auf die Idee käme, auch die Veröffentlichung der jeweiligen erzielbaren Beträge aller ZGE zu verlangen, könnte der Bilanzleser hieraus den Unternehmenswert aus dem Blickwinkel des Managements berechnen. Dieser Wert könnte mit der Marktkapitalisierung des Eigenkapitals verglichen werden und ggf. die unterschiedlichen Einschätzungen von Markt und Managern aufzeigen.

7 Zusammenfassendes Beispiel

Im folgenden Beispiel wird die in diesem Kapitel beschriebene Vorgehensweise bei der Konsolidierung zusammenfassend unter Berücksichtigung latenter Steuern illustriert.

Die M AG hat zum 31.12.2006 eine 75 %-Beteiligung an der T GmbH zu einem Kaufpreis von 1.175 T€ erworben. Der Marktwert der restlichen Anteile wird auf 365 T€ geschätzt. Im Rahmen der Due Diligence hat das Management der M AG folgende Informationen erhalten: Die Maschinen der T GmbH weisen stille Reserven in Höhe von 400 T€ auf. Die Restnutzungsdauer dieser Maschinen beträgt fünf Jahre, wobei entsprechende Abschreibungen in den Herstellungskosten des Umsatzes gebucht werden. Das bei der T GmbH im Jahr 2007 entstandene Periodenergebnis wurde mit erworben und soll im Folgejahr thesauriert werden. Bei der Kapitalkonsolidierung sind latente Steuern zu berücksichtigen. Der relevante Ertragsteuersatz beträgt 30 %.

Beispiel 23.31

Erstkonsolidierung zum 31.12.2006

31.12.2006, T€	M AG	T GmbH (Buchwerte)	Neubewertung	Summenbilanz	Konsolidierung	Konzernbilanz
Anlagevermögen	800	550	[a]400	1.750		1.750
Beteiligung an T	1.175	—		1.175	[c]1.175	—
Goodwill	—	—		—	[c]590 [e]170	760
Umlaufvermögen	1.000	400		1.400		1.400
Gezeichn. Kapital	550	100		650	[c]75 [d]25	550
Rücklagen	800	300	[b]120 [a]400	1.380	[c]435 [d]145	800
Periodenergebnis	50	100		150	[c]75 [d]25	50
Minderheiten	—	—		—	[d]195 [e]170	365
Verbindlichkeiten	1.575	450		2.025		2.025
Pass. lat. Steuern	—	—	[b]120	120		120
Summe	2.975 2.975	950 950		4.325 4.325		3.910 3.910

[a] Aufdeckung sämtlicher stiller Reserven der T GmbH (400 T€) im Rahmen der Neubewertung des erworbenen Nettovermögens (Erstellung der sog. „Handelsbilanz III").
[b] Ergebnisneutrale Bildung passiver latenter Steuern auf die aufgedeckten stillen Reserven in Höhe von (400 · 0,3 =) 120 T€.
[c] Eigentliche Kapitalkonsolidierung: Verrechnung des Beteiligungsbuchwerts aus dem Einzelabschluss der M AG (1.175 T€) mit dem anteiligen neubewerteten Eigenkapital (inklusive des erworbenen Periodenergebnisses) der T GmbH (780 · 0,75 = 585); Aktivierung des entstehenden Goodwills in Höhe von 590 T€.

[d] Einbuchung der Minderheitenanteile am neubewerteten Eigenkapital der T GmbH in Höhe von (780 · 0,25 =) 195 T€.

[e] Einbuchung des Minderheiten-Goodwills in Höhe von (365 – 195 =) 170 T€. Dieser Buchungssatz ist nur bei Anwendung der full goodwill method notwendig. Er entfällt ersatzlos, wenn zur Konsolidierung die Neubewertungsmethode gewählt wird. In diesem Fall sind Minderheitenanteile, Goodwill und Bilanzsumme somit um 170 T€ geringer.

Ermittlung des Goodwills nach IFRS 3.32 bei Anwendung der Neubewertungsmethode nach IFRS 3.19:

Kaufpreis der 75%-Beteiligung	1175 T€
+ Minderheitenanteil am neubewerteten Eigenkapital der T GmbH ((100 + 300 + 100 + 400 · 0,7) · 0,25 =)	195 T€
– Neubewertetes Eigenkapital der T GmbH (100 + 300 + 100 + 400 · 0,7 =)	780 T€
= Goodwill	**590 T€**

Ermittlung des Goodwills nach IFRS 3.32 bei Anwendung der full goodwill method nach IFRS 3.19:

Kaufpreis der 75%-Beteiligung	1175 T€
+ Beizulegender Zeitwert der Minderheitenanteile	365 T€
– Neubewertetes Eigenkapital der T GmbH	780 T€
= Goodwill	**760 T€**

Der Minderheiten-Goodwill entspricht der Differenz vom beizulegenden Zeitwert der Minderheitenanteile und dem Anteil der Minderheiten am neubewerteten Eigenkapital der T GmbH in Höhe von (365 – 195 =) 170 T€. Er entspricht genau der Differenz der beiden nach den unterschiedlichen Methoden errechneten Goodwills in Höhe von (760 – 590 =) 170 T€.

Folgekonsolidierung zum 31.12.2007
Für die Folgekonsolidierung zum 31.12.2007 nach der Neubewertungsmethode sind folgende Zusatzinformationen relevant: 2007 erwirtschaftete die T GmbH ein Periodenergebnis von 200 T€. Die M AG verkaufte der T GmbH am 01.01.2007 ein Grundstück. Aus dieser Transaktion entstand ein Zwischengewinn von 50 T€. Zur Finanzierung gewährte sie der T GmbH am 01.01.2007 ein Darlehen in Höhe von 100 T€ zu einem Zinssatz von 10 % p.a. Im Rahmen des Niederstwerttests für den Goodwill hat sich keine Wertminderung ergeben. Die beiden folgenden Schemata illustrieren die Folgekonsolidierung zum 31.12.2007, bei der von einer Anwendung der full goodwill method ausgegangen wird.

31.12.2007, T€	M AG	T GmbH (Buchw.)	Neubewertung	Summenbilanz	Konsolidierung	Konzernbilanz
Anlagevermögen	700	700	[a]400	1.800	[f]80 [h]50	1.670
Beteiligung an T	1.175	—		1.175	[c]1.175	—
Goodwill	—	—		—	[c]590 [e]170	760
Ausleih. an T	100	—		100	[j]100	—
Umlaufvermögen	1.150	450		1.600		1.600
Akt. lat. Steuern	—	—			[i]15	15
Gezeichn. Kapital	550	100		650	[c]75 [d]25	550
Rücklagen	800	400	[b]120 [a]400	1.480	[c]510 [d]170	800
Periodenergebnis/ Konzernergebnis	100	200		300	[GuV]140 [GuV]49 [l]27,25	181,75
Minderheitenanteil	—	—		—	[d]195 [e]170 [l]27,25	392,25
Verbindl. gg. M		100		100	[j]100	—
Verbindlichkeiten	1.675	350		2.025		2.025
Pass. lat. Steuern	—	—	[b]120	120	[g]24	96
Summe	3.125 3.125	1.150 1.150		4.675 4.675		4.045 4.045

[a] bis [e]: Siehe hierzu die obigen Erläuterungen zur Erstkonsolidierung.
[f] Abschreibung der stillen Reserven (fünf Jahre Nutzungsdauer) um (400 / 5 =) 80 T€.
[g] Ergebniswirksame Auflösung damit verbundener passiver latenter Steuern um (80 · 0,3 =) 24 T€.
[h] Eliminierung des Zwischenerfolges von 50 T€ aus Sachanlagevermögen und sonstigen betrieblichen Erträgen.
[i] Ergebniswirksame Bildung damit verbundener aktiver latenter Steuern in Höhe von (50 · 0,3 =) 15 T€.
[j] Durchführung der Schuldenkonsolidierung: Verrechnung von Ausleihung (100 T€) und Verbindlichkeit (100 T€).
[k] Eliminierung des Zinsertrages (10 T€) und des Zinsaufwandes (10 T€).
[l] Einbuchung des Minderheitenanteils am Periodenergebnis der T GmbH: 27,25 T€.

1.1.-31.12.2007, T€	M AG		T GmbH		Summen-Ergebnisrechn.		Konsolidierung		Konzern-Ergebnisrechn.	
	Aufw.	Ertrag	Aufw.	Ertrag	Aufw.	Ertrag	Soll	Haben	Aufw.	Ertrag
Umsatzerlöse		14.550		12.660		27.210				27.210
HK des Umsatzes	10.200		9.400		19.600		[f]80		19.680	
Vertriebskosten	1.300		1.150		2.450				2.450	
Verwaltungskosten	2.150		1.650		3.800				3.800	
Sonst. betr. Ertr.		280		310		590	[h]50			540
Sonst. betr. Aufw.	710		270		980				980	
Zinserträge		40		—		40	[k]10			30
Zinsaufwendungen	280		140		420			[k]10	410	
Ertragsteuern	130		160		290			[g]24 [i]15	251	
(Konzern-) JÜ	100		200		300		140	49		209
Gewinnanteile der Minderheiten	—		—		—					27,25
Konzernergebnis	—		—		—					181,75

Ermittlung des Minderheitenergebnisses

Aus HB II	(200 · 0,25 =) 50 T€
– anteilige Abschreibung stiller Reserven	(-80 · 0,25 =) – 20 T€
+ anteilige latente Steuern	(24 · 0,25 =) + 6 T€
Zwischensumme	**36 T€**

Bei wirtschaftlicher Betrachtungsweise ist der Ergebnisanteil der Minderheiten auch um den ihnen zustehenden anteiligen Zwischenerfolg nach Steuern von ((50 · 0,7 · 0,25 =) 8,75 T€ zu kürzen. Schließlich befindet sich das Grundstück im Vermögen der T GmbH, so dass die Zwischenerfolgsrisiken auch von den Minderheiten getragen werden.

Anteilige Zwischenerfolge	(-35 · 0,25 =) – 8,75 T€
Minderheitenergebnis	**27,25 T€**

Darüber hinaus könnte auch geprüft werden, ob die der M AG von der T GmbH gezahlten Zinsen den Minderheiten wieder anteilig zugerechnet werden. Obwohl dies bei einer rein interessentheoretischen Sichtweise durchaus sinnvoll erscheint, wird hier davon abgesehen.

8 Wesentliche Unterschiede zum HGB

Die Bilanzierung von Unternehmenszusammenschlüssen nach HGB weicht erheblich von der nach IFRS ab. Die Unterschiede betreffen weniger die vorbereitenden Maßnahmen und die Konsolidierungstechnik als vielmehr die zulässigen Methoden der Kapitalkonsolidierung und die Bilanzierung von Unterschiedsbeträgen. § 301 Abs. 1 HGB lässt neben der Neubewertungsmethode auch die Buchwertmethode (beteiligungsproportionale Neubewertungsmethode) zu. Dieses Wahlrecht zur Anwendung der Buchwertmethode wird allerdings durch DRS 4 „Unternehmenserwerbe im Konzernabschluss" eingeschränkt. Nach DRS 4.23 wäre allein die Neubewertungsmethode zulässig. Angesichts der mangelnden Verbindlichkeit von DRS 4 sind allerdings in der Praxis abweichende Vorgehensweisen zu beobachten[42]. Neben die Akquisitionsmethode tritt nach HGB die pooling-of-interests method, die als Interessenzusammenführungsmethode gemäß § 302 HGB angewendet werden darf, wenn das Mutterunternehmen eine Beteiligung von mindestens 90 % an dem Tochterunternehmen hält, die es durch Ausgabe von Aktien bei einer maximalen Barzuzahlung von 10 % des Aktiennennbetrags erworben hat.

Methoden der Kapitalkonsolidierung

Die Vorgehensweise bei der Kaufpreisallokation ist im HGB nicht detailliert reguliert. Gemäß § 300 Abs. 1 HGB sind die Vermögensgegenstände, Schulden und Rechnungsabgrenzungsposten des Tochterunternehmens vollständig aufzunehmen, so lange keine Bilanzierungsverbote oder -wahlrechte bestehen. Gleiches bestimmt § 246 Abs. 1 HGB für den Einzelabschluss. Die bis 2002 bestehende Anschaffungskostenrestriktion für die Aufteilung von Unterschiedsbeträgen aus der Erstkonsolidierung (§ 301 Abs. 1 Satz 4 HGB) wurde durch das TransPuG zumindest für die Neubewertungsmethode aufgehoben. Es erscheint jedoch sinnig, dass diese Regelung auch für die Buchwertmethode Anwendung findet: Konzeptionell sollten Neubewertungs- und Buchwertmethode bei einer Beteiligung ohne Minderheiten zum gleichen Ergebnis führen. Dies ist aber nicht unbedingt gegeben, wenn bei einer Methode die Anschaffungskostenrestriktion noch Anwendung findet. Einzelne Problemkreise, die im Rahmen der Kaufpreisallokation international diskutiert und äußerst detailliert geregelt werden, sind nicht Gegenstand des HGB, wurden aber in DRS 4 aufgegriffen und meist analog zum seinerzeit geltenden IAS 22 (1998) gelöst.

Kaufpreisallokation

Wie in Abschnitt 5.3.3.3 beschrieben, fallen nach IFRS bei der Aufdeckung stiller Reserven im Rahmen der Kaufpreisallokation latente Steuern an. Das nach HGB vorgesehene timing-Konzept sieht indes latente Steuern auf reine Bilanzansatz- und -bewertungsunterschiede, die nicht mit entsprechenden Ergebnisunterschieden einhergehen, grundsätzlich nicht vor (s. aber DRS 10.16).

Latente Steuern

---

[42] Vgl. *Gebhardt, G./Heilmann, A. A.*, DRS 4 in der Bilanzierungspraxis – Ein Beispiel für die Missachtung Deutscher Rechnungslegungsstandards, in: Der Konzern, 2. Jg. (2004), S. 109-118.

Goodwill-Bilanzierung nach HGB

Der impairment-only approach hat sich in Deutschland bisher nicht durchsetzen können. Stattdessen existieren nach § 255 Abs 4 und § 309 Abs. 1 HGB folgende Wahlrechte für die Bilanzierung des Goodwills:
- Erstens darf der im Rahmen eines asset deal entstandene Goodwill im Jahr des Zusammenschlusses sofort als Aufwand verrechnet werden.
- Zweitens kann der Goodwill im Rahmen einer pauschalen Abschreibung in jedem folgenden Geschäftsjahr zu mindestens einem Viertel getilgt werden.
- Drittens kann er planmäßig über seine voraussichtliche Nutzungsdauer abgeschrieben werden.
- Darüber hinaus kann der aus der Erstkonsolidierung nur im Konzernabschluss entstehende Goodwill offen mit den Rücklagen verrechnet werden.

Goodwill-Bilanzierung nach DRS 4

DRS 4 lehnt sich hinsichtlich der Goodwill-Bilanzierung eng an die in IAS 22 (1998) geregelte Vorgehensweise an. DRS 4.27-37 sieht für den Goodwill eine Aktivierung und Verteilung auf die Geschäftsfelder des erworbenen Unternehmens vor. Sodann ist der Goodwill über seine voraussichtliche Nutzungsdauer, die nur in begründeten Ausnahmefällen 20 Jahre überschreiten darf, abzuschreiben. An jedem folgenden Konzernabschlussstichtag ist die Werthaltigkeit des Goodwills zu überprüfen. Außerplanmäßige Abschreibungen sind bei Wegfall der Gründe durch Wertaufholungen rückgängig zu machen.

Negativer Unterschiedsbetrag

Auch für den negativen Unterschiedsbetrag sieht das HGB eine von den IFRS abweichende Behandlung vor. Er ist als „Unterschiedsbetrag aus der Kapitalkonsolidierung" auf der Passivseite auszuweisen und darf nur insoweit ergebniswirksam aufgelöst werden, als Negativentwicklungen oder Aufwendungen, die zum Erwerbszeitpunkt oder bei Erstkonsolidierung prognostiziert worden waren, tatsächlich eintreten oder am Abschlussstichtag feststeht, dass der negative Unterschiedsbetrag einem realisierten Gewinn entspricht (§ 309 Abs. 2 HGB).

Bilanzrechtsmodernisierungsgesetz

Im Rahmen des Bilanzrechtsmodernisierungsgesetzes wird auch die Konzernrechnungslegung reformiert. Hierbei sind als wesentliche Änderungen hervorzuheben, dass die Buchwertmethode (§ 301 Abs. 1 HGB-E) sowie die Interessenzusammenführungsmethode (geplante Aufhebung von § 302 HGB) abgeschafft werden. Auch wird der Goodwill zukünftig wie ein Vermögensgegenstand behandelt (§ 309 Abs. 1 HGB-E). Die oben angesprochenen Regelungen zur Folgebewertung fallen somit weg. Vielmehr sind nun auch hier planmäßige und außerplanmäßige Abschreibungen vorzunehmen[43]. Zudem würde durch die geplante Neufassung der §§ 274 und 306 HGB das bilanzorientierte temporary-Konzept für die Berücksichtigung latenter Steuern anwendbar werden. Dies hätte zur Folge, dass auch nach HGB künftig stille Reserven und Lasten aus der Kaufpreisallokation latente Steuern auslösen würden.

---

43 Für eine Diskussion der Regeländerungen – insbesondere erscheint die Behandlung des Goodwills diskussionswürdig – vgl. *Fülbier, R.U./Gassen, J.*, Das Bilanzrechtsmodernisierungsgesetz (BilMoG): Handelsrechtliche GoB vor der Neuinterpretation, in: DB, 60. Jg. (2007), S. 2605-2612.

9 Wesentliche Unterschiede zu US-GAAP

Schon mit der Vorgängerversion von IFRS 3 (2008) hatte sich das IASB explizit an die entsprechenden US-GAAP-Regeln in SFAS 141 und SFAS 142 angelehnt. So wurde damals z.B. ebenfalls nach US-GAAP die pooling-of-interests method zu Gunsten der alleinigen Zulässigkeit der Erwerbsmethode abgeschafft. Auch die planmäßige Abschreibung des Goodwills wurde durch den impairment-only approach ersetzt. Die nun anzuwendenden Regeln sind Ergebnis des Projekts „Business Combinations – Phase II", das gemeinsam von IASB und FASB durchgeführt wurde. Dennoch gibt es zwischen IFRS und US-GAAP nach wie vor einige Unterschiede bei der Behandlung von Unternehmenszusammenschlüssen. Eine Übersicht hierzu liefert der Anhang E von IFRS 3 (2008). Im Folgenden werden die wesentlichen Unterschiede vorgestellt:

Weitgehende Konvergenz der Systeme

SFAS 141 „Business Combinations" (2007) gilt für alle Arten von Unternehmenszusammenschlüssen mit einer Ausnahme: Zusammenschlüsse, bei denen mindestens eine der beteiligten Parteien eine gemeinnützige Organisation ohne Gewinnerzielungsabsicht (not-for-profit organization) ist, fallen nicht in seinen Anwendungsbereich (SFAS 141.2(d)).

Anwendungsbereich

Im Rahmen von operating leasing-Verhältnissen ist nach SFAS 141 (2007) stets ein immaterieller Vermögenswert oder eine Schuld anzusetzen, der die Vor- bzw. Nachteiligkeit des Leasingverhältnisses abbildet. Nach IFRS 3.B29 und IFRS 3.B42 gilt dies nur für den Fall, dass der Erwerber der Leasingnehmer ist (vgl. Abschnitt 5.3.3.2). Dieser Umstand kann z.B. bei der bilanziellen Abbildung von sale-and-leaseback-Transaktionen innerhalb eines Konzerns zu deutlichen Unterschieden führen.

operating leases

Während IFRS 3 (2008) wie beschrieben ein Wahlrecht zwischen Neubewertungsmethode und full goodwill method gewährt, ist nach US-GAAP lediglich die full goodwill method zulässig (SFAS 141.20). Damit sind die beiden Standards in diesem zentralen Punkt unterschiedlich. Wie bereits in Abschnitt 5.3.3.3 erläutert, resultieren hieraus unter Umständen Vergleichbarkeitsprobleme.

Konsolidierungsmethode

Auf die nach IFRS 3 (2008) geforderte asymmetrische Behandlung von Eventualschulden und -forderungen (contingent assets und contingent liabilities) verzichten die US-GAAP. Gemäß SFAS 141.23-25 sind auch contingencent assets im Rahmen der Kaufpreisallokation zum beizulegenden Zeitwert anzusetzen, wenn sie aus Verträgen entstanden sind oder wenn ihr tatsächliches Eintreten wahrscheinlich ist. Sowohl Eventualschulden als auch -forderungen sind in den Folgeperioden weiterhin zum beizulegenden Zeitwert zu bilanzieren (SFAS 141.62-63), während die Regelungen in IFRS 3.56 auch eine Fortschreibung des ursprünglichen Wertes vorsehen (vgl. Abschnitt 5.3.3.2).

Eventualschulden und -forderungen

IFRS 3.58(b) sieht für die Folgebewertung einer Schuld aus einer bedingten Gegenleistung je nach Art der Verbindlichkeit entweder eine ergebniswirksame Bewertung zum beizulegenden Zeitwert oder eine Bewertung anhand eines anderen einschlägigen Standards vor. SFAS 141.65 definiert eine solche Verbindlichkeit direkt als eine zum beizulegenden Zeitwert zu bewertende Schuld.

Bedingte Gegenleistung

Weitere Unterschiede

Neben den zuvor genannten Unterschieden gibt es noch einige andere Abweichungen im Detail. Oft betreffen diese jedoch lediglich den Umfang der Anhangangaben oder resultieren daraus, dass IFRS 3 (2008) und SFAS 141 (2007) auf andere IFRS bzw. US-GAAP verweisen, die (noch) voneinander abweichen.

Zweistufiger Niederstwerttest des Goodwills

Ein gewichtiger Unterschied zwischen IFRS und US-GAAP besteht in der Vorgehensweise beim Niederstwerttest des Goodwills. Das IASB hatte in ED 3 „Business Combinations" ursprünglich eine SFAS 142 entsprechende, zweistufige Regelung gewählt, diese jedoch wieder verworfen. Der impairment test nach SFAS 142 wird entsprechend dem in Abbildung 23.7 gezeigten Schema durchgeführt.

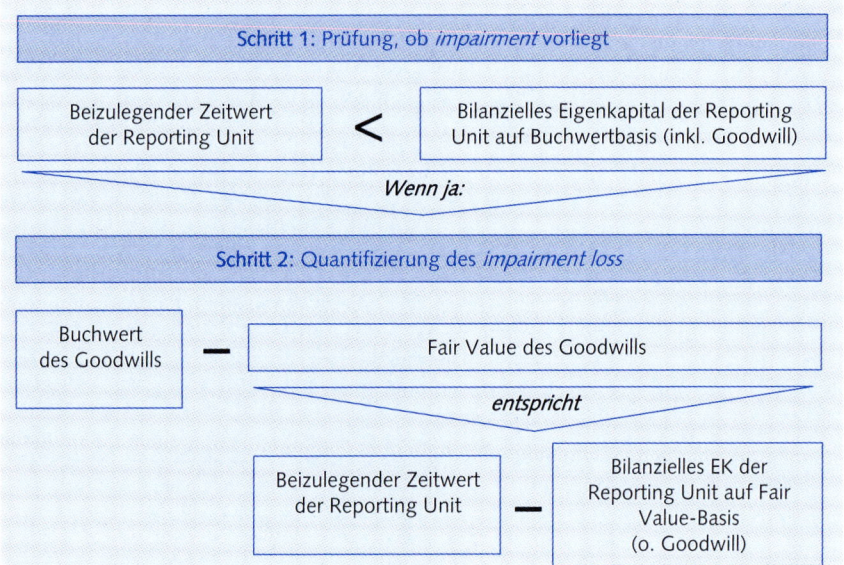

Abb. 23.7: Goodwill-Niederstwerttest nach SFAS 142. Quelle: *Pellens, B./ Sellhorn, T.*, Goodwill-Bilanzierung nach SFAS 141 und 142 für deutsche Unternehmen, in: DB, 54. Jg. (2001), S. 1683.

Während die erste Stufe im Wesentlichen IAS 36 entspricht, aber nach SFAS 142 lediglich als Auslösemechanismus fungiert, wird die eigentliche Quantifizierung des ergebniswirksam zu erfassenden impairment loss erst auf der zweiten Stufe vorgenommen. Sie erfolgt dann nach der konzeptionell überzeugenden, aber aufwändigen Fiktion des Neuerwerbs der zu prüfenden Einheit (reporting unit) zum Testzeitpunkt: Der beizulegende Zeitwert der Einheit wird mit ihrem neubewerteten Eigenkapital verglichen, wie es im Rahmen einer Erstkonsolidierung zum Testzeitpunkt zu ermitteln wäre (Neuerwerbsfiktion). Demgegenüber erfolgt nach IAS 36 ein Vergleich des erzielbaren Betrags der Einheit lediglich mit ihrem Buchwert, um den außerplanmäßig abzuschreibenden Betrag festzustellen[44]. Seit der Erstkonsolidierung aufgelaufene stille Reserven oder selbst erstellte immaterielle Vermögenswerte würden folglich nach US-GAAP den Abwertungsbedarf eines erworbenen Goodwills tendenziell erhöhen, während sie nach IFRS als Goodwillbestandteile unberücksichtigt bleiben.

Die Konzeptionen der Untereinheiten, auf deren Ebene der Goodwill auf Wertminderung zu testen ist, weichen ebenfalls voneinander ab. Daher kann es in der Praxis vorkommen, dass eine ZGE nach IAS 36 eine kleinere Einheit darstellt als eine reporting unit nach SFAS 142. Je höher jedoch die Untereinheiten, auf die der Goodwill zum Zweck des Niederstwerttests aufgeteilt wird, aggregiert sind, desto geringer ist die Wahrscheinlichkeit, dass ein Wertberichtigungsbedarf (impairment) festgestellt wird[45]. Der Niederstwerttest nach SFAS 142 wird daher möglicherweise seltener zu Wertberichtigungen führen als der nach IAS 36. Ein weiterer konzeptioneller Unterschied besteht darin, dass die reporting unit als Teilbereich mit i.d.R. zuordenbarer Bilanz verstanden wird, während die ZGE eine Gruppe von Vermögenswerten ist, in welche Schulden nur in Ausnahmefällen oder aus praktischen Gründen einbezogen werden.

Unterschiedliche Definition der zu testenden Einheit

Die unterschiedlichen beim Niederstwerttest anzuwendenden Wertkonstrukte wurden ebenfalls bereits in Kapitel 10 kurz erwähnt. Während IAS 36 auf den erzielbaren Betrag abstellt, der i.d.R. als unternehmensspezifischer Nutzungswert vor Steuern ermittelt wird, sind nach SFAS 142 ebenso wie nach SFAS 144 bei der Ermittlung des beizulegenden Zeitwerts (fair value) möglichst die Annahmen von Marktteilnehmern und damit etwa keine Synergien zu berücksichtigen. Die konzeptionelle Basis hierzu findet sich in SFAC 7.

Relevante Wertmaßstäbe

Auch bei Buchung und Ausweis einer außerplanmäßigen Goodwill-Abschreibung unterscheiden sich IAS 36 und SFAS 142. Nach SFAS 142.20 kann ein Goodwill-Niederstwerttest eine Wertberichtigung maximal in Höhe des Goodwill-Buchwerts ergeben. Nach IAS 36 wird hingegen ein darüber hinausgehender Wertberichtigungsbedarf auf die sonstigen Vermögenswerte der ZGE verteilt. Der Ausweis der Goodwill-Abschreibung erfolgt nach SFAS 142.43 separat in der Ergebnisrechnung vor der Zwischensumme income from continuing operations. Nach IAS 36.126 müssen die Unternehmen indes lediglich angeben, in welchen Zeilen sich Goodwill-Wertberichtigungen verbergen.

Verbuchung einer außerplanmäßigen Goodwill-Abschreibung

---

44 Wie in Abschnitt 5.3.4.2 ausführlich diskutiert, wird nach IAS 36 zudem bezüglich des erzielbaren Betrags und des Buchwerts der ZGE i.d.R. von einer Bruttovorgehensweise ausgegangen, während SFAS 142 auf Nettogrößen, also auf Eigenkapitalwerte abstellt.

45 Zu einem Zahlenbeispiel, welches diesen Effekt verdeutlicht, vgl. *Pellens, B./Sellhorn, T.*, Goodwill-Bilanzierung nach SFAS 141 und 142 für deutsche Unternehmen, in: DB, 54. Jg. (2001), S. 1685-1686.

Ausgewählte Literatur

Beyhs, O./Wagner, B., Die neuen Vorschriften des IASB zur Abbildung von Unternehmenszusammenschlüssen, in: DB, 60. Jg. (2008), S. 73-83.

Hendler, M., Abbildung des Erwerbs und der Veräußerung von Anteilen an Tochterunternehmen nach der Interessentheorie und der Einheitstheorie – Eine Analyse vor dem Hintergrund des Rechnungslegungsziels des IASB, Lohmar u.a. 2002.

Hinz, M., Der Konzernabschluss als Instrument zur Informationsvermittlung und Ausschüttungsbemessung, Wiesbaden 2002.

Krawitz, N./Leukel, S., Die Abbildung von Unternehmensfusionen in der Rechnungslegung – Rechtliche Möglichkeiten und Analyse ausgewählter Fälle mit deutscher Beteiligung, in: KoR, 1. Jg. (2001), S. 91-106.

Leinen, M., Die Kapitalkonsolidierung im mehrstufigen Konzern – Konzeptionelle Grundlagen und praxisnahe Konsolidierungsbeispiele, Herne u.a. 2002.

Pellens, B./Sellhorn, T./Amshoff, H., Reform der Konzernbilanzierung – Neufassung von IFRS 3 „Business Combinations", in: DB, 58. Jg. (2005), S. 1749-1755.

Richter, M., Die Bewertung des Goodwill nach SFAS No. 141 und SFAS No. 142 – Eine kritische Würdigung des impairment only-Ansatzes, IDW-Verlag, Düsseldorf 2004.

Sellhorn, T., Goodwill Impairment – An Empirical Investigation of Write-Offs under SFAS 142, Frankfurt a. M. u.a. 2004.

Wirth, J., Firmenwertbilanzierung nach IFRS, Stuttgart 2005.

Übungsaufgaben

Aufgabe 1:
Erläutern Sie den Unterschied zwischen einem asset deal und einem share deal. In welchen Fällen kommen asset deals vor allem zur Anwendung?

Aufgabe 2:
Beim Durchblättern des Konzernabschlusses der X AG stoßen Sie auf die Bezeichnung „Minderheitenanteile". Erklären Sie, wie es zu dieser Position kommen kann, wo sie in der Bilanz ausgewiesen wird und wie sie ökonomisch zu interpretieren ist. Gehen Sie dabei auf die Einheits- und die Interessentheorie ein.

Aufgabe 3:
Die nach IFRS bilanzierende Sun AG hat zum 31.12.2007 eine 80%ige Beteiligung an der Shine AG zu einem Kaufpreis von 200 Mio. € erworben. Der bei der Shine AG im Jahr 2007 entstandene Jahresüberschuss wurde von der Sun AG anteilig mit erworben und wird im Folgejahr thesauriert. Der Marktwert der technischen Anlagen der Shine AG beträgt 240 Mio. € (Buchwert: 200 Mio. €) bei einer Restnutzungsdauer von 4 Jahren. Führen Sie die Erstkonsolidierung zum 31.12.2007 nach der in IFRS 3 (2008) zulässigen Akquisitionsmethode durch. Die Bilanz der Shine AG ist bereits an die konzerneinheitlichen Bilanzierungs- und Bewertungsmethoden angepasst. Der Ertragsteuersatz beträgt 40 %.

Bilanzen zum 31.12.2007

	SUN AG		SHINE AG		HB-III		Summenbilanz		Korrektur		Konzernbilanz	
	A	P	A	P	A	P	A	P	S	H	A	P
Goodwill	50	—										
SAV	800		291									
FAV	200		—									
Umlaufvermögen	550		100									
Aktive lat. Steuern	—		30									
Gez. Kap.		300		20								
Rücklagen		400		86								
Jahresüberschuss		100		15								
Minderheit.		—		—								
Verbindlichkeiten		770		280								
Passive lat. Steuern		30		20								
Summe	1.600	1.600	421	421								

Aufgabe 4:
Führen Sie nun die Folgekonsolidierung zum 31.12.2008 durch. Berücksichtigen Sie, dass die Sun AG der Shine AG 2008 ein Gebäude mit einem Buchwert von 10 Mio. € zu einem Verkaufspreis von 15 Mio. € veräußerte.

Bilanzen zum 31.12.2008

	Sun AG		Shine AG		HB-III		Summen-bilanz		Korrektur		Konzern-bilanz	
	A	P	A	P	A	P	A	P	S	H	A	P
Goodwill	40											
SAV	960		321									
FAV	200		—									
Umlauf-vermögen	600		150									
Aktive lat. Steuern	—		20									
Gez. Kap.		300		20								
Rücklagen		450		101								
Jahresüber-schuss		50		20								
Minderh.		—		—								
Verbind-lichkeiten		980		310								
Passive lat. Steuern		20		40								
Summe	1.800	1.800	491	491								

Aufgabe 5:
Nehmen Sie an, der Unternehmenszusammenschluss aus Aufgabe 4 sei nach der in IFRS 3 (2008) alternativ zulässigen full goodwill method abzubilden. Ermitteln Sie den full goodwill aus der Akquisition der Shine AG durch die Sun AG. Treffen und diskutieren Sie die dafür erforderlichen Annahmen. Ordnen Sie den full goodwill den Minderheiten und den Anteilseignern der Sun AG zu.

Aufgabe 6:
Nehmen Sie an, die Sun AG führe die Ende 2007 erworbene Shine AG als zahlungsmittelgenerierende Einheit (ZGE) gemäß IAS 36. Ein Jahr später ist diese ZGE inklusive dem ihr zugeordneten Goodwill einem Werthaltigkeitstest zu unterziehen. Der beizulegende Zeitwert der ZGE insgesamt ergibt sich aus einem Kaufpreisangebot der Moon Corp., die für die gesamten Vermögenswerte der ZGE 510 Mio. € zahlen würde. Noch anstehende Verkaufskosten werden mit 5 Mio. € beziffert. Der Nutzungswert der ZGE, ermittelt als Wert des Gesamtkapitals (Bruttobetrachtung), beträgt 520 Mio. €. Führen sie für die ZGE einen Werthaltigkeitstest zum 31.12.2008 unter der Annahme durch, dass der Goodwill der ZGE nach der Akquisitionsmethode gemäß IFRS 3 (2008) ermittelt wurde.

Kapitel 24
Joint Ventures und assoziierte Unternehmen

1 Stufenkonzept 752

2 Bilanzierung von Joint Ventures..754
   2.1 Anwendungsbereich von IAS 31 754
   2.2 Definition und Formen von Joint Ventures 756
   2.3 Einbeziehung in den Abschluss des Partnerunternehmens..................759
   2.4 Quotenkonsolidierung..760
   *Exkurs: Geplante Änderungen durch den Exposure Draft (ED) 9
       „Joint Arrangements"*..765

3 Bilanzierung von assoziierten Unternehmen 768
   3.1 Anwendungsbereich von IAS 28 768
   3.2 Definition assoziierter Unternehmen 768
   3.3 Equity-Methode 770

4 Wesentliche Unterschiede zum HGB 781

5 Wesentliche Unterschiede zu US-GAAP.......................................783

Ausgewählte Literatur 784

Übungsaufgaben..784

Im Juni 2006 gab der deutsche Technologiekonzern Siemens bekannt, dass er sein Geschäft mit Netzbetreibern (Carrier Networks) zusammen mit der Netzwerk-Sparte des finnischen Mobilfunkherstellers Nokia Corp. in ein Gemeinschaftsunternehmen einbringen werde. Dieses zum 01.04.2007 neu gegründete Unternehmen firmiert seitdem unter dem Namen „Nokia Siemens Networks" (NSN). Sowohl Siemens als auch Nokia sind mit einem Kapitalanteil von jeweils 50 % an NSN beteiligt. Als Begründung für diesen Schritt gibt Siemens im Geschäftsbericht 2006 an, dass das neue Unternehmen „eine international führende Rolle in der Telekommunikationsbranche einnehmen [soll], mit starken Positionen in wichtigen Wachstumsfeldern bei Infrastruktur und Dienstleistungen für Fest- und Mobilfunknetze"[1].

Die Bayer AG gibt in ihrem Geschäftsbericht 2006 an, dass sie zum Geschäftsjahresende 50 % der Kapitalanteile an der niederländischen Lyondell Bayer Manufacturing Maasvlakte VOF gehalten hat[2]. Obwohl die Bayer AG an dieser Gesellschaft, wie auch Siemens an der NSN, zu 50 % beteiligt ist, wird dieses Unternehmen nicht als Joint Venture, sondern als assoziiertes Unternehmen ausgewiesen.

Fraglich ist insofern, worin der Unterschied zwischen diesen beiden Formen von Unternehmensverbindungen besteht und wie davon ausgehend die entsprechenden Beteiligungen nach IFRS zu bilanzieren sind. Um diese Fragen beantworten zu können, sollen Sie mit Hilfe dieses Kapitels lernen,
- was ein Joint Venture ist und wie es in einem IFRS-Abschluss zu berücksichtigen ist und
- was ein assoziiertes Unternehmen ist und wie es in einen IFRS-Abschluss einzubeziehen ist.
- In diesem Zusammenhang sollen Sie zudem die Technik der Quotenkonsolidierung sowie die Equity-Methode kennen lernen.

1 Stufenkonzept

Unternehmensverbindungen können unterschiedliche Intensitäten besitzen. Diese Verbindungsintensität determiniert die anzuwendende IFRS-Bilanzierungsregel. Hierfür geht das IASB von der Idee eines „Stufenkonzeptes" aus, das mittels der bereits in Kapitel 6 wiedergegebenen Abbildung 24.1 verdeutlicht wird.

Tochterunternehmen

Bei Unternehmenszusammenschlüssen werden Unternehmen – sofern sie rechtlich bestehen bleiben – regelmäßig mehrheitlich übernommen und büßen als Tochterunternehmen ihre wirtschaftliche Selbständigkeit weitgehend ein. Die

---

1 *Siemens AG*, Geschäftsbericht 2006, S. 73.
2 *Bayer AG*, Geschäftsbericht 2006, S. 135.

Beherrschungsmöglichkeit (control) nach IAS 27 stellt die engste Form einer Unternehmensverbindung im IFRS-System dar. Bilanziell drückt sie sich darin aus, dass das Tochterunternehmen über die Vollkonsolidierung in den Konzernabschluss einbezogen wird (vgl. Kapitel 6 und 23).

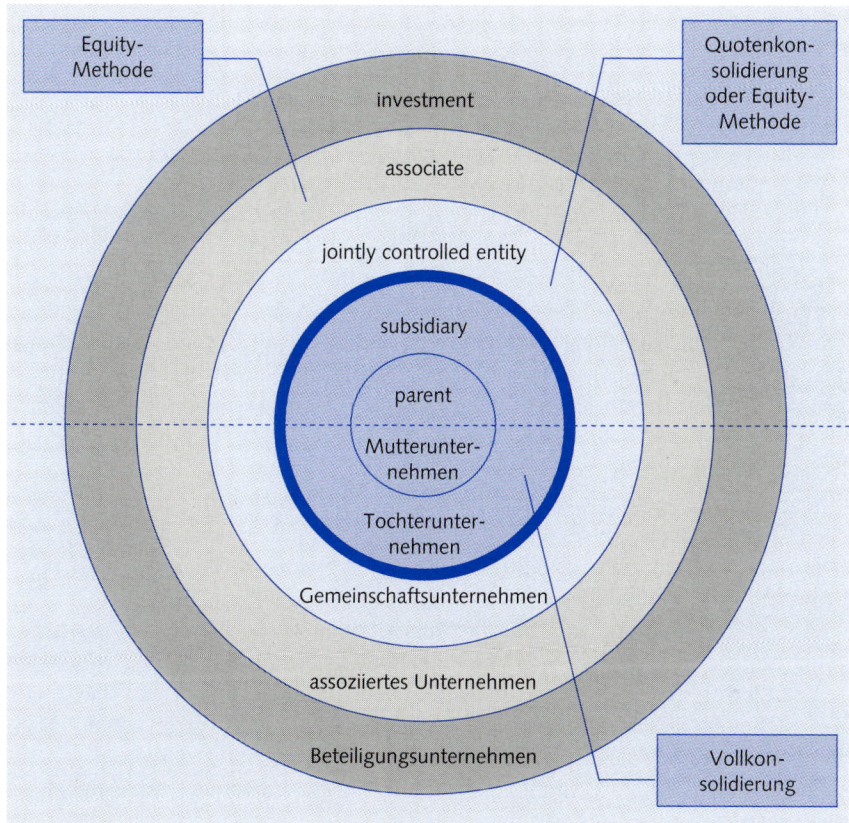

Abb. 24.1: Konsolidierungskreis nach IFRS

Eine weniger intensive Unternehmensverbindung liegt vor, wenn sich eine Gesellschaft an einem Gemeinschaftsunternehmen bzw. einem gemeinschaftlich geführten Unternehmen (jointly controlled entity) als spezielle Form eines Joint Venture beteiligt. Konstituierendes Merkmal dieser Kooperationsform ist, dass das Gemeinschaftsunternehmen von zwei oder mehreren ökonomisch selbständigen Partnerunternehmen *gemeinschaftlich geführt* wird. Diese Verbindung erreicht nicht die Intensität einer Mutter-Tochter-Beziehung. So kann z.B. nur gemeinschaftlich über die Ressourcen des Gemeinschaftsunternehmens verfügt werden. Aus diesem Grund werden Gemeinschaftsunternehmen nicht durch Vollkonsolidierung in den Konzernabschluss einbezogen. Stattdessen ist, von einigen Ausnahmen abgesehen, eine für alle Gemeinschaftsunternehmen einheit-

jointly controlled entity

liche Ausübung des Wahlrechts zur Anwendung der Quotenkonsolidierung oder der Equity-Methode vorgeschrieben. Hauptmerkmal der quotalen Konsolidierung ist, dass die Jahresabschlusspositionen des Gemeinschaftsunternehmens nur anteilig in den Summenabschluss übernommen werden. Demgegenüber ist die Equity-Methode dadurch gekennzeichnet, dass nicht sämtliche Positionen der Bilanz und Gesamterfolgsrechnung des Gemeinschaftsunternehmens, sondern lediglich dessen dem Anteilseigner zustehender Nettovermögensanteil unter dem Finanzanlagevermögen im Konzernabschluss des Anteilseigners aufgenommen wird. Insofern wird die Beteiligung im Konzernabschluss des Anteilseigners mit dem anteiligen Eigenkapital (at equity), also mit dem Bilanzkurs des Gemeinschaftsunternehmens, bilanziert.

Assoziierte Unternehmen

Unternehmen der dritten Intensitätsstufe sind die sog. assoziierten Unternehmen. Diese Unternehmen unterliegen einem *maßgeblichen Einfluss* durch das beteiligte Unternehmen. Der maßgebliche Einfluss ist dabei schwächer als der Einfluss durch Beherrschungsmöglichkeit oder gemeinschaftliche Führung. Er ist aber dennoch von Bedeutung, da das die Beteiligung haltende Unternehmen z.B. aufgrund einer Sperrminorität einen erheblichen Einfluss auf die Geschäftspolitik des assoziierten Unternehmens ausüben kann. Assoziierte Unternehmen werden bisher, von einigen Ausnahmen abgesehen, nach der Equity-Methode im Konzernabschluss bilanziert.

Beteiligungen

Die Stufe der geringsten Verbindungsintensität bilden schließlich die „einfachen" Beteiligungen. In diesem Fall bestehen i.d.R. keine oder nur geringe Einflussmöglichkeiten. Die Beteiligung wird als Finanzinstrument nach IAS 39 bewertet (vgl. Kapitel 19).

Relevante Normen

Auf die Behandlung von Tochterunternehmen wurde bereits in Kapitel 23 eingegangen. Im folgenden Kapitel soll daher gezeigt werden, wie Beteiligungen der beiden nächst niedrigeren Intensitätsstufen, Joint Ventures und assoziierte Unternehmen, bilanziell behandelt werden. Die hierfür relevanten IFRS-Vorschriften finden sich in IAS 31 „Anteile an Joint Ventures" (Interests in Joint Ventures) und IAS 28 „Anteile an assoziierten Unternehmen" (Investments in Associates).

2 Bilanzierung von Joint Ventures

2.1 Anwendungsbereich von IAS 31

Anwendungsbereich und Ausnahmen

IAS 31 regelt die Bilanzierung von Joint Ventures. Der Standard ist nicht anzuwenden auf Joint Ventures in Form von Gemeinschaftsunternehmen (jointly controlled entities), wenn eines der Partnerunternehmen (venturer)
- eine Wagniskapital-Organisation (venture capital organisation),
- ein aktiv gemanagter Investmentfond (mutual fund), ein passiv gemanagter Investmentfond (unit trust) oder ein ähnliches Unternehmen, einschließlich

fondsgebundener Versicherungen (investment-linked insurance fund), ist (IAS 31.1) und
- die betreffende Beteiligung gemäß IAS 39 als „ergebniswirksam zum beizulegenden Zeitwert folgezubewerten" (fair value through profit or loss) oder als „Handelsbestand" (held for trading) klassifiziert hat und entsprechend bilanziert.

Die Befreiung von der Anwendung des IAS 31 zu Gunsten der Vorschriften des IAS 39 wurde diesen Unternehmen zugestanden, da eine Quotenkonsolidierung bei ihnen zu Informationen führen würde, die für die Anteilseigner nicht relevant sind. Hier ist eine Bilanzierung der Beteiligung zum Fair Value, der in dieser Branche als regelmäßig verfügbar angenommen wird, für das Management und die Anteilseigner von größerem Interesse (IAS 31.BC 4-9). Die genaue Definition einer Wagniskapital-Organisation wurde im Kontext der Ausnahmeregel bewusst offen gelassen, um es solchen Unternehmen nicht zu erschweren, ihre Investitionen zum Fair Value bewerten zu können (IAS 31.BC 12). Ebenso lässt der Standard eine genaue Definition eines mutual funds, unit trusts oder eines investment-linked insurance funds offen. Beispielsweise durch Rückgriff auf den amerikanischen Investment Company Act von 1940 lässt sich diese Unternehmensklasse aber genauer identifizieren.

Darüber hinaus ist ein an einem Gemeinschaftsunternehmen beteiligtes Partnerunternehmen gemäß IAS 31.2 von der Anwendung der in IAS 31 festgelegten Bilanzierungsmethoden (Quotenkonsolidierung oder Equity-Methode) befreit, wenn einer der folgenden Sachverhalte gegeben ist:

Ausnahmen von den Bilanzierungsvorschriften

- Anteile, die gemäß IFRS 5 zum Verkauf bestimmt sind (held for sale) und entsprechend bilanziert werden (vgl. dazu Kapitel 27);
- Sachverhalte, die unter die Ausnahmeregel des IAS 27.10 fallen. Diese betrifft Mutterunternehmen, die von der Pflicht zur Aufstellung eines Konzernabschlusses befreit sind, jedoch Anteile an einem Gemeinschaftsunternehmen besitzen;
- Sachverhalte, bei denen die folgenden Voraussetzungen erfüllt sind:
  - das Partnerunternehmen ist selbst ein Tochterunternehmen und dessen Anteilseigner sind über die Nichtanwendung der Quotenkonsolidierung bzw. der Equity-Methode informiert und erheben keine Einwände dagegen;
  - die Schuld- und Eigenkapitalinstrumente des Partnerunternehmens werden nicht am Kapitalmarkt gehandelt bzw. die Abschlüsse des Unternehmens werden nicht für eine geplante Registrierung zum Handel benötigt; und
  - ein übergeordnetes Mutterunternehmen des Anteilseigners stellt einen IFRS-Konzernabschluss auf, der veröffentlicht wird.

2.2 Definition und Formen von Joint Ventures

Definition

Nach IAS 31.3 ist ein Joint Venture eine vertragliche Vereinbarung, bei der zwei oder mehr Parteien (Partnerunternehmen) eine wirtschaftliche Aktivität unter gemeinschaftlicher Führung (joint control) durchführen.

Vertragliche Vereinbarung

Dem Kriterium der vertraglichen Vereinbarung kommt dabei eine hohe Bedeutung zu. Existiert diese nicht, liegt nach IAS 31.9 kein Joint Venture vor. Problematisch ist daher die Auslegung der Vertragsdetails, da die Grenzen zwischen Beherrschungsmöglichkeit (control), gemeinschaftlicher Führung (joint control), maßgeblichem Einfluss (significant influence) und fehlendem maßgeblichem Einfluss oft fließend sind. Um die Bedingung eines Joint Venture zu erfüllen, sollten diese Vereinbarungen insbesondere festlegen, dass keine Vertragspartei bei wichtigen Entscheidungen allein die Führung des Unternehmens übernehmen kann. Nach IAS 31.10 sollten qualifizierende vertragliche Vereinbarungen i.d.R. in schriftlicher Form (Vertrag, Gesprächsprotokolle, Satzung o.ä. gesellschaftsrechtliches Dokument) niedergelegt sein, die

- die Tätigkeit, Dauer und Berichterstattungspflichten der Vertragsparteien beschreiben,
- die Ernennung eines Geschäftsführungs- und/oder Aufsichtsorgans oder gleichwertiger Leitungsgremien sowie die Verteilung der Stimmrechte umfassen,
- die Kapitaleinlagen der Partnerunternehmen bestimmen und
- die Beteiligung der Partnerunternehmen an Produktion, Erträgen, Aufwendungen oder Ergebnissen des Joint Venture festlegen.

Gemeinschaftliche Führung

Neben dem Vorliegen einer vertraglichen Vereinbarung fungiert das Kriterium der gemeinschaftlichen Führung (joint control) als entscheidendes Abgrenzungsmerkmal zwischen Gemeinschafts- und Tochterunternehmen. Unter gemeinschaftlicher Führung ist dabei zu verstehen, dass die verschiedenen Partnerunternehmen die Kontrolle über die der Vereinbarung zugrunde liegende wirtschaftliche Aktivität nur gemeinsam ausüben können. IAS 31.3 konkretisiert das Vorliegen gemeinsamer Kontrolle dahingehend, dass strategische, finanzielle und operative Entscheidungen nur in einstimmigem Einvernehmen der Partnerunternehmen getroffen werden können. Gleich hohe Beteiligungsquoten der einzelnen Partnerunternehmen werden dabei nicht vorausgesetzt. Entscheidend ist, dass die Beherrschungsmöglichkeit des Joint Venture durch ein einzelnes Unternehmen (welche eine Mutter-Tochter-Beziehung begründen würde) grundsätzlich ausscheidet (IAS 31.11).

Wirtschaftliche Aktivität

Neben den Tatbeständen der vertraglichen Vereinbarung und der gemeinschaftlichen Führung ist des Weiteren das in IAS 31.3 genannte Kriterium der wirtschaftlichen Aktivität von Bedeutung. Die geforderte wirtschaftliche Aktivität kann nach IAS 31.7 durch drei mögliche, weitgefasste Ausprägungsformen von Joint Ventures entfaltet werden (vgl. Abbildung 24.2).

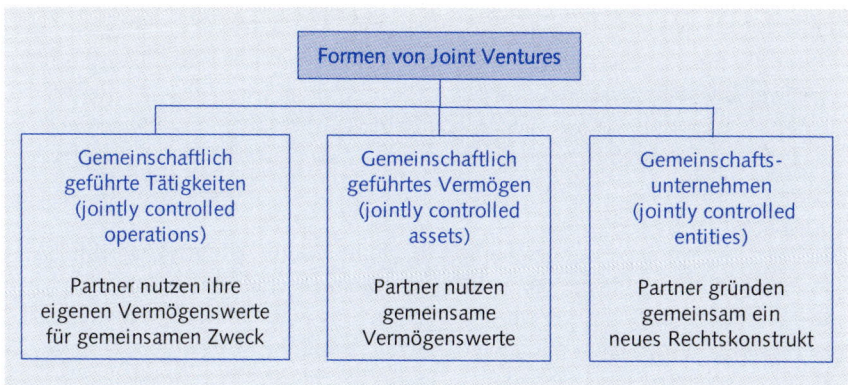

Abb. 24.2: Formen von Joint Ventures

Gemeinschaftlich geführte Tätigkeiten zeichnen sich nach IAS 31.13 dadurch aus, dass die Vertragspartner ihre eigenen Vermögenswerte und andere Ressourcen in den Dienst des Joint Venture stellen, ohne dass ein gemeinschaftliches Unternehmen gegründet wird. Die einzelnen Vertragsparteien sind weiterhin rechtlich unabhängig. Jedes Partnerunternehmen nutzt sein eigenes Vermögen, geht eigene Verbindlichkeiten ein, finanziert sich selbständig, leistet eigene Auszahlungen und setzt sein eigenes Personal u.U. auch parallel für die Arbeiten des Joint Venture und für das eigene Unternehmen ein. Die Erträge aus dem Joint Venture werden nach einem vorab vereinbarten Verfahren zwischen den Parteien aufgeteilt.

Gemeinschaftlich geführte Tätigkeiten

Die Unternehmen Aerobus (A), Blindflight (B) und Conkort (C) vereinbaren, gemeinsam Flugzeuge herzustellen. A ist spezialisiert auf die Herstellung von Triebwerken und produziert diese in seiner Heimatfabrik. B ist verantwortlich für die Produktion von Rumpf, Tragflügeln und Fahrwerk. Anschließend werden die einzelnen Baugruppen in die Lagerhallen von C transportiert, das die Endmontage durchführt und die Flugzeuge anschließend verkauft. B erhält für seine Arbeit 50 % des Periodenergebnisses, während für A und C jeweils 25 % vereinbart sind. In diesem Fall ist die Herstellung von Flugzeugen eine gemeinschaftlich geführte Tätigkeit. Es liegt kein Gemeinschaftsunternehmen vor.

Beispiel 24.1

Das gemeinschaftlich geführte Vermögen grenzt sich von den gemeinschaftlich geführten Tätigkeiten dadurch ab, dass die Vertragspartner die gemeinschaftliche Führung und oft auch das gemeinschaftliche Eigentum an Vermögenswerten besitzen, die ausschließlich gemeinschaftlichen Projekten gewidmet sind (IAS 31.18). Jede Vertragspartei besitzt das Verfügungsrecht über seinen Anteil an den Vermögenswerten, erhält einen Anteil an den erbrachten Leistungen und trägt den vereinbarten Teil der Aufwendungen.

Gemeinschaftlich geführtes Vermögen

Beispiel 24.2

Das Ölförderunternehmen Scottish Petroleum (SP) möchte Öl aus dem Londoner Stadtteil Chelsea nach Kensington transportieren. Um die Finanzierung der Pipeline sicherzustellen, kooperiert es mit der Island Oil (IO). Beide erwerben die erforderlichen Materialien, bauen die Pipeline und verwenden sie zum Transport ihrer Ölreserven. In diesem Fall stellt die Pipeline gemeinschaftlich geführtes Vermögen dar.

Gemeinschaftlich geführte Unternehmen

Die engste Form der Zusammenarbeit bei Joint Ventures bildet schließlich das gemeinschaftlich geführte Unternehmen (Gemeinschaftsunternehmen). Nach IAS 31.24 ist es definiert als ein Joint Venture, das die Gründung einer Kapitalgesellschaft, Partnerschaft oder einer anderen rechtlichen Einheit umfasst, an der jedes Partnerunternehmen beteiligt ist. Dieses Rechtskonstrukt agiert ebenso wie jedes andere Unternehmen auch. Es kann in seinem eigenen Namen Verträge abschließen und die Finanzierung des Joint Venture selbst sicherstellen. Jedes der Partnerunternehmen hat dabei ein Anrecht auf einen Anteil am Gewinn der Einheit (IAS 31.25). Das gemeinschaftlich geführte Unternehmen führt selbständig Bücher und erstellt Abschlüsse (IAS 31.28). Vor dem Hintergrund des deutschen Gesellschaftsrechts ist unzweifelhaft, dass Kapitalgesellschaften gemeinschaftlich geführte Unternehmen darstellen können. Schwieriger wird die Beantwortung der Frage indes für Personengesellschaften und insb. für Gesellschaften bürgerlichen Rechts. Im Zweifelsfall ist der Gemeinschaftsunternehmensbegriff wohl recht weit auszulegen, so dass auch Personengesellschaften und BGB-Gesellschaften, wenn es sich um Außengesellschaften handelt, Gemeinschaftsunternehmen darstellen können.

Beispiel 24.3[3]

Die SP und die IO (Beispiel 24.2) wollen aus steuerlichen Gründen ein eigenes Unternehmen für den Öltransport bilden. Hierzu gründen sie zusammen mit der amerikanischen Hexaco Corp. ein Gemeinschaftsunternehmen, die Standard Oil, Inc. Auf der ersten Gesellschafterversammlung sollen die Anteile am Kapital verteilt werden. Da Hexaco den größten Teil der Kapitalausstattung von Standard Oil beigesteuert hat, ist folgende Verteilung der Kapitalanteile beabsichtigt:

Gesellschafter	Kapital- und Stimmanteil in %
Hexaco	55 %
Scottish Petroleum	30 %
Island Oil	15 %

In den Verträgen wird zudem festgelegt, dass die Beschlüsse der Gesellschafterversammlung mit einer Mehrheit von mindestens 50 % des bei der Gesellschafterversammlung vertretenen Kapitals getroffen werden. Fraglich ist nun,

---

3 Beispiel in Anlehnung an *Lüdenbach*, § 34, Tz. 23, in: Haufe IFRS-Kommentar.

ob die Standard Oil ein Gemeinschaftsunternehmen ist. Falls nicht, was könnten die drei Parteien in die Verträge mit aufnehmen, um die Voraussetzungen zu erfüllen?

Lösung
Im vorliegenden Fall besitzt Hexaco die Kapitalmehrheit an Standard Oil. Sie kann Beschlüsse des Unternehmens mit ihrer Kapitalmehrheit allein durchsetzen. Eine gemeinschaftliche Führung ist damit nicht gegeben. Ein Joint Venture liegt nicht vor, vielmehr steht Standard Oil in einer Mutter-Tochter-Beziehung zu Hexaco.

Nach IAS 31.11 ist eine gemeinschaftliche Führung und damit ein Gemeinschaftsunternehmen nur gegeben, wenn keiner der Partner das Joint Venture allein beherrschen kann. Im vorliegenden Fall müsste der oben genannte Passus daher dahingehend geändert werden, dass die bedeutenden Beschlüsse der Gesellschaft einstimmig oder zumindest mit qualifizierter Mehrheit (z.B. 75 %) zu treffen sind. Indiz, aber keine hinreichende Bedingung, für ein Gemeinschaftsunternehmen ist häufig die Gleichverteilung der Stimmrechte auf die Partnerunternehmen.

2.3 Einbeziehung in den Abschluss des Partnerunternehmens

IAS 31 regelt die bilanzielle Behandlung von Joint Ventures in den IFRS-Abschlüssen der Partnerunternehmen in Abhängigkeit von der jeweiligen Organisationsform der gemeinsamen wirtschaftlichen Aktivität.

Liegt eine gemeinschaftlich geführte Tätigkeit vor, ist die Bilanzierung vergleichsweise einfach. Ein rechtlich selbständiges Gemeinschaftsunternehmen o.ä. liegt nicht vor und die Partnerunternehmen bleiben rechtliche sowie wirtschaftliche Eigentümer sämtlicher Ressourcen, die im Joint Venture gebunden sind. Insofern ist für das Joint Venture i.d.R. weder eine eigenständige Buchhaltung noch ein separater Abschluss erforderlich (IAS 31.17). Jedes Partnerunternehmen hat stattdessen die in seiner Verfügungsmacht stehenden Vermögenswerte und Schulden zu bilanzieren. Dies gilt für den Einzel- und Konzernabschluss gleichermaßen. Entsprechende Erträge und Aufwendungen sind in der Gesamterfolgsrechnung abzubilden, wobei Erträge aus dem Joint Venture den Partnerunternehmen nur anteilig zufließen. Da jeder Vertragspartner einen Teil der Wertschöpfung erzielt, muss eine entsprechende Gewinnverteilung gewährleistet sein. Diese kann z.B. auf einer Betriebsabrechnung beruhen (IAS 31.17). Zwischen den Partnerunternehmen sind keinerlei Konsolidierungsmaßnahmen erforderlich.

Gemeinschaftlich geführte Tätigkeit

Bei gemeinschaftlich geführtem Vermögen müssen Vermögenswerte und Schulden in den Abschlüssen der Partnerunternehmen anteilig berücksichtigt

Gemeinschaftlich geführtes Vermögen

werden. Nach IAS 31.21 muss ein Partnerunternehmen in seinem Einzel- und Konzernabschluss folgende das Joint Venture betreffende Posten ansetzen:
- Den Anteil an dem gemeinschaftlich geführten Vermögen, kategorisiert nach der Art der einzelnen Vermögenswerte,
- die unter eigenem Namen eingegangenen Schulden,
- den Anteil an gemeinschaftlich aufgenommenen Schulden in Bezug auf das Joint Venture,
- die anteiligen Erträge aus dem Verkauf oder der Nutzung des Anteils an den vom Joint Venture erbrachten Leistungen sowie die ihm anteilig zuzurechnenden Aufwendungen des Joint Venture und
- die dem Partnerunternehmen im Hinblick auf das Joint Venture entstandenen Aufwendungen.

Da auch in diesem Fall die Vermögenswerte anteilig in die Abschlüsse der Partnerunternehmen aufgenommen werden, wird auch hier für das Joint Venture kein eigenständiger Abschluss benötigt.

Gemeinschaftsunternehmen

Das rechtlich selbständige Gemeinschaftsunternehmen ist der zentrale Anwendungsfall von IAS 31. Die Beträge, die jedes Partnerunternehmen in die Einheit eingebracht hat, werden in den separaten IFRS-Einzelabschlüssen der Partnerunternehmen (sofern solche erstellt werden, was die IFRS nicht vorschreiben) als Anteile an dem gemeinschaftlich geführten Unternehmen bilanziert (IAS 31.29). Hier greifen die Vorschriften von IAS 27.38-40 (IAS 31.46), wonach diese entweder nach der Anschaffungskostenmethode (at cost), nach IFRS 5 oder gemäß IAS 39 zu bilanzieren sind.

Quotenkonsolidierung oder Equity-Methode

Für den Konzernabschluss der Partnerunternehmen stellt sich die Frage, ob und wie eine Einbeziehung erfolgt. Im Grundsatz sieht IAS 31.30 für die bilanzielle Berücksichtigung eines Gemeinschaftsunternehmens im Konzernabschluss des Partnerunternehmens ein Wahlrecht vor: Entweder soll es per Quotenkonsolidierung oder über die Equity-Methode einbezogen werden, wobei dieses Wahlrecht gemäß IAS 8.13 für alle Gemeinschaftsunternehmen einheitlich auszuüben und die angewendete Methode im Anhang anzugeben ist (IAS 31.57). Die Quotenkonsolidierung wird vom IASB aber ausdrücklich empfohlen, da nur diese die ökonomische Realität der Verbindung darstelle (IAS 31.32 und 31.40). Im Folgenden wird zunächst die Quotenkonsolidierung vorgestellt. Eine Beschreibung der Equity-Methode erfolgt in dem nachfolgenden Abschnitt zu assoziierten Unternehmen.

2.4 Quotenkonsolidierung

Nach der Quotenkonsolidierung werden die Vermögenswerte, Schulden, Erträge und Aufwendungen des Gemeinschaftsunternehmens anteilig, d.h. beteiligungsproportional in den Konzernabschluss des Partnerunternehmens einbezogen (IAS 31.30).

Fraglich erscheint zunächst, wie die der Konsolidierung zugrunde liegende Anteilsquote ermittelt wird. IAS 31 enthält hierzu keine explizite Regelung. Grundsätzlich besteht jedoch die Möglichkeit, dass sich die geforderte quotale Einbeziehung auf den Kapitalanteil oder auf den Gewinnanteil bezieht. Die gängigste Methode ist dabei die Konsolidierung nach dem Kapitalanteil[4]. Dieser errechnet sich aus der Gesamtheit aller dem Partnerunternehmen direkt oder indirekt zurechenbaren Anteile am gezeichneten Kapital des Gemeinschaftsunternehmens[5]. Da in Verträgen zu Gemeinschaftsunternehmen häufig der Anteil am Gewinn von dem Anteil am Eigenkapital abweicht, kann es in der Gesamterfolgsrechnung dazu kommen, dass der quotal ermittelte Ergebnisanteil von dem vertraglich vereinbarten Anteil abweicht. In diesem Fall wird die höhere oder niedrigere Gewinnanteilsdifferenz in einem Korrekturposten ausgewiesen.

Bestimmung der zu konsolidierenden Anteile

Die anteilige Einbeziehung der Vermögenswerte und Schulden sowie Aufwendungen und Erträge von gemeinschaftlich geführten Unternehmen wird vergleichbar der Vollkonsolidierung vorgenommen (IAS 31.33). So hat die Anwendung der Quotenkonsolidierung zur Folge, dass im Konzernabschluss eines Partnerunternehmens lediglich die anteiligen Vermögenswerte und Schulden aufgenommen werden, die das Partnerunternehmen kontrolliert. Analog werden auch nur die anteiligen Aufwendungen und Erträge im Konzernabschluss ausgewiesen. Der wesentliche Unterschied zur Vollkonsolidierung besteht damit in dem bei der Quotenkonsolidierung fehlenden Ausweis der Anteile anderer Gesellschafter in den Konzernbilanzen und Erfolgsrechnungen der Partnerunternehmen. Im Folgenden soll zur Verdeutlichung der Quotenkonsolidierung das aus Kapitel 23 bekannte Beispiel 23.5 wieder aufgegriffen werden.

Parallele zur Vollkonsolidierung

Die X AG hat gemeinsam mit der K AG die Y GmbH im Rahmen eines share deal erworben. Für einen Kaufpreis von 600 T€ erhält die X AG eine 50%ige Beteiligung an der Y GmbH. Die Voraussetzungen eines Joint Venture mit der K AG sind erfüllt. Die Bilanzen der X AG und der Y GmbH sind im Folgenden dargestellt. Angesichts der Beteiligung von 50 % sind Vermögenswerte, Schulden und Eigenkapital der Y GmbH lediglich zur Hälfte in die Summenbilanz zu übernehmen.

Weiterhin seien auch hier stille Reserven in den Grundstücken der Y GmbH in Höhe von 300 T€ unterstellt, die von den Partnerunternehmen durch Neubewertung aufzudecken und jeweils anteilig in ihren Konzernabschlüssen zu erfassen sind (Buchung [a]). Wie bei der Vollkonsolidierung erfolgt nun eine Kapitalkonsolidierung, so dass das neubewertete anteilige Eigenkapital der Y GmbH (250 + (300 · 0,5) =) 400 T€ mit der Beteiligung im Abschluss der X AG verrechnet wird. Der verbleibende aktivische Unterschiedsbetrag in Höhe von 200 T€ ist als Goodwill auszuweisen (Buchung [b]).

Beispiel 24.4

---

4 Vgl. *Busse von Colbe et al.*, Konzernabschlüsse, S. 504.
5 Vgl. *Winkeljohann/Böcker*, § 310, Tz. 55, in: Beck Bil-Komm.

31.12.2007, T€	X AG		Y GmbH		∑-Bilanz	
Anlagevermögen	1.800		(550 · 0,5=) 275		2.075	
Beteiligung an Y	600		—		600	
Umlaufvermögen	850		(300 · 0,5=) 150		1.000	
Eigenkapital		2.100		(500 · 0,5=) 250		2.350
Fremdkapital		1.150		(350 · 0,5=) 175		1.325
Summe	3.250	3.250	425	425	3.675	3.675

31.12.2007, T€	∑-Bilanz		Neubewertung (HB III)		Konsolidierung		Konzernbilanz X-Konzern	
Anlagevermögen	2.075		[a]150				2.225	
Beteiligung an Y	600				[b]600		—	
Umlaufvermögen	1.000						1.000	
Goodwill	—				[b]200		200	
Eigenkapital		2.350			[a]150	[b]400		2.100
Fremdkapital		1.325						1.325
Summe	3.675	3.675					3.425	3.425

Sonstige Konsolidierungsmaßnahmen

Darüber hinaus sind auch hier sämtliche Geschäftsvorfälle zwischen dem Partnerunternehmen und dem Gemeinschaftsunternehmen im Rahmen der Schulden-, Aufwands- und Ertragskonsolidierung und der Zwischenerfolgseliminierung quotal zu eliminieren[6]. Hierfür ist zwischen der

- Lieferung vom Gemeinschaftsunternehmen an Partnerunternehmen (upstream) und der
- Lieferung von Partnerunternehmen an das Gemeinschaftsunternehmen (downstream) zu unterscheiden.

Downstream-Lieferungen

Liefert das Partnerunternehmen einen Vermögenswert an das Gemeinschaftsunternehmen (downstream), wird ein eventuell enthaltener Zwischenerfolg lediglich quotal eliminiert. Insofern wird hier unterstellt, dass der Zwischenerfolg in Höhe der Anteilsquote der anderen Vertragspartner als realisiert anzusehen ist. Fällt bei der Transaktion jedoch ein Zwischenverlust an und bestätigt sich dieser

---

6 Für Einzelheiten der sonstigen Konsolidierungsmaßnahmen wird auf Kapitel 23 verwiesen.

im Rahmen eines Werthaltigkeitstests, so ist dieser Verlust nicht zu eliminieren und wird damit vollständig beim Partnerunternehmen erfasst (IAS 31.48).

Die Vorschriften zur Gewinnrealisierung aus Downstream-Lieferungen in Form von Einlagen nicht-monetärer Vermögenswerte (Sacheinlagen) in Gemeinschaftsunternehmen finden sich in SIC-13 „Gemeinschaftlich geführte Einheiten – Nicht monetäre Einlagen durch Partnerunternehmen" (Jointly Controlled Entities – Non-Monetary Contributions by Venturers). Die Interpretation legt diesbezüglich fest, dass eine anteilige Realisierung von Gewinnen bzw. Verlusten in Höhe des Fremdanteils am Gemeinschaftsunternehmen zu erfolgen hat, sofern keine der folgenden drei Bedingungen erfüllt ist (SIC-13.5a-c):

- Die signifikanten, mit dem Besitz des übertragenen Vermögenswerts verbundenen Chancen und Risiken wurden nicht an das Gemeinschaftsunternehmen übertragen.
- Der mit der Sacheinlage verbundene Gewinn oder Verlust kann nicht verlässlich gemessen werden.
- Der Transaktion mangelt es an wirtschaftlicher Substanz.

SIC-13

Liefert ein Gemeinschaftsunternehmen einen Vermögenswert an das Partnerunternehmen (upstream), wird ein anteiliger Zwischenerfolg im IFRS-Abschluss des Partnerunternehmens eliminiert. Eine Erfolgsrealisation findet erst zu dem Zeitpunkt statt, zu dem der Vermögenswert an einen unabhängigen Dritten weiterveräußert wird (IAS 31.49). Ein entstehender Zwischenverlust wird grundsätzlich auch eliminiert, muss jedoch realisiert werden, wenn er im Rahmen eines Wertminderungstests gemäß IAS 36 bestätigt wird (IAS 31.50).

Upstream-Lieferungen

Sobald eine gemeinschaftliche Führung des Joint Venture aus Sicht des Partnerunternehmens nicht mehr gegeben ist, wird die Anwendung der Quotenkonsolidierung über eine Endkonsolidierung eingestellt (IAS 31.36). Dies könnte z.B. geschehen, wenn ein Partnerunternehmen an einer Kapitalerhöhung des Gemeinschaftsunternehmens nicht teilnehmen möchte bzw. seine Anteile an Dritte veräußert. Daraus folgt i.d.R., dass das Partnerunternehmen nicht mehr dieselben Einflussrechte geltend machen kann und damit die gemeinschaftlichen Kontrollrechte verliert. Bei Fortbestehen eines maßgeblichen Einflusses ist fortan das anteilige Eigenkapital in eine Equity-Bewertung zu überführen (IAS 31.45). Erwirbt ein Partnerunternehmen dagegen die Beherrschungsmöglichkeit eines (bisherigen) Gemeinschaftsunternehmens, ist IAS 27 anzuwenden und damit auf die Vollkonsolidierung überzugehen.

Beendigung der Quotenkonsolidierung

> Die X AG hat akute Liquiditätsprobleme und entschließt sich, einen 20 %-Kapitalanteil an der Y GmbH an die K AG zu verkaufen (vgl. Beispiel 24.4). Sie behält sich aber weiterhin ihr Stimmrecht bei wichtigen finanziellen und personalpolitischen Entscheidungen und damit einen maßgeblichen Einfluss vor. Damit muss die X AG zur Bewertung der Beteiligung in ihrem Konzernabschluss die Equity-Methode anwenden, während die K AG wegen ihrer 70 %-Beteiligung eine Vollkonsolidierung durchführt.

Beispiel 24.5

Ausweis

Für den Ausweis der quotal erfassten Vermögens- und Ergebnisbestandteile sieht IAS 31.34 zwei Alternativen vor. Zum einen kann das Gliederungsschema der Bilanz und Gesamterfolgsrechnung erweitert werden. Dabei würden die von der quotalen Einbeziehung betroffenen Positionen separat ausgewiesen. Dies dient der leichteren Identifikation, schränkt die Übersichtlichkeit allerdings ein. Zum anderen können die betroffenen Positionen des Gemeinschaftsunternehmens auch mit den entsprechenden Jahresabschlusspositionen des Partnerunternehmens zusammengefasst werden. In der Konzernbilanz und Konzern-Gesamterfolgsrechnung finden sich dann keine Angaben mehr darüber, ob einzelne Positionen unter Beherrschungsmöglichkeit oder unter gemeinschaftlicher Führung stehen. Um dennoch die Beträge der anteilig erfassten Vermögenswerte, Schulden, Erträge und Aufwendungen des Gemeinschaftsunternehmens erkennen zu können, sind diese im Anhang aufzulisten (IAS 31.56).

Angabepflichten

Zusätzlich fordert IAS 31.54 Angaben zu Eventualschulden, die aus dem Gemeinschaftsunternehmen resultieren können, es sei denn, die Wahrscheinlichkeit eines Eintritts ist äußerst gering (remote). IAS 31.54 zielt dabei auf die unterschiedlichen Verbindungsmöglichkeiten zwischen den Partner- und Gemeinschaftsunternehmen ab. Demnach sind im Konzernabschluss anzugeben:

- Eventualschulden eines Partnerunternehmens, die daraus resultieren, dass das Partnerunternehmen Verpflichtungen zu Gunsten des Gemeinschaftsunternehmens eingegangen ist;
- der Anteil des Partnerunternehmens an den vom Gemeinschaftsunternehmen eingegangenen Eventualschulden;
- der Anteil des Partnerunternehmens an den Eventualschulden der anderen Partnerunternehmen. Dieser Fall kann dann eintreten, wenn vertraglich vereinbart ist, dass ein Partnerunternehmen nicht nur für seinen Anteil an den Eventualschulden eines Joint Venture einsteht, sondern auch für den Anteil, den die anderen Partnerunternehmen u.U. nicht tragen können.

Zusätzlich besteht oft eine Pflicht, Kapital in ein Joint Venture „nachzuschießen". Daher verlangt IAS 31.55 zusätzliche Angaben über

- alle anteiligen Kapitalverpflichtungen eines Partnerunternehmens, die das Joint Venture eingegangen ist und
- seinen Anteil an den Kapitalverpflichtungen, welche die Partnerunternehmen zusammen eingegangen sind.

Schließlich sind im Anhang alle wesentlichen Joint Ventures unter Angabe der an ihnen gehaltenen Anteile aufzuführen und zu beschreiben (IAS 31.56). Zudem hat das Partnerunternehmen nach IAS 31.57 darüber zu berichten, ob es sich bei der Bilanzierung von Gemeinschaftsunternehmen für die Quotenkonsolidierung oder für die Equity-Methode entschieden hat.

Würdigung der Quotenkonsolidierung

Insgesamt wird deutlich, dass die Quotenkonsolidierung der Fiktion der rechtlichen Einheit widerspricht. Durch die quotale Einbeziehung von Vermögenswerten und Schulden in den Abschluss des Partnerunternehmens wird der Eindruck erweckt, dieses könne über diese Vermögenswerte verfügen, obwohl die Verfügungsmacht durch die gemeinschaftliche Führung eingeschränkt ist. In die gleiche Richtung zielt die Kritik der fehlenden Übereinstimmung mit der Definition eines Vermögenswertes im Rahmenkonzept. Darin wird ein Vermögenswert als in der „Verfügungsmacht des Unternehmens stehende Ressource" bezeichnet (RK.49(a)). Die Idee der Quotenkonsolidierung, dass ein Vermögenswert von zwei oder mehreren unabhängigen Unternehmen kontrolliert wird, ist hiermit nur schwer vereinbar[7].

Vor diesem Hintergrund hat das IASB ED 9 „Joint Arrangements" veröffentlicht, der IAS 31 künftig ersetzen soll. Der endgültige Standard ist für das vierte Quartal 2008 vorgesehen, so dass mit einer Anwendung der neuen Regelungen ab 2009 zu rechnen wäre.

Geplante Änderungen durch den Exposure Draft (ED) 9 „Joint Arrangements"

Am 13.09.2007 hat das IASB im Rahmen des kurzfristigen Konvergenz-Projekts mit dem FASB einen Standardentwurf zur Änderung der derzeit gültigen Regelungen des IAS 31 herausgegeben. ED 9 „Joint Arrangements" (Gemeinschaftliche Vereinbarungen) soll künftig IAS 31 und SIC-13 ersetzen und damit die Unterschiede zu den korrespondierenden US-GAAP-Vorschriften verringern. Im Kern bestehen die wesentlichen Änderungen des Standardentwurfs in einer Anpassung der verwendeten Terminologie, einer Abschaffung der Quotenkonsolidierung zur Bilanzierung von Gemeinschaftsunternehmen im Konzernabschluss sowie einer deutlichen Ausweitung der Angabepflichten.

Der Standardentwurf definiert als joint arrangement eine vertragliche Vereinbarung, die sich auf eine von zwei oder mehr Parteien gemeinsam durchgeführte wirtschaftliche Aktivität bezieht, bezüglich der Entscheidungen auch nur gemeinsam getroffen werden können. Die definitorische Voraussetzung der gemeinsamen Kontrolle nach IAS 31 wird insofern durch die Voraussetzung der gemeinsamen Entscheidungsfindung ersetzt. Analog zu IAS 31 sind unter dem Begriff des joint arrangement drei unterschiedliche Formen von gemeinschaftlichen Vereinbarungen zu subsumieren (ED 9.3): joint operations (gemeinschaftliche Tätigkeiten), joint assets (gemeinschaftliche Vermögenswerte) und joint ventures (Gemeinschaftsunternehmen). Die Zuordnung einer gemeinschaftlichen Vereinbarung zu einer dieser drei verschiedenen Ausprägungen soll dabei auf Grundlage der vertraglichen Rechte und Pflichten, die mit der Vereinbarung verbunden sind, erfolgen (ED 9.5). Entscheidend für die bilanzielle Abbildung dieser Rechte und Pflichten wäre damit aber nicht mehr – wie noch nach IAS 31 – die identifizierte „Form" der Vereinbarung. Die bilanzielle Behandlung hinge künftig also nicht mehr davon ab, ob ein rechtlich selbständiges Unternehmen gegründet wird (ED 9.BC5). Stattdessen hätte ein Partnerunternehmen dem neuen „core principle" folgend

Exkurs

Wesentliche Änderungen durch ED 9

joint arrangements

---

7 Vgl. *Busse von Colbe et al.*, Konzernabschlüsse, S. 515.

allein seine vertraglichen Ansprüche und Pflichten zu bilanzieren (ED 9.1). Dieser Grundsatz stellt im Vergleich zu IAS 31 eine entscheidende Neuerung dar (ED 9.IN2a bzw. ED 9.BC5), die sich vornehmlich auf die Bilanzierung von Gemeinschaftsunternehmen auswirkt.

Neue Definition von joint ventures

Nach den bestehenden Regeln des IAS 31 stellt eine neu gegründete rechtlich selbständige Einheit, an der jedes Partnerunternehmen beteiligt ist und die nur durch diese gleichberechtigten Partnerunternehmen gemeinschaftlich geführt werden kann, ein Gemeinschaftsunternehmen (jointly controlled entity) dar. ED 9 sieht im Vergleich zu dieser IAS 31 folgenden begrifflichen und materiellen Abgrenzung von Gemeinschaftsunternehmen wesentliche Änderungen vor. So soll der Begriff der jointly controlled entity künftig durch den Begriff joint venture ersetzt werden. In materieller Hinsicht soll der Begriff des Gemeinschaftsunternehmens (joint venture) nach ED 9.5 deutlich enger gefasst werden. Demnach würde ein Gemeinschaftsunternehmen als (Teil) eine(r) gemeinschaftliche(n) Vereinbarung definiert, die von den Partnerunternehmen gemeinsam kontrolliert wird (ED 9.15). Entscheidend für die Klassifikation als Gemeinschaftsunternehmen wäre dabei, dass die Partnerunternehmen keinen Anspruch auf einzelne Vermögenswerte des Gemeinschaftsunternehmens bzw. keine Verpflichtungen bezüglich der beim Gemeinschaftsunternehmen anfallenden Ausgaben haben. Stattdessen würde alleine das Recht auf einen vorab vertraglich festgelegten Anteil am Ergebnis der gemeinschaftlichen Vereinbarung die Klassifikation als Gemeinschaftsunternehmen begründen (ED 9.5 sowie ED 9.15). Sofern also ein Partnerunternehmen ein vertraglich abgesichertes (anteiliges) Eigentum an einzelnen Vermögenswerten eines entsprechend IAS 31 abgegrenzten Gemeinschaftsunternehmens aufweist, würde Letztgenanntes nicht mehr die Kriterien eines Gemeinschaftsunternehmens nach ED 9 erfüllen.

Bilanzierung von Anteilen an joint ventures

Anknüpfend an die neue Definition eines Gemeinschaftsunternehmens ergeben sich auch für die bilanzielle Abbildung der an diesem gehaltenen Anteile abweichende Regeln. Die Grundlage der entsprechenden Neuregelungen liegt dabei in der Problematik, dass die Anforderungen des IAS 31 zu einer „mixed presentation" im Konzernabschluss eines Partnerunternehmens führen können. Das bedeutet, dass Vermögenswerte eines Gemeinschaftsunternehmens, die durch ein Partnerunternehmen nicht (allein) kontrolliert werden können, und Schulden, die für ein einzelnes Partnerunternehmen keine Verpflichtung darstellen, in deren Bilanz (quotal) angesetzt werden müssen (ED 9.BC8). Damit würden vom Partnerunternehmen kontrollierte Vermögenswerte vollkonsolidierter Tochterunternehmen und nicht kontrollierte, aber quotal bilanzierte, Vermögenswerte von Gemeinschaftsunternehmen zusammengefasst in der Konzernbilanz ausgewiesen. Das IASB hat diesen Kritikpunkt in ED 9 konsequent eliminiert und plant demzufolge, die Anwendung der in IAS 31 noch als Benchmark-Treatment präferierten Quotenkonsolidierung zur Abbildung von Anteilen an Gemeinschaftsunternehmen im Konzernabschluss abzuschaffen. Stattdessen sollen Gemeinschaftsunternehmen künftig nur noch auf Grundlage der Equity-Methode gemäß IAS 28 in die Konzernabschlüsse der einzelnen Partnerunternehmen einbezogen werden (ED 9.23), sofern die Ausnahmetatbestände des ED 9.23a-c nicht greifen[8].

Bei der Anwendung der Equity-Methode ist allerdings die neue Abgrenzung von joint ventures zu beachten. Denn es ist denkbar, dass ein Unternehmen zwar gemeinschaftlich durch mehrere Partnerunternehmen kontrolliert wird, dass die einzelnen Partner dabei allerdings auch einen (anteiligen) Anspruch auf spezifische Vermögenswerte besitzen. In diesem Fall müsste die bilanzielle Darstellung des joint arrangement gemäß dem neuen (zweistufigen) „Grundsatz" erfolgen: Die zunächst zu identifizierenden gemeinschaftlichen Tätigkeiten und Vermögenswerte wären zunächst (unabhängig von der Rechtsform) explizit in den Abschluss der anspruchsberechtigten Partnerunternehmen einzubeziehen. Die danach verbleibende Beteiligung an dem Gemeinschaftsunternehmen müsste dann per Equity-Methode im Konzernabschluss bilanziert werden. Für die bilanzielle Erfassung der Vermögenswerte, die (anteilig) das Eigentum eines Partnerunternehmens sind, müssten also die Regelungen zu joint operations bzw. joint assets angewendet werden. Hinsichtlich der Frage, wie die Bereinigung um separat zu bilanzierende joint operations bzw. joint assets konsistent durchzuführen ist, gibt ED 9 keine konkrete Antwort.

Anwendung der Equity-Methode

Die Bilanzierung von joint assets und joint operations erfolgt grundsätzlich analog zu den Vorschriften von IAS 31 für jointly controlled operations und jointly controlled assets (vgl. dazu Gliederungspunkt 2.3). Damit beschränken sich die diesbezüglichen Änderungen auf die neue Terminologie für entsprechende Sachverhalte.

Bilanzierung von joint operations und joint assets

ED 9 sieht schließlich deutlich erweiterte Angabepflichten vor. Einerseits sollen diese zusätzlichen Informationen dabei helfen, die Art und das Ausmaß der auf Basis gemeinschaftlicher Vereinbarungen durchgeführten Tätigkeiten sachgerecht einzuschätzen. Andererseits sollen durch ED 9 speziell die Offenlegungsvorschriften zu Gemeinschaftsunternehmen an diejenigen des IAS 28 zu assoziierten Unternehmen angepasst werden. Dies ergibt sich aus dem Tatbestand, dass bei Umsetzung der Vorschriften des ED 9 künftig sowohl assoziierte als auch Gemeinschaftsunternehmen verpflichtend nach der Equity-Methode zu bilanzieren wären. Die zusätzlichen Angabepflichten würden sich in diesem Zusammenhang vornehmlich auf die Anwendung der Equity-Methode bei den Gemeinschaftsunternehmen beziehen (ED 9.BC23).

Erweiterte Angabepflichten

---

8 Zu den Konsequenzen der Abschaffung der Quotenkonsolidierung vgl. *Schmidt, M./Labrenz, H.*, Konsequenzen möglicher Änderungen bei der Bilanzierung von Gemeinschaftsunternehmen nach IFRS, in: KoR, 6. Jg. (2006), S. 467-476.

3 Bilanzierung von assoziierten Unternehmen

3.1 Anwendungsbereich von IAS 28

Die Bilanzierung von Anteilen an assoziierten Unternehmen wird in IAS 28 geregelt. Wie auch in IAS 31 sind solche Beteiligungen an assoziierten Unternehmen vom Anwendungsbereich des IAS 28 ausgenommen, die von Wagniskapital-Organisationen, Investmentfonds oder ähnlichen Unternehmen gehalten werden und gemäß IAS 39 als „ergebniswirksam zum beizulegenden Zeitwert folgezubewerten" (fair value through profit or loss) oder als „Handelsbestand" (held for trading) klassifiziert sind (IAS 28.1). Ebenfalls in Analogie zu IAS 31 schließt IAS 28.13 darüber hinaus für einige assoziierte Unternehmen die Anwendung der Equity-Methode aus. Betroffen sind z.B. diejenigen Beteiligungen, die gemäß IFRS 5 als held for sale klassifiziert werden, sowie die oben beschriebenen Ausnahmen von der Konzernabschlusspflicht und der Pflicht zur Bilanzierung von Gemeinschaftsunternehmen nach der Quotenkonsolidierung oder der Equity-Methode.

3.2 Definition assoziierter Unternehmen

Maßgeblicher Einfluss

Assoziierte Unternehmen sind nach IAS 28.2 Unternehmen mit oder ohne eigene Rechtspersönlichkeit, d.h. sowohl Kapitalgesellschaften (z.B. AG, GmbH) als auch Personengesellschaften (z.B. Partnerschaften, OHG, KG, GbR), bei welchen der Investor über einen maßgeblichen Einfluss verfügt, und die weder Tochterunternehmen noch Gemeinschaftsunternehmen sind.

Ein maßgeblicher Einfluss liegt vor, wenn der Investor die Möglichkeit hat, an den finanz- und geschäftspolitischen Entscheidungen des Beteiligungsunternehmens mitzuwirken, ohne dieses jedoch zu beherrschen oder gemeinschaftlich mit (einem) anderen Unternehmen zu führen. Auf die tatsächliche Ausübung des maßgeblichen Einflusses kommt es hierbei nicht an. IAS 28.7 nennt als Indizien eines maßgeblichen Einflusses
- die Vertretung in einem Leitungs- oder Kontrollorgan (z.B. Aufsichtsrat),
- die Teilnahme an der Geschäftspolitik, einschließlich der Teilnahme an Ausschüttungsentscheidungen,
- erhebliche Geschäftsbeziehungen zwischen assoziiertem und eigenem Unternehmen,
- den Austausch von Führungspersonal zwischen assoziiertem und eigenem Unternehmen sowie
- die Bereitstellung entscheidender technologischer Informationen.

Assoziierungsvermutung

Fragen ergeben sich hier in der praktischen Anwendung, da diese Merkmalsausprägungen i.d.R. nicht von externer Seite ersichtlich sind. Daher arbeitet das IASB in IAS 28.6 mit folgender Assoziierungsvermutung: Liegt eine Beteiligung von mindestens 20 % und weniger als 50 % an den Stimmrechten des Unternehmens vor, wird widerlegbar vermutet, dass ein maßgeblicher Einfluss gegeben ist. Liegt eine höhere Beteiligung vor, besteht ein Beherrschungsverhältnis. Im Falle von weniger als 20 % der Stimmrechte wird dagegen unterstellt, dass kein maßgeblicher Einfluss ausgeübt werden kann, so dass die Regelungen für Finanzinstrumente greifen. Die Anteilsquote wird unter Berücksichtigung der dem Investor unmittelbar und mittelbar zuzurechnenden Anteile ermittelt. Wenn also der Investor über Tochterunternehmen weitere Anteile an dem assoziierten Unternehmen hält, werden diese in die Berechnung der Anteilsquote einbezogen (IAS 28.21). Anteile von anderen assoziierten Unternehmen oder Gemeinschaftsunternehmen werden dagegen vernachlässigt.

Beispiel 24.6

Die Ring AG hat eine 40 %-Beteiligung an der Mörsch AG erworben und will diese nach IAS 28 bilanzieren. Wegen der Anteilsquote von mehr als 20 % gilt die Assoziierungsvermutung. Leider war der hochbezahlte Anwalt der Ring AG bei Vertragsabschluss nicht in Bestform. Im Beteiligungsvertrag findet sich folgende Klausel: „Der Ring AG ist es untersagt, in irgendeiner Weise auf den Geschäftsbetrieb der Mörsch AG Einfluss zu nehmen." Wie ist die Beteiligung zu bilanzieren?

Lösung
Die Möglichkeit einer maßgeblichen Einflussnahme liegt nicht vor. Die Assoziierungsvermutung wurde damit widerlegt. Die Anteile an der Mörsch AG sind somit nach IAS 39 als Finanzinstrumente zu bilanzieren.

Eine zusätzliche Frage tritt auf, falls ein Unternehmen (Investor) neben den mit Stimmrechten ausgestatteten Stammaktien noch über potentielle Stimmrechte verfügt. Potentielle Stimmrechte in Form potentieller Stammaktien resultieren beispielsweise aus Aktienoptionen oder Wandelanleihen. Potentielle Stammaktien sind nach IAS 33.5 Finanzinstrumente oder Verträge, die einer unternehmensexternen Partei die Möglichkeit geben können, Stammaktien des Unternehmens und damit Stimmrechte zu erhalten (vgl. Kapitel 26). Bei der Beurteilung, ob ein Unternehmen über einen maßgeblichen Einfluss verfügt, sind solche potentiellen Stammaktien nach IAS 28.8 zu berücksichtigen, wenn beispielsweise das Wandlungsrecht einer Wandelanleihe oder das Optionsrecht zum Aktienerwerb aktuell ausgeübt werden kann. Die Fragen, ob die Ausübung der Option ökonomisch sinnvoll ist und ob das Management die Absicht und finanziellen Möglichkeiten zur Wandlung bzw. Ausübung der Option hat, spielen keine Rolle (IAS 28.9). Eine Einbeziehung potenzieller Stimmrechte ist nicht erlaubt, wenn die potentiellen Stammaktien nicht aktuell umwandelbar sind, z.B. aufgrund einer Sperrfrist.

Potentielle Stimmrechte

Beispiel 24.7 Die Reinhold AG hält eine 10%ige Beteiligung an der Seu & Bert AG. Zusätzlich hält die Reinhold AG noch Aktienoptionen, die sie zum gegenwärtigen Zeitpunkt berechtigen, weitere 20 % der Gesellschaft zu erwerben. Bei der Beurteilung des maßgeblichen Einflusses müssen diese potentiellen Stimmrechte miteinbezogen werden.

3.3 Equity-Methode

Beteiligungen an assoziierten Unternehmen sind im Konzernabschluss at equity zu bilanzieren (IAS 28.13). Dagegen greifen in einem separaten IFRS-Einzelabschluss die Vorschriften von IAS 27.38-43 (IAS 28.35), nach denen die Anteile entweder zu fortgeführten Anschaffungskosten oder entsprechend IAS 39 zum Fair Value zu bilanzieren sind. Der grundsätzliche Charakter der Equity-Methode wird mit nachfolgendem Beispiel verdeutlicht.

Beispiel 24.8 Die Mörsch AG hat 100.000 Aktien ausgegeben. Die Ring AG erwirbt am 31.12.2006 hiervon 40 % zu einem Preis von 25 € je Aktie. Die Anschaffungskosten der Beteiligung betragen folglich (40.000 · 25 =) 1.000 T€, was auch dem Buchwert des Eigenkapitals entspricht. Die Mörsch AG hat im Jahr 2007 einen Gewinn von 250 T€ erwirtschaftet. Der Börsenkurs ist auf 35 € gestiegen. Mit welchen Werten wäre ein Ansatz denkbar?

Lösung
Grundsätzlich denkbar wären hier mehrere Bewertungsmethoden:
- Bewertung nach der Anschaffungskostenmethode: Hier werden die Anteile weiterhin zu Anschaffungskosten von 25 € je Aktie bewertet. Der Ansatz der Beteiligung ist damit weiterhin 1.000 T€.
- Bewertung zum beizulegenden Zeitwert: Nach dieser Methode müssen die Aktien zu dem aktuellen Börsenkurs von 35 € je Aktie bewertet werden. Der Beteiligungswert wäre damit (40.000 · 35 =) 1.400 T€.
- Bewertung nach der Equity-Methode (Bewertung zum anteiligen Eigenkapital oder „Bilanzkurs"): Nach der Equity-Methode wird der Ring AG ein anteiliger Gewinn von (250 · 0,4 =) 100 T€ zugewiesen. Der Beteiligungswert wäre in diesem Jahr 1.100 T€.

Bei der Anschaffungskostenmethode wird ein Beteiligungsertrag im Jahresabschluss des Investors im Regelfall erst dann als realisiert ausgewiesen, wenn die Beteiligungsgesellschaft den Gewinnverwendungsbeschluss auf der Hauptversammlung (§ 174 AktG) bzw. der Gesellschafterversammlung (§ 29 i.V.m. § 46 Nr. 1 GmbHG) getroffen hat[9]. Demgegenüber wird bei der Equity-Methode ein Ertrag aus Beteiligungen bereits dann gebucht, wenn dieser durch Erfolgsrealisa-

---
9 Vgl. zu Details der Realisierung von Dividendenzahlungen Kapitel 9.

tion in der Beteiligungsgesellschaft manifestiert ist. Bei der Bewertung zum beizulegenden Zeitwert erfolgt eine Gewinnrealisation im Beteiligungsbuchwert schon mit jeder Marktwertsteigerung und insofern bereits mit der Antizipation eines Gewinns der Beteiligungsgesellschaft durch die Kapitalmarktteilnehmer. Insofern sind die Equity-Methode, wie auch die Anschaffungskostenmethode und die Bewertung zum beizulegenden Zeitwert, Bewertungsverfahren für Beteiligungen, die sich hinsichtlich der Konkretisierung des Realisationsprinzips unterscheiden.

Nach IAS 28.23 ist das assoziierte Unternehmen von dem Zeitpunkt an at equity zu bewerten, zu dem das Assoziierungsverhältnis entsteht. Dies ist meist der Zeitpunkt, an dem die Stimmrechte vertraglich übergehen, d.h. der Investor die Möglichkeit der maßgeblichen Einflussnahme erhält. Im Fall des sukzessiven Erwerbs ist die Beteiligung in dem Zeitpunkt auf die Bilanzposition „Anteile an assoziierten Unternehmen" umzugliedern, ab dem ein maßgeblicher Einfluss entsteht. Bei einem unterjährigen Beteiligungserwerb müssen daher die Wertverhältnisse zum Kaufdatum der Beteiligung bekannt sein (z.B. über Bewertungsgutachten) sowie ein Zwischenabschluss vorliegen.

Erstmaliger Ansatzzeitpunkt

Nach IAS 28.24 ist bei der Anwendung der Equity-Methode der letzte verfügbare Abschluss zu verwenden. Sofern beide Gesellschaften identische Bilanzstichtage besitzen, muss sichergestellt werden, dass die Daten des assoziierten Unternehmens rechtzeitig an den Investor geliefert werden. Bei abweichenden Bilanzstichtagen verlangt IAS 28.24 die Aufstellung eines Zwischenabschlusses. Sollte die Aufstellung eines Zwischenabschlusses nicht möglich sein, bspw. weil die hierfür benötigten Informationen vom assoziierten Unternehmen nicht bereitgestellt werden, sind zumindest Anpassungen für wesentliche Transaktionen oder Ereignisse zwischen den beiden Abschlussstichtagen vorzunehmen. In keinem Fall sollte der Abstand zwischen den Bilanzstichtagen mehr als drei Monate betragen (IAS 28.25).

Abweichender Bilanzstichtag

Auch IAS 28.26 verlangt eine einheitliche Bilanzierung von Investor und Beteiligungsunternehmen. Dies ist sowohl im Zeitpunkt der Anschaffung bedeutsam, wenn der Wert des anteiligen Eigenkapitals festgestellt wird, als auch bei der Folgebewertung. Allerdings wird es in vielen Fällen für den Investor nicht möglich sein, einen entsprechenden Abschluss zu fordern, da es an der notwendigen Beherrschungsmöglichkeit fehlt. Aufwendig erscheint dies z.B. für den Fall, dass ein Beteiligungsunternehmen nach HGB bilanziert, während im Konzernabschluss des Investors die IFRS verwendet werden. In diesem Fall sollen nach IAS 28.27 Anpassungen gemacht werden, um die unterschiedlichen Bilanzierungsvorschriften anzugleichen. Allerdings bleibt unklar, wie der Investor zu handeln hat, wenn die Informationen für diese Anpassungen nicht verfügbar sind. Die notwendigen Anpassungen können für ein HGB-Beteiligungsunternehmen noch weiter steigen, wenn z.B. zwei Investoren einen maßgeblichen Einfluss ausüben, wovon einer einen IFRS- und der andere einen US-GAAP-Abschluss erstellt.

Konzerneinheitliche Bilanzierung

Nach IAS 28.11 wird die Beteiligung im Erwerbszeitpunkt mit den Anschaffungskosten bewertet.

Erstbewertung

Beispiel 24.9

Wie in Beispiel 24.8 beschrieben, erwirbt die Ring AG am 31.12.2006 einen 40 %-Anteil an der Mörsch AG zu einem Preis von 25 € je Aktie und damit insgesamt zu (40.000 · 25 =) 1.000 T€. In der Bilanz der Ring AG findet am 31.12.2006 folgender Aktivtausch statt:

Beteiligung an
assoziierten Unternehmen   an   Bank   1.000 T€

Stille Reserven und Goodwill

Da der Goodwill eine Residualgröße aus Anschaffungskosten und anteiligem neubewertetem Eigenkapital darstellt, müssen die Komponenten der Anschaffungskosten im Grundsatz denen nach IFRS 3 entsprechen (vgl. Kapitel 23). Die Anschaffungskosten einer Beteiligung sind meist höher als der Wert des anteiligen bilanziellen Eigenkapitals. Der aus der Aufrechnung entstehende aktivische Unterschiedsbetrag besteht ggf. aus stillen Reserven/Lasten im assoziierten Unternehmen und einem verbleibenden Goodwill. Im Rahmen der Equity-Methode sind diese stillen Reserven/Lasten in einer Nebenrechnung aufzudecken und in den Folgejahren fortzuführen (IAS 28.23). Besteht nach dieser Verteilung weiterhin ein aktivischer Unterschiedsbetrag, so ist dieser als (nur in der Nebenrechnung zu ermittelnder) Goodwill zu interpretieren (IAS 28.23). Die anteiligen Abschreibungen der stillen Reserven sowie eventuelle Goodwill-Wertminderungen verringern in der Folge den Ergebnisanteil des Investors.

Beispiel 24.10

Die Ring AG erhält mit der 40 %-Beteiligung an der Mörsch AG (Beispiel 24.8) auch einen maßgeblichen Einfluss. Das bilanzielle Eigenkapital der Mörsch AG am 31.12.2006 betrage nun 2.125 T€. Die Mörsch AG besitzt stille Reserven in Gebäuden in Höhe von 150 T€.

Equity-Ansatz zum 31.12.2006	1.000 T€
Nebenrechnung	
Anschaffungskosten der Beteiligung	1.000 T€
– anteiliges bilanzielles Eigenkapital bei Erwerb	
(2.125 T€ · 0,4 =)	850 T€
Unterschiedsbetrag	**150 T€**
davon: 40 %-Anteil an den stillen Reserven in Gebäuden	
(150 · 0,4 = 60; Restnutzungsdauer 10 Jahre)	60 T€
davon: Goodwill	90 T€

Negativer Unterschiedsbetrag

Alternativ ist es möglich, dass es bei der Aufteilung der Anschaffungskosten zu einem negativen Unterschiedsbetrag kommt. Dieser wird ggf. direkt ergebniswirksam vereinnahmt (IAS 28.23). Durch die damit verbundene Zuschreibung der Beteiligung wird diese mit einem Buchwert oberhalb der Anschaffungskosten in der Bilanz ausgewiesen.

In der Folgezeit wird der Equity-Wertansatz
- um die anteiligen Eigenkapitalveränderungen des assoziierten Unternehmens angepasst (IAS 28.11),
- um die Abschreibungen der im Erwerbszeitpunkt aufgedeckten stillen Reserven gesenkt bzw. um die Auflösung der stillen Lasten erhöht (IAS 28.23) und
- um eine ggf. vorzunehmende Wertminderung der Beteiligung verringert.

Folgebewertung

Die anteiligen Eigenkapitalveränderungen im assoziierten Unternehmen können dabei auf ergebnisneutralen oder ergebniswirksamen Veränderungen basieren.

Eigenkapitalveränderungen

Ergebnisneutrale Änderungen des anteiligen Eigenkapitals können z.B. aus Neubewertungen von Sachanlagen oder Wertpapieren im assoziierten Unternehmen resultieren. Sie erhöhen bzw. senken ergebnisneutral das Eigenkapital des assoziierten Unternehmens und damit anteilig den Equity-Wertansatz beim Investor. Solche Veränderungen sind anteilig durch eine ergebnisneutrale Beteiligungszuschreibung bzw. -abschreibung im Abschluss des Investors zu berücksichtigen (IAS 28.11). Ergebniswirksame Veränderungen des Eigenkapitals des assoziierten Unternehmens entstehen über entsprechende Periodenergebnisse im assoziierten Unternehmen. Sie werden anteilig durch eine ergebniswirksame Beteiligungszuschreibung in die Bilanz des Investors übernommen. Nimmt das assoziierte Unternehmen eine Gewinnausschüttung vor, ist diese Eigenkapitalverminderung im Konzernabschluss des Investors wie eine Kapitalrückzahlung und damit ergebnisneutral (*liquide Mittel an Anteile an assoziierten Unternehmen*) zu buchen (IAS 28.11).

Die bei der erstmaligen Anwendung in der Nebenrechnung ermittelten anteiligen stillen Reserven/Lasten sind in der Folgezeit wie die entsprechenden Vermögenswerte und Schulden im assoziierten Unternehmen ergebniswirksam abzuschreiben bzw. aufzulösen (IAS 28.23). Alle ergebniswirksamen Vorfälle werden separat im Konto „Ergebnis aus assoziierten Unternehmen" erfasst, um eine Vermischung in der Gesamterfolgsrechnung des Mutterunternehmens zu verhindern.

Abschreibung stiller Reserven und Auflösung stiller Lasten

Am 30.12.2007 erfolgt im Jahresabschluss der Mörsch AG eine ergebnisneutrale Neubewertung der Grundstücke in Höhe von +10 T€ (IAS 16.39). Von der Bildung latenter Steuern wird hier abgesehen. Zum 31.12.2007 ermittelt die Mörsch AG ein Periodenergebnis von 250 T€, von dem 30 % im Folgejahr ausgeschüttet werden sollen. Die im Erwerbszeitpunkt vorhandenen anteiligen stillen Reserven in den Gebäuden der Mörsch AG in Höhe von $(150 \cdot 0{,}4 =)$ 60 T€ sind über die Restnutzungsdauer von 10 Jahren abzuschreiben.

Beispiel 24.11

Ermittlung des Beteiligungsbuchwertes

Equity-Ansatz 31.12.2006:	**1.000 T€**
Nebenrechnung zum 31.12.2007	
+ anteiliger Jahresüberschuss (250 T€ · 0,4 =)	100 T€
– Abschreibung auf die stillen Reserven in Gebäuden (60/10 =)	-6 T€
Anteilige ergebniswirksame Beteiligungszuschreibung [a]	94 T€
Anteilige ergebnisneutrale Neubewertung (10 · 0,4 =) [b]	4 T€
Equity-Ansatz 31.12.2007	**1.098 T€**

Die Geschäftsvorfälle werden am 31.12.2007 in der Bilanz und Gesamterfolgsrechnung der Ring AG folgendermaßen erfasst:

[a] Anteile an assoziierten Unt. an *Ergebnis aus ass. Unt.* 94 T€

[b] Anteile an assoziierten Unt. an *sonstiger Gesamterfolg* 4 T€

Die 2008 von der Mörsch AG erwartete Dividendenzahlung in Höhe von anteilig (250 · 0,3 · 0,4 =) 30 T€ ist im Folgejahr ergebnisneutral über

Bank an *Ant. an assoziierten Unt.* 30 T€

mit dem Beteiligungsbuchwert bei der Ring AG zu verrechnen. Für den Fall, dass die Beteiligung an dem assoziierten Unternehmen im Einzelabschluss der Ring AG nach der z.B. in Deutschland vorgeschriebenen Anschaffungskostenmethode bilanziert wird, ist die Gewinnausschüttung hier ergebniswirksam als Beteiligungsertrag zu vereinnahmen. Im Konzernabschluss wäre diese Buchung dann im Rahmen der Konzernabschluss-Erstellung insofern zu korrigieren, als der Beteiligungsertrag ergebniswirksam zurückgenommen wird und das hierdurch reduzierte Konzernergebnis durch eine Verminderung des Beteiligungsbuchwertes ausgeglichen wird (*Beteiligungsergebnis an Anteile an assoziierten Unternehmen*).

Negativer Equity-Wert Wenn das assoziierte Unternehmen einen Verlust erwirtschaftet, ist der Equity-Wert anteilig ergebniswirksam zu reduzieren. Hat dieser den Wert Null erreicht, so wird die Equity-Bewertung ausgesetzt. In einer Nebenrechnung werden die über die Equity-Beteiligung hinausgehenden Verluste zu einem negativen Equity-Wert fortgeführt. Erwirtschaftet das Equity-Unternehmen in den Folgejahren wieder Gewinne, werden diese anteilig zunächst mit dem in der Nebenrechnung noch stehenden negativen Betrag verrechnet. Erst ein darüber hinausgehender Gewinnanteil wird dann in der Bilanz wieder durch eine ergebniswirksame Zuschreibung der Beteiligung bzw. der anderen Investment-Bestandteile erfasst (IAS 28.30). Ist der Investor allerdings eine Verpflichtung eingegangen, für Verluste des assoziierten Unternehmens einzustehen, hat er auch dessen über den Equity-Wert hinausgehende anteilige Verluste zu erfassen (IAS 28.30). Für diese ist dann ergebniswirksam eine Verbindlichkeit oder eine Rückstellung zu bilden.

Darüber hinaus ist zu prüfen, ob der Investor noch in anderer Weise am assoziierten Unternehmen „beteiligt" ist. So ist denkbar, dass der Investor zusätzlich zur Kapitalbeteiligung auch noch langfristige ungesicherte Forderungen gegenüber dem assoziierten Unternehmen hält. Diese Forderungen wären auch Teil der Nettoinvestition und infolge anhaltender Verluste ebenfalls im Rahmen der Equity-Bewertung abzuschreiben. Sofern ein Unternehmen neben der Kapitalbeteiligung mehrere solche Investitionen als Teil der Nettoinvestition an der Equity-Beteiligung hält, erfolgen ggf. notwendige Abschreibungen in der Reihenfolge ihrer Eigenkapitalnähe (IAS 28.29). Nicht zum Investment des Investors gehören indes gesicherte Forderungen oder kurzfristige Forderungen, wie z.B. Forderungen aus Lieferungen und Leistungen.

Nettoinvestition in das assoziierte Unternehmen

Die Ring AG hält eine weitere Beteiligung an der Kasper GmbH in Höhe von 40 % mit einem Beteiligungsbuchwert am 31.12.2005 von 100 T€. Ein Unterschiedsbetrag existiert nicht mehr. Die Ring AG ist keine Verpflichtung eingegangen, für die Verluste der Kasper GmbH zu haften. Die Kasper GmbH benötigt in den Jahren 2006 bis 2008 sehr hohe Anfangsinvestitionen. Die Abschreibungen hierauf führen zu einem Verlust von jeweils 150 T€ in 2006, 2007 und 2008 und damit zu anteiligen Verlusten bei der Ring AG von jeweils (150 · 0,4 =) 60 T€ in diesen Jahren. Ab dem 4. Jahr zahlen sich die Anfangsinvestitionen jedoch aus und Kasper erwirtschaftet jeweils Gewinne von 125 T€. In den Jahren 2006 bis 2011 werden keine Dividenden gezahlt.

Beispiel 24.12

Lösung
Die Entwicklung des Equity-Wertes, des anteiligen Ergebnisses sowie des kumulierten Ergebnisses kann der folgenden Tabelle entnommen werden[10].

Jahr	Equity-Wert (01.01.)	Anteiliges Ergebnis (40%)	Equity-Wert (31.12.)	Kumuliertes, nicht im Equity-Wert berücksichtigtes Ergebnis	Anwendung der Equity-Methode
2006	100	-60	40	—	ja
2007	40	-60	0	-20	ausgesetzt
2008	0	-60	0	-80	ausgesetzt
2009	0	+50	0	-30	ausgesetzt
2010	0	+50	+20	—	ja
2011	20	+50	+70	—	ja

---

10 In Anlehnung an *Baetge/Bruns/Klaholz*, IAS-Kommentar, IAS 28, Tz. 145.

Außerplanmäßige Abschreibung

In den Folgejahren ist zusätzlich zu prüfen, ob der Buchwert der Beteiligung im Wert gemindert ist und hierdurch eine außerplanmäßige Abschreibung erforderlich ist (IAS 28.31). Demgegenüber erfolgt keine separate Wertminderungsprüfung des Goodwills (IAS 28.33). Vielmehr muss zuerst geprüft werden, ob objektive Hinweise vorliegen, die auf eine Wertminderung der Equity-Beteiligung hindeuten. Hier verweist IAS 28.31 auf IAS 39, der Beispiele für objektive Hinweise gibt. Demnach können bspw. Änderungen im Marktumfeld des Unternehmens oder deutliche und nachhaltige Verringerungen des beizulegenden Zeitwertes objektive Hinweise auf Wertminderung sein. IAS 28.32 verlangt zusätzlich, dass geprüft werden muss, ob neben objektiven Hinweisen für eine Wertminderung der Nettoinvestition auch objektive Hinweise vorliegen, die auf eine Wertminderung der Anteile des Investors hindeuten, die *kein* Bestandteil der Nettoinvestition sind. Dies könnten z.B. Forderungen aus Lieferungen und Leistungen des Investors gegenüber dem assoziierten Unternehmen sein.

Sollten objektive Hinweise auf eine Wertminderung vorliegen, verlangt IAS 28.33 die Anwendung von IAS 36 zur Bestimmung eines eventuellen Wertminderungsaufwands. Nach IAS 36 muss der Buchwert der Beteiligung mit dem erzielbaren Betrag verglichen werden. Der erzielbare Betrag ist dabei definiert als der höhere der beiden Beträge aus Nettoveräußerungspreis und Nutzungswert (vgl. Kapitel 10). Zur Schätzung des Nutzungswertes gibt IAS 28.33 zwei Möglichkeiten vor. Der Nutzungswert der Beteiligung entspricht entweder

- dem Anteil an dem Barwert der erwarteten, vom assoziierten Unternehmen erwirtschafteten zukünftigen Cashflows, inklusive eventueller Cashflows aus dessen endgültiger Veräußerung, oder
- dem Barwert der erwarteten zukünftigen Cashflows, die aus den Dividenden der Investition und aus der endgültigen Veräußerung resultieren.

Sollten sowohl der Nutzungswert als auch der Nettoveräußerungspreis geringer sein als der Buchwert der Beteiligung, kommt es zu einer Wertminderung des Beteiligungsbuchwertes.

Beispiel 24.13

Der Equity-Wert der Mörsch AG beträgt zum 31.12.2007 – wie oben (Beispiel 24.11) ermittelt – 1.098 T€. Im folgenden Jahr reduziert er sich durch die anteilige Gewinnausschüttung und Abschreibungen auf stille Reserven um 30 T€ auf 1.068 T€. Darüber hinaus liegen nun objektive Hinweise für eine Wertminderung vor. Eine anschließende Unternehmensbewertung zeigt, dass sowohl Nettoveräußerungspreis als auch Nutzungswert der Beteiligung nur noch einen Betrag von 1.000 T€ erwarten lassen. Damit entsteht ein Wertminderungsaufwand von 68 T€. Fraglich erscheint nun, wie diese Wertminderung bilanziell zu erfassen ist. IAS 28.33 verweist hierzu implizit auf IAS 36.104, wonach eine Wertminderung zunächst ergebniswirksam den

> Goodwill verringert[11]. In einer Nebenrechnung wäre demnach der Goodwill von 90 T€ auf 22 T€ zu reduzieren. Da der Goodwill Teil des Beteiligungsbuchwertes ist (IAS 28.23), würde letztgenannter entsprechend von 1.068 T€ auf 1.000 T€ reduziert.

Sofern zwischen dem assoziierten Unternehmen und dem Investor Geschäftsvorfälle stattgefunden haben, sind hierin enthaltene Zwischenerfolge nach IAS 28.22 entsprechend der am assoziierten Unternehmen gehaltenen Beteiligungshöhe anteilig zu eliminieren. Als realisiert angesehen werden damit nur diejenigen Anteile am Zwischenerfolg, die der Anteilsquote konzernfremder Investoren des assoziierten Unternehmens entsprechen. Diese anteilige Eliminierungspflicht gilt sowohl für upstream- als auch für Downstream-Lieferungen. Ein hieraus resultierender zu korrigierender Betrag wird im Falle von Downstream-Lieferungen zu Lasten des Anteils am assoziierten Unternehmen, also direkt im Equity-Wert, gebucht. Im Fall von Upstream-Lieferungen besteht demgegenüber die Alternative, die notwendige Zwischenergebniseliminierung entweder durch Korrektur des Equity-Wertansatzes oder des gelieferten Vermögenswertes vorzunehmen. Das Gegenkonto dieser Konsolidierungsbuchung stellt dabei das „Ergebnis aus assoziierten Unternehmen" dar.

Eliminierung von Zwischenerfolgen

> Die Halo AG ist an der Alliance AG zu 25 % beteiligt und hat damit die Möglichkeit, einen maßgeblichen Einfluss auf die Geschäfts- und Finanzpolitik der Alliance AG auszuüben. Folglich wird die Alliance AG in den Konzernabschluss der Halo AG über die Equity-Methode einbezogen. Die Halo AG hat im Geschäftsjahr 2005 ein Grundstück, das mit einem Buchwert von 1 Mio. € in ihrer Bilanz stand, für 2 Mio. € an die Alliance AG veräußert. Im

Beispiel 24.14

---

11 Demgegenüber sehen die im Rahmen des Annual Improvements-Projekts des IASB geplanten Anpassungen von IAS 28 vor, dass Wertminderungsaufwendungen künftig nicht mehr dem Goodwill oder anderen Vermögenswerten, die Teil des Investments in ein assoziiertes Unternehmen darstellen, zugeordnet werden dürfen. Alleine der Beteiligungsbuchwert wäre demzufolge unabhängig von der zu führenden Nebenrechnung anzupassen (vgl. dazu ED of Proposed Improvements to International Financial Reporting Standards, S. 116). Fraglich ist in diesem Zusammenhang, welche Funktion die Nebenrechnung dann noch hätte und wie sie in den Folgeperioden nach der Wertminderung der Beteiligung fortzuführen wäre. Denn der Wertminderungsbedarf der Beteiligung wäre eben nicht mehr in der Nebenrechnung zu erfassen. Denkbar wäre in diesem Zusammenhang, die Nebenrechnung auf Grundlage der zum Zeitpunkt der Wertminderung bestehenden Wertansätze (Goodwill, stille Reserven/Lasten, etc.) fortzuführen. Ihr Zweck bestünde dann darin, die Obergrenze für eine ggf. notwendige Wertaufholung zu ermitteln. Denn sofern die ursprünglichen Gründe für die Wertminderung wegfielen, müsste eine Wertaufholung auf den erzielbaren Betrag der Beteiligung erfolgen. Läge der erzielbare Betrag allerdings über dem in der Nebenrechnung fortgeführten Beteiligungswert, würde letzterer als Obergrenze für die Wertaufholung fungieren. Diese Vorgehensweise wäre dann auch konsistent mit den bestehenden Regelungen zur Bewertung von Anteilen an assoziierten Unternehmen.

Jahr 2007 veräußert die Alliance AG das Grundstück zum Buchwert in Höhe von 2 Mio. € an eine konzernfremde Gesellschaft weiter.

Lösung
Bei der beschriebenen Transaktion handelt es sich um eine Downstream-Lieferung, die bei der Halo AG zu einem Zwischengewinn in Höhe von 1 Mio. € führt. Aufgrund der anteiligen Eliminierungspflicht der Halo AG, muss im Geschäftsjahr 2005 ein Zwischengewinn in Höhe von 250 Tsd. € eliminiert werden. Demzufolge sind im Geschäftsjahr 2005 in der Konzernbilanz der Halo AG folgende Buchungen vorzunehmen:

[a] Bank 2.000 T€   an   Grundstück   1.000 T€
*   sonst. betr. Ertrag   1.000 T€*

[b] Sonst. betr. Ertrag   an   Anteile an assoz. Untern.   250 T€

Buchungssatz [a] bildet den Verkauf des Grundstücks bilanziell ab. Durch Buchung [b] erfolgt demgegenüber die notwendige Eliminierung des Zwischengewinns in Höhe des an der Alliance AG gehaltenen Beteiligungsanteils.

Da der Konzernabschluss aus den Einzelabschlüssen der einbezogenen Unternehmen erstellt wird und im Einzelabschluss der Halo AG der durch die Transaktion mit der Alliance AG erzielte Gewinn im Jahr 2006 in den Gewinnrücklagen enthalten ist, muss die Zwischenerfolgseliminierung zum Ende des Geschäftsjahres 2006 über die Gewinnrücklage erfolgen. Die entsprechende Buchung lautet:
Gewinnrücklagen   an   Anteile an assoz. Untern.   250 T€

Aus Sicht der Halo AG ist der durch den Grundstücksverkauf entstandene Zwischengewinn erst vollständig zu erfassen, wenn er gegenüber Dritten als vollständig realisiert anzusehen ist. Da der Vermögenswert im Jahr 2007 an eine konzernfremde Gesellschaft weiterveräußert wird, muss der Zwischengewinn in Höhe des an der Alliance AG gehaltenen Beteiligungsanteils in diesem Geschäftsjahr auch im Konzernabschluss realisiert werden. Damit ist 2007 folgende Buchung vorzunehmen:
Gewinnrücklagen   an   sonst. betr. Ertrag   250 T€

Doppelte Eliminierung von Zwischenerfolgen

Die Zwischenerfolgseliminierung über den Beteiligungsansatz kann leicht dazu führen, dass anteilige Zwischengewinne doppelt eliminiert werden. Liefert z.B. der Investor einen Vermögenswert mit einem Zwischengewinn an das assoziierte Unternehmen, so wird dieser anteilig zunächst durch eine ergebniswirksame Reduktion des Beteiligungsansatzes eliminiert. Sofern dieser Vermögenswert im assoziierten Unternehmen im Rahmen eines Werthaltigkeitstests ebenfalls abgeschrieben wird, ist diese anteilige Wertminderung zunächst mit der Zwischenerfolgseliminierung zu verrechnen.

Da der maßgebliche Einfluss i.d.R. nicht dazu ausreicht, die erforderlichen Controllingdaten des assoziierten Unternehmens einzusehen, werden die erforderlichen Informationen für eine Zwischenerfolgseliminierung häufig nicht zur Verfügung stehen. In diesem Fall sollten Schätzungen oder branchenübliche Margen die Höhe der Zwischenerfolgseliminierung determinieren[12]. Die Zwischenerfolgseliminierung für Lieferungen zwischen dem Investor und dem assoziierten Unternehmen erscheint grundsätzlich wenig sinnvoll. Assoziierte Unternehmen gehören nicht zum Konzern und fallen insofern auch nicht unter die für den Konzernabschluss relevante Fiktion der rechtlichen Einheit.

Fehlen erforderlicher Daten

Zur denkbaren Schuldenkonsolidierung enthält IAS 28 keine Vorschrift. Grundsätzlich verweist IAS 28.20 hierzu auf IAS 27. Damit wäre z.B. eine Rückstellung für Garantiefälle, die vom Investor für Lieferungen an das assoziierte Unternehmen gebildet werden, im Rahmen einer erfolgswirksamen Schuldenkonsolidierung wieder anteilig zu eliminieren. Auch hier ergeben sich jedoch praktische Probleme in der Durchführung einer Konsolidierung, da der Investor über die erforderlichen Informationen verfügen muss.

Sonstige Konsolidierung

Des Weiteren wirft eine Schuldenkonsolidierung ähnliche Probleme auf, wie sie bereits bei einer Zwischengewinneliminierung bestehen. In diesem Sinne sind beispielweise Forderungen bzw. Verbindlichkeiten gegenüber einem assoziierten Unternehmen, das analog eine Verbindlichkeit bzw. Forderung gegenüber dem Investor ausweist, gegen den Beteiligungswert zu korrigieren.

Nach dem Temporary-Konzept sind für alle zeitlich begrenzten Bestandsdifferenzen latente Steuern zu bilden. Im Rahmen der Anwendung der Equity-Methode kann es folglich zur Bildung von latenten Steuern kommen. Hier ist zwischen der erstmaligen Anwendung der Equity-Methode und der Anwendung in den Folgeperioden zu unterscheiden. Bei der erstmaligen Anwendung der Equity-Methode entstehen im Bilanzansatz keine latenten Steuern, wenn die Anteile zu einem Zeitpunkt erworben werden (Einmalerwerb), da in diesem Fall die Beteiligung sowohl im Konzernabschluss als auch in der Steuerbilanz mit den Anschaffungskosten erfasst wird. Innerhalb der Nebenrechnung sind jedoch passive (aktive) latente Steuern auf ggf. aufgedeckte stille Reserven/Lasten anzusetzen, die die Höhe eines verbleibenden Unterschiedsbetrages verändern.

Latente Steuern

In den Folgeperioden kann es zudem durch die Fortschreibungen des Beteiligungsbuchwertes zur Bildung von latenten Steuern kommen. Thesauriert das assoziierte Unternehmen einen Teil seines Jahresüberschusses, dann weichen c.p. die Ergebnisse der Steuerbilanzen von denen des Konzernabschlusses ab. Da diese Unterschiede sich aber nicht automatisch im Zeitablauf, sondern erst mit einer späteren Ausschüttung oder bei Veräußerung auflösen, liegen hier quasi-permanente oder, sofern die spätere Vereinnahmung zu steuerfreien Erträgen führt, permanente Differenzen vor. Während auf quasi-permanente Differenzen latente Steuern zu bilden sind, unterbleibt eine Bildung von latenten Steuern für permanente Differenzen.

---

12 Vgl. *Baetge/Bruns/Klaholz*, IAS-Kommentar, IAS 28, Tz. 101 f.

Bei der Bereinigung um Zwischenerfolge entstehen sowohl Erfolgs- als auch Bestandsdifferenzen zwischen Steuerbilanz und Konzernabschluss, die sich im Zeitablauf ausgleichen. Wie bei der Zwischenerfolgseliminierung im Rahmen der Voll- und Quotenkonsolidierung sind auch hier latente Steuern zu bilden. Sie werden im Rahmen der Nebenrechnung erfasst und über die Anteile an assoziierten Unternehmen und über das Ergebnis aus assoziierten Unternehmen verrechnet.

Beendigung der Equity-Methode

Die Equity-Methode darf nicht mehr angewendet werden, wenn keine Möglichkeit mehr gegeben ist, auf die Finanz- und Geschäftspolitik Einfluss zu nehmen (IAS 28.18). Dies kann mehrere Gründe haben, z.B.:

- Der Investor verliert den maßgeblichen Einfluss, bspw. durch Verkauf von Anteilen, die Übernahme der Verfügungsgewalt durch einen Insolvenzverwalter oder aufgrund vertraglicher Vereinbarungen (IAS 28.10). Ab diesem Zeitpunkt sind evtl. verbliebene Anteile nach IAS 39 zu bilanzieren. Der Buchwert der Anteile zu diesem Zeitpunkt gilt als Anschaffungskosten der Beteiligung (IAS 28.19)[13].
- Der Investor erwirbt weitere Anteile, so dass er die Beherrschungsmöglichkeit oder die gemeinschaftliche Führung über das Unternehmen erwirbt. Bei Erwerb der alleinigen Beherrschungsmöglichkeit ist das assoziierte Unternehmen nach IAS 27 voll zu konsolidieren; bei gemeinschaftlicher Führung ist IAS 31 zur Bilanzierung von Gemeinschaftsunternehmen anzuwenden. Der letzte Equity-Wert zuzüglich eventueller zusätzlicher Anteile stellt in diesem Fall den Beteiligungsbuchwert dar, der der Erstkonsolidierung zugrunde gelegt wird.

Ausweis und Angabepflichten

Kerngedanke der Ausweisregelungen bei der Equity-Methode ist, dass ein Aktionär des investierenden Unternehmens über das Risiko des assoziierten Unternehmens informiert werden soll. Da es im Falle einer Vollkonsolidierung ebenfalls sehr detaillierte Ausweisvorschriften gibt, sollte kein Unternehmen die Möglichkeit erhalten, über eine u.U. nur marginal geringere Beteiligung auf einen Großteil der Ausweispflichten verzichten zu können. Nach IAS 28.37 sind daher im Anhang anzugeben:

- die wesentlichen assoziierten Unternehmen mit ihren beizulegendem Zeitwerten, wenn Marktpreise vorhanden sind,
- zusammengefasste finanzielle Informationen der assoziierten Unternehmen,
- eine Erklärung, warum auf ein Unternehmen ein maßgeblicher Einfluss ausgeübt werden kann, wenn weniger als 20 % der Stimmrechtsanteile gehalten werden,

---

13 Auch wenn IAS 39.43 die Erstbewertung zum beizulegenden Zeitwert fordert und die Anschaffungskosten demnach streng genommen keine zentrale Rolle spielen, ist gemäß der Formulierung von IAS 28.19 wohl davon auszugehen, dass der Erstansatz nach IAS 39 zum Buchwert der ehemaligen Equity-Beteiligung erfolgen soll, so dass die Umklassifizierung als reiner Aktivtausch bilanziert wird.

- eine Erklärung, warum auf ein Unternehmen kein maßgeblicher Einfluss ausgeübt werden kann, obwohl ein Stimmrechtsanteil von mindestens 20 % besteht,
- eine Erklärung, warum für ein assoziiertes Unternehmen ein Bilanzstichtag verwendet wurde, der von dem des Investors abweicht,
- der Grund und das Ausmaß von Restriktionen, die den Kapitalfluss vom assoziierten Unternehmen an den Investor verhindern. Hierunter fallen bspw. Ausschüttungsrestriktionen aufgrund gesetzlicher Auflagen,
- der Wert eines nicht ausgewiesenen Verlustes, falls ein assoziiertes Unternehmen aufgrund von Verlusten einen negativen Beteiligungsbuchwert hat,
- die Tatsache, dass für ein assoziiertes Unternehmen die Ausnahmeregelung nach IAS 28.13 greift, sowie
- zusammengefasste finanzielle Informationen von assoziierten Unternehmen, die nicht nach der Equity-Methode bilanziert werden, für die also bspw. die Ausnahmeregelung nach IAS 28.13 gilt.

4 Wesentliche Unterschiede zum HGB

Gemeinschaftsunternehmen

Auch das HGB gestattet das Wahlrecht, die Quotenkonsolidierung oder die Equity-Bilanzierung anzuwenden, wenn ein Unternehmen von einem in den Konzernabschluss einbezogenen Unternehmen mit einem oder mehreren nicht in den Konzernabschluss einbezogenen Unternehmen gemeinschaftlich geführt wird. Nach § 310 Abs. 1 HGB muss das Unternehmen aber tatsächlich gemeinschaftlich geführt werden; die reine *Möglichkeit* der gemeinschaftlichen Führung entsprechend IAS 31.3 reicht dazu nicht aus. Die Pflicht zur vertraglichen Gestaltung der gemeinschaftlichen Führung ist nach HGB dagegen nicht zwingend erforderlich, während dies nach IFRS eine notwendige Voraussetzung ist. Nach dem deutschen Handelsrecht löst die gemeinschaftliche Führung eines Unternehmens allein noch keine Konzernrechnungslegungspflicht aus. Dies kann aus der Grundsatzvorschrift in § 310 Abs. 1 HGB abgeleitet werden, nach der ein Wahlrecht zur Anwendung der Quotenkonsolidierung nur dann gegeben wird, wenn der Konzernabschluss ohnehin aufgestellt wird. Somit ist die Anwendung der Quotenkonsolidierung im Einzelabschluss analog zu IAS 31 nicht möglich. Da im handelsrechtlichen Einzelabschluss auch die Anwendung der Equity-Methode nicht zulässig ist, müssen Beteiligungen also grundsätzlich zu ihren fortgeführten Anschaffungskosten bewertet werden. Die Vorgehensweise der Quotenkonsolidierung nach § 310 HGB entspricht weitgehend der nach IFRS.

Nach § 310 Abs. 2 HGB sind die sonstigen Konsolidierungsvorschriften, die bereits für die Vollkonsolidierung gelten, auch bei der Quotenkonsolidierung durchzuführen. In Bezug auf eine Zwischenerfolgseliminierung ist dabei allerdings davon auszugehen, dass diese – unabhängig von der Lieferrichtung – quotal vorzunehmen ist.

Assoziierte Unternehmen

Die Anwendung der Equity-Methode ist nach HGB an das tatsächliche Ausüben des maßgeblichen Einflusses gekoppelt. IAS 28 verlangt lediglich die *Möglichkeit* des maßgeblichen Einflusses. Dieser Unterschied ist hauptsächlich dadurch begründet, dass eine Einfluss*möglichkeit* im Rahmen einer Prüfung leichter nachweisbar ist als die tatsächliche Ausübung. Damit verbunden ist eine Verringerung der bilanziellen Spielräume.

Ein sich im Rahmen des Beteiligungserwerbs ergebender Goodwill wird nach § 309 HGB behandelt. Danach kann ein Goodwill entweder planmäßig abgeschrieben oder auch offen mit den Rücklagen verrechnet werden (§ 309 Abs. 1 HGB). Nach IFRS darf der Goodwill lediglich im Rahmen eines Wertminderungstests außerplanmäßig abgeschrieben werden. Eine ergebnisneutrale Verrechnung mit den Rücklagen oder eine planmäßige Abschreibung ist *nicht* erlaubt[14]. Allerdings ist zu berücksichtigen, dass der aus dem Erwerb von Anteilen an assoziierten Unternehmen entstandene Goodwill keinem eigenständigen Wertminderungstest zu unterziehen ist.

Nach HGB ist bei der Verteilung eines Unterschiedsbetrages die Neubewertung der Vermögenswerte und Schulden – anders als bei der Vollkonsolidierung – durch die Anschaffungskosten der Anteile begrenzt. Nach IFRS besteht diese Begrenzung nicht. Sämtliche anteiligen stillen Reserven sind aufzudecken, auch wenn dadurch ein passiver Unterschiedsbetrag entsteht bzw. sich erhöht. Des Weiteren gestattet § 312 Abs. 1 HGB ein Ausweiswahlrecht für at equity bilanzierte Anteile an assoziierten Unternehmen. Unterschieden werden in diesem Zusammenhang die Buchwert- und die Kapitalanteilsmethode, wobei Erstgenannte weitgehend der nach IFRS vorgeschriebenen Methode entspricht. Der Unterschied der Kapitalanteilsmethode zur Buchwertmethode besteht schließlich darin, dass ein auf die Beteiligung an einem assoziierten Unternehmen entfallender Goodwill getrennt vom Beteiligungsbuchwert ausgewiesen wird. Beide Varianten unterscheiden sich damit also nur im Ausweis des Equity-Ansatzes: Bei der Buchwertmethode wird der Equity-Ansatz in einer Bilanzposition ausgewiesen, wohingegen bei der Kapitalanteilsmethode anteiliges Eigenkapital und bezahlter Goodwill in zwei Positionen gezeigt werden.

BilMoG

Der im November 2007 vorgelegte Referentenentwurf eines Bilanzrechtsmodernisierungsgesetzes (BilMoG) sieht bei der Bilanzierung von Gemeinschaftsunternehmen sowie assoziierten Unternehmen Veränderungen vor. So soll ein ggf. bei einem Erwerb der Anteile an einem Gemeinschaftsunternehmen, das über die Quotenkonsolidierung in den Konzernabschluss einbezogen wird, entstehender Goodwill nur noch planmäßig über die zum Erwerbszeitpunkt geschätzte Nutzungsdauer abgeschrieben werden (§ 309 Abs. 1 HGB-E). Eine offene Rücklagenverrechnung wäre somit nicht mehr möglich. Bei Anwendung der Equity-Methode zur Einbeziehung von Gemeinschaftsunternehmen und assoziierten Unternehmen in den Konzernabschluss soll künftig die Kapitalanteilsmethode und damit die bisherige Anschaffungskostenrestriktion abgeschafft werden (§ 2 HGB-E).

---

14 Vgl. auch Kapitel 23.

Im Rahmen der Bestrebungen zur Modernisierung des deutschen Konzernrechnungslegungsrechts hat der Deutsche Standardisierungsrat DRS 8 „Bilanzierung von Anteilen an assoziierten Unternehmen im Konzernabschluss" und DRS 9 „Bilanzierung von Anteilen an Gemeinschaftsunternehmen im Konzernabschluss" verabschiedet. Im Wesentlichen interpretieren beide Standards die §§ 310 und 311 HGB entsprechend IAS 28 und IAS 31, wobei für die Bilanzierung von Gemeinschaftsunternehmen die Anwendung der Quotenkonsolidierung gefordert wird.

DRS 8 und DRS 9

5 Wesentliche Unterschiede zu US-GAAP

Nach US-GAAP ist die Quotenkonsolidierung weitgehend unbekannt. Dem entspricht, dass in APB 18.16 die Equity-Methode für Investitionen in Joint Ventures empfohlen wird. Lediglich in AIN-APB 18 Nr. 2.2 wird für bestimmte Formen rechtlich unselbständiger Kooperationen die Quotenkonsolidierung als Branchenpraxis anerkannt. Beispiele sind Grundstücksgesellschaften oder Unternehmen der Rohstoffindustrie (z.B. Öl- und Gasgesellschaften).

Quotenkonsolidierung

Aufgrund der starken Annäherung der IFRS an die US-GAAP hinsichtlich der Equity-Methode bestehen kaum Unterschiede zwischen den beiden Rechnungslegungssystemen. Ein wesentlicher Unterschied liegt noch in der Berechnung der Bemessungsgrenze von 20 %. Nach US-GAAP besteht hier die Regelung, dass eine Beteiligung von 20 % und mehr an den Stimmrechten des Beteiligungsunternehmens zu der Vermutung führt, dass für den Investor die Möglichkeit eines maßgeblichen Einflusses besteht. Allerdings beziehen die US-GAAP nach APB 18.18 im Gegensatz zu IAS 28.8 keine potentiellen Stimmrechte etwa aus Wandelanleihen oder Call-Optionen in die Berechnung der 20 %-Grenze ein.

Equity-Methode

Ein weiterer Unterschied besteht in der verpflichtenden Anwendung der Equity-Methode auch im Einzelabschluss nach APB 18.17. Im Gegensatz dazu verbietet IAS 28.35 i.V.m. IAS 27.38 die Anwendung der Equity-Methode im separaten IFRS-Einzelabschluss.

Anders als nach IFRS verlangen die US-GAAP nicht explizit, dass die Bilanzierungsmethoden des assoziierten Unternehmens mit denen des Investors vereinheitlicht werden. Grundsätzlich sind allerdings nach APB 18.19 die Gewinne bzw. die Verluste des assoziierten Unternehmens um Zwischenerfolge aus Lieferungen und Leistungen zwischen vollkonsolidierten und assoziierten Unternehmen voll oder auch quotal zu korrigieren.

Ausgewählte Literatur

Baetge, J./Bruns, C., Die Equity Methode nach IAS 28: Darstellung ausgewählter IAS-Regelungen und Vergleich mit dem deutschen Handelsrecht, in: Küting, K./Langenbucher, G. (Hrsg.): Internationale Rechnungslegung, Stuttgart 1999, S. 267-289.

Bierman, H., Proportionate Consolidation and Financial Analysis, in: Accounting Horizons, Dezember 1992, S. 5-17.

Kunowski, S., Bilanzierung von Anteilen an assoziierten Unternehmen sowie Gemeinschaftsunternehmen im Konzernabschluss nach DRS 8 und DRS 9, in: StuB, 4. Jg. (2004), S. 261-270.

Lüdenbach, N./Frowein, N., Bilanzierung von Equity-Beteiligungen bei Verlusten – ein Vergleich zwischen HGB, IFRS und US-GAAP, in: BB, 58 Jg. (2003), S. 2449-2456.

Schmidt, M./Labrenz, H., Konsequenzen möglicher Änderungen bei der Bilanzierung von Gemeinschaftsunternehmen, in: KoR, 6. Jg. (2006), S. 467-476.

Übungsaufgaben

Aufgabe 1:
a) Erläutern Sie die Grundidee und die Anwendungsvoraussetzungen der Quotenkonsolidierung nach den IFRS und zeigen Sie die wesentlichen Unterschiede zu HGB und US-GAAP auf.
b) Zum 31.12.2007 wurde die G AG, ein Hersteller von Öl-Pipelines, im Rahmen eines Share Deal von den drei Gesellschaften X, Y und Z AG zu jeweils 33⅓ % erworben. Im Rahmen vertraglicher Verhandlungen wurde im Voraus festgelegt, dass alle drei Unternehmen gleichberechtigte Partner darstellen, durch die die G AG gemeinschaftlich geführt werden soll. Die X AG hat zum 31.12.2007 erstmals einen Konzernabschluss nach den IFRS aufzustellen. Mit Blick auf das nach IAS 31 gewährte Wahlrecht zur Anwendung der Equity-Methode oder der Quotenkonsolidierung zur Einbeziehung von Gemeinschaftsunternehmen in den Konzernabschluss entscheidet sich die X AG für die Anwendung der Quotenkonsolidierung.

Zeigen Sie unter Berücksichtigung der folgenden Informationen, wie die G AG bei Anwendung der Quotenkonsolidierung zum Bilanzstichtag in den Konzernabschluss der X AG einzubeziehen ist.
- Im Zeitpunkt des Erwerbs der Beteiligung wies die G AG ein Gezeichnetes Kapital in Höhe von 90 Mio. € und Rücklagen in Höhe von 45 Mio. € auf.
- Die Anschaffungskosten der 33,33 % Beteiligung betrugen 60 Mio. €.

- Grundstücke und Maschinen wiesen zum Zeitpunkt des Beteiligungserwerbs stille Reserven in Höhe von 20 Mio. € bzw. 10 Mio. € auf. Die Restnutzungsdauer der Maschinen wurde mit 5 Jahren veranschlagt.
- Der Steuersatz lag bei 30 %.
- Der bei der G AG realisierte Jahresüberschuss wurde mit erworben und soll im Folgejahr thesauriert werden.

Bilanz (31.12.2007)	X AG (in Tsd. €)	G AG (in Tsd. €)
Grundstücke	170.000	120.000
Maschinen	131.000	93.000
Beteiligungen	80.000	-
Forderungen	18.000	15.000
Vorräte	30.000	21.000
Sonstige Aktiva	30.000	30.000
Summe Aktiva	459.000	279.000
Gezeichnetes Kapital	150.000	90.000
Rücklagen	100.000	45.000
Jahresüberschuss	9.000	3.000
Verbindlichkeiten	170.000	126.000
Sonsige Passiva	30.000	15.000
Summe Passiva	459.000	279.000

c) Führen Sie nun unter Berücksichtigung der folgenden Informationen die Folgekonsolidierung zum 31.12.2008 durch.
- Im Rahmen des Verkaufs eines Grundstücks am 01.01.2008 für 9 Mio. € an die G AG hat die X AG einen Zwischengewinn in Höhe von 3 Mio. € realisiert.
- Des Weiteren hat die X AG der G AG am 01.01.2008 einen Kredit in Höhe von 9 Mio. € gewährt, wobei der Ausgabe- dem Rückzahlungsbetrag entspricht. Die Rückzahlung hat am Ende der Laufzeit von 5 Jahren zu erfolgen. Der zu Grunde liegende Zinssatz beträgt 5 %.
- Der Niederstwerttest für den Goodwill zog keine Wertminderung nach sich.
- Die Bilanzen und Gesamterfolgsrechnungen der X AG und der G AG zum 31.12.2008 sehen wie folgt aus:

Bilanz (31.12.2008)	X AG (in Tsd. €)	G AG (in Tsd. €)
Grundstücke	164.000	129.000
Maschinen	131.000	90.000
Beteiligungen	80.000	-
Forderungen	25.000	24.000
Ford. ggü. G AG	9.000	-
Vorräte	25.000	15.000
Sonstige Aktiva	35.000	27.000
Summe Aktiva	469.000	285.000
Gezeichnetes Kapital	150.000	90.000
Rücklagen	100.000	48.000
Jahresüberschuss	15.000	7.200
Verbindlichkeiten	125.000	90.000
Verb. ggü. X AG	-	9.000
Sonstige Passiva	79.000	40.800
Summe Passiva	469.000	285.000

Gesamterfolgsrechnung (01.01.-31.12.2008)	X AG (in Tsd. €)	G AG (in Tsd. €)
Umsatzerlöse	100.000	60.000
Herstellungskosten des Umsatzes	-75.000	-45.000
Vertriebskosten	-2.500	-1.800
Verwaltungskosten	-1.000	-1.200
Sonstige betriebliche Erträge	12.700	2.250
Sonst. betriebliche Aufwendungen	-9.000	-2.100
Zinserträge	1.800	1.200
Zinsaufwendungen	-2.000	-1.350
Ertragsteuern	-10.000	-4.800
Jahresüberschuss	15.000	7.200

Aufgabe 2:
a) Erläutern Sie die Grundidee und die Anwendungsvorraussetzungen der Equity-Bewertung nach den IFRS und zeigen Sie die wesentlichen Unterschiede zu HGB und US-GAAP auf.
b) Die nach IFRS bilanzierende Matrix AG hat am 31.12.07 30 % der Anteile der Zion AG zu einem Kaufpreis von 3.000 TEUR erworben. Beschreiben Sie die Vorgehensweise bei der Ermittlung des Beteiligungsbuchwerts der Zion AG im Konzernabschluss der Matrix AG nach der Equity-Methode im Erwerbs- und Folgejahr und ermitteln Sie den Beteiligungsansatz zum 31.12.07 und 31.12.08. Berücksichtigen Sie dabei folgende Informationen über die Zion AG:

- Gezeichnetes Kapital: 2.000 TEUR
- Rücklagen: 2.900 TEUR
- Stille Reserven in den Grundstücken von 2.000 TEUR und in den Maschinen (Nutzungsdauer von 5 Jahren) von 1.000 TEUR
- Bilanzgewinn zum 31.12.07: 100 TEUR
- Im Jahr 08 wird der Bilanzgewinn 07 mit der beschlossenen Quote von 40 % ausgeschüttet; am Jahresende 08 entsteht ein Jahresfehlbetrag von 500 TEUR.
- Der Marktwert der Zion AG beträgt zum 31.12.08 9.000 TEUR.

Aufgabe 3:

Die Captiva AG erwirbt am 31.12.2007 eine 25%ige Beteiligung an der Sanibel AG zum Preis von 5 Mio. Euro. Die Captiva AG übt einen maßgeblichen Einfluss auf die Geschäfts- und Finanzpoltik der Sanibel AG tatsächlich aus und erhofft sich von dieser Beteiligung die Sicherung der eigenen Marktposition für die nächsten 3 Jahre.

Zum Erwerbszeitpunkt beträgt das Gezeichnete Kapital der Sanibel AG 3 Mio. Euro, die Kapitalrücklage 4 Mio. Euro, die Gewinnrücklagen 8 Mio. Euro und der Bilanzgewinn 1 Mio. Euro. Die Sanibel AG besitzt Maschinen, deren Tageswerte um 800.000 Euro über den Buchwerten liegen. Die Maschinen werden linear abgeschrieben und haben eine Restnutzungsdauer von 4 Jahren. Die Gebäude weisen stille Reserven in Höhe von 2 Mio. Euro auf und haben eine Restnutzungsdauer von 10 Jahren.

Die Hauptversammlung der Sanibel AG beschließt, 40 % des Bilanzgewinns zum 31.12.2007 in die Gewinnrücklagen einzustellen; der Rest wird Mitte 2008 ausgeschüttet. Im Geschäftsjahr 2008 wird ein Jahresüberschuss in Höhe von 400.000 Euro erwirtschaftet, der im Jahr 2009 zu 50 % ausgeschüttet wird. Im Geschäftsjahr 2009 erzielt die Sanibel AG einen Jahresfehlbetrag in Höhe von 100.000 Euro. Im Herbst 2009 liefert die Sanibel AG unverarbeitete Erzeugnisse mit einem Zwischenverlust von 16.000 Euro an die Captiva AG.

Ermitteln Sie den Equityansatz der Beteiligung an der Sanibel AG gemäß der Regelungen in IAS 28 für die Konzernbilanzen der Captiva AG zum 31.12.2007, 31.12.2008 und 31.12.2009. Erläutern Sie kurz Ihre Vorgehensweise. Latente Steuern sind zu vernachlässigen.

Kapitel 25
IFRS-Erstanwendung

1 Einführung 791

2 Anwendungsbereich von IFRS 1 791

3 Übergangszeitpunkt 792

4 Vorgehensweise 792
   4.1 Grundsatz der retrospektiven Anwendung 792
   4.2 Optionale und verpflichtende Ausnahmebereiche 794
       4.2.1 Optionale Ausnahmebereiche 795
           4.2.1.1 Unternehmenszusammenschlüsse 795
           4.2.1.2 Sonstige optionale Ausnahmebereiche 801
       4.2.2 Verpflichtende Ausnahmebereiche 806

5 Angaben 807

Ausgewählte Literatur 809

Übungsaufgabe 809

Die BMW Group veröffentlichte im Geschäftsjahr 2001 erstmals einen Konzernabschluss nach IFRS. Nach den Erläuterungen zur Umstellung im Anhang des Geschäftsberichts erfolgte die Aufstellung des Konzernabschlusses so, als ob schon immer die damals gültigen IAS und Interpretationen angewandt worden wären. Aufgrund der von den handelsrechtlichen Grundsätzen abweichenden Ansatz- und Bewertungsvorschriften veränderte sich das handelsrechtliche Eigenkapital zum 01.01.2001 auf drastische Weise (vgl. Tabelle 25.1).

	in Mio. €
Eigenkapital zum 31.12.2000 nach HGB	**4.896**
Aktivierung von Entwicklungskosten	+2.054
Abgrenzung latenter Steuern	+723
Vorratsbewertung	+691
Wegfall bzw. Umbewertung übriger Rückstellungen	+673
Abschreibungen Anlagevermögen	+669
Umklassifizierung von Operating Leases in Finance Leases	+306
Auflösung von Wertberichtigungen auf Forderungen	+169
Marktbewertung Finanzinstrumente	-1.074
Sonstige Ansatz- und Bewertungsunterschiede	+325
Eigenkapital zum 01.01.2001 nach IFRS	**9.432**

Tab. 25.1: Überleitung des Eigenkapitals der BMW Group auf IFRS zum 01.01.2001. Quelle: Geschäftsbericht 2001 der *BMW Group*, S. 62.

Insgesamt führte der Wechsel auf die IFRS-Rechnungslegung zu einer Erhöhung des Konzerneigenkapitals um 92,6 %. Gleichzeitig änderte sich durch die Umstellung das Jahresergebnis im Geschäftsjahr 2000 von 1.026 Mio. € (HGB) auf 1.209 Mio. € (IFRS) und damit um +17,8 %. Im Ergebnis zeigt sich, dass die Umstellung der Rechnungslegung auf IFRS erhebliche Anpassungen des Eigenkapitals als auch des Jahresergebnisses hervorrufen kann. Das Verständnis und die Analyse von Umstellungseffekten auf wesentliche Jahresabschlussgrößen ist daher von entscheidender Bedeutung für den Abschlussadressaten.

Im Folgenden sollen Sie daher lernen,
- welche Unternehmen als IFRS-Erstanwender zu bezeichnen sind,
- wie die bilanzielle Umstellung grundsätzlich erfolgt,
- welche optionalen und verpflichtenden Ausnahmebereiche von der grundsätzlichen Umstellungsmethodik bestehen und
- welche Angaben im ersten IFRS-Abschluss zu tätigen sind.

1 Einführung

Regeln für die Rechnungslegungsumstellung auf IFRS beinhaltet IFRS 1 „Erstmalige Anwendung der IFRS" (First-time Adoption of IFRS).

Darin setzt sich das IASB ein anspruchsvolles Ziel: Mit der Anwendung von IFRS 1 soll sichergestellt werden, dass ein erstmaliger IFRS-Abschluss hochwertige, transparente und vergleichbare Informationen über alle Berichtsperioden eines Erstanwenders liefert. Ferner soll ein erstmaliger Abschluss eine zuverlässige Ausgangsbasis für alle nachfolgenden Abschlüsse darstellen und Kosten-Nutzen-Gesichtspunkte berücksichtigen.

Zielsetzung

2 Anwendungsbereich von IFRS 1

IFRS 1 ist grundsätzlich von allen Erstanwendern der IFRS anzuwenden. Erstanwender stellen nach IFRS 1.3 ausschließlich Unternehmen dar, deren Abschluss erstmalig die ausdrückliche und uneingeschränkte Aussage enthält, mit sämtlichen IFRS übereinzustimmen. In folgenden Fällen liegt daher ein IFRS-Erstanwender vor:

- Ein Unternehmen erstellte bisher überhaupt noch keinen Jahresabschluss bzw. noch keinen IFRS-Abschluss.
- Es wurde bisher ein nicht mit den IFRS konsistenter Abschluss, wie z.B. ein handelsrechtlicher Jahresabschluss unter Verwendung lediglich einzelner IFRS erstellt, oder es wurde bislang allein eine Überleitungsrechnung auf IFRS veröffentlicht.
- Bis jetzt wurde lediglich aus internen Gründen oder für Konsolidierungszwecke ein IFRS-Abschluss aufgestellt.
- Ein Unternehmen veröffentlichte zwar zuletzt einen IFRS-Abschluss, dieser stimmte jedoch laut eigener Aussage nicht mit sämtlichen IFRS überein oder enthielt noch keine Übereinstimmungsaussage.

Definition von Erstanwendern der IFRS

Die erstmalige IFRS-Übereinstimmungserklärung stellt somit das konstituierende Merkmal für Erstanwender dar. Sofern vor der Umstellung ein IFRS- und HGB-konformer dualer Abschluss erstellt wurde, der eine Übereinstimmungsaussage mit den IFRS enthielt, liegt keine Erstanwendung vor. Selbst wenn ein Abschluss aufgrund erheblicher Zweifel an der IFRS-Konformität nur eingeschränkt testiert wurde, darf IFRS 1 nicht angewendet werden, sofern der Abschluss eine Übereinstimmungserklärung beinhaltete. Änderungen von Bilanzierungs- und Bewertungsmethoden von bereits nach IFRS bilanzierenden Unternehmen fallen gleichfalls nicht unter den Anwendungsbereich von IFRS 1, sondern sind nach IAS 8 „Bilanzierungs- und Bewertungsmethoden, Änderungen von Schätzungen und Fehler" bzw. nach den spezifischen Übergangsvorschriften anderer IFRS abzubilden.

Ausschlüsse vom Anwendungsbereich

3 Übergangszeitpunkt

IFRS-Eröffnungsbilanz

Ein erstmaliger IFRS-Abschluss ist zu einem festgelegten Berichtszeitpunkt (reporting date) aufzustellen. Da nach IFRS 1.36 mit seiner Veröffentlichung auch Vergleichsdaten für mindestens eine Vorperiode anzugeben sind, hat ein Erstanwender eine IFRS-Eröffnungsbilanz zu Beginn der frühesten Vergleichsperiode aufzustellen, die im ersten IFRS-Abschluss dargestellt wird. Der Beginn der Vergleichsperiode stellt den Übergangszeitpunkt (date of transition) und damit den Ausgangspunkt für die weitere Rechnungslegung nach IFRS dar (vgl. Abbildung 25.1).

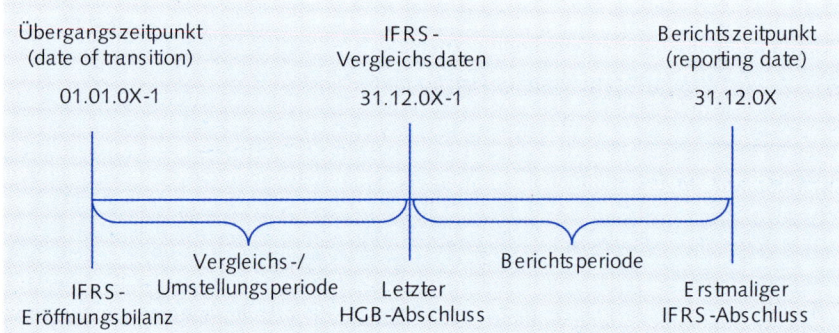

Abb. 25.1: Übergangszeitpunkt zur IFRS-Rechnungslegung

Beispiel 25.1

Ein Unternehmen stellt zum 31.12.2007 erstmalig einen IFRS-Abschluss auf. Mit der Veröffentlichung hat es Vergleichszahlen zum 31.12.2006 anzugeben. Dazu muss eine IFRS-Eröffnungsbilanz zum 01.01.2006 erstellt werden.

4 Vorgehensweise

4.1 Grundsatz der retrospektiven Anwendung

Retrospektive Anwendung der IFRS

Grundsätzlich sind nach IFRS 1.7 sämtliche am erstmaligen IFRS-Berichtszeitpunkt geltenden IFRS retrospektiv, d.h. rückwirkend, anzuwenden. Demzufolge ist die Eröffnungsbilanz, die den Ausgangspunkt der weiteren Berichterstattung darstellt, so aufzustellen, als ob schon immer nach den aktuellen IFRS bilanziert worden wäre. Ein neuer aber bisher noch nicht verbindlicher IFRS darf, sofern zulässig, ebenfalls retrospektiv angewandt werden. Die in den einzelnen IFRS enthaltenen Übergangsregelungen gelten, mit Ausnahme von später noch zu behandelnden Bereichen, nicht für Erstanwender.

Die retrospektive Anwendung der aktuell gültigen IFRS erfordert, dass Vermögenswerte und Schulden bis zu ihrer erstmaligen Erfassung zurückverfolgt werden. Anschließend ist zu prüfen, ob der damalige Ansatz, die angewendete Bewertungsmethode und der Ausweis IFRS-konform waren. Ist dies nicht der Fall, müssen Ansatz, Bewertung und/oder Ausweis bei der Aufstellung der Eröffnungsbilanz korrigiert werden. Ein dabei entstehender Korrekturbetrag ist unter Berücksichtigung latenter Steuern ergebnisneutral mit den Gewinnrücklagen oder einem anderen, besser geeigneten Eigenkapitalposten zu verrechnen. Im Allgemeinen sind daher in der IFRS-Eröffnungsbilanz

- sämtliche Vermögenswerte und Schulden, deren Ansatz nach IFRS verlangt wird, anzusetzen,
- sämtliche Vermögenswerte und Schulden, die nur nach nationalen Vorschriften anzusetzen wären, aus der Eröffnungsbilanz zu entfernen,
- alle Posten, die nach IFRS anderweitig auszuweisen sind als nach nationalen Vorschriften, umzugliedern und
- die angesetzten Vermögenswerte und Schulden nach den Vorschriften der IFRS zu bewerten.

Beispiel 25.2

Die bisher nach deutschem Handelsrecht bilanzierende Sunsilk GmbH stellt ihren Jahresabschluss zum 31.12.2007 auf IFRS um. Am Anfang des Geschäftsjahres 2005 hatte sie Forschungs- und Entwicklungsausgaben in Höhe von 1.000 T€ als Aufwand verrechnet. Annahmegemäß stellen davon 800 T€ nach IFRS aktivierungspflichtige Entwicklungsausgaben dar. Aufwandsrückstellungen gemäß § 249 Abs. 2 HGB bildete sie in 2005 in Höhe von 1.500 T€. Darauf anfallende aktive latente Steuern wurden in Höhe von 600 T€ (Ertragsteuersatz 30 %) angesetzt. Wie sind diese Sachverhalte bei der Aufstellung der IFRS-Eröffnungsbilanz zum 01.01.2006 zu verrechnen?

Lösung
Die Aufwandsrückstellung einschließlich der gebildeten aktiven latenten Steuern ist komplett auszubuchen, da sie nicht unter die Ansatzkriterien von IAS 37 „Rückstellungen, Eventualschulden und Eventualforderungen" fällt. Die Forschungs- und Entwicklungsausgaben sind retrospektiv nach IAS 38 „Immaterielle Vermögenswerte" zu behandeln. Die nach IAS 38.45 aktivierungspflichtigen Entwicklungsausgaben sind somit in der Eröffnungsbilanz unter Berücksichtigung latenter Steuern anzusetzen. Der Ansatz und die Ausbuchung müssen dabei gegen die Gewinnrücklagen erfolgen.

Korrektur-Buchungssätze zum 01.01.2006:

Sonstige Rückstellung 1.500 T€   an   *Gewinnrücklagen*   1050 T€
                                                                     aktive latente Steuern   450 T€

Immaterielle Vermögenswerte   *800 T€*   an   *Gewinnrücklagen*   560 T€
                                                                     passive latente Steuern   240 T€

4.2 Optionale und verpflichtende Ausnahmebereiche

Zur Umstellungserleichterung für Unternehmen, aber auch um Gestaltungsspielräume des Managements einzuschränken, erlaubt bzw. fordert IFRS 1 in genau geregelten Bereichen die Abweichung von der retrospektiven Anwendung.

Optionale Ausnahmebereiche

Befreiungen existieren dort, wo laut IASB eine verpflichtende retrospektive Anwendung der IFRS bei den Abschlusserstellern Kosten hervorrufen würde, die in keinem angemessenen Verhältnis zu dem wahrscheinlichen Nutzen für die Abschlussadressaten stehen. Alternativ dürfen hier die zur bilanziellen Abbildung der Bereiche anzuwendenden IFRS-Vorschriften erst ab dem Übergangszeitpunkt und damit prospektiv angewendet werden. Wie die nachfolgenden Ausführungen zeigen, bedeutet die prospektive Anwendung indes nicht, dass die bislang nach nationalen Vorschriften ermittelten Wertansätze ohne Korrektur in die Eröffnungsbilanz übernommen werden können. Vielmehr enthält IFRS 1 hier gesonderte Vorschriften. Insgesamt steht es den Unternehmen frei, alle, einzelne oder keine dieser Befreiungen in Anspruch zu nehmen.

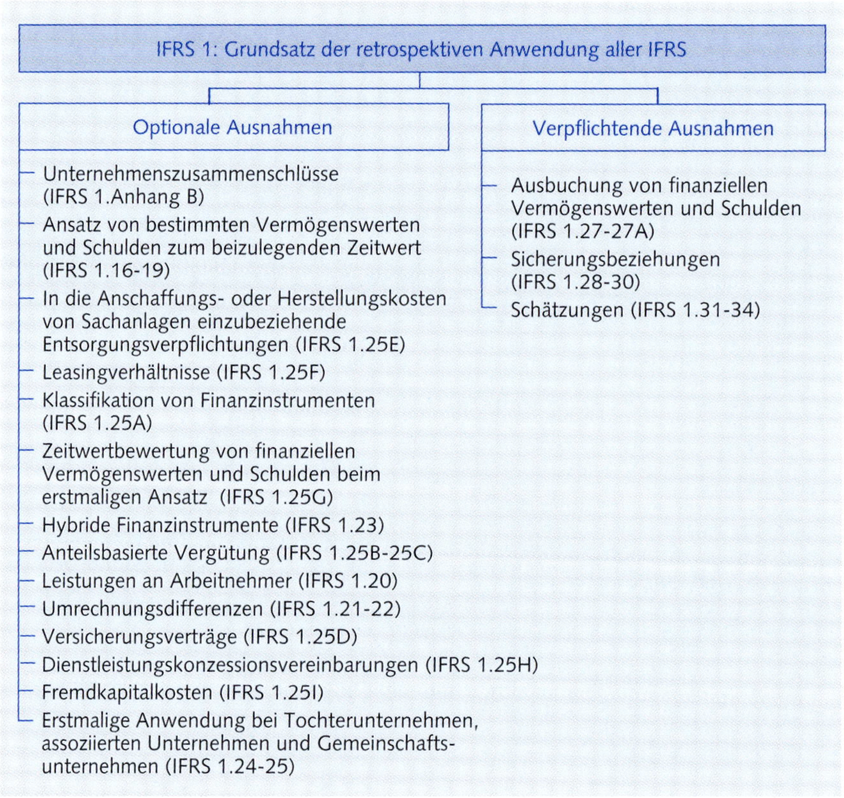

IFRS 1: Grundsatz der retrospektiven Anwendung aller IFRS

Optionale Ausnahmen
- Unternehmenszusammenschlüsse (IFRS 1.Anhang B)
- Ansatz von bestimmten Vermögenswerten und Schulden zum beizulegenden Zeitwert (IFRS 1.16-19)
- In die Anschaffungs- oder Herstellungskosten von Sachanlagen einzubeziehende Entsorgungsverpflichtungen (IFRS 1.25E)
- Leasingverhältnisse (IFRS 1.25F)
- Klassifikation von Finanzinstrumenten (IFRS 1.25A)
- Zeitwertbewertung von finanziellen Vermögenswerten und Schulden beim erstmaligen Ansatz (IFRS 1.25G)
- Hybride Finanzinstrumente (IFRS 1.23)
- Anteilsbasierte Vergütung (IFRS 1.25B-25C)
- Leistungen an Arbeitnehmer (IFRS 1.20)
- Umrechnungsdifferenzen (IFRS 1.21-22)
- Versicherungsverträge (IFRS 1.25D)
- Dienstleistungskonzessionsvereinbarungen (IFRS 1.25H)
- Fremdkapitalkosten (IFRS 1.25I)
- Erstmalige Anwendung bei Tochterunternehmen, assoziierten Unternehmen und Gemeinschaftsunternehmen (IFRS 1.24-25)

Verpflichtende Ausnahmen
- Ausbuchung von finanziellen Vermögenswerten und Schulden (IFRS 1.27-27A)
- Sicherungsbeziehungen (IFRS 1.28-30)
- Schätzungen (IFRS 1.31-34)

Abb. 25.2: Optionale und verpflichtende Ausnahmen vom Grundsatz der retrospektiven Anwendung (Stand 31.12.2007)

Ferner schreibt IFRS 1 die prospektive Anwendung der betreffenden IFRS-Vorschrift in einzelnen Bereichen explizit vor, um Gestaltungsspielräume des Managements weitgehend zu vermeiden.

Verpflichtende Ausnahmebereiche

Die Wahlrechte und verpflichtenden Ausnahmebereiche schränken die intertemporale Vergleichbarkeit und die Vergleichbarkeit mit Abschlüssen von bereits nach IFRS bilanzierenden Unternehmen erheblich ein. Darüber hinaus kann die jeweilige Ausübung der Wahlrechte zu völlig unterschiedlichen Abschlüssen von Erstanwendern führen. Das IASB entscheidet für künftig neu veröffentlichte IFRS im Einzelfall, ob von der retrospektiven Vorgehensweise abgesehen werden kann bzw. abzusehen ist. Abbildung 25.2 zeigt die zum 31.12.2007 bestehenden Befreiungen und die verpflichtenden Ausnahmen vom Grundsatz der retrospektiven Anwendung der IFRS.

4.2.1 Optionale Ausnahmebereiche

4.2.1.1 Unternehmenszusammenschlüsse

Der für Konzerne unbestritten bedeutendste Ausnahmebereich stellt das Befreiungswahlrecht im Zusammenhang mit der Bilanzierung von Unternehmenszusammenschlüssen dar. Zusammenschlüsse von Unternehmen sind grundsätzlich nach den Vorschriften von IFRS 3 „Unternehmenszusammenschlüsse" unter Berücksichtigung von IAS 36 „Wertminderung von Vermögenswerten" und IAS 38 „Immaterielle Vermögenswerte" zu bilanzieren. Eine retrospektive Anwendung der Standards würde gerade bei Konzernen mit umfangreichem Konsolidierungskreis zu einem erheblichen Datenermittlungsaufwand führen. So wäre z.B. für sämtliche Zusammenschlüsse die jeweils in der Vergangenheit angewandte Konsolidierungsmethode rückwirkend auf IFRS-Konformität und ein Goodwill zu jedem damaligen Abschlussstichtag auf eine Wertminderung gemäß IAS 36 zu prüfen. Alternativ ist es Erstanwendern daher erlaubt, IFRS 3, IAS 36 und IAS 38 erst ab dem Übergangszeitpunkt für alle nachfolgenden Unternehmenszusammenschlüsse oder wahlweise ab einem früheren Zeitpunkt prospektiv anzuwenden.

Wahlweise prospektive Anwendung von IFRS 3

> **Beispiel 25.3**
>
> Ein Unternehmen erstellt seine IFRS-Eröffnungsbilanz zum 01.01.2006. Den ersten Unternehmenserwerb hat es Anfang des Geschäftsjahres 1997 vollzogen. In der Zwischenzeit wurden noch zahlreiche weitere Unternehmenserwerbe durchgeführt. Gemäß dem Befreiungswahlrecht hat es in der Eröffnungsbilanz zur Abbildung der Unternehmenszusammenschlüsse folgende drei Möglichkeiten:
> - Vollständig retrospektive Anwendung von IFRS 3, IAS 36 und IAS 38 auf alle vergangenen Unternehmenszusammenschlüsse bis zum ersten Erwerb Anfang 1997.

- Prospektive Anwendung von IFRS 3, IAS 36 und IAS 38 ab dem 01.01.2006 auf alle bestehenden und künftigen Unternehmenszusammenschlüsse.
- Wahlweise frühere Anwendung der drei Standards, z.B. für alle Unternehmenszusammenschlüsse, die seit dem 01.01.2002 durchgeführt wurden.

Behandlung vergangener Unternehmenszusammenschlüsse bei prospektiver Anwendung von IFRS 3

Sofern die prospektive Anwendung von IFRS 3 in Anspruch genommen wird, dürfen die bisher nach nationalen Vorschriften bilanzierten Vermögenswerte und Schulden aus einem vergangenen Unternehmenszusammenschluss keinesfalls ohne Anpassungen in die Eröffnungsbilanz übernommen werden. Vielmehr sind folgende Korrekturschritte im Übergangszeitpunkt vorzunehmen:

- Übernahme sämtlicher im Rahmen des vergangenen Unternehmenszusammenschlusses erworbener und nach nationalen Regeln bilanzierter Vermögenswerte und Schulden mit Ausnahme von
  - Finanzinstrumenten, die vor dem 01.01.2004 nach nationalen Regeln schon ausgebucht wurden und
  - Vermögenswerten einschließlich Goodwill und Schulden, die weder nach den bisherigen nationalen Vorschriften im Konzernabschluss des Käufers erfasst wurden noch im Einzelabschluss des akquirierten Unternehmens nach IFRS ansatzfähig wären.

Dabei ist die nach nationalen Regelungen gewählte Klassifizierung des Unternehmenszusammenschlusses, bspw. als Erwerb, umgekehrter Erwerb oder Interessenzusammenführung, im Übergangszeitpunkt beizubehalten. Demzufolge muss ein bisher ergebnisneutral verrechneter Geschäfts- oder Firmenwert weiterhin mit dem Eigenkapital verrechnet bleiben. Er gilt als vereinnahmt, womit er bei einer späteren Veräußerung oder Wertminderung der Beteiligung nicht in die Ermittlung des Veräußerungsergebnisses bzw. Wertminderungsverlustes einzubeziehen ist. Auch ist der Goodwill keinem Werthaltigkeitstest zu unterziehen.

- Eliminierung aller Bilanzposten, die die Ansatzkriterien für einen Vermögenswert oder eine Schuld nach IFRS nicht erfüllen.

Sämtliche Vermögenswerte und Schulden, die die IFRS-Ansatzkriterien nicht erfüllen, sind unter Berücksichtigung von Minderheiten und latenten Steuern gegen die Gewinnrücklagen auszubuchen. Diese Vorgehensweise gilt jedoch nicht für immaterielle Vermögenswerte, sofern ein Goodwill aus der Akquisition besteht und der Unternehmenszusammenschluss nach bisherigen Vorschriften als Erwerb klassifiziert wurde. Erfüllen immaterielle Vermögenswerte in diesem Fall nicht die Ansatzkriterien von IAS 38, ist ihre Ausbuchung gegen den Goodwill selbst und nicht gegen die Gewinnrücklagen vorzunehmen. Entstand dagegen aus dem damaligen Erwerb kein Goodwill oder wurde der Goodwill bisher mit dem Eigenkapital verrechnet, muss die Ausbuchung weiterhin gegen die Gewinnrücklagen erfolgen.

- Bewertung der Vermögenswerte und Schulden zum beizulegenden Zeitwert (fair value), sofern die Folgebewertung nach IFRS eine derartige Bewertung vorsieht.

Vermögenswerte und Schulden aus dem Unternehmenszusammenschluss, die nach IFRS im Rahmen der Folgebewertung zum beizulegenden Zeitwert bewertet werden müssen, sind schon im Übergangszeitpunkt zum beizulegenden Zeitwert anzusetzen. So sind bspw. Wertpapiere, die als ergebniswirksam zum beizulegenden Zeitwert zu bewerten kategorisiert werden und nach handelsrechtlichen Vorschriften nicht über die Anschaffungskosten hinaus bewertet werden dürfen, bei der Erstellung der IFRS-Eröffnungsbilanz zum aktuellen Marktwert anzusetzen. Der damit zusammenhängende Anpassungsbetrag ist nicht gegen den Goodwill, sondern gegen die Gewinnrücklagen oder einen besser geeigneten Eigenkapitalposten (wie bspw. gegen den sonstigen Gesamterfolg beim Ansatz des beizulegenden Zeitwerts von available-for-sale-Wertpapieren) zu verrechnen.

- Übernahme der angepassten Buchwerte von Vermögenswerten und Schulden aus dem Unternehmenszusammenschluss, sofern sie im Rahmen der Folgebewertung nach IFRS zu fortgeführten Anschaffungs- oder Herstellungskosten bewertet werden sollen.

Die unmittelbar nach dem damaligen Unternehmenszusammenschluss ermittelten Buchwerte der Vermögenswerte und Schulden sind als Ersatz für die Anschaffungs- und Herstellungskosten nach IFRS zum damaligen Zeitpunkt anzusehen. Sofern die IFRS eine auf Grundlage der Anschaffungs- und Herstellungskosten basierende Folgebewertung vorsehen, stellen die damaligen Vermögenswerte und Schulden die Ausgangsbasis für die zu berechnende Abschreibung dar. Dabei sind ungeachtet der Ausübung des Befreiungswahlrechts weiterhin alle in IFRS 1 enthaltenen verpflichtenden und optionalen Ausnahmebereiche von einer retrospektiven Anwendung der IFRS anzuwenden bzw. anwendbar.

- Ansatz von Vermögenswerten und Schulden, die bisher nicht bilanziert wurden, im Übergangszeitpunkt aber die Ansatzkriterien nach IFRS im Einzelabschluss des erworbenen Unternehmens erfüllen.

Sämtliche Vermögenswerte und Schulden aus dem Unternehmenszusammenschluss, die im Übergangszeitpunkt die IFRS-Ansatzkriterien erfüllen, sind in der Eröffnungsbilanz anzusetzen. Beispielsweise könnten Vermögenswerte, die im Rahmen eines Leasingvertrages vermietet und nach handelsrechtlichen

Vorschriften beim Leasingnehmer bilanziert wurden, unter Anwendung von IAS 17 „Leasingverhältnisse" im Übergangszeitpunkt als Operating-Leasingverhältnis des Leasinggebers klassifiziert werden. Somit wären sie zwingend in der IFRS-Eröffnungsbilanz abzubilden. Der Ansatz der Vermögenswerte bzw. Schulden hat erneut unter Berücksichtigung von Minderheiten und latenten Steuern gegen die Gewinnrücklagen zu erfolgen. Eine Ausnahme bilden wiederum immaterielle Vermögenswerte, die nach bisherigen Vorschriften Bestandteile des Goodwills darstellten. Sofern diese im Übergangszeitpunkt die Ansatzkriterien von IAS 38 im Einzelabschluss des erworbenen Unternehmens erfüllen, sind sie aus dem Goodwill auszubuchen und separat anzusetzen.

- Korrektur des bisher nach nationalen Regeln bilanzierten Goodwills.

Behandlung des Goodwills

Der bisher nach nationalen Vorschriften angesetzte Goodwill ist grundsätzlich mit seinem Buchwert in die IFRS-Eröffnungsbilanz zu übernehmen. Anschließend sind folgende, teilweise bereits beschriebene, Korrekturen durchzuführen:
- Wurden innerhalb eines nach bisherigen Vorschriften als Erwerb klassifizierten Unternehmenszusammenschlusses immaterielle Vermögenswerte aktiviert, die nicht die Ansatzkriterien von IAS 38 erfüllen, führt deren Ausbuchung einschließlich der damit ggf. verbundenen latenten Steuern und Minderheitenanteile zu einer Erhöhung des Goodwills.
- Erfüllen immaterielle Vermögenswerte, die bisher Bestandteile des Goodwills darstellten, die Ansatzkriterien nach IAS 38 im Einzelabschluss des erworbenen Unternehmens, sind sie unter Berücksichtigung von Minderheiten und latenten Steuern aus dem Goodwill auszubuchen und separat anzusetzen.
- Sofern Bedingungen vor dem Übergangszeitpunkt eingetreten sind, von denen der damals getätigte Kaufpreis abhängig ist, ist der Goodwill um den entsprechenden Anpassungsbetrag zu berichtigen. Voraussetzung hierbei ist, dass die Kaufpreisanpassung verlässlich geschätzt werden kann und wahrscheinlich gezahlt wird. Analog ist der Goodwill zu korrigieren, falls eine bereits früher vorgenommene Kaufpreisanpassung nicht mehr verlässlich bewertet werden kann oder eine Zahlung nicht mehr wahrscheinlich ist.
- Anschließend ist unabhängig davon, ob Anhaltspunkte für eine Wertminderung vorliegen, für die angesetzten Geschäfts- oder Firmenwerte ein Werthaltigkeitstest nach IAS 36 durchzuführen. Dieser hat auf Grundlage der Verhältnisse zum Übergangszeitpunkt zu erfolgen. Daraus notwendige Wertminderungen des Goodwills sind ergebnisneutral in den Gewinnrücklagen zu erfassen.

Die nach handelsrechtlichen Vorschriften bilanzierende Sun AG erwarb am 01.01.2004 100 % der Anteile der Silk GmbH. Im Rahmen der Erstkonsolidierung wurden Sachanlagen (im Wert von 8.000 T€), zur Veräußerung verfügbare Wertpapiere (6.000 T€), Goodwill (2.000 T€) und Aufwendungen für die Erweiterung des Geschäftsbetriebes (1.000 T€) einschließlich der damit verbundenen passiven latenten Steuern (400 T€) in die Konzernbilanz übernommen. Sachanlagen, Goodwill, Erweiterungsaufwendungen und passive latente Steuern wurden über jeweils vier Jahre abgeschrieben bzw. vereinnahmt. Der Ertragsteuersatz der Sun AG beträgt 30 %.

Zum 01.01.2006 stellt die Sun AG eine IFRS-Eröffnungsbilanz auf. Zum Übergangszeitpunkt beträgt der Buchwert der Sachanlagen 4.000 T€. Die Folgebewertung unter IFRS soll weiterhin zu fortgeführten Anschaffungs- oder Herstellungskosten erfolgen. Unterschiede zur bisherigen HGB-Bilanzierung bestehen nicht. Der Buchwert der zur Veräußerung verfügbaren Wertpapiere beträgt weiterhin 6.000 T€, der aktuelle Börsenkurs 8.000 T€. Der Buchwert des Goodwills beträgt nach zweijähriger planmäßiger Abschreibung 1.000 T€, der Buchwert der Erweiterungsaufwendungen, die annahmegemäß ein Bestandteil des Goodwills darstellen, 500 T€ und der Buchwert der passiven latenten Steuern 200 T€. Wie ist bei der Erstellung der IFRS-Eröffnungsbilanz zum 01.01.2006 vorzugehen, wenn IFRS 3 nicht rückwirkend angewendet wird?

Beispiel 25.4

Lösung
Zunächst sind sämtliche nach nationalen Vorschriften bilanzierte Vermögenswerte und Schulden in die Eröffnungsbilanz zu übernehmen. Anschließend sind vorzunehmende Korrekturen zu prüfen. Im Fall von Sachanlagen besteht annahmegemäß zwischen den fortgeführten Anschaffungs- oder Herstellungskosten nach HGB und IFRS kein Unterschied, so dass keine Anpassung des Buchwerts erfolgen muss.

Zur Veräußerung verfügbare Wertpapiere sind nach IAS 39 zum beizulegenden Zeitwert anzusetzen. Bewertet zum aktuellen Börsenkurs im Übergangszeitpunkt beträgt der anzusetzende Wert 8.000 T€. Der Buchwert der Wertpapiere ist somit um 2.000 T€ zu erhöhen, wobei die Zuschreibung gegen den sonstigen Gesamterfolg unter Berücksichtigung von passiven latenten Steuern in Höhe von 600 T€ (30 % von 2.000 T€) erfolgen muss.

Der Buchwert des Goodwills ist in die IFRS-Eröffnungsbilanz zu übernehmen und um den Buchwert der Erweiterungsaufwendungen im Wert von 500 T€ zu erhöhen. Die Erweiterungsaufwendungen werden somit aus der Eröffnungsbilanz entfernt, da sie nach IAS 38 keinen immateriellen Vermögenswert darstellen. Gleichfalls sind die mit den Erweiterungsaufwendungen verbundenen passiven latenten Steuern auszubuchen. Die Ausbuchung hat ebenfalls gegen den Goodwill zu erfolgen, so dass der anzusetzende IFRS-Wert hierfür insgesamt 1.350 T€ (1.000 T€ + 500 T€ − 150 T€) beträgt. Abschließend ist der Goodwill einem Werthaltigkeitstest nach IAS 36 zu unterziehen. Dabei soll annahmegemäß kein Wertminderungsbedarf festgestellt worden sein.

Korrektur-Buchungssätze zum 01.01.2006:

Wertpapiere	2.000 T€	an	sonstiger Gesamterfolg	1.400 T€
			passive latente Steuern	600 T€
Goodwill	350 T€			
Passive lat. Steuern	150 T€	an	Aufw. für die Erweiterung des Geschäftsbetriebs	500 T€

Optionale rückwirkende Anwendung von IAS 21

Sofern es sich bei dem Unternehmenszusammenschluss um den Erwerb eines ausländischen Geschäftsbetriebs mit Fremdwährung handelt, ist für die Währungsumrechnung der Differenzen zwischen Buchwerten und beizulegenden Zeitwerten von Vermögenswerten und Schulden bei der Kaufpreisallokation und für die Umrechnung des Goodwills IAS 21 „Auswirkungen von Änderungen der Wechselkurse" anzuwenden. Erstanwendern ist es hier erlaubt, IAS 21 entweder
- rückwirkend auf alle vor dem Übergangszeitpunkt stattgefundenen Unternehmenszusammenschlüsse oder
- prospektiv auf Unternehmenszusammenschlüsse, die nach dem Übergangszeitpunkt anfallen, oder
- prospektiv ab dem Zeitpunkt, den ein Erstanwender für die freiwillige frühere prospektive Anwendung von IFRS 3 gewählt hat, anzuwenden.

Behandlung bisher nicht konsolidierter Unternehmen

Sofern ein Erstanwender ein unter IFRS konsolidierungspflichtiges Tochterunternehmen bislang nicht in den Konzernabschluss einbezogen hat oder falls ein Erstanwender bislang keinen Konzernabschluss erstellte, muss er eine modifizierte Erstkonsolidierung vornehmen (sofern das Tochterunternehmen bereits nach IFRS bilanziert, siehe Abschnitt 1.4.2.1.2). Dazu hat der Erstanwender die Buchwerte der Vermögenswerte und Schulden des Tochterunternehmens zum Übergangszeitpunkt so zu bewerten, als ob das Tochterunternehmen hinsichtlich des Einzelabschlusses selbst ein IFRS-Erstanwender wäre. Ein positiver Unterschiedsbetrag zwischen dem zum Übergangszeitpunkt ermittelten anteiligen Eigenkapital der Tochter und dem Beteiligungsbuchwert ist als Goodwill in der Eröffnungsbilanz anzusetzen und einem Werthaltigkeitstest gemäß IAS 36 zu unterziehen.

Die oben aufgeführten Vorschriften gelten analog für die Behandlung von assoziierten Unternehmen (IAS 28 „Bilanzierung von Anteilen an assoziierten Unternehmen") und Gemeinschaftsunternehmen (IAS 31 „Rechnungslegung über Anteile an Joint Ventures").

4.2.1.2 Sonstige optionale Ausnahmebereiche

Die in Abbildung 25.2 aufgeführten sonstigen optionalen Ausnahmebereiche unterliegen aufgrund der umfangreichen Tätigkeit des IASB einem ständigen Erweiterungsprozess. Nachfolgend werden sie daher nur in ihren wesentlichen Bestandteilen beschrieben.

Die retrospektive Ermittlung von fortgeführten Anschaffungs- oder Herstellungskosten für immaterielle Vermögenswerte gemäß IAS 38, Sachanlagen gemäß IAS 16 und als Finanzinvestition gehaltene Immobilien gemäß IAS 40 erfordert die Bestimmung ihrer historischen Kosten zur damaligen Erstbewertung und die anschließende IFRS-konforme Folgebewertung. Da diese Vorgehensweise teilweise mit hohem Datenbeschaffungsaufwand verbunden sein dürfte, ist es Erstanwendern erlaubt, die genannten Vermögenswerte alternativ zum Übergangszeitpunkt einmalig zum beizulegenden Zeitwert oder, sofern unter bisher angewandten Vorschriften schon vor dem Übergangszeitpunkt eine Neubewertung dieser Vermögenswerte vorgenommen wurde, zum Betrag einer bereits vorgenommenen Neubewertung ansetzen. Dieser Wertansatz stellt insofern den Ersatz für die andernfalls retrospektiv zu ermittelnden Anschaffungs- oder Herstellungskosten und damit den fortzuführenden Bilanzwert (deemed cost) im Rahmen der Folgebewertung dar. Der beizulegende Zeitwert ist dabei nach den Vorschriften der jeweiligen Standards zu ermitteln. Falls diese keine spezifischen Ermittlungsvorschriften enthalten, sind die in IFRS 3 enthaltenen Anwendungsleitlinien zu beachten. Die Neubewertung braucht nicht auf die gesamte Gruppe eines Vermögenswertes ausgedehnt zu werden, sondern kann auch nur für einzelne Vermögenswerte erfolgen. Allerdings darf das Befreiungswahlrecht für immaterielle Vermögenswerte nur in Anspruch genommen werden, sofern ein aktiver Markt gemäß IAS 38 vorliegt. Umstellenden Unternehmen bietet sich hier demzufolge ein erheblicher Spielraum zur Bilanzpolitik. Insbesondere die Hebung stiller Reserven von nicht abnutzbaren Sachanlagen führt zu einer dauerhaft erhöhten Eigenkapitalquote. Damit geht jedoch einher, dass sich in den Folgejahren c.p. die Gesamt- und Eigenkapitalrenditen aufgrund des nun höher bewerteten Vermögens deutlich verschlechtern. Im Fall abnutzbaren Vermögens verringert sich in den Folgejahren zudem das Jahresergebnis durch erhöhte planmäßige Abschreibungsbeträge auf aufgedeckte stille Reserven. Darüber hinaus wächst das Risiko künftiger Wertminderungen.

Ansatz von bestimmten Vermögenswerten und Schulden zum beizulegenden Zeitwert

Wurden schon vor dem Übergangszeitpunkt aufgrund eines einmaligen Ereignisses, wie z.B. einer Privatisierung oder eines Börsenganges, beizulegende Zeitwerte für Vermögenswerte und Schulden ermittelt, dürfen diese Wertansätze ab dem Zeitpunkt ihrer Ermittlung ebenfalls als fortzuführende Bilanzwerte in die Eröffnungsbilanz übernommen werden.

Ein weiteres Befreiungswahlrecht mit Bezug zum Sachanlagevermögen besteht für die Behandlung von Änderung bestehender Entsorgungsverpflichtungen, die in den Anschaffungs- oder Herstellungskosten von Sachanlagen enthalten sind. Anstelle einer rückwirkenden Anwendung der für die bilanzielle Abbildung derartiger Änderungen relevanten Interpretation IFRIC 1 „Änderung be-

In die AK/HK von Sachanlagen einzubeziehende Entsorgungsverpflichtungen

stehender Rückstellungen für Entsorgungs-, Wiederherstellungs- und ähnliche Verpflichtungen" enthält IFRS 1 eine erleichternde Vorgehensweise, um den auf eine Entsorgungsverpflichtung entfallenden Kostenbestandteil zu berechnen. Dazu ist zunächst der Barwert der Entsorgungsrückstellung zum Übergangszeitpunkt gemäß IAS 37 zu ermitteln und auf den Entstehungszeitpunkt abzuzinsen. Der Barwert zum Entstehungszeitpunkt bildet den ursprünglichen Kostenbestandteil der Sachanlage und ist bei Folgebewertung der Sachanlage anhand des Anschaffungskostenmodells von IAS 16 anschließend über die Nutzungsdauer der Sachanlage bis zum Übergangszeitpunkt abzuschreiben.

Leasingverhältnisse

Im Dezember 2004 wurde die Interpretation IFRIC 4 „Feststellung, ob eine Vereinbarung ein Leasingverhältnis enthält" verabschiedet, die für ein Geschäftsjahr, das am oder nach dem 01.01.2006 beginnt, verpflichtend anzuwenden ist. Mit Verabschiedung der Interpretation wurde ein weiteres Befreiungswahlrecht in IFRS 1 eingefügt. So kann anstelle einer rückwirkenden Anwendung der Interpretation alternativ die Übergangsvorschrift von IFRIC 4.17 beachtet werden. Demzufolge kann die Prüfung, ob eine Vereinbarung ein Leasingverhältnis enthält, obwohl es in seiner rechtlichen Form nicht derart ausgestaltet wurde, unter Zugrundelegung der zum Übergangszeitpunkt vorliegenden Informationen vorgenommen werden.

Klassifikation von Finanzinstrumenten

Mit der Verabschiedung des geänderten IAS 39 „Finanzinstrumente: Ansatz und Bewertung" (überarbeitet 2004) ist es Erstanwendern unabhängig von der bisherigen Klassifizierung erlaubt, Finanzinstrumente im Übergangszeitpunkt entweder in die Kategorie „zur Veräußerung verfügbar" oder als „ergebniswirksam zum beizulegenden Zeitwert folgezubewerten" einzuordnen. Letztere Klassifikation ist dabei an die Erfüllung bestimmter Kriterien geknüpft (IFRS 1.25A). Die Einteilung hätte unmittelbare Auswirkungen auf die Folgebewertung. Während Marktwertschwankungen von ergebniswirksam zum beizulegenden Zeitwert bewerteten Finanzinstrumenten direkt ergebniswirksam verrechnet werden, sind sie bei Klassifikation als zur Veräußerung verfügbar ergebnisneutral im sonstigen Gesamterfolg zu erfassen und erst bei späterer Veräußerung ergebniswirksam aufzulösen. Auch hier wird offensichtlich, dass sich Erstanwendern erhebliche bilanzpolitische Spielräume eröffnen. So ergeben sich je nach Klassifikation der Wertpapiere deutliche Auswirkungen auf den künftigen Erfolgsausweis.

Zeitwertbewertung von Finanzinstrumenten beim erstmaligen Ansatz

Im Dezember 2004 wurde IAS 39 erneut hinsichtlich der Übergangsvorschriften und der erstmaligen Anwendung geändert mit der Folge, dass auch IFRS 1 angepasst wurde. Nach dem letzten Satz von IAS 39.AG76 ist der Transaktionspreis der beste Nachweis des beizulegenden Zeitwerts eines Finanzinstruments beim erstmaligen Ansatz. Ausnahmen hiervon existieren, sofern der beizulegende Zeitwert durch Vergleichswerte nachgewiesen werden kann oder seine Ermittlung auf einem Bewertungsverfahren beruht, in das ausschließlich Daten von beobachtbaren Märkten einfließen. Sofern unter Berücksichtigung dieser Vorschrift beim erstmaligen Ansatz keine Gewinne oder Verluste entstehen, sind Gewinne und Verluste gemäß IAS 39.AG76A im Rahmen der Folgebewertung nur in dem Umfang ergebniswirksam zu erfassen, in dem sie aus einer Änderung eines Faktors (einschließlich des Zeitfaktors) resultieren, den Marktteilnehmer bei der Ermittlung eines Preises berücksichtigen würden. Anstelle der retrospektiven Anwendung des letzten Satzes von IAS 39.AG76 und der Regeln von IAS 39.AG76A können Erstanwender die Vorschriften entweder erst prospektiv auf Transaktionen, die nach dem 25.10.2002 abgeschlossen wurden, oder prospektiv auf Transaktionen, die nach dem 01.01.2004 eingegangen wurden, anwenden.

Zusammengesetzte Finanzinstrumente, wie z.B. Aktienanleihen oder Wandelschuldverschreibungen, sind gemäß IAS 32 „Finanzinstrumente: Darstellung" beim Emittenten bilanziell in ihre Eigenkapital- und Fremdkapitalkomponenten aufzuspalten. Die strikte Befolgung des retrospektiven Grundsatzes würde somit die rückwirkende Aufspaltung hybrider Finanzinstrumente erfordern. Zur Erleichterung brauchen Erstanwender zusammengesetzte Finanzinstrumente jedoch nicht aufzuspalten, sofern die Fremdkapitalkomponente im Übergangszeitpunkt bereits getilgt ist und somit nicht mehr aussteht.

Hybride Finanzinstrumente

Im Februar 2004 wurde IFRS 2 „Aktienbasierte Vergütung" veröffentlicht, der die Bilanzierung von Aktienoptionsplänen und ähnlichen am Wert von Unternehmensanteilen orientierten Entgelten regelt (vgl. Kapitel 18).

Anteilsbasierte Vergütung

Für IFRS-Erstanwender bestehen hierbei folgende Wahlrechte:
- Eigenkapitalinstrumente, die am oder vor dem Zeitpunkt der Veröffentlichung des Standardentwurfs ED 2 „Share-based Payment" am 07.11.2002 gewährt wurden, müssen nicht zwangsweise nach IFRS 2 abgebildet werden.
- Eigenkapitalinstrumente, die nach dem 07.11.2002 gewährt wurden und die noch vor dem späteren Zeitpunkt aus IFRS-Übergangszeitpunkt und 01.01.2005 ausübbar werden, können wahlweise nach IFRS 2 bilanziert werden.

> Der IFRS-Übergangszeitpunkt eines Unternehmens ist der 01.01.2004. IFRS 2 ist dann verpflichtend retrospektiv auf alle Eigenkapitalinstrumente anzuwenden, die nach dem 07.11.2002 gewährt wurden und deren Sperrfrist am 01.01.2005 noch besteht. Für alle anderen Eigenkapitalinstrumente besteht ein Anwendungswahlrecht.
>
> Ist der Übergangszeitpunkt eines Unternehmens der 01.01.2006, ist IFRS 2 retrospektiv für nach dem 07.11.2002 gewährte Eigenkapitalinstrumente mit offener Sperrfrist bis zum 01.01.2006 anzuwenden.

Beispiel 25.5

Die Inanspruchnahme des Wahlrechts befreit Erstanwender nicht von den für Eigenkapitalinstrumente erforderlichen Anhangangaben gemäß IFRS 2.44-45. Sofern Erstanwender derartige Eigenkapitalinstrumente doch retrospektiv nach IFRS 2 abbilden möchten, gilt als Voraussetzung, dass der beizulegende Zeitwert der Eigenkapitalinstrumente zum Bewertungszeitpunkt gemäß der Definition von IFRS 2 ermittelt und veröffentlicht wurde.

Erstanwender sind ferner davon befreit, Verbindlichkeiten aus anteilsbasierten Vergütungstransaktionen, die vor dem IFRS-Übergangszeitpunkt oder vor dem 01.01.2005 beglichen wurden, nach IFRS 2 abzubilden. Des Weiteren brauchen für nach IFRS 2 bilanzierte Verbindlichkeiten keine IFRS-Vergleichszahlen für Perioden vor dem 07.11.2002 angegeben zu werden.

Leistungen an Arbeitnehmer

Unternehmen können bei der Bilanzierung von Pensionsverpflichtungen nach IAS 19 „Leistungen an Arbeitnehmer" den so genannten Korridoransatz (corridor approach) wählen. Dieser ermöglicht es, bei der Bewertung von Pensionsverpflichtungen aus leistungsorientierten Plänen nur einen bestimmten Teil versicherungsmathematischer Gewinne und Verluste ergebniswirksam zu erfassen. Mit dem im Dezember 2004 neu in IAS 19 eingefügten Wahlrecht ist es zudem erlaubt, versicherungsmathematische Gewinne und Verluste vollständig ergebnisneutral im sonstigen Gesamterfolg zu erfassen (vgl. Kapitel 16). Versicherungsmathematische Gewinne und Verluste entstehen z.B. aufgrund von Schwankungen der Pensionsverpflichtungen, die durch Veränderungen der zugrunde liegenden Bewertungsannahmen (wie z.B. Zinssatz oder Gehalts- und Rententrends) hervorgerufen werden können. Sofern sich ein Erstanwender für die rückwirkende Anwendung des Korridoransatzes entscheidet, müssten sämtliche kumulierten versicherungsmathematischen Gewinne und Verluste seit Beginn des Pensionsplans bis zum Übergangszeitpunkt ermittelt und je nach Wahl der Verrechnungsmethode entweder in einen bilanzierungspflichtigen und einen nicht bilanzierungspflichtigen Anteil aufgespalten oder zum damaligen Entstehungszeitpunkt vollständig ergebnisneutral verrechnet werden. Alternativ erlaubt IFRS 1 daher allen Erstanwendern, sämtliche versicherungsmathematischen Gewinne und Verluste im Übergangszeitpunkt zu erfassen und ergebnisneutral in die Gewinnrücklagen einzustellen. Ungeachtet der Ausübung des Wahlrechts kann der Korridoransatz dennoch auf künftige versicherungsmathematische Gewinne und Verluste angewendet werden. Sofern die Befreiung gewählt wird, ist sie auf alle Pensionspläne einheitlich anzuwenden. Aufgrund dessen, dass versicherungsmathematische Gewinne und Verluste in vielen nationalen Rechnungslegungssystemen in der beschriebenen Form nicht berücksichtigt werden, betrifft das Wahlrecht jedoch überwiegend bisher nach US-GAAP bilanzierende Unternehmen.

Umrechnungsdifferenzen

Die Behandlung von Währungsumrechnungsdifferenzen regelt IAS 21 „Auswirkungen von Änderungen der Wechselkurse". Dessen verpflichtende retrospektive Anwendung auf die Umrechnung von Vermögenswerten und Schulden von ausländischen Geschäftsbetrieben würde die Ermittlung sämtlicher bisher aufgelaufener Umrechnungsdifferenzen und in bestimmten Fällen deren gesonderten Ausweises im sonstigen Gesamterfolg erfordern. Das würde besonders für Unternehmen mit einem hohen Internationalisierungsgrad zu einem erheblichen Datenbeschaffungsaufwand führen. Daher erlaubt IFRS 1, kumulierte Umrechnungsdifferenzen, die bei der Währungsumrechnung von ausländischen Geschäftsbetrieben entstanden sind, im Übergangszeitpunkt mit den Gewinnrücklagen zu verrechnen und somit „auf Null" zu setzen. Anschließend ist IAS 21 prospektiv anzuwenden. Sofern der ausländische Geschäftsbetrieb zu einem späteren Zeitpunkt veräußert wird, stellen die bis zum Übergangszeitpunkt angefallenen Umrechnungsdifferenzen demzufolge keinen Bestandteil der Veräußerungsgewinne und -verluste mehr dar.

Im März 2004 wurde IFRS 4 „Versicherungsverträge" verabschiedet, in dem die bislang ungeregelte Bilanzierung von Versicherungsverträgen behandelt wird. Als Vereinfachung ist es Erstanwendern erlaubt, die Übergangsregelungen in IFRS 4.41-45 anzuwenden.

Versicherungsverträge

Im November 2006 veröffentlichte das IASB die Interpretation IFRIC 12 „Service Concession Arrangements", die sich mit der Bilanzierung von Vereinbarungen über Dienstleistungskonzessionen befasst und verpflichtend für Geschäftsjahre anzuwenden ist, die am oder nach dem 01.01.2008 beginnen. Durch Dienstleistungskonzessionsvereinbarungen vergibt eine Regierung oder eine andere Institution Aufträge an private Betreiber, um öffentliche Dienstleistungen wie z.B. Straßen, Energieversorgung etc. bereitzustellen. Erstanwendern ist es dabei erlaubt, anstelle einer retrospektiven Bilanzierung die Übergangsvorschriften von IFRIC 12.30 anzuwenden. Danach können aus der Vereinbarung entstandene finanzielle und immaterielle Vermögenswerte unverändert mit ihrem bisherigen Buchwert in die Eröffnungsbilanz übernommen werden. Anschließend sind diese jedoch einem Wertminderungstest zu unterziehen.

Dienstleistungskonzessionsvereinbarungen

Zusätzlich veröffentlichte das IASB im März 2007 eine neue Version von IAS 23 „Fremdkapitalkosten", in der u.a. das Wahlrecht zur Einbeziehung von Fremdkapitalkosten bei der Ermittlung der Anschaffungs- oder Herstellungskosten von qualifizierten Vermögenswerten zu Gunsten einer diesbezüglichen Pflicht aufgehoben wurde. Anstelle einer retrospektiven Anwendung des Standards können IFRS-Erstanwender die Übergangsvorschriften von IAS 23.27-28 befolgen. Danach besteht ein Wahlrecht zur prospektiven Anwendung von IAS 23 zum 01.01.2009 oder zum ggf. späteren IFRS-Übergangszeitpunkt.

Fremdkapitalkosten

Sofern ein Tochterunternehmen seinen Abschluss erst später als das Mutterunternehmen auf IFRS umstellt, kann die Rechnungslegungsumstellung ebenfalls anhand der Vorschriften von IFRS 1 zum Übergangszeitpunkt des Tochterunternehmens vorgenommen werden. Alternativ ist es erlaubt, die zum Übergangszeitpunkt des Mutterunternehmens berichteten und an die Ansatz- und Bewertungsvorschriften der Mutter angepassten HB II-Werte unter Rücknahme von Konsolidierungsmaßnahmen und von Anpassungen durch die Kaufpreisallokation mit ihren fortgeführten Werten in die Eröffnungsbilanz zu übernehmen. Die Vorschriften gelten analog für assoziierte Unternehmen und Gemeinschaftsunternehmen.

Erstmalige Anwendung bei Tochter-, assoziierten und Gemeinschaftsunternehmen

---

Ein Mutterunternehmen veröffentlicht erstmalig zum 31.12.2007 einen IFRS-Konzernabschluss. Sein nach nationalen Vorschriften bilanzierendes Tochterunternehmen plant derzeit aufgrund eines künftigen Börsengangs, seinen Abschluss zum 31.12.2008 freiwillig umzustellen. Eine eigene IFRS-Eröffnungsbilanz ist daher erst zum 01.01.2007 notwendig. Zu Konsolidierungszwecken berichtet es aber schon seit dem 01.01.2006 und damit auch zum 31.12.2006 IFRS-Wertansätze an die Muttergesellschaft.

Zur Erleichterung darf es die zum 31.12.2006 berichteten IFRS-Wertansätze als Ausgangsbasis für die eigene Eröffnungsbilanz zum 01.01.2007 verwenden.

Beispiel 25.6

Stellt ein Mutterunternehmen seinen Konzernabschluss später als ein Tochterunternehmen, assoziiertes Unternehmen oder Gemeinschaftsunternehmen auf IFRS um, muss es die Buchwerte der Vermögenswerte und Schulden des jeweiligen Unternehmens nach Konsolidierungsanpassungen und Anpassungen der Auswirkungen des Unternehmenszusammenschlusses in seine Konzerneröffnungsbilanz übernehmen. Entsprechend müssen die Vermögenswerte und Schulden eines früher oder später umgestellten Einzelabschlusses des Mutterunternehmens abgesehen von Konsolidierungsanpassungen in beiden Abschlüssen identisch bewertet werden. Ein Befreiungswahlrecht existiert in diesen Bereichen nicht.

Neues Wahlrecht für Anteile an Tochter-, Gemeinschafts- oder assoziierten Unternehmen im Einzelabschluss vorgeschlagen

Ein weiteres Wahlrecht sieht das IASB zukünftig für die Bestimmung des Wertansatzes von Anteilen an einer Tochtergesellschaft, an einem Gemeinschaftsunternehmen oder an einem assoziierten Unternehmen im IFRS-Einzelabschluss des Mutterunternehmens vor. Derzeit ist der Wertansatz unter rückwirkender Anwendung von IAS 27 „Konzern- und separate Einzelabschlüsse nach IFRS" entweder in Höhe der fortgeführten Anschaffungskosten oder zum beizulegenden Zeitwert zu bestimmen. Im neuen Standardentwurf „Exposure Draft of Proposed Amendments to IFRS 1 First-time Adoption of IFRS and IAS 27 Consolidated and Separate Financial Statements", der am 13. Dezember 2007 veröffentlicht wurde, wird dagegen die Einführung eines Wahlrecht zwischen dem Ansatz des beizulegenden Zeitwerts oder dem Wert nach bisher angewandten Rechnungslegungsvorschriften in IFRS 1 vorgeschlagen. Die Kommentierungsfrist für den Standardentwurf endet im Februar 2008.

4.2.2 Verpflichtende Ausnahmebereiche

Verpflichtende Ausnahmebereiche vom Grundsatz der retrospektiven IFRS-Anwendung beinhaltet IFRS 1 in insgesamt drei Bereichen. Durch im Zeitablauf eingefügte Änderungen kann jedoch nicht immer von „verpflichtenden" Ausnahmebereichen gesprochen werden.

Ausbuchung von finanziellen Vermögenswerten und Schulden

IFRS 1 schreibt vor, dass die Vorschriften zur Ausbuchung von Finanzinstrumenten verpflichtend prospektiv auf alle ab dem 01.01.2004 angefallenen Transaktionen anzuwenden sind. Demnach sind nach nationalen Vorschriften schon ausgebuchte Finanzinstrumente vor dem 01.01.2004 nicht mehr in der IFRS-Eröffnungsbilanz anzusetzen, selbst wenn sie im Übergangszeitpunkt gemäß IAS 39 anzusetzen wären. Wahlweise kann jedoch, analog zu der freiwilligen früheren prospektiven Anwendung von IFRS 3, eine vorgezogene prospektive Anwendung vorgenommen werden, sofern den Unternehmen die dazu benötigten Informationen zur Verfügung stehen. Das Verbot der retrospektiven Anwendung der Ausbuchungsvorschriften von IAS 39 gilt jedoch ausschließlich für nicht-derivative Finanzinstrumente. Derivative Finanzinstrumente müssen stets in der Eröffnungsbilanz erfasst werden, sofern sie die Ansatzkriterien gemäß IAS 39 erfüllen.

Eine weitere verpflichtende Ausnahme vom Grundsatz der retrospektiven Anwendung existiert für Sicherungsbeziehungen. Derivate sind erst im Übergangszeitpunkt in der IFRS-Eröffnungsbilanz gemäß IAS 39 mit dem beizulegenden Zeitwert anzusetzen. Gleichzeitig sind alle nach nationalen Vorschriften im Zusammenhang mit Derivaten entstandenen Gewinne und Verluste auszubuchen, die bisher wie Vermögenswerte oder Schulden ausgewiesen wurden. Sicherungszusammenhänge, die nicht die in IAS 39 definierten Voraussetzungen für eine Sicherungsbeziehung im Übergangszeitpunkt erfüllen, dürfen nicht in der Eröffnungsbilanz abgebildet werden. Demnach ist die Bilanzierung von Sicherungsbeziehungen, die vor dem Übergangszeitpunkt gebildet worden sind und nicht den Kriterien von IAS 39 entsprachen, gemäß den Vorschriften von IAS 39.91 und IAS 39.101 im Übergangszeitpunkt einzustellen.

Sicherungsbeziehungen

Die zum Übergangszeitpunkt für Zwecke der Bilanzerstellung nach nationalem Recht erfolgten Schätzungen sind grundsätzlich unverändert in die IFRS-Eröffnungsbilanz zu übernehmen. Waren nach nationalem Recht keine Schätzungen zum Übergangszeitpunkt erforderlich, müssen die nach IFRS durchzuführenden Schätzungen die Verhältnisse zum Übergangszeitpunkt widerspiegeln. Sofern jedoch festgestellt wird, dass die bisherigen Schätzungen fehlerhaft waren und/oder die nationalen Bilanzierungs- und Bewertungsmethoden von den IFRS abweichen, ist eine nachträgliche Anpassung vorzunehmen. Diese Regelungen gelten analog für das Ende der Vergleichsperiode.

Schätzungen

> Ein Unternehmen veröffentlicht zum 31.12.2007 erstmalig einen IFRS-Abschluss. In die Eröffnungsbilanz zum 01.01.2006 übernimmt es eine Rückstellung in Höhe von 1.000 T€, die nach nationalen Vorschriften gebildet wurde und mit IAS 37 konform geht. Das Management weiß per 31.12.2007, dass unter Berücksichtigung von neuen Informationen, die seit dem 30.06.2006 vorlagen, nur eine Rückstellung in Höhe von 800 T€ notwendig gewesen wäre.
>
> Bei der Aufstellung der Eröffnungsbilanz dürfen diese Informationen nicht berücksichtigt werden. Stattdessen ist die Rückstellungshöhe in der Übergangsperiode ergebniswirksam unter Befolgung von IAS 8 zu korrigieren.

Beispiel 25.7

5 Angaben

Ein erstmalig veröffentlichter IFRS-Abschluss muss sämtliche nach IFRS erforderlichen Angaben und Vergleichsdaten der Vorperiode enthalten. Während für Erstanwender mit einem Übergangszeitpunkt vor dem 01.01.2006 noch bestimmte Erleichterungen bei der Angabe von Vergleichsdaten zu IAS 32, IAS 39, IFRS 4, IFRS 6 und IFRS 7 gewährt wurden, bestehen für Erstanwender mit einem Übergangszeitpunkt nach dem 01.01.2006 keine derartigen Vereinfachungen.

Angabepflichten nach IFRS 1

Neben den grundsätzlich nach IFRS erforderlichen Angaben müssen Erstanwender gemäß IFRS 1.37-44 folgende zusätzliche Informationen veröffentlichen:
- Eine Erläuterung, wie sich die Umstellung auf die Vermögens-, Finanz- und Ertragslage ausgewirkt hat.
- Sofern zusätzlich nationale Vergleichszahlen veröffentlicht werden, ein Hinweis auf Nicht-Übereinstimmung mit den IFRS sowie eine qualitative Beschreibung der Art der Korrekturmaßnahmen, die erforderlich wären, um eine Übereinstimmung mit IFRS herzustellen.
- Je Bilanzposition die Summe der in der Eröffnungsbilanz als fortzuführende Werte angesetzten beizulegenden Zeitwerte für immaterielle Vermögenswerte, Sachanlagen und als Finanzinvestition gehaltene Immobilien und der damit verbundene Anpassungsbetrag gegenüber den Buchwerten nach nationalen Vorschriften.
- Sofern Finanzinstrumente neu klassifiziert worden sind, den beizulegenden Zeitwert jedes der neu eingeordneten Finanzinstrumente sowie die Klassifikation und den Buchwert im vorherigen Abschluss.
- Angaben entsprechend IAS 36, sofern Wertminderungen für den Zeitpunkt der Eröffnungsbilanz vorgenommen bzw. rückgängig gemacht worden sind.

Überleitungsrechnungen

Zusätzlich sind detaillierte Überleitungen des Eigenkapitals nach nationalen Vorschriften auf IFRS zum Zeitpunkt der Eröffnungsbilanz und des letzten veröffentlichten nationalen Abschlusses sowie des Jahresergebnisses nach nationalen Vorschriften auf IFRS für den Berichtszeitraum des letzten veröffentlichten nationalen Abschlusses darzustellen. In den Überleitungsrechnungen sind Effekte, die aus einer Korrektur von Schätzfehlern resultieren, von Auswirkungen der Anwendung von IFRS-Bilanzierungsmethoden zu trennen. Sofern bisher eine Kapitalflussrechnung aufgestellt wurde, sind damit verbundene Umstellungseffekte ebenfalls anzugeben. Die Eröffnungsbilanz muss demgegenüber nicht verpflichtend angegeben werden.

Zusatzangaben für Zwischenberichte

Veröffentlicht ein Unternehmen in der erstmaligen Berichtsperiode Quartals- oder Halbjahresberichte nach IAS 34 „Zwischenberichterstattung", verlagert sich der Zeitpunkt der erstmaligen Offenlegung von IFRS-Daten. Da gemäß IAS 34.20 auch jeder Zwischenbericht entsprechende Vergleichsdaten der Vorperiode enthalten muss, sind bspw. im erstmaligen IFRS-Quartalsbericht zum 31.03.2007 Quartalsvergleichzahlen zum 31.03.2006 zu veröffentlichen. Zudem sind sämtliche Ereignisse und Geschäftsvorfälle anzugeben, die wesentlich für das Verständnis der aktuellen Zwischenberichtsperiode sind. Das schließt eine umfassende Beschreibung der abweichenden IFRS-Bilanzierungs- und Bewertungsmethoden mit ein. Wurde jedoch schon im Rahmen eines anderen veröffentlichten Berichts darauf eingegangen, reicht ein Hinweis darauf aus. Neben den zu veröffentlichenden Informationen gemäß IAS 34 sind IFRS-Überleitungen für das nach nationalen Vorschriften ermittelte Eigenkapital zum Ende der Vergleichsperiode und für das nach nationalen Vorschriften ermittelte Jahresergebnis der Vergleichsperiode jeweils für die einzelne Periode sowie kumuliert darzustellen. Zudem fordert IFRS 1.45 die Angabe der Eigenkapital- und Ergebnis-Überleitungen, die auch im erstmaligen IFRS-Abschluss zu veröffentlichen sind.

Ausgewählte Literatur

Detert, K., Bilanzpolitisches Verhalten bei der Umstellung der Rechnungslegung von HGB auf IFRS – Eine empirische Untersuchung deutscher Unternehmen, Frankfurt a.M. 2008.
Klöpfer, E., Bilanzpolitisches Gestaltungspotenzial bei der Umstellung der Rechnungslegung von HGB auf IFRS, Hamburg 2006.

Übungsaufgabe

Aufgabe:
Die Umbau AG plant, ihren bisher nach handelsrechtlichen Grundsätzen aufgestellten Abschluss auf IFRS umzustellen. Als wesentliche Umstellungsbereiche werden folgende, bisher seit dem Börsengang der Umbau AG im Jahr 1995 getätigte Unternehmenszusammenschlüsse identifiziert:

02.05.1998	03.06.2000	01.01.2004
Pool GmbH (70 %)	Eventa GmbH (80 %)	Incept AG (100 %)
Kaufpreis: 30.000 T€	Kaufpreis: 15.000 T€	Kaufpreis: 8.000 T€

a) Welche Möglichkeiten zur bilanziellen Abbildung der Unternehmenszusammenschlüsse erlaubt IFRS 1?
b) Die Umbau AG entscheidet sich zur prospektiven Anwendung von IFRS 3 ab dem Übergangszeitpunkt auf IFRS zum 01.01.2006 In dem Fall sind auf die vergangenen Unternehmenszusammenschlüsse die Befreiungsvorschriften von IFRS 1 anzuwenden. Zeigen Sie anhand folgender Daten der Incept AG, welche Auswirkungen auf das Eigenkapital in der Eröffnungsbilanz zum 01.01.2006 in Abhängigkeit von der vorgenommenen Bilanzierung zu erwarten sind. Geben Sie dazu auch die Korrekturbuchungssätze zur Erstellung der Eröffnungsbilanz an.

- Im Rahmen der Erstkonsolidierung der nach HGB bilanzierenden Intercept AG wurden Sachanlagen (10.000 T€), Wertpapiere des Handelsbestands (4.000 T€), Aufwandsrückstellungen (2.000 T€) und Verbindlichkeiten (7.000 €) zu Tageswerten in die Konzernbilanz übernommen. Der Steuersatz der Intercept AG beträgt konstant 30 %, wobei die steuerliche Bilanzierung der handelsrechtlichen folgt und bisher keine aktiven latenten Steuern gebildet wurden.
- Ein selbst erstelltes patentiertes Verfahren mit nach IAS 38 aktivierungspflichtigen Entwicklungskosten von 500 T€ wurde handelsrechtlich nicht bilanziert. Das Verfahren verbessert seit Anfang 2004 den Produktionsbetrieb, wobei eine Nutzungsdauer von 5 Jahren geschätzt wurde.
- Die planmäßige Abschreibung der Sachanlagen erfolgt linear über eine Nutzungsdauer von 10 Jahren. Der beizulegende Zeitwert betrug 11.000 T€ zum 31.12.2005.
- Ein im Rahmen des Unternehmenszusammenschlusses entstandener Goodwill wird über die steuerlich zulässige Nutzungsdauer abgeschrieben.
- Der Marktwert der Wertpapiere zum 31.12.2005 betrug 6.000 T€.
- Aufwandsrückstellungen werden jährlich um 500 T€ erhöht, um den Gesamtbetrag einer im Jahr 2009 vorzunehmenden Generalüberholung zu erreichen.
- Verbindlichkeiten wurden insgesamt bis zum 31.12.2005 in Höhe von 1.500 T€ getilgt.
- Wertminderungen des Goodwills liegen nicht vor.

c) Wie würde sich die betragsmäßige Wirkung auf das Eigenkapital ändern, wenn der Goodwill der Incept AG bisher ergebnisneutral mit dem Eigenkapital verrechnet wurde?

Kapitel 26
Bilanzierungskorrekturen sowie Schätzungs- und Methodenänderungen

1 Einführung 813

2 Änderungen von Schätzungen 813

3 Fehlerkorrekturen 816

4 Änderungen von Bilanzierungs- und Bewertungsmethoden 820

5 Wesentliche Unterschiede zum HGB 823

6 Wesentliche Unterschiede zu US-GAAP 825

Ausgewählte Literatur 826

Übungsaufgaben 826

Am 19.07.2007 berichtete das Handelsblatt in einem Artikel über Bilanzierungsfehler im Konzernabschluss nach IFRS der Württembergische Lebensversicherung AG. Die Deutsche Prüfstelle für Rechnungslegung (DPR) hatte im Rahmen ihrer Prüfung des Konzernabschlusses zum 31.12.2005 gemäß § 342b Abs. 2 Satz 3 Nr. 1 HGB in großem Ausmaß Fehler in der Rechnungslegung gefunden. Auf Anordnung der Bundesanstalt für Finanzdienstleistungsaufsicht (BaFin) veröffentlichte die Württembergische Lebensversicherung AG eine Mängelliste mit insgesamt 52 Punkten. Ferner musste das Unternehmen die Bilanzierungsfehler im Konzernabschluss 2006 korrigieren. Den entsprechenden Ausführungen im Geschäftsbericht ist zu entnehmen, dass die Mängelliste insbesondere die folgenden Punkte enthält:
- Nichtkonsolidierung von zur Veräußerung vorgesehenen Tochterunternehmen und fehlende Beachtung des IFRS 5,
- Unterbewertung von Rückstellungen in Höhe von 173 Mio. € im Rahmen der Kaufpreisallokation bei der erstkonsolidierten Tochtergesellschaft Karlsruher Lebensversicherung AG,
- Fehler bei der Bewertung von Anteilen an assoziierten Unternehmen sowie
- Auslassungen und Mängel bei den erforderlichen Angaben in Abschluss und Anhang[1].

Die Württembergische Lebensversicherung AG ist aber bei weitem nicht das einzige Unternehmen, bei dem die deutsche Bilanzpolizei, wie die DPR insbesondere in der Presse häufig genannt wird, fündig geworden ist. Dem entsprechenden Tätigkeitsbericht der Prüfstelle für das Jahr 2006 ist zu entnehmen, dass in 19 von 109 Prüfverfahren eine fehlerhafte Rechnungslegung festgestellt wurde[2]. Damit haben für kapitalmarktorientierte Unternehmen auch die Vorschriften nach IFRS zur Korrektur von bilanziellen Fehlern eine nochmals höhere Bedeutung erfahren. Neben der Behandlung von Bilanzierungsfehlern führen auch die bilanzielle Abbildung von Schätzrevisionen und Änderungen der bisher angewandten Bilanzierungsmethoden regelmäßig zu Anpassungen des Abschlusses. Wie das obige Praxisbeispiel verdeutlicht, können diese teilweise ein beträchtliches Ausmaß erreichen.

Im Folgenden sollen Sie daher lernen,
- wann ein Bilanzierungsfehler vorliegt und wie dieser zu korrigieren ist,
- wie Schätzungsänderungen von Fehlern abzugrenzen und bilanziell zu erfassen sind und
- wie Änderungen von Bilanzierungs- und Bewertungsmethoden abgebildet werden müssen.

---

1 Vgl. Geschäftsbericht 2006 der *Württembergische Lebensversicherung AG*, S. 44-49.
2 Vgl. Tätigkeitsbericht der *DPR* für das Jahr 2006, S. 6.

1 Einführung

Die Änderung von Schätzungen, Korrektur von wesentlichen Fehlern aus Vorperioden, Änderung von Bilanzierungs- und Bewertungsmethoden sowie die Behandlung von Regelungslücken sind in IAS 8 „Bilanzierungs- und Bewertungsmethoden, Änderungen von Schätzungen und Fehler" geregelt. IAS 8.5 definiert u.a. auch, wann eine grundsätzlich geltende Bilanzierungsvorschrift aus praktischen Gründen nicht anwendbar ist (Undurchführbarkeit). Wie in Kapitel 25 bereits beschrieben, wird die Vorgehensweise für die erstmalige Erstellung eines vollständigen IFRS-Abschlusses hingegen durch IFRS 1 festgelegt. Weiterhin ist zu beachten, dass steuerliche Konsequenzen, die sich durch die Korrektur von Fehlern aus Vorperioden oder aus der Änderung von Bilanzierungs- und Bewertungsmethoden ergeben, nicht in den Anwendungsbereich von IAS 8 fallen (IAS 8.4). Vielmehr ist in diesen Fällen IAS 12 „Ertragsteuern" maßgeblich. Die in IAS 8 (überarbeitet 1993) noch enthaltenen Regelungen zur damaligen Gewinn- und Verlustrechnung sind in modifizierter Form nun Gegenstand von IAS 1 „Darstellung des Abschlusses". Dieser Standard wurde zuletzt im Rahmen des Projekts „Financial Statement Presentation" modifiziert und im September 2007 in neuer Fassung publiziert.

Anwendungsbereich von IAS 8

Nach der im Standard formulierten Zielsetzung dient IAS 8 insbesondere der Herstellung einer unternehmensübergreifenden und intertemporalen Vergleichbarkeit von IFRS-Abschlüssen sowie der Erhöhung von Relevanz und Verlässlichkeit des in diesen Abschlüssen publizierten Zahlenmaterials. So dürfen bspw. im Gegensatz zu früheren Versionen des IAS 8 bereits in Vorperioden gemachte und damit auch den entsprechenden Jahresabschlüssen zuzuordnende Fehler nicht nochmals falsch erfasst werden, indem die Vorjahresvergleichszahlen des aktuellen Abschlusses unangepasst bleiben. In die Gesamterfolgsrechnung gehen demnach keine Anpassungsbeträge mehr ein, die logisch zu Vorperioden gehören. Das IASB geht davon aus, dass der Standard dadurch dem selbst gesetzten Postulat der Erzeugung von Vergleichbarkeit und Stetigkeit von Abschlüssen besser genügen kann als zuvor (IAS 8.BC7). Dem steht jedoch entgegen, dass mit dieser Vorgehensweise der Bilanzierungsgrundsatz der Kongruenz (clean surplus), wonach die Summe der ausgewiesenen Periodenergebnisse mit dem Totalerfolg übereinstimmt, verletzt wird.

Zielsetzung

2 Änderungen von Schätzungen

Unternehmerische Tätigkeit ist immer mit Unsicherheit über die künftige Entwicklung verbunden. Aufgrund des eingeschränkten Wissensstandes über die Zukunft müssen Unternehmen die aus Geschäftsvorfällen zu erwartenden Aufwendungen und Erträge auf Basis der zum Bilanzstichtag verfügbaren Informationen möglichst fundiert schätzen. Da Prognosen vor dem Hintergrund der

Notwendigkeit von Schätzungen

unternehmerischen Unsicherheit für die Abschlusserstellung unumgänglich sind, verstößt ein auf vernünftigen Schätzungen basierender Abschluss laut IAS 8.33 ausdrücklich nicht gegen den Verlässlichkeitsgrundsatz. Änderungen von Schätzungen werden als in der Rechnungslegungspraxis nicht zu vermeidende und insofern regelmäßig wiederkehrende, gewöhnliche Sachverhalte angesehen.

Entstehung von Änderungen von Schätzungen

Wegen der beschriebenen Unsicherheit können z.B.
- beizulegende Zeitwerte von Vermögenswerten oder Schulden,
- der Wert risikobehafteter Forderungen,
- Nutzungsdauern und Abschreibungsverlauf von abnutzbaren Vermögenswerten,
- die Überalterung von Vorräten oder aber
- der Wertansatz von Gewährleistungsgarantien

nicht präzise bestimmt, sondern lediglich prognostiziert werden. Die Notwendigkeit regelmäßiger Schätzungen ergibt sich dabei direkt aus den betreffenden Standards. Generell sind bei jeder Schätzung und bei jeder Änderung von Schätzungen die aktuellsten verfügbaren, verlässlichen Informationen zugrunde zu legen (IAS 8.32). Im Zeitablauf können eine neue Informationslage, ein größerer Erfahrungsschatz oder aktuelle Entwicklungen dazu führen, dass vormals vorgenommene Schätzungen geändert werden müssen (IAS 8.34).

Beispiel 26.1

Die Blechdosen AG erwirbt zum 01.01.2005 vier Spezialmaschinen gleichen Typs zur Fertigung verschiedenartiger Dosengrößen und -formen zu einem Anschaffungspreis von insgesamt 400 T€. Die Nutzungsdauer wird von der Geschäftsführung auf jeweils acht Jahre geschätzt. Anfang 2007 wird eine Spezialmaschine neuer Bauart in den Markt eingeführt, welche den 2005 angeschafften Maschinen hinsichtlich Kapazität als auch Funktionalität weit überlegen ist. Dadurch verkürzt sich die geschätzte wirtschaftliche Nutzungsdauer der von der Blechdosen AG erworbenen Maschinen von acht auf sechs Jahre.

Abgrenzung von Schätzungsänderungen

Änderungen von Schätzungen sind grundsätzlich nicht als Korrektur von Fehlern zu klassifizieren (IAS 8.34 und 8.48). Die Änderung der Bewertungsgrundlage von Vermögenswerten ist nicht als Änderung einer Schätzung, sondern als Änderung der Bilanzierungs- und Bewertungsmethode anzusehen (IAS 8.35)[3]. Wichtig sind diese Abgrenzungen insbesondere, weil sich die Bilanzierung der Änderungen von Schätzungen fundamental von der bilanziellen Abbildung der

---

[3] Wird also von einem neuen Standard ein anderes Abschreibungsverfahren für eine Sachanlage vorgeschrieben, so handelt es sich um eine Änderung der Bilanzierungs- und Bewertungsmethoden. Muss dagegen die Nutzungsdauer der Sachanlage geändert werden, weil gegenüber der erstmaligen Schätzung bessere und aktuellere Informationen zur Verfügung stehen, so liegt eine Schätzungsänderung vor. Vgl. hierzu auch den vierten Gliederungspunkt dieses Kapitels.

Korrektur von Fehlern und der Änderung von Bilanzierungs- und Bewertungsmethoden unterscheidet.

Eine Änderung von Schätzungen kann lediglich dann als Korrektur eines Fehlers interpretiert und entsprechend bilanziell behandelt werden, wenn zum Bewertungszeitpunkt wesentliche der verfügbaren Informationen unbeachtet geblieben sind und diese Nichtberücksichtigung zu einer offensichtlich falschen Bewertung des Sachverhalts geführt hat. In einem solchen Fall kann aufgrund mangelnder Sorgfalt bei der Einschätzung von einem grundlegenden Fehler ausgegangen werden. Kann eine Abgrenzung zwischen einer neu zugänglichen Information und einer früheren Fehlinterpretation nicht hinreichend sicher vorgenommen werden, so empfiehlt die Kommentarliteratur im Zweifelsfall die Behandlung als Änderung einer Schätzung[4]. Dieses Vorgehen ist zwar nicht direkt im aktuellen Standard verankert, entspricht aber einer analogen Anwendung von IAS 8.35. Dort wird bei einer nicht eindeutig möglichen Unterscheidung zwischen der Änderung einer Schätzung und der Änderung der Bilanzierungs- und Bewertungsmethoden die Behandlung als Schätzänderung vorgeschrieben. Ist demgegenüber bspw. die Änderung der wirtschaftlichen Nutzungsdauer eines abnutzbaren Vermögenswertes nicht auf neue bessere Informationen, sondern auf neue Standards oder Interpretationen zurückzuführen, die eine bestimmte Nutzungsdauer derartiger Vermögenswerte explizit vorsehen, so liegt in diesem Fall ein Wechsel der Bilanzierungs- und Bewertungsmethoden und keine Änderung einer Schätzung vor (IAS 8.14). Wie noch zu zeigen sein wird, verringert die grundsätzliche Behandlung beschriebener Grenzfälle als Änderungen von Schätzungen den Anpassungsaufwand von Abschlüssen erheblich.

Grenzfälle

Die Auswirkungen von Schätzungsänderungen sind gemäß IAS 8.36 jeweils ergebniswirksam über die Gesamterfolgsrechnung zu berücksichtigen. Sie können entweder nur die aktuelle Periode betreffen (z.B. wenn der geschätzte Betrag von uneinbringlichen Forderungen im neuen Geschäftsjahr an neue Informationen angepasst wird) oder aber zusätzlich nachfolgende Berichtsperioden (etwa bei der Anpassung der geschätzten Nutzungsdauer oder des Abschreibungsverlaufes von Vermögenswerten). In jedem Fall sind Änderungen von Schätzungen prospektiv, d.h. ohne eine Anpassung der früheren Periodenergebnisse vorzunehmen (IAS 8.36 und 8.38). Sind Vermögenswerte, Schulden und/oder das

Prospektive Behandlung von Schätzungsänderungen

---

[4] Vgl. *Haufe IFRS-Kommentar*, § 24: Stetigkeitsgebot, Änderung Bilanzierungsmethoden und Schätzungen, Bilanzberichtigung, Tz. 34.

Angabepflichten

Eigenkapital von der Änderung der Schätzung betroffen, so ist der Buchwert dieser Bilanzposten anzupassen (IAS 8.37)[5].

Hat eine Prognosekorrektur einen wesentlichen Einfluss auf die gegenwärtige Berichtsperiode oder kann ein solcher Einfluss auf zukünftige Perioden erwartet werden, so sind Art und Betrag der Korrektur im Abschluss offen zu legen. Können die Auswirkungen auf spätere Perioden nicht beziffert werden, so ist diese Information gleichfalls anzugeben (IAS 8.39-40).

Beispiel (Fortsetzung von Beispiel 26.1)

Stimmt die Nutzungsdauer der vier Spezialmaschinen für die Erstellung der Handelsbilanz mit der für die Steuerbilanz überein, so stehen die Maschinen bei linearer Abschreibung Anfang 2007 mit einem Restbuchwert von 300 T€ (400 T€ – 2 · 50 T€) in den Büchern.

Statt über weitere sechs Jahre werden die vier Maschinen nun nur noch über vier Jahre Restnutzungsdauer abgeschrieben. Der neue Abschreibungsbetrag ergibt sich wie folgt:

$$\text{Jährl. Abschreibungsbetrag} = \frac{\text{Restbuchwert Maschinen}}{\text{Restnutzungsdauer}} = \frac{300\ \text{T€}}{4\ \text{Jahre}} = 75\ \text{T€}$$

Der Buchungssatz für das Geschäftsjahr 2007 lautet demnach:
Abschreibung   an   Maschinen   75 T€

3 Fehlerkorrekturen

Berücksichtigung von Fehlern

Bei der Aufstellung von Jahresabschlüssen kann den Erstellern eine Vielzahl von absichtlichen und unabsichtlichen Fehlern unterlaufen. Fehler, die in Vorperioden verursacht worden sind und in der gegenwärtigen Berichtsperiode aufgedeckt werden, können auf Rechenfehler, die falsche Anwendung von Rechnungslegungsmethoden, Fehlbeurteilungen von Sachverhalten, Versehen oder Betrug zurückgeführt werden. Diese Fehler sind in IAS 8.5 definiert als fehlende oder falsche Informationen im Abschluss von Unternehmen, die dadurch entstehen, dass verlässliche Informationen, die zum Zeitpunkt der Abschlusserstellung

---

[5] Leicht missverständlich ist dabei der Wortlaut des Standards. So schreibt IAS 8.36 eine Ergebniswirkung nur dann vor, wenn es sich nicht um die Änderung eines Bilanzpostens i.S.d. Textziffer 37 handelt. Allerdings sind nur schwer Fälle vorstellbar, in denen Aufwands- oder Ertragspositionen angepasst werden, ohne dass korrespondierend ein Bilanzposten verändert wird. Interpretiert werden können die Regelungen dahingehend, dass es in wenigen Fällen durchaus Anpassungen von Bilanzposten geben kann, die keine unmittelbare Ergebniswirkung entfalten. Als Beispiele sind hier die Neubeurteilung des beizulegenden Zeitwertes von zur Veräußerung verfügbaren finanziellen Vermögenswerten oder die Neueinschätzung von Entsorgungsverpflichtungen zu nennen. Vgl. *Haufe IFRS-Kommentar*, § 24: Stetigkeitsgebot, Änderung Bilanzierungsmethoden und Schätzungen, Bilanzberichtigung, Tz. 42.

verfügbar waren und von denen die Verfügbarkeit und die Relevanz für den Jahresabschluss vernünftigerweise erwartet werden konnte, nicht oder auf falsche Weise herangezogen wurden. Nach IAS 8.41 ist ein Abschluss, der wesentliche oder absichtlich zur Vortäuschung einer bestimmten wirtschaftlichen Lage des Unternehmens herbeigeführte Fehler enthält, nicht IFRS-konform. Entsprechend verlangt das IASB eine Heilung dieses Missstandes durch eine Anpassung der Vergleichszahlen und die Offenlegung ergänzender Informationen wie z.B. der Anpassung des Ergebnisses je Aktie. Allerdings beinhaltet IAS 8 anscheinend eine Inkonsistenz. So sind nach IAS 8.42 nur die wesentlichen Fehler aus früheren Perioden zu korrigieren, obwohl das IASB explizit auch unwesentliche, aber absichtlich herbeigeführte Fehler als so gefährlich einschätzt, dass durch sie eine gewünschte Darstellung der Vermögens-, Finanz- und Ertragslage oder der Cashflows herbeigeführt werden kann, wodurch die Abschlüsse dieser Unternehmen nicht im Einklang mit den IFRS stehen (IAS 8.8 und 8.41).

Die Korrektur solcher wesentlicher Fehler ist über eine retrospektive, d.h. rückwirkende Anpassung der Abschlussdaten so vorzunehmen, als wäre der Fehler nie entstanden. Potentielle Fehler der aktuellen Berichtsperiode sollen – sofern sie rechtzeitig entdeckt werden – noch vor der Veröffentlichung des Geschäftsberichts korrigiert werden (IAS 8.41).

<small>Rückwirkende Korrektur</small>

Bei der rückwirkenden Korrektur wesentlicher Fehler früherer Perioden ist zu unterscheiden, ob die zu korrigierenden Beträge noch in den Vergleichsperioden des aktuellen Abschlusses gezeigt werden, oder ob der Fehler früher aufgetreten ist. Im ersten Fall können einfach die fehlerhaften Werte der Vergleichsperioden, in denen der Fehler aufgetreten ist, korrigiert werden (IAS 8.42(a)). Im zweiten Fall müssen die Werte der Eröffnungsbilanz der frühesten dargestellten Vergleichsperiode korrigiert werden. Durch die Fehlerkorrektur wird also der Saldovortrag der Vermögenswerte, Schulden und des Eigenkapitals angepasst (IAS 8.42(b)). In beiden Fällen sind ggf. entstehende Steuerlatenzen gemäß IAS 12 zu berücksichtigen. Eine Ergebniswirksamkeit der Korrektur von Fehlern aus Vorjahren in der laufenden Periode ist generell unzulässig (IAS 8.46). Hier wird die Sicherstellung der Periodenvergleichbarkeit mit einem Verstoß gegen den Bilanzierungsgrundsatz der Kongruenz, bezogen auf das Periodenergebnis, erkauft.

Aus Praktikabilitätsüberlegungen sind Ausnahmen von der rückwirkenden Korrektur von Fehlern aus Vorperioden zulässig (IAS 8.43). Ist die Bestimmung der Anpassungsbeträge für die einzelnen Perioden nicht durchführbar, so sollen die Saldovorträge der Vermögenswerte, Schulden und des Eigenkapitals für die früheste Periode korrigiert werden, für die dieses Vorgehen praktikabel ist (IAS 8.44). Ist der kumulativ für alle Perioden resultierende Effekt aus der Fehlerkorrektur nicht praktikabel zu ermitteln, so hat nach IAS 8.45 ab dem frühestmöglichen Zeitpunkt eine prospektive Anpassung zu erfolgen. In IAS 8.5 sowie 8.50-53 wird der Begriff der Nicht-Durchführbarkeit näher spezifiziert. So fehlen häufig die Informationen aus vergangenen Perioden, die für eine Fehlerkorrektur benötigt würden, oder eine Korrektur würde Annahmen über die Ab-

<small>Ausnahmen von der rückwirkenden Korrektur</small>

sicht des Managements zum damaligen Zeitpunkt erforderlich machen. Bei der Korrektur von Fehlern aus Vorperioden ist außerdem strikt zwischen Informationen, die die Gegebenheiten zum Transaktionszeitpunkt widerspiegeln und zum Zeitpunkt der damaligen Abschlusserstellung auch verfügbar gewesen wären, und anderen Informationen zu unterscheiden. Ist eine solche Differenzierung nicht möglich, so ist eine retrospektive Korrektur des Fehlers gemäß IAS 8.52 ebenfalls nicht durchführbar. Zu beachten ist ferner, dass späteres besseres Wissen bei der nachträglichen Korrektur nicht zu berücksichtigen ist. Wird z.B. ein Bewertungsfehler in den bis zur Endfälligkeit zu haltenden finanziellen Vermögenswerten (held-to-maturity investments) korrigiert, so darf eine Anpassung an die spätere Entscheidung des Managements, die Vermögenswerte doch nicht bis zur Endfälligkeit zu halten, nicht erfolgen (IAS 8.53).

Zeitraum der Anpassung

Aus dem Wortlaut von IAS 8 lässt sich die zeitlich uneingeschränkte rückwirkende Korrektur von Fehlern ableiten. Der Abschluss der Berichtsperiode soll so aufgestellt sein, als wäre der Fehler in den Vorperioden nicht unterlaufen.

Zusätzliches Rechenwerk

Gemäß dem neu gefassten IAS 1.10(f) ist im Falle einer Fehlerkorrektur nun eine dritte Bilanz zu veröffentlichen, nämlich die Eröffnungsbilanz der Vergleichsperiode. Diese zusätzliche Offenlegungspflicht greift außerdem immer dann, wenn Abschlussposten umgegliedert oder die Bilanzierungs- und Bewertungsmethoden retrospektiv geändert werden.

Angabepflichten

Nach den umfangreichen Angabepflichten von IAS 8.49 müssen im Abschluss der Korrekturperiode

- die Art des Vorjahresfehlers,
- für jede Vergleichsperiode der Korrekturbetrag für alle betroffenen Bilanzposten sowie für das unverwässerte und das verwässerte Ergebnis je Aktie (sofern IAS 33 „Ergebnis je Aktie" anzuwenden ist),
- der Korrekturbetrag zu Beginn der frühesten im Abschluss dargestellten Vorperiode sowie
- bei Nicht-Durchführbarkeit einer Anpassung in einer früheren Periode umfangreiche Angaben zu den dazu führenden Umständen und der Behandlung des Fehlers offen gelegt werden.

Zwar geht aus dem Wortlaut des Standards nicht hervor, wo die geforderten Informationen im Abschluss anzugeben sind, eine Offenlegung im Anhang liegt aber nahe.

Beispiel 26.2[6]

Die Keksdosen AG erwirbt zum 01.01.2006 vier Maschinen gleichen Typs mit einer Nutzungsdauer von acht Jahren zur Fertigung von Dosendeckeln zu einem Anschaffungspreis von insgesamt 400 T€. Der Buchhalter der Keksdosen AG versäumt es, im Geschäftsjahr 2006 die Abschreibung auf die vier Maschinen im Abschluss zu berücksichtigen. Daher werden das Periodenergebnis vor Steuern (Steuersatz 30 %) und der Buchwert der Maschinen 2006

---

6 Die IAS 8 Implementation Guidance enthält ein weiteres Beispiel zur retrospektiven Korrektur eines Fehlers.

um je 50 T€ zu hoch ausgewiesen. Im Laufe des Geschäftsjahres 2007 fällt dieser Fehler auf und ist somit bei der Erstellung des 2007er Abschlusses zu korrigieren. Angenommen das ausgewiesene Vorsteuer-Ergebnis der Keksdosen AG beläuft sich in 2006 und 2007 auf jeweils 250 T€, dann wäre der Fehler in den Vorjahreswerten wie folgt zu behandeln:

	2007	2006 korrigiert	2006 vorher
Ergebnis vor Steuern	250 T€	200 T€	250 T€
Steuern	75 T€	60 T€	75 T€
Periodenergebnis	175 T€	140 T€	175 T€

Für die Eröffnungsbilanz 2007 ergeben sich folgende Konsequenzen:
a) Angenommen, in der Steuerbilanz wird 2006 die Abschreibung nicht vergessen, d.h. das richtige Ergebnis für die Steuerzahlung ermittelt:

Der Buchwert der Maschinen muss ergebnisneutral korrigiert werden. Dies erfolgt über den Buchungssatz:
Gewinnrücklagen   an   Maschinen   50 T€

Außerdem ist auf Steuerlatenzen zu achten. Da aufgrund der Fehlbuchung im IFRS-Abschluss 2006 eine Differenz zur Steuerbilanz entstanden ist, muss dies 2006 zu einer passiven latenten Steuer in Höhe von 15 T€ (30 % auf 50 T€) geführt haben[7]. Im Rahmen der Fehlerkorrektur ist diese als Steuerrückstellung gebuchte passive latente Steuer nun aufzulösen:
Steuerrückstellung   an   Gewinnrücklagen   15 T€

b) Angenommen, in der Steuerbilanz wird die Maschinenabschreibung 2006 analog zum IFRS-Abschluss fälschlich unterlassen:

Gewinnrücklagen   35 T€
Steuerrückstellung   15 T€   an   Maschinen   50 T€

Die Auflösung der Steuerrückstellung bezieht sich hier auf tatsächliche Steuern und nicht auf latente Steuern. Da 2006 im Abschluss nach IFRS und in der Steuerbilanz ein zu hoher Gewinn ausgewiesen wird, ist die in diesem Zug gebildete Steuerrückstellung um 15 T€ (= 30 % auf 50 T€) zu hoch angesetzt worden. Dies wird durch die teilweise Auflösung der Rückstellung nun korrigiert. Der obigen Buchung liegt die Annahme zugrunde,

---

7 Annahmegemäß hat die Verbuchung der Steuerlatenz nicht dazu geführt, dass die Unterlassung der Abschreibung aufgefallen ist. Diese Annahme, die auch den Beispielen des IASB implizit zugrunde liegt, ist insofern realistisch, als dass die latenten Steuern häufig von der Steuerabteilung, und nicht von der für den Einzelabschluss zuständigen Abteilung, gebucht werden. Abstimmungsfehler sind demnach möglich.

dass die Korrektur in der Steuerbilanz ebenfalls ergebnisneutral erfolgt. Die Veränderung des Eröffnungsbilanzwertes der Gewinnrücklagen nach IFRS wird in der Eigenkapitalveränderungsrechnung dargestellt.

Angenommen, die Keksdosen AG veröffentlicht keine Angaben zum Ergebnis je Aktie nach IAS 33, so müssten folgende Informationen offen gelegt werden:

Die Keksdosen AG hat im Geschäftsjahr 2006 fälschlich eine Abschreibung auf Maschinen in Höhe von 50 T€ unterlassen. Die Vergleichszahlen für 2006 sind entsprechend angepasst worden und der nachfolgenden Übersicht zu entnehmen. Für das Jahr 2007 ergibt sich kein Anpassungseffekt.

Zunahme Abschreibungen	-50 T€
Abnahme Steuern vom Einkommen und Ertrag	15 T€
Abnahme Periodenergebnis	**-35 T€**
Abnahme Maschinen	-50 T€
Abnahme Steuerrückstellungen	15 T€
Abnahme Eigenkapital	**-35 T€**

4 Änderungen von Bilanzierungs- und Bewertungsmethoden

Stetigkeit und Vergleichbarkeit von Abschlüssen

Für die Vergleichbarkeit von Abschlüssen im Zeitablauf und die Ableitung von Entwicklungstendenzen der Ertragskraft, der Vermögenslage sowie der Cashflows eines Unternehmens fordert IAS 8 in den Textziffern 13 und 15 die Beibehaltung von Bilanzierungs- und Bewertungsmethoden. Eine Abweichung von diesem Grundsatz erlaubt das IASB nur im Fall einer von einem Standard oder einer Interpretation vorgeschriebenen Änderung bzw. dann, wenn die Änderung zu einer zutreffenderen Darstellung der Unternehmenslage führt (IAS 8.14). Die Frage, wann ein Methodenwechsel als eine Verbesserung der Berichterstattung zu interpretieren ist, ist vor dem Hintergrund der damit einhergehenden bilanzpolitischen Spielräume des Managements zu beantworten.

Keine Änderung der Bilanzierungsmethode

IAS 8.16-18 konkretisiert die Sachverhalte, die nicht als eine Änderung von Bilanzierungs- und Bewertungsmethoden zu interpretieren sind. Die Anwendung einer schon vorher angewandten Bilanzierungs- oder Bewertungsmethode auf einen Sachverhalt, der sich grundlegend von bereits existierenden Geschäftsvorfällen unterscheidet, ist nicht als Änderung zu verstehen. Kauft ein Unternehmen z.B. eine Maschine, deren Abschreibungsverlauf am besten degressiv beschrieben werden kann, obwohl alle übrigen Maschinen des Unternehmens linear abgeschrieben werden, so ist dies keine Methodenänderung. Ebenfalls liegt keine Methodenänderung vor, wenn eine neue Bilanzierungs- oder Bewertungsmethode auf Geschäftsvorfälle angewendet wird, die bislang nicht aufgetreten sind bzw. vorher nicht wesentlich waren. Explizit wird außerdem die erstmalige Anwendung der Neubewertungsmethode nach IAS 16 und IAS 38 vom Geltungsbereich des IAS 8 ausgeschlossen[8].

Änderungen der Bilanzierungs- und Bewertungsmethoden können grundsätzlich auch aus der Erstanwendung einzelner IFRS und Interpretationen resultieren. Die meisten der veröffentlichten Standards und Interpretationen bieten ihren Nutzern jedoch ausführliche Übergangsvorschriften für die Berücksichtigung der Auswirkungen ihrer erstmaligen Anwendung. Diese Vorschriften können entweder eine prospektive oder aber eine retrospektive Erfassung vorsehen. Für alle anderen Rechnungslegungsvorschriften ohne gesonderte Übergangsregeln schreibt IAS 8.19 die Anwendung der allgemeinen Regeln zur Berücksichtigung von Änderungen der Bilanzierungs- und Bewertungsmethoden vor, die grundsätzlich rückwirkend vorzunehmen sind. Wird z.B. bei der Bilanzierung von Roh-, Hilfs- und Betriebsstoffen von der nun grundsätzlich als Bewertungsvereinfachungsverfahren nicht mehr zulässigen LIFO-Methode auf die Durchschnittsmethode gewechselt, so ist die Vermögens-, Finanz- und Ertragslage so darzustellen, als hätte das Unternehmen den Wertansatz schon immer nach der Durchschnittsmethode ermittelt.

Erstmalige Anwendung einzelner Standards

Analog zur Korrektur wesentlicher Fehler aus Vorperioden ist die Änderung von Bilanzierungs- und Bewertungsmethoden anhand der rückwirkenden Anwendung über eine ergebnisneutrale Anpassung aller betroffenen Eigenkapitalpositionen abzubilden (IAS 8.22). In der Regel wird die Anpassung über die Gewinnrücklagen erfolgen (IAS 8.26). Die Beträge sind jeweils so anzupassen, als wäre die neue Methode von jeher angewendet worden. Sind im aktuellen Abschluss Vorjahreswerte angegeben, können erforderliche Anpassungen direkt in diesen vorgenommen werden. Die Anpassung der Vorjahreswerte, die nicht als Vergleichsperioden im aktuellen Geschäftsabschluss veröffentlicht werden, erfolgt über den Saldovortrag der Eigenkapitalposten der frühesten veröffentlichten Periode. Ausnahmen von diesem grundsätzlichen Vorgehen aus Praktikabilitätsgründen sind in IAS 8.23-27 angegeben. Lässt sich der periodenspezifische Anpassungseffekt für mindestens eine Vergleichsperiode nicht bestimmen, so soll die neue Bilanzierungs- oder Bewertungsmethode rückwirkend ab der frühesten Periode, für die das Vorgehen durchführbar ist, angewendet werden. Über den Saldovortrag der betroffenen Eigenkapitalpositionen hat dann die

Retrospektive Behandlung von Methodenänderungen

---

8   Die Neubewertungsmethode ist immer auf Gruppen von Vermögenswerten anzuwenden. Wird ein Vermögenswert angeschafft, dem im Unternehmen keine ähnlichen Vermögenswerte entsprechen, kann dieser wahlweise anhand der Neubewertungsmethode folgebewertet werden. Gibt es im Unternehmen bereits Vermögenswerte, mit denen der neuangeschaffte Vermögenswert eine Gruppe bildet, wurden die Vermögenswerte der gleichen Gruppe bislang bereits nach dem Neubewertungsmodell folgebewertet. Eine retrospektive Anwendung der Neubewertungsmethode entfällt somit. Vgl. zur Neubewertungsmethode Kapitel 11 und Kapitel 12.

entsprechende Anpassung zu erfolgen. Ist der kumulative Effekt einer Methodenänderung nicht bestimmbar, so hat das Unternehmen die Vergleichszahlen prospektiv ab dem frühestmöglichen Zeitpunkt anzupassen. Dass damit die Beträge aus denjenigen Perioden, die zeitlich vor diesem Zeitpunkt liegen, nicht angepasst werden wird dabei vom IASB bewusst in Kauf genommen (IAS 8.27).

Angabepflichten

Hat die erstmalige Anwendung eines Standards oder einer Interpretation Auswirkung auf die aktuelle Berichtsperiode bzw. ein früheres Geschäftsjahr, oder könnte sich in Zukunft eine solche Auswirkung ergeben, sind umfangreiche Offenlegungspflichten zu beachten (IAS 8.28). So sind folgende Informationen gefordert:

- Titel des Standards oder der Interpretation,
- Angabe, dass die Übergangsvorschriften (falls vorhanden) beachtet wurden,
- Art der Änderung der Bilanzierungs- und Bewertungsmethoden,
- Beschreibung der Übergangsvorschriften (sofern existent),
- Übergangsvorschriften, die einen Einfluss auf künftige Perioden haben könnten,
- Anpassungsbeträge für jede einzelne betroffene Abschlussposition sowie ggf. für die Angaben zum Ergebnis je Aktie nach IAS 33,
- Betrag der Anpassungen, die sachlich den nicht mehr im Abschluss präsentierten Perioden zuzurechnen sind, sowie
- ggf. Gründe, warum die grundsätzlich anzuwendende retrospektive Methode nicht praktikabel war sowie eine Beschreibung, wie und ab wann die Anpassung tatsächlich erfolgte.

Ähnliche Angaben sind zu machen im Fall eines freiwilligen Wechsels der Bilanzierungs- und Bewertungsmethoden (IAS 8.29), worunter eine freiwillige frühere Anwendung eines Standards oder einer Interpretation allerdings nicht zu subsumieren ist (IAS 8.20)[9]. Neu gegenüber der alten Version des IAS 8 ist, dass es nun auch Offenlegungspflichten gibt, wenn verabschiedete, aber noch nicht verpflichtend anzuwendende Standards oder Interpretationen im aktuellen Berichtsjahr noch nicht zur Anwendung gekommen sind (IAS 8.30-31). Hierbei ist insbesondere der zu erwartende Einfluss der erstmaligen Anwendung der neuen Bilanzierungsregeln anzugeben.

---

9   Der im Standard verwendete Begriff der freiwilligen Änderung der Bilanzierungs- und Bewertungsmethoden ist streng genommen nicht konform mit der Definition in IAS 8.14(b). Letztgenannte Textziffer legt ausdrücklich fest, dass auch dann eine Pflicht zur Änderung der Bilanzierungs- und Bewertungsmethoden besteht, wenn dies nicht explizit durch eine Verlautbarung gefordert wird, jedoch eine verlässliche und relevantere Informationsvermittlung induziert. Vgl. hierzu auch *Haufe IFRS-Kommentar*, § 24: Stetigkeitsgebot, Änderung Bilanzierungsmethoden und Schätzungen, Bilanzberichtigung, Tz. 21.

5 Wesentliche Unterschiede zum HGB

Das HGB enthält keine vergleichbaren Bestimmungen zur bilanziellen Behandlung der Änderung von Jahresabschlüssen. Allerdings hat der Hauptfachausschuss des Instituts der Wirtschaftsprüfer (HFA des IDW) hierzu 2001 eine Stellungnahme verabschiedet, die 2007 in einer Neufassung veröffentlicht wurde[10].

Keine explizite HGB-Regelung

In dieser Stellungnahme wird nicht explizit auf Änderungen von Schätzungen eingegangen. Grundsätzlich scheint eine ergebniswirksame prospektive Behandlung von Schätzungsänderungen anerkannt zu sein[11]. Insgesamt wird dem Bilanzierungsgrundsatz der Kongruenz in Bezug auf den Jahresüberschuss im HGB eine größere Beachtung zugesprochen als der Sicherstellung einer Periodenvergleichbarkeit. Die dominante Bedeutung des Kongruenzgrundsatzes kann über die Ausschüttungsbemessungsfunktion des handelsrechtlichen Jahresabschlusses erklärt werden.

Änderung von Schätzungen

Der HFA unterscheidet die Änderung von fehlerfreien Jahresabschlüssen (hierunter lässt sich die Änderung der Bilanzierungs- und Bewertungsmethoden subsumieren) von der Änderung fehlerhafter Jahresabschlüsse. Unter einer Änderung des Jahresabschlusses ist dabei generell die Änderung einzelner Bilanz- und GuV-Posten sowie der Anhangangaben zu verstehen. Nicht unter diesen Terminus fallen dagegen Schreibversehen ohne inhaltliche Bedeutung, Veränderungen während der Aufstellungsphase des Jahresabschlusses bis zur Beendigung der Abschlussprüfung sowie die Ersetzung eines nichtigen Jahresabschlusses durch einen ordnungsgemäßen Abschluss.

Änderung von Jahresabschlüssen

Die rückwirkende Änderung festgestellter fehlerfreier Abschlüsse ist nur möglich, wenn gewichtige rechtliche, wirtschaftliche oder steuerrechtliche Gründe vorliegen und der Änderung nicht die Rechte Dritter entgegenstehen. Bei Kapitalgesellschaften dürfen die aufgrund eines ordnungsgemäßen Gewinnverwendungsbeschlusses entstandenen Gewinnansprüche ohne Einwilligung der Anteilseigner nicht durch die vorgenommenen Änderungen gemindert oder gar eliminiert werden. Die Grundsätze sind auch auf zurückliegende Jahresabschlüsse anzuwenden, so dass durch den Grundsatz der Bilanzverknüpfung (§ 252 Abs. 1 Nr. 1 HGB) eine Änderung bereits festgestellter Jahresabschlüsse notwendig werden kann. Ein solches Vorgehen entspräche dann der Regelung des IAS 8.

Änderung von fehlerfreien Jahresabschlüssen

Fehlerhafte Abschlüsse bedürfen der Korrektur, sofern die Auswirkungen des Fehlers wesentlich sind. Ein Fehler liegt nach den Vorstellungen des HFA dann vor, wenn der Abschlussersteller im Zeitpunkt der Feststellung den Verstoß gegen die gesetzliche Bilanzierungsverpflichtung bei gewissenhafter Prüfung

Änderung von fehlerhaften Jahresabschlüssen

---

10 Vgl. zu den folgenden Ausführungen bezüglich der Unterschiede zum HGB *HFA des IDW*, IDW Stellungnahme zur Rechnungslegung: Änderung von Jahres- und Konzernabschlüssen (IDW RS HFA 6), in: WPg Supplement 2/2007, S. 77-83.

11 Vgl. *ADS International*, Abschnitt 3: Erstmalige Anwendung, Änderung von Rechnungslegungsmethoden, Änderung von Schätzungen und Korrektur grundlegender Fehler, Tz. 202.

hätte erkennen können. Wird der Verstoß auf Basis erst später verfügbarer Informationen sichtbar, liegt hingegen kein Fehler vor. Die Korrektur von Fehlern kann generell in laufender Rechnung (d.h. im letzten noch nicht festgestellten Jahresabschluss) oder über eine Rückwärtsberichtigung vorgenommen werden. Welche dieser beiden Methoden zur Anwendung kommen darf bzw. muss hängt u.a. davon ab, ob der Fehler zu einer Nichtigkeit des Jahresabschlusses führt und ob eine Heilung des Mangels durch Zeitablauf bereits eingetreten ist. Diese Überlegungen gelten auch im Rahmen des Enforcement, wenn die DPR und/oder die BaFin einen Fehler feststellen. Wird ein mehrere Perioden zurückliegender Jahresabschluss geändert, so sind aufgrund des Grundsatzes der Bilanzverknüpfung ggf. auch alle nachfolgenden Abschlüsse zu korrigieren. Die Auswirkung von Korrekturen auf die Darstellung der Vermögens-, Finanz- und Ertragslage ist in angemessener Weise zu erläutern. Der geänderte Jahresabschluss ist außerdem als solcher zu kennzeichnen.

Änderung von Konzernabschlüssen

Deutsche Konzernabschlüsse müssen aufgrund der fehlenden unmittelbaren rechtlichen Bindungswirkung nicht festgestellt werden. Vielmehr werden sie durch Billigung des Aufsichtsrates oder der Hauptversammlung endgültig. Wird ein in einen Konzernabschluss einbezogener Jahresabschluss geändert, so führt dies zwingend nur dann zu einer korrespondierenden Anpassung des Konzernabschlusses, wenn diese Änderung aus Konzernsicht wesentlich ist für die Darstellung der Vermögens-, Finanz- und Ertragslage. Generell spielt es für die handels- und gesellschaftsrechtliche Beurteilung, ob und unter welchen Bedingungen eine Änderung vorgenommen werden kann oder muss, keine Rolle, ob der Konzernabschluss nach HGB oder IFRS aufgestellt wird. Dagegen ist das Rechnungslegungssystem entscheidend für die Art, in der die Änderung durchgeführt wird.

Ein nach den Regeln des HGB aufgestellter fehlerfreier Konzernabschluss kann unter denselben Voraussetzungen geändert werden wie ein fehlerfreier festgestellter Jahresabschluss. Fehler können immer durch Rückwärtsberichtigung korrigiert werden. Eine Pflicht zur rückwirkenden Berichtigung besteht dann, wenn eine Korrektur im laufenden Abschluss eine zeitnahe Informationsvermittlung nicht gewährleistet. Ob und inwieweit ein fehlerfreier Konzernabschluss nach IFRS angepasst werden kann richtet sich nach den oben beschriebenen Regelungen für die Änderung der Bilanzierungs- und Bewertungsmethoden gemäß IAS 8.14 ff. Die Frage, ob ein Fehler in einem Konzernabschluss nach IFRS zu einer Rückwärtsberichtigung führt, wird in Analogie zu der Behandlung von Konzernabschlüssen nach HGB beantwortet. Ist eine solche rückwirkende Änderung nicht erforderlich und wird sie auch nicht freiwillig vorgenommen, so greifen die ebenfalls oben beschriebenen Vorschriften zur Fehlerkorrektur nach IAS 8.41 ff.

DRS 13

Für HGB-Konzernabschlüsse gilt der zuletzt durch DRÄS 3 geänderte DRS 13 „Grundsatz der Stetigkeit und Berichtigung von Fehlern. DRS 13 sieht eine retrospektive Erfassung der Effekte von Methodenänderungen aus Vorperioden über einen Sonderausweis in der GuV der Berichtsperiode und die Angabe von Proforma-Zahlen der Vorjahren vor (DRS 13.9-14). Fehler werden als bewusst oder unbewusst entstandene Verstöße gegen bestehende Rechnungslegungsgrundsätze definiert (DRS 13.6). Die Erfassung von Fehlern aus Vorperioden hat aufgrund der übergeordneten Bedeutung des Bilanzierungsgrundsatzes der Kongruenz grundsätzlich im Ergebnis der Berichtsperiode zu erfolgen, wobei bei Beeinträchtigung der Darstellung der Vermögens-, Finanz- und Ertragslage ggf. die Abschlüsse aller Vorperioden retrospektiv anzupassen sind (DRS 13.25-26). Die Auswirkungen von Schätzungsänderungen sind in Konzernabschlüssen in Übereinstimmung mit den Bestimmungen des IASB prospektiv ergebniswirksam vorzunehmen (DRS 13.20). Allerdings ist in DRS 13.9 i.V.m. DRS 13.21 vermerkt, dass auch Schätzungen aus Vorperioden – falls notwendig – rückwirkend anzupassen sind. Im Konzernanhang sind neben den erläuternden Angaben zu der Änderung der Bilanzierungsgrundsätze auch Angaben zu der Änderung von Schätzungen und der Korrektur von Fehlern zu veröffentlichen, sofern sie Auswirkungen auf die Darstellung der Vermögens-, Finanz- und Ertragslage haben (DRS 13.28-32).

6 Wesentliche Unterschiede zu US-GAAP

Im Mai 2005 erschien SFAS 154 als Ergebnis des Konvergenzprojektes mit dem IASB. Dieser inhaltlich stark an IAS 8 angelehnte Standard ersetzt die Regelungen von APB Opinion 20 und SFAS 3 bezüglich der Bilanzierung der Änderungen von Schätzungen, der Korrektur von Fehlern aus Vorperioden sowie der Änderungen von Bilanzierungsmethoden.

Auch nach US-GAAP werden Änderungen von Schätzungen als ein mit der Erstellung von Abschlüssen unabwendbar verbundenes Problem verstanden (SFAS 154.2). In Übereinstimmung mit den Regelungen nach IAS 8.36 werden die Effekte, die aus Schätzrevisionen resultieren, prospektiv in der Berichtsperiode, in der die Änderung vorgenommen wird, sowie in den möglicherweise betroffenen künftigen Berichtsperioden berücksichtigt (SFAS 154.19). Ist ein Sachverhalt nicht eindeutig als Schätzungsänderung oder als Methodenänderung zu klassifizieren, soll er wie nach IAS 8.35 grundsätzlich wie eine Schätzungsänderung behandelt werden (SFAS 154.20). An bestimmte Bedingungen geknüpfte Offenlegungspflichten sind in SFAS 154.22 vorgegeben.

Änderungen von Schätzungen

In Analogie zu den Regelungen des IASB unterscheiden die neuen US-GAAP nicht mehr zwischen fundamentalen und anderen Fehlern. Einzig die Wesentlichkeit kann als Abgrenzungskriterium von Sachverhalten angesehen werden, die ggf. einer Korrektur bedürfen. In SFAS 154.2 werden mathematische Fehler, die falsche Anwendung von Bilanzierungs- und Bewertungsmethoden sowie Übersehen oder die missbräuchliche Interpretation von Sachverhalten als mögliche Ursachen für Bilanzierungsfehler genannt. Analog zur Regelung nach IFRS werden wesentliche Fehler grundsätzlich retrospektiv und ergebnisneutral über

Fehlerkorrektur

Buchwertanpassungen der zuvor falsch bilanzierten Vermögenswerte und Schulden in den Vergleichsperioden korrigiert. Verbleibende Korrekturbeträge aus nicht mehr dargestellten Vergleichsjahren werden in der frühesten Vergleichsperiode des aktuellen Abschlusses erfasst (SFAS 154.25). Auch nach SFAS 154.26 sind Angabepflichten zu beachten.

Änderungen der Bilanzierungsmethoden

In Übereinstimmung mit IAS 8 sind Änderungen der Bilanzierungsmethoden retrospektiv – das heißt unter Anpassung der Buchwerte in der frühesten im aktuellen Abschluss präsentierten Vergleichsperiode – zu berücksichtigen, sofern dies nicht aus Praktikabilitätsgründen unmöglich erscheint (SFAS 154.7). Ist eine der drei in SFAS 154.11 formulierten Bedingungen erfüllt und damit eine solche rückwirkende Anpassung nicht durchführbar, sieht der Standard zu IAS 8 analoge Vorschriften vor. In APB Opinion 20 war für freiwillige Bilanzierungsänderungen noch eine ergebniswirksame Behandlung in der aktuellen Berichtsperiode vorgesehen. Damit wird nun auch nach US-GAAP dem Ausweis eines vergleichbaren Periodenergebnisses ein höheres Gewicht beigemessen als dem Bilanzierungsgrundsatz der Kongruenz. Auch nach US-GAAP sind umfangreiche Offenlegungspflichten zu beachten (SFAS 154.17-18).

Ausgewählte Literatur

Hoffmann, W.-D., Bilanzberichtigung, in: PiR, 2. Jg. (2006), S. 14-16.

Zülch, H./Willms, J., Änderungen eines IAS/IFRS-Abschlusses, in: StuB, 6. Jg. (2004), S. 11-16.

Zülch, H./Willms, J., Jahresabschlussänderungen und ihre bilanzielle Behandlung nach IAS 8 (revised 2003), in: KoR, 4. Jg. (2004), S. 128-135.

Übungsaufgaben

Aufgabe 1:

Die Blechdosen AG hat am 01.01.2005 eine Maschine zur Erstellung und Bedruckung von Etiketten der von ihr produzierten Dosen erworben. Diese Maschine hatte einen Anschaffungspreis von 30 T€, als wirtschaftliche Nutzungsdauer wurden 3 Jahre unterstellt. Im Geschäftsjahr 2007 stellt der Buchhalter der Blechdosen AG fest, dass die Maschine in 2005 fälschlicherweise nicht aktiviert, sondern sofort komplett abgeschrieben wurde. Gehen Sie ferner von den nachfolgenden Annahmen aus.
- Das Geschäftsjahr entspricht dem Kalenderjahr.
- IAS 33 ist nicht anzuwenden.
- Der Fehler wird als wesentlich eingestuft.

- Eine Ausnahme von der rückwirkenden Korrektur des Fehlers aus Praktikabilitätsüberlegungen nach IAS 8.43 liegt nicht vor.
- Der relevante Steuersatz beträgt 30 %. Vereinfachend betrage der Bestand der Steuerrückstellungen zum 01.01.2005 Null. In den Jahren 2005 bis 2007 sollen keine Auflösungen der Steuerrückstellungen vorgenommen werden.
- Die Blechdosen AG hat in den Geschäftsjahren 2005 bis 2007 jeweils Umsatzerlöse von 300 T€ erwirtschaftet, außerdem fielen Umsatzkosten von 30 T€ und sonstige Aufwendungen von 20 T€ an. Die Abschreibungen sind zur Verdeutlichung der Effekte nicht in den Umsatzkosten enthalten, sondern sie werden separat erfasst.
- Zum 31.12.2004 betrugen die Gewinnrücklagen 2.000 T€, das gezeichnete Kapital hat an den Bilanzstichtagen 2005 bis 2007 jeweils eine Höhe von 1.000 T€.

a) Wie ist der Fehler im Geschäftsjahr 2007 zu korrigieren, wenn die Maschine 2005 in der Steuerbilanz ebenfalls komplett abgeschrieben wurde und die Korrektur in der Steuerbilanz ebenfalls ergebnisneutral erfolgt?

b) Wie ist der Fehler im Geschäftsjahr 2007 zu korrigieren, wenn die Maschine 2005 in der Steuerbilanz korrekt bilanziert wurde, d.h. nicht komplett abgeschrieben wurde?

Aufgabe 2:
Die in Deutschland ansässige Metalldosen AG hat am 01.01.2005 eine Maschine zur Vakuum-Verschließung von Dosen erworben. Diese Maschine stellt einen qualifizierten Vermögenswert nach IAS 23.4 dar. Die Anschaffungskosten von 400 T€ wurden aktiviert, zusätzlich fielen Fremdkapitalzinsen in Höhe von 100 T€ an. Die Nutzungsdauer wurde auf 5 Jahre beziffert. Im Geschäftsjahr 2007 beschließt die Metalldosen AG, Fremdkapitalzinsen generell zu aktivieren und nicht mehr sofort aufwandswirksam zu erfassen. Sie geht davon aus, dass damit eine zutreffendere Darstellung der Vermögens-, Finanz- und Ertragslage erreicht werden kann, zumal das IASB in der Neufassung von IAS 23 die Aktivierung von Fremdkapitalzinsen vorschreibt und das Endorsement auf EU-Ebene wohl auch nur noch eine Frage der Zeit ist. Welche Konsequenzen ergeben sich für den Jahresabschluss 2007 aus dieser Umstellung? Gehen Sie dabei von den nachfolgenden Annahmen aus:
- Das Geschäftsjahr entspricht dem Kalenderjahr.
- IAS 33 ist nicht anzuwenden.
- Eine Ausnahme von der generellen bilanziellen Behandlung der Methodenänderung aus Praktikabilitätsüberlegungen nach IAS 8.23-27 liegt nicht vor.
- Der relevante Steuersatz beträgt 30 %. In der Steuerbilanz wurden Fremdkapitalzinsen bislang ebenfalls sofort als Aufwand verrechnet. Die Änderung der Bilanzierungsmethode soll annahmegemäß auch steuerlich vollzogen werden, und zwar in analoger Weise zur IFRS-Behandlung.

- Vereinfachend betrage der Bestand der Steuerrückstellungen zum 01.01.2005 Null. In den Jahren 2005 bis 2007 sollen keine Auflösungen der Steuerrückstellungen vorgenommen werden.
- Die Metalldosen AG hat in den Geschäftsjahren 2005-2007 jeweils Umsatzerlöse von 300 T€ erwirtschaftet, außerdem fielen Umsatzkosten von 30 T€ und sonstige Aufwendungen von 20 T€ an. Die Abschreibungen sind zur Verdeutlichung der Effekte nicht in den Umsatzkosten enthalten, sondern sie werden separat erfasst.
- Zum 31.12.2004 betrugen die Gewinnrücklagen 2.000 T€.

Kapitel 27
Zur Veräußerung gehaltene langfristige Vermögenswerte und aufgegebene Geschäftsbereiche

1 Definitionen 830

2 Regelungsumfang und Anwendungsbereich von IFRS 5 834

3 Klassifikation 835
   Exkurs: Verkauf von Beteiligungen 838

4 Bewertung 841
   4.1   Erstbewertung 841
   4.2   Folgebewertung 843

5 Ausweis und Angaben 847

6 Wesentliche Unterschiede zum HGB und zu US-GAAP 851

Ausgewählte Literatur 851

Übungsaufgaben 852

Am 04.04.2007 war in einer Pressemitteilung der DaimlerChrysler AG zu lesen, dass der Vorstandsvorsitzende Dieter Zetsche Gesprächsverhandlungen mit potenziellen Erwerbern der Chrysler Group bestätigt. Im Juli folgte eine weitere Pressemitteilung, der entnommen werden konnte, dass sich die Veröffentlichung des Zwischenberichts für das zweite Quartal 2007 verschiebe. Als Begründung wurden „erhebliche Veränderungen in der Darstellung des Abschlusses" aufgrund der Restrukturierung des Konzerns genannt. Hinter dieser Aussage verbirgt sich der Vorgang, dass Chrysler Automotive und Chrysler Financial aufgrund der anstehenden Veräußerung an Cerberus Capital Management in dem genannten Abschluss als aufgegebene Geschäftsbereiche auszuweisen waren. In der Konzernbilanz zum zweiten Quartal 2007 wies die DaimlerChrysler AG somit – bei einer Bilanzsumme von 215.745 Mio. € – zur Veräußerung bestimmte Vermögenswerte in Höhe von 86.677 Mio. € aus. Das Konzernergebnis, das diesen Vermögenswerten zuzurechnen war, belief sich für das zweite Quartal 2007 auf 406 Mio. €. Dieser Betrag entspricht knapp einem Fünftel des Gesamtergebnisses (1.849 Mio. €).

Das Beispiel DaimlerChrysler AG verdeutlicht die hohe Relevanz, die der Thematik aufgegebener Geschäftsbereiche beigemessen werden muss. Der im März 2004 veröffentlichte IFRS 5 „Zur Veräußerung gehaltene langfristige Vermögenswerte und aufgegebene Geschäftsbereiche" („Non-current Assets held for Sale and Discontinued Operations") ist der erste Standard, der aus einem gemeinsamen Projekt von IASB und FASB im Rahmen der derzeitigen Konvergenzbestrebungen hervorgegangen ist. Im Dezember wurde IFRS 5 sodann von der EU-Kommission anerkannt. Er ersetzt den bis dahin gültigen Standard IAS 35 „Aufgabe von Geschäftsbereichen" (Discontinuing Operations) und gilt verpflichtend seit 2005.

Im Folgenden sollen Sie lernen,
- welche Kriterien nach IFRS 5 erfüllt sein müssen, um einen Vermögenswert oder eine Veräußerungsgruppe als zur Veräußerung gehalten und einen Geschäftsbereich als aufgegeben klassifizieren zu müssen,
- wie Vermögenswerte bzw. Veräußerungsgruppen, die als zur Veräußerung gehalten klassifiziert wurden, zu bewerten sind und
- wie der Ausweis als zur Veräußerung gehaltener Vermögenswerte und von Veräußerungsgruppen sowie von aufgegebenen Geschäftsbereichen erfolgen muss und welche Angaben in diesem Zusammenhang zu machen sind.

1 Definitionen

Bevor der Anwendungsbereich von IFRS 5 dargestellt werden kann, ist es erforderlich, die charakteristischen Begrifflichkeiten des Standards zu definieren und zu erläutern. Zu diesen zählen insbesondere die Begriffe langfristiger Vermögenswert (non-current asset), Veräußerungsgruppe (disposal group) und aufgegebener Geschäftsbereich (discontinued operation).

Langfristige Vermögenswerte unterliegen in ihrer Definition einer Negativabgrenzung. Gemäß Anhang A zu IFRS 5 handelt es sich bei einem langfristigen Vermögenswert um einen Vermögenswert, der nicht in den Definitionsbereich eines kurzfristigen Vermögenswertes fällt. Ein Vermögenswert muss nach IAS 1.57 eines der folgenden Kriterien erfüllen, um als kurzfristig zu gelten:

Definition langfristiger Vermögenswert

- Sein Abgang soll im Rahmen des normalen Geschäftszyklus erfolgen oder er ist zum Verkauf oder Verbrauch innerhalb dieses Zeitraums bestimmt,
- er wird vorrangig zu Handelszwecken gehalten,
- sein Ausscheiden wird innerhalb von zwölf Monaten nach dem Bilanzstichtag erwartet oder
- es handelt sich um Zahlungsmittel(äquivalente).

Bei allen anderen Vermögenswerten handelt es sich demzufolge um langfristige Vermögenswerte, zu denen gemäß IAS 1.58 sowohl materielle als auch immaterielle und finanzielle Vermögenswerte gehören.

Die Definition einer Veräußerungsgruppe kann ebenfalls Anhang A zu IFRS 5 entnommen werden. Eine Veräußerungsgruppe stellt demnach eine Gruppe von Vermögenswerten dar, die in einem einzigen Transaktionsvorgang gemeinsam verkauft oder auf andere Weise veräußert werden sollen, sowie die mit diesen Vermögenswerten unmittelbar verbundenen Schulden. Als Veräußerungsgeschäft gilt nach IFRS 5.10 auch der gegenseitige Tausch von langfristigen Vermögenswerten, wenn der Tauschvorgang gemäß IAS 16 „Sachanlagen" wirtschaftliche Substanz aufweist. Handelt es sich bei der Veräußerungsgruppe um eine zahlungsmittelgenerierende Einheit (ZGE), welcher nach den Vorschriften von IAS 36 „Wertminderung von Vermögenswerten" ein Goodwill zugerechnet wurde, so beinhaltet die Gruppe ebenfalls diesen im Rahmen eines Unternehmenszusammenschlusses erworbenen Goodwill. Gemäß IFRS 5.4 besteht eine Veräußerungsgruppe aus

Definition Veräußerungsgruppe

- einer einzelnen ZGE,
- einer Gruppe von ZGE oder
- aus nur einer Teil-ZGE.

Eine Veräußerungsgruppe kann jegliche Arten von Vermögenswerten und Schulden des Unternehmens enthalten, d.h. auch kurzfristige Vermögenswerte, kurzfristige Schulden und Vermögenswerte, die ansonsten von den Bewertungsvorschriften dieses Standards ausgenommen sind (IFRS 5.5). Bei einem Geschäftsbereich handelt es sich um einen Unternehmensbestandteil. Um verdeutlichen zu können, worum es sich bei einem aufgegebenen Geschäftsbereich handelt, muss demzufolge zunächst der Begriff des Unternehmensbestandteils (component of an entity) erläutert werden. Nach IFRS 5.31 i.V.m. Anhang A zu IFRS 5 handelt es sich bei einem Unternehmensbestandteil um operative Tätigkeiten nebst den zugehörigen Cashflows, bei denen eine Abgrenzung sowohl betrieblich als auch zum Zwecke der Rechnungslegung klar vom übrigen Un-

Definition aufgegebener Geschäftsbereich

ternehmen erfolgen kann[1]. Anders formuliert bedeutet dies, dass es sich bei einem Unternehmensbestandteil während seiner Nutzungsdauer um eine ZGE oder um eine Gruppe solcher ZGE handelt. Die folgende Abbildung veranschaulicht den Zusammenhang zwischen einem Unternehmensbestandteil und den ZGE sowie den Segmenten eines Konzerns.

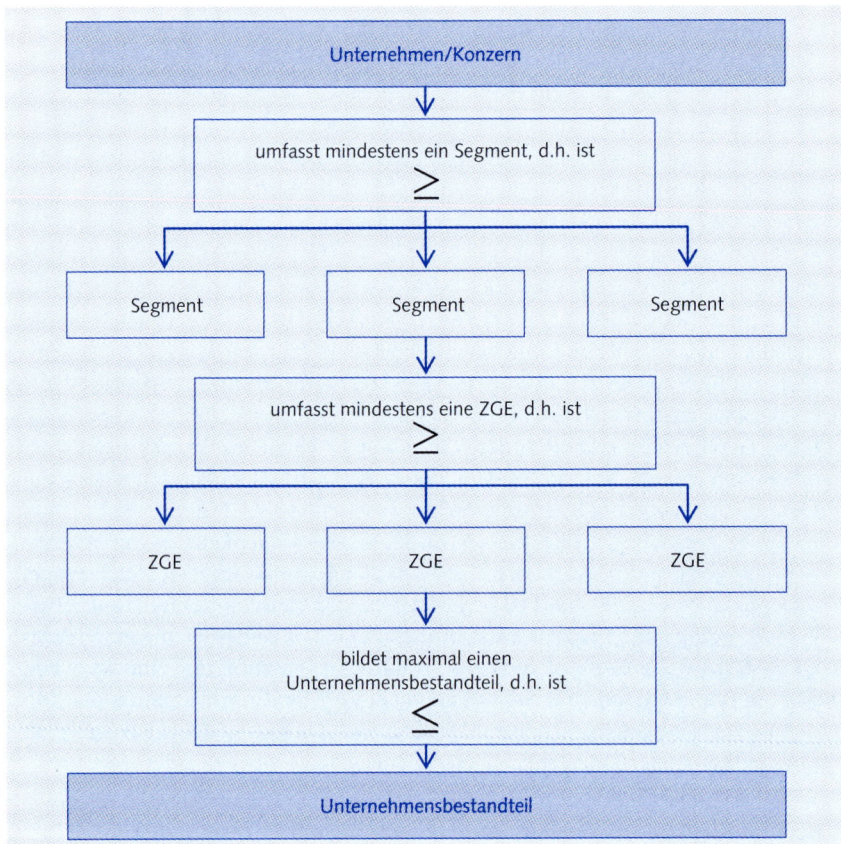

Abb. 27.1: Verhältnis der Begriffe Unternehmensbestandteil und ZGE nach IFRS 5

---

1 An dieser Stelle soll auf eine Problematik hingewiesen werden, die aus der Übersetzung des Standards aus dem Englischen ins Deutsche resultiert. Der Begriff „discontinued operation" ist als zusammenhängender Begriff zu sehen und als solcher klar definiert. Er wird mit der Bezeichnung „aufgegebener Geschäftsbereich" übersetzt. Daraus darf jedoch nicht direkt geschlussfolgert werden, dass der Begriff „operation" immer gleichgesetzt werden darf mit dem Begriff „Geschäftsbereich", wie im Anhang A zu IFRS 5 geschehen. In der deutschen Übersetzung zu IFRS 5 wird im Zusammenhang mit der Begriffsdefinition eines „Unternehmensbestandteils" dieser als Geschäftsbereich nebst zugehörigen Cashflows übersetzt. Im englischen Original hingegen wird allgemein von „operations" gesprochen. In diesem Fall definieren sich die Begriffe gegenseitig, was keinen Sinn ergibt. Insofern wird hier abgeleitet, dass mit „operations" viel mehr die operativen Tätigkeiten des Unternehmens gemeint sind.

Damit ein Geschäftsbereich als aufgegeben klassifiziert werden kann, muss der Unternehmensbestandteil gemäß IFRS 5.32 bereits veräußert oder aber als zur Veräußerung gehalten klassifiziert worden sein sowie
- einen gesonderten, wesentlichen Geschäftszweig oder geografischen Geschäftsbereich (separate major line of business or geographical area of operations) umfassen,
- Teil eines abgestimmten Veräußerungsplans eines separaten wesentlichen Geschäftzweigs oder eines geografischen Geschäftsbereichs sein oder
- ein ausschließlich zum Zwecke der Weiterveräußerung erworbenes Tochterunternehmen darstellen.

Die folgende Abbildung veranschaulicht zuvor genannte Kriterien.

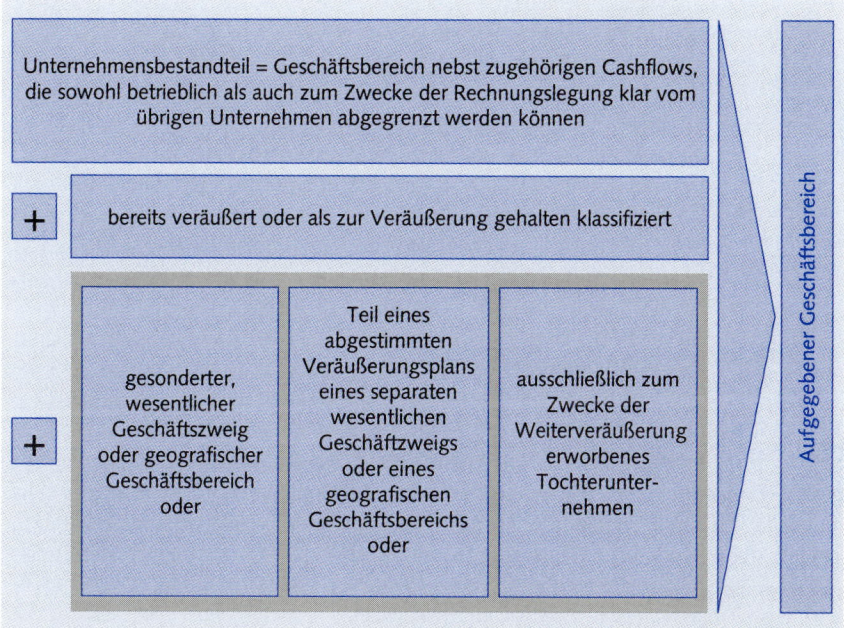

Abb. 27.2: Voraussetzungen für die Klassifikation als aufgegebener Geschäftsbereich (Quelle: Präsentation *Schruff, W.*, KPMG, HU-Berlin 2007)

Die Unterscheidung zwischen Veräußerungsgruppen einerseits und aufgegebenen Geschäftsbereichen andererseits stellt einen elementaren Bestandteil von IFRS 5 dar, da sich ein aufgegebener Geschäftsbereich und eine Veräußerungsgruppe zwar entsprechen können, aber nicht müssen.

2 Regelungsumfang und Anwendungsbereich von IFRS 5

Regelungsumfang

Abbildung 27.3 verdeutlicht den Regelungsumfang von IFRS 5. Der Standard enthält Vorschriften zur Klassifizierung, zur Bewertung und zum Ausweis langfristiger Vermögenswerte, die zur Veräußerung gehalten werden sowie zur Klassifizierung und zum Ausweis aufgegebener Geschäftsbereiche.

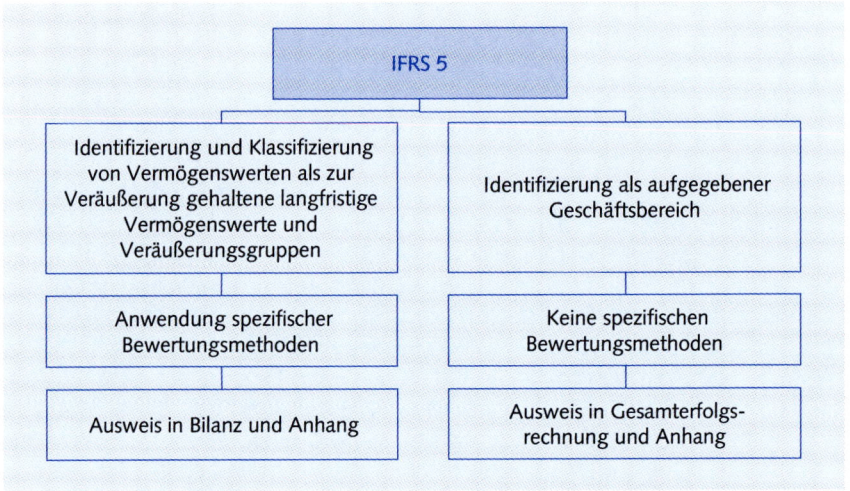

Abb. 27.3: Regelungsbereich von IFRS 5

Die Gültigkeit der Klassifizierungs- und Ausweisregelungen von IFRS 5 erstreckt sich gemäß IFRS 5.2 grundsätzlich auf alle bilanzierten langfristigen Vermögenswerte und auf alle Veräußerungsgruppen eines Unternehmens. Hinsichtlich ihrer Bewertung fallen die folgenden Vermögenswerte gemäß IFRS 5.5 jedoch explizit nicht in den Regelungsbereich von IFRS 5, sondern unterliegen den Vorschriften der entsprechend genannten Standards:

Ausschlüsse vom Anwendungsbereich

- Latente Steueransprüche (IAS 12 „Ertragsteuern"),
- Vermögenswerte aus Leistungen an Arbeitnehmer (IAS 19 „Leistungen an Arbeitnehmer"),
- finanzielle Vermögenswerte (IAS 39 „Finanzinstrumente: Ansatz und Bewertung"),
- langfristige Vermögenswerte, die gemäß IAS 40 „Als Finanzinvestition gehaltene Immobilien" zum beizulegenden Zeitwert bewertet werden,

- langfristige Vermögenswerte, die gemäß IAS 41 „Landwirtschaft" zum beizulegenden Zeitwert abzüglich geschätzter Verkaufskosten[2] bilanziert werden und
- Versicherungsverträge gemäß IFRS 4 „Versicherungsverträge".

Enthält eine Veräußerungsgruppe neben einem langfristigen Vermögenswert auch andere Vermögenswerte und Schulden des Unternehmens, einschließlich kurzfristiger Vermögenswerte und Schulden, die ansonsten von dem Anwendungsbereich von IFRS 5 ausgenommen sind, so sind die Bewertungsvorschriften von IFRS 5 gemäß IFRS 5.4 auf die Veräußerungsgruppe als Gesamtheit anzuwenden. Die einzelnen Vermögenswerte und Schulden hingegen werden weiterhin nach den entsprechenden IFRS bewertet.

3 Klassifikation

Die Klassifikation als aufgegebener Geschäftsbereich erfolgt, wenn die im vorangegangenen Abschnitt diskutierten und in Abbildung 27.2 verdeutlichten Definitionskriterien erfüllt sind.

Klassifikation als aufgegebener Geschäftsbereich

Ein langfristiger Vermögenswert (oder eine Veräußerungsgruppe) muss nach IFRS 5.6 als zur Veräußerung gehalten (held for sale) klassifiziert werden, wenn der ausgewiesene Buchwert nicht durch dessen zukünftige Nutzung sondern hauptsächlich (principally) durch einen Veräußerungsvorgang realisiert wird. Dies trifft gemäß IFRS 5.7 nur auf Vermögenswerte respektive Veräußerungsgruppen zu, die in ihrem gegenwärtigen Zustand und zu marktüblichen Bedingungen (terms usual and customary for sales) sofort veräußerbar sind[3] und wenn der Veräußerungsvorgang selbst als höchstwahrscheinlich (highly probable) eingestuft werden kann[4]. IFRS 5.8 nennt Kriterien, die kumulativ erfüllt sein müssen, damit eine Veräußerung als höchstwahrscheinlich gilt:

Klassifikation als zur Veräußerung gehalten

- Das zuständige Management hat bereits einen Veräußerungsplan beschlossen sowie mit der Käufersuche und damit aktiv mit der Umsetzung des Plans begonnen,

---

2 Im ED Proposed Improvements wird vorgeschlagen, die Begrifflichkeit in IAS 41 dem Wortlaut in IFRS 5 anzupassen und einheitlich den Begriff beizulegender Zeitwert abzüglich Veräußerungskosten zu verwenden. Vgl. *IASB*, ED Proposed Improvements, S. 46.
3 Veräußert ein Unternehmen eine Fabrikanlage samt offener Auftragsbestände, dann gilt die Anlage als sofort veräußerbar. Plant es hingegen, die offenen Aufträge erst noch selbst abzuarbeiten, dann ist das Kriterium der sofortigen Veräußerbarkeit nicht erfüllt. Vgl. IFRS 5 Beispiel 2.
4 Die genaue Übersetzung für den Begriff „highly probable" würde „hochwahrscheinlich" und nicht wie in IFRS 5 „höchstwahrscheinlich" lauten. Höchstwahrscheinlich wird im Standard als erheblich wahrscheinlicher als wahrscheinlich definiert.

- der angebotene Veräußerungspreis muss in einer angemessenen Relation zum gegenwärtigen beizulegenden Zeitwert des Vermögenswertes stehen,
- der Veräußerungsvorgang muss innerhalb eines Jahres nach der Klassifizierung als abgeschlossen (completed sale) erwartet werden (Ausnahmen von der Ein-Jahres-Frist regeln IFRS 5.9 sowie Anhang B zu IFRS 5) und
- die zur Realisation des Veräußerungsplans notwendigen Maßnahmen müssen darauf schließen lassen, dass sowohl eine wesentliche Änderung als auch eine Aufhebung des zugrunde liegenden Plans unwahrscheinlich sind.

Veräußerung nach Ablauf der Ein-Jahres-Frist

Liegen die Gründe dafür, dass der Verkauf erst nach Ablauf der Ein-Jahres-Frist stattfinden kann, außerhalb des Einflussbereichs des Unternehmens und liegen ausreichende substanzielle Hinweise dafür vor, dass das Unternehmen weiterhin an seinem Veräußerungsplan festhält, so ist gemäß IFRS 5.9 die bisherige Klassifizierung beizubehalten. Anhang B zu IFRS 5 konkretisiert, welche Hinweise vorliegen müssen, um als substanziell zu gelten.

Im Hinblick auf die einjährige Veräußerungsfrist entsteht ein Widerspruch zu den Abgrenzungskriterien eines kurzfristigen Vermögenswertes nach IAS 1.57, wonach ein Vermögenswert, der das Unternehmen innerhalb eines Jahres verlassen soll, als kurz- und nicht als langfristig gilt. Daher regelt IFRS 5.3 (zur Begründung siehe BC10), dass ein Vermögenswert, der nach IAS 1.57 als langfristig eingestuft worden ist, nicht als kurzfristig reklassifiziert werden darf, wenn bisher nur das Kriterium der einjährigen Veräußerungsfrist erfüllt ist. Die Rückklassifizierung darf erst dann erfolgen, wenn alle Kriterien nach IFRS 5.6-8 erfüllt sind, um diesen als zur Veräußerung gehalten einstufen zu dürfen, und es somit zu einer Anwendung von IFRS 5 kommt. Im Umkehrschluss dazu dürfen nach IFRS 5.11 langfristige Vermögenswerte, die ausschließlich zum Zweck der Weiterveräußerung erworben wurden, nur dann als zur Veräußerung gehalten klassifiziert werden, wenn die Erfüllung der verbleibenden Kriterien innerhalb eines kurzen Zeitraumes (drei Monate) erwartet wird[5].

Beispiel 27.1[6]

Die X-AG ist ein breit diversifiziertes Unternehmen. Einer der zahlreichen Geschäftsbereiche erweist sich seit längerer Zeit als unprofitabel. Dieser verlustträchtige Geschäftsbereich stellt im IFRS-Konzernabschluss der X-AG ein berichtspflichtiges Segment dar. Die Abgrenzung der dort generierten Cashflows von den Cashflows des übrigen Unternehmens kann eindeutig erfolgen. Am 11.12.2007 fasst der Vorstand der X-AG den Beschluss, den Geschäfts-

---

5 Die Formulierung „dürfen" in IFRS 5.3 sowie IFRS 5.11 in der aktuellen (Stand 02.2006) vom IASB autorisierten deutschen Übersetzung des Standards lässt auf ein Wahlrecht schließen. Im englischen Original hingegen ist der Wortlaut „shall ... only" enthalten, welcher auf eine verpflichtende Vorgehensweise hindeutet. Insofern liegt in der deutschen Version ein Übersetzungsfehler vor.

6 Das durchgängig in diesem Kapitel herangezogene Beispiel geht zurück auf eine Fallstudie, die uns freundlicherweise von der KPMG DTG zur Verfügung gestellt wurde.

> bereich innerhalb der nächsten zwölf Monate zu veräußern und beginnt unmittelbar mit der Suche nach einem geeigneten Käufer. Der Vorstand rechnet damit, den Geschäftsbereich zu einem marktüblichen Preis von 10 Mio. € veräußern zu können. Eine Änderung des Veräußerungsplanes erscheint unwahrscheinlich.
> Ist der Geschäftsbereich zum 31.12.2007 als zur Veräußerung gehalten auszuweisen?
> Der Geschäftsbereich bzw. die diesem zurechenbaren Vermögenswerte und Schulden sind zum 31.12.2007 als zur Veräußerung gehalten zu klassifizieren, da sämtliche Bedingungen gemäß IFRS 5.7-8 (sofortige Veräußerbarkeit im gegenwärtigen Zustand zu marktüblichen Konditionen, Veräußerung gilt als höchstwahrscheinlich, Veräußerung ist innerhalb eines Jahres geplant und eine wesentliche Änderung oder Aufhebung des Plans gelten als unwahrscheinlich) zum 11.12.2007 erfüllt sind.

Angemerkt sei an dieser Stelle, dass das Kriterium der Beschlussfassung durch das Management in der Praxis nicht immer eindeutig auslegbar ist. Im angloamerikanischen Raum kommt mehrheitlich das monistische Prinzip, also die alleinige Entscheidungsgewalt des Boards zum Tragen, so dass die Zustimmung der Mitglieder als gültiger Beschluss aufgefasst werden kann. Im deutschen dualistischen System hingegen stellt sich die Frage, welche Rolle dem Aufsichtsrat zuteil wird. Die Veräußerung des Teilbetriebs ist nur mit der Zustimmung des Aufsichtsrats möglich. Zu welchem Zeitpunkt soll in diesem Zusammenhang die Zustimmung des Aufsichtsrats eingeholt werden? Eine mögliche Vorgehensweise liegt darin, den Aufsichtsratsvorsitzenden im Vorfeld über die Veräußerungsabsicht zu informieren. Erscheint es als unwahrscheinlich, dass dieser zu einem späteren Zeitpunkt der Veräußerung nicht zustimmt, kann der Vorstand aktiv mit einer Käufersuche beginnen. Dennoch erscheint es zwingend erforderlich, dass der Aufsichtsrat dem endgültigen Vertrag noch einmal zustimmt.

Sofern die Kriterien aus IFRS 5.7-8 erst nach dem Bilanzstichtag des Jahresabschlusses erfüllt werden, ist die entsprechende Veräußerungsgruppe nicht als zur Veräußerung gehalten zu klassifizieren. Werden die Kriterien hingegen nach dem Bilanzstichtag aber vor Feststellung des Jahresabschlusses erfüllt, sind gemäß IFRS 5.12 erweiterte Anhangangaben (nach IFRS 5.41 (a), (b) und (d)) erforderlich. *Erfüllung der Kriterien von IFRS 5.7-8 nach dem Bilanzstichtag*

Für den Fall, dass ein als zur Veräußerung gehalten klassifizierter Vermögenswert (oder eine Veräußerungsgruppe) die in IFRS 5.7-9 aufgeführten Kriterien nicht mehr erfüllt, darf gemäß IFRS 5.26 die bisherige Klassifizierung nicht beibehalten werden. *Klassifikationskriterien nicht mehr erfüllt*

Langfristige Vermögenswerte oder Veräußerungsgruppen, die zur Stilllegung vorgesehen sind, dürfen gemäß IFRS 5.13 nicht als zur Veräußerung gehalten klassifiziert werden. Die temporäre Außerbetriebnahme eines langfristigen Vermögenswertes gilt indes nicht als Stilllegung (IFRS 5.14). *Stilllegung*

Exkurs

Verkauf von Beteiligungen

Die Klassifizierung als zur Veräußerung gehalten bedarf insbesondere im Zusammenhang mit dem Verkauf von Beteiligungen gesonderter Diskussion. Die Überlegung, ob die Veräußerung eines Tochterunternehmens zur Anwendung von IFRS 5 führt, ist im Bezug auf die Erfüllung der dafür erforderlichen Voraussetzungen durchaus problembehaftet. Die Problematik wird anhand des folgenden Beispiels verdeutlicht[7]: Die M-AG reduziert ihre Beteiligungsquote an der T-AG durch anteiligen Verkauf ihrer Anteile von 100% auf 45%. Die in IFRS 5.7-8 erforderlichen Kriterien sind annahmegemäß erfüllt. Folgende zwei Situationen sind nun denkbar.

1. Das Tochterunternehmen wurde bisher nach den Vorschriften von IFRS 3 vollkonsolidiert. Die Veräußerung von 55 % des Anteilsbesitzes führt auf Seiten der M-AG zu einem Kontrollverlust, woraufhin die T-AG zukünftig nach der Equity-Methode in den Konzernabschluss einbezogen werden muss, sofern die Voraussetzungen von IAS 28 vorliegen.
2. Alternativ wäre aber auch denkbar, dass für die M-AG trotz der nur noch verbleibenden 45 % weiterhin die Möglichkeit besteht, die T-AG zu kontrollieren.

In welchem der beiden Fälle muss die T-AG als zur Veräußerung gehalten bzw. als aufgegebener Geschäftsbereich klassifiziert werden?

In IFRS 5.6 heißt es, dass eine Klassifizierung als zur Veräußerung gehalten zu erfolgen hat, wenn der zugehörige Buchwert überwiegend durch das Veräußerungsgeschäft erzielt wird. Im ERS HFA 2 Tz. 97 wird interpretiert, dass im Fall von Beteiligungsunternehmen das Gesamtbild der tatsächlichen Verhältnisse entscheidend sei. Danach, so wird in Tz. 98 ausgeführt, müsse eine Klassifizierung gemäß IFRS 5 in Erwägung gezogen werden, wenn sich aus dem geplanten anteiligen Verkauf heraus eine qualitative Änderung in der bilanziellen Behandlung der Beteiligung ergäbe. Dies könne der Fall sein, wenn:

- Ein Übergang von der Vollkonsolidierung zur Equity-Methode erfolgt,
- ein Wechsel von der Vollkonsolidierung hin zur Anwendung von IAS 39 resultiert oder
- die Veräußerung zu einem Übergang von der Equity-Methode hin zur Bilanzierung nach IAS 39 führt.

Dieser Statuswechsel sei dann als Indikator für das Vorliegen eines Anwendungsfalls von IFRS 5 zu interpretieren. Im aktuellen Exposure Draft *Proposed Improvements* schlägt das IASB vor, in IFRS 5 einen weiteren Paragraphen einzufügen, der die Klassifizierung von Tochterunternehmen als zur Veräußerung gehalten vorschreibt, wenn seitens des Unternehmens ein Veräußerungsplan vorliegt, der zu einem Kontrollverlust an dem Tochterunter-

---

[7] Quelle: Präsentation *Schruff,W.*, KPMG, HU-Berlin 2007.

nehmen führen würde[8]. Die qualitative Änderung bezieht sich allerdings nur auf einen Veräußerungsvorgang. Beteiligt sich das Mutterunternehmen beispielsweise nicht an einer Kapitalerhöhung des Tochterunternehmens, darf die Reduktion der Beteiligungsquote nicht als qualitative Änderung gesehen werden, die zu einer Anwendung von IFRS 5 führt.

Auch wenn diese Vorgehensweise intuitiv logisch erscheint, da IFRS 5.6 eine Veräußerungsabsicht voraussetzt, kann hinterfragt werden, ob alternative Strukturierungsweisen, die zu demselben Ergebnis führen, eine unterschiedliche bilanzielle Behandlung rechtfertigen. Auch dieser Sachverhalt kann anhand eines einfachen Beispiels verdeutlicht werden.

Die M-AG hält 100% der Anteile an der T-AG. Die T-AG emittiert neue Anteile, die von einem Drittunternehmen erworben werden. Nach Ausgabe der neuen Eigenkapitalanteile hält die M-AG 45% an der T-AG und das Drittunternehmen 55%.

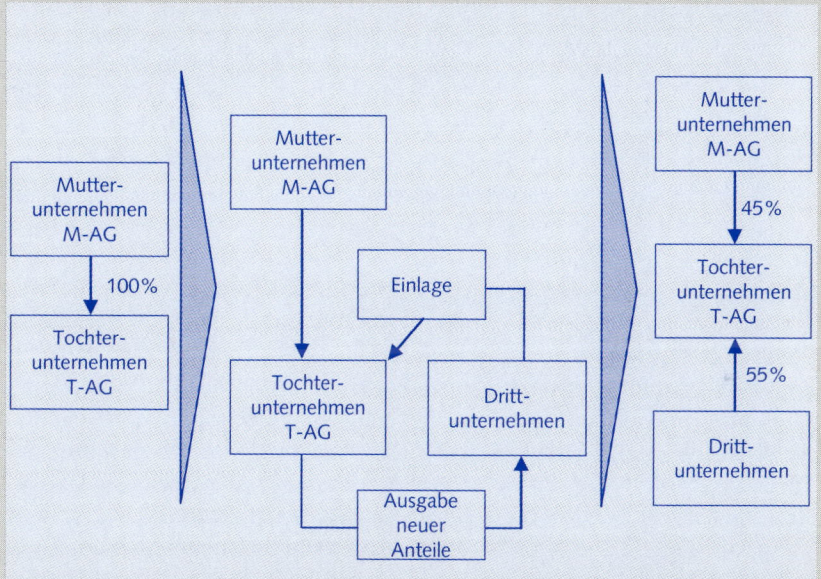

Abb. 27.4: Kontrollverlust aufgrund einer Kapitalerhöhung (Quelle: Präsentation *Schruff, W.*, KPMG, HU-Berlin 2007)

Wird in dem vorliegenden Beispiel der IdW-Interpretation des Standards gefolgt, käme es nicht zur Anwendung von IFRS 5, da sich die qualitative Änderung nicht durch einen geplanten Veräußerungsvorgang ergeben hat. Dasselbe Beispiel kann aber auch anders, nämlich als Veräußerungsvorgang, konstruiert werden.

---

8 Vgl. *IASB*, ED Proposed Improvements, S. 45.

Die M-AG hält 100% der Anteile an der T-AG. Davon veräußert sie 55% der Anteile an ein Drittunternehmen. Die M-AG und das Drittunternehmen sind folglich prozentual in ihrer Beteiligung dem vorangegangenen Szenario gleichgestellt.

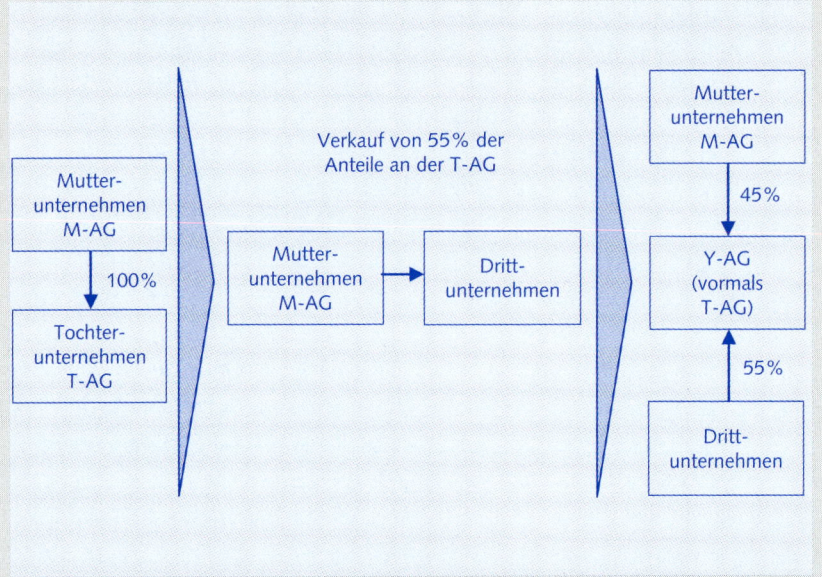

Abb. 27.5: Kontrollverlust aufgrund einer Veräußerung

Grundsätzlich ergeben sich ökonomisch keine Unterschiede in der Beteiligungsstruktur zum vorangegangenen Beispiel. Da die qualitative Veränderung in diesem Fall jedoch auf einem Veräußerungsvorgang basiert, käme es hier nach IdW-Auffassung sowie dem ED Proposed Improvements zu einer Anwendung von IFRS 5. Im internationalen Umfeld wird derzeit eine Diskussion darüber geführt, ob diese qualitativen Kriterien hinreichend für eine Klassifizierung sind oder, ob darüber hinaus noch quantitative Kriterien wie zum Beispiel die Veräußerung eines Mindestanteils erforderlich sind[9]. Ferner muss überprüft werden, ob im Fall eines Verlusts der Mehrheitsbeteiligung der Kontrollverlust auch tatsächlich eingetreten ist.

---

9 Vgl. *IDW* ERS HFA 2, Fn. 2.

4 Bewertung

4.1 Erstbewertung

Für aufgegebene Geschäftsbereiche existieren, wie in Abbildung 27.3 ersichtlich, keine besonderen Bewertungsvorschriften.

Zur Veräußerung gehaltene langfristige Vermögenswerte (oder Veräußerungsgruppen) hingegen müssen gemäß IFRS 5.1 (a) i.V.m. IFRS 5.15 mit dem niedrigeren Wert aus Buchwert (carrying amount) und beizulegendem Zeitwert abzüglich Veräußerungskosten[10] (fair value less costs to sell) bewertet und die ggf. zugehörigen planmäßigen Abschreibungen ausgesetzt werden. Zinsen und andere Aufwendungen hingegen, die den Schulden einer Veräußerungsgruppe direkt zugerechnet werden können, sind weiterhin zu erfassen (IFRS 5.25). IFRS 5.16 legt fest, dass Vermögenswerte (oder Veräußerungsgruppen), die im Rahmen eines Unternehmenszusammenschlusses erworben werden, ebenfalls mit dem beizulegenden Zeitwert abzüglich Veräußerungskosten anzusetzen sind. Die Bewertungsvorschriften sind ab dem Stichtag, an dem die entsprechenden Klassifikationskriterien erfüllt sind, anzuwenden[11].

Bewertung zur Veräußerung gehaltener langfristiger Vermögenswerte und von Veräußerungsgruppen

Für den Fall, dass ein Vermögenswert unter den Anwendungsbereich von IFRS 5.9 (Veräußerung nach Ablauf der Ein-Jahres-Frist) fällt, regelt IFRS 5.17, dass die Bewertung der Veräußerungskosten mit ihrem Barwert zu erfolgen hat. Eine aus dem Zeitablauf resultierende Erhöhung des Barwerts der Veräußerungskosten ist im Periodenergebnis unter den Finanzierungskosten auszuweisen.

Veräußerung nach Ablauf der Ein-Jahres-Frist

Unmittelbar vor der erstmaligen Klassifizierung müssen die Buchwerte der zur Veräußerung vorgesehenen Vermögenswerte (oder Veräußerungsgruppen) nach IFRS 5.18 gemäß den entsprechenden IFRS bewertet werden.

Im Fall einer Wertminderung müssen die langfristigen, zur Veräußerung gehaltenen Vermögenswerte respektive die Veräußerungsgruppe gemäß IFRS 5.20 auf den beizulegenden Zeitwert abzüglich Veräußerungskosten abgeschrieben werden. IFRS 5.23 besagt, dass die Erfassung des Wertminderungsaufwands im Fall von Veräußerungsgruppen gemäß den Vorschriften von IAS 36.104 (a) und (b) erfolgt. Das bedeutet, dass der Abschreibungsaufwand zunächst mit einem eventuell vorhandenen Goodwill verrechnet wird. Eine verbleibende Differenz wird anteilig auf die langfristigen Vermögenswerte verteilt.

> Die Vermögenswerte und Schulden des zur Veräußerung gehaltenen Geschäftsbereichs der X-AG weisen zum 10.12.2007 die in der Tabelle aufgeführten Buchwerte auf. Im Sachanlagevermögen wurde eine zeitanteilige Abschreibung von 0,7 Mio. € noch nicht berücksichtigt. Ferner rechnet die

Beispiel 27.2

---

10 Die Veräußerungskosten umfassen nach Anhang A zu IFRS 5 alle dem Vermögenswert oder der Veräußerungsgruppe direkt zurechenbaren Kosten mit Ausnahme von Finanzierungskosten und Ertragsteueraufwendungen.
11 Vgl. *IDW* ERS HFA 2, Tz. 95.

X-AG mit Veräußerungskosten in Höhe von 0,5 Mio. €. Der erwartete Veräußerungspreis beläuft sich weiterhin auf 10 Mio. €. Der Unternehmensteuersatz beträgt 30%. Latente Steuern sind zu berücksichtigen.

Geschäftsbereich	Buchwerte zum 10.12.2007
Goodwill	2,0 Mio. €
Sachanlagevermögen (vor anteiliger Abschreibung)	7,2 Mio. €
Vorräte	3,0 Mio. €
Forderungen	7,0 Mio. €
Verbindlichkeiten	6,0 Mio. €

Mit welchen Beträgen müssen die Vermögenswerte und Schulden des Geschäftsbereichs nach der Umklassifizierung zum 11.12.2007 angesetzt werden?

Vor Umklassifizierung ergibt sich ein Nettovermögen in Höhe von 12,5 Mio. € (2+7,2-0,7+3+7-6). Der beizulegende Zeitwert beläuft sich auf den marktüblichen Veräußerungspreis von 10 Mio. €, wovon die Veräußerungskosten in Höhe von 0,5 Mio. € abgezogen werden müssen, um auf den beizulegenden Zeitwert abzüglich Veräußerungskosten zu gelangen. Bei einem Vergleich des Buchwertvermögens von 12,5 Mio. € mit dem beizulegenden Zeitwert abzüglich Veräußerungskosten von 9,5 Mio. € ergibt sich, dass eine Abschreibung in Höhe der Differenz von 3 Mio. € erfolgen muss (IFRS 5.20). Die Abschreibung wird wie vorangegangen beschrieben zunächst mit dem Goodwill verrechnet. Der restliche Abschreibungsbetrag von 1 Mio. € mindert den Wert des Sachanlagevermögens.

Vorläufig ergeben sich folgende Beträge für den Ansatz und die Bewertung der Vermögenswerte und Schulden:

Geschäftsbereich	Vorläufige Buchwerte zum 11.12.2007
Goodwill	0,0 Mio. €
Sachanlagevermögen (nach anteiliger Abschreibung und Wertminderung)	5,5 Mio. €
Vorräte	3,0 Mio. €
Forderungen	7,0 Mio. €
Verbindlichkeiten	6,0 Mio. €
Nettovermögen	9,5 Mio. €

Abschreibungsaufwand an *Sachanlagevermögen 0,7 Mio. €*

Wertminderungsaufwand 3,0 Mio. € an *Goodwill 2,0 Mio. €*
Sachanlagevermögen 1,0 Mio. €

Da in der Steuerbilanz keine Umklassifizierung erfolgt, sind latente Steuern auf die Differenz, die nicht auf den Goodwill entfällt (IAS 12.21), zu berücksichtigen[12].

Akt. lat. Steuern   *an*   *Steuerertrag 0,3 Mio. €*

4.2 Folgebewertung

Wird eine Veräußerungsgruppe zu einem späteren Zeitpunkt neu bewertet, so legt IFRS 5.19 fest, dass zunächst die Buchwerte derjenigen Vermögenswerte und Schulden, die grundsätzlich nicht in den Regelungsbereich von IFRS 5 fallen, aber Teil dieser Veräußerungsgruppe sind, nach den einschlägigen IFRS bewertet werden müssen, bevor im Anschluss daran der beizulegende Zeitwert abzüglich Veräußerungskosten der Veräußerungsgruppe als Gesamtheit erneut ermittelt wird.

Im Rahmen der Folgebewertung regelt IFRS 5.20, dass die außerplanmäßige Abschreibung eines Vermögenswertes (oder einer Veräußerungsgruppe) auf den beizulegenden Zeitwert abzüglich Veräußerungskosten zu einem Wertminderungsaufwand führt. Dieser Wertminderungsaufwand ist – soweit er gemäß IFRS 5.19 noch keine Berücksichtigung gefunden hat – ergebniswirksam in der Gesamterfolgsrechnung zu erfassen.

Erhöht sich der beizulegende Zeitwert abzüglich Veräußerungskosten eines Vermögenswertes später wieder, ist die positive Differenz bis zu der Höhe des kumulierten Wertminderungsaufwands, der bisher nach IFRS 5 oder nach IAS 36 verbucht wurde, als Gewinn zu erfassen (IFRS 5.21). Analog gilt diese Vorgehensweise für Veräußerungsgruppen, unter der Voraussetzung, dass die Wertsteigerung bisher nicht nach IFRS 5.19 erfasst worden ist.

Die folgende Tabelle 27.1 verdeutlicht noch einmal das Schema für die Erst- und Folgebewertung von Vermögenswerten und Veräußerungsgruppen.

---

[12] In diesem Zusammenhang stellt sich die Frage, ob die anfallenden latenten Steuern als separater Posten neben der Veräußerungsgruppe zu sehen sind, oder ob auf diese Weise ein neuer Vermögenswert geschaffen wird, der in die Bewertung der Veräußerungsgruppe mit einfließt, wodurch jedoch ein Iterationsproblem entstünde.

Ergebnis der Bewertung	Langfristiger Vermögenswert	Veräußerungsgruppe	Fundstelle
Erstbewertung			
	Bewertung nach den einschlägigen IFRS	Bewertung nach den einschlägigen IFRS	IFRS 5.18
Wertminderung	Abschreibung auf den beizulegenden Zeitwert abzüglich Veräußerungskosten	Abschreibung auf den beizulegenden Zeitwert abzüglich Veräußerungskosten	IFRS 5.20
Folgebewertung			
		1. Schritt: Bewertung der Vermögenswerte und Schulden, die nicht unter IFRS 5 fallen nach den einschlägigen IFRS **2. Schritt**: Neubewertung des beizulegenden Zeitwerts abzüglich Veräußerungskosten der Veräußerungsgruppe	IFRS 5.19
Wertminderung	Abschreibung auf den beizulegenden Zeitwert abzüglich Veräußerungskosten, wenn noch nicht nach IFRS 5.19 berücksichtigt	Abschreibung auf den beizulegenden Zeitwert abzüglich Veräußerungskosten, wenn noch nicht nach IFRS 5.19 berücksichtigt	IFRS 5.20
Verteilung der Wertminderung		gemäß IAS 36.104 (a) und (b) und IAS 36.122	IFRS 5.23
Werterhöhung	Zuschreibung bis zum bisher erfassten kumulierten Wertminderungsaufwand		IFRS 5.21
		Zuschreibung bis zum bisher erfassten kumulierten Wertminderungsaufwand	IFRS 5.22

Tab. 27.1: Erst- und Folgebewertung

Am 31.12.2007 beläuft sich der Marktwert der Vorräte auf 4 Mio. €. Die Forderungen sind um 2 Mio. € auf 5 Mio. € im Wert gesunken. Der erzielbare Veräußerungspreis wird mittlerweile auf 13 Mio. € geschätzt. Es wird jetzt mit direkten Veräußerungskosten von 1 Mio. € gerechnet.

Beispiel 27.3

Mit welchen Beträgen müssen die Vermögenswerte und Schulden des Geschäftsbereichs zum 31.12.2007 angesetzt werden?
- Die Abschreibung des Sachanlagevermögens ist gemäß IFRS 5.1 (a) i.V.m. IFRS 5.25 auszusetzen,
- die Vorratsbewertung erfolgt nach IAS 2 „Vorräte". Da die historischen Anschaffungs- bzw. Herstellungskosten die Aktivierungsobergrenze darstellen, darf keine Zuschreibung erfolgen. Unter der Annahme, dass bisher keine Wertminderung erfolgt ist, müssen die Vorräte weiterhin zu 3 Mio. € bilanziert werden,
- die Forderungen sind durch direkte Bewertung nach IAS 39 um 2 Mio. € auf den beizulegenden Zeitwert in Höhe von 5 Mio. € abzuschreiben.
- Das neu bewertete Nettovermögen des Geschäftsbereichs beläuft sich somit auf 7,5 Mio. € (5,5+3+5-6) und ist damit um 2 Mio. € gesunken. Der beizulegende Zeitwert abzüglich Veräußerungskosten hat sich um 2,5 Mio. € von 9,5 Mio. € auf 12 Mio. € (13-1) erhöht. Die zuvor vorgenommene Abschreibung muss demzufolge aufgeholt werden. Eine Zuschreibung des Goodwill ist gemäß IAS 36.124 nicht zulässig. Die Wertsteigerung des Nettovermögens erfolgt daher ausschließlich im Sachanlagevermögen. Die Zuschreibungsobergrenze wird durch den kumulierten Wertminderungsaufwand, der nach IAS 36 oder nach IFRS 5 verbucht wurde, determiniert. Da die nun vorliegende Wertdifferenz in Höhe von 4,5 Mio. € größer ist als der kumulierte Abschreibungsbetrag in Höhe von 3 Mio. € dürfen folglich nur 3 Mio. € im Sachanlagevermögen zugeschrieben werden[13].

Die Vermögenswerte und Schulden müssen zum 31.12.2007 mit folgenden Beträgen angesetzt werden:

---

13 In IFRS 5 wird in keiner Textziffer auf IAS 36.123 verwiesen, wonach nur eine Zuschreibung in der Höhe des Abschreibungsbetrages erfolgen darf, der nicht auf den Goodwill entfallen ist. Gemäß *IDW* ERS HFA 2, Tz. 107 können die langfristigen Vermögenswerte in einer Veräußerungsgruppe daher in ihren Wertansätzen nach der Allokation des Ertrages höher sein als die Buchwerte ohne vorausgegangene Klassifikation als Veräußerungsgruppe. In diesem Zusammenhang ergibt sich eine Inkonsistenz zu IAS 36. Im obigen Beispiel wird *IDW* ERS HFA 2 gefolgt. In Konformität mit IAS 36.123 dürfte ansonsten jedoch nur eine Wertaufholung in Höhe von 1 Mio. € erfolgen.

Geschäftsbereich	Buchwerte zum 31.12.2007
Goodwill	0,0 Mio. €
Sachanlagevermögen	8,5 Mio. €
Vorräte	3,0 Mio. €
Forderungen	5,0 Mio. €
Verbindlichkeiten	6,0 Mio. €
Nettovermögen	10,5 Mio. €

Sachanlagevermögen   an   Ertrag   3,0 Mio. €

Durch die Zuschreibung beläuft sich der Wert des Sachanlagevermögens auf 8,5 Mio. € während der Wertansatz in der Steuerbilanz weiterhin 6,5 Mio. € beträgt. Demzufolge muss die Position aktiver latenter Steuern aufgelöst und eine passive latente Steuer auf den neuen Differenzbetrag eingebucht werden.

Steuerertrag   an   akt. lat. Steuern   0,3 Mio. €

Steueraufwand   an   pass. lat. Steuern   0,6 Mio. €

Ist die Verrechnung des Verlusts respektive des Gewinns bis zur Veräußerung noch nicht erfolgt, muss dies nach IFRS 5.24 mit der Ausbuchung des Vermögenswerts gemäß den einschlägigen Paragraphen von IAS 16 „Sachanlagevermögen" und IAS 38 „Immaterielle Vermögenswerte" geschehen.

Beispiel 27.4

Am 02.01.2008 veräußert die X-AG ihren verlustreichen Geschäftsbereich für 12 Mio. € nach Veräußerungskosten. Der Marktwert der Vorräte beläuft sich weiterhin auf 4 Mio. €. Wie muss der Veräußerungsvorgang Mitte Januar bilanziell erfasst werden?

Kasse   12,0 Mio. €
Verbindlichkeiten   6,0 Mio. €   an   Sachanlagevermögen   8,5 Mio. €
*   Vorräte   3,0 Mio. €*
*   Forderungen   5,0 Mio. €*
*   Ertr. aus Veräußerung 1,5 Mio. €*

Pass. lat. Steuern   an   Steueraufwand   0,6 Mio. €

Reklassifizierung

IFRS 5.27 regelt die Bewertung von Vermögenswerten (oder Veräußerungsgruppen), die gemäß IFRS 5.26 umklassifiziert werden müssen. Langfristige Vermögenswerte, die nicht mehr als zur Veräußerung gehalten klassifiziert werden dürfen (oder nicht mehr Teil einer entsprechend klassifizierten Veräußerungsgruppe sind), sind mit dem niedrigeren Wert anzusetzen aus:
- Dem Buchwert vor Klassifizierung als zur Veräußerung gehalten, bereinigt um alle planmäßigen Abschreibungen oder Neubewertungen, die ohne diese Klassifizierung erfasst worden wären, und

- dem erzielbaren Betrag zum Zeitpunkt der späteren Entscheidung, nicht zu verkaufen. Bei dem erzielbaren Betrag handelt es sich nach Anhang A entsprechend IAS 36 um den höheren Betrag aus dem beizulegenden Zeitwert abzüglich Veräußerungskosten eines Vermögenswertes und seinem Nutzungswert.

5 Ausweis und Angaben

Ein Unternehmen hat gemäß IFRS 5.30 Informationen bereitzustellen, die es den Adressaten ermöglichen, die finanziellen Auswirkungen aus aufgegebenen Geschäftsbereichen und aus der Veräußerung langfristiger Vermögenswerte (oder Veräußerungsgruppen) zu beurteilen.

Zu diesem Zweck müssen Vermögenswerte, die als zur Veräußerung gehalten klassifiziert wurden, gemäß IFRS 5.1 (b) als gesonderter Posten in der Bilanz und die Ergebnisse aufgegebener Geschäftsbereiche als gesonderter Posten in der Gesamterfolgsrechnung ausgewiesen werden (siehe Abbildung 27.3).

Ausweis

IFRS 5.38 konkretisiert die Ausweis- und Angabepflichten für langfristige, zur Veräußerung gehaltene Vermögenswerte respektive für Veräußerungsgruppen. Danach gelten die getrennten Ausweisvorschriften nicht nur für die Vermögenswerte, sondern ebenfalls für die einer Veräußerungsgruppe zugehörigen Schulden. Die entsprechenden Posten dürfen nicht saldiert werden und die Angaben dürfen ferner nicht als kumulierter Betrag erfolgen. Die Hauptgruppen der Vermögenswerte und Schulden sind demzufolge als gesonderter Posten entweder in der Bilanz oder im Anhang anzugeben. Von diesen Vorschriften ausgenommen sind neu erworbene Tochterunternehmen (IFRS 5.39). Eine Anpassung sowie eine Neugliederung der Bilanzpositionen vorausgegangener Berichtsperioden hat gemäß IFRS 5.40 nicht zu erfolgen. Zwingend in der Gesamterfolgsrechnung ausgewiesen werden müssen jedoch alle direkt im Eigenkapital gebuchten Erträge und Aufwendungen, die aus der Anwendung von IFRS 5 resultieren.

Langfristige Vermögenswerte und Veräußerungsgruppen

Darüber hinaus fordert IFRS 5.41 folgende Angaben:
- Eine Beschreibung des langfristigen Vermögenswertes oder der Veräußerungsgruppe,
- eine Darlegung des Veräußerungssachverhaltes oder der Umstände, die zu der erwarteten Veräußerung führen, sowie die damit verbundene Art und Weise des Vorgangs und der erwartete Verkaufszeitpunkt,
- der gemäß IFRS 5.20 und 5.22 erfasste Gewinn oder Verlust und, falls dieser nicht gesondert in der Gesamterfolgsrechnung ausgewiesen wird, die Position im Rechenwerk, die diesen Betrag beinhaltet, sowie
- ggf. das Segment, in dem der langfristige Vermögenswert oder die Veräußerungsgruppe ausgewiesen wird.

Aufgegebene Geschäftsbereiche

Bezüglich aufgegebener Geschäftsbereiche müssen gemäß IFRS 5.33 die nachfolgenden Punkte in Form eines einzeln in der Gesamterfolgsrechnung ausgewiesenen Summenbetrages angegeben sowie gemäß IFRS 5.34 die Zahlen der Vorperiode vergleichbar angepasst werden (eine Ausnahme hierzu bilden auch hier neu erworbene Tochterunternehmen):
- Nachsteuerergebnis des aufgegebenen Geschäftsbereichs sowie
- Nachsteuerergebnis aus der Bewertung zum beizulegenden Zeitwert abzüglich Veräußerungskosten oder aus dem Veräußerungsvorgang derjenigen Vermögenswerte oder Veräußerungsgruppen innerhalb des aufgegeben Geschäftsbereichs.

Die oben genannten Beträge müssen darüber hinaus wahlweise in der Gesamterfolgsrechnung oder im Anhang untergliedert werden in:
- Erlöse, Aufwendungen und Ergebnis vor Steuern des aufgegebenen Geschäftsbereichs,
- den erfassten Gewinn oder Verlust aus der Neubewertung zum beizulegenden Zeitwert abzüglich Veräußerungskosten sowie
- den zugehörigen Ertragsteueraufwand gemäß IAS 12.81 (h).

Ferner regelt IFRS 5.33, dass die Netto-Cashflows aus der laufenden Geschäftstätigkeit sowie aus der Investitions- und Finanzierungstätigkeit des aufgegebenen Geschäftsbereichs in einem bestimmten Abschlussbestandteil oder im Anhang dargelegt werden müssen (mit Ausnahme von neu erworbenen Tochterunternehmen).

Beispiel 27.5

Zu dem Geschäftsbereich der X-AG aus dem vorangegangenen Beispiel stehen Ihnen noch folgende zusätzliche Informationen zur Verfügung:

	bis 10.12.2007	bis 31.12.2007	bis 31.12.2008
Ertrag	1,5 Mio. €	2,0 Mio. €	0,5 Mio. €
Aufwand	-3,0 Mio. €	-4,5 Mio. €	-0,5 Mio. €
Abschreibung	-0,7 Mio. €	-0,7 Mio. €	----

Prüfen Sie, ob, wann und wie der verlustreiche Geschäftsbereich der X-AG als aufgegebener Geschäftsbereich darzustellen ist. Folgende Fragestellungen müssen hierfür beantwortet werden:
- Liegt ein aufgegebener Geschäftsbereich vor?
- Wie hoch ist der Mindestausweis in der Gesamterfolgsrechnung zum 31.12.2007 und zum 31.12.2008

Es müssen drei Voraussetzungen (vgl. Abbildung 27.2) erfüllt sein, damit ein Geschäftsbereich als aufgegeben gilt:
- Es muss sich bei dem Geschäftsbereich um einen Unternehmensbestandteil handeln. Dieses Kriterium ist hier erfüllt, da der Geschäftsbereich Cash-

flows generiert, die sowohl zu operativen Zwecken als auch zu Zwecken der Rechnungslegung deutlich vom übrigen Unternehmen abgegrenzt werden können.
- Der Unternehmensbestandteil muss bereits veräußert oder als zur Veräußerung gehalten klassifiziert worden sein. Die Klassifikation ist im vorliegenden Beispiel bereits erfolgt.
- Der Unternehmensbestandteil muss einen gesonderten, wesentlichen Geschäftszweig oder geografischen Geschäftsbereich umfassen, Teil eines abgestimmten Veräußerungsplans eines separaten wesentlichen Geschäftszweigs oder eines geografischen Geschäftsbereichs sein oder ein ausschließlich zum Zwecke der Weiterveräußerung erworbenes Tochterunternehmen darstellen. Das Kriterium ist erfüllt, da ein Segment immer einen gesonderten, wesentlichen Geschäftszweig umfasst.

Demzufolge sind alle Voraussetzungen zur Klassifizierung als aufgegebener Geschäftsbereich zum 11.12.2007 erfüllt.

An dieser Stelle wird die Zweckmäßigkeit der Begriffstrennung von Veräußerungsgruppen einerseits und aufgegebenen Geschäftsbereichen andererseits noch einmal deutlich. Im vorliegenden Beispiel liegen sowohl eine Veräußerungsgruppe als auch ein aufgegebener Geschäftsbereich vor. Wäre jedoch beispielsweise der verlustträchtige Geschäftsbereich veräußert worden, ohne dass im Vorfeld eine Klassifizierung als zur Veräußerung gehalten erfolgt wäre – beispielsweise aufgrund der Nichterfüllung aller Kriterien – dann müsste der Geschäftsbereich zwar als aufgegeben angegeben werden, wäre aber selbst zuvor nicht als Veräußerungsgruppe ausgewiesen worden. Eine Veräußerungsgruppe wiederum muss auch keinem aufgegebenen Geschäftsbereich entsprechen. Dies kann beispielsweise der Fall sein, wenn die Veräußerungsgruppe nur aus einer Teil-ZGE besteht und daher keinen Unternehmensbestandteil bildet.

Veräußerungsgruppe versus aufgegebener Geschäftsbereich

Mindestausweis in der Gesamterfolgsrechnung zum 31.12.2007 und zum 31.12.2008[14].

Der Zeitpunkt der Klassifizierung nimmt keinen Einfluss darauf, dass sämtliche im Geschäftsjahr angefallenen Aufwendungen und Erträge innerhalb des aufgegebenen Geschäftsbereichs auszuweisen sind. Demzufolge weisen die Angaben zu den Aufwendungen und Erträgen bis zum 10.12.2007 keinerlei Relevanz auf.

Die auszuweisenden Beträge werden folgendermaßen ermittelt:

---

14 In diesem Beispiel wird auf die Berücksichtigung von Ertragsteuern verzichtet. Grundsätzlich fordert IFRS 5 jedoch eine Nachsteuerbetrachtung.

	bis 31.12.2007	bis 31.12.2008
Ertrag	2,0 Mio. €	0,5 Mio. €
Aufwand	-4,5 Mio. €	-0,5 Mio. €
Abschreibung	-0,7 Mio. €	—
Zugangsbewertung als zur Veräußerung gehalten	-3,0 Mio. €	
Folgebewertung	1,0 Mio. €	
Ertrag aus Veräußerung		1,5 Mio. €
Ergebnis	-5,2 Mio. €	1,5 Mio. €

In der Gesamterfolgsrechnung müssen demnach folgende Beträge ausgewiesen werden:

31.12.2007: Ergebnis aus nicht fortgeführten Geschäftsbereichen -5,2 Mio. €
31.12.2008: Ergebnis aus nicht fortgeführten Geschäftsbereichen 1,5 Mio. €

Die Aufgliederung von Aufwendungen und Erträgen im Anhang ist wie folgt vorzunehmen (unter Vernachlässigung von Steuern):

Ergebnis aus nicht fortgeführten Geschäften

	31.12.2007	31.12.2008
Erträge	2,0 Mio. €	0,5 Mio. €
Aufwendungen (inkl. Abschreibungsaufwand)	-5,2 Mio. €	-0,5 Mio. €
Ergebnis aus operativer Geschäftstätigkeit	-3,2 Mio. €	-0,0 Mio. €
Verlust aus Abschreibung auf den beizulegenden Zeitwert abzüglich Veräußerungskosten	-2,0 Mio. €	
Gewinn aus Veräußerung von Geschäftsbereichen		1,5 Mio. €
Gewinn/Ertrag aus nicht fortgeführten Geschäftsbereichen	-5,2 Mio. €	1,5 Mio. €

Angaben bei Reklassifizierung

Für einen Unternehmensbestandteil, der nicht länger als zur Veräußerung gehalten klassifiziert ist, muss das bisher nach IFRS 5.33-35 ausgewiesene Ergebnis für alle aufgeführten Geschäftsjahre in die Erträge aus fortzuführenden Geschäftbereichen umgegliedert und dort einbezogen werden (IFRS 5.36).

Im Fall von langfristigen Vermögenswerten und Veräußerungsgruppen legt IFRS 5.42 fest, dass das Unternehmen die Umstände darlegen muss, die zu einer Aufgabe der Veräußerungsabsicht geführt haben. Ebenso müssen die damit verbundenen Auswirkungen auf die Geschäftstätigkeit der aktuellen und vorangegangenen Berichtsperioden beschrieben werden.

6 Wesentliche Unterschiede zum HGB und zu US-GAAP

Auch nach US-GAAP sind die aufgegebenen Geschäftsbereiche gemäß SFAS 144 „Accounting for the Impairment or Disposal of Long-Lived Assets" in der Bilanz als zur Veräußerung gehalten zu klassifizieren und in der GuV gesondert auszuweisen. Die Regelungen des SFAS 144 sind weitgehend vergleichbar mit den Bilanzierungs- und Ausweisnormen des IFRS 5, wobei jedoch der zentrale Begriff der Veräußerungsgruppe (SFAS 144.41) sowie insbesondere der Kriterienkatalog zur Klassifikation als zur Veräußerung gehalten (SFAS 144.30) in Details voneinander abweichen und daraus eine unterschiedlich weite Auslegung des Anwendungsbereichs resultieren kann.

Im HGB finden sich weder für langfristige, zur Veräußerung gehaltene Vermögensgegenstände noch für aufgegebene Geschäftsbereiche explizite Klassifizierungs- und Bewertungsregelungen. Auch im Hinblick auf die Ausweisvorschriften existieren im Handelsrecht keine Angabepflichten. § 266 Abs. 2 HGB schreibt die Gliederung für die Bilanz, § 275 HGB die Gliederung für die Gewinn- und Verlustrechnung vor. In keinem der beiden Rechenwerke ist eine gesonderte Position respektive Erfolgszeile für den Ausweis solcher Vermögensgegenstände (oder Veräußerungsgruppen) und der mit ihnen verbunden Erträge und Aufwendungen vorgesehen. Denkbar wäre eine Erläuterung zur Einstellung von Geschäftsaktivitäten gemäß § 277 Abs. 4 S. 2 HGB im Anhang, wenn ein Gewinn oder Verlust im Geschäftsjahr als außerordentlicher Ertrag oder Aufwand verbucht wurde. § 289 Abs. 1 HGB verlangt Angaben zu dem Geschäftsverlauf sowie Erläuterungen zur Lage der Kapitalgesellschaft im Lagebericht. Darunter könnten auch die Angaben zu aufgegebenen Geschäftsbereichen fallen[15].

Ausgewählte Literatur

Kessler H./Leinen M., Darstellung von discontinued operations in Bilanz und GuV – Eine Fallstudie zur Anwendung von IFRS 5, in: KoR, 6. Jg. (2006), S. 558-565.

Küting, K./Wirth, J., Discontinued operations und die veräußerungsorientierte Bilanzierung nach IFRS 5 – ein Mehrwert für die Berichterstattung?, in: KoR, 6. Jg. (2006), S. 719-728.

Zülch, H./Lienau, A., Bilanzierung zum Verkauf stehender langfristiger Vermögenswerte sowie aufgegebener Geschäftsbereiche nach IFRS 5, in: KoR, 4. Jg. (2004), S. 442-452.

---

15 Vgl. *Thiel, M.*, ED 4 „Veräußerung langfristiger Vermögenswerte und Darstellung der Aufgabe von Geschäftsbereichen" aus Sicht der Bilanzierungspraxis, in: BB, 58. Jg. (2003), S. 1999-2006.

Übungsaufgaben

Aufgabe 1:
Sie möchten ein Bürogebäude verkaufen und haben es richtigerweise in die Kategorie als zur Veräußerung gehalten klassifiziert. Nun wird festgestellt, dass dieses Gebäude asbestverseucht ist und nur nach einer Sanierung einen Käufer gefunden wird. Welche Konsequenzen sehen Sie für die Klassifizierung als zur Veräußerung gehalten?

Aufgabe 2:
Zum 02.01.2007 befindet sich in der Bilanz eines Reisekonzerns ein hochmoderner Reisebus mit einem Buchwert von 200 T€. Der Reisebus hat zu diesem Zeitpunkt noch eine Restnutzungsdauer von 5 Jahren. Am 30.06.2007 klassifizieren Sie diesen Reisebus in die Kategorie als zur Veräußerung gehalten um. Der beizulegende Zeitwert abzüglich Veräußerungskosten beträgt nun 150 T€.
a) Nehmen Sie die notwendigen Buchungen zum 30.06.2007 vor.
b) Nehmen Sie zusätzlich die alternativ notwendigen Buchungen zum 31.12.2007 unter der Annahme vor, dass der beizulegende Zeitwert abzüglich Veräußerungskosten zu diesem Zeitpunkt 190 T€ entspricht.

Aufgabe 3:
Das verantwortliche Management einer Möbelfabrik entscheidet sich am 02.01.2007 zum Verkauf einer Maschine mit einem Buchwert von 100 T€ und klassifiziert diese Maschine als zur Veräußerung gehalten. Die Maschine hat zu diesem Zeitpunkt noch eine Restnutzungsdauer von 5 Jahren. Am Ende des Jahres 2007 fasst das Management den Entschluss, die Maschine doch nicht verkaufen zu wollen, da ein Nutzungswert von 200 T€ ermittelt worden ist.
a) Wie ändern sich Ausweis und Wertansatz der Maschine am 02.01.2007 sowie zum Bilanzstichtag 31.12.2007, wenn am 02.01.2007 der beizulegende Zeitwert abzüglich Veräußerungskosten 90 T€ beträgt und zum 31.12.2007 auf 110 T€ ansteigt?
b) Welchen Wertansatz hat die Maschine zum Bilanzstichtag 31.12.2007, wenn am 02.01.2007 sowie am 31.12.2007 der beizulegende Zeitwert abzüglich Veräußerungskosten 70 T€ beträgt?

Aufgabe 4:
Sie befinden sich bereits im vierten Schritt ihres Wertermittlungsprozesses für nachfolgende Veräußerungsgruppe, deren Buchwerte wie folgt aussehen:

Goodwill	5 Mio. €
vermietetes Bürogebäude	10 Mio. €
selbst genutztes Produktions- und Bürogebäude	10 Mio. €
Maschinen	5 Mio. €
Vorräte	2 Mio. €
Summe Vermögen	32 Mio. €

Der ermittelte beizulegende Zeitwert abzüglich Veräußerungskosten beträgt 24 Mio. €.

Welchen Wert haben die einzelnen Positionen Ihrer Veräußerungsgruppe nach Anwendung des Niederstwertprinzips?

Aufgabe 5:
Am 02.12.2007 fasst der Vorstand der Y-AG den Beschluss, den verlustbringenden Geschäftsbereich G innerhalb der nächsten zwölf Monate zu veräußern und beginnt unmittelbar mit der Suche nach einem geeigneten Käufer. Der Vorstand rechnet damit, den Geschäftsbereich zu einem marktüblichen Preis von 15 Mio. € veräußern zu können. Dieser verlustträchtige Geschäftsbereich stellt im IFRS-Konzernabschluss der Y-AG ein berichtspflichtiges Segment dar. Die Vermögenswerte und Schulden des als zur Veräußerung gehaltenen Geschäftsbereichs der Y-AG weisen zum 01.12.2007 die in der Tabelle aufgeführten Buchwerte auf. Bei den Gebäuden wurde eine zeitanteilige Abschreibung in Höhe von 2,0 Mio. € und im Sachanlagevermögen von 0,5 Mio. € noch nicht berücksichtigt. Ferner rechnet die Y-AG mit Veräußerungskosten in Höhe von 1 Mio. €. Der Unternehmenssteuersatz beträgt 30%. Latente Steuern sind zu berücksichtigen.

Geschäftsbereich	Buchwerte zum 01.12.2007
Goodwill	4,0 Mio. €
Gebäude (vor anteiliger Abschreibung)	8,0 Mio. €
Sachanlagevermögen (vor anteiliger Abschreibung)	6,5 Mio. €
Vorräte	5,0 Mio. €
Forderungen	9,0 Mio. €
Verbindlichkeiten	8,0 Mio. €

Am 31.12.2007 beläuft sich der Nettoveräußerungswert der Vorräte auf 4 Mio. €. Die Forderungen haben sich auf 11 Mio. € erhöht. Der erzielbare Veräußerungspreis wird mittlerweile auf 17,5 Mio. € geschätzt. Es wird jetzt mit direkten Veräußerungskosten von 0,5 Mio. € gerechnet. Am 02.01.2008 veräußert die Y-AG ihren verlustreichen Geschäftsbereich für 14 Mio. € nach Veräußerungskosten. Der Marktwert der Vorräte beläuft sich weiterhin auf 4 Mio. €. Zu der Y-AG stehen Ihnen noch folgende zusätzliche Informationen zur Verfügung:

	bis 10.12.2007	bis 31.12.2007	bis 31.12.2008
Ertrag	1,5 Mio. €	2,0 Mio. €	0,5 Mio. €
Aufwand	-3,0 Mio. €	-4,5 Mio. €	-0,5 Mio. €
Abschreibung	-2,5 Mio.€	-2,5 Mio. €	---

a) Ist der Geschäftsbereich zum 31.12.2007 als zur Veräußerung gehalten auszuweisen?
b) Mit welchen Beträgen müssen die Vermögenswerte und Schulden des Geschäftsbereichs nach der Umklassifizierung zum 02.12.2007 angesetzt werden? Geben Sie die erforderlichen Buchungssätze an.
c) Mit welchen Beträgen müssen die Vermögenswerte und Schulden des Geschäftsbereichs zum 31.12.2007 angesetzt werden? Geben Sie die entsprechenden Buchungssätze an.
d) Wie muss der Veräußerungsvorgang Mitte Januar bilanziell erfasst werden?
e) Prüfen Sie, ob, wann und wie der verlustreiche Geschäftsbereich der Y-AG als aufgegebener Geschäftsbereich darzustellen ist. Liegt ein aufgegebener Geschäftsbereich vor? Wie hoch ist der Mindestausweis in der Gesamterfolgsrechnung zum 31.12.2007 und zum 31.12.2008?
f) Wie muss die erforderliche Aufgliederung von Aufwendungen und Erträgen im Anhang des Konzernabschlusses der Y-AG zu den beiden Bilanzstichtagen erfolgen?

Kapitel 28
Ergebnis je Aktie

1 Anwendungsbereich 857

2 Grundlagen 857

3 Unverwässertes Ergebnis je Aktie 859
    3.1   Ermittlung des Ergebnisses..859
    3.2   Ermittlung der Aktienanzahl..863

4 Verwässertes Ergebnis je Aktie 865
    4.1   Ermittlung des Ergebnisses..865
    4.2   Ermittlung der Aktienanzahl..866

5 Ausweis und Angabepflichten 870

6 Wesentliche Unterschiede zum HGB 871

7 Wesentliche Unterschiede zu US-GAAP..873

Ausgewählte Literatur 873

Übungsaufgaben..873

Ein gutes Beispiel für die internationale Verknüpfung der Aktienmärkte lieferte im Oktober 2007 die Bank of America. Die zweitgrößte Bank der USA meldete für das dritte Quartal einen unerwartet starken Gewinneinbruch, was nicht nur die US-amerikanischen Anleger enttäuschte, sondern auch auf dieser Seite des Atlantiks Wellen auf den Finanzmärkten schlug. So fielen die Aktienkurse der Deutschen Bank, der Postbank und der Commerzbank jeweils um ca. zwei Prozent. Der gesamte DAX rutschte in Folge der Nachrichten aus Übersee um knapp ein Prozent ab. Was war geschehen? Durch die US-Immobilienkrise und die damit einhergehenden Turbulenzen an den Kapitalmärkten war das Geschäft der Bank of America im Investmentbereich stark eingebrochen. Der sich daraus ergebende Effekt auf die Gesamtperformance der Bank wurde in den Medien über die Kennzahl „Ergebnis je Aktie" (earnings per share, EPS) kommuniziert. Letzteres war im Vergleich zum Vorjahresquartal um 31 % von 1,18 US-Dollar auf 0,82 US-Dollar abgesackt.

Das EPS wird berechnet, indem das Periodenergebnis des Unternehmens ins Verhältnis zur Anzahl der ausstehenden Aktien gesetzt wird:

$$\text{Ergebnis je Aktie} = \frac{\text{Periodenergebnis}}{\text{Anzahl der während der Periode ausstehenden Aktien}}$$

Um zu erkennen, ob eine Aktie an der Börse hoch oder niedrig bewertet ist, setzen Finanzanalysten gerne den Kurs der Aktie ins Verhältnis zum Ergebnis je Aktie, um das Kurs-Gewinn-Verhältnis (KGV) bzw. Price-Earnings-Ratio (PER) zu erhalten:

$$\text{Kurs-Gewinn-Verhältnis} = \frac{\text{Aktienkurs}}{\text{Ergebnis je Aktie}}$$

Das KGV gibt das Vielfache des aktuellen Ergebnisses je Aktie an, das an der Börse für eine Aktie bezahlt wird. Ein hohes Kurs-Gewinn-Verhältnis deutet insbesondere darauf hin, dass der Aktienmarkt für die Zukunft deutliche Gewinnsteigerungen erwartet und deswegen die Aktie hoch bewertet. Ein niedriges Kurs-Gewinn-Verhältnis hingegen lässt auf geringe Wachstumserwartungen schließen. Bei als konstant angenommenem KGV lösen überraschende EPS-Änderungen demzufolge teilweise heftige Kursreaktionen aus.

Die Ermittlung des EPS erfolgt auf Basis der Jahresabschlussdaten eines Unternehmens. Während die Berechnung der Kennzahl im Grundsatz leicht nachzuvollziehen ist, können sich in der Praxis zahlreiche Detailprobleme ergeben. Um die Vergleichbarkeit der Unternehmens-Performance sowohl im Zeitablauf als auch zwischen verschiedenen Unternehmen zu verbessern, hat das IASB daher mit IAS 33 „Ergebnis je Aktie" (Earnings per Share) einen eigenen Standard zur Ermittlung des EPS veröffentlicht. Aufgrund der engen Zusammenarbeit mit dem FASB sind die Regelungen des IAS 33 dabei weitgehend deckungsgleich mit denen in der entsprechenden US-GAAP-Vorschrift, SFAS 128, „Earnings per Share".

Im nachfolgenden Beispiel werden die Vorschriften des IAS 33 dargestellt, anhand derer Sie die Details der EPS-Ermittlung lernen sollen. Im Fokus stehen dabei insbesondere die Fragen:
- Welches Periodenergebnis ist als Zählergröße anzusetzen?
- Was ist die korrekte Aktienanzahl als Nennergröße?
- Was ist unter „verwässertem" und „unverwässertem" EPS zu verstehen und wie wirkt sich die Unterscheidung auf die Berechnung aus?

1 Anwendungsbereich

Die in IAS 33 kodifizierten Vorschriften zur Ermittlung und Darstellung des Ergebnisses je Aktie gelten in ihrer aktuellen Form für alle Geschäftsjahre, die am bzw. nach dem 01.01.2005 begonnen haben.

Dabei ist IAS 33 nur für Unternehmen, deren Aktien oder potentielle Aktien öffentlich gehandelt werden bzw. für deren Aktien die Zulassung zum öffentlichen Handel beantragt wurde, verpflichtend anzuwenden (IAS 33.2).

Anwendungspflicht nur für börsennotierte Unternehmen

Beispiel 28.1

> Der Bankkonzern Sal. Oppenheim stellt seinen Konzernabschluss seit dem Jahr 2005 nach IFRS auf. Die 140.000 Namensaktien der Sal. Oppenheim jr. & Cie. KGaA werden jedoch nicht öffentlich gehandelt. So ist für die Übertragung der Aktien eine Zustimmung der Gesellschaft erforderlich. Dementsprechend kam IAS 33 im Konzernabschluss des Jahres 2006 auch nicht zur Anwendung.

Wenn sich ein nicht öffentlich gelistetes Unternehmen freiwillig dazu entscheidet, eine Ergebnis-je-Aktie-Kennzahl im Rahmen eines IFRS-Abschlusses zu veröffentlichen, so ist diese gemäß IAS 33 zu ermitteln. Schließlich legt IAS 33.4 fest, dass die Kennzahl auf Basis der Konzernabschlussdaten zu berechnen ist. Falls im Einzelabschluss des Unternehmens ebenfalls eine Ergebnis-je-Aktie-Kennzahl veröffentlicht wird, so darf diese nicht im Konzernabschluss veröffentlicht werden.

2 Grundlagen

Wie erwähnt stellen sich bei der Ermittlung des Ergebnisses je Aktie zwei voneinander abhängige Problemfelder:
- Was ist das richtige Periodenergebnis als Zählergröße und
- was ist die korrekte Aktienanzahl als Nennergröße?

Zwei Problemfelder: Ergebnis und Aktienanzahl

Zwei EPS-Konzepte	Während als Periodenergebnis grundsätzlich das aktuelle (Konzern-) Periodenergebnis nach Steuern herangezogen wird, gibt es für die Ermittlung der „korrekten" Aktienanzahl zwei Konzepte: ▪ Unverwässertes Ergebnis je Aktie (basic EPS) und ▪ verwässertes Ergebnis je Aktie (diluted EPS).
Unverwässertes Ergebnis je Aktie	Bei der Berechnung des unverwässerten Ergebnisses werden nur die aktuell ausstehenden Aktien, genauer gesagt die aktuell ausstehenden Stammaktien berücksichtigt. IAS 33.5 definiert hierfür den Begriff einer Stammaktie als Eigenkapitalinstrument, das allen anderen Formen von Finanzierungsinstrumenten nachgeordnet ist. Dabei sind die im Konzernabschluss gemäß IAS 27.33 im Eigenkapital auszuweisenden Anteile anderer Gesellschafter für die EPS-Berechnung nicht als Stammaktien anzusehen, da sie nicht zu den Stammaktien der Konzernmutter gehören.
Verwässertes Ergebnis je Aktie	Bei der Berechnung des verwässerten Ergebnisses je Aktie werden neben den aktuell ausstehenden Stammaktien auch „potentielle Stammaktien" berücksichtigt. Darunter fallen gemäß IAS 33.5 sämtliche Finanzinstrumente oder sonstigen Verträge, die einer unternehmensexternen Partei die Möglichkeit gewähren, Stammaktien im obigen Sinne vom bilanzierenden Unternehmen zu erhalten. Dieser Erhalt kann an das Vorliegen von bestimmten Bedingungen, wie z.B. das Erreichen eines bestimmten Kursziels, geknüpft sein. Folgende Sachverhalte erfüllen z.B. die Definition von potentiellen Stammaktien:
Potentielle Stammaktien	▪ Aktienoptionen, unabhängig davon, ob sie am Markt ausgegeben oder Mitarbeitern als Entlohnungsbestandteil zugesichert wurden. ▪ Wandelschuldverschreibungen, die in Aktien des emittierenden Unternehmens umtauschbar sind. ▪ Künftige Bezugsrechte, die Altaktionären das Recht auf junge Aktien zusichern. ▪ Genehmigtes Kapital, das vertraglich bereits einem externen Vertragspartner zugesichert wurde, z.B. im Rahmen von Unternehmensakquisitionen.
	Die Bedeutung des verwässernden Effekts durch die Einbeziehung potentieller Stammaktien soll am nachfolgenden Beispiel verdeutlicht werden:
Beispiel 28.2	10 Kommilitonen gründen zum 01.01.2007 die studentische Unternehmensberatung Vice Bescheid AG. Jeder der Studenten bringt als Gründungsaktionär ein Startkapital von 5.000 € ein. Um zusätzliche Liquidität aufzubringen, wird ein Vertrag mit der Venture-Capital-Gesellschaft Gotdough GmbH geschlossen. Diese stellt einen zinslosen Kredit in Höhe von 50.000 € zur Verfügung. Nach zwei Jahren hat die Venture-Capital-Gesellschaft die Option, entweder den Kredit sofort zurückzufordern oder ihn im Rahmen einer Kapitalerhöhung unter Bezugsrechtsausschluss der Altaktionäre in Eigenkapitalteile mit gleichem Nennwert umtauschen zu lassen. Die Liquiditätsprobleme sind gelöst. Begeistert stimmen die

Aktionäre zu. Im Laufe des Jahres 2007 wird ein Jahresüberschuss von 15.000 € erwirtschaftet. Auch in den nächsten Jahren ist mit einem vergleichbaren Periodenergebnis zu rechnen.

Herr Stefan Willschnee, einer der studentischen Alteigentümer, stellt im Dezember 2007 fest, dass er zur Finanzierung anstehender Urlaubsreisen dringend etwas Liquidität benötigt. Er bietet deswegen Herrn S. Reich, einem Spezialisten für Beteiligungskapital, seinen Eigenkapitalanteil zum Kauf an. Dieser sagt ihm, dass er für ein Unternehmen dieser Art ein KGV von 12 annehme. Mit welcher Zahlungsbereitschaft des Herrn Reich rechnen Sie?

Lösung
Das unverwässerte Ergebnis je Aktie beträgt 15.000 € geteilt durch zehn Anteile, also 1.500 € je Anteil. Daraus würde sich bei einem KGV von 12 eine Zahlungsbereitschaft von 18.000 € für den Anteil von Stefan Willschnee ergeben. Diese Überlegung geht allerdings davon aus, dass die Gotdough GmbH ihre Anteile nicht in Eigenkapitaltitel umwandelt, eine nicht plausible Annahme, wenn der Wert der Anteile tatsächlich 18.000 € beträgt. Im Umtauschfall gäbe es in Zukunft nicht mehr 10, sondern vielmehr 20 Anteile zu je 5.000 €. Wird diese Verwässerung der Aktienanzahl berücksichtigt, so ergibt sich das verwässerte Ergebnis je Aktie zu 750 € je Anteil, da nunmehr das Periodenergebnis von 15.000 € durch 20 tatsächliche und potentielle Aktien geteilt werden muss. Darauf basierend ergibt sich der Wert des Anteils zu (750 € · 12 =) 9.000 €.

Aus dem Beispiel wird deutlich: Da sich Aktionäre zur Bewertung ihres Anteils hauptsächlich dafür interessieren, welches *zukünftige* Periodenergebnis ihnen zusteht, ist hierfür insbesondere die *zukünftige* Aktienanzahl von Bedeutung. Dementsprechend fordert IAS 33 die Ermittlung sowohl von einem unverwässerten Ergebnis als auch von einem verwässerten Ergebnis je Aktie.

3 Unverwässertes Ergebnis je Aktie

3.1 Ermittlung des Ergebnisses

Die Zählergröße stellt das den Stammaktionären zustehende Ergebnis dar. Grundsätzlich haben die Stammaktionäre Anspruch auf das Periodenergebnis des Unternehmens. Da sich die EPS nur für eine spezielle Aktiengattung sinnvoll berechnen lassen, handelt es sich hier um eine interessentheoretische Größe. Folglich ist das in der Konzern-Gesamterfolgsrechnung ausgewiesene Periodenergebnis nach Steuern ggf. um sämtliche Gewinnbestandteile zu korrigieren, die nicht auf die Stammaktien des Mutterunternehmens entfallen. So sind auch z.B. die auf die Anteile anderer Gesellschafter entfallenden Gewinne (Verluste) für

Periodenergebnis nach Berücksichtigung von Minderheiten

die EPS-Berechnung vom Periodenergebnis abzuziehen (zum Periodenergebnis zu addieren). Sofern das Unternehmen nicht fortgeführte Tätigkeiten im Sinne von IFRS 5 aufweist, so ist das EPS zusätzlich auf Basis des um nicht fortgeführte Tätigkeiten bereinigten Periodenergebnisses auszuweisen (IAS 33.9).

Beispiel 28.3

> Wie wichtig die Unterscheidung zwischen fortgeführten und nicht fortgeführten Tätigkeiten sein kann, wird z.B. an dem Konzernabschluss von Altana aus dem Jahr 2006 deutlich. So betrug das unverwässerte EPS aus fortgeführten und nicht fortgeführten Tätigkeiten beeindruckende 28,46 Euro.
>
> Diese Kennzahl beinhaltete jedoch noch den Ergebnisbeitrag aus dem Bereich Altana Pharma, der Ende 2006 veräußert wurde. Jedoch soll das aktuelle EPS nicht zuletzt auch als Ausgangsbasis für die Schätzung zukünftiger Ergebnisse bzw. Cashflows dienen. Für diesen Zweck wäre primär auf jenes unverwässerte EPS abzustellen, welches sich lediglich aus den fortgeführten Tätigkeiten ergibt. Letzteres belief sich in dem Jahr hingegen auf 0,41 Euro.

Ergebnisneutrale EK-Veränderungen

Da das Periodenergebnis den Ausgangspunkt der EPS-Ermittlung darstellt, sind sämtliche ergebnisneutralen Eigenkapitalveränderungen, wie z.B. Währungsumrechnungsdifferenzen und Wertänderungen von bestimmten Finanzinstrumenten, nicht in den EPS enthalten. Dies kann zumindest dann zu Verzerrungen führen, wenn eine ergebnisneutrale Zuschreibung von Vermögenswerten des Anlagevermögens in den Folgejahren ergebniswirksam und damit EPS-wirksam abgeschrieben wird. Diesen Effekt würde eine zweite EPS-Kennzahl, die auf Basis der gesamten Eigenkapitalveränderungen durch geschäftliche Tätigkeit zu berechnen wäre, transparent machen. Für den Bayer-Konzern ergäbe sich in den Jahren 2005 und 2006 folgendes Bild für das normale Ergebnis je Aktie sowie das Ergebnis je Aktie inklusive ergebnisneutraler Eigenkapitalveränderungen:

	in Mio. Euro bzw. Stück	2006	2005
1	Konzernergebnis der Gesamterfolgsrechnung (angepasst um Effekte aus Pflichtwandelanleihe)	1.755	1.597
2	Ergebnisneutrale Eigenkapitalveränderungen des Eigenkapitalspiegels ohne Transaktionen mit Anteilseignern	-472	+109
3	Aktienanzahl	792	730
	Ergebnis je Aktie (wie berichtet (1/3))	2,22	2,19
	Ergebnis je Aktie neu (1+2)/3	1,62	2,34

Berücksichtigung von Dividenden anderer Aktiengattungen

Sofern Vorzugsaktien oder andere Arten von Stammaktien existieren, sind deren Dividendenansprüche analog zu den auf die Minderheitsgesellschafter entfallenden Gewinnanteilen abzuziehen, um denjenigen Anteil des Periodenergebnisses zu ermitteln, der tatsächlich den Stammaktionären zusteht. Da Vorzugsaktien in der Regel einen kumulativen Dividendenanspruch besitzen, nicht geleistete Mindestdividenden also in den Folgeperioden nachzuzahlen sind, kann die Höhe der gezahlten Vorzugsdividende auch durch Dividendenausfälle der Vorjahre bedingt sein. In jedem Fall ist für die Ermittlung des Ergebnisses je Aktie die Höhe des aktuellen Anspruches der Vorzugsaktien zu berücksichtigen und nicht die tatsächlich gezahlten Vorzugsdividenden.

Wie bereits erläutert soll das EPS den Betrag darstellen, welcher den Stammaktionären des Unternehmens zusteht. IAS 33.5 definiert hierfür den Begriff einer Stammaktie (ordinary share) als Eigenkapitalinstrument, das allen anderen Formen von Finanzierungsinstrumenten nachgeordnet ist. Stammaktien partizipieren somit erst dann an den Unternehmensgewinnen, wenn andere Aktientypen wie z.B. Vorzugsaktien (preference share) bedient worden sind (IAS 33.6). Hat ein Unternehmen verschiedene Gattungen von Stammaktien ausstehend, die sich hinsichtlich ihres Anrechts auf den Bezug von Dividenden unterscheiden, so sind jedoch für jede der Aktienklassen einzelne EPS auszuweisen (IAS 33.66).

Es ist in diesem Zusammenhang fraglich, ob Vorzugsaktien nach deutschem Muster als eine besondere Art von Stammaktien oder als Vorzugsaktien im Sinne von IAS 33 anzusehen sind[1]. Hingegen sind z.B. US-amerikanische Vorzugsaktien oder limitierte Vorzugsaktien, von denen z.B. auch IAS 32.18(a) ausgeht, aufgrund ihres festen Dividendenanspruchs eindeutig als Vorzugsaktien im Sinne von IAS 33 zu betrachten. Die damit verbundenen Zahlungsverpflichtungen sind bei der EPS-Berechnung von dem den Stammaktionären zustehenden Ergebnis abzuziehen. Anschließend wird das Ergebnis durch die Anzahl der Stammaktien geteilt.

Behandlung von Vorzugsaktien

Im Gegensatz zu US-amerikanischen Vorzugsaktien gewähren deutsche Vorzugsaktien in der Regel jedoch – nach Erhalt des „Vorzugselements" – einen unbegrenzten Anspruch auf die Ergebnisse des Unternehmens, wobei dieser Anspruch gleichrangig mit den Ansprüchen der Stammaktionäre zu bedienen ist. So bekommen z.B. die Vorzugsaktionäre bei Porsche zunächst vorrangig vor den Stammaktionären eine Vorzugsdividende in Höhe von 13 Cent je Aktie. Der übrige Gewinn wird unter Stamm- und Vorzugsaktionären verteilt, wobei den Vorzugsaktionären eine Mehrdividende in Höhe von 6 Cent zusteht, die jedoch nicht vorrangig gezahlt wird. Für die Berechnung des EPS der Stammaktionäre sind die Vorzugsdividenden (hier 13 Cent multipliziert mit der Anzahl der Vorzugsaktien) zunächst abzuziehen. Der verbleibende Betrag ist anschließend gemäß dem Anteilsverhältnis zwischen Stamm- und Vorzugsaktionären aufzuteilen. Würden die Vorzugsaktien im Nenner nicht berücksichtigt, ergäbe sich ein verfälschtes EPS, da das Ergebnis nur auf die Stammaktionäre aufgeteilt würde. Dieses steht Letzteren jedoch nicht im gesamten Umfang zu. Daher sind deutsche Vorzugsaktien zumindest in der hier beschriebenen Ausgestaltung bei der Berechnung des EPS wie eine separate Gattung von Stammaktien zu behandeln. Dementsprechend ist – wie z.B. bei Porsche – sowohl ein EPS für Stammaktien als auch ein EPS für Vorzugsaktien auszuweisen[2]. Das folgende Beispiel illustriert die unterschiedliche Behandlung der einzelnen Aktientypen:

---

[1] Vgl. für eine Übersicht *Leibfried*, § 35, Rn. 4-7, in: Haufe IFRS-Kommentar; *Beine/Schüte*, Abschnitt 18, Rn. 13-14, in: Wiley-Kommentar zur internationalen Rechnungslegung nach IFRS 2007.
[2] Vgl. *Leibfried*, § 35, Rn. 6, in: Haufe IFRS-Kommentar.

Beispiel 28.4

In der Konzern-Gesamterfolgsrechnung wird ein Periodenergebnis nach Steuern von 100 Mio. € ausgewiesen. Das Unternehmen hat 5 Mio. Stammaktien, 1 Mio. Vorzugsaktien mit zusätzlichem Dividendenanspruch von 10 % des Nennwerts und 1 Mio. kündbare, limitierte Vorzugsaktien mit einer Pflichtdividende von 20 % des Nennwerts. Der Nennwert aller Aktien beträgt 5 €. Die Dividende der Stammaktien beträgt 5 €/Aktie. Hieraus ergeben sich folgende Dividendenverpflichtungen für die laufende Periode:
- Stammaktien: 5 € pro Aktie · 5 Mio. Aktien = 25 Mio. €,
- Vorzugsaktien mit zusätzlichem Dividendenanspruch: 5 € pro Aktie (Gleichbehandlung mit Stammaktien) und 0,50 € pro Aktie Dividendenvorzug · 1 Mio. Aktien = 5,5 Mio. €,
- Kündbare, limitierte Vorzugsaktien:
  1 € pro Aktie Pflichtdividende · 1 Mio. Aktien = 1 Mio. €.

Abweichend von diesen Dividendenverpflichtungen wurden allerdings folgende Dividendenzahlungen für die laufende Periode vereinbart:
- Stammaktien: 5 € pro Aktie · 5 Mio. Aktien = 25 Mio. €,
- Vorzugsaktien mit zusätzlichem Dividendenanspruch:
  6 € pro Aktie · 1 Mio. Aktien = 6 Mio. €,
- Kündbare, limitierte Vorzugsaktien:
  2 € pro Aktie · 1 Mio. Aktien = 2 Mio. €.

Der Unterschied zu den tatsächlich vereinbarten Dividendenzahlungen ließe sich z.B. dadurch erklären, dass im Vorjahr keine Vorzugsdividenden gezahlt wurden.

Lösung
Wie vorhin geschildert werden Vorzugsaktien mit zusätzlichem Dividendenanspruch im Sinne von IAS 33.5 als eine Stammaktiengattung behandelt, während limitierte Vorzugsaktien die Definition einer Stammaktie nicht erfüllen, da sie kündbar sind und nicht am Liquidationserlös des Unternehmens partizipieren. Somit sind zwei Ergebnisse zu ermitteln: Das Ergebnis für Stammaktien und das Ergebnis für Vorzugsaktien mit zusätzlichem Dividendenanspruch. Zudem wurde bereits ausgeführt, dass für die Berechnung die aktuellen Ansprüche der Vorzugsaktionäre entscheidend sind und nicht die tatsächlichen bzw. vereinbarten Auszahlungen.

Das Periodenergebnis, welches sowohl den Stammaktionären als auch den Haltern der nicht limitierten Vorzugsaktien zusteht, ergibt sich zu 100 Mio. € – 0,5 Mio. € (Vorzugsdividendenanspruch) – 1 Mio. € (Pflichtdividende auf limitierte Vorzugsaktien) = 98,5 Mio. €. Der Anteil der Stammaktionäre an diesem Ergebnis ergibt sich zu $(5/(5+1)) \cdot 98{,}5$ Mio. € = 82,08 Mio. €, was bei 5 Mio. Stammaktien zu einem EPS von 16,42 € führt. Der Rest des verteilbaren Ergebnisses steht den Haltern der unlimitierten Vorzugsaktie zu: $(1/(5+1)) \cdot 98{,}5$ Mio. € = 16,42 Mio. €. Hinzu kommen die vorab abgezogenen 0,5 Mio. € Vorzugsaktiendividende. Das anteilige Periodenergebnis ergibt sich somit zu 16,92 Mio. €, was bei einer Million ausstehender stimmrechtsloser Vorzugsaktien einem EPS von 16,92 € entspricht.

3.2 Ermittlung der Aktienanzahl

Grundsätzlich werden alle vom Unternehmen ausgegebenen und sich nicht im Besitz des Unternehmens befindlichen Stammaktien als ausstehende Aktien gezählt. Die Anzahl der Stammaktien kann sich während der Berichtsperiode z.B. durch Aktienrückkäufe oder durch Kapitalerhöhungen ändern. Für die Bestimmung der Aktienanzahl zur EPS-Ermittlung ist daher eine durchschnittliche Aktienanzahl zu ermitteln. Hierbei sind alle Aktien jeweils mit dem Zeitraum zu gewichten, in dem sie ausstanden (IAS 33.19). Näherungslösungen sind zulässig, insbesondere erscheint es vertretbar, mit finanzmathematischen 30-Tage-Monaten zu arbeiten.

Verfahren bei unterjährig ausgegebenen Aktien

Beispiel 28.5

Ein Unternehmer hält als 100%iger Eigentümer seines Unternehmens 10 Mio. Aktien mit einem Nennwert von je 1 €. Die Eigenkapitalrendite des Unternehmens beträgt 10 % pro Jahr. Kapital- oder sonstige Rücklagen existieren nicht. Am 01.07.2007 bringt er im Rahmen einer Kapitalerhöhung mit 10 Mio. neuen Aktien zusätzliche 10 Mio. € Kapital ein.

In der ersten Hälfte des Jahres erwirtschaftet das Unternehmen gemäß der Eigenkapitalrendite einen Gewinn von 500 T€, im zweiten Halbjahr, bei breiterer Kapitalbasis, einen Gewinn von 1 Mio. €. Wie hoch sind nun die EPS des Jahres 2007?

Lösung
Würden die EPS auf Basis der ungewichteten Aktienanzahl zum Periodenende von 20 Mio. Aktien ermittelt, so ergäben sich EPS von 7,5 Cent/Aktie, was einer Rendite von 7,5 % entspräche (1,5 Mio. €/20 Mio. Aktien). Da tatsächlich die Rendite 10 % beträgt, führt nur die gewichtete Aktienanzahl von 0,5 · 10 Mio. + 0,5 · 20 Mio. = 15 Mio. Aktien zu einem korrekten EPS von 1,5 Mio. €/15 Mio. Aktien = 10 Cent/Aktie.

Das Gewichtungsverfahren geht davon aus, dass mit der Ausgabe (Einziehung) von Aktien auch ein Zufluss (Abfluss) von Ressourcen verbunden ist, der zur Erzielung eines Periodenergebnisses (nicht mehr) zur Verfügung steht. Deswegen wird als relevanter Zeitpunkt der Einbeziehung in IAS 33.21 der Zeitpunkt bestimmt, zu dem ein(e) Anrecht (Pflicht) seitens des Unternehmens auf den Ressourcenzufluss (zum Ressourcenabfluss) besteht.

Zeitpunkt der Einbeziehung

Im Rahmen von Unternehmensakquisitionen ausgegebene Aktien sind ab dem Tag der Erstkonsolidierung als ausstehend zu betrachten (IAS 33.22). Aktien, deren Gegenleistung nur teilweise eingefordert wurde, werden dementsprechend

Sonderfälle

quotal ausstehend gewertet, wenn ihre Mitgliedsrechte schon (quotal) aktiv sind. Falls dies nicht der Fall ist, können sie unter Umständen potentielle Stammaktien darstellen (IAS 33.A15 i.V.m. 33.A16). Aktien, die nur unter bestimmten Bedingungen ausgegeben werden, sind nach IAS 33.24 bedingt emissionsfähige Aktien. Ein Beispiel für solche Aktien sind Mitarbeiteraktien, die als Entlohnungsbestandteil unter Marktwert ausgegeben werden, sobald das Unternehmen z.B. bestimmte Gewinnziele überschreitet. Solche Aktien werden als ausstehend betrachtet, sobald die Ausgabebedingungen erfüllt sind. Als weiterer Sonderfall werden Verträge, die zu einem späteren Zeitpunkt verpflichtend in Stammaktien umzutauschen sind, gemäß IAS 33.23 bereits mit ihrer Ausgabe als Stammaktien behandelt. Auch wenn IAS 33.23 hierzu keine weiteren Informationen enthält, ist wohl davon auszugehen, dass dann auch Aufwendungen wie etwa Zinsen, die auf diese Verträge entfallen, als zusätzliche Dividenden zu berücksichtigen sind. Außerdem ist für eventuell anfallende Zuzahlungen im Umtauschfall die später noch zu erläuternde treasury stock method anzuwenden.

Gratisaktien, Aktiensplitts und Bezugsrechte

Was ist mit Aktien, die ohne oder ohne angemessen hohen Ressourcenfluss ausgegeben oder eingezogen werden? Beispiele hierfür können Gratisaktien, Aktiensplitts oder Bezugsrechte sein. In diesem Fall erhöht sich die Aktienanzahl des Unternehmens, ohne dass dem Unternehmen dementsprechend mehr Kapital zur Verfügung steht. Im extremen Fall von Gratisaktien ist es somit unsinnig, diese mit dem Zeitraum ihrer Existenz zu gewichten. Deswegen werden sie nach IAS 33.28 so behandelt, als ob sie schon immer ausgegeben waren. Die Ergebnis-je-Aktie-Zahlen der Vorperioden sind anzupassen. Etwas anders stellt sich die Situation bei Bezugsrechten dar. Hier leistet der Inhaber regelmäßig eine Zuzahlung, um die neuen Stammaktien zu erhalten. Häufig enthalten Bezugsrechte jedoch ein Bonuselement für Altaktionäre, da die Zuzahlung unter dem Marktwert der Stammaktien liegt. Somit entspricht der aus der Ausgabe resultierende Kapitalzufluss nicht dem am freien Markt erzielbaren Zufluss.

Beispiel 28.6

Ein Unternehmen, dessen 1.000 ausstehende Aktien einen Kurswert von 110 € je Aktie besitzen, gibt neue Aktien mit einem Bezugsrecht für Altaktionäre heraus. 5 alte Aktien berechtigen zum Bezug einer neuen Aktie zum Bezugskurs von 50 €. Diese neuen Aktien werden somit deutlich unter dem Marktwert ausgegeben, das Bezugsrecht enthält also ein Gratiselement. Das Bezugsrecht für die neuen Aktien läuft am 01.07. aus, die Bezugsrechte sind handelbar. Um zu ermitteln, wie hoch das Gratiselement der Bezugsrechte ist, muss zunächst der rechnerische Kurs zum 01.07. nach Bezugsrecht ermittelt werden:

Kurs nach Bezugsrecht = (1.000 Aktien · 110 €/Aktie + 200 Aktien · 50 €/Aktie)/1.200 Aktien = 100 €/Aktie

Daraus folgt, dass der Gratiseffekt genau einer Ausgabe von 100 Gratisaktien entspricht, denn dies würde den Kurs der Aktien ebenfalls auf 100 €/Aktie senken (110.000 €/1.100 Aktien = 100 €/Aktie). Die restlichen Aktien gelten demnach als zu marktgerechten Konditionen ausgegeben und müssen zeitanteilig berücksichtigt werden. Da die „Gratisaktien" hingegen so zu behandeln sind, als ob sie schon immer ausstünden, ergibt sich die Aktienanzahl zur Ermittlung des unverwässerten Ergebnisses als:

Aktienanzahl = (1.000 Aktien + 100 „Gratisaktien") · 6/12 + (1.000 Aktien + 100 „Gratisaktien" + 100 Aktien) · 6/12 = 1.150 Aktien

4 Verwässertes Ergebnis je Aktie

4.1 Ermittlung des Ergebnisses

Während in der Berichtsperiode neu ausgegebene Aktien in dem unverwässerten Ergebnis je Aktie zeitanteilig erfasst werden, versucht das verwässerte Ergebnis je Aktie, bereits in der laufenden Periode vertraglich zugesicherte künftige Aktien zu berücksichtigen. Damit entspricht das verwässerte Ergebnis je Aktie einer „Was wäre wenn"-Rechnung: Wie hoch wäre das Ergebnis je Aktie, wenn alle Verträge, die Externen die Möglichkeit auf Aktien des Unternehmens einräumen, tatsächlich ausgeübt würden?

Diesem Gedanken folgend muss grundsätzlich nicht nur die Aktienanzahl, sondern auch das Periodenergebnis angepasst werden, was international als if-converted method bezeichnet wird. Schließlich kann der Umtausch von potentiellen Stammaktien dazu führen, dass Aufwendungen wegfallen oder Erträge entstehen. Diese Effekte wirken der Verwässerung entgegen. Wenn z.B. eine Wandelschuldverschreibung in eine Stammaktie umgewandelt wird, dann vergrößert sich zwar die Aktienanzahl, gleichzeitig sinken aber auch die Aufwendungen, da keine Zinszahlungen an den Inhaber mehr zu leisten sind. Dementsprechend sind diese Zinsaufwendungen bei der Berechnung des verwässerten Ergebnisses je Aktie zum Zähler hinzuzuaddieren (IAS 33.33(b)). Des Weiteren werden für potentielle Stammaktien eventuell bislang Dividendenzahlungen (z.B. bei limitierten Vorzugsaktien) im Rahmen der Gewinnverwendung fällig, die für die Ermittlung des unverwässerten Ergebnisses je Aktie vom Ergebnis abzuziehen sind. Solche Dividendenzahlungen sind dann Bestandteil des verwässerten Ergebnisses. Sämtliche Ergebniskorrekturen sind gemäß IAS 33.33 nach zurechenbaren Steuern durchzuführen. Das folgende Beispiel verdeutlicht dies für Wandelschuldverschreibungen (WSV).

if-converted method

Beispiel 28.7

Ein Unternehmen hat WSV in Höhe von 10 Mio. € zu einem Zins von 2 % herausgegeben. Diese Wandelschuldverschreibungen sind in Stammaktien wandelbar. Das Periodenergebnis nach Steuern beträgt 1 Mio. €. Der Steuersatz auf das Zinsergebnis beträgt 30 %. Wie hoch ist das verwässerte Periodenergebnis?

> **Lösung**
> Um den Effekt der Wandlung auf das Ergebnis darzustellen, muss der Zinsaufwand für die WSV ermittelt werden. Er ergibt sich zu:
> Zinsaufwand vor Steuern: 10 Mio. € · 0,02 = 200 T€
> Zinsaufwand nach Steuern: 200 T€ · (1 – 0,3) = 140 T€
>
> Diese 150 T€ würden das Periodenergebnis erhöhen, wenn die WSV in Stammaktien gewandelt würden. Somit beträgt das korrigierte verwässerte Periodenergebnis 1.150 T€.

4.2 Ermittlung der Aktienanzahl

Korrektur der Aktienanzahl

Potentielle Stammaktien sind dadurch gekennzeichnet, dass eine Umtauschmöglichkeit in Stammaktien besteht. Dass der Umtausch noch nicht stattgefunden hat, kann an unterschiedlichen Gründen liegen:
- Der Umtausch ist erst in einem bestimmten Zeitraum möglich, der noch nicht begonnen hat.
- Der Umtausch wäre zwar möglich, erscheint aber dem Inhaber nicht sinnvoll, z.B. bei Kaufoptionen, deren Ausübungskurs über dem momentanen Marktpreis liegt.
- Der Umtausch ist von bestimmten Bedingungen abhängig, die noch nicht gegeben sind, wie z.B. bei Aktienoptionen des Managements, die nur ausübbar werden, wenn bestimmte Gewinnziele erreicht werden.

Damit potentielle Stammaktien in das verwässerte Ergebnis je Aktie einbezogen werden, muss es sich bei diesen um verwässernde potentielle Stammaktien handeln (IAS 33.41). Dies ist dann gegeben, wenn die Umwandlung in eine Stammaktie zu einem im Vergleich mit dem unverwässerten EPS niedrigeren Ergebnis je Aktie führt (IAS 33.42). Andernfalls wären diese Aktien bei der Berechnung des unverwässerten Ergebnisses je Aktie nicht zu berücksichtigen. Damit ist per Definition ausgeschlossen, dass das verwässerte Ergebnis das unverwässerte übersteigen kann.

Ereignisse im Verlauf der Berichtsperiode

Wie bei Stammaktien kann auch bei potentiellen Stammaktien die Anzahl unterjährig schwanken. So können während der Berichtsperiode neue potentielle Stammaktien entstehen, alte können verfallen oder ausgeübt werden. Wie sind diese unterjährigen Ereignisse abzubilden? IAS 33.36 i.V.m. 33.38 gibt die Antwort: Potentielle Aktien, die während der Berichtsperiode neu emittiert wurden, werden anteilig gewichtet. Wenn potentielle Stammaktien im Laufe der Periode verfallen, sind sie ebenfalls anteilig zu gewichten. Gleiches gilt, falls potentielle Stammaktien in der Periode ausgeübt wurden. In diesem Fall beeinflussen sie auch gleichzeitig das unverwässerte Ergebnis je Aktie.

Bedingte Aktienausgabe

Wann der Umtauschzeitraum liegt, ist grundsätzlich unerheblich. Wenn allerdings bestimmte Bedingungen für den Umtausch nicht erfüllt sind, dann führen diese Verträge (noch) nicht zu potentiellen Stammaktien im Sinne von IAS 33. Gleiches gilt für Verträge, die nur unter speziellen Bedingungen überhaupt gewährt werden. Wenn z.B. Mitarbeiteroptionen erst ausgegeben werden, falls der Kurs über den Ausübungskurs steigt, dann werden solche Transaktionen nach IAS 33.52 wie bedingt potentielle Stammaktien behandelt.

Wenn die zu erfüllenden Bedingungen (teilweise) in der Zukunft liegen, ist es nicht leicht zu entscheiden, ob sie erfüllt sind oder nicht. Wurden z.B. dem Management unter der Bedingung, dass es innerhalb des abgelaufenen und der folgenden zwei Jahre das Ergebnis um insgesamt 30 % verbessert, Aktienoptionen zugesprochen, so kann in der laufenden Periode nicht endgültig entschieden werden, ob diese Bedingung (anteilig) erfüllt wurde. Nach IAS 33.56 ist nur dann eine Verwässerung anzunehmen, wenn die Bedingung bereits in der abgelaufenen Periode komplett erfüllt wurde. Im vorliegenden Fall wäre also nur dann eine Verwässerung anzunehmen, wenn bereits im abgelaufenen Geschäftsjahr eine Ergebnisverbesserung von 30 % erzielt wurde.

Falls für den Umtausch unterschiedliche Alternativen bestehen, so sind jeweils die für den Inhaber der potentiellen Stammaktien günstigsten Konditionen anzunehmen (IAS 33.39). Falls ein Tochterunternehmen des Konzerns Verträge abschließt, die wahlweise mit Aktien des Tochterunternehmens oder mit Aktien des Mutterunternehmens bedient werden können, so ist dieser Vertrag gemäß IAS 33.40 als potentiell verwässernd anzusehen. *Sonderfälle*

Aus einem Vertrag, der wahlweise mit Aktien oder mit sonstigen Finanzinstrumenten (i.d.R. Geld) bedient werden kann, resultieren gemäß IAS 33.58 in jedem Fall potentielle Stammaktien, wenn das Unternehmen das Recht hat, darüber zu entscheiden, ob es den Vertrag mit Aktien oder sonstigen Finanzinstrumenten bedient. Liegt das Recht bei der Vertragsgegenseite, so ist gemäß IAS 33.60 jeweils die Möglichkeit zu wählen, die zu einer stärkeren Verwässerung führt. Als Beispiel für einen solchen Vertrag wäre eine Wandelschuldverschreibung zu nennen, bei der entweder das Unternehmen oder der Kapitalgeber bestimmen können, ob die Schuld in Aktien oder in liquiden Mitteln beglichen werden soll (cash-settlement option).

Während bei der Berechnung des verwässerten Ergebnisses je Aktie nach IAS 33 grundsätzlich die if-converted method Anwendung findet, ist ein solches Vorgehen bei Optionen und Optionsscheinen ohne weiteres nicht möglich. Wird eine Option ausgeübt, so fließen dem Unternehmen in der Regel Zahlungsmittel in Höhe des Ausübungspreises zu. Diese kann das Unternehmen produktiv einsetzen und somit das ausschüttungsfähige Ergebnis erhöhen, was dem Verwässerungseffekt aus der Ausgabe neuer Aktien entgegenwirkt. Wenn der Ausübungspreis dabei genau dem aktuellen Marktwert der Stammaktien entspricht, liegt keine Verwässerung mehr vor, da der Mittelzufluss bei konstanter Rentabilität zu einer entsprechenden Ergebnissteigerung führt. Würde die if-converted method also eingesetzt, müsste neben der Anzahl der Aktien im Nenner auch das Periodenergebnis im Zähler erhöht werden. Dies würde bedeuten, dass das Unternehmen schätzen müsste, wie das zusätzliche Eigenkapital verzinst worden wäre, wenn die Optionen eingelöst worden wären. Um dieses Problem zu ver- *treasury stock method* meiden, schreibt IAS 33.45 für Optionen, Optionsscheine und Äquivalente die treasury stock method vor. Diese unterstellt gedanklich, dass die gesamten eingenommenen Zahlungsmittel aus der Optionsausübung direkt zum Rückkauf und somit zur Reduzierung der ausstehenden Aktien eingesetzt werden. Im Vergleich zur if-converted method bleibt also das Periodenergebnis im Zähler zwar konstant, jedoch wird der Verwässerungsschutz durch die geringere Erhöhung der Aktienanzahl im Nenner erfasst. Hierzu ist die umgetauschte Aktienanzahl anhand der Zuzahlung in zwei Gruppen aufzuteilen: Eine Gruppe der Aktien wird als zum beizulegenden Zeitwert ausgegeben betrachtet und der Rest der Aktien wird wie Gratisaktien behandelt. Der beizulegende Zeitwert wird gemäß 33.45 i.V.m. IAS 33.A4-A5 als der durchschnittliche Marktwert der Stammaktie während der Berichtsperiode definiert.

Beispiel 28.8

1.000 Optionen stehen aus, ihr Ausübungskurs liegt bei 12 €, der durchschnittliche Aktienkurs innerhalb der Berichtsperiode liegt bei 15 €.

Durch den Umtausch würde das Unternehmen 12 T€ einnehmen. Diese 12 T€ entsprächen einer Ausgabe von 800 Aktien zum durchschnittlichen Marktwert. Mit anderen Worten: Diese 800 Aktien könnte das Unternehmen direkt wieder zurückkaufen. Die restlichen 200 potentiellen Stammaktien werden wie Gratisaktien behandelt und verwässern damit das Ergebnis je Aktie.

Sonstige Gegenleistungen

Werden Aktienoptionen als Entgelt für Güter und Dienstleistungen, z.B. im Rahmen der Mitarbeiterentlohnung, ausgegeben, so ist nach IFRS 2 deren beizulegender Zeitwert über die Perioden des Anspruchserwerbs als Aufwand zu erfassen (vgl. Kapitel 18). Dieser Aufwand wird, insofern er zum Abschlusszeitpunkt noch nicht erfasst wurde, nach IAS 33.47A wie eine einmalige Zuzahlung gemäß der treasury stock method behandelt. Hierdurch kommt zum Ausdruck, dass der Optionshalter neben der Zuzahlung noch weitere Gegenleistungen erbringen muss, um die Aktie zu erwerben.

Besonderheiten bei Zwischenberichten

Wenn ein Unternehmen neben der Jahresberichterstattung auch Zwischenberichte veröffentlicht, dann erscheint fraglich, ob im Rahmen der Jahresberichterstattung oder im Rahmen der zu den Zwischenberichten gehörenden Berichtsperiode vom Jahresbeginn bis zum aktuellen Quartalsende auf die bereits bestimmten Mengen der potentiellen Stammaktien für die abgeschlossenen Quartale zurückgegriffen werden sollte. So wäre es denkbar, die in jedem Quartal angenommenen potentiellen Stammaktien zu gewichten, um so zu der Anzahl der ausstehenden potentiellen Stammaktien für die übergreifende Berichtsperiode zu kommen. Dieser Vorgehensweise folgt der US-amerikanische SFAS 128 zur EPS-Ermittlung. Abweichend dazu fordert IAS 33.37, für jede Berichtsperiode die Anzahl der potentiellen Stammaktien neu festzusetzen. Nur so kann sichergestellt werden, dass die Anzahl der potentiellen Stammaktien nicht von der auf nationalen Rahmenbedingungen beruhenden Zwischenberichtsdichte abhängt (IAS 33.BC10-BC14).

Ziel des verwässerten Ergebnisses je Aktie ist es, dem Bilanzleser die maximal mögliche Verwässerung aufzuzeigen. Wenn mehrere Arten von potentiellen Stammaktien zu unterschiedlichen Konditionen ausstehen, kann die Reihenfolge der Einbeziehung wesentlich sein. Das folgende Beispiel soll dies verdeutlichen.

Ermittlung der maximalen Verwässerung

Beispiel 28.9

Ein Unternehmen hat ein den Stammaktionären zurechenbares Ergebnis (nach Vorzugsaktiendividenden) von 15 Mio. € erwirtschaftet, 10 Mio. Stammaktien stehen aus. Weiterhin hat das Unternehmen zwei Arten von potentiellen Stammaktien ausstehen:
- Eine Wandelschuldverschreibung (WSV) mit einem Nennwert von 10 Mio. €, die in 1 Mio. Stammaktien wandelbar ist. Der Zinssatz für die Wandelschuldverschreibung beträgt 4,5 %, der Steuersatz liegt bei 30 %.
- 1 Mio. limitierte Vorzugsaktien (VzA) mit je 1,45 €/Aktie Dividende pro Berichtsperiode. Die Vorzugsaktien sind 1:1 in Stammaktien wandelbar.

Lösung
Auf Basis der Daten beträgt das unverwässerte Ergebnis je Aktie (EPS_{UV}):
EPS_{UV} = 15 Mio. €/10 Mio. Aktien = 1,5 €/Aktie.

Um zu entscheiden, in welcher Reihenfolge die Verwässerungen zu berücksichtigen sind, ist zunächst der jeweilige Ergebniseffekt des Umtauschs zu ermitteln: Wenn die Wandelschuldverschreibungen gewandelt werden, steigt das Nachsteuer-Periodenergebnis (ΔPE_{WSV}) um
ΔPE_{WSV} = 10 Mio. € · 0,045 · (1 – 0,3) = 0,315 Mio. €.

Wenn die Vorzugsaktien getauscht werden, entfallen jährlich Dividendenzahlungen in Höhe von ΔPE_{VzA} = 1,45 Mio. €. Es wird deutlich, dass der Verwässerungseffekt der Vorzugsaktien schwächer ist: Beide potentiellen Aktiengruppen erhöhen im Umtauschfall die Aktienzahl um 1 Mio., aber die Vorzugsaktien erhöhen das den Stammaktien zustehende Periodenergebnis wesentlich stärker. Deswegen wird zuerst die Verwässerung der Wandelschuldverschreibung erfasst:
Das verwässerte Ergebnis je Aktie beträgt nach Einbeziehung der Wandelschuldverschreibung ($EPS_{V,WSV}$):
$EPS_{V,WSV}$ = (15 Mio. € + 0,315 Mio. €)/11 Mio. Aktien = 1,39 €/Aktie.

Wenn nun in einem zweiten Schritt die Vorzugsaktien berücksichtigt werden, so ergibt sich folgendes Ergebnis je Aktie ($EPS_{V,WSV,VzA}$):
$EPS_{V,WSV,VzA}$ = (15,315 Mio. € + 1,45 Mio. €)/12 Mio. Aktien
= 1,40 €/Aktie.

Das maximal verwässerte Ergebnis je Aktie beträgt damit 1,39 €/Aktie. Obwohl der Umtausch der Vorzugsaktien für sich genommen verwässernd wirken würde, wird er also bei der Ermittlung des verwässerten Ergebnisses je Aktie nicht mit einbezogen, da er nicht zur maximalen Verwässerung führt.

> Um die Reihenfolge der Einbeziehung zu ermitteln, muss also die Beeinflussung der Ergebnisgröße durch die unterschiedlichen potentiellen Stammaktien ermittelt werden. Nach IAS 33.41 hat dies anhand des dem Mutterunternehmen zustehenden Periodenergebnisses aus fortgeführter Geschäftätigkeit zu erfolgen.

5 Ausweis und Angabepflichten

Anpassung der EPS-Zahlen von Vorperioden

Ergebnis-je-Aktie-Kennziffern sind für jede Periode zu veröffentlichen, für die auch Gewinn- und Verlustrechnungsdaten veröffentlicht werden. Grundsätzlich sind Vorjahresdaten nicht anzupassen, es sei denn:
- Die Aktienanzahl hat sich ohne Ressourcenauswirkung geändert, wie z.B. bei Gratisaktien, Aktiensplits oder bei einer Kapitalzusammenlegung.
- Die Aktienanzahl hat sich durch einen Unternehmenszusammenschluss nach der Interessenzusammenführungsmethode geändert.
- Auswirkungen von IAS 8 hinsichtlich grundlegender Fehler oder Änderungen der Bilanzierungs- und Bewertungsmethoden machen eine Korrektur notwendig.

Im ersten Fall hat die Anpassung auch zu erfolgen, wenn die Aktienänderung nach Periodenende aber vor Veröffentlichung erfolgt ist. Für andere Ereignisse, die nach dem Bilanzstichtag den Umfang der Stammaktien oder potentiellen Stammaktien beeinflussen, wird in IAS 33.70(d) eine offenlegende Beschreibung empfohlen. Es ist allerdings nicht zulässig, aufgrund solcher Informationen die Ergebnis-je-Aktie-Kennziffern der abgelaufenen Periode anzupassen.

Ausweis, gleichrangige Präsentation von verwässerten und unverwässerten EPS

Die Ergebnis-je-Aktie-Kennzahlen sind zusammen mit der Gewinn- und Verlustrechnung zu veröffentlichen. Folgendes ist dabei besonders zu beachten:
- Das verwässerte und das unverwässerte Ergebnis je Aktie sind gleichrangig innerhalb der Gesamterfolgsrechnung zu präsentieren. Sofern das Unternehmen die Bestandteile des Periodenergebnisses im Sinne von IAS 1.81 separat vom übrigen Gesamterfolg darstellt, so sollen die EPS-Kennzahlen im erstgenannten Rechenwerk ausgewiesen werden.
- Die Ergebnisse je Aktie sind auf Basis des dem Mutterunternehmen zustehenden Ergebnisses aus fortlaufender Geschäftätigkeit (continuing operations) auszuweisen. Falls das Unternehmen die Aufgabe eines Geschäftsbereiches (i.S.v. IFRS 5) meldet, dann ist das Ergebnis je Aktie für den aufgegebenen Geschäftsbereich entweder in der Gesamterfolgsrechnung oder im Anhang auszuweisen.
- Falls ein Unternehmen über mehrere Arten von Stammaktien verfügt, muss der Ausweis für jede Art getrennt erfolgen.
- Die Kennzahlen sind auch zu veröffentlichen, wenn sie negativ sind. Sie können dann als „Verlust je Aktie" bezeichnet werden.

- Sowohl die Zählergrößen als auch die Nennergrößen aller Kennziffern sind auf die sonstigen Abschlussdaten wie das Periodenergebnis oder die veröffentlichte Aktienanzahl je Aktiengattung überzuleiten.

Insbesondere bei potentiellen Stammaktien kann es angeraten sein, einzelne Vertragsbedingungen, die zur Beurteilung der Verwässerung von großer Bedeutung sind, explizit zu erläutern. Ein Unternehmen, das neben den Pflichtangaben weitere Ergebnis-je-Aktie-Kennzahlen veröffentlichen möchte, hat diese Zahlen auf Basis der verwässerten und unverwässerten Nennergrößen zu ermitteln. Des Weiteren muss eine Überleitungsrechnung die Herkunft der freiwillig verwendeten Ergebnisgröße transparent machen.

6 Wesentliche Unterschiede zum HGB

Im Gegensatz zu IAS 33 gibt es in Deutschland keine verbindliche Regulierung für die Ermittlung und Veröffentlichung einer Ergebnis-je-Aktie-Kennzahl. Dennoch wird von großen deutschen börsennotierten Gesellschaften in Zusammenarbeit mit den Finanzanalysten bereits seit langem ein Gewinn je Aktie ermittelt und veröffentlicht. Weil die Finanzanalysten den Jahresüberschuss der handelsrechtlichen GuV wegen der mangelnden Informationsorientierung des deutschen Jahresabschlusses und den u.a. auch hieraus resultierenden vielfältigen handelsrechtlichen Ansatz- und Bewertungswahlrechten für die Aktienkursanalyse nur wenig geeignet halten[3], wird im Rahmen der EPS-Ermittlung vor allem die Korrektur des Jahresüberschusses diskutiert.

Keine verbindlichen Rechtsvorschriften

So hat die Deutsche Vereinigung für Finanzanalyse und Asset Management (DVFA) bereits seit 1968 mit dem Arbeitsschema zur Ermittlung des „Ergebnisses je Aktie nach DVFA" mehrmals versucht, vor allem die Ergebnisgröße der Kennzahl zu standardisieren. Seit 1991 existiert eine von der DVFA gemeinsam mit der Schmalenbach-Gesellschaft – Deutsche Gesellschaft für Betriebswirtschaft e.V. (SG) erstellte Empfehlung zur Ermittlung eines Ergebnisses je Aktie nach DVFA/SG. Diese Empfehlung wurde zuletzt 1999 aufgrund der zunehmenden Beachtung der US-GAAP bzw. IAS in den Konzernabschlüssen deutscher Unternehmen hinsichtlich der Ergebnisbereinigung modifiziert[4]. Das DVFA/SG-Ergebnis konzentriert sich anders als IAS 33 vor allem auf die Ermittlung einer aussagekräftigen und vergleichbaren Zählergröße. So soll das Ergebnis nach DVFA/SG die Entwicklung des Unternehmensergebnisses im Zeitablauf aufzeigen, Anhaltspunkte für die Schätzung des künftigen Ergebnis-

Ergebnis nach DVFA/SG

---

3 Vgl. *Arbeitskreis Externe Unternehmensrechnung SG*, Ergebnis je Aktie, in: ZfbF, 40. Jg. (1988), S. 138-139.
4 Vgl. *Busse von Colbe, W. et al. (Hrsg.)*, Ergebnis je Aktie nach DVFA/SG – gemeinsame Empfehlung, 3. Aufl., Stuttgart 2000; zu den Neuerungen vgl. *Gemeinsame Arbeitsgruppe der DVFA und Schmalenbach-Gesellschaft*, Fortentwicklung des Ergebnisses nach DVFA/SG, in: DB, 51. Jg. (1998), S. 2537-2542.

ses geben und den Vergleich zwischen verschiedenen Unternehmen ermöglichen. Durch Division des Ergebnisses durch die Anzahl der Aktien einer Unternehmung lässt sich das DVFA/SG-Ergebnis je Aktie ermitteln. Obwohl die Berechnung und Veröffentlichung des DVFA/SG-Ergebnisses gesetzlich nicht vorgeschrieben ist, publizieren viele börsennotierte Unternehmen auf Druck der Finanzanalysten freiwillig diese Kennzahl. Unterbleibt die Veröffentlichung, so wird die Kennzahl von der DVFA-Methodenkommission auf der Basis der publizierten Jahresabschlussdaten geschätzt, was für die Unternehmen – aufgrund der vorsichtigen Schätzung – zu negativen Aktienmarktkonsequenzen führen kann.

Um dem Ziel einer aussagekräftigen Zählergröße gerecht zu werden, wird der handelsrechtliche Jahresüberschuss des Einzelabschlusses bzw. bei Mutterunternehmen der Konzernjahresüberschuss um Sondereinflüsse bereinigt. Diese entstehen vor allem durch die Ausübung von handelsrechtlichen Ansatz- und Bewertungswahlrechten. Hier werden von der DVFA/SG bestimmte Bilanzierungsmethoden präferiert, an die das Ergebnis anzupassen ist[5]. Das Ergebnis wird nach Steuern ermittelt, so dass die Bereinigungen des Ergebnisses, die handelsrechtlich den Ansatz latenter Steuern auslösen würden, um Steuerwirkungen zu korrigieren sind. Als Aktienanzahl wird die Zahl der durchschnittlich dividendenberechtigten Stamm- und Vorzugsaktien verwendet. Diese Aktienanzahl ist bei Kapitalerhöhungen mit Bezugsrechten analog zu IAS 33 zu erhöhen. Ein verwässertes Ergebnis je Aktie entsteht durch die Berücksichtigung von Wandelanleihen und Bezugsrechten. Die Berechnung der verwässerten Anzahl der Aktien entspricht weitgehend der Vorgehensweise von IAS 33.

Ermittlung eines prognosefähigen Ergebnisses

Da ab 2005 bzw. 2007 alle deutschen kapitalmarktorientierten Unternehmen zur IFRS-Rechnungslegung verpflichtet sind, wird die eigentliche Ermittlung der DVFA/SG-EPS künftig wohl stark an Bedeutung verlieren. Dementsprechend hat der Arbeitskreis DVFA/SG sein Augenmerk stärker darauf gerichtet, in Abhängigkeit vom gewählten Rechnungslegungssystem (IFRS oder US-GAAP) Empfehlungen zur Ermittlung eines nachhaltigen, prognosefähigen Ergebnisses zu entwickeln[6]. Dies stellt wohl auch für das IASB im Rahmen des Reporting Financial Performance Projekts eine überaus wichtige Aufgabe dar. Hierbei sind die ergebnisneutralen Aufwendungen und Erträge explizit zu berücksichtigen.

---

5 Vgl. *Busse von Colbe, W. et al. (Hrsg.)*, Ergebnis je Aktie nach DVFA/SG – gemeinsame Empfehlung, 3. Aufl., Stuttgart 2000, S. 27-49.
6 Vgl. *Arbeitskreis DVFA/SG*, Empfehlungen zur Ermittlung prognosefähiger Ergebnisse, in: DB, 56. Jg. (2003), S. 1913-1917.

7 Wesentliche Unterschiede zu US-GAAP

Da SFAS 128 „Earnings per Share" gemeinsam mit IAS 33 entwickelt wurde, gibt es kaum wesentliche Unterschiede zwischen den beiden Standards. Neben dem bereits dargestellten Unterschied im Rahmen der Einbeziehung von Zwischenberichten in die Ermittlung der potentiellen Stammaktienanzahl soll als weiteres Beispiel für die nur im Detail liegenden Unterschiede das unterschiedliche Vorgehen bei Verträgen angeführt werden, bei denen der Emittent bestimmen darf, ob er sie durch Stammaktien oder durch sonstige Finanzinstrumente erfüllt. In solchen häufig im Rahmen der aktienbasierten Mitarbeiterentlohnung entstehenden Wahlrechten überlässt SFAS 128 letztlich dem bilanzierenden Unternehmen die Möglichkeit, unter Rückgriff auf ähnliche vergangene Transaktionen darüber zu entscheiden, ob es von einer Erfüllung durch Aktien oder von einer Erfüllung durch sonstige Finanzinstrumente ausgeht. Wie oben erläutert, fordert IAS 33 hier in jedem Fall die Erfassung als potentielle Stammaktie. Das FASB hat allerdings zur Beseitigung der hier erwähnten Unterschiede im Rahmen des Short Term Convergence Project am 30.09.2005 einen Exposure Draft veröffentlicht. Dieser folgt nun auch der Auffassung des IASB, dass verpflichtend in Stammaktien umzutauschende Verträge bereits mit der Ausgabe wie Stammaktien zu behandeln und somit in das unverwässerte Ergebnis je Aktie einzubeziehen sind.

Keine wesentlichen Unterschiede; Angleichungen im Detail durch das Short Term Convergence Project

Ausgewählte Literatur

Glieder, H., Geldflußrechnung, Segmentberichterstattung und Gewinn je Aktie: US-GAAP, IAS und HGB im Vergleich, Hamburg 1998.

Löw, E./Roggenbuck, H., Earnings per Share für Banken – nach IAS und DVFA, in: DBW 58. Jg. (1998), S. 659-671.

Pellens, B./Neuhaus, S./Nölte, U., Konzernergebnis und Earnings per Share, in: Jander, H./Krey, A. (Hrsg.), Betriebliches Rechnungswesen und Controlling im Spannungsfeld von Theorie und Praxis – Festschrift für Prof. Dr. Jürgen Graßhoff zum 65. Geburtstag, Hamburg 2004, S. 31-53.

Übungsaufgaben

Aufgabe 1:

Die nach IFRS bilanzierende Dorsten AG hat am 01.07.2007 eine ordentliche Kapitalerhöhung durchgeführt und 20.000 neue Aktien emittiert. Bereits vor einigen Jahren hatte die Dorsten AG im Zuge einer bedingten Kapitalerhöhung eine Wandelschuldverschreibung emittiert, die ein Umtauschrecht in Aktien verbrieft. Der Vorstand der Dorsten AG interessiert sich nun für die Auswirkung dieser Emissionen auf die EPS-Kennziffern des Unternehmens für 2007.

a) Erläutern Sie kurz, was unter einer Verwässerung zu verstehen ist.
b) Berechnen Sie anhand der aufgeführten Angaben das unverwässerte (basic) EPS und das verwässerte (diluted) EPS für 2007.

Jahresüberschuss der Dorsten AG vor Steuern nach Steuern (Steuersatz 30 %)	5 Mio. Euro 3,5 Mio. Euro
Aktienzahl zum 01.01.2007 ordentliche Kapitalerhöhung gegen Einlagen zum damaligen Börsenwert am 01.07.2007	100.000 Stück 20.000 Stück
Durchschnittlicher Marktwert der Aktien in 2007	160 Euro
Wandelschuldverschreibung (WSV) Volumen Verzinsung Wandlungsverhältnis (WSV in Aktien) Wandlungsfrist	10.000 Stück zu 1.000 Euro 10 % 1:10 ab 01.01.2009

Aufgabe 2:
Unternehmen XY ist in der Schnellimbiss-Branche tätig und arbeitet mit Hilfe eines Franchisesystems, bei dem Filialen an Einzelpersonen verpachtet werden. Um die Pächter zu motivieren, selbst neue Filialen zu eröffnen, hat es diesen pro neu eröffnete Filiale 5.000 Stammaktien zugesagt. Zusätzlich erhalten sie 1.000 neue Stammaktien pro 1.000 Euro zusätzlichem Konzernergebnis, sobald das Konzernergebnis die Grenze von 2 Mio. Euro überschritten hat.

Ein Pächter eröffnete am 01.05.2007 sowie am 01.09.2007 eine neue Filiale. Der Gewinn am Ende des Jahres betrug 2,9 Mio. Euro. Die Anzahl der am Ende des Geschäftsjahres ausstehenden Stammaktien beträgt 1 Mio. Euro. Berechnen Sie das verwässerte und das unverwässerte Ergebnis je Aktie.

Aufgabe 3:
Das Unternehmen ZAG AG hat im Geschäftsjahr 2007 ein Ergebnis aus fortgeführter Geschäftstätigkeit von 8,2 Mio. Euro erzielt.

Die ZAG AG hat 1 Mio. Stammaktien sowie 400.000 wandelbare Vorzugsaktien ausstehen. Die Vorzugsaktien haben einen Nennwert von 50 Euro sowie einen kumulativen Dividendenanspruch in Höhe von 8 Euro pro Aktie. Jede Vorzugsaktie ist zu jedem Zeitpunkt gegen zwei Stammaktien wandelbar.

Zusätzlich hat das Unternehmen 50.000 Optionen mit einem Ausübungspreis von 60 Euro emittiert. Ebenso wurden im Rahmen der Beschaffung von Fremdkapital Wandelanleihen im Nominalwert von 50 Mio. Euro emittiert. Jede Anleihe hat einen Nominalwert von 1.000 Euro und verbrieft einen Anspruch auf 20 Stammaktien. Die Verzinsung der Aktien beträgt 5 %. Die Anleihen wurden zu pari ausgegeben und werden aktuell zu pari gehandelt. Der durchschnittliche Marktpreis pro Aktie betrug während des Geschäftsjahres 75 Euro. Der Steuersatz beträgt 30 %. Berechnen Sie das unverwässerte und das verwässerte Ergebnis je Aktie.

Kapitel 29
Segmentberichterstattung

1 Regelungsgrundlage, Anwendungsbereich und Zielsetzung 877
2 Segmentabgrenzung..........878
3 Auswahl berichtspflichtiger Segmente 881
4 Segmentbilanzierungs- und Segmentbewertungsmethoden..........884
5 Auszuweisende Segmentinformationen..........885
    5.1 Angaben zur Ertrags- und Vermögenslage..........886
    5.2 Allgemeine Informationen und Erläuterungen 888
    5.3 Überleitungsrechnung..........889
    5.4 Segmentübergreifende Angaben..........891
6 Wesentliche Unterschiede zu IAS 14 892
7 Wesentliche Unterschiede zum HGB und zu US-GAAP 895
Ausgewählte Literatur 896
Übungsaufgaben..........897

Ein Blick in den Konzernabschluss der Deutsche Post World Net lässt erkennen, dass der gesamte Konzern bei einem EBIT von 3.872 Mio. € und einem Gesamtvermögen von 217.698 Mio. € im Geschäftsjahr 2006 eine Rendite von 1,74 % erwirtschaftet hat. Wie ist damit die Ertragssituation des Unternehmens zu beurteilen? Auf den ersten Blick erscheint diese Rendite relativ niedrig. Scheint dieser erste Eindruck auf Basis der aggregierten Daten aus Gesamterfolgsrechnung und Bilanz jedoch gerechtfertigt, wo doch das Unternehmen in der Wirtschaftspresse häufig „gute Noten" bekommt? Eine tiefer gehende Analyse kann aufdecken, wo die Stärken und Schwächen der Deutsche Post World Net liegen. Ein Blick in die Segmentberichterstattung gibt hier erste Antworten (vgl. Tabelle 29.1).

2006	Brief	Express	Logistik	Finanzdienstleistungen	Services
EBIT (in Mio. €)	2.054	325	762	1.004	-237
Segmentvermögen (in Mio. €)	4.224	11.204	14.535	182.325	2.419
Rendite	48,63 %	2,90 %	5,24 %	0,55 %	-9,80 %

Tab. 29.1: Ausschnitt aus der Segmentberichterstattung Deutsche Post World Net 2006[1]

Die Segmentberichterstattung verdeutlicht die unterschiedlichen Aktivitäten der Deutsche Post World Net mit ihren abweichenden Rentabilitäten. Es wird deutlich, dass etwa der Bereich „Briefe" erheblich profitabler gearbeitet hat als das Segment „Services". Somit gibt die Segmentberichterstattung einen näheren Einblick in die Geschäftsbereiche und ökonomischen Umfelder, in denen ein Unternehmen tätig ist, und deckt auf, in welchen Bereichen eine über- oder unterdurchschnittliche Performance erwirtschaftet wird.

Allgemein lässt sich damit festhalten, dass Segmentdaten detaillierte Informationen zur Vermögens-, Finanz- und Ertragslage sowie über die Ausrichtung eines gesamten Unternehmens liefern. Insbesondere bei diversifizierten, international tätigen Unternehmen erhalten die Abschlussadressaten über die Segmentberichterstattung tiefere Einblicke in die unterschiedlichen Aktivitäten des Unternehmens, wodurch ihnen wertvolle Informationen zur Abschätzung der künftigen Unternehmensentwicklung bereitgestellt werden.

Die Regelungen zur Segmentberichterstattung befinden sich derzeit im Umbruch: So wird der bisher geltende IAS 14 „Segmentberichterstattung" (Segment Reporting) ab Anfang 2009 durch IFRS 8 „Operative Segmente" (Operating

---
1 Vgl. *Deutsche Post World Net,* Geschäftsbericht 2006, S. 117.

Segments) ersetzt. Durch diesen Übergang erfolgt zugleich eine neue Ausrichtung der Segmentberichterstattung, die zunehmend durch die Konvergenzbemühungen zwischen IASB und FASB geprägt wird. In dem vorliegenden Kapitel stehen deshalb insbesondere die Regelungen des IFRS 8 im Vordergrund.

Diesbezüglich sollen Sie im Folgenden lernen,   *Lernziele*
- welche Unternehmen IFRS 8 anzuwenden haben,
- welche Ziele IFRS 8 verfolgt,
- welche Regelungen IFRS 8 zur Segmentabgrenzung enthält,
- über welche Segmente zu berichten ist und
- welche Informationen für jedes Segment publiziert werden müssen.

Weil die Unternehmen jedoch IAS 14 zumindest bis Ende 2008 weiterhin anwenden dürfen, bietet das Kapitel zusätzlich eine zusammenfassende Gegenüberstellung zwischen den Regelungen des IFRS 8 und denen des IAS 14.

1 Regelungsgrundlage, Anwendungsbereich und Zielsetzung

Die Veröffentlichung zusätzlicher Informationen zu einzelnen Teilbereichen eines Unternehmens wird allgemein – unabhängig von den konkreten Regelungen der Standardsetter – unter dem Begriff Segmentberichterstattung zusammengefasst. „Als Segment wird jede isolierbare Untereinheit (Produktgruppe, Geschäftszweig etc.) innerhalb einer diversifizierten Wirtschaftseinheit („Mehrbereichs"-Unternehmung, -Konzern) bezeichnet"[2]. Damit kann die Segmentberichterstattung als ein weiteres Instrument zur Veröffentlichung von Unternehmensinformationen im Rahmen der externen Berichterstattung betrachtet werden.

Allgemeine Definition zur Segmentberichterstattung

Innerhalb der Regelungen des IASB regelt der im November 2006 veröffentlichte IFRS 8 „Operative Segmente" (Operating Segments) die Erstellung einer Segmentberichterstattung. Dieser Standard ist spätestens ab dem 01.01.2009 verpflichtend anzuwenden und wird somit den noch bis Ende 2008 geltenden IAS 14 „Segmentberichterstattung" (Segment Reporting) ersetzen. Eine vorzeitige Anwendung des IFRS 8 ist unter entsprechender Angabe erlaubt (IFRS 8.35). Bei der Erstanwendung von IFRS 8 sind die Vorjahreswerte der Segmentinformationen den Anforderungen des IFRS 8 anzupassen, sofern die dafür notwendigen Informationen zur Verfügung stehen bzw. deren Ermittlung keine unverhältnismäßig hohen Kosten verursacht (IFRS 8.36).

IFRS 8

---

2 Haase, K. D., Segment-Rechnung, in: Busse von Colbe/Pellens (Hrsg.), Lexikon des Rechnungswesens, 4. Aufl., München u.a. 1998, S. 635.

Anwendungs-bereich	IFRS 8 gilt für die Einzel- und Konzernabschlüsse kapitalmarktorientierter Unternehmen. Nach IFRS 8.2 sind dies solche, deren Eigenkapital- oder Fremdkapitaltitel an einem öffentlichen Markt gehandelt werden oder die eine entsprechende Emission vorbereiten.

Im Zuge dieser Regelungen sind zwei Besonderheiten zu beachten: Zum einen wird ein Mutterunternehmen von der Erstellung eines Segmentberichts auf Ebene des Einzelabschlusses befreit, wenn der Finanzbericht sowohl den Konzernabschluss als auch den separaten Einzelabschluss des Mutterunternehmens enthält. In diesem Fall ist die Segmentberichterstattung nur für den Konzernabschluss zu erstellen (IFRS 8.4). Möchte zum anderen ein nicht in den Anwendungsbereich von IFRS 8 fallendes Unternehmen Informationen über ein Segment offen legen, die nicht mit den Regelungen des IFRS 8 übereinstimmen, so dürfen die veröffentlichten Angaben nicht als Segmentinformationen bezeichnet werden (IFRS 8.3).

Zielsetzung: Informationsvermittlung

Eine Segmentberichterstattung soll gemäß dem in IFRS 8.1 formulierten Kerngrundsatz (core principle) den Abschlussadressaten Informationen bereitstellen, die ihnen eine Beurteilung der Art und finanziellen Auswirkungen der geschäftlichen Aktivitäten sowie des wirtschaftlichen Umfeldes, in dem das Unternehmen tätig ist, ermöglichen.

Management-Ansatz

Eine wesentliche Neuerung ist vor diesem Hintergrund der in IFRS 8 konsequenter als in IAS 14 verfolgte Management-Ansatz (management approach). Dieser sieht eine Segmentberichterstattung vor, die ausschließlich an der internen Organisations- und Berichtsstruktur sowie den internen Steuerungsgrößen eines Unternehmens anknüpft. Die damit verbundene Orientierung der externen Berichterstattung an intern verwendeten Steuerungs- und Berichtsgrößen zielt insbesondere auf eine Stärkung der Entscheidungsnützlichkeit der bereitgestellten Informationen ab, weil nunmehr solche Informationen gegeben werden, auf die sich auch das Management bei Handlungsentscheidungen und Performance-Beurteilungen stützt. Hierdurch sollen die Adressaten der Rechnungslegung in die Lage versetzt werden, das Unternehmen aus dem Blickwinkel des Managements zu betrachten[3].

2 Segmentabgrenzung

Operatives Segment

Der Management-Ansatz schlägt sich einerseits in der Segmentabgrenzung nieder, die an der internen Berichtsstruktur ausgerichtet ist (IFRS 8.IN11). In diesem Sinne wird bei der Segmentabgrenzung gemäß IFRS 8.5-10 auf operative Segmente abgestellt. Ein operatives Segment stellt dabei einen Teilbereich eines Unternehmens dar,

---

[3] Vgl. *Alvarez, M.*, IFRS 8 – Operating Segments, Tz. 2 in: *Vater, H. et al.* (Hrsg.), IFRS-Änderungskommentar 2007, Weinheim 2007.

- dessen geschäftliche Aktivitäten zu Erträgen und Aufwendungen führen können, einschließlich der Erträge und Aufwendungen aus intersegmentären Transaktionen,
- dessen operatives Ergebnis regelmäßig von einem sogenannten Hauptentscheidungsträger (chief operating decision maker) überwacht wird, um Entscheidungen über die Allokation von Ressourcen treffen und die Performance des Segments beurteilen zu können, und
- für das eigenständige finanzwirtschaftliche Daten verfügbar sind.

Ein operatives Segment liegt auch dann vor, wenn bislang noch keine Erlöse erzielt worden sind, was z.B. bei Unternehmensbereichen in der Gründungsphase (start-up operations) häufig der Fall ist (IFRS 8.5). Indes muss beachtet werden, dass nicht jeder Teilbereich eines Unternehmens zwingend als operatives Segment oder Teil eines operativen Segments im Sinne der genannten Kriterien identifiziert werden kann. So stellen z.B. zentrale Bereiche wie die Hauptverwaltung keine operativen Segmente dar, da sie für gewöhnlich keine eigenen Erträge bzw. nur einen geringen Anteil der eigentlichen Erträge erzielen. Gleiches gilt für Pensionspläne, die ebenfalls keine operativen Segmente bilden (IFRS 8.6).

Der in IFRS 8.5 aufgeführte Hauptentscheidungsträger ist nicht notwendigerweise ein Manager mit entsprechendem Titel, sondern bezeichnet vielmehr eine Funktion. Unter einem Hauptentscheidungsträger ist in diesem Sinne eine Person zu verstehen, deren Aufgabe insbesondere in der Zuordnung segmentbezogener Ressourcen und der Beurteilung der Performance der operativen Segmente liegt. Als mögliche Hauptentscheidungsträger nennt der Standard den Chief Executive Officer (CEO) oder den Chief Operating Officer (COO) eines Unternehmens (IFRS 8.7). Im Falle von deutschen börsennotierten Unternehmen nehmen also häufig der Vorstandsvorsitzende oder andere Mitglieder des Vorstandes die Rolle des Hauptentscheidungsträgers ein[4]. Nach IFRS 8.7 kann die Aufgabe des Hauptentscheidungsträgers jedoch auch von einer Gruppe verantwortlicher Personen wahrgenommen werden.

Hauptentscheidungsträger

Es ist davon auszugehen, dass anhand der in IFRS 8.5 genannten Kriterien in den meisten Unternehmen die operativen Segmente eindeutig identifiziert werden können (IFRS 8.8). Sind in einem Unternehmen jedoch unterschiedliche Berichtsstrukturen implementiert, so sind weitere Faktoren zur Bestimmung von operativen Segmenten heranzuziehen. Hierzu gehören insbesondere

Mehrere Berichtsstrukturen

- die Art der Geschäftstätigkeit der einzelnen Teilbereiche,
- die Existenz verantwortlicher Manager für die einzelnen Teilbereiche sowie
- die Ausgestaltung der an die Unternehmensleitung berichteten Informationen.

Ergeben sich bei der Segmentabgrenzung mehrere Segmentierungsmöglichkeiten, so kann der Segment-Manager nach IFRS 8.9 eine wichtige Rolle einnehmen. Grundsätzlich ist für jedes operative Segment ein Segment-Manager zu-

Segment-Manager

---

[4] Vgl. *Beine, F./Nardmann, H.*, Abschnitt 20, Tz. 78, in: *Ballwieser et al.*, Wiley Kommentar.

ständig. Er ist dem Hauptentscheidungsträger gegenüber direkt berichterstattungspflichtig und steht mit diesem regelmäßig in Kontakt, wobei ein Segment-Manager auch für mehrere operative Segmente verantwortlich sein kann. Der Begriff Segment-Manager ist dabei – ähnlich wie der des Hauptentscheidungsträgers – nicht personen- oder titelbezogen, sondern funktional zu verstehen und kann in seiner Funktion auch direkt von dem Hauptentscheidungsträger ausgeübt werden. Ergeben sich bei der Bestimmung eines operativen Segments unternehmensintern nun mehrere Segmentierungsmöglichkeiten, so ist die Segmentierung als operatives Segment zu wählen, für die sich der Segment-Manager gegenüber der Unternehmensleitung verantwortlich zeigt (IFRS 8.9).

Matrixorganisation

Liegen in einem Unternehmen sich überschneidende Verantwortungsbereiche vor, so scheint eine Abgrenzung der Segmente anhand der Verantwortungsbereiche der Segment-Manager nicht oder nur eingeschränkt möglich zu sein. Eine derartige Unternehmensstruktur lässt sich als Matrixorganisation bezeichnen. IFRS 8.10 verdeutlicht den Fall sich überschneidender Verantwortungsbereiche anhand von Unternehmen, in denen ein Produktmanager weltweit zuständig ist, während ein anderer Manager regionale Verantwortung trägt. In einer solchen Situation schreibt der Standard vor, die Segmentabgrenzung unter Bezug auf den in IFRS 8.1 formulierten Kerngrundsatz der Informationsvermittlung vorzunehmen.

Vergleichbarkeit von Unternehmen

Grundsätzlich kann die Betonung des Management-Ansatzes mit seiner Orientierung an der internen Organisations- und Berichtsstruktur eines Unternehmens dazu führen, dass die Vergleichbarkeit von Unternehmen z.B. aufgrund unterschiedlicher Segmentabgrenzungen erschwert wird[5].

Beispiel 29.1

> Die Industrieunternehmen Metall AG und Ferrum AG sind auf dem internationalen Markt tätige Stahlproduzenten mit hohem Bekanntheitsgrad. Während die Metall AG ihre Segmente nach rechtlichen Einheiten gliedert, nimmt die Ferrum AG ihre Segmentabgrenzung nach Produktlinien vor. Die unterschiedliche Segmentabgrenzung erschwert damit eine Vergleichbarkeit der sonst relativ ähnlichen Unternehmen.
>
> Um den Abschlussadressaten dennoch eine verbesserte Vergleichbarkeit von Unternehmen zu ermöglichen, werden die Unternehmen dazu verpflichtet, neben den segmentspezifischen Angaben auch segmentübergreifende Angaben auf Unternehmensebene zu machen (vgl. dazu Abschnitt 5.4).

---

5 Vgl. *Beine/Nardmann*, Wiley-Kommentar, Abschnitt 20, Tz. 86.

3 Auswahl berichtspflichtiger Segmente

Nachdem im Rahmen der Segmentabgrenzung die operativen Segmente eines Unternehmens bestimmt wurden, ist in einem nächsten Schritt zu ermitteln, über welche Segmente tatsächlich zu berichten ist. Damit die Segmentberichterstattung ihre Ziele erreicht, sollen einerseits alle wesentlichen Segmente in die Segmentberichterstattung übernommen werden. Andererseits ist eine zu detaillierte Segmentierung zu vermeiden, da es ansonsten zu einer Informationsüberflutung der Abschlussadressaten kommen kann und den Adressaten somit keine entscheidungsnützlichen Informationen vermittelt werden.

Diese gegenläufigen Anforderungen werden durch die Regelungen in IFRS 8 aufgegriffen, indem die berichtspflichtigen Segmente zu ermitteln sind. Im Sinne von IFRS 8.11 sind Segmentinformationen demnach für die operativen Segmente zu berichten, die

- im Zuge der Segmentabgrenzung nach IFRS 8.5-10 als operative Segmente identifiziert wurden oder aus der Zusammenfassung von zwei oder mehreren operativen Segmenten nach IFRS 8.12 resultieren und
- einen der in IFRS 8.13 genannten quantitativen Schwellenwerte überschreiten.

Berichtspflichtige Segmente

Damit ist bei der Auswahl der berichtspflichtigen Segmente grob in zwei Schritten vorzugehen (IFRS 8.BC30): In einem ersten Schritt ist zu prüfen, ob eine Zusammenfassung ähnlicher Segmente möglich ist (IFRS 8.12). In einem zweiten Schritt erfolgt daraufhin eine Überprüfung, ob die in Frage kommenden operativen Segmente anhand von quantitativen Schwellenwerten als wesentlich zu erachten sind (IFRS 8.13). Darüber hinaus wird in IFRS 8.14-18 auf weitere Möglichkeiten eingegangen, die zu einer Berichtspflicht von Segmenten oder der Angabe eines Sammelsegments von nicht berichtspflichtigen Segmenten führen können. Nachfolgende Ausführungen sollen diesen grundlegenden Ablauf weiter erläutern.

Zwei oder mehrere operative Segmente dürfen gemäß IFRS 8.12 zu einem berichtspflichtigen Segment zusammengefasst werden, wenn die Zusammenfassung mit dem in IFRS 8.1 formulierten Kerngrundsatz im Einklang steht, die einzelnen Segmente ähnliche wirtschaftliche Charakteristika aufweisen und sich die Segmente schließlich in sämtlichen der nachfolgenden Kriterien gleichen:

Zusammenfassung von operativen Segmenten

- Art der Produkte und Dienstleistungen,
- Art der Produktionsprozesse,
- Kundengruppen,
- Vertriebsmethoden und – soweit anwendbar –
- Art des regulatorischen Umfeldes.

Es ist davon auszugehen, dass sich operative Segmente in ihren wirtschaftlichen Charakteristika dann ähneln, wenn sie eine ähnliche langfristige finanzielle Performance aufweisen. In diesem Sinne wäre z.B. zu erwarten, dass die langfristigen durchschnittlichen Bruttorenditen bei zwei Teilbereichen vergleichbar sind (IFRS 8.12).

10 %-Regel

Nachdem überprüft wurde, ob einzelne Segmente zusammengefasst werden können, ist anschließend zu prüfen, ob die operativen, ggf. zusammengefassten Segmente als wesentlich zu erachten sind (IFRS 8.13). Ein operatives Segment gilt in diesem Sinne als berichtspflichtig, wenn mindestens eines der folgenden quantitativen Wesentlichkeitskriterien (quantitative thresholds) erfüllt wird:

- Die ausgewiesenen Segmenterlöse, die sowohl Innen- als auch Außenumsätze umfassen, betragen mindestens 10 % der gesamten externen und intersegmentären Erlöse aller operativen Segmente.
- Der absolute Betrag des ausgewiesenen Segmentergebnisses beträgt mindestens 10 % des höheren absoluten Betrags aus
  - der Summe des Gewinns aller operativen Segmente, die keinen Verlust machen, und
  - der Summe des Verlusts aller operativen Segmente, die einen Verlust erwirtschaften.
- Das ausgewiesene Segmentvermögen beträgt mindestens 10 % der gesamten Vermögenswerte aller operativen Segmente.

Erfüllt ein operatives Segment keines der genannten Größenmerkmale, so hat das Management dennoch die Möglichkeit, das Segment als berichtspflichtig festzulegen, wenn es der Ansicht ist, dass Informationen über das Segment für die Abschlussadressaten nützlich sind.

Im Anschluss an eine Zusammenfassung operativer Segmente und die Überprüfung der Größenmerkmale ist zusätzlich zu prüfen, ob bislang als unwesentlich eingestufte Segmente durch die Zusammenfassung mit weiteren unwesentlichen Segmenten ein berichtspflichtiges Segment bilden können (IFRS 8.14). Dies ist dann erlaubt, wenn die Segmente ähnliche wirtschaftliche Charakteristika aufweisen und sich in der Mehrzahl der in IFRS 8.12 genannten Kriterien gleichen. Dabei ist erforderlich, dass aus der Aggregation ein Segment entsteht, welches die oben erläuterte 10 %-Regel erfüllt[6].

75 %-Regel

Ein weiterer Prüfungsschritt zur Berichtspflicht der operativen Segmente besteht darin, dass alle berichtspflichtigen Segmente zusammen mindestens 75 % der externen Umsatzerlöse des gesamten Unternehmens ausmachen müssen (IFRS 8.15). Wird die 75 %-Grenze nicht erreicht, sind solange weitere Segmente in die Berichterstattung aufzunehmen, bis die 75 %-Grenze erreicht wird. Dabei sind auch solche Segmente zu berücksichtigen, welche die Wesentlichkeitskriterien nach IFRS 8.13 nicht erfüllen.

---

6 Vgl. *Beine/Nardmann,* Wiley Kommentar, Abschnitt 20, Tz. 95.

Das Rechnungswesen der Computer-Technologie AG weist folgende Daten auf:

Beispiel 29.2

Seg- mente	Segment- erlöse in T€		Segment- ergebnis in T€		Segment- vermögen in T€	
	Absolut	Relativ	Absolut	Relativ	Absolut	Relativ
A	300	4,9 %	25	12,3 %	150	6,2 %
B	200	3,3 %	5	2,5 %	75	3,1 %
C	1.930	31,6 %	100	49,3 %	975	40,2 %
D	810	13,3 %	50	24,6 %	400	16,5 %
E	2.260	37,0 %	45	22,2 %	700	28,9 %
F	600	9,8 %	-22	-10,8 %	125	5,2 %
Summe:	6.100		203		2.425	

Welche Segmente der Computer-Technologie AG sind berichtspflichtig?

Lösung
Die Segmente A, C, D und E sind berichtspflichtig, da sie mindestens eines der in IFRS 8.13 genannten Wesentlichkeitskriterien erfüllen und die 10 %-Grenze überschreiten. Nicht berichtspflichtig ist hingegen Segment B, da bei keinem der Wesentlichkeitskriterien die 10 %-Grenze erreicht wird.

Fraglich ist, ob es sich bei Segment F um ein berichtspflichtiges Segment handelt, da ein negatives Segmentergebnis erzielt wird. Das Vorzeichen des relativen Anteils an dem Ergebnis aller Segmente ist hierbei zunächst unerheblich. Stattdessen ist gemäß IFRS 8.13(b) der höhere absolute Betrag aus der Summe der Gewinne bzw. Verluste der Segmente als Vergleichsmaßstab heranzuziehen. In dem vorliegenden Fall ist der höhere Betrag die Summe aller Gewinne, also 225 T€. Damit macht der Verlust von Segment F jedoch nur einen Anteil von (22 / 225 =) 9,8 % an der Summe des Gewinns aller operativen Segmente, die keinen Verlust erwirtschaftet haben, aus. Die 10 %-Grenze wird also weder bei dem Segmentergebnis noch bei einem der beiden anderen Wesentlichkeitskriterien erreicht, so dass Segment F kein berichtspflichtiges Segment darstellt.

Zudem übersteigen die externen Segmenterlöse der Segmente A, C, D und E in der Summe die geforderten 75 % der gesamten Unternehmenserlöse. Somit bedarf es keiner weiteren Identifikation berichtspflichtiger Segmente. Die beiden nicht berichtspflichtigen Segmente, die sich in ihren wirtschaftlichen Charakteristika nicht gleichen und damit eine Anwendung von IFRS 8.14 ausschließen, könnten jedoch freiwillig ausgewiesen werden, sofern das Management ihren separaten Ausweis für die Abschlussadressaten als nützlich erachtet (IFRS 8.13).

Falls ein in der Vorperiode noch als berichtspflichtig ausgewiesenes Segment in der laufenden Periode nicht mehr die Wesentlichkeitskriterien des IFRS 8.13 erfüllt, das Management dem operativen Segment jedoch eine andauernde Bedeutung beimisst (continuing significance), so ist das Segment weiterhin separat anzugeben (IFRS 8.17). Eine denkbare Fallkonstellation wäre etwa, dass die 10 %-Grenze aufgrund konjunktureller oder wechselkursbedingter Einflüsse nur vorübergehend unterschritten wird[7].

Ist ein Segment demgegenüber in der laufenden Periode aufgrund des Erfüllens von mindestens einem der Wesentlichkeitskriterien erstmalig berichtspflichtig, so sind auch die entsprechend angepassten Vorjahreswerte mit anzugeben (IFRS 8.18). Allerdings kann von einer derartigen Angabe abgesehen werden, wenn die erforderlichen Informationen nicht verfügbar sind bzw. deren Ermittlung mit unverhältnismäßig hohen Kosten verbunden ist.

Sammelsegment

Die nach allen durchgeführten Schritten übrig bleibenden unwesentlichen operativen Segmente, die weder zusammengefasst noch freiwillig ausgewiesen werden, sind schließlich gemäß IFRS 8.16 zusammenzufassen und als Sammelsegment (all other segments) getrennt von den anderen nach IFRS 8.28 verlangten Überleitungsposten (vgl. Abschnitt 5.3) auszuweisen. Dabei ist die Herkunft der Umsatzerlöse dieser Kategorie zu erläutern.

Anzahl der Segmente

Um eine Informationsüberflutung der Abschlussadressaten zu vermeiden, empfiehlt IFRS 8.19, die Anzahl der berichtspflichtigen Segmente aus Praktikabilitätsgründen auf zehn Segmente zu beschränken. Zwar handelt es sich hierbei lediglich um eine Empfehlung, jedoch legt der Standard dem Bilanzierenden im Falle einer Überschreitung von zehn Berichtssegmenten nahe, die Anzahl der anzugebenden Segmente kritisch zu überprüfen und ggf. zu reduzieren. Dabei darf allerdings nur die Anzahl der freiwillig ausgewiesene Segmente reduziert werden[8].

4 Segmentbilanzierungs- und Segmentbewertungsmethoden

Befolgung des Management-Ansatzes

Wurde bereits die Segmentabgrenzung durch den Management-Ansatz geprägt, so setzt sich dieser bei den Bilanzierungs- und Bewertungsmethoden nach IFRS 8 weiter fort. Diese lehnen sich in diesem Sinne an die unternehmensintern verwendeten Methoden an.

So verlangt IFRS 8.25, dass der Betrag jedes Segmentpostens dieselbe Größe sein soll, die dem Hauptentscheidungsträger für Entscheidungszwecke über die

---

7 Vgl. *Heuser/Theile*, IFRS-Handbuch, Abschnitt VII. Segmentberichterstattung, Tz. 4625.
8 Vgl. *Fink, C./Ulbrich, R.*, Verabschiedung des IFRS 8 – Neuregelung der Segmentberichterstattung nach dem Vorbild der US-GAAP, in: KoR, 7. Jg. (2007), S. 2.

segmentbezogene Allokation von Ressourcen und Beurteilung der Performance berichtet wird. Werden also für diese Zwecke keine Daten des externen Berichtswesens zur Verfügung gestellt, so kommt es für gewöhnlich zu einer systematischen Abweichung zwischen den anzugebenden Segmentdaten und den Daten des externen Berichtswesens.

Um die Abschlussadressaten in diesem Sinne mit entscheidungsnützlichen Informationen zu versorgen, verlangt IFRS 8 weiterhin, die einzelnen Segmentdaten der berichtspflichtigen Segmente zu erläutern. Ferner sind die Unterschiede zwischen den Segmentdaten und den korrespondierenden Posten des Konzernabschlusses anhand einer Überleitungsrechnung darzustellen (IFRS 8.BC25). *Erläuterungen und Überleitungsrechnung*

Grundsätzlich sind gemeinschaftlich verursachte Abschlussposten den Segmenten auf einer vernünftigen Grundlage zuzuordnen (IFRS 8.25). Bei der Allokation von Bestands- und Stromgrößen kann es dabei zu einer asymmetrischen Verteilung auf die Segmente kommen. So kann etwa ein Unternehmen einem bestimmten Segment z.B. bei der Ermittlung des Segmenterfolges Abschreibungsaufwand zuordnen, ohne dem gleichen Segment den korrespondierenden Vermögenswert zuzuweisen (IFRS 8.27(f)). In diesem Fall sind entsprechende Erläuterungen anzugeben (dazu auch IFRS 8.BC Appendix A.90). *Allokation von Bestands- und Stromgrößen*

Werden unternehmensintern mehrere unterschiedliche Bilanzierungs- und Bewertungsmethoden von dem Hauptentscheidungsträger zur segmentbezogenen Allokation von Ressourcen und der Beurteilung der Performance verwendet, so ist zu entscheiden, welche Methode bei der Segmentberichterstattung Anwendung finden soll. Gemäß IFRS 8.26 sind diejenigen Größen zur Bewertung der Segmentdaten auszuwählen, die nach Auffassung des Managements am ehesten mit den im (IFRS-)Abschluss verwendeten Methoden übereinstimmen. *Mehrere Bilanzierungs- und Bewertungsmethoden*

5 Auszuweisende Segmentinformationen

In Einklang mit dem Kerngrundsatz der Segmentberichterstattung sollen die in einem Segmentbericht ausgewiesenen Informationen die Abschlussadressaten über Art und finanzielle Auswirkungen der wirtschaftlichen Aktivitäten und des wirtschaftlichen Umfeldes der Segmente informieren (IFRS 8.20). Vor diesem Hintergrund sind in jeder Periode, in der eine Gesamterfolgsrechnung aufgestellt wird, die folgenden segmentbezogenen Informationen auszuweisen (IFRS 8.21): *Überblick*
- Allgemeine Informationen (IFRS 8.22);
- Angaben zur Ertrags- und Vermögenslage (IFRS 8.23-24);
- Überleitungsrechnung (IFRS 8.28).

Neben diesen segmentspezifischen Angaben sind weiterhin segmentübergreifende Angaben auf Ebene des gesamten Unternehmens (entity-wide disclosures) zu machen (IFRS 8.31-34).

Die einzelnen Aspekte dieser erforderlichen Angaben sollen im Folgenden näher beleuchtet werden. Dabei werden zunächst die Angaben zur Ertrags- und Vermögenslage (Abschnitt 5.1) erläutert, da diesen im Rahmen der auszuweisenden Segmentinformationen eine wesentliche Bedeutung zukommt. Anschließend sei auf die allgemeinen Informationen (Abschnitt 5.2), die Überleitungsrechnung (Abschnitt 5.3) sowie die segmentübergreifenden Angaben (Abschnitt 5.4) eingegangen.

5.1 Angaben zur Ertrags- und Vermögenslage

IFRS 8 fordert grundsätzlich Angaben über das Segmentergebnis und Segmentvermögen sowie ggf. die Segmentschulden eines jeden berichtspflichtigen Segments. Damit verbunden sind bei Erfüllung bestimmter Kriterien zusätzliche Angaben darzustellen.

Segmentergebnis   Der Begriff Segmentergebnis wird – ebenso wie das Segmentvermögen und die Segmentschulden – in IFRS 8 nicht weiter konkretisiert. Hier ist wohl erneut der Management-Ansatz ausschlaggebend, d.h. als Segmentergebnis ist die Größe auszuweisen, die zur internen Steuerung und Berichterstattung verwendet wird[9]. Werden dabei die folgenden in IFRS 8.23(a)-(i) aufgeführten ergebnisbezogenen Komponenten bei der Ermittlung des Segmentergebnisses berücksichtigt oder dem Hauptentscheidungsträger regelmäßig berichtet, so sind diese ebenfalls anzugeben:

- Umsatzerlöse mit externen Kunden;
- intersegmentäre Umsatzerlöse;
- Zinserträge;
- Zinsaufwendungen;
- Abschreibungen;
- wesentliche Ertrags- und Aufwandsposten, die nach IAS 1.97 separat ausgewiesen werden;
- anteilige Ergebnisse aus der Equity-Methode bei assoziierten Unternehmen und Gemeinschaftsunternehmen;
- Aufwand oder Ertrag aus Steuern vom Einkommen und Ertrag sowie
- wesentliche zahlungsunwirksame Posten außer Abschreibungen.

Mit entsprechender Angabe darf das Zinsergebnis als Saldo aus den Zinserträgen und Zinsaufwendungen ausgewiesen werden, falls die Zinserträge einen Großteil des Segmentergebnisses ausmachen und das saldierte Zinsergebnis dem Hauptentscheidungsträger zur Ressourcenallokation und Performancebeurteilung hilfreich ist (IFRS 8.23).

Insgesamt fällt der Berichtsumfang des Segmentergebnisses umso geringer aus, je enger die Ergebnisgröße definiert ist. Wird z.B. das EBITDA verwendet,

---

9 Vgl. *Heuser/Theile*, IFRS-Handbuch, Abschnitt VII. Segmentberichterstattung, Tz. 4644.

so entfällt die Berichtspflicht der ergebnisbezogenen Komponenten Zinserträge und -aufwendungen, Abschreibungen und Steuern vom Einkommen und Ertrag, sofern diese dem Hauptentscheidungsträger nicht regelmäßig berichtet werden[10].

Das verpflichtend anzugebende Segmentvermögen ist um weitere vermögensbezogene Angaben zu ergänzen, sofern diese in die Ermittlung des Segmentvermögens einbezogen oder dem Hauptentscheidungsträger regelmäßig zur Verfügung gestellt werden, selbst wenn sie nicht in die Ermittlung des Segmentvermögens eingehen (IFRS 8.24). Folgende Größen sind in diesem Sinne zu berücksichtigen:

Segmentvermögen

- Beteiligungsbuchwert der nach der Equity-Methode einbezogenen assoziierten Unternehmen und Gemeinschaftsunternehmen sowie
- Investitionen in das langfristige Vermögen mit Ausnahme von Finanzinstrumenten, (aktive) latente Steuern, im Zusammenhang mit Pensionsverpflichtungen stehende Vermögenswerte und aus Versicherungsverträgen entstehende Rechte.

Die Angabe der Segmentschulden ist nur dann verpflichtend, wenn dem Hauptentscheidungsträger regelmäßig Informationen über die Schulden der berichtspflichtigen Segmente bereitgestellt werden (IFRS 8.23). Eine entsprechende Angabe rechtfertigt das IASB damit, dass den Abschlussadressaten hierdurch entscheidungsnützliche Informationen bereitgestellt werden (IFRS 8.BC37).

Segmentschulden

Wird durch eine Änderung der internen Organisationsstruktur eine Änderung der Zusammensetzung der berichtspflichtigen Segmente bedingt, so sind auch die korrespondierenden Vorjahreswerte, einschließlich der unterjährigen Perioden, entsprechend anzupassen (IFRS 8.29). Von einer derartigen Anpassung kann dann abgesehen werden, wenn die notwendigen Informationen nicht verfügbar oder deren Ermittlungskosten unverhältnismäßig hoch sind. Dabei ist allerdings zu beachten, dass dieser Verzicht für jede Position einzeln zu prüfen ist. Ferner muss angegeben werden, ob eine Anpassung der Vorjahreswerte durchgeführt wurde oder nicht.

Änderung der internen Organisationsstruktur

Werden die Vergangenheitswerte nicht angepasst, so müssen im Jahr der Änderung die Segmentinformationen des Berichtsjahres sowohl auf Basis der alten als auch der neuen Segmentierung angegeben werden (IFRS 8.30). Von dieser Regelung kann erneut abgesehen werden, wenn die entsprechenden Informationen nicht verfügbar sind oder deren Ermittlung mit unverhältnismäßig hohen Kosten verbunden ist.

---

10 Vgl. *Heuser/Theile*, IFRS-Handbuch, Abschnitt VII. Segmentberichterstattung, Tz. 4644; a.A. *Alvarez, M.*, IFRS 8 – Operating Segments, Tz. 82, in: *Vater, H. et al.* (Hrsg.), IFRS-Änderungskommentar 2007, Weinheim 2007.

5.2 Allgemeine Informationen und Erläuterungen

Allgemeine Informationen

Neben der Erstellung der eigentlichen Segmentberichterstattung fordert IFRS 8.22 die zusätzliche Angabe von allgemeinen Informationen über die berichtspflichtigen Segmente. Diese sollen den Abschlussadressaten vor dem Hintergrund des anzuwendenden Management-Ansatzes weitere Einblicke in den Segmentierungsprozess sowie die Tätigkeiten der berichtspflichtigen Segmente ermöglichen. So verlangt IFRS 8.22(a), dass die Bestimmungsfaktoren zur Auswahl der berichtspflichtigen Segmente anzugeben sind. Hierzu zählen auch Angaben über die Organisationsstruktur des Unternehmens, d.h. ob ein Unternehmen z.B. auf Basis unterschiedlicher Produkte und Dienstleistungen, geographischer Regionen, regulatorischer Umfelder oder einer Kombination verschiedener Faktoren organisiert ist. Darüber hinaus ist anzugeben, ob operative Segmente zusammengefasst werden. Weiterhin fordert IFRS 8.22(b) die Angabe der Art von Produkten und Dienstleistungen, aus denen die berichtspflichtigen Segmente ihre Umsatzerlöse erwirtschaften.

Erläuterungen zu den Segmentinformationen

Darüber hinaus hat ein Unternehmen Erläuterungen über die berichteten Größen für das Segmentergebnis, das Segmentvermögen und die Segmentschulden der einzelnen berichtspflichtigen Segmente zu machen (IFRS 8.27). Diese zielen auf die angewendeten Bewertungsmethoden ab und sollen mindestens folgende Angaben umfassen:

- Grundsätze für die Verrechnung von intersegmentären Transaktionen;
- Gründe für Unterschiede zwischen Segmentergebnis, Segmentvermögen und Segmentschulden sowie den entsprechenden (Konzern-)Abschlussgrößen;
- Ursachen für jegliche Veränderungen der Bewertungsmethoden des Segmentergebnisses im Vergleich zur Vorperiode sowie – falls vorhanden – die entsprechenden Auswirkungen auf das Segmentergebnis;
- Ursache und Auswirkungen der asymmetrischen Zuordnung von Bestands- und Stromgrößen auf die berichtspflichtigen Segmente (i.V.m. IFRS 8.BC Appendix A.90).

Die Gründe für die Unterschiede bezüglich des Segmentergebnisses, des Segmentvermögens und der Segmentschulden sind nur dann explizit anzugeben, sofern sie sich nicht bereits aus der nachfolgend dargestellten Überleitungsrechnung nach IFRS 8.28 ergeben. Ihre Angabe ist notwendig, um die Abschlussadressaten in die Lage zu versetzen, die Segmentinformationen besser zu verstehen. Mögliche Beispiele für etwaige Unterschiede sind nach IFRS 8.27 u.a. unterschiedliche Bilanzierungsmethoden sowie unterschiedliche Methoden zur Allokation von zentral angefallenen Kosten, gemeinschaftlich genutzten Vermögenswerten und gemeinschaftlich genutzten Schulden auf die berichtspflichtigen Segmente.

5.3 Überleitungsrechnung

Um eine Brücke zwischen dem internen Berichtswesen und der externen Berichterstattung zu schlagen[11], sind die Informationen des Segmentberichts gemäß IFRS 8.28 im Rahmen einer Überleitungsrechnung wie folgt auf die jeweiligen (konsolidierten) Abschlussgrößen überzuleiten:

Überleitung von Segmentinformationen

- Die Summe der Umsatzerlöse aller berichtspflichtigen Segmente ist auf die Umsatzerlöse des gesamten Unternehmens überzuleiten.
- Die Summe der Segmentergebnisse aller berichtspflichtigen Segmente ist auf das (Unternehmens-)Ergebnis vor Steuern und aufgegebenen Geschäftsbereichen überzuleiten. Werden jedoch z.B. Steuern oder ähnliche Positionen auf Segmentebene zugeordnet, so darf die Überleitung auch auf ein Ergebnis nach diesen Positionen (z.B. Ergebnis nach Steuern) erfolgen.
- Die Summe des Segmentvermögens aller berichtspflichtigen Segmente ist auf das Vermögen des Unternehmens überzuleiten.
- Die Summe der Segmentschulden aller berichtspflichtigen Segmente ist auf die Schulden des Unternehmens überzuleiten, sofern Segmentschulden nach IFRS 8.23 angegeben werden.
- Die Summe aller weiteren wesentlichen Informationen der berichtspflichtigen Segmente ist schließlich auf die korrespondierenden Abschlussgrößen überzuleiten.

In der Überleitungsrechnung sind alle wesentlichen Überleitungsbeträge separat zu identifizieren und zu beschreiben. Als Beispiel nennt IFRS 8.28 alle wesentlichen Beträge von der Überleitung des Segmentergebnisses auf das Ergebnis des Unternehmens, die sich aus unterschiedlichen Bewertungsmethoden ergeben, und die dementsprechend separat identifiziert bzw. beschrieben werden müssen.

> Die der IT-Branche zuzurechnende Computech AG beschäftigt sich mit dem Verkauf von Softwareprodukten. Dabei bietet sie Standard- und Individualsoftwareprodukte an, die sich hinsichtlich des Entwicklungsprozesses erheblich voneinander unterscheiden. Komplettiert wird das Angebot der Computech AG durch eine umfangreiche Kundenbetreuung. Aus der Segmentabgrenzung und der Auswahl der berichtspflichtigen Segmente geht hervor, dass es sich bei den einzelnen Geschäftsbereichen gleichzeitig um berichtspflichtige operative Segmente handelt.
>
> Die Segmentberichterstattung kann zunächst wie folgt vereinfachend dargestellt werden:

Beispiel 29.3

---

11 Vgl. *Zülch, H./Burghardt, S.*, IFRS 8 „Operating Segments", in: PiR, 3. Jg. (2007), S. 22.

Angaben in T€	Segmenterlöse		Segment-ergebnis (EBITDA)	Segment-vermögen	Segment-schulden
	Externe Erlöse	Interne Erlöse			
Standardsoftware	91.000	12.000	3.300	43.000	30.000
Individualsoftware	33.000	4.000	-500	29.000	18.000
Kundenbetreuung	38.000	2.500	900	6.000	9.000
Summe	162.000	18.500	3.700	78.000	57.000

Weil die Segmentinformationen infolge einer Anwendung des Management-Ansatzes von den extern berichteten Größen abweichen, sind die (summierten) Werte gemäß IFRS 8.28 weiterhin auf die entsprechenden Abschlussgrößen überzuleiten, wobei von keinen zusätzlich auszuweisenden Informationen auszugehen ist[12]:

	T€
Umsatzerlöse	
Umsatzerlöse aller berichtspflichtigen Segmente	180.500
Sonstige Umsatzerlöse	1.500
Bereinigung um intersegmentäre Umsätze	-18.500
(Konzern-)Umsatzerlöse	163.500
Segmentergebnis	
Segmentergebnisse aller berichtspflichtigen Segmente	3.700
Sonstiges Ergebnis	300
Bereinigung um intersegmentäre Ergebnisse	-1.200
(Konzern-)EBITDA	2.800
Segmentvermögen	
Segmentvermögen aller berichtspflichtigen Segmente	78.000
Sonstiges Vermögen	2.000
Bereinigung um konsolidierungsbedingte Effekte	-9.000
(Konzern-)Vermögen	71.000
Segmentschulden	
Segmentschulden aller berichtspflichtigen Segmente	57.000
Bereinigung um konsolidierungsbedingte Effekte	-8.000
(Konzern-)Schulden	49.000

---

12 In Anlehnung an IFRS 8.IG4.

5.4 Segmentübergreifende Angaben

Die segmentübergreifenden Angaben werden in IFRS 8.31-34 geregelt und umfassen Angaben über Produkte und Dienstleistungen, geografische Regionen und bedeutende Kunden eines Unternehmens. Dabei ist nach IFRS 8.31 zu beachten, dass die Angaben auch von Unternehmen zu machen sind, die lediglich über ein Segment verfügen. Indes können die geforderten Angaben entfallen, wenn sie bereits im Rahmen der Segmentinformationen der berichtspflichtigen Segmente ausgewiesen werden.

Ein Unternehmen hat nach IFRS 8.32 Angaben über die mit externen Dritten erzielten Umsatzerlöse für jedes Produkt und jede Dienstleistung (products and services) bzw. für jede Gruppe gleichartiger Produkte und Dienstleistungen zu machen, sofern dies nicht mit zu hohem Aufwand verbunden ist. Dabei sind die Angaben nach den Grundsätzen der externen Berichterstattung zu machen, d.h. es ist auf die Bilanzierungs- und Bewertungsmethoden des IFRS-Abschlusses zurückzugreifen. *Produkte und Dienstleistungen*

Die segmentübergreifenden Angaben umfassen zudem Angaben über geografische Regionen (geographical areas) eines Unternehmens, nämlich (IFRS 8.32): *Geografische Regionen*
- Umsatzerlöse mit externen Dritten;
- Langfristige Vermögenswerte.

Die Umsatzerlöse mit externen Dritten sind dabei gemäß IFRS 8.33(a) nach den im In- und Ausland angefallenen Umsatzerlösen getrennt darzustellen. Fallen hierbei in bestimmten Ländern wesentliche Umsatzerlöse an, so sind diese separat auszuweisen. Darüber hinaus ist die Grundlage der Zuordnung der Umsatzerlöse mit externen Dritten auf die einzelnen Länder darzustellen.

Im Sinne des IFRS 8.33(b) zählen Finanzinstrumente, aktive latente Steuern, im Zusammenhang mit Pensionsverpflichtungen stehende Vermögenswerte und sich aus Versicherungsverträgen ergebende Rechte nicht zu den langfristigen Vermögenswerten. Wie bei den Umsatzerlösen mit externen Dritten ist auch bei den langfristigen Vermögenswerten eine Unterscheidung zwischen In- und Ausland vorzunehmen. Auch hier gilt: Fallen in bestimmten Ländern wesentliche Vermögenswerte an, so sind diese separat anzugeben.

Analog zu den Angaben über Produkte und Dienstleistungen sind die Angaben über die geografischen Regionen in Übereinstimmung mit den Regelungen der externen Berichterstattung, d.h. des IFRS-Abschlusses, darzustellen, sofern dies nicht mit zu hohem Aufwand verbunden ist.

IFRS 8.33 lässt weiterhin die wahlweise Angabe von zusätzlichen Zwischensummen von regionalen Informationen für Ländergruppen zu.

Schließlich verlangt IFRS 8.34 Angaben über bedeutende Kunden (major customers), mit denen Umsatzerlöse von mehr als 10 % der gesamten Umsatzerlöse des Unternehmens erwirtschaftet werden. Erzielt ein Unternehmen vor diesem Hintergrund mit einem Kunden mehr als 10 % der Umsatzerlöse, so ist dies neben der Summe der erzielten Umsatzerlöse und dem betroffenen Segment bzw. den betroffenen Segmenten anzugeben. Nicht anzugeben sind hingegen die *Bedeutende Kunden*

Identität des Kunden sowie die Anteile einzelner Segmente an den Umsatzerlösen mit dem Kunden. Durch die Angabe von bedeutenden Kunden sollen insgesamt bestehende Abhängigkeiten eines Unternehmens von einzelnen Kunden transparent gemacht werden[13].

Eine Gruppe von Unternehmen, die – sofern dies dem berichtenden Unternehmen bekannt ist – unter der gemeinsamen Kontrolle eines anderen Unternehmens steht, ist nach IFRS 8.34 als ein einzelner Kunde zu betrachten. Analog gelten auch staatliche Institutionen und Staatsunternehmen als einzelne Kunden.

6 Wesentliche Unterschiede zu IAS 14

Obwohl der 2006 vom IASB veröffentlichte IFRS 8 im November 2007 von der EU übernommen wurde und damit ab 2009 verpflichtend anzuwenden ist bzw. bereits vorher angewendet werden kann, haben Unternehmen bis Ende 2008 die Möglichkeit, ihre Segmentberichterstattung nach IAS 14 „Segmentberichterstattung" aufzustellen. Weil IAS 14 damit zumindest für einen begrenzten Zeitraum weiterhin relevant ist, erscheint es angemessen, die wesentlichen Unterschiede zwischen den beiden Standards herauszuarbeiten[14].

Segmentabgrenzung

IAS 14 schreibt anstelle einer Abgrenzung von operativen Segmenten eine Segmentabgrenzung nach Geschäftsbereichen und geografischen Regionen vor. Ein Geschäftssegment stellt gemäß IAS 14.9 eine unterscheidbare Teilaktivität eines Unternehmens dar, die ein individuelles Produkt oder eine Dienstleistung bzw. eine Gruppe ähnlicher Produkte oder Dienstleistungen erstellt, und die Risiken und Erträgen ausgesetzt ist, die sich von denen anderer Geschäftssegmente unterscheiden.

Unter einem geografischen Segment ist gemäß IAS 14.9 eine unterscheidbare Teilaktivität des Unternehmens zu verstehen, wenn die Produkte und Dienstleistungen innerhalb eines spezifischen wirtschaftlichen Umfeldes angeboten oder erbracht werden. Dabei müssen sich die Risiken und Erträge des geografischen Segments von denen anderer geografischer Segmente unterscheiden. Ein geografisches Segment kann vor diesem Hintergrund ein einzelnes Land, eine Gruppe von zwei oder mehr Ländern oder eine Region innerhalb eines Landes sein.

Während nach IFRS 8 der Management-Ansatz wesentlichen Einfluss auf die Segmentabgrenzung nimmt, folgt IAS 14 zwar auch einer Orientierung an der internen Organisations- und Berichtsstruktur, allerdings können auch Chancen- und Risikoaspekte (risks and rewards approach) ausschlaggebend sein.

Auswahl berichtspflichtiger Segmente

Weniger Unterschiede zwischen IAS 14 und IFRS 8 ergeben sich bei der Auswahl der berichtspflichtigen Segmente. So sieht auch IAS 14 eine „10 %-

---

13 Vgl. *Alvarez, M.*, IFRS 8 – Operating Segments, Tz. 106, in: Vater, H. et al. (Hrsg.), IFRS-Änderungskommentar 2007, Weinheim 2007.
14 Zu einer weitergehenden ausführlichen Darstellung des IAS 14 „Segmentberichterstattung" vgl. die 6. Auflage dieses Lehrbuchs.

Regel" vor, die in ihren Wesentlichkeitskriterien weitgehend mit den Größenmerkmalen von IFRS 8 übereinstimmt. Allerdings verlangt IAS 14.35 zusätzlich, dass ein berichtspflichtiges Segment die Mehrheit seiner Erträge aus Transaktionen mit externen Dritten erzielt.

Nach IAS 14.37 ist ebenfalls zu prüfen, ob die in den berichtspflichtigen Segmenten ausgewiesenen Erlöse insgesamt mehr als 75 % der gesamten Umsatzerlöse ausmachen. Die Anwendung dieser „75 %-Regel" ist in beiden Standards weitgehend identisch.

Bei einer Zusammenfassung der berichtspflichtigen Segmente sind die Regelungen des IAS 14.34 zu befolgen. Diese gleichen konzeptionell denen des IFRS 8.14, d.h. es sind solche Segmente zusammenzufassen, die sich in ihrer langfristigen Ertragsentwicklung ähneln und sich in den in IAS 14.9 genannten Kriterien, die denen des IFRS 8.12 entsprechen, ähnlich sind.

Ein fundamentaler Unterschied zwischen IAS 14 und IFRS 8 ergibt sich hingegen aus den anzuwendenden Bilanzierungs- und Bewertungsmethoden für die auszuweisenden Segmentinformationen: Während IFRS 8 vorschreibt, die auszuweisenden Posten anhand der unternehmensintern verwendeten Methoden zu bewerten, verlangt IAS 14.44, dass sämtliche Segmentinformationen in Übereinstimmung mit den Bilanzierungs- und Bewertungsmethoden zu ermitteln sind, die im IFRS- Jahres- bzw. Konzernabschluss angewendet werden.

Bilanzierungs- und Bewertungsmethoden

Ein weiterer Unterschied ergibt sich bei der Konzeption der auszuweisenden Segmentinformationen. Anders als bei IFRS 8 ist nach IAS 14 in das primäre und sekundäre Berichtsformat zu unterscheiden. Dabei enthält das primäre Berichtsformat grundsätzlich umfangreichere Informationen als das sekundäre Berichtsformat. Festzulegen ist, ob die abgegrenzten Geschäftsbereiche das primäre Berichtsformat und die geografischen Regionen das sekundäre Berichtsformat bilden, oder ob eine umgekehrte Zuordnung erfolgt. Ausschlaggebend für eine entsprechende Zuordnung sind Ursprung und Art der Risiken und Erträge eines Unternehmens (IAS 14.26).

Auszuweisende Segmentinformationen

Folgt ein Unternehmen einer Matrixorganisation, so wird in IAS 14.27(b) automatisch festgelegt, dass die Geschäftsbereiche die primäre Segmentierungsebene und die geografischen Regionen die sekundäre Ebene darstellen.

Innerhalb der primären Segmentierung sind für jedes berichtspflichtige Segment die folgenden Segmentinformationen zu veröffentlichen (IAS 14.50-67):
- Segmenterlöse mit externen Kunden;
- Intersegmentäre Segmenterlöse;
- Segmentergebnis;
- Segmentvermögen;
- Segmentschulden;
- Investitionen in Sachanlagen und immaterielle Vermögenswerte;
- Planmäßige Abschreibungen des Segmentvermögens;
- Sonstige wesentliche zahlungsunwirksame Aufwendungen;
- Beteiligungshöhe von nach der Equity-Methode bewerteten Unternehmen;
- Ergebnisbeiträge von nach der Equity-Methode bewerteten Unternehmen.

Primäre Segmentinformationen

Es wird deutlich, dass die erforderlichen Angaben nach IAS 14 deutlich umfangreicher sind als diejenigen nach IFRS 8. Während IFRS 8 keine eindeutigen Definitionen der verlangten Angaben über Segmentergebnis, Segmentvermögen und ggf. Segmentschulden vorgibt, werden die erforderlichen Angaben in IAS 14.50-67 weiter konkretisiert.

Überleitungsrechnung
Neben den erforderlichen Segmentinformationen sind einzelne Angaben auf die aggregierten Zahlen des Einzel- bzw. Konzernabschlusses überzuleiten. Dies betrifft die Segmenterlöse, das Segmentergebnis, das Segmentvermögen und die Segmentschulden, welche jeweils auf die entsprechenden Posten des IFRS-Abschlusses überzuleiten sind (IFRS 14.67). Eine Überleitung dieser Segmentangaben auf die entsprechenden Bilanz- und Gesamterfolgsrechnungszahlen ist erforderlich, da die Summe der Segmentangaben nicht den Bilanz- und Gesamterfolgsrechnungszahlen entsprechen muss. Demgegenüber dient eine Überleitung nach IFRS 8 vor allem als ein Bindeglied zwischen internem Berichtswesen und externer Berichterstattung (vgl. Abschnitt 5.3).

Sekundäre Segmentinformationen
Der Berichtsumfang innerhalb der sekundären Bilanzierung fällt im Vergleich zur primären Segmentierung geringer aus. Die zu veröffentlichen Informationen hängen von der Wahl des primären Berichtsformats ab und beschränken sich im Wesentlichen auf die folgenden Angaben (IAS 14.69-70):
- Segmenterlöse;
- Segmentvermögen;
- Segmentinvestitionen.

Allerdings sind diese Informationen grundsätzlich nur zu veröffentlichen, wenn die in IAS 14.69-72 jeweils formulierte 10 %-Regel greift, d.h. wenn also Segmenterlöse, -vermögen und -investitionen jeweils mindestens 10 % der erforderlichen Summen aller Segmente ausmachen. Wird die primäre Segmentberichterstattung auf der Basis geografischer Regionen erstellt, so muss im sekundären Berichtsformat zusätzlich differenziert werden, ob diese Segmentabgrenzung produktions- (auf der Basis des Standorts der Vermögenswerte) oder absatzorientiert (auf der Basis des Standorts der Kunden) erfolgt (IAS 14.71-72).

Anhangangaben
Auch IAS 14 fordert neben der eigentlichen Segmentberichterstattung zusätzliche Angaben:
- Art der Produkte und/oder Dienstleistungen der einzelnen Geschäftsbereiche (IAS 14.81);
- Zusammensetzung der geografischen Regionen (IAS 14.81);
- Grundlage der Verrechnungspreisbestimmung für intersegmentäre Transaktionen sowie jegliche diesbezügliche Änderung (IAS 14.75);
- Angabe von Art, Begründung und Auswirkung eines Wechsels der Bilanzierungs- und Bewertungsmethoden für Segmentangaben (inkl. Anpassung der Vorjahreszahlen) (IAS 14.76) und
- unternehmensexterne und -interne Erlöse von nicht berichtspflichtigen Segmenten, deren externe Erlöse mindestens 10 % der gesamten Erlöse des Unternehmens ausmachen (IAS 14.74).

7 Wesentliche Unterschiede zum HGB und zu US-GAAP

Segmentberichterstattungspflichten sind im HGB in den §§ 285 Nr. 4, 314 Abs. 1 Nr. 3 sowie 297 Abs. 1 Satz 2 kodifiziert. §§ 285 Nr. 4 bzw. 314 Abs. 1 Nr. 3 HGB schreiben einzelne Segmentinformationen für den Anhang im Einzel- bzw. Konzernabschluss vor. § 297 Abs. 1 HGB räumt hingegen Mutterunternehmen die Möglichkeit zur eigenständigen Segmentberichterstattung im Konzernabschluss ein. Vorgaben über die inhaltliche und formelle Ausgestaltung dieser eigenständigen Segmentberichterstattung fehlen im HGB jedoch. Insgesamt bestehen wesentliche Unterschiede zwischen den HGB-Regeln und IFRS 8.

HGB

- Gemäß §§ 285 Nr. 4 bzw. 314 Abs. 1 Nr. 3 HGB ist lediglich eine Aufgliederung der Umsatzerlöse nach Tätigkeitsbereichen und geografisch bestimmten Märkten vorzunehmen. Eine Segmentierung anderer Abschlussinformationen ist nicht verpflichtend.
- Die Aufgliederung der Umsatzerlöse kann unterbleiben, sofern sich, unter Berücksichtigung der Organisation des Verkaufs von für die gewöhnliche Geschäftstätigkeit der Kapitalgesellschaft (des Konzerns) typischen Erzeugnissen und Dienstleistungen, die Tätigkeitsbereiche und geografisch bestimmten Märkte nicht erheblich voneinander unterscheiden.

Mit Verabschiedung von DRS 3 „Segmentberichterstattung" durch den DSR existiert aber seit 1999 ein Standard, der die Aufstellung der Segmentberichterstattung detailliert regelt. DRS 3 orientiert sich dabei im Rahmen der Segmentierung an dem Management-Ansatz, da er eine Segmentabgrenzung nach operativen Segmenten vorschreibt. Bei der Bestimmung der Segmentinformationen ist DRS 3 hingegen an die Bilanzierungs- und Bewertungsmethoden des zugrunde liegenden Abschlusses angelehnt (DRS 3.19), so dass an dieser Stelle ein wesentlicher Unterschied zu IFRS 8 deutlich wird. Möglicherweise führt dies künftig dazu, dass der DRS 3 in seiner derzeitigen Form an die internationalen Rechnungslegungsgrundsätze angepasst wird[15].

IFRS 8 lehnt sich eng an die Regelungen des amerikanischen SFAS 131 „Disclosures about Segments of an Enterprise and Related Information" an. Damit werden die Harmonisierungsbestrebungen zwischen den beiden Standardsettern weiter vorangetrieben, denn die bislang existierenden Unterschiede zwischen IAS 14 und SFAS 131 werden im Bereich der Segmentberichterstattung durch die Einführung von IFRS 8 und den damit verbundenen Paradigmenwechsel hin zum Management-Ansatz weitestgehend beseitigt.

US-GAAP

---

15 Vgl. *Kajüter, P./Barth, D.*, Segmentberichterstattung nach IFRS 8 – Übernahme des Management Approach, in: BB, 62. Jg. (2007), S. 433.

Unterschiede zwischen IFRS 8 und SFAS 131 ergeben sich gemäß IFRS 8.BC60 lediglich in den folgenden Bereichen, wobei die Unterschiede zwischen den Standards insgesamt als eher gering einzustufen sind[16]:

- Die langfristigen Vermögenswerte umfassen nach SFAS 131.38 ausschließlich materielle Vermögenswerte (hard assets), wohingegen IFRS 8 auch immaterielle Vermögenswerte unter die langfristigen Vermögenswerte subsumiert (IFRS 8.BC56). Weil der Zusatznutzen eines getrennten Ausweises von materiellen Vermögenswerten als gering einzustufen ist, wird dieser in IFRS 8 nicht explizit verlangt (IFRS 8.BC57).
- Der Ausweis von Segmentschulden wird in SFAS 131 nicht gefordert. Demgegenüber besteht nach IFRS 8.23 eine Ausweispflicht, sofern die Segmentschulden dem Hauptentscheidungsträger regelmäßig berichtet werden.
- Während SFAS 131 bei dem Vorliegen von Matrixorganisationen eine Segmentabgrenzung von operativen Segmenten auf Basis der Produkte und Dienstleistungen vorsieht, fordert IFRS 8.10 eine entsprechende Segmentabgrenzung in Übereinstimmung mit dem Kerngrundsatz der Informationsvermittlung.

Ausgewählte Literatur

Fink, C./Ulbrich, P., IFRS 8: Paradigmenwechsel in der Segmentberichterstattung, in: DB, 60. Jg. (2007), S. 981-985.

Geiger, T., Segmentberichterstattung nach dem Deutschen Rechnungslegungsstandard Nr. 3 des DRSC (DRS 3), in: StuB, 2. Jg. (2000), S. 772-779.

Kajüter, P./Barth, D., Segmentberichterstattung in diversifizierten Konzernen – Eine Fallstudie zur Anwendung der neuen Regelungen nach IFRS 8, in: KoR, 7. Jg. (2007), S. 110-116.

Kirsch, H., Segmentbezogene Jahresabschlussanalyse nach IFRS 8, in: PiR, 3. Jg. (2007), S. 61-67.

Zülch, H./Burghardt, S., IFRS 8 „Operating Segments", in: PiR, 3. Jg. (2007), S. 21-23.

---

16 Vgl. *Fink, C./Ulbrich, P.*, Verabschiedung des IFRS 8 – Neuregelung der Segmentberichterstattung nach dem Vorbild der US-GAAP, in: KoR, 7. Jg. (2007), S. 5.

Übungsaufgaben

Aufgabe 1:
Das Rechnungswesen der Publix AG weist die folgenden Daten auf. Welche Segmente sind nach IFRS 8 als berichtspflichtig auszuwählen? Begründen Sie Ihre Antwort.

Segmente	Segmenterlöse (T€)		Segment-ergebnis (T€)	Segment-vermögen (T€)
	Externe Erlöse	Interne Erlöse		
1	140.000	10.000	20.000	100.000
2	320.000	25.000	30.000	400.000
3	30.000	350.000	5.000	100.000
4	70.000	10.000	3.000	80.000
5	430.000	20.000	45.000	410.000
6	280.000	140.000	20.000	150.000
7	100.000	30.000	17.000	100.000
8	30.000	15.000	10.000	160.000
Summe	1.400.000	600.000	150.000	1.500.000

Aufgabe 2:
Entscheiden Sie für jede der nachfolgenden Einzelinformationen, ob sie entsprechend den Anforderungen von IFRS 8 angabepflichtig sind.
1. Segmentschulden
2. Investitionen in das Vorratsvermögen
3. Betriebliches Segmentergebnis
4. Intersegmenterlöse
5. Zinsaufwendungen des Segments
6. Materialaufwendungen des Segments
7. Im Segmentergebnis enthaltene planmäßige Abschreibungen
8. Ergebnisbeiträge der nach der Equity-Methode bewerteten Unternehmen
9. Segmenterlöse
10. Segment-Cashflow
11. Segmentinvestitionen in das langfristige Vermögen
12. Segmentverbindlichkeiten aus Lieferungen und Leistungen
13. Ertragsteueraufwendungen des Segments
14. Segmentvermögen
15. Zins- und Dividendenerträge des Segments

Aufgabe 3:
Die Segmentberichterstattung nach IFRS 8 des Chemiekonzerns Chemix AG beinhaltet die in der nachfolgenden Übersicht dargestellten Daten. Bis auf die Mitarbeiterzahlen sind alle Angaben in Mio. €.

Segment	Chemie			Pharma		
Jahr	2005	2006	2007	2005	2006	2007
Außenumsätze	340	325	290	75	80	110
Innenumsätze	28	25	30	0	0	0
Abschreibungen	34	35	32	28	30	36
EBIT	65	60	45	26	29	31
Zinsaufwendungen	13	12	14	9	10	8
Ertragsteuern	23	22	18	6	5	8
Segmentergebnis	29	26	13	11	14	15
Segmentvermögen	900	880	860	380	400	480
Mitarbeiter	12.500	12.000	11.000	3.900	4.000	4.500

Segment	Agrarprodukte			Konzern		
Jahr	2005	2006	2007	2005	2006	2007
Außenumsätze	115	120	122	530	525	522
Innenumsätze	10	10	8			
Abschreibungen	16	15	14	78	80	82
EBIT	37	39	44	128	128	120
Zinsaufwendungen	9	9	9	31	31	31
Ertragsteuern	14	15	14	43	42	40
Segmentergebnis	14	15	21	54	55	49
Segmentvermögen	330	350	360	1.610	1.630	1.700
Mitarbeiter	2.950	3.000	3.110	19.350	19.000	18.610

a) Definieren Sie eine geeignete Rentabilitätskennzahl und berechnen Sie diese Kennzahl für die drei angegebenen Segmente sowie den Gesamtkonzern für die Geschäftsjahre 2005 bis 2007.
b) Beurteilen Sie die Rentabilität des Konzerns
   - auf der Basis der Gesamtkonzerndaten und
   - auf der Basis der Segmentdaten.

Zu welchen Schlussfolgerungen kommen Sie?

Kapitel 30
Zwischenberichterstattung

1 Aufgaben der Zwischenberichterstattung 901

2 Zwischenberichterstattung nach IAS 34 901
   2.1   Zielsetzung und Anwendungsbereich 901
   2.2   Definitionen, Umfang und Inhalt eines Zwischenberichts...................902
   2.3   Unterjährige Erfolgsermittlung..906
          2.3.1   Ansätze der unterjährigen Erfolgsermittlung..........................906
          2.3.2   Unterjährige Erfolgsermittlung nach IAS 34..........................908
   2.4   Änderung von Bilanzierungs- und Bewertungsmethoden 912

3 Zwischenberichterstattungspflicht in Deutschland 912

4 Wesentliche Unterschiede zu US-GAAP...913

Ausgewählte Literatur 914

Übungsaufgaben...914

Die Zwischenberichterstattung (Interim Financial Reporting) hat sich in den letzten Jahren als ein bedeutendes Publizitätsinstrument etabliert. So wird die Bedeutung der Quartalsberichterstattung von 41 % der privaten Aktionäre und sogar von 59 % aller befragten institutionellen Investoren als sehr hoch bzw. hoch eingeschätzt. Ferner zeigt sich, dass der Quartalsbericht für beide Gruppen nahezu den gleichen Stellenwert wie der jährliche Geschäftsbericht einnimmt. Ein Grund hierfür kann in der den Quartalsberichten zugesprochenen Aktualität gesehen werden[1].

Die New York Stock Exchange empfahl bereits 1910 eine unterjährige Finanzberichterstattung von dort gelisteten Unternehmen[2]. Die 1934 gegründete SEC leitete eine quartalsweise Berichterstattungspflicht von Umsatzgrößen dagegen erst 1946 ein, scheiterte jedoch bei deren Durchsetzung und nahm schließlich von dieser Berichtspflicht 1953 wieder Abstand. Der Druck der Analysten, die wiederum auf die Bedeutung der unterjährigen Berichterstattung für ihren Berufsstand hinwiesen, führte dazu, dass die SEC 1955 bei ihr registrierte Unternehmen durch Form 9-K zur halbjährlichen Publikation einer Gewinn- und Verlustrechnung verpflichtete. Seit 1970 regelt Form 10-Q die quartalsmäßige Finanzberichterstattung von gegenüber der SEC berichtspflichtigen Unternehmen[3]. In Deutschland erlangte die Zwischenberichterstattung im Rahmen der Umsetzung entsprechender EG-Richtlinien mit dem § 44b BörsG von 1986 und den §§ 53ff. BörsZulV von 1987 erst wesentlich später verpflichtenden Charakter.

Die Bedeutung der Zwischenberichterstattung für Kapitalmarktteilnehmer hat dazu geführt, dass auch das IASB hierzu einen Standard herausgegeben hat. IAS 34 „Zwischenberichterstattung" (Interim Financial Reporting) beschäftigt sich im Wesentlichen mit dem rechnungslegungsbezogenen Inhalt von Zwischenberichten und lässt sonstige inhaltliche Details (z.B. welche Unternehmen wie häufig der Zwischenberichtspflicht unterliegen) mangels entsprechender Regulierungskompetenz außen vor.

Während die Regulierung der Pflicht zur Zwischenberichterstattung im Kapitel Unternehmenspublizität behandelt wird, sollen Sie im Folgenden lernen,
- welche Aufgaben an die Zwischenberichterstattung gestellt und welche Ziele mit ihr verfolgt werden,
- welche Unternehmen zur Anwendung des IAS 34 „Zwischenberichterstattung" verpflichtet sind und
- welche Regelungen zur Zwischenberichterstattung IAS 34 enthält.

---

1 Vgl. *Ernst, E./Gassen, J./Pellens, B.*, Verhalten und Präferenzen deutscher Aktionäre, in: Rosen von, R. (Hrsg.), Studien des Deutschen Aktieninstituts, Heft 29, 2005, S. 21-22; S. 33-34; S. 39.
2 Vgl. *May, R. G.*, The Influence of Quarterly Earnings Announcements on Investor Decisions as Reflected in Common Stock Price Changes, in: JoAR, Vol. 9 (1971), S. 120.
3 Vgl. *Taylor, R. G.*, A Look at Published Interim Reports, in: TAR, Vol. 40 (1965), S. 89-90; *Förschle, G./Helmschrott, H.*, Die Zwischenberichterstattung nach US-GAAP, IAS und HGB, in: WPg, 50. Jg. (1997), S. 555.

1 Aufgaben der Zwischenberichterstattung

Rechnungslegungsadressaten wie beispielsweise Gesellschafter, Finanzanalysten oder Fremdkapitalgeber sind an zeitnahen Informationen über die Vermögens-, Finanz- und Ertragslage der Unternehmen interessiert. Trotz der immer zügigeren Jahresabschlusserstellung (fast close-Bemühungen) vergeht vielfach ein erheblicher Zeitraum zwischen dem Eintreten eines relevanten Ereignisses und der entsprechenden Berichterstattung.

Zeitnahe Berichterstattung

Neben der Ad-hoc-Publizität soll dieses Problem die Zwischenberichterstattung lösen[4]. Durch regelmäßige, zeitnahe und zuverlässige Informationen soll sie den Informationsstand der Abschlussadressaten erhöhen und dadurch den Anlegerschutz verbessern. Die Frequenz der Zwischenberichte ist dabei zunächst nicht festgeschrieben. In der Regel werden diese jedoch halbjährlich (Halbjahresbericht) oder quartalsweise (Quartalsbericht) veröffentlicht und sollen die Entwicklung des Unternehmens seit dem letzten Jahresbericht darstellen.

2 Zwischenberichterstattung nach IAS 34

2.1 Zielsetzung und Anwendungsbereich

Mit IAS 34 „Zwischenberichterstattung" (Interim Financial Reporting) hat das IASB einen eigenen Standard zur Zwischenberichterstattung entwickelt, der seit 1999 gilt. Hiermit sollen zum einen der Mindestinhalt eines Zwischenberichts sowie zum anderen die relevanten Ansatz- und Bewertungsgrundsätze geregelt werden. Durch eine rechtzeitige und verlässliche Zwischenberichterstattung wird es für die Adressaten leichter, die Vermögens-, Finanz- und Ertragslage eines Unternehmens zu beurteilen. Dabei wird ein Zwischenbericht nur dann als mit den IFRS in Einklang stehend angesehen, wenn auch tatsächlich allen Vorschriften des IAS 34 entsprochen wird (IAS 34.3). In diesem Fall ist auf die Übereinstimmung mit den IFRS hinzuweisen (IAS 34.19).

IAS 34

Die Anwendung von IAS 34 und damit das Aufstellen eines Zwischenberichts sind hierdurch jedoch nicht verpflichtend. Es wird lediglich empfohlen, dass ein Zwischenbericht mindestens halbjährlich aufgestellt (IAS 34.1(a)) sowie innerhalb von 60 Tagen nach Abschluss der entsprechenden Berichtsperiode veröffentlicht werden soll (IAS 34.1(b)). Die Regulierung der Zwischenberichterstattungspflicht selbst ist in der Regel Sache der nationalen Gesetzgeber.

Aufstellungspflicht

Verbindlich anzuwenden ist IAS 34 immer dann, wenn Unternehmen freiwillig einen Zwischenbericht nach IFRS aufstellen oder wenn andere Institutionen (nationale Gesetzgeber, Börsen etc.) einen Zwischenbericht gemäß diesem Stan-

---

[4] Zur grundsätzlichen Bedeutung der Unternehmenspublizität einschließlich Ad-hoc-Publizität und Zwischenberichterstattung siehe Kapitel 31.

dard verlangen. § 37w Abs. 1 WpHG verpflichtet alle Unternehmen, die als Inlandsemittenten Aktien oder Schuldtitel im Sinne des § 2 Abs. 1 Satz 1 WpHG begeben, zur Erstellung von Halbjahresfinanzberichten. Gemäß § 37w Abs. 3 WpHG haben alle zur Zwischenberichterstattung verpflichteten Unternehmen die unterjährige Bilanz und Gesamterfolgsrechnung sowie den Anhang nach den Rechnungslegungsgrundsätzen aufzustellen, die auch im Rahmen der jährlichen Berichterstattung angewendet werden. Für kapitalmarktorientierte deutsche Unternehmen sind dies zumindest im Konzernabschluss die IFRS. Damit gilt IAS 34.

2.2 Definitionen, Umfang und Inhalt eines Zwischenberichts

Definition Zwischenbericht

Ein Zwischenbericht nach IAS 34 ist ein Finanzbericht, der entweder einen vollständigen oder – aus Kostengesichtspunkten und im Interesse einer zeitnahen Veröffentlichung – einen verkürzten Abschluss für die Zwischenberichtsperiode enthält. Da IAS 34.4 eine Zwischenberichtsperiode als eine Berichtsperiode definiert, die kürzer ist als ein Jahr, ist der Standard grundsätzlich auf jegliche Art von Zwischenbericht anwendbar, unabhängig davon, ob halbjährlich, quartalsweise oder monatlich berichtet wird. Der Zwischenbericht ist auf konsolidierter Basis aufzustellen, wenn das Unternehmen zum Ende des letzten Geschäftsjahres einen Konzernabschluss aufgestellt hat (IAS 34.14).

Mindestbestandteile

Die Mindestbestandteile eines Zwischenberichtes werden in IAS 34.8 geregelt; dieser fordert mit einer verkürzten Bilanz (condensed statement of financial position), einer verkürzten Gesamterfolgsrechnung (condensed statement of comprehensive income), einer verkürzten Eigenkapitalveränderungsrechnung (condensed statment of changes in equity) und einer verkürzten Kapitalflussrechnung (condensed statement of cash flows) sowie ausgewählten erläuternden Anhangangaben (selected explanatory notes) grundsätzlich die Bestandteile, die gemäß IAS 1.10 ein vollständiger Abschluss auch beinhaltet[5].

Verkürzter Abschluss

Entscheidet sich ein Unternehmen für einen verkürzten Abschluss bzw. den Ausweis verkürzter Abschlussbestandteile, haben diese Abschlussbestandteile mindestens die Überschriften (headings) und Zwischensummen (subtotals) zu beinhalten, die auch im Rahmen der letzten jährlichen Berichterstattung nach IFRS enthalten bzw. die gemäß IAS 1 gefordert waren[6]. Eine detaillierte Darstellung wird nur dann auch im Zwischenbericht verlangt, wenn dieser ohne die entsprechenden Angaben irreführend erscheinen würde (IAS 34.10, IAS 34.12). Bezogen auf die Bilanz bedeutet dies beispielsweise, dass, wenn im letzten Ab-

---

5 IAS 1 verlangt darüber hinaus, in bestimmten Fällen eine dritte Bilanz aufzustellen (IAS 1.10(f)). Zu den Rechenwerken eines IFRS-Abschlusses siehe Kapitel 7.
6 In diesem Zusammenhang ist auf eine sprachlich mit IAS 34 inkonsistente Bezeichnung hinzuweisen, da in IAS 1 von Posten (line items) gesprochen wird (IAS 1.54, IAS 1.82). Vgl. *Baetge/Bruns/Rolvering*, IAS-Kommentar, IAS 34, Tz. 15-48.

schluss des Geschäftsjahres unter den entsprechenden Überschriften bzw. Posten freiwillig über die geforderte Mindestgliederung hinaus gehend weitere einzelne Bilanzpositionen aufgeführt wurden, im verkürzten Abschluss darauf verzichtet werden kann. Für die Praxis wird die Bedeutung dieser Erleichterung jedoch als gering eingeschätzt, da hier bereits eine stark komprimierte Darstellung der Jahresbilanz vorgenommen würde[7].

Die Darstellung des Gesamterfolgs (comprehensive income) kann wahlweise in einem Rechenwerk (single statement bzw. single statement approach) oder in zwei separaten Rechenwerken (separate income statement and statement of comprehensive income bzw. two statement approach) erfolgen (IAS 34.8(b) i.V.m. IAS 1.81). Auch wenn das Periodenergebnis in beiden Rechenwerken weiterhin als unverzichtbare Zwischensumme zur Ermittlung des Gesamterfolgs dient, erfolgt dessen Ausweis nur noch im two statement approach als Endsumme eines eigenständigen Rechenwerks, nämlich der klassischen GuV (IAS 1.IG6). Für die Aufwandsgliederung kann zwischen Gesamt- und Umsatzkostenverfahren gewählt werden. Dabei soll das Verfahren angewendet werden, das die verlässlicheren und relevanteren Informationen liefert. Diese Aufwandsgliederung kann wahlweise in der Gesamterfolgsrechnung oder im Anhang vorgenommen werden (IAS 1.99-1.100). In der Praxis erfolgte in der Vergangenheit diese Gliederung regelmäßig in der GuV, unabhängig, ob im Jahres- oder Zwischenbericht[8]. Sollte das Unternehmen für die Aufschlüsselung des Periodenergebnisses im Jahresabschluss den two statement approach gewählt haben, ist im Rahmen der Zwischenberichterstattung ebenfalls diese Darstellungsvariante zu wählen (IAS 34.8A)[9]. Hinsichtlich der verkürzten Kapitalflussrechnung wird auf die Mindestgliederung abgestellt, die sich aus dem Standard zur Kapitalflussrechnung (IAS 7) ergibt. Danach hat die Kapitalflussrechnung die Cashflows der Berichtsperiode zu enthalten, die nach betrieblicher Tätigkeit, Investitions- sowie Finanzierungstätigkeit zu klassifizieren sind (IAS 7.10).

Darstellung des Gesamterfolgs

Entscheidet sich ein Unternehmen stattdessen für die Veröffentlichung eines vollständigen Abschlusses im Zwischenbericht, so werden an Form und Inhalt der einzelnen Bestandteile dieselben Anforderungen gestellt, die gemäß IAS 1 an vollständige Abschlüsse gestellt werden (IAS 34.9). Ferner wird explizit betont, dass die Möglichkeit zur Aufstellung eines verkürzten Abschlusses die Unternehmen nicht davon abhalten soll, einen vollständigen Abschluss bzw. Informationen über das Minimum hinaus bereitzustellen (IAS 34.7).

Vollständiger Abschluss

Börsennotierte Unternehmen haben ferner das verwässerte und unverwässerte Ergebnis je Aktie auch für die Zwischenberichtsperiode zu ermitteln und in der

Ergebnis je Aktie

---

7 Vgl. *Hoffmann/Leibfried*, Haufe IFRS-Kommentar, § 37, Tz. 15.
8 Vgl. *Hoffmann/Leibfried*, Haufe IFRS-Kommentar, § 37, Tz. 15. Diese Kommentarmeinung beruht noch auf dem IAS 1 (rev. 2003).
9 Für den Alternativfall, dass das Unternehmen den single statement approach gewählt hat, bleibt das IASB eine entsprechende explizite Klarstellung schuldig. Es ist jedoch davon auszugehen, dass auch hier die für den Jahresabschluss gewählte Variante entsprechend im Zwischenbericht darzustellen ist.

Gesamterfolgsrechnung auszuweisen (IAS 34.11)[10]. Hat sich das Unternehmen für den two statement approach entschieden, sind die Angaben zum Ergebnis je Aktie in dem Rechenwerk vorzunehmen, in dem auch das Periodenergebnis hergeleitet wird (IAS 34.11A).

Angabepflichten anderer Standards

Nach IAS 34.18 sind Angabepflichten, die von anderen Standards gefordert werden, nicht zu beachten, solange das Unternehmen einen verkürzten Abschluss aufstellt. Dies wird damit begründet, dass sich derartige Angabepflichten ausschließlich auf vollständige Abschlüsse beziehen. Eine Ausnahme bilden jedoch die Angaben gemäß IFRS 3 „Unternehmenszusammenschlüsse", die gemäß IAS 34.16(i) zu beachten sind.

Anhangangaben

Ausgewählte erläuternde Anhangangaben sind in IAS 34.15-17 näher beschrieben, wobei IAS 34.16 einen Mindestumfang an Informationen vorgibt. IAS 34.17 führt hierzu Beispiele an. Dieser Mindestumfang unterliegt der Annahme, dass für den Adressaten des Zwischenberichts auch der vollständige Abschluss zum Ende des letzten Geschäftsjahres verfügbar ist. Dies soll Angaben im Anhang des Zwischenberichts entbehrlich machen, über die bereits im Anhang des letzten Jahresberichts informiert worden ist. Stattdessen ist nur über nützliche Informationen bzw. wesentliche Veränderungen seit dem letzten Geschäftsjahresende zu berichten, die bei dem Leser ein Verständnis der jüngsten Entwicklung der Vermögens-, Finanz- und Ertragslage sicherstellen (IAS 34.15). Dies kann dazu führen, dass auf Informationen im Anhang verzichtet und folglich der eigentliche Mindestumfang weiter reduziert wird, wenn die geforderten Informationen bereits an anderer Stelle des Zwischenberichts gegeben werden.

Methodenänderung, Saison- und Konjunktureinflüsse, ungewöhnliche Sachverhalte

Als eine solche Pflichtangabe wird eine Erklärung verlangt, nach der es im Zwischenbericht keine Änderungen bei den angewendeten Bilanzierungs-, Bewertungs- und Berechnungsmethoden gegenüber dem letzten veröffentlichten Jahresabschluss gegeben hat. Sollte es doch eine Änderung gegeben haben, ist diese einschließlich ihrer Auswirkung zu benennen (IAS 34.16(a)). Darüber hinaus sind Angaben zu machen, die einen Einblick in Saison- oder Konjunktureinflüsse innerhalb der Zwischenberichtsperiode geben (IAS 34.16(b)). Ferner gilt es, Art und Umfang ungewöhnlicher Sachverhalte zu erläutern, die Vermögenswerte, Schulden, Eigenkapital, Periodenergebnis oder Cashflow beeinflussen (IAS 34.16(c)).

Schätzänderungen, Kapitaltransaktionen, Segmentangaben

Zusätzlich sind Art und Umfang von Schätzänderungen aus Vorperioden anzugeben, solange diese Modifikationen wesentliche Auswirkungen auf die Zwischenberichtsperiode haben (IAS 34.16(d) i.V.m. IAS 8.34). Neben Emissionen, Rückkäufen und Rückzahlungen von Schuldverschreibungen oder Eigenkapitaltiteln ist über gezahlte Dividenden – getrennt für Stammaktien und sonstige Aktien – zu berichten (IAS 34.16(e)-(f)). Für den Fall, dass das Unternehmen zum Abschluss eines Geschäftsjahres eine Segmentberichterstattung gemäß

---

[10] Laut ED Proposed Improvements soll IAS 34.11 um den Zusatz ergänzt werden, dass diese Textziffer nur Bedeutung erlangt, wenn sich das Unternehmen im Anwendungsbereich des IAS 33 befindet. Vgl. *IASB*, ED Proposed Improvements, S. 131.

IFRS 8 aufzustellen hat, gilt es, ausgewählte Segmentangaben bereitzustellen (IAS 34.16(g)).

Auch wesentliche Ereignisse, die erst nach dem Zwischenberichtsstichtag eingetreten sind und die noch nicht im Zwischenabschluss Berücksichtigung gefunden haben, sind im Anhang anzuzeigen (IAS 34.16(h)). Der vorgegebene Mindestumfang an Informationen verlangt ferner Angaben über Auswirkungen durch mögliche Veränderungen in der Unternehmenszusammensetzung, beispielsweise durch den Erwerb sowie die Veräußerung von Tochterunternehmen oder die Aufgabe von Geschäftsbereichen (IAS 34.16(i)). Als letzte Pflichtangabe fordert IAS 34, über mögliche Änderungen hinsichtlich der Eventualschulden und -forderungen seit dem Ende des letzten Geschäftsjahres zu informieren (IAS 34.16(j)).

Wesentliche Ereignisse, Unternehmenszusammensetzung, Eventualschulden und -forderungen

Für Vergleichszwecke verlangt IAS 34 Angaben aus früheren Perioden. Hierzu ist neben der Bilanz der aktuellen Zwischenberichtsperiode die Bilanz zum Ende des letzten Geschäftsjahres anzugeben. Zusätzlich zur Gesamterfolgsrechnung der aktuellen Zwischenberichtsperiode hat der Zwischenbericht – falls divergierend – die kumulierte Gesamterfolgsrechnung des laufenden Geschäftsjahres sowie die jeweiligen Rechenwerke der Vorjahreszeiträume zu enthalten. In diesem Zusammenhang weist IAS 34.20(b) explizit noch einmal auf die alternativ möglichen Darstellungsvarianten hin. Die Eigenkapitalveränderungs- sowie die Kapitalflussrechnung haben neben den Werten vom Geschäftsjahresbeginn bis zum Stichtag des Zwischenabschlusses die entsprechenden Vorjahreswerte auszuweisen (IAS 34.20-21).

Vergleichsperioden

> Die Air Bochum AG veröffentlicht quartalsweise Zwischenabschlüsse. Das Geschäftsjahr entspricht dem Kalenderjahr. Ein Quartalsabschluss für das 2. Quartal 2007 verlangt daher mindestens
> - eine Bilanz zum 30.06.2007,
> - eine Bilanz zum 31.12.2006,
> - eine Gesamterfolgsrechnung vom 01.04.2007-30.06.2007,
> - eine Gesamterfolgsrechnung vom 01.01.2007-30.06.2007,
> - eine Gesamterfolgsrechnung vom 01.04.2006-30.06.2006,
> - eine Gesamterfolgsrechnung vom 01.01.2006-30.06.2006,
> - eine Eigenkapitalveränderungsrechnung vom 01.01.2007-30.06.2007,
> - eine Eigenkapitalveränderungsrechnung vom 01.01.2006-30.06.2006,
> - eine Kapitalflussrechnung vom 01.01.2007-30.06.2007 sowie
> - eine Kapitalflussrechnung vom 01.01.2006-30.06.2006.

Beispiel 30.1

Einen besonderen Stellenwert nimmt auch der Wesentlichkeitsgrundsatz im Rahmen der Zwischenberichterstattung ein – besonders unter dem Gesichtspunkt, dass Informationen zeitnah und unter Kostengesichtspunkten bereitgestellt werden sollen (IAS 34.6). Informationen sind grundsätzlich als wesentlich einzustufen, wenn ihr Weglassen oder ihre fehlerhafte Darstellung Einfluss auf Entscheidungen der Adressaten nehmen könnten, die diese auf Basis des (Zwischen-)

Wesentlichkeitsgrundsatz

Abschlusses treffen (RK.30). Um irreführenden Schlussfolgerungen vorzubeugen, die sich beispielsweise aus einer Nichtangabe ergeben könnten, ist über die Wesentlichkeit prinzipiell auf Basis der Finanzdaten der Zwischenberichtsperiode zu entscheiden, wobei es zu beachten gilt, dass die Bewertungen in größerem Maße auf Schätzungen beruhen als Bewertungen von jährlichen Finanzdaten (IAS 34.23). Dies kann zur Folge haben, dass ein Sachverhalt im Rahmen der Zwischenberichterstattung als wesentlich angesehen und folglich über ihn berichtet wird, während im Rahmen des Jahresabschlusses aufgrund einer anderen Einschätzung der Wesentlichkeit eine Berichterstattung ausbleibt. In diesem Zusammenhang ist stets das übergeordnete Ziel zu verfolgen, nach dem ein Zwischenbericht jegliche Informationen bereitstellen soll, die das Verständnis über die Vermögens-, Finanz- und Ertragslage während der Berichtsperiode sicherstellen (IAS 34.25)[11].

2.3 Unterjährige Erfolgsermittlung

2.3.1 Ansätze der unterjährigen Erfolgsermittlung

Bei der Erfassung und Bewertung von Geschäftsvorfällen im Zwischenbericht und der damit einhergehenden unterjährigen Erfolgsermittlung kann zwischen dem eigenständigen, dem integrativen und dem sich aus beiden entwickelten kombinierten Ansatz unterschieden werden[12]. Diese Ansätze werden im Folgenden zunächst überblicksartig dargestellt, bevor ihre bilanziellen Auswirkungen in einem Beispiel verdeutlicht werden.

Integrativer Ansatz

Wird im Rahmen der Zwischenberichterstattung der integrative Ansatz verfolgt, steht der Jahresabschluss im Mittelpunkt und der Zwischenbericht fungiert lediglich als ein Instrument, das zwei aufeinander folgende Jahresabschlüsse miteinander verbindet. Die unterjährig publizierten Erfolgszahlen richten sich an dem erwarteten Jahreserfolg aus. Mittels einer regelmäßigen Glättung bestimmter Erfolgskomponenten durch entsprechende Abgrenzung bzw. Vorwegnahme steht die Bereitstellung von Informationen für eine verbesserte Prognose des Jahresergebnisses im Vordergrund. Ein Einblick in den tatsächlichen Geschäftsverlauf der zurückliegenden Periode wird wegen der geglätteten Erfolgsgrößen somit nicht gewährt. Ferner sind die dem integrativen Ansatz zugrunde liegenden Rechnungslegungsmethoden nicht mit denen des Jahresabschlusses vereinbar, was wiederum zu Lasten der Objektivität und Vergleichbarkeit der Zwischenberichterstattung geht.

Eigenständiger Ansatz

Bei dem eigenständigen Ansatz hingegen wird jede Zwischenperiode einzeln und unabhängig von anderen betrachtet; die dem Zwischenabschluss zugrunde

---
11 Vgl. *Baetge/Bruns/Rolvering*, IAS-Kommentar, IAS 34, Tz. 108-109.
12 Vgl. ausführlich zur unterjährigen Erfolgsermittlung *Alvarez, M./Wotschofsky, S.*, Zwischenberichterstattung nach Börsenrecht/DRS, IAS und US-GAAP, 2. Aufl., Berlin 2003, S. 99-116.

liegenden Rechnungslegungsmethoden entsprechen grundsätzlich denen des Jahresabschlusses. Es steht eine retrospektive Betrachtung der Zwischenperiode im Vordergrund; somit soll das Ergebnis bzw. der Geschäftsverlauf der vergangenen Periode zutreffend abgebildet werden. Bei saisonal schwankenden Umsätzen kann so jedoch ein Verlust in einer Zwischenberichtsperiode bei gleichzeitigem Gewinn im Jahresabschluss zu Interpretationsproblemen führen. Dies verlangt vom Adressaten, dass er sich mit dem Geschäftsmodell des berichtenden Unternehmens befasst und seine Prognosen auf Basis der dem Zwischenbericht zugrunde liegenden objektiven Rechnungslegungsdaten einschließlich der Angaben aus den Vergleichszeiträumen vornimmt.

Der kombinierte Ansatz wird nicht als eine neue Methode der unterjährigen Erfolgsermittlung angesehen. Vielmehr soll er die Vorzüge von integrativem und eigenständigem Ansatz miteinander kombinieren und sich somit zur Prognose auf Basis von objektiven Angaben eignen. Dazu wird tendenziell bei positiven Erfolgskomponenten am Realisationsprinzip und somit an der Eigenständigkeit festgehalten, während Aufwendungen eher integrativ berücksichtigt werden.

Kombinierter Ansatz

Beispiel 30.2

Die Air Bochum AG veröffentlicht quartalsweise Zwischenberichte. Um über ein neues Flugziel, das im November und Dezember angeflogen werden soll, die breite Öffentlichkeit zu informieren, startet die Air Bochum AG bereits im Februar und März eine gigantische Werbekampagne, die nicht aktivierungsfähige Werbungsaufwendungen in Höhe von 1.000 T€ verursacht. In den Monaten November und Dezember rechnet sie mit Umsatzerlösen in Höhe von 2.000 T€.

Stellen Sie die Quartalsbereiche – jeweils idealtypisch – nach dem eigenständigen und dem integrativen Ansatz auf:

Eigenständiger Ansatz (T€)	1. Quartal	2. Quartal	3. Quartal	4. Quartal	Jahresabschluss
Umsatzerlöse	0	0	0	+ 2.000	+ 2.000
Werbungskosten	– 1.000	0	0	0	– 1.000
Δ Ergebnis	– 1.000	0	0	+ 2.000	+ 1.000

Eigenständiger Ansatz (T€)	1. Quartal	2. Quartal	3. Quartal	4. Quartal	Jahresabschluss
Umsatzerlöse	+ 500	+ 500	+ 500	+ 500	+ 2.000
Werbungskosten	– 250	– 250	– 250	– 250	– 1.000
Δ Ergebnis	+ 250	+ 250	+ 250	+ 250	+ 1.000

2.3.2 Unterjährige Erfolgsermittlung nach IAS 34

Bilanzierungs- und Bewertungsmethoden wie im Jahresabschluss

Als Ausdruck des auch dem Zwischenabschluss nach IAS 34 zugrunde liegenden Stetigkeitsgrundsatzes verlangt IAS 34.28 die Anwendung der gleichen Bilanzierungs- und Bewertungsmethoden wie auch im Abschluss des letzten Geschäftsjahres, was zunächst den Eindruck erweckt, dass IAS 34 dem eigenständigen Ansatz folgt. Methodenänderungen sind demnach nur dann zulässig, wenn sie im nächsten Jahresabschluss ebenfalls zur Anwendung kommen und dort auch angegeben werden (IAS 34.28). Dadurch ist jede Zwischenperiode als grundsätzlich eigenständig (discrete view) zu betrachten und die Berichterstattung erfolgt ausschließlich rückblickend (IAS 34.29-30, IAS 34.32-33).

Ungleichmäßig anfallende Erträge und Aufwendungen

Auch einmalig, saisonal, konjunkturell oder unregelmäßig erzielte Erträge sowie Aufwendungen, die im Geschäftsjahresverlauf ungleichmäßig anfallen, dürfen nicht vorgezogen oder abgegrenzt werden, sofern eine Vorwegnahme bzw. Abgrenzung nicht auch am Geschäftsjahresende vorgenommen werden würde. Hierdurch kann es zu erheblich schwankenden Zwischenergebnissen kommen (IAS 34.37-39), deren ökonomisch sinnvolle Interpretation ein Verständnis des Geschäftsmodells voraussetzen dürfte. In einem solchen Fall wird den Unternehmen empfohlen, ergänzende Informationen bereitzustellen. Zweckmäßig könnten in diesem Zusammenhang Finanzinformationen der letzten zwölf Monate sowie entsprechende Vergleichsinformationen für die vorangegangene zwölfmonatige Berichtsperiode sein (IAS 34.21).

Die eigenständige Ermittlung der Rechenwerke durch die vom Grundsatz her gleiche Verfahrensweise wie beim Jahresabschluss, soweit dem nicht im Einzelfall der in IAS 34.23 festgelegte Wesentlichkeitsgrundsatz entgegen steht, hat bspw. zur Folge, dass Fertigungsaufträge auch bei Zwischenberichtsstichtagen gemäß IAS 11 auf die eventuelle Anwendung einer Gewinnrealisierung nach dem Fertigstellungsgrad zu prüfen sind[13].

Elemente des integrativen Ansatzes

Aber auch Elemente des integrativen Ansatzes sind in IAS 34 erkennbar. So sind z.B. außerplanmäßige Abschreibungen auf Vorräte oder bestimmte Wertminderungen, die in einer vorherigen Zwischenperiode ergebniswirksam erfasst wurden und deren Grund zum Ende einer der nächsten Zwischenperioden desselben Geschäftsjahres wieder entfallen ist, rückgängig zu machen (IAS 34.30(a) i.V.m. IAS 8.34). Ausgenommen hiervon sind jedoch Wertminderungen, für die ein explizites Wertaufholungsverbot – wie bspw. beim Goodwill – besteht (IFRIC 10.8). Hierdurch kann die Häufigkeit der Zwischenberichterstattung – entgegen des erklärten Ziels (IAS 34.28) – doch Einfluss auf die Höhe des Jahresergebnisses nehmen.

---

13 Zur Problematik der Teilgewinnrealisierung bei Fertigungsaufträgen vgl. Kapitel 14.

Beispiel 30.3

Fall 1:
Die Air Bochum AG hat zum Ende des ersten Quartals ihre Flugzeuge um 10 Mio. € außerplanmäßig abgeschrieben. Zum Ende des zweiten und dritten Quartals war der Grund für die Wertminderung wieder entfallen. Auch zum Jahresende gab es keine Anzeichen für eine Wertminderung.

Die Air Bochum AG hat die zum Ende des ersten Quartals vorgenommene Abschreibung im zweiten Quartal wieder rückgängig zu machen. Nur so kann sichergestellt werden, dass die Anzahl der Zwischenberichterstattungen keinen Einfluss auf das Jahresergebnis hat. Ohne die Korrektur der Abschreibung würde beispielsweise bei einer halbjährlichen Berichterstattung das Jahresergebnis um 10 Mio. € höher ausfallen, da die fragliche Wertminderung gar nicht erst gebucht worden wäre.

Fall 2:
Die Air Bochum AG hat zum Ende des ersten Quartals den Goodwill der CGU Catering abgeschrieben, da die erwarteten Synergieeffekte bisher ausgeblieben sind. Im zweiten Quartal entfalten sich diese nun aber doch in einem unerwarteten Ausmaß, so dass die eigentliche Abschreibung des Goodwills auch zum Jahresende nicht notwendig gewesen wäre.

Die Air Bochum AG darf in diesem Fall die im ersten Quartalsabschluss durchgeführte Wertminderung nicht rückgängig machen. Die Quartalsberichterstattung nimmt damit Einfluss auf das Jahresergebnis, das bei einer halbjährlichen Berichterstattung nicht beeinflusst worden wäre.

Ein weiteres integratives Merkmal des IAS 34 ist die Unterscheidung zwischen Mengen- und Preiskomponente[14]. Grundsätzlich sind Geschäftsvorfälle in der Berichtsperiode zu berücksichtigen, in der sie auch tatsächlich angefallen sind. Dies wird als Mengenkomponente bezeichnet. Die Mengenkomponente unterscheidet sich von der Preiskomponente dadurch, dass sich bei letzterer der Preis verändern kann. Dies ist der Fall, wenn beispielsweise in Abhängigkeit von der jährlichen Bestellmenge der Preis pro Stück durch Mengenrabatte variiert. Hier weist IAS 34.B23 darauf hin, dass derartige vertraglich zugesicherte Kaufpreisänderungen (Preiskomponente) sowohl vom Liefernden als auch vom Käufer vorab bereits berücksichtigt werden, wenn es wahrscheinlich ist, dass sie eintreten werden. Bezogen auf den Personalaufwand beschreibt IAS 34.B1 den Fall, dass Mitarbeiter mit ihrem Jahresgehalt über der Beitragsbemessungsgrenze liegen. Für den über dieser Grenze liegenden Teil sind wiederum keine Sozialversicherungsabgaben abzuführen. Über das Jahr betrachtet sinkt dadurch der prozentuale Anteil der Sozialversicherungsabgaben am Bruttoarbeitslohn (Preiskomponente). Für die Zwischenberichterstattung ist der prozentuale Anteil der

Mengen- und Preiskomponente

---

14 Vgl. weiterführend mit Beispielen *Lüdenbach, N.*, Mengen- und Preiskomponente bei der Zwischenberichterstattung, in: PiR, 3. Jg. (2007), S. 56-59.

Sozialabgaben am Bruttoarbeitslohn auf Jahresbasis einschließlich eventueller Sonderzahlungen zu schätzen[15].

Beispiel 30.4

Die Air Bochum AG bezieht ihr Kerosin von der PB Oil AG. Pro Jahr rechnet die Air Berlin AG mit einem Kerosinverbrauch von 2 Mio. Litern. Ein Liter Kerosin kostet 1 €. Aufgrund der langjährigen Beziehung zu der PB Oil AG hat die Air Bochum AG die vertragliche Zusicherung, dass ab einer jährlichen Abnahmemenge von 1 Mio. Liter der Preis pro Liter um 0,10 € sinkt. Bereits im ersten Quartal ist ein Kerosinpreis von 0,90 € pro Liter ergebniswirksam in der Gesamterfolgsrechnung zugrunde zu legen (IAS 34.B.23).

Ermittlung des Steueraufwands

Elemente des integrativen Ansatzes sind auch bei der Ermittlung des Steueraufwands erkennbar. Dabei ist der Ertragssteueraufwand einer Zwischenberichtsperiode auf Basis der besten Schätzung des gewichteten durchschnittlichen effektiven Ertragssteuersatzes für das gesamte Jahr zu ermitteln (IAS 34.30(c)). Dieser geschätzte jährliche effektive Steuersatz wird für jede Berichtsperiode unter Berücksichtigung des prognostizierten Jahresergebnisses, unterschiedlicher sowie sich ändernder Steuersätze (kombinierter Ertragsteuersätze), ergebniswirksamer Differenzen in Steuer- und IFRS-Bilanz, verschiedener Guthaben bzw. Verlustvorträge etc. als Quotient aus erwartetem Steueraufwand des Jahres und IFRS-Jahresergebnis vor Steuern ermittelt (IAS 12.86). Dies kann dazu führen, dass bereits in Vorperioden für den Steueraufwand abgegrenzte Beträge in einer nachfolgenden Zwischenperiode des Geschäftsjahres aufgrund von Schätzänderungen durch eine kumulierte Betrachtungsweise angepasst werden. Über derartige Schätzänderungen ist dann wiederum im Anhang zu berichten (IAS 34.16(d)). Es wird somit der Tatsache Rechnung getragen, dass Ertragssteuern auf Basis einer jährlich zu ermittelnden Bemessungsgrundlage und nicht auf Basis eines Zwischenergebnisses veranlagt werden (IAS 34.30(c))[16].

Beispiel 30.5

Ein Tochterunternehmen der Air Bochum AG, das in einem Land mit progressivem Ertragssteuersatz tätig ist, rechnet für das Geschäftsjahr 2007 mit einem Periodenergebnis vor Steuern (= zu versteuerndem Einkommen) in Höhe von 200 T€, das gleichmäßig über das Jahr anfällt. Auf die ersten 100 T€ sind 20 % Steuern zu zahlen, danach beträgt der Grenzsteuersatz 40 %. Hieraus resultiert ein gewichteter durchschnittlicher effektiver Steuersatz in Höhe von 30 % für das Jahr 2007. Somit hat das Tochterunternehmen in jedem Quartal einen Steueraufwand in Höhe von (50 T€ · 30 % =) 15 T€ auszuweisen.

---

15 Vgl. *Alvarez, M.*, Unterjährige Erfolgsermittlung nach IFRS, in: PiR, 2. Jg. (2006), S. 222-223; *Hoffmann/Leibfried*, Haufe IFRS-Kommentar, § 37, Tz. 23.
16 Vgl. *Dahlke, J.*, Steuerpositionen im Zwischenabschluss nach IAS 34 – Auswirkungen der Unternehmensteuerreform 2008, in: BB, 62. Jg. (2007), S. 1832-1835.

Wird bspw. aufgrund eines geplanten neutralen Periodenjahresergebnisses (= zu versteuerndes Einkommen) oder durch die Möglichkeit zur Nutzung eventueller Verlustvorträge ein effektiver Steuersatz in Höhe von 0 % erwartet, hätte eine konsequente integrative Betrachtungsweise zur Folge, dass in allen Quartalen – unabhängig von den einzelnen Quartalsergebnissen – weder ein Steueraufwand noch ein Steuerertrag ausgewiesen werden würde. IAS 34.B16 betrachtet in diesem speziellen Fall jedoch jede Zwischenperiode wiederum als eigenständig, legt zur Ermittlung eines Steueraufwands bzw. eines Steuerertrags jede Zwischenperiode isoliert zugrunde und weicht damit von der grundsätzlich integrativen Berücksichtigung von Ertragsteuern gemäß IAS 34.30(c) ab[17].

Eine Definition des Ertragsteueraufwands erfolgt in IAS 34 nicht. Gemäß IAS 12.5 setzen sich die Ertragssteuern aus den tatsächlichen Steuern auf Basis des zu versteuernden Ergebnisses sowie den latenten Steuern zusammen. Latente Steuern entstehen dabei grundsätzlich, wenn der Buchwert eines Vermögenswertes oder einer Schuld in der IFRS-Bilanz (quasi-) zeitlich begrenzt von dem Buchwert in der Steuerbilanz (bilanzorientierte Sichtweise, temporary-Konzept) abweicht[18]. Dabei stimmen die latenten Steuern hinsichtlich ihrer Ergebniswirkung mit der Behandlung des ihnen zugrunde liegenden Geschäftsvorfalls oder Ereignisses überein (IAS 12.57, IAS 12.61). Latente Steuern, denen ergebnisneutrale Geschäftsvorfälle oder Ereignisse zugrunde liegen, spielen für die Ermittlung des effektiven Steuersatzes keine Rolle, da diese auch nicht das prognostizierte Jahresergebnis, das der Ermittlung des effektiven Steuersatzes als Grundlage dient, tangiert haben. Da unabhängig hiervon der nicht-latente Teil des Ertragsteueraufwandes jeder Zwischenperiode auf Basis des prognostizierten Jahresergebnisses zu ermitteln ist, ist konsequenterweise der Buchwertvergleich zur Ermittlung der latenten Steuern ebenfalls auf Basis von prognostizierten Jahreswerten durchzuführen.

Latente Steuern

Bei der Ermittlung des Ertragsteueraufwands bzw. des effektiven Steuersatzes im Rahmen der Zwischenberichterstattung sind ferner auch solche Geschäftsvorfälle zu berücksichtigen, die zu permanenten Differenzen zwischen IFRS-Abschluss und steuerlicher Gewinnermittlung führen. Eine den Ertragsteueraufwand bzw. die effektive Steuerquote erhöhende permanente Differenz entsteht beispielsweise durch die im deutschen Steuerrecht nur zur Hälfte als steuermindernde Betriebsausgabe anerkannte Aufsichtsratsvergütung[19].

---

17 Vgl. hierzu auch *Alvarez, M.*, Unterjährige Erfolgsermittlung nach IFRS, in: PiR, 2. Jg. (2006), S. 223; *Hebestreit*, Beck'sches IFRS-Handbuch, § 42, Tz. 71.
18 Zur Bilanzierung latenter Steuern siehe Kapitel 8 (Ertragsteuern).
19 Vgl. *Loitz, R.*, Quartalsberichterstattung für Ertragsteuern nach IFRS (Teil I), in: DStR, 44. Jg. (2006), S. 389-390.

2.4 Änderung von Bilanzierungs- und Bewertungsmethoden

Im Allgemeinen sind die Bilanzierungs- und Bewertungsmethoden beizubehalten, um die Vergleichbarkeit von (Zwischen-) Abschlüssen sicherzustellen (RK.40; IAS 34.28 i.V.m. IAS 34.16(a)). Zu einer Änderung der Bilanzierungs- und Bewertungsmethoden darf es nur kommen, wenn ein Standard oder eine Interpretation dies verlangt (IAS 8.14(a)) oder der Abschluss dadurch zuverlässigere und relevantere Informationen liefert (IAS 8.14(b)). Grundsätzlich sind Änderungen von Bilanzierungs- und Bewertungsmethoden ergebnisneutral retrospektiv anzuwenden (IAS 34.43 i.V.m. IAS 8.19ff.). Hierzu sind auch – falls vorhanden – die Vergleichswerte früherer Zwischenberichtsperioden des aktuellen Geschäftsjahres sowie die entsprechenden Vorjahreswerte anzupassen (IAS 34.43)[20].

3 Zwischenberichterstattungspflicht in Deutschland

Nationale Anforderungen an die unterjährige Unternehmenspublizität

Die Zwischenberichterstattung ist in Deutschland ausschließlich kapitalmarktrechtlich geregelt; sie war früher rudimentär im § 40 BörsG i.V.m. §§ 53-62 BörsZulV festgelegt[21]. Mit der Umsetzung der EG-Richtlinie vom 15.12.2004 „zur Harmonisierung der Transparenzanforderungen" (TranspRL) in nationales Recht durch die Verabschiedung des Transparenz-Umsetzungsgesetzes (TUG) haben das BörsG sowie die BörsenZulV für die Zwischenberichterstattung ihre Bedeutung verloren. Stattdessen wurden durch das TUG die Vorschriften zur Zwischenberichterstattung ausgeweitet und das Wertpapierhandelsgesetz u.a. um den § 37w (Halbjahresfinanzbericht) und den § 37x (Zwischenmitteilung der Geschäftsführung) ergänzt.

WpHG, IAS 34 und DRS 16

Die nationalen Anforderungen an die unterjährige Unternehmenspublizität durch das WpHG gehen teilweise über die Inhalte eines Zwischenberichts nach IAS 34 hinaus. Dennoch sind die nationalen Vorgaben auch von Unternehmen, die gemäß IAS-Verordnung der EU oder § 315a HGB nach IFRS bilanzieren, zu berücksichtigen. In diesem Zusammenhang ist neben der Zwischenmitteilung der Geschäftsführung insbesondere der Zwischenlagebericht zu erwähnen. Diesen Konflikt löst der DRS 16, der auch für Unternehmen, die ihren Konzernabschluss nach IFRS aufstellen, einschlägig ist. Für diese Unternehmen schließt er nur die Anwendung der Tz. 15-33 (Zwischenabschluss) aus. Über die Anforde-

---

20 Zur grundsätzlichen Behandlung von Änderungen der Bilanzierungs- und Bewertungsmethoden siehe Kapitel 26.
21 Zur grundsätzlichen Bedeutung der Unternehmenspublizität einschließlich Ad-hoc-Publizität und Zwischenberichterstattung siehe Kapitel 31.

rungen des WpHG hinausgehend, verlangt der DRS 16 im Rahmen des Zwischenlageberichtes, wesentliche Veränderungen der Prognosen bzw. sonstiger Aussagen zur voraussichtlichen Entwicklung seit dem letzten Konzernlagebericht zu benennen. Ferner konkretisiert DRS 16 bspw. die Anforderungen an eine Zwischenmitteilung der Geschäftsführung sowie die Befreiung hiervon durch die Veröffentlichung von Quartalsfinanzberichten.

4 Wesentliche Unterschiede zu US-GAAP

Neben der SEC mit der dort einzureichenden Quartalsberichterstattung auf Form 10-Q hat zusätzlich die Vorgängerorganisation des FASB, das Accounting Principles Board (APB), mit der heute noch gültigen APB Opinon No. 28 „Interim Financial Reporting" Regelungen zur Zwischenberichterstattung erlassen, die von börsennotierten Unternehmen ergänzend zu beachten sind. Hinsichtlich der unterjährigen Erfolgsermittlung folgt APB Opinion No. 28 dabei eher dem integrativen Ansatz, wenn auch hier grundsätzlich dieselben Bilanzierungs- und Bewertungsmethoden anzuwenden sind wie auch im Abschluss des letzten Geschäftsjahres. Jedoch werden im Rahmen der Zwischenberichterstattung Anpassungen als notwendig erachtet, um eine zutreffende Einschätzung der Ergebnisse einer Zwischenberichtsperiode in Relation zum Geschäftsjahresergebnis sicherzustellen (APB 28.10). Die im Mittelpunkt stehende Prognosefunktion der Zwischenberichterstattung wird beispielsweise durch die Abgrenzung von jährlichen Reparatur- oder Wartungsarbeiten deutlich. Gemäß dem Beispiel aus APB 28.16(a) erfolgt eine Glättung der Aufwendungen, indem diese durch entsprechende Abgrenzungen verursachungsgerecht auf die betroffenen Zwischenberichtsperioden verteilt werden. Ähnlich sind Werbeaufwendungen einer Zwischenberichtsperiode zu behandeln, deren Nutzen sich über die entsprechende Zwischenperiode hinaus entfaltet (APB 28.16(d)). Entgegen einer idealtypischen integrativen Vorgehensweise werden saisonale Erträge jedoch nicht abgegrenzt. Vielmehr sollen Erläuterungen zu den saisonalen Schwankungen die Prognose des Jahresergebnisses gewährleisten (APB 28.18).

Form 10-Q

Bilanzierungs- und Bewertungsmethoden

Ausgewählte Literatur

Alvarez, M., Unterjährige Erfolgsermittlung nach IFRS, in: PiR, 2. Jg. (2006), S. 220-228.

Alvarez, M./Wotschofsky, S., Zwischenberichtspublizität: Unterjährige Erfolgsabgrenzung, in: FB, 2. Jg. (2000), S. 35-43.

Alvarez, M./Wotschofsky, S., Zwischenberichterstattung nach Börsenrecht/DRS, IAS und US-GAAP, 2. Aufl., Berlin 2003.

Dahlke, J., Steuerpositionen im Zwischenabschluss nach IAS 34 – Auswirkungen der Unternehmensteuerreform 2008, in: BB, 62. Jg. (2007), S. 1831-1838.

Kopatschek, M., IFRIC 10 – Zwischenberichterstattung und Impairment, in: WPg, 59. Jg. (2006), S. 1504-1507.

Übungsaufgaben

Aufgabe 1:
a) Nehmen Sie Stellung zu folgender Aussage: „Die IFRS verpflichten zur Zwischenberichterstattung gemäß IAS 34!"
b) Nennen Sie die Mindestbestandteile eines Zwischenberichts nach IAS 34.
c) Inwiefern unterscheiden sich verkürzte Abschlussbestandteile von vollständigen Abschlussbestandteilen?

Aufgabe 2:
Welche Vergleichsangaben sind für die jeweiligen Abschlussbestandteile bei einem Quartalsabschluss zum 30.09.2007 zu machen, wenn das Geschäftsjahr des berichtenden Unternehmens dem Kalenderjahr entspricht?

Aufgabe 3:
Im Rahmen der unterjährigen Erfolgsermittlung lässt sich zwischen eigenständigem, integrativem sowie kombiniertem Ansatz unterscheiden.
a) Welche Zielsetzung verfolgen die jeweiligen Ansätze?
b) Ordnen Sie die unterjährige Ergebnisermittlung nach IAS 34 einem Ansatz zu. Begründen Sie Ihre Wahl!

Aufgabe 4:

Ermitteln Sie auf Basis folgender Angaben für das erste bis vierte Quartal 2007 den geschätzten jährlichen Effektivsteuersatz sowie die sich daraus ergebende Steuerquote pro Quartal.

	Q1	Q2	Q3	Q4
Erwartetes Jahresergebnis vor Steuern	100 T€	110 T€	90 T€	100 T€
Quartalsergebnis IFRS vor Steuern	25 T€	30 T€	10 T€	35 T€
erwartete neue temporäre bilanzielle Differenz zum Jahresende; Ursache: eine Rückstellung wird steuerrechtlich nicht anerkannt.	4 T€	4 T€	5 T€	5 T€
erwartete permanente bilanzielle Differenz zum Jahresende, da die AR-Vergütung 2007 steuerrechtlich nur hälftig abzugsfähig ist.	2 T€	2 T€	4 T€	4 T€
zu berücksichtigender kombinierter Ertragsteuersatz	40 %	30 %	30 %	30 %

Kapitel 31
Unternehmenspublizität

1 Begriff und Bedeutung der Unternehmenspublizität 918
   Exkurs: Gesellschaftsrechtliche vs. kapitalmarktrechtliche Publizität 920
2 System der Unternehmenspublizität 924
3 Unternehmenspublizität in Deutschland 926
   3.1 Besonderheiten des deutschen Publizitätssystems 926
   3.2 Emissionspublizität 928
   3.3 Jahresberichterstattung 930
   3.4 Zwischenberichterstattung 932
   3.5 Ad-hoc-Publizität 933
   Exkurs: US-Publizitätssystem und SEC-Berichterstattung 934
4 Lageberichterstattung und Management Commentary des IASB 937
   4.1 HGB-Konzernlageberichterstattung 937
   4.2 Management Commentary des IASB 939
5 Harmonisierung der Publizität 940

Ausgewählte Literatur 944

Übungsaufgaben 944

Unternehmen veröffentlichen eine Fülle von Informationen, von denen sich nur ein Teil auf Rechnungslegungsdaten bezieht. So stellt z.B. die Deutsche Telekom AG auf ihrer Homepage nicht nur den Jahresabschluss der letzten Jahre zum Download bereit. Dort finden sich u.a. auch ganze Geschäftsberichte, Zwischenberichte, Börsenzulassungsprospekte sowie Ad-hoc-Mitteilungen. Allein der Geschäftsbericht 2006 umfasst dabei über 200 Seiten. Neben dem (klassischen) Geschäftsbericht veröffentlicht die Deutsche Telekom mit Form 20-F gleichzeitig einen noch umfangreicheren Jahresbericht, der für dasselbe Jahr etwa 368 eng beschriebene Textseiten in englischer Sprache umfasst.

Schon an dieser Stelle werden Sie sich vielleicht fragen, was sich denn überhaupt hinter Form 20-F oder auch Börsenzulassungsprospekten und Ad-hoc-Mitteilungen verbirgt. Fraglich ist möglicherweise auch, ob das Management der Deutsche Telekom AG diese Informationen freiwillig der Öffentlichkeit zur Verfügung stellt oder ob es durch bestimmte Regulierungen dazu gezwungen ist. Spielt hier möglicherweise eine Rolle, dass die Telekom-Aktie auch außerhalb Deutschlands, in New York und Tokio gehandelt wird? Und was ist der Grund dafür, dass die Deutsche Telekom anders als so manches andere deutsche Unternehmen nicht nur Halbjahresberichte, sondern Quartalsberichte als Zwischenberichte veröffentlicht?

Um diese Fragen zu beantworten, sollen Sie im Folgenden lernen,
- welche Bedeutung die Unternehmenspublizität hat und was sich hinter diesem Begriff verbirgt,
- welche Informationen deutsche Unternehmen aufgrund welcher Vorschriften wann veröffentlichen müssen, und
- welche Anstrengungen unternommen werden, die nationalen Publizitätsvorschriften international zu harmonisieren.

1 Begriff und Bedeutung der Unternehmenspublizität

IFRS-Rechnungslegung als Teilmenge eines umfassenderen Publizitätssystems

Die informationsorientierte Rechnungslegung nach IFRS liefe zwangsläufig ins Leere, wenn die hier generierten Rechnungslegungsdaten nicht veröffentlicht würden. Dennoch sucht man in den Standards des IASB vergebens nach entsprechenden Vorschriften. Nur der Informationsinhalt und -umfang eines IFRS-Abschlusses wird hier festgelegt. Angaben zu einem Lagebericht o.ä. fehlen weitgehend. Auch bleibt die Frage offen, von wem ein IFRS-Abschluss überhaupt zu erstellen und ob, wann und wie er zu veröffentlichen ist. Hier greift regelmäßig nationales oder internationales Gesetzes- oder Verordnungsrecht. Auch privatvertragliche Vereinbarungen z.B. mit den Börsen sind von Relevanz, wenn die Emittenten der dort gehandelten Wertpapiere weitere Offenlegungsvorschriften zu beachten haben. Innerhalb dieser Gesetze, Verordnungen oder

Vereinbarungen wird dann z.B. auch die Publizität eines Konzernabschlusses nach IFRS verlangt.

Die allgemein zugängliche Bekanntmachung von Unternehmensinformationen wird hier als Unternehmenspublizität bezeichnet. Unternehmensinformationen gehen dabei über reine Rechnungslegungsdaten hinaus und umfassen sämtliche (Selbst-)Darstellungen des Unternehmens nach außen. Entscheidend ist dabei nicht die tatsächliche Kenntnisnahme der Unternehmensinformation, sondern die sich jedem eröffnende Möglichkeit, von ihr Kenntnis zu nehmen.

Begriff der Unternehmenspublizität

- Auf der Internet-Homepage stellt ein Unternehmen seinen Jahresabschluss zum Download bereit.
- Die Einladung zur Hauptversammlung wird in einem (überregionalen) Börsenpflichtblatt veröffentlicht.
- Die Gründung einer Gesellschaft wird in das Handelsregister eingetragen. Die Einsicht in das Handelsregister ist jedem gemäß § 9 Abs. 1 HGB zu Informationszwecken gestattet.
- Eine Unternehmensveröffentlichung nach dem Wertpapierhandelsgesetz (WpHG) wird im elektronischen Bundesanzeiger veröffentlicht und ist gemäß § 8b Abs. 2 Nr. 7 HGB im elektronischen Unternehmensregister über das Internet zugänglich.

Beispiel 31.1

Die Unternehmenspublizität ist von derselben ordnungspolitischen Vorstellung getragen, die auch der informationsorientierten Rechnungslegung zugrunde liegt. Mehr noch, aus dem Bemühen, einen Teil der Unternehmenspublizität zu quantifizieren und zu standardisieren, ist letztlich erst die informationsorientierte Rechnungslegung entstanden. Für Rechnungslegungsdaten gilt dabei dasselbe wie für alle sonstigen Inhalte der Unternehmenspublizität: Sie dienen der Reduktion einer asymmetrischen Informationsverteilung zwischen den besser informierten Unternehmens"insidern", insbesondere den Managern, und den schlechter informierten externen Unternehmensbeteiligten. Letztere sind regelmäßig „Schutzgut" gesetzlicher Publizitätsvorschriften. Geschützt werden sie durch entsprechende Unternehmensinformationen, die sie in die Lage versetzen sollen, ihr aktuelles oder potentielles vertragliches Engagement mit dem Unternehmen zu überprüfen.

Ordnungspolitische Vorstellung

Gesetzliche Publizitätsvorschriften finden sich insbesondere im Gesellschaftsrecht und im Kapitalmarktrecht. Gesellschaftsrechtliche Publizitätsvorschriften sind Bestandteil der rechtsformorientierten Unternehmensverfassungen und müssen deshalb von allen Unternehmen in Abhängigkeit von ihrer Rechtsform beachtet werden.

Gesellschaftsrechtliche Publizitätsvorschriften

Eine nach deutschem Handelsrecht gegründete OHG muss in das Handelsregister eingetragen werden (§§ 105, 106 HGB), um jedem interessierten Geschäftspartner die Chance zu geben, sich über die Rechtssituation und Gesellschafter der OHG zu informieren. Auch wenn ein Prokurist die OHG im Ge-

Beispiel 31.2

schäftsverkehr nach außen vertritt, ist der jeweilige Geschäftspartner in der Lage, sich über diese Vertretungsbefugnis im Handelsregister zu informieren (§ 53 HGB).

Ähnliche Publizitätspflichten gelten auch für die anderen Rechtsformen. Hierbei kann allerdings im Grundsatz festgehalten werden, dass die Rechtsformen mit einer Haftungsbeschränkung stärker von Publizitätspflichten betroffen sind. Dies gilt insbesondere für Kapitalgesellschaften (AG, GmbH, KGaA), deren Geschäftspartner nicht darauf vertrauen können, dass eine natürliche Person als persönlich haftender Gesellschafter mit seinem vollständigen Betriebs- und Privatvermögen für sämtliche Risiken „gerade steht". Soweit alle Einlagen der Gesellschafter geleistet wurden, haftet hier nur die Kapitalgesellschaft als juristische Person mit ihrem Vermögen für sämtliche Unternehmensschulden. Um dieser Haftungsbeschränkung zu begegnen, folgt insbesondere das deutsche Gesellschaftsrecht dem Prinzip, Gläubiger über Ausschüttungsregeln zu schützen und Informationen als Korrelat der Haftungsbeschränkung einzufordern. Geschäftspartner bzw. Unternehmensbeteiligte sollen also auch hier über Informationen „geschützt" werden.

Beispiel 31.3 Die Pflicht zur Offenlegung des handelsrechtlichen Einzel- und Konzernabschlusses gemäß §§ 325 bis 329 HGB trifft insbesondere alle Kapitalgesellschaften. Aber auch Mischformen wie die GmbH & Co. KG fallen aufgrund der Tatsache, dass keine natürliche Person als voll haftender Gesellschafter vorhanden ist, unter diese Veröffentlichungspflicht.

Kapitalmarktrechtliche Publizitätsvorschriften Neben die gesellschaftsrechtlichen Vorschriften treten – auch in Deutschland – verstärkt kapitalmarktrechtliche Bestimmungen, die unabhängig von der Rechtsform von solchen Unternehmen zu beachten sind, die einen organisierten Kapitalmarkt in Anspruch nehmen.

Exkurs **Gesellschaftsrechtliche vs. kapitalmarktrechtliche Publizität**
Gesellschaftsrechtliche und kapitalmarktrechtliche Publizitätspflichten zielen im Grundsatz auf unterschiedliche Rechtstatsachen und tendenziell auch auf unterschiedliche Unternehmen. Während gesellschaftsrechtliche Publizitätsbestimmungen mehr auf Rechtsformen und hier insbesondere auf Kapitalgesellschaften zielen, abstrahieren kapitalmarktrechtliche Publizitätspflichten von der Rechtsform und stellen allein den Kapitalmarktzugang in den Vordergrund. In der Regel dürften hier – gerade bei großen, international agierenden Unternehmen – Überschneidungen existieren, wenn z.B. eine Kapitalgesellschaft auch gleichermaßen den Kapitalmarkt als Emittent von Eigen- und Fremdkapitaltiteln in Anspruch nimmt und insofern von beiden Rechtsbereichen betroffen wird. Es existieren aber auch nicht kapitalmarktorientierte Kapitalgesellschaften, die nur gesellschaftsrechtlichen Pflichten unterliegen. Selten, aber ebenfalls möglich, erscheint der Fall einer kapitalmarktorientier-

ten Personenhandelsgesellschaft (z.B. OHG als Emittent einer börsengehandelten Anleihe), die insofern – mangels Haftungsbeschränkung – weniger für gesellschaftsrechtliche, sondern mehr für kapitalmarktrechtliche Publizitätspflichten infrage kommt.

		Kapitalgesellschaften und Genossenschaften		Personengesellschaften		Einzelkaufleute
		AG, KGaA	GmbH, Genossenschaften	ohne natürliche Person als Vollhafter	mit natürlicher Person als Vollhafter	
kapitalmarktorientiert	Aktien bzw. Aktien u. Schuldtitel	börsennotierte Kapitalgesellschaften		– nicht möglich –		
	Schuldtitel	kapitalmarktorientierte, aber nicht börsennotierte Kapitalgesellschaften und aufgrund der Rechtsform gleichgestellte Gesellschaften		kapitalmarktorientierte Nicht-Kapitalgesellschaften		
Nicht kapitalmarktorientiert		nicht kapitalmarktorientierte Kapitalgesellschaften und aufgrund der Rechtsform gleichgestellte Gesellschaften		nicht kapitalmarktorientierte Nicht-Kapitalgesellschaften		

Abb. 31.1: Zusammenhang von Rechtsform und Kapitalmarktorientierung

Nach einer Studie von *Burger* aus dem Jahre 2006 konnten insgesamt ca. 1.000 Gesellschaften in Deutschland als kapitalmarktorientiert eingestuft werden, weil sie Aktien- und/oder Schuldtitel emittiert haben. Etwa 170 dieser Gesellschaften haben ausschließlich Schuldtitel emittiert. Von allen kapitalmarktorientierten Gesellschaften fallen etwa 750 unmittelbar unter den Anwendungsbereich der EU-Verordnung, die sie zur Erstellung von IFRS-Konzernabschlüssen verpflichtet[1].

Das traditionelle deutsche System der Rechnungslegungspublizität war lange Zeit stärker gesellschaftsrechtlich als kapitalmarktrechtlich geprägt. Insofern herrscht in Deutschland oft implizit die Vorstellung, Publizitätspflichten, selbst wenn sie die IFRS-Rechnungslegung zum Inhalt haben, allen Kapitalgesellschaften vorzuschreiben. Das Rechnungslegungssystem der IFRS ist, historisch gesehen, aber mehr vor dem Hintergrund des kapitalmarktrechtlichen Schutzgedankens entwickelt worden. Dies zeigt sich z.B. darin, dass bestimmte Standards eher den Bedürfnissen kapitalmarktorientierter Unterneh-

---

1 Vgl. *Burger, A,.* Kapitalmarktorientierung in Deutschland, Aktualisierung der Studien aus den Jahren 2003 und 2004 vor dem Hintergrund der Änderungen der Rechnungslegung von Emittenten, in: KoR, 6. Jg. (2006), S. 113-122.

men dienen als denen mittelständischer (nicht kapitalmarktorientierter) Unternehmen. Ferner spielen die Investoren als Adressaten dieser Rechnungslegung im Rahmenkonzept immer noch eine hervorgehobene Rolle. Durch die Übernahme eines derartigen Rechnungslegungssystems in das gesellschaftsrechtliche deutsche Publizitätssystem – sei es früher durch § 292a HGB oder ab 2005 durch die entsprechende EU-Verordnung und deren Umsetzung in das deutsche Recht über das BilReG – sind gewisse Konfusionen offenkundig. Diese äußern sich insbesondere darin, dass das IFRS-System nun auch nicht kapitalmarktorientierten Unternehmen oktroyiert wird, obwohl diese zumindest nicht originär im Fokus der eher kapitalmarktorientierten IFRS standen. Aktuelle Bestrebungen des IASB, die IFRS auf ihre Anwendbarkeit für kleine und mittlere Unternehmen (small and medium-sized entities, SME) zu untersuchen, können hier künftig möglicherweise Abhilfe schaffen.

Weitere Konfusionen aus der Integration der IFRS in ein gesellschaftsrechtliches System, das bisher auch andere Zwecke, z.B. Ausschüttungszwecke, an veröffentlichte Rechnungslegungsdaten von Kapitalgesellschaften gekoppelt hat, seien hier ebenso wie mögliche Wechselwirkungen mit dem Steuerrecht nur angedeutet.

Kapitalmarktrechtlicher Schutzgedanke

Auch kapitalmarktrechtliche Publizitätspflichten werden von einem Schutzgedanken getragen. Es herrscht die Überzeugung, dass insbesondere der Schutz der anonymen, kleinen Kapitalmarktteilnehmer und damit die Funktionsfähigkeit der Kapitalmärkte über eine weit reichende Informationsversorgung sichergestellt werden müsse. Diese Überzeugung ist erstmalig wohl vom US-amerikanischen Regulierer insbesondere nach der Weltwirtschaftskrise Anfang der 1930er Jahre formuliert worden und in das dort entstandene Kapitalmarktrecht auf Bundesebene eingeflossen (Securities Act 1933, Securities Exchange Act 1934). Letztlich hat dies auch zur Entstehung des umfangreichen US-amerikanischen Publizitätssystems und insofern zu dem heute herrschenden US-GAAP-System geführt. Inzwischen hat sich diese Überzeugung – möglicherweise durch die Dominanz US-amerikanischer Kapitalmärkte und vom Druck der dortigen Börsenaufsicht gefördert – auch in der EU und in Deutschland durchgesetzt, wie die in den letzten Jahren deutlich zunehmende Fülle kapitalmarktrechtlicher Publizitätspflichten zeigt.

Um dem kapitalmarktrechtlichen Schutzgedanken zu entsprechen, sind den aktuellen und potentiellen Investoren geeignete Informationen zur Verfügung zu stellen. Geeignet sind diejenigen Informationen, die diese für ihre (Des-)Investitionsentscheidung benötigen. Darunter fallen nicht nur Rechnungslegungsdaten, die auf der Basis eines Rechnungslegungssystems ermittelt werden, das sich – wie die IFRS – ausschließlich der entscheidungsrelevanten Information ihrer Adressaten verschrieben hat. Auch sonstige, darüber hinausgehende Informationen sind erforderlich, damit die Kapitalmarktteilnehmer frühzeitig und in einer möglichst verständlichen Form über alle relevanten Informationen verfügen können.

Die Wirkungsweise einer Kapitalmarktinformation sei an dem idealisierten Aktienkurs einer börsennotierten Gesellschaft verdeutlicht (vgl. Abbildung 31.2). Zum Zeitpunkt t_1 verpflichtet diese Gesellschaft einen neuen Vorstandsvorsitzenden, der in der Branche den Ruf des „harten Sanierers" hat. Er soll künftig insbesondere dafür verantwortlich sein, die aus dem Ruder laufenden Kosten deutlich zu reduzieren.

Beispiel 31.4

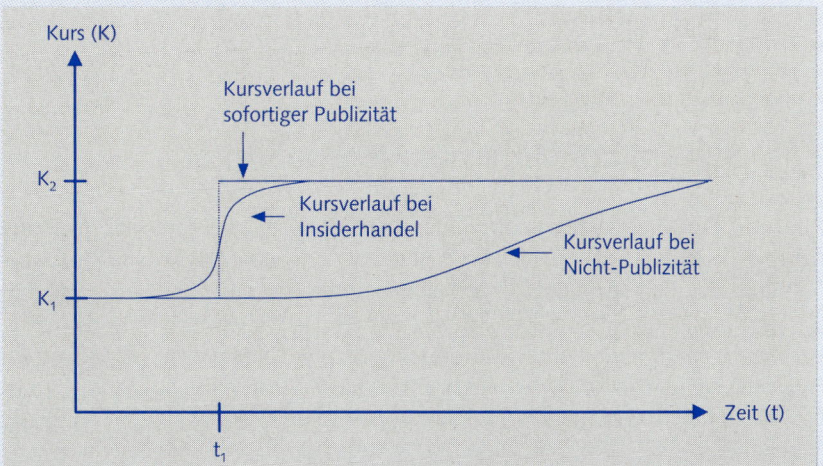

Abb. 31.2: Wirkungsweise von Kapitalmarktinformationen

Für aktuelle wie auch potentielle Aktionäre dieser Gesellschaft ist dies eine wichtige und somit entscheidungsrelevante Information. Schließlich verspricht das Kostensenkungsprogramm unter dem neuen Vorsitzenden mit hoher Wahrscheinlichkeit höhere künftige Periodenergebnisse, Dividenden und natürlich auch einen gesteigerten Unternehmenswert. Allerdings müssen die Aktionäre diese Information erst einmal besitzen. Mehrere Szenarien sind hier vorstellbar:
- Die Aktionäre werden nicht offiziell informiert. Erst nach und nach „sickert" diese Information an den Markt. Der Aktienkurs nähert sich eher langsam dem neuen höheren Niveau (K_2) an.
- Die Aktionäre werden nicht offiziell informiert. Unternehmens"insider", die um die wertsteigernde Information wissen, kaufen aber intensiv Aktien des eigenen Unternehmens (Insiderhandel). Der Kurs der Aktie steigt schneller. Letztlich hat damit auch der Insiderhandel eine „Informationsweitergabefunktion". Diese wird allerdings häufig als „ungerecht" kritisiert, weil davon nur wenige profitieren.
- Die Aktionäre werden über eine offizielle Ad-hoc-Mitteilung informiert. Der Kurs der Aktie springt von dem ursprünglichen Niveau (K_1) auf das neue Niveau (K_2). Je effizienter der Markt, desto schneller geschieht dies.

Die Absicht, sämtliche entscheidungsrelevanten Informationen zur Verfügung zu stellen, führt dazu, dass kapitalmarktrechtliche Publizitätspflichten tendenziell umfangreicher sind als ihr gesellschaftsrechtliches Pendant. Da die Entscheidungsrelevanz der Daten mit der Zeit abnimmt, sind diese Publizitätspflichten meist auch zeitnäher ausgestaltet und kommen öfters – sei es regelmäßig oder auch unregelmäßig – zum Tragen. Um sämtliche Kapitalmarktteilnehmer zu erreichen, werden dabei Veröffentlichungsmedien mit großer Breitenwirkung vorgeschrieben.

2 System der Unternehmenspublizität

Systematisierung der Unternehmenspublizität

Folgende Fragen erlauben eine weitergehende Differenzierung der Unternehmenspublizität:
- Warum werden bestimmte Unternehmensinformationen publiziert (Grund der Veröffentlichung)?
- Wann werden Unternehmensinformationen publiziert und welchen Zeitraum decken sie jeweils ab (Zeitpunkt und -raum der Veröffentlichung)?
- Welche Unternehmensinformationen werden publiziert (Inhalt der Veröffentlichung)?

Dementsprechend kann die Unternehmenspublizität wie folgt systematisiert werden (31.3).

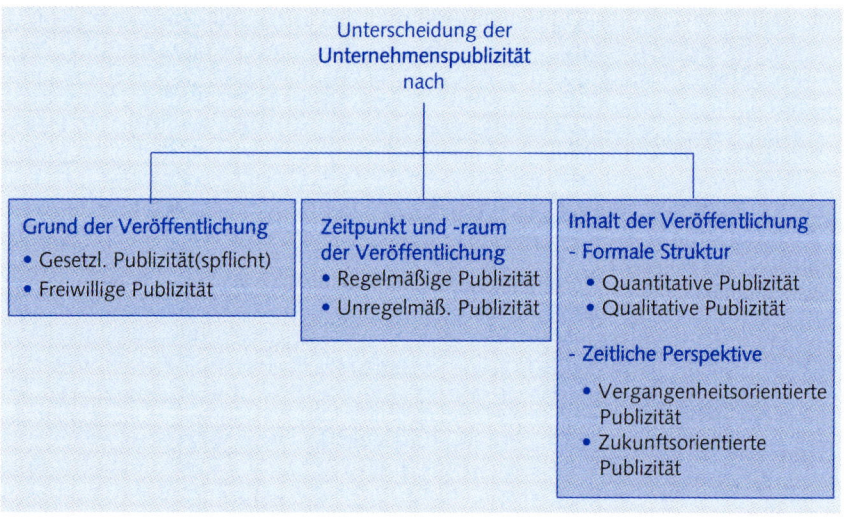

Abb. 31.3: Systematisierung der Unternehmenspublizität

Die Veröffentlichung von Unternehmensinformationen folgt entweder betriebswirtschaftlichem Kalkül (z.B. Investor- oder Customer-Relations-Maßnahmen) oder wird gesetzlich erzwungen. Vor diesem Hintergrund kann die *freiwillige* von der *gesetzlichen* Publizität abgegrenzt werden. Die freiwillige Publizität, zu der sich die Unternehmensleitung u.a. auch in privatvertraglichen Vereinbarungen, wie z.B. Kreditverträgen, verpflichtet, wird an dieser Stelle nicht weiter verfolgt. Zudem ist die Grenze fließend. So sind z.B. privatvertragliche Börsenbedingungen, denen sich die Emittenten der an dieser Börse gehandelten Wertpapiere unterwerfen müssen, in ihrem kollektivvertraglichen Zwangscharakter einem Gesetz durchaus ähnlich. Im Vordergrund steht hier dennoch der gesetzlich erzwungene Teil der Unternehmenspublizität.

Grund der Veröffentlichung

Publizitätspflichten lassen sich hinsichtlich des Zeitpunktes der jeweiligen Veröffentlichung sowie des Zeitraums der Berichterstattung in *regelmäßige* und *unregelmäßige* Publizität differenzieren. Regelmäßige Publizitätspflichten existieren für Jahres-, Halbjahres- und/oder Quartalsabschlüsse und schreiben den betroffenen Unternehmen damit eine sich im Zeitablauf in immer gleichen Abschnitten meist unter Beachtung bestimmter Fristen wiederholende Offenlegung vor. Unregelmäßige Publizitätspflichten sind dahingegen an bestimmte, mehr oder weniger konkretisierte Ereignisse geknüpft. Von kapitalmarktrechtlicher Seite können hier z.B. die Offenlegungspflichten im Rahmen einer Wertpapieremission genannt werden. Unregelmäßig greift auch die Ad-hoc-Publizität, nach der kapitalmarktorientierte Unternehmen unverzüglich bestimmte, für die Kapitalmarktteilnehmer als wichtig erachtete Informationen veröffentlichen müssen.

Zeitpunkt und -raum der Veröffentlichung

Wird die Unternehmenspublizität nach dem Inhalt der veröffentlichten Informationen differenziert, sind zwei Unterscheidungsebenen möglich. So können die Informationen einerseits nach ihrer formalen Struktur in *quantitative* oder *qualitative* Daten unterteilt werden. Die quantitative Publizität erfasst insbesondere die Rechenwerke der Rechnungslegung und damit Bilanz, Erfolgsrechnung (einschließlich Gewinn je Aktie), Kapitalflussrechnung sowie Eigenkapitalveränderungsrechnung. Darunter können auch Teile der Anhangangaben subsumiert werden, soweit sie weitere quantitative Daten wie z.B. die Segmentberichterstattung betreffen. Auch außerhalb der Abschlussbestandteile sind quantitative Daten z.B. in Form von Rendite-Kennzahlen, Gehaltsinformationen oder statistischen Zahlen zu Arbeitnehmern, Aktionären, Produkten, Produktionsanlagen etc. denkbar. Alle sonstigen Informationen sind zwangsläufig qualitativ. Darunter fallen z.B. verbale Beschreibungen des Geschäftsverlaufs, Absichtsbekundungen oder auch die rechnungslegungsbezogenen verbalen Erläuterungen in den Anhangangaben. Die Grenze zwischen quantitativen und qualitativen Daten ist jedoch fließend.

Inhalt der Veröffentlichung: formale Struktur

Unternehmensinformationen können aber auch hinsichtlich ihrer zeitlichen Perspektive in *vergangenheits-* sowie *zukunftsorientierte* Informationen unterteilt werden. Während in der Rechnungslegung überwiegend vergangene Perioden abgebildet und Aussagen über künftige Entwicklungen nur indirekt zugelassen werden, ist der Anteil zukunftsorientierter Informationen außerhalb der

Zeitliche Perspektive

Rechnungslegung sehr viel höher. Meist werden diese Informationen – gerade wenn sie qualitativer Natur sind – als „soft" eingestuft, da sie sich weitgehend der intersubjektiven Nachprüfbarkeit entziehen. Dahinter verbergen sich subjektive Schätz-, Bewertungs- oder Prognosedaten des besser informierten Managements, die für die Unternehmensbeteiligten aber durchaus Entscheidungsrelevanz besitzen können.

3 Unternehmenspublizität in Deutschland

In den folgenden Ausführungen soll das System der Publizitätspflichten vorgestellt werden, innerhalb dessen auch Rechnungslegungsdaten veröffentlicht werden. Da die Publizitätspflichten gesellschafts- und insbesondere kapitalmarktrechtlich fundiert sind und überwiegend noch nationalen Rechtsordnungen entspringen, wird hier primär aus deutscher Perspektive berichtet. Dabei orientiert sich diese Darstellung, nach einer einführenden Erläuterung nationaler Besonderheiten, an der zeitpunkt- bzw. zeitraumbezogenen Unterscheidung in

- Emissionspublizität (unregelmäßige Publizitätspflicht),
- Jahresberichterstattung (regelmäßige Publizitätspflicht),
- Quartalsberichterstattung (regelmäßige Publizitätspflicht) und
- Ad-hoc-Publizität (unregelmäßige Publizitätspflicht).

3.1 Besonderheiten des deutschen Publizitätssystems

Traditionelle Dominanz des Gesellschaftsrechts

Die deutsche Rechtstradition im Bereich der Unternehmenspublizität ist eher gesellschaftsrechtlich geprägt. Publizitätspflichten orientieren sich regelmäßig an der Rechtsform des Unternehmens. Die aktuellen Gesellschafter genießen hier gleichberechtigt neben anderen Unternehmensbeteiligten, wie z.B. Gläubigern und Arbeitnehmern, gesellschaftsrechtlich normierten Schutz. Potentielle Kapitalgeber, die sich noch in einem Entscheidungsprozess über ihre Unternehmensbeteiligung befinden, werden gesellschaftsrechtlich weitgehend ignoriert, so dass im deutschen Gesellschaftsrecht eher von Gesellschafterschutz und nicht von Anlegerschutz zu sprechen ist. Während in den USA ein umfangreiches und komplexes kapitalmarktrechtliches System von Gesetzen und Vorschriften zum Schutz der Anleger und des Kapitalmarkts existiert, gehört das Anlegerschutzrecht in Deutschland zu einem vergleichsweise jungen Rechtsgebiet. Noch vor wenigen Jahrzehnten gab es in Deutschland nur ein Kapitalmarktrecht „in statu nascendi"[2].

---

2 *Hopt, K. J.*, Vom Aktien- und Börsenrecht zum Kapitalmarktrecht, in: ZHR, Bd. 141 (1977), S. 431.

Erst seit Ende des 20. Jahrhunderts hat sich diese gesellschaftsrechtliche Dominanz in der deutschen Rechtsordnung unter dem Eindruck zunehmend verknappter (Eigen-)Kapitalressourcen, international agierender deutscher Unternehmen („global player"), integrierter Kapitalmärkte und einer immer stärkeren Rechtsangleichung abgeschwächt. Auf Ebene der EU und auch in Deutschland ist in relativ kurzer Zeit ein Kapitalmarktrecht entstanden, das sich zunehmend dem US-amerikanischen Pendant annähert. Zu nennen ist hier insbesondere die Serie verschiedener Gesetze, die eine Fülle von EU-Richtlinien in nationales Recht transformierte und Publizitätspflichten ausschließlich für börsennotierte Unternehmen schuf. Neben der schon länger existierenden Verpflichtung zur Erstellung eines Wertpapierprospektes zur Zulassung zum Börsenhandel und den jährlichen Offenlegungspflichten traten im Zuge der Novellierung des Börsengesetzes 1987 die halbjährliche Zwischenberichterstattung sowie die Ad-hoc-Publizität hinzu. Letztere ist inzwischen aus dem Börsengesetz herausgelöst und in weitgehend identischer Form in das Wertpapierhandelsgesetz integriert worden. Mit dem gleichen Gesetz wurden in Annäherung an die weit reichenden angloamerikanischen Publizitätsvorschriften bei Unternehmenskäufen und -übernahmen auch Mitteilungs- und Veröffentlichungspflichten in Abhängigkeit von wesentlichen Änderungen in der Anteilseignerstruktur börsennotierter Gesellschaften geschaffen. Im Zuge der Umsetzung der EG-Transparenzrichtlinie durch das Transparenzrichtlinie-Umsetzungsgesetz (TUG) wurden überdies weitere Informationspflichten von Emittenten an organisierten Märkten vom Börsengesetz und der Börsenzulassungsverordnung in das Wertpapierhandelsgesetz verschoben. Hiermit verbunden ist auch ein Wechsel der Aufsichtszuständigkeit von den jeweiligen Zulassungsstellen der Börsen hin zur Bundesanstalt für Finanzdienstleistungsaufsicht (BaFin). Weitere Publizitätspflichten finden sich auf der Ebene der Börsenordnungen. Darin werden zusätzliche Anforderungen an diejenigen Emittenten gestellt, deren Wertpapiere in dem 2003 neu etablierten Prime Standard zugelassen sind. Im General Standard gelten indes die gesetzlichen (Mindest-)Standards.

Aufkommendes Kapitalmarktrecht

Gesellschaftsrechtliche Publizitätspflichten orientieren sich weniger an der Kapitalmarktorientierung (Inanspruchnahme eines organisierten Marktes i.S.d. § 2 Abs. 5 WpHG durch Wertpapiere i.S.d. § 2 Abs. 1 WpHG). Stattdessen stehen hier primär Rechtsform, Größe und Tätigkeitsbereich eines Unternehmens im Vordergrund. So differenziert das deutsche Handelsrecht bei den in §§ 325-328 HGB kodifizierten Offenlegungspflichten für den Jahresabschluss und Lagebericht vor allem hinsichtlich der Rechtsform und Unternehmensgröße. Umfassende Publizitätsanforderungen werden hier über die Haftungsbegrenzung auf das Gesellschaftsvermögen gerechtfertigt und gelten deshalb folgerichtig für alle Kapitalgesellschaften (AG, KGaA, GmbH) und Personengesellschaften, bei denen juristische Personen als Vollhafter engagiert sind (insb. GmbH & Co. KG). Hinsichtlich der Börsennotierung bzw. Kapitalmarktorientierung eines Unternehmens wird im HGB nur wenig differenziert (z.B. § 267 Abs. 3 Satz 2 HGB, § 293 Abs. 5 HGB). Die Differenzierung der Publizitäts-

Charakter gesellschaftsrechtlicher Publizitätspflichten

pflicht hinsichtlich Rechtsform und Unternehmensgröße setzt sich auch in §§ 9, 15 PublG fort. Nichtkapitalgesellschaften werden unabhängig von ihrer Rechtsform bei Erreichen bestimmter Größenkriterien auf die Stufe einer großen Kapitalgesellschaft gestellt und zum gleichen Offenlegungsumfang verpflichtet. Weitere rechtsformabhängige Publizitätspflichten existieren gemäß § 339 HGB für eingetragene Genossenschaften. Tätigkeitsbedingte Publizitätspflichten bestehen u.a. für Banken, Versicherungen und Kapitalanlagegesellschaften (§ 340l HGB; § 26 KWG; § 55 VAG; § 19 KAGG).

Zusammenfassend kann festgehalten werden, dass Unternehmen in Deutschland einem dualen Publizitätssystem folgen. Für nicht kapitalmarktorientierte Unternehmen sind allein gesellschaftsrechtliche Normen maßgebend, während kapitalmarktorientierte Unternehmen gesellschafts- und kapitalmarktrechtliche Regeln zu befolgen haben. Im Publizitätsumfang, in der Publizitätshäufigkeit und in der Höhe der Sanktionen dürfte das kapitalmarktrechtliche System weitreichender sein und die Unternehmenspublizität kapitalmarktorientierter Unternehmen insofern dominieren.

3.2 Emissionspublizität

Wertpapierprospekt

Die Emissionspublizität erfordert in Deutschland, in Abhängigkeit von dem gewählten Marktsegment, einen mehr oder weniger ausführlichen Prospekt. So muss jedes Unternehmen, das die Zulassung seiner Wertpapiere zum Börsenhandel im amtlichen Markt beantragt, einen Wertpapierprospekt veröffentlichen (§ 30 Abs. 3 Nr. 2 BörsG). Mit der Erstfassung des Wertpapierprospektgesetzes (WpPG) vom 22.06.2005 und der damit verbundenen Umsetzung der EG-Prospektrichtlinie wurde die behördliche Ausgestaltung des Prospektes der §§ 13-47 BörsZulV a.F. durch die §§ 5-7 WpPG ersetzt. Die in § 7 WpPG festgeschriebenen Mindestangaben eines Wertpapierprospektes, die sich nach der Verordnung (EG) Nr. 809/2004 bestimmen, richten sich dabei nach der zu registrierenden Wertpapierart. Das für eine Aktienregistrierung erforderliche Registrierungsformular sieht dabei eine Fülle von Angabepflichten vor.

Mindestangaben für das Registrierungsformular für Aktien
Verantwortliche Personen
Abschlussprüfer
Ausgewählte Finanzinformationen (u.a. Kennzahlen, die einen Überblick über die Finanzlage des Emittenten geben; ausgewählte historische Finanzinformationen)
Risikofaktoren
Informationen über den Emittenten (u.a. Geschäftsgeschichte und -entwicklung; Investitionen)
Geschäftsüberblick (u.a. Haupttätigkeitsbereiche; wichtigste Märkte; Angaben zu Abhängigkeiten des Emittenten)
Organisationsstruktur (u.a. Liste der wichtigsten Tochterunternehmen)
Sachanlagen

Mindestangaben für das Registrierungsformular für Aktien
Angaben zur Geschäfts- und Finanzlage
Eigenkapitalausstattung (u.a. Informationen über die Eigenkapitalausstattung des Emittenten; Informationen über den Fremdfinanzierungsbedarf und die Finanzierungsstruktur des Emittenten)
Forschung und Entwicklung, Patente und Lizenzen
Zukunftgerichtete Informationen (u.a. Angaben über bekannte Trends, Unsicherheiten, Verpflichtungen oder Vorfälle, die wahrscheinlich die Aussichten des Emittenten im laufenden Geschäftsjahr wesentlich beeinträchtigen können)
Gewinnprognosen oder –schätzungen
Verwaltungs-, Management- und Aufsichtsorgane sowie oberstes Management (u.a. Namen und Anschriften sowie Angabe der wichtigsten Tätigkeiten, die außerhalb des Emittenten ausgeübt werden; Art etwaiger verwandtschaftlicher Beziehungen; Interessenskonflikte zwischen den Verwaltungs-, Management- und Aufsichtsorganen sowie dem oberen Management)
Bezüge und Vergünstigungen (u.a. Angabe der Bezüge und Vergünstigungen für das abgeschlossene Geschäftsjahr für die Mitglieder der Verwaltungs-, Management- und Aufsichtsorgane sowie des oberen Managements)
Praktiken der Geschäftsführung
Beschäftigte (u.a. Angabe der Zahl der Beschäftigten zu Ende des Berichtzeitraumes oder Angabe des Durchschnitts für jedes Geschäftsjahr innerhalb des Zeitraumes der von den historischen Finanzinformationen abgedeckt wird; Aktienbesitz und Aktienoptionen)
Hauptaktionäre
Geschäfte mit verbundenen Partnern
Finanzielle Informationen über die Vermögens-, Finanz- und Ertragslage des Emittenten (u.a. historische Finanzinformationen; pro-forma Finanzinformationen; Jahresabschluss; Zwischen- und sonstige Finanzinformationen; Dividendenpolitik; Gerichtsverfahren)
Zusätzliche Informationen (u.a. Angaben zum Aktienkapital; Satzung und Statuten des Emittenten)
Wichtige Verträge
Informationen seitens Dritter, Erklärungen von Seiten Sachverständiger und Interessenerklärungen
Einsehbare Dokumente (u.a. Satzung und Statuten der emittierenden Gesellschaft; sämtliche Berichte, Schreiben und sonst. Dokumente; histor. Finanzinformationen des Emittenten für die letzten beiden der Veröffentlichung des Registrierungsformulars vorausgegangenen Geschäftsjahre)
Informationen über Beteiligungen

Tab. 31.1: Mindestangaben für das Registrierungsformular für Aktien

Die im Börsenzulassungsprospekt geforderten Angaben beinhalten dabei nicht nur quantitative Informationen insbesondere aus dem Bereich der Rechnungslegung, sondern auch eine Vielzahl qualitativer Informationen z.B. zu wichtigen Tätigkeitsbereichen und Standorten des Emittenten, neuen Erzeugnissen, der Abhängigkeit von Patenten, Lizenzen und Verträgen, laufenden Gerichts- oder Schiedsverfahren oder zu den Geschäftsführungs- und Aufsichtsorganen. Um Rechnungslegungsdaten zu generieren, ist zwar kein bestimmtes Rechnungslegungssystem vorgeschrieben, jedoch werden zumindest den IFRS gleichwertige

Qualitative Informationserfordernisse

nationale Rechnungslegungsgrundsätze gefordert. Auch dürften bestimmte Rechenwerke, wie z.B. die Kapitalflussrechnung, nicht zwingend dem Informationsniveau detailliert regulierter IFRS- oder US-GAAP-Kapitalflussrechnungen entsprechen.

3.3 Jahresberichterstattung

§ 325 HGB

Von gesellschaftsrechtlicher Seite ist gemäß § 325 HGB gefordert, dass Kapitalgesellschaften und ihnen gemäß § 264a HGB gleichgestellte Gesellschaften (offene Handelsgesellschaften und Kommanditgesellschaften ohne eine natürliche Person bzw. einer anderen Personengesellschaft mit einer natürlichen Person als persönlich haftender Gesellschafter),
- einen Jahresabschluss (Einzelabschluss) mit Bestätigungs- bzw. Versagungsvermerk,
- einen Lagebericht,
- den Bericht des Aufsichtsrats über Jahresabschluss und Lagebericht und
- den Vorschlag und Beschluss über die Gewinnverwendung veröffentlichen.

Bei bestehender Konzernrechnungslegungspflicht (§§ 290–293 HGB) sind auch
- der Konzernabschluss mit Bestätigungs- bzw. Versagungsvermerk,
- der Konzernlagebericht und
- der Bericht des Aufsichtsrates über Konzernabschluss und -lagebericht offen zu legen.

Kleinen und mittelgroßen Gesellschaften sind diverse größenabhängige Erleichterungen eingeräumt worden (§§ 326-327 HGB). Im Rahmen der Modernisierung des Bilanzrechts werden derzeit weitere Erleichterungen diskutiert. Insbesondere die Anhebung der Schwellenwerte für die Größenklassen, die darüber entscheiden, welchen Informationspflichten ein Unternehmen nachzukommen hat, steht dabei auf der Agenda.

Ergänzende aktien- und börsenrechtliche Bestimmungen

Die zur Erfüllung der Vorlagepflicht gegenüber den Aktionären gemäß §§ 175 Abs. 2, 176 Abs. 1 AktG beizubringenden Unterlagen gehen über die handelsrechtlichen Anforderungen nicht hinaus. Auch die kapitalmarktrechtliche Publizität bezieht sich in § 37v WpHG Abs. 2 Nr. 1 und Nr. 2 nur auf den Jahresabschluss und Lagebericht, der bis spätestens vier Monate nach Ablauf des Geschäftsjahres der Öffentlichkeit zur Verfügung stehen muss. Konzernrechnungslegungspflichtige Unternehmen haben auch den Konzernabschluss und Konzernlagebericht zu veröffentlichen. Abgesehen von Pflichtmitteilungen vor der Hauptversammlung und über ihre Einberufung oder Dividendenausschüttungen (§ 30b WpHG, §§ 124-128 AktG) konzentriert sich die gesellschafts- und kapitalmarktrechtliche Jahresberichterstattung letztlich nur auf die im Einzel- und Konzernabschluss zusammengefassten Rechenwerke der Rechnungslegung und den Lagebericht.

In Deutschland existiert keine unmittelbare Information der Aktionäre, zumindest nicht ohne vorherige Aufforderung. Stattdessen müssen große Kapitalgesellschaften ihre jährlich beizubringenden Unterlagen gemäß § 325 Abs. 2 HGB zunächst im Bundesanzeiger bekannt geben und anschließend dem zuständigen Handelsregister einreichen. Das Aktiengesetz kennt die Handelsregister- (z.B. §§ 45 Abs. 1, 81 Abs. 1, 184 Abs. 1, 188 Abs. 1, 294 Abs. 1 AktG) und Bundesanzeigerpublizität (z.B. §§ 25, 125 Abs. 1 AktG) ebenfalls und fügt noch die Haus- und Gesellschaftsblätterpublizität hinzu, die entweder die auf die Aktionäre begrenzte Einsichtnahme von Unterlagen in den Geschäftsräumen der Gesellschaft (§ 175 Abs. 2 AktG) oder eine Veröffentlichung in bestimmten, durch Gesetz oder Satzung festgelegten Zeitungen (z.B. § 106 AktG i.V.m. § 25 AktG) vorsieht. Bei der Hauspublizität besitzen die Aktionäre allerdings gemäß § 175 Abs. 2 Satz 2 AktG das Recht, auf Verlangen eine Abschrift der Vorlagen zu erhalten. Seit der Verabschiedung des Gesetzes über elektronische Handelsregister und Genossenschaftsregister sowie das Unternehmensregister (EHUG) wird das Handelsregister ausschließlich in elektronischer Form geführt. Offenlegungspflichtige Unternehmen sind dazu verpflichtet, ihre Jahresabschlussunterlagen seit Jahresbeginn 2007 elektronisch dem Bundesanzeiger einzureichen[3]. Diese und andere Informationen sind für jedermann über die Internetseite des Unternehmensregisters zugänglich, das vom Bundesministerium der Justiz geführt wird (§ 8b HGB)[4]. Eine Parallele zum EDGAR-System der SEC bietet sich hier an. Insbesondere die Sanktionierung von Verstößen gegen die Publizitätspflicht wurde mit dem EHUG verschärft.

Art und Weise der Informationsveröffentlichung

Kapitalgesellschaften können sich gemäß § 325 Abs. 1 HGB bis zu zwölf Monate Zeit lassen, ihren dortigen Publizitätspflichten zu folgen. Unterliegen sie auch der kapitalmarktrechtlichen Publizitätspflicht, müssen sie Abschluss und Lagebericht „spätestens vier Monate nach Ablauf eines jeden Geschäftsjahrs" veröffentlichen. Obwohl diese Frist unter der gesellschaftsrechtlichen 12-Monatsfrist liegt und jüngst durch die Umsetzung des TUG weiter verkürzt wurde, dürfte sie kaum mit den kurzen Fristen konkurrieren können, die international, z.B. in der US-amerikanischen SEC-Jahresberichterstattung gelten. So ist der Jahresbericht auf Form 10-K bereits nach 60 bis 90 Tagen der SEC einzureichen. Nicht selten bezieht sich Form 10-K schon auf einen noch früher veröffentlichten Annual Report. Neben den offiziell vorgegebenen Fristen ist vermutlich auch der höhere Druck von Seiten des US-amerikanischen Kapitalmarktpublikums für die frühere Offenlegung verantwortlich. Allerdings ist in den letzten Jahren auch in Deutschland erkennbar, dass insbesondere große kapitalmarktorientierte Unternehmen eine immer frühere Veröffentlichung ihrer Jahresabschlüsse bzw. Geschäftsberichte anstreben („fast close-Bestrebungen").

US-Unternehmen veröffentlichen schneller

---

3 Der Gesetzgeber hat eine Übergangszeit bis zum 31.12.2009 eingeräumt, in der die entsprechenden Unterlagen noch in Papierform beim Bundesanzeiger eingereicht werden können.
4 Das Unternehmensregister findet sich unter www.unternehmensregister.de.

3.4 Zwischenberichterstattung

Gesetzliche Halbjahresberichterstattung

Die Zwischenberichterstattung ist in Deutschland ausschließlich kapitalmarktrechtlich reguliert. So ist in § 37w WpHG Inlandsemittenten von Aktien und Schuldtiteln im Sinne von § 2 Abs. 7 WpHG eine halbjährliche Zwischenberichtspublizität festgeschrieben. Dieser Halbjahresfinanzbericht umfasst dabei gemäß § 37w Abs. 2 WpHG einen verkürzten Abschluss sowie einen Zwischenlagebericht. Der verkürzte Abschluss besteht mindestens aus einer verkürzten Bilanz, einer verkürzten Gewinn- und Verlustrechnung sowie einem Anhang (§ 37w Abs. 3 WpHG). Der Zwischenlagebericht hat retrospektiv die wichtigsten Ereignisse des Berichtszeitraums und deren Auswirkungen auf den verkürzten Abschluss anzugeben. Ferner hat er prospektiv über die wesentlichen Chancen und Risiken der dem Berichtszeitraum folgenden sechs Monate zu informieren (§ 37w Abs. 4 WpHG).

Form, Fristen und Prüfung

Form und Fristen der Zwischenberichterstattung sind ebenfalls in § 37w Abs. 1 WpHG geregelt. Entsprechend hat die berichtende Gesellschaft vor der erstmaligen Bereitstellung den Zeitpunkt sowie die Internetadresse der Veröffentlichung bekannt zu geben. Zeitgleich ist die BaFin über diese Bekanntmachung zu informieren und die Bekanntmachung zudem unverzüglich an das Unternehmensregister zu übermitteln. Der eigentliche Halbjahresfinanzbericht ist ebenfalls an das Unternehmensregister zur dortigen Speicherung zu senden. Ein unmittelbares und unaufgefordertes Versenden an die Aktionäre ist allerdings nicht erforderlich. Anders als die Jahresberichterstattung geht die Zwischenberichterstattung mit vergleichsweise kurzen Veröffentlichungsfristen einher. Dennoch liegt die in § 37w Abs. 1 WpHG vorgeschriebene Zwei-Monatsfrist immer noch über den 35 bis 45 Tagen, innerhalb derer die entsprechenden Form 10-Q bei der US-amerikanischen SEC einzureichen ist. Eine Pflichtprüfung durch einen Abschlussprüfer besteht im deutschen Kapitalmarktrecht nicht. Auch eine Pflicht zur Durchsicht nach US-amerikanischem Vorbild existiert nicht.

Zwischenmitteilung der Geschäftsführung

Der Halbjahresfinanzbericht wird ergänzt durch eine Zwischenmitteilung der Geschäftsführung nach § 37x WpHG. Diese hat in einem Zeitraum zwischen zehn Wochen nach Beginn des ersten und sechs Wochen vor Ende des zweiten Geschäftshalbjahres Informationen bereitzustellen, die es ermöglichen, die Entwicklung der Geschäftstätigkeit in den drei Monaten vor Ablauf des Mitteilungszeitraums zu beurteilen. Derartige Informationen umfassen die Erläuterung der wesentlichen Ereignisse und Geschäfte des Mitteilungszeitraumes und ihre Auswirkungen auf die Finanzlage sowie die Finanzlage und das Geschäftsergebnis.

Quartalsberichterstattung für den Prime Standard

Der Halbjahresfinanzbericht und die Zwischenmitteilung der Geschäftsführung markieren für die Unternehmen, deren Wertpapiere im amtlichen Markt notiert sind, einen Mindeststandard. Die Börsenordnung (BO) der Frankfurter Wertpapierbörse (FWB), deren Träger die Deutsche Börse AG ist, sieht diesen Mindeststandard für diejenigen Emittenten als ausreichend an, deren Wertpapiere zum „normalen" amtlichen Markt (General Standard) zugelassen sind. Für einen „exquisiten" Teilbereich des amtlichen Marktes, den sog. Prime Standard, sind indes „Zulassungsfolgepflichten" festgelegt worden. Diese beinhalten auf öffentlich-rechtlicher Verpflichtungsbasis auch weitergehende Bestimmungen zur Zwischenberichterstattung. So sieht § 48 BO eine Quartalsberichterstattung vor, die nach den Vorgaben des § 37w Abs. 2 Nr. 1 und 2, Abs. 3 und 4 WpHG oder, sofern eine Verpflichtung zur Aufstellung eines Konzernabschlusses und Konzernlageberichts besteht, nach den Vorgaben des § 37y Nr. 2 WpHG zu erstellen ist. Eine derartige Quartalsfinanzberichterstattung ersetzt die Zwischenmitteilung der Geschäftsführung nach § 37x Abs. 1 WpHG.

Da Emittenten als kapitalmarktorientierte Unternehmen zur Rechnungslegung nach IFRS verpflichtet sind, kommt somit IAS 34 „Zwischenberichterstattung" (Interim Financial Reporting) zur Anwendung (vgl. Kapitel 30). Seit Beginn 2001 liegt mit DRS 6 „Zwischenberichterstattung" auch ein diesbezüglicher Rechnungslegungsstandard des DSR vor, der sich inhaltlich stark an IAS 34 orientiert. DRS 6 ist im Prime Standard naheliegenderweise nicht von Bedeutung und beschränkt sich in seiner Anwendung auf zwischenberichterstattungspflichtige Mutterunternehmen im General Standard. Durch die IAS-Verordnung der EU ist er aber auch hier zur praktischen Bedeutungslosigkeit verdammt.

IAS 34 und DRS 6

3.5 Ad-hoc-Publizität

Zum 01.01.1995 trat mit § 15 Wertpapierhandelsgesetz (WpHG) eine Gesetzesnorm in Kraft, nach der börsennotierte Unternehmen die Öffentlichkeit zeitnah über wichtige unternehmerische Ereignisse informieren müssen. Gemäß § 15 Abs. 1 WpHG sind demnach Insiderinformationen, die den Emittenten unmittelbar betreffen, unverzüglich zu veröffentlichen, sofern für sie nicht der Befreiungstatbestand des § 15 Abs. 3 WpHG zutrifft.

§ 15 WpHG

Als Insiderinformationen gelten gemäß § 13 WpHG konkrete Informationen über nicht öffentlich bekannte Umstände, die geeignet sind, im Falle eines öffentlichen Bekanntwerdens den Börsen- oder Marktpreis der Emittentenpapiere zu beeinflussen. Hierunter fallen auch künftig eintretende Umstände, sofern deren Eintritt hinreichend wahrscheinlich ist. Die damit beschriebene Ad-hoc-Publizität ist allen in- und ausländischen Unternehmen verbindlich vorgeschrieben, sofern sie Wertpapiere emittiert haben, die zum amtlichen oder geregelten Markt an einer inländischen Börse zugelassen sind[5].

Insiderinformationen

Die Ad-hoc-Publizität dient dem Zweck, den Kapitalmarkt neben den periodischen Informationssystemen (Jahresabschluss und Zwischenbericht) auch unregelmäßig mit wichtigen Unternehmensnachrichten zu versorgen. Anders z.B. als im US-amerikanischen Pendant, der Form 8-K, liegt mit § 15 WpHG kein abschließender Katalog von die Publizitätspflicht auslösenden Sachverhalten vor. Die Deutsche Börse AG hat hierzu zwar einen Beispielkatalog veröffentlicht, der

---

5   Vgl. dazu auch im Vergleich zu entsprechenden US-Pflichten *Fülbier, R.U.*, Die Regulierung der Ad-hoc-Publizität, Wiesbaden 1998.

aber weder abschließend noch verbindlich ist. Die Unternehmen befinden sich damit in einer gewissen Rechtsunsicherheit, da sie nur schwer in der Lage sein dürften, den Grad der Kursrelevanz einer Nachricht zweifelsfrei abschätzen zu können.

Art und Weise der Informationsveröffentlichung

Klarer sind indes die Vorschriften über das Veröffentlichungsprozedere. Unverzüglich, also ohne schuldhaftes Zögern, müssen die Ad-hoc-Meldungen gemäß § 15 Abs. 1, 4 WpHG den jeweiligen Börsen, der Bundesanstalt für Finanzdienstleistungsaufsicht (BaFin) und anschließend der Öffentlichkeit mitgeteilt werden. Überdies sind die Insiderinformationen nach ihrer Veröffentlichung dem elektronischen Unternehmensregister zur Speicherung zu übermitteln.

DGAP

In Zusammenhang mit der Veröffentlichung von Insiderinformationen hat sich mit der Deutschen Gesellschaft für Ad-hoc-Publizität (DGAP) eine private Organisation gebildet, deren internetgestütztes Online-Informationssystem (www.dgap.de) den Veröffentlichungsmarkt für Ad-hoc-Meldungen dominiert. Ähnlich dem EDGAR-System der SEC wird damit jedem Interessierten via Internet die Möglichkeit geboten, sich schnell und kostenlos über die aktuellen Meldungen am Kapitalmarkt zu informieren. Auch kann in einer Datenbank gezielt nach einzelnen Meldungen z.B. von bestimmten Unternehmen gesucht werden. Fraglich ist, inwiefern das elektronische Unternehmensregister zukünftig in Konkurrenz zum internetgestützten Informationssystem der DGAP treten wird.

Das Veröffentlichungssystem, das die DGAP auf privater Ebene zur Ad-hoc-Publizität anbietet, ist letztlich die einzige Offenlegungsplattform, die mit dem EDGAR-System der SEC konkurrieren kann. Wegen der bestehenden Wahlmöglichkeiten hinsichtlich des Veröffentlichungsverfahrens kann aber das DGAP-System keine Vollständigkeit der Ad-hoc-Meldungen garantieren.

Exkurs

US-Publizitätssystem und SEC-Berichterstattung
Das US-amerikanische Kapitalmarkt- bzw. Wertpapierrecht (securities regulations) ist ein überaus detailliert regulierter Rechtsbereich, der eine große Anzahl von Bundes- und Einzelstaatengesetzen sowie auf der Grundlage dieser Gesetze erlassene Rechtsverordnungen und Verwaltungsvorschriften umfasst. In diesem Zusammenhang spielen Publizitätspflichten eine zentrale Rolle – anders als im (einzelstaatlich) regulierten Gesellschaftsrecht.

US-Bundesrecht

Auf Bundesebene unterteilt sich das US-amerikanische Kapitalmarktrecht (federal securities laws) in die grundlegenden Primary Acts und die auf Spezialprobleme fokussierenden und hier nicht näher betrachteten Secondary Acts. Erstere umfassen den Securities Act von 1933 (SA) und den Securities Exchange Act von 1934 (SEA). Diese bilden die zwei Eckpfeiler des US-amerikanischen Kapitalmarktrechts und legen auch die Rechtsgrundlage für das gesamte bundesgesetzliche Publizitätssystem. Beide Gesetze sind Resultat der von Präsident Franklin D. Roosevelt zur Bekämpfung der Großen Depression forcierten Gesetzgebung des New Deal, die US-amerikanische Investoren vor Missbräuchen im Wertpapierhandel zu schützen suchte. Neben dem

Unterbinden betrügerischer Handlungen durch gesetzlich kodifizierte Verhaltensregeln für bestimmte Unternehmensbeteiligte sollte dies insbesondere durch eine verbesserte Information der Anleger erreicht werden. Dieser krisentheoretische Erklärungsansatz für gesetzliche Regulierungen wirkt auch noch heute. Der unmittelbar nach dem Enron-Skandal 2002 erlassene Sarbanes-Oxley Act zielt gleichfalls auf die Wiederherstellung des Anlegervertrauens, z.B. durch Verhaltensregulierung, aber auch durch weitere Publizitätspflichten.

Unabhängig vom Bundesrecht existieren die Wertpapiergesetze der Einzelstaaten (state securities laws oder blue sky laws), die sich auf den innerhalb der Staatsgrenzen ablaufenden Wertpapierhandel (intra-state commerce) beziehen. Sie sind i.d.R. schon vor den Bundesgesetzen erlassen worden, regeln jedoch in abgeschwächter Form ähnliche Problembereiche und sind von den Unternehmen zusätzlich zu beachten.

US-Einzelstaatenrecht

Neben die bundes- oder einzelstaatlichen Gesetze treten in der dreistufigen Regulierungshierarchie die Verordnungen und Erlasse der Securities and Exchange Commission (SEC) als der obersten Bundesbehörde für den Wertpapierbereich sowie die Regelungen von Selbstverwaltungsorganen, insbesondere die Börsenordnungen der einzelnen Börsen, die ebenfalls für die dort gelisteten Unternehmen zwingende Sicherungs- und Kontrollbestimmungen vorsehen. Im Sinne des US-amerikanischen Common Law haben auch die kapitalmarktrelevante Rechtsprechung der Gerichte und die sonstigen Entscheidungen der SEC als weitere Rechtsquellen eine große Bedeutung.

SEC und sonstige Rechtsquellen

Da die bundesgesetzlichen Publizitätsvorschriften recht allgemein gehalten sind und in vielen Fällen der weiteren Konkretisierung bedürfen, hat die SEC im Rahmen ihrer legislativen Ausgestaltungskompetenz Ausführungsverordnungen hierzu erlassen und detaillierte Formblätter für die verschiedenen Wertpapierregistrierungen herausgegeben. Dabei folgt sie bis heute konsequent der in diesen Gesetzen niedergelegten Auffassung, dass der Kapitalanlegerschutz primär durch Information zu gewährleisten sei. Unter dem Motto: „Disclosure, again disclosure and still more disclosure"[6] wurden seit den 1930er Jahren im Rahmen der Ausgestaltung insbesondere der Primary Acts eine Fülle von konkreten Publizitätspflichten für kapitalmarktorientierte Unternehmen erlassen.

Das komplexe Nebeneinander der verschiedenen Publizitätspflichten und die daraus resultierenden Inkonsistenzen haben zu Beginn der 1980er Jahre das Integrated Disclosure System der SEC begründet. Das Regelwerk der SEC – insbesondere die für Rechnungslegung und Publizität überaus relevanten Regulations S-K und S-X – wurde mit dem Ziel novelliert, ein einheitliches, vereinfachtes und konsistentes Publizitätssystem zu schaffen. Dieses fußt einerseits auf sog. Formblättern bzw. Forms, die detaillierte, teilweise vorformulierte Schemata kennzeichnen, welche von registrierten Unterneh-

---

6 *Loss, L.*, Fundamentals of Securities Regulation, 2. Aufl., Boston, Massachusetts u.a. 1988, S. 7.

men bei der Berichterstattung gegenüber der SEC hinsichtlich Form und Inhalt streng zu beachten sind. Für fast jeden speziellen Publizitätsanlass gibt es ein bestimmtes Formblatt, das von den Unternehmen entsprechend der Vorgabe ausgefüllt und an die SEC gesendet wird. Unterschieden werden sie anhand kryptischer Kürzel wie z.B. 10-K, 10-Q oder 8-K[7]. Andererseits werden bestimmte Rückverweise auf zuvor den Aktionären übermittelte Informationen zugelassen (z.B. Annual Reports) und ein standardisiertes Basis-Informations-Paket definiert, das im Wesentlichen den testierten Konzernabschluss und die Management's Discussion and Analysis of Financial Condition and Results of Operations (MD&A) enthält und zu vielen Anlässen gleichermaßen eingefordert wird.

Die an die SEC gerichteten Berichte stehen der interessierten Öffentlichkeit zur Einsichtnahme in den jeweiligen SEC-Büros zur Verfügung. Seit den 1990er Jahren wird die gesamte in den Unternehmensberichten der SEC eingereichte Datenmenge auch in dem so genannten EDGAR-System (electronic data gathering analysis and retrieval) gespeichert und der Öffentlichkeit online zur Verfügung gestellt.

Die Systematik der SEC-Berichterstattung folgt ansonsten der hier vorgestellten und kann in Emissionspublizität (insb. Form S 1), Jahresberichterstattung (insb. Form 10-K), Quartalsberichterstattung (insb. Form 10-Q) und Ad-hoc-Publizität (insb. Form 8-K) unterteilt werden. Die Berichtsinhalte sind teilweise noch detaillierter als ihr deutsches Pendant, ganz abgesehen davon, dass regelmäßig auch eine schnellere Offenlegung gefordert wird. Deutsche Emittenten, die bei der SEC registriert sind, haben den sog. F-Forms zu folgen, die den Forms für US-amerikanische Emittenten angelehnt sind. So fußt z.B. die Jahresberichterstattung deutscher Unternehmen auf Form 20-F, das nicht nur Konzernabschlussdaten und MD&A (im Basis-Informations-Paket), sondern insbesondere auch ausgewählte sonstige Finanzdaten, eine detaillierte Beschreibung der Geschäftstätigkeit, Informationen über schwebende Gerichtsverfahren, über Aktien und Dividenden, über Marktrisiken, über den Vorstand und Aufsichtsrat einschließlich deren Vergütung und Aktienbesitz und auch über Honorare von Wirtschaftsprüfern und Steuerberatern beinhaltet. Eine pauschale Verweisungsmöglichkeit auf den im Heimatland des Emittenten veröffentlichten Geschäftsbericht gibt es hierbei nicht. Form 20-F enthält gegenüber Form 10-K aber auch Erleichterungen. Das betrifft insbesondere den Jahresabschluss, der auf Basis „heimischer" Rechnungslegungsregeln erstellt werden kann, solange in einer zusätzlichen Überleitungsrechnung (reconciliation) Eigenkapital und Ergebnis offen auf US-GAAP übergeleitet werden. Weitere Erleichterungen werden z.T. bilateral zwischen der SEC und dem Emittenten ausgehandelt.

---

[7] Sämtliche Formblätter, die allesamt mit einer Zahlen-Buchstabenkombination bezeichnet werden, finden sich unter www.sec.gov unter der Rubrik „Filings and Forms (EDGAR)" auf der Homepage der SEC.

Ausländische Emittenten unterliegen nicht grundsätzlich der Pflicht zur Quartalsberichterstattung. Sie müssen der SEC jedoch sämtliche Zwischenberichte, die sie nach den Vorschriften ihrer Heimatbörse erstellt haben, auf Form 6-K einreichen. Das gilt auch für die Ad-hoc-Publizität. Sollten deutsche Emittenten nicht im Prime Standard der Deutschen Börse gelistet sein und deshalb nur der halbjährigen Zwischenberichtspflicht gemäß § 40 BörsG unterliegen, sind sie insofern auch von einer weitergehenden Quartalsberichterstattung in den USA befreit.

Zusammenfassend kann festgehalten werden, dass die SEC-Publizitätspflichten den betroffenen Unternehmen eine Fülle von Detailinformationen abverlangen. Jeder Blick z.B. in einen zufällig ausgewählten Form 10-K-Bericht wird diesen Eindruck bestätigen. Fraglich ist allerdings, ob das Ausmaß dieser Pflichtfülle vor dem Hintergrund der damit einhergehenden Kosten gerechtfertigt ist. Die Wissenschaft kann sich an dieser Stelle zumindest bemühen, die Kapitalmarktrelevanz einzelner Informationen empirisch nachzuweisen.

4 Lageberichterstattung und Management Commentary des IASB

4.1 HGB-Konzernlageberichterstattung

Die HGB-Lageberichterstattung soll an dieser Stelle gesondert und ausführlicher behandelt werden, weil sie für alle deutschen Kapitalgesellschaften, ob sie nun nach IFRS oder HGB bilanzieren, von Bedeutung ist. Der HGB-Konzernlagebericht ist nicht nur von jeder Kapitalgesellschaft zu erstellen, die einen HGB-Konzernabschluss vorlegt. Entsprechend § 315a Abs. 1, 2 und 3 HGB müssen auch deutsche Mutterunternehmen, die nach der IAS-Verordnung zur IFRS-Konzernrechnungslegung verpflichtet sind oder den IFRS gemäß § 315a freiwillig folgen, einen Konzernlagebericht nach den Vorschriften von § 315 HGB erstellen. In den Geschäftsberichten dieser Unternehmen wird der IFRS-Konzernabschluss demnach durch einen HGB-Konzernlagebericht ergänzt. Letzterer ist daraufhin zu prüfen, ob er gemäß § 317 Abs. 2 HGB im Einklang mit dem IFRS-Konzernabschluss steht. Die Kombination zweier Regelsysteme dürfte an dieser Stelle allerdings unproblematisch sein, da der Lagebericht auch nach deutschem Rechtsverständnis ausschließlich der Informationsfunktion dient und das geforderte Lagebild in § 315 Abs. 1 Satz 1 HGB ganz im Gegensatz zu § 297 Abs. 2 Satz 2 HGB nicht unter der Einschränkung der GoB steht. Ähnliches gilt im Übrigen für den Lagebericht im Einzelabschluss nach § 289 HGB, sofern er mit einem IFRS-Abschluss kombiniert wird.

Lageberichterstattung

Der Konzernlagebericht hat nicht nur statisch über den Konzern zum Zeitpunkt des Stichtages zu informieren. Er soll auch Informationen vermitteln, die den Konzern in seiner wirtschaftlichen Entwicklung widerspiegeln. Während der Konzernabschluss stark auf die jeweilige Berichtsperiode fokussiert ist, ist der zeitliche Betrachtungshorizont des Konzernlageberichts weiter und umfasst auch den vor der Berichtsperiode beginnenden und sich nach ihr fortsetzenden, prospektiven Entwicklungsverlauf des wirtschaftlichen Gesamtgeschehens. So ist z.B. nach § 315 auf die voraussichtliche Entwicklung mit ihren wesentlichen Chancen und Risiken (Abs. 1 Satz 5) und auf Vorgänge nach Schluss des Konzerngeschäftsjahres (Abs. 2 Nr. 1) einzugehen. Auch die Berichterstattung über Risiken und Risikomanagementmaßnahmen bzgl. Finanzinstrumenten (Abs. 2 Nr. 2) und Forschungs- und Entwicklungsaktivitäten (Abs. 2 Nr. 3) hat einen zukunftsgerichteten Charakter. Derartige Informationen dürften im hohen Maße der Entscheidungsunterstützung der Rechnungslegungsadressaten dienen, andererseits aber auch mit einem höheren Maß an Unsicherheit einhergehen. Grundsätzlich geht die HGB-Lageberichtsregulierung im Kern auf das BiRiLiG 1985 zurück. Insbesondere in den letzten Jahren ist diese Berichterstattung stark erweitert worden, auch um europäische Richtlinien wie Modernisierungsrichtlinie (2003/51/EG), Fair-Value-Richtlinie (2001/65/EG) oder Übernahmerichtlinie (2004/25/EG) der EU in das HGB zu transformieren.

Entsprechend der gesetzlichen Vorgaben des § 315 (anaolg § 289) HGB bilden folgende Berichte den Inhalt des Konzernlageberichts[8]:

- **Wirtschaftsbericht:** In dem Wirtschaftsbericht ist über den Geschäftsverlauf einschließlich Geschäftsergebnis und die Lage des Konzerns zu berichten (Abs. 1 Satz 1).
- **Prognose- und Risikobericht:** Innerhalb des Prognose- und Risikoberichts ist auf die voraussichtliche Entwicklung mit ihren wesentlichen Chancen und Risiken einzugehen (Abs. 1 Satz 5).
- **Bilanzeid:** Die gesetzlichen Vertreter des Mutterunternehmens haben zu versichern, dass der Wirtschaftsbericht (Abs.1 Satz 1) sowie der Prognose- und Risikobericht (Abs. 1 Satz 5) ein den tatsächlichen Verhältnissen entsprechendes Bild vermitteln (Abs. 1 Satz 6).
- **Nachtragsbericht:** Der Nachtragsbericht soll auf Vorgänge von besonderer Bedeutung eingehen, die zwischen dem Abschlussstichtag und dem Zeitpunkt der Berichterstattung eingetreten sind (Abs. 2 Nr. 1).
- **Finanzrisikobericht:** Der Finanzrisikobericht soll Angaben zu Risiken aus Finanzinstrumenten sowie über die zu deren Bewältigung erforderlichen Risikomanagementziele und -methoden des Konzerns enthalten (Abs. 2 Nr. 2).
- **Forschungs- und Entwicklungsbericht:** Die gesetzlichen Vorgaben zum Konzernlagebericht sehen Angaben zum Bereich Forschung und Entwicklung vor (Abs. 2 Nr. 3), die in dem Forschungs- und Entwicklungsbericht zusammengefasst werden.

---

8 Vgl. hierzu ausführlicher und m.w.N. *Fülbier, R.U./Pellens, B.*, § 315, in: Schmidt, K. (Hrsg.), Münchener Kommentar zum HGB, Bd. 4, 2. Aufl., München 2008.

- **Vergütungsbericht:** Der Vergütungsbericht soll den Adressaten über die Grundzüge des Vergütungssystems unterrichten (Abs. 2 Nr. 4).
- **Eigentumsstrukturbericht:** Der Eigentumsstrukturbericht soll einen umfassenden Einblick in die Eigentumsstruktur der börsennotierten Gesellschaft ermöglichen und etwaige Übernahmehindernisse wie z.B. Stimmrechtsbeschränkungen identifizieren (Abs. 4).

4.2 Management Commentary des IASB

Vom IASB existiert kein § 315 HGB vergleichbarer Standard. Grundsätzlich sieht das IASB seine Aufgabe in der Veröffentlichung hochqualitativer, international harmonisierter Rechnungslegungsgrundsätze. Im Zuge dieser Fokussierung auf die Rechnungslegung im engeren Sinne blieb das Konstrukt eines (Konzern-)Lageberichts bisher außen vor. Das IASB überlässt die Regulierung der restlichen Unternehmenspublizität – damit auch der Konzernlageberichterstattung – den nationalen Regulierern bzw. kooperiert diesbezüglich mit der IOSCO.

Management Commentary

Aufgrund des international gestiegenen Interesses an Lageberichtsinformationen[9] und der Erkenntnis, dass der IFRS-Abschluss allein über die wirtschaftliche Gesamtlage immer noch unzureichend informiert, hat das IASB 2002 eine Projektgruppe zum Thema „Management Commentary" ins Leben gerufen. In dieser Projektgruppe befassen sich Mitglieder unterschiedlicher Standardsetter aus Großbritannien, Kanada, Neuseeland und auch Deutschland mit der möglichen Ausarbeitung eines Standards zur Lageberichterstattung. Erstes Resultat ist ein im Oktober 2005 veröffentlichtes Diskussionspapier. Hiernach liegt die Zielsetzung des Management Commentary darin, den Investoren einen Blick aus der Perspektive des Managements auf das Unternehmen zu ermöglichen. Somit verfolgt der Management Commentary ähnlich wie andere Berichtsinstrumente bzw. Bestandteile des IFRS-Abschlusses den Management Approach. Die drei Kernaufgaben liegen dabei in der:
- Interpretation und Beurteilung des Jahresabschlusses unter expliziter Berücksichtigung des Unternehmensumfelds,
- Beurteilung der vom Management als erfolgskritisch eingeschätzten Faktoren sowie der zugehörigen Managementpläne und
- Einschätzung der verfolgten Unternehmensstrategien und deren Erfolgswahrscheinlichkeit.

Die Beschäftigung des IASB mit dem Management Commentary spiegelt die Weiterentwicklung der Rechnungslegung zu einem umfassenderen Financial

---

9 Neben den in Deutschland erweiterten Anforderungen an die Lageberichterstattung sind beispielsweise auch in den USA (Management's Discussion and Analysis of Financial Conditions and Results of Operations) und in Großbritannien (Operation and Financial Review) die entsprechenden Verlautbarungen überarbeitet worden.

Reporting oder Business Reporting wider. Viele Stellungnahmen zum Diskussionspapier befürworten diesen Wandel. Auch große internationale Unterschiede in der existierenden „Lageberichterstattung" (gerade auch über die EU hinaus) scheinen einen entsprechenden Harmonisierungs- bzw. Regulierungsbedarf zu rechtfertigen. Allerdings existieren auch kritische Stimmen, die z.B. betonen, dass sich das IASB zunächst mit dringenderen Aufgaben befassen sollte[10]. Zudem kollidiert dieses Projekt ganz unmittelbar mit der Regulierungshoheit der betroffenen Staaten im Bereich der gesellschaftsrechtlich und/oder kapitalmarktrechtlich geprägten (sonstigen) Unternehmenspublizität. Der Fortgang und Erfolg des Projekts ist insofern völlig offen. Gleiches gilt demnach für die inhaltlichen Vorstellungen, die das IASB zur Diskussion gestellt hat und die hier insofern keine tiefer gehende Würdigung erfahren. Für deutsche Unternehmen, seien sie nun IFRS-Bilanzierer oder nicht, sind §§ 289 und 315 zunächst weiterhin uneingeschränkt gültig.

Zu erwähnen ist allerdings, dass einzelne Angabepflichten der IFRS durchaus Teilelemente der HGB-Lageberichterstattung beinhalten. So verlangt z.B. IAS 10.21 Angaben zu bedeutenden Ereignissen, die nach dem Bilanzstichtag eingetreten sind. Die Parallele zum Nachtragsbericht ist offenkundig. Parallelen gibt es auch hinsichtlich des Finanzrisikoberichts (insbesondere IFRS 7.31 ff.), des Forschungs- und Entwicklungsberichts (IAS 38.118 ff.) oder des Vergütungsberichts (IFRS 2.44 ff.). Trotz der Fokussierung der IFRS auf die Rechnungslegung im eigentlichen Sinne wird den berichtenden Unternehmen in IAS 1.9 zudem empfohlen, neben dem (Konzern-)Abschluss eine Art Finanzbericht (financial review by management) auf freiwilliger Basis zu veröffentlichen. Darin sollten über die Rechenwerke hinausgehende Informationen zur Vermögens-, Finanz- und Ertragslage des Konzerns enthalten sein, z.B. was wesentliche externe und interne Einflussfaktoren (wichtige Umweltveränderungen, Finanzierungs- und Investitionspolitik, wichtige Kapitalquellen) oder nicht bilanziell erfasste Stärken und Ressourcen angeht. Über wesentliche Unsicherheiten und das diesbezügliche Risikomanagement sollte ebenfalls berichtet werden. Damit weist der financial review by management zumindest Parallelen zum Wirtschafts- und Risikobericht auf.

5 Harmonisierung der Publizität

Harmonisierungsnotwendigkeit

Bisher ist deutlich geworden, dass die Regulierung der Unternehmenspublizität bisher noch eine weitgehend nationale Angelegenheit ist. Wie bei der Rechnungslegung ergibt sich damit auch bei der Unternehmenspublizität die Frage nach der internationalen Harmonisierung. Auf Unternehmensseite profitieren

---

10 *Kasperzak, R./Beiersdorf, K.*, Diskussionspapier Management Commentary: eine erste Auswertung der Stellungnahme an das IASB, in: KoR, 7. Jg. (2007), S. 121-130.

insbesondere diejenigen von harmonisierten Publizitätsvorschriften, deren Wertpapiere an in- und ausländischen Börsen (cross-border listing) notiert sind. Sie hätten insgesamt nur noch einem Set von Berichtspflichten zu genügen. Die Berichtspflichten umfassen dabei in ihrer Gesamtheit nicht nur gesetzliche und behördliche Regulierungen, sondern auch entsprechende Richtlinien der jeweiligen Börsen. Auch für die Anleger würden Informationen international vergleichbarer und ließen sich mit geringeren Transaktionskosten verwerten. Die internationale Analyse publizierter Daten und die mit ihr angestrebte Vergleichbarkeit wird allerdings durch die i.d.R. nicht harmonisierten nationalen Umfeldbedingungen erheblich erschwert.

Ohne die Frage nach der Harmonisierungsnotwendigkeit abschließend beantworten zu können, gestaltet sich die Publizitätsharmonisierung weniger schwierig als bei der Rechnungslegung. Wird die Rechnungslegungsharmonisierung vor allem durch nationale Unterschiede in den Funktionen und Rechtsfolgen der Rechnungslegung erschwert, so ist die Unternehmenspublizität, insbesondere bei kapitalmarktrechtlicher Fundierung und alleiniger Ausrichtung auf kapitalmarktorientierte Unternehmen, eindeutig und ausschließlich auf den Abbau der asymmetrischen Informationsverteilung zwischen dem Unternehmensmanagement und seinen Kapitalgebern ausgerichtet. Sofern die simplifizierende These vom nicht-negativen Informationswert unterstellt wird, wonach mehr Informationen immer besser sind als weniger, wäre eine internationale Harmonisierung auf dem höchsten Informationsniveau anzustreben, was maximalen Publizitätsumfang, größte Publizitätshäufigkeit und Zeitnähe sowie weitestgehenden Adressatenzugang bedeutet. Dem steht indes entgegen, dass die These vom nicht-negativen Informationswert von Informationskosten abstrahiert.

Eine Harmonisierung muss jedoch nicht zwingend von zentraler Stelle vorgegeben werden. So kann die Harmonisierung der Unternehmenspublizität über den Markt gelingen, wenn sich ein Publizitätssystem im Wettbewerb mit anderen durchsetzen kann. Ob diese Auslese durch Marktprozesse gegenüber der Publizitätsharmonisierung durch dirigistische Regulierungsinstanzen zu einem effizienteren Publizitätssystem führt, ist offen. Voraussetzung dafür wäre allerdings die Kapitalmobilität integrierter Kapitalmärkte, die eine freie Wahl des Finanzplatzes und des dahinter stehenden Publizitätssystems erst ermöglicht.

Harmonisierung über den „Wettbewerb der Systeme"

Alternativ zum Markt kommen als regulatorische Institutionen der Publizitätsharmonisierung Staaten und Staatenbündnisse sowie Zwangs- und freiwillige Zusammenschlüsse in Betracht. So hat auf europäischer Ebene insbesondere die EU das Kapitalmarktrecht ihrer Mitgliedstaaten und damit einhergehend auch die kapitalmarktrechtlichen Publizitätspflichten der Unternehmen harmonisiert. Durch die Transformation dieser EU-Richtlinien in nationales Recht sind z.B. das deutsche Kapitalmarktrecht und damit auch die kapitalmarktrechtlichen Publizitätspflichten erst richtig begründet worden. Auch ist dadurch das europäische Publizitätsniveau dem US-amerikanischen angenähert worden. Das Publizitätssystem der SEC hat schon aufgrund der Dominanz des US-amerikanischen Kapitalmarktes bei der EU-Harmonisierung als wichtiges Leitbild fungiert.

Harmonisierung über Regulierung

Bestrebungen der EU

CESR Im Juni 2001 wurde auf europäischer Ebene von der EU das Committee of European Securities Regulators (CESR) als unabhängiges Gremium der europäischen Wertpapieraufsichtsbehörden gegründet[11]. CESR hat das Ziel, die Abstimmung zwischen den nationalen Wertpapieraufsichtsbehörden der EU zu verbessern, um damit die einheitliche Durchsetzung der EU-Verordnungen und Richtlinien zu gewährleisten. Es bleibt abzuwarten, ob und inwieweit die künftigen Vereinbarungen im CESR die Unternehmenspublizität in der EU weiter regulieren und harmonisieren werden.

Bestrebungen der IOSCO Neben der EU und den europäischen Institutionen kommen weitere internationale Institutionen für die Harmonisierung der Unternehmenspublizität in Betracht. Kann das IASB im Verhältnis zu den USA als „internationales FASB" angesehen werden, so könnte der in Madrid ansässigen International Organization of Securities Commissions (IOSCO)[12] die Rolle einer „internationalen SEC" zukommen. Als internationale Organisation der Börsenaufsichtsinstitutionen hat sich die IOSCO zum Ziel gesetzt, die Entwicklung einheitlicher Börsenzulassungs- und Wertpapierhandelsstandards zu fördern. Insofern ist die internationale Harmonisierung des Anlegerschutzes und damit auch der Unternehmenspublizität ihr erklärtes Ziel.

Die auf börsennotierte Unternehmen konzentrierten Aktivitäten der IOSCO zeigen, dass sie sich aktiv um eine Publizitätsharmonisierung bemüht. So hat sie im September 1998 ein Papier „Objectives and Principles of Securities Regulations" verabschiedet, in denen sie wesentliche Grundsätze einer Kapitalmarktregulierung formuliert. Hiernach sollte jede Kapitalmarktregulierung dem Ziel dienen, den Anlegerschutz zu gewährleisten, „faire", effiziente sowie transparente Märkte zu generieren und das systematische Risiko zu reduzieren. Hieran wird deutlich, dass der Unternehmenspublizität aus dem Blickwinkel der IOSCO eine bedeutende Stellung zukommt.

Die IOSCO nimmt aber auch unmittelbar Einfluss auf die Publizitäts- und Rechnungslegungsregulierung. So hat sie 1987 gegenüber dem IASC die damals große Zahl von Bilanzierungswahlrechten innerhalb der damaligen IAS kritisiert und gefordert, die Anforderungen an Inhalt und Umfang der Rechnungslegungspublizität erheblich zu steigern (Comparability Project). Mitte der 1990er Jahre stellte die IOSCO in den sog. Core-Standards weitere, konkrete Anforderungen an die IAS. Zudem hat sie kontinuierlich eigene Veröffentlichungen herausgegeben, in denen sie zu verschiedenen Fragen der Unternehmenspublizität kritisch Stellung nimmt, nationale Publizitätsregulierungen synoptisch präsentiert oder gar eigene Vorschläge für Publizitätspflichten börsennotierter Unternehmen formuliert. Insbesondere mit diesen Veröffentlichungen entwickelt sich die IOSCO zur weltweit treibenden Kraft bei der Harmonisierung der Unternehmenspublizität börsennotierter Unternehmen. Während einige ihrer Berichte eher

---

11 Weitere Informationen zu CESR finden sich auf dessen Homepage (www.cesr-eu.org).
12 Weitere Informationen zur IOSCO finden sich auf ihrer Homepage (www.iosco.org), auf der auch alle hier genannten Berichte zum Download bereit stehen.

informativen Charakter haben und der Analyse des gegenwärtigen Regulierungsniveaus dienen, haben andere Beiträge das Ziel, nationalen Regulierern als Vorlage bei der Gestaltung von Publizitätspflichten zu dienen.

In diesem Zusammenhang sind die 1998 herausgegebenen International Disclosure Standards für multinationale Unternehmen zu nennen, die recht detaillierte Vorgaben zur Publizität bei Cross-Border-Listings beinhalten. Anleihen an US-amerikanische Publizitätspflichten werden hier besonders deutlich. So orientieren sich auch die IOSCO-Anforderungen, schon aufgrund der starken Stellung der SEC innerhalb der IOSCO, am US-amerikanischen Leitbild. Auf der anderen Seite hat aber auch die SEC ihre Publizitätsanforderungen schon gelegentlich an IOSCO-Vorgaben angenähert.

Publizität bei Cross-Border-Listings

Die Frage, welches Rechnungslegungssystem den einzureichenden Jahresabschlüssen bei Cross-Border-Listings zugrunde liegen soll, hat die IOSCO mit dem im Mai 2000 veröffentlichten sog. „IASC Standards Assessment Report" beantwortet, in dem sie ihren Mitgliedern die Anwendung 30 ausgewählter IAS im Rahmen von Cross-Border-Listings empfiehlt. Diese 30 Standards umfassen im Wesentlichen die damals gültigen IAS und beziehen auch die damit im Zusammenhang stehenden Interpretationen mit ein. Die Anerkennung der IFRS durch die IOSCO geht jedoch mit einer weiteren engen künftigen Zusammenarbeit und Kontrolle mit dem IASB einher. Der Empfehlung der IOSCO kam zudem die SEC am 15.11.2007 nach, indem sie ausländische Unternehmen von der Verpflichtung einer Überleitungsrechnung ihres in englischer Sprache aufgestellten IFRS-Abschlusses auf US-GAAP unter bestimmten Umständen befreien. Dieses kommt einer de-facto Anerkennung der IFRS durch die SEC gleich.

Wie die Standards des IASB haben auch die IOSCO-Vorgaben keine unmittelbar bindende Wirkung. Den Mitgliedsorganisationen wird lediglich empfohlen, alle erforderlichen Schritte zu unternehmen, damit die Vorgaben in das jeweilige nationale Recht einfließen. Handelt es sich dabei um einen IOSCO-weiten Konsens und nicht um Entwürfe oder Vorüberlegungen einzelner Gruppen, so verpflichten sich die Mitgliedsorganisationen in der Regel, auf die nationale Umsetzung hinzuwirken. Die Veröffentlichungen sind der interessierten Öffentlichkeit zugänglich und können entweder bei der IOSCO entgeltlich bzw. teilweise über das Internetangebot der IOSCO bezogen werden.

Verbindlichkeit und Verfügbarkeit

Abschließend bleibt festzuhalten, dass die Harmonisierungsbestrebungen in der Rechnungslegung nicht losgelöst von der parallelen Entwicklung in der gesamten Unternehmenspublizität betrachtet werden können. Während die EU auf europäischer Ebene über entsprechende EU-Richtlinien auf eine Harmonisierung kapitalmarktrechtlicher Publizitätspflichten hinwirkt, versucht die IOSCO, auf internationaler und interkontinentaler Ebene das gleiche Ziel zu erreichen. Die bisherigen Ergebnisse der EU, aber auch der IOSCO zeigen, dass eine Harmonisierung nationaler Publizitätsvorschriften voranschreitet und dass auch hier eine Tendenz hin zu den US-amerikanischen Publizitätspflichten unverkennbar ist.

Fazit

Ausgewählte Literatur

Afterman, A. B., Handbook of SEC Accounting and Disclosure, 1999-2, New York, New York 1999.
Brotte, J., US-amerikanische und deutsche Geschäftsberichte: Notwendigkeit, Regulierung und Praxis jahresabschlussergänzender Informationen, Wiesbaden 1997.
Kajüter, P./Reisloh, C., Zwischenmitteilungen der Geschäftsführung nach § 37x WpHG, in: KoR, 7. Jg. (2007), S. 620-633.
MacLaughlin, D. J./Hambleton, W., SEC Reporting Requirements, in: Carmichael, D. R./Rosenfield, P. H. (Hrsg.), Accountants' Handbook, Vol. 1, 10th ed., Hoboken, New Jersey 2003, Chapter 3.
Wiemann, H.-U., Unternehmenspublizität nach amerikanischem Kapitalmarktrecht: Entwicklungsstand und Vergleich zur deutschen Lösung, Baden-Baden 1987.

Übungsaufgaben

Aufgabe 1:
Um die Versorgung aktueller und potentieller Investoren mit entscheidungsrelevanten Informationen zu gewährleisten, sind Rechnungslegungsdaten den Rechnungslegungsadressaten zur Verfügung zu stellen. Hierzu unterliegen Unternehmen einer Vielzahl von Publizitätsvorschriften.
a) Erläutern Sie den Begriff der Unternehmenspublizität und gehen Sie dabei auf die Unterscheidung zwischen gesellschafts- und kapitalmarktrechtlichen Publizitätsvorschriften ein.
b) Insbesondere die Bedeutung kapitalmarktrechtlicher Publizitätsvorschriften hat in Deutschland in jüngerer Vergangenheit zugenommen. Verdeutlichen Sie die Wirkungsweise von kapitalmarktrechtlichen Publizitätsvorschriften anhand des vereinfachten Verlaufs eines Aktienkurses.
c) Nehmen Sie eine geeignete Systematisierung der Unternehmenspublizität vor und erläutern Sie diese.

Aufgabe 2:
Das kapitalmarktrechtlich geprägte US-Publizitätssystem gilt weltweit als das „beste" Publizitätssystem und genießt insofern Vorbildcharakter.
a) Zeigen Sie auf, inwiefern sich die Entwicklung des US-Publizitätssystems krisentheoretisch begründen lässt.
b) Nehmen Sie eine geeignete Systematisierung von Publizitätssystemen vor. Gehen Sie vor diesem Hintergrund auf die wesentlichen Unterschiede zwischen dem US- und dem deutschen Publizitätssystem ein.
c) Erläutern Sie, ob ein Mehr an Informationen immer positiv zu sehen ist.

Aufgabe 3:
Die starke Internationalisierung des US-Kapitalmarktes deutet die Vorteilhaftigkeit einer Notierung am größten Kapitalmarkt der Welt an.
a) Zeigen Sie die wesentlichen Vor- und Nachteile einer Notierung am US-Kapitalmarkt auf.
b) Für den Schritt an den US-Kapitalmarkt stehen unterschiedliche Zugangsmöglichkeiten zur Verfügung. Nehmen sie eine geeignete Unterscheidung dieser Zugangsmöglichkeiten vor.

Kapitel 32
Zukunft der internationalen Rechnungslegung

1 Normative Aspekte 949
2 Prozessorientierte Aspekte..958
3 Auswirkungen auf deutsche Unternehmen 964
   3.1   IFRS-Anwenderkreis: Status quo und offene Fragen........................964
   3.2   Auswirkungen auf den deutschen Mittelstand....................................964
   Exkurs: Exposure Draft of a Proposed IFRS for Small
            and Medium-sized Entities 965
   3.3   IFRS im Einzelabschluss 976
4 Abschließende Gedanken 980

Wie Sie durch die Lektüre dieses Buches erfahren haben, hat sich die früher wenig veränderliche und von nationalen Regulierungen dominierte Rechnungslegung zu einem überaus dynamischen und vor allem auch internationalen Gebiet entwickelt. Rechnungslegungsdaten sind nicht mehr nur für die Ermittlung der Steuerzahlungen und der Dividendenhöhe relevant, sondern bilden auch eine wesentliche Informationsquelle für die Unternehmensführung einerseits und für die Kapitalmarktteilnehmer bei ihren Anlageentscheidungen andererseits. Um diese Informationsfunktion erfüllen zu können, bedarf es Rechnungslegungsdaten, die international hinsichtlich Inhalt, Umfang und Zeitnähe weitgehend vereinheitlicht sind. Dieser Aufgabe stellt sich das IASB mit der Herausgabe der IFRS. Die inhaltliche Ausgestaltung dieses Rechnungslegungssystems und dessen praktische Anwendung und Bedeutung sind aber weiterhin großen Änderungen unterworfen, so dass es angebracht erscheint, sich abschließend mit der Zukunft der internationalen Rechnungslegung zu befassen[1]. Dies soll hier geschehen, indem unter Rückgriff auf die theoretischen Erkenntnisse des ersten Kapitels die folgenden drängenden normativen Fragen diskutiert werden:

- Wer ist die rechnungslegende Einheit und wie ist diese gegenüber der Umwelt abzugrenzen?
- Was ist ein bilanzieller Vermögenswert, was ist eine bilanzielle Schuld und daraus abgeleitet, was ist das Nettovermögen?
- Welche Bewertungsmethoden sollen herangezogen werden?
- Wie und wann sind die Daten der Rechnungslegung auszuweisen und zu publizieren?
- Welche zusätzlichen qualitativen Informationen sind im Rahmen der Unternehmenspublizität anzubieten?

Eng verknüpft mit diesen normativen Problemen ist aus einer stärker prozessorientierten Perspektive die Frage nach dem künftigen Umfeld der internationalen Rechnungslegung. Hier ist zu fragen:

- Welche Akteure werden das IASB künftig maßgeblich beeinflussen? Ist die Macht dieser unterschiedlichen Akteure ausgeglichen? Inwieweit zeigt sich das IASB gegenüber einer möglichen Einflussnahme resistent?
- Gibt es Möglichkeiten, mehr Wettbewerb bei der Weiterentwicklung der internationalen Rechnungslegung zu nutzen?

Schließlich soll konkret aus deutscher Perspektive diskutiert werden, wie sich die Rechnungslegungszukunft deutscher Unternehmen vor dem Hintergrund der künftigen IFRS einerseits und der sich wandelnden rechtlichen Rahmenbedingungen in Deutschland andererseits darstellt. Dabei werden auch die im Referentenentwurf eines Bilanzrechtsmodernisierungsgesetzes (BilMoG) geplanten Änderungen des deutschen Bilanzrechts berücksichtigt. Im Wesentlichen geht es dabei um zwei zentrale Fragenkomplexe:

---

1 In diesem Zusammenhang wird es weniger um die aktuellen Projekte auf der Agenda des IASB gehen. Informationen zu diesen Projekten sind jederzeit aktuell auf der Homepage des IASB (www.iasb.org) abzurufen.

- Welche Relevanz wird die internationale Rechnungslegung für den deutschen Mittelstand haben? Setzen sich hier die IFRS in vollem Umfang oder in einer „abgespeckten" Version für kleine und mittlere Unternehmen durch oder wird es über das BilMoG alternativ gelingen, ein modifiziertes HGB als eine „einfachere Alternative zu den in Deutschland vom Mittelstand nachhaltig abgelehnten IFRS"[2] zu entwickeln?
- Sollten die IFRS das HGB ablösen, was geschähe künftig mit den Rechtskonsequenzen, die bisher an den handelsrechtlichen Einzelabschluss gekoppelt sind? Wie könnten die Dividendenbemessung (Mindestausschüttung), die bilanzielle Kapitalerhaltung (Höchstausschüttung) und die steuerliche Gewinnermittlung reguliert werden, wenn Einzelabschlüsse nur noch nach IFRS erstellt werden?

1 Normative Aspekte

Auch wenn im ersten Kapitel deutlich wurde, dass eine zweifelsfreie Beantwortung von normativen Rechnungslegungsfragen kaum möglich erscheint: Das IASB hat sich im Rahmen der Standardsetzung diesen Fragen immer wieder neu zu stellen. Aktuell versucht das IASB in einem gemeinsamen Projekt mit dem FASB, das Rahmenkonzept noch konsistenter mit den einzelnen Standards abzustimmen. Obwohl dieses langfristige Projekt in seinen Auswirkungen auf das bisherige Rahmenkonzept noch offen ist, stehen auch in dieser Diskussion die normativen Fragen nach den Zwecken der Rechnungslegung im Vordergrund. Im Folgenden soll deshalb versucht werden, diese in der Einleitung angerissenen Fragen kurz aufzugreifen und darüber zu mutmaßen, wie sie möglicherweise künftig beantwortet werden.

Letztlich immer dieselben Fragen

Wer ist die rechnungslegende Einheit und wie ist diese gegenüber der Umwelt abzugrenzen?
Die Frage, welche „Unternehmungsabgrenzung" für informationsorientierte Rechnungslegungszwecke geeignet erscheint, verliert nie an Aktualität. So stellten spektakuläre Unternehmensschieflagen im Rahmen der Sub-Prime-Loan Krise jüngst wieder die Gefahr von sogenannten Off-Balance-Sheet Risiken eindrucksvoll unter Beweis. Dementsprechend wird gegenwärtig im Rahmen des Konsolidierungsprojektes und der geplanten Neukonzeption des Rahmenkonzepts bei beiden Boards über diese Frage diskutiert. Möglicherweise wird das Beherrschungskriterium künftig noch weiter definiert, um wirtschaftliche Abhängigkeiten unterschiedlichster Art, die sich z.B. auch in strategischen Allianzen konkretisieren, erfassen zu können.

Abgrenzung der rechnungslegenden Einheit

---

2 *Bundesministerium der Justiz (BMJ)*, Referentenentwurf eines Gesetzes zur Modernisierung des Bilanzrechts (Bilanzrechtsmodernisierungsgesetz – BilMoG) vom 8.11.2007, S. 1, 60 und 61.

Die Abgrenzung der rechnungslegenden Einheit wird umso schwieriger, je mehr Kooperationsformen zwischen dem klassischen rechtlich und wirtschaftlich selbständigen Unternehmen über den Konzernverbund bis hin zur reinen Interaktion über Märkte existieren. Wie sind z.B. Unternehmensnetzwerke, wie etwa die strategischen Allianzen von Fluggesellschaften zu behandeln? Vor allem: Wie ist sicherzustellen, dass es Unternehmen nicht gelingt, durch geschickte Vertragsgestaltung um die Konsolidierungskriterien herum unliebsame Risiken aus der Bilanz heraus zu halten? Das IASB scheint hierbei in Zukunft sehr stark auf den Grundsatz „substance over form" zu setzen. Werden die Kosten der Abschlusserstellung und -verifikation nicht berücksichtigt, so ist dies aus ökonomischer Sicht zu begrüßen. Andererseits bürdet das IASB den durchsetzenden Institutionen und damit insbesondere den Wirtschaftsprüfern und den Enforcement-Gremien eine schwere Last auf. Ihnen wird in der Zukunft die Aufgabe zukommen, den wirtschaftlichen Gehalt von hochgradig komplexen Sachverhalten zu beurteilen und für Ihre Interpretation dieses Sachverhalts dann auch noch mit immer umfangreicheren Haftungspflichten gerade zu stehen. Diese Gratwanderung wird an der nach IAS 27 vorgesehenen Konzernabschlusserstellungspflicht von Venture-Capital-Gesellschaften deutlich (IAS 27.16 (2008)). Lässt sich die Vermögens-, Finanz- und Ertragslage dieser Gesellschaften durch einen traditionellen Konzernabschluss, in dem alle Mehrheitsbeteiligungen vollständig konsolidiert werden, „korrekt" darstellen? Interessieren sich die Kapitalgeber hier für die konsolidierten Umsatzerlöse, für die konsolidierte Aufwands- und Ertragsstruktur oder wäre hier nicht eine ergebniswirksame Fair Value-Bewertung aller Beteiligungsgesellschaften – wie bei entsprechenden Joint Ventures (IAS 31.1) und assoziierten Unternehmen (IAS 28.1) bereits der Fall – wesentlich informativer? Da Venture Capital-Gesellschaften ihren Unternehmenszweck darin sehen, junge Unternehmen auf dem Weg zur Kapitalmarktreife zu unterstützen und aus der Wertsteigerung dieser Gesellschaften eine angemessene Rendite für ihre Kapitalgeber zu erwirtschaften, könnte die Änderung der Marktwerte der Beteiligungsgesellschaften möglicherweise die Informationsbedürfnisse ihrer Kapitalgeber besser befriedigen.

Anders gelagert ist der Fall der bilanziellen Abbildung von extern finanzierten leistungsorientierten Pensionsplänen (vgl. Kapitel 16). Hier wäre es für die Darstellung der Vermögens- und Kapitalstruktur durchaus sinnvoll, wenn das IASB von der bisherigen Nettobilanzierung (bilanzieller Ausweis lediglich einer Unter- bzw. Überdeckung) auf einen Bruttoausweis wechselte. Hierbei wären sämtliche in externe Pensionskassen bzw. -fonds ausgelagerten Vermögenswerte und die korrespondierenden Pensionsverpflichtungen im Jahresabschluss des die Pensionsverpflichtung tragenden Unternehmens auszuweisen und in ihren Änderungen ergebniswirksam zu erfassen. Bisher werden extern finanzierte leistungsorientierte Pensionszusagen jedoch explizit z.B. aus dem Anwendungsbereich von SIC-12 ausgeklammert. An den Beispielfällen wird deutlich, dass unterschiedliche und immer komplexere Geschäftsmodelle auch unterschiedliche Abgrenzungen der rechnungslegenden Einheit erfordern.

Was ist ein bilanzieller Vermögenswert und was ist eine bilanzielle Schuld?
Nach der bisherigen Definition des Rahmenkonzepts sind Vermögenswerte und Schulden durch künftigen Ressourcenzu- bzw. -abfluss geprägt. Dies deckt sich wenig mit der traditionell eher an der Einzelveräußerbarkeit und Materialität orientierten Sichtweise der Bilanzierung. Nicht einzelne Maschinen spenden künftigen Nutzen, sondern Maschinen kombiniert mit menschlichem Fachwissen, Rohstoffen, Produktionsideen, Marktpotentialen und einer adäquaten Finanzierung. Von daher sind zahlungsmittelgenerierende Einheiten (ZGE, cash-generating units) vielleicht die „besseren" Vermögenswerte. Für sie lassen sich künftige Nutzenpotentiale besser abschätzen als für einzelne tangible Vermögenswerte. Schließlich gilt für ein erfolgreiches Unternehmen, dass das Ganze mehr ist als die Summe der Teile. Insofern erscheint es vorstellbar, in einer Bilanz auf der Aktivseite nicht mehr klassische Vermögenswerte, sondern die in einem Unternehmen vorhandenen ZGE anzusetzen. Würden diese sogar mit ihren beizulegenden Zeitwerten bewertet, ergäbe sich – unter Vernachlässigung nicht aufteilbarer Synergieeffekte und künftiger (geplanter) Geschäfte – eine Bilanzsumme, die mit dem Gesamtunternehmenswert aus dem Blickwinkel des Managements übereinstimmt. Eine korrespondierende Marktbewertung des Fremdkapitals führte dann zu einem Eigenkapital, das im direkten Vergleich mit der Marktkapitalisierung die unterschiedlichen Erwartungen der Manager und der Kapitalmarktteilnehmer deutlich werden lässt. Im Zeitvergleich spiegelt diese Bilanz die Veränderung des Unternehmenswertes in der abgelaufenen Periode wider, während die GuV die Quellen der Änderung des Unternehmenswertes zeigt. Ein Abschluss in dieser Art wird in Abbildung 32.1 dargestellt.

Definition von Vermögenswerten und Schulden

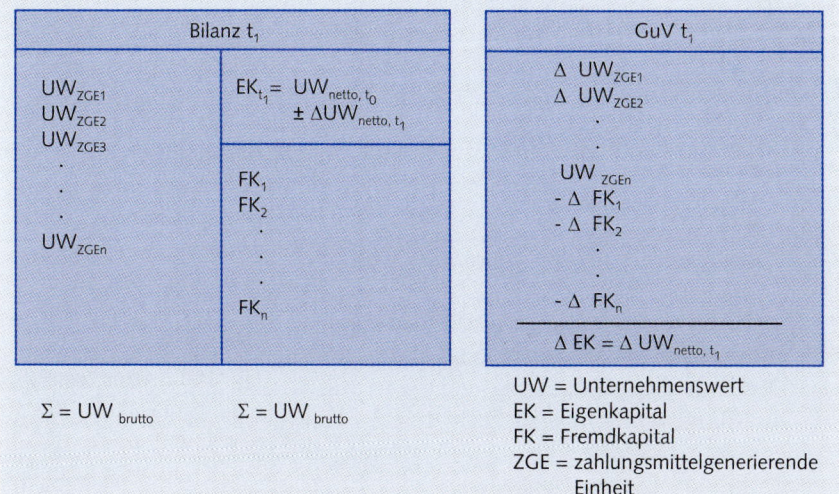

Abb. 32.1: Fair Value-Abschluss auf Basis von zahlungsmittelgenerierenden Einheiten

Eine alternative Vorgehensweise unter Wahrung einer objektiveren Einzelbewertung könnte darin bestehen, auch weiterhin die einzelnen Vermögenswerte der ZGE anzusetzen. Unabhängig von ihren jeweiligen Wertansätzen ergäbe sich dann im Regelfall eine Diskrepanz zwischen der Summe der Vermögenswerte im Rahmen der Einzelbewertung und dem Gesamtwert der korrespondierenden ZGE. Diese Wertdifferenz, die sich als (originärer und ggf. derivativer) Goodwill bzw. Badwill charakterisieren lässt, wäre dann konsequenterweise ebenfalls als Vermögenswert (bzw. Schuld) anzusetzen (vgl. Abbildung 32.2).

Erfolgt die Bewertung der Vermögenswerte und Schulden zum beizulegenden Zeitwert, wird auch hier – jedoch anders untergliedert – auf der Aktivseite der Gesamtunternehmenswert ausgewiesen. Sofern das IASB auch eine Zuschreibung der Goodwills jeder ZGE auf den beizulegenden Zeitwert ermöglichen würde, ginge die IFRS-Bilanz hiermit konform. Durch den getrennten Ausweis der einzelnen Vermögenswerte und des gesamten Goodwills könnte der Bilanzleser die Auswirkungen der Full Fair Value-Bilanzierung auf das Eigenkapital zudem differenziert erkennen.

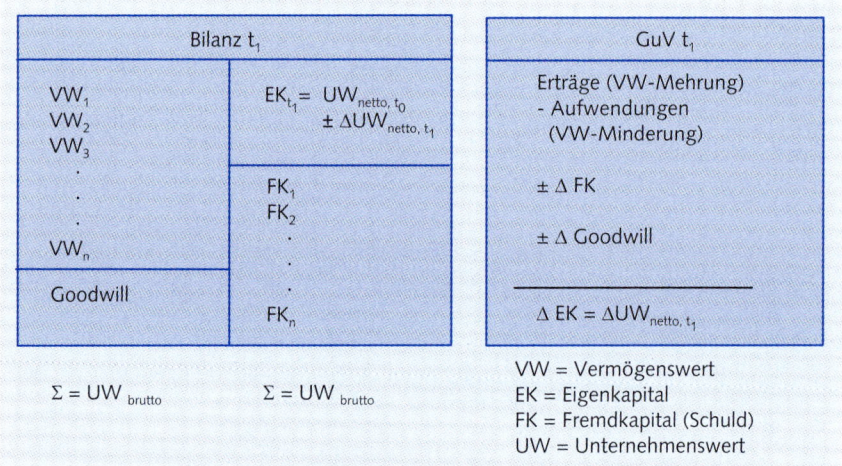

Abb. 32.2: Abschluss auf Einzelbewertungsbasis

Welche Bewertungsmethoden sollen herangezogen werden?

Bewertungsmethoden

Eng mit der vorhergehenden Fragestellung verbunden ist die Diskussion über eine zweckorientierte Bewertung der Vermögenswerte und Schulden. Der Ansatz von (fortgeführten) historischen Kosten erscheint vor allem dann adäquat, wenn an dem Grundsatz der Einzelbewertung festgehalten wird. Zudem erscheint er sinnvoll, wenn im Rahmen einer Rechenschaftsrechnungslegung für abgeschlossene Geschäfte ermittelt werden soll, ob das bilanzierende Unternehmen in der Abrechnungsperiode wirtschaftlich gearbeitet hat. Je weiter sich das IASB allerdings von der Idee einer an Rechenschaftszwecken orientierten Rechnungslegung ab- und dem Ziel der Entscheidungsrelevanz zuwendet, desto weniger sinnvoll erscheint ein Festhalten an historischen Kosten. Die Summe der fortgeführten historischen Kosten der Vermögenswerte einer ZGE entspricht bestenfalls zufällig deren künftigem Nutzenpotential. Hier bietet sich ein anderer Wertansatz an, der im Idealfall das Nutzenpotential von Vermögenswerten über das beste Verfahren ermittelt, das die Ökonomie kennt: Den funktionsfähigen Markt.

So ist zu beobachten, dass das IASB die eigenen Standards in den letzten Jahren verstärkt in die Richtung einer so genannten „Full Fair Value-Bilanzierung" vorangetrieben hat. Waren es bis etwa Mitte der 1990er Jahre im Wesentlichen nur bestimmte Wertpapiere, die – damals auch noch per Wahlrecht – zum beizulegenden Zeitwert bewertet werden konnten, so hat sich dieses Bild in den zehn Folgejahren deutlich gewandelt. Mit den Standards z.B. zu Sachanlagen (IAS 16), Wertminderung von Vermögenswerten (IAS 36), immateriellen Werten (IAS 38), Finanzinstrumenten (IAS 39), als Finanzinstrumente gehaltenen Immobilien (IAS 40), Landwirtschaft (IAS 41), Aktienoptionen und ähnlichen Entgeltformen (IFRS 2) oder auch Unternehmenszusammenschlüssen (IFRS 3) ist das IASB deutlich in Richtung „Fair Value-Bewertung" geschritten. Die laufenden Projekte und Überlegungen des IASB führen diesen Weg konsequent fort. Paradebeispiele hierfür sind die full goodwill method und insbesondere die sog. „fresh start method", bei der ein Unternehmenszusammenschluss „unter Gleichen" im Zeitpunkt der Erstkonsolidierung zu einer vollständigen Zeitwertbilanz führt, und die seit Jahren kontrovers diskutierten Überlegungen zur Umsatzrealisation, wonach ein Ertrag teilweise bereits mit Vertragsabschluss realisiert werden kann.

Full Fair Value-Bilanzierung

Obwohl die Entwicklung eines komplexen Rechnungslegungssystems wie der IFRS nicht allein durch Bewertungsfragen umrissen werden kann, dürfte in der Fair Value-Bewertung dennoch eine Orientierungsmarke für viele künftige Standards liegen. Sie stellt eine Art Referenzmodell dar, das unter Zugrundelegung der unterschiedlichen Bedürfnisse der Nachfrager quasi ein theoretisches Idealbild markiert, dem sich ein Rechnungslegungssystem im Zeitablauf annähert. Letztlich steht das Verständnis der einzelnen Board-Mitglieder dahinter, dass ein beizulegender Zeitwert die bestmögliche Prognose-Eignung für die Adressaten besitzt, wenn es darum geht, künftige Nutzenpotentiale (bei Vermögenswerten) oder Ressourcenabflüsse (bei Schulden) zu antizipieren.

Referenzmodell

Aus der Sicht der ökonomischen Theorie ist dieses normative Verständnis grundsätzlich zutreffend. Schließlich bündeln Märkte und Preise sämtliche Erwartungen der Marktteilnehmer über das künftige Geschehen. Problematisch wird es aus ökonomischer Sicht immer dann, wenn keine (funktionsfähigen) Märkte existieren. Da das Konzept des beizulegenden Zeitwertes nicht nur auf Marktwerte abstellt (mark-to-market), sondern auch alternative Bewertungsverfahren zulässt (mark-to-model), besteht die Gefahr der marktfernen Bewertung. Letztere ist dadurch gekennzeichnet, dass eben nur ein oder wenige Manager oder Rechnungsleger innerhalb des bilanzierenden Unternehmens das künftige Geschehen antizipieren. Hiernach wird der Bilanzansatz einzelner bzw. zusam-

Marktwert- und Ertragswertbilanzierung als Referenzmodell

menhängender Vermögenswerte und Schulden an künftigen Liquiditätszuflüssen und -abflüssen und die Bilanzbewertung am Barwert dieser Zahlungsströme ausgerichtet. Das verbleibende Nettovermögen wäre als Barwert der künftigen Einzahlungsüberschüsse zu interpretieren und würde insofern dem rechnerischen Marktwert des Eigenkapitals entsprechen. Obwohl die Unternehmensleitung einen sehr guten Wissensstand besitzen sollte, spiegelt der Preismechanismus auf einem funktionierenden Markt immer eine ungleich höhere Menge an Wissen wider[3]. Zudem gerät der Ertragswert als „nachgekochter" Marktpreis in die Gefahr der Manipulation. Dem verantwortlichen Management kann schließlich, z.B. wegen eigener Anstellungs-, Entlohnungs- oder auch Kreditverträge, ein eigennutzorientiertes Interesse an der Gestaltung von Rechnungslegungsdaten unterstellt werden.

Dilemma der Fair Value-Bilanzierung

Es zeigt sich somit das Dilemma der Fair Value-Bilanzierung: Beizulegende Zeitwerte scheinen lediglich dann wirklich ermessensfrei, wenn sie auf funktionsfähigen Märkten ermittelt werden. Entscheidungsrelevant sind beizulegende Zeitwerte allerdings nur dann, wenn sie für aggregierte Vermögenswerte im Sinne von ZGE ermittelt werden, da ansonsten die Differenz von Einzel- und Gesamtbewertung die Relevanz der beizulegenden Zeitwerte von einzelnen Vermögenswerten stark relativiert. Für ZGE gibt es jedoch nur überaus selten einen funktionsfähigen Markt. Insofern wird ein beizulegender Zeitwert von ZGE überwiegend auf Schätzungen des Managements und damit auf erheblichen Ermessensspielräumen beruhen. Will der Rechnungslegungsadressat abschätzen, wie gewissenhaft und genau das Management schätzen kann, braucht er historische (faktische) Daten über abgeschlossene Geschäftsprojekte. Diese rechenschaftsorientierten Daten basieren, wie eingangs gesagt, auf historischen Kosten und damit letztlich auf Ein- und Auszahlungen des Unternehmens. Insofern lässt sich die Frage „Beizulegender Zeitwert *oder* historische Kosten?" eigentlich nur beantworten mit „Beizulegender Zeitwert *und* historische Kosten!"

Dieser Zusammenhang hat auch Auswirkungen auf die Abschlussprüfung und die Erwartungen an den geprüften Jahresabschluss. Wenn die Rechenwerke künftig nicht mehr von eindeutig überprüfbaren historischen Kosten bestimmt werden, sondern stattdessen durch kaum objektiv zu prüfende beizulegende Zeitwerte, ergeben sich Konsequenzen für die Prüfungshandlungen der Wirtschaftsprüfer. Wahrscheinlich prüfen diese künftig mehr die Prognosemethoden und Bewertungsmodelle als die sich hieraus „zwangsläufig" ergebenden Daten. Damit geht die Annahme einher, dass sich Rechnungslegungsdaten künftig häufiger aufgrund von Erwartungsänderungen ex post als unzutreffend erweisen und entsprechende Anpassungen gegenüber dem Vorjahr erforderlich werden. Dieser Objektivitätsverlust ist wohl der Preis für die erhoffte höhere Entscheidungsrele-

---

3 Vgl. zur grundsätzlichen Bedeutung des Markt- und Preismechanismus insb. *v. Hayek, F. A.*, The Use of Knowledge in Society, in: The American Economic Review, Vol. 35 (1945), S. 519-530. Vgl. zur Problematik synthetischer Marktwerte *Hitz, J.-M.*, Rechnungslegung zum fair value – Konzeption und Entscheidungsnützlichkeit, Frankfurt a. M. u.a. 2005.

vanz der Rechnungslegungsdaten. Die Beteiligten sollten dies berücksichtigen und die eingeschränkte Aussagekraft eines Prüfungstestats antizipieren.

Wie und wann sind die Daten der Rechnungslegung auszuweisen und zu publizieren?

Es wurde deutlich, dass eine einwertige Rechnungslegung kaum in der Lage sein wird, die Anforderung an eine informationsorientierte Rechnungslegung zu erfüllen. Historische Kosten haben auch in einer am beizulegenden Zeitwert ausgerichteten Bilanzierungswelt eine wichtige Kontrollfunktion. Außerdem ist ein nicht über funktionsfähige Märkte ermittelter beizulegender Zeitwert kein eindeutiger Wert, sondern eher ein Lageparameter einer Verteilung von unterschiedlichen Werten, die sich in der Zukunft konkretisieren könnten. Insofern muss sich das IASB fragen, wie mit dem Thema der Mehrwertigkeit umzugehen ist.

Ausweis und Offenlegung

Zudem konnte bereits in den letzten Jahren festgestellt werden, dass sich Berichtsintervalle und Zeiträume zwischen Stichtag und Veröffentlichung deutlich reduzieren. Einerseits wird die Jahresberichterstattung inzwischen durch eine Zwischenberichterstattung meist auf Quartalsbasis ergänzt. Andererseits sind die Veröffentlichungsfristen immer weiter reduziert und auch sog. Ad-hoc-Publizitätspflichten eingeführt worden. Darüber hinaus haben die Unternehmen z.B. mit „fast close"-Projekten auch freiwillig die Zeitnähe der von ihnen veröffentlichten Daten erhöht. Diese Entwicklung wird sich aufgrund der verbesserten Möglichkeiten der Informations- und Kommunikationstechnik noch fortsetzen. Entwicklungszeiten, Produktlebenszyklen und Geschäftsmodelle verkürzen sich ständig, sämtliche Märkte rücken näher zusammen, Interdependenzen werden so sehr viel schneller deutlich und treffen die bilanzierenden Unternehmen rascher. Durch die insofern volatilere Wertentwicklung verlieren z.B. Marktwerte von Finanzinstrumenten, die zum Veröffentlichungszeitpunkt einige Monate zurückliegen, ihre Entscheidungsrelevanz.

Segmentierung der Unternehmenspublizität

Vor dem Hintergrund der immer umfangreicheren gesetzlichen Anforderungen an die Unternehmenspublizität und der damit einhergehenden steigenden Auswertungskosten insbesondere von Privatanlegern ist für diese Adressatengruppe derzeit von einer Informationsüberflutung auszugehen. Insofern sollten die Unternehmen ihre Informationspolitik nach Adressatengruppen segmentieren. Ist für institutionelle Anleger und Finanzanalysten ein umfangreiches „Faktenbuch" mit allen gesetzlich geforderten Informationen relevant, wäre für Privatanleger ein auf wesentliche Daten beschränkter und didaktisch aufbereiteter Rechenschaftsbericht wünschenswert. Die Tatsache, dass viele Privatanleger die Unternehmenskommunikation zudem vorwiegend durch die Brille der öffentlichen Medien wahrnehmen, macht deutlich, dass auch der Pressekommunikation und insbesondere dem „Pressecoaching", also dem schulenden Erläutern der Rechnungslegungsdaten, künftig eine zentrale Rolle zukommen sollte.

„Wunschbilanz auf Knopfdruck"

Wie kann nun eine solche zeitnahe und potenziell mehrwertige Rechnungslegung bereit gestellt werden? Wie ist die Gefahr der Informationsüberflutung einzudämmen, zumal schon heute Befragungen zeigen, dass Aktionäre sich schwer tun, die bestehenden Informationen zielgerichtet zu verarbeiten[4]? Lösungsansätze hierfür sind bereits angedacht worden, wonach Marktprozesse stärker in den Bilanzansatz, die Bilanzbewertung, den Bilanzausweis und die Jahresabschlusspräsentation eingebunden werden müssen. Das bilanzierende Unternehmen verlöre hier die alleinige Entscheidungsgewalt über Ansatz und Bewertung. Es stellte lediglich die Daten, z.B. in Form geeigneter Transaktionsdatenbanken, zur Verfügung und überließe es miteinander konkurrierenden Drittanbietern, standardisierte Aggregations-, Ansatz- und Bewertungs- sowie Offenlegungsmodule zu generieren und anzubieten. Die Rechnungslegungsadressaten erhielten durch solche Produkte die Möglichkeit, zwischen unterschiedlichen Verfahren der Aggregation, Bilanzierung und Publizität zu wählen[5]. So könnten Adressaten sich z.B. wahlweise eine Bilanz auf Basis von historischen Kosten und/oder auf Basis von beizulegenden Zeitwerten erstellen lassen. Dem möglicherweise drohenden „information overload" könnten die Drittanbieter als sog. Informationsintermediäre begegnen. Sie wären in der Lage, Softwareprodukte zu entwickeln, welche die von den Unternehmen publizierten Datenbankinformationen verdichten und auf einem beliebigen Komplexitätsniveau, von der mehrdimensionalen Bilanz bis zur einfachen EPS-Ziffer, bereitstellen. Möglicherweise entwickelt sich die so genannte „eXtensible Business Reporting Language (XBRL) künftig zu einem Standard auf diesem Gebiet.

„Google Earth für Bilanzen"

Eine alternative oder ergänzende Version einer modifizierten Unternehmenspublizität, die bereits auf Basis der bestehenden Angabepflichten denkbar erscheint, bestünde in einer grundlegenden Überarbeitung der Datenaufbereitung. Im Zeitalter elektronischer Medien und der in vielen Unternehmen anstehenden Implementierung von XBRL scheint es nahe liegend, den Anlegern zumindest eine individuell anpassbare Datenvisualisierung anzubieten. Wie eine solche Berichterstattung aussehen könnte, kann in Analogie zu der Software „Google Earth" (www.earth.google.com) erläutert werden. Diese bietet die Möglichkeit, sich ausgehend von der „Raumschiff"-Perspektive so nah an die Erde zu „zoomen", dass sowohl Landschaften als auch einzelne Gebäude und Straßen und sogar dort parkende Autos erkennbar werden. Darüber hinaus gibt es die Möglichkeit, sich vielfältige Informationen – von der Lage von Hotels, Restaurants und Tankstellen bis zu Hinweisen auf Sehenswürdigkeiten – anzeigen zu lassen.

---

4 Vgl. *Ernst, E./Gassen, J./Pellens, B.*, Verhalten und Präferenzen deutscher Aktionäre, Eine Befragung privater und institutioneller Anleger zu Informationsverhalten, Dividendenpräferenz und Wahrnehmung von Stimmrechten, Studien des Deutschen Aktieninstituts, Nr. 29, 2005, S. 12-14 sowie S. 20-25.
5 Vgl. zu einem solchen Vorschlag unter Rückgriff auf frühere Forschungen und mit einem technischen Anwendungsbeispiel *Gassen, J.*, Datenbankgestützte Rechnungslegungspublizität: Ein Beitrag zur Evolution der Rechnungslegung, Frankfurt a. M. u.a. 2000.

Würde diese Technik auf die Unternehmensberichterstattung übertragen, wäre eine neue Art der Informationsvermittlung denkbar. Anleger hätten die Möglichkeit, sich ausgehend von rudimentären Konzernbilanzen tiefer liegenden Betrachtungsebenen (Segmente, Geschäftseinheiten) zu nähern. Gleichzeitig hätten sie die Möglichkeit, die Art der vermittelten Informationen in einem vorgegebenen Rahmen selbst zu bestimmen, z.B. indem sie die angezeigten Kenngrößen selbst wählen, Zusatzinformationen in Form von Anhangangaben zuschalten oder eben darauf verzichten.

Ein solches Informationsinstrument dürfte in der Lage sein, ausgehend vom bisher zu publizierenden Datenmaterial des Konzernabschlusses die individuellen Informationsbedürfnisse ganz unterschiedlicher Anleger besser als bisher zu befriedigen. Hierbei könnte jeder Anleger auf der Basis seines eigenen Kosten-Nutzen-Kalküls die gewünschten Informationen abrufen. Dabei ist wichtig, dass durch ein solches Instrument nicht notwendigerweise die Quantität der bereitzustellenden Informationen weiter ausgedehnt werden müsste. Es geht primär um die qualitative Aufbereitung der zur Verfügung gestellten Daten. Die technische Umsetzbarkeit dieses Informationssystems dürfte in der heutigen Zeit wohl kein großes Hindernis sein. Schließlich nutzen bereits heute viele Unternehmen die Möglichkeit von Verknüpfungen innerhalb elektronischer Dokumente, z.B. durch Verweise von Bilanzpositionen auf die entsprechenden Anhangangaben. Auch hinsichtlich der Bereitstellungskosten der Unternehmensinformationen ist davon auszugehen, dass die einmaligen Implementierungskosten der Berichtssysteme durch die eingesparten Druckkosten der umfangreichen Geschäftsberichte schnell finanziert würden.

Im Rahmen einer solchen grundlegenden Überarbeitung der Unternehmenspublizität erscheint auch bedeutend, welche qualitativen Informationen neben den quantitativen Daten der Rechenwerke noch eine bedeutende Informationsrelevanz besitzen. In der letzten Frage dieses normativen Ausblicks soll daher diskutiert werden, welche qualitativen Informationen Teil einer international harmonisierten Unternehmenspublizität werden sollen.

Welche zusätzlichen qualitativen Informationen sind im Rahmen der Unternehmenspublizität anzubieten?
Informationsorientierte Rechnungslegungsdaten werden immer stärker als Teil einer Gesamtmenge entscheidungsrelevanter Informationen verstanden. In dieser Gesamtmenge sind insbesondere auch qualitative Angaben, z.B. zu Unternehmensstrategien oder bedeutsamen künftigen Entwicklungen und Risiken, erforderlich. Diese Informationen sollen die Prognosebildung erleichtern, zu einer besseren Vergleichbarkeit von Unternehmen und zu einer Reduktion vager Tendenzaussagen führen. Hierbei kann es allerdings nicht darum gehen, den Unternehmen (und Adressaten) stetig umfangreichere Publizitätspflichten zuzumuten. Das IASB und andere Regulierer stehen auch künftig vor der schwierigen Aufgabe, unter Kosten-Nutzen-Erwägungen wichtige entscheidungsrelevante Informationen für eine Publizitätspflicht zu identifizieren.

Qualitative Zusatzinformationen

Dieses Problem ist umso gravierender, da das IASB sich bislang bewusst dazu entschieden hat, nur wenige Normen zur qualitativen Unternehmenspublizität zu entwickeln und zu verabschieden. Stattdessen orientiert sich das IASB stärker an einer Weiterentwicklung der Rechenwerke und überlässt weitergehende Publizitätsvorschriften in der Kompetenz der nationalen Gesetzgeber. Insofern gibt es bislang auch keinen befreienden IFRS-Lagebericht. Daher sind kapitalmarktorientierte deutsche Mutterunternehmen gemäß § 315 i.V.m. § 315a Abs. 1 HGB weiterhin zur Erstellung und Veröffentlichung eines HGB-Konzernlageberichts verpflichtet.

<small>management commentary</small>

Allerdings überlegt das IASB seit einigen Jahren, ob es eigene Vorschriften zum Thema Lagebericht bzw. MD&A erlassen soll. Ende 2005 hat es in einem Diskussionspapier erste Ideen zu einem „management commentary" veröffentlicht. Um die Informationsbasis für Investoren weiter zu verbessern, wird darin ein zukunftsorientiertes Berichtsinstrument diskutiert, das die Finanzdaten der bisherigen Rechenwerke ergänzen soll. Ähnlich dem US-amerikanischen und deutschen Pendant hätte das Management darin aus seiner Sicht über die Lage des Unternehmens, dessen Ziele und Strategien, über Schlüsselressourcen, bestimmte Aussichten und Risiken sowie über steuerungsrelevante Performancekennzahlen und -indikatoren zu berichten[6].

Um die in diesem Abschnitt andiskutierten, vielfältigen und schwer zu beantwortenden normativen Fragen zu bearbeiten, erscheint es zwingend, dass sich das IASB eine Organisation gibt bzw. bewahrt, die effizientes Arbeiten und den notwendigen Interessenausgleich ermöglicht. Daher soll im folgenden Abschnitt im Sinne der Prozessorientierung des ersten Kapitels untersucht werden, ob die Organisation und Struktur des IASB und des Standardsetzungsprozesses für die künftigen Aufgaben auch vor dem Hintergrund von politischem und lobbyistischem Druck gewappnet erscheint.

2 Prozessorientierte Aspekte

Im ersten Kapitel wurde diskutiert, dass es in Ermangelung einer theoretisch konsistenten normativen Zielfunktion für die (künftige) Qualität der IFRS bedeutend sein dürfte, in welchem organisatorischen Umfeld sie entstehen. Für „gute" Rechnungslegungsregeln ist dort festgehalten worden, dass Interessenpluralismus, transparente Entscheidungsmechanismen, Möglichkeit zum Wettbewerb und ein Feedback-System zur Verbesserung bestehender Standards erforderlich sind. Wie viele aktuelle Beispiele vor allem zu IAS 32 eindrucksvoll zeigen, werden die IFRS aber nicht im politikfreien Raum verabschiedet. Das

---

6 Vgl. *IASB*, Discussion Paper: Management Commentary, A paper prepared for the IASB by staff of its partner standard-setters and others, London Okt. 2005; vgl. dazu auch Kapitel 31.

IASB sieht sich verschiedenen Einflüssen und sogar unmittelbar wirkenden Zwängen ausgesetzt, die auch den Inhalt der IFRS beeinflussen.

Um diesen Einfluss analysieren zu können, stellt die positive Theorie der Regulierung insbesondere einen Ansatz zur Verfügung: die „interest group theory" oder „capture theory", deren Grundzüge auf den „public choice"-Ansatz zurückgehen[7]. Den verantwortlichen Regulierern in den Behörden oder Parlamenten, aber auch z.B. den Mitgliedern des IASB, wird hier weniger altruistisches Verfolgen edler (normativer) Rechnungslegungsziele als vielmehr pures Eigeninteresse unterstellt. Auf einem Markt für Regulierung bietet das IASB den nach IFRS bilanzierenden Unternehmen und ihren Managern bestimmte Regeln an. Letztere fragen eine ihnen „genehme" Regulierung nach, die ihnen z.B. Wettbewerbsvorteile verschafft. Die Grundthese lautet dabei, dass relativ kleine, aber gut organisierte Minderheiten über ihre Lobby ein unverhältnismäßiges Gewicht erlangen und das IASB veranlassen könnten, durch entsprechende Regulierungen Vermögen z.B. von den Kapitalmarktteilnehmern zur betreffenden Minderheit zu verlagern. Im Hinblick auf den Begriff der „capture theory" nimmt die Lobby das IASB und dessen Standards gewissermaßen für ihre Zwecke „gefangen".

Lobbyismus

Die Einflussnahme der Lobbyisten ist nicht neu und auch im Rahmen der handelsrechtlichen Gesetzgebung zu beobachten. So ist z.B. festgestellt worden, dass sich bei der Transformation der 4. und 7. EG-Richtlinie durch das Bilanzrichtlinien-Gesetz von 1985 vor allem die betroffenen Unternehmen, ihre Spitzenverbände und die sie unterstützenden Wirtschaftsprüfer durchsetzen konnten[8]. Lobbyistischer Einfluss auf den Standardsetzungsprozess des IASB ist demnach keine Überraschung und manchmal sogar offenkundig. Bestes Beispiel sind die langwierigen Verhandlungen über IAS 32 und IAS 39 im EU-Endorsement-Prozess, bei denen insbesondere Banken und Versicherungen versuchten, ihre Position zunehmend stärker durchzusetzen.

Die künftige Entwicklung der IFRS, auch in ihrer weltweiten Bedeutung, wird noch sehr viel stärker von politischen Zwängen abhängen, denen sich das IASB ausgesetzt sieht. Diese Zwänge gehen nicht unmittelbar von den Betroffenen aus. Sie resultieren eher aus der Konkurrenz öffentlich-rechtlicher Regulie-

Konkurrenz der Regulierer

---

7 Vgl. *Posner, R. A.*, Taxation by regulation, in: The Bell Journal of Economics and Management Science, Vol. 2 (1971), S. 22-50; *Posner, R. A.*, Theories of economic regulation, in: Bell Journal of Economics and Management Science, Vol. 5 (1974), S. 335-358; *Stigler, G. J.*, The theory of economic regulation, in: The Bell Journal of Economics and Management Science, Vol. 2 (1971), S. 3-21; *Peltzman, S.*, Towards a More General Theory of Regulation, in: The Journal of Law and Economics, Vol. 19 (1976), S. 211-240.

8 Vgl. z.B. *Chmielewicz, K.*, Die Kommission Rechnungswesen und das Bilanzrichtlinien-Gesetz, in: Domsch, M. et al. (Hrsg.), Unternehmenserfolg: Planung – Ermittlung – Kontrolle, Walther Busse von Colbe zum 60. Geburtstag, Wiesbaden 1988, S. 53-87; *Ordelheide, D.*, Zur Politischen Ökonomie der Rechnungslegung, in: Ballwieser, W. et al. (Hrsg.), Rechnungslegung und Steuern international, Tagung des Ausschusses Unternehmensrechnung im Verein für Socialpolitik am 9. und 10. Mai 1997 in Evelle/Frankreich, ZfbF-Sonderheft Nr. 40, 1998, S. 1-16.

rungssubjekte um die Vormachtstellung in der internationalen Rechnungslegungsregulierung. In diesem Konkurrenzkampf sind die IFRS quasi der Spielball. Da das IASB als private Organisation keine eigenen Anwendungs- und Durchsetzungsbefugnisse besitzt, ist es offenkundig von Institutionen mit exekutiven und legislativen Machtbefugnissen abhängig.

SEC und EU-Kommission

Bisher sind hierbei insbesondere zwei Institutionen zu nennen: die US-amerikanische SEC und die Europäische Kommission. Letztere hat sich spätestens seit der IAS-Verordnung 2002 und dem dort festgelegten Endorsement-Mechanismus die unmittelbare Einflussnahme auf die IFRS gesichert. Erstere wuchert indes mit der hohen Sogwirkung des US-amerikanischen Kapitalmarktes und ihrer Position, über die Anerkennung der IFRS in den USA entscheiden zu können. Diese starke politische Position dürfte durch die im November 2007 erfolgte Anerkennung der IFRS im Zuge von „Cross-Border-Listings" ausländischer Unternehmen an einer US-Börse nicht an Bedeutung verloren haben. Im Gegenteil: Einerseits steht die Entscheidung über eine vollständige Anerkennung der IFRS auch für US-amerikanische Unternehmen noch aus. Andererseits sichert sich die SEC analog zur EU eine machtvolle und kontinuierliche Einflussposition bei der künftigen Entwicklung und Anerkennung neuer IFRS. Beide Institutionen sind durchaus machtbewusst und nicht unbedingt bereit, der jeweils Anderen den alleinigen Einfluss auf das IASB zu überlassen. Zudem sind beide Institutionen ihrerseits starken lobbyistischen Strömungen ausgesetzt. Auf europäischer Ebene hat es den Anschein, als bündele insbesondere die EFRAG die lobbyistischen Interessen, hinter denen letztlich nationale Rechnungslegungsregulierer und andere Organisationen in Europa stehen.

Neue „Player" insbesondere in Asien

Vor dem Hintergrund, dass die IFRS-Rechnungslegung u.a. auch in Australien, Russland und der Volksrepublik China zur Anwendung gelangt, ist davon auszugehen, dass sich die politische Einflussnahme auf das IASB künftig noch intensivieren und verbreitern wird. Erste Anzeichen hierfür liefert die vergleichbar zur EFRAG im Jahre 2005 gegründete Asia-Pacific Financial Reporting Advisory Group (APFRAG), eine Vereinigung der Rechnungslegungs-Standardsetter aus Ländern wie z.B. Australien, Hong Kong/China, Malaysia und Singapur. Die Verlagerung wirtschaftlicher Machtpotenziale nach Asien dürfte insbesondere der künftig führenden Wirtschaftsnation China und ihren Institutionen eine bedeutungsvolle Rolle in der IASCF und dem IASB zukommen lassen. Ähnliches ist auch für Russland und, bei künftig stärkerer Ausrichtung auf die IFRS, für Indien zu erwarten.

Bürokratietheorie

Die ökonomische Theorie hat einen Ansatz entwickelt, der insbesondere behördliches Machtstreben zu erklären versucht. So unterstellt die Bürokratietheorie den Bürokraten, z.B. dem Leiter der Rechnungslegungsabteilung, wiederum Eigennutzoptimierung[9]. Um z.B. Budgetmaximierung, Stellen- und damit

---

9 Vgl. dazu grundlegend *Niskanen, W. A.*, Bureaucracy and Representative Government, Chicago 1971, und *Hilton, G. W.*, Regulatory Reform in Transportation: The Basic Behaviour of Regulatory Commissions, in: The American Economic Review, Vol. 62 (1972), S. 47-54.

Machtzuwachs oder innerbehördliche Karrieremöglichkeiten zu erreichen, wird dieser Abteilungsleiter sein Aufgabengebiet zu erhalten, ja zu vergrößern versuchen. Diese Überlegung trifft natürlich auf die SEC und die EU-Kommission, aber auch auf das FASB oder das IASB zu. Die Mitarbeiter und vor allem Board-Mitglieder dieser Organisationen werden ihre Aufgaben und damit auch ihren Stellenwert zu erhalten oder zu vergrößern versuchen. Ähnliches gilt für andere Organisationen, die sich weltweit mit Rechnungslegungsregulierung beschäftigen und auf das IASB Einfluss nehmen wollen.

Vor dem Hintergrund der erheblichen Einschränkungen durch politische und lobbyistische Machtpositionen, denen der demokratische Prozess des Interessenausgleichs auf Ebene des IASB ausgesetzt ist, bleibt zu fragen, welche anderen Instrumente helfen könnten, dennoch „gute" IFRS zu entwickeln. Zwei bereits erwähnte Mechanismen sollen hier kurz beleuchtet werden: Wettbewerb und Feedback-Schleifen.

Qualität trotz Lobbyismus?

In der öffentlichen Diskussion wird die internationale Vielfalt von Rechnungslegungssystemen häufig beklagt. Dies ist aus Sicht der Adressaten sicher zutreffend, sind sie doch mit den unterschiedlichen Abschlüssen konfrontiert. Aus Sicht der Standardentwicklung ist eine solche Vielfalt jedoch durchaus auch positiv zu sehen. Wenn z.B. zur Bilanzierung von immateriellen Vermögenswerten international unterschiedliche Vorschriften existieren, können Regulierer beobachten, welche Norm von den Adressaten der Rechnungslegung besser angenommen wird und daraus Rückschlüsse ableiten, welcher Normenansatz zweckdienlicher ist. Besonders interessant ist es, wenn sich in einem Land bestimmte Unternehmen für unterschiedliche Rechnungslegungssysteme entscheiden können. Das war z.B. in Deutschland von 1998 bis 2004 gemäß § 292a HGB a.F. der Fall; seit 2005 gilt dies gemäß § 315a HGB in ähnlicher Form für Konzernabschlüsse nicht kapitalmarktorientierter Mutterunternehmen. So kann auf der Basis dieser Wahlrechte in der Tat von einem Wettbewerb der Rechnungslegungssysteme ausgegangen werden, aus dem, an der Wahl der Unternehmen gemäß § 292a HGB a.F. gemessen, die IFRS als Sieger hervorgegangen sind. Über die Funktionsfähigkeit dieses Wettbewerbs lässt sich allerdings streiten. So ist anzunehmen, dass die IFRS-Entscheidung vieler Unternehmen schon im Vorgriff auf die sich abzeichnende EU-Verordnung getroffen wurde.

Vor diesem Hintergrund erscheint es nicht zwingend sinnvoll, eine weltweite Harmonisierung der informationsorientierten Rechnungslegung anzustreben. Vielleicht ist eine befruchtende Konkurrenz einiger weniger Anbieter, wie z.B. vom IASB und dem FASB, auf lange Sicht sogar zielführender.

Wenn es unterschiedliche Regeln gibt, dann müssen jedoch Verfahren entwickelt werden, die es ermöglichen, diese Regeln hinsichtlich ihrer Zweckeignung zu reihen. Auch innerhalb eines Rechnungslegungssystems erscheint es zweckmäßig, den Grad der Zielerreichung eines bestimmten Standards zu messen, um eventuell Feedback-Schleifen zur Verbesserung anstoßen zu können. Wie ist nun die Qualität von Standards zu messen? Neben bilanzempirischen Untersuchungen, die den Ermessensspielraum bestimmter Normen und die Nutzung dieses

Qualitätskontrollen für Rechnungslegungsnormen

Ermessensspielraums, z.B. im Rahmen des Goodwillwerthaltigkeitstests, durch das Management untersuchen[10], und kapitalmarktempirischen Untersuchungen, die den Zusammenhang von Rechnungslegungs- und Kapitalmarktdaten beleuchten[11], wäre es hier sinnvoll, vermehrt direkte Adressatenbefragungen vorzunehmen, insbesondere um auch die Informationsinteressen der Adressaten zu erheben, die nicht direkt am organisierten Kapitalmarkt aktiv sind. Außerdem erscheinen einzelne Regelalternativen, z.B. hinsichtlich der Neustrukturierung der GuV, auch vor der Regelverabschiedung, z.B. durch experimentelle Tests, auf ihre Wirkung hin überprüfbar. Mit den 2007 eingeführten sog. post-implementation reviews geht das IASB einen Schritt in Richtung einer solchen freiwilligen Selbstkontrolle.

Zukunftsgerichtete Überlegungen

Zusammenfassend wird bei Betrachtung der prozessorientierten Rahmenbedingungen der künftigen IFRS-Rechnungslegung deutlich, warum die „Player" auf dem Markt für Rechnungslegungssysteme so vehement ihr Terrain verteidigen und welche Möglichkeiten der alternativen Qualitätssicherung es geben könnte. Neben den hier diskutierten ökonomischen Ansätzen helfen möglicherweise auch politikwissenschaftliche und sonstige verhaltenswissenschaftliche Methoden weiter. Dennoch seien abschließend einige eher intuitive Überlegungen gewagt:

- Es wird interessant zu beobachten sein, ob die EU-Kommission im Endorsement-Verfahren einzelne Bilanzierungsfragen zum Anlass nimmt, europäische (Macht-)Positionen nicht nur gegenüber dem IASB, sondern auch gegenüber den USA (SEC, FASB) und asiatischen Einflussgruppen zu vertreten. In diesem Zusammenhang bleibt auch abzuwarten, ob Europa in Fragen der Rechnungslegung überhaupt in der Lage ist, eine „einheitliche Sprache" zu sprechen oder ob es weiterhin in nationale Egoismen verfällt und damit politisch unterrepräsentiert bleibt.
- Regelrecht spannend erscheint die Beobachtung der künftigen Rolle von SEC und FASB. Wie machtbewusst werden sich diese beiden Institutionen im IASB-Standardsetzungsprozess engagieren? Bisher resultierte die überaus einflussreiche Stellung der US-amerikanischen Institutionen primär aus der Sogwirkung des US-amerikanischen Kapitalmarktes. Künftig dürfte sich dies relativieren. Delistingbestrebungen ausländischer Unternehmen nach der empfundenen Überregulierung insbesondere durch den Sarbanes-Oxley Act sind hierfür ein erstes Indiz. Vor allem dürften aber die erstarkten Kapitalmärkte in Europa und Asien künftig ein Machtdreieck „USA – Asien – Europa" wahrscheinlich machen.
- Es bleibt abzuwarten, welche künftige Rolle die US-GAAP spielen werden. Die Anerkennung der IFRS durch die SEC im November 2007 für das Cross-

---

10 Vgl. z.B. *Sellhorn, T.*, Goodwill Impairment – An Empirical Investigation of Write-Offs under SFAS 142, Frankfurt a. M. u.a. 2004.
11 Vgl. z.B. *Bonse, A.*, Informationsgehalt von Konzernabschlüssen: Konzernabschlüsse nach HGB, IAS und US-GAAP: Eine empirische Analyse aus Sicht der Eigenkapitalgeber, Frankfurt a. M. u.a. 2004.

Border-Listing hat die US-GAAP auf das Maß eines „normaleren" nationalen Regelsystems zurückgestuft. Da die US-GAAP aber in ihrer Zielsetzung, Konzeption und primären Anwendergruppe (kapitalmarktorientierte Unternehmen) den IFRS sehr ähnlich sind, haben sie nicht den „Rückzugsraum", den z.B. das deutsche HGB mit seiner (noch) dominanten Position im Mittelstand und insbesondere seiner rechtlichen Verknüpfung mit der Ausschüttungs- und Steuerbemessungsfunktion besitzt. Wahrscheinlich werden SEC und FASB aber an dem eigenen nationalen System festhalten und eher der Konvergenz-Alternative folgen. Die Konvergenz von US-GAAP und IFRS böte zumindest die Chance, die eigene Position durchzusetzen und US-GAAP zumindest indirekt über die IFRS zum Weltmaßstab in der Rechnungslegung zu erheben. Das scheint bisher weitgehend gelungen; ob es jedoch künftig auch der Fall sein wird, bleibt abzuwarten.

- Der rasante wirtschaftliche Aufstieg von China und die dortige Adaption der IFRS lässt erahnen, dass der chinesische Einfluss auf das IASB zunehmen wird. Abgeschwächt dürfte dies für Russland und künftig wahrscheinlich auch Indien gelten. Dadurch ergeben sich nicht nur machtpolitische Implikationen. Auch dürften andere kulturelle Umfeldbedingungen in den Standardsetzungsprozess einfließen. So hat z.B. ein netzwerkpolitisch völlig anders funktionierendes China andere Vorstellungen zu IAS 24 „Angaben über Beziehungen zu nahe stehenden Unternehmen und Personen" als ein Land mit westlich geprägtem Wirtschaftssystem. Ob das IASB in diesem Spannungsfeld der unterschiedlichen nationalen Interessen den standard-setting process in vertretbaren Zeiträumen durchführen kann oder ob nicht vielmehr der internationale Einigungsprozess so zeitaufwendig wird, dass sich das IASB stärker auf Prinzipien beschränken muss, bleib abzuwarten.

- Es scheint unvermeidbar, dass deutsche Rechnungslegungs-„Player" einen deutlichen Machtverlust werden hinnehmen müssen. Der Markt für Rechnungslegungssysteme ist nicht mehr national abgegrenzt. Damit müssen z.B. der deutsche Gesetzgeber, der DSR, das IDW, aber auch die deutschen Unternehmen, Wirtschaftsprüfer und Hochschullehrer lernen, künftig mit einer relativ begrenzten Rolle auszukommen. Auch die Deutsche Prüfstelle für Rechnungslegung (DPR) dürfte als nationale Enforcement-Stelle kaum in eine international beachtliche Rolle schlüpfen können.

- Gefragt ist künftig der Einfluss und das Engagement deutscher Institutionen auf europäischer Ebene. Hier gilt es, die begrenzten Möglichkeiten verstärkt zu nutzen, um intelligente Argumente und Positionen in den Rechnungslegungprozess einzubringen. Sofern deutsche Akteure dort zu einer sachgerechten Willens- und Entscheidungsfindung beitragen und die einheitliche „europäische Stimme" beim IASB stärken, wäre schon viel gewonnen. Dies erfordert die vermehrte Durchführung von Qualitätskontrollen für unterschiedliche Rechnungslegungsnormen sowie das Aufgeben diesbezüglicher Scheuklappen. Von den internationalen „Playern" ist im Gegenzug mehr Offenheit insbesondere auch gegenüber dem nicht-englischsprachigen Teil der Welt zu fordern.

3 Auswirkungen auf deutsche Unternehmen

3.1 IFRS-Anwenderkreis: Status quo und offene Fragen

Verpflichtete der EU-Verordnung

Die aufgeworfenen Fragen und Überlegungen treffen unmittelbar auch deutsche Unternehmen. Dies gilt zwingend für alle kapitalmarktorientierten Unternehmen, die unter die entsprechende EU-Verordnung fallen und seit 2005 bzw. 2007 in ihrer Konzernrechnungslegung den IFRS folgen. Der Anwendungsbereich der IFRS beschränkt sich aber nicht nur auf die kapitalmarktorientierten Unternehmen. So können alle sonstigen Unternehmen – wie bisher auch – den IFRS neben ihren HGB-Abschlüssen freiwillig folgen. Einen HGB-Konzernabschluss braucht aber schon heute kein deutsches Unternehmen mehr zu erstellen. Einerseits sind die von der EU-Verordnung betroffenen Unternehmen von der Anwendung handelsrechtlicher Konzernrechnungslegungsnormen weitgehend freistellt (§ 315a HGB). Andererseits sieht § 315a Abs. 3 HGB ein Wahlrecht vor, das allen nicht-kapitalmarktorientierten Unternehmen, die nach deutschem Recht konzernrechnungspflichtig sind, die befreiende Aufstellung eines IFRS-Konzernabschlusses erlaubt. Dieses Wahlrecht gibt insbesondere dem deutschen Mittelstand die Chance, freiwillig einen IFRS-Konzernabschluss zu erstellen. Hierbei ist abzuwarten, ob die Kräfte des Marktes letztlich auch zu dieser freiwilligen Anwendung anreizen werden.

Zukunft des Einzelabschlusses

Eine freiwillige Anwendung der IFRS ist auch im Einzelabschluss erlaubt, wobei sich die befreiende Wirkung bisher allerdings auf den Offenlegungszweck beschränkt (§ 325 Abs. 2a HGB). Die gegenwärtige Diskussion lässt aber erahnen, dass sich gerade an dieser Stelle weiteres (De-)Regulierungspotenzial verbirgt. Noch sind deutsche Unternehmen, ob kapitalmarktorientiert oder nicht, zur Aufstellung des HGB-Einzelabschlusses verpflichtet, an dem weiterhin alle zentralen Rechtkonsequenzen wie die Ausschüttungs- und Steuerbemessung hängen. Sollten indes andere, eigenständige Lösungen für diese Rechtskonsequenzen gefunden werden, steht der HGB-Einzelabschluss zur Disposition.

Vor diesem Hintergrund ergeben sich zwei nicht überschneidungsfreie Fragen, die im Folgenden tiefer gehend erörtert werden:
- Wie stark wird die Internationalisierung der Rechnungslegung den deutschen Mittelstand treffen (Abschnitt 3.2)?
- Welche Zukunft haben der handelsrechtliche Einzelabschluss und seine Rechtskonsequenzen (Abschnitt 3.3)?

3.2 Auswirkungen auf den deutschen Mittelstand

Der regelmäßig nicht-kapitalmarktorientierte deutsche Mittelstand hat bereits heute die Möglichkeit, einen befreienden IFRS-Konzernabschluss aufzustellen. Insbesondere größere, international orientierte Kapitalgesellschaften tendieren derzeit in diese Richtung. Bezogen auf die Gesamtzahl der betroffenen mittelständischen Unternehmen steht das HGB jedoch immer noch bei weitem im Vordergrund. Hier wird die Rechnungslegung nach wie vor von der Ausschüttungs- und Steuerbemessungsfunktion und weniger von Informationsgesichtspunkten dominiert. Ein IFRS-Konzernabschluss scheint hier nicht notwendig, zumal eine Umstellung auf und Bilanzierung nach IFRS aus der Sicht vieler Unternehmen wohl auch mit höheren Kosten einher geht[12]. Dennoch zeichnen sich verschiedene Entwicklungen ab, die die Anreizstruktur deutscher Mittelständler in punkto internationaler Rechnungslegung jetzt und künftig verändern.

Ein erster diesbezüglicher Ansatzpunkt mag in der internationalen Bankenregulierung begründet sein. Nach „Basel II" ist die Eigenkapitalhinterlegung der kreditgebenden Banken an die Bonität ihrer Schuldner gebunden. Um die Bonität beurteilen zu können, führen die Banken interne oder externe Ratings durch, die sich insbesondere auf Rechnungslegungsdaten beziehen. Obwohl in „Basel II" selbst kein expliziter Hinweis auf die IFRS enthalten ist, wird daraus eine faktische Entwicklung in Richtung der IFRS gerade auch für den deutschen Mittelstand abgeleitet. Einerseits dürften die Banken und Ratingagenturen an standardisierten und möglichst wahlrechtsfreien Rechnungslegungsdaten interessiert sein, um diese auch standardisiert auswerten zu können. Andererseits ist zu vermuten, dass die kreditsuchenden Unternehmen selbst im Sinne eines „signaling" die Initiative ergreifen und mit der freiwilligen Umstellung ihrer Rechnungslegung auf IFRS ihr besonders hohes Transparenzniveau dokumentieren wollen.

Basel II

Ein weiterer Ansatzpunkt kann aus den Bestrebungen des IASB selbst abgeleitet werden. Das IASB hat erkannt, dass gerade kleine und mittlere Unternehmen (small and medium-sized entities, SME) die IFRS als zu komplex und kostenintensiv ablehnen. Insofern will das IASB dieser Zielgruppe entgegen kommen und ein in der Komplexität reduziertes Regelsystem anbieten. Das diesbezügliche Projekt dürfte frühestens 2008 zu einem Standard führen. Es bleibt abzuwarten, wie diese Komplexitätsreduktion genau aussehen wird und welche Anreize für mittelständische Unternehmen sich aus ihr ergeben.

IFRS für SME

Exposure Draft of a Proposed IFRS for Small and Medium-sized Entities

Exkurs

Projektverlauf
Das IASC, die Vorläuferorganisation des IASB, initiierte bereits 1998 ein Projekt, das die Rechnungslegung kleiner und mittelgroßer Unternehmen zum Gegenstand hatte. Begründet wurde dies mit der Komplexität und Kapitalmarktorientierung der IFRS und der damit einhergehenden Frage, ob für diese Unternehmen nicht ein Missverhältnis zwischen den hohen Kosten der Abschlusserstellung und dem Nutzen weniger Abschlussadressaten bestehe. Infolgedessen begann das IASB 2001 ein Projekt zur Entwicklung von Rech-

Zielsetzung

---

12 Vgl. zur empirischen Evidenz der IFRS-Anwendung im deutschen Mittelstand z.B. *v. Keitz, I./Stibi, B./Stolle, I.*, Rechnungslegung nach (Full-)IFRS – auch ein Thema für den Mittelstand?, in: KoR, 7 Jg. (2007), S. 509-519.

nungslegungsstandards für mittelständische Unternehmen. Eine entsprechende Arbeitsgruppe wurde eingesetzt, die sich ausschließlich mit den Anforderungen an Rechnungslegungsstandards für SME befassen sollte.

Bisheriger Projektverlauf

Das IASB hat das Projekt im Juni 2002 zunächst als Forschungsprojekt eingestuft, ehe es im Juli 2003 auf die aktive Agenda genommen wurde. Das im Juni 2004 veröffentlichte Diskussionspapier[13] sowie die Auseinandersetzung mit den darin abgegebenen Kommentaren haben den weiteren Projektverlauf maßgeblich beeinflusst. Diskutierte das Board zunächst lediglich Vereinfachungen im Rahmen der Anhangangaben, folgte im April 2005 ein Fragebogen zu Ansatz- und Bewertungsvereinfachungen. Es folgte der Standardentwurf, zuerst als vorläufiger Entwurf im August 2006, als aktualisierter Arbeitsentwurf im November 2006 und als endgültige Entwurfsfassung im Februar 2007 mit Kommentierungsfrist bis November 2007. Das IASB führte zudem Feldstudien durch, bei denen SME den Entwurf probeweise anwendeten und über Probleme in der Anwendung berichteten[14]. Der endgültige Standard wird in der zweiten Hälfte des Jahres 2008 erwartet. Eine Anwendungspflicht lässt sich jedoch nicht ableiten, da der Standard nicht unter die IAS-Verordnung fällt, welche bisher Pflichten nur für kapitalmarktorientierte Unternehmen formuliert. Die Übernahme in europäisches Recht wäre über die Erweiterung der IAS-Verordnung oder über eine neuen Richtlinie bzw. Verordnung indes möglich. Nationalen Gesetzgebern bleibt die Übernahme des SME-Standards in nationales Recht unabhängig von EU-Bestrebungen natürlich ebenfalls unbenommen.

Anwendungsbereich und Ziel

SME als Unternehmen ohne öffentliche Rechenschaftspflicht

Eine grundlegende und umstrittene Entscheidung, die das IASB zu treffen hat, ist die des Anwendungsbereichs. Die Abgrenzung des Anwendungsbereichs basiert letztlich auf einer Art SME-Definition. In Form einer Negativabgrenzung sieht das Board die Anwendung des künftigen Standards ausschließlich für Unternehmen vor, die keiner öffentlichen Rechenschaftspflicht unterliegen und die dennoch Jahresabschlüsse für externe Adressaten erstellen. Ein Unternehmen gilt dann als öffentlich rechenschaftspflichtig, wenn es mit Eigen- und/oder Fremdkapitaltiteln an einem geregelten Kapitalmarkt notiert ist bzw. die Notierung beabsichtigt oder Vermögen treuhänderisch verwaltet. Eine treuhänderische Verwaltung liegt z.B. bei Banken, Ver-

---

13 Zu Einzelheiten des Diskussionspapiers vgl. *Haller, A/Eierle, B.*, Accounting Standards for Small and Medium-sized Entities – erste Weichenstellung durch das IASB, in: BB, 59. Jg. (2004), S. 1838-1845.
14 Vgl. zu dem deutschen Beitrag zu diesen Feldstudien und Befragungen *BDI/DIHK/DRSC/Universität Regensburg*, Ergebnisse der Befragung deutscher mittelständischer Unternehmen zum Entwurf eines internationalen Standards zur Bilanzierung von Small and Medium-sized Entities (ED-IFRS for SMEs), abrufbar unter www.drsc.de („News-Archiv") sowie die Ausführungen in diesem Exkurs zu den empirischen Studien.

sicherungen und Fondsgesellschaften vor. Quantifizierte Größenkriterien, wie bspw. Jahresumsatz, Bilanzsumme oder Mitarbeiterzahl sind nicht Gegenstand der Definition. Das IASB begründet dies mit der weltweiten Heterogenität der SME und verweist darauf, dass der konkrete Anwendungsbereich ohnehin von nationalen Gesetzgebern und Standard-Settern festgelegt wird. Auf der Basis der bisherigen IASB-Überlegungen zu SME könnte der endgültige Standard für mehr als drei Millionen deutsche Unternehmen in Frage kommen[15].

Die Zielsetzung von SME-Abschlüssen besteht in der Vermittlung entscheidungsrelevanter Informationen an externe Adressaten. Im Standardentwurf fehlt jedoch eine Konkretisierung dieser Adressaten. In der basis for conclusions führt das IASB indes nicht-geschäftsführende Gesellschafter, Kunden und Lieferanten, (potenzielle) Kreditgeber, Ratingagenturen und andere auf, soweit sie nicht anderweitig in der Lage sind, für ihre Investitionsentscheidungen nützliche Abschlussinformationen zu erlangen.

Ziel und Adressaten des Abschlusses

Grundkonzeption
Der Standardentwurf soll ein vollständiges und eigenständiges Regelwerk für die Abschlusserstellung der SME darstellen, der ohne Rückgriff auf bestehende IFRS anwendbar ist. Seinen Ausgangspunkt bildeten das Rahmenkonzept sowie die Prinzipien und Anwendungshinweise bestehender IFRS. Darauf basierend wurden Modifikationen geprüft, die angesichts der Informationsbedürfnisse der Abschlussadressaten und sonstiger Kosten-Nutzen-Abwägungen angemessen erschienen. So gehen sämtliche Abschnitte des Standardentwurfs inhaltlich auf den jeweils entsprechenden Standard in den bestehenden IFRS zurück, aus denen insbesondere die wesentlichen Vorgaben, die sog. „Black Letter"-Textziffern, extrahiert wurden. Begründet wird diese Vorgehensweise mit der vermuteten Ähnlichkeit der Adressatenbedürfnisse bei SME und kapitalmarktorientierten Unternehmen sowie mit dem Ziel der Rechnungslegungsharmonisierung.

Eigenständiges Regelwerk

Vereinfachungen in Form von Komplexitätsreduktionen gegenüber den bestehenden IFRS zeigen sich laut IASB an verschiedenen Ausprägungen. So werden Sachverhalte, die für SME untypisch sind, im Entwurf einfach ausgelassen. Hierfür erfolgt ein Verweis auf die bestehenden IFRS. Des Weiteren enthält der Entwurf lediglich Ausführungen zu der in der Anwendung jeweils einfacheren Bilanzierungs- und Bewertungsmethode, während für alternativ anwendbare Methoden auf bestehende IFRS verwiesen wird. Dabei ist zu beachten, dass die nationalen Gesetzgebungen diese Wahlrechte einschränken können. Weitere Erleichterungen sollen in zusätzlichen Wahlrechten, gekür-

Vereinfachungen

---

15 Vgl. *Institut für Mittelstandsforschung* Bonn, www.ifm.org unter „Statistik". Dem stehen etwa 1.300 kapitalmarktorientierte Unternehmen gegenüber; vgl. *Burger, A./Fröhlich, J./Ulbrich, P.*, Kapitalmarktorientierung in Deutschland – Aktualisierung der Studien aus 2003 und 2004 vor dem Hintergrund der Änderungen der Rechnungslegung von Emittenten, in: KoR, 6. Jg. (2006), S. 113-122.

zten Anhangangaben und konkreten Ansatz- und Bewertungsvereinfachungen bestehen.

Verfahren bei Regelungslücken

Die Konzepte und grundlegenden Prinzipien der Rechnungslegung werden in Abschnitt 2 des Standardentwurfs dargestellt, der im Unterschied zum IASB-Rahmenkonzept integraler Bestandteil des Standards sein wird. Damit kommt dieser Grundkonzeption die Rolle einer verbindlichen Deduktionsbasis zu, um Regelungslücken zu füllen und die Vergleichbarkeit von Abschlussinformationen sicher zu stellen. Ursprünglich hat das IASB an dieser Stelle vorgeschlagen, einen verpflichtenden Rückgriff (mandatory fallback) auf bestehende IFRS vorzusehen. Davon ist es jedoch inzwischen abgekehrt, weil alle SME damit verpflichtet gewesen wären, faktisch doch die Full-IFRS anzuwenden. Es bleibt allerdings ein Wahlrecht, d.h. die SME *können* im Falle von Regelungslücken auf die Full-IFRS zugreifen.

Grundsatz bei Ansatz und Bewertung

Die Definitionen der Abschlussposten – Vermögenswerte, Schulden, Eigenkapital sowie Erträge und Aufwendungen (unterteilt nach der Herkunft aus betrieblicher Tätigkeit oder anderen Sachverhalten) – entsprechen denjenigen des Rahmenkonzepts. Gleiches gilt für die Ansatzkriterien, welche einen wahrscheinlichen künftigen wirtschaftlichen Nutzen und die verlässliche Bewertbarkeit eines Sachverhalts vorsehen, um diesen in Bilanz oder Erfolgsrechnung erfassen zu können.

Der Standardentwurf definiert die Anschaffungs- und Herstellungskosten sowie den beizulegenden Zeitwert als die üblichen Bewertungsmaßstäbe. Im Rahmen der erstmaligen Bewertung enthält der Standardentwurf die Anschaffungs- und Herstellungskosten als grundsätzlichen Bewertungsmaßstab. Die Folgebewertung erfordert indes eine Unterscheidung zwischen finanziellen und nicht-finanziellen Vermögenswerten und Verbindlichkeiten. Erstere sind grundsätzlich zum beizulegenden Zeitwert zu bewerten. Für nicht-finanzielle Vermögenswerte besteht kein einheitlicher Bewertungsmaßstab. Das Sachanlagevermögen darf bspw. nicht mit Werten angesetzt werden, die über den Beträgen liegen, die das Unternehmen aus dem Verkauf oder der Nutzung erzielen kann (Niederstwertprinzip). Nicht-finanzielle Verbindlichkeiten werden grundsätzlich mit dem Betrag, der zur Erfüllung der Verpflichtung am Bilanzstichtag erforderlich ist, bewertet.

Finanzielle Vermögenswerte und Verbindlichkeiten als Beispiel

Wahlrecht zur Anwendung von IAS 39

Angesichts der umfassenden und komplexen Regelungen in den bestehenden IFRS zur Bilanzierung von Finanzinstrumenten (IFRS 7, IAS 32 und 39) kommt den Vereinfachungen im Standardentwurf, die hier exemplarisch dokumentiert werden, besondere Bedeutung zu. Das IASB räumt den Anwendern an dieser Stelle ein Wahlrecht ein, entweder die Regelungen im ED-IFRS für SME oder diejenigen in IAS 39 zu befolgen[16].

---

16 Bei Anwendung von IAS 39 sind zudem die Angabevorschriften des IFRS 7 anzuwenden.

Im Rahmen der Klassifizierung von Finanzinstrumenten wurde die Anzahl der Bewertungskategorien reduziert. Es besteht lediglich die Möglichkeit der ergebniswirksamen Bewertung zum beizulegenden Zeitwert oder zu fortgeführten Anschaffungskosten (Effektivzinsmethode). Zur Anschaffungskostenkategorie gehören ausschließlich die im ED-IFRS für SME 11.7 aufgeführten Forderungen oder Verbindlichkeiten aus Lieferungen und Leistungen, Bankdarlehen und nicht öffentlich gehandelte Eigenkapitalinstrumente. An jedem Bilanzstichtag sind die finanziellen Vermögenswerte dieser Kategorie auf Wertminderung zu prüfen. Liegen objektive Hinweise auf eine Wertminderung vor, ist die Wertberichtigung ergebniswirksam zu erfassen. Die zweite Kategorie, die ergebniswirksam zum beizulegenden Zeitwert zu bewerten ist, umfasst hingegen alle anderen Finanzinstrumente und stellt damit eine Art Standardbewertungskategorie dar. Diese umfasst z.B. sonstige Eigenkapitalinstrumente, Derivate wie Zins-Swaps und Wandelanleihen.

Nur zwei Bewertungskategorien

Die Regelungen zur Ausbuchung von Finanzinstrumenten erlangen für SME insbesondere im Rahmen von Forderungsverkäufen Bedeutung. Eine Ausbuchung hat grundsätzlich zu dem Zeitpunkt zu erfolgen, ab dem Rechte nicht mehr wahrgenommen werden oder Pflichten nicht länger bestehen. Schwierigkeiten ergeben sich häufig bei der Beurteilung von Sachverhalten, bei denen trotz rechtlicher Übertragung wirtschaftliche Risiken oder Chancen zurückbehalten werden. Das IASB hat insofern Erleichterungen geschaffen, als auf den Ansatz des anhaltenden Engagements (continuing involvement) sowie auf den Abgangstest im Rahmen sog. Durchleitungsvereinbarungen (pass-through test) verzichtet wird. Nach den Regelungen des Standardentwurfs erfolgt demnach keine Ausbuchung, wenn das übertragende Unternehmen weiterhin an den Chancen und Risiken partizipiert oder die Verfügungsmacht über den finanziellen Vermögenswert hat. Es handelt sich somit um eine „Alles-oder-Nichts-Regel", bei der ein finanzieller Vermögenswert entweder vollständig ausgebucht oder vollständig weiter bilanziert wird, mit der Folge, dass eine Ausbuchung seltener zulässig ist als nach IAS 39.

Ausbuchung von Finanzinstrumenten

Hinsichtlich der Bilanzierung von Sicherungsbeziehungen sieht der Standardentwurf eine Beschränkung derselben auf für SME typische Sicherungsgeschäfte (Absicherung von Zins-, Preis- und Wechselkursrisiken) vor. Es ist anzunehmen, dass trotz eines fehlenden Hinweises im Standardentwurf analog zu IAS 39 zwischen fair value hedges und cash flow hedges zu unterscheiden ist[17].

Bilanzierung von Sicherungsbeziehungen

Überblick
Die nachstehenden Tabellen geben einen Überblick über die im Standardentwurf bzw. durch Verweis auf die bestehenden IFRS gewährten Wahlrechte

---

17 Vgl. *Haller, A/Beiersdorf, K/Eierle, B.*, ED-IFRS for SMEs – Entwurf eines internationalen Rechnungslegungsstandards für kleine und mittelgroße Unternehmen, in: BB, 62. Jg. (2007), S. 548.

und wesentlichen Bilanzierungs- und Bewertungsmodifikationen gegenüber den bestehenden IFRS[18].

Abschnitt		Regelung im Standardentwurf	Wahlrecht durch Verweis auf bestehende IFRS
7	Kapitalflussrechnung	Indirekte Methode	Direkte Methode
15	Als Finanzinvestition gehalten Immobilien	(Fortgeführte) Anschaffungskosten	Modell des beizulegenden Zeitwertes
16	Sachanlagevermögen	(Fortgeführte) Anschaffungskosten	Neubewertungsmethode
17	Immaterielle Vermögenswerte	(Fortgeführte) Anschaffungskosten	Neubewertungsmethode
24	Fremdkapitalkosten	Erfassung als Aufwand	Aktivierung

Tab. 32.1: Verweise auf Wahlrechte in den bestehenden IFRS

Abschnitt		Regelung im Standardentwurf	Wahlrecht zur Anwendung der bestehenden IFRS
11	Finanzinstrumente	Klassifizierung in die Kategorien „Anschaffungskosten" oder „beizulegender Zeitwert" und entsprechende Bewertung. Ausbuchung, falls Rechte oder Pflichten nicht mehr bestehen. Bilanzierung von Sicherungsbeziehungen für SME-typische Sicherungsgeschäfte	IAS 39 und damit zusammenhängend IFRS 7
37	Zwischenberichterstattung	Sämtliche Regelungen im Standardentwurf	IAS 34

Tab. 32.2: Wahlrechte zur Anwendung des Standardentwurfs oder der bestehenden IFRS

---

18 Die Tabellen wurden in Anlehnung an *Haller, A./Beiersdorf, K./Eierle, B.*, ED-IFRS for SMEs – Entwurf eines internationalen Rechnungslegungsstandards für kleine und mittelgroße Unternehmen, in: BB, 62. Jg. (2007), S. 540-552, erstellt.

Abschnitt im Standardentwurf		Bilanzierungs- und Bewertungsmodifikation
11	Finanzinstrumente	Beschränkung der Bewertungskategorien auf (fortgeführte) Anschaffungskosten und beizulegenden Zeitwert; vereinfachte Ausbuchungsregelungen, modifizierte Regelungen zum Hedge Accounting
19	Leasing	Kein Vergleich von beizulegendem Zeitwert und Barwert der Mindestleasingzahlung i. R. d. erstmaligen Bewertung eines Finanzierungs-Leasinggegenstandes, sondern nur Ermittlung des beizulegenden Zeitwertes
26	Folgebewertung von nicht-finanziellen Vermögenswerten	Keine Ermittlung des erzielbaren Betrages (niedrigerer Wert aus Nutzungswert und beizulegendem Zeitwert abzüglich Veräußerungskosten), sondern nur Ermittlung des beizulegenden Zeitwertes abzüglich Veräußerungskosten; kein jährlicher Werthaltigkeitstest i. R. d. Folgebewertung des Geschäfts- oder Firmenwertes, sondern Indikator-Ansatz; Verteilung des überschüssigen Wertminderungsbedarfes auf übrige Vermögenswerte gemäß den jeweiligen beizulegenden Zeitwerten
27	Leistungen an Arbeitnehmer	Ausschließliche ergebniswirksame Erfassung versicherungsmathematischer Gewinne und Verluste; ergebniswirksame Erfassung eines nachzuverrechnenden Dienstzeitaufwandes
35	Branchenspezifische Vorschriften	Abschnitt Landwirtschaft: Anwendung des Modells der ergebniswirksamen Bewertung zum beizulegenden Zeitwert in IAS 41 nur, sofern der beizulegende Zeitwert jederzeit leicht und ohne übermäßige Kosten und Anstrengungen bestimmbar ist. Ist dies nicht der Fall, sollen SME dem Ansatz zu Anschaffungskosten abzüglich aller kumulierten Abschreibungen und aller kumulierten Wertminderungsaufwendungen folgen
38	Übergang auf den IFRS für SME	Geringere Vergleichsinformationen aufgrund Impraktikabilitätsklausel

Tab. 32.3: Änderungen in der Bilanzierung und Bewertung

Abschnitt		Regelung im Standardentwurf	Wahlrecht durch Verweis auf bestehende IFRS
13	Assoziierte Unternehmen	Folgebewertung zu Anschaffungskosten oder zum beizulegenden Zeitwert	Folgebewertung nach der Equity-Methode
14	Anteile an Joint Ventures	Folgebewertung zu Anschaffungskosten oder zum beizulegenden Zeitwert	Folgebewertung nach der Equity-Methode oder Quotenkonsolidierung
17	Immaterielle Vermögenswerte	Erfassung der Entwicklungskosten als Aufwand	Aktivierung von Entwicklungskosten
23	Zuwendungen der öffentlichen Hand	Eigenes SME-Modell: Zuwendungen, die einforderbar sind bzw. bei denen alle Leistungen erfüllt sind, werden als Ertrag erfasst. Zuwendungen, die vor Erfüllung der Kriterien für die Ertragserfassung empfangen werden, sind als Schuld zu erfassen	SME-Modell für alle Zuwendungen oder Zuwendungen der öffentlichen Hand, die mit erfolgswirksam zum beizulegenden Zeitwert bewerteten Vermögenswerten in Zusammenhang stehen, nach dem SME-Modell und alle anderen Zuwendungen nach IAS 20

Tab. 32.4: Zusätzliche Wahlrechte im Standardentwurf

Angaben im Anhang

Die Reduktion der Anhangangaben im Vergleich zu den bestehenden IFRS stellte bereits die zentrale Erleichterung für SME im Diskussionspapier dar, noch bevor über Ansatz- und Bewertungsmodifikationen diskutiert wurde. Erreicht wird diese Erleichterung aber nur teilweise. Durch die zahlreichen Verweise auf die bestehenden IFRS müssen SME zumindest im Rahmen dieser Verweise die vollumfänglichen Anhangangaben der IFRS beachten. Zudem enthält der Entwurf explizite Angabepflichten am Ende eines jeden Abschnittes, die im Hinblick auf den deutlich reduzierten Adressatenkreis und die reduzierte Rolle der Rechnungslegung als Informationsinstrument bei den SME immer noch als zu umfangreich kritisiert werden[19].

---

19 Vgl. beispielhaft das Protokoll der öffentlichen Diskussionen des DRSC zum Standardentwurf im August und September 2007, abrufbar unter www.drsc.de.

Empirische Studien

Die Anwendung von IFRS im deutschen Mittelstand ist Gegenstand einiger empirischer Studien. Aufgrund des Stichprobenumfangs und der erhobenen Daten steht meist die vom *DRSC* und dessen Kooperationspartnern *BDI*, *DIHK* und der *Universität Regensburg* durchgeführte Umfrage im Vordergrund. Hier wurden in Deutschland ansässige, nicht-kapitalmarktorientierte Unternehmen mit Gewinnerzielungsabsicht unter Beachtung der Größenkriterien des HGB und der 4. EG-Richtlinie ausgewählt (MARKUS-Datenbank). Aus diesen Unternehmen wurde eine Zufallsstichprobe von 4.000 Unternehmen befragt, von denen 410 auswertbare Fragebögen der Untersuchung zugrunde liegen. Ziel der Befragung war es, die für den Mittelstand relevanten Bilanzierungsfragen zu ermitteln und eine Einschätzung des Standardentwurfs zu erlangen.

Befragung zum Standardentwurf

Der Umfrage zufolge bilden Gesellschafter, Banken, das Management und der Fiskus den hauptsächlichen Adressatenkreis der Rechnungslegung mittelständischer Unternehmen. Im Standardentwurf werden dagegen auch Kunden und Lieferanten als wesentliche Adressaten identifiziert. Interessant sind auch die Ergebnisse zu den als relevant und nützlich erachteten Bilanzierungssachverhalten. Relevant sind insbesondere die langfristige Auftragsfertigung, leistungsorientierte Versorgungszusagen, eigene F&E-Projekte sowie Beteiligungen an nicht-börsennotierten Unternehmen. Insofern verwundert es nicht, dass die Neubewertung der Sachanlagen bei Existenz eines Marktpreises, die Anwendung der Percentage of Completion-Methode im Rahmen der Vorratsbewertung und die Aktivierung von Entwicklungskosten als besonders entscheidungsnützliche – aber auch kostenintensive – Rechnungslegungsmethoden identifiziert werden. Wenig relevant sind z.B. bestimmte Leasingaspekte, Mitarbeitervergütung durch Eigenkapitalinstrumente, als Finanzinvestition gehaltene Immobilien oder die Aufgabe von Geschäftsbereichen. Lässt sich hieraus noch eine Maßgabe zur weiteren Vereinfachung des SME-Standards ableiten, so ist das Urteil über den Standardentwurf letztlich uneinheitlich. Auch scheint der Bedarf nach international vergleichbaren Rechnungslegungsinformationen vergleichsweise gering, was sich auch darin dokumentiert, dass mehr als 80 % der Befragten angaben, weiterhin das HGB zu bevorzugen[20].

In einer Studie von *von Keitz/Stibi/Stolle* (347 ausgewertete Fragebögen, Rücklaufquote 7,3 %) wurden mittelständische Unternehmen in Nordrhein-Westfalen zu den Vor- und Nachteilen der IFRS-Rechnungslegung befragt. Die Erhebung zeigt, dass insb. die verbesserten Möglichkeiten der Unternehmensfinanzierung und verbesserte Branchenvergleiche die wichtigsten Vorteil einer IFRS-Anwendung darstellen. Demgegenüber werden Umstellungskos-

Befragungen zu IFRS im Mittelstand

---

20 Vgl. *BDI/DIHK/DRSC/Universität Regensburg*, Ergebnisse der Befragung deutscher mittelständischer Unternehmen zum Entwurf eines internationalen Standards zur Bilanzierung von Small and Medium-sized Entities (ED-IFRS for SMEs), abrufbar unter www.drsc.de („News-Archiv").

ten und die Komplexität der Regelungen als bedeutende Nachteile genannt. Die Studie zeigt zudem, dass die Bedeutung der IFRS-Anwendung mit dem Grad der Kapitalmarktorientierung, der Internationalisierung und der Konzernzugehörigkeit sowie der Unternehmensgröße steigt[21].

Eine Untersuchung von *Mandler* (96 ausgewertete Fragebögen, Rücklaufquote 24 %) im Herbst 2002 führte bereits zu ähnlichen Ergebnissen und dokumentiert, dass kleinere Unternehmen einer IFRS-Anwendung aufgrund der damit verbundenen Kosten eher ablehnend gegenüberstehen[22]. Auch die Studie von *Kajüter/Barth/Dickmann/Zapp* (107 ausgewertete Fragebögen, Rücklaufquote 11,4 %) bestätigt diese Ergebnisse[23].

Bilanzrechtsmodernisierungsgesetz (BilMoG)

Bestrebungen zur Neuregulierung der Rechnungslegung existieren aber auch in Deutschland. Im November 2007 hat das Bundesministerium der Justiz (BMJ) den lang erwarteten Referentenentwurf eines Bilanzrechtsmodernisierungsgesetzes vorgelegt[24]. Mit diesem Entwurf kündigt sich die wohl größte Reform der handelsrechtlichen Bilanzierung seit dem Bilanzrichtlinien-Gesetz (BiRiLiG) 1985 an. Sowohl im Umfang – kaum ein HGB-Paragraph im dritten Buch „Handelsbücher" bleibt unberührt – als auch in der inhaltlichen Reichweite erschüttern die vorgesehenen Änderungen die Grundfesten der bisherigen HGB-Bilanzierung.

HGB als vollwertige, aber kostengünstigere IFRS-Alternative

Das BMJ rechtfertigt sein ambitioniertes Gesetzesvorhaben mit dem Ziel, „das bewährte HGB-Bilanzrecht zu einer dauerhaften und im Verhältnis zu den internationalen Rechnungslegungsstandards vollwertigen, aber kostengünstigeren und einfacheren Alternative weiter zu entwickeln, ohne die Eckpunkte des HGB-Bilanzrechts – die HGB-Bilanz bleibt Grundlage der Ausschüttungsbemessung und der steuerlichen Gewinnermittlung – aufzugeben." Deshalb schreibt sich das BMJ zum einen Deregulierung und Kostensenkung insbesondere für kleine und mittelständische Unternehmen auf die Fahne. Zum anderen will es die Informationsfunktion des handelsrechtlichen Einzel- und Konzernabschlusses stärken. Letzteres geht erklärtermaßen mit einer Anpassung des HGB an internationale Standards und damit an die IFRS einher,

---

21 Vgl. *v. Keitz, I./Stibi, B./Stolle, I.*, Rechnungslegung nach (Full-)IFRS – auch ein Thema für den Mittelstand?, in: KoR, 7 Jg. (2007), S. 509-519.
22 Vgl. *Mandler, U.*, IAS/IFRS mittelständischer Unternehmen: Ergebnisse einer Unternehmensbefragung, in: KoR, 3. Jg. (2003), S. 143-149.
23 Vgl. *Kajüter, P./Barth, D./Dickmann, T./Zapp, P.*, Rechnungslegung nach IFRS im deutschen Mittelstand?, in: DB, 60. Jg. (2007), S. 1877-1884.
24 Vgl. *Bundesministerium der Justiz (BMJ)*, Referentenentwurf eines Gesetzes zur Modernisierung des Bilanzrechts (Bilanzrechtsmodernisierungsgesetz – BilMoG), Berlin, November 2007; hierzu ausführlich z.B. *Ernst, C./Seidler, H.*, Kernpunkte des Referentenentwurfs eines Bilanzrechtsmodernisierungsgesetzes, in: BB, 62. Jg. (2007), S. 2557-2566; *Fülbier, R. U./Gassen, J.*, Das Bilanzrechtsmodernisierungsgesetz (BilMoG): Handelsrechtliche GoB vor der Neuinterpretation, in: DB, 60. Jg. (2007), S. 2605-2612.

auch um – so die Logik – eine „einfachere Alternative zu den in Deutschland vom Mittelstand nachhaltig abgelehnten IFRS"[25] zu entwickeln.

Mit dem BilMoG werden im HGB einige „heilige Kühe geschlachtet", die jahrzehntelang typisch für die handelsrechtliche Bilanzierung waren. So wird z.B. für Wertpapiere des Handelsbestands die Bewertung zum beizulegenden Zeitwert auch über die Anschaffungskosten hinaus eingeführt. Die bisherige Auffassung vom Anschaffungswert- und Realisationsprinzip wird damit aufgegeben. Ähnlich weitgehend sind die Änderungen bei Bewertungseinheiten und bei der Sicherungsbilanzierung, die in Teilen sogar über IAS 39 hinaus gehen. Zudem sollen Rückstellungen grundsätzlich abgezinst und Pensionsrückstellungen unter Berücksichtigung von Trendannahmen und damit unter Aufgabe des Stichtagsprinzips berechnet werden. Aufwandsrückstellungen werden weitgehend abgeschafft, latente Steuern nach dem bilanzorientierten Temporary-Konzept angesetzt, der Geschäfts- oder Firmenwert wird trotz mangelnder Einzelverwertbarkeit einem Vermögensgegenstand gleichgesetzt und das generelle Ansatzverbot für selbst geschaffene immaterielle Vermögensgegenstände des Anlagevermögens (§ 248 Abs. 2 HGB) wird fallen. Abgesehen davon sollen die Umkehrmaßgeblichkeit abgeschafft und bestimmte Ausschüttungssperren eingeführt werden.

Einige wesentliche BilMoG-Änderungen

Viele der einzelnen Änderungen des BilMoG im Bereich Ansatz, Bewertung, Ausweis und Konsolidierung erscheinen sinnvoll, ja überfällig, auch deswegen, da sie von der bilanzierenden Praxis teilweise schon längst vorweggenommen worden sind. Das gilt insb. für Änderungen in der Konzernrechnungslegung (z.B. Abschaffung der Interessenzusammenführungsmethode und eingeschränkt für die Buchwertmethode). Allerdings geraten auch die GoB als Prinzipien der handelsrechtlichen Rechnungslegung ins Wanken. Wie sollen handelsrechtliche Normen in Zukunft teleologisch ausgelegt werden, wenn sie teilweise erkennbar nicht mehr mit den „alten" GoB harmonieren? Ein Verdacht liegt nahe: Ein Prüfer, der in Zukunft z.B. die Aufgabe hat, eine Bewertungseinheit auf Konformität mit dem neuen HGB zu prüfen, könnte versucht sein, zumindest in Teilen auf die expliziten Anwendungshilfen der IFRS-Bilanzierung zurückzugreifen.

Würdigung des BilMoG

In diesem Zusammenhang erscheint eine weitere Entwicklung bedeutsam: In Teilen liest sich der Begründungsteil des Referentenentwurfs fast wie eine verbindliche Durchführungsverordnung. Hinzu kommt, dass sich Formulierungen an IFRS-Vorgaben anlehnen. Auch wenn diese Form der quasi verbindlichen Auslegung teilweise sinnvoll, vielleicht sogar notwendig erscheint, so verliert das HGB den Charakter eines schmalen Gesetzes, das durch aktive Rechtsauslegung an veränderte Bedingungen angepasst werden kann. Die über 140 Seiten Normenkommentierung der Begründung sind nichts anderes als ein „big book" HGB mit jeder Menge Verweise auf das „even bigger book" IFRS. Es erscheint durchaus vorstellbar, dass über kurz oder lang diese

Einfall der IFRS in die HGB-Auslegung

---

25 Wörtliche Zitate dieses Absatzes entstammen sämtlich dem BMJ-Referentenentwurf, S. 1, 60 und 61.

> Entwurfsbegründung – zur Rechtsverordnung mutiert – das Ende des schmalen prinzipienorientierten HGB einläutet. Ob sich damit für den Mittelstand eine echte Alternative zur IFRS-Rechnungslegung anbietet, bleibt abzuwarten. Insofern ist das BilMoG ggf. nur ein erster Schritt zur Annäherung des HGB an die IFRS bzw. SME-IFRS.

3.3 IFRS im Einzelabschluss

Das BilMoG versucht das Grundmerkmal der geltenden Rechtslage zu retten. Hiernach ist die handelsrechtliche Bilanzierung im Einzelabschluss zwingend und allein ausschlaggebend für sämtliche Rechtskonsequenzen. Der auf Offenlegungszwecke reduzierte IFRS-Einzelabschluss ist hierfür ebenso wenig von Relevanz wie der zwingend oder freiwillig aufzustellende IFRS-Konzernabschluss. Dieser Konzernabschluss hat nach deutschem Rechtsverständnis „nur" eine Informationsfunktion, die mit den informationsorientierten IFRS gut harmoniert. Er hat de lege lata insbesondere keine Zahlungsbemessungsfunktion, sei es hinsichtlich der Dividendenhöhe oder der steuerlichen Gewinnermittlung, und auch sonstige Rechtsfolgen wie z.B. bilanzielle Kapitalerhaltung bzw. Überschuldungsmessung sind nicht an den Konzernabschluss gebunden (vgl. Kapitel 1). Insgesamt ist der gesamte gesellschaftsrechtliche Status des Konzernabschlusses vergleichsweise gering; er wird „lediglich" gebilligt und nicht einmal festgestellt und kann z.B. auch keiner Sonderprüfung unterworfen werden. Vor diesem Hintergrund schien die auf die Konzernrechnungslegung beschränkte Anwendung der IFRS eine praktikable Lösung, da so viele rechtstechnische Irritationen vermieden werden konnten.

Diese Rechtslage ist aber trotz der sich im BilMoG abzeichnenden Bemühungen keineswegs stabil. Gerade kapitalmarktorientierte Unternehmen drängen darauf, das Nebeneinander von IFRS, HGB und Steuerrecht zu reduzieren und eine sachgerechte Lösung für die bisherigen Rechtskonsequenzen bereitzustellen. Regelmäßig erweist sich hier das HGB als schwächstes Glied in der Kette, so dass die Frage nach einem befreienden IFRS-Einzelabschluss schon heute im Raume steht.

Neue Lösungen für die Ausschüttungsbemessung und Abschaffung der Maßgeblichkeit

Von verschiedener Seite werden Vorschläge unterbreitet, die allesamt darauf zielen, die vielfältigen Rechnungslegungspflichten zu vereinfachen. Die Kernelemente dieser Vorschläge sehen vor,

- die bilanzielle Kapitalerhaltung und die regulierte Gewinnausschüttungsbemessung neu zu überdenken und entweder abzuschaffen, an eine IFRS-Bilanz mit ergänzendem Solvenztest zu binden oder möglicherweise mittels vereinfachter Überleitungsrechnung im Sinne von Ausschüttungssperren an die IFRS- oder gar Steuerbilanz zu koppeln,
- die Maßgeblichkeit abzuschaffen und die steuerliche Gewinnermittlung in den originären Steuergesetzen (EStG, KStG etc.) zu verselbständigen.

Das Maximum des an die Anteilseigner ausschüttbaren Betrags orientiert sich nach deutschem AktG und GmbHG bislang an dem handelsrechtlichen Jahresüberschuss zuzüglich der freien Rücklagen. Wenn auf eine derartige gesetzliche Ausschüttungsbegrenzung vollständig verzichtet würde, hätten die Gläubiger die ihnen hieraus zusätzlich entstehenden Vermögensverlagerungsrisiken in ihre Kreditverträge einzubeziehen. Von daher wird bisher noch mehrheitlich davon ausgegangen, dass eine gesetzliche Vorschrift zur bilanziellen Kapitalerhaltung und damit auch zur Höchstausschüttung weiterhin erforderlich erscheint. Fraglich erscheint jedoch, ob eine Höchstausschüttungsregel auch an das Eigenkapital eines IFRS-Abschlusses gebunden werden kann.

Problem: Höchstausschüttung

Die Abschaffung von Regulierungen zur Mindestausschüttung (§ 58 AktG) entspräche tendenziell der US-amerikanischen Situation. Hier ist die Gewinnausschüttung stärker den freien Marktkräften überlassen[26]. Empirische Studien zeigen, dass dadurch keineswegs weniger an die Aktionäre ausgeschüttet wird. Dennoch stehen sowohl deutsche Aktionäre als auch deutsche Vorstände von börsennotierten Unternehmen der bisherigen Ausschüttungsregel überwiegend positiv gegenüber[27]. Eine Deregulierung der Mindestausschüttung für börsennotierte Unternehmen erscheint zumindest denkbar, da hier der Aktienmarkt eine Kontrollfunktion für eine nicht an den Interessen der Anteilseigner ausgerichtete Dividendenpolitik übernimmt. Bei nicht-börsennotierten Unternehmen entfällt diese Kontrollfunktion, so dass hier ggf. Regulierungen zum Interessenschutz der Minderheitsgesellschafter erforderlich werden. Mögliche Lösungsvorschläge umfassen z.B. eine am Free-Cashflow orientierte Mindestausschüttung, die Orientierung am Steuerbilanzgewinn oder die Verwendung des IFRS-Ergebnisses, wobei ggf. Ausschüttungssperren für nicht realisierte Ergebnisse zu berücksichtigen wären. Das BilMoG geht letztlich einen ähnlichen Weg, indem es über Ausschüttungssperren dem alten Prinzip der „gläsernen, aber verschlossenen Taschen" folgt. Eine Anbindung an das Konzernergebnis wird vom deutschen Gesetzgeber bisher jedoch nach wie vor nicht erwogen.

Es gibt aber auch Stimmen, die alle bisherigen Funktionen des Einzelabschlusses beibehalten und auf einen IFRS-Abschluss übertragen wollen. Dies gilt nicht nur für Fragen der Ausschüttung und der bilanziellen Kapitalerhaltung, sondern insbesondere auch für die Maßgeblichkeit eines IFRS-Abschlusses für die steuerliche Gewinnermittlung. Diese Maßgeblichkeit wird in Deutschland heftig diskutiert[28]. So streiten Befürworter wie Gegner z.B. darüber, ob und

Maßgeblichkeit der IFRS für die steuerliche Gewinnermittlung

---

26 Vgl. *Richard, M.*, Kapitalschutz der Aktiengesellschaft, Frankfurt a.M. u.a. 2007.
27 Vgl. *Pellens, B./Gassen, J./Richard, M.*, Ausschüttungspolitik börsennotierter Unternehmen in Deutschland, in: DBW, 63. Jg. (2003), S. 309-332, und *Ernst, E./Gassen, J./Pellens, B.*, Verhalten und Präferenzen deutscher Aktionäre, Eine Befragung privater und institutioneller Anleger zu Informationsverhalten, Dividendenpräferenz und Wahrnehmung von Stimmrechten, Studien des Deutschen Aktieninstituts, Nr. 29, 2005.
28 Vgl. zu dieser Kontroverse m.w.N. *Fülbier, R. U.*, Systemtauglichkeit der International Financial Reporting Standards für Zwecke der steuerlichen Gewinnermittlung, in: StuW, 83. Jg. (2006), S. 228-242.

inwieweit die für Informationszwecke entwickelten IFRS den Zielen einer steuerlichen Gewinnermittlung entsprechen. Ggf. würden Modifikationen im Steuerrecht, wie z.B. ein sofortiger Verlustausgleich und eine staatliche Finanzierungshilfe für Steuerzahlungen, eine Vereinbarkeit ermöglichen. Unabhängig von der Antwort auf diese schwierigen normativen Fragen ist die steuerliche Maßgeblichkeit der IFRS aber aus anderen Gründen kaum vertretbar. Einerseits wären die Rückwirkungen einer steuerlichen Maßgeblichkeit auf den Standardsetzungsprozess des IASB dramatisch. Dies schließt auch die Interpretation der IFRS mit ein, die in großem Umfange von der Finanzrechtsprechung übernommen würde[29]. Letztlich scheinen trotz des Endorsement-Mechanismus der EU auch formaljuristische Anforderungen verletzt, wenn letztlich privat entwickelte IFRS die steuerliche Bemessungsgrundlage bestimmten.

EU-Strategie zur Konzernbesteuerung

Dennoch sei an dieser Stelle kurz erwähnt, dass die IFRS möglicherweise unmittelbar, d.h. ohne die Maßgeblichkeitsbrücke, für die steuerliche Gewinnermittlung relevant werden könnten. So hat die EU-Kommission schon 2001 mit einer neuen Strategie zur Unternehmensbesteuerung das ambitionierte Ziel formuliert, die grenzüberschreitende Unternehmenstätigkeit in der EU künftig auf der Basis einer konsolidierten Körperschaftsteuer-Bemessungsgrundlage zu besteuern. Bei der Frage, welche Ansatz-, Bewertungs- und Konsolidierungsregeln hierfür herangezogen werden sollten, verweist die Kommission auf die IFRS als „nützlichen Bezugspunkt"[30]. Es bleibt jedoch abzuwarten, ob dieses Vorhaben mittelfristig wirklich eine Chance auf Umsetzung hat. Angesichts der bisher immer zu beobachtenden Widerstände von Seiten der Mitgliedstaaten, die sich in ihrer Fiskal-Souveränität bedroht sehen, ist daran eher zu zweifeln. Allerdings hat die Bundesregierung in ihrem Koalitionsvertrag vom 11.11.2005 explizit darauf hingewiesen, dass sie diese europäischen Anstrengungen unterstützt und aktiv mitgestalten will.

---

29 Ein aufschlussreiches Beispiel, in dem das Finanzgericht Hamburg die IFRS auf steuerrechtliche Fragen anwendet, war bereits zu beobachten. Vgl. *FG Hamburg*, 28.11.2003 – III 1/01, in: BB, 59. Jg. (2004), S. 1220, und den treffenden Kommentar von *T. Berndt* an gleicher Stelle.

30 *EU-Kommission*, Ein Binnenmarkt ohne steuerliche Hindernisse, Strategie zur Schaffung einer konsolidierten Körperschaftsteuer-Bemessungsgrundlage für die grenzüberschreitende Unternehmenstätigkeit in der EU, KOM(2001) 582, Brüssel 23.10.2001, S. 21. Vgl. dazu ausführlich *Fülbier, R. U.*, Konzernbesteuerung nach IFRS, Frankfurt a. M. u.a., 2006. Zudem beschäftigt sich eine 2004 ins Leben gerufene Arbeitsgruppe (Common Consolidated Corporate Tax Base Working Group) mit dieser Thematik.

Alternativ hierzu wird für nach IFRS bilanzierende Unternehmen als Wahlrecht eine zweistufige Vorgehensweise empfohlen, um das bisherige Nebeneinander von HGB-Jahresabschluss, IFRS-Abschluss und Steuerbilanz zu reduzieren[31]: Hiernach wäre künftig der IFRS-Jahresabschluss für die Kapitalerhaltung und damit für die bestehenden gesellschaftsrechtlichen Höchstausschüttungsregeln relevant. Um den Vorbehalten gegenüber einer IFRS-Rechnungslegung als Basis von Kapitalerhaltungs- und Ausschüttungsregeln zu begegnen, wird als zusätzliche, flankierende Maßnahme ein bei anstehenden Ausschüttungsmaßnahmen durchzuführender, liquiditäts- und zukunftsorientierter Solvenztest etabliert. Dieser aus Sicht der ausschüttenden Gesellschaft durchzuführende Test hat die konzernweite Vermögens-, Finanz- und Ertragslage in einem Finanzplan zu berücksichtigen. Ausschüttungsmaßnahmen wären demnach nur dann zulässig, wenn die beiden folgenden Bedingungen im Sinne eines „doppelten Minimums" kumulativ erfüllt sind: Erstens liegt nach dem IFRS-Einzelabschluss[32] der betreffenden Gesellschaft ausschüttungsfähiges Eigenkapital vor. Zweitens zeigt ein zeitnah durchgeführter Solvenztest, dass auch bei Berücksichtigung der anstehenden Ausschüttungsmaßnahme die Zahlungsfähigkeit der ausschüttenden Gesellschaft in den anschließenden 24 Monaten mit hoher Wahrscheinlichkeit nicht gefährdet ist.

Reformvorschlag für ein zukünftiges Kapitalschutzsystem in der EU

Zusammenfassend kann folgender Vorschlag für die Fortentwicklung des deutschen Rechnungslegungsrechts formuliert werden[33]:

Vorschlag für die Fortentwicklung des deutschen Rechnungslegungsrechts

- Jeder Kaufmann hat eine steuerliche Gewinnermittlung durchzuführen, wobei Deregulierungsbemühungen und eine Ausweitung der zahlungsorientierten Einnahmenüberschussrechnung (§ 4 Abs. 3 EStG) gerade für kleinere Unternehmen zu begrüßen wären.
- Kapitalmarktorientierte und ggf. volkswirtschaftlich bedeutende Unternehmen und/oder Unternehmen bestimmter Rechtsform unterliegen einer Veröffentlichungspflicht: Diesen Unternehmen ist ein IFRS-Abschluss für Informationszwecke vorzuschreiben, der je nach Organisationsstruktur des Unternehmens nur als Einzel- oder aber als Konzernabschluss auszugestalten ist.

---

31 Vgl. ausführlich *Pellens, B./Sellhorn, T.*, Zukunft des bilanziellen Kapitalschutzes, in: Lutter, M. (Hrsg.), Das Kapital der Aktiengesellschaft in Europa, ZGR-Sonderheft 17, Berlin 2006, S. 451-487; *Pellens, B./Jödicke, D./Richard, M.*, Solvenztests als Alternative zur bilanziellen Kapitalerhaltung?, in: DB, 58. Jg. (2005), S. 1393-1401.

32 Hier bleibt noch zu prüfen, ob die bilanzielle Kapitalerhaltung bei konzernverbundenen Aktiengesellschaften nicht sinnvoller anhand eines IFRS-Konzernabschlusses gemessen werden kann. Vgl. hierzu bereits *Lutter, M.*, Rücklagenbildung im Konzern, in Bilanz- und Konzernrecht, Festschrift für R. Goerdeler, hrsg. von Havermann, H., Düsseldorf 1987, S. 327; *Pellens, B./Gassen, J./Richard, M.*, Ausschüttungspolitik börsennotierter Unternehmen in Deutschland, DBW, 63. Jg. (2003), S. 309-331.

33 Vgl. zu einem ähnlichen Vorschlag auch *Arbeitskreis Externe Unternehmensrechnung der Schmalenbach-Gesellschaft für Betriebswirtschaftslehre e.V.*, International Financial Reporting Standards im Einzel- und Konzernabschluss unter der Prämisse eines Einheitsabschlusses für unter Anderem steuerliche Zwecke, in: DB, 56. Jg. (2003), S. 1585-1588.

- Bei den weiteren Rechtsfolgen wie insbesondere Mindest- und Höchstausschüttung wäre zunächst zu prüfen, ob für sie überhaupt eine Regulierungsnotwendigkeit besteht.
- Für nicht veröffentlichungspflichtige Unternehmen würden diese Rechtsfolgen an die ggf. zu modifizierende steuerliche Gewinnermittlung gebunden.
- Den veröffentlichungspflichtigen Unternehmen würde ein Wahlrecht eingeräumt: Sie könnten die Rechtsfolgen an die (modifizierte) steuerliche Gewinnermittlung binden. Alternativ würden Höchstausschüttungen anhand eines IFRS-Einzelabschlusses bemessen, der durch einen Solvenztest zu ergänzen wäre. Offen bleibt, wie in diesem Fall die Mindestausschüttung zu regulieren wäre.

Da die Erstellung von IFRS-konformen Rechnungslegungsinformationen mit erheblichem Aufwand verbunden ist, sollte künftig nur solchen Unternehmen eine IFRS-Publizitätspflicht auferlegt werden, für die dieser Aufwand aus gesamtwirtschaftlicher Sicht gerechtfertigt erscheint. Dies ist für kapitalmarktorientierte und eventuell auch für sonstige Unternehmen mit großer volkswirtschaftlicher Bedeutung wahrscheinlich der Fall. Ob aber eine Pflichtpublizität für alle Kapitalgesellschaften angebracht ist, darf zumindest angezweifelt werden[34].

4 Abschließende Gedanken

Paradigmenwechsel

Zum Abschluss dieses Buches sollen noch einige Gedanken formuliert werden, die sich daraus ergeben, dass sich die deutsche Rechnungslegungslandschaft derzeit grundlegend verändert. Das Wort vom „Paradigmenwechsel" ist zwar oft gefallen, gibt den Charakter dieses Umbruchs aber dennoch treffend wieder.

IFRS, US-GAAP und HGB

Für alle, die sich mit Rechnungslegung in Deutschland befassen, werden für eine absehbare Zeit noch mehrere Rechnungslegungssysteme relevant sein: Diese sind das HGB, vielleicht sogar noch ein eigenständiges Steuerrecht, die IFRS und für manche auch noch die US-GAAP. Das deutsche HGB, obwohl selbst im Wandel begriffen, wird künftig eventuell eine Stellung als „Nischenprodukt" für kleine und mittlere Unternehmen erhalten. Möglicherweise begeht der deutsche Gesetzgeber aber einen Fehler, wenn er das HGB nun auch auf „internationale" Gepflogenheiten trimmt und diesem Gesetz damit seine Spezialisierungsvorteile für diese Anwendergruppe raubt. Unumkehrbar erscheint indes der Einzug der anglo-amerikanischen Rechnungslegungsphilosophie für alle kapitalmarktorientierten Unternehmen. Die darüber hinausgehenden Auswirkungen sind bereits abzusehen.

---

34 Vgl. dazu ausführlich *Pellens, B./Fülbier, R. U.*, Differenzierung der Rechnungslegungsregulierung nach Börsenzulassung, in: ZGR, 29. Jg. (2000), S. 572-593.

Wir werden uns an viele neue Dinge gewöhnen müssen. So dürfte z.B. die hohe Dynamik der inhaltlichen Fortentwicklung in Richtung einer „Full Fair Value-Bilanzierung" dazu beitragen, dass wir zunächst einmal Abschied nehmen müssen von dem, was wir als objektivierte und nachprüfbare Rechnungslegung bezeichnen. Bilanztheoretiker werden diese Entwicklung bereits kennen, da es sich hierbei um einen weiteren Annäherungsversuch an die keineswegs neue Idee vom „ökonomischen Gewinn" handelt. Diese theoretisch faszinierende Idee war jedoch auch immer mit dem Problem verbunden, realiter kaum umsetzbar zu sein. Insofern ist zu hoffen, dass die Verantwortlichen im IASB wirklich wissen, was sie den bilanzierenden Unternehmen, ihren Wirtschaftsprüfern, vor allem aber den Adressaten der Rechnungslegung zumuten.

Hohe Dynamik und Abschied von der objektivierten Rechnungslegung

Die Entobjektivierung von Bilanzansatz- und -bewertung geht einher mit immer umfangreicheren, detaillierteren und nicht immer juristisch exakt formulierten Standards, die kaum noch teleologisch ausgelegt werden können. Trotz möglicher Bestrebungen in Richtung eines „principles-based accounting" dürfte schon der geringe Stellenwert des bisherigen IASB- (oder FASB-) Rahmenkonzepts und auch das Bedürfnis von Rechnungslegern und Wirtschaftsprüfern nach Rechtssicherheit bei der Jahresabschlusserstellung zeigen, dass die einzelne detaillierte Regel weiterhin im Vordergrund stehen wird. Im Zuge des BilMoG ist dieser Trend nunmehr auch für die handelsrechtliche Rechnungslegung zu befürchten. So geht der Referentenentwurf mit einer deutlich zunehmenden „kommentierenden und auslegenden Gesetzesbegründung" einher. Konsistente Regelsysteme sind dabei nicht unbedingt zu erwarten. Dieser Prozess könnte den Jahresabschluss von einer Entscheidungsrechnung für die Investoren zu einer „Haftungsvermeidungsrechnung" für das Management und den Wirtschaftsprüfer werden lassen.

Rules-based versus principles-based accounting

Mit einem solchen „rules-based accounting" dürfte auch der Stellenwert der Kommentare zurückgehen, wenn die IFRS immer detaillierter und umfassender werden und die oberste Auslegungskompetenz beim IASB bzw. IFRIC liegt. Noch weitgehend ungeklärt ist in diesem Zusammenhang, welche Rolle die jeweiligen nationalen Enforcement-Institutionen und Gerichte in Zukunft bei der Auslegung der IFRS spielen werden.

Niedergang der Kommentare

Ein globaler Markt für Rechnungslegung geht auch mit dem grenzüberschreitenden Austausch mit Rechnungslegungsexperten anderer Länder einher. Das ist herausfordernd und spannend, stellt aber bisherige Besitzstände infrage. Dies bedeutet einen zunehmenden Wettbewerb auf den bisher weitgehend abgeschotteten Märkten der Rechnungslegung, wie z.B. dem Prüfer- und Beratermarkt, dem (Weiter-)Bildungsmarkt oder auch dem Lehrbuchmarkt. In diesem Sinne gilt eine alte Erkenntnis verstärkt auch für die Rechnungslegung, ihre Regulierer, sämtliche Anwender und sogar die Hochschullehrer:

Globaler Markt für Rechnungslegung

Konkurrenz belebt das Geschäft!

Fallstudie zur internationalen Rechnungslegung

Elfriede Horg International[1]

Die folgende Fallstudie beschäftigt sich mit einem Unternehmen, das den Konzernabschluss von HGB erstmalig auf IFRS umstellt. Die Fallstudie spielt im Jahr 2006.

Die Elfriede Horg AG, Erftstadt, beschäftigt sich mit der Entwicklung, Herstellung und dem Vertrieb von Gegenständen der Sanitärtechnik. Die Produktpalette umfasst klassische Armaturen, Einhandmischer, Thermostat-Armaturen und Brausen. Die Horg AG zählt in der Bundesrepublik, in der die Sanitärtechnikbranche noch überwiegend mittelständisch strukturiert ist, mit einem Marktanteil von ca. 25 % zu den Marktführern. Neben der Masco/Delta (USA) und der Toto (Japan) kann die Horg-Gruppe wohl auch international zu den führenden Herstellern von Sanitärarmaturen für Küche und Bad im mittel- und höherpreisigen Marktsegment gerechnet werden.

Nach erfolgreicher Platzierung der Aktien des Mutterunternehmens an der Frankfurter Börse wurden die aus der Börseneinführung zugeflossenen Mittel primär zum Erwerb von Tochterunternehmen zur Abrundung des Produktionsprogramms und Festigung der Stellung auf dem deutschen und europäischen Markt verwendet.

Dem Trend der Globalisierung der Märkte folgend entschied sich die Unternehmensleitung, die Aktivitäten der Gruppe um die expandierenden Märkte in Nordamerika und Südostasien zu erweitern. Nur durch diese Strategie glaubt der Vorstand, das Wachstum der Vorjahre aufrechterhalten und den Erwartungen der Aktionäre gerecht werden zu können. Allerdings sah der Vorstand in absehbarer Zeit keine Möglichkeit, die Marktpräsenz in Südostasien und Nordamerika aus eigener Kraft aufzubauen. Erfolg versprechend erschien ausschließlich der Weg des externen Wachstums durch gezielte Akquisitionen von ausländischen Tochterunternehmen.

Die Stabsabteilung „Planung und Strategie" schlug daraufhin im Laufe des Jahres 2004 den Erwerb der US-amerikanischen Flush Corp. vor, die im Segment „Standardprodukte" einen Anteil von 7 % des US-amerikanischen Sanitärtechnikmarktes hält. Für die Region Südostasien zeichnete sich die TopWater

---

1 Copyright © 2008 Pellens, Fülbier, Gassen, Sellhorn. Alle Rechte der Vervielfältigung oder Verwendung des Falles (auch auszugsweise) vorbehalten.

Inc., mit Sitz in Singapur, als präferierter Übernahmekandidat ab. Die TopWater Inc. war vor 10 Jahren als Venture Capital Unternehmen gegründet worden und verfügt inzwischen aufgrund der günstigen Lohnstückkosten auch über Produktionsstätten in Ipoh, Malaysia, und Jakarta, Indonesien. Die Marktstrategie ist vorrangig auf Bedienung des Low-Cost Segmentes ausgerichtet.

Zum 01.01.2005 wurden sämtliche Anteile der Flush Corp. mit einem Buchwert des Eigenkapitals von umgerechnet 50 Mio. € für 100 Mio. € erworben. Man hatte sich für ein vollständiges Übernahmeangebot entschieden, um in der börsennotierten Flush Corp. zunächst keine US-amerikanischen Minderheitsaktionärsinteressen berücksichtigen zu müssen.

Auf der Vorstandssitzung am 12.01.2006 zur Besprechung des Jahresabschlusses für 2005 ergreift der Finanzvorstand Herr Dr. Fuchs das Wort:

„Liebe Kollegen, mit Erfolg haben wir im letzten Geschäftsjahr die größte Transaktion unserer Firmengeschichte über die Bühne gebracht. Leider ist die Expansion nicht ohne Spuren an unserer Konzernbilanz vorübergegangen. Die Eigenkapitalquote, die wir nach der Börseneinführung auf sehenswerte 50 % steigern konnten, ist inzwischen wieder auf den status quo ante zurückgefallen. Wir werden deshalb - auch in Anbetracht einer weiteren internationalen Expansionsstrategie - um weitere Kapitalerhöhungen in den nächsten Jahren nicht herumkommen.

Im Rahmen der Expansion stand uns im vergangenen Jahr jedoch eine grundsätzliche Umstellung der Rechnungslegung ins Haus. Im September 2002 trat die vom Europäischen Parlament und Rat verabschiedete „IAS-Verordnung" in Kraft. Diese sieht vor, dass sämtliche kapitalmarktorientierte Unternehmen der EU ihre konsolidierten Abschlüsse ab 2005 nach internationalen Rechnungslegungsgrundsätzen aufzustellen haben. Im Zuge dessen müssen wir unseren Abschluss für das Jahr 2005 nach International Financial Reporting Standards (IFRS) aufstellen. Mit dieser Umstellung unserer Konzernrechnungslegung könnten wir allerdings auch den Erwartungen der Finanzanalysten entsprechen und die öffentliche Meinung im In- und Ausland weiter verbessern. Möglicherweise können wir durch diese Strategie auch unser Kurs-Gewinn-Verhältnis positiv beeinflussen.

Wenn Sie damit einverstanden sind, werde ich unseren Bereichsleiter Rechnungswesen, Herrn Vorhand, bitten, uns zum nächsten Mal darzustellen, wie sich die Umstellung auf IFRS auf die Vermögens-, Finanz- und Ertragslage des Horg-Konzerns in einem Jahresabschluss auswirken wird."

Elfriede Horg AG
Konzernabschluss zum 31.12.2005 nach HGB

Konzernbilanzen nach HGB zum 31.12.2005, 2004, 2003 986

Konzern-Gewinn- und Verlustrechnungen nach HGB 2005, 2004, 2003 987

Konzernkapitalflussrechnungen nach HGB 2005, 2004 988

Segmentberichterstattungen nach HGB 2005, 2004 989

Eigenkapitalveränderungsrechnungen nach HGB 2005, 2004 990

Konzernanlagespiegel nach HGB für das Geschäftsjahr 2005 991

Konzernanhang für das Geschäftsjahr 2005 992

Konzernbilanzen nach HGB zum 31.12.2005, 2004, 2003 (in T€)

AKTIVA	2005	2004	2003
Anlagevermögen			
Immaterielle Vermögensgegenstände	20.598	25.055	20.738
Sachanlagen	415.011	371.598	356.220
Finanzanlagen	7.532	7.172	6.502
	443.141	403.825	383.460
Umlaufvermögen			
Vorräte			
Roh-, Hilfs- und Betriebsstoffe	95.153	76.861	82.345
Unfertige und Fertige Erzeugnisse	463.046	431.063	412.282
Forderungen aus Lieferungen und Leistungen	469.777	423.344	401.200
Sonstige Vermögensgegenstände	53.256	35.483	38.760
Wertpapiere	27.898	37.555	32.461
Liquide Mittel	40.644	45.978	38.309
	1.149.774	1.050.284	1.005.357
Rechnungsabgrenzungsposten	3	2	4
	1.592.918	1.454.111	1.388.821

PASSIVA	2005	2004	2003
Eigenkapital			
Gezeichnetes Kapital	230.000	230.000	230.000
Kapitalrücklage	150.800	150.800	150.800
Gewinnrücklagen	62.349	65.971	60.121
davon verrechneter Goodwill	20.000	—	—
Jahresüberschuss	36.527	39.378	24.250
	479.676	486.149	465.171
Rückstellungen			
Pensionsrückstellungen	230.008	207.007	192.243
Steuerrückstellungen	49.675	44.707	39.565
Sonstige Rückstellungen	209.168	188.558	179.604
	488.851	440.272	411.412
Verbindlichkeiten			
Verbindlichk. ggü. Kreditinstituten	451.233	396.149	384.650
Verbindlichk. aus Lief. und Leist.	106.166	95.549	101.300
Verbindlichkeiten gegenüber verbundenen Unternehmen	3.987	3.588	3.210
Sonstige Verbindlichkeiten	63.005	32.404	23.078
	624.391	527.690	512.238
	1.592.918	1.454.111	1.388.821

Konzern-Gewinn- und Verlustrechnungen nach HGB 2005, 2004, 2003 (in T€)

	2005	2004	2003
Umsatzerlöse	1.845.110	1.510.747	1.385.387
Herstellungskosten der zur Erzielung der Umsatzerlöse erbrachten Leistungen	1.321.308	1.059.879	984.187
Bruttoergebnis vom Umsatz	**523.802**	**450.868**	**401.200**
Vertriebskosten	236.510	162.050	153.479
Allgemeine Verwaltungskosten	143.216	136.482	133.561
Sonstige betriebliche Erträge	7.330	2.033	3.211
Sonst. betriebliche Aufwendungen	39.957	40.999	39.824
Erträge aus Beteiligungen	391	153	144
Sonstige Zinsen und ähnliche Erträge	11.755	7.119	6.009
Abschreibungen auf Finanzanlagen und auf Wertpapiere des Umlaufvermögens	311	287	202
Zinsen und ähnliche Aufwendungen	40.268	30.860	29.178
Ergebnis der gewöhnlichen Geschäftstätigkeit	**83.016**	**89.495**	**54.320**
Steuern vom Einkommen und vom Ertrag	46.489	50.117	30.070
Jahresüberschuss	**36.527**	**39.378**	**24.250**

Konzernkapitalflussrechnungen nach HGB 2005, 2004 (in T€)

		2005	2004
	Jahresüberschuss	36.527	39.378
+/-	Abschreibungen/Zuschreibungen auf das AV	+73.552	+62.293
+/-	Veränderung der Pensionsrückstellungen	+23.001	+14.764
	Cashflow nach DVFA/SG	**133.080**	**116.435**
+/-	Veränderung der kurzfristigen Rückstellungen	+25.578	+14.096
+/-	Sonst. zahlungsunwirksame Aufw./Erträge	+50	—
-/+	Gewinn/Verlust aus Anlagenabgängen	-1.225	-650
+/-	Veränd. des UV und der Verbindlichkeiten		
	Vorräte	-31.475	-13.297
	Forderungen	-38.433	-22.144
	Sonstige Vermögensgegenstände	-17.773	+3.277
	Kurzfristige Verbindlichkeiten	+15.017	+3.953
	Aktive Rechnungsabgrenzungsposten	-1	+2
	Cashflow aus gewöhnlicher betrieblicher Tätigkeit	**84.818**	**101.672**
+	Einzahlungen aus Anlageabgängen	+5.257	+2.950
+	Einzahlungen aus Abgängen von Wertpapieren des UV	+9.657	—
-	Investitionen in das Anlagevermögen	-24.700	-84.958
-	Investitionen in Wertpapiere des Umlaufvermögens	—	-5.094
-	Erwerb konsolidierter Beteiligung	-96.900	—
	Cashflow aus Investitionstätigkeit	**-106.686**	**-87.102**
+	Einzahlungen aus Kapitalerhöhungen	—	—
-	Auszahlungen an die Gesellschafter	-23.000	-18.400
+	Einzahlungen aus der Begebung von Anleihen und Aufnahme von Krediten	+39.584	+11.499
-	Auszahlung für die Tilgung von Anleihen und Krediten	—	—
	Cashflow aus Finanzierungstätigkeit	**16.584**	**-6.901**
	Finanzmittelbestand am Anfang der Periode	45.978	38.309
+/-	Veränd. des Finanzmittelbestands (Gesamt Cashflow)	-5.284	+7.669
+/-	Wechselkursbedingte Änderung des Finanzmittelbestands	-50	—
	Finanzmittelbestand am Ende der Periode	**40.644**	**45.978**

Segmentberichterstattungen nach HGB 2005, 2004 (in T€)
Die Segmentberichterstattung wurde in Übereinstimmung mit DRS 3 aufgestellt. In Orientierung an der internen Berichts- und Organisationsstruktur des Konzerns werden einzelne Konzernabschlussdaten differenziert nach Geschäftsbereichen und geografischen Regionen dargestellt. Der dominierenden Organisationsstruktur entsprechend wird innerhalb der Geschäftsbereichssegmentierung zwischen Standard- und Luxusprodukten unterschieden. Während klassische Armaturen, Einhandmischer, Thermostat-Armaturen und Brausen des Low-Cost-Bereichs im Geschäftsbereich Standardprodukte zusammengefasst werden, gehören die entsprechenden Produkte und verbundenen Dienstleistungen des High-Cost-Bereichs dem Segment Luxusprodukte an. Umsätze zwischen den Segmenten werden zu üblichen Marktkonditionen abgerechnet.

Geschäftsbereiche	2005	2004	2005	2004	2005	2004
	Segment Standardprodukt		Segment Luxusprodukt		Konzern	
Außenumsatz	1.239.572	946.358	605.538	564.389	1.845.110	1.510.747
Innenumsatz mit anderen Segmenten	102.365	94.255	24.027	26.331	—	—
Ergebnis der gewöhnl. Geschäftstätigkeit	47.091	56.819	35.925	32.676	83.016	89.495
Zinserträge	7.810	4.780	3.945	2.339	11.755	7.119
Zinsaufwendungen	32.214	21.202	8.054	9.658	40.268	30.860
sonst. wesentl. zahlungsunwirksame Aufwendungen	32.547	19.336	16.031	9.524	48.578	28.860
Steuern vom Einkommen und Ertrag	26.370	34.302	20.119	15.815	46.489	50.117
Betriebliches Vermögen	899.543	742.614	657.942	666.768	1.557.485	1.409.382
Abschreibungen auf SAV und IAV	40.031	30.057	33.460	32.236	73.491	62.293
Investitionen in SAV und IAV	80.362	42.330	35.985	42.628	116.347	84.958
Segmentverbindlichk.	890.594	677.573	222.648	290.389	1.113.242	967.962
Ergebnisbeiträge assoziiert. Unternehmen	181	162	69	68	250	230
Beteiligungshöhe an assoziiert. Unternehmen	1.575	1.394	675	606	2.250	2.000

Segmentierung nach Regionen

Geografische Segmente	2005	2004	2005	2004
	Deutschland		Übriges Europa	
Außenumsatz	1.304.678	1.106.544	425.546	404.203
Betriebliches Vermögen	1.006.100	986.576	431.185	422.806
Investitionen SAV und IAV	10.297	50.974	18.850	33.984

Geografische Segmente	2005	2004	2005	2004
	Nordamerika und Asien		Konzern	
Außenumsatz	114.886	—	1.845.110	1.510.747
Betriebliches Vermögen	120.200	—	1.557.485	1.409.382
Investitionen SAV und IAV	87.200	—	116.347	84.958

Eigenkapitalveränderungsrechnungen nach HGB 2005, 2004 (in T€)

	2005	2004
Eigenkapital zu Beginn des Geschäftsjahres	486.149	465.171
Gezeichnetes Kapital		
Zu Beginn des Geschäftsjahres	230.000	230.000
Veränderungen im Geschäftsjahr	*0*	*0*
Zum Ende des Geschäftsjahres	230.000	230.000
Kapitalrücklage		
Zu Beginn des Geschäftsjahres	150.800	150.800
Veränderungen im Geschäftsjahr	*0*	*0*
Zum Ende des Geschäftsjahres	150.800	150.800
Gewinnrücklage		
Zu Beginn des Geschäftsjahres	65.971	60.121
Veränderungen im Geschäftsjahr		
Jahresergebnis des Vorjahres	*39.378*	*24.250*
Dividendenausschüttung	*-23.000*	*-18.400*
Erfolgsneutrale Verrechnung des Goodwill	*-20.000*	*0*
Zum Ende des Geschäftsjahres	62.349	65.971
Jahresergebnis	*36.527*	*39.378*
Eigenkapital zum Ende des Geschäftsjahres	479.676	486.149

Konzernanlagespiegel nach HGB für das Geschäftsjahr 2005 (in T€)

	Historische AHK 01.01.2005	Zugänge	Abgänge	Zuschreibung	Kumul. Abschreibung	Buchwert 31.12.2005	Buchwert 31.12.2004	Abschreibung für 2005
Immaterielles Vermögen								
Firmenwert	7.452	—	—	—	2.340	5.112	6.112	1.000
EDV-Software	24.092	1.062	—	—	9.668	15.486	18.943	4.519
	31.544	1.062	—	—	12.008	20.598	25.055	5.519
Sachanlagen								
Grundstücke und Gebäude	254.368	21.454	3.820	—	59.106	212.896	197.667	3.725
Technische Anlagen und Maschinen	270.548	61.204	—	—	225.925	105.827	81.111	36.488
Betriebs- und Geschäftsausstattung	212.502	32.627	2.861	—	145.980	96.288	92.820	27.759
	737.418	115.285	6.681	—	431.011	415.011	371.598	67.972
Finanzanlagen								
Anteile an assoz. Unternehm.	2.000	—	—	250	—	2.250	2.000	—
Wertpapiere des AV	3.787	351	—	—	445	3.693	3.550	208
Ausleihungen	1.743	202	140	—	216	1.589	1.622	103
	7.530	553	140	250	661	7.532	7.172	311
Anlagevermögen	776.492	116.900	6.821	250	443.680	443.141	403.825	73.802

Konzernanhang für das Geschäftsjahr 2005

Bilanzierungs- und Bewertungsmethoden

Die Abschlüsse der einzelnen Tochterunternehmen werden in den Konzernabschluss entsprechend den Vorschriften des Handelsgesetzbuches und des Aktiengesetzes einheitlich nach den bei der Elfriede Horg AG geltenden Bilanzierungs- und Bewertungsmethoden einbezogen.

Erworbene immaterielle Vermögensgegenstände werden, soweit sie nicht im Jahr des Zugangs als Aufwand verrechnet werden, zu Anschaffungskosten, vermindert um planmäßige Abschreibungen, bewertet. Als Nutzungsdauer werden regelmäßig vier Jahre zugrunde gelegt, wenn sich nicht ein abweichender Zeitraum, z.B. aufgrund der Laufzeit einer Lizenz, ergibt.

Das Sachanlagevermögen wird zu Anschaffungs- bzw. Herstellungskosten, vermindert um planmäßige Abschreibungen, angesetzt. Die Herstellungskosten der selbsterstellten Anlagen enthalten neben den Einzelkosten angemessene Teile der notwendigen Material- und Fertigungsgemeinkosten. Hierzu gehören auch die fertigungsbedingten Abschreibungen, die anteiligen Kosten für die betriebliche Altersversorgung, für soziale Einrichtungen und für freiwillige soziale Leistungen des Unternehmens sowie fertigungsbedingte Verwaltungskosten.

Die Abschreibungen auf das Anlagevermögen werden grundsätzlich linear vorgenommen. Die Nutzungsdauer beträgt bei Gebäuden maximal 40 Jahre, bei technischen Anlagen und Maschinen durchschnittlich 6 Jahre, bei der Betriebs- und Geschäftsausstattung durchschnittlich 5 Jahre. Abschreibungen werden im Einklang mit steuerlichen Erfordernissen pro rata temporis vorgenommen.

Soweit der nach vorstehenden Grundsätzen ermittelte Wert von Gegenständen des Anlagevermögens über dem Wert liegt, der ihnen am Abschlussstichtag beizulegen ist, wird dem durch außerplanmäßige Abschreibungen oder Wertberichtigungen Rechnung getragen.

Nicht in den Konsolidierungskreis einbezogene Tochterunternehmen sowie assoziierte Unternehmen werden at equity in den Konzernabschluss einbezogen. Ausleihungen werden zum Nennwert, abzüglich erforderlicher Abzinsungen und Abschläge für Wertminderungen, bilanziert. Beteiligungen werden zu Anschaffungskosten oder zum niedrigeren, am Abschlussstichtag beizulegenden Wert angesetzt.

Die Vorräte werden mit den durchschnittlichen Anschaffungs- bzw. Herstellungskosten oder zu niedrigeren Tageswerten angesetzt. Die Herstellungskosten der unfertigen und fertigen Erzeugnisse werden analog zum Anlagevermögen ermittelt. Lediglich auf die Einbeziehung der fertigungsbedingten Verwaltungskosten wird verzichtet. Bestandsrisiken wird durch Vornahme angemessener Bewertungsabschläge Rechnung getragen.

Bei den Forderungen und Wechseln werden erkennbare Einzelrisiken durch Wertberichtigungen berücksichtigt. Aktive latente Steuern werden unter den sonstigen Vermögensgegenständen, passive latente Steuern unter den Steuerrückstellungen angesetzt.

Die Berechnung der Pensionsrückstellungen erfolgt nach versicherungsmathematischen Grundsätzen gemäß § 6 a EStG unter Zugrundelegung eines Rechnungszinsfußes von 6 % p. a. Sie decken den Barwert der laufenden Verpflichtungen und den Teilwert der Anwartschaften. Die Verbindlichkeiten sind mit ihren Rückzahlungsbeträgen angesetzt.

Konsolidierungskreis
In den Konzernabschluss wurden neben der Elfriede Horg AG als Mutterunternehmen fünf inländische und vier ausländische Unternehmen einbezogen, bei denen der Horg AG 100 % der Stimmrechte zustehen. Im Berichtsjahr wurde die Flush Corp. erstmals in den Konzernabschluss aufgenommen. Bei den sonstigen Mehrheitsbeteiligungen ist gemäß § 296 Abs. 2 HGB auf eine Einbeziehung in den Konsolidierungskreis verzichtet worden. Diese Gesellschaften werden in den Konzernabschluss nach der Equity-Methode einbezogen.

Währungsumrechnung
In den Jahresabschlüssen werden Fremdwährungsforderungen (-verbindlichkeiten) mit dem Geldkurs (Briefkurs) am Buchungstag oder dem niedrigeren Geldkurs (höheren Briefkurs) am Bilanzstichtag umgerechnet. Für den Konzernabschluss erfolgt die Umrechnung der Bilanzpositionen der ausländischen Gesellschaften seit 2003 von der Landeswährung in Euro grundsätzlich mit den Kursen am Bilanzstichtag.

Die Unternehmen der Horg-Gruppe sind in folgender Tabelle aufgelistet:

Name und Sitz der Gesellschaft	Anteil am Kapital in %
Inland:	
Stein Sanitärtechnik GmbH, Schweinfurt	100
Aqua Sanitärtechnologie GmbH, Dresden	100
Horg Verwaltungs-GmbH, Erftstadt	100
Logistik und Transport GmbH, Euskirchen	55
Fink Metallwarenhandel KG, München	62
PCS Gießerei GmbH, Gelsenkirchen	51
Horg Elektroblech GmbH, Duisburg	100
Horg Dienstleistungs-GmbH, Erftstadt	100
Ausland:	
Wedel N.V., Niederlande, Utrecht	100
Rocque, Frankreich, Paris	100
Horg, Polen, Lodz	100
Flush Corp., USA, Blacksburg/Virginia	100

Konsolidierungsgrundsätze
Die Kapitalkonsolidierung der in den Konzernabschluss einbezogenen Tochterunternehmen erfolgt nach der Buchwertmethode gemäß § 301 HGB durch Ver-

rechnung der Anschaffungskosten mit dem Eigenkapital der Tochterunternehmen zum Zeitpunkt ihres Erwerbs. Sich durch den Ansatz der Buchwerte ergebende aktivische Unterschiedsbeträge werden, soweit sie stille Reserven betreffen, dem Wertansatz der Vermögensgegenstände zugeschrieben. Verbleibende aktivische Unterschiedsbeträge werden als Firmenwert gemäß § 309 HGB erfolgsneutral mit den Rücklagen verrechnet. Sich ergebende passivische Unterschiedsbeträge aus der Kapitalkonsolidierung werden ihrem Charakter nach entweder unter den Konzerngewinnrücklagen oder in dem Posten „Sonstige Rückstellungen" ausgewiesen.

Die assoziierten Unternehmen werden auf der Basis der Equity-Methode in den Konzernabschluss übernommen.

Im Vorratsvermögen und Anlagevermögen enthaltene Zwischengewinne werden ergebniswirksam eliminiert. Alle zwischen Konzernunternehmen entstandenen Forderungen und Verbindlichkeiten, Aufwendungen und Erträge sind im Konzernabschluss nicht enthalten.

Anlagevermögen

Die Entwicklung der in der Bilanz zum 31.12.2005 ausgewiesenen Anlagepositionen ist im Anlagespiegel dargestellt. Die im Jahresabschluss der E. Horg AG gemäß § 7 h EStG i.V.m. § 254 HGB vorgenommenen steuerlichen Sonderabschreibungen in Höhe von 3.225 T€ wurden im Konzernabschluss zurückgenommen.

Vorräte

Die Bewertung basiert grundsätzlich auf der Durchschnittsmethode. Der Unterschied zum Marktpreis beträgt 13 T€.

Forderungen aus Lieferungen und Leistungen

Von den am 31.12.2005 ausgewiesenen Forderungen haben 1.856 T€ (2004: 1.012 T€) eine Restlaufzeit von mehr als einem Jahr.

Gezeichnetes Kapital

Zum 31.12.2005 hatte das gezeichnete Kapital folgende Zusammensetzung:

Stammaktien	40.000.000	200 Mio. €
Vorzugsaktien	6.000.000	30 Mio. €

Es wurden ausschließlich Inhaberaktien mit einem Nennwert von 5 € ausgegeben.

Rückstellungen

Die Steuerrückstellungen enthalten Beträge für das laufende Jahr und für den noch nicht der steuerlichen Außenprüfung unterlegenen Zeitraum. Bei der Bildung latenter Steuern wird ein einheitlicher Konzernsteuersatz von 40 % zugrunde gelegt. Die sonstigen Rückstellungen enthalten u.a. Beträge für Gewährleistungen, Gratifikationen, Instandhaltung und Reparaturen. Sie sind so bemessen, dass sie allen erkennbaren Risiken und ungewissen Verpflichtungen Rechnung tragen.

Verbindlichkeiten (in T€)

	2005	2004
Verbindlichkeiten mit einer Laufzeit bis zu einem Jahr	173.158	131.541
Verbindlichkeiten mit einer Laufzeit über einem Jahr und unter fünf Jahren	426.834	321.285
Verbindlichkeiten mit einer Laufzeit von mehr als fünf Jahren	24.399	74.864
Summe	**624.391**	**527.690**

Sonstige Angaben und Haftungsverhältnisse zum 31.12.2005

Finanzielle Verpflichtungen aus Leasingverträgen	7.200 T€
Bürgschaften	2.348 T€
Eventualverbindlichkeiten im Inland aus der Übertragung von Wechseln	25.364 T€

Personalaufwand und Mitarbeiter

	2005	2004
Durchschnittliche Zahl der Mitarbeiter	6.386	5.380
Personalaufwand in T€	**702.560**	**591.942**

Sonstige betriebliche Aufwendungen und Erträge
Die sonstigen betrieblichen Erträge enthalten hauptsächlich Erlöse aus der Weiterbelastung von Kosten und Leistungen, Investitionszulagen und Umsatzsteuervergütungen. Erträge aus Anlagenabgängen sind im Geschäftsjahr in Höhe von 1.225 T€ enthalten. Die sonstigen betrieblichen Aufwendungen umfassen im Wesentlichen Bilanzmehrabschreibungen, Abfindungen sowie andere Bewertungsdifferenzen, Forderungsausfälle und -risiken, Garantieleistungen. Die kontinuierlich gestiegenen Aufwendungen stehen im engen Zusammenhang mit der Übernahme von Gesellschaften.

Gesamtbezüge des Aufsichtsrates und des Vorstandes
Die Gesamtbezüge der Mitglieder des Aufsichtsrates betrugen 260 T€, die Gesamtbezüge der Mitglieder des Vorstandes 2.400 T€.

Persönlich / Streng Vertraulich

An Herrn   20.01.2006
Finanzvorstand Dr. Fuchs
Im Hause

Lieber Herr Dr. Fuchs,
Sie hatten mich beauftragt, Ihnen die Geschäftsvorfälle aufzuführen, die zu Abweichungen der Abschlüsse nach IFRS gegenüber dem HGB-Konzernabschluss führen. Entsprechende Vorjahreswerte haben wir vorsichtshalber gleich mit erhoben.

Nach IFRS gehören eine Kapitalflussrechnung, eine Segmentberichterstattung und eine Eigenkapitalveränderungsrechnung zu den Pflichtbestandteilen des Konzernabschlusses bzw. zu den Zusatzangaben (Notes). Allerdings mussten wir nach Verabschiedung des Gesetzes zur Kontrolle und Transparenz im Unternehmensbereich (KonTraG) ab dem Geschäftsjahr 1999 ohnehin eine Kapitalflussrechnung und Segmentberichterstattung erstellen. Auch die Erstellung einer Eigenkapitalveränderungsrechnung ist in HGB-Konzernabschlüssen seit dem Inkrafttreten des Transparenz- und Publizitätsgesetzes (TransPuG) seit 2002 zwingend vorgeschrieben.

Ich hoffe, dass Sie aus diesen Unterlagen die Auswirkungen der Rechnungslegungsumstellung auf IFRS für das Geschäftsjahr 2005 ermitteln können, so dass Sie z.B. in die Lage versetzt werden, die Änderungen unserer Rechnungslegungskennzahlen durch diesen Wechsel abzuschätzen. Die veränderten Rechnungslegungsdaten können zumindest „mathematisch" dazu führen, dass – sofern unser Kurs-Gewinn-Verhältnis von ca. 15 von den Kapitalmarktteilnehmern nicht entsprechend angepasst wird – sich unser Börsenkurs aufgrund eines geänderten Gewinns je Aktie verändern kann. Auch die Konsequenzen auf unsere gesamten internen Steuerungs- und Kontrolldaten sind bei der Umstellung zu berücksichtigen, da wir bisher ja sämtliche Spartenleiter variabel am innerbetrieblich ermittelten Spartenergebnis entlohnen.

1. Forschungs- und Entwicklungskosten

Einem Forschungsteam in unserem Entwicklungszentrum in Unteraichenbach ist es Anfang 2004 gelungen, ein neuartiges Verfahren zur Modellierung der Sandkerne für die Gussformen unserer Sanitärarmaturen in die Fertigungsreife zu überführen. Hierfür sind 2004 Entwicklungskosten in Höhe von 18 Mio. € angefallen.

Die für die Anwendung erforderliche Produktionsanlage ist inzwischen errichtet worden. Wir eröffnen uns mit dem neuen Verfahren völlig neue Designperspektiven, da nun auch sehr ungewöhnliche Formen modellierbar sind. Das Verfahren hat unser Produktionsprogramm bereits im Geschäftsjahr 2005 völlig verändert und wird auch die kommenden drei Jahre nachhaltig beeinflussen.

2. Sachanlagevermögen

Im März 2004 sind von unserem Tochterunternehmen, der Horg Verwaltungs-GmbH, Immobilien erworben worden, die der Erzielung von Miet- und Pachterträgen und nicht der Produktion oder sonstigen Leistungserstellung dienen. Gemäß IAS 40 besteht für diese als Finanzinvestition gehaltenen Immobilien ein Wahlrecht zur Bewertung zum beizulegenden Zeitwert oder zu fortgeführten Anschaffungskosten. Da die Marktwerte der entsprechenden Immobilien zwischenzeitlich teilweise gestiegen sind, wäre zu prüfen, ob zur Steigerung unserer Eigenkapitalquote eine vom HGB abweichende Bewertung zum beizulegenden Zeitwert in Frage kommt. Die erforderlichen Daten sind deshalb in nachfolgenden Tabellen zusammengefasst. Alle Zahlenangaben sind in T€ angegeben.

Immobilie	Anschaffungskosten	Abschreibung 2004	Buchwert 31.12.2004	Abschreibung 2005	Buchwert 31.12.2005
Gebäude Parkstraße	2.500	125	2.375	125	2.250
Gebäude Burgwall	2.000	100	1.900	100	1.800
Gebäude Ringstraße	5.200	260	4.940	260	4.680

Immobilie	Marktwert 31.12.2004	Marktwert 31.12.2005	Mieteinnahmen 2004	Mieteinnahmen 2005
Gebäude Parkstraße	2.700	2.900	200	200
Gebäude Burgwall	2.100	1.800	180	180
Gebäude Ringstraße	5.200	5.400	420	420

3. Herstellungskosten der unfertigen und fertigen Erzeugnisse

Im Rahmen der Herstellungskostenermittlung der unfertigen und fertigen Erzeugnisse wurde auf die Einbeziehung der fertigungsbedingten Verwaltungskosten verzichtet. Diese betragen 5 % der bisher ermittelten Herstellungskosten. Die Anfangsbestände 2003 an unfertigen und fertigen Erzeugnissen beliefen sich auf 400.282 T€.

4. Langfristige Auftragsfertigung

Die Hochbau AG beauftragte unser polnisches Tochterunternehmen am 03.03.2003 mit der gesamten sanitärtechnischen Ausstattung von 5.000 Wohnungen in Russland, die im Rahmen des sozialen Wohnungsbaus errichtet wurden. Das Projekt wurde im September 2005 fertig gestellt und zum vereinbarten Festpreis von 26 Mio. € abgerechnet. Auf Wunsch unseres Kunden wurde vertraglich vereinbart, keine Teilabnahmen vor dem Fertigstellungszeitpunkt vorzunehmen, da das Liefer- und Leistungsrisiko sowie das Gesamtfunktionsrisiko erst nach vollständiger Ausführung des Auftrags an den Kunden übergehen sollte.

Um eine vollständige Vorfinanzierung des Projektes zu vermeiden, hatten wir seinerzeit in die Verträge Abschlagszahlungen aufgenommen, die wir separat vom Kunden einforderten. Mangels vertraglicher Vereinbarungen liegen nach HGB allerdings keine rechtlich abrechenbaren Teilleistungen vor, so dass die Abschlagszahlungen lediglich aus Finanzierungserwägungen erfolgten. Nach den IFRS wäre in diesem Fall wohl dennoch eine anteilige Gewinnrealisierung vorzunehmen. Die Details des Auftrags entnehmen Sie bitte folgender Übersicht:

(alle Angaben in T€)	2003	2004	2005	Gesamt
Tatsächlich eingetretene Herstellungskosten des Auftrags im lfd. Geschäftsjahr zu Vollkosten	4.000	6.000	13.400	**23.400**
Noch erwartete Herstellungskosten bis zur Fertigstellung	18.000	13.000	—	
Insgesamt erwartete Kosten (Stichtagsschätzung)	22.000	23.000	23.400	
Eingeforderte vertraglich vereinbarte Abschlagszahlungen	2.600	5.000	18.400	**26.000**
Zahlungseingänge	2.000	4.000	15.000	**21.000**

5. Wertpapiere des Umlaufvermögens

Laut Depotauszug der Schnellfinanz AG befanden sich am Bilanzstichtag Aktien mit einem Marktwert von 23 Mio. € (Buchwert am 31.12.2005: 19,5 Mio. €) im Besitz der in den Konzernabschluss einbezogenen Gesellschaften. Das Portfolio wird auf Anraten unseres Anlageberaters, Herrn Nießen, im Rahmen einer kurzfristigen Anlagestrategie laufend umstrukturiert. Kein Wertpapier bleibt länger als drei Monate im Bestand. Die „glückliche Hand", die er bei der Verwaltung der Papiere bisher bewies, offenbart ein Vergleich mit dem Kurswert am letzten Bilanzstichtag: 20 Mio. € (Buchwert 31.12.2004: 18 Mio. €). Noch zum 31.12.2003 betrug der Marktwert der Papiere lediglich 10,5 Mio. € (Buchwert: 9 Mio. €).

Die am jeweiligen Jahresende vorhandenen Wertpapiere wurden im Folgejahr zum Marktwert am Bilanzstichtag veräußert.

6. Wertpapiere des Anlagevermögens

Seit 2002 wurden verschiedene Aktien zur langfristigen Kapitalanlage erworben, ohne damit einen wesentlichen Einfluss auf diese Unternehmen zu erlangen. Die Wertentwicklung der Aktienpakete entnehmen Sie bitte folgender Tabelle:

Aktien	Anschaffungskosten in T€ (Jahr)	Marktwert 31.12.02 in T€	Marktwert 31.12.03 in T€	Marktwert 31.12.04 in T€	Marktwert 31.12.05 in T€
Publix AG	2.024 (2002)	2.400	2.270	2.620	3.120
Comtech AG	750 (2003)	—	900	850	1.020
Titag AG	1.013 (2004)	—	—	776	568
Electro AG	351 (2005)	—	—	—	530

Im Fall der Titag AG wurde in 2004 und 2005 von einer dauerhaften Wertminderung ausgegangen, wie auch der weitere Kursrückgang im Januar 2006 bestätigt.

7. Fremdwährungstransaktionen

Zum 01.10.2004 wurde eine neue Produktionsanlage geliefert und montiert. Inklusive Montagekosten beliefen sich die Anschaffungskosten auf 10 Mio. GBP. Mit dem Hersteller wurde ein Zahlungsziel von 12 Monaten vereinbart. Der Briefkurs betrug am Liefertag 1,60 €/GBP, am 31.12.2004 1,63 €/GBP und am 01.10.2005 1,66 €/GBP. Die Anlage wird über eine Nutzungsdauer von 10 Jahren linear abgeschrieben.

Um uns gegen das Währungskursrisiko abzusichern, haben wir noch am Liefertag ein Devisentermingeschäft mit einer einjährigen Laufzeit abgeschlossen. Vereinbart wurde der Kauf von 10 Mio. GBP zu einem Terminkurs von 1,62 €/GBP. Am 31.12.2004 lag der korrespondierende Terminkurs bei 1,65 €/GBP und am 01.10.2005 bei 1,66 €/GBP. Zur bilanziellen Abbildung der Sicherheitsbeziehung haben wir die beiden Transaktionen bisher in einer Bewertungseinheit zusammengefasst, wobei die Verbindlichkeit zum Sicherungskurs eingebucht wurde.

8. Pensionsrückstellungen

Für die Pensionsanwartschaften unserer Mitarbeiter haben wir bisher ca. 230 Mio. € zurückgestellt, wovon 80 % auf Mitarbeiter des Fertigungsbereichs und je 10 % auf den Verwaltungs- und Vertriebsbereich entfallen. Dies geschah unter Berücksichtigung eines uniformen Kalkulationszinsfußes von 6 %, obwohl sich der Kapitalmarktzins derzeit bei ca. 7 % bewegt. Außerdem haben wir in unseren Berechnungen keine Gehaltszuwächse unterstellt. Tatsächlich aber ist tarif- und inflationsbedingt ein jährlicher progressiver Gehaltstrend zu konstatieren. Die Gesamtwirkung einer Umstellung der Aufwandsverteilungsmethode zur Bildung der Pensionsrückstellungen haben wir durch ein versicherungsmathematisches Gutachten errechnen lassen, dessen Ergebnis in tabellarischer Form nachfolgend dargestellt ist.

Jahr	Pensionszahlung (in T€)	Periodenaufwand (in T€)		Rückstellungshöhe (in T€)	
		HGB	IFRS	HGB	IFRS
Anfangsbestand 2003				181.102	206.711
2003	3.000	14.141	17.245	192.243	220.956
2004	3.200	17.964	21.564	207.007	239.320
2005	3.300	26.301	28.489	230.008	264.509

Die unfertigen und fertigen Erzeugnisse verändern sich mengenmäßig nur unwesentlich. Aufgrund unseres Produktionsflusses besteht der Absatz einer Periode zu ca. 20 % aus dem Anfangsbestand und zu ca. 80 % aus der laufenden Periodenproduktion. Von daher werden ca. 20 % des jeweiligen Pensionsaufwandes eines Jahres in den fertigen und unfertigen Erzeugnissen aktiviert (HGB 2003: 2.260 T€; 2004: 2.867 T€; 2005: 4.212 T€; IFRS: 2003: 2.740 T€; 2004: 3.450 T€; 2005: 4.556 T€). Die Korrektur des Anfangsbestandes 2003 der unfertigen und fertigen Erzeugnisse beläuft sich auf 14.749 T€.

9. Aufwands- und Produkthaftungsrückstellung
Für die alle fünf Jahre erforderliche Generalüberholung der Montagestraßen sammeln wir die erwarteten Reparaturkosten von 50 Mio. € durch eine Rückstellung von 10 Mio. € p. a. an. Die nächste Generalüberholung der Anlage ist für 2006 geplant.

Außerdem hat uns 2005 eine Verbraucherschutzinitiative mitgeteilt, in einem Musterprozess Schadensersatz wegen Problemen mit den Rohrabdichtungen von Abwasserleitungen einklagen zu wollen. Da unsere Rechtsabteilung zur Zeit noch mit der Verbraucherschutzinitiative verhandelt, kann sie sich noch nicht festlegen, ob es tatsächlich zu einer gerichtlichen Auseinandersetzung kommt und wie in diesem Fall die gerichtliche Entscheidung ausfallen wird, da ein ähnlich gelagerter Fall bisher nicht zur Entscheidung anstand. Sollten wir den Prozess verlieren, kommen Kosten von ca. 15 Mio. € auf uns zu. Aus diesem Grund haben wir vorsichtshalber eine Produkthaftungsrückstellung in Höhe von 15 Mio. € gebildet.

10. Goodwill-Abschreibung

Die Flush Corp. wurde zum 01.01.2005 von der Horg AG gekauft und wird für das Geschäftsjahr 2005 erstmals in den Konzernabschluss einbezogen. Nach Verrechnung des aus der HB II ermittelten Eigenkapitals von 50 Mio. € mit dem Gesamtkaufpreis von 100 Mio. € verblieb zum Erwerbszeitpunkt ein Unterschiedsbetrag aus der Kapitalkonsolidierung von 50 Mio. €. Dieser verteilt sich nach unserer Due Diligence auf stille Reserven in Gebäuden (30 Mio. €) mit einer Restnutzungsdauer von 25 Jahren. Den verbleibenden Unterschiedsbetrag in Höhe von 20 Mio. € haben wir 2005 mit den Gewinnrücklagen verrechnet. Man hätte ihn alternativ auch als Goodwill unter Anwendung des Aktivierungswahlrechts des § 309 Abs. 1 S. 2 HGB über die voraussichtliche Nutzungsdauer, die wegen des guten Standings der Flush Corp. auf 10 Jahre geschätzt wird, abschreiben können.

Für die Umstellung auf IFRS haben wir hier für den Abschluss 2005 die Bilanzierungsregeln des IFRS 3 zu beachten. Das Befreiungswahlrecht zur prospektiven Anwendung von IFRS 3 wird in Anspruch genommen. Hierfür haben wir bereits folgende Informationen zusammengestellt:

Die Flush Corp. ist in zwei Segmenten operativ tätig, im Segment Standardprodukte und im Segment Luxusprodukte. Die Geschäftsführung beider Segmente ist personell voneinander getrennt. Für diese beiden Unternehmensbereiche wird zudem separat Bericht erstattet und geplant. Der gezahlte Kaufpreis verteilt sich im Erwerbszeitpunkt im Verhältnis 60:40 auf die Segmente Standardprodukte bzw. Luxusprodukte.

Die in der Anlage angegebene Handelsbilanz II der Flush Corp. zum Erwerbszeitpunkt ist zudem nach diesen Segmenten der Flush Corp. gegliedert. Bis auf die aufgedeckten stillen Reserven in den Gebäuden, die zu gleichen Teilen beiden Segmenten zuzuordnen sind, entsprechen die jeweiligen Buchwerte zum Erwerbszeitpunkt ihren Tageswerten. Beide Segmente erwirtschafteten im Geschäftsjahr 2005 einen Jahresüberschuss von Null Euro. Im Anhang ist neben der HB II zusätzlich die Finanzplanung der Flush Corp. für die Geschäftsjahre 2006 bis 2008 aufgeführt. Für die Ermittlung des Terminal Value wird das Konzept der ewigen Rente gewählt und ein Wachstumsfaktor von 2 % unterstellt. Die Horg AG rechnet für das Segment Standardprodukte mit einem Vorsteuerzins (Weighted-Average Cost of Capital, WACC) gemäß IAS 36.55 von 11,20 % und für das Segment Luxusprodukte von 9,89 %. Im Rahmen des Werthaltigkeitstests wird eine Nettobetrachtung unterstellt, da den beiden Segmenten eindeutig Verbindlichkeiten zuordenbar sind (IAS 36.79). Die Horg AG vergleicht also die nach dem DCF-Bruttoverfahren (WACC-Ansatz) unter Abzug des verzinslichen Fremdkapitals als Eigenkapitalwerte ermittelten erzielbaren Beträge der beiden Segmente mit den jeweiligen Buchwerten des Eigenkapitals. Die sonstigen Verbindlichkeiten der Flush Corp. werden als verzinslich angesehen.

Des Weiteren ist in den vergangenen Geschäftsjahren durch den jeweils am Jahresende erfolgten Erwerb der Aqua Sanitärtechnologie GmbH ein Goodwill von 10 Mio. € (2000) und durch den Erwerb der Wedel N.V. ein Goodwill von umgerechnet 15 Mio. € (2001) entstanden, der im HGB-Abschluss jeweils erfolgsneutral mit den Gewinnrücklagen verrechnet wurde. Die geschätzte Nutzungsdauer betrug ebenfalls 10 Jahre. Aufgrund der erfolgreichen Integration wird aus unseren Finanzplänen schnell ersichtlich, dass die Restbuchwerte dieser Goodwills seit Jahren erheblich unterhalb ihrer beizulegenden Zeitwerte liegen, so dass hier ein Impairment nicht in Frage kommt.

11. Aktienoptionspläne zur Managementvergütung
Mit Beginn des Jahres 2004 haben wir begonnen, einen Teil der Vergütung unserer Führungskräfte auf den ersten drei Führungsebenen an die Aktienkursentwicklung zu knüpfen. Hierzu haben wir auf Grundlage der 1998 durch das KonTraG geschaffenen Rechtsgrundlagen einen Aktienoptionsplan aufgelegt. Die Aktienoptionen wurden zum 01.01.2004 mit einem Bezugskurs in Höhe des damaligen Aktienkurses von 6 € gewährt. Um den Anforderungen des KonTraG zu genügen, wurde eine Sperrfrist von zwei Jahren bis zum 31.12.2005 und eine Mindestkurssteigerung von 25 % als Erfolgsziel festgelegt. Dieses Ziel ist bereits im Laufe des Jahres 2004 erreicht worden. Von den ursprünglich ausgegebenen 3.000.000 Optionsrechten sind aufgrund des Ausscheidens einiger Kollegen bis Ende 2004 300.000 und seither noch einmal 600.000 Optionen verfallen. Ursprünglich hatten wir mit einer geringeren Ausfallquote von insgesamt nur 15 % gerechnet. Zu Beginn des Programms hatte die den Vorgang begleitende Investmentbank einen beizulegenden Zeitwert pro Aktienoption in Höhe von 1,20 € berechnet. Aufgrund der günstigen Aktienkursentwicklung (31.12.2004: 9 €, 31.12.2005: 12 €) sind die Optionen heute bereits bei sofortiger Ausübung deutlich mehr wert als damals berechnet.

Bislang haben wir den Aktienoptionsplan in Bilanz und GuV gar nicht berücksichtigt, was in der deutschen Fachliteratur durchaus für zulässig gehalten wird. Auch müssen wir damit rechnen, gegenüber dem Finanzamt keine Betriebsausgabe geltend machen zu können. Nach IFRS müssen wir den Anfang 2004 verabschiedeten Standard IFRS 2 „Share-based Payment" anwenden.

Da damit zu rechen ist, dass echte Aktienoptionen nicht zu einer steuerlich anerkannten Betriebsausgabe führen, haben wir uns bei dem für unser „Middle Management" zum 01.01.2005 aufgelegten Aktienoptionsplan für einen so genannten „virtuellen" Aktienoptionsplan entschieden. Hierbei besteht kein Anrecht auf Bezug von jungen Aktien, sondern die finanziellen Konsequenzen werden durch Zahlungen an die Programmteilnehmer nachgebildet. Die Sperrfrist der virtuellen Aktienoptionen bzw. Share Appreciation Rights beträgt ebenfalls zwei Jahre. Der Aktienkurs, der überschritten werden muss, damit die Optionen gewinnbringend ausgeübt werden können, wurde auf den Aktienkurs am 01.01.2005 in Höhe von 9 € fixiert. Insgesamt wurden 1.500.000 Optionsrechte gewährt. Aufgrund des Ausscheidens einiger Mitarbeiter sind davon jedoch bis Jahresende 2005 bereits 100.000 Optionsrechte verfallen.

Bislang haben wir für unseren virtuellen Aktienoptionsplan eine Rückstellung in Höhe des inneren Werts der Optionsrechte gebildet, die wohl auch steuerlich anerkannt wird. Für eine Umstellung auf IFRS 2 benötigen wir eine Schätzung des beizulegenden Zeitwerts der Optionsrechte. Die von uns beauftragte Investment Bank setzt diesen Wert aktuell mit 4,50 € pro Optionsrecht an. Zum Zeitpunkt der Gewährung wurde ein beizulegender Zeitwert von 2 € angenommen.

12. Diluted Earnings per Share

Für die nach IAS 33 erforderliche Ermittlung der Diluted Earnings per Share (EPS, verwässerter Gewinn je Aktie) ist zu berücksichtigen, dass aus dem Anfang 2004 ausgegebenen Aktienoptionsplan 2.100.000 Optionsrechte mit einem Bezugskurs von 6 € im Umlauf sind, die jeweils zum Bezug einer jungen Aktie berechtigen. Der Aktienkurs betrug am 31.12.2005 12 €/Aktie und am 31.12.2004 9 €/Aktie.

13. Kapitalflussrechnung

Die im Konzernabschluss 2005 enthaltene Kapitalflussrechnung nach HGB haben wir indirekt aus den Bilanz- und GuV-Zahlen ermittelt. Die formelle und inhaltliche Ausgestaltung berücksichtigt dabei die weitgehend übereinstimmenden Regelungen nach DRS 2 und IAS 7.

Durch die in den Punkten 1 bis 12 angeführten Sachverhalte ergeben sich jedoch möglicherweise Änderungen für die IFRS-Rechenwerke. Deshalb ist auf der Basis dieser abweichenden Rechenwerke eine neue, veränderte Kapitalflussrechnung zu erstellen. Dabei sind – wie bereits in der HGB-Kapitalflussrechnung – folgende zusätzliche Angaben zu berücksichtigen:

- Die Erweiterung des Konsolidierungskreises durch den Erwerb der Flush Corp. ist noch gesondert zu berücksichtigen, da der Zugang an Vermögen und Schulden gegenüber Dritten nicht den Zahlungen entspricht.
- Die letzte Rate für unsere neu investierte Verchromungsanlage steht noch aus. Die restlichen 7 Mio. € zahlen wir erst, wenn die Funktionsfähigkeit nach Abschluss der Probeläufe erwiesen ist.
- Aufgrund einer Abwertung des YEN erfolgte eine Abschreibung der YEN-Bestände innerhalb der liquiden Mittel in Höhe von 50 T€.

gez.
Walther Vorhand, Bereichsleiter Rechnungswesen

Anlagen:
- Handelsbilanz II der Flush Corp.
- Finanzplanungsrechnung der Flush Corp.
- Konzernabschluss-Kennzahlen

1. **Zusammengefasste Handelsbilanz II der Flush Corp. zum 01.01.2005 (in T€)**

AKTIVA	Summe	Standardprodukte	Luxusprodukte
Anlagevermögen			
Sachanlagen	55.200	34.400	20.800
	55.200	34.400	20.800
Umlaufvermögen			
Vorräte	18.800	10.300	8.500
Forderungen	8.000	4.200	3.800
Liquide Mittel	3.100	1.800	1.300
	29.900	16.300	13.600
	85.100	50.700	34.400
PASSIVA			
Eigenkapital			
Gezeichnetes Kapital	30.000	17.000	13.000
Kapitalrücklagen	8.000	6.000	2.000
Gewinnrücklagen	12.000	10.000	2.000
	50.000	33.000	17.000
Verbindlichkeiten			
- gegenüber Kreditinstituten	15.500	7.700	7.800
- aus Lief. und Leistungen	16.500	10.000	6.500
Sonstige Verbindlichkeiten	3.100		3.100
	35.100	17.700	17.400
	85.100	50.700	34.400

2. Finanzplanung der Flush Corp.

a) Standardprodukte

Positionen in T€	2005	2006	2007	Ab 2008
Umsatzerlöse		54.967	50.479	45.233
Herstellungskosten des Umsatz		31.238	28.967	26.361
Bruttoergebnis vom Umsatz		**23.729**	**21.512**	**18.872**
Vertriebskosten		8.278	6.954	8.172
Allgemeine Verwaltungskosten		5.984	5.980	5.681
sonstiger betrieblicher Aufwand		122	50	111
Zinsaufwand		750	900	987
Ergebnis der gew. Geschäftstätigkeit		**8.595**	**7.628**	**3.921**
Investitionen ins AV		8.235	7.986	8.241
Abschreibungen		7.455	7.223	8.241
Bestand des Working Capital (FLL+Vorräte+WP des UV-VLL)	7.300	8.200	7.623	7.218

b) Luxusprodukte

Positionen in T€	2005	2006	2007	Ab 2008
Umsatzerlöse		39.571	38.720	36.090
Herstellungskosten des Umsatzes		19.564	19.044	20.631
Bruttoergebnis vom Umsatz		**20.007**	**19.676**	**15.459**
Vertriebskosten		3.494	6.879	5.830
Allgemeine Verwaltungskosten		5.305	5.434	5.632
sonstiger betrieblicher Aufwand		129	64	117
Zinsaufwand		795	723	756
Ergebnis der gew. Geschäftstätigkeit		**10.284**	**6.576**	**3.124**
Investitionen ins AV		3.920	5.893	4.195
Abschreibungen		2.833	4.235	4.195
Bestand des Working Capital (FLL+Vorräte+WP des UV-VLL)	8.100	9.000	8.877	8.782

3. Konzernabschluss-Kennzahlen auf Grundlage der HGB-Zahlen (in T€)

Kennzahlen	2005	2004
Anzahl Stammaktien	40.000.000	40.000.000
Anzahl Vorzugsaktien	6.000.000	6.000.000
Ergebnis je Aktie	0,79 €	0,86 €
Kurs-Gewinn-Verhältnis	15,2	10,4
Cashflow je Aktie	1,84 €	2,21 €
Kurs-Cashflow-Verhältnis	6,5	4,1
Eigenkapitalrentabilität	7,6 %	8,1 %
Eigenkapitalquote	30,1 %	33,4 %
Umsatzrentabilität	4,5 %	5,9 %
Gesamtkapitalrentabilität	4,8 %	4,8 %

Aufgabenstellung:
1. Nehmen Sie die notwendigen Anpassungen vor, um eine Konzernbilanz und eine zweiteilige Konzern-Gesamterfolgsrechnung nach IFRS zu erhalten. Wenden Sie dabei nicht die historisch für das Geschäftsjahr 2005 geltenden, sondern die aktuellen IFRS-Standards an. Lassen Sie dabei ggf. erforderliche umsatzsteuerliche Auswirkungen außer Acht.
2. Ermitteln Sie die Auswirkungen der Rechnungslegungsumstellung auf „Gewinn je Aktie" (Earnings per Share, EPS) und „Cashflow je Aktie" und diskutieren Sie mögliche Auswirkungen auf die Aktienmarktbewertung der Horg AG.
3. Diskutieren Sie die möglichen Auswirkungen der Umstellung auf interne Planungs- und Kontrollinstrumente.

Stichwortverzeichnis

Abschlussadressaten 4, 111, 876
Abschlussprüfer 26, 954
Abschlussprüfung 101, 954
Abschreibung
   Abschreibungsverfahren 319
   außerplanmäßige *Siehe*
      Wertminderung
   immaterielles Anlagevermögen
      293
   Leasinggegenstand 628
   Sachanlagevermögen 318
Absicherung
   der at equity bilanzierten
      Unternehmensanteile 588,
      608
   der Cashflows 589
   des beizulegenden Zeitwerts
      589, 595
   einer Nettoinvestition in einen
      ausländischen
      Geschäftsbetrieb 589, 608
   perfekte 591
   von Zahlungsströmen 601
Abwägung von Kosten und Nutzen
   118
Accounting Principles Board
   (APB) 64
Accounting Regulatory Committee
   (ARC) *Siehe*
      Regelungsausschuss für
      Rechnungslegung
Accounting Research Bulletin
   (ARB) 64
Accounting Standards Executive
   Committee (AcSEC) 70
accrual principle
   (Periodenabgrenzung) *Siehe*
      Konzept der
      Periodenabgrenzung

accrued liabilities 440
actuarial gains and losses *Siehe*
   Pensionsverpflichtung,
   versicherungsmathematische
   Gewinne und Verluste
Ad-hoc-Publizität
   allgemein 923
   Deutschland 933
Adressatenorientierung 21
Advisory Committees 91
AICPA *Siehe* American Institute
   of Certified Public Accountants
   (AICPA)
Akquisitionsmethode 682, 685,
   698, 705
Aktienoptionen
   Definition 502
   exercise date
      (Ausübungszeitpunkt) 512
   grant date
      (Gewährungszeitpunkt) 512
   intrinsic value (innerer Wert)
      512
   potentielle Stammaktien 858
   vesting date (Ende der
      Sperrfrist) 512
   virtuelle 518
Aktienrückkauf 504, 506, 527, 863
aktiver Markt 261, 266, 287, 295,
   540
allocation model 252
allowance method 409
allowed alternative treatment 83
als Finanzinvestition gehaltene
   Immobilien
      Abgang 358
      Anschaffungs- und
         Herstellungskosten 342
      cost model 343

Definition 336
fair value model 343
Folgebewertung 343
Umklassifizierung 352
American Accounting Association (AAA) 71
American Depository Receipt (ADR) 61
American Institute of Certified Public Accountants (AICPA) 70
andere langfristig fällige Leistungen 465
Änderung von Bilanzierungs- und Bewertungsmethoden *Siehe* Methodenänderung
Änderung von Schätzungen 813, *Siehe* Schätzänderung
Anerkennungsverfahren 96
Anlagespiegel
   als Finanzinvestition gehaltene Immobilien 359
   immaterielles Anlagevermögen 301
   Sachanlagevermögen 328
Anlegerschutz 922, 926
Ansatzkriterien 124, 164
Anschaffungskosten
   als Finanzinvestition gehaltene Immobilien 342
   Dienstleistungen 245
   Ermittlung 367
   fortgeführte 291, 318
   immaterielles Anlagevermögen 284
   nach HGB 402
   nach US-GAAP 407
   nachträgliche 316, 367
   Sachanlagevermögen 313
   Vorräte 367
Anschaffungskostenmethode 490, 499
Anschaffungskostenmodell 291, 318, 350

Anschaffungskostenrestriktion 686, 692, 743
Anwartschaftsdeckungsverfahren 467
Anzahlungen 397
APB Opinion 18 783
ARB 51 156
Arbeitnehmer 4
Arrow-Paradoxon 16
Asia-Pacific Financial Reporting Advisory Group (APFRAG) 960
asset deal 680, 684
assoziierte Unternehmen 146, 754, 768
Auditing Standards Board (ASB) 71
aufgegebener Geschäftsbereich
   Angaben 848
   Definition 831
   Klassifikation 833
Auftragserlöse 387
Auftragskosten 387
Aufwands- und Ertragskonsolidierung *Siehe* Konzernabschluss
Aufwandsrückstellung 417, 439
Aufwendung
   Definition 123
   Erfassung 238
Ausschüttung 977, 978
ausstehende Einlagen 483
Autopilot-Mechanismus 151, 158
available-for-sale financial assets (zur Veräußerung verfügbare finanzielle Vermögenswerte) *Siehe* finanzieller Vermögenswert

Bargain purchase *Siehe* lucky buy
barter transaction *Siehe* Tauschgeschäft
Barwert 126

der leistungsorientierten
  Verpflichtung *Siehe*
  Pensionsverpflichtung
der Mindestleasingzahlungen
  Siehe Leasing
Basel II 965
basis for conclusions *Siehe*
  Grundlage für
  Schlussfolgerungen
Basis-Informations-Paket 936
Beherrschungsmöglichkeit
  Beendigung 150
  Definition 145
  fehlende 149
  Vermutung 147
beizulegender Wert 272
beizulegender Zeitwert 274, 320, 953
  Definition nach IAS 40 344
  Ermittlung nach IAS 40 345
beizulegender Zeitwert abzüglich der Verkaufskosten 260, 261, 725
belastender Vertrag 426
Belegschaftsaktie 504
benchmark treatment 83
berichterstattendes Unternehmen 11, 140, 949
Berichtswährung 657
bestmöglicher Schätzwert 422
Beteiligung 754
  zur Veräußerung gehalten 838
Bewertungseinheit 612
Bewertungsfunktion 7
Bewertungsvereinfachungsverfahren 380
Bezugsrecht 858, 864
Bilanz
  auf Knopfdruck 956
  Aufgabe 164
  Entwicklung 3
  Gliederung 165
  Mindestgliederungstiefe 165

Bilanzpolitik 262, 266, 288, 384, 385, 425, 511, 681, 712
Bilanzrechtsmodernisierungsgesetz (BilMoG) 48, 50, 134, 154, 155, 234, 273, 402, 439, 744, 782, 930, 948
  wesentliche Änderungen 975
  Würdigung 975
Bilanzrechtsreformgesetz (BilReG) 49, 144
Bilanztheorie
  dynamische 18
  entscheidungsorientierte Konzepte 19
  messorientierte Konzepte 17
  statische 17
Binomialmodell 514
Black/Scholes-Modell 514
Bruttoinvestition in das Leasingverhältnis *Siehe* Leasingverhältnis
Bruttoprinzip 185
Buchwertmethode 698, 743
Bundesanstalt für Finanzdienstleistungsaufsicht (BaFin) 27
Bürokratietheorie 960
business 683
business combination *Siehe* Unternehmenszusammenschluss

Case law 37
cash generating unit *Siehe* Zahlungsmittelgenerierende Einheit
Cashflow 186
  aus betrieblicher Tätigkeit 188
  aus Finanzierungstätigkeit 188
  aus Investitionstätigkeit 187
  Prognose 262
  Zinsen und Dividenden 189
Cashflow hedge *Siehe* Absicherung

changes in accounting estimates
   Siehe Schätzänderungen
clean surplus accounting *Siehe*
   Kongruenzprinzip
code law 37
codification-Projekt 75
cohesiveness-Prinzip 177
Committee of European Securities
   Regulators (CESR) 104, 941
Committee on Accounting
   Procedures (CAP) 64
common law 36
comparability project 82
completed-contract-method
   modifizierte (nach IFRS) 388,
      398
   nach HGB 398, 404
   nach US-GAAP 410
component approach *Siehe*
   Komponentenansatz
comprehensive income *Siehe*
   Gesamterfolg
conceptual framework 134, *Siehe*
   Rahmenkonzept
contingent liabilities *Siehe*
   Eventualschulden
contractual trust arrangement
   (CTA) *Siehe* Treuhänderfonds
control *Siehe*
   Beherrschungsmöglichkeit
control-Konzept 154, *Siehe*
   Unternehmenszusammenschluss
convergence project *Siehe*
   Konvergenzprojekt
core-Standards 83
corporate assets *Siehe*
   Gemeinschaftliche
   Vermögenswerte
corridor approach *Siehe*
   Pensionsverpflichtung
cost method *Siehe*
   Anschaffungskostenmethode
cost plus contract *Siehe*
   Kostenzuschlagsvertrag

cost-to-cost-Verfahren 390
cross-border listing 942

DaimlerChrysler AG 46, 708
deemed cost 801
deferred credits 440
defined benefit obligation (DBO)
   Siehe Pensionsverpflichtung
defined benefit plans
   (beitragsorientierte Pläne) *Siehe*
   Pensionszusage
defined contribution plans
   (leistungsorientierte Pläne)
   Siehe Pensionszusage
delisting 62
Deutsche Börse AG 47
Deutsche Gesellschaft für Ad-hoc-
   Publizität (DGAP) 934
Deutsche Prüfstelle für
   Rechnungslegung 102
Deutsche Vereinigung für
   Finanzanalyse und Asset
   Management (DVFA) 871
Deutscher Corporate Governance
   Kodex 506
Deutscher
   Rechnungslegungsstandard
   (DRS) 48
Deutscher Standardisierungsrat
   (DSR) 48
Deutsches Rechnungslegungs
   Standards Committee (DRSC)
   48
Dienstleistung
   Fertigstellungsgrad 247
   Herstellungskosten 375
   Umsatzrealisation 247
digitale Methode 631
discussion document *Siehe*
   Diskussionspapier
Diskontierung 228
Diskontierungszins 263
Diskussionspapier 93
Dokumentationszweck 13

dollar-offset-Methode 593
downstream-Lieferung 762, 777
drohender Verlust 426
Drohverlustrückstellung
   bei Finanzderivaten 612
DRS *Siehe* Deutscher
   Rechnungslegungsstandard
   (DRS)
DRS 2 191, 200
DRS 3 895
DRS 4 743
DRS 6 933
DRS 8 783
DRS 9 783
DRS 10 234
DRS 13 824
DRS 14 673
DRSC *Siehe* Deutsches
   Rechnungslegungs Standards
   Committee (DRSC)
DSR *Siehe* Deutscher
   Standardisierungsrat (DSR)
dual purpose property 339
due process *Siehe*
   Standardsetzungsverfahren
Durchschnittsmethode 381
Durchsetzungsverfahren *Siehe*
   enforcement
dynamische Bilanztheorie *Siehe*
   Bilanztheorie

Earnings management *Siehe*
   Bilanzpolitik
earnings per share *Siehe* Ergebnis
   je Aktie
ED 9 765
EDGAR 931, 934, 936
ED-IAS 37 417, 433
E-DRS 11 526
E-DRS 17 253
Effektivität einer
   Sicherungsbeziehung 591
Effektivitätsmessung 591

Effektivzinsmethode 240, 250,
   553, 631
EG-Bilanzrichtlinien 49
eigene Aktien 490, 496, 499, 504,
   526
   Rücklage für eigene Anteile
      497
Eigenkapital
   financial instruments puttable at
      fair value 478
   nach HGB 494
   nach IFRS 122, 474
   nach US-GAAP 498
   obligations arising on
      liquidation 478
Eigenkapitalgeber 4, 43
Eigenkapitalinstrument 536
Eigenkapitalveränderungsrechnung
   180, 478
   Mindestgliederung 180
eingezahltes Kapital 482
einheitliche Leitung *Siehe* Konzept
   der einheitlichen Leitung
Einheitstheorie 695, 698
Einkommensbemessung 12
Einkommensteuer 215
Einzelabschluss 140, 964
   nach HGB 154
   nach IFRS 257, 978
   nach US-GAAP 156
   rechtliche Kriterien 141
Einzelbewertung *Siehe* Grundsatz
Einzelkaufmann 142
Einzelkosten 369
EITF 96-16 157
ElektroG 433
embedded instrument (eingebettetes
   Finanzderivat) *Siehe*
   Finanzderivat
Emerging Issues Task Force (EITF)
   66
Emissionskosten 484, 495
Emissionspublizität
   Deutschland 928

Endkonsolidierung *Siehe* Konzernabschluss
endorsement *Siehe* Anerkennungsverfahren
enforcement 100
　US-GAAP 76
entity theory *Siehe* Einheitstheorie
Entschädigungsleistung 320
Entsorgungsverpflichtung 314, 428
Entwicklung *Siehe* Forschung und Entwicklung
EPS *Siehe* Ergebnis je Aktie
equity-Methode 698, 702, 754, 755, 770
　negativer Equity-Wert 774
　negativer Unterschiedsbetrag 772
　Zwischenerfolgseliminierung 777
Erfolgsermittlung
　periodengerechte *Siehe* Grundsatz
Erfüllungsbetrag 126
Erfüllungstag 539
Ergebnis je Aktie 856
　if-converted method 865
　maximale Verwässerung 869
　nach DVFA/SG 871
　treasury stock method 867
　unverwässert 858
　verwässert 858, 865
Ergebnisglättung 455
Ergebnisvolatilität 457, 521
Erlöse *Siehe* Umsatzerlöse
Erstattungen 424
Erstkonsolidierung *Siehe* Konzernabschluss
erstmalige Anwendung der IFRS *Siehe* IFRS-Erstanwendung
Ertrag
　Definition 122
　Realisation 238
Ertragslage 218
Ertragsteuern 214, 374

Erwartungswert 422
Erwirtschaftetes Kapital 484
erzielbarer Betrag 260, 723
EU-Kommission 97, 960
European Financial Reporting Advisory Group (EFRAG) 97, 960
EU-Verordnung 49, 144, 964
Eventualforderung 417, 421, 435
Eventualschuld 417, 420, 434, 437, 764
　bei Unternehmenszusammenschluss 711, 745
exercise date (Ausübungszeitpunkt) *Siehe* Aktienoptionen
exposure draft 93
　exposures qualifying for hedge accounting 535
　financial instruments puttable at fair value and obligations arising on liquidation 535
　of a proposed IFRS for small and medium-sized entities 965

Factoring 563
fair presentation *Siehe* Generalnorm
fair value Abschluss 951
fair value hedge (Absicherung des beizulegenden Zeitwerts) *Siehe* Absicherung
fair value less cost to sell *Siehe* beizulegender Zeitwert abzüglich der Verkaufskosten
fair value-Bewertung 953
fair value-Option 543
FASB staff position 68
fast close 931, 955
Fehlerberücksichtigung 816, 823, 825
Fertigstellungsgrad 390
Fertigungsauftrag 365, 385
feste Verpflichtung 589, 595
Festpreisvertrag 386, 389

FIFO-Verfahren *Siehe* first-in-first-out-Verfahren (FIFO)
Fiktion der rechtlichen Einheit 143, 688
FIN 14 440
FIN 46R 157
Financial Accounting Foundation (FAF) 65
Financial Accounting Standards Advisory Council (FASAC) 65
Financial Accounting Standards Board (FASB) 65
Financial Statement Presentation Project 176
Finanzderivat
  Bedeutung 582
  Definition 536
  eingebettetes 546
finanzielle Verbindlichkeit 536
finanzieller Vermögenswert
  bis zur Endfälligkeit gehalten 544, 588
  Konkretisierung 536
  zur Veräußerung verfügbar 546
Finanzierungsleasing *Siehe* Leasing
Finanzinstrument
  Ausbuchung 563
  Definition 535
  Forderung 541, 544
  Grundlagen 534
  hybrides 546
  Klassifikation 542
  Reklassifizierung 544, 551
  strukturiertes 524
Finanzmittelfonds 185
first-in-first-out-Verfahren (FIFO) 381, 410
first-time adoption *Siehe* IFRS-Erstanwendung
fixed price contract *Siehe* Festpreisvertrag

Folgebewertung von Anlageimmobilien in der Praxis 352
Folgekonsolidierung 720
Formblätter *Siehe* forms
forms 935
  form 20-F 918
  form 6-K 936
  form 8-K 933
Forschung und Entwicklung 289, 374
framework *Siehe* Rahmenkonzept
Fremdkapitalgeber 4, 42
Fremdkapitalkosten 285, 316, 367, 374
Fremdwährungsabschluss 664
Fremdwährungsgeschäft 658
Fremdwährungsverbindlichkeit 597
fresh start method 698, 704, 953
full fair value-Bilanzierung 952
full goodwill method 698, 700, 705, 953
funktionale Währung *Siehe* Währungsumrechnung
Funktionenschutz 922
Fusion 680

Gefahrenübergang 364, 389, 398
gegenwärtige Verpflichtung 418
Gemeinkosten 369
gemeinschaftlich geführte Tätigkeit 757, 759
gemeinschaftlich geführtes Vermögen 757, 759
gemeinschaftliche Führung 756
gemeinschaftliche Vermögenswerte 267
Gemeinschaftsunternehmen 146, 753, 758, 760
genehmigtes Kapital 858
General Standard 932
Generally Accepted Accounting Principles (GAAP) 72

Generalnorm der fair presentation 118
geographisches Segment *Siehe* Segment
geplante Transaktion 589, 602
Gesamterfolg 170, 175, 478
Gesamterfolgsrechnung
    Aufgabe 168
    Darstellung 171
    Mindestgliederung 171
Gesamtkostenverfahren 172, 737
Geschäfts- oder Firmenwert *Siehe* Goodwill
Geschäftssegment *Siehe* Segment
Gesetz zur Kontrolle und Transparenz im Unternehmensbereich (KonTraG) 48, 496
gesichertes Grundgeschäft 587
Gewerbesteuer 215
Gewinn je Aktie *Siehe* Ergebnis je Aktie
Gewinn- und Verlustrechnung (GuV) 3, 171, 870
Gewinnbegriffe
    US-GAAP 205
    IFRS 170
Gewinnrücklagen 485, 495, 498
    gesetzliche und satzungsmäßige Rücklagen 487, 495, 498
Gewinnverwendung 12
gezeichnetes Kapital 482, 495, 498
going concern principle (Unternehmensfortführung) *Siehe* Grundsatz
Goodwill 671, 693
    Abgrenzung 288
    Allokation 718
    Definition 685, 952
    Erstbewertung 715
    Folgebewertung 722
    impairment-only approach 722, 745
    Komponenten 693
    Minderheitenanteil 700, 715, 726
    nach DRS 4 744
    nach HGB 744
    nach US-GAAP 745
    Niederstwerttest 258, 722, 723, 728, 746
    originärer 723
    Wertaufholung 729
grant date (Gewährungszeitpunkt) *Siehe* Aktienoptionen
Gratisaktie 864
Grenzfremdkapitalzinssatz *Siehe* Leasingverhältnis
Grundlage für Schlussfolgerungen 93
Grundsatz
    der Einzelbewertung 366, 380, 952
    der glaubwürdigen Darstellung 116
    der Neutralität 116
    der periodengerechten Erfolgsermittlung 125, 214, 389
    der Relevanz 115
    der Unternehmensfortführung 113, 379
    der Verlässlichkeit 115
    der verlustfreien Bewertung 378
    der Verständlichkeit 114
    der Vollständigkeit 117
    der Vorsicht 116, 378, 404
    der Wesentlichkeit 115, 259
    der Wirtschaftlichkeit 371, 376
    des overriding principle 109, 119
Grundsätze ordnungsmäßiger Buchführung (GoB) 133, 252

Haftungsbemessung 13
Handelstag 539

hedge of a net investment in a foreign operation *Siehe* Absicherung
held-to-maturity investment (bis zur Endfälligkeit zu haltender finanzieller Vermögenswert) *Siehe* Finanzieller Vermögenswert
Herstellungskosten
  als Finanzinvestition gehaltene Immobilien 342
  Dienstleistungen 245
  Dienstleistungsunternehmen 375
  Ermittlung 369
  fortgeführte 291, *318*
  immaterielles Anlagevermögen 284, 290
  nach HGB 402
  nach US-GAAP 407
  nachträgliche 316
  Sachanlagevermögen 313
  Steuern 374
HGB als Nischenprodukt 980
historische Kosten 126
Hochinflationsländer 658
Höchstausschüttung 12, 977
house of GAAP 73
house of IFRS 96
hybride Finanzinstrumente *Siehe* Finanzinstrument

IAS *Siehe* International Accounting Standards (IAS)
IAS 1 110, 176, 478
IAS 2 282, 365
IAS 7 162, 182
IAS 8 344, 365, 485, 813, 870
IAS 11 365, 386
IAS 12 214
IAS 14 877, 892
IAS 16 310, 348, 428, 493, 648
IAS 17 618
IAS 18 239, 375

IAS 19 447
IAS 20 285, 316, 367
IAS 21 608, 657
IAS 23 285, *316*, 365, 388, 403
IAS 27 143, 493, 681, 683
IAS 28 754, 768
IAS 30 535
IAS 31 754
IAS 32 474, 534
IAS 33 856
IAS 34 901, 933
IAS 36 256, 289, 300, 648, 776
IAS 37 379, 417
IAS 38 280, 374, 648
IAS 39 488, 535, 584, 754, 776
IAS 40 336, 624, 648
IAS 41 366, 485, 624, 648
IASB *Siehe* International Accounting Standards Board (IASB)
IASC *Siehe* International Accounting Standards Committee (IASC)
IAS-Verordnung 97
IFRIC *Siehe* International Financial Reporting Interpretations Committee (IFRIC)
IFRIC 1 426, 429
IFRIC 2 476, 477
IFRIC 4 239
IFRIC 6 432
IFRIC 8 503
IFRIC 9 547
IFRIC 10 908
IFRIC 11 502, 505
IFRIC 12 240
IFRIC 13 240
IFRIC D 21 240
IFRS *Siehe* International Financial Reporting Standards (IFRS)
IFRS 1 791, *Siehe* IFRS-Erstanwendung
IFRS 2 868

IFRS 3 681, 705
IFRS 5 311, 830, 870
   Veräußerungsgruppe 831
   aufgegebener Geschäftsbereich 831
   Ausweis 847
   Bewertung 843
   Folgebewertung 843
   langfristiger Vermögenswert 831
   Regelungsumfang 834
   Reklassifizierung 846
   Tochterunternehmen 145
   Unternehmensbestandteil 831
   Verkauf von Beteiligungen 838
IFRS 7 535
IFRS 8 877
IFRS-Erstanwendung 791
   Grundsatz der retrospektiven Anwendung 792
   optionale Ausnahmebereiche 795
   Überleitungsrechnung 808
   Unternehmenszusammenschluss 795
   verpflichtende Ausnahmebereiche 806
   Zwischenberichterstattung 808
illustrative examples 94
immaterielles Anlagevermögen 250
   Abschreibung 293
   Anlagespiegel 301
   Anschaffungskosten 284
   bei Unternehmenszusammenschluss 287
   Definition 282
   Herstellungskosten 284, 290
   Nutzungsdauer 292
   Wertminderung 293, 300
Immobilie
   als Finanzinvestition gehaltene *Siehe* als Finanzinvestition gehaltene Immobilie

Immobilien-Leasing *Siehe* Leasing
impairment *Siehe* Wertminderung
impairment-only approach *Siehe* Goodwill
Imparitätsprinzip 256
Implementation Guidance Committee (IGC) 94
improvements project 85, 367, 381
indirect method 409
Informationsfunktion 7, 12
Informationsvermittlung 214
Informationsverteilung, asymmetrische 3, 6, 14
Insiderhandel 923
Insiderinformation 933
Interessentheorie 695, 698
Interessenzusammenführungsmethode 743
International Accounting Standards (IAS) 85
International Accounting Standards Board (IASB) 84, 89, 90
International Accounting Standards Committee (IASC) 80, 89
International Accounting Standards Committee Foundation (IASCF) 84, 89
International Financial Reporting Interpretations Committee (IFRIC) 91
International Financial Reporting Standards (IFRS) 85
International Organization of Securities Commissions (IOSCO) 82, 942
interpretation 68
inventories *Siehe* Vorräte
investment property *Siehe* als Finanzinvestition gehaltene Immobilien
IOSCO *Siehe* International Organization of Securities Commissions

Jahresabschluss 3, 11
joint arrangements 765
joint asset 765
joint operation 765
joint venture 755, 757, 765

Kapitalaufnahmeerleichterungs-
  gesetz (KapAEG) 47, 961
Kapitalerhaltung *Siehe* Konzept
  der Kapitalerhaltung
Kapitalerhöhung 504, 506, 863
Kapitalflussrechnung
  Aufbau 190
  Ertragsteuern 190
  Grundlage 3, 182
Kapitalkonsolidierung *Siehe*
  Konzernabschluss
Kapitalmärkte
  ausländische 43
  Bedeutung 37
Kapitalmarktrecht 934
Kapitalrücklage 483, 495, 498
Kapitalschutz 978
Kassakomponente 592
Kaufmann 11
Klassifikation von Immobilien
  338, 340
  kleine und mittelgroße
    Unternehmen (KMU) *Siehe*
  small and medium-sized entity
  (SME)
Komitologie-Verfahren 99
Kommentar 981
Komponentenansatz 312
Kongruenzprinzip 298, 487
Konsolidierung *Siehe*
  Konzernabschluss
KonTraG *Siehe* Gesetz zur
  Kontrolle und Transparanz im
  Unternehmensbereich
  (KonTraG)
Konvergenzprojekt 86, 251, 528
Konzept der einheitlichen Leitung
  154

Konzept der funktionalen Währung
  Siehe Währungsumrechnung
Konzept der Kapitalerhaltung 127,
  404, 976, 978
Konzept der Periodenabgrenzung
  113
Konzern 142, 144
Konzernabschluss 140, 687
  Änderung der
    Beteiligungsquote, 717
  Aufstellungspflicht nach HGB
    154
  Aufstellungspflicht nach IFRS
    144, 688
  Aufstellungspflicht nach PublG
    155
  Aufstellungspflicht nach US-
    GAAP 156
  Aufwands- und
    Ertragskonsolidierung 734
  Endkonsolidierung 729, 763
  Erstkonsolidierung 691, 697
  Folgekonsolidierung 720
  Grundlagen 142
  Innenumsätze 734
  Konsolidierung 680, 688, 691
  Konsolidierung nach HGB 743
  Konsolidierung nach US-GAAP
    745
  Konsolidierungskreis nach HGB
    156
  Konsolidierungskreis nach IFRS
    145, 688
  Konsolidierungskreis nach US-
    GAAP 157
  Konzernanschaffungskosten
    736
  Konzernherstellungskosten 736
  Schuldenkonsolidierung 731
  sonstige Konsolidierungs-
    maßnahmen 731
  Stichtag 689
  Summenabschluss 690
  Teilkonzernabschluss 145

Veräußerung von
  Geschäftsbereichen 727
Verfahrensschritte 687
vorbereitende Maßnahmen 689
Zwischenerfolgseliminierung
  736
Konzernanschaffungskosten *Siehe*
  Konzernabschluss
Konzernbesteuerung 978
Konzernherstellungskosten *Siehe*
  Konzernabschluss
Konzernpyramide 140
Koordinationsfunktion 7
Körperschaftsteuer 215
Korridoransatz *Siehe* corridor
  approach
Kostenzuschlagsvertrag 386, 389
Kunden 5
Kuppelproduktion 374
Kurs-Gewinn-Verhältnis (KGV)
  856
kurzfristig fällige Leistungen 465

Lagebericht *Siehe* management's
  discussion and analysis
  (MD&A)
landwirtschaftliches Erzeugnis
  375, 485
Langfristfertigung *Siehe*
  Fertigungsauftrag
langfristiger Vermögenswert
  Definition nach IFRS 5 831
  zur Veräußerung gehalten 835,
    841
last-in-first-out-Verfahren (LIFO)
  381, 384, 403, 410, 821
latente Steuer
  aktive 221
  Unternehmenszusammenschluss
    711, 721, 731, 743
  equity-Methode 779
  Grundlage 215
  passive 221
  Zwischenberichterstattung 911

Leasing
  anfängliche direkte Kosten 626,
    637
  Ansatz 623
  Bewertung 624
  Bruttoinvestition 626
  Finanzierungsleasing 617, 619,
    623, 624, 628, 644, 648
  Herstellerleasing 640
  Immobilien 620
  künftige Bilanzierung 638
  Mindestangaben 648
  Mindestleasingzahlungen 621,
    625, 641
  Operating-Leasingverhältnis
    619, 623, 628, 635, 647, 649
  sale-and-leaseback 643
  Spezialleasing 621
Leasingerlasse des BMF 650
Leasinggeber 616, 618
Leasinggegenstand
  Beispiele 616
  Restwert 625, 642
  Restwertänderungen 634
Leasingnehmer 616, 618
Leasingverhältnis
  Bruttoinvestition 628
  Definition 618
  Grenzfremdkapitalzinssatz 625
  Klassifizierung 618
  Nettoinvestitionswert 626, 628
  zugrunde liegender Zins 625,
    627
Leasingzahlung
  Abgrenzung 636
  Aufteilung 630
Lebowski 277
liability-Methode 226
liaison member 48, 90
Lieferanten 5
LIFO-Verfahren *Siehe* last-in-first-
  out-Verfahren (LIFO)
Lobbyisten *Siehe*
  Rechnungslegung

loss contingencies 440
lower of cost or market 408
lucky buy 695
Lufthansa AG 463

Management approach *Siehe* Segmentberichterstattung
management commentary *Siehe* management's discussion and analysis (MD&A)
management's discussion and analysis (MD&A) 111, 936, 958
mark to market 261, 953
mark to model 261, 953
Markenname 289, 295
Marktwertmethode 375
maßgeblicher Einfluss 768
Maßgeblichkeitsprinzip 13, 39, 410
matching principle 169
materiality (Wesentlichkeit) *Siehe* Grundsatz
Matrixform der Erfolgsrechnung 179
measurement model 252
memorandum of understanding 86, 535
merger of equals *Siehe* Zusammenschluss unter Gleichen
Metazweck der Rechnungslegung *Siehe* Rechnungslegung
Methode der laufenden Einmalprämien 452
Methodenänderung 820, 823, 825
Mezzaninekapital 480
Minderheiten 695
    Anteil 493, 698, 710, 721, 731
    Anteile 495, 498
    Ergebnis 742
    Ergebnisanteil 735
    Goodwill 726
Mindestausschüttung 12, 976

Mindestleasingzahlungen *Siehe* Leasing
Mitarbeiterentlohnung 502
Mittelstand 964
Modell des beizulegenden Zeitwerts 344
monetäre Posten 659
Mutter-Tochter-Beziehung 145
Mutterunternehmen 144

National Association of Securities Dealers Automated Quotation System (NASDAQ) 60
Nennwertmethode 490, 499
net income *Siehe* Periodenergebnis
Nettoinvestitionswert aus dem Leasingverhältnis *Siehe* Leasingverhältnis
Nettoveräußerungswert 366, 378, 381, 408
Neubewertungsmethode 698, 699, 705, 743
Neubewertungsmodell 291, 320, 322
Neubewertungsrücklage 322, 488, 493
Neuer Markt 47
new basis accounting *Siehe* Fresh-start method
new deal 934
New York Stock Exchange (NYSE) 46, 60
nicht-beherrschender Anteil *Siehe* Minderheiten
Niederstwertprinzip 256, 272, 402, 572
Niederstwerttest 660
Normalkapazität 371, 387
Normierungsprozess 24, 961
Norwalk Agreement 86
Nutzungswert 260, 262, 725

Off-balance-Transaktion 617, 949
operating-Leasing *Siehe* Leasing

Option 586
Optionsanleihe 506
Optionswert 512
other comprehensive income *Siehe* sonstiger Gesamterfolg
overriding principle *Siehe* Grundsatz

Par value method *Siehe* Nennwertmethode
parent company theory *Siehe* Interessentheorie
past service cost *Siehe* Pensionsverpflichtungen, nachzuverrechnender Dienstzeitaufwand
Patent 295
peer review 101
Pensionsaufwand 454, 462
   Dienstzeitaufwand 454
   Erfolg aus dem Planvermögen 454
   Zinsaufwand 454
Pensionsrückstellung 43
Pensionsverpflichtung
   Anhangangaben 466
   Anwartschaftsdeckungsverfahren 467
   Barwert der leistungsorientierten Verpflichtung 451
   Bewertung 450
   Bilanzausweis 461
   Bruttoausweis 461, 950
   Ergebnisglättung 455
   Gemeinschaftliche Pläne mehrerer Arbeitgeber 464
   GuV-Ausweis 462
   Kalkulationszins 451
   Korridoransatz 457, 804
   nach HGB 466
   nach US-GAAP 469
   nachzuverrechnender Dienstzeitaufwand 459
   Nettoausweis 461

Planformel 452
Planvermögen 453
Teilwertverfahren 467
versicherungsmathematische Annahmen 451
versicherungsmathematische Gewinne und Verluste 455, 488
Pensionszusage
   beitragsorientierte 448, 449
   Finanzierung 448, 950
   Klassifikation 447
   leistungsorientierte 448, 450, 950
percentage-of-completion-Methode 388, 410
Periodenabgrenzung *Siehe* Konzept der Periodenabgrenzung
Periodenergebnis 170, 174, 478
Periodengesamterfolg *Siehe* comprehensive income
Phasengleiche Gewinnvereinnahmung 250
plan assets *Siehe* Pensionsverpflichtungen, Planvermögen
Pommesbude 142
pooling-of-interests method 698, 703, 743
potentielle Stammaktie 769, 858
Prime Standard 47, 932
principles-based accounting 981
Prognosebildung 957
projected unit credit method *Siehe* Anwartschaftsbarwertverfahren
proposed improvements to IFRS IAS 40 341
Public Company Accounting Oversight Board (PCAOB) 60, 71, 102
Publizität *Siehe* Unternehmenspublizität

purchase price allocation *Siehe*
  Unternehmenszusammenschluss
push-down-Bilanz 719

Qualifizierter Vermögenswert 316,
  368, 388, 403, 407
qualifying asset *Siehe* qualifizierter
  Vermögenswert
Quartalsberichterstattung 932
Quellensteuer 216
Quotenkonsolidierung 698, 702,
  753, 755, 760

Rahmenkonzept
  Aufgabe 108
  Konvergenzprojekt 129
  Primärgrundsätze 114
  qualitative Anforderungen 114
  Sekundärgrundsätze 115
  US-GAAP 68
Rating 42
real estate investment trust (REIT)
  337
Realisationsprinzip 123, 169, 365,
  389, 404
Rechenschaft 7
Rechenwerke 3, 110, 162
Rechnungsabgrenzungsposten 167
rechnungslegende Einheit *Siehe*
  berichterstattendes
  Unternehmen
Rechnungsleger 4
Rechnungslegung
  Adressaten 4
  Anwender 26
  Begriff 2
  duale 46
  Durchsetzer 26
  Entscheider 25
  Gremien 25
  Internationalisierung 34, 51
  Koordinationsinstrument 7
  Lobbyisten 25, 959
  mehrwertige 956

Metazweck 3, 6
  parallele 46
  Pflicht 8, 10
  Publizität 4
  Regeln 14
  sozio-ökonomisches Umfeld 34
  Systeme 39
  Theorie 2
  Wettbewerb der Systeme 29, 30
  Zukunft 948
  Zweck 6
Rechnungswesen, intern und extern
  2
Rechtseinheit 141
reconciliation *Siehe*
  Überleitungsrechnung
recycling 170, 487, 549
Regelungsausschuss für
  Rechnungslegung 99
Regressionsverfahren 593
regulation S-K 935
regulation S-X 201, 935
Regulierungstheorie 959
  positive 28
Rekultivierungsrückstellung 428
Relevanz *Siehe* Grundsatz
reliability (Verlässlichkeit) *Siehe*
  Grundsatz
Rendite- oder Anlageimmobilien
  336
reporting unit 747
Research and Technical Activities
  Staff 66
restricted shares *Siehe*
  Belegschaftsaktien
Restrukturierung 427, 693
Restwertmethode 375
retail method *Siehe* retrograde
  Methode
retrograde Methode 376
revaluation surplus *Siehe*
  Neubewertungsrücklage
revenue recognition *Siehe*
  Umsatzrealisation

revenue recognition project 251
reverse acquisition *Siehe*
    Unternehmenszusammen-
    schluss, umgekehrter
    Unternehmenserwerb
Risiko 571
Risikoberichterstattung 571
Rückbauverpflichtung 428
Rückstellung
    Abzinsung 424, 436
    Ansatz 418
    Anschaffungskostenmethode
        429
    Ausweis 436
    Bewertung 422
    Definition 417
    für virtuelle Aktienoptionen
        519
    nach HGB 438
    nach US-GAAP 440
    Neubewertungsmethode 429
    Offenlegung 436
    Rückstellungsspiegel 436
    Wahrscheinlichkeit 418
rules-based accounting 981

SAB 101 253
SAB 104 253
Sachanlagevermögen
    Abschreibung 318
    Anschaffungskosten 313
    Definition 310
    Entsorgungsverpflichtung 314
    Herstellungskosten 313
    Komponentenansatz 312
    nachträgliche
        Anschaffungskosten 316
    nachträgliche
        Herstellungskosten 316
    Nutzungsdauer 319
    Restwert 318
    Wesentlichkeit 313
Sacheinlage 507
Saldierung

    Forderungen und
        Verbindlichkeiten 570
    latente Steuern 231
    tatsächliche Steuern 216
sale-and-leaseback *Siehe* Leasing
Sarbanes-Oxley Act 45, 60, 62,
    935, 962
Schätzänderung 822, 825
Schmalenbach, Eugen 18
Schmalenbach-Gesellschaft –
    Deutsche Gesellschaft für
    Betriebswirtschaft e.V. (SG)
    871
Schuld 121, 475, 495, 951
Schuldenkonsolidierung *Siehe*
    Konzernabschluss
SEC *Siehe* Securities and
    Exchange Commission (SEC)
Securities Act 1933 922, 934
Securities and Exchange
    Commission (SEC)
    Bedeutung 58, 960
    exekutive Aufgaben 27, 59
    judikative Aufgaben 60
    legislative Aufgaben 59, 935
    substantial authoritative support
        60, 69
Securities Exchange Act 1934 922,
    934
Segment
    Abgrenzung 878
    allgemeine Informationen 888
    Anzahl 884
    Auswahl 881
    Ergebnis 886
    Erläuterungen 888
    Informationen 885
    Manager 879
    operatives 878
    Sammelsegment 884
    Schulden 887
    übergreifende Angaben 891
    Überleitungsrechnung 885, 889
    Vermögen 887

Segmentberichterstattung
  Grundlagen 146, 876
  Hauptentscheidungsträger 879, 884
  Kerngrundsatz 878
  Management-Ansatz 878, 884
  Matrixorganisation 880
  unterschiedliche Berichtsstrukturen 879
  Zusammenfassung von Segmenten 881
SFAC 5 253
SFAC 7 274
SFAS 2 304
SFAS 5 440
SFAS 7 304
SFAS 13 651
SFAS 19 304
SFAS 25 304
SFAS 44 304
SFAS 50 304
SFAS 52 674
SFAS 68 304
SFAS 69 304
SFAS 86 304
SFAS 87 469
SFAS 94 157
SFAS 95 208
SFAS 109 234
SFAS 115 158, 574
SFAS 121 274
SFAS 123 527
SFAS 123R 528
SFAS 128 856, 868, 873
SFAS 130 206
SFAS 131 895
SFAS 133 574, 613
SFAS 139 304
SFAS 141 304, 681, 745
SFAS 142 274, 304, 745
SFAS 143 441
SFAS 144 274, 851
SFAS 146 441
SFAS 154 825
SFAS 158 469
share appreciation rights *Siehe* Aktienoptionen
share deal 680, 684, 687
share options *Siehe* Aktienoptionen
short term convergence project 873
SIC *Siehe* Standing Interpretations Committee (SIC)
SIC-12 151
SIC-13 763
SIC-15 637
SIC-16 490
SIC-21 214
SIC-25 214
SIC-27 239
SIC-32 289
Sicherungsbeziehung
  Grundlagen 582
  Risikostrategie 611
Sicherungsbilanzierung
  Grundlagen 583
  nach HGB 612
  nach US-GAAP 613
Sicherungsinstrument 585
Simon, Herman Veit 17
SMAX 47
small and medium-sized entity (SME) 965
Solvenztest 976, 979
sonstiger Gesamterfolg 170, 174
  Definition 478
SOP 96-1 441
special purpose entity (SPE) *Siehe* Zweckgesellschaft
Spezialleasing *Siehe* Leasing
Staat 5
stable platform 86
Stammaktie
  Definition 483, 858, 861
  potentielle 866
standard cost method *Siehe* Standardkostenmethode
Standardentwurf *Siehe* exposure draft

Standardisierung 15, 29, 36
Standardkostenmethode 376
Standards Advice Review Group (SARG) 98
Standards Advisory Council (SAC) 91
Standardsetzungsverfahren 66, 92, 959
Standing Interpretations Committee (SIC) 91
Statement of Financial Accounting Concepts (SFAC) 68, 135
Statement of Financial Accounting Standards (SFAS) 68
statische Bilanztheorie *Siehe* Bilanztheorie
Steuererstattungsanspruch 215
steuerliche Gewinnermittlung 12, 976
    Maßgeblichkeit der IFRS 977
Steuerschuld 215
Stichtagskursmethode *Siehe* Währungsumrechnung
stille Lasten 691, 772
stille Reserven 691, 772
Stillhalterposition 585
Stimmrechte
    Mehrheit 147
    potentielle 149
stock appreciation rights *Siehe* Aktienoptionen
stock options *Siehe* Aktienoptionen
strategische Allianz 950
Synergien 693, 718

Tannenbaumprinzip 157
task force 66
Tauschgeschäft 241, 285, 317, 343
technical bulletin 68
Technical Expert Group (TEG) 97
Teilabrechnung 397
Teilgewinnrealisierung 404
Teilkonzernabschluss *Siehe* Konzernabschluss

temporary-Konzept 220
Termingeschäft 586
timing-Konzept 233
Tochterunternehmen 144, 145, 687, 752
Transaktionskosten 540
Transparenz- und Publizitätsgesetz (TransPuG) 48, 496
Transparenzrichtlinie-Umsetzungsgesetz (TUG) 927
treasury shares *Siehe* eigene Aktien
Treuhänder 89
Treuhänderfonds 446
true and fair view *Siehe* Generalnorm
trustee *Siehe* Treuhänder

Überleitungsrechnung 61, 936
Überschuldung 976
Umrechnungsdifferenz 665
Umsatzerlöse 238
Umsatzkostenverfahren 172, 736
Umsatzrealisation
    Dividenden 250
    Grundlage 238
    Güterlieferungen 244
    nach HGB 252
    nach US-GAAP 253
    Realisationszeitpunkt 245
    Zinsen 250
Umsatzsteuer 367, 369
Unternehmen
    kapitalmarktorientierte 49, 921
    Vertragspartner 4
Unternehmensbestandteil
    Abgrenzung zu ZGE 832
Unternehmenspublizität
    Definition 919
    Deutschland 926
    freiwillige 925
    Gesellschaftsrecht 919, 926
    Harmonisierung 940
    Kapitalmarktrecht 920, 927

Segmentierung 955
Systematisierung 924
USA 934
Wettbewerb der Systeme 941
Zukunft 957
Unternehmenszusammenschluss 680
   Akquisitionsdatum 708
   Anhangangaben 738
   Ansatzvorschriften 709
   Anschaffungskosten 713
   Anteilstausch 707
   bedingter Kaufpreis 713
   Beherrschungsmöglichkeit 683, 707
   Bestandteile 717
   Bewertungsvorschriften 710
   Definition 683
   Erwerb durch Anteilstausch 713
   Erwerber 706, 707
   Eventualschuld 711, 745
   IFRS-Erstanwendung 795
   im Einzelabschluss 685
   immaterieller Vermögenswert 287, 709
   Kaufpreisallokation 712
   latente Steuer 711, 721, 731, 738, 743
   measurement period 716
   nach HGB 743
   nach US-GAAP 745
   negativer Unterschiedsbetrag 686, 694, 716
   negativer Unterschiedsbetrag nach HGB 744
   ohne Gegenleistung 714
   operating lease 709, 745
   positiver Unterschiedsbetrag 685
   sukzessiver Anteilserwerb 714
   umgekehrter Unternehmenserwerb 707
   Unterschiedsbetrag 691
   Währungsumrechnung 671
   zur Veräußerung gehaltene Vermögenswerte 712
   zurück erworbenes Recht 712
upstream-Lieferung 762

Value in use *Siehe* Nutzungswert
variable interest entity (VIE) 157
venture capital-Gesellschaft 950
Veräußerungsgruppe 835, 841
   Definition nach IFRS 5 831
Veräußerungskosten 262
vergangenes Ereignis 419
Verlustanzeigepflicht 13
Verlustvortrag 223
Vermögenslage 218
Vermögenswert
   Definition 120, 951
verwässertes Ergebnis je Aktie
   Siehe Ergebnis je Aktie
vesting date (Ende der Sperrfrist)
   Siehe Aktienoptionen
virtuelle Aktienoptionen *Siehe* Aktienoptionen
Vollkonsolidierung 145
Vollkosten 369
Vorräte 364
Vorsichtsprinzip 134, *Siehe* Grundsatz
Vorzugsaktie 148, 480, 483, 495, 498, 860, 861

Wagniskapital-Organisation 754, 768
Wahrscheinlichkeit 124
Währungsdifferenz 555
Währungsrisiko 586
Währungsumrechnung
   Anhangangaben 672
   Äquivalenzprinzip 659
   ausländischer Geschäftsbetrieb 664
   funktionale Währung 657, 658, 664

Grundlagen 656
nach HGB 673
nach US-GAAP 674
Nettoinvestition in einen
 ausländischen
 Geschäftsbetrieb 662
Stichtagskursmethode 668
Umrechnungsdifferenz 488,
 498, 661
Zeitbezugsmethode 659, 664
Wandelanleihe 506, 858
Warenterminkontrakt 538, 606
Wechselkurserfolge 661
Weltabschlussprinzip 145, 156
wertaufhellendes Ereignis 378
Wertaufholung 270, 273, 275, 320,
 379, 401, 409, 561
Werthaltigkeitstest 258, 260, 275
Wertminderung 265
 Angabepflichten 738
 Anlagevermögen 256
 betriebliches Vermögen 426
 Definition 257
 equity-Beteiligung 776
 finanzieller Vermögenswert
  257, 556
 Goodwill 257, 723
 immaterielles Anlagevermögen
  257, 293, 300
 Indikatoren 258
 latente Steuern 228
 objektive Hinweise 557
 Sachanlagevermögen 257, 320
 Vorräte 378, 402
Wertpapierprospekt 927, 928
Wesentlichkeit *Siehe* Grundsatz
Wettbewerb der Systeme *Siehe*
 Rechnungslegung
Wettbewerbsanalyse 40
White Russian 277
Wiederbeschaffungskosten 126
Wirtschaftsprüfer *Siehe*
 Abschlussprüfer

Zahlungsbemessung 12
Zahlungsmittel 185
Zahlungsmitteläquivalent 186
zahlungsmittelgenerierende Einheit
 266, 718, 951
Zeitbezugsmethode *Siehe*
 Währungsumrechnung
Zeitnähe 117
Zeitwert *Siehe* beizulegender
 Zeitwert
Zinskomponente 586, 592
zur Veräußerung gehalten
 Beteiligung 838
 Klassifikation 835
Zusammenschluss unter Gleichen
 680, 698, 702, 708
Zuschuss 367
zuverlässige Schätzbarkeit 419
Zuwendung der öffentlichen Hand
 316
Zweckgesellschaft 144, 150, 157
Zwischenabschluss 771
Zwischenbericht 900
 Anhangangaben 904
 Aufstellungspflicht 901
 Darstellung des Gesamterfolgs
  903
 Definition 902
 eigenständiger Ansatz 907
 integrativer Ansatz 906
 Mindestbestandteile 902
 unterjährige Erfolgsermittlung
  906, 908
 Vergleichsperioden 905
Zwischenberichterstattung 868,
 900, 932, 933
 in Deutschland 912
 latente Steuer 911
 Mengenkomponente 909
 nach US-GAAP 913
 Preiskomponente 909
Zwischenerfolgseliminierung *Siehe*
 Konzernabschluss
Zwischenberichterstattung 901